AF240500

DICTIONNAIRE

CLASSIQUE

D'HISTOIRE NATURELLE.

Liste des lettres initiales adoptées par les auteurs.

MM.

AD.B. Adolphe Brongniart.
A.D.J. Adrien de Jussieu.
A.D..NS. Antoine Desmoulins.
A.F. Apollinaire Fée.
A.R. Achille Richard.
AUD. Audouin.
B. Bory de Saint-Vincent.
C.P. Constant Prévost.
D. Dumas.
D.C..E. De Candolle.
D..H. Deshayes.
DR..Z. Drapiez.
E. Edwards.

MM.

F. D'Audebard de Férussac.
FL..S. Flourens.
G. Guérin.
G.DEL. Gabriel Delafosse.
GEOF.ST.-H. Geoffroy de St.-Hilaire.
G..N. Guillemin.
ISID.B. Isidore Bourdon.
IS.G.ST.-H. Isidore Geoffroy Saint-Hilaire.
K. Kunth.
LAM..X. Lamouroux.
LAT. Latreille.

La grande division à laquelle appartient chaque article, est indiquée par l'une des abréviations suivantes, qu'on trouve immédiatement après son titre.

ACAL. Acalèphes.
ANNEL. Annelides.
ARACHN. Arachnides.
BOT.CRYPT. Botanique. Cryptogamie.
BOT.PHAN. Botanique. Phanérogamie.
CRUST. Crustacés.
ECHIN. Echinodermes.
FOSS. Fossiles.
GÉOL. Géologie.
INF. Infusoires.
INS. Insectes.
INT. Intestinaux.

MAM. Mammifères.
MIN. Minéralogie.
MOLL. Mollusques.
OIS. Oiseaux.
POIS. Poissons.
POLYP. Polypes.
REPT.BAT. Reptiles Batraciens.
— CHEL. — Chéloniens.
— OPH. — Ophidiens.
— SAUR. — Sauriens.
ZOOL. Zoologie.

IMPRIMERIE DE J. TASTU, RUE DE VAUGIRARD, N° 36.

DICTIONNAIRE

CLASSIQUE

D'HISTOIRE NATURELLE,

PAR MESSIEURS

AUDOUIN, Isid. BOURDON, Ad. BRONGNIART, DE CANDOLLE, D'AUDEBARD DE FÉRUSSAC, DESHAYES, A. DESMOULINS, DRAPIEZ, DUMAS, EDWARDS, A. FÉE, FLOURENS, GEOFFROY DE SAINT-HILAIRE, Isid. GEOFFROY DE SAINT-HILAIRE, GUÉRIN, GUILLEMIN, A. DE JUSSIEU, KUNTH, G. DE LAFOSSE, LAMOUROUX, LATREILLE, C. PRÉVOST, A. RICHARD, et BORY DE SAINT-VINCENT.

Ouvrage dirigé par ce dernier collaborateur, et dans lequel on a ajouté, pour le porter au niveau de la science, un grand nombre de mots qui n'avaient pu faire partie de la plupart des Dictionnaires antérieurs.

TOME SEPTIÈME.

FOUR-G.

PARIS.

REY ET GRAVIER, LIBRAIRES-ÉDITEURS,
Quai des Augustins, n° 55;

BAUDOUIN FRÈRES, LIBRAIRES-ÉDITEURS,
Rue de Vaugirard, n° 36.

FÉVRIER 1825.

DICTIONNAIRE

CLASSIQUE

D'HISTOIRE NATURELLE.

F.

FOURAHA ou FOURAA. BOT. PHAN. Syn. de *Calophyllum Calaba* à Madagascar, où, comme à l'Ile-de-France, on retire de cet Arbre une Résine ou Baume vert qui passe pour vulnéraire. Flacourt écrit Fooraha. (B.)

FOUR ARDENT. MOLL. *V.* BOUCHE D'ARGENT et TURBOT. (B.)

FOURBISSON, FOURBUISSON. OIS. Syn. vulgaires de Troglodyte d'Europe. *V.* SYLVIE. (DR..Z.)

* FOURCHE. POIS. Espèce du genre Cichle. *V.* ce mot. (B.)

FOURCHU. OIS. Nom vulgaire du Pilet. *V.* CANARD. (DR..Z.)

FOURDINIER. BOT. PHAN. Le *Prunus spinosa*, L., en quelques cantons de la France où son fruit est appelé FOURDRAINE. (B.)

FOURMEIROU. OIS. Syn. vulgaire de Rouge-Queue. *V.* SYLVIE. (DR..Z.)

FOURMI. *Formica.* INS. Les auteurs anciens appliquaient ce nom générique à un groupe d'Insectes (*V.* FORMICAIRES) qui depuis a été subdivisé par Latreille en plusieurs sous-genres. Celui des Fourmis proprement dites, dont il va être question, appartient (Règn. Anim. de Cuv.) à

l'ordre des Hyménoptères, section des Porte-Aiguillons, famille des Hétérogynes, et peut être caractérisé de la manière suivante : femelles et ouvrières privées d'aiguillon; antennes insérées près du milieu de la face antérieure de la tête ; mandibules fortes, triangulaires et dentées; pédicule de l'abdomen formé par un seul anneau représentant une écaille verticale et comprimée. Ce dernier caractère et l'absence d'un aiguillon rapprochent les Fourmis des Polyergues ; mais elles s'en éloignent par l'insertion des antennes et par l'épaisseur des mandibules. Elles avoisinent aussi les Ponères, les Myrmices, les Attes et les Cryptocères qui faisaient partie du grand genre *Formica* de Linné, mais la seule particularité d'un aiguillon dans ces divers groupes, est un caractère facile pour les en distinguer. Les Fourmis ont encore beaucoup d'analogie par la forme des palpes et de la lèvre inférieure avec les Tiphies, les Mutiles et les Doryles, mais le pédicule de l'abdomen et les antennes offrent une composition toute différente, et très-facile à saisir. Les Fourmis elles-mêmes présentent trois sortes d'individus : les mâles, les femelles et les ouvrières ou neutres ; ils vivent en société et ont dans chacun de ces états une organisation extérieure qui leur est propre. Latreille les a étudiées sous ce rapport avec beaucoup de soin (Hist. nat. des Fourmis, 1 vol. in-8°). La tête, armée de ses mandibules, est presque triangulaire ou ovale; son extrémité postérieure est plus large que le corselet dans les ouvrières, de même largeur environ dans les femelles, et sensiblement plus étroite et plus convexe dans les mâles; elle supporte des yeux lisses et des yeux à facettes. Ces derniers sont petits, presque ronds, peu saillans et insérés vers le milieu des côtés de la tête chez les femelles et chez les ouvrières; ceux des mâles ont plus de grosseur et font une plus forte saillie. Les yeux lisses, au nombre de trois, sont disposés en triangle sur le sommet de la tête, et très-appareus dans les mâles et dans les femelles; les neutres en sont généralement privées. Les antennes sont brisées, filiformes, composées de douze articles chez les femelles et les neutres, et de treize chez les mâles. Le premier article est presque cylindrique, très-long et inséré vers le milieu du front à l'extrémité d'un sillon. Le thorax des femelles est ovoïde, de la largeur de la tête, un peu comprimé latéralement; celui des mâles est plus petit et convexe. Dans les unes et dans les autres, il supporte deux paires d'ailes. Le thorax des neutres ou des ouvrières est très-différent. D'abord il ne donne plus attache à des ailes, et sa composition est ensuite très-singulière. Il présente des étranglemens, et la partie désignée par Audouin sous le nom de tergum est restée tout-à-fait rudimentaire. — Les ailes, au nombre de quatre, sont inégales entre elles; les antérieures, plus longues que les postérieures, excèdent la longueur de l'abdomen, et lorsqu'elles sont croisées sur lui, elles le recouvrent en entier et le dépassent de beaucoup à son sommet. Jurine leur a distingué une cellule radiale, grande, allongée et rétrécie, en arrière de laquelle existent deux grandes cellules cubitales dont la seconde atteint presque le

bout de l'aile. Les nervures récurrentes manquent complétement. Ces ailes, qui sont propres aux mâles et aux femelles et qui leur servent pour voler, tombent chez ces dernières immédiatement après leur fécondation. — Le thorax donne attache inférieurement aux pates; celles des ouvrières et des femelles sont plus ou moins fortes, comprimées et terminées par un assez long tarse de cinq articles cylindriques dont le dernier conique, terminé par deux petits crochets avec une sorte d'empâtement au milieu. Les pates du mâle ont plus de minceur et sont plus longues. — L'abdomen des mâles est de sept anneaux; on n'en compte que six à celui des femelles et des ouvrières. Il est de forme ovalaire, et son premier anneau, très-comprimé et rétréci, représente une sorte d'écaille lenticulaire. Cette partie du corps contient différens viscères et entre autres les organes de la génération, et deux appareils de sécrétion qui éjaculent une liqueur particulière connue sous le nom d'Acide formique. Cet Acide, d'après Fourcroy (Mémoire sur la nature chimique des Fourmis, Ann. du Mus., 5° cahier), est formé des Acides acétique et malique dans un état de concentration considérable.

Les Fourmis se réunissent en sociétés uniquement composées d'individus de la même espèce, ou ayant de plus des individus neutres d'une et quelquefois de deux autres espèces. Les premières de ces réunions portent le nom de simples et les secondes celui de sociétés mixtes. Nous entrerons dans de plus grands détails, en parlant des espèces, sur ces deux sortes de réunions.

Les Fourmis se nourrissent indifféremment de matières animales et végétales, telles que de fruits, d'Insectes ou de leurs larves, de cadavres de Quadrupèdes ou d'Oiseaux, de pain, de sucre, etc. Les neutres vont à la recherche des provisions, et s'instruisent par le toucher et l'odorat du succès de leurs découvertes; elles donnent la becquée aux larves et les transportent à la superficie extérieure de leur habitation, pour leur procurer de la chaleur, les redescendent plus bas aux approches de la nuit ou du mauvais temps, les défendent contre les attaques de leurs ennemis, et veillent avec le plus grand soin à leur conservation, particulièrement lorsqu'on dérange leurs nids. Elles ont la même attention pour les nymphes, dont les unes sont renfermées dans des coques et les autres à nu ; elles déchirent l'enveloppe des premières lorsque le temps de leur dernière métamorphose est venu. Les Fourmis sont très-friandes d'une liqueur sucrée que les Pucerons et les Gallinsectes laissent transsuder. Quelques espèces font, au fond de leur nid, des amas de ces Insectes et de leurs œufs, et s'en disputent ensuite la possession. Il y a même des Fourmis qui se construisent des galeries en terre, depuis leur habitation jusqu'à l'extrémité des branches des Arbres chargés de ces Insectes. Quatre ou cinq espèces possèdent des Pucerons. « Une fourmilière, dit Hubert, est plus ou moins riche, selon qu'elle a plus ou moins de Pucerons. C'est leur bétail, ce sont leurs Vaches et leurs Chèvres. » L'habitation des Fourmis varie beaucoup, et il est facile de concevoir qu'il devait y avoir de la diversité dans les plans d'exécution, puisque chaque espèce, étant réunie en société, a dû chercher à se garantir des intempéries des saisons en se formant une habitation en rapport avec son instinct et son genre d'industrie. Ainsi le plus grand nombre des espèces, s'établissent dans la terre ; les unes n'emploient à la bâtisse de leur édifice que les molécules de terre qu'elles ont été obligées de préparer en creusant leurs galeries ; les autres élèvent au-dessus du terrain qu'elles ont excavé des espèces de dômes avec des fragmens de matières végétales et autres qu'elles vont chercher aux environs. D'autres espèces choisissent le tronc des vieux Arbres ; elles pratiquent dans l'intérieur des cavités et des galeries en tous sens et forment de

vrais labyrinthes. D'autres, enfin, placent leur habitation sous une grosse pierre ou sous une racine d'Arbre ; mais, malgré la diversité de genre d'habitations, il est aisé de voir que toutes ces espèces s'accordent pour ne jeter les fondemens de leur colonie que dans un lieu exposé à la douce influence du soleil, à l'abri des inondations et dans un terrain susceptible d'être creusé facilement, mais pas assez mouvant pour que les galeries qu'elles y pratiquent soient sujettes à s'ébouler. Quand les Fourmis ont ainsi choisi un endroit, et qu'elles y ont établi leur ville, elles pratiquent aux environs plusieurs grandes routes qui partent toutes de la cité et vont dans les divers lieux où elles ont besoin de se rendre pour aller chercher leur nourriture.

Les Fourmis sont susceptibles de colère : lorsqu'un Animal étranger, un Insecte, ou même des Fourmis d'une espèce différente s'introduisent dans leur habitation, aussitôt l'alarme est répandue, et après quelques momens de tumulte causé parce qu'elles s'avertissent les unes les autres du danger où elles croient que se trouve la république, elles se décident à en venir aux mains avec l'imprudent étranger qui se sauve rarement ; s'il en échappe, ce n'est que couvert de blessures faites par les fortes mandibules des neutres. Lorsque le danger n'est pas grand, toutes les Fourmis ne prennent point part à l'affaire, elles n'y envoient alors qu'un détachement assez fort pour chasser ou faire périr l'ennemi. Quoique les Fourmis soient, comme on le voit, très-jalouses de leurs droits, elles sont cependant susceptibles d'exercer l'hospitalité à l'égard de quelques Animaux. Latreille a trouvé dans les nids de la Fourmi fauve de jeunes Cloportes qui y restaient sans recevoir le moindre outrage ; et près de celui de la Fourmi noir-cendrée, la larve d'un Hanneton ou d'une Cétoine. Ce naturaliste dit que lorsque les travailleurs ont éprouvé quelque accident, d'autres viennent leur porter des secours. Le fait suivant semblerait prouver que la commisération est un sentiment naturel à ces Animaux. « Si l'on passe, dit-il, à plusieurs reprises le doigt sur la route que suivent les Fourmis, on divise le courant des émanations qui leur servent de guide. On leur oppose un obstacle qui les arrête sur-le-champ, les oblige à rebrousser chemin ou à se détourner ; ce n'est qu'à la longue qu'elles franchissent la barrière. Le sens de l'odorat se manifestant d'une manière aussi sensible, je voulais profiter de cette remarque pour en découvrir le siège. On a soupçonné depuis longtemps qu'il résidait dans les antennes. Je les arrachai à plusieurs Fourmis fauves auprès du nid desquelles je me trouvais. Je vis aussitôt ces petits Animaux, que j'avais ainsi mutilés, tomber dans un état d'ivresse ou une espèce de folie. Ils erraient çà et là, et ne reconnaissaient plus leur chemin. Ils m'occupaient ; mais je n'étais pas le seul. Quelques autres Fourmis s'approchèrent de ces pauvres affligés, portèrent leur langue sur leurs blessures, et y laissèrent tomber une goutte de liqueur. Cet acte de sensibilité se renouvela plusieurs fois, et je l'observai avec une loupe. »

Quoique l'histoire des Fourmis d'Europe présente encore de grandes lacunes, on peut la regarder comme très-avancée en comparaison de celle des exotiques. Si nous puisons dans les récits crédules de la plupart des voyageurs, nous ne ferons que répéter des erreurs grossières, ou, si les faits sont vrais, ils ne s'appliqueront pas aux Fourmis, car on sait que pour des hommes qui ne surent jamais distinguer une Fourmi d'un autre Insecte, tout petit Animal est désigné par eux sous ce nom. Mademoiselle Mérian prétend qu'une espèce de ce genre voyage en troupes et que lorsque ces Insectes veulent franchir un intervalle, entre plusieurs Arbres, par exemple, ils se forment un pont, en s'accrochant l'un à l'autre, sur lequel tout le corps d'armée passe ; cette armée va, une fois par an, de maison en maison,

y tue tous les Insectes, tous les petits Quadrupèdes rongeurs et incommodes qu'elle rencontre dans sa visite. Ce que nous disons des voyageurs ne doit pas s'appliquer à tous ; il en est d'instruits qui ont donné des détails fort curieux sur plusieurs Insectes et dont les observations sont dignes de foi. Ainsi le capitaine Stedman dit qu'il n'a pas eu la moindre connaissance des faits énoncés par mademoiselle Mérian, quoiqu'il ait parcouru les mêmes lieux qu'elle ; il a observé que les Fourmis nommées par les habitans Fourmis de feu étaient si nombreuses que souvent, par leur épaisseur, leurs fourmilières obstruaient, en quelque sorte, le passage. Il dit que leur morsure cause une douleur si vive, qu'il a vu toute une compagnie de soldats être saisie d'un tel tressaillement, qu'on eût dit qu'ils venaient d'être échaudés par de l'eau bouillante. Nous pourrions rapporter beaucoup d'observations de ce genre, mais l'étendue de cet article ne nous le permet pas.

Les mâles et les femelles des Fourmis ne se trouvent, sous leur dernière forme, que passagèrement dans la fourmilière ; les mâles naissent les premiers, et quittent presque aussitôt leur berceau, quoique les Fourmis nourricières fassent tous leurs efforts pour les retenir. Quelques-uns sont d'abord obligés de rentrer, mais la garde est bientôt forcée par le grand nombre de ceux qui veulent émigrer, et les environs de l'habitation sont couverts d'un nombre immense de Fourmis qui s'envolent au bout de quelques heures. Quand les femelles sont sorties avec eux, ils s'accouplent soit à terre, soit dans l'air ; les femelles retombent et se débarrassent bientôt de leurs ailes qui sont devenues inutiles, puisque le vœu de la nature est rempli. Cette opération, que Hubert leur a vu faire, est fort curieuse, et nous allons rapporter ce qu'il a observé. Il avait pris des Fourmis femelles fécondées et les avait placées dans un pot rempli de terre humide et couvert d'une cloche en verre.; une heure après, toutes avaient perdu leurs ailes, qui étaient dispersées çà et là, et elles s'étaient cachées sous la terre. Comme il voulait être témoin de la manière dont elles opèrent, il en prit, les mit dans un poudrier sans terre et les observa avec assiduité pendant cinq heures consécutives. Mais, à son grand étonnement, il ne leur vit rien faire qui pût annoncer la perte de leurs ailes; il ne concevait pas ce qui pouvait retarder une opération qui avait été si tôt faite par les premières, mais il pensa bientôt que c'était peut-être parce que les femelles n'étaient pas dans des circonstances semblables à l'état de nature; il prit de la terre humide, en mit une légère couche sur une table, la recouvrit d'une cloche en verre et introduisit dessous une Fourmi fécondée; aussitôt qu'elle se sentit sur la terre, elle étendit ses ailes avec effort, en les faisant venir en avant de sa tête; elle les croisa dans tous les sens, les renversa d'un côté, puis de l'autre, et fit des contorsions si singulières que ses quatre ailes tombèrent à la fois en sa présence; après cette expédition, elle se reposa, brossa son corselet avec ses pates, et se promena sur la terre où elle parut chercher un gîte. Elle ne semblait pas s'apercevoir qu'elle fût enfermée dans une étroite enceinte; elle mangea du miel qu'il lui avait donné, et se cacha enfin sous quelques morceaux de terre qui formaient une petite grotte naturelle. Les femelles qui sont restées aux environs de la fourmilière sont saisies par les neutres qui s'empressent de les faire entrer dans l'habitation; là, elles sont gardées avec assiduité; on ne leur permet plus de sortir, on les nourrit avec soin, et elles sont conduites dans les parties de la fourmilière où la température paraît le mieux leur convenir. Ces femelles s'accoutument peu à peu à leur esclavage : leur ventre grossit, et une seule sentinelle, remplacée sans cesse par d'autres, surveille leur conduite : la plupart du temps montée sur son abdomen et les jambes postérieures posées par terre, elle semble destinée à re-

lever les œufs aussitôt qu'ils sont pondus. Lorsque la maternité de la femelle est bien reconnue, on commence à lui rendre des hommages pareils à ceux que les Abeilles prodiguent à leur reine : une douzaine de Fourmis la suivent partout; elle est sans cesse l'objet de leurs soins et de leurs caresses; toutes s'empressent autour d'elle, lui offrent de la nourriture et la conduisent par ses mandibules dans les passages difficiles ou montueux; elles vont même jusqu'à la porter. Plusieurs femelles peuvent vivre dans le même nid; elles n'éprouvent point de rivalités; chacune d'elles a sa cour; elles se rencontrent sans se faire de mal, mais elles n'ont aucun pouvoir. Les œufs, aussitôt après avoir été pondus, sont recueillis avec soin et réunis autour d'elle.

Les femelles qui ne sont point rentrées dans leurs foyers, cherchent un gîte dès qu'elles ont perdu leurs ailes; il serait bien difficile de les suivre alors dans les tours et détours qu'elles font dans les gazons et dans les champs. Hubert s'est assuré par quelques essais que ces femelles, qui n'étaient appelées à aucuns travaux dans les fourmilières natales, animées par l'amour maternel et le besoin de faire usage de toutes leurs facultés, devenaient laborieuses et soignaient leurs petits aussi bien que les ouvrières. Il est certain que ces femelles errantes établissent de nouvelles colonies, et l'apparition de fourmilières dans des endroits où il n'en existait pas, le prouve; car il est difficile de concevoir que l'instinct ramène toujours à la même habitation des individus que l'amour a entraînés au loin; l'immensité de population qui devrait résulter de cette unité de société, est une des raisons concluantes en faveur de ce sentiment; d'ailleurs, Hubert s'est assuré de la vérité de ces faits par plusieurs expériences qui ne laissent plus de doute à cet égard. Les femelles vierges ne rejettent point leurs ailes; elles n'inspirent aucun intérêt aux neutres, et celles-ci ne commencent à s'en occuper que quand elles sont fécondées. Hubert a vu des femelles vierges et pourvues de leurs ailes, occupées à ouvrir des coques de nymphes de Fourmis ouvrières qu'il avait placées avec elles dans un appareil où elles étaient isolées. Ces femelles ne paraissaient pas embarrassées du rôle qu'elles remplissaient pour la première fois et contre l'intention présumée de la nature.

Suivant Hubert, l'attachement des Fourmis ouvrières pour leurs femelles paraît s'étendre au-delà de leur existence ; car lorsqu'une femelle fécondée périt, cinq ou six ouvrières demeurent auprès d'elle, la brossent et la lèchent sans interruption pendant plusieurs jours, et semblent vouloir la ranimer par leurs soins.

Les œufs des Fourmis diffèrent entre eux : les plus petits sont cylindriques, blancs et opaques ; les plus gros sont transparens, avec une de leurs extrémités légèrement arquée ; ceux de grandeur moyenne n'ont qu'une demi-transparence, et l'on voit dans leur intérieur une espèce de nuage blanc plus ou moins allongé. Dans d'autres, on n'aperçoit qu'un point transparent au bout supérieur ; ceux-là offrent une zône claire, tant en dessus qu'en dessous ; d'autres sont d'une limpidité parfaite, et l'on aperçoit déjà dedans des anneaux très-marqués ; enfin les plus gros ne présentent qu'un seul point opaque et blanchâtre. Ceux qui viennent d'être pondus, sont constamment d'un blanc laiteux. Si l'on dérobe les œufs les plus avancés, aux soins des Fourmis, ils se dessèchent et périssent bientôt, ce qui ferait croire que les ouvrières ont des moyens pour les conserver, en leur communiquant peut-être une humidité nécessaire. Les larves sortent de ces œufs quinze jours après la ponte, elles ressemblent à de petits Vers blancs, gros, courts, sans pates, et d'une forme presque conique ; leur corps est composé de douze anneaux ; sa partie antérieure est plus menue et courbée ; on remarque à la tête deux petites pièces écailleuses qui sont deux espèces de crochets ; au-dessous de ces

crochets, quatre petites pointes ou cils, deux de chaque côté, et un mamelon presque cylindrique, mou, rétractile, par lequel la larve reçoit la becquée ; il est probable que la base principale de la nourriture que les ouvrières dégorgent, est la liqueur qu'elles recueillent auprès des pucerons et les parties sucrées des Végétaux. Les soins que les Fourmis neutres prennent des larves, ne se bornent pas à la nourriture ; elles veillent sans cesse auprès d'elles pour les préserver de tous les accidens auxquels elles sont exposées dans un âge si tendre. Ces secondes mères remplissent ce devoir avec une prévoyance et une tendresse à toute épreuve. Toutes les températures ne conviennent pas à la jeune famille, les Fourmis ont dans leur instinct un thermomètre qui leur indique le degré dans lequel il faut tenir leurs nourrissons ; ainsi, lorsque les rayons du soleil viennent frapper la partie extérieure de leur nid, les Fourmis qui sont à la surface descendent au fond de la fourmilière, avertissent leurs compagnes en les frappant avec leurs antennes, et les saisissant même avec leurs mandibules si elles ne s'empressent pas assez, elles les entraînent au sommet de l'habitation, et les y laissent afin de revenir auprès de celles qui gardent les petits ; dans un instant les larves et les nymphes sont transportées au faîte de la fourmilière, et reçoivent la douce influence du soleil. Les larves des femelles, qui sont beaucoup plus grosses, donnent plus d'embarras ; on finit cependant par les placer à côté des autres. Quand les Fourmis jugent que leurs petits sont restés assez long-temps au soleil, elles les retirent dans des loges propres à les recevoir, sous une couche de chaume, mais qui n'intercepte pas entièrement la chaleur ; quand elles croient n'avoir rien à craindre, elles se reposent de leurs travaux ; alors on les voit étendues pêle mêle avec les larves, ou entassées les unes sur les autres. Si l'on découvre un peu l'intérieur de ces nids, on voit les ouvrières saisir leurs nourrissons avec une promptitude extrême, et les entraîner dans les lieux les plus reculés de l'habitation ; s'il se trouve déjà des individus ailés, ils sont de même cachés par ces Animaux.

Les larves des Fourmis qui n'ont point d'aiguillon se renferment dans une coque ovalaire d'un blanc jaunâtre ou roussâtre, marquée à un bout d'une tache noirâtre qui répond à l'extrémité de l'abdomen de la nymphe, et qui est produite peut-être par la dépouille de la larve. Cette coque est formée d'une pellicule très-mince; l'écaille ou pédicule est cachée par une peau très-fine qui se prolonge du corselet sur l'abdomen ; les larves des espèces qui sont armées d'un aiguillon, ne s'ensevelissent pas ainsi dans un tombeau ; la nymphe est entièrement nue ; sa couleur devient plus foncée, à mesure que le moment de son entier développement approche.

La Fourmi en état de nymphe présente la forme et la grandeur de l'Insecte parfait; mais elle est faible, d'une consistance encore tendre, et ses membres incapables d'action, sont renfermés dans le fourreau dont nous avons parlé plus haut; ces nymphes ne peuvent pas encore se passer du secours des Fourmis ouvrières; celles qui sont enveloppées dans une coque, périraient dedans, si, quand le temps est venu qu'elles en soient débarrassées, les neutres ne les sortaient pas de leurs cellules et ne leur enlevaient pas la pellicule soyeuse qui enveloppe les parties de leur corps, en les tiraillant délicatement avec leurs mandibules. Les nouveaux nés jouissent tous de leur liberté et des facultés actives qui leur sont propres; les neutres continuent pendant quelques jours de les surveiller; elles les alimentent, les accompagnent en tous lieux, et semblent chercher à leur faire connaître tous les sentiers et tous les détails de leur habitation; les mâles qui veulent sortir sont rassemblés par elles dans une même case, et ils y sont retenus jusqu'au moment où elles jugent convenable de les laisser sortir avec les femelles. La sortie des mâles et des femelles est un événement marquant pour la république : toutes les Fourmis sortent et assistent avec inquiétude au départ des couples sur lesquels est fondé l'espoir de toutes; elles s'opposent de tout leur pouvoir au départ des individus qui vont prendre l'essor, mais elles ne parviennent pas à empêcher le plus grand nombre de s'élever dans les airs et de quitter pour jamais les lieux qui les ont vus naître; on les voit alors dans l'air, rassemblées en essaims innombrables, exécuter des mouvemens lents en s'élevant et s'abaissant alternativement de quelques pieds ; les mâles qui forment le gros de l'essaim, volent obliquement et en zig-zag; les femelles, tournées contre le vent, sont suspendues comme des ballons, et paraissent immobiles, jusqu'à ce que quelques mâles les saisissent, les entraînent loin de la foule et les fécondent au milieu des airs.

Les Fourmis sont un vrai fléau pour nos jardins ; elles gâtent les fruits en leur communiquant une odeur désagréable, ou en les entamant avant leur maturité. Le laboureur leur voit souvent enlever une partie de son grain, et les racines de plusieurs de nos Plantes économiques ont à souffrir du travail de ces Animaux qui se creusent des galeries sans nombre dans la terre. Mais les dégâts que font les Fourmis d'Europe, ne sont rien en comparaison de ceux des espèces de l'Inde et des contrées équatoriales : elles ravagent d'une manière inconcevable les plantations des cannes à sucre. On lit dans un grand nombre de voyageurs les détails des ravages que font les Fourmis dans les pays chauds; mais Latreille pense qu'on en a trop mis sur leur compte; il est injuste, dit-il, de faire supporter aux seules et vraies Fourmis tout le poids de notre indignation et de notre vengeance. La même impartialité nous oblige également à leur refuser le talent de produire la laque du commerce.

Le nombre et la variété des moyens que les agronomes ont indiqués pour détruire ces Insectes, est en général une preuve de leur insuffisance. Nous allons cependant faire connaître les principaux, et nous renverrons pour plus de détails au Dictionnaire d'agriculture. Le moyen le plus ordinaire et le plus connu des jardiniers est de mettre de l'eau et du miel que l'on a eu soin de faire bouillir, dans une bouteille que l'on suspend aux Arbres attaqués par les Fourmis ; l'odeur du miel les attire, elles entrent dans la bouteille et s'y noient. Un autre procédé qui a été annoncé dans la Gazette d'agriculture, a, dit-on, très-bien réussi dans les environs de Montpellier : il faut transporter dans les jardins un grand nombre de grosses Fourmis que l'on trouve dans les bois ; celles-ci ne cessent de combattre les petites espèces, que lorsqu'elles les ont entièrement détruites ou chassées. On remarque que dans les jardins où il n'y a que de grosses Fourmis, les Arbres viennent très-bien. Un moyen plus efficace, mais qui deviendrait peut-être trop coûteux pour être employé en grand, est de faire usage de l'Oxide blanc d'Arsenic, en le mêlant avec du sucre ou quelque autre matière dont les Fourmis sont friandes : on les verra toutes périr. Le sublimé corrosif est encore un bon moyen : on a remarqué que les Fourmis qui avaient touché à cette substance, entraient dans une espèce de rage et tuaient les autres. Le contact de leur corps suffisait encore pour en faire périr plusieurs. Du bois brûlé en charbon, mais ne donnant plus de flamme, placé sur leur passage, les attire ; elles s'y précipitent par milliers et ne tardent pas à l'éteindre. On trouve dans les forêts de la Guiane des fourmilières qui forment des pyramides tronquées de quinze à vingt pieds d'élévation sur trente à quarante de base. Les cultivateurs sont obligés d'abandonner un nouvel établissement, lorsqu'ils ont le malheur d'y rencontrer une pareille forteresse, à moins qu'ils n'aient assez de force pour en faire un siége en règle. Latreille rapporte que cela est arrivé à M. de Préfontaine, lors de son premier campement à Kourou. Il fut obligé de faire creuser une tranchée circulaire, qu'il remplit d'une grande quantité de bois sec, autour d'une de ces fourmilières ; et après y avoir mis le feu sur tous les points de sa circonférence, il l'attaqua à coups de canon.

Nous allons donner la description de quelques espèces remarquables de Fourmis ; nous les diviserons, d'après Latreille, en deux sections.

† Corselet des ouvrières ayant le dos arqué et sans interruption dans sa courbure ; ailes supérieures des autres individus sans nervures récurrentes.

Fourmi Ronge-bois, *F. herculeana*, Lin., Scop., Schrank, Oliv., Latr., Hist. Nat. des Fourmis, p. 88, pl. 1, f. 1, Cette espèce est la plus grande d'Europe ; elle a quelquefois jusqu'à sept lignes de longueur. Le mulet est noir, avec le corselet et les cuisses d'un rouge sanguin foncé ; le mâle et la femelle en diffèrent peu pour les couleurs. Cette Fourmi établit sa demeure dans l'intérieur des parties mortes des vieux Arbres, sous leur écorce. On ne la trouve pas dans les champs ; elle vit en société peu nombreuse et paraît plus propre au Midi. On la trouve rarement aux environs de Paris.

Fourmi bi-épineuse, *F. bispinosa*, Oliv., Latr., *ibid.*, p. 133, pl. 4, fig. 20 ; *F. fungosa*, Fab. Elle est longue de trois lignes, noire, avec le corselet bi-épineux en devant et l'écaille terminée par une pointe longue. Cette espèce, qui se trouve à Cayenne, fait son nid avec une matière qui ressemble au premier coup-d'œil à de l'amadou ; cette substance est composée d'un duvet cotonneux, qui paraît être formé de petits brins qui entourent la semence d'un Fromager d'Aublet. L'Animal les empile et en fait une espèce de feutre, qui est très-efficace dans les hémorrhagies.

†† Dos du corselet des ouvrières ayant des enfoncemens qui le rendent sinueux ; ailes supérieures des autres individus ayant une nervure récurrente et reçue par la première cellule cubitale ; la seconde nervure récurrente nulle.

FOURMI FAUVE, *F. rufa*, Lin., Latr., *ibid.*, p. 145, pl. 5, fig. 28. L'ouvrière a trois lignes de longueur ; elle est noirâtre, avec une grande partie de sa tête, de son corselet et l'écaille, fauves ; la tête a trois petits yeux lisses. La femelle est plus longue d'une ligne ; sa tête ressemble à celle de l'ouvrière ; on voit seulement du noir au milieu de sa partie antérieure près de la bouche. L'écaille est grande et ovée ; l'abdomen est court, presque globuleux, d'un noir un peu bronzé, avec le devant fauve ; les ailes sont enfumées ; les pates sont noirâtres, avec les cuisses rouges. Le mâle est à peu près de la même longueur, mais plus étroit, avec l'écaille épaisse, presque carrée, et l'abdomen courbé à l'anus, qui est noirâtre ; les ailes ont les nervures jaunâtres. La Fourmi fauve est très-commune dans toutes les parties de l'Europe ; c'est elle qui élève dans les bois ces monticules remarquables par leur grandeur, et leur forme en cône très-large à sa base. Cette habitation est composée de brins de chaume, de fragmens ligneux, de coquillages, de cailloux, et comme elles ramassent souvent, dans le même dessein, des grains de blé, d'orge et d'avoine, on a cru qu'elles faisaient des provisions pour l'hiver ; mais il est reconnu qu'elles ne s'en servent que pour leur habitation, car elles passent l'hiver engourdies, ainsi que toutes les autres espèces, et ne prennent par conséquent aucune nourriture. Le monticule que cette espèce forme ne paraît, au premier coup-d'œil, qu'un amas confus de matériaux ; mais, si on l'examine avec attention, on voit qu'il est arrangé de manière à éloigner les eaux de la fourmilière, à ménager la chaleur du soleil ou la conserver dans l'intérieur du nid. L'assemblage des divers élémens dont il est composé présente toujours l'aspect d'un dôme arrondi, dont la base, souvent couverte de terre et de petits cailloux, forme une zône au-dessus de laquelle s'élève, eu pain de sucre, la partie ligneuse du bâtiment. Cette couverture cache la portion la plus considérable de l'établissement, qui s'étend à des profondeurs assez grandes sous terre. Des avenues, ménagées soigneusement, en forme d'entonnoir, conduisent du faîte dans l'intérieur de la fourmilière ; leur ouverture est plus ou moins large, et leur nombre varie selon que la population est plus ou moins étendue ; ces portes étaient nécessaires pour donner issue à l'immense quantité d'ouvrières dont ces peuplades sont composées ; elles semblent préférer vivre en plein air et ne pas craindre de faire en notre présence la plupart de leurs opérations : ce qui les distingue des autres espèces, qui se tiennent volontiers dans leurs nids et à l'abri du soleil. Le soir, les Fourmis fauves ferment peu à peu leurs portes ; elles apportent pour cela de petites poutres, qu'elles placent auprès des galeries pour en diminuer l'entrée ; elles les arrangent au-dessus de l'ouverture et les enfoncent même quelquefois dans le massif du chaume, en les croisant dans tous les sens ; elles finissent par y mettre d'autres parcelles plus petites, et parviennent à boucher entièrement le trou par où elles entraient. Le matin elles défont ce qu'elles ont fait le soir ; il n'y a que les jours de pluie où elles ne fassent pas cette opération, se bornant alors à pratiquer une ouverture beaucoup plus petite, et s'il vient à pleuvoir elles la ferment tout-à-fait.

« Pour concevoir, dit Hubert, la formation du toit de chaume, voyons ce qu'était la fourmilière dans son origine. Elle n'est, au commencement, qu'une cavité pratiquée dans la terre ; une partie de ses habitans va chercher aux environs des matériaux propres à la construction de la charpente extérieure ; ils les disposent ensuite dans un ordre peu régulier, mais suffisant pour en recouvrir l'entrée ; d'autres Fourmis apportent de la terre, qu'elles ont enlevée au fond du nid dont elles creusent l'intérieur, et cette terre, mélangée avec les brins de bois et de feuilles qui sont apportés à chaque instant, donne une certaine consistance à l'édifice ; il s'élève de jour en jour ; cependant, les Fourmis ont soin de laisser des espaces vides pour ces galeries, qui conduisent au dehors, et, comme elles enlèvent le matin les barrières qu'elles ont posées à l'entrée du nid la veille, les conduits se conservent tandis que le reste de la fourmilière s'élève ; elle prend déjà une forme bombée, mais on se tromperait si on la croyait massive. Ce toit devait encore servir sous un autre point de vue à nos Insectes ; il était destiné à contenir de nouveaux étages, et voici de quelle manière ils sont construits (je puis en parler, pour l'avoir vu à travers un carreau de verre que j'avais ajusté contre une fourmilière). C'est par excavation, en minant leur édifice même, qu'elles y pratiquent des salles très-spacieuses, fort basses à la vérité, et d'une construction grossière ; mais elles sont commodes pour l'usage auquel elles sont destinées, celui de pouvoir y déposer les nymphes et les larves à certaines heures du jour. Ces espaces vides communiquent entre eux par des galeries faites de la même manière. Si les matériaux du nid n'étaient qu'entrelacés les uns avec les autres, ils céderaient trop facilement aux efforts des Fourmis, et tomberaient confusément lorsqu'elles porteraient atteinte à leur ordre primitif ; mais la terre contenue entre les couches, dont le monticule est composé, étant délayée par l'eau des pluies, et durcie ensuite par le soleil, sert à lier ensemble toutes les parties de la fourmilière, de manière cependant à permettre aux Fourmis d'en séparer quelques fragmens, sans détruire le

reste ; d'ailleurs, elle s'oppose si bien à l'introduction de l'eau dans le nid, que je n'en ai jamais trouvé (même après les plus longues pluies) à plus d'un quart de pouce de la surface, à moins que la fourmilière n'eût été dérangée ou ne fût abandonnée par ses habitans. Quant à la partie souterraine de la fourmilière, on ne peut la voir que lorsqu'elle est placée contre une pente ; alors, en soulevant le monticule de chaume, on aperçoit toute la coupe intérieure du bâtiment. Ces souterrains présentent des étages composés de loges creusées dans la terre et pratiquées dans un sens horizontal. » Les Fourmis fauves, et même plusieurs autres espèces, changent quelquefois d'habitation si leur fourmilière est mal exposée ou trop près d'une fourmilière ennemie (c'est ce que Hubert appelle migration) ; alors, la nation entière se transporte dans un autre lieu plus favorable et y fonde une nouvelle cité. Dans cette occasion, les Fourmis se portent les unes les autres ; celles qui s'en vont de l'ancienne habitation à la nouvelle, emportent leurs compagnes, et celles qui reviennent sont toujours seules. Les premières qui ont formé le projet de changer de demeure, et qui ont découvert un endroit favorable, viennent engager les autres à les suivre ; tantôt elles les invitent par de simples caresses, tantôt elles les enlèvent de force, et bientôt toute la fourmilière passe dans le nouveau local et y transporte ses œufs et ses larves.

Si les Fourmis fauves aperçoivent un de leurs ennemis à une distance assez grande pour qu'elles ne puissent pas l'atteindre, elles se redressent sur leurs pieds de derrière, font passer leur abdomen entre leurs jambes et lancent avec force des jets de leur acide. Elles attaquent à force ouverte, en pinçant fortement avec leurs mandibules, et versant dans les plaies produites par leurs morsures leur acide formique ; elles y parviennent en courbant l'extrémité postérieure de leur abdomen, où il est contenu, et en l'appliquant contre la partie offensée. Ces Fourmis dissèquent en très-peu de temps les cadavres de divers Animaux de petite taille qu'on leur présente.

Hubert donne une description fort intéressante d'un combat entre deux fourmilières de la même espèce. Les deux armées s'étaient rencontrées à moitié chemin de leur habitation respective ; c'est là que se donnait la bataille ; elles occupaient un espace de deux ou trois pieds carrés, et il s'en exhalait de toutes parts une odeur pénétrante. A l'approche de la nuit, après s'être bien battus, et avoir laissé un grand nombre de morts sur le lieu de la scène, chaque parti rentrait graduellement dans la cité, mais ils retournaient au combat avant l'aurore, et le carnage recommençait avec plus de fureur. Les Fourmis sanguines, qui sont souvent attaquées par les Fourmis fauves, se défendent en partisans et font une petite guerre fort amusante pour l'observateur. Les deux partis se mettent en embuscade et fondent l'un sur l'autre à l'improviste ; si les Fourmis sanguines se voient moins en force, elles réclament du secours, et aussitôt une armée sort de la cité, s'avance en masse et enveloppe le peloton ennemi.

Les Fourmis fauves ont présenté à Hubert quelques faits singuliers et dont le trait suivant retrace une sorte de scène gymnastique. S'étant un jour approché d'une de leurs habitations exposée au soleil et abritée du côté du nord, il vit ces Insectes amoncelés en grand nombre sur sa surface et dans un mouvement général, qu'il compare à l'image d'un liquide en ébullition. Mais s'étant appliqué à suivre séparément chaque Fourmi, il découvrit qu'elles jouaient entre elles deux à deux, et se livraient des combats simulés, pareils à ceux dont les jeunes Chiens nous donnent souvent le spectacle.

Fourmi sanguine, *F. sanguinea*, Latr., *ibid.*, p. 150, pl. 5, fig. 29. L'ouvrière ressemble beaucoup à celle de l'espèce précédente, mais les antennes et la tête sont entièrement d'un fauve-sanguin ; les yeux lisses sont apparens ; le corselet et les pates sont fauves ; l'abdomen est d'un noir-cendré. Ces Fourmis présentent un exemple des sociétés mixtes ; aussi allons-nous donner quelques détails particuliers sur leurs mœurs.

Elles ont de grands rapports avec les Fourmis fauves, tant par la forme et la couleur de leurs corps, que par leur manière de bâtir. Nous allons écouter Hubert, qui donne des détails fort curieux sur cette espèce.

« Une des occupations ordinaires des Fourmis sanguines, est d'aller à la chasse de certaines petites Fourmis dont elles font leur pâture ; elles ne sortent jamais seules ; on les voit aller par petites troupes, s'embusquer près d'une fourmilière, attendre à l'entrée qu'il en sorte quelque individu, et s'élancer aussitôt pour s'en saisir. Les Insectes qu'elles rencontrent sur leur chemin deviennent aussi leur proie, quand elles peuvent les arrêter. On ne trouve point chez les sanguines, non plus que dans les autres fourmilières mixtes, de mâles et de femelles de Fourmis auxiliaires. Les femelles sanguines sont remarquables par la vivacité de leurs couleurs. Les mâles ressemblent beaucoup à ceux de la Fourmi noir-cendrée, si ce n'est qu'ils ont le corps plus allongé ; on les voit partir en même temps que les femelles, et ils sont alors accompagnés d'un double cortége, comme ceux des Fourmis légionnaires. Tant de rapports entre ces Fourmis me faisaient soupçonner que les sanguines s'approvisionnaient de noir-cendrées, de la même manière que les roussâtres ; je les épiai de jour en jour, et je fus témoin de plusieurs expéditions. En voici un exemple qui pourra donner une juste idée de leur tactique. Le 15 juillet, à dix heures du matin, la fourmilière sanguine envoie en avant une poignée de ses guerriers. Cette petite troupe marche à la hâte jusqu'à l'entrée du nid des

Fourmis cendrées, situé à vingt pas de la fourmilière mixte ; elle se disperse autour du nid. Les habitans aperçoivent ces étrangères, sortent en foule pour les attaquer, et en emmènent plusieurs en captivité; mais les sanguines ne s'avancent plus; elles paraissent attendre du secours; de moment en moment, je vois arriver de petites bandes de ces Insectes, qui partent de la fourmilière sanguine et viennent renforcer la première brigade. Elles s'avancent alors un peu davantage, et semblent risquer plus volontiers d'en venir aux prises; mais, plus elles approchent des assiégées, plus elles paraissent empressées à envoyer à leur nid des espèces de courriers. Ces Fourmis, arrivant en hâte, jettent l'alarme dans la fourmilière mixte, et aussitôt un nouvel essaim part et marche à l'armée. Les sanguines ne se pressent point encore de chercher le combat; elles n'alarment les noir-cendrées que par leur seule présence; celles-ci occupent un espace de deux pieds carrés au-devant de leur fourmilière; la plus grande partie de la nation est sortie pour attendre l'ennemi. Tout autour du camp, on commence à voir de fréquentes escarmouches, et ce sont toujours les assiégées qui attaquent les assiégeantes. Le nombre des noir-cendrées assez considérable annonce une vigoureuse résistance; mais elles se défient de leurs forces, songent d'avance au salut des petits qui leur sont confiés, et nous montrent en cela un des plus singuliers traits de prudence dont l'histoire des Insectes nous fournisse l'exemple. Long-temps avant que le succès puisse être douteux, elles apportent leurs nymphes au-dehors de leurs souterrains, et les amoncellent à l'entrée du nid, du côté opposé à celui d'où viennent les Fourmis sanguines, afin de pouvoir les emporter plus aisément si le sort des armes leur est contraire. Leurs jeunes femelles prennent la fuite du même côté; le danger s'approche; les sanguines se trouvant en force, se jettent

au milieu des noir-cendrées, les attaquent sur tous les points, et parviennent jusque sur le dôme de leur cité. Les noir-cendrées, après une vive résistance, renoncent à la défendre, s'emparent des nymphes qu'elles avaient rassemblées hors de la fourmilière, et les emportent au loin. Les sanguines les poursuivent et cherchent à leur ravir leur trésor. Toutes les noires sont en fuite ; cependant on en voit quelques-unes se jeter avec un véritable dévouement au milieu des ennemis et pénétrer dans les souterrains dont elles soustraient encore au pillage quelques larves qu'elles emportent à la hâte. Les Fourmis sanguines pénètrent dans l'intérieur, s'emparent de toutes les avenues, et paraissent s'établir dans le nid dévasté. De petites troupes arrivent alors de la fourmilière mixte, et l'on commence à enlever ce qui reste de larves et de nymphes. Il s'établit une chaîne continue d'une demeure à l'autre, et la journée se passe de cette manière. La nuit arrive avant qu'on ait transporté tout le butin ; un bon nombre de sanguines reste dans la cité prise d'assaut, et le lendemain à l'aube du jour elles recommencent à transférer leur proie. Quand elles ont enlevé toutes les nymphes, elles se portent les unes les autres dans la fourmilière mixte jusqu'à ce qu'il n'en reste plus qu'un petit nombre. Mais j'aperçois quelques couples aller dans un sens contraire; leur nombre augmente; une nouvelle résolution a sans doute été prise par ces Insectes vraiment belliqueux : un recrutement nombreux s'établit sur la fourmilière mixte, en faveur de la ville pillée, et celle-ci devient la cité sanguine. Tout y est transporté avec promptitude : nymphes, larves, mâles et femelles, auxiliaires et amazones, tout ce que renfermait la fourmilière mixte, est déposé dans l'habitation conquise, et les Fourmis sanguines renoncent pour jamais à leur ancienne patrie. Elles s'établissent en lieu et place des noir-cendrées, et là entreprennent de nouvelles invasions. »

Les Fourmis sanguines ne font pas leurs expéditions contre les noircendrées aussi souvent que les roussâtres ; elles n'attaquent que cinq ou six fourmilières dans un été, et se contentent d'un certain nombre de domestiques. Hubert remarque que les noir-cendrées attaquées par les sanguines se conduisent différemment que lorsqu'elles ont affaire aux Fourmis roussâtres. L'impétuosité de ces dernières ne leur laisse pas le temps de se défendre ; la tactique des assiégeans étant différente, celle des assiégés devait l'être aussi. Très-carnassières et toujours occupées de chasses, les sanguines ne peuvent se passer de ces auxiliaires, car leurs petits se trouveraient alors sans défense. Les Fourmis mineuses enlevées de la fourmilière dans leur jeune âge, rendent aussi les mêmes services ; mais ce qui est bien remarquable, c'est qu'il existe des fourmilières sanguines où l'on voit ces deux espèces d'auxiliaires. Cette Fourmi se trouve en France, et est plus commune en Suisse.

Fourmi noir-cendrée, *F. fusca*, L., Latr., *ibid.*, p. 169, pl. 6. f, 32. L'ouvrière a un peu plus de deux lignes de long ; elle est d'un noir cendré avec la partie inférieure des antennes et les pates rougeâtres ; la femelle est d'un noir très-luisant avec un léger reflet bronzé ; le mâle est noir avec l'anus et les pates d'un rouge pâle. Cette espèce est une de celles qu'Hubert appelle Fourmis maçonnes. Les monticules qu'elle élève offrent toujours des murs épais formés d'une terre grossière et raboteuse, des étages très-prononcés et de larges voûtes soutenues par des piliers solides. On n'y trouve ni chemin ni galerie proprement dits, mais des passages en forme d'œil de bœuf ; partout de grands vides, de gros massifs de terre, et l'on remarque que les Fourmis ont conservé une certaine proportion entre les piliers

et la largeur des voûtes auxquelles ils servent de supports.

Fourmi jaune, *F. flava*, Fabr., Dég., Oliv., Vill., Latr., *ibid.*, p. 166, pl. 6, f. 36. Elle est d'un roux jaunâtre luisant ; l'écaille est presque carrée, entière. Cette espèce choisit les parcelles les plus fines des Arbres dans lesquels elles s'est établie, les mélange avec un peu de terre et des toiles d'Araignées, et forme une matière de la consistance du papier mâché, et avec laquelle elle construit des étages entiers de son habitation. Elle sert de boussole aux habitans des Alpes, parce que son nid se dirige constamment de l'est à l'ouest. Ces fourmilières sont très-multipliées et plus élevées dans les montagnes que partout ailleurs ; leur sommet et la pente la plus rapide sont tournés au levant d'hiver, mais elles vont en talus au côté opposé. Ces faits ont été communiqués à Hubert par des montagnards ; il les a vérifiés lui-même sur des milliers de ces fourmilières.

Fourmi brune, *F. brunnea*, Latr., *ibid.*, p. 168, pl. 6, fig. 35, A. Elle est d'un brun rougeâtre clair ; son abdomen est obscur. Cette espèce qui n'a pas plus d'une ligne et demie de longueur, se fait remarquer par son industrie et la perfection de son travail ; c'est une de celles qu'Hubert appelle Fourmis maçonnes. Cette Fourmi construit son nid par étages de quatre à cinq lignes de haut dont les cloisons n'ont pas plus d'une demi-ligne d'épaisseur. Ces étages sont égaux et suivent la pente de la fourmilière. Il y en a quelquefois plus de vingt dans la partie supérieure, et au moins autant au-dessous du sol. Hubert a observé que cette espèce sort la nuit et presque jamais le jour ; il les a vues travailler. Pour cela elles choisissent un temps de pluie ; c'est alors qu'on peut les voir déployer tout leur talent pour l'architecture ; elles apportent entre leurs mandibules de petites parcelles de terre, les placent à l'endroit où elles doivent rester, les divisent et les poussent avec leurs dents, de manière à remplir les plus petites inégalités de la muraille. Quand elles ont construit assez de ces petites murailles et qu'elles ont à peu près quatre ou cinq lignes de haut, elles les réunissent en faisant un plafond de forme ceintrée. Pour cela elles placent leurs parcelles de terre dans un sens horizontal, de manière à faire au-dessus de chaque mur un rebord qui, venant bientôt à rencontrer celui du mur opposé, forme le plafond. Tout cela se fait toujours pendant la pluie qui, au lieu de diminuer la cohésion des particules de terre, semble l'augmenter encore. Ces parcelles de terre mouillée qui ne tiennent encore que par juxta-position sont liées étroitement, les inégalités disparaissent, le dessus de ces étages composé de tant de pièces rapportées ne présente plus qu'une seule couche de terre bien unie, et n'a besoin, pour se consolider entièrement, que de la chaleur du soleil. Cette espèce est assez commune; elle place sa fourmilière dans les Herbes, sur le bord des sentiers.

Barboteau a fait quelques observations sur les Fourmis des Antilles (Journal d'hist. naturelle et de physique de Rosier, 1776, novembre et décembre); les espèces qu'il mentionne n'étant pas suffisamment caractérisées, nous n'en parlerons pas.

On a étendu le nom de Fourmi à beaucoup d'Insectes différens; ainsi on a appelé :

Fourmi blanche, le genre Termes. *V*. ce mot.

Fourmi Amazone. *V*. Ponère.

Fourmi de visite, Fourmi céphalote. *V*. Œcodome.

Fourmi resserrée. *V*. Ponère.

Fourmi Mélanure. *V*. Myrmice.

Fourmi rouge. *V*. Myrmice.

Fourmis volantes. Le peuple désigne sous ce nom la plupart des Insectes à quatre ailes nues.   (G.)

FOURMILIER. *Myrmecophaga*. MAM. Genre de Mammifères de l'ordre des Edentés où il forme, avec les Pangolins, la troisième tribu dans le Règne Animal de Cuvier.

Ces Animaux, absolument dépourvus de dents comme les Pangolins, vont nous présenter d'une espèce à l'autre les mêmes contrastes d'organisation déjà observés dans les Bradypes. Ces contrastes consistent dans des différences non-seulement de la figure et de l'agencement des os, mais aussi dans l'inégalité du nombre de ces parties. On voit donc que, malgré les ressemblances extérieures qui ont servi à rapprocher ces Animaux dans un seul et même genre, ils diffèrent davantage entre eux que beaucoup de genres dans tel ou tel ordre, par exemple, dans celui des Singes, dans celui des Rongeurs, etc. Il s'ensuit encore que ces différences dans des organes inaccessibles par leur profondeur à des influences extérieures, chez des Animaux dont le régime est uniforme, qui habitent les mêmes contrées, les mêmes sites, et qui par conséquent sont soumis aux mêmes influences, ne peuvent être que primitives. Ces considérations, que nous aurons encore sujet de rappeler ailleurs, montrent à combien peu de cas peuvent s'appliquer les idées de quelques personnes sur la métamorphose des espèces les unes dans les autres.

Ce qui, au premier aspect, caractérise davantage les Fourmiliers, c'est la forme de leur tête effilée en un long tuyau cylindrique. Les parois de ce tuyau, sur la plus grande partie de son étendue, sont formées par les mâchoires dont la proportion sur le squelette rappelle celle du bec des Oiseaux, où il est le plus long, tel que les Bécasses, les Courlis, etc. En effet, dans le Tamanoir, la mâchoire supérieure est deux fois aussi longue que le crâne, et la voûte palatine occupe les onze douzièmes de la longueur de la tête. Cet excès énorme de longueur de la bouche dépend de ce que les palatins s'unissent sur la ligne médiane par tout leur bord interne, en continuant ainsi le tube des narines. Celles-ci ne débouchent pas, comme chez les autres Mammifères, sur le bord postérieur du plancher des palatins. Ce plancher est continué encore dans les Fourmiliers par des lames transversales des apophyses ptérigoïdes unies entre elles comme les lames horizontales des palatins; de sorte que le tube osseux des narines est prolongé par ce plancher des lames ptérigoïdes, presque vis-à-vis le bord du trou occipital. Or l'articulation du condyle maxillaire se trouve dans le même plan vertical; de sorte que, dans le Tamanoir surtout, si ces deux longues mâchoires s'écartaient de la même quantité angulaire que dans la plupart des Mammifères, ou seulement que dans l'Homme, l'écartement de l'extrémité buccale serait supérieur au plus grand diamètre du corps de l'Animal. Mais cet écartement est, au contraire, fort petit, et moindre que dans tous les autres Vertébrés sans exception. En voici la cause: ces mâchoires, si démesurément longues, sont bordées sur toute leur longueur par la peau, et la fente longitudinale des lèvres n'est pas d'un quinzième de la longueur de la mâchoire. Il s'ensuit que l'écartement des mâchoires à leur extrémité n'excède pas le douzième de la longueur. Les muscles qui meuvent cette mâchoire inférieure sont plus faibles encore à proportion que dans les Bécasses et autres Echassiers qui, tout en se nourrissant de proies molles, doivent cependant encore les saisir et les comprimer avec leur bec. Les Fourmiliers né saisissent, ne compriment rien avec leurs mâchoires. Une langue tellement extensible qu'elle excède deux ou trois fois la longueur de leur si longue tête, est projetée, toute couverte de glu, par l'ouverture terminale. L'Animal la plie et la replie autour des Fourmis, des Termites dont il a découvert et éparpillé les habitations. Il la retire couverte de ces Insectes qui sont immédiatement avalés. Il n'y a donc ici pas plus de mastication que dans les Poissons et la plupart des Oiseaux,

et de plus il n'y a eu aucun serrement de la proie par les mâchoires. C'est comme chez les Crapauds et les Grenouilles, qui saisissent les Insectes avec le même organe, mais par un mécanisme différent, vu la largeur et l'épaisseur de leur langue qui doit être lancée sous un gros volume, ce qui nécessitait une amplitude correspondante de l'ouverture maxillaire. Aussi les Fourmiliers sont-ils, de tous les Mammifères, ceux dont la fosse temporale et l'arcade zygomatique sont le plus effacées. La proéminence de l'apophyse zygomatique n'est pas d'un quinzième de la longueur de la fosse temporale et de la fosse orbitaire ici confondues en une seule. L'os jugal n'est qu'un petit stylet sans résistance, articulé entre le lacrymal et le maxillaire, et dont l'autre extrémité reste flottante en avant du tiers moyen de la distance qui s'étend jusqu'à l'os zygomatique. Les os du nez occupent presque la moitié de la longueur du dessus de la tête. Les narines, déjà immenses, sont encore agrandies par deux grandes cellules de chaque côté, dont l'antérieure, commune à l'aile ptérigoïde et au palatin, s'étend jusqu'au rétrécissement de celui-ci et communique avec le tube des narines par un trou percé au bord de l'aile dans le Tamandua. Dans le Tamanoir, cette cellule et la postérieure communiquent avec la caisse. Par coïncidence avec cette énorme amplitude des narines, le lobe olfactif et ses nerfs sont ici presqu'autant développés que dans certaines Chauve-Souris; la fosse ethmoïdale représentant bien le quart de la cavité cérébrale. Le sens du goût doit être aussi très-actif, à en juger par la dimension du trou maxillaire inférieur triple du supérieur. Dans le Fourmilier à deux doigts, les palatins ne se referment en dessous que sur les deux tiers de leur longueur, et là finit le tube osseux des narines, les apophyses ptérigoïdes ne se fermant pas non plus en plancher et n'existant même que sous la forme de deux longues arêtes très-saillantes , comme dans beaucoup de Rongeurs.

Dans le meilleur Traité d'anatomie comparée encore existant , ón a dit que les six dernières vertèbres cervicales étaient soudées ensemble chez les Fourmiliers et les Tatous. Cette rigidité du cou , chez des Animaux à aussi longue tête que les deux premiers Fourmiliers, eût borné singulièrement les mouvemens de la tête. Elle eût été d'autant plus étonnante que le cou est plus long à proportion , et, par conséquent, les vertèbres cervicales sont plus épaisses dans les Fourmiliers que dans beaucoup d'autres Quadrupèdes. Or, plus les vertèbres cervicales tendent à l'immobilité et par conséquent à la soudure , plus leur corps s'amincit dans tous les Vertébrés , à quelque région de la colonne vertébrale que la soudure arrive. Les Cétacés en offrent un exemple bien remarquable aux vertèbres cervicales. Dans plusieurs Baleines, chez les Dauphins, Cachalots, etc., les six dernières vertèbres cervicales n'ont pas ensemble plus d'épaisseur que la première dorsale. Aussi les Cétacés sont-ils les seuls Vertébrés qui aient les vertèbres cervicales soudées; car les Poissons n'ont réellement pas de cou.

Tous les détails de la construction du tronc des Fourmiliers sont relatifs à la solidité de la poitrine et du dos pour servir de point d'appui à leurs membres antérieurs de beaucoup plus vigoureux que ceux de derrière. L'omoplate est creusé de trois fosses profondes, séparées par deux longues arêtes saillantes. L'humérus , le radius et le cubitus sont hérissés de crêtes fortement prononcées séparant des faces rugueuses , de sorte que le corps même de ces os est taillé prismatiquement. L'humérus est plus large à son extrémité inférieure que dans le reste des Mammifères à cause de la saillie du condyle interne, laquelle est déterminée elle-même par la nécessité de fortes attaches pour les muscles fléchisseurs des énormes griffes. Nous avons déjà fait la même observation dans les Chrysochlores , et nous retrouverons cette loi de mécanique animale dans tous les autres Fouisseurs (*V.* notre article MÉCANIQUE ANIMALE et SQUELETTE). L'articulation inférieure de l'humérus présente au radius un segment de sphère qui se prête à la rotation aussi bien que dans l'Homme. Aussi la tête du radius y est-elle presque aussi ronde que dans ce dernier et les Singes. Il doit en résulter une rotation presque aussi facile de l'avant-bras sur le bras, sorte de mouvement qui était indispensable à leur genre de vie , et aux seuls moyens de défense dont ces Animaux jouissent en croisant les bras pour saisir et étouffer leur ennemi.

Cuvier a constaté une différence fort remarquable entre les deux grandes espèces et le petit Fourmilier à deux doigts. Celui-ci a une forte clavicule qui va s'articuler au sternum. Il n'en existe pas de traces chez les deux autres. Nous avons fait le premier la même remarque chez les Bradypes, où l'Unau, seul des trois espèces, est aussi pourvu de clavicules. Mais les mains des Fourmiliers sont, après leur tête, ce qu'ils ont de plus extraordinaire. Les phalanges unguéales de leurs pieds , disposées comme celles des Paresseux, de manière à ne pouvoir se réfléchir qu'en dessous , y sont en effet retenues à l'état de repos par de forts ligamens; leur base y est garnie, excepté sur le côté dorsal , d'une énorme gaîne osseuse dans laquelle l'ongle est enchâssé, et qui leur donne la même solidité que chez les Chats, quoique cette gaîne y soit disposée d'une manière inverse. Le Tamanoir et le Tamandua ont une main à cinq doigts, mais à quatre ongles seulement, le doigt externe n'ayant pas de phalange unguéale. C'est le médius qui est le plus gros de tous les doigts; il est plus que double de l'index. Son métacarpien n'a guère en longueur plus du double de sa largeur. Il s'engrène sur la première phalange par une poulie à trois arêtes perpendiculaires à l'axe de la poulie. Il en est de même de cette phalange sur la seconde, de manière que tout mouvement latéral est impossible, et que la force ne peut être employée que dans le sens de la flexion. Cette première phalange est beaucoup moins longue que large; et la troisième ou l'unguéale est à elle seule d'un tiers plus longue que les deux premières. Ces phalanges unguéales diffèrent de celles des Pangolins et par la gaîne osseuse qui est presque insensible dans ces derniers, où elle est surtout nulle en dessus, et parce que chez ceux-ci elle est profondément fourchue, division dont on aperçoit à peine une trace sur le dos de la phalange au médius et à l'index des Fourmiliers. Dans le petit Fourmilier, il n'y a que deux doigts, l'index et le médius. Celui-ci a les os encore plus gros à proportion que dans les deux autres espèces, et la première phalange s'y soude de bonne heure à la deuxième. Le pouce et le petit doigt ne consistent chacun qu'en un seul os mince caché sous la peau et représentant à la fois le doigt, son métacarpien et l'os du carpe qui leur sert de base; car il n'y a au second rang du carpe de cette espèce que deux os, quoiqu'il y en ait quatre au premier comme à l'ordinaire.

Les os des membres postérieurs sont loin d'avoir la solidité et surtout ces éminences si saillantes qui, dans les membres antérieurs, servent à la fois et de bras de levier, et de point d'appui à des muscles si vigoureux. Aussi la progression de ces Animaux est-elle fort lente; leur plus grande vitesse ne surpasse pas celle d'un Homme marchant à grands pas : ce qui, à la vérité, ne dépend pas seulement de la faiblesse musculaire du train de derrière, mais de la construction même et du poids des membres antérieurs, et surtout de la longueur de la réflexion des ongles couchés sous la main. Enfin, il y a au tarse un os surnuméraire articulé sur le cunéiforme interne, et qui, très-petit dans le Tamandua et le Tamanoir, s'allonge dans le petit Fourmilier, et s'élargit de manière à former une sorte de

talon. La grandeur de cet os est réciproque à celle du calcanéum qui, dans le Fourmilier didactyle, ne se porte pas en arrière plus que l'astragale lui-même, tandis que, dans les deux autres espèces, le calcanéum proémine en arrière autant qu'il se prolonge dans le tarse. Il en résulte que le petit Fourmilier qui, en raison de cette concavité du pied, grimpe plus aisément aux Arbres, doit aussi, par la brièveté de son calcanéum, être à terre encore plus lent que les deux autres espèces.

Les côtes du Tamanoir et du Fourmilier ont une largeur telle que leurs intervalles sont presque nuls, et celles du second se recouvrent même comme des pièces de cuirasses. Le sternum a ses côtes particulières, aussi bien ossifiées que dans les Oiseaux. Dans le Tamanoir il y en a neuf, presque rectilignes, cylindriques, augmentant de longueur jusqu'à la pénultième : ces côtes, comme les côtes vertébrales, s'articulent par une double tête que sépare une échancrure, dans la gorge interceptée entre deux des pièces dont la série forme le sternum. Ces pièces sont au nombre de dix. Les huit intermédiaires ressemblent parfaitement à des corps de vertèbres ordinaires. La conjugaison de ces pièces intercepte inférieurement un trou semblable au trou de conjugaison des vertèbres ; ce trou traverse de droite à gauche. Toutes les apophyses épineuses, dorsales, lombaires et sacrées, sont presque égales.

Il y a trente vertèbres à la queue du Tamanoir, plus de trente à celle du Tamandua, et au moins trente-six à celle du petit Fourmilier. Dans tous ces Fourmiliers, ces vertèbres offrent une différence très-remarquable avec leurs homologues dans les Pangolins qui ressemblent tant d'ailleurs aux Fourmiliers. Les vertèbres caudales de ceux-ci n'ont pas d'apophyses transverses, au contraire des Pangolins, où ces apophyses sont si larges et si longues que la longueur de chaque apophyse est double du diamètre du corps de la vertèbre, de manière que, dans l'étendue transversale de cette vertèbre, le corps ne représente qu'un cinquième, tandis que chez les Fourmiliers il forme tout le travers de la vertèbre. Mais les os en V, très-longs dans les Fourmiliers, donnent dans le sens vertical la même largeur à la queue, que les apophyses transverses en donnent dans le sens transversal à celle des Pangolins. Il en résulte que, dans ces derniers, les mouvemens latéraux de la queue sont très-étendus, et que ceux de flexion supérieure ou inférieure peuvent l'être aussi quand les deux faisceaux de muscles latéraux se contractent ensemble, tandis que, dans les Fourmiliers, les mouvemens latéraux doivent être presque nuls. (*V.*, pour les détails de configuration et de proportion du Squelette, la pl. 9 du T. v, 1re partie, des Ossem. Fossil. de Cuvier.)

La protractilité de la langue des Fourmiliers ne dépend aucunement d'un mécanisme semblable à celui qui produit le même effet dans les Pics, les Colibris, etc. Chez ces Oiseaux, la langue est portée sur un axe osseux, saillant du milieu de l'arc que forme l'hyoïde. Les deux extrémités filiformes de cet arc se recourbent derrière et en dessus du crâne, de manière à venir jusqu'au-dessus du bec. Des muscles fixés à ces cornes de l'hyoïde, selon qu'ils ont leur point fixe en devant ou en arrière du milieu de la longueur du bec, déterminent la protraction ou la rétraction de la langue. Ici il n'y a rien de semblable. L'hyoïde des Fourmiliers n'a aucun prolongement au-devant de son arc; et les extrémités de cet arc sont moins prolongées que dans beaucoup d'autres Mammifères. Dans la protraction de la langue, l'hyoïde reste même à peu près immobile. Voici d'où dépend le phénomène. Sur la face inférieure de l'apophyse xiphoïde du sternum, naissent deux faisceaux musculaires à fibres parallèles, dirigées d'abord en arrière, puis réfléchies en avant sur le bord

de l'échancrure de la lame que forme l'apophyse xiphoïde. Depuis cette réflexion, ces deux muscles se portent parallèlement en avant le long et au-dessus du sternum, puis le long et au-dessous de la trachée artère, jusqu'au devant du larynx où ils se rapprochent pour s'unir au muscle annulaire que nous allons indiquer, et dans lequel ils ne semblent pas se prolonger. Ils se terminent ainsi sous le corps de l'hyoïde, à la base de la langue. Ces muscles se nomment sterno-glosses. Les muscles ordinaires de la langue, savoir, l'hyo-glosse, et le cérato-glosse, sont très-petits, et se portent au-dessous et sur les côtés du renflement formé par les muscles génio-glosses, avec l'annulaire et les sterno-glosses. Ces génio-glosses, divisés chacun en trois faisceaux, s'insèrent à l'arc du menton. Les portions latérales de chaque génio-glosse s'écartent au-delà de l'hyoïde pour fournir aux sterno-glosses une gaîne tendineuse qui les suit tout du long du sternum. La partie mobile et protractile de la langue est formée seulement par le muscle annulaire, dans lequel le sterno-glosse ne se prolonge pas comme dans l'Echidné. Et comme la langue des Fourmiliers manque ainsi de fibres longitudinales, cela explique la fragilité qu'on connaît à cet organe dans ces Animaux. Il en résulte encore que la langue des Fourmiliers n'est pas susceptible d'extension rectiligne; elle n'est susceptible que de mouvemens ondulatoires; c'est le contraire de celle des Serpens où il n'y a pas de fibres annulaires. La langue des Echidnés tient le milieu entre ces deux constructions. Le muscle annulaire y est creux, et de plus est double de chaque côté. Dans chacun de ces muscles cylindriques et creux se prolongent plus ou moins, suivant leur rang, les fibres des sterno-glosses. Ceux-ci, disposés derrière l'hyoïde comme chez les Fourmiliers, sont formés de faisceaux distincts, roulés sur eux-mêmes en spire allongée. Les plus extérieurs ou les plus superficiels se terminent aux premiers anneaux ; les faisceaux sous-jacens atteignent des anneaux plus antérieurs et ainsi de suite pour les autres ; les plus intérieurs et les plus longs vont à la pointe. Ce muscle va donc en diminuant de calibre en avant. Il raccourcit et fléchit la langue qui est allongée par le muscle annulaire. On conçoit maintenant que le Fourmilier ne puisse pas introduire sa langue dans les trous des Fourmis, et qu'il soit obligé, pour en ramasser, d'éparpiller leurs nids à la surface de la terre.

Daubenton a trouvé le foie du Fourmilier didactyle aussi étendu dant le flanc gauche que dans le flanc droit. Ce volume du foie correspond ordinairement à l'absence des organes de mastication. Le grand cul-de-sac de l'estomac y représente au moins les deux tiers de la capacité totale. Toute la longueur du canal intestinal n'est que de dix à douze fois celle de l'estomac. Sur toute cette longueur, l'intestin est bosselé et bridé comme le colon de l'Homme. Le voile du palais y est plus long que dans tous les autres Animaux; l'épiglotte fourchu, le cerveau sans circonvolutions. (*V.* les pl. de notre Anat. des Syst. nerveux.)

Tous les Fourmiliers sont couverts de poils, en quoi ils diffèrent beaucoup des Myrmécophages de l'ancien Continent, qui leur ressemblent d'ailleurs le plus pour tous les détails de la construction osseuse, le défaut absolu de dents, et le régime alimentaire. Car les Pangolins sont entièrement couverts de fortes écailles cornées, plus solides que celles d'aucun autre Animal. La nature de ce poil n'est pas non plus la même d'une espèce de Fourmilier à l'autre. Comme les Bradypes, ces Animaux, en marchant, ne portent à terre que le bord externe du pied; les ongles étant alors réfléchis en dedans et appuyés sur une large callosité du poignet. La queue du Tamanoir, garnie d'une grosse houppe de crins longs et roides, forme un grand panache, comme une queue de Cheval. Au contraire, celle du Tamandua et du Fourmilier à deux doigts est couverte de poils ras, mais nue et préhensile à son extrémité. Tous ces Animaux, comme les Bradypes, sont de l'Amérique méridionale, dans cette région comprise entre la Plata au sud-ouest et l'Orénoque au nord. Presqu'aussi lourds et aussi peu capables de se défendre que les Paresseux, leur existence sur une si grande surface de l'Amérique, à travers laquelle les grands fleuves et surtout leurs débordemens opposent à des Animaux ainsi organisés des obstacles insurmontables, est une preuve manifeste que dans chaque contrée, ceux qui y habitent sont autocthones, et n'y sont point venus par émigration. Nous avons d'ailleurs déjà fait observer que, si autrefois ces émigrations s'étaient réellement faites, il n'y a pas de raison pour qu'elles ne se continuassent pas aujourd'hui dans des contrées presque vierges encore de la présence de l'Homme.

On connaît, d'une manière bien précise, trois espèces de Fourmiliers. Buffon (in-4°, T. x) avait déjà représenté le grand Fourmilier Tamanoir, et le petit à deux doigts; et il a décrit d'une manière reconnaissable le Tamandua. Mais il est inconcevable que, dans le T. iii de son Supplément, il ait donné sous ce dernier nom une figure imaginaire, fabriquée avec une peau de Coati, en disant qu'il ne lui trouve de différence avec la description de Pison et Marcgraaff, que de n'avoir pas de nu au bout de la queue, et d'avoir cinq doigts au lieu de quatre aux pieds de devant. Il ne s'aperçoit pas que dans cette figure de Coati, dont ce falsificateur a démesurément allongé le museau, le menton se trouve au milieu seulement de la longueur de la tête, et qu'en outre, la bouche est longuement fendue, tandis que dans les Fourmiliers le bout du museau ne dépasse pas le menton. Enfin, par un ricochet d'erreur non moins ridicule , Buffon a fait ailleurs un Coendou du Tamandua. C'est à tort qu'Azzara, de son côté, a méconnu l'existence du Fourmilier didactyle ; mais il a très-bien décrit les deux autres espèces d'après plusieurs individus vivans.

1. Fourmilier Tamanoir, *Myrmecophaga jubata*, Buff., Suppl. T. III, pl. 55, Schreber, pl. 67 ; *Tamandua-Guacu* de Marcgraaff et de Pison ; *Ouateri-Ouassu* à la Guiane ; *Gnouroumi* et *Yoquoin* au Paraguay. — Long de quatre pieds du museau à l'origine de la queue; la tête fait le tiers de cette longueur ; la queue a trois pieds de long; l'Animal a trente-neuf pouces au garrot, et à peu près autant au train de derrière. Son museau est presque cylindrique sur toute sa longueur, et cette forme ne change pas quand l'Animal mange, parce que les mâchoires ne jouent presque pas l'une sur l'autre , la bouche n'étant fendue que d'environ un pouce pour un museau de plus d'un pied de long, à partir des yeux. Et en effet, sa langue est très-peu épaisse, et l'ouverture de la bouche ne doit pas de beaucoup surpasser cette épaisseur , car le Tamanoir ne mange que des Fourmis dont il déterre et éparpille les habitations. Au moment où les Fourmis sortent en multitude pour former un rempart et se défendre, il traîne sur elles sa langue projetée avec tant de rapidité, qu'en une seconde, il la tire et la rentre deux fois toute couverte de Fourmis empêtrées par la salive visqueuse qui recouvre cet organe. Il paraîtrait incroyable , dit Azzara , que des Fourmis pussent suffire à la nourriture d'un aussi robuste et aussi grand Animal, si l'on ne savait quelle multitude de ces Insectes renferme une fourmilière, et que, dans beaucoup de lieux, les fourmilières se touchent en quelque sorte. On a nourri des Tamanoirs en captivité avec de la mie de pain , de la viande et de la farine délayées dans de l'eau. Des quatre doigts visibles seulement par leurs ongles aux pieds de devant, l'interne est petit et n'a qu'un ongle assez faible ; les trois autres sont très-forts, mais celui qui correspond au médius, et qui est le pénultième apparent, est au moins double des autres. Des cinq ongles de derrière, les trois moyens à peu près égaux sont les plus grands. La queue, très-épaisse à sa base, est comprimée verticalement, par la raison que nous avons déjà dite. Les bras sont démesurément gros pour le corps. L'Animal en marchant s'appuie sur une grosse callosité, contre laquelle il tient alors replié le plus grand ongle, et qui sert aussi de point d'appui à cet ongle quand il saisit quelque chose. L'œil est très-petit, enfoncé et sans cils aux paupières ; l'oreille est très-petite, ronde, large de quinze lignes et haute de douze. Le Tamanoir est extrêmement robuste, difficile à tuer et très-dormeur. Ses habitudes sont nocturnes et solitaires. Il fréquente les lieux baignés et les bords des *esters*; il entre aussi dans les bois, mais il ne monte pas aux Arbres. Pour dormir, il se couche sur le côté, la tête entre les jambes rapprochées et croisées avec celles de derrière, et la queue étalée sur lui. La femelle, qui n'a que deux mamelles pectorales, fait un petit qui se tient accroché sur elle tant qu'il ne peut marcher, et la suit encore une année après ce terme. Cet Animal est couvert d'un poil grossier ; ce poil est court , délié et ferme sur la longueur du museau, où il est couché en avant , et assez doux quand la main le suit dans ce sens. Celui de la tête a un peu plus de longueur, et est également mêlé de brun, de gris et de noirâtre. Sur l'échine, de l'occiput à la queue, règne une crinière, dont les poils sont d'autant plus longs qu'ils sont plus postérieurs, et alors ils ont jusqu'à quinze pouces. Au garrot, ces poils forment un épi, dont le devant est incliné vers la tête, et le derrière vers la queue , où les poils les plus longs de tous forment un grand pa-

nache. La couleur générale est d'un gris-brun, plus foncé sur la tête qu'ailleurs ; une bande noire, bordée de blanc, naissant sur la poitrine, se dirige en arrière et se termine aux lombes ; les pieds de devant sont blanchâtres, ceux de derrière noirs. Les grands poils ne sont cylindriques que sur les deux premiers tiers de leur longueur, où ils sont aussi creusés d'un canal, probablement rempli d'un fluide durant la vie. Le reste de la longueur est plat et sillonné sur ses deux faces par une cannelure ; l'extrémité en est ordinairement fourchue.

· 2. TAMANDUA, *Myrmecophaga Tamandua*, Cuv. ; *Myrmecophaga tetratyla* et *tridactyla*, Lin. Le *Myrmecophaga tridactyla* était un double emploi du *Tamandua*, fait par Linné, d'après la fig. 2, pl. 40 du T. 1 de Séba, où le nombre des doigts est altéré. Shaw., Gen. Zool. T. 1, p. 1, copia cette figure, pl. 51, fig. 2. La fig. 2 de la pl. 57 représente bien un jeune, mais toujours avec trois ongles seulement. *Cagouaré* ou *Caaïgouaré* des Guaranis ; *Tamandua* de Marcgraaff ; petit Ours Fourmilier des Espagnols, Schreber, pl. 68. — Moitié plus petite que le Tamanoir, cette espèce en diffère encore par sa queue préhensile et entièrement nue dans le dernier tiers de sa longueur ; par un poil court laineux et luisant, généralement d'un gris-jaunâtre, avec une bande plus foncée sur l'épaule ; le tour de l'œil est noir. La femelle a moins de noir à l'œil, et quelques-unes même n'en ont pas du tout ; la bande noire de l'épaule est aussi plus étroite chez elle. La base des poils noirs est blanc-jaunâtre, et cette nuance dans tout ce qu'elle occupe est plutôt d'un blanc-cannelle, qui est la couleur des nouveau-nés. Ceux-ci sont très-laids et se tiennent accrochés aux épaules de leurs mères. Les jeunes ne prennent point la livrée de l'espèce avant la seconde année ; et comme dans cet état, surtout quand leur taille ne surpasse pas encore celle du petit Fourmi-

lier didactyle, ils lui ressemblent assez pour la physionomie, Azzara, qui n'eut pas occasion de voir celui-ci, crut que Buffon avait décrit, sous le nom de petit Fourmilier à deux doigts, un jeune Tamandua. L'erreur d'Azzara ne vient sans doute que de l'impossibilité où il fut d'observer le Fourmilier didactyle au Paraguay, où cette circonstance porte à croire qu'il n'existe pas. Nous avons déjà parlé de la singulière erreur de Buffon, qui, après avoir, T. x, d'après Marcgraaff, décrit exactement le Tamandua, a publié (Sup. T. III) une figure imaginaire, qui n'a pas plus de rapports avec la description que n'aurait celle d'un Cochon avec un Chien. Ce qui achève de rendre absurde l'erreur que nous relevons, c'est que le même Marcgraaff avait accompagné sa description d'une bonne figure d'adulte. Aussi Azzara explique-t-il à cette occasion comment cette insigne faute, et d'autres semblables, qui ne sont pas rares dans Buffon, l'ont porté à parler d'un aussi illustre personnage avec moins de respect qu'il n'est encore convenu de le faire. On voit par-là que nous n'avons pas été les premiers à donner cet exemple. Le Tamandua a les mœurs du Tamanoir, avec cette différence qu'il monte aux Arbres, se sert de sa queue comme les Singes qui l'ont préhensile, et qu'il répand une odeur musquée désagréable, qui se sent de très-loin, surtout quand il est irrité. Azzara croit qu'il mange aussi le miel et les Abeilles qui nichent dans les trous des Arbres. Il dit que les Abeilles du Paraguay ne le piquent pas. On conçoit qu'en effet les piqûres de ces Insectes, sur la langue nue et délicate des Fourmiliers, dégoûteraient ceux-ci d'une pareille proie. Ses formes représentent aussi celles du Tamanoir, excepté qu'il est à proportion plus gros et que sa queue est moins comprimée. — Les proportions de sa tête sont : cinq pouces du bout du museau à l'oreille ; trois pouces du même point à l'œil ; son museau est donc presque moitié plus court que celui du Tamanoir, où la première mesure est de treize pouces et demi, et la seconde de dix pouces et demi. Le Tamandua a quinze pouces de hauteur au garrot et quatorze à la croupe; il est long de quarante-un à quarante-deux pouces, sur quoi la queue en a environ seize. Les deux espèces qui viennent de nous occuper se trouvent depuis l'Orénoque jusqu'à la Plata.

3. FOURMILIER A DEUX DOIGTS, *Myrmecophaga didactyla*, Lin., *Ouatiri Ouaou* à la Guiane. Petit Fourmilier de Buffon, T. x, pl. 5o, Schreb., pl. 66. — Daubenton a donné une description détaillée du squelette et des viscères de cet Animal. Son crâne est plus long que son museau, qui, malgré sa brièveté, est pourtant plus courbé que dans le Tamandua; ses oreilles sont tout-à-fait cachées dans le poil, qui est touffu, doux comme de la soie, uniformément long d'environ neuf lignes, jaunâtre mêlé de roussâtre et à reflets brillans. Daubenton en observa trois individus. De deux femelles, l'une avait le dos couvert d'une bande rousse, l'autre d'une bande brune; le troisième avait une bande rousse le long des flancs, mais n'en avait pas sur le dos. Les couleurs varient donc dans cette espèce comme dans la précédente, pour leur distribution. Cet Animal n'est guère plus grand qu'un Rat; la queue est aussi longue que le corps, et nue seulement sur une étendue de deux pouces et demi, à l'extrémité de sa surface inférieure. Les pieds de derrière ont quatre doigts égaux; des deux ongles des pieds de devant, l'interne n'est pas plus grand que ceux de derrière, mais l'externe est au moins double. Daubenton a trouvé quatre mamelles, deux sur le devant de la poitrine, et deux à la partie postérieure du ventre. On dit que la femelle ne porte qu'un seul petit, qu'elle dépose sur un lit de feuilles dans le creux des Arbres, sur lesquels vit cette espèce, en s'y servant de sa queue à la manière

des Sapajous. On ne lui connaît encore d'autre patrie que la Guiane.

(A. D..NS.)

FOURMILIER. *Myothera*. OIS. (Vieillot.) Genre de l'ordre des Insectivores. Caractères : bec conique, convexe en dessus, avec l'arête faiblement voûtée, un peu déprimé à sa base, échancré à la pointe qui est brusquement courbée; mandibule inférieure droite, conique, un peu relevée vers l'extrémité ; narines étroites, placées à la base, et sur les côtés du bec, à demi-couvertes par une membrane; pieds grêles; trois doigts devant, l'interne joint à l'intermédiaire jusqu'à la première articulation, l'externe soudé à la base; un pouce plus long que le doigt interne, armé d'un ongle plus allongé et plus crochu qu'aux doigts antérieurs; ailes courtes, arrondies; les trois premières rémiges également étagées, les quatrième et cinquième les plus longues.

Quoique le nom de *Fourmilier* puisse, à la rigueur, s'étendre à tous les Oiseaux insectivores, on a cependant jugé à propos d'en qualifier particulièrement une tribu composée d'espèces qui semblent habiter exclusivement les endroits les plus infectés de Fourmis et voltiger sans cesse autour des énormes fourmilières qui ne font qu'accroître les difficultés et les dangers de pénétrer dans les forêts de l'Amérique méridionale. Ces Oiseaux, confondus autrefois parmi les Merles, ne sont point encore parfaitement distingués des *Bataras;* ils ont beaucoup de pétulance, et si la brièveté des ailes et de la queue leur interdit un vol long et soutenu, l'élévation du tarse les en dédommage en ce qu'elle les rend très-habiles à la course, genre d'exercice auquel ils se livrent avec beaucoup d'agilité, et qui se trouve plus en harmonie avec leurs habitudes et la recherche de leur nourriture que le vol qui, chez eux, n'est pour ainsi dire qu'un sautillement continuel du buisson à la fourmilière et de la fourmilière au buisson. Retirés au sein des forêts où les

Fourmis abondent, ces Oiseaux se montrent bien rarement dans le voisinage des habitations ; ils y vivent en société, y construisent fort négligemment leurs nids qui, souvent, consistent en de simples brins d'herbes entrelacés sphéroïdalement, et placés dans les bifurcations de broussailles, ou suspendus à de faibles rameaux élevés de quelques pieds seulement. La ponte est de trois à quatre œufs arrondis. Le chant ou plutôt la voix des Fourmiliers est forte et sonore, ce qui a valu à plusieurs espèces le surnom de Carillonneur, de Béfroi, etc., etc. Leur plumage, dont les teintes sont généralement rembrunies, est sujet à de grandes variations, même parmi les espèces homogènes ; aussi leur étude est-elle très-difficile.

Fourmilier aux ailes rousses, *Myothera rufimarginata*, Temm., pl. color. 132. Parties supérieures d'un cendré verdâtre ; sommet de la tête noir ; front, joues et gorge d'un blanc bleuâtre, rayés de cendré ; rémiges rousses avec la partie interne noire ; tectrices alaires noires bordées et rayées de blanc ; rectrices noires, les latérales bordées de blanc ; parties inférieures jaunâtres, variées de cendré. Taille, quatre pouces et demi. La femelle a le sommet de la tête roussâtre. Du Brésil.

Fourmilier Alapi. *V.* **Batara Alapi.**

Fourmilier Arada. *V.* **Sylvie-Troglodyte Arada.**

Fourmilier ardoisé, *Myothera cærulescens*, Vieill. Tout le plumage gris avec les rémiges et les rectrices noires, tachetées de blanc. Taille, quatre pouces et demi. De Cayenne.

Fourmilier Bambla, *Turdus Bambla*, Lath. ; Buff., pl. enlum. 703. Parties supérieures d'un cendré foncé ; rémiges et tectrices alaires noires traversées par une bande blanche ; parties inférieures blanchâtres. Taille, cinq pouces. De la Guiane.

Fourmilier a calotte brune, *Myothera fuscicapilla*, Vieill. Parties supérieures d'un gris ardoisé ; tête brune ; joues et cou roussâtres ; gorge noire ; parties inférieures noirâtres, variées de blanc. Taille, quatre pouces. De Cayenne. Espèce douteuse qui pourrait bien n'être qu'une variété du Fourmilier Tétéma.

Fourmilier Capistrate, *Myothera Capistrata*, Temm., pl. color. 185. Parties supérieures d'un brun olivâtre ; une bande noire bordée de roux au-dessus des yeux ; joues cendrées ; gorge blanche ; parties inférieures rousses avec les flancs bruns. Taille, cinq pouces et demi. De Java.

Fourmilier de Cayenne. *V.* **Fourmilier Palikour.**

Fourmilier carillonneur, *Turdus tintinnabula*, L. ; *Turdus campanella*, Lath., Buff. pl. enlum. 700. Parties supérieures d'un brun cendré ; rémiges et rectrices brunes ; tête, gorge, cou et poitrine blanchâtres, tachetés de noir ; un trait noir au-dessus de l'œil ; abdomen d'un brun roux. Taille, quatre pouces et demi. De la Guiane.

Fourmilier chatain, *Myothera ferruginea*, Temm., pl. color. 132, fig. 3. Parties supérieures d'un brun roussâtre, variées de noirâtre ; tête noire ; joues et côtés de la tête cendrés, variés de gris obscur ; un trait noir derrière l'œil ; rémiges et tectrices alaires noirâtres terminées de blanc ; rectrices noires, terminées de blanc ; parties inférieures d'un roux châtain plus clair vers la gorge. Taille, cinq pouces. Du Brésil.

Fourmilier Colma, *Turdus Colma*, Lath., Buff., pl. enl. 703. Parties supérieures brunes ; une tache blanche entre le bec et l'œil ; un demi-collier roux ; gorge blanche, piquetée de brun ; parties inférieures brunes, variées de cendré ; rémiges et rectrices noirâtres. Taille, six pouces. De Cayenne.

Fourmilier Coroya. *V.* **Batara Coroya.**

Fourmilier a flancs blancs, *Myrmothera axillaris*, Vieill. Parties supérieures d'un gris bleuâtre ; devant du cou, poitrine, rémiges et rectrices latérales noirâtres ; celles-ci terminées de blanc, ainsi que les tectrices alaires ; parties inférieures blanches. Taille, trois pouces et demi. De la Guiane.

FOURMILIER GORGERET, *Myothera Mentalis*, Temm., pl. color. 179, fig. 5. Parties supérieures d'un cendré verdâtre plus foncé sur la tête et les oreilles ; tectrices alaires bordées de blanchâtre ; gorge d'un cendré bleuâtre ; parties inférieures d'un jaune citron. Taille, quatre pouces. Du Brésil.

FOURMILIER GRAND BÉFROI, *Turdus tinnicus*, Lath., Buff., pl. enlum. 706, fig. 1. Parties supérieures brunâtres, les inférieures blanches, avec les plumes de la poitrine bordées de cendré. Les jeunes sont rayés et tachetés de brun en dessous ; ils ont en outre les flancs roux et le ventre brunâtre. Taille, six pouces et demi. De la Guiane.

FOURMILIER GRIVELÉ, *Sitta nævia*, Lath. Parties supérieures cendrées, obscures ; tectrices alaires terminées de blanc ; gorge blanche ; parties inférieures cendrées, tachetées et striées de blanc. Taille, six pouces. De la Guiane.

FOURMILIER GRIVELÉ DE CAYENNE. *V.* FOURMILIER PETIT BÉFROI.

FOURMILIER HAUSSE-COL NOIR, *Myothera melanothorax*, Temm., pl. color. 185, fig. 2. Parties supérieures d'un blanc olivâtre ; plumes de la tête assez longues et filamenteuses ; tectrices alaires rousses ; joues, gorge et parties inférieures d'un blanc plus ou moins nuancé de cendré ; une tache noire en croissant au bas du cou ; une autre plus allongée de chaque côté. Taille, quatre pouces trois quarts. De Java. Cette espèce pourrait former le passage au genre Batara.

FOURMILIER HUPPÉ. *V.* BATARA HUPPÉ.

FOURMILIER LONGIPÈDE, *Myrmothera longipes*, Vieill. Parties supérieures d'un gris roussâtre ; front, sourcils, gorge et parties inférieures blancs ; queue très-courte. Taille, six pouces. De la Guiane.

FOURMILIER MANIKUP, *Pipra albifrons*, Lath. ; *Pithys Leucops*, Vieill., Buff. pl. enl. 707, fig. 1. Parties supérieures d'un bleu cendré ; une huppe formée de plumes blanches, longues et étroites ; derrière de la tête, devant du cou, poitrine, ventre, croupion et rectrices orangés ; gorge blanche avec une zône noire qui va d'un œil à l'autre. Taille, cinq pouces. De l'Amérique méridionale.

FOURMILIER NOIR ET BLANC, *Myrmothera melanoleucos*, Vieill. Parties supérieures noires avec les plumes bordées de blanchâtre, et une bande blanche sur l'aile ; parties inférieures blanches, striées de noir. Taille, trois pouces et demi. De la Guiane.

FOURMILIER A OREILLES BLANCHES, *Turdus auritus*, L. ; *Pipra leucotis*, Gmel. ; *Conopophaga leucotis*, Vieill., Buff. pl. enl. 822, fig. 1. Parties supérieures olivâtres, variées de roussâtre ; sommet de la tête brun ; côtés du cou et gorge noirs ; devant du cou et poitrine roux ; parties inférieures cendrées. Taille, cinq pouces. De la Guiane.

FOURMILIER PALIKOUR, *Turdus formicivorus*, L., Buff., pl. enl. 700, fig. 1. Parties supérieures d'un brun roux, avec des taches rousses sur les ailes ; les inférieures brunâtres ; gorge, devant du cou et haut de la poitrine noirs ; queue rousse. Taille, six pouces. De la Guiane.

FOURMILIER PETIT BÉFROI, *Turdus lineatus*, L., Buff., pl. enl. 823. Parties supérieures d'un cendré olivâtre, les inférieures grises, striées et tachetées de brun roussâtre ; gorge blanche ; ventre roussâtre. Taille, cinq pouces et demi. De la Guiane.

FOURMILIER RAYÉ, *Myrmothera vittata*, Vieill. Parties supérieures brunes avec des mouchetures blanches sur les tectrices alaires ; tête striée de noir et de blanc ; parties inférieures blanches, rayées de noir ; flancs roux. Taille, quatre pouces. De la Guiane.

FOURMILIER ROI DES FOURMILIERS, *Turdus rex*, Gmel. ; *Turdus Grallaria*, Lath. ; *Grallaria fusca*, Vieill.,

Buff., pl. enl. 706, fig. 1. Parties supérieures brunes, les inférieures blanches avec les plumes de la poitrine frangées de cendré. Taille, six à sept pouces. Les jeunes ont les côtés de la tête rayés de noir et de gris; des taches noires sur la poitrine; et les flancs roux. De la Guiane.

FOURMILIER ROUX, *Myrmothera rufa*, Vieill. Tout le plumage roux avec les parties inférieures d'une teinte plus claire, et quelques plumes noirâtres sur la tête. Taille, cinq pouces et demi. De Cayenne.

FOURMILIER A SOURCILS BLANCS, *Myrmothera leucophrys*, Vieill. Parties supérieures noirâtres avec la queue terminée de blanc; sourcils et côtés du ventre blancs; gorge noire; parties inférieures cendrées. Taille, cinq pouces. De la Guiane.

FOURMILIER TACHET, *Myrmothera Strictothorax*, Temm., pl. color. 179, fig. 1 et 2. Parties supérieures d'un cendré verdâtre; sommet de la tête plus foncé avec les côtés parsemés de taches blanches; parties inférieures et gorge jaunes, parsemées de taches noirâtres sur la poitrine; tectrices alaires terminées de blanchâtre. Taille, quatre pouces et demi. Du Brésil. La femelle a le sommet de la tête roux.

FOURMILIER TACHETÉ, *Pipra nœvia*, Lath.; *Conophaga nœvia*, Vieill., Buff., pl. enl. 823, fig. 2. Parties supérieures brunes avec la queue terminée de blanc; gorge noire; poitrine blanche, tachetée de noir; parties inférieures blanches avec l'abdomen orangé. Taille, quatre pouces. De la Guiane.

FOURMILIER TÊTE NOIRE, *Myrmothera atricapilla*, Vieill. Plumage d'un cendré bleuâtre à l'exception de la tête, de la gorge, qui sont noirs; petites tectrices alaires noires, terminées de blanc. Taille, six pouces. De Cayenne.

FOURMILIER TÉTÉMA, *Turdus Colura*, var., Lath., Buff., pl. enl. 821. Parties supérieures brunes avec une tache blanchâtre sur la joue; un demi-collier roux sur la nuque; gorge;

poitrine et ventre d'un brun noirâtre. Taille, six pouces. De la Guiane.   (DR..Z.)

FOURMILIÈRE. INS. Habitation des Fourmis. *V*. ce mot.   (B.)

FOURMILLIER ÉPINEUX. MAM. Ce nom a été donné à l'Echidné épineux. *V*. ECHIDNÉ.   (B.)

FOURMILLIER RAYÉ. *Myrmecophaga striata*. MAM. L'Animal désigné sous ce nom par Shaw n'est qu'un Coati défiguré par l'empaillage.   (B.)

FOURMILLIONS. OIS. Ce nom a été donné comme synonyme vulgaire de Grimpereau. *V*. ce mot.   (B.)

FOURMILIONS. *Myrmeleonides*. INS. Tribu de l'ordre des Névroptères, famille des Planipennes, fondée par Latreille (Règn. Anim. de Cuv.) et qui correspond au grand genre *Myrmeleo* de Linné. Elle comprend tous les Névroptères qui, ayant cinq articles à tous les tarses, présentent une tête courte, non prolongée, en forme de museau; des antennes terminées en bouton et composées d'un grand nombre d'articles; des mandibules de consistance cornée; six palpes labiaux assez longs, et renflés à leur sommet; enfin des ailes égales, allongées, couchées en toit, et un abdomen ordinairement long, cylindroïde, muni dans les mâles de deux appendice saillans à son extrémité. Cette tribu comprend : les genres Fourmilion proprement dit ou Myrméléon, Ascalaphe, et le petit groupe établi par Leach sous le nom de Nymphès. *V*. ces mots, et plus spécialement MYRMÉLÉON.   (AUD.)

*FOURMILLET. OIS. (Salerne.) Syn. vulgaire du Torcol. *V*. ce mot.   (DR..Z.)

FOURNEIROU. OIS. *V*. FOURMEIROU.

FOURNIÉ. POIS. (Risso.) On donne ce nom à Nice au Mélops, espèce de Labre du sous-genre Crénilabre.   (B.)

FOURNIER. *Furnarius*. OIS. Genre

de la méthode de Vieillot, qui correspond à notre genre Ophie. *V.* ce mot. (DR..Z.)

FOURREAU. ois. Syn. vulgaire de la Mésange à longue queue. *V.* MÉSANGE. (DR..Z.)

FOURREAU DE PISTOLET. MOLL. L'un des noms vulgaires des Jambonneaux et Pinnes. *V.* ces mots. (B.)

FOURRE-BUISSON; ois. Syn. vulgaire du Troglodyte. *V.* SYLVIE. (DR..Z.)

FOUTEAU. BOT. PHAN. L'un des noms vulgaires du Hêtre dans quelques cantons de la France. (B.)

FOUTON. ois. (Belon.) Syn. vulgaire de la Sourde. *V.* BÉCASSE. (DR..Z.)

FOVEOLARIA. BOT. PHAN. Ruiz et Pavon, dans leur Flore Péruvienne, ont établi sous ce nom un genre qui doit évidemment être réuni au *Strigilia* de Cavanilles. *V.* ce mot. (A.D.J.)

*** FOVÉOLIE.** *Foveolia.* ACAL. Genre de l'ordre des Acalèphes libres dans la classe des Acalèphes, vulgairement Orties de mer. Ce sont des Méduses gastriqués, tentaculées, à estomac simple, à une seule ouverture sans pédoncules ni bras; de petites fossettes au pourtour de l'ombrelle. Tels sont les caractères que Péron et Lesueur donnent au genre Fovéolie que Cuvier cite dans son ouvrage, mais que Lamarck n'a pas adopté. Il le réunit aux Équorées; en effet les Fovéolies n'en diffèrent que par les petites fossettes qui se trouvent au pourtour de l'ombrelle. Les mœurs, les habitudes, l'organisation, etc., sont absolument les mêmes que celles de ces Zoophytes; ainsi adoptant l'opinion de Lamarck, nous avons rapporté aux Équorées tout ce qui regarde les Fovéolies. *V.* ÉQUORÉES. (LAM..X.)

FRACASTORA. BOT. PHAN. Adanson avait formé un genre distinct pour le *Stachys Palestina*, mais ce genre n'a pas été adopté. *V.* STACHIDE. (A. R.)

***FRÆNATA.** ois. (Sparmann.) Syn. de Milouinau femelle. *V.* CANARD. (DR..Z.)

FRAGA. BOT. PHAN. La Peyrouse (Hist. abrégée des Plantes des Pyrénées, p. 287) a donné ce nom générique, emprunté du mot qui en latin signifie Fraise, au *Fragaria sterilis,* L., que Pontédera avait autrefois nommé *Comaroides.* Ce genre ne forme plus qu'une section des Potentilles. *V.* ce mot. (G..N.)

FRAGARIA. BOT. PHAN. *V.* FRAISIER.

FRAGARISTRUM. BOT. PHAN. Le *Fragaria sterilis,* L., dans les anciens botanistes. (B.)

*** FRAGILLAIRES.** ZOOL.? BOT. CRYPT.? (*Arthrodiées.*) Première famille que nous avons établie parmi les Arthrodiées (*V.* ce mot), et dont le genre *Fragillaria* de Lyngbye peut être considéré comme le type. *V.* NÉMATOPLATE. (B.)

*** FRAGILLARIA.** BOT. PHAN. (Lyngbye.) *V.* FRAGILLAIRES et ARTHRODIÉES.

*** FRAGMOSA.** BOT. PHAN. (Dioscoride.) Syn. de *Conyza squarrosa.* (B.)

FRAGON. *Ruscus.* BOT. PHAN. Genre de la famille des Asparaginées et de la Diœcie Syngénésie, L., composé de fleurs dioïques ou quelquefois hermaphrodites, formant des espèces de petites grappes ou naissant sur la face supérieure des feuilles. Leur calice est tantôt étalé, tantôt subcampaniforme à six divisions très-profondes, dont trois intérieures sont généralement plus petites et comme pétaloïdes. Dans les fleurs mâles on trouve trois étamines réunies à la fois par les filets et les anthères, et formant un urcéole globuleux, couronné par les anthères qui sont à deux loges et s'ouvrant par un sillon longitudinal. Dans les fleurs femelles, l'urcéole existe aussi, mais il est privé d'anthères; le pistil est placé dans son intérieur et le dépasse un peu dans sa partie supérieure. Cet urcéole a été décrit par Tournefort comme une corolle et par Linné sous le nom de nectaire; l'ovaire est libre, globuleux, à trois ou à une seule loge, contenant deux ovules apposés et insérés à l'angle interne de chaque loge; le style est épais, simple, terminé par un stigmate tronqué et à trois angles. Le fruit est une baie à une ou à trois loges, contenant ordinairement une seule graine; celle-ci renferme dans un endosperme dur et corné un embryon axille, cylindrique, ayant une direction opposée à la graine, c'est-à-dire offrant son extrémité cotylédonaire tournée vers le hile dont elle est assez éloignée, tandis que son extrémité radiculaire est très-rapprochée de la circonférence. Ce genre se compose d'environ une dixaine d'espèces dont les trois quarts sont originaires d'Europe; deux ont été trouvées au cap de Bonne-Espérance par Thunberg. Ce sont en général de petits Arbustes toujours-verts, quelquefois sarmenteux. Leurs feuilles sont simples et alternes.

FRAGON PIQUANT, *Ruscus aculeatus*, L., Bulliard, t. 243. Petit Arbuste roide, toujours vert, croissant dans les bois ombragés aux environs de Paris, et surtout dans le midi de la France où l'on en compose des balais que l'on appelle Gringons. Sa souche est placée horizontalement, et donne naissance à de grosses fibres simples et perpendiculaires; sa tige est haute d'un pied, très-rameuse, roide, portant des feuilles très-rapprochées, dures, coriaces, persistantes, sessiles, ovales, très-aiguës, entières; les fleurs sont dioïques et naissent du milieu de la nervure qui règne sur la face supérieure des feuilles; elles sont petites et solitaires; leur ovaire et leur fruit sont constamment à une seule loge. Cet Arbuste est connu sous les noms de petit Houx, Housson, etc. Sa racine est employée en médecine comme diurétique; ses graines torréfiées ont été considérées comme un des succédanés indigènes du Café.

Le FRAGON A GRAPPES, *Ruscus racemosus*, L. Cet Arbuste, originaire des îles de l'Archipel, est la plus grande et la plus belle espèce. Ses tiges sont grêles et comme sarmenteuses, hautes de quatre à cinq pieds; ses feuilles sont alternes, lancéolées, luisantes; ses fleurs verdâtres et disposées en grappes.

Le *Ruscus androgynus*, L., qui croît aux Canaries, se fait distinguer par ses fleurs hermaphrodites. (A. R.)

FRAGOSE. *Fragosa*. BOT. PHAN. Genre de la famille des Ombellifères et de la Pentandrie Digynie, L., établi par Ruiz et Pavon, que Persoon réunit aux *Azorella* et Sprengel au genre *Bolax*. Mais ce genre, quoiqu'ayant de grands rapports avec les deux précédens, doit néanmoins en rester séparé, ainsi que nous l'avons démontré dans notre Monographie du genre *Hydrocotyle*, p. 19 et 20; il a même beaucoup plus de rapports avec le genre *Spananthe* de Jacquin, quoique néanmoins il en soit différent. Nous allons d'abord en tracer les caractères, et nous indiquerons ensuite les différences qui le distinguent des genres avec lesquels on l'a mal à propos confondu : le limbe de son calice est à cinq dents; sa corolle est formée de cinq pétales inégaux; le fruit est ovoïde, comprimé parallèlement à sa cloison, couronné par les cinq dents du calice, et offrant trois stries longitudinales sur chacune de ses faces: les fleurs forment des ombelles simples, accompagnées d'un involucre de plusieurs folioles. Dans le genre Bolax, le fruit est globuleux, lisse, non comprimé; la corolle a cinq pétales égaux. Ces caractères distinguent facilement ce genre du Fragosa. Quant au Spananthe, il offre aussi un fruit comprimé dans le sens de la cloison, mais il est lisse et sans côtes, et sa corolle a des pétales égaux entre eux.

Le genre Fragosa se compose de cinq espèces qui croissent au Pérou. Elles ont été trouvées sur les sommités des Andes. Ce sont des Plantes touffues, rameuses, ayant les feuilles

très-rapprochées, entières ou lobées, à pétioles engaînans; les fleurs sont blanches, disposées en ombelles simples et axillaires. Elles ont été décrites et figurées dans le troisième volume de la Flore du Pérou et du Chili de Ruiz et Pavon. Kunth en a décrit une nouvelle espèce sous le nom de *Fragosa arctoides*, *Nov. Gen.*, pag. 27, t. 424. C'est le *Bolax arctoides* de Sprengel. Elle croît dans les lieux élevés du royaume de Quito.
(A. R.)

*FRAGRANGIS. BOT. PHAN. Nom proposé par Du Petit-Thouars (Histoire des Orchidées des îles australes d'Afrique) pour remplacer celui d'*Angræcum fragrans*, espèce indigène de l'île de Mascareigne. Cette Plante est figurée, *loc. cit.*, tab. 54.
(G..N.)

FRAI. REPT. BATR. et POIS. On donne ce nom aux œufs des Batraciens et des Poissons, que revêt une humeur particulière albumineuse, et sur lesquels les mâles viennent répandre leur laite. Jacobi a fécondé artificiellement du Frai de Poisson; et l'on connaît les belles expériences de Spallanzani sur le Frai de Grenouilles. Le résultat de ces expériences, vérifiées par Dumas, a acquis une nouvelle importance par les découvertes fort intéressantes qu'y vient d'ajouter ce jeune savant. *V.* GÉNÉRATION et GRENOUILLE. (B.)

FRAILECITOS. OIS. Qui a la même signification que Fraisillos. Syn. vulgaire, à Saint-Domingue, de Pluvier à collier. *V.* PLUVIER. (DR..Z.)

FRAILILLOS. BOT. PHAN. L'un des noms vulgaires des Gouets devenus le genre *Arizarum* dont les Espagnols comparent dérisoirement les spathes aux capuchons des moines.
(B.)

FRAISE. OIS. Espèce de Caille que l'on rencontre en Chine. *V.* PERDRIX.
(DR..Z.)

FRAISE. MOLL. Nom vulgaire et marchand des *Cardium Fragarium*, savoir: la Fraise blanche, et *Unedo*, la Fraise rouge. *V.* BUCARDE. (B.)

FRAISE. *Fraga* ou *Fragum*. BOT. PHAN. Le fruit du Fraisier. *V.* ce mot. On appelle quelquefois l'Arbouse FRAISE EN GRAPPES, et la Sphérie fragiforme, FRAISE D'ÉCORCE ou des ARBRES. (B.)

*FRAISE ANTIQUE. INS. Geoffroy nommait ainsi l'Acanthie du Poirier, espèce de petite Punaise qui vit en société sur les feuilles du Poirier. *V.* ACANTHIE. (A. R.)

FRAISETTE. MOLL. Nom vulgaire et marchand du *Turbo Delphinus*, L. *V.* DAUPHINULE. (B.)

FRAISIER. *Fragaria*. BOT. PHAN. Famille des Rosacées, Icosandrie Polygynie, L. Ce genre, bien défini seulement par Tournefort et Linné, est ainsi caractérisé: calice monophylle divisé en dix parties dont cinq extérieures, alternes et plus étroites (bractéoles, selon Necker); cinq pétales ovales ou arrondis, étalés et attachés au calice par des onglets très-courts; étamines en nombre indéfini (à peu près vingt), à filets moins longs que les pétales; ovaires nombreux, fort petits, surmontés chacun d'un style simple naissant latéralement, et d'un stigmate tronqué. Ces ovaires sont situés sur un réceptacle convexe qui grossit considérablement, devient ovoïde, succulent, coloré, caduc et bacciforme. Ce genre ne diffère des Potentilles que par la nature de son réceptacle que le vulgaire prend pour le fruit du Fraisier. Ce n'est pourtant qu'un gynophore, un support des akènes ou véritables fruits; la ténuité et la consistance coriace de ceux-ci déguisent aussi leur nature, et ils sembleraient des graines nues, si on n'était convaincu que dans les Rosacées, plus encore que partout ailleurs, il ne peut en exister. Quatre espèces seulement de Fraisiers ont été décrites par Linné sous les noms de *Fragaria vesca*, *F. monophylla*, *F. muricata* et *F. sterilis*. La première est la seule qui doive nous occuper, car le *F. monophylla*, ou Fraisier de Versailles, envoyé en 1764 à Linné, par Duchesne, est une variété du *F. ves-*

ca, puisque le premier individu était né dans un semis de Fraisier des bois. Quant au *F. sterilis*, la consistance sèche de son réceptacle aurait dû le faire rejeter du cadre des Fraisiers ; mais Linné, persuadé que les genres étaient naturels, trouvait tant d'analogie entre le reste de l'organisation de cette Plante et celle des Fraisiers, qu'il ne craignit pas de les réunir, quoique la première ne présentât pas le caractère essentiel. A ne considérer que les différences génériques, on n'en découvre aucune entre le *F. sterilis* et les *Potentilla* ; c'est ce qui a engagé Lamarck, De Candolle et Nestler à le placer dans ce dernier genre sous le nom de *Potentilla Fragaria*. La Peyrouse (Flore des Pyrénées, p. 287) en fit le type de son genre *Fraga* qui n'a pas été admis par d'autres botanistes. *V.* POTENTILLE.

Avant de faire l'histoire particulière du Fraisier commun, examinons les additions et les changemens opérés par les auteurs dans le genre *Fragaria*. Crantz réunit sous ce nom générique, des Plantes qui appartenaient aux Potentilles de Linné, et le *Comarum palustre*, lequel est lui-même, d'après Nestler, une espèce de Potentille. *V.* ce mot et COMARUM. Ehrart, Willdenow et Persoon élevèrent au rang d'espèces plusieurs variétés du *Fragaria vesca*, L. Quelques-unes ont été conservées, et il y a lieu de croire qu'elles continueront d'être considérées comme espèces distinctes, quoiqu'il soit difficile de leur assigner des caractères qui puissent les faire distinguer facilement. Telles sont les *Fragaria collina*, Willd. ; *F. elatior*, Willd. ; *F. Virginiana*, Willd. ; *F. Chiloensis*, Ehr. ; et *F. Bonariensis*, Pers. Sous le nom de *F. Indica*, est décrite et figurée dans Andrews (*Bot. Repos.*, t. 479) une Plante qui a des caractères tellement intermédiaires entre les Fraisiers et les Potentilles, que Smith (*Exot. Bot.*) a cru devoir en constituer un genre nouveau qu'il a nommé *Duchesnea*. *V.* ce mot. Mais aucun auteur n'a traité l'his-

toire des Fraisiers avec autant d'ardeur et de succès que Duchesne de Versailles. Cet estimable monographe, qui s'occupe encore (en 1824) de botanique , s'était appliqué à leur culture dès l'année 1760. Correspondant avec Linné, il en avait reçu les conseils que cet illustre naturaliste se plaisait à donner à tous les jeunes botanistes de son époque ; et son travail sur les Fraisiers , publié dans l'année 1766, avait mérité les éloges du savant suédois, éloges qui ont été confirmés récemment par le professeur De Candolle. « Nous avons, dit celui-ci (Théorie Elém. de la Bot. , 2ᵉ édit., p. 295), des monographies d'espèces, qui sont des ouvrages importans ; telles sont celles des Plantes qui offrent un grand nombre de variétés , comme sont les Végétaux cultivés ; l'histoire du Fraisier par Duchesne peut en offrir un exemple utile à méditer. » L'attention que Duchesne a apportée en observant ses Fraisiers, lui a fait découvrir une foule de particularités intéressantes dans cette espèce, où les variétés ont ceci de remarquable qu'elles se conservent indéfiniment par les graines. Ce sont, en un mot, de véritables races sur lesquelles l'influence du sol et du climat est très-peu marquée. Il est à regretter que Duchesne n'ait pas fixé ses idées sur la valeur des mots espèces et races. On voit bien qu'il ne reconnaît qu'un petit nombre d'espèces de Fraises ; mais au lieu de les déterminer , après avoir donné la description de l'espèce principale, il y établit deux divisions, les Fraises et les Caperonniers, auxquelles il conserve encore le nom d'espèces. Ensuite chacune des variétés est décrite avec un nom spécifique latin, qui a induit en erreur plusieurs botanistes , et les a fait considérer comme autant d'espèces distinctes. En prenant pour modèle le travail de Duchesne, nous aurons donc soin de ne présenter les Plantes indéterminées sous ce point de vue que comme des races ou variétés permanentes. Nous en exceptons cependant le Frutiller ou Fraisier

du Chili, *Fragaria Chiloensis*, qu'à
l'exemple de Lamarck, de Persoon,
etc. , nous croyons devoir être spécifiquement séparé.

Le FRAISIER COMMUN, *Fragaria
vesca*, L. et Lamk., Illustr. , tab.
442. De sa racine noirâtre, fibreuse,
naissent plusieurs tiges qui rampent
à terre et s'y implantent par de nouvelles racines. Les jets compris entre
celles-ci sont appelés fouets ou courans (en latin *flagellæ*). Mais engrais-
sé par la culture, le Fraisier produit,
au lieu de courans, des œilletons qui
forment une touffe de tiges peu garnies de feuilles et hautes de douze à
quinze centimètres. Les feuilles radicales sont, pour la plupart, velues,
longuement pétiolées et composées de
trois folioles ovales, presque soyeuses
en dessous et fortement dentées en
scie. Les fleurs sont blanches, pédonculées et terminales, munies de
pétales arrondis et d'un réceptacle qui
s'agrandit considérablement après la
floraison. Cette Plante croît dans toute
l'Europe, dans les bois, sur les côteaux ombragés et même jusque
sur les hautes montagnes parmi la
mousse.

*Variétés principales de Fraisiers
(d'après Duchesne).*

§ 1. FRAISIERS proprement dits. —
*Ovaires petits et nombreux; étami-
nes courtes.*

1. FRAISIER DES ALPES OU DES
MOIS, *Fragaria semperflorens*, Duch.
Remarquable par la vivacité de sa
végétation, ce Fraisier fleurit pendant toute l'année, même en hiver,
et ne cesse de porter des fruits qu'aux
fortes gelées.

2. FRAISIER DES BOIS OU FRAISIER
COMMUN, *Fragaria sylvestris*, Duch.
Cette variété, si l'on peut lui donner
ce nom, car, étant plus répandue,
elle peut être regardée comme le type
de l'espèce, cette variété, disons-
nous, se plaît surtout dans les régions
septentrionales de l'Europe. Elle se
multiplie très-abondamment dans les
futaies abattues et dans les taillis ac-

crus. On ne la rencontre jamais dans
les lieux trop humides. Il en existe
une multitude de sous-variétés à peine susceptibles d'être distinguées.
Celle à gynophores blancs est la plus
remarquable. Le parfum de la Fraise
des bois surpasse celui de toutes les
autres variétés, mais se dissipe un
peu par la culture. Ce Fraisier fleurit
en France à une époque limitée entre
la fin d'avril et la fin de mai.

3. FRAISIER D'ANGLETERRE, *Fragaria minor*, Duch. En raison du peu
de hauteur qu'acquiert sa tige, ce
Fraisier est élevé sous les châssis par
les cultivateurs anglais. Il porte des
gynophores hâtifs, ronds, très-par-
fumés et hauts en couleur. Ses feuilles sont brunes, courtes et souvent
palmées à quatre ou cinq divisions au
lieu de trois. Les fruits ambrés de la
sous-variété blanche, qui se perpétue
par la culture, ont un goût fin et sont
estimés.

4. FRAISIER DE MONTREUIL OU
FRAISIER FRESSANT, *Fragaria hortensis*, Duch. A l'inverse de la précédente variété, celle-ci est plus haute,
plus forte que le Fraisier des bois;
son feuillage est moins brun : ses gynophores sont pâles, allongés, et
les plus gros sont aplatis, anguleux
ou cornus. Parmi les nombreuses sous-
variétés, il en est une à laquelle le
peuple de Paris donne le faux nom de
Caperon, et que l'on appelle aussi la
fausse Noire; on l'estime peu, parce
qu'elle est creuse et fade. Le Fraisier
Fressant ou Fraissant, ainsi nommé
du nom d'un habitant de Montlhéri
qui le cultiva le premier, forme des
pépinières en plein champ dans les
terrains sablonneux des environs de
Paris.

5. FRAISIER-BUISSON, *Fragaria
efflagellis*, Duch. Avant l'ouvrage de
Duchesne, à peine avait-on indiqué
ce Fraisier qui se distingue facilement
de tous les autres par l'absence des
jets traînans. Mais le nombre des œilletons et des feuilles est si considérable que leurs touffes forment une sorte de buisson serré, entre lesquelles
les fleurs et les fruits restent entière-

ment renfermés, disposition qui rend les gynophores de ce Fraisier allongés et d'un aspect mat, parce qu'elle les prive de l'air et de la lumière.

6. FRAISIER DE VERSAILLES, *Fragaria monophylla*, L. et Duch. Cette Plante n'a été considérée par Duchesne que comme une variété, quoique Linné, à qui il l'avait envoyée, en eût fait une espèce. Ses feuilles, qui sont communément simples et dentées jusqu'à la base, la distinguent facilement. Une organisation si remarquable n'est, selon Duchesne, que le résultat de l'extrême faiblesse de toutes ses parties; en un mot, ce n'est qu'une dégénérescence physiologique. Il résulte aussi de la faiblesse générale du Fraisier monophylle, qu'il ne donne presque point d'œilletons, ce qui le rend plus propre qu'aucun autre à former un Arbrisseau, lorsqu'on lui supprime de bonne heure ses feuilles radicales. C'est à peu près la seule utilité que présente cette variété; elle donne cependant une grande quantité de gynophores très-petits et quelquefois anguleux.

7. FRAISIER COURONNÉ OU MONSTRUEUX, *Fragaria multiplex* et *botryformis*, Duch. Dans ce Fraisier, la majeure partie des étamines se changent en pétales, lesquels forment cinq à six rangées; mais cinq ou six étamines non transformées suffisent pour féconder les ovaires et les rendre fertiles, car on peut multiplier de graines cette variété. Entre les divisions du calice, on voit quelquefois d'autres fleurs se développer et donner naissance à des fruits dont les carpophores se soudent et produisent des Fraises monstrueuses en couronne ou en trochet.

8. FRAISIER DE PLIMOUTH, *Fragaria muricata*, L. Duchesne affirme que ce Fraisier n'est qu'une variété accidentelle, monstrueuse et stérile, non arborescente, quoique Zanoni l'avait faussement indiquée comme telle, dont les divisions du calice, devenues foliacées, constituent toutes les enveloppes florales auxquelles succèdent des gynophores informes, durs, acerbes et ayant à peine le goût de la Fraise. Cependant il paraîtrait, d'après les observations de Lamarck, que ce Fraisier a réellement des pétales verdâtres, et munis au sommet de trois ou quatre dents. Du reste, il ne diffère presque pas du Fraisier commun.

§ II. FRAISIERS CAPERONNIERS. *Ovaires gros et rares; étamines longues.*

Dans ce groupe, Duchesne établit encore quatre sous-divisions qu'il nomme *Majaufes*, *Breslinges*, *Caperonniers* proprement dits, et *Quoimios*. Ces derniers, appartenant à une espèce que nous considérons comme distincte, sortiront de la présente division, et nous en dirons un mot à la suite de l'histoire du Fraisier commun. Par la couleur et la forme de leurs feuilles, par la petitesse, la pulpe tendre, et la couleur rouge de leurs gynophores, les Majaufes se rapprochent beaucoup des Fraisiers proprement dits; mais ils s'en distinguent principalement par le peu de fixité des caractères que la culture fait évanouir, et par la propension à la stérilité. Les feuilles des Breslinges ont une consistance plus sèche et plus forte; une couleur plus brune et plus terne; des poils plus longs; des pétales moins blancs, les dents du calice serrées contre les gynophores qui adhèrent très-fortement au sommet des pédoncules. Ces gynophores offrent une pulpe ferme quoique très-juteuse; ils sont verdâtres et ne se colorent que légèrement par l'effet du soleil. La plupart de leurs ovaires avortent, ce qui place les autres à distance, et leur fait acquérir plus de grosseur. Les Breslinges sont fort inconstans en se multipliant de graines.

De grandes proportions distinguent surtout les Caperonniers proprement dits des autres Fraisiers, car ils égalent en grandeur les Frutillers dont nous parlerons bientôt. Ils se rapprochent des Breslinges par la consistance un peu moins marquée, il est vrai, de leurs gynophores, mais leur calice et la disposition de leurs tiges les font ressembler davantage aux Fraisiers proprement dits. Comme ceux-ci, ils se reproduisent fréquemment par le moyen des graines, et leurs variétés sont en général assez constantes. On observe que dans les individus élevés de graines, une moitié est unisexuée femelle, tandis que l'autre est unisexuée mâle, accident qui se reproduit avec une étonnante égalité. Les Hybrides, provenues de la fécondation des Caperonniers proprement dits par les Breslinges ou les Frutillers, ont présenté diverses analogies avec leurs parens, et étaient souvent frappées d'une stérilité plus ou moins complète.

A. *Majaufes.*

9. FRAISIER DE BARGEMON ou MAJAUFE DE PROVENCE, *Fragaria bifera*, Duch. Ce Fraisier se trouve au pied des Alpes de Provence, et ne fleurit, lors qu'on le cultive, qu'au mois de septembre ou d'octobre. Il est lent à croître, mais aussi il offre l'avantage de se conserver plus long-temps que les autres variétés. Ses gynophores sont ronds ou comprimés, d'un jaune roux qui se colore en un rouge très-foncé par l'action du soleil; le reste de la Fraise, c'est-à-dire la partie cachée par les dents du calice, est marqué d'une étoile blanchâtre.

10. FRAISIER VINEUX ou MAJAUFE DE CHAMPAGNE, *Fragaria dubia*, Duch. Variété trouvée près de la Ferté-sous-Jouarre, et qui a beaucoup de ressemblance avec les Fraisiers proprement dits. Il diffère du précédent par ses gynophores plus aplatis, plus colorés et très-vineux.

B. *Breslinges.*

11. FRAISIER COUCOU, *Fragaria abortiva*, Duch. Facile à distinguer à cause de sa stérilité qui paraît dépendre d'un vice inconnu dont les stigmates sont affectés, et non de leur absence totale comme Haller l'avait mal à propos prétendu. L'explication physique donnée par Miller n'est pas plus satisfaisante, du moins pour les Fraisiers. Cet auteur prétend que la multiplication par bourgeons, renouvelée trois ou quatre fois coup sur coup, frappe tous les Végétaux de stérilité.

12. FRAISIER BRESLINGE ou BRESLINGE D'ALLEMAGNE, *Fragaria nigra*, Duch. Sa Fraise, dont la couleur est verdâtre, ou d'un rouge brun dans la partie exposée au soleil, a une pulpe ferme, juteuse et très-parfumée. Son feuillage est très-brun, bas, et présente souvent des feuilles palmées à cinq divisions. Il abonde en stolons, et est sujet à la stérilité.

13. FRAISIER-MARTEAU ou BRESLINGE DE BOURGOGNE, *Fragaria pendula*, Duch. Presque semblable au précédent, il a des gynophores en forme de Poire tronquée, aplatie ou comprimée à l'extrémité.

14. FRAISIER ou BRESLINGE DE LONGCHAMP, *Fragaria hispida*, Duch. Cette variété croît au bois de Boulogne où Duchesne la trouva, en 1767, entre Longchamp et Madrid. Elle donne des Fraises analogues aux précédentes variétés, mais plus juteuses et meilleures. Son feuillage est petit et fort velu. Duchesne conjecture que son existence est due au voisinage des jardins formés pour François Ier, autour de son château de Madrid.

15. FRAISIER VERT ou BRESLINGE D'ANGLETERRE, *Fragaria viridis*, Duch. Cultivé depuis long-temps en Angleterre, ce Fraisier a de l'analogie avec les précédens, mais son feuillage est plus grisâtre. Ses Fraises sont rondes et turbinées, d'un vert grisâtre, à peine colorées en rouge terne par le soleil, succulentes, et d'une odeur agréable.

16. FRAISIER BRUGNON ou BRESLINGE DE SUÈDE, *Fragaria pratensis*, Duch. Cette variété croît dans les prés, en Suède, où les paysans la distinguent facilement du Fraisier des bois. Linné l'a citée dans ses ouvrages, et l'a envoyée, en 1765, à Duchesne; par ses soins, elle s'est multipliée de grai-

nes, et n'a pas varié. Son feuillage est très-court et tombe pendant l'hiver, circonstance remarquable, puisque c'est le seul Fraisier à fleurs caduques par l'effet du froid. Ses courans sont aussi petits et ramassés, mais sa Fraise est grosse, d'un vert gai, et se colore d'un rouge foncé comme les Pêches-Brugnons.

c. *Caperonniers proprement dits.*

-17. FRAISIER DE BRUXELLES ou CAPERONNIER ROYAL, *Fragaria moschata.* Le feuillage de cette variété est franc, ses fleurs sont grandes, et il est fécond en gros gynophores dont la récolte se fait deux fois par an. Le Caperon ou Capiton n'en est qu'une sous-variété unisexuée (*Fragaria mosch. dioica*). Cependant Duchesne l'en a séparé, en raison peut-être des nombreuses variations que la culture a produites dans ce Fraisier. On ignore sa patrie, car c'est sans preuves qu'on lui a donné le nom de Fraisier de la Chine. La forme de ses Fraises varie beaucoup, mais elles ne sont jamais anguleuses ou aplaties.

Au grand nombre de variétés principales du Fraisier commun que nous venons d'exposer, Duchesne réunit les Fraisiers d'Amérique que nous considérons maintenant comme appartenant à des espèces différentes.

Le FRUTILLER ou FRAISIER DU CHILI, *Fragaria Chiloensis.* Ses feuilles ressemblent à celles du Fraisier des bois, mais elles sont plus fortes, d'un vert très-brun, et couvertes en dessous d'un duvet blanchâtre, court, mais épais et soyeux, qui existe aussi très-abondamment sur les courans et les pétioles. Les gynophores sont très-gros, d'un rouge jaunâtre qui s'anime au soleil d'une nuance dorée très-brillante. La finesse de leur parfum les fait rechercher par les amateurs sensuels; et sous ce rapport, on cultive avec beaucoup de soin le FRAISIER ANANAS ou QUOIMIOS DE HARLEM, ainsi que les FRAISIERS DE BATH et DE CANTORBERY qui n'en sont que des variétés.

Le Frutiller étant dioïque, sa race a éprouvé plusieurs altérations par la fécondation adultérine opérée par les Caperonniers. Le voyageur Frezier est le premier qui ait apporté en Europe cette Plante des environs de la ville de la Conception au Chili.

Le FRAISIER DE VIRGINIE, *Fragaria Virginiana*, Wilid., est une autre espèce qui a de l'analogie avec les Frutillers, mais dont les gynophores sont rouges, et malheureusement tellement tendres et succulens, qu'ils ne peuvent supporter le transport et se conserver plus de cinq ou six heures.

Il serait superflu de nous étendre sur l'agrément, le parfum et la bonté salubre des Fraises. Nous laissons à nos lecteurs le soin de commenter ce sujet agréable. Nous les engageons à déterminer le mode d'action qu'elles exercent sur nos organes, s'il est vrai qu'elles soient diurétiques et qu'elles expulsent les calculs, propriétés qui leur ont été attribuées par certains médecins, mais que nous n'avons pas eu occasion de vérifier. Les racines des Fraisiers passent aussi pour diurétiques, et on en fait usage en décoctions dans les blennorrhagies; nous pouvons cependant certifier que l'action diurétique de ces tisanes dépend plus de la quantité du véhicule que de l'activité du médicament. On a observé qu'un usage prolongé de la décoction de ces racines imprégnait les excrémens des malades d'une couleur rouge, laquelle a fait croire quelquefois à une affection grave des intestins ; mais le changement de boisson a bientôt fait dissiper ce prétendu flux sanguin.   (G..N.)

FRAISIER EN ARBRE. BOT. PHAN. Dans le midi de la France, on appelle ainsi l'Arbousier, parce que ses fruits ressemblent à des Fraises. En Amérique, c'est le nom qu'on donne à des Mélastomes.   (B.)

FRAMBOISE. BOT. PHAN. Le fruit du Framboisier. *V.* RONCE.   (B.)

FRAMBOISIERS. BOT. PHAN. Deux espèces de Ronces portent ce nom : le *Rubus Idæus* en Europe ; le *Rubus rosæfolius* dans l'Inde, par-

ticulièrement à l'Île-de-France. *V.*
Ronce. (b.)

* FRANCA. bot. phan. (Micheli.)
Ce genre est le même que le *Frankenia. V.* ce mot. (a.n.)

FRANC-BASSIN. bot. phan. Nom
vulgaire, da l'*Ocymum Americanum*
dans les Antilles françaises. (b.)

FRANCHE BARBOTTE. pois.
L'un des noms vulgaires du *Cobitis
Barbatula. V.* Cobite. (b.)

FRANCHIPANE. bot. phan. Variété de Poire. (b.)

FRANCHIPANIER. *Plumeria* ou
Plumiera. bot. phan. Et non *Frangi-
panier.* Genre de la famille des Apocynées et de la Pentandrie Digynie, L.,
caractérisé par son calice très-court, à
cinq divisions, par sa corolle infundibuliforme, dont le tube est grêle et
cylindrique, la gorge dépourvue d'é-
cailles, le limbe évasé, à cinq divisions profondes et obliques; les cinq
étamines, insérées à la base du tube,
y sont incluses; leurs filets sont libres, leurs anthères conniventes et
rapprochées en forme de cône. Les
deux pistils sont appliqués sur un
disque hypogyne assez saillant; les
ovaires sont uniloculaires et polyspermes; les styles courts, terminés
par un seul stigmate renflé, déprimé
et un peu émarginé. Les fruits sont
renflés, et les graines membraneuses dans leur partie inférieure. Ce
genre se compose d'environ une
quinzaine d'espèces, qui toutes croissent sous les Tropiques, et pour
le plus grand nombre dans l'Amérique méridionale. Ce sont, en général, des Arbres ou des Arbrisseaux
lactescens, ayant de belles et grandes feuilles, très-entières, alternes
ou éparses, caractère assez rare dans
les Apocynées. Leurs fleurs souvent
très-grandes, et ornées de couleurs
très-vives, rouges, roses, blanches
ou même jaunâtres, offrent différens
modes d'inflorescence; elles sont tantôt terminales, tantôt disposées en
corymbes, etc.

Les deux espèces que l'on rencontre le plus communément dans les
jardins, sont les suivantes :

Le Franchipanier a fleurs
blanches, *Plumeria alba*, L., Sp.,
Jacq., *Icon. Pict.*, t. 38. C'est un
Arbre qui acquiert quelquefois une
hauteur de quarante-cinq pieds. Son
bois est blanc et rempli de moelle, son écorce grisâtre et laiteuse ;
ses feuilles, réunies à l'extrémité des
rameaux, sont très-rapprochées, ovales, lancéolées, aiguës, entières, longues d'un pied et plus, larges d'environ trois à quatre pouces, vertes,
glabres et luisantes en dessus, blanchâtres à leur face inférieure. Les
fleurs sont blanches, formant des
espèces de panicules à l'extrémité des
rameaux. Cet Arbre croît aux Antilles, dans les lieux secs et voisins
de la mer. Le suc laiteux qu'il renferme est d'une causticité extrême.

Le Franchipanier a fleurs
rouges, *Plumeria rubra*, L., Sp.,
Jacq. *Icon. Pict.*, t. 23, Lamk.,
Ill., t. 175, f. 1. Cet Arbre qui
croît dans les mêmes contrées que
le précédent, est moitié moins grand ;
son bois est d'une couleur jaune et
d'une saveur amère ; ses feuilles,
comme celles de l'espèce précédente,
sont rapprochées à l'extrémité des
ramifications de la tige ; elles sont
moins grandes. Les fleurs sont d'un
beau rouge, quelquefois couleur de
chair, et répandant une odeur suave. Les fruits sont très-longs, ayant
leur surface rugueuse.

Les Franchipaniers doivent être,
dans nos climats, cultivés dans une
serre très-chaude. Ils demandent une
terre légère et sèche, et se multiplient
par boutures ou par éclats. (a. r.)

FRANCISCAIN. moll. Nom vulgaire et marchand du Cône, dont
ce nom est devenu la désignation
scientifique, *Conus Franciscanus.* (b.)

FRANCOA. bot. phan. Cavanilles
a établi ce genre d'après une Plante
du Chili (figurée, *Icon.* 596) dans
l'Octandrie Tétragynie, L., et il
lui donne pour caractères : un calice
quadriparti persistant; quatre pétales
onguiculés, et huit étamines alter-

nant avec autant de petits corps plus courts et épais; un ovaire libre, marqué de quatre sillons, et surmonté de quatre stigmates sessiles. Le fruit est composé de quatre loges comprimées qui se séparent à la maturité, en simulant autant de capsules, et s'ouvrent en deux valves, aux sutures desquelles sont fixées des graines nombreuses. Cavanilles s'étant exprimé assez obscurément sur l'insertion des étamines, on regardait son genre *Francoa* comme hypogynique, et on en cherchait vainement les vraies affinités. Nous avons observé dans une Plante du Pérou, évidemment congénère du *Francoa*, et par les détails de sa fleur et par son port, que les é amines s'insèrent au calice, au point où il se divise, et il en résulte que ce genre devra prendre place près des Crassulées. Il renfermera deux ou trois espèces herbacées, dont les feuilles radicales sont pinnatifides, et les fleurs disposées en épi lâche, au sommet d'une hampe allongée. Nous avons consigné nos observations dans les Annales des Sciences naturelles (T. III, p. 192), et nous les avons accompagnées d'une figure. (A. D. J.)

FRANCOLIN. OIS. Espèce du genre Perdrix. Les Francolins forment une petite famille dans le genre PERDRIX. *V*. ce mot. On a encore appelé :

FRANCOLIN A LONG BEC, une espèce du genre Perdrix. *V*. ce mot.

FRANCOLIN A LONGUE QUEUE (Hearn), la Gélinotte à longue queue. *V*. TÉTRAS.

FRANCOLIN A COLLIER, le Tétras a fraise. *V*. TÉTRAS. (DR..Z.)

FRANCOLIN. MOLL. L'un des noms marchands du Drap-d'or, *Conus textilis*. *V*. CÔNE. (B.)

FRANCOULO. OIS. Syn. vulgaire de Ganga Cata. *V*. GANGA. (DR..Z.)

* FRANCOURLIS. OIS. Syn. vulgaire du grand Courlis. *V*. ce mot. (DR..Z.)

* FRANC – PICARD. BOT. PHAN. Une variété de Peuplier blanc. (B.)

* FRANC-REAL. BOT. PHAN. Variété de Poire d'automne. (B.).

FRANGÉ, FRANGÉÉ. POIS. Ces noms ont été donnés comme spécifiques à un Cyprin, qui paraît devoir rentrer parmi les Labéons, et à une Raie des Antilles, imparfaitement connue, qui doit appartenir au sous-genre Céphaloptère. (B.)

* FRANGINE. BOT. CRYPT. Nom français donné par Bridel comme synonyme de celui du genre *Racomitrium*. *V*. ce mot. (B.)

FRANGULA. BOT. PHAN. *V*. NERPRUN et BOURDAINE. (B.)

FRANGULACÉES. BOT. PHAN. Dans la Flore Française, ce mot est employé comme synonyme de Rhamnées. *V*. ce mot. (B.)

* FRANKÉNIACÉES. *Frankeniaceæ*. BOT. PHAN. Le genre *Frankenia* avait été placé, par le célèbre auteur du *Genera Plantarum*, à la suite de la famille des Caryophyllées. Auguste de Saint-Hilaire (Mém. plac. central.), observant les rapports de ce genre avec les Violettes, en a formé un petit groupe distinct, auquel il a donné le nom de Frankéniées. Il y plaçait le genre *Sarothra*, que plus tard il a reconnu appartenir aux Hypéricées, ainsi que l'avait déjà indiqué le professeur Richard dans la Flore de l'Amérique septentrionale, publiée sous le nom de Michaux. Pendant son séjour au Brésil, le même auteur eut occasion d'observer le genre *Sauvagesia* et d'en mieux connaître l'organisation; il publia (Mém. Mus. 3, p. 215) le résultat de ses observations sur ce genre, encore si imparfaitement connu, et fit voir qu'il venait se placer auprès du *Frankenia*, et faisait, par conséquent, partie de sa famille des Frankéniacées. De Candolle, dans le premier volume de son Prodrome, adopta cette famille, en y ajoutant le nouveau genre *Luxemburgia*, établi par Saint-Hilaire, qui en avait indiqué les affinités; mais il en retira le *Sauvagesia*, dont il fit une section

à part dans la famille des Violettes. Enfin, à son retour du Brésil, l'auteur des Frankéniacées donna (Mém. Mus. ii, p. 11) une monographie étendue des genres *Sauvagesia* et *Lavradia*, dont il fit connaître l'organisation avec l'exactitude minutieuse et parfaite qui le caractérise. Il fit ainsi l'histoire de ce petit groupe, qui se compose de quatre genres, savoir : *Frankenia*, L., *Sauvagesia*, L., *Lavradia*, Velozo, et *Luxemburgia*, Saint-Hilaire. Nous allons exposer les caractères généraux de cette famille, caractères que nous emprunterons surtout à l'auteur qui en a si bien fait connaître l'organisation. Les fleurs sont hermaphrodites et présentent différens modes d'inflorescence. Leur calice est ordinairement à cinq divisions tellement profondes, qu'il paraît formé de cinq sépales distincts ; la corolle se compose de cinq pétales, tantôt égaux, tantôt inégaux, assez souvent rétrécis en onglet à leur base. Dans les genres *Sauvagesia* et *Lavradia*, on trouve dans la fleur des organes accessoires qui n'existent pas dans les deux autres. Ainsi, dans le *Sauvagesia*, on observe, en dedans de la corolle : 1° un verticille de filamens renflés et en forme de massue ; 2° une corolle intérieure, qui se retrouve également dans le *Lavradia*. Les parties accessoires ne nous paraissent être que des étamines avortées et plus ou moins transformées. Telle est également l'opinion d'Auguste Saint-Hilaire. Les étamines sont au nombre de cinq, de huit, ou indéfinies ; leur filet est quelquefois très-court ; l'anthère est à deux loges extrorses, généralement fixées par la base, s'ouvrant par une fente longitudinale et latérale, tantôt seulement par deux pores, comme dans le *Luxemburgia*, où elles sont presque carrées et rapprochées les unes contre les autres ; les étamines sont hypogynes ainsi que la corolle ; l'ovaire est libre, ovoïde-allongé, quelquefois trigone, souvent placé sur un disque hypogyne peu saillant. Il offre

constamment une seule loge, contenant plusieurs ovules attachés à trois trophospermes pariétaux suturaux. Le style est subulé, grêle, simple, terminé par un stigmate extrêmement petit et qui paraît indivis. Le fruit est une capsule plus ou moins ovoïde et allongée, recouverte, soit par le calice, soit par la corolle intérieure ; elle offre une seule loge et s'ouvre en trois valves, dont les bords, légèrement rentrans, forment quelquefois, surtout dans la partie supérieure, trois lames plus ou moins saillantes, mais qui n'avancent pas jusqu'au centre. Ce mode de déhiscence de la capsule, et cette position relative des trophospermes et des valves, sont d'autant plus importans à bien observer, que ce sont presque les seuls caractères qui distinguent la petite famille qui nous occupe des Violacées et des Cistées, auprès desquelles elle doit être rangée. Les graines sont généralement attachées sur deux rangées longitudinales, au moyen de petits podospermes filiformes. Elles contiennent au centre d'un petit endosperme charnu, un embryon axille, à peu près cylindrique, ayant sa radicule tournée vers le hile.

Les Plantes qui constituent la famille des Frankéniacées sont herbacées ou sous-frutescentes ; leurs tiges sont généralement rameuses, quelquefois simples. Les feuilles sont alternes, quelquefois verticillées, entières ou dentées en scie, fréquemment marquées de nervures latérales très-rapprochées et parallèles, ce qui les fait paraître striées. On trouve à leur base deux stipules persistantes ou caduques, souvent ciliées ; le genre *Frankenia* est le seul qui en soit dépourvu. Les fleurs sont tantôt axillaires, tantôt disposées en grappes simples ou composées, ou enfin en panicules. Chacune d'elles est accompagnée d'une bractée.

Cette petite famille doit certainement être placée auprès des Violacées ; elle a néanmoins quelques rapports avec la famille des Caryophyllées, dont elle diffère par ses stipules, son style constamment simple et la structure de son fruit. Elle forme, avec les Violacées, les Cistées et les Droséracées, une petite tribu extrêmement naturelle, dont aucune de ces quatre familles ne saurait être éloignée. Mais le caractère qui distingue nettement les Frankéniacées de ces trois autres familles consiste dans sa capsule, qui est septicide, c'est-à-dire qui s'ouvre en face de chaque trophosperme, tandis que, dans les trois autres, la déhiscence est loculicide, c'est-à-dire que chacune des trois valves entraîne avec elle un des trophospermes sur le milieu de sa face interne. (A. R.)

FRANKÉNIE. *Frankenia* BOT. PHAN. Ce genre, que Jussieu plaçait à la fin des Caryophyllées, et Linné dans l'Octandrie, est devenu pour Auguste de Saint-Hilaire le type d'une nouvelle famille, qui en a emprunté son nom, et qui, suivant d'autres auteurs, n'est qu'une section des Violacées. Quoi qu'il en soit, voici ses caractères : calice à quatre ou cinq divisions, avec lesquelles alternent autant de pétales onguiculés, dont l'onglet est muni d'une squammule vers la naissance du limbe, qui est étalé ; des étamines insérées sous l'ovaire, tantôt en nombre égal à celui des pétales et alternant avec eux, tantôt un ou deux de plus et opposés à ces mêmes pétales ; un style trifide ; une capsule accompagnée d'un calice persistant, légèrement trigone, s'ouvrant en trois ou quatre valves, le long du bord desquelles sont attachées les graines. De Candolle, dans son Prodrome, en décrit seize espèces dont quelques-unes sont nouvelles. Ce sont des Herbes ou plus rarement des sous-Arbrisseaux à tiges cylindriques ou rameuses, à feuilles opposées ou verticillées, dépourvues de stipules, prolongées à leur base en une membrane amplexicaule, souvent glanduleuses, oblongues, entières. Les fleurs, accompagnées de bractées,

sont sessiles, soit au sommet des rameaux, soit au point où ils se divisent par dichotomie. Elles habitent en général les rivages, ou de l'Europe méridionale, ou de l'Afrique; plusieurs sont originaires du cap de Bonne-Espérance, et d'autres de la Nouvelle-Hollande.   (A. D. J.)

FRANKLANDIE. *Franklandia.* BOT. PHAN. Genre de la famille des Protéacées et de la Tétrandrie Monogynie, L., établi par R. Brown (*Trans. of the Linn. Societ.* T. X, p. 157) qui l'a ainsi caractérisé : périanthe hypocratériforme, dont le tube est persistant et le limbe quadriparti et plane ; anthères incluses, adnées au périanthe; écailles hypogines, cornées et formant une gaîne ; noix fusiforme, pédicellée, dilatée et aigrettée au sommet. Ce genre ne se compose que de la FRANKLANDIE A FEUILLES DE FUCUS, *Franklandia fucifolia*, Arbrisseau glabre, de toutes parts couvert de glandes orangées et pustuliformes, à feuilles alternes, filiformes et dichotomes. Les fleurs, munies d'une seule bractée et d'un jaune sale, sont disposées en épis axillaires. Le pollen est sphérique, et les cotylédons sont très-courts. Cet Arbrisseau croît parmi les Bruyères, dans les lieux humides de la côte australe de la Nouvelle-Hollande et de la terre de Lewin. (G. N.)

FRANKLINIE. *Franklinia.* BOT. PHAN. Sous ce nom générique, Marshall (*Arbust. Amer.*, p. 48) décrivit deux espèces dont l'une fut rapportée au genre *Gordonia* par l'Héritier (*Stirpes nov.*, 1, p. 156) qui changea son nom de *Franklinia Altamaha* en celui de *G. Franklini.* Le professeur De Candolle (*Prodr. Syst. Veget.*, 1, p. 528) a réuni en outre à cette Plante le *Franklinia Americana*, Marsh., et en a formé deux variétés de la même espèce. C'est le *Gordonia pubescens*, Lamk., si bien figuré dans le Jardin de la Malmaison, tab. 1. Salisbury en faisait son genre *Lacathea*, qui n'est admis par De-Candolle que comme section générique. *V.* GORDONIE.   (G. N.)

* **FRANKLINITE**. MIN. *V*. FER OXIDULÉ ZINCIFÈRE.

FRANQUENNE. BOT. PHAN. Pour Frankénie. *V*. ce mot.   (B.)

FRANSERIE. *Franseria*. BOT. PHAN. Ce genre, voisin de l'*Ambrosia* et du *Xanthium*, doit en conséquence prendre place parmi les Corymbifères anomales de Jussieu, ou dans la tribu des Ambrosiées de Cassini. C'est d'après ce dernier botaniste qui en a complétement décrit une espèce, et d'après Cavanilles qui en a fait connaître une autre (*Icon.*, 200) en établissant le premier le genre, que nous en tracerons les caractères. Les fleurs sont monoïques, les mâles disposées en grappes ou en épis terminaux; les femelles au bas du même épi ou sur des épis plus courts et inférieurs. Les premières, de forme globuleuse, présentent dans un involucre multifide et sur un réceptacle convexe, garni d'écailles linéaires et minces, plusieurs fleurons où cinq étamines à anthères libres et dressées entourent, par leurs filets soudés en tube, un style tronqué au sommet et surmontant un seul ovaire avorté. Dans les fleurs femelles, les folioles de l'involucre accompagné à sa base de plusieurs bractées verticillées se soudent intimement en un corps hérissé à l'extérieur par les deux extrémités libres et spiniformes de ces folioles, et renfermant, plongés dans son intérieur, des ovaires au nombre de deux à quatre, nus, allongés, lisses et dépourvus d'aigrettes. Ils sont surmontés de styles profondément bi ou tripartis qui font saillie au-dehors. Cassini considère ces fleurs comme composées de plusieurs femelles distinctes, mais soudées par approche. Cavanilles y voit un seul ovaire multiloculaire.

Les deux espèces de ce genre sont des Arbustes à feuilles alternes, pétiolées, bipinnatifides dans le *Franseria artemisioides*, qui est originaire du Pérou, sinuées dans le *F. ambrosioides* qui habite le Mexique. (A.D.J.)

FRASÈRE. *Frasera*. BOT. PHAN. Genre de la famille des Gentianées et de la Tétrandrie Monogynie, L., établi par Walter (*Flor. Carol.*, p. 88) et adopté par Richard (*in Michx. Flor. Boreali-Amer.*, I, p. 96) qui lui a assigné des caractères dont voici les plus saillans : calice ouvert, à quatre divisions profondes et aiguës; corolle beaucoup plus grande que le calice, à quatre divisions très-profondes, ovales, acuminées, portant sur leur partie moyenne une glande orbiculaire et ciliée; quatre étamines plus courtes que la corolle; deux stigmates épais et divergens; capsule ovale, comprimée, comme bordée sur son pourtour, uniloculaire, bivalve et renfermant huit à douze graines elliptiques, bordées et membraneuses. Ce fruit se rapproche beaucoup de celui du *Villarsia nymphoides*, qui a été aussi placé dans les Gentianées. Mais le genre *Frasera*, dans les autres parties de sa fleur, a les plus grandes affinités avec le genre *Swertia*, surtout en ce qui concerne la glande de chaque pétale. Le professeur A.-L. de Jussieu (*Ann. du Mus.*, 15, p. 343) observe qu'il ne diffère de ce dernier que par une cinquième partie retranchée à celles de la fructification.

La FRASÈRE DE CAROLINE, *Frasera Carolinensis*, Gmel., *F. Valteri*, Mich., est une Plante bisannuelle, très-élevée, à feuilles oblongues, verticillées et opposées. On la rencontre depuis le Canada jusqu'en Caroline; elle est surtout très-abondante en certaines localités marécageuses de la Pensylvanie occidentale. Dans ce pays, on l'appelle improprement Racine de Colombo, à cause de son amertume franche semblable à celle de la véritable Racine de Colombo, et qui ne le cède pas à la *Gentiana lutea*. (G..N.)

FRASSINELLA. BOT. PHAN. (Cœsalpin.) Syn. de *Convallaria Polygonatum*, L.   (B)

FRASYOUN. BOT. PHAN. (Delile.) Syn. arabe de *Marrubium Alyssum*. Forskahl, qui écrit *Frasiun*, dit que c'est le nom d'une autre espèce du même genre.   (B.)

FRATERCULA. ois. (Temminck.) Syn. du Macareux Moine. *V.* ce mot. (DR..Z.)

FRAXINELLE. bot. phan. Syn. vulgaire de Dictame. *V.* ce mot. (B.)

* **FRAXINELLÉES.** *Fraxinellæ.* bot. phan. Les deux célèbres botanistes allemands, Nées d'Esenbeck et Martius (Act. Cur., 2, p. 149), ont décrit sous ce nom une famille naturelle de Plantes qu'ils séparent des autres Rutacées; mais cette séparation ne saurait être admise, ainsi que nous le prouverons au mot Rutacées. *V.* ce mot. (A. R.)

FRAXINUS. bot. phan. *V.* Frêne.

FRAYE. ois. Syn. vulgaire de la Grive-Draine. *V.* Merle. (DR..Z.)

* **FRAYEUSE.** ois. Syn. vulgaire de Rouge-Gorge. *V.* Sylvie. (DR..Z)

FRAYONNE. ois. Espèce du genre Corbeau. *V.* Corbeau. (DR..Z.)

FRÉGATE. *Tachypetes.* ois. (Vieillot.) Genre de l'ordre des Palmipèdes. Caractères : bec plus long que la tête, robuste, tranchant, suturé en dessus, déprimé à sa base, élargi sur les côtés ; mandibules fortement courbées vers la pointe qui est très-aiguë; narines linéaires, à peine visibles, placées dans un sillon sur les côtés du bec ; pieds très-courts; tarse moins long que les doigts, en partie garni de plumes; quatre doigts, les trois antérieurs longs, demi-palmés ; le pouce articulé intérieurement et dirigé en avant; ailes très-longues et étroites, les première et deuxième rémiges les plus longues; queue très-fourchue. L'étonnante diversité que la nature a répandue sur l'organisation des êtres a produit les oppositions extrêmes que l'on observe dans leurs modes d'existence : elle semble avoir condamné les uns au repos presque absolu, tandis que d'autres ont été assujettis à un mouvement, pour ainsi dire, continuel. Au premier rang de ces derniers doivent être placées les Frégates; leur envergure extraordinaire peut les soutenir dans les airs, pendant des journées entières,

sans même que la nuit soit un obstacle à leur vol errant; elles y paraissent quelquefois comme suspendues, immobiles ; d'autres fois, aussi rapidement que le projectile lancé par la poudre, elles s'élancent et mettent à parcourir des distances, un temps qui suffit à peine à l'œil pour suivre leur vélocité. Cherchant constamment à satisfaire un appétit des plus voraces, les Frégates dirigent leur vol vers la surface de l'eau, dont néanmoins elles ne peuvent guère approcher, à cause de la longueur démesurée de leurs ailes; aussi, dès qu'elles en sont à une petite distance, ont-elles soin de reporter ces ailes au-dessus du dos et de les y tenir relevées jusqu'à ce que, par suite du mouvement imprimé au corps, elles soient parvenues à saisir avec leur bec ou leurs serres aiguës le Poisson qui se jouait avec sécurité dans son domaine illimité. Les Frégates auraient bien, comme tous les Palmipèdes, la faculté de se tenir sur l'eau et de nager ; mais ce serait une imprudence que de s'y abandonner, car elles devraient y rester jusqu'à ce qu'elles aient trouvé un point assez élevé pour que leurs ailes puissent se déployer et acquérir, par un battement précipité, la force d'ascension. On assure que la brièveté de leurs pieds leur occasione des difficultés non moins grandes pour plonger, conséquemment ce n'est point sans de fortes raisons qu'elles se maintiennent presque toujours dans les airs et qu'elles emploient souvent la force pour arracher à des Oiseaux mieux conformés et plus adroits à la pêche, une nourriture qu'ils ne doivent pas céder sans regrets ; on a remarqué que les Cormorans étaient, sous ce rapport, leurs pourvoyeurs les plus dociles. Pour lieux de repos, les Frégates choisissent les pointes de rochers, les cimes d'où elles puissent facilement s'élever; elles évitent les plateaux et les plaines d'où elles ne sauraient, par la fuite, se dérober au danger, si elles y étaient surprises, et où elles se laisseraient même assommer à coups de bâton. Ces Oiseaux établissent leur nid sur des Arbres très-élevés et dans les anfractures des rocs ; la ponte n'est que d'un œuf, rarement de deux ; ils sont d'un blanc rougeâtre, parsemés de points rouges. Les parens soignent leurs petits jusqu'à ce qu'ils soient en état de voler , et c'est alors seulement que ces derniers quittent le nid, et ils n'y rentrent plus.

La GRANDE FRÉGATE , *Pelecanus Aquilus*, L. ; *Tachypetes Aquila*, Vieill., Buff., pl. enl. 961. Tout le plumage noir irisé en bleu changeant; queue très-fourchue; joues nues et noires; une membrane charnue et rouge sous le bec qui est noir et long de cinq à six pouces ; pieds noirs. Taille médiocre ; envergure de huit à quatorze pieds. La femelle a le ventre blanchâtre ; les jeunes n'ont point de membranes sous le bec. Des mers du Sud. La Frégate de Palmerston , *Pelecanus Palmerstoni* , Gmel., paraît être la même chose que la grande Frégate femelle.

PETITE FRÉGATE, *Pelecanus minor*, L. ; *Tachypetes minor* , Vieill. Tout le plumage noirâtre , à l'exception de la gorge et de la poitrine qui sont blanchâtres: joues rouges. Envergure, cinq pieds. On la regarde comme un jeune des précédentes , ainsi que la Frégate à tête blanche, *Pelecanus leucocephalus* , Gmel., dont la tète, le cou , la poitrine et l'abdomen sont blanchâtres.

Une espèce du genre Pétrel a aussi reçu le nom de Frégate.　(DR..Z.)

* FREGGIA. POIS. L'un des synonymes vulgaires de Cépole. *V*. RUBAN.　(B.)

FREGILUS. OIS. (Cuvier.) Syn. de Crave. *V*. PYRRHOCORAX. (DR..Z.)

⁂ FRELON. *Fucus* et *Crabro*. INS. Ce nom a été appliqué à différens Insectes de l'ordre des Hyménoptères. Les anciens l'employaient pour désigner les mâles des Abeilles , et quelques modernes l'ont donné à diverses espèces des genres Guêpe et Crabron. *V*. ces mots.　(AUD.)

FRELON (Houx). BOT. PHAN. Syn. de Fragon. *V*. ce mot.　(B.)

FRELOT , FRELOTTE. OIS. Syn. vulgaires de Pouillot. *V*. SYLVIE.　(DR..Z.)

FREMIUM. BOT. PHAN. (Gaza.) Syn. d'Anémone selon L'Ecluse. (B.)

FRÊNE. *Fraxinus*. BOT. PHAN. Genre de la famille des Jasminées et de la Polygamie Diœcie, L., composé d'environ une trentaine d'espèces dont une grande partie croît dans l'Amérique septentrionale ou le midi de l'Europe. Les Frênes sont de grands et beaux Arbres , d'un aspect agréable , ayant en général de grandes feuilles imparipinnées ; une seule espèce présente des feuilles simples , opposées, sans stipules; leurs fleurs sont généralement petites et polygames , quelquefois hermaphrodites, tantôt munies d'un très-petit calice formé de quatre sépales et d'une corolle à quatre pétales allongés et étroits, semblables à ceux des *Chionanthus*, tantôt et plus souvent entièrement nues , c'est-à-dire sans calice ni corolle. Les étamines sont au nombre de deux; leur filet est tantôt court et tantôt plus ou moins long. L'ovaire est allongé, comprimé, à une seule loge contenant un seul ovule dressé; le style est court, surmonté d'un stigmate bifide. Le fruit est une samare linguiforme allongée , très-mince, terminée supérieurement par un appendice membraneux plus ou moins long , contenant une graine dressée, tantôt plane, tantôt cylindrique, présentant sur l'un de ses côtés un raphé ou vasiducte saillant sous la forme d'un petit cordon mince qui s'étend jusqu'au sommet de la graine, et qui, lorsque celle-ci s'est détachée de sa base, semble être un podosperme. La graine contient, au centre d'un endosperme charnu, un embryon droit et dressé , dont la radicule , tournée vers le hile, est longue et cylindrique.

Quelques auteurs ont voulu séparer du genre Frêne, l'*Ornus* des anciens ou *Fraxinus Ornus*, L. , à cause de ses fleurs munies d'un calice et d'une corolle, pour en former un genre distinct sous le nom d'*Ornus*. Mais ce caractère nous paraît trop peu important pour autoriser cette séparation ; car dans l'*Ornus*, l'ovaire et le fruit offrent absolument la même structure que dans les autres Frênes. Nous allons faire ici l'histoire abrégée de quelques-unes des espèces les plus intéressantes.

FRÊNE COMMUN, *Fraxinus excelsior*, L., Lamk., Ill. tab. 858, fig. 1. C'est un des plus grands et des plus beaux Arbres de nos forêts. Son tronc droit et cylindrique s'élève souvent à une hauteur considérable, et se termine par une tête touffue, mais peu étendue. Ses rameaux sont lisses; ses feuilles opposés, imparipinnées, d'un beau vert, ordinairement composées de onze folioles presque sessiles, ovales, allongées, aiguës, profondément dentées en scie. Les fleurs sont nues, polygames, naissant en panicules rameuses à la partie supérieure des rameaux de l'année précédente. Elles s'épanouissent avant les feuilles. Les fruits sont très-allongés, étroits, terminés par une aile membraneuse. Leur graine est plane. Le Frêne se plaît surtout dans les terres légères et humides. Celles qui contiennent beaucoup de Craie ou d'Argile ne lui conviennent pas. Son bois qui est blanc, veiné longitudinalement et très-pliant, est fort employé pour différens usages. On s'en sert dans le charronnage pour faire des brancards de voiture, et toutes les pièces qui demandent du ressort et de la courbure. Les tourneurs s'en servent pour faire des chaises, des manches d'outils et différens autres ouvrages. On le débite aussi quelquefois en planches, où on en fait des cercles quand il est encore jeune. Il se développe souvent sur les gros troncs de Frêne des excroissances osseuses ou exostoses connues sous le nom vulgaire de *Bronzin*. Elles sont extrêmement recherchées pour les ouvrages d'ébénisterie. Les feuilles et l'écorce du Frêne ont une saveur âcre et amère. Sa première écorce contient un principe colorant employé pour donner aux laines une couleur bleue. Dans quelques pays, on l'emploie au tannage des cuirs. Le Frêne se multiplie généralement de graines que l'on sème en automne au commencement de l'hiver, dans un terrain bien préparé et un peu ombragé s'il se peut. Les jeunes plants peuvent être repiqués dès l'automne suivant; mais assez généralement on ne les lève qu'au bout de deux ans, soit pour les mettre en place, soit pour en faire des pépinières. On doit à Bosc un travail fort important sur les différentes espèces de bois de Frêne, dont nous donnerons l'extrait suivant.

1. Le FRÊNE DORÉ. Son écorce est d'un jaune très-vif. La connaissance en est due à Ant. Richard. Il fait un très-bel effet dans les jardins paysagers, surtout pendant l'hiver.

2. Le FRÊNE A BOIS JASPÉ. L'écorce de ses jeunes branches est rayée de jaune. Il semble être en quelque sorte le passage de la variété précédente au type primitif.

3. Le FRÊNE HORIZONTAL. Ses branches sont étalées horizontalement.

4. Le FRÊNE PARASOL. Cette variété fait un effet très-pittoresque par ses branches souples et pendantes comme celles du Saule pleureur, lorsque les individus sont forts et ont été bien dirigés. Elles forment alors un vaste dôme de verdure, et lorsqu'on les a soutenues par-dessous ; on fait souvent, avec un seul pied, un très-joli berceau.

Les deux variétés précédentes ont quelquefois le bois d'un jaune doré.

5. Le FRÊNE A FEUILLES DÉCHIRÉES, a ses folioles profondes et irrégulièrement incisées.

6. Le FRÊNE A FEUILLES PANACHÉES DE BLANC. Cette variété fait bon effet dans les grands massifs.

7. Le FRÊNE GRAVELEUX, dont l'écorce est épaisse, rugueuse et tubéreuse.

Toutes ces variétés se multiplient par le moyen de la greffe sur le Frêne commun.

Le Frêne a fleurs, *Fraxinus Ornus*, L. On pense que cette espèce est le véritable *Fraxinus* des anciens. C'est un Arbre de moyenne grandeur, ayant absolument le même feuillage que le Frêne commun, mais en différant beaucoup par ses fleurs munies de quatre longs pétales linéaires et blancs. Ses fruits sont plus étroits, cylindriques dans leur partie inférieure. Il croît dans les régions méridionales de l'Europe, et particulièrement en Calabre. C'est l'une des espèces d'où suinte la Manne.

Le Frêne a feuilles rondes, *Fraxinus rotundifolia*, Lamk. C'est particulièrement cette espèce qui fournit la Manne. Ses feuilles se composent de cinq folioles presque rondes, aiguës au sommet, doublement dentées en scie sur le contour. Ses fleurs sont, comme celles de l'espèce précédente, munies d'un calice et d'une corolle. Il croît naturellement en Calabre et sur les côtes de l'Afrique méditerranéenne. La Manne est le suc propre ou la sève élaborée de cet Arbre, qui s'en écoule, soit spontanément par les seuls effets de la végétation, soit par des incisions que l'on pratique à son écorce. On en distingue dans le commerce quatre espèces différentes ; savoir : la Manne en larmes, qui est la plus pure ; la Manne en canons, qui est également très-estimée, la Manne en sorte, et la Manne grasse, qui est la moins pure, mais la plus active. *V.* Manne.

On cultive encore dans les jardins diverses autres espèces, presque toutes originaires de l'Amérique septentrionale ; tels sont : le Frêne a feuilles simples, *Fraxinus simplicifolia*, Willd ; le Frêne a grands fruits, *Frax. platycarpos*, Michx. ; le Frêne rouge, *Frax. tomentosa*, Michx. ; le Frêne blanc, *Frax. Americana*, Willd. ; etc.   (A. R.)

On a donné improprement le nom de Frêne épineux au Zantoxyle, *V.* ce mot, et quelquefois simplement celui de Frêne à l'Ekebergie du cap de Bonne-Espérance.   (B.)

FRENEROTEL. ois. Syn. vulgaire du Pouillot. *V.* Sylvie. (DR..Z.)

FRESACO, FRESAIE, FRESAYE et FRÉZAIE. ois. Syn. vulgaires d'Effraie. *V.* Chouette.   (DR..Z.)

FRESILLON ou FRETILLON. bot. phan. Le Troëne dans quelques cantons de la France.   (B.)

FRESNEAU. ois. Syn. vulgaire et ancien de l'Orfraie. *V.* Aigle.   (DR..Z.)

* FRESSAN. bot. phan. Variété de Fraisier. *V.* ce mot.   (B.)

FRETILLET. ois. Syn. vulgaire de Pouillot. *V.* Sylvie. (DR..Z.)

FREUX. ois. Espèce du genre Corbeau. *V.* ce mot.   (DR..Z.)

FREYERA. bot. phan. Nom donné par Scopoli au genre *Mayepea* d'Aublet. *V.* ce mot et Chionanthe.   (G..N.)

FREZIÈRE. *Freziera*. bot. phan. Genre de la famille des Ternstrœmiacées, établi par Swartz qui l'avait d'abord nommé *Eroteum* dans son Prodrome. Le calice, accompagné de deux bractées, est composé de cinq sépales imbriqués, arrondis, persistans. Ils alternent avec autant de pétales presque égaux entre eux. Les étamines, très-nombreuses, ont leurs filets le plus ordinairement libres et insérés au réceptacle, très-rarement adnés à la base des pétales. L'ovaire libre, sessile, terminé par un style court et par un stigmate à trois ou plus rarement à quatre ou cinq lobes, présente des loges en nombre égal, contenant chacune des graines, le plus souvent fort nombreuses, fixées à un placenta qui s'attache le long de l'axe central. Le fruit, qu'acumine le style persistant, est de forme sphéroïde et de consistance sèche ; il a le même nombre de loges que l'ovaire, et elles contiennent de même tantôt beaucoup, tantôt et plus rarement peu de graines. La graine, dépourvue d'aile, renferme sous une enveloppe testacée, un périsperme charnu, logeant un embryon légèrement recourbé. Ce genre se compose d'Arbres à feuilles alternes, pétiolées, simples, dentées, coriaces, dépourvues de stipules. Leurs fleurs blanches naissent des aisselles au nombre d'une à cinq, portées sur des pédoncules accompagnés à leur base par des bractées. Aux deux espèces américaines que Swartz avait fait connaître, Bonpland, dans l'Histoire de ses Plantes équinoxiales (tab. 5-9), en a ajouté cinq toutes originaires du Pérou, et c'est d'après elles que Kunth a complété les caractères de ce genre tels que nous venons de les tracer.   (A. D. J.)

* FRIAND ou FRIOND. ois. Syn. vulgaire du Gros-Bec Linote. *V*. GROS-BEC.   (DR..Z.)

FRIDYTUTAH. ois. Nom de pays de la Perruche à tête rose. *V*. PERROQUET.   (DR..Z.)

* FRIESIE. *Friesia*. BOT. PHAN. De Candolle, dans son Prodrome, fait de l'*Elæocarpus peduncularis* de Labillardière un genre nouveau qu'il nomme ainsi, et caractérise de la manière suivante : calice quadriparti ; quatre pétales terminés par trois lobes ; douze étamines oblongues, cordiformes, s'ouvrant au sommet ; une baie sèche, soutenue sur un court support, indéhiscente, marquée de deux à quatre sillons et contenant autant de loges dispermes. L'unique espèce de ce genre est originaire du cap de Van Diémen ; ses feuilles opposées sont lancéolées et dentées, et de leurs aisselles partent des pédoncules uniflores légèrement penchés en dehors. Elle est figurée (tab. 155 des Plantes de la Nouvelle-Hollande) par Labillardière. On a pu voir que c'est par le nombre des parties de la fleur et par la nature de son fruit que ce genre diffère de l'*Elæocarpus*, et il est à peine besoin d'ajouter qu'il fait partie de la famille des Elæocarpées. Sprengel avait établi sous ce même nom de

Friesia, un genre d'Euphorbiacées ; c'est le Crotonopsis de Michaux, qui, comme antérieur, a dû être conservé.
                    (A. D. J.)

FRIGANE. *Phryganea*. INS. On désigne sous ce nom un genre de l'ordre des Névroptères, que la plupart des entomologistes écrivent Frigane, d'après la traduction qu'a donnée Geoffroy du mot *Phryganea* de Linné. Ce nom latin, dérivé du grec, doit être écrit en français Phrygane, et l'usage n'a pas tellement prévalu qu'on ne puisse lui substituer son orthographe véritable. Déjà Duméril a relevé cette faute grammaticale, et nous croyons qu'un dictionnaire d'histoire naturelle doit, avant tout, signaler et rectifier les erreurs introduites dans le langage de la science. Nous traiterons par conséquent ce genre curieux au mot PHRYGANE.
                    (AUD.)

FRIGANIDES (Lamarck) et FRIGANITES (Latreille.) INS. *V*. PHRYGANITES.

* FRI-GANTI. ois. Syn. javanais de Soui-Manga distingué. *V*. SOUIMANGA.   (DR..Z.)

FRIGOULE. BOT. Ce nom se donne également dans quelques cantons de la France méridionale au Thym et à l'Agaric social.   (B.)

FRILLEUSE. ois. Syn. vulgaire du Rouge-Gorge. *V*. SYLVIE.
                    (DR..Z.)

FRINGILLA. ois. Ce nom qui, chez les Latins, était celui du Pinson, a été appliqué par quelques naturalistes au genre entier Gros-Bec (*V*. ce mot), et des ornithologistes français l'ont traduit par le mot FRINGILLE.   (B.)

FRINGILLAGO. ois. (Gesner.) Syn. de Charbonnière. *V*. MÉSANGE.
                    (DR..Z.)

* FRINGILLAIRE. ois. Espèce du genre Faucon. *V*. ce mot. (B.)

FRIPIER. *Phorrus*. MOLL. Montfort a fait avec les *Trochus agglutinans* ou *Conchiliophorus* des auteurs un genre séparé des Trochus par la propriété qu'ont ces Animaux de fixer sur leur test les corps étrangers qui les environnent. Tantôt ce sont des fragmens de Coquilles, tantôt des cailloux plus ou moins volumineux, et quelquefois l'un et l'autre en même temps ; mais cette propriété, quelque singulière qu'elle paraisse, ne suffit pas pour faire de ces Coquilles un genre séparé. *V.* Troque. (D..H.)

FRIPIÈRE. MOLL. Nom donné vulgairement par les marchands au *Trochus agglutinans. V.* Troque.
(D..H.)

FRIQUET. OIS. Espèce du genre Gros-Bec. *V.* ce mot. (DR..Z.)

* FRISEURS D'EAU. OIS. Nom donné par quelques voyageurs à diverses espèces de Pétrels des mers australes. (DR..Z.)

FRITILLAIRE. *Fritillaria.* BOT. PHAN. Ce genre, qui fait partie de la famille des Liliacées, et de l'Hexandrie Monogynie, L. , se compose d'environ une vingtaine d'espèces, dont un assez grand nombre sont originaires des diverses contrées de l'Europe, et les autres de l'Asie. Ce sont en général des Plantes munies d'un bulbe solide, charnu, d'où s'élève une tige simple et cylindrique, portant des feuilles alternes et quelquefois verticillées. Les fleurs sont généralement grandes, toujours renversées, tantôt solitaires, tantôt diversement groupées à la partie supérieure de la tige où elles sont quelquefois surmontées d'une touffe ou couronne de feuilles terminales. Le calice est régulier et en forme de cloche, formé de six sépales distincts, offrant à leur face interne et près de leur base, une fossette glanduleuse et nectarifère. Les étamines sont au nombre de six, dressées ; les anthères sont allongées et introrses ; l'ovaire est libre, ovoïde, allongé, à trois loges polyspermes. Le style est simple, terminé par trois stigmates allongés, obtus et divergens. Le fruit est une capsule à trois ou à six angles plus ou moins saillans, à trois loges contenant un grand nombre de graines comprimées, disposées sur deux rangées longitudinales. Nous distinguerons, dans ce genre, les espèces suivantes :

FRITILLAIRE MÉLÉAGRIDE, *Fritillaria Meleagris*, L., Red., Liliacées. Cette Plante, qui croît dans les prés humides et les pâturages des montagnes de plusieurs parties de la France, y est vulgairement connue sous les noms de *Pintade*, de *Damier*. Sa tige est haute d'environ un pied, très-simple, cylindrique, glabre, portant un petit nombre de feuilles alternes, dressées, sessiles, linéaires, canaliculées. La tige se termine par une seule fleur penchée, assez grande, campanulée, en général d'une teinte violette claire, formant des carrés très-petits, assez semblables à ceux d'un damier, mais quelquefois presque blanche ou jaune. On la cultive dans les jardins.

FRITILLAIRE DES PYRÉNÉES, *Fritillaria Pyrenaica*, L. Cette espèce n'est peut-être qu'une variété de la précédente, dont elle diffère par ses feuilles inférieures, opposées, et par sa tige qui porte deux ou trois feuilles. Elle croît dans les lieux montueux, en Provence, en Dauphiné et dans les Pyrénées.

FRITILLAIRE IMPÉRIALE, *Fritillaria imperialis*, L., Red., Liliacées. Cette espèce, la plus belle du genre, est connue et abondamment cultivée dans les jardins, sous le nom de *Couronne impériale*. Elle est, suivant les uns, originaire de Perse, et, suivant les autres, de Thrace. On dit que le premier pied qui fut cultivé en Europe avait été apporté de Constantinople à Vienne, où L'Ecluse la cultiva en 1570. Depuis fort long-temps elle est extrêmement commune dans les parterres. Son bulbe est épais, charnu, à peu près de la grosseur du poing ; il contient un suc âcre, qui, d'après les expériences du professeur Orfila, peut facilement occasioner la mort chez les Animaux. Sa tige est haute de deux à trois pieds garnie d'un grand nombre de feuilles éparses, très-rapprochées, linéaires, lancéolées, aiguës, glabres. Ses fleurs, qui sont très-grandes et d'une belle couleur rouge safranée, sont renversées, verticillées, et forment à la partie supérieure de la tige une couronne surmontée d'une touffe de feuilles. Malheureusement, ces fleurs exhalent une odeur désagréable; en sorte qu'on ne peut les transporter dans l'intérieur des appartemens. On la cultive en pleine terre; elle y fleurit dès les approches du printemps.

FRITILLAIRE DE PERSE, *Fritillaria Persica*, L., *Spec.*, Red., Liliacées. Comme toutes les autres espèces, sa racine est un bulbe arrondi donnant naissance à une tige droite, haute d'un pied et demi à deux pieds; ses feuilles sont nombreuses, linéaires, lancéolées, d'un vert glauque et bleuâtre; ses fleurs, d'un violet obscur, forment une longue grappe pyramidale. Elles sont assez petites comparativement aux autres espèces, et presque globuleuses. Elle est originaire de Perse. On la cultive également dans les parterres, mais moins abondamment que la précédente.   (A. R.)

* FRITTE. MIN. Nom donné aux produits d'une vitrification imparfaite, soit naturelle, soit artificielle.   (DR..Z.)

FROELICHIE. *Frœlichia*. BOT. PHAN. Genre de la famille des Rubiacées, établi par Vahl qui changea lui-même en ce nom celui de *Billardiera* qu'il lui avait d'abord donné. Il présente un calice à quatre dents, une corolle plus longue, tubuleuse et dont le limbe se partage en quatre lobes étalés, épaissis à leur extrémité; quatre anthères presque sessiles, et faisant à peine saillie hors du tube; une baie sèche, ovoïde, légèrement comprimée, ombiliquée à son sommet après la chute des dents du calice, renfermant une graine unique, de même forme, arillée ou coriace; l'embryon à radicule courte et infère

est situé au centre d'un périsperme charnu trois fois plus volumineux que lui. Ce genre voisin, peut-être même congénère du *Tetramerium* (*V.* ce mot), ne renferme qu'une espèce. C'est le *F. paniculata*, Arbrisseau découvert dans l'île de la Trinité, dont les pédoncules terminaux se divisent en deux ou trois pédicelles chargés d'un assez grand nombre de fleurs. Il est figuré tab. 10 des Eclog. de Vahl.   (A. D. J.)

FROID. Nom donné à la sensation que l'on éprouve par l'abaissement de la température. Lorsque nous touchons un corps dont la température n'est point aussi élevée que celle de nos organes, le transport du calorique ou de la chaleur qui tend toujours à se mettre en équilibre occasione une sensation de Froid, et cette sensation paraît d'autant plus grande que le corps touché est plus dense. *V.* MÉTÉORE.   (DR..Z.)

FROMAGEON. BOT. PHAN. L'un des noms vulgaires de la Mauve dont on compare, pour la forme, les fruits à de petits fromages.   (B.)

FROMAGER. *Bombax*. BOT. PHAN. Genre placé d'abord dans la famille des Malvacées, mais dont notre collaborateur Kunth a fait le type d'un ordre naturel nouveau sous le nom de Bombacées. Son calice est nu, campanulé, entier ou à trois ou cinq dents, persistant; sa corolle est formée de cinq pétales égaux, étalés, hypogynes; les étamines sont monadelphes par leur base où elles se soudent avec les pétales; les filets staminaux sont tantôt au nombre de cinq, tantôt indéfinis; dans le premier cas ils nous paraissent formés de la réunion de plusieurs filets soudés, et en effet ils sont généralement terminés par plusieurs anthères, toujours uniloculaires; l'ovaire est libre, à cinq angles et à cinq loges, contenant plusieurs ovules attachés à l'angle interne de la loge où ils pendent, et formant deux rangées longitudinales; le style est simple, terminé par un stigmate à cinq dents ou à cinq lobes; le fruit est une capsule oblongue, ovoïde ou presque cylindrique, quelquefois globuleuse, à cinq loges polyspermes, s'ouvrant en cinq valves presque ligneuses; les graines sont recouvertes d'une bourre soyeuse, comme dans les espèces de Cotonnier; l'embryon est dépourvu d'endosperme; il a ses cotylédons chiffonnés. Les espèces de ce genre, au nombre d'environ une dixaine, sont des Arbres quelquefois armés d'aiguillons; leurs feuilles sont grandes, pétiolées et digitées; les stipules caduques; les fleurs réunies un faisceaux à l'aisselle des feuilles ou formant des grappes terminales. Gaertner a tenté de séparer de ce genre les espèces dont les filets staminaux sont fort nombreux, pour rétablir le genre *Ceiba* de Plumier; mais ce changement n'a pas été adopté. Plus récemment Kunth (*in Humboldt Nov. Gen. et Spec.* v, p. 297) on a séparé le *Bombax Gossypium*, L., qui forme non-seulement un nouveau genre qu'il nomme *Cochlospermum*, mais ce genre va se placer dans la famille des Ternstrœmiacées. *V.* Cochlospermum au supplément.

Parmi les espèces de ce genre, dont au moins les trois quarts sont originaires de l'Amérique méridionale, nous ne citerons que la suivante : *Bombax pentandram*, L., Sp.; Cavan., Diss. 5, p. 293, t. 161. C'est un très-grand Arbre qui croît également dans les deux Indes. Son bois est tendre, léger et cassant; son écorce est souvent garnie de gros tubercules épineux; ses feuilles sont pétiolées, digitées, composées de sept à neuf folioles lancéolées, entières ou dentées en scie; les fleurs sont réunies en faisceaux à l'aisselle des feuilles; elles sont blanches et grandes; les filets des étamines sont au nombre de cinq ou plutôt forment cinq faisceaux portant chacun plusieurs anthères à leur sommet; le fruit est une capsule longue d'environ six pouces, rétrécie vers sa base et contenant des graines pisiformes allongées, enveloppées d'une bourre soyeuse. On se sert de cette bourre, qui est d'une grande douceur, pour faire des coussins et des orcillers qui sont d'une grande souplesse et très-élastiques. Malheureusement elle est trop courte pour pouvoir être filée.

Les autres espèces remarquables de ce genre sont : *Bombax Erianthos*, Cav., Diss., t. 152, f. 1 ; *Bombax heptaphyllum*, id.; *Bombax Ceiba*, id., t. 152, f. 2 ; *Bombax globosum*, Aublet, Guian.; Cav., t. 155, etc. (A. R.)

FROMENT. *Triticum*. BOT. PHAN.* L'un des genres les plus intéressans de tout le règne végétal, puisque les fruits de quelques-unes de ses espèces sont la principale nourriture de l'Homme dans presque la moitié du globe. Les Fromens ont leurs fleurs disposées en épis simples, très-rarement rameux par suite de la culture. Leur axe ou rachis est articulé et denté, à dents alternes portant chacune un seul épillet sessile; chaque épillet contient de trois à six fleurs, dont les deux ou trois plus supérieures sont avortées et rudimentaires; la lépicène est à deux valves naviculaires plus ou moins bombées, égales entre elles, à peu près de la même longueur que les glumes, légèrement mucronées à leur sommet; chaque glume est composée de deux paillettes inégales; l'extérieure plus grande, convexe, est légèrement échancrée à son sommet et terminée soit par une petite pointe recourbée en dedans, soit par une longue arête roide, droite et très-rude; l'interne est plane ou même légèrement concave, embrassée en partie par l'externe, toujours entière et mutique; les étamines sont au nombre de trois; la glumelle composée de deux paléoles plus courtes que l'ovaire, placées sur le côté opposé à son sillon, et généralement ciliées dans leur contour; l'ovaire est comme trapézoïde, velu dans sa partie supérieure, portant deux stigmates plumeux et généralement sessile ; le fruit est ovoïde, quelquefois allongé, barbu vers son sommet, marqué sur l'une de ses faces d'un sillon longitudinal plus ou moins profond, tantôt enveloppé dans la glume et tantôt nu. Les espèces de ce genre sont assez nombreuses ; ce sont en général des Graminées annuelles, quelquefois vivaces et rampantes ; leur chaume est simple, noueux, fistuleux ou plein ; leurs feuilles rubanées, aiguës et engaînantes.

Gaërtner a séparé du genre *Triticum* un assez grand nombre d'espèces qui en diffèrent par leurs épillets plus allongés, les valves de la lépicène entières et non mucronées au sommet, par la paillette inférieure souvent bifide et terminée par une soie plus ou moins longue, et enfin par leur fruit glabre. Ce genre, qu'il a nommé *Agropyrum*, a été adopté, par Palisot de Beauvois et par Trinius, dans leur Agrostographie. Le premier a de plus proposé de faire encore un autre genre nouveau pour quelques autres *Triticum* qu'il a réunis à des *Bromus* et à des *Festuca* sous le nom de *Brachypodium*, mais ce genre ne diffère réellement pas des *Festuca*, et n'a point été adopté. Le genre Froment a beaucoup de rapports avec les Ægylops, les Ivraies, les Seigles et les Orges. Il diffère des premiers par sa glume dont la paillette externe porte une seule arête, tandis qu'elle en porte au moins trois dans les Ægylops ; du second par la position de ses épillets relativement à l'axe, les bords des valves correspondant au rachis dans les Fromens, tandis que dans les Ivraies ce sont les faces des valves qui sont tournées vers l'axe ; des Seigles par ses épillets composés d'au moins trois fleurs, tandis qu'on n'en compte jamais que deux dans les Seigles ; enfin des Orges par ses épillets multiflores et solitaires à chaque dent de l'axe, tandis que, dans ces derniers, les épillets sont uniflores, et réunis trois par trois à chaque dent du rachis.

§. 1. *Des espèces de Froment cultivées.*

C'est au célèbre agronome Tessier, membre de l'Académie des Sciences, que l'on doit le premier travail important sur les différentes variétés de Blé, que l'on cultive non-seulement en France et en Europe, mais dans toutes les autres contrées du globe où la culture de cette précieuse Céréale a été introduite. Ce travail a été depuis cette époque le seul qui ait servi de guide à tous les agronomes ou botanistes qui ont eu à s'occuper du Froment. Malheureusement on peut faire un reproche très-fondé à la classification des Blés de Tessier, c'est qu'il n'a fait aucun cas des caractères botaniques, et qu'il n'a pas cherché à rapporter aux diverses espèces décrites par les naturalistes les variétés obtenues par la culture. Il résulte de-là qu'il semblerait que cet auteur a considéré les diverses sortes de Froment, cultivées en France, par exemple, comme provenant d'une seule et même espèce ; ce qui n'est pas. Quelques botanistes ont depuis cherché à éclaircir ce point important de l'histoire naturelle du Froment, en essayant de démêler au milieu des différences nées d'une longue culture, les traits caractéristiques du type propre à chaque espèce. Nous citerons surtout avec éloge, parmi ces travaux, celui que Seringe de Berne a publié dans le premier volume de ses Mélanges botaniques. C'est lui que nous suivrons dans le tableau que nous allons tracer des variétés principales de Froment qui se cultivent en France.

Les différences entre ces variétés nombreuses sont principalement tirées de la présence ou de l'absence de l'arête, de valves glabres ou velues, de leur couleur jaune, blanchâtre ou brunâtre. On peut établir, parmi les espèces de Froment cultivées, deux sections bien naturelles : la première, celle des FROMENS proprement dits, renferme les espèces dont les fruits tombent nus sous le fléau, c'est-à-dire entièrement dépourvus des écailles florales. Ces fruits sont ovoïdes ou ellipsoïdes, marqués d'un sillon très-profond. La seconde section, à laquelle on donne le nom d'ÉPEAUTRES, comprend celles dont les fruits tombent enveloppés par les valves de la glume qui les embrasse étroitement (le rachis se rompant à chacune des articulations). Ces fruits sont en général triangulaires, et leur sillon est peu profond. A la première section appartiennent quatre espèces, savoir : *Triticum sativum*, *T. turgidum*, *T. durum*, et *T. polonicum*. Dans la seconde on en compte également quatre qui sont : *Triticum Spelta*, *T. angleum*, *T. monococcum*, et *T. venulosum*.

Ire Section. FROMENS.

FROMENT ORDINAIRE , *Triticum sativum* , L. Nous croyons inutile de donner une description détaillée de cette espèce, d'autant plus que, pour être complète et pouvoir s'appliquer à toutes les variétés, cette description serait nécessairement très-longue et fort obscure. Linné avait distingué deux espèces dans le Blé ordinaire: l'une qu'il nommait *Triticum œstivum*, avait ses épis munies de barbes; l'autre, *Triticum hybernum*, avait ses épis mutiques. Mais on sait aujourd'hui combien est faible la valeur du caractère tiré de la présence ou de l'absence de l'arête qui suffit tout au plus pour établir des variétés; car on peut assez souvent remarquer sur un même epi des épillets munis de barbes , avec d'autres qui en sont dépourvus. Quant à la durée relative de ces deux espèces de Linné, dont l'une vit environ six mois plus que l'autre, elle ne saurait être employée comme caractère spécifique. En effet, l'expérience a démontré que, transportés dans d'autres climats , des Blés de mars étaient devenus Blés d'hiver, et *vice versâ*. Aussi la plupart des botanistes considèrent-ils les *Triticum hybernum* et *œstivum* de Linné comme une seule et même espèce.

On ne sait pas encore bien positivement quelle fut la véritable patrie du Froment. Sa culture s'est répandue dans tant de contrées diverses , il a été transporté par l'Homme à travers tant de pays, qu'il est difficile de savoir quel est celui qui lui a servi de berceau et de point de départ. Les anciens le cherchaient dans la vallée d'Enna en Sicile où prirent naissance les fables de Cérès et de Triptolème, qui paraissent y être allusionnaires. On a vu dans notre article ÆGILOPS les expériences faites par le professeur Latapie et recueillies par Bory de Saint-Vincent. Cependant on pense généralement que le Blé est originaire de l'intérieur de la Perse. Cette opinion paraît d'autant plus fondée , que deux voyageurs français , Olivier et Michaux, qui, à deux époques différentes , ont visité le pays, y ont trouvé le Froment à l'état sauvage dans des lieux tellement reculés et si loin de l'habitation ou du passage habituel des Hommes , qu'il était impossible de le considérer comme provenant de graines domestiques. Quoi qu'il en soit de son origine première , le Froment est aujourd'hui cultivé plus ou moins abondamment dans presque toutes les contrées civilisées du globe. Beaucoup de philosophes même attribuent les progrès de la civilisation à l'introduction et à la culture de cette Céréale. En effet , tant que les peuples trouvent dans les fruits de la terre de quoi satisfaire leurs besoins, leur intelligence reste engourdie , et les arts demeurent dans l'enfance ; mais dès que les fruits sauvages ne suffisent plus à l'Homme, ses facultés intellectuelles se développent pour trouver les moyens de satisfaire ses besoins , et dès-lors on voit les arts se créer en quelque sorte et se perfectionner rapidement.

Les caractères communs à toutes les variétés de cette espèce sont : un épi dressé , presque carré , composé d'épillets courts; les balles sont renflées , comprimées dans leur partie supérieure; les fruits sont ovoïdes , obtus et opaques.

† Epillets aristés. (*Triticum œsti-vum* , L.)

α. Epi lâche ; épillets barbus ; balles blanches et glabres.

On connaît cette variété sous les noms de Froment commun barbu, blanc et glabre; de Blé grison, de Touzelle blanche, barbue, etc. C'est la variété n° 9 de la Classification de Tessier. Elle se cultive dans presque toutes les parties de la France.

β. Epi lâche ; épillets barbus ; balles blanches et velues. Elle n'est, selon Tessier, qu'une sous-variété de la précédente.

γ. Epi lâche; épillets barbus ; balles rousses et glabres. Elle porte les noms de Touzelle rouge, barbue, Saisette de Tarascon. On la cultive surtout dans le midi de la France.

δ. Epi lâche ; épillets barbus; balles rousses et velues. Souvent mélangée avec la précédente.

ε. Epi compacte , serré ; épillets barbus; balles blanches et glabres.

Cette variété, ainsi que la suivante, constituent le *Triticum compactum* de Host.

†† Epillets mutiques (*Triticum hybernum* , L.)

α. Epi compacte , serré ; épillets mutiques; balles rousses et glabres. Elle appartient aussi , ainsi que nous l'avons dit, au *Triticum compactum* de Host. On la désigne sous les noms de Froment commun à épi compacte, Froment d'Alsace, sans barbes, à épi court.

β. Epi lâche; épillets mutiques; balles blanches et glabres. Cette variété, dont le grain est jaune, est une de celles que l'on cultive le plus abondamment en France dans les endroits où la terre n'est pas compacte , et où elle a peu de fond. On la sème abondamment aux environs de Montpellier. Elle porte le nom de Touzelle blanche sans barbes. Elle est d'automne.

γ. Epi lâche ; épillets mutiques; balles blanches et veloutées. On la nomme aussi Blé de Bohême. Elle est très-abondamment cultivée.

δ. Epi lâche ; épillets mutiques; balles rousses et glabres. Elle correspond au n° 8 de Tessier et porte généralement le nom de Blé de Lammas. Ce Froment nous est venu d'Angleterre et se cultive particulièrement dans le département du Calvados où il est connu sous les noms de Blé rouge et Blé anglais.

ε. Epi lâche ; épillets mutiques ; balles rousses et veloutées. Elle est souvent mélangée avec les autres variétés.

FROMENT RENFLÉ, *Triticum turgidum* , L. Lamarck et quelques autres botanistes, à son exemple , réunissent cette espèce avec la précédente. Il est vrai qu'elle en diffère fort peu. Ses principales différences consistent dans ses épis généralement plus courts et plus carrés, ordinairement penchés , par ses épillets également plus courts , et portant ordinairement trois ou quatre grains qui parviennent à leur maturité ; les balles sont ventrues , courtes , terminées par une pointe ou mucrone large ; la carène est comprimée dans toute sa longueur ; les fruits sont ovoïdes, renflés et opaques. Toutes ses variétés sont connues sous le nom vulgaire de Pétanielles. Elles sont toutes munies d'arête , à l'exception d'une seule. Voici les principales:

α. Epi barbu , blanc et velouté. C'est la Pétanielle blanche des agronomes. On lui donne encore les noms de Froment blanc, de Moutin blanc , etc. On la cultive en grand dans plusieurs cantons.

β. Epi barbu , roux et velouté. Cette variété, qu'on nomme Pétanielle rousse, est en quelque sorte celle qui a servi de type à Linné pour établir son *Triticum turgidum.* Elle réussit très-bien dans les terres fortes et très-fumées , où elle produit de gros grains et en grande quantité. Elle préfère généralement une exposition un peu chaude. Son chaume est plein. On l'appelle aussi Blé de Sicile.

γ. Epi barbu , roux et glabre. C'est la Pétanielle rouge ou Blé rouge de

Montpellier. Elle est souvent mêlée avec la précédente.

δ. *Epi barbu , très-dense ; balles noires et velues.* On le connaît sous le nom de gros Blé noir. On le cultive rarement seul.

ε. *Epi barbu , lâche ; balles noires et velues.* Cette variété, connue sous les noms de Pétanielle noire, de Froment gris de souris, est assez variable ; elle est quelquefois d'un gris assez clair, d'autres fois presque noire.

ζ. *Epi mutique; balles velues.* On la désigne généralement sous le nom de gros Blé sans barbe.

η. *Epi rameux; balles velues.* Cette belle variété, que l'on connaît sous les noms de Blé de miracle, Blé d'abondance, est pour un grand nombre d'auteurs une espèce distincte , qu'ils nomment *Triticum compositum* avec Linné fils. Mais elle nous paraît rentrer très-bien dans le *T. turgidum.* En effet, ses épis sont quelquefois parfaitement simples ; et dès-lors son caractère distinctif disparaît. La qualité de son grain, ainsi que le remarque Villars, dans son Histoire des Plantes du Dauphiné, est tendre, délicate, et le rend propre à certaines préparations de pâtisserie, la pâte en étant plus blanche, plus fine, et moins susceptible de fermenter. La culture de cette variété pourrait paraître au premier abord plus productive qu'aucune autre, à cause de la grosseur de son épi qui est rameux. Mais ces avantages sont en grande partie annulés, par la difficulté avec laquelle cette variété mûrit dans nos climats, par le grand nombre de grains qui coulent, et par sa prompte dégénération. En effet, au bout de quelques années, si l'on s'est toujours servi des mêmes semences, l'épi finit par redevenir simple. Aussi ne la cultive-t-on guère que comme un objet de curiosité, du moins en France.

FROMENT DUR, *Triticum durum*, Desf., Fl. Atl. 1 , p. 114. Cette belle espèce , rapportée de Barbarie par le professeur Desfontaines et distinguée par lui du *Triticum turgidum*, a ses chaumes pleins; son épi carré, incliné; ses balles allongées, terminées par une large pointe ou mucrone ; sa carène proéminente , sa glume finissant en une longue arête ; ses fruits sont ellipsoïdes, renflés, durs et demi-transparens. Cette espèce a été depuis décrite et figurée par Host (*Gram. Austr.* 4, t. 5) sous le nom de *Triticum hordeiforme.*

α. *Epi longuement aristé; balles velues.* On lui donne le nom de Froment dur, Blé corné et barbu , Froment de Barbarie.

β. *Epi aristé; balles roussâtres et glabres.* C'est surtout cette variété qui correspond au *Trit. hordeiforme* de Host. Comme elle ne donne que peu de farine, et d'une couleur brune, sa culture doit être abandonnée.

γ. *Epi aristé; balles glabres et panachées de deux couleurs.* Cette variété est connue en Provence sous le nom de *Tangarock.* Elle est probablement originaire de Barbarie. On la cultive rarement.

FROMENT DE POLOGNE, *Triticum Polonicum*, L., Sp. Cette belle espèce est extrêmement tranchée et très-facile à distinguer de tous les autres Fromens. Son chaume est plein, d'une teinte bleuâtre ainsi que les feuilles , presque jusqu'à la parfaite maturité; son épi est très-allongé, comprimé, un peu tétragone, à épillets distiques, alternes, et contenant quatre fleurs, dont les deux inférieures sont les seules fertiles et aristées; les valves extérieures sont membraneuses, carenées, plus longues que les fleurs qu'elles renferment, bidentées à leur sommet.

α. *Epi comprimé , distique, serré , barbu ; balles velues.* On l'appelle Blé de Pologne à épi serré , Blé de Mogador, Blé d'Egypte, Blé de Surinam.

β. *Epi lâche ; balles divariquées et presque glabres.* On la cultive peu.

Les Fromens de cette première section ont sur ceux de la seconde un très-grand désavantage, celui d'être plus facilement dévastés par les Moineaux et autres Oiseaux des champs;

tandis que les Epeautres, au contraire, par la dureté de deux écailles qui sont immédiatement appliquées sur leur grain, résistent facilement à leurs attaques. Mais aussi ils l'emportent sur les Epeautres par la qualité de leur farine qui est en effet beaucoup plus fine et de meilleure qualité.

IIe Section. EPEAUTRES.

FROMENT EPEAUTRE, *Triticum Spelta*, L. Cette espèce est bien distincte par ses chaumes fistuleux, ses épis presque tétragones, inclinés à l'époque de la maturité; ses valves, tronquées au sommet, sont terminées par un mucrone obtus, prolongement de la nervure de la carène; ses fruits triquètres, allongés et pointus. La valve externe de sa glume est terminée par une longue arête très-roide, qui avorte dans quelques variétés, et alors elle présente deux petites dents. Le *Triticum Zea* de Host est à peine une variété de l'Epeautre commun. Cette espèce est abondamment cultivée dans quelques parties de la France, et en particulier dans les pays de montagnes, tels que les Vosges. Voici ses principales variétés :

α. *Epi barbu; balles blanches et glabres.* Cette variété est fort commune.

β. *Epi barbu; balles blanches et veloutées.* Elle est fréquemment mêlée avec la précédente.

γ. *Epi barbu; balles rousses et glabres.*

δ. *Epi mutique; balles blanches et glabres.*

ε. *Epi mutique, balles rousses et glabres.* On cultive particulièrement cette variété sur les basses montagnes ; elle est très-robuste, mais mûrit quinze jours plus tard que la variété précédente.

ζ. *Epi mutique ; balles rousses et veloutées.* Souvent confondue avec la variété précédente.

η. *Epi mutique; balles violacées et glabres.* Cette jolie variété a aussi le chaume violet dans sa partie supérieure. Il y en a encore une autre variété qui est presque bleue; mais elle est fort rare.

FROMENT AMYLACÉ, *Triticum amyleum*, Sering., Céréal. Suiss., p. 124. Cette espèce, que Seringe sépare de l'Epeautre, en diffère par les caractères suivans : elle est glauque dans toutes ses parties ; son chaume est plein; ses épis comprimés, dressés; ses épillets étroitement imbriqués ; ses valves terminées insensiblement par un large mucrone; sa carène comprimée, très-saillante et arquée, ayant ses côtés convexes ; ses fruits triquètres, allongés, pointus et renflés. Les auteurs anciens, et en particulier C. Bauhin, Roi, etc., avaient très-bien distingué cette espèce, que l'on trouve mentionnée dans leurs ouvrages sous le nom de *Zea amylea*, etc.

α. *Epi aristé; balles blanches, glabres; mucrone recourbé.* Cette variété est l'Epeautre serré de la Flore Française; c'est une Plante extrêmement précieuse, que l'on cultive également comme Céréale d'automne et de printemps. Sa farine est extrêmement blanche, et l'on en forme un amidon d'une grande blancheur. Seringe dit qu'elle réussit dans tous les terrains, depuis le plus marécageux jusqu'au plus sec. On la désigne sous les noms de Blé amidonnier, grand Epeautre, etc.

β. *Epi presque mutique; balles blanches et glabres ; semences très-renflées.* Cette variété se distingue surtout par ses grains manifestement renflés; ses arêtes très-courtes, dont les inférieures sont presque constamment avortées.

γ. *Epi aristé; balles blanches et veloutées.*

δ. *Epi aristé; balles noirâtres, velues; grains brunâtres.* C'est le *Triticum atratum* de Host (*Gram. Austr.* 4, t. 8), qui ne diffère en rien du *T. amyleum.* On ne la cultive que comme objet de curiosité.

ε. *Epi aristé rameux; balles blanches et glabres.*

FROMENT LOCULAR, *Triticum monococcum*, L., Sp. Cette espèce est jaunâtre; son épi est comprimé; ses épillets étroitement imbriqués, contenant une seule fleur fertile; ses valves sont fortement carénées, tri-dentées à leur sommet, un peu plus courtes que les fleurs ; l'arête est longue et roide ; les graines sont demi-transparentes et triquètres. On la cultive ordinairement en Blé de mars. Elle est connue sous les noms de Blé Locular, petit Epeautre, Froment monocoque, parce que des quatre fleurs qui composent chaque épillet, une seule est fertile et porte graine. On dit généralement que son grain est le plus petit du genre. Nous en avons vu néanmoins, dont la grosseur égalait celle du Froment ordinaire et de bonne qualité.

FROMENT VEINÉ, *Triticum venulosum*, Sering., *loc. cit.*, p. 135. Cette espèce, originaire d'Égypte, n'est pas cultivée en France, du moins à notre connaissance. Nous croyons donc inutile de la décrire.

Les grains des Epeautres, observe Tessier, sont difficiles à séparer par le battage, ou plutôt ne se séparent pas par ce seul moyen. L'axe se brise, les épillets se détachent en entier ; et il faut, pour obtenir la farine, une double opération : 1° enlever les balles ; 2° moudre le grain, ce que l'on peut faire par le même moulin ; il ne s'agit que d'y adapter un ventilateur, et ensuite de rapprocher les meules. Outre cette particularité qui distingue les Epeautres des autres espèces de Froment, il y en a une autre qui en forme le caractère distinctif, ainsi que nous l'avons dit précédemment, c'est qu'on ne peut enlever un seul épillet sans briser l'axe commun de l'épi, ce qui n'a jamais lieu dans les Fromens proprement dits.

Culture du Froment.

La culture du Froment est tellement répandue et si bien connue, que nous croyons inutile d'entrer dans aucun détail à cet égard. Nous nous contenterons d'en indiquer succinctement les points les plus importans. On sème le Froment à deux époques différentes de l'année, savoir à la fin de l'automne et à la fin de l'hiver, ce qui forme les Blés d'automne et les Blés de mars. Mais cette distinction est de bien peu d'importance ; car on voit très-fréquemment des Fromens de mars devenir Fromens d'automne, et *vice versâ*. Le professeur Yvart assure que le Froment d'automne, tiré du Midi, devient plutôt Froment de mars que celui de mars, venu du même pays. Le choix de la semence n'est point une chose indifférente. On doit toujours la choisir suivant la nature de la terre. C'est à l'expérience à éclairer le cultivateur et à lui faire connaître les variétés qui conviennent le mieux à la nature de son terrain. On a dit que la semence dégénère et qu'il faut en changer de temps en temps, pour ne pas semer plusieurs années de suite les graines provenant d'un même terrain. Mais les expériences de Tessier ont démontré que la semence ne dégénère pas même au bout d'un grand nombre d'années, lorsqu'elle est toujours placée dans le même terrain, à moins de circonstances accidentelles, qui en altèrent la nature et la qualité. Ainsi, le Blé d'un champ ou d'un canton aura pu souffrir par suite de gelée ou de pluies trop abondantes, et ses graines ne point acquérir une maturité parfaite. Dans ce cas, on conçoit que ce Blé pourra ne pas faire de bonne semence, et qu'il sera utile d'en changer. Mais hors ces cas, il n'est pas nécessaire de changer la semence. Tessier cite à cet égard des expériences faites pendant trente ans, toujours avec les mêmes graines, qui n'ont aucunement dégénéré. Lorsque l'on veut toujours avoir de bonnes semences, on fait battre imparfaitement les gerbes au mois d'octobre, et on les replace ensuite dans la grange pour les faire battre de nouveau pendant l'hiver. Par le premier battage on obtient des grains gros et bien nourris que l'on réserve pour la semence. Il se présente une autre question. Doit-on toujours se servir de Blé récolté la même année pour semence ? Quelques agriculteurs pensent que cette pratique est nécessaire.

Mais l'expérience a encore démontré que le Blé conservé pendant trois ou quatre ans, ne perd en aucune manière sa propriété germinative, et qu'ainsi il n'est pas indispensable d'avoir toujours les semences de la même année. Néanmoins il faut remarquer que le Blé ainsi conservé étant plus sec, il faut le semer un peu plus tôt que celui de l'année, parce qu'il germe moins promptement. Lorsque la terre a été bien préparée par le nombre de labours nécessaires et par les engrais convenables, il faut alors procéder à l'ensemencement. On a d'abord et préalablement choisi et préparé la semence par le chaulage. Il est difficile d'établir d'une manière absolue la quantité de semences à répandre par arpent. Cela dépend beaucoup et de la nature du terrain et de l'époque à laquelle on fait l'ensemencement. Si on sème clair, ainsi que l'observe Tessier, dans une terre médiocre, on n'a qu'une trop faible récolte, parce que chaque grain de semence ne produit que trois ou quatre tiges, et alors on ne profite pas de tout le terrain; en semant dru, on obtient plus de tiges et plus de grains, le champ étant mieux garni. N'eût-on alors que plus de paille, on aurait du profit; et de plus les tiges étant plus rapprochées, le terrain est moins facilement desséché par le soleil. Dans une terre forte, le contraire a lieu; il faut lui donner peu de semences, parce que les souches tallant beaucoup, s'étoufferaient si elles étaient trop nombreuses. Suivant la saison, la quantité de la semence devra également varier. Ainsi on devra en répandre moins sur les pièces que l'on sème en automne que sur celles que l'on sème en mars, parce que les grains tallent bien plus facilement dans les premières que dans les dernières. En général, on répand trop de semences. Assez généralement on sème un setier de Blé, mesure de Paris, du poids d'environ deux cent quarante à deux cent cinquante livres par arpent de cent perches à vingt-deux pieds. Par un grand nombre

d'expériences, Tessier a reconnu que cette quantité était beaucoup trop considérable, et qu'à mesure qu'on la diminuait, on voyait augmenter en proportion la quantité de la récolte. Voici ce qu'il dit à cet égard (Dict. d'Agric., art. FROMENT). Dans une pièce de terre appartenant à un fermier, nous avons pris un espace de vingt-huit perches de vingt-deux pieds carrés, d'une bonne qualité sans être de la première; elle avait été bien préparée et à la manière ordinaire; quatorze de ces perches ont été ensemencées avec vingt-huit livres de Froment, ou deux livres par perche, selon l'usage des fermiers qui sèment le plus clair; les quatorze autres perches ont été ensemencées chacune avec une livre de Froment. Celles-ci ont produit des tiges fortes et élevées, qui ont donné cent quarante livres de Froment, déduction faite de la semence; celles qui ont été ensemencées avec le double de grain, n'ont produit en tout que quatre-vingt-quatorze livres ou seulement soixante-six livres en déduisant la semence, proportion qui n'a pas excédé le produit du reste de la pièce de terre et des champs environnans où les tiges étaient faibles et basses. Ces expériences, faites par plusieurs autres propriétaires, ont toujours obtenu le même résultat. D'où il suit qu'en ne semant qu'une livre de grains par perche, non-seulement on épargne moitié de la semence, ce qui est déjà une assez grande économie dans une grande exploitation, mais encore on obtient constamment un produit plus considérable qu'en employant le double de semence.

Il y a, comme on sait, trois manières d'ensemencer les terres: 1° à la volée, 2° au semoir, 3° au plantoir. La première de ces méthodes, qui consiste à lancer le Blé par poignées et à le répandre sur la terre bien préparée, est presque la seule qui soit généralement employée en France, du moins dans les grandes exploitations. Un cultivateur, qui en a bien l'habitude, répand de cette manière la semence

.avec assez de promptitude et d'égalité. Quant aux différentes espèces de semoirs, qui ont été inventés pour remplacer l'ensemencement à la volée, ce sont tous des machines trop compliquées pour être mises dans les mains des domestiques qui doivent en faire usage, et d'un prix trop élevé pour les agriculteurs peu fortunés. La troisième méthode, ou celle au plantoir, nous est venue d'Angleterre, à la fin du siècle dernier. Un homme tient à chaque main un plantoir à deux branches avec lesquelles il fait quatre trous à environ quatre pouces de distance les uns des autres, et en suivant la trace des sillons. Pendant ce temps, une femme ou un enfant place dans chaque trou deux graines de semences, tandis qu'un autre les recouvre en hersant au moyen d'une poignée de petits branchages. Cette méthode, qui a d'abord été mise en pratique à Liancourt par le duc de La Rochefoucauld, économise une très-grande quantité de semence, mais elle exige beaucoup de temps. Ainsi, en quatre jours, un homme et quatre enfans peuvent ensemencer un arpent de cent perches. Cette pratique, selon la remarque de Tessier, convient au particulier possesseur de quelques champs seulement, qui, en se chargeant lui-même avec sa famille de les ensemencer, se rend indépendant du laboureur et ne laisse pas échapper le moment favorable. Il est préférable à l'ensemencement à la volée, lorsque le Blé est cher et dans les pays où les bras sont nombreux et les salaires à bon marché. Quelle que soit la méthode d'ensemencement dont on ait fait usage, il est de la plus haute importance, quand le Blé commence à pousser, de le purger de toutes les mauvaises Herbes, par des sarclages nombreux. Par ce moyen, non-seulement on obtient du Blé plus pur, mais on en récolte une plus grande quantité, parce que les Plantes étrangères n'étouffent pas le grain.

Nous pourrions multiplier encore de beaucoup les observations et les préceptes sur la culture du Froment, mais de pareils détails, malgré l'intérêt qu'ils inspirent, sortiraient trop du plan de cet ouvrage. Nous ne dirons donc rien ni de la récolte du Froment, ni de sa rentrée dans les granges, ni de son battage, etc., renvoyant, pour cet objet, aux ouvrages qui traitent *ex professo* de l'agriculture. Nous terminerons tout ce qui a rapport aux Fromens cultivés par quelques mots sur les belles pailles avec lesquelles on fait les chapeaux en Suisse et surtout en Italie. Les pailles d'Italie sont bien plus fines et bien plus recherchées que celles de Suisse, aussi ne les prépare-t-on pas de la même manière dans les deux pays. En Italie, c'est une variété de Froment à épi blanc, glabre et sans barbe, que l'on emploie à cette culture. On choisit pour cela des champs très-pierreux, ordinairement sur des collines, que l'on fume soigneusement avec de la fiente de Pigeon. On sème très-dru, afin que les tiges, étant serrées les unes contre les autres, s'allongent et s'étiolent. C'est principalement entre Florence et Pise que ce genre de culture est mis en usage. Quand l'épi a fleuri et que la paille est bien blanche, on la coupe ras de terre. Pour se procurer des brins d'un grand prix, on les coupe un à un, afin de pouvoir les choisir et rejeter tous ceux qui présentent quelque imperfection. Pour la fabrication des chapeaux communs, on fait sécher les pailles au soleil, en ayant soin de les garantir de la pluie ou de l'humidité. Quand on veut avoir des pailles très-fines et très-blanches, on choisit les brins les plus fins, et quand ils ont été séchés au soleil, on les place dans une pièce où le jour ne pénètre pas et on les range avec soin. On y brûle dans un réchaud du Soufre en assez grande quantité pour les blanchir et leur donner du lustre et de la souplesse. Après cette première préparation, on tresse alors les pailles. Ce travail exige un soin extrême et une très-grande habitude de la part des femmes qui en sont chargées. La différence entre les pailles d'Italie et celles de Suisse, c'est que dans le premier de ces pays, on emploie les brins entiers, tandis que, dans le second, on les fend dans toute leur longueur.

Pour terminer l'histoire des Fromens, il nous resterait à parler des espèces sauvages, mais nous nous contenterons de dire quelques mots du Chien-Dent, *Triticum repens*, L. Cette Plante fait le désespoir du cultivateur par la rapidité avec laquelle elle se propage. Sa racine est horizontale, extrêmement longue et rampante. Ses tiges sont roides, dressées, hautes d'un pied à un pied et demi, glauques ainsi que ses feuilles; ses épis sont comprimés, composés d'épillets tantôt mutiques et tantôt aristés. Ses racines sont employées en médecine comme apéritives et diurétiques. Cette Plante fait aujourd'hui partie du genre Agropyron. *V.* ce mot. (A. R.)

On a quelquefois et très-improprement étendu le nom de Froment à des Plantes qui n'ont presque point de rapport avec le genre *Triticum;* ainsi l'on a nommé:

Froment barbu, l'*Hordeum Zeocritum. V.* Orge.

Froment de Vache, le Mélampyre des champs.

Froment noir, le Sarrasin.

Froment des Indes, le Maïs, etc.
(B.)

* FROMENTAIRE ou FRUMENTALITES. *Lapis frumentarius.* géol. D'anciens oryctographes, et Scheuchzer entre autres, donnèrent ce nom à des Pierres composées de Nummulites qu'on regardait comme des grains de Blé fossile. On trouve dans Fortis la figure assez semblable à celle d'un grain d'Orge représentant de semblables Fromentaires qu'on rencontre en Suisse et dans le Véronais. Certains champs de la Belgique, si riche en Fossiles, particulièrement dans les environs de Bruxelles au bois de Forêt, nous ont offert aussi des Fromentaires qui ressemblent à du Blé ou à de petits Haricots pétrifiés, mais qui ne sont pas d'origine végétale. Il est même douteux que ce soient des restes de Polypiers. Nous serions tentés d'y reconnaître des fragmens de diverses Coquilles, roulés et arrondis par le frottement, de manière à présenter la figure particulière qui leur mérita le nom imposé par les anciens oryctographes. Nos Fromentaires étaient éparses à la surface du sol, confondues avec de petites Glossopètres et des Anomies.
(B.)

FROMENTAL. bot. phan. L'un des noms vulgaires de l'*Avena elatior*, vantée comme un excellent fourrage.
(B.)

FROMENTEAU. bot. phan. Du temps d'Olivier de Serre, on donnait ce nom aux fruits des Ronces; il est employé aujourd'hui en Champagne pour désigner une excellente qualité de Raisin. (B.)

FROMENTONE. bot. phan. (Cœsalpin.) Syn. de *Polygonum Convolvulus*, L.

FRONDE. *Frons.* bot. crypt. (*Fougères.*) On appelle ainsi en cryptogamie les feuilles qui s'élèvent de la racine ou de la tige. Tantôt la Fronde est simple et sans divisions, tantôt elle est pinnatifide, palmée, digitée, ou plus ou moins composée. Ces différences servent à établir la distinction entre les diverses espèces. Mais Bory de Saint-Vincent, possédant en herbier des espèces indifféremment simples et rameuses, regarde ces distinctions comme fausses. Le mot de Fronde, employé aussi dans les Lichens, y a été remplacé par celui de Thallus; il est aussi d'usage en hydrophytologie. *V.* Lichen, Lindsée et Hydrophytes. (A. R.)

FRONDICULINE. *Frondiculina.* polyp. Genre de Polypiers que Lamarck avait établi dans son Extrait du Cours de Zoologie du Muséum d'Histoire naturelle. Dès 1810, nous l'avions proposé sous le nom d'*Adeona*, dénomination que Lamarck a adoptée dans son grand ouvrage sur les Animaux sans vertèbres. Il le place parmi les Polypiers à réseau, avec les Flustres, les Cellépores, les Eschares, etc. Dans notre Exposition méthodique des genres des Polypiers, nous réunissons les Adéones aux Escharées, ordre dont la composition diffère beaucoup de la section des Polypiers à réséaux. *V*. Adéones. (lam..x.)

FRONDIFLORE. bot. phan. Syn. de Phyllanthe. *V*. ce mot. (b.)

FRONDIPORE. *Frondipora.* polyp. Bonanni a donné ce nom au *Gorgonia Flabellum* de Linné. D'autres naturalistes l'ont appliqué à des Madrépores fossiles, ainsi qu'à des Millépores à expansions foliiformes. (lam..x.)

FRONT. zool. Partie de la tête qui surmonte les yeux dans les Vertébrés. Chez les Oiseaux, il s'étend depuis la base de la mandibule supérieure jusqu'au sommet de la tête qui forme à son tour l'intervalle du Front à la nuque. (dr..z.)

* FRONTAUX. zool. *V*. Crane.

FRONTIROSTRES ou RHINOSTOMES. ins. Duméril donne ce nom (Zool. Anal.) à une famille de l'ordre des Hémiptères, qui est comprise dans celle des Géocorises de Latreille, et qui renferme les genres Pentatome, Scutellaire, Corée, Acanthie, Lygée, Gerre et Podicère. *V*. ces mots et Géocorises. (aud.)

* FROUFROU. ois. Nom que l'on donne, dans les colonies américaines, aux Colibris et Oiseaux-Mouches dont le vol est accompagné d'un bruit indicatif de ce nom. (dr..z.)

FRUCTIFICATION. bot. Ensemble des phénomènes qui accompagnent la formation du fruit, ou des moyens supposés reproducteurs. C'est dans ce sens que l'on dit époque de la Fructification; les organes de la Fructification sont le péricarpe, la graine, etc. *V*. Fruit. (a. r.)

FRUGILEGA et FRUGILEGUS. ois. Syn. de Freux. *V*. Corbeau. (dr..z.)

FRUGIVORES. zool. On donne généralement ce nom aux Animaux, quelle que soit la classe à laquelle ils appartiennent, qui se nourrissent de fruits. En ornithologie, Vieillot donne ce nom à la septième famille des Oiseaux sylvains de sa méthode. Cette famille comprend les genres Musophages et Touraco. *V*. ces mots. (dr..z.)

FRUIT. *Fructus.* bot. phan. L'organisation du Fruit est sans contredit un des points les plus importans de la botanique descriptive et fondamentale ; c'est elle qui fournit les caractères les plus fixes pour la coordination des genres en familles naturelles. Aussi n'a-t-on commencé à bien étudier cet organe que depuis l'introduction de la méthode des familles naturelles dans la botanique, et à cet égard nous devons particulièrement citer les travaux des Jussieu, des Gaertner, des Correa de Serra, des Mirbel, des Rob. Brown et des Richard, qui ont successivement éclairé de leurs lumières ce point obscur de la botanique fondamentale. Mais pour que la structure du Fruit puisse être d'une grande importance dans la classification méthodique des Végétaux, il faut connaître les déviations accidentelles qu'il peut subir dans certains cas et qui altèrent plus ou moins profondément sa véritable organisation. Le professeur Richard a émis à cet égard un principe général, riche en applications utiles, et qui nous paraît un guide sûr pour reconnaître les altérations que le Fruit peut éprouver pendant sa maturité. C'est dans l'intérieur de l'ovaire, a-t-il dit, à l'époque de la fécondation, qu'il faut étudier la véritable structure intérieure du Fruit ; car, plus tard, par suite d'une fécondation incomplète, on voit souvent des ovules avortés, des loges et des cloisons disparaître, au point que dans certains genres, tel que le Chêne, par exemple, des ovaires à plusieurs loges et à plusieurs ovules, peuvent devenir des Fruits uniloculaires et monospermes. On conçoit, d'après cela, que pour établir les véritables affinités de ce genre, il ne faut pas autant avoir égard à l'organisation de son Fruit qu'à celle de son ovaire. Ce que nous venons de dire du Chêne pourrait également s'appliquer à plusieurs familles tout entières, comme à celle des Jasminées, par exemple, où le Fruit est régulièrement sujet à des avortemens constans.

On donne le nom de Fruit à l'ovaire fécondé, et qui a pris un accroissement plus ou moins considérable. Il se compose de deux parties distinctes, savoir, le *péricarpe* et la *graine* ou les graines. Nous n'étudierons ici que le premier de ces organes, renvoyant au mot GRAINE, pour tout ce qui a rapport à cette partie importante du Fruit.

Le péricarpe est la partie extérieure du Fruit, celle qui en forme les parois; ce n'est rien autre chose que l'ovaire, et il présente, comme ce dernier, une ou plusieurs cavités nommées *loges*, contenant chacune une ou plusieurs graines. C'est le péricarpe qui détermine la forme du Fruit, ou, pour parler plus exactement, ce sont les graines renfermées dans son intérieur, car on voit cette forme varier quand un certain nombre de graines avortent. Sur un des points de la surface externe du péricarpe, généralement à sa partie supérieure, on aperçoit une petite pointe ou une petite cicatrice, qui indique le lieu où le style était placé. Quelquefois le style lui-même persiste, et prend un accroissement plus ou moins considérable, ainsi qu'on peut le voir dans les genres Pulsatille et Clématite. Il en est de même du stigmate, toutes les fois qu'il est sessile il fait partie du péricarpe; c'est ce que montrent les genres Pavot, Tulipe, etc. Ce point basilaire du style ou du stigmate marque constamment le sommet organique du Fruit, qu'il ne faut pas confondre avec son sommet géométrique. Ce dernier, en effet, est le point le plus élevé du péricarpe, celui qui est diamétralement opposé à sa base; or, on conçoit que toutes les fois que le style ou le stigmate est latéral, le sommet organique est différent du sommet géométrique. Cette distinction est quelquefois importante dans la description de certaines espèces de Fruit. Le péricarpe existe constamment; il n'y a pas de Fruit sans péricarpe; mais quelquefois, lorsqu'il est à une seule loge et contient une seule graine, il est tellement mince et tellement adhérent avec la surface externe de la graine, qu'il se soude quelquefois avec elle et ne peut en être séparé. C'est dans ce cas que les auteurs anciens ont attribué aux Graminées, aux Cypéracées, aux Synanthérées, aux Labiées, etc., des graines nues. On doit s'étonner que dans l'état actuel de la science quelques auteurs aient de nouveau reproduit cette erreur, en attribuant pour Fruit aux Labiées quatre graines nues au fond du calice. Le péricarpe est essentiellement formé de trois parties : 1° de vaisseaux, qui servent à le nourrir et qui forment un réseau plus ou moins épais, dont les mailles sont remplies d'un parenchyme plus ou moins succulent; 2° d'une membrane externe, recouvrant ce parenchyme; 3° d'une autre membrane tapissant sa paroi interne et circonscrivant ainsi les loges ou cavités qu'elle présente. On a donné le nom de *sarcocarpe* à cette partie vasculaire et souvent charnue du Fruit; celui d'*épicarpe* à la membrane externe, et enfin, celui d'*endocarpe* à la membrane intérieure. Nous allons étudier chacune de ces parties séparément.

L'épicarpe est cette membrane ou pellicule qui recouvre la surface externe du Fruit; généralement, il n'est autre chose qu'un prolongement de l'épiderme, qui recouvre les autres parties du Végétal. Mais dans certains Fruits, l'épicarpe est formé par le calice lui-même; c'est ce qui arrive, par exemple, toutes les fois que l'ovaire est infère; car, comme dans ce cas le calice est soudé avec toute la paroi externe de l'ovaire, on conçoit que le Fruit doit également le représenter. On reconnaîtra facilement cette origine de l'épicarpe : 1° par l'observation de l'ovaire, dont on aura reconnu la position infère; 2° dans le Fruit mûr, toutes les fois que l'épicarpe est formé par le calice, on aperçoit à la partie supérieure du Fruit, soit les dents même du calice, soit une petite cicatrice ou ombilic, qui en indiquait la position. C'est ce qu'on aperçoit très-bien dans les Grenades, les Pommes, les Poires, etc.

L'endocarpe est, ainsi que nous l'avons dit précédemment, la membrane qui revêt la cavité interne du péricarpe. Sa consistance varie beaucoup; ce n'est, en général, qu'une simple membrane plus ou moins fine et mince, se repliant dans l'intérieur du péricarpe pour en former les cloisons. Quelquefois il offre la consistance du parchemin, ou celle d'un cartilage ou même d'un os. Dans ce dernier cas il est épaissi extérieurement par une certaine portion du sarcocarpe, qui se soude totalement avec lui et ne peut plus en être séparé, et l'endocarpe ainsi ossifié constitue un noyau, quand il n'y en a qu'un dans un même Fruit, ou des nucules quand il en existe plusieurs. Autrefois, on considérait le noyau comme une partie de la graine, et non comme appartenant au péricarpe. Mais on reconnaîtra facilement son origine et la manière dont il se forme, en coupant en travers un Fruit à noyau, tel qu'un Abricot ou une Pêche, peu de temps après la fécondation. On aperçoit manifestement alors l'endocarpe, qui est encore mince et membraneux, et la portion du sarcocarpe qui l'avoisine, qui n'a point encore acquis la dureté osseuse qu'elle offrira plus tard. Lorsque l'endocarpe est osseux, il s'ouvre quelquefois d'une manière régulière en un certain nombre de valves, quoique le sarcocarpe et l'épicarpe soient indéhiscens ou bien se déchirent d'une manière irrégulière. C'est ce que l'on observe, par exemple, dans le Fruit des différentes espèces de Noyer.

Le sarcocarpe est la partie du Fruit placée entre la membrane interne; il est formé par les vaisseaux qui nourrissent le péricarpe et la graine. Il ne faut pas croire que le sarcocarpe, ainsi que semblerait l'indiquer son nom, soit toujours épais et charnu, comme on l'observe, par exemple, dans la Pêche, la Prune, le Melon, et en général dans tous les Fruits que pour cette raison nous nommons Fruits charnus. Quelquefois, il forme une couche très-mince, et dans les Fruits dont le péricarpe est sec à l'époque de la maturité, il semble ne pas exister; mais on en reconnaîtra toujours l'existence, quelle que soit d'ailleurs sa ténuité, en se rappelant qu'il est essentiellement formé par les vaisseaux chargés de la nutrition du Fruit et de la graine, et, comme ces vaisseaux ne peuvent jamais manquer, le sarcocarpe existe constamment.

Le péricarpe peut présenter intérieurement une ou plusieurs cavités nommées *loges*. Suivant le nombre de ces loges, on dit qu'il est uniloculaire, biloculaire, triloculaire, quadriloculaire, quinquéloculaire ou multiloculaire. On donne le nom de *cloisons* aux lames qui séparent les loges les unes des autres. On distingue les cloisons en vraies et en fausses, en complètes et en incomplètes. Les véritables cloisons, celles qui doivent exclusivement porter ce nom, ont toutes une même manière de se former. Elles sont le résultat de l'adossement de deux lames de l'endocarpe, ou membrane pariétale interne, soudées entre elles par une petite portion du sarcocarpe. Il en résulte que les cloisons vraies sont toujours lisses et unies. Elles alternent généralement avec chaque stigmate ou chacune de ses divisions. Il n'en est pas de même des fausses cloisons; ce sont des lames de diverse nature, plus ou moins saillantes dans l'intérieur du péricarpe, jamais formées par l'endocarpe, correspondant en général à chaque stigmate ou à chaque division du stigmate; le plus souvent ce ne sont que des trophospermes qui sont chargés de graines. C'est ce que montre, par exemple, le Fruit des Pavots. Il offre intérieurement des lames saillantes en forme de cloisons, dont le nombre varie suivant les espèces, et qui, recouvertes entièrement de graines, sont de véritables trophospermes.

On distingue encore, avons-nous dit, les cloisons en complètes et en incomplètes. Les premières sont celles qui s'étendent sans interruption dans toute la cavité intérieure du Fruit, de manière que les deux loges qu'elles séparent n'ont entre elles aucune communication. Dans les fausses cloisons, au contraire, il y a une interruption de continuité qui permet aux deux loges de communiquer entre elles. Le Fruit de la Pomme épineuse (*Datura Stramonium*, L.) offre réunies ces deux sortes de cloisons. Dans le plus grand nombre des cas, les cloisons sont placées de champ; elles sont longitudinales; dans quelques genres elles sont placées en travers; elles sont transversales, par exemple, dans toutes les espèces du genre Casse.

Il est fort important de bien distinguer les parties qui appartiennent au péricarpe de celles qui appartiennent à la graine. Jusqu'à ces derniers temps, on n'avait pas eu de règle fixe à cet égard, et quelques botanistes décrivaient, comme faisant partie du Fruit, des organes appartenant à la graine et *vice versâ*. Le professeur Richard, dans son excellente Analyse du Fruit, a fait disparaître ces incertitudes, en précisant avec netteté la limite précise entre la graine et le péricarpe qui la renferme. Cette limite, c'est le *hile*, c'est-à-dire le point de la surface externe de la graine, par lequel les vaisseaux nourriciers du péricarpe s'introduisent dans le tégument propre de la graine. Tout ce qui est en dehors du hile doit être rapporté au péricarpe; tout ce qui est placé en dedans fait partie de la graine.

Les graines ne sont pas libres et flottantes dans l'intérieur du péricarpe, ou elles ne le sont qu'accidentellement. Elles sont toujours attachées à un corps plus ou moins saillant de l'intérieur de chaque loge, auquel on a donné le nom de *placenta*, par la comparaison qu'on en a faite avec le *placenta* des Animaux, ou, ce qui est mieux, celui de *trophosperme*, parce qu'en effet c'est par son moyen que la graine reçoit sa nourriture. On a appelé *cordon ombilical*, *funicule* ou mieux encore *podosperme*, le trophosperme qui ne porte qu'une seule graine, ou chaque saillie de ce corps terminée par une graine. Le trophosperme est une saillie interne des vaisseaux qui forment le sarcocarpe; il en résulte nécessairement que là où il existe, l'endocarpe doit être percé dans une étendue plus ou moins considérable; et, lorsque par suite de la maturité ou de la dessiccation, le trophosperme vient à se détacher, il laisse toujours une cicatrice qui sert à faire reconnaître la place qu'il occupait.

Cette position du trophosperme est en effet une chose de la plus haute importance à bien observer. Dans un péricarpe à plusieurs loges, le trophosperme est en général placé à l'angle interne de chaque loge; mais dans un péricarpe uniloculaire, il peut offrir plusieurs positions qu'il est nécessaire de distinguer : 1° il peut être *basilaire*, c'est-à-dire occuper la base de la cavité péricarpienne, comme dans le *Dionœa*, par exemple; 2° il peut être *supère*, c'est-à-dire naître du sommet de la loge, comme dans beaucoup de Santalacées; 3° il est central ou *axille*, lorsqu'il s'élève comme une colonne au centre du Fruit; un grand nombre de Caryophyllées, de Portulacées, etc., en offrent des exemples; 4° enfin, il peut être *pariétal*, c'est-à-dire naître de la paroi interne du péricarpe. Mais dans ce dernier cas, il faut encore distinguer celui qui est placé sur la face interne de chaque valve, et celui qui naît sur la suture qui unit les valves; dans ce dernier cas, il est appelé *sutural*. Ainsi, le trophosperme est pariétal dans les Violettes, sutural dans les Frankéniacées, les Asclépiadées, les Crucifères, les Légumineuses, etc.

Le trophosperme ou le podosperme s'arrête ordinairement au contour du hile et ne touche à la graine que par la surface de ce dernier point. Mais quelquefois cependant il se prolonge sur la surface externe de la graine en formant une enveloppe accessoire qui la recouvre en partie ou quelquefois en totalité. C'est à ce prolongement du trophosperme qu'on a donné le nom d'*arille.* (*V.* ce mot.) L'arille est donc une partie du péricarpe et non un des tégumens de la graine, ainsi que le veulent quelques auteurs. Par un nombre infini d'observations, le professeur Richard est arrivé à cette loi générale que l'arille n'existe jamais dans les Plantes à corolle monopétale. Le petit nombre d'exceptions que l'on avait citées à cette loi provenait de ce qu'on avait donné le nom d'arille à des parties qui en différaient essentiellement.

Les graines étant renfermées dans l'intérieur du péricarpe, il faut, à l'époque de la maturité du Fruit, pour que les graines se trouvent placées dans les circonstances favorables à leur développement, que le péricarpe s'ouvre naturellement. Cependant quelques Fruits restent constamment indéhiscens; tels sont, par exemple, tous les Fruits charnus en général, tels que les Pommes, les Poires, les Melons, les Prunes, etc. Au contraire, les Fruits secs sont généralement déhiscens, c'est-à-dire s'ouvrent en un certain nombre de pièces nommées *valves.* Le nombre des valves qui composent un Fruit déhiscent est fort variable, mais il est, en général, constant dans les espèces du même genre, et indiqué d'avance par le nombre des sutures qu'on remarque sur la face externe du péricarpe. Ainsi, il y a des Fruits qui s'ouvrent en une seule valve, tels sont ceux du Laurier-Rose, du Dompte-Venin, etc.; ils n'offrent qu'une seule suture longitudinale sur l'un de leurs côtés, par la-

quelle ils se fendent. D'autres s'ouvrent en deux valves, tels sont les Fruits des *Légumineuses,* des Crucifères, etc.; ceux-ci en trois valves; ceux-là en quatre, cinq, six, etc. C'est d'après le nombre des valves qu'on dit d'un péricarpe qu'il est univalve, bivalve, trivalve, quadrivalve, quinquévalve, multivalve, etc. En général, le nombre des valves est le même que celui des lobes des stigmates dans un péricarpe uniloculaire; dans un Fruit à plusieurs loges, le nombre des valves est généralement le même que celui des loges. Cependant quelquefois les valves se séparent incomplétement en deux parties, de manière qu'au premier coup-d'œil leur nombre paraît double de celui des loges.

Un caractère d'une grande valeur dans la classification des genres est celui qu'on tire de la position des valves relativement aux cloisons. La déhiscence peut, en effet, se faire de trois manières différentes. 1°. Tantôt elle se fait par le milieu de chaque valve ou entre les cloisons, qui sont entraînées par les valves, c'est la déhiscence *loculicide.* 2°. Tantôt la déhiscence a lieu vis-à-vis les cloisons qui tiennent aux deux bords des valves et sont partagées en deux lames; c'est la déhiscence *septicide.* 3°. Enfin on nomme déhiscence *septifrage* celle qui a lieu en face de chaque cloison, qui reste en place, comme dans les *Bignonia,* par exemple. Les déhiscences septicide et loculicide ont leurs analogues dans les capsules uniloculaires. Ainsi, celle des Violacées correspond à la déhiscence loculicide; celle des Frankéniacées, des Légumineuses, au contraire, est l'analogue de la déhiscence septicide.

Les valves sont, ainsi que les cloisons, généralement longitudinales. Mais, dans quelques genres, elles sont superposées; ainsi, dans les *Lecythis,* le *Bertholetia,* le Pourpier, l'*Anagallis,* etc., elles sont au nombre de deux, dont une supérieure semble former une sorte d'opercule ou de couvercle; c'est à ce genre de capsule qu'on donne le nom de *pyxide* ou boîte à savonnette. Mais les Fruits déhiscens peuvent s'ouvrir autrement que par des valves. Ainsi la capsule des *Antirrhinum* laisse échapper les graines qu'elle renferme par des trous irréguliers, généralement au nombre de deux, un pour chaque loge, qui se forment à son sommet. Dans le Fruit du Pavot, ce sont autant de petites soupapes qu'il y a de lobes au stigmate, qui s'abaissent de haut en bas, et forment ainsi au-dessous du disque stigmatique une rangée circulaire de trous. Dans un grand nombre de Caryophyllées, tels que l'OEillet, la Saponaire, etc., la capsule fait sa déhiscence par le moyen de petites dents placées au sommet, et qui, d'abord unies entre elles, laissent une ouverture terminale en s'écartant les unes des autres.

Enfin, il ne faut pas confondre avec les péricarpes vraiment déhiscens les péricarpes *ruptiles*, c'est-à-dire ceux qui, à l'époque de leur maturité, se rompent d'une manière irrégulière en un nombre de pièces qui n'est jamais déterminé d'avance par celui des sutures. Tels sont plusieurs Fruits charnus.

Les formes que peut présenter le péricarpe sont excessivement variées. Ainsi, tout le monde sait qu'il y a des Fruits globuleux; d'autres qui sont minces et membraneux; quelques-uns sont cylindriques, ceux-ci triangulaires, etc. En général, la forme du péricarpe est un caractère d'une faible importance, à moins qu'elle ne soit rigoureusement déterminée par sa structure interne. Ainsi, dans les familles des Légumineuses et des Crucifères, la forme de la gousse, de la silique et de la silicule, est assez fréquemment employée comme caractère propre à distinguer les genres. Assez souvent le Fruit est recouvert extérieurement par des parties accessoires qui, prenant un certain accroissement, semblent en faire partie, et même ont quelquefois été considérées comme le véritable péricarpe. Ainsi, toutes les fois que le calice est monosépale, il accompagne le Fruit, et quelquefois le recouvre presqu'en totalité. Quelquefois c'est un involucre qui renferme le véritable Fruit et qui fort souvent a été considéré comme le péricarpe. Ainsi, dans le Châtaignier, le Hêtre, l'enveloppe épineuse n'est pas le péricarpe, c'est un involucre ou une cupule péricarpoïde. Il en est de même dans l'If, le Genevrier, la partie charnue appartient à l'involucre qui a pris un accroissement considérable. La même observation est applicable aux Fruits du Figuier, du *Dorstenia*, de l'*Ambora*, etc. Quelquefois c'est le calice qui devient charnu et qui, immédiatement appliqué sur le Fruit, semble former un véritable péricarpe, c'est ce qui a lieu dans le Mûrier et quelques Atriplicées. Dans les genres *Anacardium*, *Semecarpus*, *Exocarpus*, c'est le pédoncule qui, après la fécondation, prend un accroissement rapide, devient épais, charnu, souvent beaucoup plus volumineux que le Fruit lui-même, dont il a été considéré comme le péricarpe. Le Fruit peut avoir sa surface externe lisse ou armée de pointes plus ou moins roides et acérées; il peut être couronné par les dents du calice, ce qui arrive toutes les fois que l'ovaire est infère, par une aigrette (*V.* ce mot), comme dans le plus grand nombre des Synanthérées et quelques Valérianées. Il peut offrir sur ses parties latérales ou à son sommet des appendices membraneuses en forme d'ailes, comme dans l'Orme, l'Erable, les Malpighiacées, les Frènes, etc.

Classification des Fruits.

Les botanistes ont senti de bonne heure la nécessité de donner à chaque espèce de Fruits offrant des différences bien notables, des noms propres, afin d'éviter, dans le langage descriptif de la science, de longues périphrases ou des descriptions continuelles. Mais néanmoins ce perfectionnement ne remonte guère au-delà de Linné, car Tournefort, par exemple, qui fait toujours concourir l'organisation du Fruit pour former les caractères des sections qu'il a établies dans chacune de ses classes et des genres qu'il y renferme, le décrit toujours sans jamais lui donner un nom spécial. Linné (*Philos. Botan.*) établit huit espèces de Fruits qu'il nomme : Capsule, Silique, Gousse, Conceptacle (c'est ce qu'on nomme aujourd'hui Follicule), Drupe, Pomme, Baie et Cône. Mais lorsque l'on commença à donner à l'organisation du Fruit toute l'importance qu'elle mérite, et que dès-lors on l'étudia avec plus de soin qu'on ne l'avait fait jusqu'alors, on ne tarda pas à reconnaître que les huit espèces de Fruits fondées par l'immortel auteur du *Systema naturæ*, ne pouvaient renfermer tous les types d'organisation que l'on découvrait. A.-L. de Jussieu admit la classification de Linné, sans y apporter aucun changement. Gaertner, qui plus qu'aucun autre botaniste, avait étudié la structure des Fruits, proposa d'établir deux nouvelles espèces ou types d'organisation, savoir : l'Utricule, qui est un Fruit monosperme, non adhérent avec le calice, dont le péricarpe est peu apparent, mais où le cordon ombilical est cependant distinct, tel est le Fruit des Amaranthacées ; et la Samare, Fruit relevé d'ailes membraneuses, comme celui des Érables, de l'Orme, etc. Le professeur Richard, dans la seconde édition du Dictionnaire de Bulliard, a présenté une classification des Fruits avec plusieurs espèces nouvelles. Comme c'est cette classification que nous adoptons sauf quelques changemens que nous avons cru devoir y faire, nous allons l'exposer avec quelques détails. De Candolle, Mirbel, soit dans le Bulletin des Sciences, soit dans ses Élémens de Physiologie végétale, et enfin Desvaux, ont successivement publié de nouvelles classifications. Mais ils nous paraissent, en général, avoir beaucoup trop multiplié le nombre des Fruits et les avoir quelquefois établis sur des caractères d'une faible importance. Néanmoins nous présenterons le tableau de leur classification après avoir fait connaître celle que nous adoptons.

Nous divisons les Fruits en trois classes, savoir : les Fruits simples ou ceux qui proviennent d'un seul ovaire appartenant à une seule fleur ; les Fruits multiples, qui sont formés de plusieurs pistils renfermés dans une seule fleur ; et enfin les Fruits composés ou ceux qui résultent de l'ensemble ou de la soudure de plusieurs fleurs femelles d'abord distinctes.

Ire CLASSE.

Des Fruits simples.

1re Section. — *Fruits secs.*

A. *Fruits secs et indéhiscens.*

Les Fruits simples, dont le péricarpe est sec et indéhiscent, sont assez généralement uniloculaires et monospermes ; on leur donne quelquefois le nom de *Pseudo-spermes*. Ce sont particulièrement ces Fruits que les anciens botanistes considéraient comme des graines nues. Les espèces principales sont les suivantes :

1°. CARIOPSE, *Cariopsis*, Rich. Fruit monosperme indéhiscent dont le péricarpe est soudé avec la face externe de la graine. (Exemple : Graminées.)

2°. AKÈNE, *Akenium*, Rich. Fruit monosperme indéhiscent dont le péricarpe est distinct de la graine. (Exemple : Synanthérées.)

3°. POLAKÈNE, *Polakenium*, Rich. Fruit à plusieurs loges monospermes indéhiscentes, séparables les unes des autres. (Exemples : les Ombellifères, la Capucine, etc.)

4°. SAMARE, *Samara*, Gaertn. Fruit à une seule loge, offrant des ailes membraneuses. (Exemples : les Érables, les Ormes, les Frênes.)

5°. GLAND, *Glans*. Fruit uniloculaire et monosperme (souvent par suite d'avortement) provenant d'un ovaire infère, et recouvert en tout ou en partie par une cupule dont la forme est très-variable. (Exemples : le Chêne, le Noisetier et le Châtaignier, qui forment la famille des Cupulifères.)

6°. CARCERULE, *Carcerulus*, Desv.

Fruit pluriloculaire, polysperme, indéhiscent (Exemple : le Tilleul.)

B. *Fruits secs et déhiscens.*

Les Fruits secs et déhiscens sont généralement désignés sous le nom de Fruits capsulaires; ils sont ordinairement polyspermes. Le nombre et la disposition des valves sont très-variables.

7°. FOLLICULE, *Folliculus.* Fruit géminé ou solitaire par avortement, uniloculaire, univalve, s'ouvrant par une suture longitudinale et renfermant plusieurs graines attachées à un trophosperme sutural. (Exemple : Asclépiadées.)

8°. SILIQUE, *Siliqua*, L. Fruit sec allongé, bivalve, dont les graines sont attachées à deux trophospermes suturaux. (Exemple : Crucifères siliqueuses.)

9°. SILICULE, *Silicula*, L. Ne diffère de la Silique que par une longueur beaucoup moindre. (Exemple : Crucifères siliculeuses.)

10°. GOUSSE, *Legumen*, L. Fruit allongé, sec, bivalve, dont les graines sont attachées à un seul trophosperme sutural. (Exemple : les Légumineuses.)

11°. PYXIDE, *Pyxidium*, Erhart; *Capsula circumscissa*, L. Fruit s'ouvrant circulairement en deux valves superposées. (Exemples : le Pourpier, la Jusquiame, etc.)

12°. ELATÉRIE, *Elaterium*, Rich. Fruit à plusieurs loges et à plusieurs côtes, se séparant naturellement à sa maturité en autant de coques qui s'ouvrent longitudinalement et avec élasticité (Exemple : Euphorbiacées.)

13°. CAPSULE, *Capsula*, L. On donne ce nom à tous les Fruits secs et déhiscens qui ne peuvent être rapportées à aucune des espèces précédentes. Leur nombre est très-considérable. (Exemples : les Bignoniacées, les Antirrhinées, etc.)

II° Section. — *Fruits charnus.*

Ces Fruits, ainsi que nous l'avons dit précédemment, sont indéhiscens.

14°. DRUPE, *Drupa*, L. Fruit charnu renfermant un seul noyau. (Exemples : le Cerisier, le Prunier, etc.)

15°. NOIX, *Nux.* Ne diffère du précédent que par son péricarpe moins charnu et moins succulent. (Exemples : l'Amandier, le Noyer, etc.)

16°. NUCULAINE, *Nuculanium*, Rich. Fruit charnu provenant d'un ovaire libre et renfermant dans son intérieur plusieurs nucules. (Exemple : Sapotiliers.)

17°. MÉLONIDE, *Melonida*, Rich. Fruit charnu provenant de plusieurs ovaires pariétaux, uniloculaires, réunis et soudés dans l'intérieur du tube d'un calice qui devient charnu. (Exemples : la Pomme, la Poire, la Nèfle, etc.) Cette espèce de Fruit serait mieux rangée dans la classe suivante.

18°. PÉPONIDE, *Peponida*, Rich. Fruit charnu, indéhiscent ou ruptile, à plusieurs loges monospermes éparses au milieu de la pulpe. (Exemple : les Cucurbitacées.)

19°. HESPÉRIDIE, *Hesperidium*, Desv. Fruit charnu, dont l'enveloppe est très-épaisse, divisé intérieurement en plusieurs loges par des cloisons membraneuses, et dont les loges sont remplies d'une pulpe charnue. (Exemples : le Citron, l'Orange.)

20°. BAIE, *Bacca*, L. Fruit charnu à une ou plusieurs loges renfermant une ou plusieurs graines éparses dans la pulpe. (Exemples : le Raisin, les Groseilles.)

II° CLASSE.

Des Fruits multiples.

Les Fruits multiples sont ceux qui résultent de la réunion de plusieurs pistils dans une même fleur.

21°. SYNCARPE, *Syncarpium*, Rich. Fruit sec ou charnu provenant de plusieurs ovaires soudés ensemble, même avant la fécondation. (Exemples : les Anones, les Magnoliers, etc.)

Le fruit du Fraisier, du Framboisier est formé d'un grand nombre de petites drupes réunies sur un gynophore charnu. Il mériterait un nom particulier.

Plusieurs petits akènes réunis en capitules plus ou moins arrondis, mais distincts, constituent le Fruit de la Renoncule.

III° CLASSE.

Des Fruits agrégés ou composés.

Ce sont ceux qui résultent de la soudure de plusieurs pistils appartenant à des fleurs distinctes, d'abord séparés les uns des autres, mais qui ont fini par s'entregreffer.

22°. CONE ou STROBILE, *Conus*, L., *Strobilus*, L. Fruit composé d'un grand nombre d'akènes ou de samares cachés dans l'aisselle de bractées très-développées, dont l'ensemble a la forme d'un cône. (Exemple : Conifères.)

23°. SOROSE, *Sorosis*, Mirb. Fruit formé de plusieurs fleurs soudées entre elles par l'intermède de leurs enveloppes florales devenues charnues. (Exemples : le Mûrier, l'Ananas.)

24°. SYCONE. Mirbel nomme ainsi un Fruit formé par un involucre charnu à son intérieur, où il porte un grand nombre d'akènes ou de drupes provenant d'autant de fleurs femelles. (Exemple : le Figuier.)

Telles sont les vingt-quatre espèces principales de Fruit que nous avons cru devoir adopter. En comparant ce tableau avec les suivans, on s'apercevra facilement que nous avons emprunté à chaque auteur les types ou espèces réellement nouvelles, qui méritaient d'être distinguées.

Classification des Fruits par Desvaux.

Iʳᵉ CLASSE.

Péricarpes secs.

1ᵉʳ Ordre.

*** Simples et indéhiscens.**

1. CARIOPSE, Rich. — 2. AKÈNE, Rich. — 3. STEPHANOE, Desv. C'est un akène provenant d'un ovaire infère, comme dans les Synanthérées.

— 4. DICLÉSIE, Desv. Fruit monosperme recouvert par la base de la corolle. (Exemple : les Belles de nuit.) Cette espèce doit être réunie avec l'akène. — 5. CATOCLÉSIE, Desv. Fruit monosperme indéhiscent, recouvert par le calice. (Exemple : l'Epinard.) Ce n'est également qu'un akène. — 6. XYLODIE, Desv. Fruit monosperme, indéhiscent, porté sur un réceptacle charnu formé par le pédoncule. (Exemple : la Noix d'Acajou) C'est encore pour nous un véritable akène. — 7. NOISETTE, *Nucula*. C'est le Fruit du Noisetier. Il offre absolument la même organisation que le Gland. — 8. GLAND. *V.* le tableau précédent. — 9. PTÉRODIE, Desv. C'est la samare de Gaertner. — 10. AMPHISARQUE, Desv. Fruit ligneux multiloculaire et pulpeux, intérieurement indéhiscent. (Exemple : Baobab.) — 11. CARCÉRULE. *V.* le tableau précédent.

**** Simples et déhiscens.**

12. UTRICULE, Gaertner. — 13. CONCEPTACLE, L. C'est le Follicule. — 14. SILIQUE, L. — 15. GOUSSE, L. *V.* le tabl. précéd. — 16. HÉMIGIRE, Desv. Fruit ligneux à une ou deux loges, s'ouvrant d'un seul côté. (Exemple : Protéacées.) — 17. REGMATE, Mirb. *V.* le tabl. précéd. — 18. CAPSULE, L. *V.* le tabl. précéd. — 19. STÉRIGME, Desv. Fruit formé de plusieurs coques adhérentes à un même support et provenant d'un seul ovaire. (Exemple : les Mauves.) C'est le Polakène du professeur Richard. — 20. PYXIDE, Erhart. *V.* le tabl. précéd. — 21. DIPLOTÉGE. Desv. C'est une capsule provenant d'un ovaire infère.

11ᵉ Ordre.

Péricarpes secs composés.

22. FOLLICULE, Rich. *V.* le tableau précédent. — 23. CARPADÈLE, Desv. C'est le Polakène provenant d'un ovaire infère. C'est véritablement un Fruit simple et non un Fruit composé. — 24. MICROBASE, D. C. — 25. PLOPOCARPE, Desv. Fruit provenant de plusieurs pistils dis-

tincts (Exemple : Renonculacées.) — 26. POLYSIQUE , Desv. C'est le Syncarpe du professeur Richard. — 27. AMALTHÉE, Desv. Plusieurs Fruits secs et monospermes , renfermés dans l'intérieur du tube calicinal. (Exemple : l'Alchemille, etc.) — 28. STROBILE ou CONE. *V.* le tabl. précédent.

IIᵉ CLASSE.

Péricarpes charnus.

1ᵉʳ Ordre.

Fruits simples.

29. SPHALÉROCARPE , Desv. Fruit composé d'écailles qui sont devenues charnues et qui contiennent les véritables Fruits placés à leur aisselle. — 30. BAIE , L. *V.* le tableau précédent. — 31. ACROSARQUE , Desv. Baie provenant d'un ovaire infère. — 32. PÉPONIDE , Rich. *V.* le tableau précédent. — 33. ARCESTRIDE, Desv. Fruit formé de la soudure des écailles. (Exemple : le Genevrier.) C'est un Fruit composé. — 34. HESPÉRIDIE , Desv. *V.* le tableau précédent. — 35. DRUPE, L. *V.* le tableau précédent. — 36. NUCULAINE, Rich. *V.* le tableau précédent. — 37. PYRENAIRE, Rich. *V.* le tableau précédent. — 38. MÉLONIDE, Rich. — 39. BALAUSTE, Desv. (Exemple : la Grenade.)

IIᵉ Ordre.

Fruits composés.

40. CYNARRHODE , Desv. C'est une variété de la MÉLONIDE. (Exemple : le Fruit du Rosier.) — 41. ERYTHROSTOME , Desv. C'est le Fruit de la Framboise. — 42. SARCOBASE , D. C. — 43. BACCAULAIRE , Desv. Fruit formé de plusieurs ovaires distincts , provenant d'une seule fleur. (Exemple : Drymis.) — 44. ASIMINE , Desv. C'est le Fruit des Anonacées , qui est le Syncarpe du professeur Richard. — 45. SYNCARPE, Rich. *V.* le tableau précédent.

Cette classification carpologique de Desvaux est la plus compliquée des trois dont nous traçons ici le tableau. Ceux qui compareront entre elles les différentes espèces établies par ce bo-

taniste , reconnaîtront avec nous qu'un grand nombre ne sont que des modifications les unes des autres, et qu'en général l'auteur a attaché trop d'importance aux organes accessoires, qui ne doivent jamais être considérés comme propres à établir des espèces particulières. Ainsi les Fruits qu'il nomme *Stephanoe , Diclésie, Catoclésie , Xylodie* , etc. , ne sont évidemment que des akènes. Ceux qu'il désigne sous les noms de *Polysique, Asimine*, etc. , rentrent pour leur organisation dans le Syncarpe du professeur Richard.

Classification des Fruits par le professeur Mirbel.

Le professeur Mirbel divise tous les Végétaux phanérogames en deux classes, d'après la considération de leurs Fruits, savoir les Gymnocarpiens qui ont leurs Fruits nus , et les Angiocarpiens, dont le véritable Fruit est recouvert et masqué par quelque organe accessoire avec lequel il contracte une adhérence plus ou moins intime. Nous allons exposer ici simplement les noms des divers genres établis par Mirbel , renvoyant à chacun d'eux pour leurs caractères.

FRUITS GYMNOCARPIENS.

Iᵉʳ ORDRE.

Fruits Carcérulaires.

Ce sont des Fruits secs à péricarpe indéhiscent.

1. CYPSÈLE , Mirb. — 2. CERION , Mirb. — 3. CARCÉRULE , Mirb.

IIᵉ ORDRE.

Fruits Capsulaires.

Fruits simples, secs et déhiscens. 4. LÉGUME , L. — 5. SILIQUE et SILICULE , L. — 6. PYXIDE , Erhart. — 7. CAPSULE , L.

IIIᵉ ORDRE.

Fruits Diérésiliens.

Fruits simples formés de plusieurs coques, rangés symétriquement autour d'un axe fictif ou réel. 8. CRÉMOCARPE, Mirb. — 9. REGMATE, Mirb. — 10. DIÉRÉSILE, Mirb.

IVe ORDRE.

Fruits Etairionnaires.

Fruits composés de plusieurs péricarpes irréguliers, qui n'adhèrent point au calice.

11. DOUBLE FOLLICULE. — 12. ETAIRION, Mirb.

Ve ORDRE.

Fruits Cénobionaires.

13. CÉNOBION, Mirbel.

VIe ORDRE.

Fruits Drupacés.

14. DRUPE.

VIIe ORDRE.

Fruits Bacciens.

Fruits charnus contenant plusieurs graines.

15. PYRIDION, Mirbel. — 16. PEPON. — 17. BAIE.

FRUITS CRYPTOCARPIENS.

18. CALYBION, Mirbel. — 19. STROBILE ou CONE. — 20. SYCONE, Mirbel. — 21. SOROSE, Mirbel.

Le seul reproche bien fondé que l'on puisse faire à la classification du professeur Mirbel, c'est d'avoir introduit dans la science un trop grand nombre de noms nouveaux, pour exprimer des objets qui avaient déjà reçu des noms particuliers. (A. R.)

En ajoutant au mot Fruit certaines épithètes, on l'a appliqué à divers Végétaux; ainsi l'on a appelé :

FRUIT DE CYTHÈRE, à l'Ile-de-France, le Spondias.

FRUIT ÉLASTIQUE, à Saint-Domingue, le *Hura crepitans*; en Europe, les Balsamines.

FRUIT EMPOISONNÉ, le *Cerbera Manghas.*

FRUIT DU PÈRE ADAM, le Bananier.

FRUIT A PAIN, l'Artocarpe apyrène ou Jacquier cultivé.

FRUIT DU VRAI BAUME, l'*Amyris Opobalsamum.* (B.)

FRUITS FOSSILES. BOT. FOS. *V.* CARPOLITHES.

FRUTILLER. BOT. PHAN. Nom vul-

gaire du Fraisier du Chili. *V.* FRAISIER. (A. R.)

FUCACÉES. *Fucaceæ.* BOT. CRYPT. (*Hydrophytes.*) Premier ordre de la famille des Hydrophytes que nous avons établi dès 1813 dans notre Essai sur les genres des Plantes marines non articulées; nous l'avions composé de six genres : *Fucus*, *Laminaria*, *Osmundaria*, *Desmarestia*, *Furcellaria* et *Chorda*. Agardh, dans ses différens ouvrages, a adopté la composition de cette famille et a modifié ou ajouté quelques genres. Lyngbye, ayant fait une classification entièrement systématique des Hydrophytes, a réparti les Fucacées dans plusieurs de ses sections, de telle sorte que les Fucus se trouvent avec les Ulves et les Delesseries; les Desmaresties, qu'il nomme Desmies, avec les Plocamies et les Gélidies, etc. Les travaux de ces hommes célèbres et nos observations nous décident plus que jamais à conserver les quatre principales divisions que nous avons proposées dans la classe des Hydrophytes. La première est celle des Fucacées, pourvues presque toujours de tiges et de feuilles. Ces tiges sont beaucoup plus compliquées dans leur organisation qu'on ne l'a cru jusqu'à ce jour; elles offrent quatre parties bien distinctes, analogues, par leur situation et leur grandeur respectives, à l'épiderme, à l'écorce, au bois et à la moelle des Plantes dicotylédonées. En effet, dans toutes les Fucacées, l'on trouve à la circonférence une pellicule mince qui se détruit très-facilement et qui paraît formée d'un réseau très-fin, parsemé de points opaques et de pores ou petites ouvertures. Dans quelques espèces, cette pellicule se sépare facilement du corps de la tige; dans d'autres, elle adhère avec force. Chez un grand nombre, elle se couvre de rugosités lorsqu'elle est desséchée, et, dans cet état, elle ne diffère en aucune manière, par le *facies*, de l'épiderme des Dicotylédonées ligneuses. Nous regardons cette pellicule comme l'épiderme des Fucacées. Elle recouvre une substance de couleur foncée , ayant environ un sixième d'épaisseur du diamètre total de la tige et paraissant formée d'un tissu cellulaire à mailles extrêmement petites, parsemées de lacunes rondes ou ovalaires, assez grandes, vides, et se prolongeant dans toute la longueur de la tige. Cette substance, que nous comparons à l'écorce des Dicotylédonées, disparaît dans les feuilles des Hydrophytes; elle résiste beaucoup plus que l'enveloppe épidermique qui la recouvre; quelquefois on trouve des tiges de Fucacées que le frottement ou quelque autre cause a dépouillées de cette écorce ; plus souvent elle persiste seule, la partie centrale a disparu : c'est un tube cortical qui a perdu la partie ligneuse et centrale par la macération. D'autres fois elle se détache de cette sorte de bois, et s'enlève avec autant de facilité que l'écorce des Dicotylédons lorsqu'ils sont en pleine sève; enfin, cette partie de la tige des Hydrophytes desséchée ressemble parfaitement à l'écorce des Plantes terrestres par le *facies*, par là couleur, l'épaisseur, etc.; nous avons cru pouvoir lui en donner le nom. La tige paraît formée par une masse de tissu cellulaire plus distinct et plus régulier au centre qu'à la circonférence, offrant quelquefois des lignes rayonnantes et coniques d'un tissu beaucoup plus fin et plus égal, qui partent de la circonférence et qui se dirigent vers le centre. Le tissu cellulaire de la masse offre des cellules qui, au lieu de se dilater dans tous les sens, croissent uniquement en longueur, de sorte que cette masse paraît composée, au premier aperçu, d'une grande quantité de petits tubes anguleux, coupés transversalement par des diaphragmes plus ou moins éloignés, à peine visibles, et d'une substance beaucoup plus mince que les parois. Tous les tubes se touchent, leurs parois paraissent communes, leur grandeur varie dans les différentes espèces, ils disparaissent dans les feuilles, mais ils se prolongent dans les nervures, et ne sont bien apparens que dans les Fucacées. Tout s'affaisse par la dessic-

cation; ils forment alors une masse homogène, compacte et pesante, d'une grande dureté, d'une grande ténacité, d'une couleur blanc-rosâtre plus ou moins foncée, suivant les espèces; quelquefois elle devient légère, spongieuse par un commencement de décomposition. Elle seule produit des rejetons ou de nouvelles feuilles; ce phénomène remarquable ne s'observe que dans les Fucacées et prouve encore combien l'analogie est frappante entre les tiges des Fucacées et celles des Dicotylédonées. Enfin , au centre de cette tige se trouve un corps cylindrique ayant de largeur un sixième au plus du diamètre total de la tige ; il est composé d'une substance qui paraît semblable à celle que nous regardons comme l'écorce; elle diffère par l'absence des lacunes, par plus de régularité et plus de consistance dans le tissu; sa forme varie suivant celle de la tige et lui paraît subordonnée; elle est la première à se détruire dans les tiges en décomposition ; elle ne change point de couleur dans celles qui sont desséchées ; elle se prolonge dans les principales branches, disparaît dans les petites et ne s'observe jamais dans les nervures des feuilles, encore moins dans leurs membranes. Elle n'existe ni dans les Floridées, ni dans les Dictyotées, ni dans les Ulvacées. Ces rapports avec la moelle des Dicotylédonées nous ont engagé à lui donner ce nom. Pour observer, dans les tiges des Fucacées, les quatre parties que nous venons de décrire, il faut choisir les espèces les plus grandes, celles qui paraissent vivre plusieurs années et dont le diamètre est considérable ; il faut se transporter à la fin de l'été au milieu des rochers chargés de Laminaires que les grandes marées de l'équinoxe laissent quelques instans à découvert, et l'on trouvera ces Végétaux dans tous les états que nous venons de décrire. Les uns auront perdu la moelle et l'écorce, la tige n'offrira qu'une masse blanchâtre que nous regardons comme l'analogue de l'aubier ou du bois des Dicotylédonées; les autres auront per-

du celte partie, il ne restera que l'é-
corce formant un étui tubulaire. Il y
a beaucoup de Dicotylédonées dont
la consistance est toujours herbacée
et dans lesquelles on chercherait en
vain l'écorce et le bois des Végétaux
ligneux ; de même il y a beaucoup de
Fucacées qui n'offrent jamais les quatre modifications que l'on observe
dans les grandes espèces. Dans ce cas,
les rapports généraux se retrouvent
dans la fructification, ainsi que dans
l'organisation. Cette organisation diffère toujours de celle des Floridées
dépourvues du canal médullaire, et
dans lesquelles le tissu cellulaire
paraît dominer, de celle des Dictyotées qui ne semblent composées que
de tissu à mailles quadrangulaires ou
hexagonales, jamais d'écorce, jamais
de moelle, et enfin de celles des Ulvacées que son homogénéité fait comparer à celle des cotylédons. On déchire les Fucacées longitudinalement
avec beaucoup de facilité, et la déchirure offre à l'œil nu l'aspect d'une
organisation fibreuse bien caractérisée ; il n'en est pas de même si on les
coupe transversalement, on ne voit
alors que les orifices de ces prétendues fibres, et les cellules du tissu
cellulaire. Ces fibres ne sont pas semblables à celles des Plantes phanérogames ; en général, elles nous ont
paru cloisonnées ; les cloisons sont
très-éloignées les unes des autres, et
d'un tissu plus lâche que celles des
Plantes terrestres. A mesure que l'organisation devient plus simple, les
cloisons se rapprochent ; ainsi, dans
les tiges et les nervures des Floridées,
elles sont plus près les unes des autres que dans les Fucacées ; dans les
Dictyotées, elles sont presque égales,
et elles le deviennent entièrement dans
les Ulvacées. Doit-on considérer ces
fibres comme des vaisseaux ? Il est certain qu'elles n'ont aucune ressemblance avec ceux des Plantes terrestres. Les
injections, la macération, l'observation microscopique et cette expérience
citée par tous les auteurs que la partie
de la Plante marine plongée dans l'eau
reprend seule son état naturel, tandis

que l'autre n'aspire aucun fluide,
portent à croire que les Hydrophytes
n'ont point de vaisseaux. Mais, d'un
autre côté, si l'on observe la situation
de la fructification dans les Fucacées
et les Floridées, on la trouve presque
toujours sur les tiges ou les rameaux,
près des nervures ou à leurs extrémités ; dans les Dictyotées, on remarque
que plus les mailles du réseau sont
régulières et visibles, plus la situation
des fructifications est régulière, et que
moins elles sont visibles et égales, plus
les fructifications sont éparses ; dans
les Ulvacées dépourvues de nervures,
de tiges, et qui n'ont qu'un pédicelle,
les fructifications sont entièrement
éparses. Si l'on compare ensuite les
rapports qui existent entre la situation
des fructifications et celle de ces masses de fibres ou de tissu cellulaire à
cellules allongées, ne sera-t-on pas
tenté de les regarder comme des vaisseaux, ou du moins comme en faisant
les fonctions ? Il est si difficile de définir ce que l'on entend par tissu cellulaire, qu'il serait plus aisé de prouver que ces fibres sont des vaisseaux
cloisonnés que de démontrer le contraire. De plus il est presque impossible d'expliquer sans une espèce de
vaisseaux quelconques, les fructifications qui se trouvent tantôt éparses
sur les rameaux, tantôt dans leur partie supérieure, quelquefois sur des
rameaux dépourvus de feuilles, souvent à l'extrémité de ces derniers organes. Elles ont besoin, pour s'y développer, de fluides plus élaborés que
ceux des autres parties de la Plante.
Ces fluides doivent avoir un mouvement quelconque, d'autant que l'on
remarque souvent, dans les Floridées
dépourvues de nervures, des fructifications incomplètes, parce que ces
fluides sont restés stagnans. Ce mouvement peut-il se faire sans vaisseaux,
ou bien a-t-il lieu dans les nombreuses lacunes de ces Plantes, ou de cellule à cellule et à travers leurs membranes ? Tout cela est possible, mais
nous persistons à croire que les fibres
cloisonnées des Hydrophytes, si elles
ne sont pas de véritables vaisseaux,

en font du moins les fonctions. Dans presque toutes les Fucacées, les organes de la fructification sont très-compliqués. Les granules sont renfermées dans des capsules, qui sont elles-mêmes enveloppées d'une membrane particulière, et forment, par leur réunion, des conceptacles ou tubercules situés en plus ou moins grand nombre dans une masse polymorphe, attachée aux rameaux ou placée à l'extrémité des feuilles, et remplie d'une substance mucilagineuse, dont la quantité et l'épaississement augmentent jusqu'à la maturité des granules, et qui disparaît avec elles. La fructication se renouvelle-t-elle plusieurs fois sur les mêmes Fucus? D'après nos observations, nous pensons que ceux sur les rameaux desquels elle se développe voient chaque année ces rameaux se couvrir de fruits, et que ceux qui offrent leurs fructifications au sommet des feuilles périssent après la maturité des graines. Cette règle, sans doute, n'est pas générale, mais elle est facile à observer sur la très-grande majorité des Fucus.

Les feuilles des Fucacées sont faciles à distinguer, pourvu que la Plante soit entière. Elles ne diffèrent presque point de celles des Plantes terrestres dans la première, la troisième, la quatrième et la sixième section du premier genre. Elles sont turbinées et vésiculeuses dans la seconde section; rameuses dans la cinquième; nulles dans la neuvième et la dixième. La membrane qui se trouve à la base du *Fucus loreus* pourrait presque être regardée comme une feuille unique ombiliquée. La feuille des Laminaires, quelquefois simple, quelquefois divisée, est unique dans certaines espèces, telles que les Laminaires digitée et saccharine, *Fucus digitatus* et *saccharinus*, L., tandis que d'autres en possèdent un très-grand nombre; les Laminaires pyrifère et pomifère (*Fuc. pyriferus*, L., *Lamin. pomifera*, N.) en offrent des exemples. On trouve souvent les feuilles supérieures de ces dernières soudées ensemble

par leurs bords, entièrement ou de distance en distance; d'autres sont perforées comme la peau d'un crible, ainsi qu'on l'observe sur le *Laminaria Agarum*. Les feuilles prolifères dans les Osmundaries, semblables aux rameaux dans les Desmaresties, manquent entièrement dans les Furcellaires et les Chordes. Les feuilles des Fucacées présentent donc entre elles presque autant de différences que celles des Dicotylédonées; elles varient également sous le rapport de la composition, de la situation, des surfaces, de la forme générale et particulière, etc.; beaucoup sont ornées de nervures simples ou rameuses qui manquent entièrement à d'autres espèces. Presque toutes les Hydrophytes à organisation ligneuse sont pourvues de vésicules aériennes: elles sont globuleuses et pédicellées dans les *Sargassum;* innées dans les rameaux des *Fucus discors*, *fœniculaceus* et *nodosus*, etc.; innées dans les feuilles du *Fucus vesiculosus;* en forme de silique dans le *Fucus siliquosus;* en forme d'entonnoir dans le *Fucus turbinatus*. C'est une vaste lacune au centre de la tige des Laminaires buccinale et à longue tige; elle se trouve à la base de la feuille dans les Laminaires pomifère et pyrifère; enfin, les Fucacées qui n'en ont point d'apparentes les présentent néanmoins sous forme de lacunes dans la substance de l'écorce; elles y sont quelquefois visibles à l'œil nu et se prolongent dans la longueur des tiges et des rameaux. Nous regardons les vésicules comme des organes particuliers destinés à des fonctions qui leur sont propres, et non comme des feuilles avortées, ou des fructifications qui ont jeté leurs semences, ainsi que l'ont avancé des auteurs modernes. Bory de Saint-Vincent, qui les a soigneusement étudiées avec le secours du microscope, les a trouvées remplies de fibres très-déliées, incolores, fort entremêlées, d'une finesse extrême, de l'aspect d'un Byssus, et articulées par sections de manière à présenter l'aspect de Conferves ou d'Oscillaires, où l'écartement des articles varie selon les espèces. Les anciens croyaient que ces vésicules des Fucus étaient uniquement destinées à tenir ces Plantes flottantes dans les eaux de la mer. A quoi leur servirait alors ce tissu filamenteux qui les remplit? Nous ne discuterons aucune de ces hypothèses, elles ne sont appuyées ni sur des faits ni sur des observations exactes, et elles s'écartent de tout ce que l'on observe dans les autres familles des Plantes. Quant à nous, nous les considérons comme des organes respiratoires presque analogues à ceux que l'on observe dans la majeure partie des êtres qui peuplent et vivifient la surface du globe; organes dont les tissus fibreux, observés par Bory de Saint-Vincent, peuvent être considérés comme des trachées; et si on ne les voit point sur les autres Hydrophytes, c'est qu'elles sont moins parfaites; ayant une organisation moins compliquée, leurs fonctions vitales doivent être plus simples. Notre hypothèse est fondée sur l'action qu'exercent les Hydrophytes sur l'air atmosphérique; elles agissent de la même manière que les Plantes phanérogames. Les Fucacées ligneuses, et d'une couleur olivâtre, absorbent l'Oxigène pendant la nuit et l'exhalent pendant le jour, mais en très-petite quantité. Les Floridées, semblables aux corolles, rendent encore moins d'Oxigène que les Fucacées; elles semblent le retenir pour former les brillantes nuances qui les décorent. Les Ulvacées, au contraire, de même que les tissus herbacés des Plantes terrestres, développent, par l'action de la lumière, une énorme quantité de Gaz oxigène et un peu d'Acide carbonique; l'Azote ne s'y trouve que dans les proportions de vingt à trente sur cent. Cette décomposition de l'air atmosphérique doit s'opérer dans les Plantes marines au moyen des vésicules, des lacunes et des grandes cellules qui s'observent dans les différentes organisations de ces Végétaux, et qui, peut-être,

font tout à la fois les fonctions de réservoir et d'organe destiné à la décomposition de l'air atmosphérique. Le phénomène le plus remarquable que présentent les vésicules des Fucacées, c'est la différence du Gaz qu'elles renferment suivant qu'elles sont ou non exposées à l'air. Si l'on examine le Gaz vésiculaire d'une Fucacée, quelques heures après que la marée l'a laissée à découvert, on y trouve de l'air atmosphérique. Si ce Gaz est pris dans les vésicules d'une Plante avant que la marée l'abandonne, c'est-à-dire quand elle a été couverte d'eau pendant plusieurs heures, la portion d'Oxigène a diminué et n'est plus que de douze à quinze centièmes au lieu de vingt-deux. Cette expérience, faite par De Candolle il y a plus de vingt-cinq ans, a été répétée bien souvent depuis cette époque, et tend à prouver que les vésicules des Fucacées sont des organes destinés à remplir des fonctions plus importantes que de tenir la Plante flottante dans l'eau.—Un grand nombre de Fucacées, et même quelques Dictyotées, ont les feuilles couvertes de petites houppes de poils blancs, épars sur les deux surfaces dans les premières, et sur une seule dans les secondes. Réaumur (Mémoires de l'Académie des Sciences, 1710, 1711, 1712) est le premier naturaliste qui les ait observés; il les regarde comme les parties mâles de ces Végétaux. Linné et beaucoup d'autres botanistes avaient adopté aveuglément cette opinion. Les véritables fonctions de ces poils sont connues maintenant; analogues à ceux qui couvrent un si grand nombre de Végétaux terrestres, ils paraissent destinés à sécréter ou à absorber des fluides particuliers; quelquefois ils semblent n'être qu'une exubération du tissu cellulaire intérieur. Ces poils ne sont point permanens, ils disparaissent dans certaines saisons et à différentes époques de la vie de la Plante; on ne les voit jamais ni sur les tiges ni sur les nervures des feuilles, et lorsqu'ils se dessèchent ou qu'ils tombent, ils laissent sur la feuille un petit point concave d'une couleur foncée, et que les jeunes naturalistes prennent souvent pour des fructifications ; mais , nous le répétons , ce n'est souvent qu'une exubération du tissu cellulaire intérieur. —La durée de la vie dans les Plantes marines varie comme dans les Plantes terrestres. De même que les Arbres vivent plus long-temps que les Herbes, de même les Hydrophytes à organisation ligneuse voient chaque année se renouveler autour d'elles les nombreuses tribus des Hydrophytes à organisation corolloïde ou herbacée. Certaines Fucacées ne vivent qu'un ou deux ans ; d'autres , si on en juge par leur grandeur ou la grosseur de leur tige , doivent braver la puissance destructive du temps , comme le Chêne de nos pays , ou le Baobab des bords du Sénégal ; mais jusqu'à ce qu'on ait observé davantage ces Plantes , on ne peut fixer , même approximativement, l'âge des espèces. Nos connaissances se bornent à dire que les Fucacées paraissent annuelles , bisannuelles ou vivaces. La couleur ne varie que par la nuance dans cette division, la plus considérable de toutes ; c'est toujours un vert plus ou moins olivâtre , jamais herbacé , et que l'on n'observe que dans les Plantes de cette famille. Cette couleur , par la dessiccation ou par l'exposition à l'air et à la lumière, devient ordinairement noire ; elle prend quelquefois une nuance d'un fauve brun semblable à celle des feuilles mortes. Les Fucacées ne se colorent point de brillantes livrées comme les autres Hydrophytes. Les Fucacées ne croissent pas indifféremment dans toutes les mers, ainsi qu'on le verra dans l'article GÉOGRAPHIE BOTANIQUE-MARINE. — Les Plantes marines qui servent de combustible sur les côtes de plusieurs départemens ; celles qui fournissent la Manne saccharine qui remplace le Sucre chez les Islandais; enfin , celles qui donnent les meilleurs engrais, n'existent que dans la famille des Fucacées ; les peuples des régions polaires se nourrissent des tiges ou des feuilles de plusieurs d'entre elles.

En 1813, ainsi que nous venons de le dire , nous avions divisé les Fucacées en six genres sous les noms de Fucus , Laminaire , Osmundaire , Desmarestie , Furcellaire et Chorde ; les Fucus étaient partagés en onze sections. Le *Fucus triqueter* , Fork. , qui formait la troisième section , est une Cystoseire ; *V.* ce mot ; la dixième section appartient aux Fucus , et la onzième aux Nodulaires , qui peut-être ne devraient faire qu'une section du genre Fucus ; au reste, nous ne faisons qu'indiquer ces groupes, leur composition ainsi que leurs dénominations pourront être changées lorsque nous nous en occuperons d'une manière spéciale. Nous regardons aujourd'hui ces sections comme autant de genres dont plusieurs ont été proposés par Agardh ou par Lyngbye. Ainsi les Fucacées seront désormais composées des genres : SARGASSE, *Sargassum* ; — TURBINAIRE, *Turbinaria* ; — SILIQUAIRE , *Siliquaria* ; — CYSTOSEIRE , *Cystoseira* ; — FUCUS , *Fucus* ; — NODULAIRE, *Nodularia* ; — MONILIFORMIE, *Moniliformia* ; — LORICAIRE ; *Loricaria* ; — LAMINAIRE, *Laminaria* ; — OSMUNDAIRE, *Osmundaria* ; — DESMARESTIE, *Desmarestia* ; — FURCELLAIRE, *Furcellaria* ; — et CHORDE , *Chorda*. *V.* tous ces mots.   (LAM..X.)

FUCÉES. *Fuceæ*. BOT. CRYPT. (*Hydrophytes*.) Le célèbre botaniste Richard père avait donné ce nom aux Fucus et aux Ulves de Linné, que nous avons depuis nommés Hydrophytes non articulées , et que nous avons divisés en quatre ordres, les Fucacées, les Floridées , les Dictyotées et les Ulvacées. *V.* ces mots.   (LAM..X.)

FUCHSIE. *Fuchsia*. BOT. PHAN. Genre de la famille des Onagraires , et de l'Octandrie Monogynie, L. , établi par Plumier qui le dédia à Léonard Fuchs, botaniste du seizième siècle. Son calice coloré, adhérent à l'ovaire, se prolonge au-dessus en un tube légèrement renflé, articulé avec cet ovaire inférieurement, et supérieurement terminé par un limbe quadriparti. Avec ses divisions, alternent quatre pétales insérés au haut du tube, et plus courts que lui en général, et de huit étamines insérées à la même hauteur, souvent saillantes, quelquefois au contraire presque sessiles; quatre plus courtes sont opposées aux pétales; les anthères oblongues sont attachées par le dos à l'extrémité des filets; le style simple se renfle à son sommet en un stigmate ordinairement quadrilobé; l'ovaire est à quatre loges, dont chacune renferme des ovules suspendus plus ou moins nombreux. Il en est de même dans le fruit qui est une baie nue, oblongue ou globuleuse. Les Fuchsies sont des Arbrisseaux à feuilles opposées, ternées le plus souvent, denticulées ou rarement entières; les pédoncules axillaires ou disposés en grappes sur les rameaux, portent une seule fleur souvent pendante, et ordinairement de couleur écarlate. Aux deux ou trois espèces qui étaient d'abord connues, les ouvrages de Ruiz et Pavon et de Humboldt et Kunth en ont ajouté plusieurs qui portent aujourd'hui leur nombre à quatorze. Toutes sont d'Amérique. La plus connue est le *Fuchsia coccinea* de Willdenow, ou *F. Magellanica* de Lamarck, joli Arbrisseau d'orangerie, très répandu depuis une vingtaine d'années dans nos jardins. Ce genre a pour synonymes le *Dorvallia* de Commerson, le *Skinnera* de Forster, le *Nahusia* de Schkuhr et le *Quelusia* de Rœmer. (A. D. J.)

* FUCOIDES. BOT. FOSS. (*Hydrophytes.*) Quatorzième genre établi par Adolphe Brongniart dans son excellent Traité des Plantes fossiles, et auquel ce savant assigne pour caractères : fronde non symétrique, souvent disposée dans un même plan, à nervures nulles ou mal limitées. Les Fucoïdes sont, à proprement parler, des Fucus fossiles. Personne avant notre zélé collaborateur n'en avait mentionné les espèces: mais dès longtemps Thore avec nous en avait ob-

servé et déterminé plusieurs dans les couches calcaires qui se délitent en tables souvent très-minces, et qui, sur les rives de l'Adour, sont connues sous le nom de Pierre de Bidache. Cette Pierre, qui ne saurait être d'une origine bien ancienne, encore qu'on n'y trouve nulles traces de productions animales et qu'elle gise à une certaine élévation au-dessus du niveau de la mer dont elle ne se trouve qu'à quelques lieues, cette Pierre contient une multitude d'Hydrophytes, ou du moins leur empreinte. Nous y avons distinctement reconnu le *Fucus canaliculatus*, et diverses variétés du *Chondrus polymorphus.*

(B.)

* FUCOIDÉES. *Fucoideæ.* BOT. CRYPT. (*Hydrophytes.*) Agardh a donné ce nom à la famille d'Hydrophytes ou Plantes marines, que nous avons nommée Fucacée; il considère cette famille comme une section qu'il compose des genres *Sargassum*, *Macrouptis*, *Cystoseira*, *Fucus*, *Furcellaria*, *Lichina*, *Polyphacum*, *Laminaria*, *Zonaria*, *Haliseris*, *Encœlium*, *Sporochnus*, *Scytosiphon* et *Chordaria.* Ainsi, les Fucoïdées d'Agardh sont formées de nos Fucacées, de nos Dictyotées et de quelques Floridées. Nous ne croyons pas devoir adopter une classification qui réunit des Plantes si disparates sous le rapport de leur organisation.—Ce même nom de Fucoïdées ou plutôt celui de Fucoïdes, a été donné par Roussel, dans sa Flore du Calvados, à la deuxième série de sa deuxième classe, renfermant les Plantes qu'il nomme Hydroaërées. Ray avait donné le nom de Fucoïdes à un groupe dans lequel il réunissait des Sertulaires, des Corallines, et autres Zoophytes confondues avec des Plantes et objets qui n'ont aucun rapport entre eux.

(LAM..X.)

* FUCOSUS. OIS. Syn. d'Aigle à queue étagée. *V.* AIGLE. (DR..Z.)

FUCUS. *Fucus.* BOT. CRYPT. (*Hydrophytes.*) Genre de l'ordre des Fucacées, vulgairement appelé Varec, *V.* ce mot, ayant pour caractères : des fructifications tuberculeuses à l'extrémité de feuilles planes, rameuses, en général vésiculifères, et presque toujours munies d'une nervure simple médiane. Les nombreux développemens que nous avons donnés à l'histoire des Fucacées, nous laissent encore quelque chose à ajouter sur le genre Fucus, tel que nous le considérons d'après Lyngbye et Agardh. Réduit maintenant à quelques espèces, ce groupe offre moins d'intérêt que lorsqu'il réunissait la plupart des Plantes qui habitent l'immensité des mers. Linné et les auteurs qui l'ont suivi composaient le genre Fucus de toutes les Hydrophytes qui n'étaient point articulées, ou qui n'avaient point d'expansion d'un vert vif et brillant. Roth, Turner et beaucoup d'autres ne changèrent rien au genre Fucus de Linné. De Candolle le diminua de toutes les Plantes marines à feuilles planes et sans nervures, dépourvues de fructifications tuberculeuses, qu'il réunit aux Ulves. Ce genre ne fut pas établi dans la deuxième édition de la Néréide Britannique de Stackhouse ; Lyngbye ne la forma que du *Fucus vesiculosus*, de ses variétés et des espèces qui en sont à peine distinctes. Agardh augmenta les Fucus de Lyngbye de plusieurs Hydrophytes, que nous croyons devoir placer dans d'autres genres. En 1750, Donati ayait indiqué le genre Fucus sous le nom de *Virsoides*; Adanson l'adopta sous le nom de *Virson*; en 1800, Roussel lui donna le nom de *Vésiculaires*, que Stackhouse, dans sa Néréide Britannique, changea en celui d'*Halidrys*. Ainsi, la première idée du genre Fucus actuel appartient à Donati. En 1813, dans notre essai sur les genres des Thalassiophytes non articulées, nous avons conservé le genre Fucus, et nous l'avons composé de toutes les Hydrophytes à tubercules réunis en grand nombre dans une fructification cylindrique, plane ou comprimée, simple ou divisée, à racine en forme d'empâtement entier, un peu étendu. Ce genre était divisé

en onze sections. Le nombre des espèces connues s'étant considérablement augmenté depuis la publication de notre Essai, et plusieurs botanistes ayant fait des genres de la plupart de nos sections, nous croyons, en adoptant quelques-unes des modifications modernes, devoir donner une nouvelle division de notre genre Fucus, d'après les travaux de Stackhouse, d'Agardh et de Lyngbye, ainsi que d'après les nouvelles observations que nous avons eu occasion de faire sur ces Plantes singulières. Le premier genre a été nommé *Sargassum* par Agardh; nous le conservons. Nous avons nommé le deuxième *Turbinaria*. — Le troisième *Siliquaria*, établi par Stackhouse, est le genre *Halidrys* de Lyngbye. — Le quatrième genre se composera de tous les Fucus de notre cinquième section sous le nom de Cystoseire.

Le genre auquel Lyngbye et Agardh conservent le nom de Fucus, se forme de toutes les Plantes de notre sixième section, et c'est lui que nous adoptons ici. Il aura pour caractères : des fructifications au sommet de feuilles planes, rameuses ou dichotomes, ordinairement vésiculifères, presque toujours munies d'une nervure médiane. Les espèces décrites sont peu nombreuses, mais il en existe beaucoup de variétés remarquables par la singularité de leurs formes. Nous établirons également les genres : *Nodularia*, qu'il ne faut pas confondre avec le *Nodularia* de Lyngbye, qui est le double emploi d'une Chaodinée; *Moniliformia* et *Lorea*, qui correspondent à l'*Himanthalia* des auteurs du Nord.

Il est probable que des botanistes feront par la suite des changemens à ces genres; nous doutons cependant qu'ils puissent être considérables, d'autant que les caractères qui les distinguent nous paraissent tranchés et faciles à observer. Les Hydrophytes du genre Fucus, tel qu'il se trouve établi ci-dessus, ont tous une tige plus ou moins longue qui s'élève d'un empâtement assez étendu; elle se divise en rameaux ailés, partagés par une nervure, et que nous considérons comme des feuilles. Elles varient sous le rapport de la longueur et de la largeur, et se terminent par les fructifications composées de nombreux tubercules. Toutes les espèces se couvrent de houppes de poils blancs dont nous avons parlé, ainsi que des fructifications, à l'article des Fucacées. La couleur des Fucus est toujours un olive plus ou moins foncé suivant l'espèce ou l'âge de la Plante. Leur grandeur n'est jamais considérable; elle dépasse rarement six décimètres (environ deux pieds); nous n'en connaissons point au-dessous de trois centimètres (environ un pouce). Les Fucus se plaisent sur les côtes que les marées couvrent et découvrent; ils y viennent en énorme quantité; car ce sont des Plantes qui semblent vivre en société. Ils sont plus rares dans la Méditerranée ou sur les rochers qui ne sont jamais exposés à l'action des fluides atmosphériques. Les mers Australes en semblent dépourvues, ainsi que les côtes qui bordent la mer Magellanique; du moins nous n'en avons jamais vu de ces pays éloignés : c'est vers le trente-cinquième degré de latitude nord, et dans la mer Atlantique, que les Fucus commencent à paraître; nous en avons reçu du détroit de Gibraltar, des côtes d'Espagne, de France et même de Norwège; nous en avons vu de cueillis dans le nord de l'Amérique; et nous en possédons de Terre-Neuve et des côtes des Etats-Unis, mais toujours trouvés au-delà du trente-cinquième degré de latitude, comme en Europe. — Nous ne parlerons point des usages des Fucus, et nous traiterons ce sujet à l'article des Hydrophytes. Le genre Fucus se compose des *F. vesiculosus, ceranoides, longifructus, distichus, serratus, comosus, canaliculatus, Gibraltaricus, evanescens*, etc., dont la plupart sont fort communes sur nos côtes, couvrant les rochers de gazons jaunâtres ou rembrunis, et qui parviennent souvent jusqu'à Paris dans les paquets de marée, où on les mêle

pour entretenir la fraîcheur des Poissons ou des Crustacés. Ces Plantes acquièrent en séchant une couleur noirâtre. Elles font le fond de ces engrais de Goëmon que les habitans des rivages de la Bretagne et du Poitou recueillent pour fumer leurs terres. On assure que le Bétail s'en nourrit dans quelques parties des terres voisines du cercle polaire. (LAM..X.)

FUENGOSIE. BOT. PHAN. Pour Fugosie. *V.* ce mot. (G.N.)

* **FUGACE.** *Fugax.* BOT. On dit d'un organe qu'il est fugace quand il disparaît et se détache, presqu'immédiatement après l'époque où il a commencé à se montrer. Ainsi le calice des Pavots, la corolle d'un grand nombre de Cistes sont fugaces. On dit aussi de certaines Cryptogames, et particulièrement des Fongosités, qu'elles sont fugaces, pour désigner celles qui ne vivent que très-peu de temps. (A.R.)

FUGET. MOLL. Pour Fujet. *V.* ce mot. (B.).

FUGOSIE. *Fugosia.* BOT. PHAN. Genre de la famille des Malvacées et de la Monadelphie Dodécandrie, L., établi par Cavanilles (*Dissert.* III, p. 174, tab. 72, f. 2) sous le nom de *Cienfugosia*, changé par Willdenow en celui de *Cienfuegia* qui n'est guère plus harmonieux. En supprimant les deux premières syllabes du nom donné par Cavanilles, le professeur A.-L. de Jussieu a formé un mot facile à retenir, et qui a été adopté par la plupart des botanistes, notamment par Persoon et De Candolle, quoiqu'il n'exprime pas l'idée du botaniste espagnol; celui-ci avait en effet voulu adresser un hommage à l'un de ses compatriotes, amateur éclairé de botanique, et nommé Cienfuegos. Voici les caractères que les auteurs attribuent au genre Fugosie : calice à cinq divisions peu profondes, ceint d'une involucelle à douze folioles très-courtes et sétacées; anthères en petit nombre, comme verticillées autour de la partie moyenne du tube staminal; un stigmate en massue; capsule triloculaire, globuleuse, renfermant trois graines. Le professeur De Candolle (*Prod. Regn. Veget.* T. 1, p. 457) place ce genre à la suite du *Gossypium* et du *Redoutea*.

La FUGOSIE DIGITÉE, *Fugosia digitata*, est une Plante herbacée du Sénégal, dont les feuilles sont divisées en trois ou cinq parties linéaires et obtuses; les pédoncules sont uniflores et axillaires.   (G..N.)

FUIRÈNE. *Fuirena*. BOT. PHAN. Genre de la famille des Cypéracées et de la Triandrie Monogynie, L., établi par Rottboel, et adopté par d'autres botanistes, dont les caractères sont : des épillets disposés en ombelles axillaires ou terminales, composés d'écailles imbriquées en tous sens, uniflores, à trois nervures et aristées à leur sommet. Le périanthe se compose de trois écailles onguiculées, également à trois nervures, et dans quelques espèces de trois soies hypogynes placées entre ces écailles; les étamines sont au nombre de trois; le style est simple, surmonté de trois stigmates filiformes; le fruit est un akène triangulaire, recouvert par les écailles du périanthe, et terminé à son sommet par la base du style.

Toutes les espèces de ce genre sont exotiques, et croissent en Amérique, dans l'Inde et à la Nouvelle-Hollande. Leur port a généralement beaucoup d'élégance.   (A.R.)

FUJET. MOLL. (Adanson.) Syn. de *Trochus corallinus*, Gmel.   (B.)

* FULCADEA. BOT. PHAN. Nom donné par Poiret au même genre que Humboldt et Bonpland ont dédié au célèbre peintre naturaliste Turpin. *V*. TURPINIE.   (G..N.)

FULGORE. *Fulgora*. INS. Genre de l'ordre des Hémiptères, établi par Linné, et subdivisé depuis par Latreille qui place les espèces auxquelles il conserve ce nom dans la famille des Cicadaires, avec ces caractères : élytres de la même consistance; tarses de trois articles; antennes insérées sous les yeux, de deux ou trois articles, dont le dernier beaucoup plus grand, presque globuleux, chagriné, ayant un tubercule surmonté d'une soie; bec long, de deux ou trois articles apparens; tête pointue, prolongée ordinairement en une espèce de museau, de forme variée, avec de petits yeux lisses placés au-dessous des yeux à réseau, qui sont arrondis et saillans; trompe ou bec couché sur la poitrine, et renfermant trois soies; élytres et ailes en toit; pates de moyenne longueur, avec les jambes postérieures armées d'épines; tarses terminés par deux crochets et par une pelote. Ces caractères, assignés par Latreille et que nous avons cru devoir transcrire en entier, donnent une idée presque complète de l'organisation extérieure des Fulgores. Ces Insectes, remarquables par les couleurs variées et brillantes de leurs ailes, offrent encore une particularité bien curieuse dans une protubérance de leur tête qui semble être un prolongement du front. Cette protubérance, dont le volume et la forme varient, répand souvent une lumière phosphorique très-vive. Les Fulgores diffèrent des Cigales par l'absence d'un organe du chant, par l'existence d'une éminence frontale et par l'insertion des antennes; elles ressemblent, sous ces rapports, aux Flates, aux Isses et aux Derbes; mais il est encore possible de les en distinguer par quelques signes faciles à saisir. Elles ont enfin de l'analogie avec les Cicadelles; mais l'insertion très-différente des antennes suffit seule pour empêcher de les confondre. La plupart des espèces propres à ce genre sont exotiques; elles habitent l'Amérique méridionale, Cayenne, la Guadeloupe, le Sénégal, les Indes-Orientales, la Chine. On ne connaît pas leurs mœurs. Nous citerons :

La FULGORE PORTE-LANTERNE, *F. laternaria*, L., ou le grand Porte-Lanterne des Indes-Occidentales, figurée par Stoll (*Cic.*, pag. 13, tab. 1, fig. 1), par Réaumur (Mém. sur les

Ins. T. v, pl. 20, fig. 6 et 7), par Roësel (Ins. T. ii, *Locust.*, tab. 28 et tab. 29), et principalement par Mérian (Hist. des Ins. de Surinam, p. 49, pl. 49) sous le nom de *Laternarius*. Cet observateur nous apprend que leur tête répand la nuit une lumière très-vive, à la clarté de laquelle il ne serait pas difficile de lire, et que pendant le jour elle est transparente comme une vessie et rayée de rouge et de vert. Réaumur, curieux d'éclaircir par l'anatomie la cause de ce phénomène singulier, ouvrit une de ces vessies desséchées ; mais il ne trouva dans son intérieur qu'une cavité pleine d'air et ne renfermant aucun organe. L'individu qu'il avait observé était desséché. Cette espèce n'est pas rare à la Guadeloupe et à Cayenne ; on la nomme Mouche luisante ou Mouche à feu ; elle vole très-bien et se tient habituellement sur les sommités des grands Arbres. Quelques naturalistes ont paru douter de la propriété qu'avait la tête de ces Animaux d'être phosphorescente ; ils ont cité à l'appui de cette opinion, l'observation faite par le savant Richard, qui, ayant élevé à Cayenne plusieurs individus de la Fulgore porte-lanterne, n'a jamais pu voir ces Insectes lumineux. Ce témoignage, quelque respectable qu'il soit, ne suffit cependant pas pour révoquer en doute un fait constaté avec beaucoup de précision par Mérian, et généralement reçu dans le pays. Le nom que l'Insecte porte ne saurait avoir été imaginé à dessein ; on doit plutôt en conclure que la Fulgore porte-lanterne ne jette de lumière phosphorique qu'à une certaine saison de l'année et peut-être à volonté, comme le font nos Vers luisans ou Lampyres.

La Fulgore porte-chandelle, *F. Candelaria*, Fabr., ou la Cigale chinoise porte-lanterne de Stoll (*loc. cit.*, p. 44, pl. 10, fig. 46, et fig. A), représentée par Roësel (*loc. cit.* T. ii, *Loc.*, tab. 5o, fig. 1, 2, 3), est très-commune dans les collections, et se trouve abondamment à la Chine.

La Fulgore ténébreuse, *F. te-nebrosa*, Oliv., Encycl. méth., ou la Cigale porte-lanterne brune de Guinée, Stoll (*loc. cit.*, p. 21, tab. 2, fig. 7). On la trouve en Guinée. Olivier (*loc. cit.*) décrit plusieurs autres espèces de Fulgores dont plusieurs appartiennent à des divisions qui ont été démembrées du grand genre Fulgore de Linné. *V.* Fulgorelles. Parmi les Fulgores proprement dites, on doit cependant distinguer encore :

La Fulgore d'Europe, *F. Europæa*, L., Fabr., ou la Cigale à tête en pointe conique de Stoll (*loc. cit.*, p. 48, pl. 11, fig. 51). On la trouve dans le midi de la France, eu Sicile et en Italie. *V.*, pour les autres espèces, Fabricius.   (AUD.)

FULGORELLES. *Fulgorellæ.* INS. Division établie par Latreille dans la famille des Cicadaires, et correspondant au grand genre Fulgore de Linné. Elle renferme divers genres qui en ont été démembrés, tels que Fulgore propre, Asiraque, Delphax, Tettigomètre, Lystre, Flate, Isse et Derbe. *V.* ces mots et Cicadaires.   (AUD.)

FULGUR. MOLL. Nom latin employé par Montfort pour désigner scientifiquement son genre Carreau. Il le proposa pour le *Murex perversus* de Linné, la *Pirula perversa* de Lamarck. Ce genre ne repose sur aucun bon caractère, et ne se distingue des autres Pirules que par un rudiment de pli qui se voit sur la columelle ; encore semble-t-il plus fort par la manière dont la columelle se contourne ; c'est donc à tort que Férussac (Tabl. Syst. des Anim. moll.) regarde ce genre de Montfort comme l'analogue du genre Fasciolaire dans lequel il sera toujours impossible de le faire rentrer.   (D..H.)

FULICA. OIS. *V.* Foulque.

FULIGO. BOT. CRYPT. (*Lycoperdacées.*) Genre établi par Haller, adopté par Persoon, et ayant pour type le *Mucor septicus* de Linné. Il a été aussi nommé *Æthalium* par Link

(*Observ.* 1 , p. 24), et Bulliard l'avait placé dans son genre Réticulaire composé d'élémens hétérogènes.

Les espèces de Fuligo ont des formes très-variées; elles sont d'abord pulpeuses, communément étalées, velues à l'extérieur ou garnies de fibrilles; leur base est membraneuse, et leur intérieur cellulaire, fibreux ou poilu. Le nom de Fuligo vient de la facilité avec laquelle ces Cryptogames se résolvent en poussière. Leur place n'est pas encore bien déterminée.   (G..N.)

FULLO. ois. Syn. de grand Jaseur. *V.* ce mot.   (DR..Z.)

* FULLO. ins. Nom scientifique du Hanneton, vulgairement appelé Foulon.   (B.)

* FULLONIQUE. *Fullonica.* pois. Espèce du genre Raie. *V.* ce mot. (B.)

FULMAR. ois. Espèce du genre Pétrel. *V.* ce mot.   (DR..Z.)

FULMINAIRE. moll. foss. Ou Pierre-de-Foudre. On a donné anciennement ce nom aux Bélemnites et aux Oursins fossiles qu'on croyait le produit du tonnerre.   (B.)

FULVIE. rept. orn. Espèce du genre Couleuvre.   (B.)

*FUMAGO. bot. cryft. (*Mucédinées.*) Genre formé par Persoon (*Mycologia Europœa*, p. 9) qui le caractérise ainsi : croûte noire composée d'une matière presque compacte, composée de fibrilles rares sur lesquelles sont dispersées les sporules. Les espèces de ce genre se trouvent sur les feuilles de plusieurs Arbres d'Europe, et notamment du Tilleul, de l'Érable, du Peuplier, du Saule, du Pommier, etc.; elles leur donnent une telle apparence, qu'on dirait qu'elles ont été exposées à la fumée. L'auteur en a décrit sept divisées en deux sections : la première comprend les espèces dont la conformation est homogène, ou les *Fumago vagans* et *F. Mali.* La seconde, nommée *Polychœton*, est caractérisée par une croûte velue, avec des soies rigides et éparses. Elle se compose des *Fumago Quercinum, F. Citri, F. Fagi, F. Ilicis* et *F. Typhœ.*   (G..N.)

FUMARIA. bot. phan. *V.* Fume-terre.

FUMARIACÉES. *Fumariaceœ.* bot. phan. Le genre Fumeterre avait été placé par Jussieu à la suite des Papavéracées. De Candolle a proposé le premier d'en former le type d'une famille distincte, mais qui doit demeurer à côté des Papavéracées dont il est impossible de l'éloigner. Voici quels sont les caractères généraux des Fumariacées : ce sont toutes des Plantes herbacées, annuelles ou vivaces, dont la tige est charnue, simple ou plus souvent ramifiée; les feuilles alternes, décomposées en un grand nombre de divisions grêles qui les font ressembler à des feuilles composées. Les fleurs sont jaunes ou rougeâtres, généralement disposées en épis terminaux. Leur calice se compose de deux petits sépales caducs opposés, ordinairement dentés; la corolle est irrégulière, formée de quatre pétales inégaux; en général elle est plus ou moins tubuleuse par le rapprochement des pétales qui sont quelquefois soudés entre eux par la base; le supérieur est généralement le plus grand. Il se termine à sa partie inférieure par un éperon recourbé ou simplement par une bosse arrondie; des trois autres deux sont latéraux et semblables, un inférieur; les étamines sont au nombre de six, diadelphes, c'est-à-dire formant deux faisceaux, l'un inférieur placé sur le pétale inférieur, l'autre supérieur, adhérent par sa base avec les deux pétales latéraux; chaque androphore est plane, allongé, simple, terminé par trois anthères, une moyenne à deux loges et deux latérales uniloculaires, s'ouvrant par un sillon longitudinal; très-rarement les six étamines sont libres et distinctes; l'ovaire est libre et supère, tantôt globuleux, uniloculaire et contenant quatre ovules, tantôt allongé, et en offrant plusieurs attachés à deux trophospermes longitudinaux placés en face de chaque suture; le style est grêle, simple, quelquefois peu distinct du sommet de l'ovaire; le stigmate est déprimé, un peu inégal et comme discoïde; le fruit est tantôt un akène globuleux, tantôt une capsule uniloculaire allongée ou vésiculeuse, renfermant deux ou plusieurs graines fixées à deux trophospermes suturaux; cette capsule s'ouvre généralement en deux valves; les graines sont globuleuses, couronnées par une caroncule arilliforme; elles contiennent, dans un endosperme charnu, un embryon petit, un peu latéral, quelquefois recourbé et placé transversalement. Cette famille, ainsi que nous l'avons dit précédemment, a les plus grands rapports avec les Papavéracées; mais cependant on peut l'en distinguer par son suc propre, qui est aqueux et jamais blanc ou jaunâtre comme dans ces dernières; par la corolle constamment irrégulière, par six étamines diadelphes et la structure des anthères. Elles ont aussi beaucoup d'affinité avec les Crucifères et notre nouvelle famille des Balsaminées. Mais il est facile d'en saisir les différences.

La famille dont nous nous occupons ici se compose uniquement du genre *Fumaria* de Linné; mais ce genre a été successivement divisé en un assez grand nombre d'autres genres, en sorte qu'aujourd'hui on en compte six formant ce petit groupe naturel. Ventenat a d'abord séparé du genre *Fumaria*, les espèces dont le fruit est allongé et contient plusieurs graines, et en a fait son genre *Corydalis*, nom qui avait déjà été proposé par Mœnch pour quelques espèces seulement. Depuis cette époque, les espèces de ce genre ayant été mieux étudiées, on en a fait quatre autres genres, savoir : *Diclytra* de Borckhausen; *Adlumia* de Rafinesque; *Cysticapnos* de Gaertner, et *Sarcocapnos* de De Candolle. *V*. chacun de ces mots.

On compte environ une cinquantaine d'espèces distribuées dans les six genres que nous venons de mentionner. Presque toutes sont originaires des parties tempérées de l'hémisphère boréal. Environ huit ont été trouvées dans l'Amérique septentrionale; quinze en Europe; deux en Barbarie; cinq en Orient; treize en Sibérie et dans le nord de la Chine; deux au Japon et deux au cap de Bonne-Espérance.

Les Fumariacées ne diffèrent pas moins des Papavéracées par leurs propriétés médicales, que par leurs caractères botaniques. On sait que ces dernières sont âcres et narcotiques : les autres, au contraire, ont une saveur franchement amère, et sont employées comme toniques et dépuratives.   (A. R.)

FUMÉES VOLCANIQUES. géol. Dans l'usage où furent la plupart des écrivains qui s'occupèrent des volcans, d'exagérer leurs effets pour en rendre la peinture plus terrible, et d'accompagner les descriptions qu'ils donnèrent des secousses éruptives, de circonstances qui cependant en étaient presque toujours indépendantes, on fit jouer un grand rôle à la Fumée dans l'histoire des montagnes ignivomes. Pline le Jeune ayant mentionné une Fumée effrayante et profondément obscure, qui s'élevait en forme d'un immense Pin sur le Vésuve, quand son oncle en devint la victime, la Fumée en forme de Pin devint, ainsi qu'une chaleur suffocante, la terreur des Animaux, les tonnerres, les grondemens souterrains, les éclairs, les flammes dévorantes, etc., un caractère indispensable de toute éruption décrite dans les livres ou dans les gazettes. La Fumée, dans les volcans, n'est cependant qu'un incident fort simple, et qui, presque toujours, tient à des causes locales. Il ne s'en élève point d'aussi épaisses qu'on le suppose des cratères qui, le plus communément, lorsqu'ils sont en travail, ne produisent que des vapeurs à peine visibles durant le jour, mais rougeâtres la nuit, parce qu'elles sont pénétrées de la lumière sinistre produite par les embrasemens de la cheminée volcanique. Nous ne pouvons mieux comparer ces émanations, à travers lesquelles nous avons plusieurs fois distingué les objets au-dessus des cratères embrasés, qu'à celles qu'on voit onduler au-dessus de nos champs dépouillés durant les chaleurs des jours les plus accablans de nos arrière-étés. Il arrive dans quelques éruptions où les cratères ne se remplissent pas de matières en fusion ; mais avant de s'embraser, lancent dans les profondeurs de la montagne, des cendres ou autres laves réduites en poussière d'une certaine ténuité; il arrive, disons-nous, que ces poussières ou cendres, élevées avec les vapeurs, donnent à celles-ci une teinte plus ou moins foncée, et la Fumée en forme de Pin de Pline le Jeune, n'était que des cendres poussées de la sorte dans les hautes régions de l'atmosphère, par des vapeurs qui ne manquèrent pas de devenir inappréciables à l'œil, quand les fragmens pulviformes, entraînés hors de la ligne impulsive d'action, tombèrent à la surface du sol, en conséquence de leur pesanteur. De tels cas sont beaucoup plus rares qu'on ne l'a dit. Quant aux Fumées, souvent fort épaisses, semblables en grand à celles qui s'élèvent de l'eau bouillante, et qu'on aperçoit souvent à la surface des courans de laves lorsqu'ils commencent à se figer, ou quand ils sont figés tout-à-fait, elles proviennent de l'humidité qui se trouvait contenue dans le sol sur lequel coulèrent les laves, et qui, réduite en vapeur par la chaleur existante au point de contact, profite des premières crevasses produites par le refroidissement pour s'échapper dans l'atmosphère. Nous avons vu de pareilles Fumées s'épaissir au point de couvrir les environs d'un brouillard extraordinairement épais, après des ondées de pluie tombées sur des coulées non encore totalement refroidies. — De tous les accidens de ce genre, le plus remarquable par sa pompeuse magnificence, est celui que détermine un

courant igné, échappé des flancs d'un volcan en éruption, et tombant, encore incandescent, dans les flots de l'Océan, tout-à-coup vaporisés. «Vous vous rappelez, nous écrivait à ce sujet Huber de l'île Ma careigne (Voyage aux quatre îles d'Afrique, T. iii, p. 351), la lettre où je vous disais que, me trouvant en 1800 enveloppé par la Fumée de la lave tombant à la mer dans l'éruption de la ravine Citron-Galet, je fus couvert, ainsi que les pierres et les Plantes qui se trouvaient auprès de moi, d'une poussière blanche, que je reconnus être du sel marin. La formation de ce sel, et la manière dont il s'élève avec une Fumée qui n'est que l'eau réduite en vapeur, n'était pas difficile à concevoir ; et j'ai produit depuis le même effet en diminutif, en jetant de l'eau de mer sur des morceaux de lave rougie au feu, ou même sur du Fer fortement chauffé. » Le sel, tout-à-coup réduit en poudre, donnait à la Fumée une couleur blanche très-remarquable. Dans l'épaisseur de cette teinte, Huber remarqua des parties sombres et très-rembrunies ; il se rappela aussitôt ce que rapporte Hamilton des Fumées du Vésuve, « qui sont, dit cet Anglais, de deux espèces, les unes blanches comme des balles de coton, et les autres noires.» « Cependant, ajoutait Huber, en examinant plus attentivement les deux Fumées blanche et noire qui sortaient du même point, je remarquai que la noire se trouvait du côté opposé au soleil, et je présumai que la prétendue Fumée noire n'était que l'ombre de celle qui se trouvait entre le soleil et elle. » Notre observateur a remarqué, de même qu'Hamilton, que les Fumées résultantes du contact subit de la lave coulante avec la mer, s'élèvent en spirale; ce qui tient au poids de la poussière de sel tenue en suspension, qui, après avoir été d'abord poussée en gros flocons par la force de l'eau réduite en vapeur, retombe peu à peu sur elle-même en tournoyant. (B.)

FUMEROLLES. GÉOL. Ouvertures

ou crevasses qu'on trouve dans certains cratères de volcans brûlans, ou à la surface de coulées de laves nouvellement émises et d'où s'échappent des vapeurs et des fumées. (B.)

FUMETERRE. *Fumaria.* BOT. PHAN. Ce genre, de la Diadelphie Hexandrie, L., placé par Jussieu parmi les Papavéracées, est devenu pour De Candolle le type d'une famille nouvelle à laquelle il a donné son nom et qu'il forme seul ; car les six genres qui la composent ne sont que des démembremens du *Fumaria* de Linné. Les différences de structure dans le fruit et celles des quatre pétales tantôt libres, tantôt diversement soudés entre eux, et dont un seul le plus souvent, ou plus rarement deux, se prolongent à sa base ou en bosse ou en éperon : tels sont les caractères qui ont servi à distinguer ces six genres. Ceux du *Fumaria*, ainsi limité, sont les suivans : deux sépales opposés ; quatre pétales, l'inférieur libre, les trois supérieurs inférieurement soudés et celui du milieu éperonné à sa base ; six étamines soudées trois à trois en deux faisceaux alternant avec les sépales, et dans chacun desquels les trois filets sont unis presque jusqu'au sommet, planes et dilatés inférieurement ; les anthères granuleuses, celle du milieu à deux loges, les deux latérales à une seule, sans doute par avortement ; un style simple, plane, souvent marqué d'un sillon longitudinal, caduc, articulé avec le sommet de l'ovaire et terminé par un petit cône, des deux côtés duquel sont deux stigmates lamelliformes ; un ovaire comprimé, dans lequel nous avons observé, lorsqu'il est très-jeune, quatre ovules suspendus le long de deux placentas latéraux opposés ; ces ovules sont déjà fort inégaux, et l'un d'eux l'emporte plusieurs fois en volume sur les autres. Il vient seul à maturité, et le fruit indéhiscent simulerait ainsi un akène, si l'attache de la graine n'était latérale. Il est ovoïde ou globuleux, relevé de deux côtes peu saillantes, indices des deux placentas longitudinaux dont nous avons parlé.

Les espèces de ce genre sont des Herbes des consistance tendre, ordinairement rameuses, à feuilles alternes, plusieurs fois pinnées, dont les folioles sont plus ou moins étroites, plus ou moins profondément lobées. Les fleurs petites, blanchâtres ou nuancées de pourpre, sont disposées en grappes terminales ou opposées aux feuilles. De Candolle en décrit quatorze qu'il distribue en deux sections : la première, qu'il distingue par le nom de *Platycapnos*, a ses fruits ou silicules comprimés, et comprend trois espèces : l'une du midi de l'Europe, l'autre de l'Orient, la troisième de l'Atlas. La seconde section, caractérisée par ses fruits globuleux, qu'indique le nom de *Sphærocapnos*, se compose de six espèces, toutes plus ou moins communes en France, ou même dans nos environs. Du nombre de ces dernières sont : le *Fumaria capreolata*, dont les pétioles se terminent en vrilles ; le *F. parviflora*, à fleurs très-petites, blanchâtres et marquées de taches d'un pourpre noir, à feuillage glauque et finement découpé ; le *F. officinalis*, si connu sous le nom de Fumeterre et si répandu dans nos champs et nos jardins. Les cinq dernières espèces, originaires de l'Europe méridionale ou exotiques, ne sont encore connues que d'une manière incomplète. (A. D. J.)

FUNAIRE. *Funaria.* BOT. CRYPT. (*Mousses.*) Genre constitué par Hedwig, d'abord sous le nom de *Kælhreutera*, qu'il changea lui-même en celui de *Funaria* aujourd'hui généralement adopté. Il l'a formé aux dépens des *Mnium*, genre où Linné avait placé plusieurs Mousses peu analogues, et qui, dans la réforme de la muscologie, n'a pas été conservé. Palisot-Beauvois a cru devoir substituer au nom de *Funaria* celui de *Strephedium*; mais cette innovation ne paraît pas avoir été prise en considération, non plus que la dénomination de *Luida* qui avait été autrefois employée par Adanson. Voici les caractères assignés par Hedwig et De Candolle au genre qui nous occupe : capsule terminale et pyriforme ; péristome double, l'extérieur à seize dents tordues obliquement et soudées par leur partie supérieure, l'intérieur à seize cils planes, membraneux et opposés aux dents du rang extérieur ; coiffe ventrue, tétragone à sa base, subulée au sommet, se fendant de côté et se détachant obliquement. Selon Hedwig, les Mousses de ce genre sont dioïques, et les fleurs mâles sont formées par les gemmules ou disques terminaux.

Les espèces de Funaires sont peu nombreuses ; elles habitent principalement les contrées septentrionales de notre hémisphère. Cependant il en est quelques-unes qui croissent dans des pays assez chauds ; telle est la *Funaria Fontanesii*, Schwœgr., qui a été trouvée en Barbarie et en Égypte par Desfontaines et Delile. Mais l'espèce la plus digne d'attention, parce qu'elle est très commune en Europe, sur les murs, les rochers et les pentes un peu humides, et parce qu'elle présente un phénomène d'hygroscopicité bien plus marqué que dans toute autre Mousse (excepté peut-être le *Tayloria splachnoides*, Hook., dont les dents du péristome sont éminemment hygroscopiques), c'est la FUNAIRE HYGROMÉTRIQUE, *Funaria hygrometrica*, Hedw., *Mnium hygrometricum*, L. et Dillen, *Musc.*, t. 58, f. 75. Cette Mousse a une tige légèrement rameuse, garnie de feuilles étalées, oblongues, pointues, à une nervure médiane et entière sur les bords ; la capsule est grande, oblique, striée, d'un brun rougeâtre, et supportée par un long pédicelle qui se tord sur lui-même pendant la dessication et se déroule avec rapidité lorsqu'on l'humecte même assez légèrement, comme par exemple avec le souffle humide de la respiration. (G..N.)

FUNDULE. *Fundulus*. POIS. Le genre formé sous ce nom par Lacépède, et auquel ce savant donne pour caractères : corps et queue presque cylindriques, point de barbillons, des dents aux mâchoires, et une seule dorsale, n'a même point été mentionné par Cuvier. Distrait du genre Cobite, il paraît devoir rentrer parmi les Pœcilies. *V*. ce mot. (B.)

* FUNÉRAIRE. INS. (Fourcroy.) Espèce de Phalène des environs de Paris. (B.)

FUNGICOLES. *Fungicolœ*. INS. Famille de l'ordre des Coléoptères, section des Trimères, établi par Latreille (Règn. Anim. de Cuv.), et distincte de celle des Aphidiphages par des antennes plus longues que la tête et le corselet ; par des palpes maxillaires filiformes, ou simplement un peu plus gros à leur sommet ; enfin, par la forme plus oblongue de leur corps, dont le prothorax est en trapèze. Quelques Insectes de cette famille vivent sous les écorces des Arbres ; mais le plus grand nombre habitent quelques Champignons et se nourrissent de leur substance.

Les Fungicoles comprennent plusieurs genres qui peuvent être rangés dans deux sections.

† Pénultième article des tarses bilobé ; neuvième et dixième articles des antennes en forme de cône ou de triangle renversé, et composant avec le dernier une massue ; tête plus étroite que le prothorax.

Genres : EUMORPHE, LYCOPERDINE, ENDOMYQUÉ.

†† Tous les articles des tarses entiers ; derniers articles des antennes globuleux et velus ; tête presque aussi large que le prothorax.

Genre : DASYCÈRE.

V. ces mots. (AUD.)

FUNGIE, FUNGITE ou FUNGOIDES. POLYP. Les anciens oryctographes désignent sous ces différens noms des Polypiers fossiles assez communs dans tous les terrains et que nous regardons comme des Alcyonaires. (LAM..X.)

* FUNGINE. BOT. CRYPT. Principe immédiat des Végétaux qui constitue la substance charnue des Champignons ; elle est blanche, mollasse, lé-

gèrement élastique ; elle donne à l'analyse chimique de l'huile empyreumatique, de l'acétate d'Ammoniaque, des phosphates de Chaux, de Fer et d'Alumine, du sous-carbonate de Chaux et de l'Eau. On l'obtient pure en traitant les Champignons par l'eau bouillante, chargée d'un peu d'Alcali.

(DR..Z.)

FUNGITE. POLYP. *V*. FUNGIE.

FUNGOIDASTER. BOT. CRYPT. (*Champignons.*) Micheli désignait sous ce nom les espèces qui rentrent dans les genres *Merulius* et *Helvella* des botanistes modernes. *V*. ces mots.

(G..N.)

***FUNGOIDES.** BOT. CRYPT. (*Champignons.*) Cette dénomination vicieuse a été employée par plusieurs botanistes pour désigner des Champignons de genres différens. Le *Fungoides* de Tournefort se rapporte au *Peziza* de Linné ou *Cyathus* de Haller ; celui de Vaillant au *Fungoidaster* de Micheli ou *Merulius* des modernes. Dillen et Rai nommaient aussi *Fungoides* diverses espèces de Clavaires et de *Stemonitis*. (G..N.)

***FUNGULUS.** BOT. CRYPT. Ce mot, qui signifie petit Champignon, a été employé par Mentzel pour exprimer des Cryptogames de familles diverses ; tels sont entre autres un *Cyathus* et le *Bœomyces ericetorum*. *V*. ces mots. (G..N.)

FUNGUS. BOT. CRYPT. *V*. CHAMPIGNONS.

***FUNICULAIRE.** *Funicularius*. BOT. CRYPT. (*Hydrophytes.*) Genre de Plantes marines établi par Roussel dans sa Flore du Calvados ; il se compose des *Fucus concatenatus* d'Esper et *Fucus loreus* de Linné qu'il divise en trois espèces. Ni le genre, ni les espèces n'ont été adoptés par les naturalistes. (LAM..X.)

FUNICULE. *Funiculus*. BOT. PHAN. Quelques auteurs donnent ce nom au podosperme ou cordon ombilical de la graine. *V*. PODOSPERME. (A. R.)

FUNICULINE. *Funiculina*. POLYP.

Genre de l'ordre des Zoophytes libres ou nageurs dans la classe des Polypes à polypiers. Corps libre, filiforme, très-simple, très-long, charnu, garni de verrues ou papilles polypifères, disposées par rangées longitudinales. Au centre, un axe grêle, corné ou subpierreux ; Polypes solitaires sur chaque verrue. Ce genre a été établi par Lamarck aux dépens des Pennatules de Linné ; ce sont des Polypiers flottans ou nageurs, très-voisins des Vérétilles ; ils offrent, comme ces dernières, un corps libre, très-simple, n'ayant ni crêtes, ni papilles polypifères ; mais les Funicules ayant le corps filiforme, grêle et fort long, et les verrues ou papilles qui portent leurs Polypes se trouvant par rangées longitudinales, ces caractères paraissent suffisans pour autoriser leur distinction d'avec les Vérétilles. Ces Zoophytes ayant les mœurs, les habitudes des Pennatules et une organisation presque semblable, on ne doit pas s'étonner si on les a longtemps confondus ensemble ; Lamarck en a fait un genre particulier facile à distinguer par le défaut de cellules polypifères. Les Funicules, quoique très-peu nombreuses en espèces, se trouvent à des latitudes très-différentes les unes des autres. (LAM..X.)

FUNKIE. *Funkia*. BOT. PHAN. Willdenow a donné le nom de *Funkia Magellanica* à une Plante qui croît à la Terre de Feu et qui a été décrite par Forster (Gœtt., 9, p. 30, t. 6) sous le nom de *Melanthium pumilum*. D'après les observations de R. Brown (*Prodr. Nov.-Holl.*, p. 291), cette Plante serait une espèce d'*Astelia*, genre intermédiaire entre les Asphodélées et les Joncées. *V*. ASTÉLIE.

Un autre genre *Funkia* a été établi par Sprengel aux dépens du genre *Hemerocallis* ; il n'a pas encore reçu la sanction des botanistes. *V*. HÉMÉROCALLE. (G..N.)

***FUON-HIA.** BOT. PHAN. Nom chinois de l'*Arum Dracuntium*, fort employé dans le pays comme médicament. *V*. GOUET. (B.)

* FUR. ois. (Bartholin.) Syn. du Labbe. *V.* STERCORAIRE. (DR..Z.)

*FURCELLAIRE. *Furcellaria.* BOT. CRYPT. (*Hydrophytes.*) Genre de l'ordre des Fucacées dans la classe des Hydrophytes non articulées; ayant pour caractères : une fructification siliqueuse, ordinairement simple, subulée, à surface unie; tige et rameaux cylindriques et sans feuilles. Ce genre, composé seulement de deux espèces, diffère des autres Fucacées par la fructification toujours raboteuse dans ces Végétaux à cause de l'ouverture saillante des tubercules. Roussel l'avait indiqué dans sa Flore du Calvados, sous le nom de Furcullaire que Stackhouse a changé en celui de Fastigiaire; ces auteurs avaient composé leurs genres de plusieurs Hydrophytes qui n'ont entre elles aucun rapport. Agardh, dans son *Synopsis Algarum Scandinaviæ*, a conservé le genre *Furcellaria*, et l'a placé comme nous parmi les Fucacées; mais il y a réuni à tort le *Fucus lycopodioides* de Turner. Agardh, dans son *Species*, a reconnu son erreur. Lyngbye, dans son *Tentamen Hydrophytologiæ Danicæ*, a également conservé le genre *Furcellaria*, et le compose du *Fucus furcellatus* de Linné, et du *Fucus rotundus* de Gmelin, que nous regardons comme type d'un genre particulier de l'ordre des Floridées. Il le place entre ses genres *Gigartina* et *Chordaria*, ce qui nous porte à croire qu'il le considère comme une Floridée. Cependant l'organisation des tiges dans les parties inférieures des vieux individus est évidemment analogue à celle des Fucacées. Si la fructification était parfaitement semblable à celle des Floridées, nous ne balancerions pas un moment, malgré l'organisation de la tige, à porter les Furcellaires dans cette classe; mais comme il n'est pas encore décidé si cette fructification renferme des tubercules, ou seulement des capsules granulifères, nous conserverons provisoirement le genre Furcellaire parmi les Fucacées, à cause de l'organisation des tiges. La fructification des Furcellaires est en forme de silique allongée, ordinairement simple, quelquefois bifide ou trifide dès sa base, située à l'extrémité des rameaux. Elle renferme de petits corpuscules ovoïdes, situés à la circonférence sur un ou deux rangs; sont-ils des tubercules, avec des capsules ? Lorsque les granules sont parvenus à leur maturité, les fructifications se décomposent, se détachent de l'extrémité des rameaux qui paraissent alors comme tronqués. De ces extrémités sortent, la seconde année, ou dans l'arrière-saison, lorsque les chaleurs se prolongent plus qu'à l'ordinaire, de nouvelles fructifications, beaucoup plus petites que les premières, d'une couleur rougeâtre, contenant également de petits corps allongés ou ovales, qui parviennent rarement à leur maturité. Les Furcellaires sont donc des Hydrophytes bisannuelles. La couleur de ces Plantes varie fort peu; elle est olivâtre et devient noire par la dessiccation ou par l'exposition à l'air et à la lumière; quelquefois elle prend une nuance d'olive rougeâtre, ou de vert d'herbe, mais c'est très-rare. Leur grandeur varie de dix à vingt-cinq centimètres (trois à dix pouces). Elles se trouvent au-dessous de la ligne des marées ordinaires; on ne les voit jamais sur les rochers que les marées couvrent et découvrent chaque jour.

Le *Furcellaria lumbricalis* est très-commun depuis le nord de l'Europe jusqu'au cap Finistère en Espagne qu'il semble ne point dépasser. Le *Furc. fastigiata* n'est pas rare dans la Méditerranée. Ce sont, jusqu'à présent, les seules Hydrophytes de ce genre de Fucacées.

(LAM..X.)

FURCOCERQUE. *Furcocerca.* INF. Lamarck établit sous ce nom et comme le dernier de la classe des Infusoires, un genre qu'on doit adopter, en rectifiant néanmoins ses caractères qui consisteront désormais en un corps ovale-oblong, un peu comprimé, continu, c'est-à-dire sans articulations, nu, sans gaîne ni test, postérieurement terminé par une queue fourchue qui est la continuation du corps même. Nous le rangeons dans notre famille des Urodiées. Le savant professeur du Muséum, qui n'avait établi le genre qui nous occupe que d'une manière provisoire, y avait placé des espèces trop incohérentes pour y pouvoir demeurer, et, induit en erreur par Müller, le *Cercaria viridis* de cet auteur, qui n'a point, comme il l'assure, de queue fourchue. Nous citerons dans ce genre : 1. le *Furcocerca serrata*, N.; *Furcularia furcata*, Lamk., Anim. s. vert. T. II, p. 39; *Vorticella furcata*, Müll.; Encycl. Vers., pl. 22, fig. 24-27. Cette espèce que Müller a figurée le premier, se trouve dans les infusions de foin; elle est antérieurement tronquée et dentée en scie, mais non ciliée comme semble le croire l'illustre Lamarck en la plaçant dans un genre auquel il assigne des organes ciliaires ou natatoires; 2. *Furcocerca Podura*, Lamk., *loc. cit.* T. 1, p. 447; *Cercaria Podura*, Müll.; Encycl. Vers., pl. 9, f. 1-5. C'est certainement par erreur que Müller a représenté un individu de cette espèce couvert de petits poils : nous pouvons affirmer qu'elle est absolument glabre; de tels poils l'eussent rejetée dans un autre ordre; elle habite dans les marais parmi les Lenticules; 3. *Furcocerca trilobata*, N.; Poisson à tête de Trèfle, Joblot, part. 2, p. 79, pl. 10, f. 22. Cette espèce dont le nom indique le caractère se rencontre dans les infusions d'écorce de Chêne.　　　(B.)

FURCRÉE. *Furcræa.* BOT. PHAN. Genre proposé par Ventenat pour l'*Agave fœtida*, à cause de son calice plus profondément divisé, de ses étamines incluses, ayant les filets élargis à leur base. Mais ces caractères n'ont pas paru suffisans pour faire adopter ce genre. *V.* AGAVE.　　(A. R.)

FURCULAIRE. *Furcularia.* INF. Genre de la famille des Rotifères, formé par Lamarck (Anim. sans vert.

T. II, p. 36) qui le place parmi les Polypes ciliés, et dont les caractères sont : corps libre, contractile, contenu dans un fourreau oblong, terminé par une queue fissée qui s'y articule et n'en est pas un simple prolongement. Lamarck dit avec raison que les Furculaires rappellent par leur forme et leur aspect les Furcocerques et les Tricocerques; elles présentent même, selon nous, tant de rapports avec ce dernier genre, que celui-ci ne peut être conservé, et que ses espèces les plus remarquables doivent rentrer parmi les Animaux qui nous occupent. Les Furculaires sont encore fort voisines des Brachionides, mais n'ont pas comme eux de véritable test. Elles offrent encore des rapports avec les Urcéolariées, mais leur queue articulée les en sépare essentiellement. Les espèces de ce genre intéressant sont assez nombreuses : nous citerons comme les plus remarquables : 1. *Furcularia Larva*, Lamk., *loc. cit.*, pag. 57; *Vorticella*, Müll., Encycl., pl. 21, f. 9-11, qui ressemble à une petite Chenille, et habite l'eau de mer; 2. *Furcularia aurita*, Lamk., p. 58; *Vorticella*, Müll., Encyclopédie, pl. 21, fig, 17-19, qui semble avoir le corps réticulé, et qui se trouve parmi les Lenticules; 3. *Furcularia longiseta*, Lamk., pag. 79; *Vorticella*, Müll., Encycl., p. 22, f. 16-17, qui est fort remarquable par l'excessive longueur de ses appendices; 4. *Furcularia longicauda*, N.; *Tricocerca longicauda*, Lamk., *loc. cit.*, p. 23; *Trichoda*, Müll., Encycl., pl. 16, f. 9-11, que Lamarck avait placé dans un genre dont nous avons dû l'extraire; 5. *Furcularia Stentorea*, N.; *Trichocerca Pocillum*, Lamk., *loc. cit.*, p. 26; *Trichoda*, Müll., Encycl., pl. 15, fig. 19-21, qui nous paraît devoir former peut-être un genre nouveau. Sa figure urcéolaire, et surtout sa queue formée de plusieurs articulations très-saillantes et de cinq divisions dont une impaire plus petite, et les autres deux à deux et opposées, semblent devoir isoler cet Animal qui habite l'eau des marais où Eichorn l'observa le premier.   (B.)

FURERA. BOT. PHAN. (Adanson.) Syn. de Pycnanthème. *V*. ce mot. (B.)

FURET. MAM. Espèce du genre Marte. *V*. ce mot.   (B.)

FURET DE JAVA. *V*. VANSIRE.

FURET DES INDES. *V*. MANGOUSTE.

FURET (GRAND). C'est le Grison. *V*. GLOUTON.

FURET (PETIT). C'est le Tayra. *V*. GLOUTON.   (AUD.)

FURIE. MOLL. Nom vulgaire et marchand de l'*Arca pilosa*. (B.)

FURIE. *Furia*. INT. ? Linné avait établi sous ce nom, parmi les Vers intestinaux, un genre qu'il plaçait entre les *Gordius* et *Lombricus*, et auquel il attribuait pour caractères : corps filiforme, égal, garni de chaque côté d'une série de poils réfléchis et déprimés. Il nomma infernale, *Furia infernalis*, la seule espèce qu'il y comprenait, et qu'il croyait habiter sur les Arbres et sur les Plantes des marais de sa patrie, d'où elle se jetait sur les Hommes et sur les Animaux, pénétrait dans leur chair, en leur causant des douleurs atroces qui se terminaient ordinairement par la mort. Il paraît que Linné fut induit en erreur par un préjugé populaire ; il crut même une fois avoir été piqué par sa Furie, à l'existence de laquelle cependant personne ne croyait plus depuis longtemps, si ce n'est Gmelin, qui, dans sa treizième édition du *Systema naturæ*, n'a pas manqué de reproduire minutieusement la description de cet Animal fabuleux.   (B.)

FURNARIUS. OIS. (Vieillot.) Syn. de Fournier. *V*. OPHIE. (DR..Z.)

FURO ET FURUNCULUS. MAM. Syn. de Furet. Messerschmidt désigne sous le nom de *Furunculus sciuroides* l'Écureuil suisse. *V*. ÉCUREUIL.   (AUD.)

FUSAIN. *Evonymus*. BOT. PHAN. Genre de la famille des Rhamnées et de la Pentandrie Monogynie, L., qui se compose d'une dixaine d'Arbris-

seaux originaires d'Europe, de l'Amérique septentrionale, de la Chine et du Japon, et qui offrent pour caractères : des fleurs hermaphrodites dont le calice persistant, étalé, est à quatre ou cinq divisions profondes ; la corolle formée de quatre à cinq pétales alternes avec les lobes du calice, insérés autour d'un disque périgyne qui occupe le fond de la fleur. Les étamines, en même nombre que les pétales, sont dressées ; leurs filets s'insèrent sur le disque lui-même qui est plane, et forme dans son contour quatre ou cinq lobes obtus ; ces étamines alternent avec les pétales ; les anthères sont dydymes et à deux loges. L'ovaire est libre, à demi-plongé dans le disque ; coupé en travers, il offre quatre ou cinq loges contenant chacune deux ovules dont la position varie suivant les espèces : tantôt ils s'insèrent à la partie supérieure de l'angle interne, et sont suspendus ; tantôt ils s'insèrent vers sa partie inférieure, de sorte qu'ils sont ascendans. A sa partie supérieure, l'ovaire finit insensiblement en un style à peu près de la même hauteur que les étamines, et qui se termine par un stigmate à quatre ou cinq dents très-petites et très-rapprochées.

Le fruit est une capsule à quatre ou cinq côtes saillantes, obtuses ou aiguës et en forme d'ailes ; à quatre ou cinq loges, chacune contenant une ou deux graines recouvertes en totalité ou en partie seulement par un arille charnu et de couleur rouge ; ces graines renferment, dans un endosperme charnu, un embryon plane dont la radicule est tournée vers le hile, en sorte que si on considérait la position de l'embryon relativement au péricarpe, il serait dressé dans quelques espèces et renversé dans d'autres, tandis que sa position est toujours la même, étudiée relativement au hile ou à la base de la graine. Les Fusains sont de grands Arbustes de l'hémisphère boréal ; les principales espèces sont les suivantes :

FUSAIN D'EUROPE, *Evonymus Eu-*

ropœus, L. , Bull. , tab. 155. C'est un Arbrisseau de douze à quinze pieds d'élévation, dont les jeunes rameaux sont en général verts et quadrangulaires. Ses feuilles sont opposées, pétiolées, ovales, oblongues, aiguës et légèrement dentées, accompagnées de deux stipules très-petites et sétacées. Les fleurs sont petites, jaunâtres, placées à l'aisselle des feuilles, et portées sur des pédoncules bifides ou trifides. Le calice est à quatre divisions obtuses. Le fruit est globuleux, déprimé à son centre, à quatre côtes très-marquées et arrondies. Le Fusain, que l'on désigne sous les noms vulgaires de *Bois à lardoire*, *Bonnet de prêtre*, etc., croît communément dans nos forêts. Son bois est jaunâtre; il a le grain fin et serré, on l'emploie quelquefois pour les ouvrages de tour. Mais son usage le plus important consiste en ce que, réduit en charbon, il entre dans la composition de la poudre à canon. Les dessinateurs s'en servent aussi pour esquisser leurs dessins, parce que les traits que l'on trace avec lui s'effacent avec la plus grande facilité et sans laisser aucune trace.

Fusain a larges feuilles, *Evonymus latifolius*, Lamk. , Dict. Nouv. Duh. , 3, p. 24 , T. vii. Cette espèce, qui croît dans le midi de la France, est voisine de la précédente, mais elle en diffère par ses feuilles beaucoup plus grandes, ses fleurs plus nombreuses et portées sur des pédoncules plus longs. On la cultive fréquemment dans les jardins d'agrément où elle fait un très-bon effet dans l'été par son feuillage, et en automne par ses fruits de couleur rose et à cinq angles aigus. Son bois peut être employé aux mêmes usages que celui du Fusain ordinaire. On cultive aussi dans nos jardins d'agrément l'*Evonymus verrucosus*, originaire de Hongrie, et remarquable par les inégalités de son écorce. L'on a souvent appelé Fusain bâtard une espèce du genre Célastre. *V.* ce mot. (A. R.)

FUSAIRE. *Fusaria.* INT. Le genre

formé sous ce nom, par Zéder, a été reporté parmi les Filaires et les Ascarides. (B.)

FUSANUS. BOT. PHAN. Genre de la famille des Santalacées et de la Pentandrie Monogynie, L. Il a pour caractères : un calice turbiné, dont le limbe est divisé en quatre parties caduques, et que tapisse un disque découpé, dans son contour, en quatre lobes; quatre étamines courtes, opposées aux divisions du calice, à anthères didymes; un ovaire faisant corps avec le calice, couronné par le disque, surmonté de quatre stigmates sessiles ou portés sur un style extrêmement court. Il devient une drupe globuleuse et monosperme. Bergius fit connaître la première espèce de ce genre, sous le nom de *Colpoon* que Linné changea en celui de *Fusanus*. Son fils crut devoir le réunir au *Thesium* qui ne présente cependant ni disque calicinal ni stigmate quadruplé. Aussi Robert Brown l'a-t-il rétabli avec raison, et en même temps, à l'espèce primitive, qui était un Arbuste du cap de Bonne-espérance, il en a ajouté trois autres de la Nouvelle-Hollande. Les rameaux sont opposés ainsi que leurs divisions et les feuilles; celles-ci sont entières, très-glabres, planes, un peu épaisses; les fleurs disposées en grappes ou en épis axillaires ou terminaux. Il n'est pas rare d'en rencontrer qui soient mâles par avortement, ou qui offrent cinq divisions au lieu de quatre. (A. D. J.)

FUSARIA. INT. *V.* Fusaire.

FUSARIUM. BOT. CRYPT. Genre établi par Link (*Berl. Magaz.*, 3, p. 10, tab. 1 , fig. 10) et réuni depuis par ce fungologiste, avec les genres *Fusisporium* et *Fusidium*, en un genre commun qui porte ce dernier nom. Le *Fusarium*, qui faisait d'abord partie des Urédinées, à cause de ses prétendues sporules couvertes, a été plus convenablement placé parmi les Mucédinées. En adoptant cette fusion, Persoon a conservé au genre le nom de *Fusarium* donné d'abord à l'espèce qui peut en être considérée comme le type. *V*. Fusidium. (G..N.)

FUSCALBIN. ois. (Vieillot.) Espèce du genre Philédon. *V*. ce mot.
(DR..Z.)

FUSCINA. bot. crypt. (*Mousses*.) Schrank (*Baiers Fl.* II, p. 451) a employé ce mot pour le genre qui est plus connu sous le nom de *Fissidens*. *V*. ce mot.   (G..N.)

FUSCITE. mín. Pour Fuszite. *V*. ce mot.

FUSEAU. *Fusus*, moll. Le genre Fuseau, démembré des Murex de Linné par Lamarck, présente une coupe assez naturelle qui offre, d'un côté, des rapports avec les Pyrules, les Fasciolaires, les Turbinelles, et d'un autre avec les Buccins, avec lesquels il est facile de confondre quelques-uns d'entre eux. C'est en 1801, dans le Système des Animaux sans vertèbres, que ce genre fut établi d'une manière positive. Avant cette époque, Lister et Gualtiéri avaient indiqué cette coupe en séparant, le premier, les Buccins *rostratâ claviculâ productiore*, et le second en formant son second genre de la classe quatre de la troisième partie sous le caractère de *Strombus canaliculatus rostratus ore simplici*. Le genre de Gualtiéri est mieux circonscrit que celui de Lister, qui, indépendamment de véritables Fuseaux, contient des Rochers, des Fasciolaires, des Pleurotomes, etc. Quoique Linné les ait placés dans son genre Murex, il les a cependant assez bien séparés dans sa quatrième section générique désignée sous l'épithète de *Caudigeri*. Il est vrai que cette section renferme encore des Fasciolaires et des Pleurotomes ; Adanson, qui en a mentionné quelques-uns, les a confondus dans son genre Pourpre qui correspond assez bien aux Murex de Linné. De Roissy, dans le Buffon de Sonnini, a admis le genre Fuseau, tel que Lamarck l'avait fait et sous les mêmes caractères. En 1810, dans l'Extrait du Cours, Lamarck a réuni en une seule famille, sous le nom de Trachelipodes

canalifères, tous les genres qui ont avec celui-ci des rapports très-intimes. Il a conservé la même division et les mêmes rapports dans son Histoire des Animaux sans vertèbres. Montfort a fait avec les Fuseaux ce qu'il faisait avec presque tous les autres genres, c'est-à-dire qu'il en a séparé inutilement les Lathires. Cuvier a considéré les Fuseaux seulement comme un des sous-genres des Murex. Il leur a subordonné les Lathires, les Pleurotomes, les Pyrules, les Fasciolaires et les Carreaux. Férussac a fait du sous-genre Fuseau de Cuvier un genre séparé des Murex, mais il y a laissé comme sous-genre tous ceux indiqués par Cuvier, et de plus il y a ajouté les Turbinelles et les Clavatules. Ce genre, tel qu'il est circonscrit aujourd'hui, peut être caractérisé de la manière suivante : coquille fusiforme ou subfusiforme, canaliculée à sa base, ventrue à sa partie moyenne ou inférieurement, sans bourrelets extérieurs, et ayant la spire élevée et allongée ; bord droit sans échancrure ; columelle lisse; un opercule corné.

Par ces caractères, il est facile de distinguer les Fuseaux des autres genres qui les avoisinent. Ainsi on les séparera des Buccins, car ceux-ci sont seulement échancrés à la base, et non canaliculés. Ils n'ont point de plis transverses sur la columelle comme les Turbinelles, de plis obliques à la base de la columelle comme les Fasciolaires. Ils n'ont pas, comme les Rochers, des varices sur la spire. Ils ont cette spire plus allongée, moins ventrue en général que dans les Pyrules ; enfin ils n'offrent jamais d'échancrure à la lèvre droite comme les Pleurotomes et les Clavatules, si on admet encore ce dernier genre. Les Fuseaux sont des Coquilles d'une forme élégante ; leur spire est le plus souvent chargée de stries, de tubercules ou de côtes régulières; quelques-uns, dépouillés de l'épiderme qui les couvre lorsqu'ils sortent de la mer, brillent d'assez vives couleurs ; les espèces fossiles sont fort nombreuses : Brocchi, Sowerby, Lamarck en ont fait connaître un assez bon nombre ; nous allons mentionner les principales espèces de ce genre.

Fuseau colossal , *Fusus colosseus*, Lamk., Histoire des Animaux sans vertèbres, T. vii, p. 122, n° 1 ; Favanne , Conchyl., pl. 55, fig. b, 4 ; Encyclop. , pl. 427, fig. 2. Cette dernière figure est fort bonne. Grande Coquille fusiforme ventrue, sillonnée en travers de stries qui suivent la direction de sillons entre chacun d'eux ; elle est blanche ou d'un blanc jaunâtre ; ses tours de spire sont convexes ; dans leur milieu , on remarque une série de tubercules assez grands qui forment une sorte de carène ; le canal de la base n'est pas recouvert ; et il n'est point étroit dès son origine , mais il naît insensiblement. Cette espèce est fort rare et très-grande , puisqu'elle a jusqu'à onze pouces de longueur. Sa patrie est inconnue.

Fuseau quenouille , *Fusus Colus*, Lamk., Hist. nat. des Animaux sans vert. T. vii, pag. 123, n° 3 ; *Murex Colus*, L. , Gmel, p. 5543 , n° 61 ; Lister, Conch., tab. 918, a ; Martini, Conch. T. vi, tab. 144, fig. 1542 ; *Fusus longicauda* , Encycl., pl. 423, fig. 2 ; Fuseau longue queue, Roissy, Buffon de Sonnini, T. vi de la Conch., p. 60, n° 1, pl. 59, fig. 1. Il ne faut pas confondre dans la même espèce le *Fusus Colus* de l'Encyclopédie, qui est une espèce voisine que Lamarck a nommée depuis *Fusus tuberculatus*. Le Fuseau Quenouille est une Coquille bien fusiforme , étroite, sillonnée en travers ; le ventre est petit, la queue ou canal étroit, grêle , recouvert , très-long ; les tours de spire sont convexes , subcarénés dans le milieu par une rangée de petits tubercules ; elle est toute blanche excepté au sommet et à la base où elle est roussâtre ; la lèvre gauche est dentelée et sillonnée à l'intérieur.

Fuseau épais , *Fusus incrassatus*, Lamk., Anim. sans vert. T. vii, pag.

124, n. 8 ; *Murex nudatus*, L., Gmel., pag. 5556, n. 115 ; Martini, Conch. T. iv , tab. 145 , fig. 1343. Coquille remarquable par son épaisseur et sa pesanteur. Elle est toute blanche , fusiforme ; la spire élancée, chargée de gros tubercules et striée en travers, la distingue des espèces voisines ; le canal de la base est long, mais il l'est moins que la spire ; il est recouvert ; la lèvre droite est saillante et la gauche dentelée et sillonnée en dedans. Cette espèce rare, qui a jusqu'à six pouces de longueur, vient de l'océan des grandes Indes.

Fuseau du Nord , *Fusus antiquus*, Lamk., Anim. sans vert. T. vii, p. 125 , n. 11 ; *Murex antiquus*, L. , Gmel., p. 5546 , n. 73 ; Müller , *Zool. Danica*, T. iii, tab. 118 , fig. 1, 2 , 3 ; Othon Fabricius , Faune Groenl. , p. 397 , n. 596 ; Martini, Conch. T. iv, t. 138, fig. 1292 et 1294 ; Encycl., pl. 426, fig. 5. Cette espèce a l'apparence d'un Buccin ; elle est ventrue , la spire est longue et le canal court, mais ce canal n'est point échancré, ce qui empêche de la placer parmi les Buccins ; toute la surface est couverte de stries transversales, fines ; l'ouverture est ample ; les tours de spire convexes ; la lèvre droite en dedans est lisse. Cette Coquille, toute blanche ou jaunâtre, a six pouces de longueur. Elle vient des mers du Nord.

Fuseau noir, *Fusus Morio*, Lamk., Hist. nat. des Anim. sans vert. T. vii, p. 127, n. 16 ; *Murex Morio* ; L., Gmel., p. 5544, n. 62 ; le Nivar, Adanson, Voyag. au Sénég., pl. 9, f. 31 ; Encyclop. pl. 430, f. 3, a. Linné avait regardé comme une variété du *Murex Morio* le Fuseau couronné de Lamarck. Cet auteur assure avoir trouvé des caractères distinctifs : sont-ils suffisans ? Quoi qu'il en soit , le *Fusus Morio* est une grande Coquille noire ou brune, foncée, fusiforme , à spire bien étagée par une carène légèrement noduleuse qui se voit dans le milieu de chaque tour. Au-dessus des sutures on voit une ou plusieurs raies blanches qui tranchent agréablement sur la couleur brune du fond des stries ou plutôt des sillons un peu grossiers, onduleux et distans, et sont placées transversalement sur toute la surface extérieure; le canal de la base est plus court que la spire; il est large, non recouvert; la lèvre droite est d'un fauve blanchâtre, fortement striée en dedans. Cette Coquille, commune dans les collections, se trouve sur les côtes d'Afrique. Elle est longue de cinq à six pouces. On la nomme vulgairement la Cordelière.

FUSEAU MARQUETÉ, *Fusus Nifal*, Lamk., Hist. nat. des Animaux sans vert. T. VII, p. 131, n. 32; *Buccinum Nifal*, Brug., Encycl., n. 56; le Nifal, Adanson, Voyag. au Sénégal, pl. 4, fig. 3; Lister, Conch., t. 914, f. 7. Celui-ci pourrait bien être un Buccin, car son canal est très-court et laminé par une échancrure profonde; il est lisse, blanc, tacheté de bandes de points carrés, roussâtres; la columelle n'est point droite ou presque droite comme dans les Fuseaux; elle est lisse; la lèvre droite est grossièrement sillonnée en dedans. On trouve cette Coquille dans les mers du Sénégal. Sa longueur est de deux pouces environ.

FUSEAU PERVERS, *Fusus contrarius*, Lamk., Hist. nat. des Anim. sans vert. T. VII, p. 133, n. 57; *Murex contrarius*, L., Gmel., pag. 3564, n. 157; Lister, Conchyl., tab. 960, fig. 44; B, C; *Murex contrarius*, Sow., *Mineral Conch.* T. I, pag. 63, pl. 23. Cette espèce que l'on trouve vivante dans les mers du Nord, se rencontre à l'état fossile en Angleterre, dans les dépôts coquilliers les plus récens du comté d'Essex dans le Crag. Il a beaucoup de ressemblance avec le Fuseau du Nord. Sowerby demande même s'il en est assez distinct pour en faire une espèce séparée. En effet, s'il n'était constamment tourné à gauche, vivant ou fossile, il présenterait peu de caractères distinctifs, car il est blanc, strié, ventru, à canal court,

non couvert et non terminé par une échancrure.

Il y a un très-grand nombre d'espèces de Fuseaux fossiles; ils sont plus abondans dans le bassin de Paris que partout ailleurs; cependant en Angleterre et en Italie, on en trouve quelques espèces remarquables, ainsi qu'à Dax et à Bordeaux. Parmi ces espèces, nous en avons fait figurer dans les planches de ce Dictionnaire une très-belle des environs de Paris, qui ne se trouve que fort rarement, surtout au volume où nous la possédons. Nous l'avons nommée Fuseau à dents de scie, *Fusus serratus*, N.; jolie Coquille d'un forme analogue au *Fusus Colus*, ayant le canal droit, mince, étroit, non recouvert, plus long que la spire; celle-ci est élancée, terminée par une pointe aiguë; les tours de spire sont sillonnés largement en travers, et leur milieu est fortement caréné par des dents saillantes, tranchantes, très-régulièrement espacées; la lèvre droite est lisse en dedans, non crénelée en son bord. Cette Coquille rare se trouve à Parnes. On ne peut la confondre avec le *Fusus aciculatus* dont elle diffère essentiellement. Le plus bel individu que nous ayons vu et que nous possédons a près de quatre pouces de longueur, lorsqu'ordinairement ceux de la même espèce n'en ont qu'un et demi ou deux.   (D..H.)

FUSEAU. BOT. CRYPT. Paulet a établi, parmi les Champignons, une famille des Fuseaux, dont les espèces sont le Fuseau à collet et le Fuseau à ruban.   (B.)

FUSEAUX A DENTS. MOLL. Nom vulgaire et marchand des Rostellaires. *V.* ce mot.   (B.)

FUSÉE. BOT. CRYPT. L'un des noms vulgaires de l'*Agaricus procerus*. (B.)

*FUSER. OIS. (Aldrovande.) Syn. ancien du Butor. *V.* HÉRON. (DR..Z.)

*FUSIBILITÉ. MIN. Propriété dont jouissent les corps de se fondre à une température plus ou moins élevée.

On emploie ce caractère pour la détermination des Minéraux et pour reconnaître les parties constituantes des
Roches. (DR..Z.)

FUSICORNES. INS. Famille établie
par Duméril dans l'ordre des Lépidoptères, et qui embrasse le grand
genre Sphinx de Linné. Il a été aussi
désigné par le même auteur sous le
nom de Clostérocères. *V*. ce mot.
(AUD.)

FUSIDIUM. BOT. CRYPT. (*Mucédinées*.) Genre établi par Link (*Observ.*
1, p. 8), qui l'a ainsi caractérisé :
sporules nues, agglomérées, fusiformes ou oblongues ; absence de thallus ou de base quelconque. Ce dernier caractère éloigne ce genre du
Stilbospora qui a d'ailleurs toujours
une couleur noire que ne présentent
pas les espèces de *Fusidium*. Link a
lui-même réuni à ce genre le *Fusarium* et le *Fusisporium* qui étaient
constitués avec les *Fusidium roseum*
et *Fusidium aurantium*. Le premier,
d'une couleur rose agréable, croît
par touffes sur les tiges sèches des
Malvacées ; le second (*Fusisporium*)
se trouve sur les tiges des Cucurbitacées et des Maïs ; ses sporules ont une
couleur orangée. D'autres espèces ont
été indiquées par Link sous les noms
de *F. obtusum*, *F. hypodermium* et *F.
griseum* ou *albidum* de Persoon. Nées
et Persoon ont encore ajouté à cette
liste quelques Plantes, mais il est
bon d'observer que leurs *Fusidium*
sont autrement caractérisés. Ce sont,
disent-ils, des croûtes laineuses formées d'amas de corpuscules linéaires.
D'ailleurs, ils ont réuni, ainsi que

Link l'avait déjà fait, le *Fusarium* et
le *Fusisporium* ; mais ils en ont constitué un genre particulier qu'ils ont
nommé *Fusarium*. *V*. ce mot. (G..N.)

*FUSIFORME. *Fusiformis*. ZOOL.
BOT. On nomme ainsi tout organe
qui a la forme d'un fuseau, c'est-
à-dire qui est allongé, renflé dans
son milieu et insensiblement aminci
à ses deux extrémités. La racine de
la Rave est Fusiforme. (A. R.)

*FUSIOLES. BOT. CRYPT. (*Mucédinées*.) On a voulu désigner sous ce
nom français le genre *Atractium* de
Link, probablement à cause de sa
capsule fusiforme. *V*. ATRACTIUM.
(G..N.)

FUSISPORIUM. BOT. CRYPT. (*Mucédinées*.) Et non Fusipore. Genre
établi par Link (*Observ.* 1, p. 19), et
réuni ensuite par ce même auteur au
genre *Fusidium*. *V*. ce mot. (G..N.)

FUSTET. BOT. PHAN. L'un des
noms vulgaires du Sumac. (B.)

FUSUS. MOLL. *V*. FUSEAU.

FUSZITE. MIN. (Schumacher.)
Minéral opaque d'un noir verdâtre
ou grisâtre ; cristallisé en prismes à
quatre ou six pans ; à cassure raboteuse ; pesant spécifiquement 2,5.
Il est infusible au chalumeau ; sa surface y devient seulement luisante et
comme émaillée. On le trouve à Kal-
lerigen, près d'Arendal, dans un
Quartz grenu, associé au Feldspath
et à la Chaux carbonatée brunissant.
Brongniart le considère comme ayant
du rapport avec le Pinite, et Léonhard avec le Paranthine. (G. DEL.)

G.

GABALIUM. BOT. PHAN. L'aro-
mate désigné sous ce nom dans Pline
qui le disait originaire d'Arabie n'est
plus connu. (B.)

GABAR. OIS. (Daudin.) Espèce du
genre Faucon. *V*. FAUCON, division
des Autours. (DR..Z.)

GABBRO. GÉOL. Nom donné par

les artistes italiens, et conservé par de Buch à la Roche composée de Feldspath compacte et de Diallage, d'où l'on tire le *Verde di Corsica*. Elle forme en plusieurs endroits des terrains d'une assez grande étendue, qui se rattachent au système des terrains serpentineux. Les géologues s'accordent aujourd'hui à lui donner le nom d'Euphotide, proposé par Haüy. *V.* EUPHOTIDE.   (G. DEL.)

GABRONITE. MIN.(Schumacher.) Substance compacte, à cassure écailleuse, d'une couleur grise avec différentes teintes de bleuâtre et de rougeâtre, fusible, avec difficulté, en un globule blanc et opaque; rayant le verre; pesant spécifiquement 3 environ. Plusieurs minéralogistes ont regardé ce Minéral comme n'étant qu'un Feldspath compacte; d'autres l'ont rapporté au Wernérite. Mais la proportion de Soude qu'il contient, le rapprocherait plutôt de l'Eléolithe ou Pierre grasse. John a trouvé directement par l'analyse qu'il est formé sur cent parties de 24 d'Alumine; 54 de Silice; 17,25 de Soude; 1,25 d'Oxide de Fer; et deux d'Eau. La Gabronite a été trouvée en deux endroits de la Norwège : à Kenlig, près d'Arendal; et à Friederischwærn, où elle est engagée dans une Siénite.   (G. DEL.)

GABETS. INS. Les Vers que les veneurs désignent sous ce nom, et qui se trouvent parfois dans la peau des Cerfs, paraissent être des larves d'Insectes.   (B.)

GABIAN. OIS. L'un des syn. vulgaires de Goëland. *V.* ce mot. (B.)

GABIRA. MAM. Le Singe de Nigritie désigné sous ce nom par Marcgraaff, paraît être le Mangabey. (B.)

GABON. OIS. L'Oiseau des bords de la rivière de Gambie, tué par le capitaine Stibbs, au rapport de l'abbé Prévost, dans l'Histoire générale des voyages, et qui était d'une taille gigantesque, ayant six pieds de la tête à la queue, n'est pas connu et pourrait être une espèce de Pélican. (B.)

GABOT. POIS. C'est, selon Bosc, un Poisson qu'on pêche pour servir d'amorce, et qui a la propriété de vivre trois ou quatre jours hors de l'eau. On ne dit pas à quel genre il appartient.   (B.)

GABRE. OIS. Syn. vulgaire du Dindon, et dans quelques cantons du mâle de la Perdrix grise. *V.* DINDON et PERDRIX.   (DR..Z.)

GABUAN. BOT. (Forskahl.) Syn. du *Chrysanthemum segetum*, en Egypte.   (AUD.)

GABUERIBA. BOT. PHAN. Pour Cabureiba. *V.* ce mot.   (B.)

GABURA. BOT. CRYPT. (*Lichens.*) Nom générique appliqué par Adanson à un Lichen figuré par Dillen (*Hist. Muscor.*, tab. 19, f. 27), et qui se rapporte au *Collema fasciculare* d'Achar. *V.* COLLEMA. (G..N.)

GACHET. OIS. (Brisson.) Syn. d'Hirondelle de mer à tête noire. *V.* HIRONDELLE DE MER.   (DR..Z.)

* GACHIPAES. BOT. PHAN. Nom que les habitans de la Nouvelle-Grenade donnent à une espèce de Palmier du genre Bactris de Jacquin, et qui lui a été conservé comme spécifique par Humboldt, Bonpland et Kunth (*Nov. Gener. et Spec. Plant. æquinoct.* T. I, p. 502).   (G..N.)

* GAD. BOT. PHAN. (Rauwolf.) La Coriandre cultivée dans l'Orient.   (B.)

GADE. *Gadus*. POIS. Genre établi par Artedi et Linné dans l'ordre des Jugulaires, type de la famille des Gadoïdes de Cuvier, parmi les Malacoptérygiens subbrachiens, composé d'espèces fort nombreuses réparties en sept sous-genres ainsi qu'on va le voir, et dont les caractères sont : corps médiocrement allongé, peu comprimé, couvert d'écailles molles, médiocrement grandes; la tête nue; les mâchoires et le devant du vomer armés de dents pointues, inégales, généralement petites et disposées sur plusieurs rangées faisant la carde ou la rape; les ouies grandes, à sept rayons; toutes les nageoires molles, dont deux ou même trois dorsales; une ou deux derrière l'anus, la caudale distincte, les ventrales attachées sous la gorge et aiguisées en pointe; les ouies grandes à sept rayons; l'estomac robuste en forme de grand sac; les cœcums très-nombreux, ayant leur canal assez long; vessie natatoire grande et souvent dentelée sur les côtés. — Le nom de Gade, emprunté du grec, désigne, dans Athénée, un Poisson qui probablement, mais sans qu'on puisse l'affirmer, appartenait au genre dont il est question. — Les Gades, dont plusieurs ont la chair exquise, produisent beaucoup, vivent, en général, par troupes nombreuses dans les hautes mers, et n'approchent des rivages, où l'on en fait d'immenses pêches, qu'au temps du frai.

† Morue, *Morhua*. Ce sous-genre est caractérisé par ses trois dorsales; deux anales; un barbillon à l'extrémité de la mâchoire inférieure. Ce sous-genre est le plus nombreux et celui dont les espèces ont le plus d'utilité pour l'Homme.

La Morue, *Gadus Morhua*, L., Gmel., *Syst. Nat.* 13, T. I, p. 1162; Bloch, pl. 64; Encycl. Pois., pl. 28, 101; *Molva vel Morhua* de Rondelet, de Johnston et de Gesner; vulgairement Cabillau, sur les côtes de Flandre, où se trouve ce Poisson, identique avec celui dont les attérages de l'île de Terre-Neuve, dans le Nouveau-Monde, sont remplis. Une description de la Morue serait ici déplacée, puisque personne ne saurait confondre ce Poisson avec quelque autre habitant des mers que ce soit; il suffira de remarquer que les individus de cette espèce qui ont les parties inférieures du corps d'une nuance argentée, tant qu'ils habitent sur des fonds de sable ou vaseux, deviennent rougeâtres et tachetés de marques jaunes quand ils habitent entre les rochers. Ces teintes, qui, au premier coup-d'œil, paraîtraient caractériser deux espèces, disparaissent quand l'Animal change d'habitation. Les anciens, qui n'ont guère connu que les Poissons de la Méditerranée, n'ont rien dit de celui-ci, et cette Morue, dont la pêche et le commerce sont aujourd'hui l'une des sources de la prospérité et de la puissance navale des empires, fut inconnue aux Etats qui, dans l'antiquité, se disputèrent la domination des mers. Cette pêche, où concourent principalement les Hollandais, les Hambourgeois, les Français, quelques Espagnols et surtout les Anglais, occupe annuellement jusqu'à vingt mille matelots chez ces derniers. On sait comment à Terre-Neuve la Morue se sale, et enfin comme elle se répand dans toute la chrétienté, où elle forme notre principale nourriture aux temps d'abstinence. Sous le nom de *Bacalado*, on en consomme plus en Espagne durant le carème que dans le reste de l'Europe prise ensemble. La Morue est vorace; elle se nourrit de petits Poissons, de Mollusques et de Crustacés; ses sucs digestifs, dit Lacépède, sont si puissans et d'une action si prompte, qu'en moins de six heures la digestion peut être opérée. De gros Crabes y sont bientôt réduits en chyle, selon Anderson; ils rougissent durant cette opération comme ils l'eussent fait s'ils avaient été mis dans l'eau bouillante. La Morue est si goulue qu'elle avale souvent des morceaux de bois ou autres substances qui ne peuvent servir à sa nourriture; elle jouit comme les Squales de la faculté de les rejeter. On ne la voit jamais dans les rivières ou dans les fleuves; elle ne descend guère au-dessous du quarantième degré de latitude nord, et ne remonte que jusqu'au soixante-dixième. On remarque que du cinquantième au soixante-sixième sa chair est la plus savoureuse. On en pêche dans la Manche ainsi qu'au Kamtschatka, mais c'est surtout dans l'espace compris entre la Norwège, l'Ecosse et l'Islande, que l'ancien monde en offre le plus. Les côtes de la Nouvelle-Angleterre et le grand banc de Terre-Neuve, aux lieux où il y a de vingt à cent mètres d'eau, en nourrissent encore davantage, et pour se débarrasser de son frai, c'est parmi les rochers plus voisins des rivages que la Morue se jette en abondance. C'est en automne pour l'Europe, et au premier printemps pour l'Amérique, que la ponte a lieu. C'est vers le quatorzième siècle que les Anglais et les embarcations d'Amsterdam commencèrent à armer pour le banc de Terre-Neuve ; les Français et autres Européens ne les y suivirent guère qu'au seizième. Les Morues se pêchent à la ligne; on les sale par divers procédés, dont l'un les rend si dures, que, dans cet état, elles portent le nom de *Stock-Fish*, c'est-à-dire Poisson de bois, ou Bâton-Poisson. Les pêcheurs emploient les entrailles et les débris de ces Animaux comme appât, vu qu'ils se mangent les uns les autres. On obtient de leur vessie natatoire une colle aussi bonne que celle qui provient des Esturgeons. Les vertèbres, les arêtes et les têtes des Morues ne sont pas sans utilité ; on en nourrit les Chiens que le Kamtchadale attache à ses traîneaux, et mêlées à du Goémon, les Norwégiens en nourrissent leur bétail, au lait duquel ce singulier aliment donne, dit-on, une qualité supérieure. Les œufs fournissent une sorte de caviar appelé *rogues* ou *raves*. On cite comme propre à l'île de Man, dans le canal Saint-Georges, une Morue de couleur vermillon, et les habitans du pays attribuent sa couleur à ce qu'elle se nourrit de Crabes. Noël pense qu'elle vient de ce que ce Poisson mange des Fucus qui sont rouges. De telles assertions ne méritent pas qu'on les réfute. D. 14, 15. — 18, 20. — 19, 21, P. 16, 20. V. 6, A. 17, 21. — 15, 16, C. 30, 44.

L'ÆGLEFIN ou ÆGREFIN, *Gadus Æglefinus*, L., Gmel., *loc. cit.*, p. 1159; Bloch, pl. 62; l'Anon, Encycl. Pois., pl. 28, f. 99; l'*Onos* des anciens, le *Schellfisch* des Islandais, le *Kolja* des Scandinaves, le *Koll* et *Coljar* des Danois, enfin le *Haddock* des Anglais. Cette espèce présente de grands rapports avec la Morue, mais

elle n'en acquiert jamais la taille. Elle voyage par troupes innombrables qui couvrent quelquefois plusieurs lieues carrées. On assure qu'elle ne passe jamais le Sund, et qu'on n'en voit point dans la Baltique. On en fait aussi des pêches considérables au moyen de la ligne. Les Squales en dévorent d'énormes quantités. L'Æglefin s'élève beaucoup vers le cercle polaire arctique, et ne redoute pas la glace sous laquelle on le voit se tenir, venant respirer au bord des fentes qui permettent, avec l'air atmosphérique, le contact de l'eau qui n'est pas prise. C'est là que de hardis pêcheurs et les Phoques viennent les surprendre. Ce Poisson est des plus goulus, et sa chair est des plus agréables. D. 15, 16. — 18, 20. — 19, 20. P. 17, 19. V. 6, A. 22, 24. — 21, C. 23, 27.

Le BIB ou BIBE, *Gadus Luscus*, L., Gmel., *loc. cit.*, p. 1165; Encycl. Pois., p. 29, f. 102. Cette espèce, que certains pêcheurs appellent Borgne, est encore plus petite que les deux précédentes, n'atteignant guère qu'un pied de long. Sa couleur est olivâtre en dessus, argentée en dessous, et sa chair exquise. D. 13. — 23. — 10. P. 11, V. 6, A. 31. — 18, C. 17.

Le DORSCH, Cuv., Règn. Anim. T. II, p. 313, *Gadus Collarias*, L., Gmel., *loc. cit.*, p. 1160; Bloch, pl. 63; le Narvaga, Encycl. Pois., pl. 28, f. 100, écrit Nawaga par Koelreuter, dans les Mémoires de Pétersbourg ; le *Torsk* des pêcheurs du Nord. C'est principalement dans la Baltique que l'on rencontre ce Gade, dont le corps est tout tacheté, qui se tient particulièrement à l'embouchure des grands fleuves, dont la taille est médiocre et la chair exquise. D. 13, 15. — 16, 20. — 17, 22, P. 10, 20, V. 6, A. 16, 22, C. 24, 26.

Le TACAUD, *Gadus Barbatus*, L., Gmel., *loc. cit.*, p. 1163 ; Bloch, pl. 166; Encycl. Pois., pl. 29, f. 103. Vulgairement Gode, Morue molle ou Mollet, le *Fico* de certains pêcheurs de la Méditerranée et le *Paul* ou *Pouling* des Anglais. Cette espèce se tient dans les plus grandes profondeurs des mers septentrionales de l'Europe, au milieu des Fucus qui en tapissent le fond; sa chair est moins estimée que celle des précédentes. D. 12, 13. — 17, 24. — 16, 20, P. 18, 19, V. 6, A. 19, 30. — 15, 21, C. 30, 40.

Le CAPELAN, *Gadus minutus*, L., Gmel., *loc. cit.*, p 1164; Bloch, pl. 67, f. 1; Encycl. Pois., pl. 29, f. 104; le *Mollo* de l'Adriatique, et le *Paor* ou *Pour* des côtes de Cornouailles. Quand cette espèce, qui voyage par bandes innombrables et qui, à l'approche de la belle saison, quitte les profondeurs de la mer, apparaît sur les côtes, elle y cause, dit Bosc, une grande joie parmi les pêcheurs, parce qu'elle y annonce l'arrivée de plus grandes espèces qui la suivent pour la dévorer. D. 12. — 19. — 17, P. 13, 14, V. 6, A. 27. — 17, C. 18.

Le SAIDE, *Gadus Saida*, Gmel., *loc. cit.*, p. 1266; Encycl. Pois., pl. 86, f. 130; le *Gadus Blennoides*, Gmel., *loc. cit.*, 1163; et le *Wachnia*, *Gadus Macrocephalus* de Tilesius, *Act. Petr.*, 11, pl. 16, sont encore des espèces du sous-genre Morue.

†† MERLAN, *Merlangus*. Ce sous-genre, qui, de même que le précédent, est caractérisé par trois dorsales, en diffère par l'absence de barbillons à la mâchoire supérieure.

Le MERLAN COMMUN, *Gadus Merlangus*, L., Gmel., *loc. cit.*, p. 1167; Bloch, pl. 65; Encycl. Pois., pl. 29, f. 105. Cette espèce est l'une des plus communes et des plus connues dans le nord de la France. Les marchés de Paris et de Rouen l'offrent particulièrement en quantité: aussi ne nous appesantirons-nous pas sur ce qui la concerne. Elle se nourrit de petits Mollusques, de Crustacés et de Poissons, ainsi que le font les Morues; on la pêche durant toute l'année, parce qu'elle ne s'éloigne guère des rivages, ou du moins qu'elle y est aussi fréquemment répandue que dans la haute mer. C'est particulièrement après la ponte des Harengs, dont le Merlan dévore le frai, que ce Poisson est le plus gras et le plus recher-

ché sur les côtes de Flandre. On ne se borne point à le manger frais, on le sale et on le prépare pour la conservation. On a prétendu qu'il existait des individus hermaphrodites, mais c'est une erreur qui vient d'une fausse apparence du foie souvent très-volumineux dans les femelles et qu'on y avait pris pour une laitance. Selon que le Merlan habite des fonds de roche ou de vase, sa saveur est fort différente; légère, tendre et de facile digestion, on permet sa chair aux convalescens. D. 14, 16. — 18, 21. — 10, 20, P. 16, 20, V. 4, 6, A. 28, 33. — 19, 23, C. 31.

Le COLIN ou MERLAN NOIR, *Gadus Carbonarius*, L., Gmel., *loc. cit.*, p. 1168; Bloch, pl. 66; Encycl. Pois., pl. 29, f. 106; vulgairement Grélin et Charbonnier, le *Coalfish* de la Zoologie Britannique et des Anglais. Ce Poisson, qui n'est pas rare dans les mers d'Europe, a été également trouvé, dit-on, dans la mer Pacifique. Sa chair est coriace, aussi la mange-t-on rarement fraîche, et on ne pêche le Colin que pour en faire des salaisons. D. 14. — 20. 22, P. 18, 21, V. 6, A. 22, 25. — 19, 20, C. 26.

Le LIEU ou MERLAN JAUNE, *Gadus Pollachius*, L., Gmel., *loc. cit.*, p. 1169; Bloch, pl. 68; Encycl. Pois., pl. 30, f. 107; le Gade Pollack, Lac., Pois. T. II, p. 416; le *Lyr* des pêcheurs du Nord et *Lyrbleck* des Suédois. Cette espèce, qui n'est pas d'une grande taille, dont la couleur est noirâtre, et qui voyage par bandes innombrables, semble se plaire aux lieux où la tempête agite le plus souvent et le plus violemment la mer. Nous l'avons observée en assez grande abondance sur le marché de Caen. D. 11, 13. — 17, 19. — 16, 23, P. 17, 19, V. 6, A. 18, 28. — 18, 23, C. 42, 52.

Le SEY, Encycl. Pois. p. 48 (sans figure); *Gadus virens*, Gmel., *loc. cit.*, p. 1166, est encore une espèce du sous-genre Merlan, qu'on a confondue quelquefois avec le Lieu, et qui se trouve principalement sur les côtes de Norwège.

††† Merluche, *Merlucius*. Deux dorsales seulement caractérisent ce sous-genre, dont les espèces; dépourvues de barbillons, ne présentent qu'une seule anale.

Le Merlus, *Gadus Merlucius*, L., Gmel, *loc. cit.*, p. 1159; Bloch, pl. 164; vulgairement la Merluche, le *Merluzo Asello* et *Asino* des Italiens, le *Merlan* des Provençaux, *Hake* des Anglais, qu'on a regardé, ainsi que le vrai Merlan, comme l'*Onos* d'Athénée, est un Poisson qui se pêche également dans l'Océan septentrional et dans la Méditerranée. Il y parvient jusqu'à la longueur de trois pieds, et ne le cède point en voracité aux Morues; il poursuit avec un tel acharnement les Clupes, qu'on en a vu se jeter dans des bateaux à ras d'eau où l'on en entassait. Les Merlus ou Merluches voyagent par troupes, et sont un objet important de pêche et de commerce pour certains parages. Il arrive quelquefois que l'abstinence, en faisant maigrir ce Poisson, lui cause un mauvais goût. Commerson l'a rencontré en abondance dans plusieurs localités de l'hémisphère austral. Une baie d'Irlande, celle de Galloway, en est tellement remplie, qu'on trouve dans de vieilles cartes cette baie appelée *Hakes-bay*. C'est principalement le Merlan salé qu'on appelle *Stok-Fisch* ou *Stock-Fish*. D. 9, 10. — 59, 40, P. 12, 13, V. 7, A. 37, 59, C. 20, 24.

†††† Lote, *Lota*. La disposition des nageoires est la même que dans les Merlus, mais les barbillons se voient aux mâchoires.

La Lingue, *Gadus Molva*, L., Gmel., *loc. cit.*, p. 1170; Bloch, pl. 69; Encycl. pl. 30, f. 108; *Enchelyopus* de Klein; *Ling*, *Lenge* et *Lenga* chez les peuples du Nord par corruption sans doute de *Longus*, *Longa*, latin, parce que cette espèce de Gade, moins épaisse que les autres, acquiert une longueur souvent très-considérable, c'est-à-dire jusqu'à cinq pieds. Ce Poisson, aussi commun que la

Morue, dont une femelle a présenté neuf millions trois cents et quelques mille œufs, est comme elle un grand objet de commerce, se prend aux mêmes lieux, se prépare, se sale et se répand en Europe pour l'usage des jours où les pratiques religieuses proscrivent la viande. On en retire une huile de Poisson fort employée. D. 15. — 63, P. 15, 20, V. 6, A. 59, 62, C. 38, 40.

La Lote, *Gadus Lota*, L., Gmel., *loc. cit.*, p. 1172; Bloch, pl. 70; Encycl. Pois., pl. 30, fig. 110; vulgairement Motelle et Barbotte en plusieurs lieux de France, *Putael* des Belges, *Aolquabbe* des Danois, *Alraupe* et *Trusch* des Allemands, *Lake* des Suédois et des Norwégiens, *Nalim* des Russes, le *Bottaria* de Salvien. Quoique ce Poisson soit évidemment un Gadoïde par ses caractères, la forme de son corps, son aspect et ses habitudes, semblent l'en éloigner pour le rapprocher des Blennies. Sa figure, sa couleur, sa viscosité lui donnent quelque ressemblance avec l'Anguille. Seul entre ses congénères, qui se plaisent dans l'Océan, il vit dans les eaux douces, où il échappe avec d'autant plus de facilité à la main qui le veut saisir, qu'on le serre avec plus de force. La Lote, dit Lacépède, préfère les eaux les plus claires où les victimes qu'elle guette échappent difficilement à sa poursuite; elle s'y cache sous les pierres, la gueule ouverte, agitant ses barbillons pour y attirer la proie sur laquelle elle s'élance pour l'engloutir en l'y retenant au moyen de ses sept rangs de dents. La Lote croît avec une singulière rapidité; on l'a crue vivipare, et ce point de son histoire n'étant pas suffisamment éclairci, peut être admis comme probable. Sa chair est blanche et d'un fort bon goût. Sa vessie natatoire, fort grande, équivaut parfois au tiers de son volume; ses œufs, assez gros, passent pour malsains et de difficile digestion; elle a la vie fort dure. D. 13, 14. — 68, 76, V. 6, 7, A. 55, 67, C. 30, 36.

Le Gade Danois, *Gadus Danicus*

de Müller, fait encore partie du sous-genre Lote.

†††† MUSTÈLE, *Mustela.* Ce sous-genre ne diffère du précédent que par la petitesse de la première dorsale qui est à peine perceptible.

La MUSTÈLE COMMUNE, *Gadus Mustela,* L., Gmel., *loc. cit.,* p. 1173; Encycl. Pois., pl. 31, f. 111; *Gadus tricirrhatus,* Bloch, pl. 165; le *Galea, Pesce-Moro* et *Donzellina* de la Méditerranée, *Krullquappen* de l'embouchure de l'Elbe et le *Whistle-Fish* des Anglais. L'allongement, la viscosité et les allures de ce Poisson lui donnent de la ressemblance avec la Lote, mais il vit dans les mers, et s'y nourrit de Crustacés et de Mollusques à coquilles. Il devient la proie des Scombres qui s'en montrent fort avides. La Mustèle est souvent blanchâtre, tachetée de brun, et avec des teintes violâtres sur la tête et brunes ou noires sur le dos. D. 1. — 42, 56, P. 14, 16, V. 7, A. 40, 47, C. 25.

Les *Gadus Cimbricus* de Schneider, Gmel., *loc. cit.,* p. 1174, et *quinquecirrhatus* de Pennant, qui est le *Mustela* de Bloch, le *Gadus Didactylus* de Brunsvich, et le Trident, *Gadus Dipterygius* de Pennant, Enc. Pois., pl. 86, f. 361, sont d'autres espèces du sous-genre qui vient de nous occuper.

††††† BROSME, *Brosmerus.* Ce sous-genre est caractérisé par une seule et longue dorsale qui s'étend jusqu'à la queue. Parmi les espèces maintenant connues nous citerons :

Le BROSME, *Gadus Brosme* de Pennant, Gmel., *loc. cit.,* p. 1175; *Koila* des Islandais, qui habite les mers du Nord, et particulièrement du Groenland. Poisson qui a près de trois pieds de longueur et la queue en forme de fer de lance; son dos est d'un brun foncé avec le ventre plus pâle. D. 100, p. 20, V. 5, A. 60, c. 30.

Le BROSME JAUNE, *Brosmerus flavescens,* Lesueur, Ann. Mus. T. V. p. 158, pl. 16, qui a le corps oblong, plus large vers la tête et comprimé vers la queue; sa couleur est d'un brun jaune, avec les nageoires bordées de noir. On voit deux barbillons à la mâchoire inférieure; sa longueur est de deux pieds. Cette espèce se trouve à Terre-Neuve où elle est rare. B. 7, P. 25, V. 6.

Le MONOPTÈRE DE BONNATERRE, *Gadus Mediterraneus,* L., Gmel., *loc. cit.,* p. 1175; le Torsk, *Gadus Monopterygius,* Encycl. Pois., pl. 87, f. 362, paraissent appartenir au sous-genre Brosme.

†††††† PHYCIE, *Phycis.* Les Gades de ce sous-genre diffèrent des précédentes par leurs ventrales qui n'ont qu'un rayon souvent fourchu; leur tête est grosse, leur menton porte un barbillon; le dos est muni de deux nageoires dont la seconde est plus longue.

La MOLLE ou TANCHE DE MER, *Blennius Phycis,* L., Gmel., *loc. cit.,* p. 1176; la Moule de Rondelet, la *Molere* des Espagnols, le *Phico* des Italiens, le *Lesser-Hake* ou *Lest-Hake* des Anglais, est un Poisson qui dans le printemps a sa tête d'une belle couleur rouge; ses pectorales sont de la même teinte; un cercle noir environne l'anus. D. 10. — 62, p. 12, 15, V. 2, A. 56, 57, C. 20.

La BLENNOÏDE, *Gadus albidus,* Gmel., *loc. cit.,* p. 2171; *Blennius Gadoïdes,* Risso; *Physcis Blennoïdes* de Schneider, Merlus barbu de Duhamel. Cette espèce, plus commune dans l'Océan que dans la Méditerranée où la précédente est au contraire plus répandue, a sa première dorsale plus relevée et son premier rayon très-allongé; ses ventrales sont deux fois plus longues que la tête. D. 10. — 56, P. 11, V. 2, A. 53, C. 16.

Le *Batrachoides Gmelini* de Risso et le *Gadus Americanus* de Schneider, qui est le *Blennius Chub,* qu'il ne faut pas confondre avec un Able, et une Perche qui portent le même nom, sont encore des Phycies.

Cuvier (*loc. cit.,* p. 21) établit un huitième sous-genre de Gades sous le nom de RANICEPS pour le *Gadus Ra-*

ninus de Müller qui est le *Blennius Raninus* de Gmelin, le *Phycis Ranina* de Schneider, Poisson que nous avons déjà décrit sous le nom de Grenouillère à l'article BATRACHOIDE, T. II, p. 225. Ce savant y comprend encore le *Gadus trifurcatus* de Pennant, qui est le *Phycis fusca* de Schneider. Ce dernier ichthyologiste avait réuni les Lotes, les Mustèles et les Brosmes en un seul genre qui liait les Gades aux Blennies, et pour lequel il avait emprunté de Klein le nom d'*Enchelyopus*. Ce genre, qui paraît cependant devoir être assez naturel, n'a pas été adopté. (B.)

GADELLES. BOT. PHAN. Les Groseilles dans certains cantons de la France. (B.)

GADELLIER. BOT. PHAN. L'un des noms vulgaires du Groseiller épineux. (B.)

GADELUPA. BOT. PHAN. Pour Galedupa. *V.* ce mot. (B.)

*GADILLE. OIS. Syn. vulgaire de Rouge-Gorge. *V.* SYLVIE. (DR..Z.)

GADIN. MOLL. C'est le nom qu'Adanson (Voyag. au Sénégal, p. 53, pl. 2, fig. 4) a donné à une petite espèce qu'il rapporte aux Patelles. Blainville, dans le Dictionnaire des Sciences naturelles, doute que ce soit une Coquille de ce genre. Cependant on ne saurait en douter d'après la description, la figure étant trop mauvaise pour s'en rapporter à elle seule ; cela est d'autant plus probable, qu'Adanson, qui a vu l'Animal, l'a trouvé en tout semblable à celui des autres Patelles. *V.* ce mot. (D..H.)

GADOIDE. POIS. C'est dans Lacépède une espèce de Saumon, et dans Linné une Blennie. *V.* ces mots. (B.)

GADOIDES. POIS. Cuvier établit sous ce nom une famille, la première dans l'ordre des Malacoptérygiens Subbrachiens, qui renferme les genres Gade, Lépidolèpre et Macroure. *V.* ces mots. (B.)

GADOLINTTE. MIN. Ekeberg ; *Ytterbite.* Silicate simple d'*Yttria,* ordinairement mélangé de silicate de Fer, qui le colore en noir. Substance vitreuse, soluble en gelée dans les Acides, assez dure pour rayer le Quartz, et pesant spécifiquement 4. Elle est rarement cristallisée d'une manière nette : ses formes paraissent dériver d'un prisme oblique rhomboïdal d'environ 115°, dont la base s'incline sur l'arête obtuse de 98°. Elle se décolore dans l'Acide nitrique, avant de se convertir en une gelée épaisse et de couleur jaunâtre. Traitée au chalumeau avec le Borax, elle se dissout en un verre que le Fer colore plus ou moins fortement. Elle a beaucoup d'analogie par son aspect avec l'Allanite, qui s'en distingue en ce qu'elle ne se résout pas en gelée dans les Acides. Elle n'a encore été trouvée que sous forme de petits nids engagés dans le Granite graphique à Ytterby, Broddbo et Finbo en Suède, à Korarf près Fahlun, et au Groenland, dans les environs du cap Farewel. On l'a nommée Gadolinite, en l'honneur du chimiste Gadolin, qui le premier y reconnut l'existence d'une nouvelle terre, l'Yttria.
(C. DEL.)

*GADOONG. BOT. PHAN. C'est, selon Marsden, un Smilax de Sumatra fort employé par les habitans dans les maladies vénériennes. (B.)

* GÆDDABA. BOT. PHAN. Forskahl dit qu'on nomme ainsi en Égypte la Renoncule maritime. Le Micocoulier du Levant porte le même nom à Ceylan, mais l'orthographe en est différente. *V.* GHÆDHABA qu'on a aussi écrit Gædhumba. (AUD.)

GAERTNÈRE. *Gaertnera.* BOT. PHAN. Des trois genres dédiés au célèbre carpologiste Gaertner, celui qui a été constitué par Lamarck est le seul que les botanistes aient adopté. Ce genre appartient à la Pentandrie Monogynie, L., et a été placé à la suite de la famille des Rubiacées (Mém. du Muséum d'Histoire naturelle, T. VI ; année 1820) par le prof. A.-L. de Jussieu qui l'a ainsi caractérisé : calice urcéolé, quinqué-

fide , infère , muni de deux petites
bractées à la base; corolle tubuleuse,
quinquéfide , insérée sous le pistil et
autour d'une sorte de disque formée
par la base dilatée de celui-ci; cinq
anthères presque sessiles sur les pétales , oblongues , non saillantes ;
ovaire supère; style bifide au sommet; deux stigmates; fruit bacciforme , sec , supère , ové , biloculaire ,
à deux graines planes d'un côté sans
sillon ou fossette, et convexes de l'autre; embryon petit, logé dans la cavité inférieure d'un albumen cartilagineux ou corné. Le fruit du *Gaertnera* donné ici comme supère, d'après
Gaertner fils (Carp. 58 , tab. 191) ,
le calice et l'ovaire décrits l'un comme infère et l'autre comme supère,
d'après Lamarck (Illustr., tab. 167),
et ensuite d'observations faites sur le
sec, ont décidé le professeur de Jussieu à ne pas admettre définitivement
ce genre au nombre des vraies Rubiacées , quoiqu'il s'en rapproche infiniment par ses feuilles et ses fleurs
opposées , par ses stipules vaginales
interpétiolaires, par son fruit disperme comme celui du Café (d'où le nom
de Café marron que lui donnent les
habitans de l'Ile-de-France), par son
périsperme corné, sa radicule inférieure , et enfin par son port qui est
entièrement celui des Rubiacées. Cependant ce genre ne peut être placé
convenablement dans aucune autre
famille de Dicotylédones monopétales; il diffère en effet des Jasminées,
des Verbénacées et des Apocynées
monocarpiques , par le nombre de
ses étamines , son périsperme corné ,
sa radicule inférieure et ses stipules ;
mais ne pourrait-on pas admettre,
comme au reste le professeur de Jussieu l'a indiqué lui-même (Ann.
du Mus d'Hist. nat. T. x, 520), que
l'ovaire du *Gaertnera* n'est pas véritablement et entièrement supère,
mais qu'il est primitivement couronné par le disque corollifère, et
qu'alors il est infère ou semi-infère;
que le disque se contractant et finissant par disparaître, le fruit devient
libre ou à peine soudé avec la partie

tubuleuse inférieure du calice, ce
qu'indiquent la largeur de cette partie, ainsi que l'analogie qui existe entre
le *Gaertnera* et le *Pagamea*, genre où
le fruit est adhérent à la base du calice dont la forme est celle d'une cupule? Au moyen de ces considérations,
l'organisation du *Gaertnera* ne différerait pas sensiblement de celle des
Rubiacées.

Robert Brown (*Botany of Congo*,
p. 29) a voulu trancher la difficulté ,
en proposant l'établissement d'une
nouvelle famille intermédiaire entre
les Rubiacées et les Apocynées , et
dans laquelle entreraient avec le
Gaertnera , les genres *Pagamea* ,
Aubl.; *Usteria*; *Geniostoma*, Forst. ,
ou *Anasser*, Juss., et *Logania*. Cette
famille dont son auteur avait déjà
prévu l'existence (*Prod. Flor. Nov.-
Holl.*, p. 455), et dans laquelle il
plaçait en outre le genre *Fagræa*,
n'est pas , à la vérité, très-naturelle ,
et exigerait qu'on la subdivisât en
quatre sections; mais les nombreux
points de connexion qui unissent
cette famille ou tribu avec les diverses sections des Rubiacées , tendent à
infirmer la valeur de l'ovaire supère
comme caractère de famille, lequel ne
devient plus qu'un caractère générique.

La GAERTNÈRE A STIPULES VAGI-
NALES , *Gaertnera vaginata*, Lamk. ,
G. longiflora , Gaertn. fils , est un
Arbre de l'Ile-de-France découvert
par Commerson , dont les rameaux
sont droits, garnis de feuilles opposées, glabres, coriaces, très-longues,
ovales-lancéolées , rétrécies à leur
base , et marquées de nervures très-
saillantes; les stipules sont réunies
en une gaîne ciliée ; les fleurs disposées en corymbes opposés très-rami-
fiés , et munis à leur base de deux
bractées,

Schreber avait appliqué le nom de
Gaertnera au genre que Gaertner
avait appelé *Hiptage*, et qui avait
été aussi nommé *Molina* par Cavanilles. Le *Sphenoclea* de Gaertner ou
Pongatium de Jussieu avait également reçu de Retzius la dénomina-

tion de *Gaertnera*. *V*. HIPTAGE et SPHÉNOCLÉE. (G..N)

* GÆSS. POIS. Nom de pays du *Scomber fulvo-guttatus*. (B.)

* GAESTEIN ou PIERRE ÉCU-MANTE. MIN. Romé de Lisle désigne ainsi une Roche feldspathique que les minéralogistes allemands et français nomment Pechstein. *V*. ce mot. (AUD.)

*GÆTHAGHORAKA. BOT. PHAN. Suivant Burmann et Linné on nomme ainsi à Ceylan le Guttier, *Cambogia Gutta*. (AUD.)

GÆZZ. POIS. Pour Gœss. *V*. ce mot.

GAFARRON. OIS. Syn. de l'Oli-varez. *V*. GROS-BEC. (DR..Z.)

GAFEL. BOT. PHAN. *V*. CAFAL.

GAFET. MOLL. Adanson.(Voyag. au Sénégal , p. 237, pl. 18, fig. 2) avait donné le nom de Tellines aux Donaces de Linné : celle-ci, qui est une Telline pour lui, est le *Donax trunculus* des auteurs.

    (D..H.)

GAGATES. MIN. *V*. JAYET.

GAGÉA. BOT. PHAN. L'*Ornithoga-lum spathaceum* et l'*Anthericum sero-tinum* ont été réunis par Gawler en un genre distinct; ces deux Plantes ont été nommées *Gagea minima* et *G. serotina*. (G..N.)

GAGET. OIS. Syn. vulgaire de Geai. *V*. CORBEAU. (DR..Z.)

GAGNEDI. BOT. PHAN. (Bruce.) Syn. de *Protea Abyssinica*. (B.)

GAGNOL ET GAGNOLLES. POIS. Syn. de Syngnathes. Le premier nom désigne plus particulièrement la Trompette , et le second l'Hippo-campe. *V*. SYNGNATHE. (B.)

GAGOU. BOT. PHAN. Préfontaine mentionne sous ce nom un Arbre de là Guiane qu'il classe parmi les Cè-dres, et dont les naturels emploient le bois pour la construction de canots très-légers. (B.)

GAGUEDI. BOT. PHAN. Pour Ga-gnedi. *V*. ce mot. (B.)

* GAGUEY. BOT. PHAN. (Oviédo.) Une espèce de Figuier selon l'É-cluse. (B.)

GAHNIE. *Gahnia*. BOT. PHAN. Genre de la famille des Cypéracées et de l'Hexandrie Monogynie, L., établi par Forster (*Gen.* , p. 51 , tab. 26), adopté par Labillardière et R. Brown qui en ont décrit plusieurs espèces nouvelles , toutes originaires de la Nouvelle-Hollande. Les épillets sont uniflores, formés d'écailles imbri-quées en tous sens, et pour la plupart vides. Les soies ou écailles hypogynes manquent dans toutes les espèces; les étamines sont au nombre de six , ex-cepté dans le *Gahnia melanocarpa* de R. Brown qui n'en a que trois. Leurs filets sont persistans et allongés , et peuvent être facilement pris pour des soies hypogynes. L'ovaire est allon-gé , surmonté d'un style simple infé-rieurement, trifide dans sa partie su-périeure où il porte sur chacune de ses divisions un stigmate profondé-ment bifide, excepté dans le *Gahnia melanocarpa*, déjà cité précédem-ment, où les stigmates sont simples et indivis. Les espèces de ce genre, au nombre de quatre, sont toutes origi-naires de la Nouvelle-Hollande; leur chaume est roide, et porte des feuilles allongées , rudes et souvent roulées sur elles-mêmes; ce qui les fait paraî-tre linéaires et sétacées; les fleurs qui sont hermaphrodites forment une panicule rameuse, mêlée de feuilles; le fruit est un akène globuleux ou trigone.

Labillardière (*Specim. Fl. Nov.-Holl.* 1, p. 89 , t. 115) en a figuré une espèce qu'il nomme *Gahnia Psit-tacorum*. Quant à son *Gahnia trifida* (*loc. cit.* t. 116), Robert Brown l'a réuni avec quelque doute à son genre *Lampocarya*, sous le nom de *L. hexandra*. (A. R.)

GAHNITE. MIN. Nom donné au Minéral découvert par Gahn en 1805, à Fahlun en Suède; et qu'Haüy a rangé dans sa méthode sous le nom de Spinelle zincifère. Berzélius en fait une espèce à part, et le considère comme un aluminate de Zinc. Il est moins dur que le Spinelle, cristallise comme lui en octaèdre régulier, et pèse spécifiquement 4, 6. Il a pour gangue un schiste talqueux.

(G. DEL.)

GAI. ois. Espèce du genre Corbeau. *V.* ce mot. (DR..Z.)

GAI. bot. phan. (Kœmpfer.) On désigne sous ce nom, au Japon, une Plante dont on fait le Moxa. Suivant les uns, c'est l'*Artemisia Indica* de Linné, et suivant les autres, l'*Artemisia vulgaris*. Thunberg penche pour cette dernière détermination.

(AUD.)

GAIAC. bot. phan. Pour Gayac. *V.* ce mot. (B.)

GAIACINE. Pour Gayacine. *V.* ce mot.

*GAIDEROPE. *Gaderopus.* moll. On nommait ainsi ou on donnait le nom de Pied-d'Ane qui est synonyme, à une Coquille assez commune que les anciens plaçaient parmi les Huîtres épineuses, et qui rentre aujourd'hui dans le genre Spondile sous la dénomination de *Spondilus Gaderopus*. *V.* SPONDILE. (D..H.)

* GAIDROPSARUS. pois. Rafinesque établit sous ce nom (*Indice Icht. Sic.*, p. 51) un genre dont les caractères consistent en plus d'un rayon aux branchiostèges, en deux dorsales dont la seconde est réunie à la caudale et par suite à l'anale. Il renferme une seule espèce, *Gaidropsarus mustellaris* qui est la Mustelle de Rondelet. (B.)

GAIGAMADOU. bot. C'est un Arbre dont parle Préfontaine, et qui est le même que le *Voirouchi* de Cayenne, ou *Virola* d'Aublet. (AUD.)

GAILLARD. bot. phan. (Nicolson.) Syn. de Gayac dans quelques cantons de Saint-Domingue. (B.)

GAILLARDA et GAILLARDIE. bot. phan. Pour Galardie. *V.* ce mot. (B.)

*GAILLARDOTELLE. *Gaillardotella.* bot. crypt. (*Chaodinées.*) Genre que nous avons établi aux dépens des Linkies du savant Lyngbye, et dédié au docteur Gaillardot, naturaliste distingué de Thionville, qui s'occupe avec le plus grand succès de l'étude des Végétaux et des Fossiles du canton qu'il habite. Ses caractères consistent dans la singulière disposition des filamens dont se composent ses espèces; ces filamens microscopiques sont simples, atténués en cil, muqueux et divergens; ils sont munis à leur base d'une sorte de bulbe ou article globuleux. Le *Linkia natans* de l'auteur danois (*Tent.*, p. 196, pl. 67, A), qui est le *Rivularia natans* de Roth (*Catal.* 3, p. 340), est le type du genre. Cette Plante a été jusqu'ici fort imparfaitement figurée. Nous en donnerons un dessin fort bien fait par le laborieux et savant Mougeot, et nous en avons vérifié la parfaite exactitude. La *Gaillardotella natans* affecte une figure globuleuse; sa grosseur est celle d'un petit Pois ou d'une forte Aveline. Elle croît au fond des eaux, sur la terre ou sur les Plantes inondées d'où elle se détache avec l'âge et vient flotter à la surface des mares, y présentant l'aspect d'une Tremelle. (B.)

GAILLET ou CAILLE-LAIT. *Galium.* bot. phan. Genre de la famille des Rubiacées et de la Tétrandrie Monogynie, qui se compose d'un très-grand nombre d'espèces qui sont toutes des Plantes herbacées, vivaces, ayant une tige carrée ou anguleuse, des feuilles verticillées, généralement étroites et allongées; leurs fleurs sont blanches, quelquefois jaunes ou purpurines, très-petites, disposées en grappes ou en panicules terminales; le calice est adhérent avec l'ovaire; son limbe est à quatre dents très-petites; la corolle est monopétale rotacée, quelquefois comme campanulée, à quatre divisions aiguës; les étamines, au nombre de quatre, sont attachées à la base de la corolle; l'ovaire est globuleux, infère, à deux loges contenant chacune un seul ovule ; le sommet de l'ovaire offre un disque épigyne , un style à deux divisions portant chacune un stigmate capitulé ; le fruit est un diakène globuleux didyme , légèrement ombiliqué à son sommet, se séparant en deux akènes ou coques monospermes , tantôt glabres, tantôt velues ou même hérissées de pointes roides.

Les espèces de ce genre sont fort nombreuses et répandues surtout dans les régions tempérées et septentrionales du globe. Parmi les espèces européennes , nous citerons les suivantes :

Gaillet jaune , *Galium verum*, L., Sp. Cette espèce qui est fort commune sur le bord des chemins et dans les lieux incultes , est vivace ; ses tiges sont redressées , hautes d'un pied et plus , légèrement sous-frutescentes à leur base , carrées et rameuses ; les feuilles sont verticillées , en grand nombre , linéaires , terminées en pointe , glabres , d'un vert foncé ; les fleurs , qui sont très-petites et jaunes , forment en se réunissant une sorte de panicule terminale ; les fruits sont globuleux et glabres. Les fleurs de cette Plante répandent une odeur assez forte qui rappelle beaucoup celle du miel. On les considérait autrefois comme antispasmodiques ; et , à une époque où l'on cherchait quelque ressemblance extérieure ou quelque rapport caché entre les médicamens et les maladies contre lesquelles on en faisait usage , quelques médecins avaient recommandé les fleurs de Gaillet , à cause de leur couleur jaune , contre l'ictère. La saine philosophie et l'expérience repoussent également des moyens thérapeutiques fondés sur de tels raisonnemens. Autrefois on croyait généralement que les fleurs de Gaillet caillaient le lait ; de-là le nom vulgaire sous lequel les diverses espèces sont généralement connues ; mais l'expérience a encore démontré la fausseté de cette assertion : les sommités fleuries de cette Plante n'opèrent point cette altération dans le lait , mais elles lui communiquent une couleur jaune et une odeur et une saveur particulière assez agréable. Il est probable même que le nom de Caille-Lait aura été donné à cette Plante à cause de l'usage où l'on est dans quelques pays, entre autres dans le canton de Chester en Écosse, de la mêler avec le lait , afin de colorer et d'aromatiser en même temps le fromage.

Gaillet Aparine , *Galium Aparine*, L., Sp., Bull., t. 315. On désigne vulgairement cette espèce sous le nom de Grateron , à cause des crochets ou tubercules recourbés dont ses tiges , ses feuilles et ses fruits sont hérissés. Ses tiges sont faibles , étalées, ou s'élevant , par le moyen de ses crampons , sur les autres Végétaux environnans. Elles sont longues de deux à trois pieds, rameuses, carrées, hérissées, surtout sur ses angles , de crochets très-rudes ; les feuilles , verticillées par huit ou par dix , sont linéaires , aiguës , légèrement pubescentes ; les fleurs sont petites, blanches , en petit nombre à l'aisselle des feuilles ; les fruits globuleux , assez gros , et tout hérissés de pointes. On trouve cette Plante , qui est annuelle , dans les champs et les lieux cultivés ; (A. R.)

* GAILLONELLE. *Gaillonella.* bot. crypt. (*Confervées.*) Genre que nous avons dédié au laborieux Gaillon , naturaliste de Dieppe , auquel on doit d'excellentes observations microscopiques sur les Hydrophytes , les Infusoires et la coloration des Huîtres. Il présente des caractères fort remarquables , et qui tendraient à le séparer de la famille naturelle où nous le comprenons provisoirement pour le rapprocher des Arthrodiées , de la section des Fragillaires , dont il acquiert par la dessiccation la consistance micacée , scarieuse et brillante. Le plus fort grossissement seul peut faire apprécier son élégante organisation qui consiste en des filamens simples , cylindriques , articulés par sections renfermant chacune deux corpuscules capsulaires , sphéroïdes , transparens

même quand ils sont remplis d'une matière colorante, ferrugineuse, et partagés en deux parties égales par un dissépiment qui apparaît au profil comme une ligne que formerait, en la coupant en deux parties égales, le diamètre de chaque globule. Nous y avons vainement cherché des traces d'animalité; nous n'hésitons pas à regarder les Gaillonelles comme de simples Végétaux. Le type du genre est le *Conferva moniliformis* de Müller (*V*. Planches de ce Dictionnaire), à laquelle on ne voit pas pourquoi Lyngbye (*Tent.*, p. 274), d'après Dillwyn, a donné le nom de *lineata*. Cette espèce forme sur les Plantes marines et les Ulves des rivages un duvet grisâtre peu remarquable. Le *Conferva nummuloides* de Dillwyn appartient au genre Gaillonelle. (B.)

GAINE. *Vagina*. INS. On a donné ce nom à une partie constituante de la bouche de certains Insectes, principalement de l'ordre des Hémiptères et de celui des Diptères. Chez les premiers la Gaîne n'est autre chose, suivant les observations comparatives de Savigny, que la lèvre inférieure, et chez les seconds elle représente le labre. *V*. BOUCHE. (AUD.)

GAINE. *Vagina*. BOT. Dans certaines familles, le pétiole ou la partie inférieure de la feuille est remplacée par une membrane tubuleuse et qui enveloppe la tige dans une partie de sa longueur. C'est à cet organe qu'on donne le nom de Gaîne. Elle est entière (*integra*), c'est-à-dire formant un tube continu, dans les Cypéracées; elle est au contraire fendue longitudinalement (*fissa*) dans les Graminées. Les botanistes ont proposé divers noms substantifs pour désigner la Gaîne de certaines Plantes. Ainsi, Willdenow a nommé *Ochrea* la Gaîne membraneuse et incomplète qui existe à la base des Polygonées; Link a désigné, sous le nom de *Reticulum*, la Gaîne fibreuse et basilaire des feuilles de Palmiers. Le même auteur a aussi proposé le mot de *Pericladium* pour exprimer l'évasement plus ou moins large de la base des rameaux ou des pédoncules, comme, par exemple, dans les Ombellifères. La Gaîne des Graminées est surmontée d'un appendice membraneux nommé Languette (*Ligula*, *Collare*, Rich.).

(G..N.)

GAINIER. *Cercis*. BOT. PHAN. Genre de la famille des Légumineuses et de la Décandrie Monogynie, L., qui se compose de deux espèces arborescentes dont une croît en Orient et dans le midi de l'Europe, et l'autre dans les provinces du nord de l'Amérique septentrionale. Leur calice est monosépale, campanulé, renflé, et terminé par cinq dents; la corolle est papilionacée; l'étendard est redressé, obtus, plus court que les ailes; la carène se compose de deux pétales distincts; les dix étamines sont libres; l'ovaire est pédicellé à sa base, allongé, comprimé; le style est recourbé à son sommet; la gousse est allongée, plane, bordée sur son dos ou suture supérieure d'une aile étroite; les graines sont presque globuleuses; elles contiennent un embryon placé au centre d'un endosperme charnu très-manifeste, caractère qui se rencontre rarement dans les Légumineuses; les fleurs sont d'une couleur rose très-agréable; elles naissent généralement sur le vieux bois avant le développement des feuilles. Celles-ci sont simples, alternes, pétiolées, cordiformes, arrondies et entières.

GAINIER COMMUN, *Cercis Siliquastrum*, L., Sp. C'est cet Arbre que l'on cultive si abondamment dans nos jardins sous les noms d'Arbre de Judée, Arbre d'amour, et qui, dès les premiers jours du printemps, y produit un effet si agréable par la belle couleur rose de ses fleurs. Son tronc peut s'élever à une hauteur de vingt à vingt-cinq pieds; il est rameux supérieurement et recouvert d'une écorce noirâtre; ses feuilles sont alternes, pétiolées, cordiformes, arrondies, entières, très-obtuses, molles et d'un vert tendre; ses fleurs naissent sur le tronc et ses ramifications ; elles sont extrêmement nombreuses et disposées d'une manière tout-à-fait irrégulière. Il leur succède des gousses allongées, planes, d'une couleur brune quand elles sont sèches, contenant huit à dix graines globuleuses. L'Arbre de Judée, ainsi que l'indique son nom, est originaire de la Judée, mais on le trouve également en Espagne, en Portugal, et jusque dans le midi de la France. Cet Arbre s'accommode de tous les terrains, même des plus maigres, et particulièrement de ceux qui abondent en craie. On le cultive dans les jardins d'agrément, soit en palissades pour cacher les murs d'enceinte, soit en massif dans les bosquets. Les fleurs qui ont une saveur piquante et agréable, sont quelquefois employées en assaisonnement sur la salade. On les fait aussi confire au vinaigre avant leur épanouissement.

GAINIER DU CANADA, *Cercis Canadensis*, L., Sp. Cette espèce a le même port que la précédente dont elle diffère seulement par ses feuilles pointues, ses fleurs beaucoup plus petites et d'un rose plus pâle. Originaire de l'Amérique septentrionale, on la cultive comme la précédente, mais moins abondamment. Elle supporte les froids les plus rigoureux.

(A. R.)

GAIROUTES. BOT. PHAN. (Gouan.) Le *Lathyrus Cicer* dans certains cantons de la France méridionale. (B.)

GAISSENIA. BOT. PHAN. Au nombre des nouveaux genres que Rafinesque-Schmaltz a proposés, sans les caractériser, dans le Journal de botanique, 1808, vol. 2, pag. 166, se trouve le *Gaissenia*. Mais ce genre, formé avec le *Trollius Americanus* de Muhlenberg et Gaissenheimer, ne diffère aucunement du *Trollius* de Linné ; et en conséquence De Candolle (*Syst. Veget.* I, p. 313) l'a décrit comme espèce de ce dernier genre. *V.* TROLLIUS. (G..N.)

GAJANUS. BOT. PHAN. La Plante ainsi nommée, décrite et figurée par Rumph (*Amboin.* 1, p. 170, t. 65), est la même que l'*Inocarpus edulis*, L., Suppl. 259. (G..N.)

GAJATI. BOT. PHAN. (Adanson.) Syn. d'Æschynomène, L. *V.* ce mot. (B.)

* GAKENIA. BOT. PHAN. (Heister.) Syn. de *Cheiranthus tricuspidatus*, L., ou *Mathiola tricuspidata*, D.C. *V.* MATHIOLE. (D.)

GAL. OIS. Du latin *Gallus*. Syn. ancien de Coq. *V.* ce mot. (DR..Z.)

GAL. POIS. Pour Gall. *V.* ce mot.

GALA. BOT. PHAN. (Théophraste.) Syn. de *Laserpitium* suivant Adanson. (B.)

GALACTIE. *Galactia*. BOT. PHAN. Ce genre, de la famille des Légumineuses, et de la Diadelphie Décandrie, L., présente un calice accompagné de deux bractées à sa base, divisé en quatre parties ; la supérieure entière et plus large, l'inférieure plus allongée ; une corolle papilionacée dans laquelle l'étendard réfléchi ou beaucoup plus rarement dressé est entier au sommet ; des étamines diadelphes ; un ovaire stipité ou sessile, contenant plusieurs ovules, entouré à sa base d'un disque annulaire ; un stigmate obtus ou légèrement renflé en tête ; une gousse linéaire, comprimée, uniloculaire, polysperme, bivalve ; des graines sans périsperme, à hile elliptique et à radicule infléchie.

P. Browne a établi ce genre d'après une Plante de la Jamaïque. Michaux en a fait connaître deux autres de l'Amérique septentrionale, et enfin Humboldt et Bonpland en ont recueilli dans l'Amérique méridionale quatre nouvelles, dont Kunth en a décrit et figuré deux dans son bel ouvrage sur les Mimoses du nouveau continent (p. 196, t. 55 et 56). On doit encore y ajouter une espèce découverte par Commerson dans l'île de Bourbon. Leurs tiges sont herbacées ou ligneuses, couchées, dressées ou volubiles ; leurs feuilles alternes et composées de trois folioles, dont la terminale éloignée des deux autres ; les fleurs roses ou blanches, en grappes axillaires, solitaires ou géminées , sur lesquelles elles se groupent en faisceaux où quelques hermaphrodites sont mêlées à des mâles en plus grand nombre.

(A. D. J.)

* **GALACTIS** ou **GALAXIE**. MIN. Les anciens auteurs confondaient sous ce nom les Pierres météoriques et les Pyrites radiées : ils les croyaient des produits de la foudre. (AUD.)

GALACTITE. *Galactites.* BOT. PHAN. Genre de la famille des Synanthérées, Cinarocéphales de Jussieu, et de la Syngénésie frustranée, L., établi par Mœnch et adopté par De Candolle (Flore Française) et par H. Cassini. Il est ainsi caractérisé : calathide radiée dont le disque est composé de fleurs nombreuses, régulières, hermaphrodites, et les rayons de fleurs stériles, disposées sur un seul rang et très-développées; involucre turbiné, formé d'écailles imbriquées, scarieuses, ovales et surmontées d'un appendice étalé, spiniforme et cotonneux à sa base ; réceptacle légèrement plane, paléacé; akènes glabres, surmontés d'une aigrette formée de longs poils plumeux, réunis par la base en un anneau qui se détache facilement, disposés sur un seul rang et non sur deux ou trois, comme l'indique la description de Cassini. Cet auteur a d'ailleurs fait connaître une particularité que nous avons eu occasion de vérifier ; c'est que les étamines sont soudées non-seulement par les anthères, mais encore par les filets. Il est difficile cependant d'admettre qu'une circonstance aussi faible puisse avoir une telle influence sur le reste de l'organisation pour que d'autres Plantes dans lesquelles on retrouve cette particularité, tels que les *Carduus Marianus* et *Leucographus*, types des genres *Sylibum* et *Tyrimnus*, puissent être rapprochés par cette seule observation. Dans les caractères que nous venons d'énumérer, il en est certainement d'assez importans pour assurer l'établissement du genre *Galactites*. Ses fleurs extérieures,

longues et stériles, l'obliquité de la base de ses ovaires, niée, il est vrai, par Cassini, mais réelle d'après notre propre observation, le rapprochent du *Centaurea*, avec lequel Linné l'avait confondu; mais ses aigrettes plumeuses et un port particulier le rapprochent davantage du *Cirsium*, quoique sous ce dernier point de vue, il présente aussi de grands rapports avec le genre *Crocodilium* de Vaillant et de Jussieu, qui n'est qu'une division du *Centaurea* de Linné.

La GALACTITE COTONNEUSE, *Galactites tomentosa*, Mœnch, *Centaurea Galactites*, L., est une Plante haute de cinq décimètres au plus, dont la tige est couverte d'un coton blanc et épais ; ses feuilles longues, découpées en segmens multifides et spinescens, sont cotonneuses en dessous, vertes en dessus, et marquées de taches blanchâtres. Les fleurs sont ordinairement purpurines. Elle croît sur les côtes et dans les îles de la Méditerranée. On la rencontre abondamment en Provence, au cap Notre-Dame près d'Antibes. (G..N.)

GALACTITES. MIN. On croit généralement que la substance désignée sous ce nom par les anciens est une Argile smectique qui jouit de la propriété de blanchir l'eau dans laquelle on la délaie. Valérius pensait que la Galactite était une variété de Jaspe d'Italie blanc et très-légèrement veiné de rose. (AUD.)

* **GALACTON.** BOT. PHAN. C'est dans Pline, selon Daléchamp, la Plante aujourd'hui nommée *Glaux maritima. V.* GLAUCE. (B.)

GALAGO. MAM. Genre de Lémuriens, seconde famille de l'ordre des Quadrumanes. Cette famille est caractérisée par la différence quant au nombre, par la situation et même la forme des dents incisives aux deux mâchoires, par l'excès constant de longueur des membres postérieurs sur les antérieurs, l'allongement filiforme du second doigt des mains de derrière, et surtout par l'effilement en alène et le redressement de l'ongle de ce doigt. Dans cette famille, les Galagos se distinguent par la rondeur de leur tête, la brièveté de leur museau, la grandeur et le rapprochement des yeux bien dirigés en avant; par l'état rudimentaire des intermaxillaires non soudés sur la ligne médiane, d'où suit la séparation des incisives en deux groupes latéraux écartés l'un de l'autre par un vide, et placées en dedans des canines; par la proclivité et même l'horizontalité des incisives inférieures dont les moyennes très-petites rappellent la crénelure des dents analogues des Galéopithèques; par la grandeur des oreilles susceptibles de se contracter et de se fermer comme celles de plusieurs Chauve-Souris; par la rotation du radius sur le cubitus, et du péroné sur le tibia; par l'excès de longueur du tibia sur le fémur, excès qui va jusqu'au triple dans le tarse comparé au métatarse. Derrière les canines qui sont fortes et triangulaires viennent en haut deux fausses molaires à une seule pointe : les quatre molaires suivantes sont semblables entre elles. Leur couronne est hérissée de quatre tubercules mousses, deux au côté externe, deux sur l'interne; mais les deux molaires intermédiaires sont les plus grandes. En bas les canines sont grosses et crochues; derrière elle est une fausse molaire suivie de quatre molaires à couronne faite comme aux molaires supérieures; seulement en bas elles sont aussi larges que longues, tandis qu'en haut elles sont plus étendues transversalement. Le nez se termine par un petit mufle. De cette construction on peut conclure les mœurs et les habitudes de ces Quadrumanes. Leurs grands yeux et leurs grandes oreilles annoncent des Animaux nocturnes ou crépusculaires ; leurs dents molaires hérissées de pointes annoncent des Insectivores; l'excès de longueur des membres postérieurs sur les antérieurs, combiné avec l'existence de quatre mains, leur donne sur les Arbres, site naturel de ces Animaux, le même élan vertical ou ascendant que les Kanguroos et les Gerboises doivent à terre à la même cause mécanique. Il en résulte encore que sans quitter la place où ils se tiennent accroupis, mais en redressant les trois coudes du lévier fléchi que représente leur corps quand ils sont assis, et en étendant le bras, ils peuvent atteindre au vol des Insectes passant à une assez grande distance d'eux pour se croire hors de leur portée. On ne voit pas aussi clairement l'utilité de leur longue queue qui n'est pas prenante, et qui, bien qu'assez touffue, est loin de s'étaler comme chez les Ecureuils à qui elle sert de parachute. Geoffroy Saint-Hilaire, qui a établi ce genre dans son Tableau des Quadrumanes (Ann. du Mus. d'Hist. Nat. T. xix), le compose de quatre espèces dont une, décrite par Buffon sous le nom de Rat de Madagascar, nous semble par la petitesse relative de ses membres postérieurs, de ses oreilles et de ses yeux, et la grandeur relative de sa queue, être plutôt du genre des Makis, Animaux jusqu'ici exclusivement propres à cette île. Il nous semble que c'est avec raison qu'il en a séparé le Potto de Bosman, qui diffère des Galagos par son corps lourd et massif, et surtout par l'extrême lenteur de ses mouvemens, en quoi il contraste infiniment avec les Galagos vifs et agiles comme des Ecureuils. Cette lenteur l'a fait appeler *Luyaerd* par les Hollandais. Néanmoins, comme Cuvier (Règn. Anim.) a placé le Potto dans ce genre, nous croyons devoir en résumer ce qu'en a dit Bosman (quatorzième lettre de son Voyage en Guinée). — Après avoir donné une idée de sa lenteur en disant qu'il ne descend d'un Arbre qu'après l'avoir dépouillé de ses fruits et de ses feuilles (un pareil Animal ne doit guère être propre à attraper des Insectes au vol), il ajoute : « C'est un Animal si vilain et si hideux, que je ne crois pas qu'on pût trouver son pareil en aucun lieu du monde. Il est peint au naturel dans le portrait que j'en donne (or la figure montre.

le Potto marchant à terre dans l'attitude d'un Reptile); ses pates de devant ressemblent très-bien aux mains d'un Homme; sa tête est très-grosse à proportion de son corps; le poil du jeune est gris de Rat, et laisse voir une peau luisante et unie; mais quand ils sont adultes, le poil est roux et distribué en flocons comme de la laine.» Par cette description naïve de Bosman et par la figure qu'il en donne, par l'opposition surtout des mœurs du Potto avec celles que nous allons voir dans le seul Galago bien connu, nous ne doutons pas que cet Animal ne soit d'un autre genre, et même, très-probablement, d'un genre différent du Nycticèbe où l'a placé Geoffroy; qu'il ne soit enfin le type d'un genre nouveau. A tous ces motifs d'exclusion, nous ajouterons que les autres Nycticèbes sont de l'Inde ou de ses îles.

Récemment, en 1822 (Mam. lith., 2ᵉ douz.), Geoffroy de Saint-Hilaire a fait du Fennec de Bruce, Animal anonyme de Buffon, une espèce de Galago. On peut voir (op. cit. et aux mots FENNEC et MEGALOTIS de ce Dictionnaire), comment le savant professeur, frappé surtout des imputations, le plus souvent mal fondées, qui ont été faites à la véracité du voyageur anglais, motive la singulière transformation en Quadrumane, d'un Carnassier assez voisin du genre des Chiens. La figure donnée par Bruce n'a pourtant pas ce disparate choquant de formes hétéroclites auquel on reconnaît d'abord les Animaux symboliques ou imaginaires.

Adanson dit avoir vu au Sénégal trois espèces de Galago, y compris celle distinguée par le nom de ce fleuve. Si les deux autres espèces, dont l'une aurait la taille d'un Chat, et l'autre celle d'une Souris, diffèrent de la première espèce dont nous allons parler, et du Galago Demidoff, le genre Galago, après en avoir exclu, 1° le Fennec ou Megalotis, 2° le Rat de Madagascar, et 3° le Potto, serait encore formé de cinq espèces. Si cette différence n'existe pas, il n'y en aurait que trois, toutes de la Sénégambie.

Geoffroy (loc. cit.) a sous-divisé les Galagos d'après le nombre de leurs incisives supérieures.

1. Quatre incisives supérieures.

I. GALAGO A QUEUE TOUFFUE, Galago crassicaudatus, Geoffroy, Cuv., Règn. Anim. T. IV, pl. 1, f. 1. De la grandeur d'un Lapin; oreilles ovales aussi longues que les deux tiers de la tête; à pelage épais et soyeux, d'un gris roux. Patrie inconnue.

Geoffroy place ici le Galago de Madagascar, figuré par Buffon, Suppl., T. III, pl. 20, sous le nom de Rat de Madagascar, et qui nous paraît être un vrai Makis. V. ce mot.

2. Deux incisives supérieures.

II. GALAGO DE DEMIDOFF, Galago Demidoffii, Lemur minutus, Cuv., Tab. des Animaux; Fischer, Act. des nat. de Moscou, T. I, p. 24, fig. 1. A pelage roux brun, à museau noirâtre, à oreilles n'ayant que la moitié de la longueur de la tête, à queue plus longue que le corps et finissant en pinceau.

III. GALAGO DU SÉNÉGAL, Galago Senegalensis, Geoff. (loc. cit. et Mam. lithog., seconde douzaine, où se trouve une figure faite d'après nature vivante). Celle qui existait auparavant dans Audebert, in-f°, Makis, p. 24; Schreber, pl. 38, B, b, quoique faite d'après une peau bourrée, est cependant bien reconnaissable et caractérisée. Cette espèce que Geoffroy a fait connaître avec détail (loc. cit.) d'après les renseignemens fournis par Blanchot, gouverneur du Sénégal; Geoffroy de Villeneuve et Adanson, a dix molaires en haut et huit en bas; toutes hérissées de pointes; une seule incisive fort petite en haut de chaque côté; la conque de l'oreille presqu'aussi grande que la tête, susceptible de se fermer en se fronçant et se raccourcissant d'abord à la base, et en rabattant toute la partie supérieure du pavillon. Les membres postérieurs sont plus longs que le corps

et la tête pris ensemble ; la queue a
le poil susceptible de s'étaler comme
chez les Écureuils. Le pelage touffu ,
très-doux , s'étend jusque sous le
tarse ; il est blanc jaunâtre sous le
corps, et gris fauve en dessus ; la
tête est entièrement grise. Cet Animal a tout à la fois les habitudes
et les allures des Singes et des Ecureuils. Il est toujours perché sur les
Arbres, où il se choisit un domicile dans des trous pour faire ses petits. Ses oreilles très-mobiles lui donnent une physionomie fine et spiri-
tuelle à laquelle répondent bien la vivacité et la grâce de ses mouvemens.
Son ouïe est très-délicate ; quand il
dort, quoique le pavillon de l'oreille
en ferme l'orifice pour isoler cet organe des sons comme les paupières isolent l'œil de la lumière , le moindre
bourdonnement d'un Insecte passant
à sa portée suffit pour le réveiller.
Aussitôt ses oreilles déployées deviennent les auxiliaires de ses yeux pour
diriger sa chasse. Les Maures appellent cette espèce l'*Animal de la
gomme.* Il est effectivement très-
commun dans les forêts de Gommiers
qui bordent le Sarah , sous lesquelles
Adanson dit que vivent aussi deux
autres espèces , une plus grande et
l'autre plus petite. Ces deux espèces
ont été indiquées dans le courant
de cet article. Il est probable que
le Galago se nourrit aussi de gomme ;
au moins s'est-on assuré qu'il en
mange volontiers en captivité.

         (A. D..NS.)

GALANCIER. BOT. PHAN. (Gouan.)
Syn. d'Eglantier. *V.* ROSIER. (B.)

GALANDE. BOT. PHAN. Variété
d'Amandier.   (B.)

GALANE. BOT. PHAN. L'un des
noms vulgaires du genre Chélone.
V. ce mot.   (A. R.)

GALANGA, POIS. L'un des noms
de pays du *Lophius piscatorius. V.*
LOPHIE.   (B.)

GALANGA. BOT. PHAN. Deux
Plantes de la famille des Amomées
portent spécialement ce nom ; l'une

est le *Kœmpferia Galanga,* l'autre le
Maranta ou *Alpinia ,Galanga. V.*
KŒMPFÉRIE et MARANTA.

Dans le commerce , on distingue
aussi deux espèces de Galanga. Ce
sont les racines du *Maranta Galanga*
prises à deux époques. Elles sont extrêmement piquantes et aromatiques.
On les emploie comme assaisonnement ou comme un médicament puissamment excitant.   (A. R.)

* GALANG-LANT. BOT. PHAN.
Syn. malais de *Sesuvium Portulacas-
trum. V.* SÉSUVIER. (B.)

GALANT. BOT. PHAN. Nom vulgaire de deux espèces de Cestreaux,
dont l'un, *Cestrum diurnum,* est appelé Galant de jour, et l'autre, *Cestrum
nocturnum ,* Galant de nuit. (B.)

GALANT D'HIVER ou GALANT
DE NEIGE. BOT. PHAN. Noms vulgaires du Galanthe. *V.* ce mot. (B.)

GALANTHE. *Galanthus.* BOT. PHAN.
Genre de la famille des Narcissées et
de l'Hexandrie Monogynie, L., caractérisé par un ovaire infère, un calice
à six divisions profondes , dont trois
extérieures étalées, trois intérieures un
peu plus courtes , dressées, glanduleuses, souvent échancrées en cœur à
leur sommet ; six étamines dressées ,
à filets courts , à anthères allongées ,
lancéolées , terminées en pointe à
leur sommet , à deux loges introrses.
L'ovaire est à trois loges contenant
chacune plusieurs ovules redressés,
attachés sur deux rangs à l'angle interne. Le style est plus long que les
étamines, terminé par un stigmate
simple, tronqué, excessivement petit.
Le fruit est une capsule ovoïde, à
trois côtes et à trois sillons, à trois
loges polyspermes, s'ouvrant en trois
valves par le milieu des loges. Les
graines sont ovoïdes , terminées supérieurement par un appendice allongé en forme de corne. Elles renferment un embryon extrêmement petit,
placé à la partie inférieure d'un endosperme charnu.

Ce genre se compose d'une seule
espèce, *Galanthus nivalis ,* L., Jacq.,

Fl. Austr., t. 313. Elle est connue sous les noms de Perce-Neige, de Galant d'hiver. En effet, ses fleurs s'épanouissent, en général, au milieu de l'hiver, et quand la terre est encore couverte de neige. Son bulbe est ovoïde-allongé, formé de tuniques. Les feuilles qui en naissent sont au nombre de deux, réunies à leur base dans une gaîne tronquée à son sommet. Ces feuilles sont dressées, allongées, linéaires, obtuses. La hampe, d'environ six pouces de hauteur, est légèrement comprimée, terminée à son sommet par une spathe linéaire qui contient une seule fleur recourbée quand elle est épanouie. Le Perce-Neige croît naturellement dans les lieux montagneux, en Auvergne, en Suisse, près de Versailles, etc. On le cultive assez souvent dans les jardins.   (A. R.)

GALANTINE. BOT. PHAN. Pour Galanthe. *V.* ce mot.   (B.)

GALARDIE. *Galardia.* BOT. PHAN. Dans les Mémoires de l'Académie des Sciences pour 1786, Fougeroux de Bondaroy établit un genre de la famille des Synanthérées et de la Syngénésie frustranée, L., auquel il donna le nom de *Gaillardia*, le dédiant à Gaillard de Charentonneau, magistrat et amateur de botanique. Lamarck a modifié et remplacé ce nom par celui de *Galardia*, que Jussieu, Willdenow, Persoon et presque tous les auteurs contemporains ont adopté. C'est pourquoi nous ne croyons pas qu'il soit dans l'intérêt de la science de rétablir la dénomination dans sa pureté primitive, d'autant plus que sa dédicace en a été faite à un personnage fort estimable sans doute comme magistrat, mais un peu obscur sous le rapport des sciences. Ce genre a été placé par H. Cassini dans la tribu des Hélianthées, section des Hélénides, près du *Tithonia*. Il offre les caractères suivans : calathide radiée, dont le disque est formé de fleurs nombreuses, régulières et hermaphrodites, et les rayons de fleurs en languettes, très-larges,

trifides et stériles ; involucre composé d'écailles peu nombreuses, imbriquées, coriaces et surmontées d'un long appendice foliacé et étalé ; réceptacle légèrement convexe et muni de paillettes (fimbrilles, Cass.) ; akènes couverts de longs poils dressés et appliqués, surmontés d'une aigrette longue, formée de six à huit poils paléiformes dans leur partie inférieure, filiformes et ciliés supérieurement ; dans chacune des fleurs de la circonférence, on trouve un ovaire avorté et pourvu d'une aigrette semblable à celle des fleurs fertiles. A l'espèce qui a servi de type au genre *Galardia*, les auteurs en ont ajouté quelques autres, mais qui appartiennent à des genres différens. Ainsi la *Galardia fimbriata*, Mich., forme le genre *Leptopoda* de Nuttall ; la *Galardia acaulis* de Pursh rentre dans le genre *Actinella*, selon Nuttall ; mais on doit observer que les autres *Actinella* étant des Plantes de l'Amérique méridionale, l'espèce de l'Amérique du nord n'appartient probablement pas au même genre ; la *Galardia amara* de Rafinesque doit être placée parmi les *Anthemis* ou les *Helenium*. La Plante décrite par Fougeroux sous le nom de *Gaillardia pulchella*, fut nommée ensuite *Galardia bicolor* par Lamarck (Encycl. Méth.), *Calonnea pulcherrima* par Buchoz, et *Virgilia helioides* par l'Héritier. Il est peut-être inutile d'ajouter que ces deux nouveaux noms génériques, le premier surtout, ont été rejetés. Un genre de Légumineuses rappelle d'ailleurs aux agronomes et aux botanistes le chantre harmonieux des Géorgiques. Mais, selon le professeur Desfontaines et Cassini, ce n'est plus la *Galardia pulchella* que l'on cultive au Jardin des Plantes. Cette belle espèce, originaire de la Louisiane, a disparu peu à peu par l'effet de l'altération des graines, et elle a fait place à une autre Plante spécifiquement différente, quoiqu'on l'ait rapportée à la *Galardia bicolor*, Lamk., dans le *Botanical Magazine.*

La GALARDIE RUSTIQUE, *Galardia*

rustica, Cass., produit plusieurs tiges herbacées, hautes de trois à quatre décimètres, dressées et pourvues à leur partie supérieure de feuilles odorantes, épaisses, glauques, hérissées de poils épars, un peu roides et articulés. Quelques-unes des feuilles inférieures sont presque pinnatifides ou découpées latéralement en lobes inégaux. Les calathides sont solitaires au sommet des tiges et de leurs rameaux; le disque en est violet ou rougeâtre, tandis que les rayons sont entièrement jaunes en dessus ou nuancés de rouge à la base. La *Galardia aristata* de Pursh semble, d'après la description, distincte de l'espèce précédente, et la *Galardia lanceolata*, Mich., a été réunie par Willdenow et Persoon à la Plante décrite par Fougeroux. (G..N.)

* **GALARDIÉES**. *Galardiæ*. BOT. PHAN. Nom d'une tribu proposée par Nuttal (*Genera of North American Plants*) dans la famille des Synanthérées, et composée des genres *Helenium*, *Leptopoda*, *Actinella*, *Galardia* et *Balduina*. Les Héléniées, section de la tribu formée antérieurement par Cassini, renferment le groupe des Galardiées. *V.* HÉLÉNIÉES et SYNANTHÉRÉES. (G..N.)

* **GALARHOEUS**. BOT. PHAN. Haworth, dans son Traité des Plantes grasses, a distribué les nombreuses espèces d'Euphorbes en plusieurs genres d'après leur mode d'inflorescence, le nombre, la forme et la nature des parties qui composent l'involucre, appelé par lui calice. Celles où les divisions extérieures et glanduleuses de cet involucre sont entières, où les fleurs sont en ombelles terminales, forment son genre *Galarhœus*. Ce nom, qui signifie, d'après son étymologie, une Plante d'où le lait découle, est assez mal choisi, car il eût dû s'appliquer aux espèces d'Euphorbes où le suc laiteux est le plus abondant, c'est-à-dire celles dont la tige charnue et épaisse rappelle celle des Cierges, et non à des espèces rameuses, où il se trouve aussi, il est vrai, mais en beaucoup moindre proportion. D'ailleurs les caractères généri-

ques choisis par Haworth ne nous paraissent nullement établir des coupes naturelles, ni par conséquent devoir être adoptées. (A. D. J.)

* **GALARIN**. BOT. PHAN. L'un des noms vulgaires du *Trapa natans*. *V.* MACRE. (B.)

GALARIPS. BOT. PHAN. (Allioni.) Syn. d'Allamande. *V.* ce mot. (B.)

* **GALATÉADÉES** ou **GALATHÉADÉES**. *Galateadæ*. CRUST. Famille établie par Leach dans l'ordre des Décapodes et dans la famille des Macroures. Elle correspond à la tribu des Anomaux de Latreille (Règn. Anim. de Cuv.), et peut être caractérisée de la manière suivante : première paire de pates plus grande et didactyle, les deuxième, troisième et quatrième paires simples, la cinquième petite et didactyle; queue formée de plus d'une pièce; les antennes inférieures longues, sans écailles à leur base. Leach a nombré d'une manière différente les appendices du corps. Ainsi, il donne le nom de première, deuxième et troisième paires de pates aux trois paires de pieds-mâchoires, et ce que nous appelons troisième paire de pates ou les serres devient pour lui la quatrième. A part cette différence que nous avons fait disparaître dans les caractères ci-dessus, les observations de Leach sont très-exactes. La huitième paire de pates, par exemple, ou la cinquième, suivant nous, est petite et très-certainement didactyle; en effet, le dernier article figure une paire de pinces dont les branches seraient très-courtes et arrondies à leur extrémité. Ces détails ne peuvent être vus que lorsqu'on a eu soin d'enlever les poils qui les masquent. Leach divise cette famille en deux races ou sections.

† Test de forme triangulaire-ovale, allongé antérieurement; troisième paire de pieds-mâchoires non dilatée. Genres : ÆGLÉE, GRIMOTÉE, GALATÉE, MUNIDÉE.

†† Test arrondi, légèrement convexe, non allongé antérieurement; troisième paire de pieds-mâchoires

dilatée intérieurement au moins à leur premier article.

Genres : Pisidie, Porcellane.

V. ces différens mots. (AUD.)

GALATÉE ou GALATHÉE.

Galatea. crust. Genre de l'ordre des Décapodes, établi par Fabricius, et rangé par Latreille (Règn. Anim. de Cuv.) dans la famille des Macroures, tribu des Anomaux, avec ces caractères : les deux pieds postérieurs beaucoup plus petits que les autres, filiformes, repliés ; queue terminée par des feuillets natatoires, connivens, étendue ou simplement courbée à son extrémité ; antennes latérales, longues, sétacées, sans écaille à leur base ; les mitoyennes saillantes ; pieds-mâchoires extérieurs non dilatés à leur base ; test ovoïde ou oblong (rugueux) ; yeux gros, situés, un de chaque côté, à la base de la saillie, en forme de bec ou de pointe, de son extrémité antérieure ; les deux pieds antérieurs beaucoup plus grands que les autres, en forme de serres allongées. Ces caractères très-détaillés suffiraient presque pour faire connaître l'organisation extérieure des Crustacés propres à ce genre. On peut cependant en découvrir plusieurs autres très-importans, en passant en revue les diverses parties de leur corps. Leur test est ellipsoïde, déprimé et divisé par des incisions transversales, ondulées dans quelques points, et toujours ciliées ; il est tronqué en arrière pour s'articuler avec l'abdomen, et il se termine antérieurement par un rostre aigu au sommet, et très-épineux sur les côtés. Les yeux sont très-saillans ; les antennes s'insèrent en arrière et en dehors d'eux ; elles sont composées de trois articles égaux, supportant un long filet. Les antennes intermédiaires sont courtes, mais saillantes et portées sur un fort pédicule. Les mandibules n'ont point de dents. La première paire de pates ou les serres sont très-longues, déprimées, garnies d'écailles imbriquées, très-visibles à leur face infé-

rieure et beaucoup moins apparentes à la face supérieure, où elles dégénèrent quelquefois en tubercules semi-circulaires. La seconde, la troisième et la quatrième paires de pates sont de beaucoup plus courtes que la première et presque d'égale longueur ; elles se terminent en un onglet aigu et denté à son bord inférieur ; la cinquième paire de pates ne ressemble en rien aux précédentes ; elle est très-grêle, repliée sur elle-même, et ciliée à son extrémité qui est bifide, et représente une sorte de petite pince. Ce caractère n'a pas échappé au docteur Leach, et nous avons eu souvent occasion de le vérifier. L'abdomen des Galatées est convexe en dessus et formé par cinq segmens qui offrent, de même que la carapace, des sillons transversaux garnis de poils. Il se termine par une queue composée de plusieurs plaques. Ce genre a beaucoup d'analogie avec les Ecrevisses ; mais il ressemble davantage aux Porcellanes dont il diffère cependant par une queue étendue ou ne se repliant pas tout entière en dessous, par un tronc presque ovoïde ou oblong, par des antennes intermédiaires, saillantes, enfin par la longueur de la première paire de pates. Les mœurs de ces Crustacés sont peu connues. Risso (Hist. nat. des Crust. de Nice, p. 69) dit que leur natation est vive et qu'ils restent en repos pendant le jour, tandis que la nuit ils se mettent en campagne. Lorsqu'on les prend, ils agitent vivement leur abdomen et frappent leur queue contre leur poitrine. Bosc qui a souvent eu occasion de prendre des Galatées à différens âges, pense que leur accroissement ne se fait pas, comme celui des autres Crustacés, par le renouvellement complet de leur enveloppe, mais par la dislocation générale de toutes leurs articulations ou écailles et par la production rapide de lames intermédiaires qui se soudent aux anciennes. Tout en reconnaissant que l'expérience peut seule prononcer sur une telle opinion, il nous paraît bien certain que l'accroissement de l'enveloppe externe des Galatées doit, à cause de sa composition fort singulière, présenter des particularités remarquables qui ne se voient pas ailleurs. Ce genre comprend plusieurs espèces, parmi lesquelles nous citerons :

La GALATÉE RUGUEUSE, *G. rugosa*, Fabr., ou le *Lion* de Rondelet (Hist. des Pois., p. 390), figurée par Leach (*Malac. Podoph. Brit.*, tab. 29). Elle se trouve sur nos côtes de la Manche et de la Méditerranée.

La GALATÉE PORTE-ÉCAILLES, *G. squammifera* de Leach qui en donne une bonne figure (*loc. cit.*, pl. 28, A). Elle est peut-être la même que la *G. glabra* de Risso, et a été représentée par Aldrovande (*de Crust.*, lib. 2, p. 123). Leach (Encycl. Brit.) avait établi, sous le nom de *G. Fabricii*, une espèce qu'il a depuis reconnu être un jeune individu de la Galatée porte-écailles.

La GALATÉE PORTE-ÉPINES, *G. spinifera*, Leach (*Malac. Podoph. Brit.*, tab. 28, B), ou la Galatée rayée de Latreille. Les auteurs l'ont confondue avec le *Cancer strigosus* de Linné ; elle se trouve abondamment dans la Méditerranée et dans les mers d'Europe. Elle est d'un beau bleu d'azur extrêmement vif.

Risso a décrit sous le nom de GALATÉE ANTIQUE, *G. antiqua*, un Crustacé fossile qu'il a trouvé aux environs de Nice, dans un Calcaire argileux.   (AUD.)

GALATÉE. *Galatea*. BOT. PHAN. Sous-genre de la famille des Synanthérées, Corymbifères de Jussieu, et de la Syngénésie frustranée, L., établi par H. Cassini (Bulletin de la Soc. Philom., novembre 1818) dans le genre Aster, et caractérisé par les fleurs neutres de la circonférence et par l'involucre composé de folioles coriaces sans appendices, appliquées et vraiment imbriquées. L'auteur de ce sous-genre en a décrit avec beaucoup de détails six espèces cultivées au Jardin des Plantes de Paris, savoir : 1. *Galatea parviflora* ou *Aster dracunculoïdes*, Lamk. ; 2. *G. canescens*

ou *A. canus*, Willd. ; 3. *c. punctata* ou *A. punctatus*, Willd. ; 4. *G. intermedia* ou *A. acris*, Hort. Reg. Par. ; 5. *G. rigida* ou *A. trinervis*, Hort. rar. ; 6. et *G. albiflora* ou *A. linifolius*, Willd. Puisque ces Plantes ne constituent pas, même aux yeux de l'auteur, un genre distinct, il était fort inutile de surcharger la nomenclature d'une nouvelle dénomination pour chacune d'elles. (G..N.)

GALATHÉE. *Galathœa*. MOLL. Genre indiqué par Bruguière dans la planche 250 de l'Encyclopédie, adopté et caractérisé par Lamarck sous le même nom. Roissy, dans le Buffon de Sonnini (T. VI des Mollusques, p. 524), proposa de remplacer le nom de Galathée, qui a déjà été donné à un genre de Crustacés, par celui d'Egérie qu'il propose, voulant par ce moyen éviter les désagrémens d'une nomenclature embarrassée par des noms semblables. Cependant cette dénomination prévalut, et fut consacrée à un genre voisin des Cyrènes, que Cuvier ne sépara pas des Cyclades, et que l'on peut caractériser de la manière suivante : coquille équivalve, subtrigone, recouverte d'un épiderme verdâtre ; dents cardinales sillonnées ; deux sur la valve droite, conniventes à leur base ; trois sur l'autre valve, l'intermédiaire avancée séparée ; dents latérales écartées ; ligament extérieur, court, saillant, bombé ; nymphes proéminentes. On voit par ces caractères que les Galathées diffèrent réellement fort peu des Cyrènes. Voici les principales différences : les dents cardinales sont sillonnées tandis qu'elles sont lisses dans les Cyrènes ; il y en a deux sur une valve et trois sur l'autre ; ce qui se voit aussi dans plusieurs Cyrènes. Enfin les dents sont disposées un peu différemment ; celle du milieu de la valve gauche étant plus séparée et plus avancée. Nous croyons que ces caractères distinctifs ne sont pas suffisans, surtout lorsque la connaissance de l'Animal n'y ajoute pas quelque valeur ; cependant, du moins si l'on s'en rapporte à la figure de l'Encyclopédie, l'Animal était pourvu de syphons saillans, qui ont laissé leur impression par l'échancrure de l'insertion du manteau. Les Cyclades, au reste, sans présenter cette impression, sont pourtant pourvus de syphons, et les Cyrènes les ont probablement aussi. Férussac, malgré ces motifs, a admis les Galathées comme genre, dans sa famille des Cyclades, s'écartant en cela de l'opinion de Cuvier et de celle de Blainville. La Galathée est une Coquille très-rare, fluviatile, épaisse, subtrigone, à crochets saillans, à ligament très-bombé et très-fort. On n'en connaît qu'une seule espèce, qui vient des rivières de l'Inde et de l'île de Ceylan. On la nomme :

GALATHÉE A RAYONS, *Galathea radiata*, Lamk., Ann. du Mus. T. v, p. 430, pl. 28 ; *ibid.*, Anim. sans vert. T. v, p. 555 ; *Egeria radiata*, Félix Roissy, Buffon de Sonnini, T. vi des Moll., p. 527 ; *Venus paradoxa*, Born. Mus., Cœs., Vind., p. 66, tab. 4, fig. 12, 13 ; *Venus subviridis*, Gmel., p. 3280 ; Encyclopédie, pl. 250, fig. 1, *an Galathœa*, variété ; Lister, Conchyl., tab. 158, fig. 13. Cette belle et rare Coquille épidermifère est remarquable par son épaisseur, par sa tache violette intérieure sur un fond blanc, et surtout par ses rayons au nombre de deux à quatre, d'un beau violet sur un fond blanc de lait, qui se voient à l'extérieur lorsque l'on a enlevé l'épiderme. La figure citée de Lister est difficile à juger. Serait-ce une variété ou une espèce distincte? c'est ce qu'il est fort difficile de décider, d'après la figure qui ne paraît pas exacte. Au reste, les différences seraient principalement dans la forme des crochets, et peut-être dans celle de la lunule, qui serait plus grande dans celle de Lister. (D..H.)

GALATHÉE. CRUST. *V.* GALATÉE.

GALATION. BOT. PHAN. (Dioscoride.) Syn. de Gaillet. *V.* ce mot. (B.)

GALAX. BOT. PHAN. Linné établit sous ce nom un genre auquel il donna pour synonymes le *Belvedera* de Clayton, et le *Viticella* de Mitchel. Palisot-Beauvois et Richard (*in Mich. Flor. Boreal. Amer.* 2, p. 54) constituèrent le même genre sous deux noms différens, et Ventenat (Jardin de Malmaison, p. 69) adopta celui de *Solenandria*, proposé par Palisot-Beauvois. Ces botanistes ont rejeté l'ancienne dénomination, parce que Linné ayant indiqué comme congénères deux Plantes dont les descriptions sont essentiellement différentes, il leur a paru convenable de fixer les caractères de celui qui est suffisamment connu, en attendant que l'on sache bien positivement ce que c'est que le *Galax*, L., ou le *Viticella* de Mitchel. Cependant Nuttall (*Genera of North. Amer. Plants*, 1, p. 145) admet le nom proposé par Linné, et cite simplement comme synonymes, ceux d'*Erythrorhiza* et de *Solanandra* ou *Solenandria*. *V.* ces mots. (G..N.)

GALAXAURE. *Galaxaura.* POLYP. Genre de l'ordre des Corallinées, dans la division des Polypiers flexibles ou non entièrement pierreux, à substance calcaire mêlée avec la substance animale ou le recouvrant, apparente dans tous les états. Ses caractères sont : Polypier phytoïde, dichotome, articulé, quelquefois subarticulé ; cellules toujours invisibles. Les Galaxaures ont été classées parmi les Corallines par Solander dans Ellis ; tous les auteurs qui se sont occupés de Polypiers ont adopté cette classification, à l'exception de Gmelin et d'Esper, qui en ont placé quelques espèces avec les Tubulaires. Lamarck les réunit aux Liagores, sous le nom de Dichotomaires, quoiqu'il reconnaisse les différences qui existent entre ces deux groupes, car les Liagores ne sont point dichotomes. Blainville rapporte les opinions des auteurs sur ces productions singulières sans se prononcer pour aucune. Ces Polypiers se rapprochent presque autant de certains genres des Tubulariées que des Corallinées : comme les premières, ils ont une tige et des rameaux fistuleux, de forme cylindrique, souvent mar-

qués d'anneaux circulaires et parallèles ; comme les dernières, ils sont articulés, ramifiés régulièrement, d'une
substance membrano-fibreuse, encroû-
tée de matière calcaire, faisant effervescence avec les Acides. Il est vrai que
ces Polypiers n'offrent point la rigidité
qui semble particulière aux Corallinées ; ils se rapprochent des Liagores
(Tubulariées) par leur flaccidité, leur
substance et la position des Polypes.
Les Animalcules sont placés aux extrémités des ramifications, qui souvent
paraissent fermées par le desséchement
du corps de l'Animal formé d'une
matière non crétacée, plus cornée,
plus gélatineuse que le reste du Polypier ; quelquefois la substance est la
même sur toute la surface de l'objet ;
d'autres fois les ramifications sont ouvertes à leurs extrémités. D'après ces
faits, nous croyons que les Polypes des
Galaxaures, comme ceux des genres
précédens, ne peuvent être placés
qu'aux sommets des rameaux. Ces Polypes ne doivent jouir que très-peu de
la faculté rétractile que possèdent à un
plus haut degré ceux des Sertulariées,
des Flustrées, etc. ; l'Animalcule,
comme dans les Tubulaires marines,
ne peut que se contracter et non rentrer
en entier dans une cellule, sans doute
parce que le tube qui le renferme fait
peut-être partie du corps, et ne sert
pas uniquement de demeure au Polype
comme dans les Tubulaires d'eau douce. Nous ne serions pas étonnés qu'il
en fût de même dans les Udotées et les
Hamilèdes. La forme générale des Galaxaures varie peu, presque toutes sont
dichotomes, et d'une grande régularité dans leurs divisions. Il en est de fortement contractées comme articulées,
et d'autres dans lesquelles les articulations sont à peine sensibles. Presque
toutes offrent des anneaux très-rapprochés les uns des autres, mais ces dernières les ont plus marqués que les premières ; il semble que la nature veut
remplacer par ce moyen les articulations qui leur manquent. La couleur
des espèces que l'on possède dans les
collections offre diverses teintes de
rouge violet, de vert, de jaune ou de

blanc, quelquefois nuancées de la manière la plus agréable ; nous croyons
que dans le sein des mers, et lorsque
les Polypes sont en vie, les Galaxaures, de même que les Nésées et les Acé-
tabulaires, sont d'un vert herbacé plus
ou moins brillant, tirant un peu sur le
violet. La grandeur de ces Polypiers
n'est pas considérable, et dépasse rarement un décimètre ; il y en a qui ont à
peine trois centimètres de hauteur.
C'est par ceux-ci que nous avons terminé la description des espèces de ce genre qui se lie ainsi de la manière la plus
naturelle avec le suivant, intermédiaire entre les Corallines et les Galaxaures. Ces Polypiers semblent étrangers
aux zônes froides des deux hémisphères ; on commence à les trouver sur les
côtes du Portugal ; ils deviennent plus
nombreux en se rapprochant des régions équatoriales. Nous ignorons s'il
y en a dans la Méditerranée ; les voyageurs n'en ont pas encore rapporté ;
et comme ces Polypiers ne paraissent
nulle part très-communs, il serait
possible que cette mer en fût privée.
Nous avons divisé les Corallinées en
trois sous-ordres ; les Galaxaures
appartiennent au premier. Elles ne
sont d'aucun usage ; leur nombre est
assez considérable ; les plus remarquables sont : la Galaxaure ombellée,
par sa grandeur et sa forme ; la Galaxaure obtuse, regardée comme une
Tubulaire, ainsi que l'annelée, la
rugueuse et plusieurs autres ; la Galaxaure lapidescente, que l'on trouve
en Portugal et au cap de Bonne-Espérance ; enfin, la Janioïde, dont les rameaux filiformes ressemblent presque
au *Corallina rubens* de Linné. (LAM..X.)

* GALAXÉE. *Galaxea*. POLYP.
Genre établi par Ocken, dans ses Elé-
mens d'histoire naturelle, p. 72, aux
dépens des Madrépores de Linné. Il
renferme des espèces classées par les
naturalistes dans le genre *Cariophyl-
lea* de Lamarck. Ocken donne à son
genre les caractères suivans : tubes
simples, courts ; étoiles petites, séparées ou réunies par l'extrémité en un
cercle, mais détachées toutes d'une
manière distincte, et non complète-

ment enfermées dans un ciment. — Il le divise en quatre sections : la première à tubes uniques ; dans la deuxième, les tubes paraissent bourgeonner ou sont prolifères ; dans la troisième, ils offrent quelques ressemblances avec des clous ; enfin, dans le quatrième, les tubes semblent naître d'un seul point. Le genre *Galaxea*, éminemment artificiel, n'a été adopté par aucun naturaliste. (LAM..X.)

GALAXIE. *Galaxis.* POIS. Sous-genre d'Esoce. *V.* ce mot. (B.)

GALAXIE. *Galaxia.* BOT. PHAN. Genre de la famille des Iridées et de la Triandrie Monogynie, L., établi par Thunberg aux dépens des *Ixia* de Linné, et adopté par Lamarck et Jussieu, avec les caractères suivans : spathe univalve et uniflore ; périanthe tubuleux, dressé, filiforme à la base, et divisé supérieurement en six découpures égales, régulières et étalées ; les trois extérieures ont, d'après Thunberg, une petite fossette nectarifère à leur base ; trois étamines plus courtes que la corolle, et dont les filets sont connés ; ovaire inférieur, triquètre, portant un style filiforme plus long que les étamines, et trois stigmates multifides. Ce genre ne diffère réellement des *Ixia* que par la soudure des filets staminaux ; il se compose de sept espèces qui ont tout l'aspect de ces dernières Plantes, et sont, comme la plupart d'entre elles, originaires du cap de Bonne-Espérance. La *Galaxia ovata*, Thunb., peut être considérée comme le type du genre ; c'était l'*Ixia Galaxia* de Linné fils. Elle se trouve parfaitement figurée dans les Liliacées de Redouté, tab. 246. Le professeur De Candolle a aussi décrit et fait figurer dans le même ouvrage, tab. 41, la *Galaxia ixiæflora* et la *G. ramosa*, qui étaient des *Ixia* pour Salisbury, De la Roche, Gawler et Aiton. (G..N.)

GALBA. INS. On ne sait aujourd'hui quelle larve d'Insecte les anciens désignaient sous ce nom, et qu'ils disaient naître dans le bois de Chêne. (B.)

*** GALBA.** BOT. PHAN. (L.-C. Richard.) Syn. caraïbe de Calophylle. *V.* ce mot. (B.)

*** GALBANOPHORA.** BOT. PHAN. Necker formait sous ce nom, et aux dépens des *Bubon*, un genre dont le *Bubon Macedonicum* eût été l'espèce unique. Il n'a pas été adopté. (B.)

GALBANUM. BOT. PHAN. Substance gommo-résineuse qui découle des incisions faites au Bubon galbanifère, et qui se dessèche sur la tige de cette Plante. Le Galbanum est amer, odorant et très-inflammable ; il est soluble, partie dans l'eau, partie dans l'Alcohol ; son usage en médecine était autrefois très-étendu, mais l'expérience paraît avoir restreint considérablement ses propriétés. (DR..Z.)

GALBULA. OIS. (Brisson.) Syn. de Jacamar. *V.* ce mot et LORIOT. (DR..Z.)

GALBULE. *Galbulus.* BOT. PHAN. On a donné ce nom aux cônes des Pins et des Cyprès. *V.* FRUIT. (AUD.)

GALÉ. *Gale.* BOT. PHAN. Nom spécifique d'une espèce du genre *Myrica*, et que certains auteurs ont appliqué comme nom français au genre tout entier. *V.* MYRICA. (A. R.)

GALEA. MOLL. Klein (Méthod. Ostr., pag. 56) réunit sous cette dénomination toutes les Coquilles qui ont plus ou moins de ressemblance avec les casques que portaient les anciens. Dans ce genre, comme dans presque tous ceux de cet auteur, on trouve des Coquilles fort différentes des Tonnes, des Casques, des Cassidaires, des Pourpres, des Camellaires, etc., etc. (D..H.)

GALEA. ÉCHIN. Nom donné par Klein à un genre d'Oursins, dans son ouvrage sur les Echinodermes ; il n'a pas été adopté ; les espèces appartiennent au genre Ananchite de Lamarck. Quelques Oursins fossiles du genre Galérite de Lamarck, ont aussi été désignés, sous les noms de Galea et de Galéatule, par Luid et d'autres anciens oryctographes. (LAM..X.)

GALEDUPA. BOT. PHAN. Et non *Gadelupa*. Un Arbre de la famille des Légumineuses et croissant dans les Indes-Orientales avait ainsi été nommé par Lamarck (Dictionnaire Encyclopédique), parce qu'il lui semblait avoir été décrit et figuré sous ce nom par Rumph (*Amboin.*, 3, p. 59, t. 13). En adoptant ce genre, Jussieu (*Genera Plantar.*, p. 363) fit le premier remarquer que la Plante de Rumph était différente de celle que Rhéede (*Hort. Malab.*, 6, p. 5, t. 3) avait figurée et nommée *Pongam* ou *Minari*, et qui était bien certainement la Plante sur laquelle Lamarck avait institué le genre, et que Linné avait décrite comme un *Robinia*, et Willdenow comme un *Dalbergia*. Conduit par cette observation, Ventenat (Jardin de Malmaison, p. et tab. 28) changea le nom de *Galedupa* en celui de *Pongamia*, qui est resté au genre dont il s'agit. *V.* PONGAMIE.

(G..N.)

GALÉES. *Galeæ*. BOT. PHAN. Le professeur Kunth appelle ainsi la première section des Rubiacées, qui se compose des genres *Galium*, *Aspenula*, *Rubia*, etc. *V.* RUBIACÉES.

(A. R.)

GALEGA. BOT. PHAN. Vulgairement Lavanèse. Genre de la famille des Légumineuses et de la Diadelphie Décandrie, L., établi par Tournefort, adopté et étendu par Linné, Lamarck, Jussieu, et tous les botanistes modernes, avec les caractères suivans : calice tubuleux à cinq dents subulées et presque égales ; corolle papilionacée, dont l'étendard est ovale, cordiforme, relevé ou réfléchi ; les deux ailes oblongues, couchées sur la carène qui est comprimée sur les côtés, à pointe courte et montante ; dix étamines le plus souvent diadelphes ; légume oblong, droit, légèrement comprimé, polysperme, présentant des renflemens aux endroits où les graines sont placées, et marquées de stries fines et obliques sur chacune des valves ; graines réniformes. Per-

son a séparé des Galegas un grand nombre d'espèces qui ont les étamines monadelphes et les légumes comprimés et coriaces ; il en a constitué le genre *Tephrosia*, ne laissant parmi les vrais Galegas que les espèces à fruits toruleux, cylindracés, et à feuilles pinnées très-glabres. Ce genre avait déjà été indiqué par Necker, sous le nom de *Brissonia*, et par Mœnch, sous celui de *Reineria*. Dans un mémoire sur la famille des Légumineuses, Desvaux (Journ. de botanique, 1814, p. 78) a adopté le nom donné par Necker, comme le plus ancien, et en a décrit trois espèces nouvelles. *V.* TÉPHROSIE. En admettant la séparation de ces Plantes, le genre Galega, autrefois si nombreux en espèces, se trouverait réduit à un bien petit nombre, parmi lesquelles l'espèce dont nous allons donner une courte description, est la plus remarquable.

Le GALEGA COMMUN, *Galega officinalis*, L., vulgairement Rue de Chèvre, est une assez belle Plante, qui a le port de certains Astragales, et dont les tiges sont droites, herbacées, striées et rameuses. Ses feuilles sont imparipinnées, munies à la base de chaque pétiole commun d'une grande stipule hastée, composées de folioles nombreuses, glabres, obtuses ou un peu échancrées à leur sommet, avec une petite pointe dans l'échancrure. Les fleurs sont bleuâtres, purpurines, ou quelquefois entièrement blanches, disposées en longs épis pédonculés axillaires. Elles sont pédicellées et pendent sur le pédicelle à la manière des *Indigofera*, genre d'ailleurs très-voisin du Galega. Les légumes sont redressés, linéaires, pointus, grêles, glabres et finement striés. Cette Plante, qui croît naturellement dans les lieux humides et sur les bords des ruisseaux de l'Europe méridionale, a joui chez les anciens médecins d'une célébrité usurpée dans ce qu'ils appelaient fièvres malignes, maladies pestilentielles, etc. Elle a perdu aujourd'hui ses qualités alexitères, et on ne la remarque plus qu'à cause de son aspect agréable. Sous ce rapport, elle est très-propre à faire ornement dans les grands parterres, et on pourrait lui adjoindre le *Galega orientalis*, qui a les fleurs bleues, ainsi que le *G. Persica*, dans lequel les fleurs sont d'un beau jaune.

(G..N.)

GALEJOU. ois. Nom vulgaire du jeune Bihoreau. *V*. ce mot. (DR..Z.)

GALÈNE. MIN. Nom vulgaire et très-généralement employé, par lequel on désigne le Plomb sulfuré, laminaire, à cassure cuboïde. *V*. PLOMB. On nomme aussi :

GALÈNE ARGENTIFÈRE, une variété de Plomb sulfuré à grains fins, et que l'on suppose contenir plus d'Argent qu'aucune autre Galène.

GALÈNE DE FER, quelques variétés de Fer Oligiste, suivant les anciens naturalistes, qui appliquaient aussi ce nom au Schéelin ferrugineux.

GALÈNE PALMÉE, une variété de Plomb sulfuré qui contient de l'Antimoine sulfuré, et qui, de même que ce Métal, offre des espèces de palmes dans sa cassure. (AUD.)

GALENIE. *Galenia* ou *Galiena*. BOT. PHAN. Genre de la famille des Atriplicées et de l'Octandrie Digynie, L., qui se compose de deux espèces, ayant pour caractères communs : un calice persistant et à quatre divisions profondes ; huit étamines à peine saillantes au-dessus du calice ; un ovaire libre, à deux loges contenant chacune un seul ovule, deux styles, deux stigmates, et pour fruit une capsule à deux loges, contenant chacune une graine.

L'une de ces espèces, *Galenia Africana*, L., Lamk., Ill., t. 514, croît au cap de Bonne-Espérance. C'est un Arbuste rameux, portant des feuilles opposées, linéaires, extrêmement étroites, presque subulées, visqueuses et jaunâtres, et des fleurs excessivement petites, disposées en une panicule rameuse et terminale.

(A. R.)

GALÉOBDOLON. BOT. PHAN. Genre de la famille des Labiées et de la Didynamie Gymnospermie, L., établi par Dillen, et adopté par Hudson (*Fl. Angl.*), De Candolle (Flore Française), Smith et Persoon, avec les caractères suivans : calice nu pendant la maturation, campanulé, à cinq dents inégales et aiguës ; corolle grande, dépourvue de dents latérales, à deux lèvres, la supérieure voûtée, entière et non crénelée ; l'inférieure à trois divisions pointues. Quant aux autres caractères, ce genre ressemble parfaitement au *Galeopsis*, dont il est un démembrement. Jussieu ne l'admet pas ; mais il a été proposé par Roth (*German.* I, 254) sous le nom de *Pollichia*, transporté dans le genre *Lamium* par Crantz (*Austr.* 262), parmi les *Leonurus* par Scopoli (*Carniol.*, n° 705) ; et enfin parmi les *Cardiaca*, par Lamarck (Flore Française, 1re édition). Il ne se compose que d'une seule espèce (*Galeobdolon luteum*), Plante herbacée qui a le port des Galéopsides, et dont les fleurs sont jaunes. Elle croît dans les bois et les haies des pays montueux d'Europe. On en a distingué des variétés qui ont été considérées par quelques auteurs, comme des espèces distinctes, savoir : une variété à feuilles ovales et à fleurs solitaires ou géminées à chaque aisselle ; une autre à feuilles supérieures, lancéolées, et à fleurs verticillées ; et enfin, la troisième à feuilles panachées.

(G..N.)

GALÉODE. *Galeodes*. ARACHN. Genre de l'ordre des Trachéennes, établi par Olivier (Encycl. Méthod. T. VI, p. 578) aux dépens des *Phalangium* de Fabricius, et adopté par Latreille qui le place (Règn. Anim. de Cuv.) dans sa famille des Faux-Scorpions, et lui assigne pour caractères : corps oblong, annelé ; segment antérieur beaucoup plus grand, portant deux mandibules très-fortes, avancées, comprimées, terminées en pince dentelée, avec la branche inférieure mobile ; deux yeux lisses, dorsaux et rapprochés sur un tubercule commun ; deux grands palpes filiformes, sans crochet au bout ;

les premiers pieds également filiformes, mutiques et en forme de palpes; bouche composée de deux mâchoires, formées chacune par la réunion de la base d'un de ces palpes et d'un de ces pieds antérieurs, et d'une languette sternale subulée, située entre les mandibules; six autres pieds filiformes terminés chacun par deux espèces de longs doigts mobiles avec un petit crochet au bout; les deux pieds postérieurs plus grands avec une rangée de petites écailles pédicellées sous les hanches. On peut ajouter à ces caractères génériques une description plus détaillée de l'organisation extérieure des Galéodes. Ces Arachnides singulières ont un corps allongé et oblong, recouvert presque entièrement de poils longs, soyeux ou roides, de couleur brune ou bien jaunâtre, et divisé en trois parties assez distinctes: la tête, une sorte de thorax et l'abdomen. La tête qui semble comprendre les premiers anneaux du thorax, supporte les yeux, et donne insertion à deux fortes mandibules; chacune d'elles représente une véritable pince; la branche inférieure (*V.* Planches de ce Dict., fig. 6, *c*) est fort grêle, allongée, très-mobile, dentelée et terminée par une dent aiguë courbée en haut. Elle s'articule avec la branche supérieure; celle-ci (fig. 6, *b*) est beaucoup plus forte que l'inférieure; elle offre des dents plus nombreuses et présente à sa partie supérieure et antérieure un petit tubercule, sorte de crête cornée et arrondie, au-devant de laquelle ou remarque dans plusieurs individus un appendice (fig. 6, *a*), grêle, corné, flexueux, qui se dirige en haut et en arrière; l'usage de cette pièce singulière n'est pas connu: il est probable qu'elle caractérise l'un des sexes et qu'elle sert à quelque chose dans l'acte de la copulation. Les autres parties de la bouche sont les mâchoires, dans la composition desquelles entrent plusieurs parties; mais qui sont principalement formées par la base des palpes dont l'article radical est prolongé en pointe à son angle interne et supérieur, de manière à se dilater en avant pour former une petite languette bifide, terminée par deux appendices soyeux, et située entre les deux mandibules et à leur base. Les autres articles des palpes sont cylindroïdes, plus gros que ceux des pates, et le dernier est arrondi. La première paire de pates a beaucoup d'analogie avec les palpes; elle est terminée comme eux par un article simple qui ne ressemble en aucune manière à un tarse et qui est dépourvu de crochets; la deuxième, la troisième et la quatrième paires de pates présentent toutes des crochets; mais elles offrent une particularité remarquable quant au nombre des articles des tarses; la deuxième et la troisième n'en ont que quatre; mais la dernière paire qui est aussi plus longue que les autres en présente sept. Nous les avons comptées à plusieurs reprises sur l'individu dont nous donnons la figure; les deux dernières pates correspondent à la partie désignée plus particulièrement sous le nom de thorax; on ne distingue pas de sternum proprement dit; l'article basilaire des pates paraît en tenir lieu. Latreille a découvert un stigmate à droite et à gauche de la poitrine, près de la seconde paire de pates. En arrière des pates postérieures et au-dessous des hanches, on voit deux petits appendices dont on ignore l'usage, et qui rappellent les peignes des Scorpions: ils consistent en une rangée de petites écailles très-minces, translucides, de forme triangulaire, larges, pliées en deux, mobiles et fixées sur un pédicule; l'abdomen est mou, oblong, couvert de poils, et composé de huit anneaux assez distincts; il n'est terminé par aucun appendice.

Les Galéodes ont de l'analogie avec les Pinces ou *Chelifer* de Geoffroy, mais elles en diffèrent essentiellement par la forme et la composition des palpes, et par l'absence des crochets à la première paire de

pates. Elles s'en éloignent par les habitudes. Ce sont des Arachnides propres aux pays chauds et sablonneux
de l'ancien continent. On les trouve
en Asie, en Afrique, dans le midi de
l'Europe ; Dejean et Léon Dufour en
ont recueilli une espèce en Espagne ;
elles se rencontrent aussi, suivant
Pallas, dans la Russie méridionale ;
Humboldt en a même découvert
une très-petite espèce dans les contrées équatoriales de l'Amérique.
Les Galéodes, quoique répandues
dans une grande étendue de pays, et
très-communes, sont fort mal connues sous le rapport de leurs mœurs ;
seulement on sait qu'elles ne filent
point, qu'elles aiment l'obscurité,
qu'elles courent généralement très-
vite, et attrapent leur proie avec agilité ; elles ont la réputation d'être ve-
nimeuses, mais Olivier qui a eu occasion d'en voir beaucoup dans son
voyage en Perse, n'a jamais pu constater un fait authentique sur le danger de leur blessure. On n'est guère
plus instruit sur le nombre et la détermination rigoureuse des espèces.
Cependant on s'accorde généralement
à en admettre trois bien caractérisées.

La Galéode Aranéoïde ou Arach-
noïde, *Gal. Araneoides* d'Olivier, Encycl. Méthod. T. vi, p. 580 et pl.
541, fig. 6 et 7 ; *Solpuga Arach-
noides* d'Herbst, *Monogr. Solpug.*,
tab. 1, fig. 2, que nous avons fait représenter dans les planches de ce
Dictionnaire (1re livraison), mais dont
l'abdomen est d'un jaune beaucoup
trop clair. Il n'est pas certain qu'elle
soit la même espèce que le *Phalangium Araneoides* de Pallas (*Spicil.
Zool.*, fasc. 9, pag. 57, tab. 3, fig. 7,
8 et 9). On suppose que cette espèce
était connue du temps de Pline. Elle
est originaire du Levant, et se trouve
communément dans la Russie méridionale et au cap de Bonne-Espérance. L'individu que nous avons représenté offrait un crochet aux mandibules, caractère qui avait été refusé
par quelques auteurs à cette espèce,
et que l'on croyait propre à la suivante.

La Galéode sétifère, *G. setifera*
d'Olivier (*loc. cit.*), figurée par Herbst
(*loc. cit.*, tab. 2, fig. 1), est plus petite que l'espèce précédente, et les
mandibules sont munies d'un appendice soyeux. On la trouve au cap de
Bonne-Espérance.

La Galéode dorsale, *G. dorsalis*
de Latreille, et que Léon Dufour
(Annales générales des Sc. phys. de
Bruxelles, T. iv, p. 370, et pl. 69, fig.
7) a décrite et figurée sous le nom de
Galéode intrépide, a tout le corps
ainsi que les pates d'un blond ferrugineux plus obscur que l'abdomen.
Les mandibules sont munies vers leur
bord supérieur d'une petite pièce
membrano-cornée, mince, lancéolée,
articulée sur un point discoïdal autour duquel elle joue comme sur un
pivot. Cette pièce singulière est l'a-
nalogue de l'appendice dont il a été
déjà question. Le palpe offre une particularité remarquable : son dernier
article, qui est fort court et articulé
d'une manière serrée avec celui qui
le précède, recèle dans son extrémité un organe d'une nature assez
curieuse : le bout paraît fermé par
une membrane blanchâtre ; mais
lorsque l'Animal est irrité, cette
membrane, qui n'est qu'une valvule
repliée, s'ouvre pour donner passage
à un disque ou plutôt à une cupule
arrondie, d'un blanc nacré. Dufour,
auquel on doit cette observation curieuse, a vu cette cupule sortir et
rentrer au gré de l'Animal, comme
par un mouvement élastique. Elle
s'applique, dit-il, et paraît adhérer
à la surface des corps comme une
ventouse. Son contour, qui semble en être la lèvre, est marqué
de petites stries perpendiculaires,
et l'on voit par les contractions qu'il
exerce que sa texture est musculeuse.
Notre observateur se demande si cet
organe ne sert aux Galéodes que
pour s'accrocher et grimper, s'il est
destiné à saisir les petits Insectes dont
il se nourrit, s'il est le réceptacle ou
l'instrument d'inoculation de quelque
venin, ou bien enfin s'il appartient à
l'organe copulateur mâle. L'observa-

tion peut seule confirmer ces diverses suppositions, mais nous serions portés à admettre quelque usage analogue au dernier. C'est dans l'été de 1808 que Léon Dufour a rencontré la première fois cette Arachnide en Espagne, aux environs de Madrid; il l'a retrouvée ensuite sur les côteaux arides de Paterna, aux environs de Valence. Elle court avec agilité, et lorsqu'on veut la saisir, elle fait face à son ennemi, se redresse sur ses pates de derrière et semble le menacer de ses palpes. Lichtenstein a remplacé le nom de Galéode par celui de *Solpuga*; mais cette dénomination, admise par Fabricius, n'a pas été reçue. Le nom de Solpuge avait été employé par Pline pour désigner un Insecte venimeux qu'on a cru être une Fourmi. Les noms de Tétragnathe et de Lucifuge ont été aussi donnés aux Galéodes par d'anciens naturalistes.   (AUD.)

   * GALEOLA. ÉCHIN. Nom donné par Klein à un genre d'Oursins, dans son ouvrage sur les Echinodermes; il n'a pas été adopté; il diffère peu de celui que cet auteur a nommé *Galea*.
       (LAM..X.)

GALEOLA. BOT. PHAN. La Plante décrite par Loureiro, sous le nom de *Galeola nudiflora*, a été réunie par Swartz au genre Cranichis. *V.* ce mot.   (A. R.)

   * GALÉONYME. POIS. On soupçonne que le Poisson ainsi nommé par Galien, était le Cabillau. *V.* GADE.   (B.)

GALÉOPE ou GALÉOPSIDE. *Galeopsis.* BOT. PHAN. Genre de la famille des Labiées, et de la Didynamie Gymnospermie, L., établi par Linné, adopté par Jussieu, Lamarck et De Candolle, avec les caractères suivans : calice nu pendant la maturation, campanulé, à cinq dents épineuses; corolle dont le tube est court, la gorge renflée, à deux dents latérales; la lèvre supérieure du limbe, voûtée, un peu crénelée, l'inférieure à trois lobes inégaux; quatre étamines didynames, dont les anthères sont un peu hérissées en dedans et cachées sous la lèvre supérieure; ovaire quadrilobé, surmonté d'un seul style filiforme, bifide et à deux stigmates aigus. Ce genre est voisin du *Lamium*, et se compose d'un petit nombre d'espèces indigènes d'Europe; plusieurs d'entre elles ont été confondues avec les *Lamium*, et même avec les *Phlomis*. Dillen et Mœnch en ont séparé, sous le nom générique de *Tetrahit*, les *Galeopsis Tetrahit* et *G. Ladanum*, L.; mais cette coupe n'a été reçue par aucun auteur. Il n'en est pas de même du *Galeobdolon*, autre genre formé par Dillen aux dépens du *Galeopsis*. Indiqué sous d'autres noms, ou placé dans des genres différens par les auteurs d'ouvrages généraux, il était naturel de ne pas regarder le *Galeopsis Galeobdolon*, L., comme congénère des autres *Galeopsis*; aussi en a-t-il été de nouveau séparé par Hudson (*Fl. Angl.*, 258) et par De Candolle (*Fl. Française*). *V.* GALÉOBDOLON.

Parmi les espèces que l'on rencontre le plus communément dans les champs ou sur le bord des bois humides, nous ne ferons que citer les *Galeopsis Ladanum* et *G. Tetrahit*, L., Plantes herbacées, à fleurs rouges verticillées. La première est connue sous le nom vulgaire d'Ortie rouge. Toutes les deux, au rapport de Bosc, donnent par l'incinération tant de potasse, qu'on pourrait les cultiver utilement sous ce rapport.

Une espèce plus rare, et que l'on trouve particulièrement à Marcoussis près Montlhéry, est remarquable par ses fleurs jaunâtres et très-grandes, relativement à celles des autres Plantes du même genre. C'est le *Galeopsis ochroleuca*, Lamk., Plante dont la synonymie est singulièrement compliquée, les auteurs lui ayant appliqué au moins huit noms spécifiques différens.   (G..N.)

GALÉOPITHÉCIENS. MAM. Desmarest a formé sous ce nom une famille où le genre Galéopithèque est seul renfermé.   (B.)

GALÉOPITHÈQUE. *Galeopithe-*

cus. MAM. Genre de Mammifères constituant à lui seul la deuxième tribu de l'ordre des Cheiroptères dans le Règne Animal de Cuvier. La principale différence extérieure entre les Galéopithèques et les Chauve-Souris (*V.* ce mot), c'est que dans celles-ci il n'y a pas de repli de la peau entre les doigts des pieds de derrière qui sont proportionnés comme dans un Quadrupède onguiculé ordinaire, tandis qu'au contraire les doigts des pieds de derrière des Galéopithèques sont palmés comme ceux des pieds de devant. En outre, le repli de la membrane des ailes des Chauve-Souris ne commence qu'au-devant de l'épaule; celle des Galéopithèques borde au contraire le cou jusqu'à l'angle de la mâchoire. Enfin les doigts des pieds de devant des Galéopithèques ne sont guère plus grands que ceux des pieds de derrière, tandis que chez les Chauve-Souris les doigts des mains sont allongés au-delà de cinq à six fois la grandeur de ceux des pieds. Les Galéopithèques ainsi séparés des Chauve-Souris, sous le titre de famille dans l'ordre des Cheiroptères, présentent comme genre les caractères suivans : les quatre membres ont à peu près les mêmes dimensions; les proportions de longueur du bras et de l'avant-bras sont à peu près les mêmes que dans les Chauve-Souris : les membres postérieurs des Galéopithèques sont donc, à proportion, beaucoup plus grands que dans les Chauve-Souris. Les doigts des quatre pieds ont à peu près la même longueur proportionnelle que dans les Singes; le péroné est bien complet à la jambe; le radius n'est styliforme qu'à partir du milieu de l'avant-bras au quart inférieur duquel il se termine. Le sternum n'a point de quille saillante, la clavicule n'est point courte, courbée et épaisse, les fosses de l'omoplate ne sont point profondément excavées, enfin le bec coracoïde n'est point saillant et arqué comme dans les Chauve-Souris. Il en résulte que les muscles qui

prennent leur point d'appui sur tous ces os ont une bien moindre masse, et n'ont pas à beaucoup près la même puissance, ce qui n'est pas nécessaire puisque leur office n'est point d'élever et d'abaisser énergiquement par des alternatives contraires les ailes des flancs, mais seulement de les maintenir immobiles et tendues. Leur sternum est assez semblable à celui des Fourmiliers; l'arcade du pubis, aussi bien fermée que dans l'Homme et les Singes, contraste singulièrement avec le large écartement des deux pubis chez les Chauve-Souris. Il en résulte que les deux cavités cotyloïdes regardent en dehors, au lieu d'être tournées en arrière, direction qui, chez les Chauve-Souris, nécessite cette rétroversion des membres postérieurs que nous avons signalée le premier. Il en résulte que les membres postérieurs des Galéopithèques se meuvent comme chez les Quadrupèdes ordinaires. Le bord du bassin incliné d'environ trente degrés sur le sacrum en a deux fois la longueur. Il résulte de cette inclinaison du bassin et de cette brièveté du sacrum, que ces deux pièces n'ont d'autre articulation que la symphyse sacro-iliaque, tandis que chez les Chauve-Souris le bord supérieur du bassin étant parallèle au sacrum et prolongé en arrière aussi loin que l'ischion qui vient le toucher, ces deux os se soudent ensemble. Il résulte de cet évasement du bassin si largement ouvert en avant chez les Chauve-Souris, que leur fœtus peut naître bien plus tardivement, tandis que le bassin fermé des Galéopithèques nécessite une naissance plus précoce, pour que le volume du fœtus n'excède pas le calibre du détroit osseux qu'il doit traverser.

Une crête lamelleuse du pariétal, continue avec celle de l'orbite, borde en haut la fosse temporale dont elle agrandit et multiplie ainsi les surfaces d'insertion musculaires. L'orbite à rebords lamelleux saillans comme dans les Galagos, est interrompu entre le frontal et le jugal sur un arc d'environ 35 degrés. À la mâchoire inférieure, il y a six incisives dont les quatre intermédiaires proclives sont dentelées profondément sur leurs bords comme un peigne très-fin. Les deux moyennes ont huit dentelures, celles qui viennent après neuf, et les troisièmes cinq. Les deux incisives externes, moins inclinées que les antérieures, ont aussi des dentelures plus superficielles et moins nombreuses. Vient ensuite une dent semblable aux molaires par sa partie postérieure, mais offrant en avant une pointe triangulaire; elle a deux racines bien distinctes. Derrière cette dent vient une seconde sur laquelle la pointe principale est précédée d'une plus petite, et suivie de trois autres disposées en triangle. Quatre molaires viennent ensuite, dont la première est deux fois aussi longue que les autres. Les trois dernières semblables entre elles sont formées en dehors d'une forte pointe, et en dedans de deux paires de pointes plus petites, l'une derrière l'autre. En haut, il y a également six molaires dont les quatre dernières semblables entre elles ont extérieurement deux pointes triangulaires, et en dedans une seule pointe principale séparée des externes par deux petites très-minces et fort aiguës. Des deux mâchelières antérieures la première, fort allongée, triangulaire, est dentelée sur ses deux tranchans de trois crénelures; celle qui est derrière a deux pointes principales en série, et est très-épaisse à sa base. L'os intermaxillaire porte deux dents dont la postérieure ressemble à la première fausse molaire ou canine qui la suit. L'antérieure est dentelée sur son tranchant coupé obliquement en arrière. Ces dentelures deviennent de plus en plus fines, à partir de la première qui est la plus grosse et la plus longue. De ces deux dents la première s'use assez promptement, et toutes deux sont même caduques, et ne persistent pas long-temps chez les adultes.

L'odorat est de tous les sens celui qui paraît le plus développé. La fosse ethmoïdale est proportionnée comme dans les Roussettes, mais les cornets ethmoïdaux et nasaux y sont à proportion bien plus grands. La petitesse du trou sous-orbitaire indique un mufle très-peu sensible.—L'os de la cuisse effilé en avant est moyennement développé, mais beaucoup moins que dans les Chats.—La phalange onguéale très-comprimée représente une lame taillée en quart de cercle; celle des Felis lui ressemble, à l'aplatissement près. Aussi paraît-elle être habituellement redressée, ce qui conserve la pointe et le tranchant de l'ongle. A tous les pieds les trois doigts extérieurs, ainsi que leurs métacarpiens et métatarsiens, sont de même grandeur. L'index est un cinquième moins long que les trois autres doigts, mais l'ongle du pouce ne dépasse pas la tête de la première phalange des trois doigts extérieurs; tous les doigts sont un peu plus longs aux mains qu'aux pieds.—Il y a quinze vertèbres à la queue, treize côtes très-larges et aplaties au dos. — La membrane de la voile des Galéopithèques n'est pas nue comme chez les Chauve-Souris; elle est couverte sur les deux faces de poils fins et doux comme ceux de la Taupe. Cette voile, comme celle des Chauve-Souris, a, pour la tendre, un muscle particulier inséré au fond de l'aisselle, et longeant l'humérus jusqu'au coude où commence son tendon. Ce muscle n'existe pas dans les Polatouches.—Les femelles ont deux mamelles bien saillantes, situées sur l'intervalle de la deuxième à la troisième côte. La verge des mâles est bien détachée et pendante, ainsi que les testicules, comme dans les Singes. Enfin, la langue est ciliée à son bord comme celle des Didelphes. — Par leurs dents on peut juger que les Galéopithèques sont frugivores, et qu'ils peuvent manger aussi de la chair et des Insectes comme les Hérissons. Pallas en a figuré un fœtus de quatre pouces six lignes de longueur, et de trois pouces dix lignes d'envergure. La peau était absolument nue, et les testicules et la verge déjà bien prononcés.

Il est assez étonnant que le premier auteur qui ait bien décrit et figuré ces Animaux, avant Pallas qui le cite, n'ait pas été mentionné depuis par les naturalistes. Nous ne relèverions pas cette singularité s'il ne résultait de la description bien authentique de Bontius (*Hist. Nat. Indiar.*, chap. 16) la preuve qu'il existe sur la côte occidentale de l'Indostan des Galéopithèques dont on a jusqu'ici restreint la patrie à l'archipel Indien.

La description de Bontius est si précise, et le fait de statistique zoologique qu'elle détermine est si intéressant, que nous en donnerons ici l'extrait : une vaste membrane couverte d'un pelage laineux, quelquefois blanc et gris-cendré, étendue comme une voile depuis la tête jusqu'aux ongles des pieds de derrière, distingue des autres ces *Vespertilions*. Leur voile diffère aussi de celle des autres, parce qu'elle n'a point ces plis qui servent à la fermer et à l'étendre chez ceux-ci. L'Animal a presque trois pieds de long et autant d'envergure. La queue est complète dans la membrane qui circonscrit le corps. Cinq ongles unis, très-aigus et arqués, arment tous les pieds. La bouche est désarmée. Il termine en disant qu'il pourrait donner d'autres détails, mais il s'en abstient parce qu'il ne les tenait que des matelots.

Il dit que dans le Guzerat, province de l'empire du Mogol, on trouve des Vespertilions volant en troupe la nuit comme des Oies sauvages, ou se suspendant aux Arbres, et qui, quoique semblables pour la taille à un Chat, en diffèrent pour la forme ; que les Belges les nomment Singes-Volans ; que leur pelage est mélangé de blanc et de noir, et qu'ils se nourrissent surtout de fruits. Le seul observateur qui depuis les ait étudiés un peu attentivement dans leur patrie est Camelli (Faune des Philippines, insérée dans le 24e vol. des Trans. Phi-

losoph.). Il donne leur synonymie dans plusieurs langues des Philippines. Les Bisayas nomment cet Animal *Colago* et *Caguang*, les Pampangs et Taghalas, *Gigua*. Camelli dit qu'il y en a de si grands dans la province de Pampang, qu'ils sont aussi étalés que des parasols chinois, et ont six spithames d'envergure ; que la couleur générale est d'un fauve brun rayé de blanc sur le dos ; que ces raies deviennent plus courtes sur les membres ; que du haut des Arbres ils s'abaissent à des étages inférieurs par une sorte de vol retardé ; qu'ils regagnent en sautant les étages supérieurs quand ils en sont descendus ; qu'enfin ils quittent rarement les Arbres où ils vivent. Le voyageur le plus récent qui les mentionne, est le capitaine Wilson, mais sans aucun caractère d'espèce. (Keater, Descript. des îles Pelew.) Il a vu aux îles Pelew, dans l'Océanie, des Galéopithèques qui courent à terre, grimpent sur les Arbres comme des Chats, et voltigent comme des Oiseaux ; il ajoute que les insulaires de Pelew les mangent et les nomment *Olok*. D'ailleurs aucune mention de grandeur ni de couleur. Ceux que Séba figure et décrit, venaient de Ternate dans les Moluques, et étaient d'un fauve uniforme. D'après les passages que nous venons de citer, il y aurait des Galéopithèques depuis le Guzerat, dans l'Indostan, jusqu'au milieu de l'Océanie. Cet échelonnement des Galéopithèques sur des stations séparées par d'immenses intervalles de mer, forme une présomption contre l'unité d'espèce des différens Animaux qu'on y a observés.

Voici celles que l'on a admises jusqu'ici, et dont la première seule est bien connue. C'est sur deux squelettes de celle-ci que nous venons d'esquisser l'organisation de ce genre.

1°. GALÉOPITHÈQUE ROUX, *Lemur volans*, Lin., bien décrit et figuré avec des détails anatomiques par Pallas, *Act. Petropol.* T. IV, p. 1re, tab. 7 et 8. Planches copiées par Schreb. 307,

B. 307, c. Autre figure originale dans Audebert, in-folio, Galéopith., fig. 1. — Grand comme un Chat, d'un beau roux vif à la partie supérieure du corps, d'un roux plus pâle en dessous. Il nous paraît douteux que ce Galéopithèque roux soit le même qu'a décrit et représenté Pallas, lequel répond bien, pour les rayures gris-blanches du dos, à la grande espèce décrite par Camelli dans les Philippines. On ne sait pas l'origine de ces Galéopithèques roux : ceux qu'observa Pallas avaient un pied neuf pouces et demi du museau au bout de la queue. Ceux des squelettes du Muséum ne sont pas moins grands.

2°. Le GALÉOPITHÈQUE VARIÉ, *Galeopithecus variegatus*, Geoff., Schreb. Sup. 307, D; Audebert, in-folio, *Makis*, pl. 2, est beaucoup plus petit que le précédent; il n'a que six pouces du museau à la queue : son pelage d'un brun sombre, est marqué de taches blanches sur la face extérieure et supérieure des membres. On ignore son pays.

5°. Le GALÉOPITHÈQUE DE TERNATE, *Galeopithecus Ternatensis*, Geoff., Séba, pl. 58, fig. 2 et 5, sous le nom de Chat volant, et Encyclop., pl. 22, fig. 1, sous le nom de *Makis volant*. Poil d'un gris doux plus foncé en dessus qu'en dessous; quelques taches blanches sur la queue.

(A. D..NS.)

GALEOPSIS. BOT. *V*. GALÉOPE.

GALÉORHIN. *Galeorhinus*. POIS. (Blainville.) Sous-genre de Squale. *V*. ce mot. (B.)

* GALEOS. POIS. Le Poisson désigné sous ce nom par Aristote paraît être le *Squalus glaucus*. *V*. SQUALE. (B.)

GALEOTE. *Colotes*. REPT. Espèce du genre Agame, devenu type d'un sous-genre du même nom. *V*. AGAME. (B.)

* GALEPENDRUM. BOT. CRYPT. (*Lycoperdacées*.) Ce nom a été donné par Wiggers (*Hols.*, p. 108) au *Lycoperdon Epidendrum*, L., Cham-

pignon pour lequel Micheli avait formé le genre *Lycogala*, adopté par Adanson, et ensuite par Persoon et De Candolle. *V*. LYCOGALA. (G..N.)

GALEPHOS. BOT. PHAN. (Dioscoride.) Syn. de Galéobdolon. *V*. ce mot. (B.)

GALERA. MAM. Frédéric Cuvier dit dans le Dictionnaire des Sciences naturelles que cet Animal dont Brown (Histoire de la Jamaïque) donne la description et la figure, paraît être le Taïra de Buffon, espèce du genre Glouton. *V*. ce mot. (A. D..NS.)

GALERAND. OIS. Syn. vulgaire du Butor. *V*. HÉRON. (DR..Z.)

GALÈRE. MOLL. et ZOOPH. Les marins donnent vulgairement ce nom, ainsi que celui de Frégate, à l'*Holothuria Physalis* de Linné, type du genre *Physalia* de Lamarck, à cause de sa forme et de son habitude de rester flottante à la surface de l'Océan. Dans les temps calmes et beaux, le Velelle mutique est quelquefois confondu par les marins avec la Galère ou *Physalis pelagica* de Lamarck, quoique celle-ci en diffère par d'importans caractères. On donne encore quelquefois ce nom à la coquille de l'Argonaute. (LAM..X.)

GALERITA. OIS. (Pline.) Le Cochevis. *V*. ALOUETTE. (B.)

GALÉRITE. *Galerita*. INS. Genre de l'ordre des Coléoptères, section des Pentamères, tribu des Carabiques, famille des Etuis-Tronqués, établi par Fabricius pour un Insecte qu'il avait appelé *Carabus Americanus* dans les premières éditions de ses ouvrages; en formant ce genre, il y avait joint plusieurs autres espèces de la même famille qui composent maintenant les genres Zuphie, Polystichus, Siagone et Helluo. *V*. ces mots. Latreille a conservé le nom de Galérite à un très-petit nombre d'espèces. Les caractères de ce genre sont : dernier article des palpes extérieurs en forme de triangle ou de cône renversé et comprimé; languette finissant en pointe et ayant de chaque côté une

pièce ou division en forme d'oreillette; antennes sétacées, avec le premier article long; tête ovoïde, entièrement dégagée et tenant au corselet
par une sorte de nœud ou de rotule;
corselet en forme de cœur tronqué;
corps épais; élytres tronquées à leur
extrémité, et jambes antérieures
échancrées au côté interne avec le pénultième article de tous les tarses bilobé. Les Galérites ont beaucoup de
rapports avec les Brachines, et nous
ne savons pas si elles n'ont pas les
mêmes propriétés; mais elles en diffèrent par la languette et par l'insertion de la tête. Les Zuphies et les Po-
lystiches s'en distinguent par leur
corps qui est beaucoup plus aplati et
par les articles de leurs tarses qui
sont entiers; elles diffèrent des Dryp-
tes, des Agres et des Odacanthes, parce que ceux-ci ont le corselet cylindrique.

Les espèces qui composent ce genre
sont toutes propres à l'Amérique.
Humboldt et Bonpland en ont rapporté une espèce de la Nouvelle-Espagne; l'Herminier en a découvert
une espèce à la Guadeloupe; Dejean
(Catal. des Col., p. 3) en mentionne
trois espèces : la principale et celle
qui a servi de type à Fabricius, est la
GALÉRITE AMÉRICAINE, *G. Americana*, Fabr., Oliv. (Col. T. III, n° 35,
pl. 6, fig. 72), Latr. (*Gener. Crust. et
Ins.* T. I, p. 197, pl. 7, f. 2). Elle a
près de neuf lignes de long; son corps
est noir, avec le premier article des
antennes, le corselet et les pates fauves; les élytres sont d'un noir bleuâtre obscur, un peu soyeuses, avec des
lignes enfoncées, peu profondes et
longitudinales. Elle habite les Etats-
Unis.   (G.)

GALÉRITE. *Galerites.* ÉCHIN.
Genre de l'ordre des Echinodermes
pédicellés, ayant pour caractères : le
corps élevé, conoïde ou presque ovale; ambulacres complets, formés de
dix sillons, qui rayonnent par paires
du sommet à la base; bouche inférieure et centrale; anus dans le bord. Le
genre Galérite, établi par Lamarck aux
dépens des Oursins de Linné et adopté par Cuvier, renferme des espèces
que Leske, dans son édition de Klein,
a disséminées dans ses genres *Conu-
lus, Echinites, Echinorytes* et *Cly-
peus*. Cependant elles se distinguent
des autres Echinides par leur corps à
dos élevé, le plus souvent conique ou
conoïde, quelquefois presque ovale.
Leurs ambulacres sont complets et
consistent en cinq paires de sillons
qui partent du sommet et rayonnent,
sans interruption, jusqu'à la bouche
qui est inférieure et centrale. Les deux
rangées de pores qui forment chaque
sillon sont presque confondues et ne
sont pas toujours au nombre de cinq;
il y en a à quatre et à six bandes.
L'anus est dans le bord, ou contigu
à celui-ci, et en dessous. Cette situation de l'anus distingue les Galérites des Echinonées. Les Galérites mentionnées par les auteurs sont
toutes à l'état fossile; on n'en a pas
encore décrit de vivantes; on les trouve dans deux états : 1° avec le test,
2° sans le test; il a disparu, ayant
laissé son moule siliceux; ces dernières
ne peuvent être décrites que d'une manière imparfaite. Les pointes ou les
épines de ces Echinodermes sont inconnues. Les Galérites, communes
dans les couches de Craie, sont plus
rares dans les Calcaires de seconde
formation, et paraissent étrangères à
ceux de la troisième, du moins aucun
auteur ne les indique dans les dépôts
postérieurs à la Craie. Lamarck en
décrit seize espèces : les Galérites conique, commune, raccourcie, à six
bandes, fendillée, hémisphérique,
déprimée, rotulaire, conoïde, scuti-
forme, ovale, demi-globe, cylindrique, patelle, ombrelle et excentrique.
                        (LAM. X.)

GALÉRITE. BOT. PHAN. (Tragus.)
Syn. de Tussilage Pétasite.   (B.)

GALÉRUCITES. *Galerucitæ.* INS.
Latreille a formé cette tribu dans l'ordre des Coléoptères, section des Tétramères, famille des Cycliques, pour
les genres ADORIE, GALÉRUQUE, LU-
PÈRE et ALTISE. *V.* ces mots. Elle se

distingue des autres tribus de cette famille en ce que les antennes sont très-rapprochées à leur base et insérées entre les yeux.   (AUD.)

GALÉRUQUE. *Galeruca.* INS. Genre de l'ordre des Coléoptères, section des Tétramères, famille des Cycliques, tribu des Galérucites, établi par Geoffroy aux dépens du grand genre Chrysomèle de Linné. Les caractères qu'il lui assigne sont : antennes d'égale grosseur partout, à articles presque globuleux; corselet raboteux et bordé. Comme Geoffroy n'a formé ce genre qu'avec le peu d'espèces qui existent aux environs de Paris, les caractères qu'il en a tirés sont suffisans pour le distinguer des autres genres du même pays ; mais comme il existe une quantité immense d'espèces exotiques qui se rapprochent plus ou moins des genres voisins, on a été obligé de préciser et d'étendre davantage les caractères de ce genre. Voilà ceux que Latreille lui a donnés dans ses derniers ouvrages : antennes filiformes composées d'articles obconiques, et ayant à peu près la moitié de la longueur du corps, avec le second article un peu plus court; deux derniers articles des palpes peu différens en grandeur, le dernier conique ; mandibules courtes, grosses, en forme de cuiller; mâchoires bifides. Les Galéruques se distinguent des Chrysomèles par leurs antennes insérées entre les yeux et très-rapprochées à leur base ; des Altises par leurs cuisses postérieures, qui ne sont pas propres au saut; les Adories en diffèrent parce que le dernier article de leurs palpes maxillaires est court et tronqué; enfin elles s'éloignent des Lupéres par leurs antennes plus courtes que le corps et composées d'articles coniques, tandis que celles des Lupéres sont plus longues et formées d'articles cylindriques. Fabricius a formé, avec quelques Galéruques qui ont le corps allongé, ainsi qu'avec les Altises à forme analogue, son genre Criocéris.

Les Galéruques sont, comme les Chrysomèles, des Insectes timides qui marchent lentement, se servent rarement de leurs ailes et se laissent tomber en contrefaisant les morts, à la moindre apparence de danger; ils rongent les feuilles de différentes Plantes et aiment les lieux ombragés et frais. Leurs larves vivent de la substance des feuilles; elles se fixent dessus et ne cessent de manger que quand elles doivent subir leur métamorphose; ces larves ressemblent à celles des Chrysomèles ; elles sont allongées, composées de douze anneaux distincts; elles ont six pates écailleuses, garnies à leur extrémité d'un seul crochet. Le dernier anneau porte un mamelon charnu qui leur sert de septième pate et d'où sort une matière gluante qui sert à la larve à se fixer sur le plan où elle marche. La tête est écailleuse. Pour peu qu'on touche la Plante sur laquelle elles sont fixées, elles se laissent tomber à terre et se roulent en cercle. Vers le mois de juin, ces larves se transforment en nymphes qui n'ont rien de remarquable ; leur ventre est courbé en arc, et l'on voit toutes les parties extérieures de la Galéruque, telles que les yeux, les antennes, les six pates, les élytres et les ailes. Vers les côtés du corps, on aperçoit les stigmates. Ces nymphes n'aiment pas à se donner du mouvement et restent tranquilles lorsqu'on les touche.

Le genre Galéruque est composé d'un grand nombre d'espèces. Dejean (Catal. des Col., p. 117) en mentionne quatre-vingt-deux dont une grande partie est propre à l'Amérique et à l'Asie. Nous allons citer quelques espèces d'Europe dont les larves et les mœurs sont à peu près connues.

GALÉRUQUE DE LA TANAISIE, *G. Tanaceti*, Fabr., Oliv., Encycl. T. VI, p. 587; Chrysomèle, Degéer, Mém. sur les Ins. T. V, p. 299, pl. 8, f. 27. Cette espèce est très-commune en France; sa larve vit sur la Tanaisie vulgaire jaune, dont elle ronge les feuilles; elle est toute noire, longue d'à peu près cinq lignes; elle a plusieurs tubercules rangés transversalement sur le corps et garnis de petits poils. Cette larve se change en nymphe vers le mois de juin ; dans trois semaines, l'Insecte parfait quitte son enveloppe. Les femelles sont quelquefois tellement gonflées par la quantité d'œufs contenus dans leur abdomen, que les élytres ne peuvent plus atteindre que la moitié de la longueur du ventre, et que les trois ou quatre derniers anneaux sont à découvert.

GALÉRUQUE DU NÉNUPHAR , *G. Nympheæ* , Oliv. , Col. T. v , n° 93 , pl. 5 , f. 51. D'un brun clair avec le rebord saillant des élytres jaune. L'Insecte parfait et la larve vivent sur les feuilles du Potamogeton, du Nénuphar et de quelques autres Plantes aquatiques. Les larves existent en très-grand nombre sur les grandes feuilles du Nénuphar qui sont suspendues à la surface de l'eau. Elles rongent la substance supérieure de la feuille et vont toujours en avant lorsqu'elles mangent. Ces larves sont noires et longues de quatre lignes. Les douze anneaux du corps sont couverts de plaques coriaces , et sont très-bien marqués par de profondes incisions. Ils ont de chaque côté des élévations en forme de tubercules, et chaque anneau a , en dessus , une ligne transversale en forme d'incision ; on ne voit la peau membraneuse que lorsque la larve allonge considérablement son corps ou qu'elle le recourbe. Cette larve s'attache par le mamelon du derrière à la feuille même sur laquelle elle a vécu , et prend la figure de nymphe en se dépouillant de la peau qu'elle fait glisser en arrière jusque près du derrière, mais sans la quitter tout-à-fait. La nymphe est courte et grosse ; elle a d'abord une couleur jaune qui se change bientôt en noir luisant ; les anneaux du ventre ont, en dessus, quelques tubercules en forme de pointes courtes. Ces Insectes sont souvent exposés à être submergés quand les feuilles sur lesquelles ils habitent sont agitées par le vent ; mais ils ne craignent point l'eau et n'en reçoivent aucun mal, sous quelque état qu'ils soient. Cependant ils se tiennent de

préférence sur la surface de la feuille qui surnage et qui reste à sec. Quoique tirées de l'eau , les larves ne sont point mouillées ; est-ce par une transpiration onctueuse ou par une enveloppe aérienne qu'elles se garantissent du contact de l'eau ? Par quel mécanisme respirent-elles quand elles sont entièrement submergées ? Ce sont des questions que l'on ne peut encore résoudre.

Parmi les espèces exotiques , nous en citerons une très-belle qui est figurée dans l'atlas de ce Dictionnaire , c'est la GALÉRUQUE A ANTENNES JAUNES , *G. albicornis* de Dejean. Cette nouvelle espèce est longue d'à peu près six lignes. Sa tête, son corselet, son écusson et ses pates sont d'un noir luisant ; ses élytres sont d'un beau bleu tirant sur le violet , et ses antennes sont jaunes , excepté les trois premiers anneaux qui sont noirs. Cette espèce vient de Java. (G.)

GALET. OIS. Nom vulgaire du jeune Coq. *V*. ce mot.   (DR.. Z.)

GALÈTE. *Galea*. INS. Fabricius a donné ce nom à une partie de la mâchoire qu'il a cru propre à certains Insectes, et il a nommé *Ulonata* un groupe nombreux d'Insectes qui offrait ce caractère, et qu'Olivier a désigné depuis sous le nom d'Orthoptères. *V*. ce mot. Des observations comparatives ont fait penser à Blainville (Bulletin des Sciences par la Société Philomathique, p. 85 , juin 1820) que la Galète existait ailleurs, et que dans l'ordre des Coléoptères elle avait son analogue dans la bifurcation externe de la mâchoire, qui, dans les Carnassiers , est représentée par le second palpe maxillaire. *V*. BOUCHE.

(AUD.)

GALETS. GÉOL. Fragmens de roches, quelle que soit leur nature, qui, roulés par les flots de la mer, en composent les rivages, quand du sable, des vases ou des graviers ne forment pas ceux-ci. C'est sur les plages de Galets que la lame produit le plus de bruit à cause du choc des Galets, qui, d'un volume plus fort que les fragmens dont se compose le gravier, s'arrondissent, et en se brisant à la longue, finissent par devenir les élémens de ce gravier même. La plupart des cailloux roulés et arrondis de nos plaines, furent les Galets d'une antique mer. *V*. MER et GRAVIER.

(B.)

GALEUS. POIS. *V*. MILANDRE.

GALGULE. *Galgulus*. INS. Genre de l'ordre des Hémiptères, section des Hétéroptères, famille des Hydrocorises (Règn. Anim. de Cuv.), établi par Latreille qui lui assigne pour caractères : pates antérieures ravisseuses ; tous les tarses semblables, cylindriques, à deux articles trèsdistincts, avec deux crochets au bout du dernier; antennes insérées sous les yeux, de trois articles dont le dernier plus grand et ovoïde.

Les Galgules ont de l'analogie avec les Belostomes, les Nèpes et les Ranatres, mais ils en diffèrent par le nombre des articles des antennes et par les deux crochets des tarses. Ils ressemblent beaucoup aux Naucores, avec lesquels Fabricius les a rangés, et s'en distinguent cependant par le caractère curieux de deux onglets aux tarses et par la proportion relative du dernier article de leurs antennes. Ces Insectes offrent encore, dans leur organisation extérieure, quelques particularités remarquables ; le corps est assez court et raboteux : la tête a trèspeu de longueur, et se prolonge latéralement en deux angles qui supportent les yeux. Le prothorax est lobé à sa partie postérieure et placé en avant d'un écusson, triangulaire, à chaque côté duquel sont insérées des élytres coriaces et courtes; la première paire de pates offre des cuisses trèsrenflées et dentées en dessous; les jambes et les tarses s'appliquent contre elles dans le repos. Ces Insectes sont aquatiques. On ne sait rien de leurs mœurs et on n'en connaît qu'une espèce.

Le GALGULE OCULÉ, *Galgulus oculatus*, Latr. (Hist. Nat. des Crust. et des Ins. T. XII, p. 286, pl. 95,

fig. 9), ou le *Naucoris oculata* de Fabricius. Il a été rapporté de la Caroline par Bosc. (AUD.)

GALGULUS. OIS. (Brisson.) *V*. ROLLIER.

GALIENE. *Galiena*. BOT. *V*. GALÉNIE.

GALIGNOLE. OIS. Syn. de Faisan. *V*. ce mot. (DR..Z.)

* GALILÉEN. *Galilœus*. POIS. (Hasselquitz.) Espèce de Spare. *V*. ce mot. (B.)

* GALINACHE. OIS. Syn. vulgaire à la Guiane du Catharte Aura. *V*. CATHARTE. (DR..Z.)

GALINE. ZOOL. L'un des noms vulgaires de la Torpille. Ce mot, dans plusieurs dialectes dérivés du latin, désigne aussi la Poule. (B.)

* GALINETOS. BOT. PHAN. (Garidel.) Syn. provençal de Scorsonère laciniée. (B.)

GALINETTE. BOT. PHAN. L'un des noms vulgaires de la Mâche dans le midi de la France où l'on donne aussi le même nom au *Rhinanthus Crista-Galli*. (B.)

GALINIE. *Galinia*. BOT. PHAN. Double emploi de Galénie. *V*. ce mot. (B.)

GALINOTTE. OIS. Syn. vulgaire de Merle dominicain de la Chine. *V*. MARTIN. (DR..Z.)

GALINSOGE. *Galinsoga*. BOT. PHAN. Genre de la famille des Synanthérées, Corymbifères de Jussieu, et de la Syngénésie superflue, L., établi par Cavanilles (*Icones et Descriptiones Plantarum*, T. III, p. 41, tab. 281), adopté par Willdenow, Persoon, Poiret et Cassini avec les caractères suivans : calathide globuleuse, dont le disque est composé de fleurs nombreuses, tubuleuses et hermaphrodites, et la circonférence de fleurs femelles, peu nombreuses, espacées, en languettes courtes, larges, trilobées et arrondies ; involucre de cinq folioles à peu près égales, appliquées, ovales et membraneuses; réceptacle conoïde, garni de paillettes courtes et ovales; akènes hérissés, pourvus de deux bourrelets, l'un basilaire, l'autre apicilaire, couronnés par une aigrette composée de plusieurs paillettes scarieuses, diaphanes et frangées sur leurs bords. Les aigrettes des fleurs de la circonférence sont de moitié plus courtes et composées de paillettes filiformes et à peine plumeuses. Ce genre, de la tribu des Hélianthées-Héléniées, est voisin des genres *Schkuria Florestina* et *Hymenopappus*; il fut ensuite nommé *Wiborgia* par Roth (*Catalecta*, 2, p. 112), et ce nom a été adopté par Kunth (*Nov. Gener. et Spec. Plant. œquin.* T. IV, p. 256). Cassini observe que cette innovation ne saurait être admise, parce que l'antériorité est acquise au nom donné par Cavanilles, et que d'ailleurs il existe deux genres *Wiborgia*, établis par Thunberg et Mœnch dans les Légumineuses. Mais comme les deux espèces décrites par Cavanilles ne sont point congénères, Cassini a formé avec la seconde (*Galinsoga trilobata*) le genre *Sogalgina*. *V*. ce mot et GALINSOGÉE.

La GALINSOGE A PETITES FLEURS, *Galinsoga parviflora*, Cav., *Wiborgia Acmella*, Roth., *W. parvifolia*, Kunth, est une Plante herbacée, dont la tige est dressée, rameuse et glabre; les feuilles opposées, ovales et dentées en scie; les fleurs en panicules terminales, ou situées dans l'aisselle des feuilles supérieures. Elles sont petites et leur disque est jaune, tandis que les rayons sont blancs. Cette Plante croît au Pérou et dans la république de Colombie. On la cultive au Jardin des Plantes de Paris.

Une nouvelle espèce a été décrite et figurée par Kunth (*loc. cit.*, p. 259, tab. 389) sous le nom de *Wiborgia urticœfolia*. Quoique cette Plante soit dépourvue d'aigrette, il n'a pas hésité à la réunir avec l'autre espèce, à cause de sa grande affinité; ce qui démontre combien des caractères qui semblent d'abord aussi importans que

celui de l'absence ou de la présence de l'aigrette, ont peu de valeur dans certains cas.   (O..N.)

* GALINSOGÉE. *Galinsogea*. BOT. PHAN. Le *Galinsoga trilobata* de Cavanilles ne pouvant rester dans le même genre que le *Galinsoga parviflora* du même auteur, reçut de Kunth (*Nova Genera et Species Plant. œquin.* T. IV, p. 253) ce nom ainsi modifié dans sa terminaison. Pour éviter la confusion des noms, ce savant botaniste n'adopte pas celui de *Galinsoga*, donné à l'autre genre, et il lui substitue celui de *Wiborgia* que Roth avait proposé postérieurement à Cavanilles. Selon Cassini, on ne peut admettre cette innovation, parce que le nom de *Galinsoga* a été consacré par l'usage qu'en ont fait la plupart des botanistes, que le mot de *Wiborgia* est déjà employé pour d'autres Plantes, et qu'il avait lui-même donné le nom de *Sogalgina* au genre *Galinsogea* de Kunth. Ayant décrit le genre *Galinsoga*, nous devons nous conformer à cette manière de voir, quoique, sans attacher trop d'importance à telle ou telle dénomination, nous pensions, avec un auteur recommandable (De Cand., Théorie élém., p. 270), que les noms qui ne sont que des anagrammes insignifians de ceux déjà existans doivent être proscrits du style botanique. *V*. SOGALGINE.   (G..N.)

GALIOTE. BOT. PHAN. L'un des noms vulgaires de la Benoîte. (B.)

GALIPIER. *Galipea*. BOT. PHAN. Genre de la famille des Rutacées, tribu des Cuspariées de De Candolle. Ses caractères sont : un calice court, souvent pentagone, quinquédenté; cinq pétales, ou très-rarement quatre, soudés inférieurement ou simplement rapprochés en un seul tube, auquel ordinairement s'insèrent les filets au nombre de quatre à huit, de cinq le plus fréquemment; ils sont aplatis, velus, tantôt portant tous des anthères linéaires, à deux loges s'ouvrant dans leur longueur, tantôt, et plus communément, deux ou quatre d'entre eux sont stériles ; cinq, ou beaucoup plus rarement, quatre ovaires, entourés d'un nectaire glabre et cupuliforme, portés souvent sur un court gynophore, entièrement libres ou soudés entre eux à leur base, contenant chacun dans une seule loge deux ovules, le supérieur ascendant et l'inférieur suspendu. De chaque ovaire part un style qui bientôt se réunit à ceux des autres, et de cette réunion résulte un style unique terminé ou par cinq stigmates distincts, ou par un seul quinquélobé. Trois ou quatre des cinq ovaires et un des deux ovules avortent ordinairement, et le fruit se trouve ainsi composé d'une ou deux coques monospermes, dont le sarcocarpe ainsi que l'endocarpe crustacé qui s'en détache à la maturité, s'ouvrent l'un et l'autre du côté interne en deux valves. Un tégument coriace recouvre un embryon courbe, dépourvu de périsperme, à cotylédons chiffonnés, à radicule recourbée et dirigée vers le hile. Les *Galipea* sont des Arbres et surtout des Arbustes, dont les feuilles, dépourvues de stipules, alternes, parsemées de points transparens ou plus rarement de petites glandes, sont ternées, moins fréquemment quaternées ou quinées, souvent simples et présentant alors au sommet de leur pétiole une courbure avec un léger renflement. Les fleurs, situées à leur aisselle ou au-dessus, sont disposées en grappes, très-rarement en corymbe ou en panicules terminales ou plus souvent axillaires. On en compte maintenant douze espèces, toutes originaires d'Amérique. C'est Auguste de Saint-Hilaire qui récemment en a fait connaître la plus grande partie et qui en même temps a rectifié et étendu le caractère générique, que nous lui avons emprunté. Il a prouvé que des genres assez nombreux devaient rentrer dans celui-ci. Ainsi son *Galipea Cusparia* est le *Cusparia* de Humboldt, ou *Bonplandia* de Willdenow, ou enfin *Angostura* de Rœmer. Cet Arbre est célèbre par les propriétés de son écorce si connue sous le nom d'Angusture. Le *G. Lasiostemon* d'A.

St.-Hil. est le *Lasiostemum* de Nées et Martius ; son *G. resinosa*, le *Ravia* des mêmes auteurs ; son *G. macrophylla*, leur *Conchocarpus* : et il pense enfin que le *Raputia* d'Aublet ne peut en être séparé. *V.* Mém. du Mus., 10, p. 279-289, tab. 19-20. (A. D. J.)

GALIPOT. BOT. PHAN. Résine qui découle du Pin maritime. Elle est en masses plus ou moins solides, quelquefois grasses, onctueuses, quelquefois sèches et même friables ; d'un jaune doré ou d'un blanc jaunâtre ; amère, très-odorante, très-inflammable, soluble dans l'Alcohôl et les Huiles essentielles ; insoluble dans l'eau. On l'emploie à la confection des vernis de qualités inférieures.

(DR..Z.)

GALL. *Gallus*. POIS. Espèce de Zée de Linné, devenue pour Cuvier le type d'un sous-genre de Vomer. *V.* ce mot. (B.)

* GALLADES. MOLL. Aristote paraît désigner le *Chama piperita* sous ce nom. (B.)

GALLAIQUE. *Gallaica*. MIN. Ce nom, que l'on trouve dans les anciens auteurs, était appliqué, suivant de Launay, à une variété de Fer sulfuré en cubes isolés et blanchâtres, que Pline paraît avoir désignée sous le nom d'*Androdamas*. (AUD.)

GALLE. *Galla*. INS. BOT. Plusieurs Insectes choisissent pour le berceau de leur progéniture la substance même des divers organes des Végétaux. Après les avoir piqués, ils y déposent leurs œufs qui y éclosent et donnent naissance à des larves plus ou moins fatales à l'organe au sein duquel elles se développent. Ces petits Animaux agissent d'abord comme des corps étrangers introduits dans tous les tissus organiques ; ils y déterminent une véritable irritation que Virey (Journ. de Pharm., juillet 1823, p. 314) regarde comme analogue à celle qui, dans les Animaux, cause la tumeur et l'inflammation. Le tissu cellulaire se gonfle ; ses parties, d'allongées qu'elles étaient, deviennent rondes, et l'afflux des liquides occasione un changement dans l'organisation, d'où résulte une mutation complète des formes extérieures de l'organe. Lorsque cette dégénérescence prend une apparence tuberculeuse, on lui donne le nom de Galle en ajoutant comme nom spécifique celui de l'espèce de Plante sur laquelle on la voit se développer. Ainsi, parmi les principales espèces de Galles, on distingue la Galle du Rosier, celle du Chêne, du Genêt, du Peuplier noir, du Saule Marceau, des Joncs, de l'*Euphorbia Cyparissias*, du Buis et de la Germandrée. Les Insectes de plusieurs ordres donnent lieu à la production des Galles. Un grand nombre d'entre elles sont produites par des Cynips (*V.* ce mot); mais il en est aussi beaucoup qui doivent leur développement à des Coléoptères, des Hyménoptères, des Hémiptères et des Diptères. Chaque espèce d'Insecte choisit non-seulement le Végétal, mais encore la portion de ce Végétal qui convient le mieux à sa larve, de sorte que la même Plante recèle quelquefois les nids de plus de vingt espèces différentes d'Insectes : tel est le Chêne. D'un autre côté, la même espèce d'Insecte, ou du moins des espèces très-voisines, établissent l'habitation de leurs petits sur des Plantes de genres différens, mais qui appartiennent à la même famille naturelle. Ainsi, les larves d'un Scatopse se développent également sur l'Euphorbe et le Buis; les Galles du Peuplier noir et du Saule Marceau renferment des larves de Pucerons, etc. La forme arrondie des Galles est modifiée par les aspérités ou éminences de sa superficie; celles du Chêne, par exemple, sont lisses ou en cerise, en artichaut, en grappes de raisin, et cette modification de formes dépend de la diversité des espèces d'Insectes qui y déposent leurs œufs. Selon que les Galles renferment une seule ou plusieurs larves dans une même cavité, on les a distinguées en simples et en composées. Degéer, Réaumur, Guettard, Reynier, Marchant, Danthoine et Bosc ont laissé un grand nombre de descriptions de Galles ; mais la science réclame encore un travail général sur cette partie intéressante de l'histoire naturelle, qui d'un côté compose toute l'histoire de l'enfance chez plusieurs Insectes, et de l'autre se lie à un point capital de la pathologie végétale. La Galle du Chêne est fort employée dans les arts et principalement dans la teinture. Elle doit ses propriétés astringentes au tannin et à l'espèce d'Acide qui y abonde tellement qu'on lui a donné le nom de gallique. Cet Acide est logé entre les parois des cellules qui forment presque en entier la substance spongieuse des Galles, et quelquefois on l'y rencontre sous forme d'une matière opaque, jaune et grumelée. *V.*, pour plus de détails, les mots CYNIPS et ACIDE GALLIQUE, où l'on a exposé l'histoire naturelle de plusieurs Galles, ainsi que les propriétés de leur principe astringent. Le *Salvia pomifera*, Pers:, décrit par Tournefort (*Itin.*, 1, p. et tab. 92), produit, dans l'Orient, une Galle de la grosseur d'une petite pomme, charnue et bonne à manger.

(G..N.)

GALLÉRIE. *Galleria*. INS. Genre de l'ordre des Lépidoptères, établi par Fabricius aux dépens des Teignes et rangé par Latreille (Règn. Anim. de Cuv.) dans la famille des Nocturnes, tribu des Tinéites. Ses caractères sont : ailes très-inclinées, appliquées sur les côtés du corps et relevées postérieurement en queue de Coq ; langue très-courte; palpes supérieurs cachés, les inférieurs avancés, garnis uniformément d'écailles, avec le dernier article un peu courbé; écailles du chaperon formant une saillie voûtée au-dessus d'eux ; antennes simples. Les Galleries ont de l'analogie avec les Lithosies, les Yponomeutes, les Adèles et surtout avec les Teignes ; mais elles diffèrent de ces genres par leurs palpes inférieurs avancés et couverts uniformément d'écailles; elles avoisinent encore les Phycides, les Euplocampes, les Ypsolophes qui ont des antennes plus ou moins ciliées dans les mâles et qui s'en éloignent sous quelques autres rapports : enfin elles ressemblent aux Crambus dont les quatre palpes découverts peuvent servir de caractère pour les en distinguer. Ces Lépidoptères ne paraissent vivre à l'état parfait que pour reproduire leur espèce. On les trouve ordinairement dans l'intérieur des ruches, parce que c'est là que leurs larves prennent tout leur accroissement. Ils volent peu et assez mal ; mais par compensation, ils courent très-vite. Leur agilité est surprenante, et pour s'en faire une idée, il faut les voir au moment où ils sont poursuivis par les Abeilles qui cherchent à les percer de leur aiguillon. Elles en tuent beaucoup ; mais elles ne peuvent les détruire tous, et pour peu qu'une seule Gallerie femelle leur échappe, elle suffit malheureusement pour peupler la ruche de larves qui savent, par une industrie fâcheuse, se mettre à l'abri de leurs attaques. Réaumur a donné l'histoire détaillée de leurs mœurs ; nous en extrairons les traits les plus importans. Les larves sont de deux sortes et donnent lieu à deux espèces de Galleries très-différentes. Leur peau est tendre, blanchâtre, parsemée de taches brunes, presque rase avec quelques poils noirs et disséminés sur le dos ; elles ont seize pattes, et se ressemblent presque complétement, à l'exception de la taille : les unes sont petites et les plus vives ; les autres égalent en grosseur des Chenilles de médiocre grandeur et ne se meuvent pas avec autant d'agilité. Du reste, leurs habitudes sont à peu près les mêmes. Elles attaquent les gâteaux des Abeilles, non pas pour manger le miel, mais pour se nourrir de la cire. Elles choisissent donc ceux qui présentent des cellules vides ou remplies par les petits qu'on y élève. Mais ces larves sont molles, et les Abeilles ne manqueraient pas de les faire périr avec leur dard, si la nature, indistinctement protectrice de chaque genre d'Animaux, ne les mettait à l'abri de leurs attaques ; à peine ces larves sont-elles nées, qu'elles percent les parois des alvéoles, et commencent à se faire des tuyaux cylindriques ; chacune d'elles a le sien et se

tient constamment enfermée dans son intérieur qui est garni d'un tissu de soie blanche assez serré et poli ; à l'extérieur le tuyau est revêtu d'une couche de petits grains de cire ou d'excrémens quelquefois si pressés les uns contre les autres, qu'ils cachent parfaitement la soie dans laquelle ils sont engagés et qu'ils fortifient assez les parois de cette espèce de galerie pour préserver l'habitant de toute attaque. Réaumur a décrit le procédé que la larve emploie pour renforcer ainsi son tuyau. Elle se sert de ses mandibules qui sont tranchantes pour détacher du gâteau des petites parcelles de cire qu'elle semble pétrir un peu afin de l'arrondir ; elle forme ainsi autant de petits grains qu'elle laisse tomber et qui bientôt s'accumulent en un tas près de l'ouverture du tuyau. C'est là, dit Réaumur, l'amas de mœllon que l'Animal destine à couvrir l'espèce de galerie dans laquelle il doit être caché. Bientôt on le voit prendre avec ses mandibules un des grains de ce tas, avancer ensuite sa tête hors du tuyau et se recourber vers la surface extérieure contre laquelle il applique la parcelle de cire. Ainsi successivement il arrange de ces petits grains de cire les uns près des autres jusqu'à ce que le tuyau en soit tout couvert. Si la cire n'est pas en grande abondance et que la larve soit réduite à vivre des débris des cellules qu'elle a traversées, elle emploie ses propres excrémens au même usage. Les larves de la plus grande espèce font des galeries à parois beaucoup plus solides que celles des autres, et elles ne les fortifient pas avec des excrémens ou des grains de cire. Les tuyaux augmentent en longueur et en largeur à mesure que les larves grossissent ; d'abord ils sont très-courts et gros seulement comme un fil, puis ils atteignent une certaine ampleur, et présentent quelquefois plus d'un pied de longueur. Pour cela ils font divers contours. Quelquefois les larves ne se bornent pas à percer sur une ligne très-flexueuse les cellules qui sont d'un côté ; elles traversent le milieu du gâteau, pénètrent dans les cellules situées sur l'autre face et reviennent encore vers le premier côté; mais elles ont soin, tant que la nourriture ne leur manque pas, de se tenir à une assez grande distance de la surface, de manière que le gâteau attaqué ne présente extérieurement aucune trace. N'étant pas au courant de cette dernière particularité, nous avions placé en 1819, dans un lieu convenable, un gâteau d'Abeilles que nous supposions contenir des œufs de Gallerie, et nous le regardions tous les jours avec beaucoup d'attention sans y apercevoir aucun changement; enfin nous ne fûmes avertis de la présence des larves, devenues déjà grandes, que par le bruit qu'elles faisaient en rongeant. Nous avions en vue de compléter quelques lacunes du Mémoire de Réaumur relativement aux métamorphoses. Le 10 juin au matin, plusieurs des larves, renfermées dans un vase de verre, se filèrent une coque qu'elles eurent soin de revêtir extérieurement de petites parcelles de cire et de leurs excrémens. D'autres individus, placés dans une boîte à fond de liége, creusèrent, le premier juillet, un trou vertical dans ce liége, et y filèrent contre les parois une coque soyeuse. Ces dernières étaient transformées en Insecte parfait, le 22 du même mois. Cependant il s'en faut de beaucoup que les transformations aient toutes lieu à la même époque, puisqu'au mois de septembre nous avons encore trouvé des Galleries à l'état de larve. Il est vrai qu'elles n'avaient eu que peu de nourriture à leur disposition. Nous avons observé que ces mêmes larves, pressées par la faim, n'avaient pas dédaigné de se nourrir des Insectes parfaits qui étaient captifs dans la même boîte.

Ces larves, dont Réaumur a parlé sous le nom de fausses Teignes de la cire, étaient connues des anciens : Aristote dit positivement qu'elles sont à redouter pour les ruches d'Abeilles, qu'elles mangent la cire des gâteaux et qu'elles laissent leurs excrémens; Virgile en a parlé et Columelle n'a pas négligé aussi d'en faire mention. A cette époque comme maintenant, on ne connaissait pas de moyen efficace pour préserver et détruire ce fléau de l'agriculture. La surveillance exercée surtout au printemps, et qui consiste à enlever les gâteaux infectés et à nettoyer avec soin les parties qui présentent des œufs ou des coques, est ce qu'il y a de mieux à faire; mais on conçoit qu'il faut employer les ruches à hausse qui permettent ce genre de visite. Une ruche est-elle trop infectée, il faut lui en substituer une autre et ne pas s'en servir avant de l'avoir préliminairement passée à l'eau bouillante, afin de détruire les germes qu'elle pourrait recéler.

On ne connait que deux espèces propres à ce genre, et la seconde, quoiqu'ayant des mœurs semblables à la première, offre une organisation assez différente et pourrait être placée, suivant Latreille, dans un autre genre.

La GALLERIE DE LA CIRE, *G. cereana*, de Fabricius, représentée par Réaumur (T. III, pl. 19, fig. 13, 14 et 15), est cendrée, avec la tête et le corselet d'une couleur plus claire. Les ailes supérieures sont échancrées postérieurement et relevées en crête. On remarque de petites taches brunes le long de leur bord interne.

La GALLERIE DES RUCHES, *G. alvearia*, Fabr. Réaumur (*loc. cit.*) a principalement décrit ses mœurs, et il l'a représentée, ainsi que sa larve et les galeries qu'elle pratique (pl. 19, fig. 1-9). Elle a un port différent de celui de l'espèce précédente et ressemble assez aux Teignes proprement dites.   (AUD.)

GALLICOLES. *Gallicolœ.* INS. Tribu de l'ordre des Hyménoptères, section des Térébrans, famille des Pupivores, établie par Latreille (Règne Anim. de Cuv.) et correspondant à la famille des Diplolépaires (*Gener. Crust. et Ins.*). Ses caractères sont : antennes de douze à quinze articles filiformes, ou à peine plus grosses vers le bout; palpes très-courts terminés par un article un peu plus gros, et quelquefois nuls; ailes postérieures sans nervures; une tarière roulée en spirale à sa base, logée dans une coulisse et naissant de la partie inférieure de l'abdomen. Cette tribu comprend le grand genre *Cynips* de Linné, qui, lui-même, a été divisé en plusieurs petits genres rangés dans deux sections.

† Pédicule de l'abdomen très-court; antennes de treize à quinze articles; des palpes, des mâchoires et une lèvre très-distincts.

Genres : CYNIPS, IBALIE.

†† Abdomen porté sur un long pédicule; antennes de douze articles grenus; bouche n'ayant de distinct que les mandibules.

Genre : EUCHARIS.

Les Insectes de cette tribu attaquent certains Végétaux, et après qu'ils ont entaillé à l'aide de leur tarière plusieurs de leurs parties, telles que les feuilles, les boutons, l'écorce ou les racines, ils déposent leurs œufs dans l'intérieur de la plaie, et l'on voit naître de la blessure des excroissances très-variées qui ont généralement reçu le nom de GALLE. *V.* ce mot. C'est là un des traits caractéristiques des Gallicoles.

(AUD.)

GALLIGASTRE. OIS. Syn. vulgaire de Poule d'eau. *V.* GALLINULE.

(DR..Z.)

GALLIGNOLE. *V.* GALIGNOLE.

GALLINA. POIS. (Risso.) C'est-à-dire Poule. Le Dactyloptère pyropède sur la côte de Nice.   (B.)

GALLINACE (PIERRE DE). MIN. *V.* OBSIDIENNE.

GALLINACÉS. *Gallinaceæ.* OIS. Cet ordre très-naturel, adopté par presque tous les ornithologistes, est le dixième de la méthode de Temminck. Caractères : bec court, voûté; mandibule supérieure courbée depuis la base qui est quelquefois garnie d'une membrane ou cire jusqu'à la pointe; narines placées de chaque côté du bec, recouvertes d'une membrane épaisse, nue ou garnie de très-petites plumes. Pieds médiocres; tarse assez généralement élevé; quatre doigts, trois devant réunis à leur base par une membrane plus ou moins étendue; le pouce quelquefois peu ou point apparent, s'articulant assez haut. Parmi les présens dont nous a comblés la bienfaisante nature, il en est peu qui nous soient aussi précieux que la nombreuse famille des Gallinacés. Les Oiseaux qui la composent sont, pour la plupart, grands et épais; il sont d'une fécondité quelquefois prodigieuse, vivent indifféremment sous tous les climats, et présentent, par la délicatesse de leur chair, une ressource inappréciable pour l'économie domestique. Les Gallinacés se nourrissent tous de graines qu'ils cherchent ordinairement en grattant la terre; quelques espèces font aussi usage de baies, de bourgeons et d'Insectes; ils se vautrent dans la poussière et construisent à terre, sans aucun apprêt, leur nid qu'assez souvent ils abritent sous un buisson; ils renouvellent plusieurs fois dans l'année leurs pontes nombreuses, et les petits, au sortir de la coquille, se mettent à courir et à chercher déjà le grain que les parens leur montrent; ils continuent à vivre en famille jusqu'à ce que de nouveaux fruits de ses amours appellent la mère à de nouveaux soins : le mâle ne partage point les douceurs de l'incubation. Presque tous les Gallinacés courent avec vitesse; ils ont en revanche le vol lourd et difficile; rarement on les voit se percher.

Les genres de Gallinacés sont nombreux, quoique chacun d'eux ne contienne qu'un assez petit nombre d'espèces. Ceux établis jusqu'à ce jour sont les genres Paon, Coq, Faisan, Lophophore, Eperonnier, Dindon, Argus, Pintade, Pauxi, Hocco, Pénélope, Tétras, Ganga, Hétéroclite, Perdrix, Cryptonyx, Tinamou et Turnix. *V.* tous ces mots.   (DR..Z.)

GALLINARIA. BOT. PHAN. Rumph (*Herb. Amboin.*, 5, 285, tab. 97) a décrit et figuré sous les noms de *Gal-*

linaria acutifolia et *G. rotundifolia*, deux Plantes de l'Inde qu'il est facile de reconnaître pour des espèces du genre *Cassia*, L. La première est bien la même Plante que le *Cassia Sophera*, L.; mais la seconde, qui a été donnée par Loureiro et d'autres auteurs, comme synonyme du *Cassia obtusifolia*, L., est une espèce distincte, selon Colladon (Hist. naturelle et médicale des Casses, Montpellier, 1816), qui l'a nommée *Cassia Gallinaria. V.* CASSE. (O..N.)

GALLINAZE. OIS. Genre institué par Vieillot pour y placer les deux Vautours Aura et Urubu qui font partie du genre Catharte de la méthode de Temminck. *V.* CATHARTE. (DR..Z.)

GALLINE. ZOOL. Ce mot, qui du latin où il désigne la Poule est passé, avec sa même signification, dans diverses langues qui en dérivent, a également été appliqué à plusieurs Poissons du genre Trigle. *V.* ce mot. (B.)

GALLINOGRALLES. OIS. Nom donné à des Oiseaux dont Blainville a fait une famille intermédiaire entre les Gallinacés et les Echassiers. (DR..Z.)

GALLINOLE ET GALLINETTE. BOT. CRYPT. Syn. vulgaire de quelques espèces de Champignons du genre Clavaire. *V.* ce mot. (AUD.)

GALLINSECTES. INS. Réaumur donnait ce nom aux Insectes du genre Kermès, et, par opposition, il nommait *Progallinsectes* ou *Faux-Gallinsectes* ceux du genre Cochenille. De Géer a formé avec les Gallinsectes un ordre particulier correspondant au grand genre Cochenille de Linné, et Latreille a fondé sous ce nom une famille de l'ordre des Hémiptères, section des Homoptères. Ses caractères sont : un seul article aux tarses, avec un crochet au bout; des antennes filiformes ou sétacées, ordinairement de onze articles; mâle privé d'un bec, mais pourvu de deux ailes se recouvrant horizontalement sur le corps, avec un abdomen terminé par deux soies; femelle aptère munie d'un bec. Cette famille offre une particularité bien curieuse, et qui la distingue suffisamment de toutes les autres. Les femelles, lorsqu'elles ont été fécondées, se fixent sur des Végétaux de diverses sortes; bientôt leur corps se gonfle, puis se dessèche et présente l'aspect de galles ou d'excroissances; les œufs, placés sous cet abri maternel, ne tardent pas à éclore. *V.* COCHENILLE et KERMÈS. (AUD.)

GALLINULA. MOLL. Genre établi par Klein (Méthode Ostrac., p. 56), pour les Coquilles que l'on compare à des Poules qui couvent, parce qu'elles ont le bord droit en forme d'aile. On trouve dans cette coupe principalement des Strombes qui se rapprochent du *Strombus canarinus*, et des Volutes, tels que la Neigeuse, le Pavillon d'Orange, etc. (D..H.)

GALLINULE. *Gallinula.* OIS. (Latham.) Genre de l'ordre des Gralles. Caractères: bec moins long que la tête, comprimé, conique, beaucoup plus haut que large à sa base: mandibules d'égale longueur, comprimées vers la pointe, la supérieure légèrement courbée; narines placées de chaque côté du bec vers le milieu de sa longueur, fendues longitudinalement, percées de part en part et en partie recouvertes par une membrane; pieds longs; trois doigts devant et un derrière; les antérieurs très-longs et bordés d'une membrane étroite; ailes médiocres, concaves; la première rémige plus courte que les deuxième et troisième; celle-ci, ou la quatrième, la plus longue.

Ces Oiseaux, auxquels des caractères assez équivoques ont fait trouver difficilement une place immuable dans les méthodes, ont tour à tour été séparés, réunis ou confondus parmi les espèces d'autres genres, qui, sous certains points de vue, offraient des analogies admissibles, mais qu'en écartaient des anomalies de mœurs ou de conformation. Les voici de nouveau groupés jusqu'à ce que la découverte de quelques espèces intermédiaires ne vienne encore dérouter les versatiles méthodistes. S'il fut difficile de s'accorder sur la réunion de ces espèces en famille ou genre, il ne l'est pas moins d'en présenter un ensemble de mœurs et d'habitudes : cependant quelques généralités peuvent être présentées ; telles sont celles de se complaire plus habituellement sur la terre qu'au sein des étangs et des marais où, néanmoins, elles nagent avec vitesse, plongent avec célérité ; de se dérober avec adresse aux regards du chasseur et à la poursuite des Chiens, en courant à travers les joncs et les tiges marécageuses ; de se nourrir indifféremment de Végétaux, de Vers, d'Insectes, de Mollusques et même de petits Poissons ; de passer la plus grande partie de la journée dans des retraites abritées et de n'en sortir que vers le soir. L'on assure que les Gallinules sont voyageuses, mais leurs voyages ne peuvent être que de courte durée, et seulement pour les lieux où l'extrême rigueur de la saison leur ôte tout espoir de trouver la moindre nourriture, car dans les régions un peu plus tempérées, on les aperçoit à toutes les époques de l'année, lors même que tout semble enveloppé de neige et de glaçons ; elles sont, pendant ces jours de disette, réunies près des fontaines et des eaux vives. Du reste, voyageuses ou sédentaires, les Gallinules n'en sont pas moins très-attachées aux lieux qui les ont vues naître, car chaque année elles y viennent déposer les gages de leur tendresse. Leurs nids, que font souvent respecter la solitude et la difficulté d'aborder là où ils sont placés, se composent d'un amas de joncs et de roseaux entrelacés ; la ponte est ordinairement de sept à huit œufs, que le mâle et la femelle couvent alternativement ; les petits courent en naissant, suivent pendant quelque temps leur mère, mais bientôt ils lui laissent le loisir d'élever une seconde famille qui, à son tour et avant la fin de l'année, est suivie d'une troisième.

† Arête de la mandibule supérieure s'avançant sur le front, et se dilatant en une plaque nue.

Gallinule Angoli, *Fulica maderaspatana*, Gmel. Parties supérieures cendrées, les inférieures blanches ainsi que les côtés de la tête et le devant du cou ; rémiges bordées de noir : quelques taches noires sur la poitrine. Taille, seize pouces. Des Indes. Espèce douteuse.

Gallinule brune, *Porphyrio phœnicurus*, Var., Lath. Parties supérieures noires, les inférieures blanches, avec l'abdomen rouge ; pieds jaunes. Taille, huit pouces. Du cap de Bonne-Espérance.

Gallinule cendrée, *Fulica cinerea*, L. Parties supérieures cendrées, nuancées de vert sur les ailes et le corps ; les postérieures blanchâtres, avec le milieu du ventre blanc ; pieds bruns. Taille, dix-sept pouces. De la Chine.

Gallinule de la Chine. *V.* **Gallinule Karuka**.

Gallinule couleur de Plomb, *Gallinula plumbea*, Vieill. Parties supérieures noirâtres, avec les plumes lisérées de cendré ; tectrices alaires noires bordées de roux ; rémiges cendrées rayées de gris et de blanc ; parties inférieures et cou d'un cendré bleuâtre rayé de blanc ; bec roux ; plaque frontale rouge. Taille, vingt pouces. De Java.

Gallinule favorite, *Fulica flavirostris*, Gmel., Buff., pl. enl. 897. Parties supérieures bleues, ainsi que les côtés de la tête, de la gorge et les flancs ; devant du cou, poitrine et ventre blancs ; tête et queue noirâtres ; bec et pieds rouges. Taille, dix pouces. De Cayenne.

Gallinule Glout, *Fulica fistulans*. Variété douteuse de la Gallinule Poule d'eau, jeune.

Gallinule, grande Poule d'eau. *V.* **Gallinule Poule d'eau**.

Gallinule grinette, *Fulica nævia*, Gmel. Espèce peu connue, qui pourrait bien n'être qu'une variété d'âge du Râle d'eau. *V.* ce mot.

Gallinule grise, *Porphyrio ci-*

nereus, Vieill. Parties supérieures grises; côtés du front, sourcils, gorge, devant du cou, milieu de la poitrine et du ventre blancs; bec jaune; pieds rougeâtres. Taille, sept pouces. Patrie inconnue.

GALLINULE KARUKA, *Rallus phœnicūrus*, Gmel., Buff., pl. enl. 896. Parties supérieures noires, tachetées de bleu; les inférieures de même que la tête, blanches; ventre et queue d'un roux vif; bec et pieds verts. Taille, huit pouces.

GALLINULE DU MEXIQUE, *Fulica Mexicana*, Lath. Parties supérieures verdâtres, variées de bleu et de fauve; les inférieures, la tête et le cou pourpres; rémiges et rectrices vertes; bec rouge, jaune à l'extrémité. Taille, douze pouces.

GALLINULE MOUCHETÉE, *Fulica maculata*, Gmel. Var. de la GALLINULE POULE D'EAU, jeune.

GALLINULE, PETITE POULE D'EAU, *Gallinula fusca*, Lath. *V.* GALLINULE POULE D'EAU, jeune.

GALLINULE, POULETTE D'EAU. *V.* GALLINULE POULE D'EAU, jeune.

GALLINULE POULE D'EAU, *Gallinula Chloropus*, L., Buff., pl. enl. 877. Parties supérieures d'un brun olivâtre foncé: les inférieures, la tête, la gorge et le cou d'un bleu-ardoisé; rémiges, tectrices caudales inférieures blanches; base du bec et plaque frontales rouges; pieds d'un vert jaunâtre avec une jarretière rouge. Taille, douze à quatorze pouces. D'Europe. Les jeunes sont d'un brun olivâtre plus clair en dessous; le blanc des ailes est d'un brun clair; la plaque frontale est presque nulle; les pieds sont olivâtres, avec la jarretière jaunâtre. D'Europe.

GALLINULE SMIRRING, *Fulica flavipes*, Gmel. *V.* GALLINULE POULE D'EAU, jeune.

GALLINULE TAVOUA, *Fulica Martinica*, Gmel. Tout le plumage vert, changeant en bleu sur la tête et sous le corps; rémiges et rectrices noirâtres, bordées de vert; tectrices caudales inférieures blanches; base du bec et plaque frontale rouges; pieds

jaunes. Taille, douze pouces. Les jeunes et les femelles sont nuancés de brun; ils ont le dessous du corps blanc, nuancé de noir, les pieds bruns. De l'Amérique méridionale.

†† Point de plaque frontale.

GALLINULE BAILLON, *Gallinula Baillonii*, Vieill. Parties supérieures d'un roux olivâtre avec des taches blanches entourées de noir; sommet de la tête roux, strié de noir; gorge, sourcils, côtés du cou, poitrine et ventre d'un gris bleuâtre; flancs, abdomen et tectrices caudales inférieures, variés de blanc et de noir; bec vert; pieds rougeâtres. Taille, six pouces et demi. Les jeunes ont la gorge et le milieu du ventre blancs, rayés de zig-zags cendrés, les flancs olivâtres, nuancés de blanc. D'Europe.

GALLINULE BIDI-BIDI, *Rallus Jamaicencis*, Lath. Parties supérieures d'un brun olivâtre, rayé de blanchâtre; tête noire; parties inférieures d'un cendré bleuâtre; bec noir avec la base de la mandibule inférieure rouge; pieds bruns. Taille, cinq pouces. Des Antilles.

GALLINULE BLANCHE ET ROUSSE, *Rallus leucopyrrhus*, Vieill. Parties supérieures d'un roux châtain, plus vif sur la tête, le cou et surtout les joues; rémiges et rectrices d'un brun roussâtre; parties inférieures blanches, rayées de noir sur les flancs et les jambes; bec noirâtre, vert en dessous; tarse rouge. Taille, six pouces et demi. De l'Amérique méridionale.

GALLINULE BRUNOIR, *Rallus melanophalus*, Vieill. Parties supérieures d'un brun noirâtre; une moustache rousse; gorge blanchâtre; parties inférieures cendrées, noirâtres, rayées de blanc; bec noirâtre, vert à sa base; pieds blanchâtres. Taille, sept pouces. De l'Amérique méridionale.

GALLINULE BRUNE-OLIVATRE, *Rallus rufescens*, V. Parties supérieures d'un brun olivâtre, plus foncé sur la tête; parties inférieures d'un cendré bleuâtre; gorge blanche; flancs et ventre bruns, rayés de blanc et de roux; bec et pieds bruns. Taille, neuf pouces. D'Afrique.

GALLINULE BRUNE, RAYÉE DE NOIR, *Rallus obscurus*, Lath. Parties supérieures fauves, striées de noir, les inférieures d'un brun ferrugineux; bec noir bordé de jaune; pieds d'un brun rougeâtre. Taille, cinq pouces et demi. De l'Océanique.

GALLINULE A COLLIER DES PHILIPPINES. *V.* GALLINULE TÉKLIN A COLLIER.

GALLINULE A COU BLEU, *Rallus cœrulescens*, Lath. Parties supérieures d'un brun rougeâtre; gorge, devant du cou et poitrine d'un bleu pâle; parties inférieures blanches rayées de noir; bec et pieds rouges. Taille, sept pouces. Du cap de Bonne-Espérance.

GALLINULE DE LA DAOURIE. *V.* GALLINULE RALLO-MAROUETTE.

GALLINULE DE GENÊT, *Rallus Crex*, L.; *Crex pratensis*, Bec.; Roi des Cailles, Buff., pl. enl. 750. Parties supérieures d'un brun noirâtre, nuancées de cendré et de roux; un large sourcil cendré; tectrices alaires rousses; rémiges rousses extérieurement; gorge, ventre et abdomen blancs; poitrine d'un cendré olivâtre; flancs roux, rayés de blanc; mandibule supérieure brune, l'inférieure blanchâtre; pieds rougeâtres. Taille, neuf à dix pouces. D'Europe.

GALLINULE GRAND RALE DE CAYENNE, *Fulica Cayennensis*, L., Buff., pl. enl. 352. Parties supérieures olivâtres, avec les ailes d'un roux vif; tête, cou, queue, abdomen et jambes d'un gris brun; côtés de la tête d'un blanc verdâtre; poitrine rousse; bec noirâtre varié de rouge; pieds rouges. Taille, dix-huit pouces. Les jeunes ont presque tout le plumage plus ou moins cendré.

GALLINULE GRISE, *Rallus cinereus*, Vieill. Parties supérieures brunes, les inférieures grises rayées de noir et de blanc sur les flancs; milieu de la gorge et du cou blanc; bec brun; pieds gris. Taille, cinq pouces. De Cayenne. C'est probablement une variété d'âge du petit Râle de Cayenne.

GALLINULE DE LA JAMAÏQUE. *V.* GALLINULE BIDI-BIDI.

GALLINULE JASPÉE, *Rallus maculosus*, Vieill. Parties supérieures brunes, variées de noirâtre, de blanc et de roux; moitié de la tête, devant du cou et parties inférieures d'un roux vif; queue brune; bec noirâtre; pieds rouges. Taille, six pouces. De l'Amérique méridionale.

GALLINULE KIOLO, *Rallus Cayanensis*, Lath., Buff., pl. enl. 368 et 753. Parties supérieures brunes avec le manteau d'un vert olivâtre; sommet de la tête roux, de même que les parties inférieures; jambes olivâtres; bec et pieds bruns. Taille, sept pouces. De l'Amérique méridionale.

GALLINULE MAROUETTE, *Rallus Porzana*, L.; petit Râle d'eau, Buff., pl. enl. 751. Parties supérieures d'un brun olivâtre, tachetées et striées de blanc; les inférieures d'un olivâtre foncé, variées de cendré et tachetées de blanc; front, sourcils et gorge d'un gris bleuâtre; côtés de la tête marqués de noir; rectrices intermédiaires bordées de blanc; bec verdâtre, rouge à sa base; pieds jaunes. Taille, sept à huit pouces. Les jeunes ont la gorge et le milieu du ventre d'un blanc cendré, la face et les joues pointillés de blanc et de brun. D'Europe.

GALLINULE MUDHEN, *Rallus Virginianus*, L. Parties supérieures variées de roussâtre et de noirâtre; les inférieures d'un brun orangé, rayés de noir et de blanc sur l'abdomen et les flancs; gorge jaunâtre; tectrices alaires d'un rouge brun; bec noirâtre, rouge à sa base en dessous; pieds rougeâtres. Taille, sept à huit pouces. La femelle a la tête noirâtre, avec les joues cendrées, le haut de la gorge blanc, et les parties inférieures d'un fauve obscur. De l'Amérique septentrionale.

GALLINULE NOIRE, *Rallus niger*, Lath. Tout le plumage d'un noir irisé; bec jaune; pieds rouges. Taille, huit pouces et demi. Du Sénégal.

GALLINULE NOIRE A PAUPIÈRES ROUGES, *Rallus Tabuensis*, Lath. Tout le plumage noir; bec noir; iris rouge; pieds d'un brun rougeâtre. Taille, six pouces. De l'Océanique.

GALLINULE NOIRE POINTILLÉE DE BLANC, *Rallus pacificus*, Lath. Parties supérieures noires, piquetées de blanc; nuque et rémiges brunes; gorge blanche; poitrine bleuâtre; le reste des parties inférieures blanchâtre; bec et iris rouges; pieds rougeâtres. Taille, neuf pouces. De l'Océanique.

GALLINULE OLIVATRE, *Rallus olivaceus*, Vieill. Parties supérieures olivâtres, tachetées et striées de noir; gorge blanchâtre; parties inférieures d'un gris fauve avec les flancs rayés de noir; bec et pieds bruns. Taille, six pouces et demi. Des Antilles.

GALLINULE PERLÉE. *V.* GALLINULE MAROUETTE.

GALLINULE PETIT RALE DE CAYENNE, *Rallus minutus*, L., Buff., pl. enl. 847. Parties supérieures variées de roussâtre, de noir et de blanc; sommet de la tête et cou bruns; gorge, devant du cou et poitrine d'un blanc roussâtre; abdomen rayé de noir; pieds d'un brun jaunâtre. Taille, cinq pouces.

GALLINULE PETIT RALE D'EAU. *V.* GALLINULE MAROUETTE.

GALLINULE DES PHILIPPINES, *Rallus Philippensis*, Lath., Buff., pl. enl. 774. Parties supérieures brunes, variées de rouge; les inférieures noires, rayées de blanc; sommet de la tête roux; un large sourcil blanc; rémiges mélangées de noir, de blanc et de roux; rectrices noirâtres, bordées de roussâtre; gorge blanchâtre. Taille, dix pouces et demi.

GALLINULE PLOMBÉE A GORGE BLANCHE, *Rallus albicollis*, Vieill. Parties supérieures noires, avec le bord des plumes roussâtre; rémiges d'un noir irisé; gorge blanche; devant du cou, côtés de la tête, poitrine et ventre d'un cendré bleuâtre très-pâle; tectrices caudales inférieures brunes, rayées de blanc; bec verdâtre; pieds d'un brun rougeâtre. Taille, huit pouces. De l'Amérique méridionale.

GALLINULE PORZANE, *Rallus Porzana*, Gmel. *V.* GALLINULE MAROUETTE.

GALLINULE POUSSIN, *Rallus pusillus*, L. Parties supérieures olivâtres, avec le milieu des plumes noir, et un grand espace noir strié de blanc sur le dos; parties inférieures d'un gris bleuâtre, avec quelques raies blanches et brunes sur l'abdomen et les flancs; bec vert, rougeâtre à sa base; pieds cendrés, bleuâtres. Taille, six à sept pouces. Europe.

GALLINULE RALE DE GENÊT. *V.* GALLINULE DE GENÊT.

GALLINULE RALLO-MAROUETTE. *V.* GALLINULE POUSSIN.

GALLINULE ROUGE. *V.* GALLINULE DE GENÊT.

GALLINULE ROUGEATRE, *Rallus Zeylanicus*, Lath. Parties supérieures d'un brun ferrugineux; rémiges noires; parties inférieures d'un brun rougeâtre. Taille, dix pouces. Des Moluques.

GALLINULE ROUGEATRE A BEC ET PIEDS CENDRÉS, *Rallus Sandwicensis*, Lath. Plumage d'un brun ferrugineux, plus pâle en dessous du corps. Taille, sept pouces. De l'Océanique.

GALLINULE ROUSSE A FRONT BLEU, *Fulica Carthagena*, L. Tout le plumage d'un brun roux, tirant sur le fauve vers les parties inférieures; front d'un gris de plomb; bec et pieds bruns. Taille, quinze pouces. De l'Amérique méridionale.

GALLINULE ROUSSE, *Rallus rufus*, Vieill. Parties supérieures d'un brun noirâtre, rayées et tachetées de blanc; tête et cou d'un roux foncé; gorge roussâtre; parties inférieures brunes, striées de noirâtre; bec et pieds bruns. Taille, six pouces et demi. D'Afrique. La femelle a la gorge et les parties inférieures blanchâtres, tachetées de brunâtre.

GALLINULE RUFALBIN, *Rallus rufescens*, Vieill. Parties supérieures d'un brun roussâtre; les inférieures blanches, avec les côtés et les flancs roux; abdomen noir, rayé de blanc; bec brun; pieds verdâtres. Taille, six pouces. De Java.

GALLINULE A SOURCILS BLANCS, *Rallus superciliaris*, Vieill. Parties supérieures noires, striées de blanc; une tache rousse sur le dos; rémiges brunes; rectrices noirâtres, tiquetées de blanc; une bande blanche et deux noires de chaque côté de la tête qui est d'un roux jaunâtre; parties inférieures blanches avec des raies noires sur les flancs et les jambes; bec noir; pieds jaunes. Taille, six pouces. De l'Amérique méridionale.

GALLINULE DE TERRE. *V.* GALLINULE DE GENÊT.

GALLINULE TIKLIN. *V.* GALLINULE DES PHILIPPINES.

GALLINULE TIKLIN A COLLIER, *Rallus torquatus*, Lath. Parties supérieures brunes, lavées d'olivâtre; joues et gorge noirâtres; un trait blanc qui part de chaque angle du bec; parties inférieures brunes, rayées de blanc; un large demi-collier roux; bec et pieds bruns. Taille, onze pouces. Des Philippines.

GALLINULE DE VIRGINIE, *Gallinula Carolina*, Lath. Parties supérieures d'un brun olivâtre, tacheté de blanc; sourcils, joues et poitrine d'un cendré clair; une bande noire longitudinale qui s'étend sous le corps à partir du menton qui est de cette couleur; ventre blanc; flancs rayés de blanc, de fauve et de noir; rectrices brunes, les quatre intermédiaires cendrées et bordées de blanc. Taille, sept pouces et demi. De l'Amérique septentrionale.

GALLINULE VARIÉE A GORGE ROUSSE, *Fulica Novæboracensis*, L. Parties supérieures variées de roux, de noir et de blanc; tectrices caudales noires, rayées de blanc; sommet de la tête noir, pointillé de blanc; parties inférieures roussâtres, variées de brun et tachetées de noir et de blanc sur la poitrine et les flancs; bec noirâtre; pieds rouges. Taille, cinq pouces. De l'Amérique septentrionale.

GALLINULE WIDGEON. *V.* GALLINULE DE VIRGINIE.   (DR..Z.)

* GALLINULE. INF. Espèce du genre Enchelide. *V.* ce mot.   (B.)

* GALLIQUE. *V.* ACIDE GALLIQUE.

GALLIRION. BOT. PHAN. Pour Gallyrion. *V.* ce mot.   (B.)

GALLITE. *Alectrurus*. OIS. (Vieillot.) Genre établi par Vieillot pour y placer deux espèces de l'Amérique méridionale, auxquelles Temminck n'a point trouvé de caractères suffisans pour les séparer des Gobe-Mouches. *V.* ce mot.   (DR..Z.)

GALLITE. BOT. PHAN. Nom vulgaire dans le Midi du *Linaria hirsuta*. *V.* LINAIRE.   (B.)

GALLITRICHUM. BOT. PHAN. La Sclarée, l'Hormin et la Sauge chez d'anciens botanistes.   (B.)

GALLITZINITE. MIN. On a dédié sous ce nom, au prince Dimitri de Gallitzin, une variété de Titane oxidé ferrifère. *V.* TITANE. (AUD.)

GALLOT. POIS. Syn. vulgaire de *Labrus Tinca*, L. *V.* LABRE.   (B.)

GALLUS. OIS. *V.* COQ.

GALLONNÉ, GALLONNÉE. REPT. et POIS. Espèces des genres Squale, Tortue, Lézard, Grenouille et Vipère. *V.* ces mots.   (B.)

GALLYRION. BOT. PHAN. (Mentzel.) Syn. de *Lilium bulbiferum* ou *Martagon*.   (B.)

* GALOPHTALMUM. BOT. PHAN. Genre de la famille des Synanthérées, Corymbifères de Jussieu, et de la Syngénésie superflue, L., récemment établi par Nées et Martius (*Beitrag zur Flora Brasil.*, p. 7) avec les caractères suivans: calathide dont le disque est composé d'un petit nombre de petites fleurs égales, tubuleuses et hermaphrodites; et la couronne unilatérale, formée de deux ou trois fleurs femelles, en languettes ovales et émarginées; involucre cylindracé, composé de huit folioles, dont quatre extérieures plus larges et embrassant les intérieures; réceptacle nu, ponctué; akènes tétragones, comprimés, obconiques, surmontés d'un rebord à deux ou quatre épines. Ce genre appartient à la tribu des Hélianthées,

et se rapproche des genres *Verbesina*, *Pectis*, et du *Chtonia* de Cassini. Il diffère du premier par la forme de l'aigrette et le réceptacle nu ; du *Pectis* et du *Chtonia* par l'involucre octophylle, et du dernier surtout par son aigrette non membraneuse à la base. L'auteur de ce genre n'en a décrit qu'une seule espèce, *Galophtalmum Brasiliense*, Plante herbacée dont les feuilles sont ovales, hérissées et verticillées au nombre de quatre. Elle est figurée (*loc. cit.*, tab. 2) avec plusieurs détails sur les organes de la fructification. (G..N.)

GALOPINE. *Galopina.* BOT. PHAN. Genre de la famille des Rubiacées et de la Tétrandrie Digynie, L., établi par Thunberg, et adopté par Willdenow et Jussieu avec les caractères suivans : calice entier, non proéminent (nul selon Thunberg); corolle à quatre segmens réfléchis; quatre étamines à anthères oblongues dressées; deux styles ; fruit très-petit, divisible en deux coques globuleuses et muriquées. Thunberg, dans son Prodrome des Plantes du Cap, a lui-même réuni ce genre à l'*Anthospermum* malgré la diversité de leur port. Au reste, le *Galopina* ne renferme qu'une seule espèce, *Galopina circoeoides*, qui est une Plante herbacée, annuelle, à feuilles opposées ; ses fleurs sont disposées en panicules lâches, terminales, et elles sont accompagnées de bractées. Elle croît au cap de Bonne-Espérance. (G..N.)

GALOS-PAULES. MAM. Le Singe désigné sous ce nom par Marmol, qui le dit de couleur de Chat sauvage, paraît être le Patas. (B.)

GALPHIMIE. *Galphimia.* BOT. PHAN. Genre de la famille des Malpighiacées, et de la Décandrie Monogynie, L., caractérisé par un calice quinquéparti, persistant, dépourvu de glandes ; cinq pétales onguiculés, à limbe ovale ; dix étamines hypogynes à filets libres ou réunis vers leur base ; un ovaire surmonté de trois styles simples, à trois loges contenant un seul ovule ; une capsule à trois coques s'ouvrant extérieurement suivant leur longueur. Il se compose d'Arbrisseaux à feuilles opposées, entières, portées sur des pétioles le long desquels on remarque quelquefois une double glande. Les fleurs jaunes, disposées en grappes terminales, sont soutenues sur des pédoncules munis d'une bractée à leur base et de deux un peu plus haut. A trois espèces du Mexique que Cavanilles, auteur de ce genre, avait décrites, Kunth en a ajouté avec doute deux, différentes en effet par leur calice glanduleux, et originaires du même pays. *V.* Cav., *Icon.*, 489 et 563, et Kunth, *Nov. Gen.*, 5, 172, tab. 452. (A. D. J.)

GALTABÉ. REPT. SAUR. L'un des noms vulgaires du *Lacerta Monitor*, L. *V.* MONITOR. (B.)

GALUCHAT. POIS. Lacépède a démontré que cette substance était la dépouille du *Raja Sephen* de la mer Rouge, préparée d'une certaine façon. Tout le monde connaît cette peau dure et polie dont l'usage nous est venu des Orientaux, et qui sert à faire des couvertures d'étuis, de boîtes, d'épées, de sabres, etc. (B.)

*GALURUS. BOT. PHAN. Syn. dans Sprengel, de *Caturus*, genre de la famille des Euphorbiacées. (A. D. J.)

GALVANIE. *Galvania.* BOT. PHAN. Genre de le Pentandrie Monogynie, L., établi par Vandelli (*Spec. Flor. Lusit. et Bras.*, p. 15, tab. 1) pour une Plante indigène du Brésil. Ce genre, placé parmi les Rubiacées, n'est point mentionné par le professeur de Jussieu dans le travail qu'il a publié sur cette famille (Mém. du Mus. T. VI, année 1820). Il diffère, en effet, si peu du *Palicourea* d'Aublet, qu'il y a lieu de croire qu'on le réunira ainsi que celui-ci avec le *Psychotria.* Selon Jussieu, le *Palicourea*, comme le genre qui nous occupe, possède une corolle à tube gibbeux ; celui-ci ne s'en distingue que par l'orifice de sa corolle fermée par des poils. *V.* PSYCHOTRIE. (G..N.)

GALVANISME. ZOOL. Nom donné à l'électricité qui se manifeste au contact des nerfs et des muscles, chez les Animaux vivans, comme dans ceux qui viennent de perdre la vie, mais auxquels il reste encore un peu de chaleur propre. Ce nom est tiré de celui du physicien italien, Galvani, auquel la science est redevable de cette découverte importante qui a depuis reçu une application plus générale et jeté un grand jour sur nombre de phénomènes de la physique et de la chimie. *V.* ELECTRICITÉ.   (DR..Z.)

GALVÉZIE. *Galvezia.* BOT. PHAN. Et non Galvesie. Genre de la famille des Laurinées et de l'Octandrie Tétragynie, L., établi par Ruiz et Pavon (*Prodr. Flor. Pens.*, p. 56, tab. 55), qui lui ont donné pour caractères essentiels : un calice à quatre segmens ; quatre pétales ; huit étamines, dont quatre alternes plus courtes ; disque glandulaire placé sous les ovaires qui sont connivens et au nombre de quatre, surmontés d'autant de styles ; quatre drupes renfermant chacun une noix uniloculaire.

La GALVÉZIE PONCTUÉE, *Galvezia punctata*, R. et P., seule espèce du genre, est un Arbre du Chili, dont les feuilles sont opposées, oblongues, lancéolées, dentées en scie et parsemées de points glandulaires ; elles répandent une odeur aromatique très-agréable. Les fleurs sont disposées en grappes paniculées et axillaires.

Il ne faut pas confondre le genre que nous venons de décrire avec le *Galvezia* établi par Jussieu (*Gener. Plant.*, p. 119), d'après les manuscrits de Dombey. Les auteurs de la Flore du Pérou et du Chili ont réuni celui-ci au *Dodartia* dont il ne diffère que par son stigmate simple et le tube renflé de sa corolle.   (G..N.)

GAMAICU. POLYP. ? Les corps calcaires et globuleux auxquels, sous le nom barbare de Gamaicu, l'on attribua long-temps des propriétés merveilleuses, sont tout au plus de légers absorbans et paraissent être des frag-

niens de divers Madrépores fossiles.   (B.)

GAMAL. MAM. *V.* DROMADAIRE, au mot CHAMEAU.

GAMASE. *Gamasus.* ARACHN. Genre de l'ordre des Trachéennes, famille des Holètres, tribu des Acarides, fondé par Latreille aux dépens du genre *Acarus* de Linné, et adopté depuis par Fabricius et par les entomologistes français. Ses caractères sont : huit pates simplement ambulatoires ; mandibules en pince ; palpes saillans ou très-distincts et en forme de fil. Le genre Gamase n'est pas encore très-bien circonscrit, et il comprend des espèces dont les habitudes différentes et fort singulières autoriseront sans doute quelque jour plusieurs changemens. Dès à présent il se divise en deux sections. La première se compose de ceux qui ont le dessus du corps revêtu en tout ou en partie d'une peau écailleuse. Tels sont :

Le GAMASE BORDÉ, *Gamasus marginatus*, Latr., ou l'*Acarus marginatus* d'Hermann (Mém. Aptérologique, p. 76, pl. 6, fig. 6). Cet observateur prétend qu'il vit sur les cadavres et qu'il a été trouvé dans le cerveau d'un Homme, sans qu'on puisse supposer qu'il y soit venu du dehors. Cette espèce est distincte, suivant lui, de l'*Acarus motatorius* de Linné, et elle est peut-être la même que l'*Acarus cadaverinus*, Herm., trouvé sur le corps d'une Alose en état de putréfaction.

Le GAMASE LONGIPÈDE, *Gamasus longipes* ou le *Trombidium longipes* d'Hermann (*loc. cit.* p. 31, pl. 1, fig. 8). On le trouve dans les Mousses.

Le GAMASE DES COLÉOPTÈRES, *Gamasus Coleoptratorum* ou l'*Acarus Coleoptratorum* de Linné et d'Hermann. Il a été décrit et figuré par Degéer (Mém. sur les Ins. T. VII, p. 112, pl. 6, fig. 15).

La deuxième section comprend les espèces dont le corps est entièrement mou ; les unes vivent sur différens Mammifères et Oiseaux, telles que :

Le Gamase de la Chauve-Souris, *Gamarus Vespertilionis* ou l'*Acarus Vespertilionis* d'Hermann (*loc. cit.*, p. 84, pl. 1, fig. 14).

Le Gamase de l'Hirondelle, *Gamasus Hirundinis* ou l'*Acarus Hirundinis* d'Hermann (*loc. cit.*, p. 85, pl. 1, fig. 13) qui rapporte à cette espèce l'*Acarus Gallinæ* de Degéer. On le trouve dans le nid de l'Hirondelle de cheminée.

Les autres espèces de cette section habitent différens Végétaux et filent à la surface inférieure des feuilles, des toiles qui les enlacent et les font périr.

Le Gamase tisserand, *Gamasus telarius*, ou l'*Acarus telarius* de Linné, qui est la même espèce que le *Trombidium telarium* d'Hermann (*loc. cit.*, p. 40, pl. 2, fig. 15). Il se trouve sur différentes Plantes, et particulièrement sur les Tilleuls auxquels il paraît faire beaucoup de tort. Hermann a décrit et représenté sous les noms de *Tiliarium* et de *Socium* deux autres espèces propres au Tilleul, et qui vivent en société sur les Arbres.

(AUD.)

* GAMBARUR. pois. Espèce du sous-genre Hémiramphe. *V*. Esoce.

(B.)

GAMBETTE. ois. Espèce du genre Chevalier. *V*. ce mot. (DR..Z.)

GAMMA. ins. Syn. de *C. album*, espèce de Papillon du genre Nymphale et une Noctuelle. (B.)

* GAMMARELLE. *Gammarellus*. crust. Leach a désigné sous ce nom un genre de Crustacé qui correspond à celui des Euphées de Risso, lequel a été réuni par Latreille au genre Apseude. *V*. ce mot. (AUD.)

GAMMAROLITHE. crust. Vieux synonyme de Crustacés fossiles. (B.)

* GAMMAROLOGIE. zool. *V*. Entomologie.

GAMMARUS. crust. *V*. Crevette.

* GAMMASIDE. *Gammasides*. arachn. Leach a établi sous ce nom

(*Trans. Linn. Societ.* T. XI) une famille dans sa classe des *Cephalostomata* et dans son ordre des *Monomerosomata*. Elle comprend uniquement le genre *Gamasus* de Latreille, que Leach écrit *Gammasus*. *V*. Gamase.

(AUD.)

* GAMOPÉTALE et GAMOSÉPALE. bot. phan. Le professeur De Candolle ayant posé en principe (Théorie Elémentaire de la Botanique, 2e édit., p. 121 et 128) que toute corolle dite monopétale et tout calice nommé monosépale, sont composés de parties soudées en un seul corps plus ou moins profondément divisé, a proposé de remplacer ces mots par ceux de corolle Gamopétale et de calice Gamosépale. (G..N.)

* GAMOPHYLLE. *Gamophyllum*. bot. phan. Nom proposé par Palisot de Beauvois et adopté par Lestiboudois (Fam. des Cypéracées) pour l'enveloppe ou écaille propre de chaque fleur des Cypéracées. *V*. Cypéracées. De Candolle donne aussi ce nom à l'involucre composé de folioles soudées dans quelques Plantes. (A.R.)

GAMUTE. On donne, selon Bosc, aux Philippines ce nom à ces filamens qui pendent de la base des feuilles de certains Palmiers, et servent à faire des cordages. (B.)

GANACHE. ins. Latreille a désigné ainsi, dans ses premiers ouvrages, une partie de la bouche des Insectes, qu'on a depuis nommée Menton. *V*. ce mot et Bouche. (AUD.)

GANDARUSSA. bot. phan. Espèce du genre Justicia (*V*. ce mot). qui est le *Gandarussa-Sosa* de Rumph (*Amb.* 4, t. 28 et 29) et le *Vada-Koki* des Malais. (B.)

GANDOLA. bot. phan. (Rumph, *Amb.* 5, t. 154, f. 2). Syn. de *Basella rubra*, L. *V*. Baselle. (B.)

GANELLI. pois. (Risso.) Le *Lophius Piscatorius* à Nice. *V*. Lophie.

(B.)

GANGA. *Pterocle*, Temm.; *Anas*, Vieill. ois. Genre de l'ordre des Gallinacés. Caractères : bec médiocre, comprimé, grêle dans quelques espèces; mandibule supérieure courbée seulement vers la pointe ; narines placées à la base du bec, à demi fermées par une membrane que recouvrent les plumes du front, ouvertes en dessous ; quatre doigts courts, les trois antérieurs réunis jusqu'à la première articulation et bordés de membranes, le postérieur presque nul, s'articulant très-haut sur le tarse dont le devant seul est garni de très-petites plumes ; ongles très-courts, obtus, à l'exception de celui du pouce ; queue conique avec les deux rectrices intermédiaires assez souvent prolongées au-delà des autres ; ailes longues, acuminées ; la première rémige la plus longue.

Confondues pendant long-temps avec les Tétras et les Perdrix, les espèces qui composent aujourd'hui le genre Ganga n'ont été séparées de leurs premiers congénères que d'après quelques légères différences produites probablement par des habitudes que détermine la température des climats dont ces Oiseaux s'éloignent rarement, plutôt que le résultat d'une organisation particulière bien prononcée. Les Gangas ont exclusivement adopté les contrées équatoriales de l'ancien continent ; quelques espèces seulement traversent la Méditerranée et viennent visiter les côtes méridionales de l'Europe, mais leur séjour n'y est pas de longue durée, et bientôt ils retournent vers leurs plages arides et brûlantes. C'est là, près des torrens et des sources qui humectent les tristes Bruyères et les buissons à demi-desséchés dont ces vastes solitudes sont parsemées, que l'on voit les Gangas venir par centaines se désaltérer et se remettre des fatigues de la journée qu'ils emploient tout entière à la recherche d'une nourriture qu'un sol aussi ingrat ne peut leur offrir en abondance. Cette nourriture consiste en graines et petits Insectes. Vers l'époque des amours, les sociétés nombreuses se dissolvent, chaque couple s'isole, non pour vaquer aux soins de la construction du nid, mais pour couver alternativement et sans inquiétude les quatre ou cinq œufs que la femelle dépose ordinairement sous un buisson, au milieu d'une fossette qu'elle arrondit dans le blé. Dès que les œufs éclosent, les petits en sortent et se mettent à courir ; ils suivent les parens, et gagnent avec eux les points de réunion, tout aussitôt qu'ils sont en état de voler.

GANGA BI-BANDE, *Pterocle bicinctus*, Temm., *Anas bi-cincta*, Vieill. Parties supérieures d'un cendré brun tacheté de blanc ; sommet de la tête et occiput roux, variés de noirâtre ; une petite tache blanche à la base du bec et une large bande noire coupée par deux taches blanches au-dessus des yeux ; joues, cou, poitrine et petites tectrices alaires d'un gris jaunâtre ; croupion et tectrices caudales rayés de brun et de jaunâtre ; rectrices rayées de même, terminées par une grande tache roussâtre ; rémiges noirâtres ; parties inférieures blanchâtres, finement rayées de brun ; un collier blanc, puis en dessous un autre noir ; bec, doigts et ongles jaunâtres. Taille, neuf pouces et demi. La femelle a les joues et la gorge pointillées de brun, les parties supérieures rayées de brun et de jaune ; des zônes blanches sur les ailes ; enfin ni sourcils, ni colliers. D'Afrique.

GANGA CUTA, *Pterocle seturius*, Tem. ; *Tetrao olchata*, Gmel., *Tetrao caudacutus*, Gmel., Buff., pl. enl. 105 et 106. Parties supérieures jaunâtres, rayées de noir, avec les plumes du dos et des scapulaires terminées de bleuâtre ; petites rectrices alaires marquées obliquement de roux brun et terminées par une tache lunaire blanche ; les grandes olivâtres, terminées par un croissant noir ; côté de la tête et devant du cou cendrés ; gorge noire ; un large collier ou ceinturon orangé, bordé de noir ; parties inférieures blanches ; rectrices terminées de blanc, les intermédiaires effilées, dépassant les autres de trois pouces. Taille, treize à quatorze pouces. La femelle a les tectrices alaires d'un cendré bleuâtre avec une bande oblique, roussâtre ; elles sont toutes terminées de noir ; la gorge blanche avec un demi-collier noir ; les filets de la queue ne dépassent guère plus d'un pouce et demi. Du midi de l'Europe.

GANGA A DOUBLE COLLIER. *V.* GANGA BI-BANDE.

GANGA DES INDES. *V.* GANGA A QUATRE BANDES.

GANGA NAMAQUOIS, *Pterocle Tachypetes*, Temm., *Tetrao Senegalus*, L., *Tetrao Namaqua*, Lath., Buff., pl. enl. 130. Parties supérieures d'un brun rouge foncé, variées de brun noirâtre ; petites tectrices alaires blanches, bordées de brun ; les grandes brunes, terminées de bleuâtre ; rémiges noirâtres ; tête, cou et poitrine d'un gris cendré ; gorge jaune avec les côtés roussâtres ; un croissant blanc et étroit, suivi d'un autre brun, sur la poitrine ; abdomen d'un noirâtre pourpré ; rectrices cendrées, terminées de jaunâtre, les deux intermédiaires subulées et noirâtres vers l'extrémité ; bec bleu ; pieds garnis de plumes bleuâtres ; ongles noirs. Taille, dix à onze pouces. La femelle a les parties supérieures rayées de noir, de blanc et de roux ; la gorge roussâtre, la poitrine rayée et striée de noirâtre ; le ventre d'un roux clair ; le reste comme dans le mâle. D'Afrique.

GANGA A QUATRE BANDES, *Pterocle quadri-cinctus*, Temm., *Tetrao Indicus*, Gmel. Parties supérieures jaunâtres, rayées de brun et de noir ; tectrices alaires jaunes, avec une bande noire bordée de blanc ; front blanc, surmonté d'un bandeau noir ; occiput roussâtre, strié de noir ; cou cendré ; poitrine rousse, variée et rayée de noir et de blanc formant quatre petits ceinturons ; parties inférieures cendrées, rayées de noir ; bec jaunâtre ; pieds et ongles bruns. Taille, neuf pouces et demi. La femelle a les couleurs moins vives que le mâle, et plus de noir dans les rayures du dos ; elle a la tête d'un roux jaunâtre, sans bandeau noir ; elle n'a point non plus de ceinturons sur la poitrine. De l'Inde.

GANGA DES SABLES, GANGA UNI-BANDE, *Pterocle arenarius*, Temm., pl. 52 et 53. Parties supérieures d'un cendré jaunâtre, irrégulièrement tachetées de bleuâtre et terminées de jaune ; rémiges d'un cendré noirâtre ; tête, cou et poitrine d'un cendré rougeâtre ; base de la mandibule inférieure et région des oreilles rousses ; une tache triangulaire noire sur la gorge ; un ceinturon noir sur la poitrine ; ventre, flancs, abdomen et cuisses noirs, de même que les tectrices caudales et le dessous des rectrices ; celles-ci en dessus rayées de cendré, de roux et terminées de blanc. Taille, douze à quatorze pouces. La femelle a toutes les parties supérieures d'un jaune sale, tachetées et rayées de noir ; la tête et la poitrine jaunâtres, tachetées de noir ; point de tache noire sur la gorge, mais un demi-collier cendré ; le ceinturon noir est beaucoup plus étroit. Du midi de l'Europe.

GANGA VÉLOCIFÈRE. *V.* GANGA NAMAQUOIS. (DR..Z.)

* GANGILA. BOT. PHAN. *V.* JUGÉOLINE.

GANGLIONS. ZOOL. On nomme ainsi des renflemens de couleur grisâtre, d'une consistance dure et un peu élastique, d'une nature homogène dans leur coupe, mais dont la texture se manifeste par plusieurs dissolvans chimiques, et qui sont situés sur différens points de la longueur des nerfs. — Cette définition exclut donc les Ganglions de tout le système cérébro-spinal, où ne se trouve jamais aucun tissu semblable. Ce que Gall a nommé Ganglion, dans ce système, ne consiste que dans des amas de matière grise, plus molle précisément et plus pulpeuse que la matière blanche ou fibreuse. Il est bon de dire aussi que ce qu'il a appelé Ganglions dans la moelle épinière n'a qu'une existence nominale. Il a cru que la moelle épinière était renflée à l'origine de chaque paire de nerfs, et que le noyau de ce renflement était un amas plus considérable de matière grise qu'il nommait

Ganglion. Rien de tout cela n'existe : la moelle épinière n'est point renflée partiellement à l'origine de chaque paire de nerfs. Cette moelle ne contient pas plus de matière grise dans le segment correspondant à ces origines , que dans leurs intervalles.

Il y a trois sortes de Ganglions : 1° des Ganglions intervertébraux. Nous avons le premier reconnu (Recherch. Anat. et Phys. sur le syst. nerveux des Poissons, couronné à l'Institut en 1822) que les nerfs spinaux de ces Animaux n'ont pas de Ganglions, excepté dans quelques espèces, par exemple les Trigles, chez les nerfs excitateurs spéciaux de la sensibilité. Dans tous les Vertébrés, les nerfs excitateurs de la sensibilité tactile (y compris le goût) sont pourvus de Ganglions ordinairement situés dans le trou de sortie du crâne ou de la colonne vertébrale. Pour les paires de nerfs également conducteurs du sentiment et du mouvement, les filets conducteurs du premier et qui sont constamment les supérieurs, passent seuls par le Ganglion. Les nerfs exclusivement conducteurs du mouvement n'ont pas de Ganglion , par exemple, les troisième, quatrième et sixième paires de nerfs, etc., dans les Mammifères. Ces Ganglions ont quelquefois un volume énorme à la cinquième et à la huitième paire chez les Poissons. Dans un *Tetrodon Luna*, par exemple , pesant une centaine de livres et de près de deux pieds de diamètre, un seul des deux Ganglions de la huitième paire est à lui seul aussi volumineux que tout le système cérébro-spinal.

2°. Des Ganglions. Il existe d'autres Ganglions bien distincts des précédens par leur position, leur texture plus serrée, l'obscurité plus mystérieuse encore de leurs fonctions, enfin la variabilité de leur existence jusque dans une même espèce, ou au moins dans des espèces voisines : ce sont les Ganglions ophtalmique , sphéno-palatin , nasopalatin, maxillaire, etc. Ces Ganglions se trouvent sur le trajet des nerfs, soit des sens , soit du mouvement; mais ils n'existent pas dans l'épaisseur même du nerf; ils lui sont collatéraux, et des filets d'un ou de plusieurs nerfs appartenant même à des paires différentes, viennent s'embrancher sur eux. Ainsi le Ganglion ophtalmique , dans l'Homme et tous les *Felis, Canis*, etc. , reçoit des filets du nerf ophtalmique et du tronc de la troisième paire ; et c'est du Ganglion que partent le plus grand nombre des nerfs de l'iris. Dans les Rongeurs, il n'y a plus du tout de Ganglion ophtalmique, non plus que dans aucun Ovipare, même ceux à pupille le plus mobile, par exemple , les différentes espèces de Strix. Nous avons, avec Magendie, en expérimentant les propriétés du système nerveux, examiné les nerfs iridiens des pupilles si mobiles de ces Oiseaux , et ce sont de tous les Oiseaux ceux où ces nerfs sont à proportion les plus petits. Ils viennent directement de la troisième paire seule qui n'a même pas le petit renflement existant chez tous les *Falco*. Il n'y a pas la moindre trace de Ganglion sphéno-palatin dans les Chiens, les Chats, les Lapins, les Cochons d'Inde , les Ruminans, les Chevaux, etc., et il n'y a pas l'apparence d'un seul Ganglion de ce second ordre dans aucun Ovipare , où les Ganglions du troisième ordre ne manquent jamais, excepté chez les Chondroptérygiens à branchies fixes, où il nous a été impossible d'en découvrir de traces. L'existence des Ganglions du second ordre se trouve à peu près limitée à l'Homme et aux Singes. Les Ganglions ophtalmique, sphéno-palatin, naso-palatin ne sont donc pas, pour les paires cérébrales de nerfs, ce que les Ganglions du grand sympathique sont pour les paires rachidiennes, ainsi que l'a cru Bailly (Cuvier, Analys. des trav. de l'Académ. des sc., 1823, p. 61), car ces derniers Ganglions sont constans partout ailleurs; les cartilagineux déjà cités , et ensuite ces trois Ganglions ne devraient donc pas exister sur le trajet des nerfs de la seule cinquième paire; mais ces Ganglions devraient être répartis sur chacune des paires cérébrales.

3°. Ganglions du grand sympathique. Ceux-là sont les plus nombreux, car il y en a tout du long de l'épine deux séries pour correspondre à chaque nerf spinal généralement, et en outre il y en a un très-grand nombre sur le trajet des nerfs de ce système, distribués aux organes de la digestion, de la circulation, de la respiration et de la génération. Ces Ganglions manquent absolument aux Chondroptérygiens à branchies fixes, à ces Squales si voraces et si féroces. Ces Ganglions ne sont donc pas non plus les excitateurs au moins constamment nécessaires des sécrétions biliaires et intestinales ; car les Squales et les Raies sont de tous les Animaux ceux qui ont le foie le plus volumineux et les sécrétions digestives les plus abondantes. Quoi qu'on en ait dit, ces Ganglions sont insensibles aux excitations mécaniques et chimiques; en quoi ils diffèrent beaucoup des Ganglions intervertébraux dont la sensibilité est très-vive.

Ce qu'on nomme cerveau dans tous les Mollusques autres que les Céphalopodes, ressemble beaucoup à ces Ganglions. C'est aussi avec eux que les autres Ganglions épars des Mollusques, y compris les Céphalopodes, paraissent avoir le plus de ressemblance, car tous ces Ganglions fournissent principalement des nerfs aux organes digestifs, respiratoires et génitaux ; mais ils paraissent aussi animer les muscles volontaires à qui ils se distribuent. Enfin, dans les Insectes, les Crustacés et les Annelides, il existe aussi une double série de renflemens nerveux, disposés régulièrement par paires, liés entre eux par des rameaux communiquant et fournissant aussi tous les genres d'organes, comme les Ganglions irréguliers des Mollusques.

Des renflemens semblables se retrouvent sur les points de l'anneau en apparence nerveux qui entoure la bouche des Astéries; et c'est à eux qu'aboutissent les filets pris pour des nerfs qui règnent le long de l'axe de chaque rayon. (*V.* Tiedman, Anat. des Astéries.)

On ne sait encore rien d'exact ni de démontré sur les propriétés de ces deux derniers ordres de Ganglions. On ne possède que quelques inductions négatives contre des hypothèses vagues, arbitrairement conçues et admises à leur sujet. (*V.* notre Anat. des syst. nerveux et notre article Nerf dans ce Diction.)   (A. D..NS.)

* GANGUE. BOT. PHAN. Ce nom de pays désigne chez les Nègres du Sénégal une Plante dont on retire une fécule pareille à l'Indigo et qui n'est peut-être qu'une espèce du genre *Indigofera*.   (B.)

GANGUE. MIN. Ce nom vient du mot allemand *Gang* qui veut dire Filon. Il désigne proprement les substances de nature pierreuse qui servent de support ou d'enveloppe aux Minerais dans les filons métallifères ; mais il a reçu une acception plus vaste dans la langue des minéralogistes, qui l'appliquent indistinctement à toute substance dans laquelle est engagé le Minéral que l'on considère en particulier. On donnait autrefois aux Gangues des Minéraux le nom de Matrices, expression qui faisait allusion à l'idée que l'on avait alors d'une sorte de fécondation opérée dans les mines par les vapeurs qui les pénétraient, et de leur transmutation les unes dans les autres. La Gangue des Minéraux s'est formée en même temps qu'eux : elle est le plus souvent amorphe, rarement cristallisée. Sa nature diffère ordinairement de celle de la roche environnante ; mais quelquefois elle n'est autre chose que cette roche elle-même plus ou moins altérée. Un même gîte de Minerais renferme ordinairement plusieurs espèces de Gangue : celles qu'on rencontre le plus fréquemment sont : le Quartz, le Calcaire spathique, la Baryte sulfatée, le Spath brunissant et le Spath fluor.

On observe aussi, mais plus rarement, le Jaspe, le Silex corné, les
Agates, la Wacke, l'Asbeste, le Mica,
le Feldspath, la Topaze, la Chaux
sulfatée et la Chaux phosphatée. Enfin le Schiste argileux, les diverses
Roches conglomérées, les Argiles et
terres grasses de toute espèce font
également fonction de Gangue dans
un grand nombre de gîtes de Minerais.

Dans le langage des mineurs ou des
métallurgistes, la Gangue est la partie stérile et de non-valeur du Minerai qui fait l'objet d'une exploitation.
Une opération très-importante est
celle qui a pour but la séparation de
la matière utile de cette matière
étrangère et de rebut avec laquelle
elle est mélangée et même combinée.
Les grillages, la fusion, l'amalgama-
tion, la distillation sont les moyens
chimiques que l'on emploie pour obtenir le Métal à l'état de pureté, lorsqu'il a subi les préparations par lesquelles on le dégage le plus possible
de sa Gangue apparente. Ces préparations consistent à trier le Minerai, à le bocarder, à le laver et
le cribler; elles sont d'autant plus
nombreuses que les Minerais sont
plus disséminés dans leur Gangue.
On a remarqué que quelquefois la
Gangue facilitait la fusion des Minerais, soit parce qu'elle est par elle-
même très-fusible, soit parce qu'elle
se combine avec quelque principe
étranger au Métal, et contribue par-
là à l'épurer. Elle s'empare souvent
d'une substance métallique qui est
unie à celle que l'on veut isoler, et
l'entraîne avec elle dans les scories.
(G. DEL.)

*GANIAUDE. BOT. PHAN. V. EGA-
LADE.

GANIL. MIN. Nom sous lequel Kirwan a désigné, dans la deuxième édition de sa Minéralogie, la Dolomie
granulaire. V. DOLOMIE.   (AUD.)

GANITRE. *Ganitrus.* BOT. PHAN.
Gaertner (*de Fruct.* T. II, p. 271, tab.
158) a substitué ce nom générique à
celui d'*Elæocarpus* employé par Linné et Burmann, à cause, dit-il, du
peu de rapport de ce fruit avec celui
de l'Olivier. Ce changement n'a pas
été adopté, et le *Ganitrus spherica* de
Gaertner n'est plus qu'un synonyme
de l'*Elæocarpus serratus*, L., cité seulement pour la figure du fruit. V.
ELÆOCARPE.   (C..N.)

GANNET. OIS. L'un des noms
vulgaires du Goëland brun.   (B.)

GANNILLE. BOT. PHAN. L'un des
noms vulgaires de la Ficaire et du
Calthe des marais.   (B.)

GANSBLUM. BOT. PHAN. (Adanson d'après Gesner.) Syn. de Drave.
Ce mot allemand signifie fleur d'Oie
et s'applique quelquefois à d'autres Crucifères, tels que l'*Alyssum
incanum*.   (B.)

GANSO. OIS. V. OIE.

*GANSO. BOT. CRYPT. (Thun-
berg.) Le *Pteris nervosa* au Japon.
     (B.)

GANT DE NOTRE-DAME, GAN-
TELÉE, GANTELLET ou GAN-
TILLER. BOT. PHAN. Ces noms vul-
gaires sont indifféremment donnés à
la Digitale pourprée, ainsi qu'aux
Campanula Trachelium ou *glomerata*.
     (B.)

GANTE. OIS. Syn. vulgaire de la
Grue cendrée. V. GRUE.   (DR..Z.)

GANTELINE. BOT. CRYPT. Diverses Clavaires ramifiées, particulièrement le *coralloides* et le *cinerea*, sont
ainsi nommées vulgairement.   (B.)

GANTS DE NEPTUNE. POLYP.
Ce nom a été donné à quelques
Eponges par les anciens naturalistes.
V. EPONGE.   (LAM..X.)

GANUS ou GANNUS. MAM. Syn.
d'Hyène. V. CHIEN.   (B.)

*GANYMÈDES. *Ganymedes*. BOT.
PHAN. Genre de la famille des Amaryl-
lidées de Brown et de l'Hexandrie Monogynie, L., fondé par Salisbury
(*Trans. Hort. Soc.*, vol. I, p. 353) et
adopté par Haworth (*Narcissorum Re-
visio*, p. 130) qui l'a ainsi caractérisé :
segmens du périanthe réfléchis à la
manière des pétales du Cyclamen, au
moins deux fois plus longs que la

couronne qui a la forme d'une coupe;
étamines droites, très-inégales; trois
des filets sont plus courts que le tube,
soudés avec lui jusque près des anthères; les trois autres filets se détachent du tube vers son milieu, mais
sont plus courts que la couronne;
style plus long que celle-ci, surmonté d'un stigmate à trois lobes, petit et
pâle. Ce genre a été formé aux dépens
du grand genre *Narcissus* de Linné, dont il ne devrait être considéré
que comme une simple subdivision.
Salisbury l'avait composé de deux
Plantes cultivées depuis long-temps
dans les jardins et qui sont originaires de Portugal. Ce sont les *Narcissus
cernuus*, Salisb., Prodr.; *N. trian-
drus*, Curtis, Bot. Mag., 48, et
N. pulchellus, dont Salisbury (*loc.
cit.*) n'a fait que changer le nom générique. Haworth a augmenté ce
groupe de quatre nouvelles espèces
qu'il a nommées, *Ganymedes trian-
drus*, *G. nutans*, *G. concolor*, *G.
striatulus*. Ces espèces sont des Plantes herbacées, bulbeuses et très-
élégantes. Leurs fleurs, au nombre
de deux à sept dans chaque spathe,
sont penchées, blanches ou d'un
jaune pâle, et elles exhalent l'odeur
la plus suave. (G..N.)

* GAOUR. MAM. *V.* BOEUF.

GARAGAY. OIS. Et non *Gara-
guay*. Espèce peu connue que l'on
place parmi les Milans. *V.* FAUCON.
(DR..Z.)

GARAGIAU, GARAIO. OIS.
(Dapper.) Syn. de la Mouette rieuse
dans la Cafrerie. (DR..Z.)

GARAGOI. MOLL. Nom donné par
Rumph et adopté par Klein (*Meth.
Ostrac.*, pag. 55) pour distinguer
une Coquille qui, d'après cet auteur,
ressemble à un Buccin, lorsqu'on la
voit du côté du dos, mais dont la
forme de l'ouverture l'en éloigne. Il
est fort difficile de juger cette question, puisqu'on ne cite que de mauvaises figures, et vues seulement du
côté du dos. (D..H.)

* GARAIS ET GARAS. BOT. PHAN.

Syn. vulgaires de Fusain. *V.* ce mot.
(B.)

GARAMAN. POIS. Et non *Gara-
mon*. Le *Trigla pini* de Bloch à Nice.
(B.)

* GARAMIT. POIS. Espèce du genre Blennie. *V.* ce mot. (B.)

* GARAN. OIS. Syn. vulgaire de la
Grue cendrée. *V.* GRUE. (DR..Z.)

GARANCE. *Rubia.* BOT. PHAN.
Genre de la famille des Rubiacées,
section des Galiées et de la Tétrandrie Digynie, L., qui a donné son nom
à toute la famille des Rubiacées, et
que l'on peut ainsi caractériser : l'o-
vaire est infère et à deux loges monospermes; le limbe du calice n'est pas
marqué; la corolle est monopétale,
subcampaniforme, régulière, à quatre ou quelquefois à cinq lobes aigus; le nombre des étamines est égal
à celui des lobes de la corolle; l'o-
vaire est surmonté d'un disque épigyne et d'un style bifide, dont chaque division est terminée par un
stigmate capitulé; le fruit est globuleux, didyme, légèrement charnu en
dehors, non couronné à son sommet.
La graine qui remplit exactement la
cavité de la loge qui la contient est
recourbée en forme de fer à cheval :
elle se compose, outre le tégument
propre qui est mince, d'un endosperme blanc et corné, contenant un
embryon placé dans son centre, et à
peu près cylindrique. D'après l'exposé de ces caractères, on voit que le
genre Garance a beaucoup d'affinité
avec les genres *Galium* et *Asperula*
dont il diffère seulement par sa corolle
évasée et presque campaniforme,
tandis qu'elle est rotacée dans le premier et tubuleuse dans le second,
et surtout par son fruit légèrement
charnu en dehors.

On compte au moins une vingtaine
d'espèces de ce genre. Sur ce nombre
environ six ou sept croissent en Europe, particulièrement dans les régions méridionales, une dans l'Amérique septentrionale, une à Ténériffe, deux dans l'Inde, et le reste
dans les lieux montueux au Chili, au

Pérou et à la Nouvelle-Grenade. Humboldt, Bonpland et Kunth, dans leur magnifique ouvrage intitulé : *Nova Genera et Species*, etc., en ont décrit six espèces nouvelles, originaires de ces dernières contrés. Mais de toutes les espèces de ce genre, une seule mérite un véritable intérêt, c'est la GARANCE DES TEINTURIERS, *Rubia tinctorum*, L., qui est cultivée en grand dans certaines parties de l'Europe, et dont la racine fournit un principe colorant, fort employé dans les arts. C'est une Plante vivace qui croît naturellement dans le midi de la France, en Italie, en Autriche, etc. Sa racine est une souche ou tige rampante, souterraine, horizontale, rameuse, de la grosseur d'une plume à écrire ou de celle du petit doigt. Sèche et telle que le commerce nous la livre, elle est cylindrique, striée, recouverte d'un épiderme d'un brun rougeâtre qui s'enlève assez facilement ; son écorce qui a environ une demi-ligne d'épaisseur est d'un rouge très-intense, ainsi que la moelle qui occupe le centre de la racine. Quant à la partie ligneuse, elle est jaunâtre et ne contient pas de principe colorant ; les tiges qui naissent de cette racine sont hautes de trois à quatre pieds, trop faibles pour pouvoir se tenir droites, s'accrochant entre elles et aux corps voisins, au moyen de petits crochets dont elles sont armées. Ces tiges sont carrées et leurs angles très-saillans ; les feuilles sont verticillées, sessiles, lancéolées, aiguës, fermes, hérissées de petits crochets ; les fleurs sont jaunes, très-petites, formant une sorte de panicule lâche et rameuse à l'extrémité des rameaux.

On cultive la Garance en grand dans plusieurs provinces de la France : en Alsace, en Normandie, en Languedoc ; mais la plus estimée est celle qui vient du Comtat Venaissin, et particulièrement des environs d'Avignon où nous en avons vu des plantations très-considérables. Cette culture exige un terrain substantiel, profond, bien ameubli par des labours profonds, et même par un défonçage de deux pieds qui permet aux racines de s'étendre et de se multiplier. On conçoit que tel doit être le but de la culture de cette Plante. Lorsque le terrain a été bien préparé, on y plante la Garance, soit par le moyen des graines qui, à cause de leur excessive dureté, sont très-long-temps à germer, soit par le moyen d'éclats que l'on détache des vieux pieds, appartenant à d'autres plantations. Il faut environ trois ans pour que la racine de Garance ait acquis le degré de maturité qui lui est convenable. On doit, jusqu'à cette époque, avoir soin chaque année de biner exactement les garancières, afin de détruire toutes les mauvaises herbes qui pourraient nuire au parfait développement de la Garance. Cette racine, dont le commerce est assez étendu, produit un principe colorant qui communique une belle teinte rouge ou rose à la soie, à la laine ou au coton. On se sert surtout de l'Alumine pour fixer et aviver cette couleur.

La racine de Garance a été aussi comptée au nombre des agens de la thérapeutique. Son usage interne donne lieu à un phénomène physiologique extrêmement remarquable. Lorsqu'on en mélange une certaine quantité aux alimens d'un Animal, ses os prennent au bout de quelques jours une teinte rougeâtre analogue à celle que la Garance communique aux étoffes de laine ou de soie. Ce phénomène sera produit d'autant plus promptement que l'Animal sera plus jeune. Les humeurs excrétées, telles que le lait et l'urine, prendront également une teinte rouge. Ce qu'il y a de remarquable, c'est que les autres tissus de l'économie restent étrangers à ce changement. Cependant, chez les Oiseaux, le bec et les écailles qui recouvrent les pates participent au phénomène de la coloration. Quelques auteurs assurent que, si l'on suspend pendant un certain temps l'usage de cette substance, la coloration disparaît.

Les propriétés médicales de la Garance sont peu remarquables : vantée tour à tour contre l'ictère et le rachitis, administrée tantôt comme diurétique et tantôt comme emménagogue, elle s'est presque constamment montrée infidèle et sans action. Néanmoins sa saveur acerbe doit lui donner quelque propriété astringeute; mais on en a abandonné l'usage. On appelle vulgairement petite Garance les *Asperula Cynanchica* et *tinctoria*. *V.* ASPÉRULE. (A. R.)

GARAS. BOT. PHAN. *V.* GARAIS.

GARBANZO. BOT. PHAN. Les Espagnols désignent sous ce nom le *Cicer Arietinum* ou Pois-Chiche dont ils font une consommation extraordinaire, et qui est indispensable dans la *olla* ou pot-au-feu. Depuis les plus pauvres gens des plus basses classes jusqu'au monarque, nul ne croirait avoir dîné dans la péninsule Ibérique, s'il n'avait avalé quelques graines d'une Légumineuse généralement méprisée ailleurs. Le goût pour les Garbanzos est tel, que Charles IV, détrôné et exilé par son fils, ne cessait de regretter que Rome n'en produisît pas, et que la première chose demandée par le roi Ferdinand VII en rentrant dans son royaume fut un plat de Garbanzos. On appelle Garbancillos le *Phaca Betica*. (B.)

GARBOTEAU ET GARBOTIN. POIS. Syn. vulgaire de *Cyprinus Jeses*, espèce d'Able. *V.* ce mot. (B.)

GARCIANA. BOT. PHAN. Le genre décrit sous ce nom par Loureiro n'est, selon Willdenow, que le *Phylidrum* de Gaertner. Leurs descriptions ne diffèrent en effet qu'en ce que, dans le premier, l'anthère est dite roulée en spirale. *V.* PHYLIDRE. (G..N.)

GARCIE. *Garcia*. BOT. PHAN. Genre de la famille des Euphorbiacées, et de la Monœcie Polyandrie, L. Ses fleurs monoïques offrent un calice biparti et des pétales plus allongés, réfléchis, revêtus de poils soyeux et dont le nombre varie de sept à onze.

Dans les mâles, des étamines nombreuses à filets libres s'insèrent sur un réceptacle charnu, hémisphérique, couvert de longs poils sur sa surface, et entouré de petites glandes à sa base. Dans les femelles un style court, terminé par un stigmate coloré et trilobé, surmonte un ovaire trigone, porté sur un disque épais et renfermant trois loges monospermes; le fruit est une capsule à trois coques.

On en connaît une seule espèce : c'est un Arbuste de l'Amérique méridionale, à feuilles alternes, entières, glabres, veinées. Les pédoncules terminaux portent cinq à six fleurs accompagnées de bractées, une inférieure femelle, les autres mâles. C'est ainsi que nous les avons observées. Suivant Vahl cependant, les mâles seraient portés sur un autre rameau que les femelles. (A. D. J.)

GARCINIE. *Garcinia*. BOT. PHAN. Genre de la famille des Guttifères, et de la Dodécandrie Monogynie, L. Ses fleurs sont polygames ou dioïques; leur calice persistant composé de quatre sépales; leur corolle de quatre pétales; leurs étamines nombreuses sont libres ou réunies; le stigmate sessile, divisé en quatre à huit lobes; l'ovaire dans les femelles n'a pas autour de lui de nectaire; le fruit est une baie à quatre ou huit loges contenant une seule graine arillée, à cotylédons épais et soudés. Ce sont des Arbres à feuilles opposées dont les fruits sont succulens et très-recherchés dans l'Asie, leur patrie. Choisy, dans sa Monographie des Guttifères, en indique neuf espèces qu'il distribue en deux sections caractérisées par les étamines, libres dans l'une, monadelphes ou polyadelphes dans l'autre. A la première appartiennent le Mangoustan, *Garcinia Mangostana*, le *Garcinia Cambogia* dont Linné et Jussieu faisaient un genre sous ce nom spécifique, les *G. cornea* et *morella*. Gaertner a figuré (tab. 105 et 106) les fruits de trois de ces espèces. Dans la seconde section doivent rentrer trois Arbres que nous avons déjà signalés sous le nom de *Brindonia* (*V.* ce mot). Elle doit disparaître si ce dernier genre est adopté, et alors il s'enrichirait de deux autres espèces, l'une qui est le *Garcinia Cowa* de Roxburgh , l'autre , le *G. elliptica* de Choisy.   (A. D. J.)

GARDE-BOEUF. ois. Nom que l'Aigrette porte vulgairement chez les Européens établis en Egypte. *V.* Héron.   (DR..Z.)

GARDE-BOUTIQUE. ois. Syn. vulgaire de Martin-Pêcheur. *V.* ce mot.   (DR..Z.)

GARDE-CHARRUE. ois. Nom que l'on donne en quelques endroits au Motteux. *V.* Traquet. (DR..Z.)

GARDÈNE. *Gardenia.* bot. phan. Genre de la famille des Rubiacées et de la Pentandrie Monogynie, L., établi par Ellis (*Act. Angl.*, vol. 51, t. 23), adopté par Linné et ainsi caractérisé : calice persistant, à cinq dents ou à cinq segmens ; corolle infundibuliforme dont le tube est souvent plus long que le calice ; le limbe étalé ordinairement à cinq lobes obtus ; le nombre des lobes peut varier de cinq à neuf selon Kunth ; cinq anthères sessiles à l'entrée de la corolle; un seul style et un stigmate bilobés ; baie sèche , biloculaire (rarement quadriloculaire), remplie de graines disposées sur deux rangées dans chaque loge. On a placé parmi les Gardènes quelques Plantes qui appartiennent à des genres voisins, ce qui a causé nécessairement un peu de confusion dans la classification d'une famille aussi difficile que celle des Rubiacées. Plusieurs espèces de Gardènes doivent être reportées dans le genre *Randia.* Celui-ci est même , selon Swartz , congénère du *Gardenia*, et , en effet, il n'en diffère réellement que par les graines peu nombreuses et le tube moins long de la corolle. Lamarck et Willdenow lui ont également réuni , mais à tort, les *Genipa.* Une Plante décrite et figurée par Jac-

quin sous le nom de *Mussænda formosa* a été rapportée aux Gardènes par Thunberg, Willdenow et Kunth. Enfin , sous le nom de *Rothmannia* , Thunberg a fait connaître un genre qui depuis nous a pas paru distinct du *Gardenia* , quoique Gaertner décrive son fruit comme renfermant des graines non disposées par rangées.

Les espèces de Gardènes dont le nombre est assez considérable , se trouvent répandues dans les climats chauds des deux continens et des îles adjacentes. Ce sont des Arbres ou plutôt des Arbrisseaux , quelquefois munis d'épines opposées et placées au-dessus des aisselles des feuilles. Leurs fleurs, d'une couleur blanche et d'une odeur très-agréable , sont terminales et axillaires, le plus souvent solitaires, quelquefois ternées , sessiles et accompagnées de bractées. Dans la grande quantité d'espèces remarquables que renferme ce genre, nous ne saurions passer sous silence la suivante qui est un des Arbustes les plus agréables que l'on cultive dans les serres européennes.

La Gardène a grandes fleurs, *Gardenia florida*, L., s'élève à la hauteur d'un à deux mètres : sa tige est rameuse supérieurement où elle porte des feuilles grandes, ovales, atténuées vers les deux extrémités. Ses fleurs sont presque sessiles , solitaires au sommet des branches, d'un blanc tirant sur le jaune, et répandant l'odeur la plus suave. Elle est originaire des Indes-Orientales, et on la cultive comme Plante d'ornement à Amboine et au cap de Bonne-Espérance. Elle croît avec tant de vigueur au Japon, qu'on en fait de belles haies vives. La température du midi de la France lui est assez favorable pour qu'on puisse la cultiver en pleine terre, mais à Paris elle exige l'orangerie pendant l'hiver. Comme elle ne fructifie pas chez nous , et que ses fleurs doublent le plus souvent par l'effet d'une culture soignée , on ne peut la multiplier que par boutures.

       (G..N.)

GARDE-ROBE. bot. phan. Nom

vulgaire de l'Aurone et des Santolines qu'on suppose préserver les vêtemens déposés dans les armoires de la piqûre des larves de Teignes. (B.)

* **GARDNÉRIE.** *Gardneria.* BOT. PHAN. Genre de la Tétrandrie Monogynie, L., établi par le docteur Wallich de Calcutta (*in Carey Flora Indica*, vol. 1, p. 400; Serampore, 1820) qui le caractérise ainsi : calice infère, persistant, divisé en quatre segmens concaves, orbiculaires et ciliés; corolle non tubuleuse, formée de quatre pétales jaunes, ovales, aigus, alternes avec les segmens du calice, et offrant l'estivation valvaire ; quatre étamines dressées, plus courtes que la corolle, ayant leurs filets insérés sur les angles de séparation des pétales, et simulant un tube par leur cohérence ; anthères ovales, aiguës, unies par leurs côtés en un tube ventru et à quatre dents ; ovaire parfaitement distinct du calice, petit, à deux loges, chacune renfermant un ovule attaché au centre sur la ligne de séparation, surmonté d'un style court, filiforme, et d'un sigmate aigu ; le fruit est une baie écarlate, ronde ou quelquefois déprimée, lisse, couronnée par les débris du style, supportée par le calice, et renfermant des graines solitaires dans chacune des deux loges. Le port de la Plante qui a servi de type à ce nouveau genre, ainsi que la structure de son fruit, le rapprochent beaucoup des Rubiacées, mais la supérité de l'ovaire s'oppose à ce qu'on le réunisse à cette famille. D'un autre côté, l'adhérence des anthères entre elles, et le défaut presque complet de stipules établissent quelques affinités entre ce genre et les Apocynées dont il diffère à d'autres égards. Ces rapports avec deux familles diverses ont fait embrasser au docteur Wallich l'opinion de R. Brown sur l'établissement d'une nouvelle famille intermédiaire, et qui comprendrait les genres *Gaertnera*, Lamk., *Pagamea*, Aublet, etc. *V.* GAERTNÉRE et GÉNIOSTOME. Le

Gardneria devrait donc être ajouté à ceux indiqués par l'auteur des Observations de la botanique du Congo. Wallich observe que les parties jaunes et tendres de la Plante contiennent un suc jaune et analogue à celui des Guttifères.

Ce genre est dédié à Edw. Gardner, résident à la cour du Rajah du Népaul, qui a enrichi le Jardin botanique de Calcutta d'un grand nombre de Plantes nouvelles. Il ne se compose que d'une seule espèce, *Gardneria ovata*, Wall., Arbre branchu, dont l'écorce est grise, les feuilles opposées, rapprochées, ovales, lancéolées, pétiolées et acuminées ; les fleurs en corymbes axillaires. On le rencontre sur les montagnes du district de Sillet dans le Bengale ; il est aussi indigène du Népaul, mais le docteur Wallich ajoute que les individus de ce dernier lieu ont des feuilles plus petites et lancéolées ; les segmens de la corolle sont plus velus, les baies plus grosses et le stigmate bifide. Ces différences ne suffiraient-elles point pour constituer une espèce, ou tout au moins une variété remarquable?   (G..N.)

GARDON. POIS. *V.* ABLE.

GARDOQUIE. *Gardoquia.* BOT. PHAN. Genre de la famille des Labiées et de la Didynamie Gymnospermie, L., établi par Ruiz et Pavon dans la Flore du Pérou, adopté et augmenté de plusieurs espèces par Kunth qui l'a ainsi caractérisé (*in Humb. et Bonpl. Nov. Gen. et Spec.* II, p. 311): calice tubuleux, à cinq dents ou à cinq segmens, bilabié ; corolle beaucoup plus grande que le calice, tubuleuse, dont la gorge est velue, le limbe bilabié ; la lèvre supérieure échancrée, l'inférieure trifide, et les lobes presqu'égaux ; les quatre étamines écartées. Ce genre se compose de Plantes toutes indigènes du Pérou et de la république Colombienne. Ce sont des Arbrisseaux très-rameux, et répandant une odeur fort pénétrante. Leurs feuilles sont entières, et ils portent des fleurs incarnates ou jaunes, axillaires, solitaires, rarement verticillées ou réunies deux et trois à la fois sur le même pédoncule.

Aux cinq espèces décrites dans la Flore du Pérou, Kunth (*loc. cit.*) en a ajouté dix espèces nouvelles dont aucune n'est figurée dans son bel ouvrage,   (G..N.)

* GARENT-OGUEN. BOT. PHAN. (Lafiteau.) Nom de pays du *Panax quinquefolium*, L.   (B.)

GARFUANA. BOT. PHAN. C'est au Brésil le nom vulgaire du *Morus tinctorius.*   (B.)

GARGANON. BOT. PHAN. (Mentzel.) Syn. de *Pimpinella Saxifraga.*   (B.)

* GARICUM. BOT. PHAN. (Daléchamp.) *V.* GARIQUE.

GARIDELLE. OIS. Syn. vulgaire de Rouge-Gorge. *V.* SYLVIE. (DR..Z.)

GARIDELLE. *Garidella.* BOT. PHAN. Tournefort (*Instit. Rei herb.*, 655, tab. 43) dédia ce genre à Garidel qui en a très-bien décrit et figuré la Plante principale dans son Histoire des Plantes des environs d'Aix en Provence. Linné l'a placé dans la Décandrie Trigynie, et il appartient à la famille des Renonculacées, section des Helléborées de De Candolle (*Syst. Veget. nat.* I, p. 325). Les caractères qui lui sont assignés sont : calice à cinq sépales caducs et à peine pétaloïdes ; cinq pétales bilabiés, bifides ; dix étamines et quelquefois plus ; trois ovaires réunis entre eux, surmontés de styles très-courts ; trois capsules (quelquefois deux par l'avortement d'une d'entre elles) polyspermes et si bien soudées qu'elles ne paraissent constituer qu'un seul fruit bi ou triloculaire, à peine surmonté de deux ou trois prolongemens cornus. Ce genre a de grands rapports avec le *Nigella,* mais il s'en distingue principalement par son calice plus petit, et par le nombre moindre de ses étamines et de ses capsules.

La GARIDELLE NIGELLASTRE, *Garidella Nigellastrum,* L., a une

tige haute de trois à six décimètres, divisée en quelques rameaux droits et presque nue supérieurement ; ses feuilles radicales sont longues, ailées et finement découpées ; celles de la tige sont écartées et à trois ou cinq découpures linéaires ; les fleurs terminales, rougeâtres et solitaires, ont des pétales sessiles et étalés. Cette Plante croît dans les lieux cultivés, parmi les Vignes et les Oliviers de la Provence, et probablement de toutes les côtes orientales de la Méditerranée.

Lamarck (Illust., t. 379, fig. 2) en a fait connaître une seconde espèce sous le nom de *Garidella unguicularis* dont les pétales sont dressés, convexes et onguiculés, et qui a jusqu'à quarante étamines. Elle croît près d'Alep.   (G..N.)

GARIES. BOT. PHAN. L'un des noms vulgaires du Chêne.   (B.)

GARIN. MOLL. Adanson donne ce nom à une espèce de Coquille bivalve qui appartient au genre Plicatule. *V.* ce mot.   (B.)

GARIOTS. BOT. PHAN. L'un des noms vulgaires du *Geum urbanum. V.* BENOITE.   (B.)

GARIQUE. BOT. CRYPT. Quelques auteurs donnent ce mot comme désignant chez les habitans du Canada un Champignon qui croît sur le Pin, et dont le suc est efficacement employé dans les maux de gorge. Le mot Garique est évidemment une corruption d'*Agaricus,* latin, ou *Garicum,* arabe, Agaric, français. Il ne peut être pas plus que Calumet dérivé de *Culmus,* Chaume, un mot employé par les indigènes du Nouveau-Monde.   (B.)

GARLU. OIS. Syn. du Tyran Tictivie. *V.* GOBE-MOUCHE. (DR..Z.)

GARNOT. MOLL. (Adanson.) Espèce de Coquille du genre Crépidule. *V.* ce mot.   (AUD.)

GARO. BOT. PHAN. Nom de pays proposé par quelques botanistes français pour désigner le genre Aquilaire. *V*. ce mot. (B.)

GAROSMUM ET **GAROSMUS.** BOT. PHAN. C'est-à-dire *ayant odeur de Poisson*. C'est chez Dodœns et d'autres anciens botanistes, le nom, plus convenable, du *Chenopodium Vulvaria* , L. (B.)

GAROU ET **GAROUTTE.** BOT. PHAN. Syn. de *Gnidium*. *V*. DAPHNÉ. (B.)

GAROUIL ET **GAROUILLET.** BOT. PHAN. Syn. vulgaires de Maïs. *V*. ce mot. (B.)

GAROUILHE. BOT. PHAN. L'un des noms vulgaires du Chêne à Kermès. (B.)

GAROUPE. BOT. PHAN. L'un des noms vulgaires du *Cneorum tricoccum*. (B.)

GARRANIER. BOT. PHAN. L'un des noms vulgaires du *Cheiranthus Chius* , L. (B.)

GARROFERA. BOT. PHAN. De *Garrobo*, espagnol, qui lui-même vient d'*Algarrobo*, arabe. L'un des noms vulgaires du Caroubier, dans les parties méridionales de la France, où cet Arbre brave les hivers. (B.)

GARROT. OIS. Espèce du genre Canard. Dans le Règne Animal de Cuvier, les Garrots forment un sous-genre. *V*. CANARD. (DR..Z.)

GARROUN. OIS. Nom vulgaire du vieux mâle de la Perdrix grise. *V*. PERDRIX. (DR..Z.)

GARRU, OIS. L'un des synonymes vulgaires du Combattant. *V*. BÉCASSEAU. (DR..Z.)

GARRULUS. OIS. (Aldrovande.) Syn. du Rollier vulgaire. Brisson l'a depuis appliqué au Geai d'Europe. *V*. ROLLIER et CORBEAU. (DR..Z.)

GARRUS. BOT. PHAN. (Garidel.) Le Houx dans certains cantons de la France méridionale. (B.)

GARS OU **GARZ.** OIS. Syn. vulgaire d'Oie cendrée. *V*. CANARD. (DR..Z.)

GARSOTTE. OIS. Syn. vulgaire de Sarcelle d'été. *V*. CANARD. (DR..Z.)

* **GARUGA.** BOT. PHAN. Un bel Arbre des Indes Orientales a été décrit et figuré par Rhéede (*Hort. Malab*. T. IV, p. 69, tab. 33), sous le nom de *Catu-Calesjam*. Il est aussi nommé *Garuga* (que l'on prononce *Garougou*) par les Telingas; et c'est ce nom que Roxburgh (*Coromand.* T. III, p. 4, tab. 208) lui a imposé comme générique. Il appartient à la Décandrie Monogynie, et il nous semble devoir être placé dans la famille des Térébinthacées. Cependant, ce n'est qu'avec doute que nous indiquons ce rapprochement, ne pouvant nous guider ici que d'après les figures et les descriptions des auteurs ci-dessus mentionnés; mais les caractères et le port de cet Arbre nous empêchent d'établir d'autres affinités. Car il ne faut pas songer à placer cette Plante près des Pomacées , dans le genre *Sorbus*, ainsi que l'a jadis proposé le commentateur de Rhéede. Dans l'intéressant travail que Kunth vient de publier (Annales des Sciences naturelles , T. II, p. 333) sur les genres de Térébinthacées, il n'est pas question de ce genre; tandis que le *Boswellia*, genre décrit par Roxburgh à côté du Garuga, est admis parmi les Burséracées de Kunth , lesquelles sont un démembrement des Térébinthacées. Une seule Plante constituant ce genre , nous allons en donner la description, de laquelle on extraira facilement le caractère générique.

Le GARUGA PINNÉ, *Garuga pinnata*, est un Arbre dont le tronc, revêtu d'une écorce lisse et grise, s'élève à une grande hauteur, et se divise en rameaux et ramuscules, à l'extrémité desquels sont placées les feuilles; celles-ci sont pinnées avec impaire , composées de folioles opposées, obliques , lancéolées , crénelées ou dentées en scie; les fleurs jaunes et inodores, sont disposées en panicules courtes, peu serrées, et naissant des aisselles des feuilles qui paraissent les premières. Elles se composent d'un calice campanulé, à cinq dents; d'une corolle à cinq pétales lancéolés, insérés sur le calice, et alternes avec ses divisions; de dix étamines à anthères oblongues et à filets subulés, plus courts que la corolle, insérés sur le calice, et entre lesquels existent cinq nectaires jaunes, glanduleux, et d'un ovaire oval, surmonté d'un style court et d'un stigmate à cinq lobes; le fruit est une drupe arrondie, charnue, lisse, renfermant deux ou un plus grand nombre de noyaux placés irrégulièrement dans la pulpe. (G..N.)

GARULÉON. *Garuleum.* BOT. PHAN. Famille des Synanthérées, Corymbifères de Jussieu, et Syngénésie nécessaire, L. L'*Osteospermum pinnatifidum*, L'Hérit., ou *O. cœruleum*, Jacq., a été érigé en un genre particulier par H. Cassini (Bullet. de la Société Philom., novembre 1819), qui l'a nommé *Garuleum*, et l'a ainsi caractérisé : calathide radiée, dont le disque est composé de fleurs nombreuses, régulières et mâles, et la circonférence de demi-fleurons nombreux, femelles, et ayant la corolle ligulée et tridentée; involucre campanulé, formé d'écailles disposées sur deux rangs, égales, appliquées, oblongues et aiguës; réceptacle nu et convexe; akènes de la circonférence dépourvus d'aigrettes, à péricarpe sec coriace, mince et muni de cinq côtes. Ce genre ne diffère de l'*Osteospermum* que par la nature du péricarpe, qui est osseux dans les akènes de celui-ci. Cassini signale en outre une différence à laquelle il semble attacher quelque importance; c'est que le *Garuleum* n'est mâle que par avortement des ovules, tandis qu'il y a non-seulement défaut d'ovules, mais encore absence complète de stigmates dans l'*Osteospermum*. Les fleurs centrales du *Garuleum* possèdent, au contraire, deux styles divergens hérissés extérieurement de poils collecteurs et munis sur leur face intérieure de deux bourrelets stigmatiques. L'auteur de ce genre a nommé *Garuleum viscosum* l'unique espèce dont il se compose jusqu'à présent. C'est un Arbuste du cap de Bonne-Espérance, odorant, rameux,

et garni de feuilles glutineuses, alternes et pinnatifides dans la partie supérieure du limbe; les calathides de fleurs jaunes dans le centre avec des rayons blancs, sont disposées en corymbes par trois ou quatre à la fois, portées sur de longs pédoncules, et accompagnées de bractées linéaires. On le cultive en le plaçant dans l'orangerie pendant l'hiver, et en ayant soin de lui procurer, autant que possible, de l'air, de la lumière et de l'humidité. (G..N.)

GARYOPHYLLATA. BOT. PHAN. L'un des anciens noms du *Geum urbanum*, *V.* Benoîte, et qui est évidemment une corruption de *Caryophyllata*. Il avait été appliqué par Daléchamp au *Saxifraga rotundifolia*. (B.)

GARYOPHYLLUM. BOT. PHAN. On a vainement prétendu reconnaître l'Arbuste désigné par Pline sous ce nom, dans quelque Myrte d'Amérique. On s'accorde généralement à y voir le *Myrtus caryophyllata*, originaire de Ceylan. (B.)

GARZ. OIS. *V.* GARS.

GARZETTE. OIS. Espèce du genre Héron. *V.* ce mot. On a quelquefois appelé la Sarcelle Garzotte. *V.* CANARD. (DR..Z.)

GAS, GASH. OIS. Syn. vulgaires de Geai. *V.* CORBEAU. (DR.Z.)

GASAR. MOLL. (Adanson.) Une variété de l'*Ostrea parasitica*. *V.* HUITRE. (B.)

GASELLE ou **GAZELLE.** MAM. *V.* ANTILOPE.

GASIOL. BOT. PHAN. (Avicène.) Syn. d'*Eupatorium cannabinum* ou l'Eupatoire d'Avicène. *V.* EUPATOIRE. (B.)

* **GASIPAES.** BOT. PHAN. *V.* GACHIPAES et BACTRIS.

* **GASSICOURTIE.** *Gassicurtia.* BOT. CRYPT. (*Lichens.*) Genre établi par Fée dans son Essai sur la cryptogamie des écorces exotiques officinales, pag. 46, tab. 1, f. 19, et dont les caractères sont : thalle mince,

uniforme , étalé ; apothécies d'abord sous-ovoïdes , ensuite cupuliformes , privés de lames proligères , sessiles, pressés et nombreux , recouverts pas une membrane fort délicate formée par la croûte , se déchirant en travers, et renfermant des gongyles colorés sous-pulvérulens. La seule et élégante espèce connue de ce genre, dédiée à feu C.-L. Cadet-Gassicourt, pharmacien célèbre , savant des plus spirituels et notre ancien ami, envahit l'épiderme du Quinquina jaune (*Cinchona longifolia* de la Flore du Pérou) où elle n'est pas rare (*V*. pl. de ce Dictionnaire.) (B.)

GASTA. POIS. L'un des noms vulgaires de la Sardine. (B.)

GASTAUDELLO, POIS. (Risso.) Le Campérien , espèce d'Esoce du sous-genre Scombrésoce, à Nice. (B.)

*GASTÉRIE. *Gasteria*. BOT. PHAN. Genre de la famille des Liliacées et de l'Hexandrie Monogynie , L. , établi par Duval (Plantes grasses du Jardin d'Alençon, p. 6 , 1809) et adopté par Haworth (*Synops. Plant. succul.* , p. 85) qui l'a augmenté de plusieurs espèces et l'a ainsi caractérisé : calice pétaloïde, courbé, dont les divisions se terminent en massue , portant à sa base les étamines ; capsules marquées de côtes peu saillantes. Végétaux à peine caulescens , ayant les feuilles linguiformes et les fleurs penchées.

Ce genre , formé aux dépens des Aloës, n'en diffère que par la courbure de son périanthe, de sorte qu'à la rigueur il ne devrait être considéré que comme une section du genre Aloës , ainsi que toutes les autres divisions de celui-ci proposées par Haworth. Dans les douze espèces décrites par Haworth (*loc. cit.*), six n'étaient que des variétés de l'*Aloe Lingua*, Thunb., selon Curtis, Aiton et Haworth lui-même ; les autres étaient des espèces d'Aloës dont la synonymie est fort confuse. En publiant le Supplément de ses Plantes grasses et un autre ouvrage intitulé : *Plant. succul. Revisiones* (Londres, 1821),

Haworth a encore décrit plusieurs autres espèces de ce genre, sans compter celles qu'il ne fait que mentionner, et qu'il dit être cultivées par plusieurs botanistes, et notamment par le prince de Salm-Dyck. Il est à craindre que ces prétendues espèces ne diffèrent entre elles que par des caractères aussi peu tranchés que ceux qui distinguent les genres formés aux dépens du genre Aloës. Dans ce cas l'erreur serait plus grave , car des coupes faites dans un genre pour en faciliter l'étude n'entraînent aucune conséquence fâcheuse pour la classification; ce sont des groupes que chacun est libre de prendre pour des genres ou des sections de genres ; mais les espèces étant données par la nature , il serait très-contraire à la vérité de présenter comme nouvelles espèces des individus qui n'offriraient que des différences accidentelles ou d'une valeur très-faible. (G..N.)

*GASTÉRIPE. *Gasteripus*. ÉCHIN. Genre de Polypiers établi par Rafinesque (Journ. de Phys., 1819, tab. 89, p. 153) dans l'ordre des Echinodermes pedicellés de Cuvier ; ayant le corps cylindrique mou ; bouche nue ; anus terminal ; des branchies en forme de tubercules striés sous le ventre. Le genre Gastéripe n'est encore composé que d'une seule espèce (*Gasteripus vittatus*) lisse, roussâtre , à deux raies longitudinales brunes ; la tête est obtuse, le cou rétréci , et la queue amincie et obtuse. Rafinesque n'indique point l'habitation de cette Holothuridie , de laquelle nous ne parlons que d'après le Journal de Physique que nous avons cru devoir citer textuellement , n'ayant pas sous les yeux l'ouvrage de Rafinesque. (LAM..X.)

GASTÉROMYCES ou **GASTÉROMYCIENS**. BOT. CRYPT. *V*. GASTROMYCIENS.

GASTÉROPLÈQUE. *Gasteroplecus*. POIS. Sous-genre de Saumon. *V*. ce mot. (B.)

GASTÉROPODES ou **GASTROPODES**. MOLL. Les nomenclateurs modernes qui ont fondé les distinctions de premier ordre sur l'organisation des Animaux, ont donné ce nom à tous les Mollusques qui rampent sur le ventre. Comme cet ordre est le plus nombreux en genres, et qu'il a des rapports avec les ordres avoisinans, nous renvoyons à l'article Mollusque, pour le faire connaître dans tous ses détails et dans tous ses rapports.   (D..H.)

GASTÉROSTÉE.   *Gasterosteus.* pois. Genre de l'ordre des Acanthoptérygiens et de la seconde tribu de la famille des Scombéroïdes où la première dorsale est divisée en épines. Linné, qui l'établit d'après Artedi, le plaçait entre les genres Perche et Scombre dans l'ordre des Thoraciques. Ses caractères sont : point de fausses nageoires derrière la dorsale ou l'anale ; cette dorsale aiguillonnée. — Il se compose de petites espèces et se divise de la manière suivante en cinq sous-genres :

† Epinoche, *Gasterosteus*, où les ventrales sont soutenues chacune par une forte épine sans autre rayon ; où les os du bassin forment entre eux un bouclier pointu en arrière et remontant par deux apophyses de chaque côté. Ce sont des Poissons d'eau douce et les moindres par la taille de toutes les espèces de cette grande classe, où, lorsqu'il est des Epinoches qui n'atteignent guère que trente lignes, il est des Squales, par exemple, qui dépassent trente pieds de longueur.

L'Épinoche commune, Rond., Pois. 2, p. 206, *Gasterosteus aculeatus*, L., Gmel., *Syst. Nat.* XIII, 1, pars 5, p. 1523 ; Bloch., pl. 53, 5 ; Encycl., pl. 57, fig. 222 ; la Spinarelle Belon, qu'il ne faut pas confondre de avec le *Gasterosteus Spinarella* de Gmel., *loc. cit.*, p. 1327, qui est une autre petite espèce indienne et peu connue du même sous-genre. Vulgairement l'Epinarde ou Escharde, si commune dans les eaux tranquilles, dans les ruisseaux, dans les parties des riviè-

res où le cours s'est ralenti, dans les flasques limpides des marais, et jusque dans les bassins de nos jardins, où nous nous sommes convaincus que le frai en pouvait être apporté par les jets d'eau qui d'ordinaire les alimentent. Ce petit Animal pullule tellement qu'en certains lieux les bandes que forme sa progéniture deviennent comme massives ; il est des cantons où on les recueille en assez grande quantité pour en exprimer une huile de Poisson et pour en couvrir la terre comme engrais. Sa chair n'est pas bonne, et, fût-elle agréable, on ne rechercherait guère comme aliment une sorte d'Animalcule dont la douzaine fournirait tout au plus, selon l'expression de La Fontaine, une demi-bouchée. Outre la fécondité des Epinoches une autre particularité contribue à en favoriser la propagation, c'est la faculté de vieillir que leur procurent au milieu des eaux les armes dont elles sont munies. En effet, peu d'Animaux voraces en font leur proie ; les Poissons carnassiers expérimentés ne s'attaquent jamais à elles ; les jeunes Brochets seuls en avalent quelquefois une ou deux, mais n'y reviennent plus s'ils ont le bonheur de survivre à cet essai de gloutonnerie. L'Epinoche, en danger, hérisse les redoutables piquans dont se composent sa dorsale et ses pectorales, de manière à déchirer l'œsophage qui l'engloutit, et de telles piqûres causent, en général, la mort de l'ennemi. Mais si la faible Epinoche triomphe du vorace Brochet, elle est à son tour la victime de plus petits qu'elle ; ce qu'elle ne redoute pas du tyran des eaux, elle l'éprouve de créatures qui ne sont pas même pour elle dans la proportion de sa taille avec celle des grands Poissons qu'elle brave. Un petit Binocle, un Vers intestinal sucent sa peau ou déchirent ses entrailles, et les Canards, qui ont dans la dureté de leur bec les moyens de l'écraser avant de l'avaler, sont les causes de destruction que les Gastérostées ont à redouter. Leurs couleurs, qui sont celles de la souris, de l'argent, de l'or et du rubis même , jointes à l'élégance de leur forme, rendraient les Épinoches remarquables dans nos bassins , si la petitesse de leur taille ne les faisait presque toujours confondre avec les objets qui les entourent. D. 5-13, P. 10, V. 1-2, A. 1, C. 12

L'ÉPINOCHETTE , *Gasterosteus pungitius*, L. , Gmel. , *loc. cit.* , 1526; Bloch, pl. 53, fig. 4; l'Epinoche de l'Encycl.,p. 57,f. 225. Encore plus petit que le précédent. Ce Poisson habite les rivières d'où il descend jusque dans la mer. Il vit également en troupes nombreuses, et n'est absolument d'aucun usage. Neuf ou dix aiguillons sur le dos le caractérisent. D. 10, P. 10, V. 1, A. 11, C. 13.

Mitchill a décrit deux nouvelles espèces de ce sous-genre dans son Histoire des Poissons de New-Yorck : *Gasterosteus biaculeatus* , tab. 1, fig. 10, et *Gasterosteus quadratus* , tab. 1, fig. 11.

†† GASTRÉ, *Spinachia*. Ligne latérale armée comme dans les Caraux ; les ventrales placées en arrière des pectorales avec une petite membrane et un rayon outre l'épine. Le corps est allongé et les épines dorsales nombreuses.

La SPINACHE, *Gasterosteus Spinachia*, L. , Gmel. , *loc. cit.* , p. 1327; Bloch, pl. 53, fig. 1 ; Encycl. , pl. 57 , fig. 226. Ce Poisson, qui atteint six pouces de longueur et qui a le corps fort allongé, ne fréquente point les eaux douces ; il se trouve en quantité dans les mers du Nord où les pêcheurs l'attirent à la côte au moyen de feux. On n'en mange point la chair, mais on en fait de l'huile , et l'on s'en sert encore pour fumer les champs sur les rivages de la Baltique. D. 15, 6-7, P. 10, V. 2, A. 6-7, C. 12.

††† CENTRONOTE, *Centronotus*. Les ventrales ayant plusieurs rayons qui sont mous; les côtés de la queue saillans en carène comme dans les Scombres ;l'anale , plus courte que la dorsale, ayant en avant de très-petites épines libres.

Le PILOTE, *Gasterosteus Ductor*, L. ,

Gmel., *loc. cit.* , p. 1324; Bloch , pl. 538; Encycl. Pois., pl. 57, fig. 225. Par sa taille , sa forme et ses couleurs , ce Poisson est l'intermédiaire des petites espèces de Scombres et des grandes Gastérostées ; dans l'eau et nageant avec rapidité , on dirait, aux bandes brunâtres qui diaprent en raies brunes l'azur foncé de son dos , et aux reflets d'argent poli dont brillent ses parties inférieures, le Maquereau si brillant dans la mer par des nuances dont le Poisson mort offre à peine les indices. Il est cependant des Pilotes plus petits et plus gris qui , à la surface des mers, ne rappellent que la Perche de nos eaux douces. — L'habitude qu'ont ces Poissons de voyager comme de concert avec les Requins et autres grands Carnassiers de l'Océan, leur donna , dès le temps des premières grandes navigations, une certaine célébrité, et sembla mériter au pilote le nom par lequel on le désigne. En effet, l'apparition d'un ou de plusieurs de ces Poissons annonce de près celle d'un ou plusieurs Requins. On dirait que de tels Animaux ont fait un pacte pour ne se point quitter , et nous avons cru remarquer un rapport proportionnel constant entre la taille des individus associés d'espèces si différentes. Les petits Pilotes précèdent les petits Requins , les grands voyagent avec les grands; vieilliraient-ils ensemble? Les écrivains qui ont cherché, à la manière de Pline, si pompeusement imitée par le comte de Buffon, à retrouver dans les Bêtes les penchans de l'Homme et jusqu'à des traces de nos mœurs , ont imaginé avec les matelots , ou plutôt admirativement répété d'après le grossier témoignage de ces gens de mer, que le Requin était myope, qu'il ne pouvait que très-difficilement se servir de sa vaste gueule, et que, malgré la force de ses armes, il mourrait de faim dans l'élément où s'exerce sa tyrannie, si le Pilote ne servait de ministre à sa puissance. Partout où l'on trouve un pouvoir sanguinaire dans la nature, on a cru devoir chercher des agens de ce pouvoir, des êtres qui, de concert avec lui, poursuivaient la faiblesse et l'innocence ; et le Pilote fut le limier du Requin, comme les Chiens sont ceux du chasseur, comme les espions sont ceux de la police. On ajoutait que le Requin, reconnaissant de l'empressement avec lequel son Pilote l'aidait à faire le mal, abandonnait à cet agent des parcelles de toute proie qu'il lui avait procurée, et que celui-ci poussait le dévouement jusqu'à nettoyer les dents de son maître. De telles niaiseries déshonorent les ouvrages dans lesquels on les reproduit sérieusement ; on doit les laisser à Pline ainsi qu'à ses imitateurs, qui ne parviendront jamais, quelle que soit l'autorité de leur style, à les introduire dans une science dont la vérité seule doit être la base et la philosophie une sévère régulatrice. Il n'est de vrai, dans tous les contes qu'on a débités sur les Pilotes et sur leurs Requins, que l'habitude où sont les premiers de suivre, ou plutôt de précéder les seconds. Les Pilotes ne sont ni des conducteurs, ni des limiers, ni même des curedents de Requins; ils sont les commensaux et les parasites de ces dominateurs ; semblables en cela aux Oiseaux voleurs qui viennent dans nos champs et dans nos villes enlever ce qu'ils peuvent de nos récoltes, aux Rats qui s'introduisent dans nos demeures pour s'y nourrir de ce qu'ils nous peuvent dérober, aux faméliques enfin que le riche tolère à sa table pour en consommer le superflu. Et le Pilote n'est pas le seul compagnon du Requin que la Rémore escorte aussi; l'un et l'autre viennent certainement, sans y être priés, s'associer aux repas sanglans, des reliefs ou des miettes desquels, s'il est permis d'employer cette image, la Rémore et le Pilote ont l'instinct de profiter. — Le Pilote habite indifféremment la Méditerranée et l'Océan dans lequel on ne le trouve guère au-dessus du quarantième degré nord ; c'est à l'ouest des Açores que nous en avons le plus rencontré. La chair de

ceux que nous avons pêchés nous a paru médiocre. B. 7, D. 3-30, 4-27, P. 18, 20, V. 5, 6, A. 16, 17, C. 16, 26.

Le *Gasterosteus Acanthias*, Gmel., *loc. cit.*, p. 1328, de Pontopidan, Poisson des mers de Danemark, la Crevale, ou Carolinian, *G. Carolinus*, le *Gasterosteus niger* de Bloch, pl. 337, qui atteint dix pieds de longueur, le *Rudwer-perh* de Mitchill dans son Histoire des Poissons de New-Yorck, sont encore des espèces du sous-genre Centronote, formé par Lacépède qui l'avait élevé au rang des genres.

†††† Liche, *Lichia*. Les espèces de ce sous-genre ont, comme les Centronotes, des ventrales munies de quelques rayons ; mais leur ligne latérale n'a ni carène ni armure; audevant de leur anale, sont une ou deux épines libres ; leur corps est généralement plus haut et plus comprimé qu'aux précédens ; souvent la première des épines de leur dos est couchée en avant et immobile ; leur estomac est un sac large ; ils ont beaucoup de cœcums. On voit encore dans quelques espèces des divisions à la dorsale et à l'anale, comme dans les Scombres. M. de Lacépède les nomme Scombéroïdes.

Les espèces de ce sous-genre sont le *Scomber saliens*, Bloch, pl. 335, Lac., Pois. T. II, pl. 19, fig. 2 ; le *Scomber aculeatus* de Bloch (pl. 336, fig. 1), que cet auteur confond mal à propos avec la Liche de la Méditerranée ; le Scombéroïde Commersonien, Lac., Pois. II, pl. 20, fig. 3 ; *Scomber Forsteri* de Schneider, dont nous avons donné une figure d'après Milius, qui a pêché ce Poisson jusque dans les mers de la Nouvelle-Hollande (*V.* planches de ce Dictionnaire); le *Scomber Lysan* de Forskahl, le *Taloo-parah* des Russes ; la Liche de la Méditerranée, vulgairement Derbis, Lampuge, etc., qui n'a point comme les précédens les nageoires divisées, qui est le *Scomber Amia* de Bloch (éd. de Schneider, 34) ; mais qui pourrait bien ne pas être le Poisson désigné sous ce nom par Linné, celui-ci rapportant à son *Amia* des synonymes et des figures convenant à diverses espèces; le *Scomber Calcar*, Bloch., pl. 556, f. 2, et le *Scomber Saurus* de Brown, *Gasterosteus occidentalis*, L.

Les Trachinotes de Lacépède ne diffèrent des Liches que par les pointes plus prolongées de leur dorsale et de leur anale; ce sont les *Scomber falcatus* de Forskahl, auxquels il faut joindre les Acanthinions de Lacépède, c'est-à-dire les *Chœtodon rhomboides* et *glaucus* de Bloch, pl. 209 et 210; ce sont encore les deux Cœsiomores de Lacépède, savoir, le C. Baillon (T. III, pl. 3, fig. 2) qui est un double emploi du Caranx glauque de cet auteur, et le C. Bloch (*ibid.*, fig. 2). *V.* Cuvier, Règne Animal, T. II, p. 321.

┼┼┼┼ Ciliaire, *Blepharis*, Cuv., Règn. Anim. T. II, p. 322. Le *Zeus ciliaris* de Bloch, pl. 191, Gmel., *loc. cit.*, p. 1223, des mers d'Orient, est le Poisson qui a servi de type à ce sous-genre dont les caractères consistent dans le corps plus élevé qu'il ne l'est dans les Liches, et conformé en rhombe parfait de manière que l'angle supérieur et l'inférieur répondent au commencement de la deuxième dorsale et de l'anale; les épines dorsales sont très-courtes, mais les premiers rayons mous, ainsi que ceux de l'anale, s'allongent en filamens qui surpassent la longueur du corps; ils ont d'ailleurs de petites épines libres avant l'anus, et leurs seules écailles sensibles forment une petite carène sur la fin de la ligne latérale. (B.)

*GASTERUPTION. ins. Latreille avait établi sous ce nom (Précis des caractères génériques des Insectes, p. 113) un genre dans l'ordre des Hyménoptères, et voisin des Ichneumons. Fabricius l'a remplacé par celui de Fœne. *V.* ce mot. (AUD.)

GASTONIE. *Gastonia.* bot. phan. Genre de la famille des Araliacées et de la Dodécandrie Polygynie, L., établi par Commerson pour un Arbre originaire de l'île de Mascareigne, où il porte le nom vulgaire de Bois d'Eponge. Ce genre peut être ainsi caractérisé : l'ovaire est infère, surmonté par le limbe du calice qui est persistant, et forme un rebord entier et sinueux. Le nombre des loges est extrêmement variable, non-seulement dans les diverses espèces, mais aussi dans les différens individus de la même espèce. Le plus souvent on en compte dix ou douze, quelquefois cinq seulement. Chaque loge contient toujours un seul ovule; les styles sont au nombre de cinq, de dix ou de douze; ils sont chacun terminés par un petit stigmate capitulé; les pétales sont sessiles, caduques; tantôt on en compte cinq seulement, tantôt dix, douze ou même quinze. La même observation s'applique aux étamines dont le nombre est généralement le même que celui des pétales, et qui sont, comme ces derniers, insérées sur l'ovaire en dedans du rebord calicinal et en dehors d'un disque épigyne. Le fruit est une baie pisiforme, globuleuse, évasée vers son sommet qui est couronné par le limbe du calice. Elle contient de cinq à douze graines, suivant le nombre des loges de l'ovaire; les fleurs sont petites, verdâtres, odorantes, disposées en grappes rameuses, qui se composent d'un très-grand nombre de petites ombellules, dont les pédoncules sont articulés et caduques. En le dédiant à la mémoire de Gaston, duc d'Orléans, frère de Louis XIII, et fondateur du Jardin botanique de Blois, Commerson ne s'était pas souvenu que Linné avait établi le genre *Borbonia* en l'honneur du même personnage; et comme l'usage d'imposer deux noms ayant la même étymologie n'est pas reçu en botanique, il serait peut-être convenable de remplacer par un nouveau mot celui de *Gastonia* si le temps ne l'eût consacré. Jusqu'à présent on ne connaissait qu'une seule espèce de ce genre, *Gastonia spongiosa*, Lamk., qui croît aux îles de France et de Mascareigne. Mais le magnifique herbier de Benjamin Delessert en renferme plusieurs nouvelles qui ont été rapportées de l'Ile-de-France par un jeune naturaliste plein de zèle et de connaissance, nommé Néraud. Ces espèces seront décrites dans la Flore des îles de France et de Mascareigne, à laquelle nous travaillons depuis long-temps, sous les auspices de ce protecteur éclairé des sciences naturelles. Ces diverses espèces se ressemblent autant par le port que par l'organisation. Les créoles les confondent sous le nom général de Mapou ou Bois d'Eponge. Ce qui les rend très-remarquables et leur donne une physionomie toute particulière, c'est surtout l'obésité de leurs formes, indice certain de leur mollesse et de leur fragilité. Une écorce bien lisse, d'un gris cendré, que traversent de gros vaisseaux pleins de gomme-résine, recouvre le corps ligneux ; celui-ci est tellement mou, qu'une lame de couteau s'y enfonce tout entière par le moindre effort. Au centre se trouve un canal médullaire, d'un diamètre considérable et pénétré comme l'écorce de vaisseaux gummifères. Les rameaux sont chargés des cicatrices qu'y ont laissées les anciennes feuilles après leur chute ; à leur sommet ils se renflent et s'épaississent comme dans les *Terminalia*. Les feuilles imparipinnées sont, en naissant, chargées d'une gomme-résine odoriférante. Quand elles sont bien développées, elles forment alors un bouquet que l'élasticité de leurs supports permet de céder aux plus légères agitations de l'air. Immédiatement au-dessous de ce faisceau, naissent les fleurs vers les mois de septembre et d'octobre; elles se font plutôt remarquer par leur grand nombre que par l'éclat de leurs couleurs; elles se distinguent aussi par l'odeur suave d'Angélique qu'elles exhalent. Leurs pétales, appliqués bord à bord dans le bouton, restent quelquefois ainsi soudés et tombent tous ensemble. Le plus souvent ils s'étalent, se renversent et ne durent pas plus d'un jour. Ils sont sessiles, épais et légèrement charnus. Les styles, d'abord réunis, finissent par se renver-

ser. Les fruits sont des baies bleuâtres, presque sèches. (A. R.)

* GASTORCHIS. BOT. PHAN. Dénomination générique proposée par Du Petit-Thouars (Histoire des Orchidées des îles australes d'Afrique) pour deux Plantes qu'il a figurée (*loc. cit.*, tab. 51 et 52) sous les noms de *Tuberogastris* et de *Villosogastris*, et pour lesquelles il cite comme synonymes les noms de *Limodorum tuberculosum* et *Limodorum villosum*. Néanmoins dans le premier tableau des genres de l'ouvrage cité, l'auteur dit que le Gastorchis correspond au genre Epipactis de Swartz; mais nous avons lieu de penser qu'il doit former un genre particulier; ses caractères sont : périanthe à six segmens dont les trois supérieurs dressés et oblongs-lancéolés ; les inférieurs latéraux étalés ou réfléchis ; le labelle ventru, ployé en forme d'auge, dont le limbe est peu développé et frangé ; l'éperon nul ou réduit à un simple renflement basilaire ; anthère à deux loges recouvertes par un opercule pédiculé et renfermant plusieurs globules distincts dans chaque loge. Ce genre est placé par son auteur dans la seconde section, c'est-à-dire celle des Helléborines, et il se compose de Plantes qui croissent immédiatement sur le sol. (G..N.)

GASTRÉ. *Spinachia*. POIS. Sous-genre de Gastérostée. *V.* ce mot. (B.)

GASTRIDIE. *Gastridium*. BOT. CRYPT. (*Hydrophytes*.) Genre établi par Lyngbye dans son Hydrophytologie du Danemarck, et classé par lui dans sa deuxième section, celle des *Soleniata* ou Plantes marines tubuleuses. Il offre pour caractères : fronde cylindrique, tubuleuse, continue, rameuse ou simple, gélatineuse, quelquefois avec des contractions qui la font paraître comme articulée; fructifications, graines nues, plongées dans la substance des petites ramifications. L'auteur danois divise ce genre en deux sections. La première renferme les Hydrophytes à fronde rameuse; la deuxième celles dont la fronde est simple. Des espèces très-disparates se trouvent réunies dans l'une comme dans l'autre, et quelques-unes manquent des caractères que Lynghye leur attribue. Passons-les rapidement en revue afin de détruire les erreurs d'un botaniste dont on est porté à adopter les divisions sur sa seule réputation : plus cette réputation est méritée, plus il est nécessaire de faire connaître les erreurs que le défaut de moyens, trop de précipitation ou d'autres causes ont pu faire commettre.

Le *Gastridium filiforme* présente cinq variétés; c'est bien la Plante que nous avons nommée *Dumontia incrassata*; sa fructification est toujours capsulaire et anthospermique. D'après la description et la figure du *Gastridium purpurascens*, nous le regardons comme le *Fucus dasyphyllus* de Turner, *Gigartina dasyphylla*, espèce à fronde pleine, offrant fréquemment la double fructification. Il en est de même des deux espèces suivantes, les *Gast. clavellosum* et *kaliforme* dont la fructification tuberculeuse est très-fréquente, caractère éminemment différent de celui que Lynghye attribue à son genre Gastridium. La cinquième espèce désignée sous le nom d'*Opuntia* est le même que l'*Asperococcus bullosus*, qui varie depuis l'ovale subglobuleux jusqu'à la forme subulée, et qui paraît se trouver dans toutes les mers. Les *Gastridium lubricum* et *cylindricum* appartiennent aux Rivulaires de Roth, et la huitième, le *G. ovale*, a tous les caractères d'une Alcyonidiée. Ainsi le genre Gastridium de Lynghye se trouve composé d'une Dumontie, de trois Gigartines, d'une Aspérocoque, de deux Rivulaires, et d'une Alcyonidiée, selon l'acception que nous donnons à ces mots. Peut-on adopter un genre qui renferme des êtres si différens sous les rapports de l'organisation, de la fructification et des couleurs? (LAM..X.)

GASTRIDIUM, BOT. PHAN. Palisot-Beauvois (Agrostographie, p. 21) a établi ce genre pour une Plante de la famille des Graminées et de la Triandrie Digynie, L., que Linné plaçait dans son genre *Milium* et dont Willdenow, Persoon et De Candolle avaient fait une espèce d'*Agrostis*. Voici ses caractères : valves de la lépicène (*glumes*, Palisot-Beauvois) renflées à la base, trois fois plus longues que les glumes (*paillettes*, Palisot-Beauvois), lesquelles sont durcies et d'une consistance coriace; glume inférieure à trois ou quatre dents, munies d'une petite soie près du sommet; glume supérieure bifide; style court bipartite; stigmates velus. L'inflorescence est une panicule composée et resserrée contre l'axe en forme d'épi. La seule espèce indiquée par l'auteur de ce genre est le *Gastridium lendigerum* ou *Milium lendigerum*, L., Plante indigène des contrées méridionales de l'Europe. On la retrouve aux environs de Paris, mais elle y est très-rare. (G..N.)

GASTROBRANCHE. POIS. *V.* MYXINE.

GASTROCHÈNE. *Gastrochœna.* MOLL. Spengler avait créé ce genre (*Nova Acta Danica*, T. II) pour des Mollusques conchifères, qui jouissent de la propriété de se revêtir d'un tube plus ou moins complet, soit libre, soit revêtant l'intérieur de loges creusées dans les Pierres ou les Madrépores. Ce genre était resté oublié, et, dans l'intervalle, Bruguière avait fait de son côté le genre Fistulane, dans lequel il rassemblait des coquillages analogues.

Lamarck adopta le genre de Bruguière; mais fit sentir dans les Annales, qu'on serait obligé de le réformer; c'est ce qu'il fit d'abord dans l'Extrait du Cours de 1811, et bien plus complétement encore dans son grand ouvrage, les Animaux sans vertébrés, T. V. Il y créa la famille des Tubicolées, où le genre Fistulane et les démembremens, Clavagelle, Térédine cloisonnaires, vinrent naturellement se ranger avec les

Arrosoirs et les Tarets. Dans l'intervalle qui sépara la publication de ces deux ouvrages du célèbre auteur de la Philosophie zoologique, Cuvier donna aux sciences naturelles son Règne Animal. C'est là que le genre de Spengler est rapporté; mais Cuvier ne parle pas des tubes que Spengler a considérés comme parties essentielles de ses Gastrochènes; il ne cite que la seule figure de cet auteur, qui ne représente pas le tube où est renfermée la coquille. Au reste, le tube n'était point connu de Spengler, qui n'avait mis cette espèce dans son genre que par analogie. C'est ainsi qu'en rapportant au genre de Spengler des Coquilles sans tube, et en admettant d'un autre côté le genre Fistulane de Bruguière qui lui est analogue, Cuvier a donné lieu à un double emploi, reproduit par les conchyliologues français qui ont parlé du genre après lui. Lamarck, dans sa manière de voir, a dû séparer d'après cela les Gastrochènes de la famille des Tubicolées, et les rapprocher des Pholades, d'abord à cause de la disposition du manteau et du pied qui est analogue, ainsi que par la forme générale de la Coquille.

Depuis la publication de ces divers travaux, Turton, dans sa Conchyliologie Britannique, a retrouvé sur les côtes d'Angleterre le Gastrochène cunéiforme, et il l'a constamment trouvé pourvu d'un tube plus ou moins complet; il dit même que ce tube fait saillie hors du rocher, et qu'il s'aperçoit dans les fentes. Nous avons également observé la même espèce dans une masse madréporique, et nous l'avons aussi trouvée munie d'un long tube, adhérent aux parois de la cavité qui la renfermait. Nous avons conclu de ces observations et de beaucoup d'autres, que nous avons multipliées à dessein sur les Fistulanes fossiles des environs de Paris, et notamment sur celles de Valmondois, que le genre Gastrochène devait se confondre jusqu'à nouvel ordre parmi les Fistulanes, puisque les Coquilles qu'il renferme sont pourvues d'un tube comme celles-ci, et qu'elles ont d'ailleurs une forme absolument analogue. *V.* FISTULANE. Si ensuite, dans ce dernier genre, il faut faire un démembrement lorsque les Animaux seront connus, ce sera sans doute avec les espèces à tube droit, dont les valves sont minces et étroites, semblables à la *Fistulana clava.*

(D..H.)

* **GASTRODE.** *Gastrodus.* INS. Mégerle désigne sous ce nom une des coupes nombreuses établies aux dépens des Charansons. Nous ne connaissons pas les caractères de ce genre, il avoisine les *Pachygastres* de Germar, et renferme des espèces propres à l'Italie, à l'Espagne, à l'Autriche, à la Styrie et au Brésil. Dejean (Catal. des Coléopt., p. 90) adopte ce nouveau genre et en mentionne sept espèces.

(AUD.)

GASTRODIE. *Gastrodia.* BOT. PHAN. Genre de la famille des Orchidées et de la Gynandrie Monogynie, établi par R. Brown (*Prodr. Flor. Nov.-Holland.* p. 330) qui lui a donné pour caractères : un périanthe monophylle, tubuleux, divisé en cinq lobes; labelle libre, onguiculé, appuyé sur la colonne (gynostème); celle-ci est longue, creuse à son sommet, épaisse en devant et à la base où est situé le stigmate; anthère terminale mobile, caduque, à lobules rapprochés; masses polliniques formées de particules anguleuses, un peu grandes, adhérentes entre elles avec une sorte d'élasticité. D'après son auteur, ce genre a la plus grande affinité avec l'*Epipogium*, surtout par la caducité de son anthère, par ses masses polliniques, et la situation de son stigmate. La seule espèce qu'il renferme, *Gastrodia sesamoides*, Brown, croît au port Jackson, dans la Nouvelle-Hollande. C'est une Plante herbacée, parasite sur les racines des Arbres. Sa racine est charnue, rameuse, articulée; sa hampe porte des gaînes alternes, courtes, et des fleurs blanchâtres ou jaunâtres, disposées en

11*

grappes, et ayant un peu l'apparence de celles du *Sesamum*. (G..N.)

GASTROLOBIUM. BOT. PHAN. Genre de la famille des Légumineuses et de la Décandrie Monogynie, établi par R. Brown (*in Hort. Kew.* 2ᵉ édit. vol. 3, p. 16) qui l'a caractérisé ainsi : calice quinquéfide, bilobé et sans bractées ; corolle papilionacée, dont les pétales sont à peu près égaux entre eux ; ovaire disperme, pédicellé, surmonté d'un style subulé ascendant, et d'un stigmate simple ; légume renflé contenant des graines munies d'appendices calleux autour de l'ombilic. Ce genre, qui est voisin du *Pultenœa* de Smith, se compose d'une seule espèce, *Gastrolobium bilobum*, Plante indigène de la côte sud-ouest de la Nouvelle-Hollande. On la cultive en Angleterre depuis 1803. Ses feuilles sont assez grandes, soyeuses en dessous, tronquées au sommet et ayant une petite pointe entre les lobes ; le pédicelle des légumes est de la grandeur du tube calicinal. (G..N.)

GASTROMYCIENS. *Gastromyci* et *Gasteromyci.* BOT. CRYPT (*Lycoperdacées.*) Willdenow établit sous ce nom un groupe de genres dans la famille des Champignons, qui a été adopté et développé par Link et Nées d'Esenbeck (*Syst.* 2, p. 27). *V.* LYCOPERDACÉES. (G..N.)

GASTROPACHA. INS. Genre établi par Germar aux dépens des Bombyces et comprenant ceux de ces Insectes qui ont des palpes avancés en forme de bec et des ailes dentelées. La couleur de leurs ailes les fait ressembler à des feuilles mortes : aussi plusieurs espèces ont-elles reçu les noms de *Quercifolia*, *Populifolia*, *Betulifolia*, *Ilicifolia*, etc. *V.* BOMBYCE. (AUD.)

GASTROPLACE. *Gastroplax.* MOLL. En 1811, Lamarck créa pour la *Patella umbellata*, vulgairement le Parasol chinois, le genre Ombrelle dont on ne connaissait pas alors l'Animal. Blainville l'ayant vu le premier dans le Muséum britannique, le fit connaître sous le nom de Gastroplax. Ce sera à l'article OMBRELLE que nous donnerons quelques détails, et sur l'Animal et sur sa coquille. (D..H.)

GASTROPODES. MOLL. *V.* GASTÉROPODES.

GATALES. BOT. PHAN. (Dioscoride.) Syn. d'Astragale. *V.* ce mot. (B.)

GATAN. MOLL. C'est ainsi qu'Adanson (Voy. au Sénég., pag. 233, pl. 17) a nommé une des Coquilles bivalves, qu'il plaçait dans son genre Came, que Linné a désignée sous le nom de *Solen vespertinus*, et dont Lamarck a fait la Psammobie vespertinale, *Psammobia vespertina.* (D..H.)

GATANGIER. POIS. Le Squale Roussette dans divers ports de la France méditerranéenne, particulièrement à Marseille. (B.)

GATEAU. INS. C'est le nom sous lequel on désigne l'assemblage des cellules des Abeilles ou des Guêpes ; les premières construisent deux rangs de loges qui se touchent par leur fond, et les secondes n'en font qu'une rangée. *V.* ABEILLE, CIRE et GUÊPE. (AUD.)

GATEAU FEUILLETÉ. MOLL. Nom vulgaire et marchand du *Chama Lezarus*, L. (B.)

GATEAUX. ÉCHIN. Desbois, dans sa traduction de Klein, nomme Gâteaux ou *Placentœ* la quatrième section de sa classe des Oursins Catocystes divisée en trois genres qu'il appelle *Mellitas*, *Lagana*, *Rotulas. V.* ces mots. (LAM..X.)

GATEAUX DE LOUP. BOT. CRYPT. Nom vulgaire de quelques espèces de Champignons du genre Bolet. (AUD.)

* **GATE-BOIS.** INS. Espèce du genre Cossus. *V.* ce mot. (B.)

GATERIN. POIS. Espèce, des mers d'Arabie, du genre Holocentre. *V.* ce mot. (B.)

GATIFE. BOT. PHAN. (Forskahl.) Syn. arabe de l'OEillet d'Inde. Delile écrit Quatifeh. (AUD.)

GATILIER ou **GATTILIER**. BOT. PHAN. Vieux noms français proposés par quelques botanistes pour désigner le genre Vitex. *V*. cé mot. (B.)

GATTAIR. OIS. (Forskahl.) Espèce du genre Canard. *V*. ce mot. (DR..Z.)

GATTE. POIS. L'un des noms vulgaires du *Clupea fallax* ou Feinte. *V*. CLUPE. (B.)

GATTENHOFFIA. BOT. PHAN. Genre proposé par Necker (*Elem. Bot.* 1, p. 59) et formé aux dépens du *Calendula* de Linné. Le seul caractère qui le distinguerait de celui-ci serait d'avoir tous ses akènes fertiles et nus au sommet. Ce genre ne paraît pas avoir été adopté, du moins sous le nom proposé par son auteur. (G..N.)

GATTILIER. BOT. PHAN. *V*. VITEX.

GATTILIERS. BOT. PHAN. *V*. VERBÉNACÉES.

GATTORUGINE. POIS. Espèce du genre Blennie. *V*. ce mot. (B.)

***GATYONE**. *Gatyona*. BOT. PHAN. Genre de la famille des Synanthérées, Chicoracées de Jussieu, et de la Syngénésie égale, L., établi par H. Cassini (Bullet. de la Sociét. Philom., novemb. 1818) qui l'a placé dans la tribu des Lactucées, et lui a assigné les caractères suivans : calathide sans rayons, composée de demi-fleurons nombreux et hermaphrodites; involucre formé de folioles linéaires, égales, sur un seul rang, et accompagnées à leur base d'autres petites folioles subulées; réceptacle plane et alvéolé; akènes du centre cylindracés, terminés en un col court, striés transversalement; ceux de la circonférence lisses et munis d'une aile membraneuse sur leur face interne; les uns et les autres sont surmontés d'aigrettes légèrement plumeuses. Ce genre est voisin, dit son auteur, des genres *Crepis*, *Barckhausia* et *Picris*. Nous en sommes bien convaincus, et nous ajouterons même que malgré ses akènes légèrement atténués en col (caractère des Barckhau-

sies) et ses aigrettes plumeuses, nous le regardons encore comme congénère des *Crepis*, s'il est constant toutefois que la *Gatyona globulifera*, Cass., soit bien le vrai *Crepis Dioscoridis*, L., ainsi que Vahl l'a assuré au professeur Desfontaines. La Plante en question a trop d'affinité avec les autres espèces de *Crepis*, pour qu'on doive l'en éloigner, d'après les légères différences qu'offrent certains caractères dont on ne connaît pas exactement la valeur. Cette Plante a été figurée dans les *Icones. Plant. rarior. Gall.*, tab. 18, du professeur De Candolle, et elle est cultivée au Jardin des Plantes de Paris, sous le nom de *Picris globulifera*. (G..N.)

GAUCHE-FER. BOT. PHAN. (Garidel.) Syn. de *Calendula arvensis*. *V*. SOUCI. (B.)

GAUCHI. MAM. *V*. LOUTRE.

GAUDE. BOT.-PHAN. Espèce de Réséda, *Reseda Luteola*, dont on fait un grand usage dans la teinture. (B.)

* **GAUDICHAUDIE**. *Gaudichaudia*. BOT. PHAN. Genre de la famille des Malpighiacées, et de la Pentandrie Monogynie, L., dédié par Kunth à Gaudichaud, botaniste de l'expédition du capitaine Freycinet autour du monde, qui a recueilli et décrit un grand nombre de Végétaux, de la publication desquels il s'occupe en ce moment même, dans la Relation du voyage de l'Uranie. Kunth avait établi le caractère générique d'après une seule espèce du Mexique; et Auguste de Saint-Hilaire, en ayant depuis rencontré trois nouvelles dans le Brésil, a dû ajouter quelques détails à ces caractères qui sont les suivans : calice à cinq divisions plus ou moins profondes, muni extérieurement de huit ou dix grandes glandes adnées à sa base; cinq pétales étalés, onguiculés, à limbe orbiculaire ou elliptique, et dont l'insertion est hypogynique, ou périgynique quelquefois; cinq étamines, dont l'insertion présente la même diversité, inégales entre el-

les, à filets aplatis et soudés inférieurement en anneau, à anthères biloculaires et introrses; souvent deux d'entre elles avortent et tantôt ont des
dimensions plus petites, tantôt, au
contraire, en acquièrent de plus
grandes et se terminent par une
masse spongieuse; ovaire partagé ou
dans sa totalité en trois coques distinctes, ou partiellement en trois lobes plus ou moins profonds, chaque
coque ou lobe contenant un ovule
unique, qui, fixé à l'extrémité d'un
funicule pendant, se redresse dans
une direction parallèle à lui. Le style
simple, terminé par un stigmate obtus, s'insère, tantôt au réceptacle entre les trois coques de l'ovaire, tantôt à la base ou au sommet de cet
ovaire plus ou moins profondément
lobé. Le fruit se compose de deux
samares fixées par leur base au réceptacle, prolongées chacune inférieurement en une membrane courte, supérieurement en une aile beaucoup
plus longue. La graine, dépourvue
de périsperme, contient sous une
enveloppe membraneuse un embryon
droit.

Les espèces de ce genre sont des
Arbrisseaux grimpans ou des sous-
Arbrisseaux, à feuilles opposées et
entières. Les fleurs, de couleur jaune,
sont portées sur des pédicelles munis
de deux ou quatre petites bractées
solitaires ou en grappes axillaires, ou
bien plus rarement en ombelles terminales. *V*. Kunth, *Nov. Gen.*, 5,
156, tab. 445, et Aug. Saint-Hilaire,
Mém. du Mus., 10, 365, tab. 24.

(A. D. J.)

GAUDINIE. *Gaudinia.* BOT. PHAN.
Genre de la famille des Graminées et
de la Triandrie Digynie, L., dédié
au respectable pasteur Gaudin, auteur de l'Agrostographie helvétique,
par Palisot-Beauvois (Agrostogr., p.
95) qui l'a ainsi caractérisé : valves
de la lépicène (*glumes*, Palis.-Beauv.)
inégales et obtuses; glume inférieure
(*paillette*, Palis.-Beauv.) bifide, portant une barbe tordue et plissée sur
le milieu du dos; la supérieure à
deux ou quatre dents; style bipartite,

portant des stigmates en goupillon; cariopse sillonnée et enveloppée par les
glumes. Les fleurs sont disposées en épi
composé sur un rachis; et les épillets
sont sessiles, alternes, et contiennent
de neuf à onze petites fleurs distiques.
Le type de ce genre est l'*Avena fragilis*, L., espèce à laquelle son inflorescence donne un aspect fort différent
de celui des Avoines. Elle croît dans
les régions un peu chaudes de l'Europe. Cependant le climat de Paris ne
paraît pas être trop froid pour elle,
puisqu'on la trouve en abondance
près de Bondy; mais elle n'est pas
mentionnée dans la Flore de Thuil-
lier. Palisot-Beauvois a joint à cette
espèce l'*Avena planiculmis* de Schreber et Willdenow.   (G..N.)

GAUFFRE. MOLL. On donne vulgairement ce nom à une Coquille du
genre Murex (*Murex Anus*). Certains
marchands emploient aussi la dénomination de Gauffre roulée pour désigner une espèce du genre Bulle
(*Bulla lignaria*) dont Denys de Montfort a fait le genre Scaphandre. (AUD.)

GAULTHÉRIE. *Gaultheria* ou
Gualtheria. BOT. PHAN. Genre de la
famille des Éricinées et de la Décandrie Monogynie, établi par Linné,
adopté par Jussieu et par R. Brown
(*Prodr. Flor. Nov-Holl.*, p. 558) qui
l'a ainsi caractérisé : calice infère à
cinq divisions; corolle de forme ovée,
dont le limbe est court et à cinq divisions; dix étamines incluses ayant
leurs filets planes, souvent hérissés,
insérés au fond de la corolle ou
hypogynes; leurs anthères bifides au
sommet et portant deux arêtes; écailles
hypogynes au nombre de dix (quelquefois connées); capsule (ordinairement couverte par le calice bacciforme) à cinq loges dont les valves
portent les cloisons sur leur milieu;
graines anguleuses recouvertes d'un
test réticulé, et attachées à des placentas adossés à la base de la colonne
centrale. En établissant ainsi les caractères génériques, R. Brown pense
qu'on doit y rapporter toutes les espèces d'Andromèdes américaines qui

s'éloignent, il est vrai, des Gaulthéries de Linné par leur calice non bacciforme, mais qui leur ressemblent par les anthères et la capsule. Il en résulte que le caractère essentiel des Gaulthéries ne réside pas, selon Brown, dans l'apparence et la consistance du calice; quand un auteur s'est exprimé aussi clairement, on a lieu d'être surpris que dans le Dictionnaire des Sciences naturelles, son opinion ait été contradictoirement interprétée. Kunth (*Nova Genera et Spec. Plant. æquinoct.* T. III, p. 282) s'est rangé à l'opinion du savant anglais, et a décrit neuf espèces nouvelles de Gaulthéries dont quelques-unes avaient été mentionnées par Humboldt dans les Prolégomènes du même ouvrage, sous le nom générique d'*Andromeda*. Les espèces de ce genre sont des Arbrisseaux ou des Arbustes à feuilles alternes, à fleurs axillaires et terminales, disposées en grappes rarement solitaires sur des pédoncules partiels, et accompagnées de deux petites bractées. Elles croissent en Amérique, principalement dans les climats chauds. R. Brown n'en a trouvé qu'une seule espèce (*G. hispida*) qui croît à la terre de Diémen dans l'Australasie.

La GAULTHÉRIE DES SPHAIGNES, *Gaultheria sphagnicola*, a été figurée dans l'atlas de ce Dictionnaire. Swartz l'avait improprement nommée *Epigæa cordifolia*, et feu le professeur Richard père l'a décrite dans les Actes de l'ancienne Société d'Histoire naturelle de Paris, T. I, p. 109. Elle croît à la Guiane.   (G..N.)

* GAURA. BOT. PHAN. Genre de la famille des Onagrariées de Jussieu, et de l'Octandrie Monogynie, L. Le calice, adhérent à l'ovaire, se prolonge au-dessus de lui en un tube et se termine par quatre divisions, entre lesquelles s'insèrent autant de pétales; huit étamines sont fixées au tube un peu au-dessous; le style, long, porte un stigmate quadriparti; l'ovaire se partage en quatre loges, dont chacune contient un ou deux ovules suspendus à l'angle interne; les cloisons disparaissent, et on ne trouve plus qu'une seule loge et une à quatre graines dans le fruit, qui est capsulaire, coriace, indéhiscent, relevé extérieurement de quatre angles. Il est à remarquer que le nombre des diverses parties de la fructification se réduit dans une espèce de quatre à trois. Les espèces de ce genre sont des Herbes ou plus rarement des sous-Arbrisseaux, à feuilles alternes et entières. Les fleurs blanches, roses ou plus rarement jaunes, et tournant au rouge après la floraison, sont disposées en épis terminaux et accompagnées de bractées. Si l'on en excepte une espèce originaire de Chine, elles croissent toutes en Amérique. *V.* Lamk., Illustr., tab 281; Cavanilles, *Icones*, 258 et 396; Kunth, *Nov. Genera*, tab. 529.   (A. D. J.)

GAUTEREAU. OIS. Syn. vulgaire du Geai. *V.* CORBEAU.   (DR..Z.)

GAUVERA. MAM. On trouve ce nom dans les écrits de quelques voyageurs anciens; il y désigne un Animal qu'on ne saurait reconnaître, qui aurait des rapports avec les Taupes, le dos en carène et les pieds blancs. (B.)

GAVIA. OIS. (Brisson.) Syn. de Mauve. *V.* ce mot.   (DR..Z.)

GAVIAL. REPT. SAUR. *V.* CROCODILE.

GAVIAL. POIS. Espèce du genre Lépisostée. *V.* ce mot.   (B.)

GAVIAN. OIS. (Belon.) Syn. vulgaire de la Mouette Tridactyle. *V.* MAUVE.   (DR..Z.)

GAVIAON, GAVION. OIS. (Marcgraaff.) Syn. brésiliens du Caracara. *V.* FAUCON, division des Caracaras.   (DR..Z.)

GAVIOTA. OIS. Syn. de la Mouette. *V.* MAUVE.   (DR..Z.)

GAVOUÉ. OIS. Espèce du genre Bruant. *V.* ce mot.   (DR..Z.)

* GAYA. BOT. PHAN. Genre de la famille des Malvacées, de la Monadelphie Monogynie, L., très-voisin du *Sida*, dont il ne se distingue que par

la structure de son fruit. Celui-ci est, en effet, composé de plusieurs coques comprimées, dont chacune s'ouvre, non en deux valves, mais en trois ; celle du milieu est en carène et arquée ; les deux latérales, planes, la dépassent en dehors, et, venant se rejoindre par leurs bords, forment une cavité vide dans laquelle elle reste cachée jusqu'à la déhiscence. Kunth a établi ce genre (*Nov. Gen.*, 5, 266) auquel il rapporte les *Sida calyptrata* de Cavanilles et *occidentalis* de Linné. Il en ajoute trois espèces américaines dont deux sont figurées (*loc. cit.*, tab. 475-476). Pour les autres caractères, *V.* le mot SIDA.

(A. D. J.)

GAYAC. *Guajacum.* BOT. PHAN. Genre de la famille des Zygophyllées, de la Décandrie Monogynie, L. Son calice est divisé jusqu'à sa base en cinq lobes arrondis, avec lesquels alternent autant de pétales deux fois plus longs ; dix étamines, à filets nus ou quelquefois accompagnés d'un appendice à leur base, s'insèrent sur un court support au-dessous de l'ovaire ; celui-ci, aminci inférieurement et terminé par un style simple et aigu, présente de deux à cinq loges dans chacune desquelles sont plusieurs ovules suspendus par un court funicule le long et vers le haut de l'angle interne. Le fruit est une capsule divisée en autant de loges monospermes par avortement. La graine offre un périsperme cartilagineux, qui entoure un embryon recourbé, de couleur verte, à radicule supère, à cotylédons elliptiques et un peu épais.

Les espèces de ce genre sont des Arbres à feuilles pennées avec impaire, à pédoncules axillaires et uniflores. La dureté de leur bois et le beau poli qu'il est susceptible de recevoir le fait rechercher dans les lieux où ils croissent. Le *Guajacum officinale*, à feuilles bijuguées et à capsules ordinairement biloculaires, est connu par les propriétés de son bois qui est un sudorifique puissant, et comme tel, employé dans le traite-

ment des affections syphilitiques, et qui fournit une substance d'un aspect résineux, principe végétal particulier auquel on a donné le nom de Gayacine. *V.* ce mot. Il est originaire des Antilles ainsi que le *Guajacum sanctum*, à feuilles composées de cinq à huit paires de folioles avec une impaire et à fruits pentagones. On cite aussi deux autres espèces d'Amérique : le *G. verticale* et le *G. arboreum*, qui est pour Jacquin une Fabagelle, dont il offre en effet la fleur ; et enfin le *G. dubium* que Forster a observé dans l'île de Tongatabu.

(A. D. J.)

*GAYACINE. BOT. PHAN. Le Gayac officinal produit une résine particulière que l'on obtient soit par l'épaississement et la dessiccation du suc qui découle des incisions faites à l'Arbre, soit par l'échauffement auquel on soumet les parties les plus compactes de ce Végétal : alors la résine liquéfiée tombe par gouttelettes dans les vases disposés à cet effet. On peut encore l'obtenir de la macération prolongée des copeaux de Gayac dans l'Alcohol, et c'est le moyen employé lorsqu'on veut l'avoir dans son plus grand état de pureté. Cette résine est d'un brun verdâtre, fragile et même friable, amère, très-odorante, très-inflammable ; elle est peu soluble dans l'eau, et se dissout complétement dans l'Alcohol. C'est la partie soluble dans l'eau que l'on a nommée Gayacine, pour la distinguer de la résine ; toutes ses propriétés ne sont pas encore bien connues, néanmoins l'on en sait assez pour déjà l'admettre comme un nouveau principe immédiat des Végétaux. La résine de Gayac donne, à la distillation, de l'eau acidulée, de l'huile brune, épaisse, de l'huile empyreumatique, des Gaz acide carbonique et hydrogène carboné, enfin un peu plus de 0,30 de charbon, quantité double de celle que l'on trouve dans les autres résines. On emploie la résine de Gayac comme sudorifique. (DR..Z.)

GAYAPIN. BOT. PHAN. Nom vul-

gaire du *Genista Anglica. V. Genêt.*
(B.)

* **GAYLUSSACIE.** *Gaylussacia.*
bot. phan. Genre de la famille des
Ericinées et de la Décandrie Monogynie, L., dédié au célèbre chimiste
Gay-Lussac par Humboldt et Kunth
(*Nov. Gener. et Spec. Plant. æquin.*
T. III, p. 215), qui lui ont assigné les
principaux caractères suivans : calice
adhérent à l'ovaire, dont le limbe
est libre et à cinq divisions ovales,
acuminées et beaucoup plus petites
que la corolle ; celle-ci est tubuleuse, renflée à la base, et son limbe
est composé de cinq petites dents
droites ; dix étamines incluses, insérées à l'entrée du tube, ayant des anthères mutiques, se terminant au sommet en deux tubes ouverts ou en forme
de petits cornets ; style dressé terminé
par un stigmate capité ; fruit drupacé
presque globuleux, recouvert par le
calice, à dix loges dont chacune ne
contient qu'une seule graine lenticulaire. Ce genre a beaucoup d'affinité
avec le *Thibaudia* de Pavon, mais il
en diffère par ses graines solitaires dans
chacune des loges et par le nombre
double de celles-ci. La seule espèce
décrite par les auteurs de ce genre,
est la *Gaylussacia buxifolia* (*loc.
cit.*, tab. 257) que, dans la Relation
historique de son voyage, Humboldt
a désignée sous le nom de *Thibaudia
glandulosa.* C'est un Arbrisseau très-
rameux dont les feuilles, semblables
à celles du Buis, sont épaisses, ayant
leur nervure médiane terminée par
une glande sessile ; les fleurs, ornées
de bractées et de couleur écarlate,
sont disposées en grappes axillaires
très-denses. Cette Plante a été trouvée près de Caraccas et de Santa-Fé
de Bogota. (G..N.)

GAZ. min. chim. Parmi les corps de
la nature et ceux que l'art peut produire, il en est dont les particules
offrent un tel état de ténuité et
d'écartement qu'elles échappent à la
vue, et n'annoncent leur présence que
par l'odeur, la couleur, les propriétés chimiques des masses, ou même

par des qualités pour ainsi dire négatives. On les a nommés fluides élastiques ou aériformes, et on les a distingués en *Gaz* et en *Vapeurs*, selon
qu'ils restent permanens, ou qu'ils se
liquéfient après avoir été soumis à une
forte pression et à une basse température. Quoiqu'il y ait une certaine
justesse dans cette distinction pour les
corps de la nature que nous observons
dans les circonstances ordinaires de
la température et de la pression atmosphériques, et les seuls qui doivent être traités dans un ouvrage
d'histoire naturelle, nous ferons cependant observer qu'elle est purement factice, et qu'il n'y a réellement
pas de caractères fixes qui différencient
les Gaz des vapeurs. A l'aide d'une
pression de plusieurs centaines d'at-
mosphères, Faraday à Londres, gui-
dé par les expériences antérieures de
Cagniard-Latour, est parvenu à liquéfier le Chlore, le Gaz acide carbonique, etc. Tout récemment, Bussy,
habile chimiste de Paris, a réduit,
par l'effet d'un froid artificiel, le Gaz
acide sulfureux à l'état liquide, et se
servant de la volatilité de ce nouveau liquide pour produire le froid
le plus considérable possible, il est
parvenu à liquéfier la plupart des
Gaz. Ceux-ci ne peuvent donc plus
être rigoureusement considérés comme permanens, et l'on ne devra
plus, dans l'étude de leurs propriétés, les séparer des vapeurs dont on a
fixé arbitrairement la liquéfaction à
une température toujours supérieure
à 20° au-dessous de zéro. Il nous
semble convenable de faire précéder l'histoire abrégée des Gaz qu'on
rencontre dans la nature par un aperçu des propriétés générales les plus
remarquables des fluides aériformes.

Quatre Gaz que, dans l'état actuel
de la science, nous regardons comme simples, savoir : l'Oxigène, le
Chlore, l'Azote et l'Hydrogène, en
se combinant entre eux ou avec les
vapeurs de plusieurs corps solides
aussi supposés simples, donnent
naissance à une foule de Gaz et de
vapeurs qui se présentent plus fré-

quemment, soit dans la nature, soit dans les expériences, que leurs élémens, vu la tendance de ceux-ci à se combiner entre eux. — Loin d'exercer les unes sur les autres une action simplement attractive comme dans les solides ou liquides, les particules des Gaz sont dans un état de répulsion qui tend à les écarter de plus en plus. Il n'est pourtant pas exact de dire que cette répulsion va sans cesse en augmentant et qu'elle est indéfinie, car s'il en était ainsi, il arriverait un terme où chaque molécule gazeuse, dépassant les limites de sa sphère d'attraction, serait isolée de ses semblables, et alors la masse du Gaz disparaîtrait. On voit, au contraire, les Gaz, quoique très-dilatés, s'opposer à la séparation de leurs molécules, et loger dans les interstices que laissent celles-ci d'autres corps dont la présence ne détruit pas la cohésion générale du système gazeux. C'est ce qui arrive dans la dissolution de l'eau et de plusieurs autres substances, dissolution opérée par les Gaz. Quoi qu'il en soit, ceux-ci sont doués d'une grande élasticité, laquelle croît proportionnellement à leur densité, selon la loi observée par Boyle et Mariotte. — La dilatabilité des Gaz s'exerce d'une manière très-uniforme pour tous les degrés du thermomètre. Gay-Lussac et Dalton ont observé simultanément cette uniformité de dilatation, et le premier de ces physiciens a évalué celle-ci à 0,00375 ou $\frac{1}{266,67}$ du volume à zéro pour chaque degré centigrade. — Les fluides aériformes sont doués d'un pouvoir réfringent très-différent de l'un à l'autre. On ne peut pas déduire positivement du calcul de l'intensité avec laquelle chaque Gaz réfracte la lumière les causes influentes de cette propriété ; mais on a remarqué que les Gaz ou leurs combinaisons et les corps qui en résultent sont d'autant plus réfringens qu'ils sont plus combustibles, que les combinaisons dans lesquelles les Gaz ont éprouvé une forte contraction, réfractent moins la lumière que le simple mélange de leurs élémens, ou que les combinaisons de Gaz dont les élémens n'ont pas contracté une forte union. On sait, par exemple, que l'Hydrogène a un pouvoir réfringent très-considérable ; que l'eau ne réfracte pas la lumière aussi bien que le mélange d'un volume d'Oxigène et de deux volumes d'Hydrogène, mais que ce pouvoir réfringent de l'eau avait tellement frappé Newton, qu'il en avait conclu que l'eau devait contenir un principe combustible.

Les chimistes et les physiciens ont mesuré avec beaucoup de rigueur et calculé les densités des divers Gaz et vapeurs. A l'exception de l'Hydrogène (le plus léger de tous les Gaz), et des combinaisons où il domine, du Gaz azote, des vapeurs d'eau, d'Acide hydrocyanique, tous les autres fluides aériformes ont une densité plus considérable que celle de l'air : ainsi le Chlore, l'Acide carbonique, le Gaz nitreux, les vapeurs d'Ether, d'essence de Térébenthine, d'Alcohol, etc., pèsent spécifiquement plus que l'air, et tendent à occuper les régions basses de l'atmosphère lorsqu'ils y sont disséminés par des causes naturelles ou fortuites.

Enfin un petit nombre de fluides élastiques, au lieu d'être invisibles comme les autres, sont affectés de couleurs particulières qui les font distinguer facilement. Tels sont: 1° le Chlore, qui est d'un jaune verdâtre ; 2° la vapeur d'Acide nitreux d'un rouge orangé ; 3° les vapeurs d'Iode et d'Indigo, d'un beau violet ; 4° la vapeur de Soufre d'un jaune-orangé.

Le plus intéressant de tous les Gaz, aux yeux des naturalistes, est sans contredit l'air atmosphérique. Nous renvoyons aux mots AIR et ATMOSPHÈRE, pour connaître les propriétés de ce fluide et le rôle important qu'il joue dans la nature, mais c'est ici le lieu de parler en particulier des deux Gaz qui le constituent, c'est-à-dire de l'Oxigène et de l'Azote.

Gaz oxigène. Priestley qui en fit la découverte en 1774, le nomma d'abord air vital ou air déphlogistiqué. Lorsque Guyton-Morveau eut réformé la nomenclature chimique, on l'appela Oxigène, parce qu'on lui attribuait alors la propriété exclusive de donner naissance aux Acides. Plus dense et réfractant davantage la lumière que l'air, il active aussi bien plus la respiration des Animaux et la combustion des corps ; c'est même lui qui dans l'air en est le principe vivifiant et actif par excellence. Il est sans odeur ni couleur, et n'a pas encore pu être liquéfié dans les expériences récentes que nous avons citées plus haut. La facilité avec laquelle ce Gaz se combine avec presque tous les corps de la nature, sa faible densité, et conséquemment sa diffusibilité, doivent empêcher qu'on le trouve isolé dans quelques lieux particuliers, comme on observe l'Acide carbonique dans la grotte du Chien en Italie. L'acte de la végétation en verse cependant des torrens continuels dans l'atmosphère pour réparer celui que consument sans cesse la respiration des Animaux et la combustion.

Gaz azote. Des propriétés absolument négatives caractérisent ce Gaz : il est, en effet, moins dense que l'air, invisible, incolore, inodore, ne peut servir à la respiration ni à la combustion, et ne se combine facilement qu'avec un certain nombre de corps. Le Gaz azote, anciennement nommé Mofette atmosphérique, n'est pas délétère par lui-même, comme le Gaz acide sulfureux, l'Hydrogène sulfuré, etc., mais il fait périr les Animaux par asphyxie, et il joue à leur égard le même rôle que tout autre corps étranger et inutile à la respiration ; mais par son mélange avec le Gaz oxigène, il facilite l'action de celui-ci, isolant pour ainsi dire chacune de ses molécules, et lui faisant éprouver des combinaisons qui ne peuvent avoir lieu que lorsque les corps sont à l'état de Gaz naissant. C'est ainsi qu'à la tempéra-

ture ordinaire, l'air atmosphérique a plus d'action sur le Phosphore que n'en a l'Oxigène pur, etc. L'Azote est le principe dominant des matières animales : tout le monde sait qu'étant le radical des Acides nitrique, nitreux et hydrocyanique, ainsi que de l'Ammoniaque, on produit artificiellement ces combinaisons, en employant de diverses manières les substances azotées. C'est sur cet emploi bien dirigé que reposent l'art de faire le nitre, celui de fabriquer le bleu de Prusse, le sel ammoniac, et plusieurs composés d'une grande utilité. Les Végétaux en contiennent aussi, mais toujours en petite quantité comparativement aux Animaux. On savait depuis longtemps que l'Azote était un des principes constituans des Crucifères, que l'Acide hydrocyanique, dont l'Azote est un des élémens, existait tout formé dans la plupart des organes d'un grand nombre de Drupacées, etc. Une expérience de Chevallier, pharmacien de Paris, vient de nous apprendre que la fétidité du *Chenopodium Vulvaria*, L., paraît due à l'exhalation d'un Gaz qu'il a reconnu pour être de l'Ammoniaque pur (*Hydrure d'Azote*). Les fleurs, même celles dont l'odeur est fort agréable, dégagent aussi du Gaz ammoniaque rendu sensible au moyen des réactifs chimiques.

Les chimistes ne sont pas d'accord sur la nature de l'Azote ; les uns ne veulent y voir qu'un corps simple ; les autres, à la tête desquels on remarque le célèbre Berzélius, le croient composé d'un atome d'Oxigène et d'un atome d'un principe métalloïde qu'ils nomment *Nitricum* ou *Ammonium*. Ils se fondent principalement sur ce qu'un globule de Mercure placé dans une coupelle d'Hydrochlorate d'Ammoniaque, et soumis à l'action de la pile voltaïque, se convertit en une substance demi-solide et présentant tous les caractères d'un amalgame.

Les autres principaux Gaz qui se produisent dans le vaste laboratoire de l'univers, sont l'Acide carbonique, les Hydrogènes carburés, l'Hydrogène sulfuré, l'Hydrogène phosphoré et l'Acide sulfureux. *V.*, pour le premier et le dernier de ces corps, le mot ACIDE où leur histoire est aussi complète que le comportent les bornes de ce Dictionnaire. Quant aux Gaz hydrogènes carburé, phosphoré et sulfuré, nous allons exposer leurs propriétés les plus saillantes, ainsi que les circonstances sous l'empire desquelles on les rencontre dans la nature.

GAZ HYDROGÈNE CARBURÉ OU CARBONÉ. Lorsque l'Hydrogène se combine avec le Carbone, il en absorbe des proportions diverses : il y a donc plusieurs degrés d'Hydrogène carburé, et selon que le Carbone est augmenté, la lumière produite par la combustion de ce Gaz est d'autant plus vive et plus blanche. Son odeur est désagréable et sa pesanteur spécifique plus considérable que celle de l'Hydrogène. C'est à l'inflammation du Gaz hydrogène carburé qu'il faut attribuer les feux naturels et les fontaines ardentes dont les voyageurs, les géographes et les historiens ont souvent exagéré l'importance et les effets. C'est lui qui constitue ce terrible *Grisou* des mineurs, lorsqu'étant mélangé avec une certaine quantité d'air, il se trouve en contact avec un corps incandescent; enfin ce Gaz est un de ceux qui se dégagent sans inflammation des salses ou volcans d'air. Spallanzani et Ménard de la Groye (Journal de Physique, t. 85, 1817) ont décrit le gissement et les phénomènes curieux des feux naturels de Pietra-Mala, sur la route de Bologne à Florence, et ceux de Barigazza dans le Modenois. Ce qu'ils en ont dit peut s'appliquer à tous les feux naturels connus, à ceux, par exemple, qui existent dans la presqu'île d'Abscheron en Perse; on prétend que les Guèbres ont établi dans ces lieux un caravanserail où ces adorateurs du feu cuisent leurs alimens et calcinent de la Chaux avec le seul secours des flammes de l'Hydrogène sortant du sol. Ces feux sont toujours produits par l'émanation lente, continuelle et paisible du Gaz hydrogène carburé pur au travers du sol, et sans que celui-ci présente de fentes ni de crevasses. Dans les fontaines ardentes, le Gaz hydrogène carburé s'échappe du sol, et vient brûler à la surface de l'eau, sans que celle-ci fournisse la moindre quantité de Gaz hydrogène, car lorsque les fontaines sont à sec, le Gaz continue toujours de brûler à la superficie du sol. Telle est celle des environs de Grenoble.

Les Gaz hydrogènes phosphoré et sulfuré, sont le plus souvent des productions accidentelles de la nature. Ainsi il est très-probable que le premier soit la cause des feux follets qui se dégagent des cimetières; car on sait qu'il jouit de la singulière propriété de s'enflammer au seul contact de l'air. Le Gaz hydrogène sulfuré, ou Acide hydrosulfurique, si facile à distinguer par son odeur d'œufs pourris, existe quelquefois à l'état de Gaz isolé dans les galeries des mines; mais le plus souvent il est dissous dans les eaux thermales sulfureuses, et c'est à ce Gaz qu'elles doivent l'énergie de leurs propriétés médicales.

(G..N.)

* GAZAL. MAM. *V.* GAZELLE et ANTILOPE. (B.)

GAZANÉ. POIS. Syn. de *Syngnathus pelagicus*, sur les côtes de Provence, particulièrement à Marseille. (B.)

GAZANIE. *Gazania.* BOT. PHAN. Genre de la famille des Synanthérées, Corymbifères de Jussieu, et de la Syngénésie frustranée, L., établi par Gaertner (*de Fruct.* T. II, p. 451, tab. 173) qui l'a ainsi caractérisé : involucre campanulé, formé de folioles nombreuses, imbriquées et oblongues-lancéolées; capitules radiés, composés de fleurs centrales régulières et hermaphrodites, et de fleurs marginales ligulées, non tubuleuses, et stériles, ou pourvues d'un ovaire demi-avorté; réceptacle plane, alvéo-

lé, à cinq cloisons velues ; akènes tétragones, glabres, surmontées d'une
longue aigrette formée de poils très-
fins et non plumeux.

L'auteur de ce genre, en indiquant
comme type le *Gorteria rigens*, L., a,
selon H. Cassini, induit en erreur
la plupart des botanistes, et leur a
fait confondre des Plantes qui ne sont
même pas congénères. En effet, Willdenow fit voir que le *Gorteria rigens* β Thunb., diffère du vrai *Gorteria rigens*, L., par plusieurs caractères que nous regardons, à la vérité, comme peu importans, mais sur
lesquels H. Cassini n'a pas la même
manière de voir ; il en a constitué le
genre *Mussinia*, dont Jussieu (Annales du Muséum, T. VI, VII) a le
premier reconnu l'identité avec le
Gazania de Gaertner. Cassini admet,
sans pourtant en être parfaitement
certain, que le *Mussinia speciosa*,
Willd., est la Plante décrite par
Gaertner ou une espèce bien voisine,
et de même que Willdenow, il pense
que le *Gorteria rigens*, L., doit être
placé dans un autre genre. Willdenow s'était contenté de laisser cette
Plante parmi les Gortéries ; Cassini
l'en a retirée avec raison à cause de
ses akènes aigrettés ; mais sur des
différences très-faibles, il a établi avec
le vrai *Gorteria rigens*, L., un genre
nouveau qu'il a nommé *Melanchrysum*. Dans l'*Hortus Kewensis* (2ᵉ édit.
1813), R. Brown reprenant l'examen
des caractères du *Gazania* sur le *Gorteria rigens*, L., leur en substitua
d'autres que Cassini n'a pas adoptés,
parce qu'il a regardé l'espèce observée par Brown, comme génériquement distincte. Les différences
que ce savant botaniste (H. Cassini)
s'est efforcé d'établir entre ses genres
Melanchrysum et *Gazania*, ne nous
paraissant que fort peu importantes,
nous pensons qu'il serait avantageux
pour la science de réunir ces deux
genres en un seul, dont on modifie-
rait les caractères, en ce qui concerne
le réceptacle (conique sans villosités
dans quelques espèces) et les fleurs
marginales (légèrement tubuleuses et

sans traces d'ovaires, dans le *G. rigens*, L.)

Les espèces de ce genre sont de
belles Plantes herbacées, indigènes
du cap de Bonne-Espérance, ainsi
que toutes les autres Plantes de la
même section, à laquelle Cassini a
donné le nom d'Arctotidées-Gorté-
riées.

La GAZANIE DE GAERTNER, *Gazania Gaertneri*, Cass.; *Mussinia speciosa*, Willd.? est surtout fort remarquable par ses capitules de fleurs solitaires au sommet des pédoncules ra-
dicaux, et par la beauté des corolles
de la circonférence, lesquelles sont
oblongues, lancéolées, d'un jaune
orangé, et marquées d'une bande
obscure sur le milieu de leur face inférieure, et d'une tache noire à la
base de la face supérieure. C'est sans
doute cette même espèce qui est figurée dans Andrews (*Reposit.*, t. 523)
sous le nom de *Gorteria Pavonia*. R.
Brown (*Hort. Kew.* T. V, p. 140) lui
donne le nom de *Gazania Pavonia*,
et la distingue spécifiquement du *G.
rigens* ou *Melanchrysum* de Cassini.
Nous avons vu cette Plante en fleur
dans les jardins de Paris. Aucune Sy-
nanthérée ne peut lui être comparée
sous les rapports de la beauté des
formes et de l'éclat des couleurs.

(G..N.)

GAZÉ. *Papilio cratægi*. INS. Espèce de Papillon du genre Piéride. *V.*
ce mot.   (B.)

GAZELLE. MAM. De l'arabe *Gazal*. *V.* ANTILOPE.   (B.)

GAZON. *Cespes*. BOT. PHAN. On
donne en général ce nom à l'Herbe
serrée, fine et courte, qui tapisse le
sol. Le Gazon composé de Graminées
fait l'ornement de nos campagnes
européennes ; on ne le connaît guère
dans les pays plus chauds, où la végétation rapide et dure ne forme pas
de prairies. On s'est servi quelquefois
de ce mot pour désigner certaines espèces ; ainsi, l'on a appelé :

GAZON D'ANGLETERRE, le Saxifrage Hypnoïde.

GAZON DE MONTAGNE, D'ESPAGNE
ou D'OLYMPE, le *Statice Armeria*.

GAZON DE MAHON, le *Cheiranthus Chius.*

GAZON DU PARNASSE, le *Parnassia palustris.*

GAZON DE CHAT, le *Teucrium Marum.*

GAZON TURC, le Saxifrage Hypnoïde, etc.   (B.)

GEAI. OIS. Espèce du genre Corbeau, *Corvus glandarius*, L., devenu type d'un genre pour Vieillot. *V.* CORBEAU.

Ce nom de Geai a été appliqué ensuite à plusieurs espèces qui prennent place dans des genres différens ; ainsi on a nommé :

GEAI BLEUATRE ET DU BENGALE (Albin), le Rollier de Mindanao.

GEAI D'ALSACE ET DE STRASBOURG, le Rollier vulgaire. *V.* ROLLIER.

GEAI D'AUVERGNE, D'ESPAGNE, DU LIMOUSIN et DE MONTAGNE , le Casse-Noix *V.* ce mot.

GEAI DE BATAILLE, le Gros-Bec d'Europe. *V.* GROS-BEC.

GEAI DE BOHÈME, le grand Jaseur. *V.* JASEUR.

GEAI HUPPÉ, la Huppe. *V.* ce mot.

GEAI A PIEDS PALMÉS, le Cormoran nigaud. *V.* CORMORAN.

GEAI A VENTRE JAUNE DE CAYENNE. *V.* GOBE-MOUCHE.   (DR..Z.)

GÉANT. *Gigas.* MAM. Ce mot désigne particulièrement , lorsqu'il s'agit du genre Homme, une race ou quelque variété dont la taille est au-dessus des proportions communes ; il signifie le contraire de Nain. *V.* ce mot. La race des Géans n'existe plus si jamais elle exista. Cependant il est peu de mythologies ou même d'histoires qui n'en parlent. Au commencement il y eut partout des Géans ; on les fait naître du commerce des enfans des dieux avec les filles des Hommes, et nous disons *des dieux*, parce que la Genèse elle-même semble admettre cette pluralité dans le livre où il est question de Géans. Ce qui nous paraît singulier, c'est que l'on plaça souvent la patrie des Géans dans les régions où le froid le plus vif semble être un obstacle au développement de la croissance , où se trouvent les Lapons , les Esquimaux, les Samoïèdes , véritables nains , où la terre ne se couvre que de Mousses et de Lichens quand d'humbles Arbustes n'y sont pas clair-semés. Ils sont souvent appelés enfans du Nord , et l'on nous peint sans cesse les héros septentrionaux sous les formes les plus gigantesques. On veut que vers l'origine de notre espèce, de formidables Géans aient osé attaquer jusqu'aux dieux , qu'ils aient entassé des montagnes pour assiéger le ciel comme on applique des échelles contre les remparts qu'il s'agit d'enlever d'assaut. Que prouvent de pareilles traditions ? c'est que le mot Géant désigna d'abord tout conquérant qui, dans l'enfance de l'état social, fut assez avancé sur les autres Hommes pour essayer de soumettre violemment ses pareils. De tels Géans furent souvent détruits, et les dieux qu'ils combattaient et qui les vainquirent n'étaient que ces prêtres dont l'autorité fut la première , et qui défendaient leur théocratie. Il était nécessaire d'établir ce point pour prouver quelle est la puérilité des recherches qu'ont faites plusieurs érudits afin d'établir l'antique existence des races de Géans. On n'en retrouvera pas plus de traces dans les couches du globe qu'on n'y a trouvé de véritables Anthropolithes. Les Géans furent fabuleux et l'Homme est moderne. On a tellement cru à l'existence de Géans , que non-seulement le docteur Habicot prétendit avoir trouvé, en 1613, les restes de Teutobochus, qui aurait eu vingt-cinq pieds de haut, mais que peu de voyageurs ont renoncé à nous en décrire. De nos jours, on assure avoir vu des pieds de Géans à la terre d'Endrach. Le comte de Buffon a fort élégamment écrit qu'il put en exister , et que les Patagons en sont même encore. On sait aujourd'hui que les Patagons ne sont point des Géans, mais qu'ils constituent une simple race américaine dont certains in-

dividus ont une taille de grenadier. Il paraît aussi avoir existé
parmi les Guanches des Canaries des
Hommes très-grands ; on ne peut pas
plus douter que Charlemagne n'ait
eu plus d'une toise qu'il n'est permis de révoquer en doute que le
lit d'Og, roi de Bassan, ne fût de
neuf coudées, et, abstraction faite
de Goliath qui en eut six et une
palme, un certain Gabbare, vu à
Rome sous l'empereur Claude, et
cité par Pline, avait neuf pieds neuf
pouces de hauteur. C. Bauhin, dont
l'autorité vaut bien celle de Pline, a
vu un Suisse de huit pieds, et Uffen-
bach parle d'une fille qui n'était pas
moins grande. Sous le rapport accidentel de taille, il existe parfois de ces
Géans, non-seulement chez les Hommes, mais encore chez toutes les autres
espèces d'Animaux. Le naturaliste ne
s'occupe guère de pareilles aberrations
dont nous pourrions donner une liste
de plusieurs colonnes à partir des enfans d'Enoch jusqu'à ce particulier
que tout Paris a remarqué, de 1800
à 1808, dans ses promenades. Les
variétés individuelles gigantesques
se recherchent seulement pour les
montrer à la foire par curiosité,
quand le hasard ne suscite pas quelque prince allemand qui les recrute
pour sa compagnie des gardes. Le
père du grand Fréderic eut ce capri-
ce, et l'on nous a montré dans le beau
cabinet d'anatomie de Berlin le squelette de l'un de ses soldats démesurés :
il a près de sept pieds. — Virey a
soigneusement décrit les mœurs des
Géans qui, d'après lui, seraient les
meilleurs des hommes. Cet écrivain
n'est conséquemment pas d'accord
avec ce que nous disent la Bible,
l'Arioste ou le Tasse, qui font de
Nembrod, de Ferragus et d'Argan
de forts chasseurs et de violens guerriers. Selon Virey, dans le Dictionnaire de Déterville : « Les Géans ont
peu de prévoyance et on les trompe
sans peine ; leur sincérité ne peut
comprendre la finesse et la ruse, et
la méchanceté n'entre pas dans leur
ame. Ils possèdent des vertus débon-
naires d'humanité, de franchise.
Leurs amours offrent plutôt un attachement de confiance que l'ardeur et
la jalousie ; etc. » (T. XII, p. 501).
Joignez à ces précieuses qualités six
ou sept pieds d'élévation avec de belles formes, et l'on doit avouer que
les Géans doivent être des maris fort
précieux et d'excellens citoyens. Virey conseille de traiter leurs maladies
par le système de Brown.....!

Comme nom propre, on a appliqué le mot de Géant à plusieurs espèces d'Animaux et même de Champignons qui surpassent leurs congénères par la grandeur. Ainsi l'on a
appelé Géant un Oiseau du genre
Canard, un Couroucou et le Flambant.
Paulet a son Géant blanc qui est l'*A-
garicus giganteus* des auteurs systématiques.   (B.)

* GEANTHIE. *Geanthia*. BOT.
PHAN. Sous le nom de *Geanthia
colchicoides*, Rafinesque Schmaltz
(Journal de Botanique, T. II, p. 167)
a seulement indiqué le type d'un
genre nouveau qui diffère du *Colchi-
cum* par le nombre des étamines.
Cette Plante qu'on peut considérer
comme encore inconnue, est indigène de Pensylvanie.   (G..N.)

* GÉANTHRAX. MIN. (Tondi.)
Syn. d'Anthracite. *V.* ce mot.   (B.)

GEASTEROIDES ou GEASTROI-
DES. BOT. CRYPT. (*Champignons.*)
Ce mot a été employé par Battara
(*Fung. Arim.*, tab. 29, fig. 168) et
par Adanson, pour désigner le *Geastrum quadrifidum*, Persoon, ou bien
une monstruosité de cette espèce.
           (G..N.)

GEASTRE. *Geastrum*. BOT CRYPT.
(*Champignons.*) Vulgairement Vesse-
de-Loup étoilée. Genre anciennement
indiqué par Micheli sous le nom de
Geaster, réuni par Linné aux Lyco-
perdons, et que Persoon a rétabli en
lui donnant les caractères suivans
adoptés dans la Flore Française :
Champignons globuleux à leur naissance, formés d'un péridium contenu
dans une enveloppe coriace, épaisse,

hygroscopique, qui s'ouvre à son sommet et se fend en plusieurs (4-10) rayons; ceux-ci s'étalent, se recoquillent en dessous, soulèvent le péridium et lui forment une espèce de piédestal en voûte. Le péridium globuleux s'ouvre au sommet par un orifice bordé de cils caducs; son intérieur est rempli d'une poussière brune entremêlée de filamens épais et peu distincts. L'enveloppe externe qui offre uh caractère si tranché pour ce genre, est analogue en quelques points à la *volva* de certains Champignons. Cependant, l'organe que De Candolle considère comme le représentant de la *volva*, est une seconde euveloppe mince, très-fragile et peu apparente, qui est placée entre l'enveloppe externe et le péridium. L'existence de cette membrane, observée d'abord par Bolton et Bulliard, n'est pas constante, selon Desvaux, dans toutes les espèces; et lorsqu'elle s'y trouve, on observe qu'elle se déchire de deux manières : avec régularité ou au contraire irrégulièrement; et de ces légères différences, ce botaniste en a conclu que les espèces à membranes très-distinctes, pouvaient constituer un genre pour lequel il a proposé la dénomination de *Plecostoma*; mais ce groupe ne doit tout au plus être regardé que comme une subdivision du *Geastrum*. Les Géastres croissent à terre et se montrent ordinairement après les pluies d'automne. On en a décrit une dixaine d'espèces, toutes indigènes d'Europe, et qui ne présentent que des caractères fort peu tranchés. (Le *Geastrum hygrometricum* a été aussi trouvé au Mexique par Humboldt et Bonpland, *V.* le *Synopsis Plant. orbis novi*, vol. I, p. 8, de Kunth.) Plusieurs d'entre elles ont été confondues par Linné et Bulliard, dans leur *Lycoperdon stellatum*. Si l'on adopte le *Plecostoma* de Desvaux comme section des *Geastrum*, on a dans ce genre deux sections caractérisées de la manière suivante :

† Péridium sessile s'ouvrant au sommet par une simple déchirure

(GEASTRUM, Desv.) On y a réuni les *Geastrum hygrometricum*, *G. badium* et *G. rufescens*, Pers. Cette dernière espèce n'est peut-être qu'une variété de la première. Elles croissent dans les environs de Paris, et surtout dans les bois de Romainville.

†† Péridium stipité; orifice plissé ou pectiné (PLECOSTOMA, Desv.). Les espèces qui composent cette section sont : *G. coronatum*, Pers., espèce d'Italie et d'Allemagne qui atteint plus de quinze centimètres de largeur; *G. nanum*, Pers., ou *G. pectinatum*, Pers. ou *G. multifidum?* D. C., qui croissent dans les bois de Sapins; et *G. quadrifidum*, Pers. et D. C. Cette espèce, remarquable par sa collerette à quatre découpures, qui se divise en deux membranes, habite les mêmes lieux que la précédente.

(G..N.)

GEBEL-HENDY. BOT. PHAN. Nom arabe du *Datisca cannabina*, exotique en Égypte, mais dont les graines, selon Delile, y sont transportées de Crête, et employées comme émétiques. (B.)

* **GEBETIBOBOCA.** BOT. PHAN. (Surian.) Syn. caraïbe d'*Epidendrum secundum*. (B.)

GÉBIE. *Gebia.* CRUST. Genre de l'ordre des Décapodes, établi par Leach et rangé par Latreille (Règn. Anim. de Cuv.) dans la famille des Macroures, section des Homards. Ses caractères sont : les quatre antennes insérées sur la même ligne, avancées; les latérales à pédoncule nu, les intermédiaires terminées par deux filets allongés; pieds antérieurs en forme de serres, avec l'index notablement plus court que le pouce; les autres pieds simples, velus à leur extrémité; queue en nageoire; feuillets crustacés, les latéraux triangulaires, celui du milieu presque carré. Outre ces caractères qui leur sont propres, les Gébies offrent extérieurement quelques particularités d'organisation assez remarquables; leur enveloppe est très-peu consistante et flexible; leurs yeux sont peu saillans; leurs antennes n'ont pas une excessive longueur; la soie qui les termine est simple dans les antennes externes, et double dans les antennes intermédiaires. Leur carapace est peu épaisse, membraneuse, assez semblable pour la forme à celle de l'Ecrevisse, poilue ou plutôt garnie de très-petits piquans et terminée en avant par une pointe peu avancée; elle se prolonge jusqu'à la base des pates de manière à la recouvrir en partie. Celles-ci sont garnies de poils qui forment à l'extrémité et sur les bords autant de petites franges; l'abdomen est assez long, et les lames natatoires et foliacées qui le terminent et qui constituent la queue proprement dite, sont entières, fort larges et surmontées de côtes longitudinales; ces feuillets sont presque triangulaires, et c'est là un des caractères les plus saillans qui permet de distinguer les Gébies des Thalassines avec lesquelles elles ont de grands rapports. Les Gébies sont des Crustacés assez rares qui se rencontrent sur nos côtes et dans les endroits où la mer est habituellement calme. Elles se nourrissent de Néréides et d'Arénicoles; c'est la nuit qu'elles font leurs excursions; le jour elles se tapissent dans de petits trous ronds et assez profonds qu'elles pratiquent à cet effet. Elles nagent principalement avec leur queue en la repliant et la redressant alternativement avec force. On ne connaît encore qu'un petit nombre d'espèces :

La GÉBIE ÉTOILÉE, *Geb. stellata*, Leach (*Malac. Brit.* tab. 31, fig. 1-8) ou le *Cancer Astacus stellatus*, décrit et figuré par Montagu (*Trans. Linn. Societ.* T. IX, p. 89 et tab. 5, fig. 5), peut être considéré comme le type du genre. Latreille pense qu'elle est la même que la *Thalassina littoralis* Risso (Hist. nat. des Crust. de Nice, p. 76 et pl. 3, fig. 12). Desmarest n'est pas de cet avis; il croit que cette dernière espèce est bien distincte, et il l'établit (Dict. des Sciences nat. T. XXVIII, p. 302) sous le nom de GÉBIE RIVERAINE, *Geb. littoralis*. Risso dit qu'elle est recherchée par les pêcheurs comme un excellent appât pour prendre les Poissons à la ligne. Elle fait son séjour sur les bancs d'Argile du littoral de Nice. Les œufs sont verdâtres; la femelle les porte aux mois de juin et de juillet. Il en existe une variété distincte par les couleurs de la carapace et de l'abdomen.

La GÉBIE DELTURE, *Geb. Deltura*, Leach (*loc. cit.*, tab. 31, fig. 9 et 10). Elle a été trouvée en Angleterre, et sur les côtes de France, à l'île de Noirmoutiers, par D'Orbigny, observateur habile et animé d'un grand zèle pour l'étude des productions marines.

La GÉBIE DE DAVIS, *Geb. Davianus*. Espèce nouvelle établie en 1822 par Risso (Journ. de Phys. et d'Hist. nat., t. 95, p. 245) qui en donne la description suivante : son corps est allongé, mince, d'un blanc nacré, luisant; son corselet est uni, renflé, terminé par un petit rostre subconique, glabre; l'œil est petit, noir, situé sur de gros pédicules; les antennes antérieures sont courtes, les extérieures beaucoup plus longues; les palpes sont longs et ciliés; la première paire de pates courte, la seconde plus grande, toutes les deux terminées par de longues pinces courbées, dont une à peine ébauchée; la droite de la seconde paire beaucoup plus grosse et plus longue; toutes les autres paires de pates sont petites, aplaties, garnies de poils à leur sommet; l'abdomen est long, composé de six segmens glabres; les écailles caudales sont arrondies et ciliées. La longueur de tout le corps est de 0,018^m, et la largeur de 0,004^m. Cette Gébie paraît au mois de juin; on la trouve sur le littoral de Nice, dans les régions madréporiques. A l'occasion de la description de cette nouvelle espèce, Risso fait savoir que déjà, en 1816, il avait rétabli, avec cette espèce et la précédente, un nouveau genre sous le nom de *Gebios*, et qu'il n'avait eu connaissance du genre *Gebia* du docteur Leach que par l'ouvrage de Cuvier (Règn. Anim.)

publié dans le courant de l'année 1817. (AUD.)

GEBIOS. CRUST. (Risso.) Même chose que Gébic. *V.* ce mot. (AUD.)

GEBOSCON. BOT. PHAN. (Ruell.) Syn. d'Ail dans Dioscoride. (B.)

GÉCARCIN. *Gecarcinus.* CRUST. Genre de l'ordre des Décapodes, famille des Brachyures, tribu des Quadrilatères, fondé par Leach aux dépens des Crabes et des Ocypodes. Ses caractères distinctifs sont: test en forme de cœur, largement tronqué en arrière; pédicules des yeux courts et logés dans des fossettes arrondies; pieds-mâchoires extérieurs très-écartés et laissant voir une partie de l'intérieur de la bouche; deuxième paire de pieds plus courte que les suivantes; les Gécarcins diffèrent des Crabes par la forme en cœur de leur carapace; ils s'éloignent des Plagusies et des Grapses par leur front infléchi, n'occupant que le milieu du devant du test, et par l'insertion très-rapprochée des pédicules oculaires. Sous ces deux rapports, ils se rapprochent des Ocypodes et des Goneplaces; mais ils en sont encore suffisamment distincts par le peu de longueur des pédicules des yeux; enfin l'écartement des pieds-mâchoires est un caractère qui leur est propre, et qui ne se retrouve que dans les Grapses et les Plagusies avec lesquels ils ne sauraient être confondus. L'examen de l'organisation externe donne lieu aux observations suivantes : leur corps est épais et presque quadrilatère; les côtes ou les rayons branchiales de la carapace sont arrondies et tellement bombées en avant, qu'elles envahissent la place des régions hépatiques. Cette carapace qui est tronquée en arrière se termine antérieurement et sur le milieu par une sorte de chaperon carré ou arrondi, et rabattu à la partie inférieure. De chaque côté on voit, dans une fossette transversale, le pédicule de l'œil qui ne se prolonge pas jusqu'à l'extrémité latérale du test; les antennes sont courtes et apparentes; les intermédiaires sont re-

pliées sur elles-mêmes près du bord inférieur de l'espèce de chaperon, et les extérieures s'insèrent près du canthus interne des cavités orbitaires. Leur base est formée par un article fort large, et elles se terminent en une petite tige conoïde; les pieds-mâchoires, outre la singularité de leur écartement, présentent encore un fait remarquable dans les second et troisième articles qui sont comprimés et comme foliacés; la première paire de pates a la forme de deux grandes pinces souvent inégales entre elles; la seconde est moins étendue que les suivantes, et munie, ainsi qu'elles toutes, de tarses très-épineux; l'abdomen est composé de sept anneaux; celui du mâle est triangulaire; la femelle a le sien plus large, presque demi-circulaire et arrondi au bout.

Les Gécarcins sont connus dans nos colonies sous le nom vulgaire de *Crabes de terre* et de *Tourlourous*. Plusieurs voyageurs en ont fait mention, et voici ce qu'ils ont recueilli de plus positif sur leurs mœurs singulières. Ces Animaux se tiennent pendant une partie de l'année dans les terres, sur les montagnes, à une distance quelquefois assez grande de la mer. Ils s'y rendent en troupe pour déposer leurs œufs et pour changer de peau. Cette dernière opération paraît exiger de la part du Crustacé quelques préliminaires importans, et qui paraissent avoir pour but principal de les préserver pendant cette époque critique des dangers auxquels ils se voient bien plus facilement exposés. Au dire des observateurs, ils pratiquent des trous ou terriers dans le sable, et à l'époque de leur mue, ils ont le soin de les boucher. Ils y restent cachés pendant six semaines, et lorsqu'ils en sortent, ils sont encore mous; on les nomme alors *Crabes Boursiers*, et leur chair, qu'on mange à toutes les époques, est plus estimée. Les Tourlourous sont quelquefois très-dangereux à manger. On attribue leur propriété délétère au fruit du Mancenillier (*Hippomanc*

Mancinella), dont on prétend qu'il se nourrit ; mais Jacquin réfute cette assertion , et il est probable qu'ils sont tous carnassiers.

Les Crustacés propres à ce genre ont été désignés par quelques voyageurs sous les noms de *Tourlourous*, *Crabes violets* et *Crabes peintes*, *Crabes blancs* ou *blanches* ; mais il reste encore quelques doutes sur la détermination des espèces. Les naturalistes en admettent un certain nombre bien caractérisés et qui sont originaires du sud. Tels sont :

Le Gécarcin Tourlourou , *G. ruricola* ou le *Cancer ruricola* de Linné, de Fabricius et d'Herbst. Il a été figuré par ce dernier auteur (tab. 3, fig. 36 ; tab. 20, fig. 116 , et tab. 49 , fig. 1) et par Séba (Mus. T. iii , pl. 20 , fig. 5). C'est le véritable Tourlourou des voyageurs français , très-commun aux Antilles. Sa carapace est de couleur rouge foncée, et la partie moyenne offre une impression qui figure une sorte d'H dont les jambages seraient très-prolongés et atteindraient presque les yeux. Le bord inférieur de la cavité orbitaire est dentelé, et présente une échancrure vers l'extrémité interne.

Le Gécarcin Bourreau, *G. Carnifex* ou le *Cancer Carnifex* de Herbst (tab. 41, fig. 1, et tab. 4, fig. 37, var.). Il est le même que l'*Ocypoda Carnifex* de Bosc ou l'*Ocypoda cordata* de Latreille. Maugé a recueilli cett espèce à l'île de Saint-Thomas, dans les cimetières.

Le Gécarcin Fouisseur, *G. Fossor* ou *Ocypoda Fossor* de Latreille. Il est assez petit ; ses pinces sont presqu'égales entre elles et dentelées à leur bord supérieur.

Pison a décrit sous le nom de *Crabe Guanhumi* un Crustacé originaire du Brésil et de la Guiane. Latreille n'hésite pas à le ranger parmi les Gécarcins. Il réunit encore à ce genre le *Cancer Hydro-dromus* d'Herbst (tab. 41, fig. 2), son *Cancer litteratus* (tab. 48, fig. 4), et son *Cancer aurantus* (tab. 48, fig. 5).

On connaît une espèce fossile de ce genre assez bien caractérisée. Desmarest (Hist. nat. des Crust. fos., p. 107 et pl. 8, fig. 10) la nomme Gécarcin à trois épines , *G. trispinosus*, et il la décrit de la manière suivante : elle est assez petite, de la grosseur d'une châtaigne dont elle a presque la couleur ; sa forme est à peu près en cœur tronqué postérieurement ; sa plus grande dimension est dans le sens transversal ; le bord antérieur de la carapace dans les individus examinés était en trop mauvais état pour qu'il fût possible de le décrire ; mais en général il n'est point tranchant : on aperçoit de chaque côté une petite fossette ronde, légèrement creuse, qui est, à n'en point douter, le point où l'œil qui devait avoir un court pédoncule, était logé dans le repos ; la carapace est arquée en voûte de devant en arrière, légèrement rugueuse, et présente des lignes peu enfoncées qui dessinent ses différentes régions ; celle de l'estomac est traversée longitudinalement par un prolongement pointu de la région génitale ; celle-ci et la région du cœur sont confondues en une large bande saillante légèrement sinueuse sur les bords , et prolongée jusqu'au bord postérieur de la carapace, de manière à partager ainsi le test en deux parties distinctes ; les régions hépatiques antérieures , situées près du bord antérolatéral de la carapace, sont , dans ce Crabe, légèrement renflées, très-séparées de la région de l'estomac par une ligne enfoncée , et l'on voit sur le même bord ; dans les individus bien conservés, trois épines dont la plus forte est l'intermédiaire. Si la présence de ces épines pouvait être considérée comme un caractère générique, cette espèce devrait prendre place dans le genre Thelphuse. Les régions branchiales sont assez sinueuses ; le bord postérieur est assez droit, et presque tronqué net. Desmarest n'a eu occasion de voir que des individus mâles ; leur abdomen était fort étroit et allongé ; le sternum sur lequel il se recourbait avait un sillon très-étroit et présentait cinq pièces transversales distinctes dont les trois antérieures plus grandes que les autres, la première surtout; celle-ci était trapézoïdale et rebordée; les deux suivantes, en forme de parallélogramme, transverses et légèrement recourbées en avant, avaient à peu près une égale dimension. La première paire de pates a paru assez forte et renflée; cette pate avait les deux premières pièces petites, arrondies et lisses; la troisième était aussi lisse, renflée, et avait une arête marquée de petits points élevés et placés à la suite les uns des autres; la quatrième, presque cuboïde, avait six faces antérieures et postérieures légèrement granulées; enfin le cinquième article ou le gros de la pince était surtout renflé et portait au côté extérieur des tubercules très-distincts, plus gros et plus nombreux vers les points d'attache de cette pièce qu'ailleurs, et dont plusieurs des plus remarquables paraissent disposés sur trois lignes longitudinales. Desmarest ajoute que dans l'un des individus qu'il a examinés, on remarquait sur cette pince une épine à la partie antérieure de l'articulation qui l'unissait à l'article précédent. On ignore le gissement de ce Fossile.   (AUD.)

GECEID. ois. (Gesner.) Syn. de Cochevis. *V.* ALOUETTE.   (DR..Z.)

GECKO. *Ascalabotes.* REPT. SAUR. Genre unique dans la famille des Geckotiens, comme les Crocodiles et les Caméléons le sont dans les familles qu'ils constituent, et que Linné confondait, mais en l'indiquant comme section (*Gekkones*) entre tant d'Animaux disparates; dans son grand genre Lézard; genre qui non-seulement est devenu un ordre, mais qui a encore fourni des genres à des ordres nouvellement reconnus. « Les Geckos ont, dit Cuvier (Règn. Anim. T. II, p. 44), un caractère distinctif qui les rapproche un peu des Anolis. Leurs doigts sont fort élargis sur toute leur longueur, au moins à leurs extrémités, et garnis en dessous d'écailles et de re-

plis de la peau très-réguliers. Ils leur servent si bien à se cramponner, qu'on les voit marcher sur des plafonds; mais ces doigts sont presqu'égaux. En général, les Geckos n'ont pas, comme les Anolis, la forme élancée des Lézards; ils sont au contraire aplatis, surtout leur tête. Leur marche est lourde et rampante; de très-grands yeux dont la pupille se rétrécit à la lumière comme celle des Chats, en font des Animaux nocturnes qui se tiennent le jour dans les lieux obscurs. Leurs paupières très-courtes se retirent entièrement entre l'orbite et l'œil, et y disparaissent, ce qui donne à leur physionomie un aspect différent des autres Sauriens. Leur langue est charnue et non extensible; leur tympan un peu renfoncé; leurs mâchoires sont garnies tout autour d'une rangée de très-petites dents serrées; leur peau chagrinée en dessus de très-petites écailles grenues, parmi lesquelles on voit souvent des tubercules plus gros, a en dessous des écailles un peu moins petites, plates et imbriquées. Quelques espèces ont des pores aux cuisses. La queue est marquée de plis circulaires comme celle des Anolis, mais lorsqu'elle est cassée elle repousse sans plis et même sans tubercules, quand elle en a naturellement, accident qui a quelquefois fait multiplier les espèces. Ce genre est très-nombreux, et les espèces en sont répandues dans les pays chauds des deux continens. L'air triste et lourd des Geckos, et une certaine ressemblance avec les Salamandres et les Crapauds les ont fait haïr et accuser de venin, mais sans aucune preuve réelle. Leurs ongles sont rétractiles de diverses manières, et conservent leur tranchant et leur pointe; conjointement avec les yeux, ces doigts peuvent faire comparer les Geckotiens parmi les Sauriens, à ce que sont les Chats parmi les Mammifères carnassiers; mais ces ongles varient en nombre selon les espèces, et manquent entièrement dans quelques-unes. Le nombre des espèces de ce genre et des caractères communs à plusieurs d'entre ces espèces, qui les isolent naturellement en divers groupes, ont déterminé le savant, dont nous venons de transcrire les généralités sur les Geckos, à les diviser de la manière suivante en cinq sous-genres.

† PLATY-DACTYLE, *Platy-Dactylus*. Doigts élargis sur toute leur longueur, et garnis en-dessous d'écailles transversales. Dans ce sous-genre, plusieurs espèces manquent d'ongles et ont le pouce très-petit; elles sont en général peintes et diaprées des plus vives couleurs. Les unes présentent des pores aux cuisses; d'autres n'en présentent pas.

GECKO DES MURAILLES, *Gecko fascicularis*, Daud.; *Lacerta Mauritanica*, Gmel., *Syst. nat.* T. 1, pars. 3, p. 1061 (entre les *Stelliones*); *Lacerta turcica*, Gmel., *loc. cit.* p. 1068 (entre les *Gekkones*); Geckoste, Lac. Quadr. Ov. T. 1, Encycl. Rept. pl. 11, fig. 1; le Stellion des anciens; Tarente des Provençaux, mot qui vient de *Tarentola* ou *Terrentola* des Italiens; Carapata ou Garapate des Espagnols qui débitent les contes les plus absurdes sur cet innocent Animal, et chez lesquels son nom, passé dans diverses colonies pour désigner d'autres Sauriens soi-disant malfaisans, est devenu comme un terme d'horreur et de dégoût pour désigner un objet importun, dangereux et persécuteur. Cet Animal se trouve en Egypte, en Barbarie, dans l'Espagne riveraine orientale, en Provence, en Italie, en Grèce, et jusqu'en Syrie. Il semble propre au bassin de la Méditerranée; il y habite en sécurité parmi les pierres, non-seulement des ruines, mais des demeures actuelles de l'Homme. On l'y voit poursuivre jusqu'à l'ombre des Insectes volans dont il fait sa proie. Il ne s'effraie pas de notre approche, parce qu'il peut se soustraire à notre envie de nuire par son agilité et par la faculté qu'il a de courir au-dessus de nos têtes sans que nous puissions l'atteindre, ainsi qu'en se retirant dans des trous que l'on ne sonderait

pas aisément. Le Gecko des murailles est donc comme un domestique qui, dans certains cantons, purge nos demeures des Araignées et des Moustiques; de-là cet esprit de sagesse que leur supposait le plus sage des rois, car il paraît que c'est de l'Animal dont il est question qu'entendait parler Salomon, quand il dit : Il est trois choses qui sont les plus petites de la terre, mais qui sont plus sages que les sages : les Lièvres, les Sauterelles et les Lézards qui habitent les palais des rois. Les Lièvres, les Sauterelles ou les Lézards ne nous paraissent pas, à la vérité, être les plus petites choses de la terre; la sagesse des premiers qui consiste, selon l'auteur sacré, à coucher par terre, et celle des secondes qui se montre, dit toujours le prince inspiré, à ne pas reconnaître de rois, n'est pas autrement prouvée; mais il est constant que des Geckos foisonnaient dans le palais du fils de David puisque ce monarque en fait expressément l'observation, et que nul autre Reptile, à notre connaissance, ne paraît avoir l'habitude de pénétrer dans les appartemens somptueux et de se montrer à la cour.

Le GEITJE, *Lacerta Geiije* de Sparman, Gmel. *loc. cit.*, p. 1068, qui passe au cap de Bonne-Espérance pour un Animal fort dangereux, quoiqu'il n'en soit peut-être rien, et qui se niche, dit-on, dans les coquilles vides des Limaçons du pays, à défaut de palais de rois; le Gecko à gouttelettes de Daudin; Gecko de Lacépède, *loc. cit.*, pl. 29, qu'on a confondu avec le Gecko des murailles, mais qui habite l'Archipel de l'Inde; le Gecko à bandes, *Lacerta vittata*, Gmel., *loc. cit.*, p. 1067; enfin, les *Gecko inunguis*, *occellatus* et *Cepedianus*, figurés dans la planche 5 du tome IV du Règne Animal par Cuvier, sont les autres espèces du sous-genre qui nous occupe. Le SPUTATEUR dont on fait un Anolis pourrait, selon Cuvier, lui appartenir encore.

†† HÉMIDACTYLE, *Hemidactylus*. Les Geckos de ce sous-genre ont la

base de leurs doigts garnie d'un disque ovale, formée en dessous par un double rang d'écailles en chevron; du milieu de ce disque s'élève la deuxième phalange qui est grêle et porte la troisième ou l'ongle à son extrémité. Les espèces connues d'Hé-midactyle ont toutes cinq ongles et la rangée de pores des deux côtés de l'anus. Les écailles du dessous de leur queue sont en forme de bandes larges comme celles du ventre des Serpens.

Le TOKAIE, Perrault, Mém. sur les Anim., 2ᵉ part., pl. 67, *Gecko tuberculosus*, Daud.; Animal de Siam, long d'un pied et marbré de brun ou de bleu. — Le Gecko de Java, que Bontius avait déjà connu, et dont le cri, selon ce naturaliste, détermina le nom de tout le genre; le *Gecko triedrus* de Daudin, ainsi que son *Spinicauda* et le *Stellio Mauritanicus* de Schneider, qui pourrait bien n'être que la première de ces deux espèces, appartiennent à ce sous-genre.

††† THÉCADACTYLE, *Thecadactylus*. Ces Animaux ont les doigts élargis sur toute leur longueur, et garnis en dessous d'écailles transversales comme les précédens; mais ces écailles sont partagées par un sillon longitudinal profond, où l'ongle peut se cacher entièrement. Ils n'ont pas de pores aux cuisses, et leur queue est garnie de petites écailles en dessus et en dessous. La plupart manquent d'ongles aux pouces seulement.

Le GECKO LISSE, *Gecko lævis* de Daudin, *Lacerta apicauda*, Gmel., *loc. cit.*, p. 1068, *Stellio perfoliatus* de Schneider, est un Saurien assez commun aux Antilles, qui y fut le plus fréquemment appelé *Mabouya*, nom également appliqué à plusieurs Anolis, marbré de brun et de gris en dessus et de petites écailles tuberculeuses. Il acquiert jusqu'à dix pouces de longueur. Il est fort sujet à perdre sa queue, qui repousse aisément, mais, le plus souvent, avec des formes monstrueuses, qui lui ont mérité les noms de Perfolié et de

Rapicaude que lui donnèrent les naturalistes.

Le GECKO DE SURINAM, *Gecko Surinamensis* de Daudin, qui, de même que le précédent, se trouve à la Guiane, et le *Gecko squalidus* d'Hermann, appartiennent encore au sous-genre des Thécadatyles.

††† PTYODACTYLES, *Ptyodactylus*. Ce sous-genre, dont le nom vient du mot grec qui signifie un éventail, est caractérisé par le bout des doigts qui seul est dilaté en plaques dont le dessous est strié longitudinalement et en divergeant du centre à la circonférence. Le milieu de la plaque est fendu, et l'angle placé dans la fissure; des ongles fort crochus existent à tous les doigts. Les Ptyodactyles peuvent être divisés en deux groupes:

α Ceux qui ont les doigts libres et la queue ronde.

Le GECKO DES MAISONS, *Lacerta Gecko*, L., Hasselq., *It.*, 306, Gmel., *loc. cit.*, p. 1068; Encyclop. Rept., pl. 10, fig. 6; *Gecko teres* de Laurenti et *lobatus* de Geoffroy de Saint-Hilaire, placé par Schneider entre les Stellions, sous le nom d'*Hasselquistii*, est l'une des espèces les plus anciennement connues dans l'Ancien-Monde. Il habite les côtes de l'angle oriental et méridional de la Méditerranée. L'un des Lézards les plus communs en Égypte et en Syrie, il pourrait être celui que l'on trouve désigné dans les Saintes Écritures comme plus sage que les sages, si, comme le Fasciculaire ou Gecko des murailles, il ne fuyait les murs secs, élevés, brûlés du soleil ou assainis par les soins de l'Homme, pour vivre dans les trous des caves et les souterrains humides, où il semble fuir la lumière que recherche l'espèce au sujet de laquelle nous avons cité le roi Salomon. Cette espèce est hideuse; elle fait entendre une sorte de coassement. Ses doigts causent sur la peau, quand ils s'y appliquent, une sorte d'inflammation qu'on attribue à la présence de quelque venin, mais qui ne provient, sans doute, que de la piqûre des ongles. Dans l'horreur qu'il leur inspire, les habitans du Caire l'appellent *Abou-Burs*, ce qui signifie père de la lèpre ; mais ce n'est pas une raison pour que cet Animal fût connu des Hébreux, si sujets au mal horrible dont il est question dans toute leur histoire et qu'ils communiquèrent, lors de leur dispersion, à l'Europe grossière , ainsi qu'au temps où les croisades mirent en rapport avec l'Occident le recoin du monde que la lèpre avait infesté de tout temps.

A cette division appartiennent , dit Cuvier, plusieurs Geckos de l'archipel des Indes, parmi lesquels se trouve le Porphyré que Daudin a cru , à tort, de l'Amérique , et synonyme du Mabouya des Antilles. Nous avons vu que ce Mabouya était le Gecko lisse.

β A queue bordée de chaque côté d'une membrane, avec les pieds à demi palmés ; ce sont les Uroplates de Daudin.

Le FRANGÉ , *Gecko fimbriatus* de Schneider , ou la Tête-Plate de Lacépède, Encyclop. Rept., pl. 11, fig. 2. Cette espèce paraît être le *Famo-cantara* de Flacourt, dont il a déjà été question, et sur laquelle les habitans de Madagascar racontent les mêmes erreurs qu'on débite sur les diverses espèces de Geckos qui se trouvent ailleurs. Une bordure particulière, qui règne le long de la queue et des flancs , caractérise le Frangé , et lui a mérité son nom. Cet Animal vit sur les Arbres. On cite encore comme propre à Madagascar un autre Gecko appelé Sarroubé, qui n'aurait pas de franges à la queue et qui manquerait de pouces aux pieds de devant.

Le FOUETTE-QUEUE , *Lacerta caudiverbera*, L. , Gmel. , *loc. cit.*, p. 1058, que Feuillée fit le premier connaître et qu'il observa dans une fontaine des Cordilières au Pérou. Cet Animal est noirâtre, long d'un pied, dépourvu de franges au corps, mais en présentant sur les côtés de la queue qui est aussi munie d'une crête.

††††† PHYLLURE, *Phyllurus*. Ces Animaux, mieux examinés, pourront former un genre distinct de celui où Cuvier semble ne le comprendre que provisoirement. Ils n'ont point les doigts élargis des autres Geckos , et leur queue présente , par sa dilatation , un caractère fort singulier ; on dirait celle des Castors , si elle n'était terminée par une pointe particulière , et si son extraordinaire fragilité ne la rendait, un organe presque fugace. Péron qui observa fort superficiellement l'une des espèces de ce sousgenre, lui attribuait une queue lancéolée, et proposa pour elle le nom de Geckoïdes. Outre que les noms de cette désinence rendent une idée fausse, Shaw avait déjà désigné l'Animal de Péron sous le nom de *Gecko platurus* qui le caractérisait beaucoup mieux. Cuvier a encore été plus heureux dans le choix du mot Phyllure (queue en feuille) que nous adopterons. On ne sait pourquoi Daudin avait rapporté l'espèce connue de son temps aux Stellions. Nous en décrirons deux espèces ; l'une doit être dédiée à l'illustre Cuvier qui créa un nom significatif pour les Animaux qui nous occupent et qui voulut bien nous en communiquer un individu pour le faire graver ; l'autre portera le nom de Milius , aujourd'hui gouverneur de Cayenne , qui nous le fit connaître et nous en procura la figure.

PHYLLURE DE CUVIER , *Phyllurus Cuvieri*, N. (*V*. pl. de ce Diction.) Hérissé de tubercules comme piquans ; à tête pointue avec les mâchoires allongées en museau , marbré de brun en dessus avec la queue en forme de feuille à peu près cordée. C'est cette espèce qui habite les lieux marécageux des environs du port Jackson, où elle vit d'Insectes et de larves aquatiques , et dont on conserve un individu dans les collections du Muséum d'Histoire naturelle.

PHYLLURE DE MILIUS , *Phyllurus Milii*, N. (*V*. pl. de ce Dict.) Notre ancien et illustre ami le capitaine de vaisseau Milius , ci-devant gouverneur de Mascareigne , maintenant chargé du bonheur de la Guiane française, a découvert cette espèce dans l'Australasie sur les rives de la baie des Chiens-Marins; nous lui en devons la figure et la description. Plus petite que la précédente, mais proportionnellement plus haute sur jambes, sa tête est obtuse, sa couleur d'un rouge de brique en dessus, qui ne permit que difficilement de la distinguer sur la terre rougeâtre où elle se tenait. Une sorte de demi-collier noir à trois bandes la rend fort remarquable, ainsi que la forme obtuse de sa tête, et l'extrême grosseur de ses yeux, caractères par lesquels elle diffère surtout du Phyllure de Cuvier. La queue n'est d'ailleurs pas si pointue, et loin d'être cordée, elle est comme spatuliforme, et la pointe qui la termine paraît d'autant plus remarquable que la partie élargie en est plus plate et plus ronde. (B.)

GECKOIDE. *Geckoides.* REPT. SAUR. (Péron.) *V.* GECKO, sous-genre Phyllure. (B.)

GECKOTE. REPT. SAUR. (Lacépède.) Syn. vulgaire de Gecko des murailles, espèce du genre Gecko. *V.* ce mot. (B.)

GECKOTIENS. REPT. SAUR. Quatrième famille de l'ordre des Sauriens dans la méthode naturelle de Cuvier, tellement bien circonscrite, que toute distincte qu'elle est des plus voisines, elle ne contient qu'un seul genre, le genre Gecko. *V.* ce mot. (B.)

GEERIA. BOT. PHAN. (Necker.) Syn. d'*Enourea* d'Aublet. *V.* ce mot. (B.)

GEHLENITE. MIN. Nom donné por Fuchs, en l'honneur du chimiste Gehlen, à une substance minérale en cristaux rectangulaires trouvée dans la montagne de Mozzoni, près de Fassa en Tyrol, dans une gangue calcaire. Elle est d'un noir grisâtre; sa surface s'altère et se recouvre d'un enduit jaunâtre. Elle raye fortement le Spath-Fluor; pèse spécifiquement 2,98; fond avec difficulté au chalumeau en un globule d'un vert jaunâtre. Elle contient, d'après l'analyse de Fuchs, 29,64 de Silice, 55,50 de Chaux, 24,80 d'Alumine,

6,56 d'Oxide de Fer; perte, 3,40. Les minéralogistes ne sont point d'accord sur la place que ce Minéral doit occuper dans la méthode. Cordier le considère comme une variété d'Idocrase, et Léman comme une variété de son espèce Jamesonite, qui comprend les substances nommées Andalousite et Feldspath Apyre. (G. DEL.)

GEHUPH. BOT. PHAN. L'Arbre cité sous ce nom par C. Bauhin et Daléchamp comme originaire de l'île Trapobane, n'est pas connu. Il faudra le rechercher à Ceylan ou à Sumatra. Les noix que contient son fruit doivent fournir une huile médicinale fort estimée dans le pays. (B.)

GEHYDROPHILE. MOLL. Férussac, dans ses Tableaux systématiques, a proposé de réunir sous ce nom, dans le quatrième ordre, les Pulmonés sans opercules, tous les Mollusques qui, quoique vivant dans l'eau, respirent l'air et sortent souvent de cet élément pour vivre sur la terre. Ce sont les Amphibies des Mollusques. Ce second sous-ordre des Pulmonés sans opercule ne comprend qu'une seule famille, les Auricules, qui, elle-même, présente quelques doutes à l'égard des genres que Férussac y fait rentrer. *V.* AURICULE. (D..H.)

GEIRAN. MAM. (*Gemelli-Careri.*) Syn. d'*Antilope gutturosa,* sans doute par corruption du nom de Tzeiran qu'on donne à cet Animal dans sa patrie. *V.* ANTILOPE. (B.)

GEISSODEA. BOT. CRYPT. (*Lichens.*) Mot employé par Ventenat pour désigner une tribu de Lichens remarquables par leur *thallus* dont les bords offrent des découpures imbriquées. Cette tribu correspond à l'*Imbricaria* d'Achar, adopté comme genre par De Candolle, et réuni postérieurement par Achar lui-même à son genre *Parmelia. V.* IMBRICAIRE et PARMÉLIE. (G..N.)

GEISSORHIZE. *Geissorhiza.* BOT. PHAN. Genre de la famille des Iridées et de la Triandrie Monogynie, L., établi dans le *Botanical Magazine*, aux dépens des *Ixia* de Linné. Ses caractères sont : spathe bivalve; périanthe dont le tube droit est un peu renflé à son orifice; le limbe à six divisions égales étalées; trois étamines droites; style incliné, surmonté de trois stigmates un peu élargis et frangés à leurs bords; capsule ovale, trigone, renfermant un grand nombre de graines fort petites. Ce genre ne diffère des autres *Ixia* que par une légère modification de formes dans le tube du périanthe et dans les stigmates. La plupart des botanistes ne le considèrent que comme un sous-genre des *Ixia* qu'il a été utile de subdiviser à cause du nombre extrêmement considérable de leurs espèces. Les Geissorhizes sont toutes indigènes du cap de Bonne-Espérance. Les principales espèces décrites par Vahl et Thunberg sont : *Geissorhiza Rochensis* ou *Ixia radians*, Thunb.; *G. secunda* ou *I. secunda*, Thunb.; *G. setacea* ou *I. setacea*, Thunb.; *G. geminata* ou *I. geminata*, Vahl; *G. humilis* ou *I. humilis*, Thunb.; *G. scillaris* ou *I. pentandra?* L.? *G. hirta* ou *I. hirta*, Thunb.; *G. excisa* ou *I. excisa*, L. (G..N.)

GEITJÉ. REPT. SAUR. (Sparman.) *V.* GECKO.

*GEITOHALE. MIN. Nom proposé par Wild pour désigner la Chaux sulfatée anhydre, et qu'il est pour le moins inutile d'adopter. *V.* CHAUX. (AUD.)

* GEKROSTEIN ou GEKROESTEIN. MIN. Syn. de Baryte sulfatée, et suivant Stutz, de Chaux sulfatée. *V.* ces mots. (B.)

GELA. BOT. PHAN. Loureiro (*Flora Cochinchin.* 1, p. 285) a décrit sous ce nom un genre qu'il a placé dans l'Octandrie Monogynie, L., et qui offre pour caractères essentiels : un calice infère, à quatre divisions profondes; une corolle à quatre pétales glabres, linéaires, étalés; un pistil arrondi, surmonté d'un style court et

d'un stigmate légèrement bilobé ; une drupe presque ronde monosperme. L'éditeur de la Flore de Cochinchine, Willdenow, a fait remarquer les rapports de ce genre avec le *Ximenia*, et il a conjecturé que la nouvelle espèce de *Ximenia* décrite par Forster (*Prodr.* n° 162), pouvait bien être identique avec le *Gela lanceolata* de Loureiro. *V.* XIMÉNIE. (G..N.)

GELALA. BOT. PHAN. (Rumph.) Syn. d'Erythrine. *V.* ce mot. (B.)

* GÉLASIE. *Gelasia*. BOT. PHAN. Genre de la famille des Synanthérées, Chicoracées de Jussieu, et de la Syngénésie égale, L., établi par H. Cassini (Bullet. de la Soc. Philom., mars 1818) qui l'a ainsi caractérisé: calathide composée de demi-fleurons hermaphrodites ; involucre formé d'écailles sur deux ou trois rangs, les extérieures courtes, ovales, appliquées, surmontées d'un très-long appendice filiforme étalé; les intérieures presque sans appendice; réceptacle nu et plane; ovaires cylindriques à côtes striées transversalement, surmontés d'une aigrette irrégulière dont les poils sont très-légèrement soyeux, mais non plumeux comme dans le genre *Scorzonera* dont le *Gelasia* est un démembrement. Une autre différence entre ces deux genres, consiste dans la disposition et la structure des parties de l'involucre dans celui dont il s'agit ici. L'auteur a décrit comme type le *Scorzonera villosa* de Scopoli (*Flor. Carniol.*) qu'il a nommé *Gelasia villosa*. Cette Plante croît aux environs de Trieste. (G..N.)

GÉLASIME. *Gelasimus*. CRUST. Genre de l'ordre des Décapodes, établi par Latreille aux dépens des Ocypodes et pouvant être rangé (Règne Animal de Cuvier) dans la famille des Brachyures, section des Quadrilatères, à côté des Gonoplaces, dont il n'avait pas d'abord été distingué. Ses caractères sont : test en forme de trapèze, transversal et plus large au bord antérieur, dont le milieu est rabattu en manière de chaperon ; pieds-mâchoires extérieurs rapprochés l'un de l'autre ; leur troisième article inséré à l'extrémité latérale et supérieure du précédent ; les quatre antennes découvertes et distinctes, les latérales sétacées ; yeux situés chacun à l'extrémité d'un pédicule grêle, cylindrique, prolongé jusqu'aux angles antérieurs du test, et reçu dans une fossette longue et linéaire ; l'une des serres beaucoup plus grande que l'autre ; la longueur des autres pieds diminuant graduellement, à partir de la seconde paire. Les Gélasimes ont de grands rapports avec le genre Ocypode, et ne s'en distinguent guère que par leurs yeux placés au sommet du pédicule qui les supporte et par leurs antennes apparentes ; ils partagent ces caractères avec les Goneplaces, mais ils en diffèrent essentiellement par l'insertion du troisième article des pieds-mâchoires extérieurs, par le développement très-différent de la première paire de pates, et par la longueur relative des autres pieds. Ainsi établi, le genre Gélasime correspond exactement à la coupe fondée par Leach (*Trans. Linn. Soc.* T. xi) sous le nom d'*Uca ;* mais c'est à tort qu'il y a rangé l'*Uca una* de Pison et de Marcgraaff ; ce Crustacé offrant des caractères parfaitement tranchés. Latreille en a fait un nouveau genre qui ne correspond nullement à celui de Leach, et auquel il a conservé le nom d'*Uca. V.* ce mot. Les Gélasimes sont remarquables par le développement extraordinaire d'une de leurs pinces, tandis que celle du côté opposé, indistinctement la gauche ou la droite, est réduite à l'état rudimentaire. Cette grosse pince est une sorte de bouclier que l'Animal tient élevé au-devant de lui, et qu'il fléchit et redresse alternativement ; cette particularité a valu à une des espèces la plus commune le nom de *vocans*, parce qu'on a comparé ce mouvement au signe que nous faisons avec le doigt pour appeler quelqu'un. Ces Crustacés sont propres

aux pays chauds ; ils habitent près de la mer et se tiennent dans des espèces de terriers que chacun d'eux pratique dans le sable ; ils sont carnivores. Les espèces qui se rapportent à ce genre sont assez nombreuses ; nous citerons :

La Gélasime appelante, *G. vocans*, Latr., ou le *Cancer vocans* de Degéer (Mém. sur les Insectes, T. vii, p. 430, pl. 26, fig. 12), qui est la même que l'*Ocypode vocans* de Bosc (Hist. Nat des Crust. T. i, p. 198). Elle a été figurée par Rumph (Mus., tab. 10, fig. 1) et par Herbst (*Cancer.*, tab. 1, fig. 10). On la trouve dans l'Amérique méridionale, particulièrement aux Antilles. Cette espèce est très-carnassière : Bosc rapporte qu'elle se nourrit d'Animaux en putréfaction, et de ceux que la marée rejette sur le rivage. Chaque individu passe les trois ou quatre mois d'hiver dans le fond de son trou, et n'en sort qu'au printemps.

Delalande a recueilli au Brésil une espèce très-voisine de celle-ci, et que Latreille croit être le *Ciecie Panema* de Marcgraaff. Elle est d'un brun roussâtre ; le dessus de la carapace, à l'exception des côtés, est d'un brun très-foncé.

La Gélasime Maracoani, *G. Maracoani*, Latr., ou l'Ocypode noir, *O. heterochelos* de Bosc (*loc. cit.*, p. 197), a été décrite anciennement par Pison (*Hist. Nat. lib.* iii, p. 77), et figurée par Séba (*Thes.* T. iii, tab. 18, fig. 1), par Marcgraaff (*Bras.*, p. 184, fig. 1) et par Herbst (*loc. cit.*, tab. 1, fig. 9), qui a copié la figure de Séba. Elle se trouve dans l'Amérique méridionale, au Brésil, à Cayenne. On la mange.

La Gélasime combattante, *G. pugillator*, Latr., ou l'*Ocypode pugillator* de Bosc (*loc. cit.*, p. 197), qui cite la figure de Marcgraaff (*loc. cit.*, p. 185, fig. 4), se trouve dans les deux Amériques, et a été observée dans la Caroline par Bosc ; cet auteur donne (*loc. cit.*, p. 187) la description suivante de ses habitudes :

« Les Ocypodes combattans sont terrestres; ils vivent par milliers et même par millions sur le bord de la mer ou des rivières dans lesquelles remonte la marée. Dès qu'un homme ou un Animal paraît au milieu d'eux, ils redressent leur grosse pince, la présentent en avant, semblent le défier au combat, et se sauvent, en courant de côté, mais conservant toujours la même position. Leurs trous sont si nombreux dans certains endroits, qu'ils se touchent. Ils sont cylindriques, ordinairement obliques et très-profonds. Rarement plusieurs individus entrent dans le même trou, excepté quand ils sentent le danger trop pressant. On ne les mange point. Ils ont un grand nombre d'ennemis parmi les Loutres, les Ourses, les Oiseaux, les Tortues, les Alligators, etc.; mais leur multiplication est si considérable, que la dévastation que ces Animaux font parmi eux n'est pas sensible. Ils ne craignent pas l'eau qui les couvre quelquefois; mais ils ne cherchent pas à y entrer; et jamais ils n'y restent long-temps de leur gré, si ce n'est peut-être pour faire leurs petits. » Bosc a vu les femelles garnies d'œufs dès le mois de ventose (mars); mais il n'a jamais trouvé de petits du premier âge. Il faut qu'ils restent dans l'eau ou dans la terre pendant l'année de leur naissance. Les mâles se distinguent des femelles parce qu'ils sont plus petits, plus colorés, et que leur queue est triangulaire. Il n'est pas vrai, comme le dit Gronovius, que la grosse pate à gauche dénote le mâle; Bosc s'est assuré qu'elle variait de position dans les deux sexes.

On doit rapporter encore au genre Gélasime le *Cancer vocans* d'Herbst (*loc. cit.*, tab. 59, fig. 1), et plusieurs espèces de Crustacés rapportées par Lesueur et Péron de leur voyage aux Terres Australes. Marion de Procé, l'un des médecins les plus distingués de la ville de Nantes et habile naturaliste, a recueilli à Marseille une espèce nouvelle, que Desmarest a décrite sous le nom de GÉLASIME DE MA-RION, *G. Marionis*. Elle est à peine longue de huit lignes et large d'un pouce. Sa carapace est lisse avec une impression en forme d'H sur son milieu; elle se termine de chaque côté par un angle assez vif et dirigé en avant. Les pédoncules oculaires grossissent insensiblement par le bout. Le bord inférieur du sillon des yeux est crénelé. La pince droite était beaucoup plus grande que la gauche, très-comprimée et granuleuse à son extrémité et près de sa base. Le pouce est droit, lisse sur les deux faces et granuleux sur sa tranche interne. Le doigt est immobile, arqué en dessous dans toute sa longueur, avec son bord interne largement échancré dans son milieu, et partout garni de dentelures mousses disposées sur sa tranche.

On connaît une espèce fossile propre au genre Gélasime, c'est la GÉLASIME LUISANTE, *G. nitida*, décrite et figurée par Desmarest (Hist. des Crust. fossiles, p. 106, pl. 8, fig. 7 et 8). Elle est de la même taille que la Gélasime Maracoani, et lui ressemble sous plusieurs rapports; mais elle en diffère essentiellement, parce que les bords latéraux et antérieurs de la carapace sont lisses et non épineux comme dans l'espèce vivante. Desmarest n'a vu qu'un individu de cette espèce; il était engagé dans une Pierre argileuse assez dure, dont le gisement n'est pas connu.   (AUD.)

GELASON. BOT. (Adanson.) Nom celtique du *Diotis maritima*, Desf.
                  (AUD.)

* GELATINA. BOT. CRYPT. Le genre proposé sous ce nom pour désigner divers Champignons gélatineux qui croissent sur le bois pourri dans l'Amérique septentrionale, nécessite un nouvel examen pour être adopté, et pourrait rentrer parmi les Tremelles. Rafinesque (Journal de botanique, T. II, p. 177) en parle fort légèrement, et cite quatre espèces sous les noms de *fœtidissima*, *lutea*, *rubra* et *alba*.   (B.)

GELATINARIA. BOT. (Roussel.)

Syn. de Batrachosperme. *V.* ce mot.
(B.)

GÉLATINE. zool. chim. Quoique cette substance, suivant la théorie admise généralement aujourd'hui, ne soit pas un principe immédiat des matières animales, il suffit qu'on l'ait pendant long-temps considérée comme telle, et qu'on l'obtienne en abondance toutes les fois qu'on traite par l'eau bouillante la plupart des parties solides des Animaux, pour que nous devions en exposer sommairement les propriétés physiques. Elle n'a ni couleur, ni odeur, ni saveur; elle est solide, et sa densité est plus considérable que celle de l'eau. Elle est très-soluble dans l'eau bouillante, tandis qu'elle ne se dissout qu'en très-petite quantité dans l'eau froide; aussi la solution chaude se prend-elle en gelée par le refroidissement. Alors les molécules de la Gélatine enveloppent comme dans un réseau l'eau qui la tenait en dissolution et qui retient seulement la quantité de Gélatine qu'elle est susceptible de dissoudre à froid. Un grand nombre de sels, principalement ceux dont la saveur est très-stiptique, tels que le nitrate de Mercure, le persulfate de Fer, etc., occasionent dans la solution aqueuse de Gélatine, un précipité composé de Gélatine, de la base du sel et de l'Acide qui était uni à cette dernière. La Noix de Galle, l'écorce de Chêne, et généralement toutes les substances végétales astringentes qui contiennent l'Acide gallique et le Tannin, précipitent aussi la Gélatine en formant avec elle des composés plus ou moins insolubles. Traitée par les agens chimiques très-énergiques, tels que le Chlore, l'Acide nitrique et l'Acide sulfurique, la Gélatine s'altère, se décompose et souvent se change en d'autres substances immédiates. Ainsi, par le Chlore, elle se précipite sous forme de flocons blancs, que Thénard considère comme composés de Chlore, d'Acide hydro-chlorique, et de Gélatine altérée. L'Acide nitrique finit par la convertir en Acide oxalique.

L'Acide sulfurique concentré, mis d'abord en macération avec la Gélatine, puis étendu d'eau soumise à l'ébullition, et saturé par la Craie, donne lieu, selon Braconnot de Nancy, 1° à des Cristaux sucrés, non susceptibles de fermentation, pouvant se sublimer par la distillation, et développer un produit ammoniacal; enfin qui, traités par l'Acide nitrique, donnent naissance à une substance acide, que Braconnot appelle Acide nitro-saccharique. 2°. Un liquide sirupeux incristallisable, duquel on a extrait de la matière sucrée cristallisable, une matière peu azotée qui empêchait celle-ci de cristalliser, de l'Ammoniaque, et une substance nouvelle blanche pulvérulente ou en Cristaux grenus, ayant le goût du bouillon, et précipitable seulement par le nitrate de Mercure. C'est à cette dernière substance que Braconnot a donné le nom de Leucine, et il a découvert un nouvel Acide (nitro-leucique) qu'elle produit lorsqu'on la traite par l'Acide nitrique. D'après l'analyse de la Gélatine par Gay-Lussac et Thénard, ses principes constituans sont : Oxigène 27,207; Azote 16,993; Carbone 47,881; Hydrogène, 7,914.

Pendant long-temps on a cru que cette substance était toute formée dans la peau, le tissu organique des os, les tendons, etc., et qu'elle ne faisait que se dissoudre dans l'eau à l'aide de l'ébullition. Fourcroy et Bostock l'ont considérée comme un principe immédiat du sang et de la plupart des liquides animaux, parce qu'on obtenait des précipités par la Noix de Galle dans ces liquides, après que par l'action de la chaleur on avait coagulé l'Albumine qu'ils contenaient. Mais outre que cette dernière substance ne se coagule pas lorsqu'elle est étendue d'eau, elle partage avec la Gélatine et plusieurs autres substances, la propriété d'être précipitée par la Noix de Galle. On admet aujourd'hui que la Gélatine n'est que le résultat d'un changement de composition que certaines substances solides des Animaux éprouvent lorsqu'on les fait bouillir dans l'eau.

C'est de l'Ichthyocole (*V.* ce mot et Esturgeon) qu'on extrait la Gélatine à son état de pureté le plus parfait. Mais on la retire en très-grande quantité des peaux non tannées, des oreilles, des cornes, etc., de plusieurs Animaux. Les os, soumis à l'ébullition dans l'eau, dont on augmente l'action par une haute pression, fournissent aussi une grande quantité de Gélatine. C'est de cette manière qu'on s'est procuré, dans les années de disette, assez de cette substance pour subvenir en partie à l'alimentation des classes indigentes. Un chimiste qui s'est principalement occupé des applications de la science aux besoins de la société, Darcet a perfectionné le procédé de Hérissant, qui consiste à faire macérer les os dans l'Acide hydrochlorique, à les laver ensuite, et à faire bouillir dans l'eau le tissu organique qui a conservé la forme de l'os.

Les usages de la Gélatine sont très-multipliés. On s'en sert principalement dans les arts sous le nom de Colle-Forte. Celle-ci est plus ou moins pure, selon la nature des substances animales qu'on emploie pour sa fabrication. La colle de Poisson est employée à des usages pharmaceutiques et culinaires ; elle sert à clarifier les vins en déterminant le dépôt des substances astringentes, et enveloppant comme dans un filet toutes les impuretés qui altèrent la transparence des liquides. Nous devons aussi mentionner la Gélatine ou le tissu organique qui lui donne naissance, comme l'élément principal de la substance qui joue le premier rôle dans le tannage des cuirs. (G..N.)

GÉLATINEUX. pois. Espèce du sous-genre Cycloptère. *V.* ce mot. (B.)

GÉLATINEUX. bot. crypt. Paulet donne ce nom comme générique,

à divers Champignons, dont les uns sont les Gélatineux à soies, les autres à bandes ou unis, et à papilles. Il les appelle aussi *Champignons en gelée*, ou Agarics Gélatineux à bandes ; ce sont des Tremelles et des Hydnes. *V.* ces mots. (B.)

GELÉE DE MER. acal. Réaumur, dans les Mémoires de l'Académie des Sciences de 1710, p. 478, pl. xi, fig. 27-28, donne ce nom à la Céphée Rhizostome de Lamarck, à cause de sa ressemblance avec la Gélatine ou Gelée animale. *V.* Céphée. (lam..x.)

GELÉE MINÉRALE. min. Quelques Minéraux, précipités de leur solution dans les Acides ou les Alcalis, retiennent tout le dissolvant ou au moins une grande partie ; ce qui leur donne un aspect tremblottant, et une consistance à peu près semblable à celle de la Gelée végétale. La Silice et l'Alumine dites en Gelée, en sont des exemples. *V.* Coagulation et Précipité. (g..n.)

GELÉE VÉGÉTALE. bot. On a donné ce nom à une substance extraite des Végétaux, soluble dans l'eau bouillante et qui, de même que la Gélatine animale, est susceptible de se convertir par le refroidissement en une masse molle et tremblottante, parce qu'elle retient entre ses particules une partie ou la totalité de son dissolvant. Thénard place la Gelée végétale au nombre des substances douteuses, parmi celles qui, ne cristallisant pas, peuvent varier et varient beaucoup en effet dans leur nature. Il est extrêmement probable que les Gelées de divers Végétaux ne sont pas identiques ; que, par exemple, la Gelée de Tamarins, dont les propriétés se rapprochent beaucoup de celles des Mucilages ou de la Gomme, est bien différente de la Gelée de Lichen, qui offre beaucoup d'analogie avec l'Amidon, selon Berzélius. Quoi qu'il en soit, la Gelée se rencontre dans une grande quantité de fruits, dans les Groseilles, les baies de Sureau, de

Viorne, les Pommes, les Coings, etc. Elle y existe toute formée, puisque, par le simple repos de leur suc exprimé, elle se sépare en grande quantité. On ne peut pas dire que la chaleur occasione ici un changement dans la composition du tissu organique végétal ; il serait tout au plus permis , en supposant un tel changement, de l'attribuer à la fermentation qu'éprouve le suc, et qui précède toujours l'apparition de la Gelée.

(G.◦N.)

GÉLIDIE. *Gelidium.* BOT. CRYPT. (*Hydrophytes.*) Genre de l'ordre des Floridées que nous avons établi dans notre Essai sur les genres de Thalassiophytes non articulées, aux dépens des Fucus de Linné. Nous l'avons ainsi caractérisé : Hydrophytes à tubercules presque opaques, oblongs et comprimés, situés à l'extrémité des rameaux ou de leurs divisions, rarement épars sur les rameaux ; organisation corolloïde ; couleur pourpre ou rougeâtre devenant brillante à l'air, caractère des Floridées ; feuilles nulles ; divisions de la tige ou fronde plane ou très-comprimée. — Nous avons donné à ce groupe le nom de *Gelidium* parce que la plupart des espèces qui le composent peuvent se réduire presque entièrement en une substance gélatineuse par l'ébullition ou la macération. Les Gélidies forment un groupe particulier facile à distinguer des autres Floridées par plusieurs caractères. Néanmoins , Agardh n'a pas cru devoir l'adopter et en a placé des espèces dans la septième tribu de son genre *Sphærococcus* avec d'autres Plantes qui nous semblent en différer essentiellement. Stackhouse a fait deux genres particuliers des Gélidies cornées et à feuilles de Coronopus, sous les noms de Néréidée et de Coronopifoliée. Lyngbye, dans son *Tentamen*, a conservé le nom de *Gelidium* sans y placer aucune de nos Gélidies, et a réuni sous ce nom une Laurencie et une Gigartine. Ainsi aucun de ces auteurs n'a cru devoir adopter le genre *Gelidium* tel que nous l'avons établi. Nous le regardons cependant comme un des plus naturels de la classe nombreuse des Floridées ; en effet les Gélidies diffèrent des autres Hydrophytes par leur fructification ; c'est, dans toutes les espèces, un tubercule comprimé, oblong, presque opaque, situé à l'extrémité des rameaux et de leurs divisions ; toutes présentent ce caractère de la manière la plus évidente, à l'exception de la Gélidie versicolore (*Fucus cartilagineus*, Gmel.), dont la fructification a quelques rapports avec celle des Gigartines, mais qui en diffère tellement par le *facies* qu'il nous paraît impossible de l'y classer ; il vaudrait mieux en faire un genre particulier. Nous présumons que c'est l'examen de cette espèce qui a empêché Agardh et Lyngbye d'adopter le genre *Gelidium*. Si ces botanistes avaient examiné avec attention ou avaient eu à leur disposition les *Gelidium spinæformis*, *Anthonini* et *Amansii*, ils auraient vu que ces espèces remplissent l'intervalle qui semble exister entre le *Gelidium corneum* et le *versicolor*. L'absence des feuilles ou expansions planes sépare les Gélidies des Delesseries et des Chondres ; les Laurencies, les Hypnées, les Dumonties , les Plocamies et les Champies , en diffèrent par l'organisation , la fructification et le *facies*. Les Gigartines sont les Hydrophytes qui s'en approchent le plus, mais toutes ont pour fructification des tubercules arrondis ou subglobuleux, environnés d'une grande quantité de substance mucilagineuse qui rend la fructification semblable à un grain de raisin d'un millimètre environ de grosseur. La plupart des Gigartines ont la double fructification, tandis que l'on n'observe jamais ce phénomène dans les Gélidies, et que leur fructification, constamment tuberculeuse, est toujours comprimée, oblongue, et remplie en entier de capsules qui la rendent opaque ; ces capsules ne forment point un globule au centre des tubercules comme dans les Gigartines , elles les remplissent en entier.

Ces faits nous engagent à conserver le genre *Gelidium*, quoique Agardh et Lyngbye l'aient rejeté. Tout ce que nous avons dit sur l'organisation et la couleur des Floridées peut s'appliquer aux Gélidies, remarquables par la variété et l'éclat des couleurs que développe dans ces Plantes l'action des fluides atmosphériques. Ces belles nuances, réunies à des formes élégantes, ont fait employer les Gélidies à former des tableaux qui ornent quelquefois le cabinet du naturaliste. Ces brillantes Hydrophytes semblent répandues dans toutes les mers de l'Ancien - Monde; néanmoins leur nombre est plus considérable dans l'océan Indien et dans les zônes chaudes et tempérées, que dans les régions froides des deux hémisphères où elles sont très-rares. Nous n'en avons encore reçu ni vu aucune espèce des côtes de l'Amérique; serait-ce un groupe de Végétaux particuliers, comme quelques autres, à l'Europe, à l'Asie et à l'Afrique? Les Gélidies servent de nourriture à plusieurs peuples de l'Asie. A l'Ile-de-France, et sur toutes les côtes de l'océan Indien, les habitans en font usage dans les sauces pour leur donner de la consistance ou pour masquer le goût âcre et brûlant des épiceries qu'ils aiment avec passion. C'est avec des Gélidies que les Salanganes construisent les nids comestibles si renommés parmi les Chinois et les autres nations riveraines de l'océan Indien et des îles asiatiques, qu'on les paie presque au poids de l'or, et que leur prix augmente chaque jour. — Le genre *Gelidium* est assez nombreux en espèces. Parmi les plus remarquables, nous citerons le *Gelidium corneum* dont les nombreuses variétés fatiguent le botaniste toujours tenté d'en faire des espèces particulières; le *Gelidium versicolor*, si commun au cap de Bonne-Espérance, et dont on fait des tableaux; le *Gelidium coronopifolium* qui se trouve en Europe, dans la Méditerranée, comme dans l'Océan; le *Gelidium crinale*, de la grosseur d'un

crin de Cheval; et le *Gelidium clavatum* qui acquiert à peine un centimètre de hauteur. (LAM..X.)

GELINE. OIS. De Galine, l'un des syn. vulgaires de la Poule domestique. *V.* COQ. (DR..Z.)

GELINETTE. OIS. Même chose que Gelinotte. *V.* ce mot. (DR..Z.)

GÉLINOTTE. OIS. Espèce du genre Tétras. *V.* ce mot. On applique le nom vulgaire de Gelinotte à plusieurs autres espèces du genre Tétras et à quelques-unes du genre Ganga. Ainsi on nomme:

GÉLINOTTE A FRAISE, le *Tetrao umbellus*, L.

GÉLINOTTE HUPPÉE D'AMÉRIQUE, le *Tetrao Cupido.*

GÉLINOTE DES INDES, le Ganga à quatre bandes, *Perdrix Indica*, Lath.

GÉLINOTTE DE LAPONIE (Sonnini), le Tétras de Laponie.

GÉLINOTTE DES SPALES (Sonnini), le Ganga unibande.

GÉLINOTTE DU SÉNÉGAL. (Buffon.) Syn. du *Ganga velocifer.* (DR.Z.)

GELONA. BOT. CRYPT. (*Champignons.*) Et non *Gelone.* Les espèces d'Agarics dont le chapeau est latéral, porté sur un stype ou sessile, ont reçu d'Adanson ce nom générique qui est tiré d'une des espèces nommée *Gelone* par les Italiens. Fries vient de rétablir ce genre sous le nom de *Schizophyllus.* (G..N.)

GELONIUM. BOT. PHAN. Genre de la famille des Euphorbiacées, et de la Diœcie Icosandrie, L. Ses fleurs sont dioïques; leur calice à cinq divisions réfléchies; dans les mâles, les étamines, au nombre de douze ou plus, saillantes, portées sur un réceptacle parsemé de tubercules glanduleux. Dans les femelles, deux ou trois stigmates sessiles, laciniés, surmontent un ovaire charnu, porté sur un disque glanduleux, à deux ou trois loges qui contiennent un ovule unique. Le fruit est une capsule à deux ou trois coques.

Ce genre renferme trois ou quatre espèces originaires, l'une de Timor, les autres de l'Inde. Leurs tiges sont ligneuses ; leurs feuilles alternes, entières ou dentées vers le sommet seulement, coriaces, très-glabres, luisantes et veinées ; les fleurs disposées en faisceaux axillaires qu'accompagnent plusieurs bractées. Sous ce même nom de *Gelonium*, Gaertner avait établi un genre, synonyme de *Tina*, *V*. ce mot, qui appartient à la famille des Sapindacées.

(A. D. J.)

GELOTOPHYLLIS. BOT. PHAN. (Pline.) Syn. de *Ranunculus Illyricus*. *V*. RENONCULE. (B.)

GELSEMINUM. BOT. PHAN. Chez les anciens, ce mot était souvent employé pour désigner les diverses espèces de Jasmin. Les premiers auteurs qui ont écrit sur les Plantes de l'Amérique septentrionale, Cornuti, Sloane, etc., l'ont appliqué à quelques espèces de *Bignonia*, telles que le *B. radicans*, L., *B. Unguis Cati*, L., etc. Le *Bignonia sempervirens*, L., était aussi nommé *Gelseminum* par Catesby ; il est devenu le type d'un genre de la famille des Apocinées établi par Richard (*in Michaux Flor. Boreal. Amer.*), sous le nom de *Gelsemium*. *V*. ce mot.

(G. N.)

GELSEMIUM. BOT. PHAN. Genre de la Pentandrie Monogynie, L., établi par Jussieu (*Genera Plantarum*, p. 150) et placé à la suite de la famille des Apocynées, parmi les genres non lactescens, et ainsi caractérisé : calice petit, à cinq dents ; corolle beaucoup plus longue, infundibuliforme, dont le limbe est à cinq lobes étalés, presque égaux ; capsule petite, plane, ovée, biloculaire et bivalve ; valves carénées formant la cloison au moyen de leurs bords rentrans, et de cette manière pouvant être considérées comme deux fentes uniloculaires et polyspermes ; semences planes, insérées sur les bords des valves. Le type de ce genre est la Plante que Linné a nommée *Bignonia sempervi-*

rens, et qui a été figurée par Catesby, 1, tab. 53, sous le nom de *Gelseminum*. Le professeur Jussieu a indiqué l'affinité du *Gelsemium* avec les Bignoniacées, et celle non moins grande avec les Apocynées ; mais sa capsule, simple en apparence, semblerait le distinguer. Dans la description du *Bignonia sempervirens*, Linné n'avait mentionné que quatre étamines. En plaçant le Gelsemium dans la Pentandrie, Richard père (*in Mich. Flor. bor. Amer.*, p. 121) a rectifié cette erreur soupçonnée par Jussieu. Le *Gelsemium nitidum*, décrit dans ce dernier ouvrage, est une Plante grimpante, très-glabre, à feuilles lancéolées, à fleurs jaunes, d'une odeur agréable, peu nombreuses et fasciculées. Elle croît dans la Caroline, la Géorgie, la Floride et la Virginie maritimes. (G. N.)

* GELSEMORO. BOT. PHAN. L'Arbre du Congo désigné sous ce nom, et qu'il ne faut pas confondre avec le *Gelsomoro* des Italiens, qui est le Mûrier, ne peut être reconnu sur ce qui en a été dit, encore que son écorce soit en usage, dit-on, dans le pays comme une sorte de monnaie

(B.)

GELSUM. BOT. PHAN. (Cœsalpin.) Syn de Mûrier. *V*. ce mot. (B.)

GÉMAL. MAM. L'un des noms du Chameau chez les Arabes. (AUD.)

* GEMALLIE. CRUST. Leach (Dict. des Sc. nat., article *Crustacés*) inscrit ce nom dans la liste qu'il donne des genres de Crustacés publiés jusqu'à lui. Nous n'avons pu découvrir l'auteur de ce nouveau genre, et nous ignorons aussi quelles espèces il renferme. (AUD.)

GEMARS. MAM. Même chose que Jumar. *V*. ce mot. (B.)

* GEMEINER – ARSENIKKIES. MIN. (Werner.) *V*. FER-ARSENICAL.

GEMELLA. BOT. PHAN. Genre établi par Loureiro (*Flor. Cochinchin.* 2, p. 796), mais qui, selon Jussieu et De Candolle, n'est qu'une répéti-

tion de l'*Aporetica* de Forster. Celui-ci, aux yeux de Jussieu, Kunth et Aug. Saint-Hilaire, ne diffère pas assez du *Schmidelia*, pour constituer un genre particulier. *V.* SCHMIDELIE.
(G..N.)

* GEMELLAIRE. *Gemellaria.* POLYP. Savigny, dans le grand ouvrage sur l'Égypte, a figuré sous ce nom, des Polypiers flexibles de l'ordre des Cellariées, que nous avions d'abord regardés comme des Crisies, et dont, par la suite, nous avons fait un groupe sous le nom de Loricaires dans notre Tableau méthodique des genres de l'ordre des Polypiers. *V.* LORICAIRES. (LAM..X.)

GEMINALIS. BOT. PHAN. Syn. de Sclarée et d'Hormin. *V.* ces mots. (B.)

*GÉMINÉ, E. *Geminatus, ta.* ZOOL. et BOT. Cet adjectif désigne que tels ou tels organes sont disposés par paires. Lorsque les feuilles naissent deux à deux d'un même point de la tige, comme dans un grand nombre de Solanées, elles sont géminées. Les pistils sont géminés dans l'Aigremoine, les Saxifrages, parce qu'il en existe deux dans le même calice, etc.
(A. R.)

* GEMINELLE. INF. Espèce du genre Dendrelle. *V.* ce mot. (B.)

GEMMATION. *Gemmatio.* BOT. PHAN. Ce mot a reçu différentes acceptions. Le plus généralement il s'entend de l'ensemble des diverses parties qui appartiennent aux bourgeons. Mais quelquefois il désigne l'époque de l'évolution de ces bourgeons ou la rupture des enveloppes qui forment le bourgeon. *V.* BOURGEON. (A. R.)

GEMMES. *Gemmæ.* MIN. Les anciens minéralogistes réunissaient sous ce nom, dans un même genre, toutes les substances qui fournissent aux artistes la matière des objets d'agrément que l'on désigne sous celui de Pierres précieuses. *V.* ce mot.
(G. DEL.)

GEMMES. BOT. PHAN. *V.* BOURGEONS.

GEMMULE. *Gemmula.* BOT. PHAN. Ce mot proposé par le professeur Richard, a été, avec juste raison, substitué à celui de Plumule, employé pour désigner les petites folioles ou rudimens des feuilles qui existent dans l'embryon. Tantôt la Gemmule qui se compose de petites feuilles embrassées les unes dans les autres est nue entre les deux cotylédons, tantôt elle est renfermée dans une sorte de gaîne formée par le cotylédon unique. *V.* EMBRYON. (A. R.)

* GEMMULARIA. BOT. CRYPT. (*Champignons.*) Rafiuesque-Smaltz (Journal de physique, août 1819) nomme ainsi un genre qu'il caractérise de la manière suivante : Champignon tubéreux, souterrain, couvert de petites gemmules qui s'en détachent à certaine époque; chaume homogène crevassé sans veines dans son intérieur. Les deux espèces décrites par l'auteur sous les noms de *Gemmularia leviuscula* et *G. rugosa*, croissent en Virginie, dans le Kentucky, etc. On les confond avec les Truffes (*Tuber*), qui, selon Rafinesque, n'existent pas aux Etats-Unis d'Amérique. (G..N.)

* GÉMONE. REPT. OPH. Espèce du genre Couleuvre. *V.* ce mot. (B.)

GENCIVE. MOLL. L'un des noms vulgaires et marchands du *Nerita Peloronta.* *V.* NÉRITE. (B.)

GENCIVES. ZOOL. *V.* MACHOIRES.

* GENDARUSSA. BOT. PHAN. Espèce du genre Justicia. *V.* ce mot.
(B.)

GÉNÉPI ou GÉNIPI. BOT. PHAN. Chaque pays a sa Plante sacrée, que le vulgaire regarde comme une panacée universelle. Celle qui dans les Alpes porte le nom de Génépi est, dans l'esprit des paysans, un remède souverain pour tous les maux; lorsqu'ils ne la possèdent pas dans leurs montagnes, ils vont la chercher très-loin, souvent aux risques de leur vie. Quand un chasseur ou un guide part pour une course lointaine, on lui recommande beaucoup de rapporter le Génépi. Quelle est donc la Plante si remarquable aux yeux de ces Hommes simples et ignorans pour qu'ils lui aient donné la préférence sur une foule d'autres que la nature a prodiguées sous leurs pas? Ce n'est autre chose que l'*Artemisia glacialis*, L., jolie Plante dont le feuillage, d'un blanc argenté, est très-amer et aromatique. L'*Artemisia rupestris*, L., que l'on a considéré comme le vrai Génépi des Savoyards, est une espèce rare et douteuse.

On mêle aussi dans les vulnéraires suisses, sous le nom de *Genipi*, les *Achillea atrata*, *nana* et *moschata*. Cette dernière espèce est, selon Haller, le Génépi de certaines contrées de la Suisse. (G..N.)

GÉNÉRAL. MOLL. Nom vulgaire et marchand, devenu scientifique, d'une espèce du genre Cône. (B.)

GÉNÉRATION. ZOOL. Pris dans sa plus grande généralité, ce mot exprime la fonction en vertu de laquelle un être peut en produire un autre qui lui ressemble par toutes les qualités essentielles. Dans la nature inorganique, il se passe un grand nombre de phénomènes qu'on a pu dans des temps éloignés de nous confondre avec une Génération analogue à celle qui se manifeste dans les Animaux. Ils en diffèrent toutefois d'une manière évidente en ce qu'ils semblent toujours dus à un simple transport de particules élémentaires ou déjà composées qui se dégagent d'un état antérieur de combinaison pour rester isolées ou bien pour entrer dans un autre composé. Ces réactions purement chimiques paraissent dues le plus souvent à des effets galvaniques qui se produisent sans cesse dans le sein du globe, et que notre expérience actuelle permet non-seulement de concevoir théoriquement, mais encore d'observer en beaucoup de circonstances. Quoi qu'il en soit, par conséquent, le corps que nous voyons apparaître tout-à-coup dans certaines parties du globe, que nous voyons augmenter progressivement en quantité, ce corps n'a point été créé; il existait déjà; seulement une action quelconque est venue le séparer et l'amener au lieu où il se trouve aujourd'hui, sans lui donner aucune propriété particulière. Il n'en est pas de même des phénomènes de la Génération organique. Celle-ci présente des particularités remarquables qui peuvent être ramenées cependant à un certain nombre de principes assez simples. Que l'on place un fragment de chair musculaire ou d'une matière animale analogue dans de l'eau, et qu'on abandonne le mélange à lui-même, on observera bientôt, au moyen du microscope, une foule de petits globules dans le liquide, et l'on pourra se convaincre aisément que chacun d'eux est doué d'un mouvement spontané qu'il paraît peu capable de diriger, et qui ressemble assez, mais avec beaucoup plus de précipitation, aux oscillations de la lentille d'une pendule. *V.* MONADE. Toutefois ce mouvement est progressif. Le diamètre de ces petits êtres qui paraissent propres à réaliser la haute pensée des molécules organiques de Buffon, est absolument semblable à celui des globules élémentaires qui constituent la fibre musculaire. Ils sont par conséquent aussi petits que la plus petite particule organique qu'il nous ait été donné d'observer encore, et cependant ils jouissent du mouvement volontaire, ou du moins d'un mouvement spontané, fonction qui semble supposer une organisation déjà compliquée. Si la faible puissance de nos moyens d'observation pose des limites à notre ardente curiosité, et ne nous permet pas de nous éclairer sur la véritable organisation de ces êtres, elle nous permet du moins d'étudier les transformations successives qu'ils peuvent subir, et d'examiner les phénomènes qui en dépendent.

On a vu une matière organique morte, et que tout nous autorise à considérer comme inerte, se transformer en autant de petits êtres vivans qu'elle contenait de globules élémentaires. Ce fait donne déjà la mesure de la singularité et de l'importance de ceux qui nous restent à examiner. On aperçoit bientôt deux de ces globules mouvans s'accolant complétement l'un à l'autre, de manière à produire un être nouveau, plus gros, plus agile, et capable de mouvemens mieux déterminés que ceux qu'on observe dans les simples globules. Ce composé binaire ne tardera point à attirer à lui un troisième globule qui viendra se réunir aux précédens et se souder intimement avec eux. Enfin un quatrième, un cinquième, et bientôt trente ou quarante se trouveront ainsi accolés et constitueront un Animal unique, doué de mouvemens puissans, énergiques, et muni d'appareils locomoteurs plus ou moins compliqués; enfin un être dont l'organisation savamment calculée repousse au premier abord toute idée d'une Génération aussi simple que celle dont on vient d'offrir l'histoire. Toutefois quelques jours d'une observation attentive et patiente suffiront pour convaincre de la réalité des résultats que nous venons d'exposer, et l'on pourra se former une idée juste de la nature de ces étranges Animalcules microscopiques désignés sous le nom d'Infusoires. Que d'ailleurs on prenne un de ces êtres tout achevé, et qu'on le tue au moyen de l'étincelle électrique, et bientôt on verra se désunir ces particules élémentaires, ces petits globules qui le constituent. Ils ne se sépareront point complétement, à la vérité, mais leur forme nettement dessinée donnera au cadavre de l'Animalcule un aspect framboisé qui permet au besoin d'en évaluer le nombre.

Tel est le phénomène de la Génération dans les Animaux microscopiques; et peut-être ce mode peut-il se retrouver aussi dans beaucoup d'autres espèces animales, tels que les Vers intestinaux, etc., qui offrent une organisation plus élevée.

Passons maintenant à l'autre extrémité de l'échelle, et jetons un coup-d'œil rapide sur les principales circonstances de la Génération dans les Animaux vertébrés. Deux êtres animés, l'un mâle, l'autre femelle, pris à leur naissance, commencent, dès leur entrée dans le monde, à exécuter toutes les fonctions qui caractérisent le règne auquel ils appartiennent. Leur sang circule, ils respirent, digèrent, sentent, se meuvent, et si l'on pénètre dans l'intérieur de leur organisation, on ne tarde pas à s'apercevoir qu'ils possèdent aussi la faculté de produire plusieurs transformations sécrétoires. Cependant ils sont encore inhabiles à la Génération. Les organes que l'exercice de cette fonction exige ne manquent pourtant pas, mais ils se montrent sous une forme rudimentaire bien suffisante pour indiquer la nullité de leur emploi. A une époque déterminée, ces appareils se développent d'une manière brusque et atteignent en peu de temps le degré de perfection nécessaire à l'objet qu'ils ont à remplir. Celui du mâle produit un liquide d'une nature particulière qui est mis en réserve dans des cavités appropriées. Dans beaucoup de cas même, sa présence ne se manifeste qu'au moment où il devient utile, et alors l'appareil de la Génération plus simple manque entièrement de réservoir. La femelle crée des ovules. Ce sont des corps particuliers sécrétés par les ovaires, et qui se composent généralement d'une matière liquide ou pulpeuse renfermée dans un sac membraneux de forme sphérique ou allongée. Lorsque ces préparatifs sont terminés de part et d'autre, les deux êtres sont devenus capables d'en produire un troisième, et si l'acte par lequel ils arriveront à ce résultat varie beaucoup pour les détails, il est toujours le même quant à sa principale circonstance. Celle-ci consiste en ce que, d'une manière quelconque, la liqueur fournie par le mâle arrive en contact avec l'œuf produit par la femelle. Ce petit corps devient dès-lors susceptible d'un développement ultérieur, et, pourvu qu'il se trouve dans des conditions convenables de nutrition, se transforme, par degré, en un jeune Animal de même espèce que le père et la mère desquels il provient.

Tels sont les divers phénomènes de la Génération des Animaux, réduits à leur expression la plus générale. Au premier coup-d'œil, les deux séries que nous venons d'indiquer semblent très-éloignées l'une de l'autre. Un examen plus approfondi va montrer en quoi elles diffèrent réellement, et quels sont les caractères de ressemblance qu'on peut y rencontrer. Afin de procéder avec ordre dans cette discussion, on va parcourir en premier lieu les diverses circonstances de la reproduction des Animaux élevés; et quant à celles qui sont particulières à la formation des Animalcules infusoires, on ajoutera peu de chose à ce qui en a été dit; leur histoire étant l'objet d'articles distincts dont Bory de Saint-Vincent s'est chargé dans ce Dictionnaire.

De la Génération dans les Animaux susceptibles d'accouplement.

Elle se compose essentiellement de trois temps principaux qu'il importe de séparer pour établir quelque clarté dans notre examen. Il faut en premier lieu acquérir une bonne définition de la liqueur prolifique, apprendre comment elle se forme, étudier ses divers élémens et en apprécier l'importance. L'œuf fixera notre attention ensuite, et nous essaierons, s'il est possible, d'analyser sa structure, de manière à assigner l'emploi des diverses parties dont il est formé. Après avoir acquis ces données, nous serons bien mieux en état de saisir les phénomènes qui arrivent au moment où l'œuf et la liqueur prolifique entrent en rapport, sous les conditions nécessaires à la fécondation, et nous suivrons avec plus de profit les changemens divers qu'il éprouve après cette époque, jusqu'au moment où nous aurons

établi l'existence de tous les organes du nouvel être.

Parcourons en premier lieu les observations recueillies sur les fonctions du mâle; mais avant de passer à l'énumération des expériences tentées sur ce sujet, disons quelques mots des organes préparateurs de la semence. On peut distinguer jusqu'à cinq siéges de sécrétion qui semblent tous concourir au résultat. Le premier, le plus général de tous, est le *testicule*, organe binaire dans les Animaux vertébrés, mais dont la forme et le nombre varient dans les autres classes. Chez les Mammifères, les testicules consistent, comme on sait, en une masse de vaisseaux spermatiques entortillés, liés entre eux par un tissu cellulaire parenchymateux, au milieu duquel viennent se répandre les vaisseaux sanguins. Ils percent en petit nombre la membrane albuginée, et se réunissent en un conduit unique connu sous le nom d'*épididyme* qui se continue lui-même avec le *canal déférent*. Celui-ci amène dans l'urètre le liquide fourni par le testicule, et le verse dans la partie connue des anatomistes sous le nom de *vérumontanum*. Cette cavité reçoit aussi les aboutissans de divers organes sécréteurs. L'un des plus remarquables que l'on a pourtant considéré jusqu'à ce jour comme un simple lieu de dépôt pour la liqueur fournie par le testicule, porte le nom de *vésicule séminale* par analogie avec la vésicule du foie à laquelle on la compare d'ordinaire. On verra qu'il est peut-être convenable d'établir quelques restrictions aux fonctions qu'on lui attribue généralement. D'ailleurs un grand nombre de Mammifères se trouve privé de ce réservoir quel que soit son emploi. La *prostate* verse dans le même lieu le liquide qu'elle sépare du sang. Cette glande que peu d'Animaux possèdent ne se trouve pas dans certaines espèces très-rapprochées par le reste de leur organisation de celles qui en sont munies. Enfin on a distingué dernièrement un appareil vésiculeux

plutôt que glandulaire qu'on a considéré comme l'adjuvant des vésicules
séminales, et auquel, en conséquence, on a donné le nom de *vésicules
accessoires*. Il existe fort rarement.
L'urètre recevrait les matières que
chacun de ces organes est habile à
produire, s'il était possible que leur
existence fût simultanée ; mais les
trois derniers manquent trop fréquemment pour qu'on puisse imaginer que leur coopération soit nécessaire à la production de l'agent fécondateur. La vésicule séminale elle-
même peut être éliminée avec facilité, soit qu'on ne voie en elle qu'un
simple lieu de dépôt, soit qu'on lui
accorde le rôle d'organe sécréteur.
Dans l'une et l'autre supposition,
son absence fréquente démontre assez qu'elle ne joue qu'un rôle secondaire. Le testicule paraît donc l'organe essentiel à cette formation, et
rien ne confirme mieux la vérité
d'une telle conclusion que l'exemple
d'une foule d'Animaux qui n'en possèdent pas d'autre. Les Oiseaux,
beaucoup d'Animaux à sang froid,
n'ont réellement que des testicules
dont le liquide est porté jusqu'au lieu
de l'émission par un canal droit ou
fréquemment replié sur lui-même.

Passons maintenant à l'étude de la
liqueur spermatique, et cherchons à
fixer les idées des personnes que la
physiologie intéresse sur un sujet
qu'on regarde aujourd'hui comme
fort obscur, d'autant que la plupart
des auteurs qui ont écrit sur cette
science, ont manifesté des opinions
vagues ou douteuses sur ce point important. Personne n'ignore cependant
que plusieurs naturalistes du plus
grand mérite ont signalé et confirmé
l'existence de certains êtres agités de
mouvemens spontanés dans les liquides séminaux de presque tous les
Animaux. Leur petitesse les avait dé-
robés aux recherches jusque vers
l'an 1677. A cette époque, ils furent
découverts par Ham et Leewenhoeck
d'un côté, et par Hartsœker de l'autre, sans qu'il soit possible d'établir
entre eux la priorité d'une manière

bien précise. Leewenhoeck décrivit
les Animalcules qui lui furent offerts
par les semences de divers Animaux,
et constata des différences assez notables entre eux. Mais les idées hy-
pothétiques qu'il mit en avant, jetèrent beaucoup de discrédit sur les
résultats de ses travaux, surtout à
l'époque où le système de l'emboîtement prit faveur. On en était resté là,
pendant un temps assez long, lorsque l'attention des observateurs fut
de nouveau rappelée sur ce point par
les recherches de Needham, dont les
dissertations sont trop connues pour
qu'il soit utile de les rappeler ici.
Buffon s'en occupa beaucoup aussi
vers la même époque, et nous examinerons plus tard les résultats qu'il
obtint ; ils étaient trop peu nombreux pour justifier la hardiesse des
conclusions qu'il en avait déduites. Il
paraît en outre que son instrument
n'était pas favorable à de telles recherches, et que notre Pline était
lui-même peu familiarisé avec l'emploi du microscope. Spallanzani fixa
aussi son attention sur le même sujet;
il le traita d'une manière plus positive et avec la sagacité qu'on admire
dans tous les ouvrages dont ce savant
a enrichi la physiologie. Il examina
et décrivit les Animalcules d'un grand
nombre d'Animaux, et remarqua
toujours le plus parfait accord entre
ses propres observations et celles de
Leewenhoeck ; mais il envisagea le
sujet sous un point de vue particulier
qui lui fut suggéré par ses propres
travaux sur les Infusoires, et par les
idées de Bonnet qui occupaient alors
toute l'Europe savante. Gleichen, naturaliste allemand, nous a donné des
résultats analogues, et Bory de Saint-
Vincent, qui s'est comme nous occupé de ce sujet, a observé de son côté
un grand nombre d'Animalcules
spermatiques pour lesquels il a proposé le nom de Zoospermes. Il a
trouvé beaucoup d'harmonie entre
nos descriptions et ce qu'il a lui-
même vu dans la nature où nous
avons uniquement puisé.

Pour prouver qu'il est facile de

donner une description comparable des Animalcules, et surtout que ces êtres sont le produit d'une véritable sécrétion, il est à propos de rapporter quelques-unes de ces descriptions et de nos expériences en commençant par les Mammifères. Parmi ceux-ci nous choisirons le Putois, à cause de l'extrême simplicité de son appareil générateur. Nous n'y voyons en effet que deux testicules ovales, à peu près de la grosseur d'une noisette, dont les canaux déférens viennent s'ouvrir dans l'urètre, à quelques lignes seulement au-dessous du col de la vessie. Arrivé dans cet endroit, le liquide spermatique suit la direction du canal et s'échappe à l'état de pureté par l'orifice du gland au moment de l'éjaculation. Si l'on examine au microscope le liquide éjaculé, on y remarque une foule d'Animalcules en mouvement, parfaitement semblables entre eux, pour la forme, la grandeur et le mode de locomotion. Leur extrémité antérieure est renflée, circulaire, mais raplatie, en sorte que lorsqu'ils se placent sur le côté, on ne la distingue plus du reste de l'Animalcule. La queue est longue, susceptible de flexion; et c'est à l'aide des mouvemens qu'elle exécute, que le petit être devient capable de locomotion. En général, la manière dont ces Animaux nagent, se rapproche beaucoup de l'allure des petits Têtards de Grenouille, dont ils ont en effet la forme et la vivacité. Dans le canal déférent, on rencontre un liquide laiteux, épais, qui renferme une masse si considérable d'Animalcules, qu'il serait impossible d'y rien distinguer, si l'on n'avait soin de le délayer avec un peu d'eau pure ou de salive. Il est très-vraisemblable, comme le pensait Leewenhoeck, que dans cet état la semence contient plus d'Animalcules que de véhicule liquide, en sorte qu'ils se trouvent entassés les uns sur les autres et à peine humectés. Ils ressemblent d'ailleurs en tous points à ceux qu'on trouve dans le liquide éjaculé. Ils ont la même forme, les mêmes di-

mensions, et se meuvent de la même manière. Comme eux, ils ne sont mêlés d'aucune matière organique étrangère. L'épididyme donne lieu à des remarques semblables. Si l'on prend le testicule et qu'on en coupe des tranches, soit à sa surface, soit à sa partie centrale, près de l'insertion de l'épididyme ou à l'extrémité opposée, qu'on délaye dans un peu d'eau le liquide qui s'en écoule, et qu'on l'examine au microscope, on le trouvera toujours abondamment chargé d'Animalcules semblables entre eux et identiques avec les précédens. Seulement ils seront mélangés de globules graisseux et de petits fragmens de tissu cellulaire ou parenchymateux. Ces corps étrangers sont dus à la facilité avec laquelle se déchire et se brise la masse du testicule dont ils proviennent évidemment. La faculté locomotrice des Animalcules cesse très-rapidement lorsqu'on les extrait ainsi des organes après la mort de l'Animal; mais elle dure davantage dans la liqueur obtenue par éjaculation. Elle se prolonge encore plus lorsqu'on laisse le liquide dans les vaisseaux; ainsi, quelques portions du canal déférent, délayées dans un peu d'eau ou de salive, chargent ces véhicules d'une foule d'Animalcules en mouvement; mais au bout de quinze à vingt minutes, on les trouve tous morts. Ils vivent ou se meuvent pendant deux ou trois heures sous les mêmes circonstances, si l'on fait usage de liqueur éjaculée. Enfin, si l'on extrait l'appareil générateur du corps de l'Animal et qu'on le conserve dans un linge humecté, on peut en obtenir des Animalcules vivans, quinze à dix-huit heures après l'opération, soit qu'on les prenne dans les canaux déférens, soit qu'on les retire des testicules eux-mêmes. Leur mort n'arrive pas d'une manière brusque. En effet, lorsque les Animalcules sont bien vivans, on remarque en eux des flexions rapides et alternatives de la queue, qui ne permettent pas de chercher ailleurs la cause de leur mouvement progressif. Presque toujours ils se dirigent en avant, jamais on ne les voit rétrograder, mais bien souvent ils ne semblent avoir aucun but déterminé et s'agitent pendant long-temps sans changer de place d'une manière appréciable. Dans tous ces cas on observe une dégradation manifeste de vélocité depuis l'instant où on les a extraits de l'organe, jusqu'à celui qui marque le terme de leur faculté locomotrice. L'étendue de leurs mouvemens décroît progressivement, l'amplitude de leurs oscillations diminue peu à peu, et bientôt ils se montrent sans vie et flottans au gré du liquide dans lequel ils sont immergés.

Le CHIEN est l'Animal qui nous offre, après le Putois, les organes sécréteurs les moins nombreux. On n'y trouve en effet que les testicules et la prostate. Les vaisseaux spermatiques, susceptibles d'être isolés les uns des autres, possèdent un diamètre d'un cinquième de millimètre, lorsqu'ils sont gorgés de semence. Ils se contractent un peu après l'évacuation. Ils sont repliés sur eux-mêmes en forme d'anse, et produisent ainsi des faisceaux parallèles. En essayant de les suivre pendant un trajet de plusieurs pieds de longueur, on les voit toujours continus, sans divisions ni anastomoses; et si l'on examine avec attention leur embouchure dans l'épididyme, on voit très-bien qu'ils y parviennent en petit nombre. Les canaux déférens versent dans l'urètre leur liquide au moyen de deux petites ouvertures placées sur les côtés d'une espèce de papille légère qui en marque la situation. C'est précisément dans cet endroit que se trouve la prostate. Elle est à peu près de la grosseur d'une fève, mais arrondie et partagée en deux lobes principaux, ce qui lui donne la forme d'un cœur renversé. Si on la divise, on voit qu'elle est composée d'un grand nombre de petits canaux parallèles entre eux et repliés dans l'endroit où ils atteignent la surface de la glande. Le liquide qu'ils séparent du sang, vient se rendre dans le canal de l'urètre

sur les côtés du petit tubercule, qui porte les ouvertures des déférens. C'est là que se mêlent les deux liquides, ils passent ensuite sans éprouver d'autre addition de matière organique jusqu'à l'extrémité de la verge, et s'écoulent goutte à goutte d'une manière uniforme à l'instant du coït. Le canal déférent et les conduits de la prostate amènent donc dans le vérumontanum des liquides distincts, et leur mélange produit la liqueur qu'on voit s'écouler du pénis, à l'instant de l'éjaculation. Dans les déférens, nous trouvons en abondance un liquide épais, blanc et rempli d'Animalcules fort agiles. Ils sont plus petits que ceux du Putois, mais d'une forme analogue. Ils existent aussi dans l'épididyme, et se présentent dans l'un et l'autre cas parfaitement distincts et dégagés de toute matière hétérogène. Que l'on prenne des tranches du testicule en divers endroits, qu'on délaye le liquide qu'elles laissent échapper; et celui-ci montrera de même une foule d'Animalcules en mouvement, semblables en tous points aux précédens. Ils seront toutefois mélangés de graisse et de débris que nous savons être dus à la destruction du tissu de l'organe; ainsi, le testicule du Chien comme celui du Putois, émet des Animalcules et seulement des Animalcules, il les transmet à son canal déférent, et celui-ci les transporte dans le canal de l'urètre. Quant à la prostate, elle sécrète aussi un liquide opalin, blanchâtre, qu'il est facile de se procurer à l'état de pureté, soit en prenant des tranches de cet organe et recevant sur une plaque de verre le liquide qu'on en fait sortir au moyen d'une compression graduée, soit en obtenant de la même manière celui qui transsude des canaux excréteurs de la glande. On peut encore, comme nous l'avons pratiqué fréquemment, laver l'intérieur du vérumontanum, comprimer l'organe et se servir de la liqueur qui est venue s'y rassembler. Dans toutes ces circonstances, on ne remarquera rien d'analogue aux Animalcules. Des globules nombreux, semblables à ceux du lait, flotteront dans le liquide, mais ils ne manifesteront aucune faculté locomotrice quelconque, seront toujours dépourvus de queue, et l'œil le moins exercé pourra, dès le premier essai, distinguer les liquides fournis par les canaux déférens, de ceux que l'on aurait obtenus de la glande prostate.

Chez les Lapins, les vaisseaux spermatiques ont un quart de millimètre de diamètre; ils sont disposés en faisceaux et liés par un tissu cellulaire, au milieu duquel circulent les vaisseaux sanguins. Ceux-ci serpentent à peu près dans un sens perpendiculaire à l'axe du testicule, et se ramifient peu. La vésicule séminale possède des parois épaisses assez souples et ressemblant par leur texture à celles de la vessie urinaire. L'intérieur est revêtu d'une membrane muqueuse et présente une cavité simple. Sur sa paroi postérieure, on remarque un renflement glanduleux qui n'atteint pas le sommet de la vésicule et se termine à peu près aux trois quarts de sa hauteur. Son apparence est granuleuse, ce qui provient des petits culs-de-sac dont il est composé, et qui, se trouvant placés les uns à côté des autres, ne laissent voir que leur sommité. Cuvier considère cet appareil comme la prostate, et nous verrons que l'examen de la liqueur qu'il sécrète confirme cette opinion que le célèbre auteur de l'Anatomie comparée n'avait offerte qu'avec l'apparence de quelque doute. Dans le testicule, l'épididyme et les canaux déférens, on trouve une liqueur blanche, épaisse, qui renferme une foule d'Animalcules plus longs que ceux du Chien. La rapidité de leurs mouvemens est extraordinaire, et c'est peut-être de tous les Mammifères, celui qui possède les Animalcules les plus remarquables sous ce rapport. La prostate contient un liquide blanc, laiteux, dans lequel on trouve beaucoup de globules analogues à ceux du lait pour la forme et la grosseur, mais qui ne présente jamais d'Animalcules. Enfin, dans l'in-

térieur de la vésicule séminale, on rencontre un liquide gris jaunâtre dans lequel on distingue une foule d'Animalcules en mouvement. Ils sont mêlés de quelques corps étrangers très-gros, sphéroïdaux et globuleux, comme toutes les parcelles de mucus qui se détachent des membranes muqueuses. On n'a pas besoin d'ajouter aucun véhicule pour voir les Animalcules distincts et séparés, et lorsqu'on examine la liqueur avec attention, on reconnaît qu'ils sont accompagnés de petits globules semblables à ceux qu'on trouve dans la prostate.

Les organes de la génération possèdent chez le Hérisson comme chez tous les Rongeurs, un développement fort considérable. Les testicules ont fourni un liquide blanchâtre qui transsudait des points incisés. Il fourmillait d'Animalcules qui s'y trouvaient comme à l'ordinaire mêlés de quelques particules étrangères. Ils étaient très-grêles, leur tête paraissait circulaire, raplatie et marquée dans son centre d'une tache lumineuse. Leur queue longue semblait plus opaque que celle des Animalcules dont nous avons eu occasion de parler précédemment. L'épididyme et le canal déférent contenaient tous deux un liquide blanc de lait, visqueux et rempli d'Animalcules sans mélange de matières hétérogènes. Les vésicules séminales étaient gorgées d'un liquide blanc opalin qui jaillissait des grosses ramifications lorsqu'on les ouvrait. Celui-ci s'est coagulé lentement et d'une manière imparfaite, n'a point offert d'Animalcules, soit qu'on l'ait examiné pur avant et après la coagulation, soit qu'on l'ait délayé préalablement avec un peu de salive ou d'eau tiède. Il contenait seulement une foule de corps irréguliers de toutes les formes et de toutes les grosseurs, et semblables sous plusieurs rapports à des débris de matières muqueuses dont ils avaient la transparence et l'aspect grenu. On arrive au même résultat, quelle que soit la partie des vésicules d'où l'on tire la liqueur. Pour les vésicules accessoires, le liquide qu'elles renferment est clair, incoagulable spontanément, et son inspection microscopique ne montre que des globules rares de grosseurs variées, parmi lesquels on distingue aussi des vésicules graisseuses. On voit que les vésicules séminales du Hérisson n'ont point l'usage d'un réservoir destiné à rassembler le liquide fourni par le testicule. Elles sont remplies d'un liquide tout-à-fait particulier, et qu'elles sécrètent probablement elles-mêmes. Celui-ci se mélange à la liqueur des déférens, à celle des vésicules séminales, et c'est là ce qui constitue le sperme émis par l'Animal au moment de l'éjaculation.

Dans le Cochon d'Inde, les diverses sections du testicule laissent transsuder un liquide épais et blanchâtre, qui, délayé dans de la salive ou de l'eau pure, offre au microscope une foule d'Animalcules mouvans plus longs que ceux du Chien, du Lapin ou du Chat, mais très-rapprochés pour les dimensions ou la forme de ceux que nous avons reconnus dans le Putois. Leur tête est circulaire, plate, et marquée dans le milieu d'un cercle plus transparent que le bord. Leur queue est longue, assez large, ondulée dans l'état de mort ou pendant la progression. Mais lorsqu'ils sont agités sans locomotion sensible, elle est courbée en arc et semble inflexible. Ils sont d'ailleurs mêlés de matières hétérogènes qui ne peuvent provenir que du tissu du testicule et qui offrent la même apparence que les fragmens qu'on en détache. L'épididyme est gorgé d'un liquide blanc, d'apparence laiteuse. Pris à l'origine ou à la fin du canal, et délayé comme à l'ordinaire, il offre toujours des Animalcules en grand nombre et sans aucun mélange de substances étrangères. Leur forme est identique avec celle des précédens. Le canal déférent donne lieu aux mêmes observations; les Animalcules s'y montrent nets et pleins de vie. La matière contenue dans les vésicules séminales est épais-se, transparente, opaline et comme pulpeuse; elle s'épaissit rapidement à l'air et devient alors concrète, blanche et friable. En se desséchant elle prend un aspect corné. On l'examine au microscope, seule ou délayée dans un peu de salive; elle ne présente que des globules transparens souvent agglomérés, mais faciles à séparer. Dans plusieurs expériences, nous n'avons pas trouvé d'autre substance dans les vésicules, mais quelquefois la base de ces boyaux était plus blanche qu'à l'ordinaire et contenait des Animalcules. Ceux-ci provenaient d'un peu de liquide reflué du canal déférent et se voyaient mêlés à une grande quantité de la substance propre aux vésicules. Dans quelques occasions, nous avons observé que la portion de liquide en contact avec la membrane muqueuse en contenait jusqu'au sommet des culs-de-sac. Ils étaient en mouvement dans l'un et l'autre cas, identiques avec ceux du canal déférent, mais disséminés dans une grande masse de la matière propre aux vésicules elles-mêmes. La liqueur des vésicules accessoires est transparente, très-fluide, incoagulable spontanément. Elle ne montre au microscope aucun Animalcule, mais seulement quelques globules gros, rares, différens en volume et d'un aspect qui rappelle celui des gouttelettes de graisse. Enfin on peut extraire des glandes de Cowper, au moyen des procédés que nous avons déjà fait connaître, un liquide blanc laiteux rempli de globules très-petits, de la même dimension que ceux qu'on observe dans le lait. On voit donc qu'au milieu de tous ces appareils variés, la constance de l'emploi du testicule se fait remarquer de la manière la plus satisfaisante. Lui seul sécrète des Animalcules, et les autres glandes fournissent à la liqueur séminale des matériaux tout-à-fait différens dont nous ne saurions encore assigner, il est vrai, l'utilité, mais qui jouent probablement un rôle secondaire.

Les Animalcules du Surmulot

ont une longueur considérable, se meuvent avec vivacité et nagent à la manière des Anguilles dont ils ont à peu près la forme, car leur tête est moins grosse relativement à la queue que dans les Animaux précédens. Elle offre ceci de remarquable, qu'elle est marquetée de points translucides lorsqu'on l'examine de champ, et ce caractère singulier se retrouve dans le Rat, la Souris blanche et grise. Vue de côté, la tête se distingue de la queue, car elle est dirigée d'une façon anguleuse qui la rend aisée à reconnaître, circonstance que nous n'avons observée que dans les Animaux qu'on vient de citer. Dans tous les autres, la tête est aplatie, mais elle se dirige selon l'axe de la queue.

Nous avons pu, grâces à la complaisante amitié de Colladon, membre distingué de la Société de Physique à Genève, soumettre à diverses reprises les liqueurs spermatiques de la Souris blanche et grise à un examen comparatif très-soigné. L'identité de leurs Animalcules est complète, soit pour la longueur absolue, soit pour la forme du renflement céphalique qui, comme on l'a déjà dit, présente des caractères particuliers.

Les Animalcules du Cheval, ceux de l'Ane, du Taureau, et les appareils générateurs du Mulet, doivent, à leur tour, fixer notre attention. On conçoit l'utilité d'une comparaison semblable lorsqu'on réfléchit à la possibilité reconnue du croisement entre ces trois espèces. De tous ces Animaux le Cheval était le seul que nous eussions examiné, lors de la publication de notre Essai sur les Animalcules spermatiques ; depuis lors, nous avons eu de fréquentes occasions de vérifier nos premiers résultats. Les testicules et le canal déférent ont fourni toujours de nombreux Animalcules très-vivans, même douze heures après l'extirpation des organes. Leur tête est arrondie, marquée au centre d'un point globuleux et clair. Leur longueur totale est de o,^{mm}o5o à o,^{mm}o55. Spallanzani, Gleichen et plus ancienne-

ment Hill avaient déjà reconnu leur existence dans la liqueur obtenue par éjaculation dans les haras. Plusieurs appareils générateurs de l'Ane ont été le sujet de pareilles observations. Dans tous, nous avons reconnu des Animalcules fort analogues à ceux du Cheval, mais qui semblaient avoir la tête plus ovale. Leur longueur totale était de o,^{mm}o6o, c'est-à-dire à peu près la même. Gleichen nous paraît être le premier naturaliste qui les ait bien décrits, mais comme le dessin qu'il en a donné, de même que tous ceux que renferme son ouvrage, a été fait d'après une liqueur éjaculée, on y trouve non-seulement des Animalcules, mais encore d'autres matières organiques fournies par les glandes secondaires de l'appareil mâle. Nous avons aussi observé soigneusement les liqueurs retirées du testicule ou de l'épididyme de plusieurs Taureaux. Nous avons même eu la facilité de comparer une fois les Animalcules que nous en obtenions avec ceux d'un Cheval dont on nous avait apporté les organes en même temps. La forme est analogue, mais ceux du Taureau ne nous offrirent pas ces taches circulaires et plus blanches qu'on rencontre dans les Animalcules du Cheval et de l'Ane. Leur longueur est de o,^{mm}o58 à o,^{mm}o62, c'est-à-dire semblable à celle que nous avons reconnue dans les Animaux précédens. Gleichen, qui avait beaucoup de facilité pour se procurer la liqueur émise par les Taureaux à l'instant du coït, en a fait le sujet d'un très-grand nombre d'observations. Ce sperme a, selon lui, l'odeur et la couleur de l'eau de colle, et il pense avoir trouvé beaucoup plus d'Animalcules dans celui des jeunes Animaux que dans celui des Taureaux plus âgés.

On conçoit qu'il est d'un haut intérêt, pour rendre cette histoire complète, de comprendre dans notre investigation les organes du Mulet, de ce singulier Animal auquel on refuse, presque d'un commun accord, la faculté fécondante. Quoique beaucoup d'écrivains aient supposé qu'il était capable d'engendrer, particulièrement avec la Jument, nous n'avons pas encore trouvé sur ce point une seule preuve de fait. Parmi ceux qui sont les plus disposés à le croire, nous n'en voyons aucun qui puisse fournir des détails suffisamment précis. Les autres, au contraire, citent en leur faveur une foule d'essais infructueux. Il en est de cette question comme de tous les cas où les personnes qui se vouent aux sciences sont appelées à se prononcer sur des résultats négatifs. Un témoignage positif suffirait pour annuler la valeur de tous les autres, quelque multipliés qu'ils fussent. Il devient donc fort épineux de prendre une opinion arrêtée; et dans la circonstance présente, nous nous bornerons à énoncer qu'il est fort probable, si l'on s'en tient à la majorité des avis, que le plus grand nombre des Mulets n'est pas apte à la propagation. Dans les grandes fermes de l'Amérique où il se trouve d'immenses troupeaux de Mulets, on cite quelques exemples de fécondation. Les circonstances, en cette occasion, sont bien favorables, puisqu'on peut observer plusieurs milliers de Mulets mâles. Cependant les cas où ils ont paru propres à la propagation sont presque aussi rares et non moins équivoques que les observations faites en Europe. On conçoit d'ailleurs que l'on ne peut affirmer avec certitude que le Mulet soit inhabile à la Génération, mais on a du moins des preuves très-positives et plus que suffisantes pour montrer combien il est rare que l'exercice de cette fonction lui soit accordé. Quoi qu'il en soit dans le fond, il importait beaucoup à notre point de vue de savoir s'il existait des Animalcules dans ses appareils générateurs, et de connaître leur forme et leur longueur comparativement aux espèces d'où il provient. Nous nous sommes procuré un Mulet d'une douzaine d'années et qui montrait des signes d'ardeur non équivoques. On l'a tué, et nous avons examiné de suite tout son appareil

générateur avec le plus grand soin. Il ne nous a pas été possible d'y rencontrer autre chose que des globules tels que ceux que nous rencontrons dans les Animaux impubères. Les testicules étaient remplis d'un fluide opalin très-abondant, et qu'on aurait confondu facilement à l'œil avec la liqueur spermatique la plus parfaite; mais sous le microscope, on ne pouvait y apercevoir autre chose que des corpuscules immobiles. Les vésicules séminales et le canal déférent contenaient le même liquide et reproduisaient la même apparence. Les prostates offraient au contraire une liqueur jaune sale dans laquelle flottaient des globules rares et plus petits. Bory de Saint-Vincent nous assure avoir obtenu absolument les mêmes résultats sur divers Mulets dont il a eu occasion d'observer l'appareil générateur en Espagne. Gleichen, qui avait l'intime conviction de l'existence des Animalcules dans le Mulet, avoue pourtant qu'il ne lui a pas été possible d'en apercevoir. Il est vrai qu'il l'attribue plutôt à l'âge du Mulet qui avait plus de dix ans qu'à toute autre cause, et il pense que son expérience prouve seulement l'absence des Animalcules dans les vieux Animaux. Or, comme nous avons vu nous-mêmes des Étalons fort estimés, quoiqu'ils eussent plus de quinze ans, il nous est impossible d'admettre une telle explication. Gleichen cite encore des tentatives faites pour obtenir un accouplement fécondant entre les Mulets et les Jumens. L'acte en lui-même se passait comme à l'ordinaire et sans difficulté, mais les femelles ne retenaient pas. Malgré toutes les preuves qu'il accumule ainsi contre sa propre opinion, car il croyait que les Animalcules étaient nécessaires à la Génération, il n'en conclut pas moins que le Mulet doit être habile à la reproduction comme toutes les autres espèces.

Nous avons pu faire aussi de fréquentes observations sur les Animalcules du Bouc. Ils ont une extrême vivacité dans leurs mouvemens, et se rapprochent d'une manière remarquable de ceux du Lapin, soit par la longueur, soit par la forme. Il en est de même des Animalcules du Bélier. Nous n'avons pas besoin de faire observer, quant à ces derniers, que les remarques dont Leewenhoeck a publié le détail sont entièrement fausses. Il a cru reconnaître déjà chez eux les mœurs particulières de l'espèce et leur disposition à errer par troupes nombreuses. De telles hallucinations se réfutent d'elles-mêmes; elles ont discrédité, dès sa naissance, le système de la Génération, d'ailleurs fort bizarre, auquel cet habile observateur s'était arrêté.

La plupart des Oiseaux sont soumis à des alternatives nettement tranchées qui les rendent inhabiles à se reproduire hors de certaines époques, et les Moineaux, par exemple, ne sont pubères que vers la saison de leurs amours. On trouve alors leur testicule, volumineux, blanc, gorgé de semence, et celle-ci fourmille d'Animalcules dont la tête plate et circulaire se présente souvent de côté; leur queue, longue et effilée comme une aiguille, se contourne peu dans leurs mouvemens, qui semblent s'exécuter d'une seule pièce. Mais il n'en est pas de même en tout autre temps, et le testicule, réduit au dixième de son volume, offre la teinte gris-jaunâtre qui est propre aux vaisseaux spermatiques qui le composent. Ceux-ci ne contiennent absolument aucune espèce de liquide, et l'on a beau le comprimer, le diviser, en délayer des fragmens dans l'eau, rien ne peut y faire reconnaître des Animalcules. Le Moineau mâle n'est donc véritablement pubère qu'au printemps, et perd cette prérogative dès qu'il a accompli l'œuvre de la reproduction. Il en est de même des Serins de Canarie, des Linottes, des Pinsons, des Canards domestiques et des Coqs d'Inde. On se bornera à présenter ici quelques résultats propres à donner une idée précise de leur forme. Ceux du Coq, que Leewenhoeck avait découverts et parfaitement dessinés, et que Gleichen

lui-même avait eu l'occasion d'observer, peuvent fournir l'occasion d'admirer l'exactitude extraordinaire de l'infatigable scrutateur hollandais. Les Animalcules du Coq consistent en une tête oblongue qui se rétrécit tout-à-coup à sa base et se continue en une queue extrêmement fine qu'il est presque impossible de reconnaître aux premières observations. Mais si l'on se livre pendant quelques jours à cet examen, on parvient aisément à s'assurer de son existence, et alors l'Animalcule se montre tel que nous venons de le dépeindre. Mais ce qu'il y a de plus singulier, c'est que le Coq, pris en toute saison, se prête facilement à ce genre de recherches, et se dérobe par conséquent à une loi qui pourrait sembler plus générale. Le Pigeon possède aussi des Animalcules, et leur forme, leur longueur les rapprochent singulièrement de ceux qu'on vient de décrire dans le Coq, tellement même qu'il serait impossible de dire en quoi ils diffèrent. On trouve que les organes de cet Animal en contiennent à une époque où il est impossible d'en obtenir des Moineaux; du Canard et du Coq d'Inde, ce qui porte à penser qu'il conserve sa puberté pendant toute l'année de même que le Coq domestique. Ceux du Canard sont plus courts et ne se présentent qu'au printemps et au commencement de l'été. En automne on trouve les testicules secs et arides, d'une couleur jaune sale, et le canal déférent est entièrement vide.

La liqueur séminale de la Grenouille commune, obtenue par émission spontanée, contient une telle quantité d'Animalcules, et leur mouvement est si rapide, que l'œil, armé du microscope, n'y aperçoit qu'une espèce de bouillonnement très-singulier. Mais lorsqu'on la délaie ou qu'on prend le liquide du testicule, le mouvement plus lent et les Animalcules plus isolés permettent d'en percevoir la forme sans difficulté. Ils sont fort courts, leur tête est oblongue, aplatie et marquée dans son centre d'une tache plus claire que nous n'avons bien vue qu'au moyen de l'excellent microscope du professeur Amici. La Grenouille à tempes rousses a offert des Animalcules semblables en tout point, mais elle se distingue de la précédente par quelques particularités de son appareil générateur, qui paraissent singulières lors qu'on réfléchit à la ressemblance qui existe d'ailleurs entre ces deux espèces. Le testicule est beaucoup plus petit, l'uretère est plus large comparativement, mais il est privé de dilatation et se termine dans le cloaque par un simple orifice sans papille. La femelle offre des différences encore plus saillantes.

On trouve chez les CRAPAUDS des variations plus remarquables, mais elles ne portent que sur les arrangemens accessoires de l'appareil, et le testicule s'y voit toujours gorgé d'un liquide qui fourmille d'Animalcules plus ou moins longs.

Les Animalcules de la SALAMANDRE ont une forme très-remarquable et diffèrent entièrement de ceux décrits jusqu'à présent. Ils sont fort longs, fort grêles, et se terminent en avant par une tête obovale tellement plate que lorsqu'elle se présente sur le côté, on dirait qu'ils n'en ont pas du tout. Ils se meuvent d'une manière aussi fatigante que singulière. Leur corps entier se courbe en un arc très-régulier, mais qui change de direction à tout instant. Quelquefois ils exécutent cette espèce d'évolution pendant plus de dix minutes sans bouger de place. On les voit aussi, mais plus rarement, nager par des ondulations répétées et horizontales, à peu près à la manière des Serpens. Lorsqu'ils sont à sec, leur corps devient très-flexueux. Mais ce qu'ils ont certainement de plus extraordinaire, c'est leur longueur absolue qui est égale à o,^{mm}4. Sous ce rapport, ils s'éloignent étrangement des Animalcules précédens qui sont beaucoup plus courts. Malgré cette différence, il ne paraît pas que

leur diamètre soit plus fort ; bien au contraire, les Animalcules du Cochon d'Inde, par exemple, ont la queue plus épaisse et la tête bien plus grosse, quoiqu'ils soient à peu près cinq fois moins longs. La Salamandre palmée et la Salamandre terrestre possèdent aussi des Animalcules qui ne diffèrent que par la longueur de ceux que nous venons de décrire. Chez ces Animaux, il suffit de presser le ventre au mâle vers le printemps pour faire sortir par l'ouverture du cloaque une liqueur qui en offre une quantité prodigieuse.

La VIPÈRE, l'ORVET, quelques COULEUVRES, les LÉZARDS GRIS et VERTS nous ont fourni des Animalcules, et l'occasion de les examiner s'est renouvelée plusieurs fois pour chacune de ces espèces. En général, ils se rapprochent de ceux des Mammifères pour la forme et la longueur, quoique leur tête se trouve beaucoup moins marquée.

La laite des POISSONS fourmille de corps mouvans sur la forme desquels il y a beaucoup de variations dans les auteurs qui l'ont examinée. Pour le plus grand nombre, ils n'ont vu que des globules vivement agités; mais cette illusion provient évidemment de l'extrême ténuité de leur queue qui échappe aux yeux les mieux exercés. Au moyen de l'instrument d'Amici, notre ami le docteur Prévost a eu l'occasion de s'assurer que chacun de ces globules était bien réellement pourvu d'une queue.

Quant aux MOLLUSQUES, ils se prêtent merveilleusement à ce genre de recherches en raison de la dimension extraordinaire de leurs Animalcules, et dans l'Escargot, par exemple, ceux qu'on y rencontre en abondance ont près d'un millimetre de longueur absolue, et ressemblent beaucoup, pour le port et la forme générale, à ceux de la Salamandre. Ils ont le corps ondulé dans toute sa longueur, se meuvent avec assez de lenteur pour qu'on puisse aisément les suivre, et se terminent en avant par une tête obovale.

Ils nagent toujours de la même manière que les Anguilles; mais quelquefois ils ont l'air d'être en repos complet, quoique leur tête pivote sur sa base en décrivant des oscillations fort rapides. Ce balancement peut durer pendant très-long-temps sans que l'Animalcule change de place. Pour les mesurer, on est forcé de prendre un grossissement moins fort qu'à l'ordinaire, car leur corps entier ne pourrait être perçu avec celui de trois cents diamètres, quoique son champ embrasse près de cinq pouces. Il semble qu'on devrait les voir à l'œil nu, puisqu'ils ont une demi-ligne de longueur; mais si l'on réfléchit à la ténuité de leur corps, on concevra comment ils peuvent échapper aux regards lorsqu'on ne fait pas usage d'une lentille. Les autres Escargots en possèdent aussi de semblables; les Limaces, les Lymnées en ont de même nature; mais on pourra voir, dans le tableau des mesures absolues, qu'ils sont généralement plus courts que ceux de l'*Helix pomatia*.

Après avoir poursuivi dans ces principales classes du règne animal l'étude de la sécrétion spermatique, il importe de discuter les résultats principaux qui s'ensuivent. On a vu que le testicule était le seul organe constant et essentiel, tous les autres pouvant manquer dans le plus grand nombre des cas sans que la fonction génératrice en soit influencée. Cette circonstance prouve d'une manière presque incontestable qu'il est le siége de la sécrétion au moyen de laquelle s'opère la fécondation des œufs. Il semble aussi, d'après les mêmes recherches, que les Animalcules spermatiques ne se montrent que dans cet organe, et la liaison de ces deux lois de l'économie animale semble indiquer que ces êtres jouissent d'une importance réelle, et peut-être exclusive dans l'acte de la Génération. Il est donc nécessaire de poursuivre leur étude sous ce point de vue, et de multiplier les faits afin d'éclairer la question sous toutes ses faces.

Les Animaux impubères sont inha-

biles à la reproduction, et l'étude attentive de leurs organes pouvait éclairer sur la cause prochaine de leur incapacité. Nous avons mis à profit toutes les occasions qui se sont présentées à nous depuis deux ans, et nous pouvons assurer, d'après un nombre d'expériences extrêmement considérable, que les Lapins, les Veaux, les Poulains, les Anons, les Cochons d'Inde de quelques mois, un grand nombre de Surmulots, de Souris du même âge, les Poulets et les petits Canards, enfin les Grenouilles jeunes, ne possèdent pas d'Animalcules spermatiques. La liqueur qu'on extrait de leurs organes contient les globules irréguliers qu'on observe dans les testicules du Mulet; mais elle est complétement privée de corps mouvans, et jamais nous n'avons pu découvrir au milieu des globules qui flottaient dans le liquide quelque objet qui rappelât par sa forme les Animalcules propres aux Animaux pubères. Nos prédécesseurs avaient déjà fait mention de cette circonstance, mais nous ne pensons pas qu'ils eussent apporté, dans leurs recherches, le scrupule et le soin que nous avons mis dans les nôtres, et qu'ils les eussent surtout variées et multipliées suffisamment pour donner à cette loi un caractère général et précis.

Après une époque de la vie, qui, sans être bien déterminée, varie peu dans chaque espèce, les Animaux deviennent stériles. Il était fort important de comparer les matières sécrétées dans cette période avec celles que nous avions examinées, soit dans l'état adulte, soit dans le jeune âge, avant la manifestation des symptômes connus de la puberté. Sur ce point, nous n'aurons pas l'avantage d'offrir un grand nombre de résultats, et l'on conçoit qu'il est bien moins aisé de se procurer des êtres dans les conditions de vieillesse convenable. Cependant nous avons pu soumettre à l'examen les parties de la Génération d'un Etalon âgé de vingt-cinq années, et qui se trouvait hors de service depuis quatre ou cinq ans, ainsi que ceux de quelques Chiens fort âgés dont nous avons pu disposer. Les organes n'étaient pas dans un état maladif; mais ils se trouvaient dépourvus d'Animalcules, et la liqueur qu'ils contenaient ressemblait, sous tous les rapports, à celle que nous avions observée dans les jeunes individus des mêmes espèces. Ce point de vue avait aussi, dans plusieurs occasions, été le sujet de quelques recherches, et nous trouvons dans les auteurs qui s'en sont occupés des résultats parfaitement conformes à ceux que nous avons obtenus nous-mêmes.

Les données que nous venons d'acquérir établissent déjà suffisamment l'importance des Animalcules, et montrent qu'il existe une relation intime entre leur présence dans les organes et le pouvoir fécondateur de l'Animal. Il est donc indispensable d'en faire l'objet d'une étude particulière, et de définir exactement les principales propriétés qui les caractérisent. Ce que nous avons dit sous le point de vue de la forme, de la motilité, etc., peut suffire pour le moment, et nous allons les étudier dans leurs rapports avec quelques agens physiques. Le sperme du Chien demeure parfaitement fluide et transparent, le mouvement s'y conserve pendant plusieurs heures. Ces deux circonstances le rendaient plus propre que tout autre aux observations suivantes. Nous avons mis dans des capsules d'argent des quantités égales de liqueur spermatique. Nous avons laissé l'une comme terme de comparaison, et nous avons fait plonger dans l'autre une baguette métallique vernie jusqu'à son extrémité, de manière qu'en mettant en communication la baguette et la capsule avec les deux surfaces d'une bouteille de Leyde, fortement chargée, on excitait une étincelle qui passait en totalité au travers du liquide et non point à sa surface. Après quelques décharges, les Animalcules étaient complétement immobiles, tandis que ceux qu'on n'avait point électrisés

s'agitaient tout autant qu'avant l'expérience, qui n'avait duré que cinq minutes. Nous avons fixé sur une glace deux fils de platine, dont les extrémités vis-à-vis l'une de l'autre étaient séparées par quelques lignes d'intervalle; cet appareil a été placé sous le microscope, et les fils ont été mis en communication avec deux branches de laiton, qui se rendaient dans des capsules pleines de mercure et portées par une table indépendante de l'appui du microscope. L'une d'elles communiquait à demeure avec l'un des pôles d'une forte pile; l'autre servait à établir ou rompre le circuit, au moyen de l'immersion ou de l'émersion du rhéophore. On a mis alors une goutte de liqueur spermatique entre les deux fils de platine, et le mouvement des Animalcules étant bien perçu, l'on a établi le circuit galvanique. Mais, soit qu'il ait été continu, soit qu'on ait donné des secousses, on n'a pu voir aucune altération dans le mouvement. Après avoir suffisamment constaté ce point, on a promené le microscope dans toute l'étendue du liquide, et l'on a vu que dans les portions contiguës au pôle positif ils étaient tous immobiles, tandis que soit auprès du pôle opposé, soit dans les autres parties du liquide, on les voyait aussi agités qu'avant l'expérience. Cet effet doit être attribué à l'action des Acides produits au pôle positif. Les expériences nouvelles sur les propriétés du courant galvanique fermé ne nous permettaient pas de négliger son action dans cette circonstance. Nous n'avons aperçu aucun effet sensible en nous servant de l'appareil précédent, dans lequel on avait substitué aux deux pointes de platine un fil entier du même Métal. Les expériences qui n'ont pas été troublées par l'effet calorifique, ont certainement mis en évidence la nullité d'effet du courant. Nous n'avons pas été plus heureux en nous servant d'un fort aimant, que nous avons mis en rapport avec le liquide, soit sous le microscope lui-même, soit ailleurs pendant un temps assez long.

On voit que ces diverses épreuves laissent beaucoup de doute sur l'irritabilité de ces petits êtres, et nous pensons, pour notre propre compte, qu'elles démontrent l'absence d'un système musculaire analogue à celui des grands Animaux.

Il résulte de tout ce qui a été dit, 1° que tous les Animaux mâles en état de puberté possèdent des Animalcules spermatiques. Les individus jeunes, ceux qui sont trop âgés, n'en offrent aucun indice, et les Oiseaux se font remarquer par l'absence complète de ces êtres, à toute autre époque que celle fixée par la nature pour leur accouplement. Le Coq domestique et le Pigeon échappent à cette loi.

2°. Que les Animalcules spermatiques existent dans le testicule à l'état de perfection complète ; qu'ils sont transmis aux canaux déférens et n'éprouvent aucune altération dans ce trajet. Leur mouvement et leur forme ne sont point influencés non plus au moment du mélange des liquides sécrétés par les autres glandes, en sorte qu'ils arrivent au dehors tels qu'on les voyait déjà lorsqu'on les prenait dans les vaisseaux spermatiques eux-mêmes.

3°. Que les vésicules séminales, les vésicules accessoires, la glande prostate et celles de Cowper ne fournissent jamais d'Animalcules, et que si l'on en rencontre quelquefois dans la vésicule séminale, ils proviennent évidemment des canaux déférens.

4°. Que le mouvement spontané des Animalcules spermatiques est intimement lié à l'état physiologique de l'individu qui les fournit. Cette circonstance suffit à elle seule pour les distinguer nettement des Animalcules infusoires. Ils en diffèrent encore par la constance de leur forme dans tous les êtres d'une même espèce, et toutes nos expériences démontrent qu'ils sont le produit d'une véritable sécrétion.

5°. Que l'étincelle électrique les tue; que le courant galvanique ne les affecte pas, même dans un état d'intensité suffisant pour décomposer l'eau et les sels que contient celle-ci.

6°. Qu'enfin, quelle que soit l'opinion qu'on adopte sur le rôle des Animalcules spermatiques, nous avons démontré qu'ils sont produits par le seul organe essentiel à la faculté fécondante, qu'ils existent dans tous les Animaux capables de reproduire leur espèce autrement que par bouture, qu'ils manquent au contraire dans tous ceux qui se trouvent inhabiles à la Génération, et que leur présence dans le liquide séminal est le véritable signe qui sert à le caractériser.

Tableau des mesures précises de quelques Animalcules spermatiques.

NOM de L'ANIMAL.	LONGUEUR en millimètres.	LONGUEUR relative, celui du Chien pris pour 10.
Putois.	0,083	50
Chien.	0,016	10
Lapin.	0,040	25
Chat.	0,040	25
Hérisson. . .	0,066	41
Cochon-d'Inde.	0,083	50
Surmulot. . .	0,166	100
Souris grise ou blanche.	0,080	50
Cheval. . . .	0,055	34
Ane.	0,060	37
Taureau. . .	0,058	36
Bouc.	0,040	25
Bélier.	0,040	25
Moineau. . .	0,083	50
Coq.	0,045	28
Canard. . . .	0,052	20
Pigeon. . . .	0,054	34
Vipère. . . .	0,066	41
Couleuvre de Razomowsky.	0,100	62
Orvet.	0,066	41
Crapaud accoucheur. . .	0,030	18

Grenouille..	0,026.	16
Salamandre à crête...	0,400.	250
Escargot (*H. pomatia*)...	0,833	520
Lymnée (*H. palustris*)...	0,611	581

Dans les observations qu'on vient de parcourir, nous avons cherché, par diverses considérations, à établir le vrai point de vue sous lequel doivent être envisagés les Animalcules spermatiques. Nous allons maintenant faire connaître les expériences tentées dans le but de saisir les phénomènes qui se passent à l'instant de la fécondation dans les Mammifères, les Oiseaux, les Poissons et les Batraciens. Dans ces derniers, on s'aperçoit, au premier coup-d'œil, que la grappe des ovaires renferme réellement des ovules très-différens. Les uns sont extrêmement petits, d'une couleur jaune-clair, et ne doivent être pondus qu'à des époques fort éloignées. Il en est d'autres qui se sont déjà colorés en brun et qui ont acquis un diamètre d'un tiers ou d'un quart de millimètre ; ce sont les ovules de la saison prochaine. Enfin la presque totalité de l'ovaire se trouve remplie par des œufs sphériques partagés, sous le rapport de la couleur, en deux hémisphères égaux, l'un brun clair et l'autre d'un beau jaune. Ils ont un millimètre et demi ou deux millimètres de diamètre ; et si on les considère avec attention, on observe d'abord qu'ils sont composés de deux sacs membraneux concentriques, l'un intérieur rempli de cette bouillie opaque, colorée, qui caractérise l'œuf, l'autre extérieur, très-mince, fort transparent et appliqué sur le précédent d'une manière si intime qu'on ne peut les bien distinguer qu'après la destruction ou le déchirement de l'ovule. On remarque ensuite qu'il existe au centre de l'hémisphère brun une tache circulaire, très-régulière, jaune et marquée d'un point fort opaque dans son milieu. Celui-ci provient

d'un petit trou dont les deux membranes sont percées, ce qui met à découvert la bouillie brune que renferme l'ovule. Pour s'en assurer, il suffit de vider l'œuf et d'examiner à la loupe les membranes transparentes qui sont restées intactes dans toutes leurs parties, sauf l'endroit qu'on a piqué pour faire évacuer la pulpe qu'elles contenaient. Tel est l'état des organes à l'époque des amours. Les œufs sont prêts à sortir des ovaires, les trompes ont accumulé le mucus qui doit les recouvrir, il ne manque plus qu'une circonstance pour déterminer ces organes à se mettre en jeu. Il est bon de faire observer que bien souvent la femelle se débarrasse toute seule de ce poids incommode qui gêne tous ses mouvemens et qui distend d'ailleurs son abdomen de manière à rendre la respiration très-difficile. Bien entendu qu'alors les œufs restent complétement stériles et pourrissent au bout de quelques jours. Mais cette observation, qui se présente assez fréquemment, nous indique la cause prochaine de la ponte. Lorsque la femelle, au lieu d'être isolée, se trouve avec des mâles de son espèce, l'accouplement ne tarde pas à avoir lieu. L'un d'eux se place sur son dos, la saisit sous l'aisselle avec ses pates antérieures et se cramponne fortement au moyen des callosités qu'on remarque à la base des pouces de tous les mâles. Il la serre avec une force incroyable et reste dans cette position pendant plusieurs jours. Il est très-probable que la femelle éprouve alors un surcroît de gêne auquel se joint aussi sans doute l'excitation naturelle des organes générateurs. Ces deux causes réunies amènent le déchirement progressif des petits sacs de l'ovaire, et les ovules qui se détachent sont saisis par les trompes, amenés un à un dans la partie qui doit les recouvrir de mucus, puis enfin déposés à la base de ces organes dans les dilatations qui s'y observent. La couche de mucosité est régulièrement distribuée à leur surface, et elle a un millimètre d'épaisseur. Lorsque cette opération est terminée, l'accouchement commence, les œufs sortent de leur réservoir et sont évacués par l'anus peu à peu, et c'est alors seulement que le mâle répand sa liqueur séminale dont il les arrose à mesure. Toutes ces conditions sont donc parfaitement nettes et distinctes, et le phénomène se divise en deux parties bien caractérisées : la chute des ovules et leur arrivée dans la dilatation des trompes ; leur expulsion hors du corps de la femelle qui coïncide avec la fécondation. Nous avons vu que la femelle pouvait, sans le concours du mâle, reproduire tous ces actes, mais, dans ce cas, les œufs qu'elle pond se gâtent au bout de quelques jours.

Les expériences par lesquelles nous avons cherché à établir les conditions de la fécondation sont nombreuses, et la plupart ont été répétées jusqu'à huit ou dix fois. Il devient important d'en rapporter quelques-unes : d'abord nous avons séparé deux Grenouilles accouplées. Les œufs étaient rassemblés dans les trompes, et prêts à sortir. On en a mis une partie dans de l'eau pure pour observer les changemens qu'ils y éprouveraient. Le premier phénomène qui s'est offert à nous consiste en une absorption d'eau que le mucus opère et de laquelle résulte un gonflement considérable de cette portion de l'œuf. Il est probable que celui-ci se trouve lui-même dans des conditions analogues, mais nous sommes forcés d'avouer qu'il ne nous a pas été possible de percevoir aucune altération dans son diamètre. Voici la table des dimensions de l'œuf enveloppé de sa couche de mucus, prise d'après une moyenne de vingt mesures.

Midi. A leur sortie de l'ovaire, on les plonge dans l'eau. 2^{mm}, 5

1 h. 30'	5, »
2 h. 30'	6, 5
3 h. 30'	7, 1
4 h. 30'	7, 2
5 h. 30'	7, 1
6 h. 30'	7, 3

Il suit de-là qu'au bout de quatre heures d'immersion, l'absorption était complète et que le mucus était saturé d'eau. Depuis ce moment, l'œuf n'a plus offert de changement de cette espèce, et pendant quelques jours on n'a pu reconnaître aucune altération dans ses diverses parties. Mais alors le mucus a commencé à perdre de sa consistance, et les matières renfermées dans l'œuf ont paru subir une décomposition chimique. On voyait d'abord paraître des taches blanchâtres sur la membrane d'enveloppe, la bouillie colorée que celle-ci renferme disparaissait ensuite à sa partie supérieure où elle était remplacée par un liquide transparent et par quelques bulles gazeuses. Enfin la presque totalité de cette matière éprouvait une altération analogue, et au bout de quinze à vingt jours, il en restait à peine quelques flocons suspendus dans le liquide clair qui l'avait remplacée. Il est probable que ce sont ces divers phénomènes qui, par une observation trop superficielle, ont fait croire que l'œuf des Grenouilles pouvait acquérir un commencement de développement, même dans le cas où il n'avait pas été soumis à l'influence du liquide fécondateur. La putréfaction était perceptible à l'odorat au bout de quinze jours, quoique l'on eût eu le soin de changer l'eau qui baignait les œufs deux fois par jour.

Nous avons répété la même expérience sur une autre portion des œufs que nous avions trouvés dans cette femelle, et nous en choisissons l'histoire de préférence, parce qu'elles ont été strictement comparatives. Dans ce cas, au lieu d'employer de l'eau pure, nous avons fait usage d'une liqueur qui renfermait le suc exprimé des deux testicules du mâle. Mais avant de décrire les phénomènes que nous avons observés, nous rappellerons qu'au centre de la partie brune de l'œuf, il existe, ainsi que nous l'avons déjà dit, une tache jaune circulaire. Après la ponte ou la chute dans les trompes, cette tache semble différer un peu de l'état sous lequel elle se présente lorsque l'œuf est encore dans l'ovaire. En effet, la ligne qui en dessine le contour, au lieu d'être nettement circulaire, se trouve découpée irrégulièrement, comme frangée et d'un aspect très-nuageux. A l'intérieur de celle-ci, on remarque un autre cercle concentrique plus net et surtout plus régulier. Son centre est occupé par un point coloré dont nous avons fait connaître la cause. Nous insistons sur ces détails, et l'on en verra bientôt la raison. Cette partie n'est autre chose que la cicatricule, et doit servir de siége au développement du fœtus. En comparant avec soin les œufs que nous avions plongés dans l'eau pure et ceux qui avaient été mis en rapport avec le liquide exprimé des testicules, il nous a été d'abord impossible d'y reconnaître aucune différence ; mais au bout de trois quarts d'heure ou une heure, ces derniers ont commencé à s'en distinguer par un petit sillon qui part de la cicatricule ou d'un point très-rapproché d'elle, et se dirige vers la circonférence de l'hémisphère brun, comme le ferait le rayon d'un cercle. A peine s'est-il manifesté, qu'il se prolonge également vers la partie opposée, et dans peu de minutes on le voit couper l'hémisphère en forme de diamètre. Bientôt il se continue à ses deux extrémités et attaque la partie inférieure jaune de l'œuf, mais il ne tarde pas à s'arrêter. Cette ligne, qui d'abord ne se dessinait à la surface de l'œuf que par une très-légère dépression, se creuse avec une inconcevable rapidité, et détermine la formation d'un nombre considérable de petites rides parallèles entre elles et perpendiculaires à sa propre direction, qui prennent naissance dans le sillon qu'elle produit. Celui-ci devient toujours plus profond et l'œuf se trouve bientôt divisé en deux segmens très-prononcés. A peine cette forme s'est-elle bien déterminée, qu'on voit les rides s'effacer pour la plupart, excepté toutefois deux d'entre elles situées à peu près vers le milieu du premier sillon, et par conséquent sur la cica-

tricule ou dans son voisinage. Celles-ci, dans un espace de temps très-court, deviennent plus profondes, plus marquées, se dirigent vers l'hémisphère jaune qu'elles ne tardent pas à atteindre. La portion brune se trouve alors coupée en quatre segmens égaux par ces deux lignes qui dessinent une croix sur sa surface. Bientôt la dernière devient tellement semblable à l'autre, qu'il serait impossible de les distinguer. Il se manifeste alors une nouvelle ligne, mais celle-ci passe à peu près sur la limite qui sépare les deux hémisphères brun et jaune, et coupe l'œuf circulairement comme une espèce d'équateur. Elle réunit ainsi les extrémités des précédentes, mais ce nouvel arrangement n'est pas plus stable que les autres, et à peine est-il achevé, que de tous côtés il se passe de nouveaux phénomènes. L'hémisphère brun était partagé en quatre portions égales ; chacune d'elles se divise en deux au moyen de nouvelles dépressions parallèles au sillon qui s'était montré le premier. L'hémisphère jaune encore intact se trouve bientôt envahi par les lignes primitives qui se prolongent rapidement et se rencontrent bientôt de manière à reproduire sur cette surface la forme que nous avons observée dans l'autre. Au même instant deux nouveaux sillons parallèles à celui qui s'était montré le second sur la partie brune viennent se dessiner sur elle d'abord sous la forme d'une trace légère, et bientôt ils atteignent une profondeur analogue à celle de leurs prédécesseurs. Cet hémisphère se trouve alors divisé en seize parties égales ou à peu près. La portion jaune continue à suivre la même série de changemens de forme, mais elle se trouve toujours devancée par l'autre qu'elle se borne pour ainsi dire à copier. A dater de cette époque, il se développe une quantité considérable de lignes qui apparaissent presque toutes à la fois ; les unes partent du premier sillon et courent parallèlement au second, les autres prennent naissance dans celui-ci et se dirigent dans le même sens que le premier, enfin il en est plusieurs qui, sous forme de rayons, parcourent l'hémisphère du centre à la circonférence. Dès-lors la partie brune de l'œuf se trouve divisée en un certain nombre de granulations analogues à celles d'une framboise et dans lesquelles on ne pourrait reconnaître rien de régulier, si l'on n'avait suivi soigneusement toutes les circonstances de leur production. On en compte d'abord trente ou quarante, mais au bout de deux heures, elles se sont elles-mêmes sous-divisées, et leur nombre s'élève à plus de quatre-vingts. La fécondation avait été opérée à deux heures après midi, il était neuf heures du soir, et tous ces singuliers accidens avaient eu lieu d'une manière uniforme, continue, et sans qu'il fût possible de saisir un intervalle de repos. Les œufs se trouvaient alors gonflés complétement, et ils avaient atteint le même diamètre que ceux dont nous avons donné la mesure dans l'observation précédente. Afin d'être bien assurés de ne perdre aucune des modifications qui pourraient survenir dorénavant, nous avons suivi ces œufs d'heure en heure pendant trois jours et trois nuits, en les éclairant au moyen d'une loupe qui concentrait la lumière d'une lampe, lorsque nous étions privés de soleil. A l'œil nu l'on peut aisément reconnaître et suivre toutes les lignes que nous venons de décrire, mais on les distingue mieux lorsqu'on s'arme d'une loupe faible et pure. A minuit, la division des granulations était encore plus avancée et l'on ne pouvait pas les compter. L'hémisphère jaune se trouvait précisément au point où nous avions vu, vers dix heures, la partie brune elle-même. A deux heures du matin, la surface de l'œuf n'offrait qu'un aspect chagriné, et les petits sillons qui lui donnaient cette apparence semblaient s'effacer progressivement. A quatre heures ils s'étaient presque entièrement oblitérés, et l'on n'en retrouvait les traces que dans une multitude de petites lignes

sinueuses, courtes et irrégulières, qui n'avaient pas le moindre rapport avec les formes précédentes. Enfin, à six heures, celles-ci s'étaient également effacées et l'œuf avait repris son apparence ordinaire; mais en l'examinant à la loupe, on le trouvait marqueté d'une foule de petits points noirs qu'on n'aurait pu distinguer à l'œil nu et qui n'ont pas tardé à disparaître à leur tour à mesure que les changemens subséquens se sont effectués. La cicatricule que nous avions perdue au travers de tous ces bouleversemens reparaissait alors avec sa forme primitive, mais elle n'avait pas la même netteté. Elle consistait, pour ainsi dire, en une simple tache jaune circulaire, de laquelle partait une petite ligne brune qui passait par son axe. Cette ligne n'est autre que le rudiment de la moelle épinière autour duquel vont se développer tous les organes de l'Animal futur, ainsi qu'on peut aisément s'en convaincre, en suivant leur évolution pendant le troisième et le quatrième jours. Mais il serait difficile de décrire ces phénomènes sans entrer dans des détails que la nature de cet ouvrage nous interdit. Le cinquième jour toute l'organisation se trouve encore plus avancée, et l'Animal est devenu susceptible de mouvemens spontanés. Ce serait sortir de notre sujet que de le suivre plus loin.

On a pris deux testicules qu'on a brisés et délayés dans dix grammes d'eau pure. Cette liqueur a été divisée en cinq parties qu'on a employées de la manière suivante :

Poids des œufs.	Poids de la liqueur.	Eau ajoutée.	Rapport des œufs développés, à ceux qui ont péri.
2 gram.	2 gram	0 gram.	1 : 8
Id.	Id.	2	1 : 5
Id.	Id.	4	1 : 2
Id.	Id.	6	2 : 2,5
Id.	Id.	8	2 : 1

Ce tableau montre suffisamment qu'il est indispensable de délayer la liqueur fécondante dans une certaine quantité de véhicule si l'on veut lui faire produire son plus grand effet. Mais il ne nous apprend pas dans quelles circonstances la fécondation s'opère complétement ou à peu près comme nous le voyons dans l'acte de l'accouplement. Nous avons donc essayé d'augmenter encore la proportion du véhicule, en conservant d'ailleurs les conditions énoncées ci-dessus.

Poids des œufs.	Poids de la liqueur.	Eau ajoutée.	Rapport des œufs développés, à ceux qui ont péri.
2 gram.	2 gram.	12 gram.	6 : 1
Id.	Id.	18	9 : 1
Id.	Id.	24	10 : 1
Id.	Id.	48	10 : 1
Id.	Id.	96	10 : 1

Ces expériences montrent que la quantité de véhicule doit être en poids douze fois plus considérable que celle des œufs sortant de la trompe, elles établissent encore que cette proportion peut aller jusqu'à cinquante fois ce poids sans qu'on éprouve une diminution notable dans le nombre des fécondations. Nous observerons ici que les œufs fécondés naturellement suivent à peu près la même proportion, et qu'on en trouve toujours huit, dix ou douze pour cent qui restent stationnaires, soit qu'ils n'aient pas été fécondés, soit qu'ils aient subi quelque altération organique.

Nous avons vu que le mucus absorbait la liqueur dans laquelle il était plongé; nous avons même pu nous convaincre de l'importance de cette fonction relativement au phénomène de la fécondation. Il était nécessaire d'entrer plus avant dans les particularités de cette action, et de voir si la liqueur fécondante était absorbée en totalité, ou bien si le mucus refusant le passage aux particules solides qu'elle renferme ne s'appropriait que sa partie aqueuse seulement. Du sang mêlé à l'eau pure en proportion convenable pour lui donner une teinte rouge intense,

nous a servi dans un second essai. Le mucus s'est gonflé comme à l'ordinaire, mais il a pris une couleur rouge très-vive, et l'on n'a pu la lui enlever par des ablutions répétées d'eau pure, et même par un long séjour dans ce liquide. On y distinguait au microscope beaucoup de fragmens de matière colorante, mais nous n'avons pu y découvrir un seul globule de sang entier. Ce résultat ne doit pas surprendre lorsqu'on se rappelle la grosseur considérable des globules du sang de Grenouille dont nous avions fait usage.

La facilité avec laquelle nous avions obtenu ce résultat nous fit espérer que nous n'aurions pas trop de peine à réussir avec la liqueur fécondante elle-même. Nous avons donc répété sur des œufs de Grenouille l'opération que nous venons de décrire en faisant usage d'eau spermatisée, et nous avons trouvé de même le mucus pénétré à l'intérieur d'Animalcules vivans. Ils s'agitaient dans cette situation, mais ne pouvaient changer de place, à cause sans doute de la résistance que leur offrait la matière muqueuse.

Il était néanmoins possible, quoique les expériences précédentes parussent nous démontrer le contraire, il était possible que l'œuf saturé d'eau fût susceptible d'être fécondé. Pour éclaircir ce point de vue, nous avons fait les épreuves suivantes : nous avons pris des œufs que nous avons fait séjourner dans l'eau pure pendant des temps déterminés, et que nous avons plongés ensuite dans la liqueur fécondante. Voici nos résultats :

OEufs fécondés en sortant de l'ovaire, 25 féc. 3 inf. 8 : 1
Id. Après un séj. de 1 h. dans l'eau, 17 Id. 19 Id. 1 : 1
Id. Après un séjour de 2 heures, 7 Id. 23 Id. 1 : 3
Id. Après un séjour de 3 heures, 2 Id. 33 Id. 1 : 16
Id. Après un séjour de 4 heures, 0 Id. 47 Id. 0 : 47

Ces résultats nous montraient avec

évidence la diminution progressive que nos œufs avaient éprouvée dans leur aptitude à la fécondation, par leur séjour dans l'eau pure; mais pour la mettre à l'abri de toute objection, nous avions senti d'avance la nécessité d'établir par expérience la durée de cette faculté dans les œufs que l'on sépare du corps des femelles. Une partie de ceux que nous avions extraits dans les recherches ci-dessus a été mise dans une capsule qu'on plaça dans un appartement à 12°, sous une cloche dont on mouillait de temps en temps les parois intérieures à l'effet de prévenir la dessiccation des œufs. Nous avons vu qu'en sortant de l'ovaire, ils avaient été fécondés dans le rapport de 8 à 1.

Après 12 h.,	29 féc.	2 inf.	14 : 1
24	27 *Id.*	3 *Id.*	9 : 1
36	6 *Id.*	21 *Id.*	1 : 3,5
48	0 *Id.*	17 *Id.*	0 : 17

Ces faits suffisent pour lever tous les scrupules qu'on aurait pu conserver sur les véritables conséquences de nos résultats précédens, en nous prouvant que la durée de l'aptitude à la fécondation dépasse de beaucoup le temps pendant lequel nous avions maintenu nos œufs dans l'eau pure.

Les faits que nous venons de parcourir suffisent pour démontrer jusqu'à l'évidence la nécessité du contact matériel entre les œufs et la liqueur prolifique, pour qu'il en résulte une fécondation; cependant nous avons dû chercher à nous convaincre par des preuves plus positives encore. Spallanzani, dans ses expérienses, cite un cas par lequel il établit assez clairement l'inefficacité de la vapeur spermatique pour produire la fécondation. Il prend deux verres de montre susceptibles de s'adapter l'un sur l'autre, place dans l'intérieur dix à douze grains de semence, et fixe dans la cavité de l'autre une vingtaine d'œufs. Au bout de quelques heures la liqueur a subi une évaporation sensible, et les œufs se trouvent hu-

mectés, mais ils restent entièrement inféconds, quoique le résidu de la semence soit encore très-propre à vivifier d'autres œufs. On sent qu'il se présente ici une objection assez grave qui se déduit de nos expériences précédentes. On a vu que la fécondation n'était bien assurée que lorsque la liqueur qu'on voulait essayer suffisait pour gonfler le mucus jusqu'à son entière saturation. Guidés par cette donnée essentielle, nous avons repris cette recherche sous une autre forme. En opérant avec soin et sur des quantités plus considérables, les résultats montrent que la liqueur retirée par la distillation de la semence à de basses températures, est entièrement inhabile à la fécondation, tandis que le résidu conserve encore ses propriétés sous les mêmes circonstances. Ils prouvent aussi que les œufs ou la liqueur spermatique subissent peu ou point d'altération lorsqu'ils sont placés dans un air humide, quoiqu'il soit raréfié d'une quantité correspondante à une demi-pression. Si l'on poussait l'exhaustion plus loin, il surviendrait peut-être des accidens.

Nous avons vu plus haut la marche décroissante qu'éprouvent les œufs relativement à leur aptitude à la fécondation, lorsqu'on les conserve hors de l'ovaire pendant un certain temps. Il convient de rapporter ici les tentatives analogues qui nous ont servi à fixer la durée du pouvoir fécondateur dans la semence. On a préparé cinquante grammes de liqueur prolifique de la même manière que dans l'expérience précédente, et on en a fait cinq parties égales. Chacune d'elles, mise en contact avec quinze œufs, a fourni les résultats ci-dessous :

Après 0 h.,	12 féc.	3 stér.	4 : 1
12	10	5	2 : 1
18	9	6	3 : 2
24	4	11	1 : 3
36	0	15	0 : 15

La température de l'appartement varia de 18 à 22° centigrades. La liqueur des trois premières expériences fourmillait d'Animalcules très-agités ; celle de la quatrième en conservait encore quelques-uns ; enfin , dans la dernière ils étaient tous privés de mouvement spontané.

Mais on pourrait penser avec raison que l'altération de la semence tenait encore à d'autres causes, et que le temps nécessaire pour amener la mort des Animalcules serait bien suffisant pour décomposer tout autre principe fécondateur dont on supposerait l'existence dans la liqueur. C'est dans le but de nous éclairer sur ce point que nous avons examiné les divers moyens propres à tuer les Animalcules ou à les séparer de la semence. Il est aisé de les priver de vie, comme nous l'avons vu dans le précédent mémoire, mais la plupart des agens qui amènent leur mort sont trop violens pour être de nature à servir dans de telles recherches. Les Acides, par exemple , qui tuent si vite les Animalcules, sont également funestes aux œufs, en sorte qu'on ne pourrait tirer aucune conclusion de leur emploi. Il fallait donc trouver un principe assez puissant pour détruire leur faculté locomotrice et en même temps assez transitif pour que le liquide ne changeât pas de nature après en avoir éprouvé l'effet. Nous avons vu que l'étincelle d'une bouteille de Leyde remplissait toutes ces conditions lorsqu'elle était forcée de passer au travers du liquide. On a préparé vingt grammes de liqueur prolifique; on en a prélevé la moitié qu'on a placée à part ; le reste a reçu six explosions électriques dans l'appareil dont nous avons déjà donné la description , et nous avons cessé lorsque nous avons vu que tous les Animalcules étaient bien privés de vie. Pour s'en assurer , on examinait quelques gouttes du liquide au microscope avec le plus grand soin. On a mis alors cette liqueur et celle qu'on avait réservée , chacune en contact avec quinze œufs dans des vases séparés ; la première n'avait produit aucune fécondation ; la seconde a

fourni quatorze têtards. On a répété trois fois l'expérience avec un résultat semblable.

Toutes ces recherches étaient bien favorables à l'opinion qui place le principe prolifique dans les Animalcules spermatiques ; nous avions bien vu aussi que lorsque la semence avait été doucement évaporée à siccité , puis délayée avec précaution dans l'eau, on n'obtenait point de fécondation , mais nous étions persuadés qu'il était facile d'imaginer des objections et d'en expliquer les résultats d'après d'autres vues. Nous avons repris alors les tentatives que nous avions précédemment faites , et qui semblaient propres à fournir des données plus concluantes dans un sens ou dans l'autre.

Lorsqu'on filtre la liqueur prolifique composée en délayant la matière des vésicules séminales dans l'eau , on ne parvient pas à séparer la totalité des Animalcules qu'elle renferme, bien que leur nombre diminue sensiblement. Nous avons essayé diverses méthodes ; d'abord en la filtrant au travers d'une couche de verre très-fin, et nous n'avons pas été plus heureux. Alors on a pris des filtres sur lesquels on avait rassemblé un dépôt assez épais de Silice précipitée récemment , et lavée avec beaucoup de soin. Il est probable que ce moyen eût réussi, mais nous avons abandonné cette idée, nous étant aperçus qu'il suffisait de multiplier les filtres pour parvenir au résultat que nous avions en vue. En effet la liqueur qui passe au travers d'un seul filtre contient beaucoup d'Animalcules, mais si l'on en combine deux, elle en renferme bien moins ; ils deviennent très-rares lorsqu'on en met trois ensemble, et l'on n'en retrouve plus dès qu'on en emploie quatre à la fois. Cette donnée suffisait; cinq filtres emboîtés l'un dans l'autre ont été lavés avec de l'eau distillée pendant plusieurs jours ; on a attendu qu'ils fussent vides, et on a préparé cent grammes de liqueur fécondante avec douze testicules et autant de vésicules séminales. Celle-ci a été jetée sur le filtre, et l'on a eu soin d'y verser de nouveau les premières portions qui se sont écoulées ; enfin on en a recueilli dix grammes dans l'espace d'une heure, et on les a reçus au fond d'un vase très propre. Nous avons cherché à y découvrir des Animalcules, mais tous nos soins ont été inutiles. Alors cette portion a été mise en contact avec quinze œufs d'un côté, et la liqueur restée sur le filtre a été versée sur une masse d'œufs très-considérable de l'autre. Ces derniers, au nombre de plusieurs centaines , ont été fécondés comme à l'ordinaire ; les autres se sont tous gâtés au bout de quelques jours. L'expérience a été répétée deux fois avec le même succès, et nous avons par la suite vu avec étonnement qu'elle avait eu le même résultat entre les mains de Spallanzani. Il l'a consignée dans son ouvrage comme une note de peu d'importance, ce qui nous avait empêchés de la remarquer auparavant. Si nous l'eussions connue, elle nous aurait épargné beaucoup d'inutiles essais. L'expérience de Spallanzani est très-importante en ce qu'il a remarqué que les naissances diminuaient avec le nombre des filtres employés , et qu'enfin elles devenaient entièrement nulles quoique la liqueur exprimée des papiers conservât les propriétés fécondantes. Ces données précieuses sont en rapport avec ce que nous avons vu du nombre décroissant des Animalcules sous les mêmes circonstances, et ne peuvent plus laisser de doute sur leur rôle actif dans l'acte de la Génération. Après avoir constaté d'une manière aussi satisfaisante la nécessité des Animalcules relativement aux fécondations artificielles, on a dû chercher s'il était possible d'évaluer le nombre des œufs qu'on peut féconder avec une quantité connue de ces singuliers êtres. Ces expériences demandaient de la délicatesse et du soin ; nous

avons lieu d'espérer que l'habitude d'en exécuter de ce genre nous a permis de surmonter les difficultés qu'elles présentent. Chacun pourra d'ailleurs former son jugement sur ce point en parcourant les détails dans lesquels nous allons entrer.

On a pris un mâle accouplé. Ses vésicules séminales , gorgées de semence , ont été délayées dans quinze grammes d'eau. Le mélange étant bien opéré , la liqueur a été jetée sur une gaze claire pour la débarrasser des débris qui eussent pu tromper l'œil. On en a placé alors une gouttelette sur un micromètre divisé en carrés. Elle en occupait soixante, et les Animalcules jouissaient tous d'un mouvement très-vif. On a compté ceux qui se trouvaient dans plusieurs carrés , et on a eu pour résultat.

$$6, 7, 6, 7, 5, 5, 5, 6, 5, 8, 5, 5, 7, 6, = \tfrac{84}{14} = 6.$$

pour chacun des carrés. On a plongé de suite le micromètre dans quarante grammes d'eau pure pesée d'avance, et après avoir agité doucement le liquide avec une baguette jusqu'à ce que le mélange parût complet, on l'a partagé en fractions de cinq grammes. Il est aisé de voir qu'elles devaient contenir $\frac{6 \times 60}{8} = 45$ Animalcules chacune. On les a mises alors séparément en contact avec un certain nombre d'œufs , et la table suivante indique les résultats obtenus :

Eau ajoutée aux cinq gram. de liq. fécond.	Nombre des œufs employés.	Id. fécond.	Id. stéril.
5 gram.	10	8	2
10	20	12	8
20	40	17	23
30	60	15	45
40	80	12	68
40	80	7	75
40	80	10	70
40	80	17	63
Total pour ces 5 expériences.	380	61	319

En comparant les résultats des cinq dernières expériences, on trouve que deux cent vingt-cinq Animalcules n'ont fécondé que soixante-un œufs sur trois cent quatre-vingts. Il est donc bien prouvé que le nombre des œufs fécondés est de beaucoup inférieur à celui des Animalcules existans dans la liqueur prolifique. Cela paraîtra plus positif encore, lorsque nous ajouterons qu'après avoir répété l'expérience à plusieurs reprises, nous avons toujours trouvé des nombres inférieurs à ceux que nous venons de citer. Mais nous donnons la préférence à ce tableau, parce qu'il a été fait sur des quantités plus considérables que les autres.

Des expériences qui viennent d'être rapportées nous conclurons : 1° que les œufs pris dans la dilatation de l'oviducte éprouvent, à l'instant de leur immersion dans l'eau, une imbibition qui gonfle le mucus dont ils sont entourés. Si le liquide qu'on emploie renferme du sang, la matière colorante pénètre sans difficulté toutes les enveloppes. S'il contient des Animalcules spermatiques, ceux-ci ne sont point arrêtés à la surface, et parviennent jusqu'à l'ovule lui-même, sans perdre leur mouvement spontané.

2°. Que gonflés d'eau pure, les œufs ne tardent pas à se décomposer; mais lorsque celle-ci se trouve mélangée de semence, ils éprouvent des phénomènes de plissement fort singuliers; et qu'au bout de quelques heures, on distingue dans la région de la cicatricule un corps linéaire, renflé à sa partie antérieure. C'est le rudiment de la moelle épinière, autour de laquelle on voit s'opérer l'évolution de tous les organes.

3°. Que la liqueur spermatique a besoin d'être étendue d'eau dans certaines proportions pour jouir de tout son effet. Concentrée et pure, son action est moins assurée; trop délayée, elle s'affaiblit et finit par disparaître. Il en est de même si on l'évapore doucement à siccité, sans employer la chaleur. Quoiqu'on la dissolve de nouveau dans l'eau, elle ne reprend plus son pouvoir.

4°. Que l'œuf saturé d'eau n'est plus apte à la fécondation, et que la diminution de cette faculté paraît proportionnelle au séjour qu'il a fait dans ce liquide.

5°. Qu'après l'extraction du corps de l'Animal, les œufs perdent progressivement leur état normal; mais que ce genre d'altération n'est pas sensible avant la vingt-quatrième heure, à une température de 12° ou 15° C.

6°. Que la semence subit elle-même des modifications analogues; et qu'à mesure que les Animalcules meurent, elle devient inerte. L'effet total a lieu vers la trentième heure de la préparation, il commence à se faire sentir déjà au bout de dix ou douze heures.

7°. Qu'en distillant à de basses températures la liqueur fécondante, on voit la partie qui s'est réduite en vapeur rester tout-à-fait inerte, tandis que le résidu conserve toutes les propriétés du sperme.

8°. Que l'explosion d'une bouteille de Leyde tue les Animalcules, et détruit la faculté prolifique de la liqueur qui les renferme.

9°. Qu'un filtre suffisamment redoublé, arrête tous les Animalcules. La liqueur qu'il laisse écouler n'est pas propre à vivifier les œufs; celle qu'il conserve, produit au contraire les résultats particuliers au fluide séminal.

10°. Que le nombre des œufs fécondés est toujours inférieur à la quantité d'Animalcules qu'on emploie; et que si l'on compare les expériences les plus étonnantes de Spallanzani, avec la valeur qui exprime le nombre des Animalcules qui se trouvent dans une liqueur fécondante déjà très-délayée, on demeure convaincu que leur résultat n'a rien d'exagéré.

11°. Qu'enfin, la fécondation des œufs ne peut avoir lieu, tant qu'ils sont encore dans l'ovaire. Nous insistons sur ce résultat, à cause de ses conséquences, relativement à la classe des Mammifères.

Si l'on poursuit maintenant l'étude de la Génération dans les autres classes des Animaux vertébrés, l'on retrouvera des phénomènes analogues à ceux que les Batraciens ont présentés, avec des différences cependant qu'on peut regarder comme spécifiques et qui n'atteignent pas le point fondamental de l'acte. En effet, dans les Mammifères, la fécondation n'a point lieu dans l'ovaire, puisqu'à aucune époque on ne rencontre les Animalcules spermatiques dans la poche qui renferme cet organe d'après les observations précédentes. En admettant ce premier résultat, il est aisé de voir que le moment de la fécondation est de beaucoup postérieur à celui de l'accouplement. Car alors l'œuf n'est réellement fécondé que lorsqu'il parvient dans la trompe ou la corne, et qu'il se trouve en contact avec la liqueur séminale. Les capsules de l'ovaire s'ouvrent, les ovules qu'elles renfermaient sont mis en liberté, ils sont reçus par le pavillon et amenés dans les cornes. Pour chaque ovule, ces divers mouvemens doivent avoir lieu dans un temps fort court ; mais il n'en est pas de même lorsqu'il est question d'ovules différens ; car il paraît, d'après les observations de De Graaf et les nôtres, que, dans le Lapin et le Chien, il faut deux jours au moins pour que tous les œufs d'une portée se détachent des ovaires. Les ovaires d'une femelle en folie ne diffèrent de l'état naturel que par une circulation plus abondante. Les œufs possèdent un volume peu considérable, et tel qu'on l'observe sur des Animaux qui ne sont pas disposés à s'accoupler. Il n'en est pas de même après la copulation. Quelques œufs prennent alors un accroissement rapide, et l'on voit leur diamètre devenir en quelques jours trois ou quatre fois plus considérable. Enfin le tissu de l'ovaire se déchire, et l'on trouve à la place occupée par chaque œuf une cavité remplie de sérosité albumineuse. La fente se cicatrise avec rapidité, la cavité s'oblitère, et le tissu voisin devient le siége d'un

dépôt muqueux, jaunâtre, qui sert à reconnaître les corps jaunes. Les ovules qu'on rencontre dans les cornes sont remarquables par leur petitesse. Ils ont, en effet, un ou deux millimètres de diamètre au plus, tandis que les vésicules de cet organe en possèdent un de sept ou huit millimètres au moins. Ce sont donc deux choses qu'il ne faut pas confondre, et très-probablement les vésicules et les œufs de l'ovaire contiennent dans leur intérieur les petits ovules des cornes qui s'y trouvent environnés d'un liquide destiné peut-être à faciliter leur arrivée dans l'utérus. Il nous est arrivé deux fois, en ouvrant des vésicules très-avancées, de rencontrer dans leur intérieur un petit corps sphérique d'un millimètre de diamètre. Mais il différait des ovules que nous observions dans les cornes par sa transparence qui était beaucoup moindre. Il serait donc nécessaire de rechercher avec soin quel est le rapport qui existe entre les vésicules de l'ovaire et les ovules des cornes. Cela paraîtra plus important encore, si l'on réfléchit à l'influence singulière que cette circonstance inaperçue a toujours exercée dans les travaux relatifs à la Génération des Mammifères. On a dit et répété mille fois que ce phénomène offrait un mystère inextricable. Il l'aurait toujours été sans doute, si l'on s'était obstiné à chercher le lendemain de l'accouplement des œufs dans l'utérus, tandis que l'ovaire n'en avait point encore fourni. Enfin, quelques jours plus tard, à l'époque où les ovules se trouvent déjà dans les cornes, on en aurait toujours perdu l'observation, si l'on avait cru les trouver égaux en volume à ceux que l'on apercevait dans l'ovaire. Pour éviter dorénavant cette confusion d'idées qui a tant influé sur les recherches anatomiques, nous désirerions qu'on donnât le nom de *vésicules* aux corps particuliers renfermés dans l'ovaire, jusqu'à ce qu'on ait mieux étudié leur nature. On pourrait peut-être supposer que ces vésicules contiennent la liqueur séminale des femelles. Cela paraîtrait encore plus probable, si l'on accordait quelque confiance à l'observation faite par Buffon sur des ovaires de Chienne. Mais, en premier lieu, nous remarquerons que c'est dans les *corps jaunes* qu'il a cru reconnaître des êtres semblables à ceux que l'on trouve dans la liqueur spermatique du Chien. Nous avons examiné, sous ce rapport, un grand nombre de vésicules plus ou moins avancées, et la liqueur limpide qu'on en retire ne nous a jamais offert, non-seulement des Animalcules, mais même des globules, comme on en observe dans le plus grand nombre des fluides animaux. Il est donc évident que les femelles ne coopèrent pas à l'acte de la Génération au moyen d'une liqueur semblable à celle que les mâles fournissent. L'observation de Buffon, si elle était exacte, prouverait donc seulement que la semence du mâle pourrait parvenir jusqu'à l'ovaire. Mais, sous ce point de vue, nos résultats, constatés avec soin et répétés à plusieurs reprises, ne sont point d'accord avec le sien. Le liquide des corps jaunes ne nous a pas offert plus d'Animalcules que celui des vésicules. D'ailleurs la négligence avec laquelle la dissection fut pratiquée dans l'expérience citée par Buffon, laisse concevoir aisément la possibilité d'un mélange entre la liqueur des cornes et celle des corps jaunes.

Les ovules des cornes sont d'abord ellipsoïdes, ils grossissent ensuite et deviennent pyriformes, et à mesure qu'ils s'accroissent, ils montrent un prolongement à chacun de leurs bouts. Ils conservent cette troisième modification jusqu'à ce qu'il se produise de nouvelles membranes qui altèrent alors l'aspect général, mais l'œuf primitif peut encore se reconnaître à sa forme au bout d'un temps assez long. Dans le premier état, on ne peut encore y reconnaître le fœtus. Peut-être se trouve-t-il situé à l'intérieur de la tache blanche circulaire qui s'observe sur leur enveloppe. A la seconde période, on le voit tout de suite. Sa position est déterminée par celle d'une espèce d'aire subcordiforme dans l'intérieur de laquelle il se montre comme une ligne à peu près droite, plus opaque que la membrane qui l'environne. Cette ligne s'allonge, s'entoure de diverses productions membraneuses qui proviennent d'un plissement de la membrane propre de l'aire. Son extrémité antérieure marque la place des vésicules cérébrales, son bout postérieur se dilate pour produire le ventricule rhomboïdal, et, dans sa partie moyenne, elle occupe la position propre à la moelle épinière. La ligne primitive n'est donc autre chose que le rudiment du système nerveux. La plupart de ces résultats qui ont été obtenus avec beaucoup de difficultés sur des femelles de Chien et de Lapin se trouvent appuyés avec une rare netteté par d'anciennes observations faites sur les Marsupiaux. C'est à Geoffroy de Saint-Hilaire, qu'on est toujours sûr de rencontrer quand on attaque les questions élevées de la philosophie naturelle, c'est à ce profond anatomiste qu'était réservé le soin d'en apprécier l'importance. Il a saisi l'occasion de les rappeler aux amis de la science en écrivant l'article Marsupiaux du Dictionnaire des Sciences naturelles, et il a donné en même temps sa théorie de la Génération. Les vues ingénieuses qu'il a publiées à ce sujet sont tout-à-fait en harmonie avec nos expériences relativement aux époques de l'existence fœtale. Quant à la manière dont il conçoit la fécondation, nous différons de lui dans l'expression, puisqu'il n'a pas pris en considération les Animalcules spermatiques; mais il est possible que le fond de nos idées soit tout-à-fait le même d'ailleurs.

Dans les Oiseaux, nous retrouverons les mêmes points de la doctrine fondamentale, avec quelques variations dans les détails. Les expériences ont été faites sur des œufs de Poule ou de Canard, et elles ont conduit aux résultats suivans. La cicatricule de l'œuf pris dans l'ovaire présente une tache blanche, circulaire, due à une membrane épaisse placée entre le vitellus et sa membrane d'enveloppe. Au centre de la cicatricule, on observe un point de couleur jaune, et d'après les observations récentes de notre excellent ami le docteur Prévost de Genève, celui-ci est dû à une petite vésicule transparente, entièrement semblable à celle qui se rencontre dans la corne des Mammifères, dès les premiers jours de l'accouplement. Si l'œuf se détache de l'ovaire et qu'il reçoive le contact de la liqueur fécondante dans l'oviductus, on retrouve toutes les formes que nous venons de décrire ; mais la membrane blanche de la cicatricule s'est dilatée et s'est frangée sur les bords ; d'un autre côté, la vésicule centrale porte sur sa surface externe une petite ligne facile à observer, et qu'on reconnaît aisément pour le rudiment de la moelle épinière, en suivant pendant vingt-quatre heures seulement le développement de l'œuf; car entre la vingtième et la vingt-quatrième, on voit apparaître sur ses côtés les premiers points vertébraux. Mais si l'œuf a été privé de l'influence fécondante, la cicatricule change tout-à-fait de forme et d'aspect. Son point central s'efface ; elle devient irrégulière et paraît criblée de petits trous. En la regardant au microscope, on voit qu'elle consiste alors en une membrane blanche opaque, plus épaisse au centre que vers ses bords, et percée de petites ouvertures qui lui donnent l'apparence d'une dentelle. D'ailleurs les Animalcules pénètrent dans l'organe femelle, à l'instant de l'accouplement; ils parviennent dans l'oviductus, où il est facile de les observer, mais n'arrivent jamais jusqu'à l'ovaire. Mais, chose remarquable, ces petits êtres qui, conservés à l'air ou dans des vases fermés, même à une température analogue à celle de l'Animal qui les fournit, ne tardent point à perdre leur mouvement spontané, le conservent au contraire dans l'oviducte

pendant quinze ou dix-huit jours. Ce fait important, observé par notre ami Prévost qui consacre si noblement ses loisirs aux progrès de la physiologie, nous fournit une explication simple des expériences rapportées par Dutrochet, et desquelles il résulte qu'une Poule reste propre à pondre des œufs féconds, vingt jours après l'accouplement.

C'est ici une sorte de diminutif du fait remarqué par Huber sur la reine Abeille, qui conserve pendant si long-temps la propriété de produire des œufs féconds, sans renouveler l'acte de l'accouplement ; phénomène mystérieux dont rien ne semblait annoncer une solution prochaine, lorsqu'un des collaborateurs de ce Dictionnaire est venu l'expliquer avec un rare bonheur par une observation fort simple. L'appareil génital femelle des Insectes se compose essentiellement de deux ovaires qui possèdent chacun un canal particulier pour la chute des œufs. Ces deux tubes se réunissent au sommet du vagin. Auprès de leur point de réunion se remarque une poche qui aboutit également dans le vagin par un canal particulier. Avant la découverte d'Audouin, tous les anatomistes avaient cru que le pénis du mâle se dirigeait droit dans le vagin et épanchait sa liqueur à la base des oviductes, d'où elle arrivait dans les ovaires. Il n'en est rien pourtant ; et le pénis vient au contraire s'engager dans cette poche latérale qui reçoit et conserve la liqueur fécondante sans en fournir aux ovaires. Les Animalcules s'y observent pleins de vie et doués d'un mouvement actif. De ce fait, il résulte comme conséquence évidente, que la fécondation n'a point lieu dans l'ovaire, qu'elle se produit au contraire au moment où les œufs qui en sortent, viennent passer au-devant de l'orifice de la poche que notre confrère nomme *copulatrice*, et pour laquelle nous proposerons le nom de *vésicule d'Audouin*. Il en résulte encore que si les Animalcules peuvent se conserver dans cette poche, la fécondation des œufs pourra se faire bien long-temps après l'acte même de l'accouplement. Ces diverses conséquences n'ont point échappé à la sagacité de l'investigateur, et son observation est un des faits les plus dignes de méditation que la science ait acquis depuis long-temps.

Ce qui se passe dans les Poissons, se rapproche tellement de ce que nous avons vu dans les Batraciens, que nous croyons peu nécessaire d'entrer ici dans de plus longs détails.

L'appareil mâle produit l'Animalcule spermatique. L'appareil femelle produit un ovule sur un point particulier duquel se trouve une lame membraneuse que Rolando désigne sous le nom de lame cellulo-vasculaire. Dans l'acte de l'accouplement, si les ovules sont sortis de l'ovaire, comme dans les Batraciens et les Poissons, l'Animalcule spermatique pénètre dans l'ovule et se greffe sur la membrane cellulo-vasculaire; si les œufs ne se détachent pas de l'ovaire avant ou pendant l'accouplement, mais après, les Animalcules sont reçus dans les cornes (Mammifères), dans l'oviductus (Oiseaux), dans une poche particulière (Insectes), et ils se greffent sur l'ovule à mesure que celui-ci, détaché de l'ovaire, vient traverser l'organe qui les renferme. Le développement du fœtus, observé avec soin, nous montre que l'Animalcule n'est autre chose que le rudiment du système nerveux, et que la lame membraneuse sur laquelle il s'implante fournit, par les diverses modifications qu'elle éprouve, tous les autres organes du fœtus. Ainsi se trouve expliquée l'influence particulière au mâle et à la femelle dans la procréation de l'être auquel ils donnent naissance, ainsi se trouvent expliquées toutes ces ressemblances héréditaires qui ont tant occupé les philosophes du siècle dernier. Tout physiologiste qui aura soigneusement étudié l'ouvrage si riche en aperçus heureux de Geoffroy Saint-Hilaire sur les monstruosités; ceux des anatomis-

tes allemands, de Rolando, et les belles observations de Serres, sur l'organogénésie, sera obligé de convenir que l'hypothèse de l'emboîtement est insoutenable aujourd'hui, et trouvera peut-être que celle que nous proposons satisfait aux conditions connues du problème.

Si l'on voulait remonter ensuite à la production de l'Animalcule spermatique lui-même, nous pensons qu'il faudrait la comparer à celle des Vers intestinaux et des Animalcules communément appelés Infusoires. Quant aux premiers, on sait qu'en thèse générale les zoologistes allemands qui les ont étudiés avec tant de soin, ont fini par les regarder comme produits par une Génération spontanée. Relativement aux seconds, les expériences de Gleichen, de Spallanzani, de Fray, de Needham, de Bory de Saint-Vincent et de beaucoup d'autres naturalistes, sont également favorables à l'hypothèse d'une Génération spontanée. Mais avant d'adopter une opinion dans une question aussi délicate, il faudrait répéter les expériences de la plupart de ces observateurs avec un soin tout-à-fait scrupuleux, écarter les causes d'erreurs qu'ils ont pu négliger et surtout éviter l'extension qu'ont donnée à leurs opinions ceux d'entre eux qui ont cru à la Génération spontanée.

Fray, qui pense qu'une Mouche ou tout autre Insecte aussi compliqué a pu naître spontanément dans des matières animales pourries, et Spallanzani, qui croit que l'ébullition ne détruit pas les germes des Infusoires, professent l'un et l'autre des opinions qu'il est difficile à notre esprit d'admettre aujourd'hui. Il est donc important de faire de nouvelles recherches, et celui qui aura le bonheur de mettre au jour sur cette question des faits clairs, précis et débarrassés de toutes les chances d'erreurs que la physique et la chimie peuvent nous permettre en ce moment de prévoir et d'éviter, celui-là, disons-nous, aura rendu à la physiologie un service éminent et

dont les conséquences sont incalcu-
lables. On a cru devoir se borner
dans cet article à l'exposition d'une
théorie générale relative aux Animaux susceptibles d'accouplement.
Parmi les auteurs qui ont écrit sur
cette matière, nous citerons avec
éloge Geoffroy Saint-Hilaire et Rolando. Ce dernier avait été conduit
à cette conclusion par ses observations sur le Poulet : *que le mâle
fournit le système nerveux et la femelle le système vasculaire;* conclusion si bien d'accord avec la nôtre,
qu'elle nous autorise à regarder notre opinion comme une vérité démontrée.

On trouvera le développement de
cet article et les planches nécessaires
à son intelligence dans les Annales
des Sciences naturelles, T. i, p. 167,
p. 274, p. 392 ; T. ii, p. 100, p. 129,
p. 281 ; T. iii, p. 113, et dans les volumes suivans seront donnés les Mémoires qui n'ont pas encore paru. *V.*
encore Cercariées et Zoospermes
de ce Dictionnaire.   (D.)

GENESIPHYLLA. bot. phan.
L'Héritier a décrit sous ce nom et
comme type d'un genre qui n'a pas
été adopté, une espèce de Xylophyl-
le. *V.* ce mot.   (A. D. J.)

GENESTROLE. bot. phan. Nom
sous lequel on désigne vulgairement
le *Genista tinctoria* qui fournit une
belle couleur jaune. *V.* Genêt.
                               (aud.)

GENÊT. *Genista.* bot. phan. Genre de la famille des Légumineuses et
de la Diadelphie Décandrie, L., connu
des plus anciens botanistes, et composé de Plantes faciles à distinguer
par leur port, mais dont les caractères génériques sont peu tranchés.
Linné adoptant quelques-unes des
divisions de ce genre faites par Tournefort, et même par les botanistes qui
ont précédé celui-ci, en a séparé particulièrement, sous le nom de *Spartium*, les espèces dont le calice est
étalé en dehors, les filets des étamines
appliqués contre l'ovaire et le stigmate velu en dessus, tandis que le *Ge-*

nista ne se composerait, selon l'illustre naturaliste suédois, que des espèces à calice bilabié, ayant l'étendard
oblong, réfléchi en dehors, et laissant
à découvert le pistil et les étamines.
Tournefort avait en outre créé d'autres genres qui ne sont réellement que
des subdivisions du *Genista*, et qui
cependant ont été en partie reproduits
par Mœnch et par d'autres auteurs
modernes. Tels sont les genres *Genistella*, *Genista-Spartium*, *Cytiso-Ge-
nista* et *Scorpius.* Enfin, dans l'Encyclopédie méthodique, Lamarck a fait
voir que le caractère du *Spartium*,
L. , assez exactement tracé pour
quelques espèces, s'évanouit insensiblement dans les autres, et que tous
ces prétendus genres, admis par
Tournefort et Linné, pourraient se
fondre en un seul, auquel on conser-
verait le nom de *Genista.* Cette opinion a été embrassée par le professeur
A.-L. de Jussieu, qui, néanmoins,
a proposé (*Genera Plantarum*, p. 354)
de distinguer génériquement avec
Tournefort, les espèces monospermes de *Spartium* à feuilles très-peu
nombreuses et à branches le plus souvent opposées. Voici les caractères du
Genista, selon Lamarck et Jussieu :
calice petit, campanulé, tantôt à un
seul lobe latéral terminé par cinq petites dents, tantôt, et c'est le cas le
plus fréquent, à deux lèvres dont la
supérieure est à deux dents droites et
l'inférieure à trois; étendard oblong,
cordiforme, relevé ou réfléchi; ailes
divergentes concaves en dedans; carène pendante, bifide, ou entièrement bipétale, ne recouvrant pas les
organes sexuels; étamines monadelphes (quoique le genre soit placé
dans la Diadelphie); stigmate velu
longitudinalement d'un côté; légume
ovale ou oblong, souvent renflé,
contenant une ou plusieurs semences globuleuses ou réniformes. Ce
genre a de si grands rapports avec
le genre Cytise (*V.* ce mot), qu'il a
été très-difficile de l'en distinguer par
des caractères tirés uniquement des
organes reproducteurs; aussi Lamarck ne considère-t-il les genres

Genista et *Cytisus* que comme deux divisions d'un même groupe naturel, qui ne diffèrent réellement entre elles que par l'ensemble de la végétation, et surtout par la diversité du feuillage. Les Genêts sont caractérisés par leurs feuilles simples avec ou sans mélange de feuilles ternées. Linné avait placé dans les *Spartium* une espèce du cap de Bonne-Espérance, que Lamarck a réunie aux *Genista*, en lui conservant son nom spécifique. C'est le *Genista sepiaria* qui est devenu, pour Thunberg, le type du genre *Lebeckia* où se rangent plusieurs autres Légumineuses du même pays, et parmi lesquelles on remarque le *Spartium Cytisoides*, L. fils, ou *Cytisus Capensis*. Ce genre, qui a été admis par Willdenow et Persoon, paraît devoir être conservé. *V.* LÉBECKIE. Les Aspalathus, Plantes du cap de Bonne-Espérance, ont aussi beaucoup d'affinité avec les Genêts. Cependant leurs feuilles linéaires fasciculées, et un port particulier servent à les faire reconnaître au premier coup-d'œil.

Le nombre total des espèces du genre qui nous occupe s'élève à environ quatre-vingts qui sont, pour la plupart, indigènes de la région méditerranéenne. On en trouve à peu près vingt en France, réparties en deux sections, d'après leurs rameaux inermes ou au contraire épineux, et parmi lesquelles nous signalerons comme les plus intéressantes à connaître, les espèces suivantes :

§ Ier. *Rameaux non épineux.*

Le GENÈT A BALAIS, *Genista scoparia*, Lamk., *Spartium scoparium*, L., est un Arbrisseau très-commun dans les environs de Paris, où ses belles fleurs printanières, et d'un jaune intense, produisent un effet très-pittoresque. Il abonde aussi en divers lieux du centre et du midi de l'Europe, mais on ne le rencontre pas dans une grande partie des Alpes. Ses rameaux s'élèvent jusqu'à un mètre; ils sont nombreux, droits, flexibles, anguleux, et portent des feuilles petites et légèrement velues.

LE GENÈT A BRANCHES DE JONC, *Genista juncea*, Lamk.; *Spartium junceum*, L. Ce charmant Arbrisseau s'élève ordinairement à un mètre et demi; ses rameaux droits, flexibles, lisses, munis de feuilles simples et peu nombreuses, sont remplies de moelle et ressemblent aux tiges du *Scirpus lacustris*, confondu par le vulgaire avec le Jonc. Il porte des fleurs jaunes, très-grandes, d'une odeur suave et qui naissent aux sommités des rameaux, en grappes droites, nues et un peu lâches. On rencontre cette espèce dans les lieux incultes de l'Espagne, de l'Italie et de la France méridionale. Il est cultivé comme ornement dans les jardins sous le nom de GENÈT D'ESPAGNE, dénomination qui doit être rejetée, afin qu'on ne confonde pas cette espèce avec la véritable Genêt d'Espagne, *Genista Hispanica*, L., dont les rameaux sont épineux. En faisant macérer dans l'eau l'écorce du *Genista juncea*, on peut en retirer une filasse très-propre à faire des tissus de bonne qualité.

Parmi les autres Genêts de cette section, nous nous contenterons d'indiquer : 1° le *Genista sagittalis*, L., jolie espèce que l'on trouve dans les terrains sablonneux et pierreux, depuis la Galice jusqu'au fond de l'Allemagne. On la reconnaît facilement à ses tiges bordées de plusieurs saillies produites par une membrane verte qui se rétrécit en manière d'articulation à la base de chaque feuille; 2° *Genista tinctoria*, L. Elle est assez commune sur les collines et au bord des forêts de l'Europe tempérée. Son nom lui vient de ses fleurs qui donnent une teinture jaune; aussi la nomme-t-on vulgairement Herbe à jaunir; 3° *Genista pilosa*, L. Elle se trouve dans les bois élevés, à Fontainebleau, en Bourgogne, dans le Jura, etc. Les feuilles et les tiges de cette Plante sont peu velues, comparativement à plusieurs autres Genêts, mais les calices et les légumes sont couverts de poils couchés qui ont valu à l'espèce le nom spécifique imposé par Linné. Les trois espèces que nous venons de citer faisaient partie du genre *Genistella* de Mœnch.

§ II. *Rameaux épineux.*

Le Genèt d'Angleterre, *Genista Anglica.* Jolie espèce peut-être plus commune aux environs de Paris et dans la France occidentale qu'en Angleterre. Nous avons observé qu'elle ne dépasse pas à l'est une ligne tracée par le cours de la Saône et du Rhône. Ses tiges sont grêles, épineuses et souvent couchées; elles portent au sommet de petites feuilles lancéolées et étroites; les fleurs sont jaunes, axillaires et portées sur de courts pédoncules.

Le Genèt d'Allemagne, *Genista Germanica*, L. Ses tiges sont rameuses, très-épineuses, et couvertes dans leur jeunesse de feuilles ovales, lancéolées, très-vertes; les fleurs sont jaunes, et disposées en grappes courtes au sommet des tiges. Cette Plante croît sur les collines des provinces méridionales et orientales de la France.

Le Genèt d'Espagne, *Genista Hispanica*, L., ressemble à la précédente, mais elle en diffère par sa tige plus basse, par ses épines vertes et très-rameuses, et parce qu'elle est beaucoup plus velue sur ses jeunes pousses. Dans cette espèce, comme dans les précédentes, les épines sont dues à la dégénérescence plus ou moins complète des feuilles. Leur origine est surtout bien visible sur le *Genista Germanica.*

Les autres Genêts sont des sous-Arbrisseaux qui n'offrent que peu d'intérêt, puisqu'ils ne se composent que de Plantes épineuses, petites et peu agréables à l'œil.

On a quelquefois et improprement nommé Genèt épineux, l'*Ulex Europeus.* (G..N.)

GENETTE. MAM. Espèce du genre Civette. *V.* ce mot. On a étendu ce nom à plusieurs autres Animaux

congénères, avec des épithètes qui indiquaient leur patrie. (B.)

GENETTE. BOT. PHAN. L'un des noms vulgaires du *Narcissus poeticus*, L. *V.* NARCISSE. (B.)

GENÉVRIER. *Juniperus.* BOT. PHAN. C'est un genre de la famille naturelle des Conifères et de la Diœcie Monadelphie, L., auquel on peut assigner les caractères suivans : les fleurs mâles forment de petits chatons ovoïdes, axillaires ou terminaux, composés d'écailles peltées, portées sur un axe commun et présentant à leur face inférieure quatre étamines sessiles uniquement formées par une anthère uniloculaire qui s'ouvre longitudinalement par son côté interne. Les fleurs femelles forment également de très-petits chatons composés d'un involucre, de plusieurs écailles épaisses, charnues, dont les plus intérieures sont quelquefois soudées entre elles, et forment une sorte d'involucre intérieur monophylle, qui recouvre les fleurs. Celles-ci sont au nombre de deux à trois, placées au fond de l'involucre où elles sont sessiles. Leur forme approche de celle d'une bouteille. Leur ovaire, qui est parfois adhérent, est globuleux; le calice se prolonge au-dessus de lui, et forme un tube rétréci plus ou moins allongé. Le fruit est une fausse baie globuleuse et ombiliquée, renfermant deux ou trois noyaux osseux. La partie charnue est formée par l'involucre qui persiste et s'accroît. Les osselets sont de véritables fruits dont le péricarpe est dur, osseux et indéhiscent. La graine est dressée et se compose d'un endosperme charnu au centre duquel est placé un embryon renversé presque cylindrique, ayant la radicule très-longue et adhérente par sa base, et les cotylédons au nombre de deux. On compte aujourd'hui environ vingt à vingt-cinq espèces de Genevriers. Ce sont en général des Arbrisseaux ou de petits Arbres résineux dont les feuilles sont persistantes, étroites, linéaires, roides ou imbriquées. Parmi ces espèces, sept ou huit sont originaires d'Europe; trois de l'Amérique septentrionale; autant de l'Amérique méridionale, et le reste provient de l'Asie septentrionale et des diverses contrées de l'Orient. Plusieurs de ces espèces méritent d'être citées. Nous mentionnerons ici les suivantes :

GENEVRIER COMMUN, *Juniperus communis*, L.; Rich., Conif. inéd., tab. 5. C'est un Arbrisseau fort commun en France, dans les lieux incultes et rocailleux. Généralement, il est petit et rabougri, mais quelquefois il se développe davantage et forme alors un petit Arbre de quinze à dix-huit pieds d'élévation. Les feuilles sont ternées-verticillées, étalées, sessiles, linéaires, aiguës, roides; les fleurs dioïques; les chatons très-petits, solitaires et à l'aisselle des feuilles : les mâles sont sessiles et globuleux; les femelles sont portées sur un pédoncule court et recouvert d'écailles imbriquées; l'involucre se compose de plusieurs écailles épaisses et soudées entre elles. Il contient trois fleurs sessiles. Le fruit est une fausse baie globuleuse, ombiliquée à son sommet, de la grosseur d'un très-petit Pois. Les trois osselets sont durs et osseux. Le bois du Genevrier commun est rougeâtre, assez dur, et susceptible d'un beau poli. Quand il provient d'individus qui ont acquis une assez grande élévation, on peut l'employer à des ouvrages de tour ou de boissellerie. Comme toutes les autres parties de la Plante, il contient une substance résineuse qui en suinte dans les grandes chaleurs de l'été, et que pendant long-temps on a cru être la même que la Sandaraque qui découle du *Thuya articulata*. On cultive assez rarement le Genevrier; cependant quelquefois on l'emploie à faire des palissades et à cacher les murs dans les jardins paysagers. Ses fruits ont une saveur très-chaude et aromatique. Dans certaines contrées du nord de l'Europe, on les fait fermenter, et on en retire une sorte de liqueur alcoholique, qui porte le nom de *Genevrette*, ou bien on les distille avec de l'eau-de-vie, et l'on obtient l'*eau-de-vie de Genièvre*. Ces baies sont également employées en médecine, comme toniques et stimulantes. Quand l'estomac est dans un état de débilité qui en ralentit les fonctions, quand la sécrétion de l'urine et la menstruation sont diminuées ou supprimées à cause de l'état de faiblesse de la vessie ou de l'utérus, les baies de Genièvre peuvent être avantageusement employées comme stomachiques, diurétiques ou emménagogues. On en prépare une infusion aqueuse ou vineuse, après en avoir concassé une demi-once, que l'on met dans une livre de liquide. L'extrait est une préparation fort énergique, dont la dose est d'un scrupule à un demi-gros.

GENEVRIER SABINE, *Juniperus Sabina*, L.; Rich., Bot. Méd. 1, p. 144. De même que le précédent, c'est un Arbrisseau quelquefois très-bas, presque couché et quelquefois s'élevant à une hauteur de douze à quinze pieds. Ses feuilles sont extrêmement petites, en forme d'écailles opposées, dressées, imbriquées sur la tige, ovales, aiguës, non épineuses. Les chatons sont portés sur de petits pédoncules écailleux et recourbés. Les fruits qui succèdent aux fleurs femelles sont pisiformes, ovoïdes, d'un bleu noirâtre, et ne contiennent qu'un ou deux petits noyaux. La Sabine croît dans les lieux secs et montueux des provinces méridionales de la France, en Espagne, en Italie, en Orient, etc. On en distingue deux variétés qui tiennent uniquement à la grandeur. L'une dite *Sabine mâle*, forme un Arbrisseau élevé; la seconde ou *Sabine femelle*, est basse et presque étalée. Toutes les parties de la Sabine ont une saveur âcre et térébinthacée. C'est dans les feuilles qu'elle est plus concentrée. Aussi ces feuilles sont-elles un médicament extrêmement énergique. On les administre en poudre. Elles agissent avec une très-grande force et déterminent, lorsque la dose en est un peu élevée, tous les symptômes produits par les médicamens irritans, c'est-à-dire une ardeur incommode dans l'estomac, des coliques violentes, des déjections sanguinolentes, l'accélération du pouls, l'augmentation de la chaleur animale, etc. Quelques médecins recommandent l'usage de la Sabine pour détruire les Vers qui se développent dans le canal alimentaire. Ce médicament a souvent été suivi de succès dans cette circonstance. Mais c'est particulièrement comme exerçant une action stimulante et spéciale sur l'utérus, que la Sabine a joui d'une grande réputation. Administrée à la dose de deux à six grains, elle active et favorise le travail de la menstruation ; mais donnée à des doses plus fortes, elle occasione des accidens extrêmement graves, tels que l'inflammation et l'ulcération des intestins, l'inflammation de l'utérus, et par suite, l'avortement et l'expulsion du produit de la conception. On ne doit donc administrer ce remède qu'avec les plus grandes précautions et à des doses qui permettent de n'en pas craindre les redoutables effets.

Genevrier de Virginie, *Junipe-rus Virginiana*, L. Grand Arbrisseau ou Arbre de moyenne grandeur connu vulgairement sous les noms de *Cèdre rouge* ou de *Cèdre de Virginie*. Les feuilles sont imbriquées sur les jeunes rameaux, et quelquefois ternées et linéaires sur les branches ; les fleurs dioïques en chatons pédonculés. Dans les chatons femelles, les écailles sont épaisses, charnues, obtuses et étalées. Les fruits sont ovoïdes, de la grosseur d'un Pois. En général, on ne rencontre que deux osselets dans l'involucre devenu charnu. Cette espèce, qui aujourd'hui est très-cultivée dans les jardins d'Europe, où elle s'est naturalisée, croît naturellement en Virginie, dans le voisinage de la mer. Le nom de Cèdre rouge, sous lequel on le désigne communément en Amérique, vient de la couleur de son bois, qui est dur et d'une très-grande durée. On l'emploie surtout pour les petites

parties de la charpente des vaisseaux.

Quelques autres espèces méritent aussi de l'intérêt. Ainsi, d'après Linné, Broussonet et un grand nombre d'autres botanistes, on retire l'Oliban ou Encens du *Juniperus Lycia*, qui croît dans le midi de l'Europe. Le *Juniperus Phœnicea* est une fort belle espèce, originaire de la Phœnicie, que l'on trouve également dans le midi de la France, sur les bords de la Méditerranée. (A. R.)

* GENGLIN. pois. On désigne ainsi en quelques cantons le *Luciscus Jeses. V.* ce mot. (B.)

* GENIATE. *Geniates*. ins. Genre de l'ordre des Coléoptères, section des Pentamères, famille des Lamellicornes, établi par Kirby (*Trans. Linn. Societ.* T. xii, p. 401 et 403), et ayant plusieurs rapports avec les Hannetons et les Rutelles. L'auteur ne décrit et figure qu'une seule espèce, le Geniate barbu, *G. barbatus* (*loc. cit.*, tab. 20, fig. 8). Elle est originaire du Brésil. Les détails de l'organisation de la bouche, des antennes et des pates, sont représentés à côté de l'Insecte.

Dejean (Catalogue des Coléoptères, p. 58) mentionne ce même genre sous le nom, sans doute mal orthographié, de *Gematis*, fondé par Mac-Leay, et il y rapporte, outre le *Geniates barbatus* de Kirby, dix-sept autres espèces originaires du Brésil, de Cayenne, de l'Ile-de-France, des Indes-Orientales et de la Russie méridionale. Quelques-unes avaient été décrites par Fabricius sous les noms de *Melolontha lanata*, *M. obscura*, *M. rauca* et *M. ferruginea*. (AUD.)

* GENICHELLA. bot. phan. Selon Dodœns, quelques anciens auteurs donnaient ce nom au Sceau de Salomon, *Convallaria Polygonatum*, L. (G..N.)

* GENICULARIA. bot. crypt. Roussel, dans sa Flore du Calvados, appelait ainsi des Conferves qui paraissent devoir être les Chaodinées, dont nous avons formé le genre Lemaue. *V.* ce mot. (B.)

GÉNICULARIS. BOT. PHAN. Suivant Ruell, c'était un des noms donnés par les Romains à l'*Agrostemma Coronaria*, L. Dodœns prétend qu'il désignait aussi la Valériane. *V.* ces mots.

(G..N.)

* GÉNICULÉ ou GENOUILLÉ. *Geniculatus*. BOT. PHAN. Cet adjectif est appliqué à tout organe fléchi ou courbé par un angle ou un genou (*geniculum*). Dans cet angle est ordinairement un nœud ou une articulation fixe. Les chaumes de plusieurs Graminées, la tige de la Spergule des champs, le style de la Benoîte commune, les arêtes dorsales de la glume des Avoines, sont des exemples d'organes géniculés.

(G..N.)

GENIÈVRE (BAIES DE). BOT. PHAN. Le fruit du Genevrier. *V.* ce mot.

(G..N.)

GENIOSTOME. *Geniostoma*. BOT. PHAN. Genre de la Pentandrie Monogynie, L., établi par Forster (*Charact. Plant.*, tab. 12) et ainsi caractérisé : calice turbiné à cinq divisions persistantes; corolle monopétale, tubuleuse, dont l'entrée est velue et le limbe à cinq divisions profondes; cinq étamines insérées sur la gorge de la corolle et alternes avec ses divisions; un ovaire supère, surmonté d'un style et d'un stigmate sillonné; capsule oblongue, biloculaire et polysperme. Ce genre avait été rejeté dans les *incertæ sedis* par le professeur A.-L. Jussieu. R. Brown (*Prod. Flor. Nov.-Holland.*: p. 455) est le seul auteur qui ait cherché à en déterminer les affinités. Il fit voir que le *Geniostoma* se rapprochait beaucoup du *Logania* par son port, ses stipules vaginales et ses fleurs, mais qu'il en différait par les valves entières de sa capsule, sur les bords infléchis de laquelle sont insérés deux placentas qui persistent après la déhiscence des valves. Le même auteur (*loc. cit.*, et *Botany of Congo*, p. 29) proposa d'établir une nouvelle famille intermédiaire entre les Apocynées et les Rubiacées, dans laquelle entreraient les genres *Gaertnera*, *Us-teria*, *Fagræa*, *Logania*, *Geniostoma*, etc. Il réunit à ce dernier genre l'*Anasser* de Jussieu, réunion qu'il avait déjà pressentie dans son *Prodromus*. En adoptant cette fusion, il faudrait conserver le nom donné par Forster à cause de son antériorité. Ainsi au *Geniostoma rupestris* de Forster, il faudrait ajouter comme seconde espèce l'*Anasser Borbonica* de Lamarck. Quant à l'*Anasser Moluccana* de Lamarck et Persoon, établi d'après une figure de Rumph (*Herb. Amb.*, vol. VII, tab. 7), R. Brown a prouvé que c'était une espèce de Pittospore.

(G..N.)

GENIPAYER. *Genipa*. BOT. PHAN. Genre de la famille des Rubiacées et de la Pentandrie Monogynie, établi par Linné, adopté par Jussieu (*Mém. du Mus.*, vol. VI, année 1820) et par Kunth (*Nova Gener. et Spec. Plant. æquinoct.*, vol. III, p. 407) avec les caractères suivans : calice supère, à cinq dents peu marquées, persistant; corolle infundibuliforme dont le tube est souvent plus court que le calice; le limbe à cinq divisions très-grandes, étalées; cinq anthères sessiles à l'entrée du tube et saillantes; un seul style surmonté d'un stigmate en massue; fruit bacciforme ové, à deux et quelquefois à quatre loges polyspermes. Ce genre a été réuni au *Gardenia* par Swartz et Willdenow, mais il s'en distingue suffisamment par le tube de sa corolle moins grand que le calice et par la forme de son stigmate. Il se compose d'Arbres sans épines, à feuilles opposées, très-entières, munies de stipules interpétiolaires. Les fleurs sont jaunâtres ou blanches, accompagnées de bractées, et disposées en corymbes ou en faisceaux sur des pédoncules axillaires et terminaux. Parmi les espèces, toutes indigènes de l'Amérique, nous mentionnerons, comme exemples, les deux suivantes :

Le GENIPAYER D'AMÉRIQUE ; *Genipa Americana*, L., croît dans les Antilles et dans les parties chaudes du continent. C'est un Arbre de douze à quinze mètres de hauteur, dont le tronc est épais, les branches très-étalées, ramifiées et couvertes de feuilles oblongues, acuminées, étroites à la base, glabres et presque sessiles. Les habitans de l'Amérique méridionale mangent ses baies qui sont rafraîchissantes et astringentes. Ils se servent de son bois pour fabriquer des montures de fusils et des brancards, parce qu'il est dur et susceptible d'un beau poli.

Le GENIPAYER CARUTO, *Genipa Caruto*, Kunth, n'est pas aussi élevé que le précédent; ses feuilles sont obovales, obtuses, glabres en dessus, pubescentes en dessous, et presque sessiles. Il croît sur les rives de l'Orénoque et du fleuve Noir où les Indigènes l'appellent *Caruto* et se servent de la couleur noire du suc de ses fruits pour se faire des taches au visage. Les habitans de Carthagène, en Amérique, lui donnent le nom de *Xagua*.

Les auteurs de la Flore du Pérou ont décrit et figuré (vol. II, p. 67, tab. 220), sous le nom de *Genipa oblongifolia*, une espèce qui a les plus grands rapports avec la précédente, et dont les fruits, de la grosseur d'une Pêche, sont employés aux mêmes usages que ceux du *Genipa Caruto*, par les habitans des forêts chaudes du pied des Andes où cet Arbre croît naturellement. Son bois rose est aussi fort utile pour des objets de menuiserie.

Dans les Actes de l'ancienne Société d'Histoire naturelle de Paris, p. 107, feu le professeur Richard père a donné les phrases spécifiques du *Genipa edulis* et du *Genipa Merianæ* qui croissent à Cayenne. Cette dernière espèce était le *Duroia Eriopila*; L., Suppl. (G..N.)

GÉNIPI. BOT. PHAN. *V.* GÉNÉPI.

GÉNISSE. MAM. Nom de la Vache dans sa seconde année. *V.* BŒUF. (B.)

GENISTA. BOT. PHAN. *V.* GENÈT.

GENISTA-SPARTIUM. BOT. PHAN. Sous ce nom, les botanistes anciens jusqu'à et y compris Tournefort, dési-gnaient non-seulement les Genêts épineux, mais encore des Plantes dont Linné a fait son genre *Ulex*, ou qu'il a réunies aux *Anthyllis*. *V.* GENÈT, ULEX et ANTHYLLIDE. (G..N.)

GENISTELLA. BOT. PHAN. Tournefort avait établi ce genre sur une Plante que Linné réunit aux Genêts, sous le nom de *Genista sagittalis*. Il était caractérisé par l'étendard de sa corolle plus long que les ailes et la carène, par les deux pétales qui composent celle-ci, par sa gousse linéaire, lisse, et par ses tiges aplaties, à bords membraneux. Adanson et Mœnch ont rétabli ce genre de Tournefort, mais le premier avait changé son nom en celui de *Chamæspartium*. *V.* GENÈT. (G..N.)

GÉNISTOIDES. BOT. PHAN. Toutes les espéces de Genêt à calice bilabié, différentes en cela de celles qui ont cet organe unilobé et terminé par cinq petites dents, ont été constituées par Mœnch en un genre distinct. Le peu d'importance de ce caractère, aussi bien que la dénomination vicieuse du genre, ont empêché qu'aucun autre botaniste l'ait adopté. (G..N.)

GENITALIS. BOT. PHAN. Selon Ruell, c'était un des noms du *Gladiolus communis* chez les anciens. *V.* GLAYEUL. (G..N.)

GENOPLESIUM. BOT. PHAN. Genre de la famille des Orchidées et de la Gynandrie Monogynie, L., établi par R. Brown (*Prodrom. Floræ Nov.-Holland.*, p. 319), et ainsi caractérisé : périanthe très-irrégulier, presqu'en masque; les divisions supérieures conniventes, galéiformes; deux d'entre elles sont adhérentes; les deux divisions latérales inégales; labelle ascendant, entier, onguiculé, en forme de capuchon à sa base, sans éperon; gynostème (colonne de la fructification) à demi-bifide, sans découpures latérales; anthère parallèle au stigmate. Ce genre, très-voisin du *Prasophyllum*, ne renferme qu'une seule espèce, *Genoplesium Baueri*, Plante de la Nouvelle-Hollande, qui a des racines bulbeuses, des tiges ou hampes simples, le plus souvent munies d'une seule feuille à la base, et des fleurs disposées en un épi terminal.   (G..N.)

GENORIE. BOT. PHAN. Pour Ginorie. *V.* ce mot.   (G..N.)

GENOSIRIS. BOT. PHAN. Genre de la famille des Iridées et de la Triandrie Monogynie, L., établi par Labillardière (*Nov.-Holl.* 1, p. 13, tab. 9) et qui a été constitué de nouveau par R. Brown (*Prodrom. Flor. Nov.-Holl.* 1, p. 303) sous le nom de *Patersonia*, attendu que les caractères du *Genosiris* sont inexacts. R. Brown prétend en effet que dans la Plante de Labillardière (*Genosiris fragilis*) le périanthe est à six divisions dont trois intérieures, il est vrai, très-petites, et les filets des étamines connivens, tandis que Labillardière décrit le périanthe comme n'ayant que trois divisions et les filets des étamines non réunis entre eux. L'auteur anglais ayant décrit sept espèces de ce genre avec son exactitude reconnue, il a été nécessaire d'adopter la dénomination qu'il a proposée. *V.* PATERSONIE.   (G..N.)

GENOT. MOLL. Cette Coquille, nommée ainsi par Adanson (Sénégal, p. 145, pl. 9), a été placée à tort dans le genre *Voluta* par Gmelin. Blainville lui trouve plus de rapports avec les Cônes qu'avec les Volutes. (B.)

GENOUILLÉ. BOT. PHAN. *V.* GÉNICULÉ.

GENOUILLET. BOT. PHAN. Le Sceau de Salomon, *Convallaria Polygonatum*, L., porte ce nom vulgaire, selon Bosc.   (G..N.)

GENRE. *V.* MÉTHODE et SYSTÈME.

GENS-ENG. BOT. PHAN. *V.* GINSENG.

GENSIN. BOT. PHAN. (Thunberg.) Nom que les Japonais donnent à un *Corchorus*. —(Mentzel.) La racine d'une espèce de Mandragore chez le même peuple. Il ne faut pas la confondre avec le vrai Ginseng. *V.* ce mot.   (G..N.)

GENTIANE. *Gentiana.* BOT. PHAN. Principal genre de la famille des Gentianées, placé dans la Pentandrie Digynie par Linné, et ainsi caractérisé : calice campanulé, dont le tube est anguleux et le limbe divisé ordinairement en cinq, et quelquefois en quatre, six, sept, huit et neuf segmens plus ou moins profonds; corolle campanulée, infundibuliforme ou rotacée, partagée en autant de divisions qu'il y a de segmens au calice, et présentant entre les divisions du limbe, des laciniures de diverses formes; l'estivation de ces divisions de la corolle est toujours tordue, et elles offrent le phénomène du sommeil; étamines dont le nombre correspond également à celui des divisions des enveloppes florales, ayant des filets plus courts que la corolle, et des anthères oblongues, dressées, quelquefois soudées entre elles; ovaire fusiforme, muni à sa base d'élévations tuberculeuses, déterminées par l'impression des filets staminaux qui sont en partie soudés avec le tube de la corolle et alternes avec ses divisions; style nul; deux stigmates lamellaires, persistans; capsule fusiforme aiguë, comprimée, à deux valves uniloculaires, déhiscentes par le sommet, et renfermant un grand nombre de graines ovées ou oblongues, quelquefois ceintes d'un bord membraneux, attachées à des placentas suturaux, qui s'étendent plus ou moins sur les parois des valves.

Ce genre est connu dès la plus haute antiquité. Dioscoride et Pline disent que son nom dérive de celui de *Gentis* ou *Gentius*, roi d'Illyrie, qui ne fit cependant point connaître le premier la principale espèce du genre (*G. lutea*, L.), car celle-ci était trop commune pour n'avoir pas fixé l'attention des premiers hommes qui ont écrit sur les Plantes; mais Gentius, avant tout autre, vanta probablement l'efficacité de sa racine contre certaines maladies, et surtout dans une épidémie qui ravageait son pays. Les espèces de Gentianes sont fort nombreuses ; on en compte aujourd'hui plus de cent. A l'exception de quelques-unes qu'on trouve dans les bois, les collines et les marécages, elles ont toutes pour stations les hautes montagnes des deux mondes. La beauté de la plupart d'entre elles, leur localité spéciale, la difficulté de leur culture, ont excité, dans tous les temps, l'attention des botanistes, qui nous ont transmis un grand nombre de documens plus ou moins inexacts sur leur histoire. Nous laisserons de côté toutes les observations antérieures à celles de Linné ; ce célèbre naturaliste porta le nombre des Gentianes à une trentaine d'espèces, parmi lesquelles il compta quelques Plantes devenues depuis les types de genres assurément distincts. Tels sont ses *Gentiana Centaurium* et *G. filiformis*. Cependant les différences que présentent les espèces, non-seulement dans la forme, la grandeur, la direction des tiges et des feuilles, mais encore dans l'inflorescence, le nombre, la forme, la division plus ou moins profonde des enveloppes florales, les appendices barbus qui ornent l'entrée de la corolle de quelques espèces, le nombre des étamines, la connexion de leurs anthères, les placentas des graines tapissant plus ou moins les parois capsulaires : toutes ces modifications ont paru des caractères suffisans à quelques botanistes, pour établir des divisions génériques dans le grand genre Gentiane. Ainsi, Borckhausen (Arch. de la botanique par Rœmer, vol. 1er, p. 23), ressuscitant plusieurs dénominations employées autrefois par Reneaume et Adanson, établit aux dépens des Gentianes les genres *Asterias*, *Coilantha*, *Dasystephana*, *Ciminalis*, *Ericoila*, *Eyrythalia*, *Gentianella* et *Centaurium*. Il ne laissa parmi les Gentianes que le *Gentiana filiformis*, et quelques autres espèces dont les unes sont douteuses, et les autres appartiennent à des genres différens.

Il est impossible d'admettre les nouveaux genres établis par cet auteur, attendu que leurs caractères sont mal exprimés, ou se nuancent les uns dans les autres. C'est à tort, par exemple, que Borckhausen a donné des anthères libres comme caractère essentiel à ses genres *Coilantha* et *Dasystephana*, qui ont pour types les *G. purpurea* et *punctata* ; et quelle différence générique peut-on établir entre ces deux Plantes, si ce n'est l'apparence spathacée du calice des *Coilantha ?* Mais une si faible distinction qui, d'ailleurs, ne se présente pas dans tous les individus, doit céder devant les nombreux rapports qui unissent ces espèces. Les Hybrides auxquelles elles donnent naissance, fournissent un fort argument contre leur séparation ; car, ainsi que nous croyons l'avoir démontré (Mém. de la Soc. d'Hist. Nat. T. 1, p. 79), il ne se forme d'Hybrides que par le croisement des Plantes non-seulement de même genre, mais encore des espèces qui ont les plus grandes analogies de taille et de structure. Notre opinion à cet égard est corroborée par celle du professeur De Candolle (Théorie élém. de la Botanique, 2e édit., p. 220), qui pense que la forme du calice a peu d'importance dans la famille des Gentianées. Dans le même volume des Archives de Rœmer, p. 3, F.-W. Schmidt a publié aussi un travail sur le genre *Gentiana*. Plus exact et plus circonspect que Borckhausen, ce botaniste a très-bien défini et caractérisé les trois genres formés aux dépens des Gentianes de Linné, et auxquels il a donné les noms de *Gentiana*, *Hippion* et *Pneumonanthe* ; mais si quelques différences dans les organes floraux pouvaient suffire pour former des genres parmi les Gentianes, il faudrait alors tellement les multiplier, qu'on arriverait à isoler pour ainsi dire chaque espèce de ses voisines. Le genre *Gentiana* de Schmidt est réduit à la seule *G. lutea* qui, par sa corolle jaune rotacée, offre, il est vrai, un aspect assez différent de celui des autres Plantes.

Notre intention n'étant pas de faire connaître dans cet article tout ce qui a été écrit sur le genre Gentiane, nous parlerons immédiatement d'une monographie qui a mérité d'être proposée comme un modèle d'exactitude. Elle a été le sujet d'une thèse inaugurale, publiée en 1802 à Erlang, par Frœlich, sous le titre de *de Gentianâ Dissertatio*. A l'exemple de Linné, de Haller et d'Allioni, il a établi des sections fondées sur la forme des corolles, le nombre de leurs divisions, et sur les appendices du limbe de celles-ci; mais quoiqu'il ait groupé assez heureusement la plupart des espèces, ces divisions, fondées sur des formes qui ne sont que des modifications les unes des autres, telles sont, par exemple, les campanulées et les infundibuliformes, doivent être regardées comme purement artificielles. La première section, à laquelle Frœlich a donné le nom de COELAN-THÆ, est caractérisée par ses corolles campanulées (rotacées dans la *G. lutea*) et présentant de cinq à neuf divisions. Elle comprend toutes les grandes espèces de Gentianes, au nombre de vingt-une, qui habitent les Alpes d'Europe, la Sibérie et l'Amérique septentrionale. Dans la deuxième section (CALATIANÆ), Frœlich a placé dix espèces, dont les corolles sont infundibuliformes, nues, et offrant cinq à dix divisions. Les Plantes de cette section ont toutes des fleurs bleues et habitent les Alpes d'Europe. Nous observerons que cette section se nuance avec la précédente par la *G. acaulis*, qui doit faire partie du même groupe que la *G. Pneumonanthe*. Nous ferons aussi remarquer que le nombre des segmens de la corolle ne surpasse jamais cinq, et qu'ainsi, le caractère de dix segmens, assigné aux *G. Pyrenaica* et *Altaica*, est erroné, les cinq lobes surnuméraires n'étant à nos yeux que des laciniures très-développées. La troisième section (ENDOTRICHÆ) est remarquable par ses corolles, dont l'entrée est munie d'appendices capilliformes et à quatre ou cinq divisions.

Les dix espèces qu'elle renferme forment un petit groupe assez naturel; il faut pourtant en excepter quelques-unes qui, non-seulement, ne sont pas bien placées dans cette section, mais encore qui appartiennent à un genre différent. Telles sont les *G. Carinthiaca* et *G. rotata*, dont Jacquin et Pallas avaient convenablement fait des *Swertia*. Les espèces de la quatrième et dernière section (CROSSOPETALÆ) ont des corolles quadrifides, hypocratériformes, dépourvues à l'entrée d'appendices barbus, mais ciliées sur les bords de leurs divisions. Frœlich y a réuni cinq espèces qui ont assez de rapports entre elles. La monographie de cet auteur comprend donc quarante-sept espèces, dont la synonymie est très-bien établie, et qui sont décrites avec beaucoup de soin. Si, comme nous l'avons fait voir, les sections ne péchaient par le peu de fixité des caractères, il n'y aurait rien à ajouter au travail de Frœlich si ce n'est les espèces nouvellement décrites. Mais nous pensons que lorsqu'on veut apporter autant de précision que possible dans l'histoire d'un genre qui offre tant de variations dans la structure de ses espèces, nous pensons, disons-nous, qu'il est nécessaire de multiplier les subdivisions, dût-on former des groupes qui ne seraient composés que d'un très-petit nombre d'espèces. C'est ce que nous nous sommes proposé d'exécuter dans une Histoire des Gentianées, à laquelle nous travaillons depuis quelques années. En attendant que des circonstances favorables nous permettent de la publier, nous allons tracer ici le canevas des coupes que nous établirons dans le genre Gentiane, et nous décrirons d'une manière abrégée les espèces les plus remarquables de chacune des sections.

† Grandes espèces, toutes alpines ou croissant sur les montagnes assez élevées de l'Europe; calice le plus souvent spathacé; corolle rotacée à longues divisions, ou plus ou moins tubuleuse, campaniforme, ou infundibuliforme; ce dernier caractère (corol-

le infundibuliforme) entraînant toujours la soudure des anthères; graines munies d'un rebord membraneux.

GENTIANE JAUNE, *Gentiana lutea*, L. Sa tige, haute d'un mètre et plus, est droite, ronde, fistuleuse, portant des feuilles sessiles, opposées et croisées à angles droits, ovales, aiguës, et à cinq nervures; les inférieures que l'on appelle radicales, ovales-oblongues, atténuées inférieurement en une sorte de pétiole. Les fleurs, enveloppées par des feuilles légèrement transformées en bractées, sont pédonculées, disposées en verticilles axillaires ou terminaux. Le calice est spathacé et d'une consistance de parchemin très-fin, à trois ou quatre petites dents. La corolle d'un jaune pâle, presque sans aucunes taches, est rotacée, à cinq ou six divisions longues et aiguës, et sans laciniures. Cette Plante habite non-seulement les Alpes, mais encore les montagnes et les plateaux assez bas de certaines contrées de l'Europe. Ainsi, en France, on la rencontre en plus grande abondance sur le Jura et dans les montagnes de Bourgogne, que sur les Alpes. Nous avons observé en 1820 que sa localité la plus occidentale et la moins élevée au-dessus de la mer, est en France un bois à une demi-lieue de Tonnerre (Yonne), et situé à une hauteur d'environ cinquante mètres au-dessus de cette ville. Nous ferons observer que la partie de cette Plante qu'on prend pour la tige, n'est en réalité qu'un pédoncule floral; car la tige, ou pour nous exprimer plus exactement, le *caudex* est situé à fleur de terre, et porte encore les débris ou les cicatrices des feuilles radicales des années antérieures. La racine de cette Plante a joui depuis un temps immémorial d'une réputation méritée; sa franche amertume dénote des propriétés toniques qu'une longue expérience a constatées, et son emploi dans la médecine humaine, aussi bien que dans l'hippiatrique, n'a souffert aucune atteinte de la révolution des doctrines médicales. Son principe amer

(*Gentianin* ou *Gentianine*) a été découvert par Pelletier et Caventou; mais il nous paraît appartenir à la classe des substances douteuses; car il est souillé de matières étrangères, à en juger d'après quelques échantillons préparés par les auteurs mêmes. La racine de Gentiane contient en outre une grande quantité d'un principe gommeux ou mucilagineux qui, en passant à l'état saccharin, devient très-susceptible de fermentation. Les paysans suisses et tyroliens en préparent une eau-de-vie dont le goût aromatique paraît dû à une huile volatile particulière.

Parmi les autres Gentianes de cette section, nous nous contenterons de citer comme espèces les *Gentiana purpurea* et *G. punctata*, L. Ces deux Plantes, indigènes des Hautes-Alpes, ont des corolles campanulées ou infundibuliformes, d'un rouge vineux, ou d'un jaune sombre, tachetées d'une grande quantité de points bruns disposés en stries longitudinales et assez régulières; leurs étamines sont soudées par les anthères. Elles diffèrent principalement entre elles par leur calice spathacé dans la première espèce, isopérimétrique et à cinq petites divisions dans la seconde. On les emploie en Suisse aux mêmes usages que la Gentiane jaune. Nous avons, avec notre collaborateur Dumas, fait connaître (Mémoires de la Société d'Histoire naturelle, T. 1er) une Hybride très-remarquable, produite par cette dernière Plante, et la *Gentiana purpurea*. C'était sur le revers septentrional de la montagne du Môle (Alpes de Faucigny), que les deux espèces mères, réunies dans la même station, avaient effectué leur fécondation adultérine; les individus qu'elles avaient produits, présentaient tous les caractères de leurs parens.

†† Espèces dont la stature est moyenne entre celle des Plantes que nous venons de mentionner, et celle des petites espèces alpines à corolles hypocratériformes formant une des sections suivantes : calice régulier, à cinq divisions très-longues et folia-

cées ; corolles bleues ou jaunâtres , infundibuliformes ou campanulées, à limbes divisés en segmens plus ou moins dressés et séparés par des laciniures à une ou deux dents ; étamines presque toujours syngénèses ; feuilles le plus souvent étroites et linéaires. Cette section représente le genre *Pneumonanthe* de divers auteurs. Parmi les espèces les plus remarquables , nous citerons :

La Gentiane Pneumonanthe, *Gentiana Pneumonanthe* , L. Cette Gentiane est la seule qui se plaise dans les lieux humides des forêts d'une grande partie de l'Europe. Elle a des fleurs peu nombreuses, mais que leur amplitude et leur belle couleur azurée font distinguer au milieu des autres Plantes sylvatiques et marécageuses.

La Gentiane a courtes tiges , *Gentiana acaulis* , L. Aucune fleur n'est plus éclatante que celle-ci, dont la belle couleur bleue se marie très-élégamment avec le rose tendre de la *Primula farinosa* et le jaune doré du *Geum montanum*. Elle décore les hautes sommités des Alpes. Sa racine est caractérisée par une amertume dégagée de tout principe étranger, et qui ne le cède point aux racines et écorces les plus célèbres sous ce rapport.

Les autres espèces habitent les Alpes de Sibérie ; mais elles ont des corolles jaunâtres et ponctuées, qui les lient avec celles de la section précédente.

††† Espèces à fleurs bleues , infundibuliformes , dont les lobes de la corolle sont au nombre de quatre à cinq réfléchis ; anthères séparées. Les tiges et autres organes de la végétation sont à peu près semblables à ceux des espèces de Pneumonanthe.

Nous regardons , comme types de cette section, les *G. cruciata*, L., et *G. macrophylla* , Pallas. La première est une Plante que l'on rencontre dans les bois montueux de l'Europe, notamment à Fontainebleau et Saint-Germain. Sa racine a ceci de particulier, qu'elle présente quatre faisceaux soudés entre eux, et qui, chaque

année , donnent naissance à autant de tiges, du milieu desquelles s'en élève une cinquième plus forte que les quatre latérales.

†††† Espèces à corolles hypocratériformes d'un bleu azuré magnifique , à divisions étalées et séparées par de petites laciniures , le plus souvent bifides , dressées et protégeant l'entrée du tube. La stature de ces Plantes est très-petite ; et de leur caudex qui rampe à la superficie du sol, s'élèvent des touffes de ramuscules , portant un grand nombre de fleurs.

Les *Gentiana verna* , *G. Bavarica* , *G. utriculosa*, *G. nivalis* , etc. , sont les principales espèces de ce groupe. Par leur abondance et la vivacité de leur couleur azurée, elles forment un des plus gracieux ornemens des Alpes de l'Europe.

††††† Espèces à corolles infundibuliformes, violettes, à cinq segmens plus ou moins dressés, séparés par des laciniures dont la grandeur est telle, qu'on les a toujours considérées comme des divisions de la corolle ; ovaire soutenu par un pédicelle qui s'allonge considérablement après la floraison.

Nous citerons, comme exemples de cette section , les *Gentiana Pyrenaica* , L. , *G. Altaica* , L. , *G. aquatica* , L., et *G. sedifolia*, Kunth. Elles habitent quelques localités spéciales dans les hautes montagnes des deux hémisphères. Ainsi, la première se trouve dans les Pyrénées ; les deux suivantes, dans les monts Altaïs et le Caucase ; et la quatrième, dans les Andes de l'Amérique méridionale.

†††††† Espèces à corolles hypocratériformes d'un bleu rougeâtre ou violet, à quatre ou cinq segmens étalés, sans laciniures, et munies chacune à leur face interne d'un faisceau de poils longs, dressés , et qui protègent l'entrée du tube. Les espèces de cette section sont rameuses et portent un grand nombre de fleurs situées chacune à l'extrémité d'une division des branches.

Les *Gentiana amarella*, L., et *G. campestris*, L., qui croissent dans les montagnes peu élevées de l'Europe , peuvent être considérées comme les espèces les plus remarquables de ce groupe.

†††††† Espèces à corolles divisées très-profondément en cinq segmens bleus, connivens, et présentant sur leurs bords de longs poils papillaires; ovaires pédicellés; tiges simples et ne portant qu'un petit nombre de fleurs.

Exemples : *Gentiana ciliata*, L., que l'on rencontre sur les collines argileuses de la France orientale et de l'Allemagne; *G. crinita*, Frœl., belle espèce des Etats-Unis de l'Amérique du nord; et *G. barbata*, Frœl., qui se trouve en Sibérie et dans la chaîne Caucasique.

††††††† Nous plaçons dans cette section toutes les Gentianes qui croissent dans les montagnes de l'Amérique méridionale, sauf la *Gentiana sedifolia*, Kunth, et peut-être quelques autres espèces qui se rapporteraient à la section où se trouve celle-ci. Elles ont un port qui les fait reconnaître facilement; leur calice est évasé et consistant; les segmens de leur corolle sont profonds et sans appendices qui les réunissent; la couleur des fleurs varie du bleu au rose violet, et même au blanc. Kunth (*Nov. Genera et Spec. Plant. Amer. œquin.* T. III, p. 167, tab. 220 et suivantes) en a fait connaître plusieurs espèces nouvelles, sous les noms de *G. limoselloides*, *G. rupicola*, *G. gracilis*, *G. saxifragoides*, *G. graminea*, *G. cerastioides*, *G. cernua*, *G. dianthoides*, *G. foliosa*, *G. corymbosa*, *G. liniflora*, *G. diffusa*, *G. hyssopifolia* et *G. spathacea*. Quelques-unes de ces espèces ont été publiées sous d'autres noms par Schultes (*Syst. Veget.*, vol. VI, p. 185 et suiv.), parce qu'elles étaient inscrites sous ces dénominations dans l'Herbier de Willdenow, auquel Humboldt les avait communiquées. Ainsi, les *G. peduncularis*, *G. linifolia*, *G. congesta*, *G. floribunda*, *G. rapunculoides*, *G. cæspitosa*, et *G. plicata* de Willdenow et Schultes, se rapportent respectivement aux *G. limoselloides*,

G. graminea, *G. corymbosa*, *G. liniflora*, *G. diffusa*, *G. sedifolia*, et *G. spathacea* de Kunth. (G..N.)

GENTIANÉES. *Gentianeæ.* BOT. PHAN. Famille de Plantes dicotylédones monopétales hypogynes, offrant pour caractères principaux : un calice persistant, monophylle, divisé en plusieurs segmens plus ou moins profonds ; une corolle monopétale, hypogyne, le plus souvent régulière, marcescente ou caduque, dont le limbe est partagé en autant de lobes réguliers et égaux entre eux qu'il y a de divisions calicinales, le plus souvent au nombre de cinq, quelquefois de quatre à huit, imbriqués pendant l'estivation ; des étamines insérées sur la corolle et alternes avec ses lobes, par conséquent en nombre égal à ceux-ci; les anthères sont soudées jusqu'à leur milieu avec l'extrémité des filets, et le pollen est elliptique et lisse; l'ovaire est surmonté d'un style ou de deux soudés en tout ou en partie, et d'un ou deux stigmates. Il devient une capsule, quelquefois une baie, polysperme, déhiscente par le sommet suivant deux sutures longitudinales qui unissent les deux valves dont elle se compose: à une ou à deux loges. Dans les capsules uniloculaires, les bords des valves ne proéminent pas intérieurement, ou bien ne forment qu'une saillie plus ou moins rentrante et circinale où les graines sont attachées; dans les biloculaires, les bords rentrans des valves s'atteignent, forment une cloison et un axe central séminifère ; les semences sont nombreuses, petites, quelquefois bordées d'une membrane renfermant un embryon droit au milieu d'un albumen mol et charnu ; sa radicule est longue et regarde l'ombilic. Les Gentianées sont des Herbes ou rarement des sous-Arbrisseaux, le plus souvent glabres, à feuilles toujours opposées, entières et sans stipules. Les feuilles qui occupent le sommet de la tige ou des rameaux ont souvent un aspect un peu différent des inférieures; ce sont de vraies bractées qui embrassent le faisceau de fleurs axillaires ou terminales. Le calice des Gentianées est lui-même évidemment un verticille de feuilles à peine déformées ; celui de la *G. campestris*, L., par exemple, a quatre sépales qui se croisent à angles droits et placés sur deux plans ; l'inférieur est formé de deux feuilles parfaitement semblables à celles de la tige. C'est donc dans cette famille mieux que dans toute autre parmi les Monopétales, qu'on peut vérifier la théorie du professeur De Candolle qui regarde les enveloppes florales comme composées de plusieurs pièces constamment réunies en vertu d'une cause inhérente à l'organisation, et non comme des organes uniques plus ou moins découpés ou divisés.

Les caractères que nous avons exposés rapprochent beaucoup les Plantes de la famille qui nous occupe de celles des Polémoniacées, des Scrophularinées et des Apocynées. Elles s'éloignent des premières par la déhiscence des capsules, et par le mode d'insertion des graines, des Scrophularinées par leurs fleurs régulières et par leurs étamines égales. Mais elles possèdent un port assez particulier et qui les fait reconnaître au premier coup-d'œil. Sous ce dernier point de vue, elles se lient avec les Apocynées, et ces deux familles ont encore ceci de commun que la plupart de leurs espèces sont douées de propriétés très-actives qui sont dues à un principe amer et âcre, très-développé surtout dans les racines des Gentianes.

Plusieurs genres de la famille des Gentianées ont éprouvé des coupes ou des subdivisions plus ou moins naturelles. Nous n'adopterons ici comme genres distincts que ceux qui, outre des caractères assez importans, forment des groupes de Plantes ayant entre elles de grandes ressemblances générales. Ainsi il y aurait abus de diviser le genre Gentiane (*V.* ce mot) comme l'a fait Borckhausen. D'un autre côté on ne saurait réunir dans le même cadre toutes les Plantes qui ont été agglomérées parmi

les *Chironia* par tous les auteurs systématiques.

On a divisé la famille des Gentianées en trois sections. La première est caractérisée par une capsule uniloculaire, et se compose des genres : *Gentiana*, L.; *Swertia*, L.; *Chlora*, L.; *Frasera*, Walt.; *Erythræa*, Rich.; *Centaurella*, Rich., *in Michx.*; *Coutoubea*, Aubl.; *Vohiria*, Aubl.; *Orthostemon*, R. Br.; et *Canscora*, Lamk.

La seconde section a la capsule biloculaire et renferme les groupes suivans : *Exacum*, L.; *Sebœa*, Soland. et R. Br.; *Mitrasacme*, Labill.; *Chironia*, L.; *Sabbatia*, Adans.; *Lisianthus*, L., et *Tachia*, Aubl.

Une troisième section pourrait être formée avec les genres *Spigelia*, L., *Mitreola*, Ach. Rich. Leur capsule est didyme, c'est-à-dire formée de deux carpelles arrondis et soudés.

Ventenat et De Candolle (Flore Française) ont réuni aux Gentianées le genre *Menyanthes* placé autrefois par Jussieu à la suite des Primulacées ; mais ses feuilles composées et alternes (cas insolite dans la famille des Gentianées) sont un indice que la nouvelle place qu'on lui a fait occuper n'est pas celle qui lui convient ; et s'il fallait justifier cette assertion, et faire voir en quoi le Ményanthe diffère des Gentianées quant à ses organes reproducteurs, il nous suffirait de parler de la manière dont les graines sont attachées dans la capsule. Nous les avons observées sur le milieu des valves, et non sur des placentas suturaux, comme dans les Gentianées. Mais si nous rejetons de cette famille le *Menyanthes*, peut-être serons-nous forcés d'y laisser le *Villarsia* que Ventenat a formé aux dépens de celui-ci. Ce genre a des feuilles opposées, entières, des placentas suturaux, des graines bordées, etc. Son port l'éloigne, il est vrai, des autres Gentianées, mais on sent combien la station aquatique de cette Plante doit en modifier l'organisation générale.

Le genre *Ophyorhiza* avait été

constitué par Linné avec deux Plantes de familles différentes. R. Brown (*Prod. Flor. Nov.-Holland.*, p. 450) a le premier indiqué la place de l'*Ophyorhiza Mungos* parmi les Rubiacées, et celle de l'*Ophyorhiza Mitreola* dans les Gentianées. Cette opinion a été embrassée par notre collaborateur Achille Richard, qui a donné les descriptions et les figures de ces deux Plantes , dans le premier volume des Mémoires de la Société d'Histoire naturelle de Paris.

Le genre *Potalia* d'Aublet, que le professeur de Jussieu avait placé à la fin des Gentianées, a été renvoyé aux Apocynées par R. Brown (*Botany of Congo* , p. 30). Ce dernier auteur , dans son Prodrome de la Flore de la Nouvelle-Hollande , a formé une autre section à laquelle il assigne pour caractères une capsule bipartible , et qu'il compose du genre *Logania*. Mais il a fait observer que ses affinités avec les Apocynées et les Rubiacées nécessitent l'établissement d'une nouvelle famille intermédiaire, et qui en outre doit se composer des genres *Geniostoma* , *Gaertnera*, *Usteria*, etc. *V*. ces mots. On ne compte plus au nombre des genres de Gentianées le *Nigrina* de Linné ou *Melasma* de Bergius. Linné fils en a fait une espèce de Gérardie. *V*. ce mot. Quant au genre *Anopterus* de Labillardière, il n'est pas convenable de le réunir aux Gentianées, quoiqu'il s'en rapproche beaucoup par la fructification. Le port de cet Arbre et ses feuilles éparses, glanduleuses et dentées en scie, semblent le rapprocher davantage des Ericinées. (G..N.)

GENTIANELLE. BOT. PHAN. *V*. EXACUM.

L'Ecluse désignait sous cette dénomination le *Gentiana acaulis*. Elle a été de nouveau employée par Delarbre et Borckhausen pour un genre formé avec le *Gentiana ciliata* , L., et qui n'a pas été adopté. (G..N.)

GENTIANOIDES. BOT. PHAN. (Feuillée.) Syn. de *Gentiana sessilis* du *Species* de Reichard; espèce américai-

ne omise dans les *Species* postérieurs.
(R.)

GENTILHOMME. OIS. Sorte d'Oie selon les uns , et de Fou selon d'autres , mentionnée par Pontoppidan (Hist. nat. de Norwège, T. II, p. 76) comme une bête assez stupide, venue du Nord , et qui vivrait de proie. (B.)

* **GENTIL DE STRASBOURG.** OIS. (Buffon.) C'est le nom donné à une variété de la Linote. *V*. GROS-BEC. (DR..Z.)

* **GENTIS.** BOT. PHAN. (Mentzel.) Syn. de Gentiane, et probablement racine du nom donné aux Plantes de ce genre ; il paraît dériver du nom d'un Gentius, roi d'Illyrie. Ce serait avec *Euphorbia* , l'un des premiers exemples de ces dénominations patronimiques dont Linné fit un si ingénieux emploi, et dont aujourd'hui l'on fait un si ridicule et déplorable abus. *V*. BAUDINIE et BUCHOSIE. (B.)

GÉOCORISES. *Geocorisœ*. INS. Famille de l'ordre des Hémiptères , section des Hétéroptères , fondée par Latreille (Règn. Anim. de Cuv.) et ayant, suivant lui, pour caractères : antennes découvertes , plus longues que la tête , insérées entre les yeux près de leur bord interne, de quatre à cinq articles. Les Géocorises , c'est-à-dire Punaises terrestres , nom qui leur a été donné par opposition à celui de Punaise d'eau , se composent du grand genre *Cimex* de Linné. La plupart des espèces qu'elles comprennent vivent aux dépens de plusieurs Insectes qu'elles sucent avec leur bec; plusieurs se nourrissent aussi de certains Végétaux. En général , elles répandent toutes une odeur assez forte et très-puante. Cette grande famille est divisée par Latreille de la manière suivante :

† Gaîne du suçoir de quatre articles distincts et découverts; labre très-prolongé au-delà de la tête en forme d'alène et strié en dessus ; les tarses toujours de trois articles distincts, dont le premier presque égal au second ou plus long que lui. (Tri-

bu des Longilabres ou ancienne famille des Corisies.)

I. Antennes toujours filiformes, composées de cinq articles ; corps ordinairement court, ovale ou arrondi.

Genres : Scutellère, Pentatome.

II. Antennes de quatre articles ; corps oblong.

a. Antennes filiformes ou plus grosses à leur extrémité.

Genres : Corée, Lygée, Alyde, Neide, Myodoque.

β. Antennes plus grêles à leur extrémité et diminuant insensiblement en pointe.

Genre : Miris.

γ. Antennes plus grêles à leur extrémité et dont les deux derniers articles sont brusquement plus grêles que le précédent.

Genre : Capse.

†† Gaîne du suçoir de deux ou trois articles apparens ; labre court et sans stries ; premier article des tarses, et souvent même le second, très-courts dans le plus grand nombre. (Ancienne famille des Cimicides.)

I. Pieds insérés au milieu de la poitrine et terminés par deux crochets distincts, prenant naissance du milieu de l'extrémité des tarses, et ne servant ni à ramer ni à courir sur l'eau.

a. Bec toujours droit, engaîné à sa base ou dans sa longueur ; yeux de grandeur moyenne ; point de cou ni d'étranglement brusque à la jonction de la tête avec le corselet ; corps ordinairement en tout ou en partie membraneux et le plus souvent très-aplati. (Tribu des Membraneuses.)

Genres : Macrocéphale, Phymate, Tingis, Arade, Punaise.

β. Bec arqué ou quelquefois droit, découvert, avec le labre saillant ; yeux de grosseur moyenne ou très-gros ; tête étranglée brusquement ou rétrécie postérieurement en forme de cou.

* Tête oblongue portée sur un cou ; yeux de grandeur moyenne. (Tribu des Nudicolles.)

Genres : Reduve, Nabis, Pétalocheire, Zelus, Ploière.

** Tête transverse n'ayant point de cou apparent, mais étant séparée du corselet par un étranglement ; yeux très-gros. (Tribu des Oculées.) On les rencontre sur le bord des eaux ; elles courent très-vite et accélèrent leur marche par de petits sauts.

Genres : Leptope, Acanthie, Pelogone.

II. Quatre pieds postérieurs très-grêles et fort longs, insérés sur les côtés de la poitrine et très-écartés entre eux à leur naissance, terminés par des crochets fort petits, peu distincts, situés dans une fissure de l'extrémité latérale du tarse et servant à ramer ou à marcher sur l'eau. (Tribu des Rameuses.)

Genres : Hydromètre, Gerris, Velie.

Fabricius avait établi plusieurs genres dans cette famille ; voici leur concordance avec ceux de Latreille qui viennent d'être mentionnés : le genre *Tetyra*, Fabr., est compris dans le genre Scutellère. Les genres *Edessa*, *Ælia*, *Cimex*, *Halys*, *Cydnus* correspondent à celui des Pentatomes. Presque tous les *Gerris* sont des Alydes, et les *Berytus* sont des Neides. Son genre *Syrtis* est dispersé dans les genres Macrocéphale et Phymate. Son genre *Acanthia* tel qu'il l'a démembré lui-même est représenté par celui de Punaise, et celui d'*Emesa* rentre dans les Ploières. Son genre *Salda* est l'analogue du genre Acanthie. Enfin son genre *Hydrometra* se trouve réparti dans les Hydromètres, les Gerris et les Velies de Latreille. *V.* tous ces mots.   (AUD.)

GÉODE. MIN. On donne ce nom à certains rognons creux dont les parois intérieures sont ordinairement tapissées de Cristaux ou de Stalactites, tantôt de la même nature que la substance enveloppante, et tantôt d'une nature différente. Souvent la cavité est occupée par une matière terreuse qui ne la remplit pas entièrement, et qu'on entend résonner dans l'intérieur, lorsqu'on fait mouvoir la Géode. C'est probablement de cette circonstance qu'est venu le nom que lui ont donné les anciens minéralogistes. (G. DEL.)

GÉODIE. *Geodia.* POLYP. Genre de l'ordre des Alcyonaires dans la division des Polypiers sarcoïdes, plus ou moins irritables et sans axe central. Il offre pour caractères : Polypier libre, charnu, tubériforme, creux et vide intérieurement, ferme et dur dans l'état sec ; à surface extérieure partout poreuse ; des trous plus grands que les pores, rassemblés en une facette latérale, isolée et orbiculaire. Lamarck a établi ce genre dans son grand ouvrage sur les Animaux sans vertèbres, et le place avant les Alcyons. Il n'est composé que d'une seule espèce, la Géodie bosselée, *Geodia gibberosa*, qu'il croit originaire des mers de la Guiane. N'ayant aucune idée de ce Polypier, nous croyons devoir nous borner à copier Lamarck. « Le Polypier singulier dont nous formons ici un genre à part, appartient sans doute à la famille des Alcyons ; mais il est si particulier, qu'en le réunissant aux Alcyons, l'on augmenterait encore la disparate qui existe déjà entre plusieurs des espèces que l'on rapporte à ce genre. Les Géodies, que l'on peut, en effet, comparer à des Géodes marines, sont des corps subglobuleux, creux et vides intérieurement comme de petits ballons. Ils sont composés d'une chair qui empâte des fibres extrêmement fines, et qui, par le desséchement, devient ferme, dure même, et ne conserve que peu d'épaisseur. La surface externe de ces corps est parsemée de pores enfoncés, séparés et épars ; et, en outre, l'on voit en une facette particulière, orbiculaire et latérale, un amas de trous plus grands que les pores, qui donnent à cette facette l'aspect d'un crible isolé, et paraissent être les ouvertures des cellules, mais qui ne sont que des issues pour l'entrée de l'eau dans l'intérieur du Polypier. Ainsi, la forme d'une Géode close, et la facette orbiculaire et en crible que l'on observe sur les Géodies, constituent leur caractère générique. Nous n'en connaissons encore qu'une espèce que nous croyons inédite. (LAM..X.)

GEODORUM. BOT. PHAN. Genre de la famille des Orchidées et de la Gynandrie Monandrie, L., établi par Jackson (*in Andrews Reposit.*, tab. 626) et adopté par R. Brown (*in Hort. Kew.*, vol. 5, p. 207) avec les caractères suivans : périanthe à six parties dont cinq semblables, presqu'égales, étalées ; labelle en forme de capuchon renflé (quelquefois muni d'un éperon à sa base), sessile et non articulé avec le gynostème ; anthère terminale, operculaire, caduque ; deux masses polliniques, uniformes, céréacées, et ayant un petit lobe situé postérieurement. Ce genre se compose de trois Plantes indigènes des Indes-Orientales, et cultivées dans les jardins d'Angleterre. Lindley (*Botanical Register*, n° 116) l'a placé dans la première section des Epidendrées, que caractérisent les masses polliniques soutenues par un fil unique ou seulement distinctes par une glande. Le *Geodorum citrinum*, figuré par Andrews (*loc. cit.*), peut en être considéré comme le type. Les deux autres espèces sont les *Geodorum purpureum*, R. Br., ou *Malaxis nutans*, Willd., *Limodorum nutans*, Roxb. (*Corom.*, vol. 1, tab. 40) ; et le *G. dilatatum* ou *Limodorum recurvum*, Willd. et Roxb., *Coromand.*, vol. 1, tab. 59. (G..N.)

GEOFFRÉE. *Geoffrœa.* BOT. PHAN. Genre de la famille des Légumineuses et de la Diadelphie Décandrie, L., établi par Linné et adopté par tous les botanistes modernes avec les caractères suivans : calice campanulé, divisé jusqu'à son milieu en cinq lobes étalés et formant presque deux lèvres ; corolle papilionacée dont l'étendard est grand, plane, arrondi et échancré, les ailes égales à la carène qui est comprimée; fruit drupacé, ovoïde, marqué d'un sillon de chaque côté, contenant un noyau de même forme que le fruit, presque ligneux, bivalve et monosperme. En décrivant ce genre, Schreber et Willdenow ont changé l'orthographe de son nom et l'ont appelé *Geoffroya*, conservant ainsi sans altération le nom de Geoffroy, naturaliste célèbre auquel Linné avait dédié sa Plante. Les genres *Andira* de Lamarck et *Deguelia* d'Aublet ont de si grands rapports avec le *Geoffrœa* que plusieurs auteurs les ont réunis. *V.* ANGELIN et DÉGUÉLIE. Aublet a décrit plusieurs Plantes sous d'autres noms génériques, mais qui doivent aussi prendre place parmi les Geoffrées. Ainsi le *Vouapoua Americana* (Guian., tab. 375) est synonyme du *Geoffrœa racemosa*, Poiret, ou *Andira racemosa*, Lamk. L'*Acouroa violacea* (*loc. cit.* tab. 301) a été nommé *Geoffrœa violacea* par Persoon. C'est sur cette Plante que Necker établit son genre *Drackenstenia*. Mais ce dernier rapprochement, opéré par Persoon, exige une révision.

Les espèces de ce genre, au nombre d'une dixaine, habitent les contrées équinoxiales et orientales de l'Amérique. Poiret (Encycl. Méthod., vol. VIII, p. 182) en cite une (*Geoff. tomentosa*) comme indigène du Sénégal, mais il n'est pas certain que cette Plante appartienne à notre genre, puisque l'on n'en connaît pas le fruit. Ce sont des Arbres ou des Arbustes, dont quelques-uns sont épineux; leurs feuilles sont opposées et imparipennées; leurs fleurs sont disposées en grappes axillaires et odorantes. Parmi les Plantes les plus remarquables on distingue les *G. spinosa*, L., et *G. inermis*, Swartz. La première est un Arbre haut d'environ quatre à cinq mètres, dont les branches sont armées d'épines subulées qui ont jusqu'à trois centimètres de long. On la trouve dans les grandes forêts qui avoisinent la mer près de Carthagène et dans les Antilles. Marcgraaff et Pi-

son en ont parlé (*Brasil.*, 121) sous le nom d'*Umari* qui a été adopté par les auteurs de l'Encyclopédie. Le *Geoffrœa inermis* croît dans les mêmes contrées que la précédente espèce. Il en diffère surtout, comme son nom l'indique, par l'absence des épines sur ses branches.   (G..N.)

GEOFFROY. ZOOL. (Temminck.) Espèce du genre Coua. *V.* ce mot. Le même nom a été imposé par Risso à un Crénilabre.   (B.)

GEOGASTRI. BOT. CRYPT. Division des *Gasteromyci*, établie par Nées dans son *Systema*, et qui correspond à une des sections de la famille des Lycoperdacées. *V.* ce mot.   (AD. B.)

GÉOGÉNIE. *V.* GÉOLOGIE et TERRAINS.

GÉOGLOSSE. *Geoglossum.* BOT. CRYPT. (*Champignons.*) Le genre Géoglosse a été fondé par Persoon aux dépens des Clavaires; il diffère de celles-ci par sa massue fructifère distincte du pédicule, beaucoup plus courte que ce pédicule, qui est en général allongé, cylindrique, simple, tandis que la massue est ovale et ordinairement comprimée; du reste, la structure de la membrane qui recouvre cette massue, est la même que celle des Clavaires; elle présente de même des thèques entremêlées de paraphyses ou filamens stériles; ces thèques renferment ordinairement cinq à six sporules.

Les espèces de ce genre sont peu nombreuses; elles sont la plupart noires ou d'une couleur foncée. On les trouve en général dans les prairies ou dans les lieux humides, où elles croissent sur la terre.

La *Clavaria ophioglossoides*, Linn.; Bull., Champ., t. 372, peut être regardée comme le type de ce genre, dans lequel sont venus se ranger quelques espèces nouvelles assez voisines.   (AD. B.)

GÉOGNOSIE. *V.* GÉOLOGIE et TERRAINS.

GÉOGRAPHIE. MOLL. Nom mar-

chand d'une Porcelaine et d'un Cône.
(B.)

GÉOGRAPHIE, sous les rapports de l'histoire naturelle. La Géographie, science autour de laquelle se viennent, pour ainsi dire, grouper toutes les autres, n'est pas seulement, comme semblerait l'indiquer l'étymologie de son nom, la connaissance de la figure de la terre; son étude embrasse l'histoire du globe entier et se rattache aux méditations de l'astronomie qui nous fait connaître les imprescriptibles lois auxquelles obéit la multitude de globes disséminés dans l'espace. — Sous le point de vue politique, elle appartient à l'histoire, et fixant les limites de ces dominations fondées selon l'audace ou la pusillanimité des Hommes, elle marque encore les bornes où nos usurpations sur le reste de la nature doivent s'arrêter.

Telle que nous devons l'envisager ici, la Géographie se dégage de ces divisions factices qui, fugitifs résultats de conquêtes et jouets du temps, varient ou s'effacent souvent dans la seule durée d'une révolution annuelle. La constitution des continens et des îles, la circonscription des mers, les fleuves, les rivières et les torrens qui fertilisent ou dépouillent le sol, les montagnes, les roches et les volcans qui sont comme la charpente de la terre ou qui en déchirent le sein, la distribution des Plantes que nourrissent les divers terrains et les eaux à des profondeurs ou à des hauteurs diverses et selon des lois si variées; celle des Animaux qui, vivant de Plantes ou d'autres Animaux, ne peuvent avoir de patrie que la patrie même de ce qu'ils dévorent; en un mot, l'histoire entière des corps soit bruts, soit organisés, dont se compose la planète que nous habitons, et tout ce qui peut donner une idée de sa physionomie, est du ressort de cette partie de la Géographie dont nous allons nous occuper. Pour son étude, nous soumettrons au lecteur l'esquisse d'une mappemonde où l'on ne trouvera point de ces

frontières arbitrairement coloriées d'empires éphémères ou des capitales destinées à déchoir, avec des villages qui peuvent à leur tour s'élever au rang de capitales; nous y indiquerons à leur place les plus remarquables des bassins généraux et les régions naturelles où divers modes de création ont dû s'opérer, où ces modes de création doivent se perpétuer tant que des révolutions physiques ne viendront pas interrompre le cours actuel des choses; enfin où, par diverses causes nécessairement et constamment agissantes, les résultats de ces modes de création doivent se rapprocher, se mêler, se confondre même, et passant parfois de l'un à l'autre, demeurer subordonnés à des modifications successives et continuelles qui changent insensiblement l'aspect de l'univers.

Nous avons, dans l'article Création, indiqué quel dut être l'ordre dans lequel les êtres organisés vinrent successivement animer le globe; nous suivrons, pour indiquer la dissémination de ces êtres à sa surface, la gradation selon laquelle ils y furent introduits. — Les productions des eaux durent, comme on l'a dit, précéder celles d'une terre que submergeait un Océan sans rivages. Les Végétaux purent plus tard, seulement quand cette terre fut exondée et suffisamment desséchée, parer son étendue primitivement fangeuse. Les Animaux herbivores, qui n'eussent pu précéder les Végétaux, les suivirent dans le pompeux cortége des existences perfectionnées; les espèces sanguinaires vinrent à leur tour; l'Homme apparut enfin, et, dans son orgueil, imagina que l'univers était achevé. Cependant il devait encore éclore d'innombrables séries de créatures organisées qui, vivant aux dépens des créatures déprédatrices mêmes, et habitant la propre substance de celles-ci, n'auraient pu se développer si les corps qu'ils dévorent vivans n'eussent vécu précédemment et comme pour leur fournir une curée. Ainsi la création qui, passant du simple au compliqué, s'était élevée du genre Monade au genre Humain, se terminait enfin par des séries non moins simples dans leur organisation que celles par où tout avait commencé; comme si, dans la totalité de ce qui la compose, la nature s'était plue à se renfermer en un vaste cercle.

Avant de suivre la même marche, nous donnerons d'abord une idée succincte de la forme de ce globe qu'il est question de peupler, et dont cet ouvrage est destiné à faire connaître les habitans.

Corps opaque, à peu près sphérique, lancé dans le système solaire dont il est une planète, sa distance à l'astre qui l'éclaire est de 34,505,422 lieues; il tourne autour de cet astre en 365 jours 5 heures 45 minutes 43 secondes, et cette révolution est l'année; tournant en outre sur lui-même dans vingt-quatre heures, cette révolution secondaire est le jour. Un axe sur lequel est censé s'exercer ce dernier mouvement, traversant le globe, y passe par deux points opposés appelés *pôles*; l'un se nomme *arctique* et marque le nord; l'autre s'appelle *antarctique*, c'est celui du sud. Vers ces deux points, la terre est légèrement aplatie; le diamètre dont les pôles sont les deux extrémités, est de 2,860 lieues; celui qui le coupant à angle droit se conçoit d'un point de l'équateur à un point opposé est de 10 lieues environ plus grand. L'*équateur* est le cercle du globe qui, à une distance égale des deux pôles, le coupe précisément par le milieu, et dont la circonférence est d'environ 8,580 lieues. Comme la rotation diurne n'a pas lieu dans un plan parallèle à celui de la coupe du globe par l'équateur, mais que l'axe qui passe par les pôles est incliné de 23° 28' sur ce plan, on a imaginé deux parallèles appelés *tropiques*, limites apparentes pour nous de la marche du soleil; le septentrional est le tropique du Cancer, le méridional celui du Capricorne. Ces noms viennent de ce que pour les

Hommes de l'hémisphère où fut inventée l'astronomie, le soleil, parvenu au solstice d'été, semble redescendre vers le sud, ou reculer par une marche imitative de celle d'un Crustacé, vers le tropique opposé, d'où il remonte vers le septentrion aussitôt qu'il y est parvenu, comme la Chèvre escalade d'un pied agile le sommet des monts escarpés qu'elle habite. La marche du soleil entre les tropiques détermine les saisons qui sont opposées pour les deux hémisphères, c'est-à-dire dont l'un se trouve en hiver quand l'autre est en été, et au printemps quand celui-ci est en automne. On appelle *solstice* le point de chacun des tropiques qu'atteint la plus grande élévation ou le plus grand abaissement du soleil dans l'*écliptique*, qui est le cercle coupant obliquement l'équateur dans lequel le soleil paraît tourner autour de la terre. Le solstice d'été est pour nous celui où le soleil, parvenu au tropique septentrional ou du cancer, doit redescendre; il détermine le plus long jour de l'année pour notre hémisphère, et conséquemment le plus court pour l'hémisphère austral. Le solstice d'hiver, qui marque le jour le plus court de nos hivers, et conséquemment le plus long pour l'autre côté de la ligne, est celui où le soleil, arrivant au tropique du Capricorne, l'abandonne aussitôt pour remonter vers le nôtre. Les deux points opposés où l'écliptique coupe l'équateur, s'appellent *équinoxes*, parce que les nuits sont égales aux jours en durée, quand le soleil y passe dans sa révolution annuelle. Cette élévation et cet abaissement alternatif et régulier du soleil sur le plan de l'équateur terrestre, produisant les saisons et conséquemment l'inégalité de la durée des jours et des nuits, a non-seulement servi de moyen pour mesurer le temps, mais encore pour déterminer sur le globe une division de climats que les astronomes et les géographes ont évaluée en heures, mais que le naturaliste considère sous le point de vue de l'influence qu'ils exercent sur la réparti-

tion à la face du globe des êtres organisés. La circonscription de ces climats, considérés ainsi physiquement,
ne dépend pas uniquement de la distance à l'équateur; elle se modifie
par une multitude de causes locales,
ainsi que De Candolle l'a fort savamment expliqué quand il a porté la lumière dans la Géographie botanique
jusqu'à lui seulement indiquée, et
déjà surchargée de considérations
spéculatives qui, sans l'esprit judicieux du professeur genevois, eussent
détourné cette science de la marche
qu'elle doit tenir.

Les principaux climats sont ceux
qui dès long-temps ont été indiqués
sous le nom de zônes. Ils sont au
nombre de trois :

1°. La Zône torride : unique, centrale, contenue entre les deux tropiques, de plus de 1,100 lieues de
largeur, coupée en deux parties presque égales par l'équateur ; ainsi
nommée de la chaleur perpétuelle qui
ne cesse d'y régner, chaleur plus
grande, *à circonstances égales de lóca-
lité*, qu'elle ne l'est jamais en dehors
des tropiques. Ici, quand le sol n'est
point abandonné à l'ardeur dévorante
d'un soleil rarement éloigné de la
perpendiculaire, et que les eaux, fécondées par l'influence de ce grand
foyer, ne s'évaporent pas sans profit
pour la végétation, la nature produit
avec complaisance et même avec
luxe, les plus pompeuses de ses
merveilles et le plus de ces créatures auxquelles ses lois imposèrent
des formes prodigieusement variées. La végétation n'y cesse point,
la vie dans toute son intensité ne s'y
use que par l'exercice continuel de
ses propres forces; et quand une mort
hâtive y vient atteindre des êtres qui
vécurent trop vite, ces êtres sont
aussitôt remplacés sans efforts par l'effet d'une puissance productrice infatigable.

2°. La Zône tempérée : double,
dont une moitié est au nord de la
zône torride, et l'autre au sud, s'é-
tendant des deux tropiques aux deux
cercles polaires. La largeur de cha-

cune de ses parties est de mille lieues
au moins. Dans leurs limites tropicales, elles sont souvent plus chaudes
que certaines parties de la torride,
tandis que d'autres points de leur
surface éprouvent déjà les rigueurs
d'un éternel hiver.

3°. La Zône glaciale : également
double, dont les deux parties opposées,
limitées d'un côté par le cercle polaire, ont les pôles pour centre et non
pour extrémité. Région déshéritée, où
la nature semble expirer dans les longueurs alternatives de jours sans
éclat ou dans la profondeur de ténè-
bres humides. Des neiges éternelles y
réfléchissent une lumière égarée au
bruit confus du déchirement des montagnes de glace contre lesquelles bri-
sent en mugissant des flots qui deviennent aussitôt solides. Lieux où
la vie ne saurait s'acclimater, où
des rayons épars dans une atmosphère brumeuse donnent au sein de
nuits de plusieurs mois une imparfaite image de nos aurores, tandis que des vapeurs épaisses et des
nuages glacés, s'élevant de la surface
des mers à l'aspect d'un soleil toujours présent sur l'horizon, viennent
obscurcir l'astre qui partout ailleurs
féconde l'univers.

Ainsi, en partant de l'équateur
pour nous élever ou nous abaisser
vers les pôles, nous avons vu la zône
torride durant trois cent soixante-
cinq jours et le même nombre de
nuits, se montrer féconde quand l'ardeur du soleil n'en dévore pas les innombrables productions ; nous avons
vu, au contraire, la zône glaciale
plongée dans le deuil du seul jour et
de la seule nuit dont l'année se compose pour elle. Eprouvant l'influence du voisinage de l'une et de
l'autre vers ses deux extrémités, la
zône tempérée a des saisons mieux
déterminées ou du moins plus ma-
nifestées. Par l'effet que ces saisons
produisent sur les créatures qui
l'habitent, la nature, toujours *à
circonstances égales de localité*, ne
s'y montre point aussi libérale-
ment dispensatrice de trésors que

dans la torride, mais n'y paraît jamais avare; ce n'est qu'en se rapprochant des pôles qu'on la voit devenir parcimonieuse et finalement stérile. Si dans un point favorisé des zônes fécondes, cette mère commune étale au bord des eaux toutes ses richesses, le rivage, la plaine ou le vallon seront couverts de riantes prairies ou de majestueuses forêts; de nombreuses races d'Animaux y viendront chercher leur pâture, leur proie et des ombrages; que le sol s'élève, que la plaine, la rive ou le vallon se trouvent situés vers la base de quelque mont sourcilleux dont le faîte se perd dans les dernières régions de l'atmosphère, on observera, en gravissant sur les pentes alpines, que la température changeant de leur base jusqu'aux sommets, et passant par les mêmes nuances qui la diversifient depuis l'équateur jusqu'aux pôles, les productions végétales et animales se modifieront successivement, suivant ces changemens de température, de sorte que parvenu au faîte des montagnes, on y trouvera les glaces et l'infécondité des pôles. Nous pourrions citer un grand nombre d'exemples de localités où de pareilles transitions s'opèrent dans un court espace de chemin. Ils sont fréquens dans les hautes crêtes de certaines îles et du voisinage des mers des pays chauds; le pic de Ténériffe entre l'ancien et le nouveau monde, la Sierra-Névada au sud de l'Espagne et vis-à-vis la Barbarie, nous ont paru les points du globe où, sans aller trop loin, un naturaliste européen peut, dans le cours d'une seule journée, passer d'une nature torride à une nature polaire; il y observera de toise en toise de ces changemens de climat que, dans un voyage entrepris depuis la ligne jusqu'aux glaces arctiques, il ne reconnaîtrait guère que de cent lieues en cent lieues. Une excursion de cette nature donne plus d'idées exactes en Géographie naturelle que la lecture de tant d'ouvrages où l'on croit avoir additionné les productions de la terre quand on a compulsé des catalogues souvent informes et composés par des auteurs qui tous n'attachaient pas aux noms imposés à chaque chose une valeur rigoureusement déterminée.

Agrandissant le cercle des idées que firent naître de tels voyages dans notre esprit, nous pensâmes, dès notre première ascension sur de grandes montagnes, qu'on pouvait considérer les deux moitiés du globe même comme deux montagnes immenses, opposées base à base, dont la ligne équatoriale était le vaste pourtour, et dont les deux pôles étaient les cimes avec leurs éternels glaciers; et, comme à mesure qu'on s'élève dans les Alpes, on trouve sur leurs flancs des régions variées où, selon l'exposition, les abris, la nudité, la sécheresse, l'arrosement et autres causes d'humidité et de chaleur, mille aberrations climatériques se peuvent observer; de même, à mesure qu'on s'élève sur l'une des deux grandes montagnes terrestres de leur base commune à leurs sommets distincts, c'est-à-dire de l'équateur aux pôles, on est frappé des perturbations occasionées par les mers, par les bassins, par les déserts dépouillés ou par des ramifications des montagnes dans la physionomie des lieux. C'est dans la partie de cet article consacré à la Géographie des Plantes que l'influence de ces causes diverses sera plus particulièrement examinée; nous devons auparavant terminer ces généralités par un aperçu de la figure du globe, figure qui n'a pas moins d'influence sur la Géographie naturelle que l'élévation des lieux par rapport à l'équateur.

Outre les parallèles à l'équateur, par lesquels sont circonscrites les zônes, les astronomes imaginèrent d'autres cercles qui les coupent perpendiculairement et qu'on nomme *méridiens*. Ces cercles indiquent qu'il est simultanément midi ou minuit sous tous les points de leur étendue qui va d'un pôle à l'autre. On leur avait supposé quelqu'influence dans la Géographie naturelle, mais cette influence paraît être nulle ou à peu près nulle.

La surface du globe se compose de terre et d'eau ; cette eau doit, antérieurement à l'existence de la plupart des créatures actuelles, avoir couvert la terre. Il n'entre pas dans le cadre de cet article de rechercher les causes qui ont pu faire surgir les continens et les îles, ou par quelles révolutions physiques les îles et les continens furent soustraits à l'empire de l'Océan. C'est aux articles VOLCANS, GÉOLOGIE, MER et CRÉATION, que ces points doivent être examinés. Il suffit ici de dire que les mers, maintenant restreintes dans leur bassin où des lois qui régissent les liquides enchaînent leurs flots, occupent les trois quarts au moins de la surface du globe. Un mouvement de flux et de reflux leur est imprimé par l'action qu'exerce sur notre atmosphère (*V*. ce mot) la lune, 49 fois plus petite que la planète, à la marche de laquelle ce satellite se trouve attaché, et que 85,000 lieues séparent de nous. Ce mouvement de flux et de reflux a son import .nce en Géographie naturelle puisqu'il nous procure la facilité d'étudier les productions océaniques qui prospèrent ou décroissent en nombre selon qu'elles vivent alternativement couvertes ou découvertes par les eaux de la mer, ou qu'elles demeurent éternellement plongées dans ses profondeurs. Il influe encore sur la Géographie physique, en ce que, imprimant, par réaction, des mouvemens dans l'atmosphère, il n'est pas étranger à l'action des vents dont le rôle est important à la surface de la terre pour disséminer, favoriser ou contenir la végétation. La mer influe encore sur les productions terrestres en modifiant la température de ses rivages. Ceux-ci n'étant, *toutes circonstances de localité égales d'ailleurs*, ni aussi froids en hiver, ni aussi chauds en été que l'intérieur des terres, jouissent d'une sorte d'égalité atmosphérique par l'effet de laquelle la propagation d'une quantité d'êtres de la Torride s'é-

tend dans les deux moitiés de la zône tempérée, et des créatures de cette dernière jusque dans quelques baies de la zône glaciale. Aussi les îles, d'autant plus assujetties à l'influence de cette égalité qu'elles sont moins considérables, présentent-elles souvent dans leur végétation, et dans les Animaux qu'elles nourrissent, des particularités qui paraissent renverser l'idée qu'on se forme de l'influence des climats jusqu'ici trop servilement considérés dans leur parallélisme.

Après l'influence du voisinage des mers, celle de l'élévation du sol a le plus d'empire sur la répartition des corps organisés à la surface du globe. Nous l'avons déjà indiquée en comparant le globe à deux montagnes opposées par leur base ; elle sera bientôt examinée sous d'autres rapports. Quant aux corps bruts, aux roches, aux substances minérales, charpente de notre planète, élémens et supports de tous corps organisés, la nature, en les prenant pour base de ses enfantemens, ne leur donna point de limites géographiques. Partout les mêmes, ces corps bruts ne sont sujets qu'a des circonstances locales qui peuvent partiellement les bouleverser et rompre leurs rapports de juxta-position, mais non leur fournir les moyens de se propager de proche en proche à la surface de ce globe dont ils sont les fondemens éternels mais inertes par eux-mêmes. *V*. GÉOLOGIE.

Cependant si ces corps bruts ne sont point soumis aux lois qui président à la distribution des Plantes et des Animaux à la surface des terres ou dans les profondeurs des mers, ils exercent une grande action sur cette distribution. Les pluies abaissant les monts qu'elles dépouillent, et nivelant à la longue le globe dont elles étendent insensiblement les plaines aux dépens des sommités ; les volcans à leur tour soulevant des plaines pour les transformer en montagnes, sont, en Géographie physique, ce que les guerres et les conquêtes sont relativement à la Géographie politique. Ces causes viennent bouleverser les limites dans lesquelles se renfermaient certaines créatures, qu'elles contraignent à la dispersion lorsqu'elles ne les détruisent pas. On pourrait citer d'autres exemples d'influences perturbatrices ; ainsi l'arène mobile, envahissant certains rivages, y vient déterminer une végétation et conséquemment un mode d'animalité fort différent de ce qui dut exister d'abord. La Salicorne, le Triglochin, les Glauces disparaîtront pour faire place au Panicaut maritime, aux Soudes, à la Soldanelle, à l'Arénaire portulacoïde. Quelques Pimélies et plusieurs Curculionides, qui, s'abandonnant aux vents, se plaisent à se faire rouler avec les parcelles arénacées, succéderont au Carabe maritime ainsi qu'aux petits Crustacés de la plage. Que l'Homme parvienne à fixer ce sable vagabond, que se faisant un auxiliaire de quelques Graminées à racines agglomératrices, il contraigne l'éblouissante surface de la dune à supporter de verdoyantes forêts, le mode de végétation et de vie doit changer de nouveau. Les Soudes, les Panicauts, la Soldanelle, feront place aux Genêts, aux Cistes, aux Ronces, et bientôt même aux Mousses ainsi qu'aux fraîches Fougères qui, dans d'autres expositions, eussent précédé tout autre mode d'existence. Alors, l'Insecte dont la larve se nourrit de bois viendra remplacer dans la forêt nouvelle le Coléoptère des sables, et l'Oiseau, soit granivore, soit insectivore, remplaçant la Mouette ou le Vanneau du rivage, viendra mêler au murmure des feuilles ses chants d'amour, qui, trahissant son existence, doivent attirer l'Épervier. L'Écureuil et d'autres Rongeurs, le Chevreuil, enfin le Cerf, appelleront à leur tour la férocité des Loups et du chasseur.

L'Homme apporte encore de nouveaux changemens dans la physionomie du globe, soit qu'il en défriche les solitudes, qui, sous sa main, se

peuplent d'êtres nouveaux, soit qu'au contraire il épuise un sol long-temps fertile, pour le métamorphoser en aride désert. Son influence est puissante ; s'il extermine des races, il en propage ; il opprime les unes pour protéger les autres ; enfin cette influence, dans la distribution géographique des créatures, n'est pas moindre que celle des vents, des eaux et du feu des volcans.

C'est donc au milieu de mille aberrations et de tant de causes de changement que le naturaliste doit étudier les lois, en vertu desquelles la dissémination des êtres a lieu à la surface de la planète que nous habitons, et rechercher les lois qui présidèrent à l'établissement de ces êtres sur tel ou tel point de la terre, ainsi qu'à leur colonisation hors des circonscriptions naturelles entre lesquelles ils avaient été originairement formés.   (B.)

† DISTRIBUTION GÉOGRAPHIQUE DES PRODUCTIONS AQUATIQUES.

α Hydrophytes des eaux salées.

Aucun naturaliste, en s'occupant de Géographie physique, n'a paru songer jusqu'ici qu'il existât des Hydrophytes, dont nous devrons d'abord nous occuper. Nous avons songé à réparer cette omission en lisant dernièrement à l'Académie des Sciences un Mémoire sur la distribution de ces Plantes au sein des mers. Possesseur de plus de douze cents espèces dans notre herbier, ayant consulté les collections de Delessert, de Jussieu, de Desfontaines, de Labillardière, du Muséum, et surtout celles que l'un de nous (Bory de Saint-Vincent) a réunies, dans ses nombreux voyages, avec tant d'élégance ; très-riche en Hydrophytes des mers australes, rapportées par divers navigateurs ; ayant reçu beaucoup de Plantes marines ramassées dans les environs du cap Horn, à Lima, à Valparaiso, sur le banc de Bahama, à Terre-Neuve ; enfin, possédant presque tous les ouvrages qui ont traité des Hydrophytes, nous croyons pouvoir hasarder quelques notions sur leur répartition, avec la certitude que ce qu'on a publié sur les Aérophytes, ou Plantes qui végètent dans l'atmosphère, n'est guère plus avancé.

Moins une Plante est compliquée dans son organisation, plus elle semble avoir de force pour résister aux influences des milieux qui l'environnent; d'après ce principe, l'on ne doit pas être étonné de trouver les mêmes Plantes agames à toutes les latitudes; elles semblent braver les chaleurs de la zône torride et les frimats des régions glacées. Il en est de même de quelques Hydrophytes, principalement des Ulvacées, dont quelques espèces vivent indifféremment dans les mers équatoriales et sur les rochers marins du Groenland. Il est reconnu que le nombre des genres comparé à celui des espèces est plus grand dans les régions tempérées que dans les pays très-chauds ou très-froids, ainsi que sur le sommet des hautes montagnes. Ce principe ne peut s'appliquer qu'en partie aux Hydrophytes, à moins que l'on ne veuille considérer les profondeurs ou les abîmes de la mer comme les pics qui dominent les chaînes des montagnes; il est possible que leur effet soit le même; mais c'est une chose qu'il sera peut-être toujours impossible de vérifier. On verra que dans plusieurs familles d'êtres organisés, le nombre des espèces semble partir d'un point commun et central, et diminuer dans tous les sens à mesure qu'on s'en éloigne. Il n'en est pas ainsi des Hydrophytes; soumises, en général, à l'influence de la couche d'eau qui les couvre, ces Plantes suivent les courbures des côtes, et la quantité des espèces peut diminuer en partant d'un point déterminé et suivant la direction des terres, mais cette diminution ne rayonne jamais. On ne peut pas considérer comme une diminution rayonnante celle que présentent quelques genres et qui a lieu d'une mer profonde vers la côte ou des côtes vers la mer. Pour les Hydrophytes de même que pour les Phanéroga-

mes, il y a des localités centrales où des formes particulières semblent dominer, soit dans des groupes de plusieurs genres, soit dans des groupes de plusieurs espèces. A mesure que l'on s'éloigne du point où elles se montrent dans toute leur beauté et dans toute leur profusion, ces formes perdent quelques-uns de leurs caractères; elles se dégradent, se confondent avec d'autres, et finissent par disparaître pour faire place à de nouveaux caractères, à de nouvelles formes entièrement différentes des premières. L'on peut assurer que les Plantes marines de l'Amérique méridionale ne sont pas les mêmes que celles de l'Afrique et de l'Europe, et que les exceptions, s'il en existe, sont infiniment rares. On verra que, parmi les Phanérogames, quelques espèces se trouvent dans des pays séparés par l'immense intervalle de la zône équatoriale ou torride et d'une partie des zônes tempérées, et qu'elles n'y ont pas été transportées par les voyageurs. Le même phénomène se présente dans quelques Hydrophytes que bien certainement aucun navigateur n'a entraînées dès côtes de France à celles de Van-Diémen. Les Phanérogames présenteront plusieurs grands systèmes de végétation, et l'on reconnaîtra bientôt des différences marquées entre les Plantes de l'Amérique, de l'Afrique, de l'Asie, de l'Australasie et de l'Europe; nous avons cherché ces grandes divisions dans les Hydrophytes, et nous avons cru observer que le bassin atlantique, du pôle au quarantième degré de latitude nord, offrait une végétation particulière, qu'il en était de même de la mer des Antilles, y compris le golfe du Mexique, de la côte orientale de l'Amérique du sud, de l'océan Indien et de ses golfes, des mers de la Nouvelle-Hollande. La Méditerranée a un système de végétation particulier qui se prolonge jusqu'au fond de la mer Noire, et cependant les Plantes marines du port d'Alexandrie ou des côtes de Syrie, diffèrent presque entièrement de celles de Suez et du fond de la mer Rouge, malgré le voisinage. Nous connaissons trop peu la végétation marine des côtes occidentales d'Afrique pour nous en occuper; elle doit se rapprocher de celle des Canaries, différente de celle des Antilles : la côte occidentale de l'Amérique et l'immense océan Magellanique sont dans le même cas. Les voyageurs ont rapporté des Hydrophytes de ces mers éloignées, mais en trop petite quantité pour qu'on ose essayer de les diviser en grands systèmes de végétation. On sait seulement que le *Laminaria pyrifera* des mers australes remonte jusqu'à Valparaiso, que le *Laminaria porroidea*, le *Porro* des Espagnols, commence à se trouver à Callao et remonte jusqu'à six cents lieues plus au nord, où son apparition était pour le Galion, à son retour des Philippines, un signe de la fin du voyage et de ses dangers.

Il est des mers dont on ignore la fécondité, encore qu'elles aient été visitées par des botanistes; ainsi l'on est réduit à présumer celle de la mer Vermeille et des côtes de la Chine. On ne sait pas si la Caspienne, qui a ses Phoques, produit des Fucus; cependant on doit le présumer, puisque, si l'on s'en rapporte à Léon Dufour (cité dans le Guide du voyageur en Espagne, p. 51), de simples lacs salés de l'Aragon à Buralajos, nourriraient de véritables Hydrophytes. Alors la mer Morte, l'Aral et le Baïkal auraient les leurs. Abstraction faite de ces mers intérieures, les obstacles qui limitent les Plantes terrestres dans l'espace que chacune occupe sur le globe, n'existent point dans le sein de l'Océan et des mers qu'il met en communication, mais d'autres semblent les remplacer, ce sont les grandes profondeurs, les hauts-fonds sablonneux, les courans généraux et constans, les caps avancés, l'introduction de l'eau douce des grands fleuves, enfin les changemens dans la nature du sol. Ces obstacles s'opposent dans les mers à une dissémination uniforme des espèces d'Hydrophytes, et sont peut-

être, avec la température, une des principales causes de la formation de ces grands systèmes de végétation dont on peut soupçonner l'existence.

L'observation tend à prouver que, plus la température de l'année a été élevée, terme moyen, plus est riche la végétation marine de nos côtes; c'est dans les mois de juillet, d'août et de septembre, que l'on trouve en France et en Angleterre la plus grande quantité d'Hydrophytes en pleine fructification. Mais comme les variations de température sont moins considérables, moins subites et moins nombreuses dans l'eau que sur la terre, il en résulte que la végétation varie beaucoup moins dans un espace déterminé; que cette variation est encore moins grande dans les lieux sans marées que dans les lieux exposés au flux et au reflux, parmi les Plantes des eaux profondes que parmi celles qui reçoivent deux fois par jour l'influence des fluides atmosphériques. Il est possible que sous l'équateur les Hydrophytes du fond de l'Océan, si la température y est de quatre à cinq degrés, aient des rapports de forme avec celles des mers polaires, et que celles qui croissent à une profondeur de cent à deux cents brasses se retrouvent dans les mers tempérées; c'est un fait que nous n'avons cependant pu vérifier. Néanmoins la végétation marine change comme celle de la terre dans une étendue limitée, et les Hydrophytes des côtes du Portugal ne sont déjà plus les mêmes que celles de la Normandie ou de l'Angleterre. Les différences de formes sont moins tranchées que sur les Plantes terrestres, parce que le milieu éprouve des changemens moins grands et moins nombreux, mais elles n'en existent pas moins pour l'œil exercé du botaniste.

La lumière, dit-on, ne pénètre point dans les abîmes de l'Océan; elle semble s'arrêter à une petite distance sous la surface des eaux, et cependant l'on trouve à mille pieds de profondeur des Hydrophytes aussi fortement colorées, d'un tissu aussi dense que sur le rivage ; le fluide lumineux n'est donc pas aussi nécessaire aux Hydrophytes qu'aux Aérophytes ; elles se parent de couleurs brillantes sans l'action de la lumière, au moins de celle qui est sensible pour nos organes, car au fond de la mer, quelque profonde qu'on la suppose, il ne peut point exister d'obscurité absolue; le peu de rayons qui pénètrent dans ces profondeurs, ou bien des particucules de lumière, ou ses molécules élémentaires combinées avec l'eau, suffisent pour animer et colorer les êtres destinés à vivre dans ce monde que notre organisation nous empêchera toujours de connaître. Que la croissance de ces êtres doit être longue, que leurs mouvemens doivent être lents, que les fonctions vitales doivent être peu actives, sous l'énorme couche d'eau qui les couvre! Il leur faut plusieurs années pour acquérir la grandeur à laquelle ils parviennent dans quelques mois à une profondeur de trois à quatre brasses.

Les Hydrophytes ont-elles de l'air le même besoin que les Aérophytes ont de l'eau ? Il est impossible de répondre à cette question ; mais tout porte à croire que, même dans les plus grandes profondeurs, la Plante marine trouve l'air qui lui est nécessaire pour croître et se developper, et que l'eau non aérée est aussi contraire à le végétation marine, que l'air parfaitement desséché à celle de la terre. Il semble également démontré que la plupart des Fucacées ont des organes particuliers destinés à la décomposition de l'air, et que ces organes vésiculiformes ou lacuneux se remplissent d'Oxigène ou d'air atmosphérique, suivant qu'ils sont plongés dans l'eau ou hors de l'eau. On dira que des Ulves et plusieurs autres Hydrophytes vivent constamment dans l'air, et que des Phanérogames même ne végètent que dans les eaux : les premières vivent dans un air éminemment humide : les secondes épanouissent leurs fleurs à la surface du liquide ou possèdent des cavités où les organes de la reproduction se fécon-

dent et se développent à l'abri du fluide ambiant. Ainsi considérées sous le rapport de la Géographie botanique, les Hydrophytes ont besoin d'air comme les Aérophytes d'eau, et, s'il y a une énorme différence entre les Plantes des marais et celles des déserts de l'Afrique, de même il doit en exister une aussi grande entre les Plantes marines que le flux ou le reflux couvrent et découvrent alternativement, et celles qui ne vivent que dans les profondeurs de l'Océan.

Considérées sous le rapport de la station, De Candolle a, comme on le verra, divisé les Plantes en seize classes : il en existe peut-être autant parmi les Hydrophytes ; néanmoins nous ne connaissons encore que les suivantes, et même il serait facile de les réduire.

1°. Hydrophytes que la marée couvre et découvre chaque jour.

2°. Hydrophytes que la marée ne découvre qu'aux syzygies.

3°. Hydrophytes que la marée ne découvre qu'aux équinoxes.

4°. Celles que la mer ne découvre jamais.

5°. Qui appartiennent à plusieurs des classes précédentes.

6°. Qui ne croissent qu'à une profondeur de cinq brasses au moins ou de vingt-cinq pieds.

7°. De dix brasses ou de cinquante pieds.

8°. De vingt brasses ou de cent pieds.

Les notions nous manquent pour assigner les limites de chaque groupe dans les quatre classes précédentes ainsi qu'au-delà de cent pieds. Nous croyons pouvoir assurer que l'on a trouvé des Hydrophytes à toutes les profondeurs où la sonde a pénétré.

9°. Hydrophytes qui ne s'attachent que sur les terrains sablonneux.

10°. Dans la vase ou sur l'argile.

11°. Sur les terrains calcaires.

12°. Sur les rochers vitrifiables ou qui font feu avec le briquet.

Nous ne considérons point si le terrain est de première, de deuxième formation, etc. : l'antiquité du sol ne paraît pas agir sur les espèces d'Hydrophytes , mais bien sa nature. Ainsi le Grès tertiaire sert de point d'appui aux mêmes Plantes que celui de transition , que le Granit le plus ancien. Les courans influent, mais d'une manière si générale, que nous n'avons pu rien déterminer à cet égard ; il en est de même de l'exposition méridionale ou septentrionale. Telles sont le principales causes qui font varier les Hydrophytes sous le rapport de la station.

Plus les côtes sont rapprochées , plus leur végétation offre de l'analogie. Prenons pour exemple les mers du Nord. Il existe les plus grands rapports entre les Plantes de la baie d'Hudson, de celle de Baffin, du Spitzberg, de l'Islande et de la Norwège boréale. Les différences augmentent avec les distances, et peut-être plus rapidement. En effet, la végétation marine du Danemarck et de Terre-Neuve, de France et des Etats-Unis, a moins de rapports que celle des côtés opposés sous le cercle polaire ; l'on trouve cependant quelques espèces semblables dans ces deux pays éloignés l'un de l'autre de plus de quinze cents lieues; ils semblent liés par des bas-fonds qui existeraient entre l'Angleterre et l'Amérique septentrionale ; leur végétation participe de celle des deux pays. Il n'en est pas ainsi dans l'hémisphère austral : les terres y sont trop éloignées, et les Hydrophytes du détroit de Magellan n'ont plus d'identiques à la Nouvelle-Zélande ou sur la côte de Van-Diémen.

De même que dans les Plantes terrestres , le nombre d'individus, chez les Hydrophytes de la même espèce , du même genre , de la même famille, varie souvent suivant la nature des localités : ici ce sont des Plantes sociales , endémiques ; là elles existent, mais éparses et isolées. Les Sargasses, entre les deux tropiques, forment d'immenses prairies flottantes, et l'on ne les trouve plus que par groupes ou éparses au-delà

du trentième degré de latitude. Les Laminaires couvrent toutes les plages, tous les rochers dans les mers froides des deux hémisphères ; elles deviennent rares et isolées vers le quarante-quatrième degré; les Ulvacées dominent dans le voisinage des eaux douces ; elles y forment de vastes tapis du vert le plus éclatant ; où les eaux douces cessent d'affluer, les Ulvacées sont remplacées par des Fucacées. Ces exemples suffisent; il est inutile de les multiplier.

D'après un coup-d'œil jeté sur le catalogue très-incomplet des Hydrophytes décrites par les auteurs, il paraît que le nombre des Floridées est toujours plus considérable que celui des Fucacées; ces dernières plus que celui des Ulvacées, et ces Plantes plus nombreuses que les Dictyotées. Il nous paraît également prouvé que la quantité de ce qui était nommé Conferves diminue à mesure que l'on s'approche des régions méridionales de l'Europe. Ces Confervées forment près des deux tiers des Plantes des mers du Nord ; la moitié environ sur les côtes de France, et un peu plus du tiers dans le golfe de Venise. Le nombre des Fucacées augmente en se rapprochant des régions tempérées ou chaudes. Il en est de même des Floridées. Ces dernières d'abord en quantité double de celle des Fucacées, ne tardent pas à devenir trois ou quatre fois plus nombreuses. Elles s'arrêtent vers le quarante-quatrième ou quarante-cinquième degré de latitude , diminuant lentement jusque vers le trente-cinquième, où la diminution semble plus rapide, tandis que celui des Fucacées n'éprouve pas de changement, et tendrait même à s'accroître. Le nombre des Dictyotées augmente constamment des régions polaires à la zone équatoriale. Les Ulvacées varient peu ; la quantité des grandes espèces augmenté, tandis que celle des petites ou Confervoïdes, tend à diminuer. L'on pourrait presque regarder la zone polaire comme la patrie des Ulvacées, les zones tempérées comme la patrie des

Floridées, les zônes voisines des deux tropiques ainsi que l'équateur comme celle des Fucacées et des Dictyotées. Ces notions sont bien insuffisantes pour calculer le nombre d'espèces d'Hydrophytes que renferment les mers du globe terrestre. Nous ne croyons pas néanmoins devoir y renoncer. En attendant des observations plus exactes que celles qui ont été faites jusqu'à ce jour, on peut évaluer que les eaux douces et les côtes de France offrent aux botanistes au moins six cents espèces d'Hydrophytes assez bien caractérisées, la dixième partie environ des Plantes de France; et si la Flore Française renferme la vingtième partie des espèces végétales, ainsi que le soupçonne De Candolle, appliquant la même proportion aux Hydrophytes, le nombre des espèces de ces Végétaux sera de douze mille, et de dix mille au moins. Nous en possédons douze cents dans notre herbier; les collections des naturalistes de la capitale ou les ouvrages des algologues en renferment deux cents de plus que nous n'avons pu nous en procurer encore : ajoutons la même quantité pour les herbiers des botanistes anglais, allemands, etc.; portons à seize cents espèces le nombre d'Hydrophytes mentionnées dans les auteurs, ce sera la sixième partie tout au plus de celles qui existent. Quel vaste champ de découvertes pour les botanistes qui se livreront à l'étude de ces Végétaux !

Les Sargasses, communes entre les deux tropiques, dépassent bien rarement le quarante-deuxième degré de latitude dans les deux hémisphères : la mer Rouge paraît la plus riche de toutes en espèces de ce genre. Les Turbinaires ne se trouvent jamais qu'entre les deux tropiques ou dans leur voisinage. Nous ignorons s'il y en a dans la mer Pacifique, elles ne sont pas rares dans l'océan Indien et dans celui des Antilles. Le *Fucus siliquosus* offre ses congénères sur les côtes méridionales de l'Australasie, au Japon et au Kamtschatka. Les Cystoseires dominent du vingt-cinquiè-

me au cinquantième degré de latitude et sont rares au-delà. Les vrais Fucus, particuliers au bassin atlantique, se plaisent du quarante-quatrième au cinquante-cinquième degré ; on commence à en trouver vers le trente-sixième. Nous n'en avons jamais vu de la Méditerranée, quoique plusieurs auteurs les y indiquent; ils varient autant sur les côtes de Terre-Neuve et de l'Angleterre septentrionale que sur celles de France ; une espèce a été portée du Kamtschatka. Le *Fucus serratus* ne se trouve que dans l'Océan européen et y est fort commun. Les Laminaires, communes sous les glaces polaires, sont très-rares au trente-sixième degré de latitude ; elles dominent entre le quarante-huitième et le soixantième degré. La Laminaire pyrifère est particulière aux mers Australes, ainsi que la Laminaire buccinale au cap de Bonne-Espérance. Les Desmaresties, très-peu nombreuses en espèces, commencent à paraître vers le soixantième degré. Elles sont rares au cinquante-cinquième. Nous n'en connaissons qu'une espèce de l'hémisphère austral ; une autre se trouve sur la côte nord-ouest de l'Amérique. Le *Desmarestia aculeata* est répandu jusqu'à Terre-Neuve et jusqu'au Kamtschatka. Les Chordas sont des Plantes sociales, nous en avons reçu deux espèces de la mer des Antilles; il n'en existe qu'une seule en Europe. Nous n'en connaissons point des autres mers. Le cap de Bonne-Espérance a son *Fucus tuberculatus* comme les côtés de France. Le *Fucus moniliformis* se trouve depuis la terre de Van-Diémen jusqu'au Japon. Aucun voyageur ne l'a rapporté de la mer des Indes. Les Claudées n'existent que sur les côtes de la Nouvelle-Hollande; ce sont les plus extraordinaires de toutes les Hydrophytes par leur tissu et par leur fructification. Nous avons divisé les Delesseries en plusieurs genres : le premier, auquel nous avons conservé l'ancien nom générique, offre plusieurs espèces d'ans les mers d'Europe, une seule dans la Nouvelle-Hollande et une autre dans la mer des Indes. Une espèce de Delisée se trouve dans la Méditerranée, les deux autres dans l'Australasie. Nous ne connaissons que deux espèces de Volubilaires, une dans les mers australes, l'autre dans toute la Méditerranée. Les Seminerves se plaisent dans les parties des zônes tempérées voisines des tropiques; les Halyménies dans la partie moyenne des zônes tempérées, les Erinacées sous les tropiques. Les Chondrus, si communs en Europe, nous ont offert trois espèces seulement de l'hémisphère austral, deux de l'Amérique occidentale et l'autre du cap de Bonne-Espérance. Les Gélidies paraissent plus communes dans la mer des Indes que partout ailleurs. Les Laurencies sont plus répandues entre les tropiques que dans les régions froides ou tempérées des deux hémisphères; il en est de même des Hypnées et des Acantophores. Les Dumonties appartiennent à la zône tempérée. Le groupe nombreux des Gigartines est divisé en trois sections. La première a pour type le *Fucus ovatus* de Turner; son congénère se trouve sur les côtes de la Nouvelle-Hollande; la deuxième a pour type le *Fucus confervoides* de Turner, dont les nombreuses variétés en Europe fatiguent le botaniste; ses congénères existent dans les mers du Japon, de la Chine et de la Nouvelle-Hollande. La troisième, à fronde articulée, offre des espèces en Europe, au cap de Bonne-Espérance et dans l'Australasie. Il en est de même des Plocamies. Les Floridées sont, en général, peu nombreuses dans les mers équatoriales et polaires; et si l'hémisphère austral est moins riche que le nôtre dans cette classe d'Hydrophytes, ne pourrait-on pas l'attribuer au peu de largeur de la zône tempérée dans cette partie du monde. Les Amansies, rares partout, ne dépassent point les tropiques. Les Dictyopteris, les Padines et les Dictyotes augmentent en nombre des pôles à l'équateur; trois seulement se trouvent en Norwège. Les Flabellaires n'existent que dans la Méditerranée. Les grandes Ulves planes ou fistuleuses varient peu dans les différentes régions, et les pays tempérés les plus riches en offrent au plus le double de ce qu'on en trouve dans les zônes froides. Il n'en est pas de même des Ulvacées filamenteuses; elles sont beaucoup plus nombreuses dans les deux hémisphères du cinquantième au soixante-cinquième degré que dans les autres latitudes. L'on peut regarder les Bryopsides comme des Plantes des zônes tempérées, les Caulerpes comme des Hydrophytes équatoriales; une espèce se trouve dans toute la Méditerranée et non ailleurs. Les Spongodiées, principalement le Dichotome, sont presque cosmopolites; cette dernière habite depuis le nord de l'Ecosse jusque sur les côtes de la terre de Van-Diémen.

Cet examen très-rapide de la distribution géographique des Végétaux de la mer semble indiquer que le maximum des genres et même des espèces doit se trouver dans la zône tempérée, patrie de la majorité des Plantes annuelles et bisannuelles. Les Hydrophytes que la même saison voit naître et mourir, ou qui par leur nature sont peu sensibles au froid, se plaisent dans les zônes polaires, et les Hydrophytes les plus ligneuses entre les deux tropiques. Il reste sans doute encore beaucoup à dire sur la Géographie botanique marine, mais les faits nous manquent, et nous n'entendons point entrer dans le domaine des hypothèses; nous croyons donc devoir nous arrêter; les principes que nous avons établis ou développés pourront aider dans leurs recherches les naturalistes qui se livreront à cette partie si intéressante de la botanique. (LAM..X.)

β Hydrophytes des eaux douces.

La distribution des Hydrophytes ne se borne pas dans la nature au vaste bassin de l'Océan et des mers intérieures. Si, par ce mot d'Hydrophytes, on comprend collectivement les Végétaux qui ne peuvent guère vivre que dans les eaux, ou du moins le plus souvent plongés dans leur masse; les fontaines, les rivières, les lacs, les eaux stagnantes, nous en offrent comme les mers. Elles n'y représentent seulement pas les Plantes de l'onde amère, elles y sont plutôt comme elles des rudimens de toute végétation. Mais sans nous apesantir sur cette idée, dont il a été touché quelque chose au mot CRÉATION, nous ferons observer aux botanistes que les eaux douces ne nous ont point encore présenté de Fucacées, mais qu'elles nourrissent un petit nombre d'Ulvacées. Les Plantes articulées, si long-temps et si vaguement confondues sous le nom maintenant restreint de Conferves, y sont les plus nombreuses, et paraissent former le passage à la végétation phanérogamique, composée de trachées à valvules, comme les Ulvacées sont un passage à la végétation vasculaire des Hépatiques, des Mousses et même des Fougères par les Hyménophyllées. Nous avons aussi cru remarquer qu'à l'opposé des Hydrophytes marins dont le nombre paraît être plus considérable en raison de la masse des eaux qui les nourrissent, ceux des eaux douces étaient moins nombreux dans les grands lacs, un peu plus communs dans les simples cours d'eau, et plus répandus dans les marais. Enfin il y a presque identité entre la plupart des Hydrophytes d'eau douce sur la surface du globe; nous possédons les mêmes espèces prises sur les parties les plus éloignées du monde. Mérat nous a communiqué des Batrachospermes des Antilles, qui sont ceux des environs de Paris. Le *Conferva alpina* de l'île de Mascareigne est identique avec le *Conferva alpina* de l'Allemagne. Nous devons à Bonpland des Céramiaires du Pérou pareilles à celles de nos environs. Mais un fait de Géographie naturelle encore plus remarquable selon nous, c'est qu'il est des êtres qui habitent indifféremment dans les eaux les plus froides et dans certaines eaux thermales dont le tissu de notre peau ne saurait supporter la chaleur; qu'on aille ensuite prononcer que telle Plante de telle ou telle famille ne doit pas croître en dehors des tropiques, parce que la plupart de ses congénères vivent sous l'équateur? Avouons-le, nous savons bien peu de choses en Géographie botanique.

Un fait non moins singulier et bien propre à venger du ridicule qu'on voudrait jeter sur elle, l'idée du passage de certaines modifications d'organisation à d'autres toutes différentes, est celui que fournit l'*Ulva compressa*, Hydrophyte des plus polymorphes et très-répandue dans tout le globe. Sa couleur d'un vert intense, la forme tubuleuse et linéaire de ses expansions, sa force propagatrice, et la maille de son tissu, la caractérisent sous toutes les formes qu'elle affecte. Croît-elle sur les Fucacées et sur les corps inondés des rives de la grande mer, aux limites des plus basses marées, elle se présente dans toute sa vigueur et atteint à ses plus fortes dimensions; alors son aspect, bien caractérisé, semble l'isoler, comme espèce, des dégradations par lesquelles nous l'allons voir passer avant de devenir un Végétal d'eau douce ou même totalement terrestre: ainsi à mesure que l'observateur s'éloigne de la ligne des plus basses eaux pour s'élever vers celle où viennent expirer en écume les dernières lames des syzygies, l'Ulve comprimée change de figure; elle diminue de taille, s'allonge, se dilate en tubes plus ou moins cylindriques ou boursoufflés; et, sur la voûte des cavernes du rivage, sur les parois des fragmens de rochers qu'humecte à peine la vapeur aqueuse de la crête des brisans, raccourcie, crépue, elle ne forme plus qu'un tapis serré d'un vert obscur; l'entrelacement de filamens confervoïdes de ce tissu le rend aussi tenace, aussi difficile à séparer de ses supports que le serait le Bysse le plus compacte. Qu'au temps des grandes marées la mer plus élevée se répande jusque dans les lagunes voisines de la côte, ou remonte dans les ruisseaux qui, s'y venant jeter, en demeurent souvent séparés par des digues de galets à travers lesquels leur tribut s'échappe par filtration, l'Ulve comprimée, transportée dans une nouvelle habitation, ne cessera pas de prospérer; elle se répandra dans toutes les eaux saumâtres du pays ; elle pénétrera dans les canaux voisins, et de proche en proche dans les eaux douces pour y devenir l'Ulve intestinale et l'Ulve confervoïde de ces algologues qui se font un malin plaisir de multiplier les espèces, et qui, par les noms divers qu'ils imposent aux phases des mêmes objets, semblent s'efforcer de fournir des preuves aux bons esprits qui ne croient pas possible de faire de l'arithmétique botanique dans l'état actuel de nos connaissances. Nous avons retrouvé cette Ulve intestinale des rives de la mer, qui n'est qu'une modification du *Compressa*, dans la rivière des Gobelins à Paris, dans les étangs d'Eterbek près de Bruxelles, et jusque dans les fossés des environs de Bilfeld, au cœur de la Westphalie. Desfontaines l'a recueillie dans les eaux de l'intérieur de la Barbarie, à deux cents lieues de la mer la plus voisine. Et ce n'est pas la seule métamorphose qu'éprouve l'Hydrophyte dont l'histoire peut fournir de si hautes conséquences. Si les eaux douces qui la tiennent flottante viennent à être desséchées par accident ou par l'évaporation, on la verra croître encore, mais sous une autre forme, à la surface de la vase humide; elle y deviendra cette *Ulva terrestris* des auteurs, que nous avons d'autres fois rencontrée loin des mares, au sein des villes, au bas des murs, et jusque dans les interstices des pavés sur lesquels tombent, aux jours de pluie, les gouttières de nos toits, enfin sur des toits mêmes. De tels changemens ne seraient-ils propres qu'à l'*Ulva compressa*, *intestinalis*, *confervoides* ou *terrestris*, comme on voudra l'appeler? non, d'autres Hydrophytes y sont sujettes; les Fucacées seules en paraissent exemptes, mais certaines Hydrophytes articulées les subissent; ainsi s'explique la création, dans les eaux douces, de la plupart des Confervées et des Céramiaires qui s'y sont métamorphosées avec les siècles et selon les influences locales, pour devenir ce que nous les voyons aujourd'hui; la plupart y ont passé aux Ectospermes inarticulées, ensuite aux Charagnes, et sont devenues les types de certains Végétaux aquatiques dont quelques espèces sont maintenant complétement terrestres. La même chose dut avoir lieu pour des Polypiers et même pour des Mollusques. Plus d'une espèce terrestre n'offre peut-être que la progéniture d'espèces marines dont le mode de respiration, et par suite la forme a dû changer en passant, comme l'Ulve comprimée, des eaux de la mer à l'eau saumâtre, puis à l'eau douce, et enfin sur la terre humide, et dans les lieux frais ou obscurs, dans lesquels les Mollusques terrestres se plaisent encore de nos jours, comme par un reste de besoin qui les rappelle vers l'élément dont originairement ils sortirent.

γ Animaux invertébrés.

* *Microscopiques, Acalèphes et Polypiers.*

En même temps que les premières Hydrophytes, des Animalcules improprement appelés Infusoires durent se développer originairement au sein des eaux, et par la raison qui fait que les Plantes aquatiques, croissant à de grandes distances les unes des autres, présentent plus d'analogie entre elles que les Phanérogames, les Microscopiques que nous nous plaisons à nommer les ébauches de l'existence animale, durent préparer de bonne heure l'existence des Poissons. Ils sont à peu près les mêmes à toutes les latitudes, du moins en avonsnous observé d'identiques sur divers points du globe où nous avons pu appeler le cristal grossissant au secours de notre faiblesse. Nous avons observé les mêmes Navicules, des Cercaires et des Volvoces pareils dans les eaux du Niémen et dans celles de l'Ile-de-France. Des Animalcules obtenus de l'infusion de corps organisés rapportés de Terre-Neuve, du Japon, de la Nouvelle-Hollande, de la presqu'île de l'Inde, des Antilles et de l'Amérique méridionale, nous ont donné les mêmes Animalcules avec un petit nombre d'espèces différentes propres à chacune de ces infusions; espèces qui, peut-être, recherchées de nouveau, se retrouveront ailleurs comme les autres. Nous en avons conclu que le mode d'organisation animale dans la plupart des Microscopiques était le même en chaque lieu dans des circonstances pareilles. Plus compliqués, les Acalèphes sont moins les mêmes dans les diverses régions de l'Océan. Le nombre en paraît augmenter vers les régions équatoriales. C'est là aussi que les Polypiers préparent de grands changemens dans la figure et dans la profondeur des mers. Ils s'y multiplient en quantités énormes; leur superposition forme des écueils, effroi du navigateur, là même où la sonde ne trouvait naguère point de fond. Les petites espèces de Polypiers flexibles paraissent être plus fréquentes dans les régions tempérées; leurs dimensions diminuent à mesure qu'on s'approche des pôles; elles augmentent au contraire dans les mers chaudes qui seules produisent ces magnifiques Madrépores, ces élégantes Gorgones, ces Antiphates en arbustes ou bien en éventails dont nos collections d'histoire naturelle empruntent leur ornement. Les Eponges sont aussi plus nombreuses vers l'équateur; quelques-unes persistent jusque sur nos côtes; elles disparaissent entièrement dans les régions glaciales. Les Acalèphes, d'une animalité presque problématique, n'ayant pas, comme les Polypiers, besoin d'appui, et ne végétant pas à l'égal des Hydrophytes, s'égarent à la surface des mers, où l'on rencontre les Médusaires particulièrement, isolées ou par

bancs immenses : la plupart ne s'éloignent pas de l'équateur, d'autres ne flottent qu'en dehors des tropiques. Un petit nombre d'espèces est propre aux mers circonpolaires où les individus de ces espèces se multiplient à l'infini, comme pour attirer dans les parages qu'ils remplissent, des bandes innombrables de Clupées et de Gades qui s'en nourrissent, et qui, à leur tour, attirent des Squales avec les Cétacées qui les dévorent.

Ces Animaux informes sont souvent teints des plus belles nuances d'un azur qu'ils empruntent du milieu dans lequel on les voit flotter. La plupart répandent au sein des nuits des lueurs phosphoriques qui trahissent leur existence. Dans ces parages de la ligne où des calmes désespérans arrêtent si souvent les vaisseaux, on en rencontre fréquemment des masses innombrables que le moindre grain fait disparaître; ces masses ne se revoient que lorsque l'orage est passé : à quelles profondeurs se retirent-elles? Des Acalèphes et des Polypiers peuplent-ils aussi les derniers abîmes de l'Océan? Nulle expérience certaine ne peut fixer nos idées sur ces points de Géographie naturelle. Mais on voit déjà des Polypes succéder aux Microscopiques dans les eaux douces. La terre n'en saurait produire d'aucune espèce.   (B.)

** *Mollusques et Conchifères.*

Par la nature de leur organisation, les Mollusques peuvent mieux que ceux des autres classes nous éclairer sur les lois qui ont présidé à l'établissement de la vie sur le globe. Tardigrades, s'éloignant peu des lieux qui les ont vu naître, résistant difficilement aux transports d'un long cours, échappant à la plupart des causes naturelles ou accidentelles qui ont pu mélanger et qui ont mélangé, en effet, dans bien des cas, une partie des autres productions des divers climats et des deux mondes, les Mollusques terrestres et fluviatiles surtout, pourront nous apprendre si l'on doit réellement admettre pour les êtres organisés divers centres ou un centre unique de création ; si les analogies ou les différences qui s'observent entre l'ancien et le nouveau continent, entre l'hémisphère austral ou boréal, tiennent, dans l'un et l'autre cas, aux limites des zônes climatériques, aux obstacles ou aux facilités naturelles de propagation, ou bien si elles dépendent plus ou moins des lignes isothermes. Ces grands et intéressans résultats doivent être les fruits de l'étude rigoureuse et complète de la distribution géographique des Mollusques à la surface des terres et dans toute l'étendue des mers. La même étude, appliquée aux dépouilles fossiles des diverses époques de formation, et l'examen comparatif et rationnel de ces Fossiles avec les espèces actuellement vivantes, nous donneront les moyens de résoudre des questions non moins importantes et qui se lient immédiatement à celles que nous venons d'énumérer. Y a-t-il eu plusieurs ou seulement une création ? c'est-à-dire la vie a-t-elle été une ou plusieurs fois renouvelée sur le globe, ainsi que le pense Cuvier, et ce monde primitif dont les Allemands donnent si fréquemment l'histoire, a-t-il réellement existé ? ou bien la diversité que présentent l'animalité et la végétation, et la différence qu'on observe entre les races perdues et celles du monde actuel, sont-elles le résultat de modifications graduées dans la génération successive des espèces primitives d'une création unique ? ou bien encore, sans admettre le renouvellement de la vie ou la modification des races, de nouvelles espèces ont-elles apparu successivement ? ce phénomène se continue-t-il ? ou a-t-il cessé depuis que l'équilibre paraît s'être établi à la surface de la terre ? enfin l'animalisation et la végétation ont-elles, comme nous l'avons avancé, éprouvé un refoulement gradué des pôles vers l'équateur et des hautes sommités vers les plaines, par suite de l'abaissement des eaux et de la température terrestre, en

perdant, dans cette migration et par suite des causes qui l'ont déterminée, un certain nombre de races primitives ? Tels sont les problèmes que l'étude suivie de la Géographie des Mollusques vivans et fossiles, plus qu'aucune des autres branches de l'histoire naturelle, peut faire espérer de résoudre. Ces problèmes se lient à tout ce que la Géologie offre de plus important et de plus caché aujourd'hui à nos regards ; à tout ce que l'histoire naturelle des êtres et celle de l'Homme en particulier présente de plus grand et de plus digne des méditations du philosophe.

Cette prééminence que nous donnons ici à l'étude des Mollusques sur celle des Animaux des autres classes, ne saurait être contestée, et les Polypiers peuvent seuls la partager avec eux. Ceux-ci, comme les Mollusques, premiers hôtes de l'élément aqueux, offrent une série non interrompue de termes comparatifs, depuis la naissance de la vie jusqu'à nous, et leurs dépouilles se présentent à notre observation pendant tout le cours de cette longue période, le plus souvent dans toute la rigueur des formes primitives. Ces médailles précieuses abondent dans toutes les couches ; elles se succèdent presque sans interruption ; leur multiplicité éloigne, dans la plupart des cas, les chances des causes accidentelles ; enfin tous les nœuds de cette vaste chaîne de monumens irrécusables qui remontent aux premiers âges de la terre, peuvent se comparer, s'étudier dans leurs rapports réciproques de formes, de localités et de dépendance, soit des phénomènes qui les ont ensevelis, soit des circonstances d'organisation et d'habitudes, des Animaux auxquels ils appartenaient. Les débris de la végétation, au contraire, sont rarement distincts, et l'on pourrait, si on les considérait isolément, en supposer assez souvent le transport. Les squelettes des Animaux des classes supérieures, dont un si petit nombre d'ailleurs remonte aux premiers temps de la vie, sont affectés, dans leur gissement, de toutes les causes accidentelles ; ils ne témoignent le plus fréquemment que de l'antique existence de telle ou telle race ; car à toutes les phases d'abaissement du niveau des eaux, les Animaux terrestres ou aquatiques de cet ordre, ont pu être entraînés et se trouver ensevelis dans des couches de différens âges géologiques. Enfin l'immense série des Animaux inférieurs aux Mollusques ne fournit, en les comparant à ceuxci, que des données peu nombreuses et moins concluantes.

Mais combien nous sommes loin encore d'avoir rassemblé les matériaux nécessaires pour élaborer ces grands résultats que l'étude de la distribution géographique des Mollusques peut nous procurer ! Quant aux espèces actuellement existantes et spécialement à celles qui vivent sur la terre ou dans les eaux douces, bien qu'elles n'aient été observées, avec quelque soin, que dans une partie de l'Europe et de l'Amérique septentrionale ; cependant les faits connus et ceux que nous avons rassemblés pour notre histoire naturelle de ces Animaux, peuvent, comme nous le verrons tout à l'heure, fournir, dès aujourd'hui, des inductions précieuses. Il existe d'ailleurs heureusement moins de travaux sur ces Mollusques que sur ceux qui habitent les mers, et la confusion des langues n'a pu s'établir encore entièrement à leur sujet, entre les naturalistes qui s'en occupent. Au contraire, les Mollusques marins, réunis et observés depuis si long-temps et qui par-là sembleraient devoir offrir tant de résultats, ne fournissent, en général, par suite de l'incertitude et de la diversité des nomenclatures et des localités, que des bases incertaines et vagues. Les mêmes désavantages se rencontrent dans l'examen des espèces fossiles, et d'ailleurs l'étude des dépouilles des Mollusques terrestres et fluviatiles est encore au berceau, quoiqu'à sa naissance elle ait déterminé une grande révolution dans la science.

Avant d'entrer dans l'exposé des faits que l'on peut présenter avec quelque certitude sur la distribution des Animaux mollusques à la surface de la terre, examinons rapidement ce qui a été fait et ce qui reste à faire, quant à l'étude des espèces vivantes et fossiles des diverses contrées du globe. Nous commencerons par celles qui habitent la terre et l'eau douce. Le Groenland et l'Islande ont été peu observés. La Suède et la Norwège, dont Linné et Müller se sont occupés spécialement, ont un bon catalogue de leurs espèces indigènes, dans l'ouvrage du professeur Nilsson intitulé : *Historia Molluscorum Sueciæ*. Nous n'avons sur le Danemarck que les anciens travaux de Müller : ils suffisent pour se faire une idée de ses productions en ce genre. La Russie et la Pologne sont totalement inconnues, et l'on n'y cite aucun amateur. L'Allemagne est assez bien connue, à l'exception de ses parties méridionale et orientale, vers la Pologne, la Turquie et la Méditerranée. Nous comprenons sous la dénomination d'Allemagne la Prusse et l'Autriche, avec tous les États de la Confédération germanique enclavés entre la Pologne et la France, l'Italie et la Baltique. Un assez grand nombre de travaux spéciaux ont préparé les voies pour former le beau Catalogue de ce pays qu'a publié Pfeiffer. Ce catalogue doit être augmenté des nouvelles découvertes des naturalistes autrichiens Partsch et Ziegler. L'Angleterre est, sans contredit, le pays de l'Europe où les Mollusques indigènes ont été le plus étudiés, et dont on connaît le mieux les espèces. Des observations sur chacun des comtés, sur l'Irlande et l'Ecosse, des catalogues généraux sans cesse augmentés et perfectionnés, depuis ceux de Merret et de Lister, ont produit successivement les ouvrages de Da Costa, Pennant, Donovan, Montagu, Maton et Rackett, Flemming et Turton ; en sorte qu'avec les découvertes récentes du docteur Goodall, de Sowerby, Bean, Gray et Swainson, etc., on peut se flatter d'avoir une connaissance suffisante des espèces de ce pays. Nous n'avons sur la Hollande et la Belgique que l'ancien travail de Gronou, aujourd'hui bien incomplet; mais les naturalistes de ce royaume s'occupent actuellement d'en étudier les productions. Grâce aux travaux de ceux de la Suisse, cette contrée alpine est assez bien connue. Le catalogue de ses espèces a été publié par le professeur Studer, et un peu augmenté par les observations de Hartmann, de Charpentier, Thomas, etc. En France, quelques travaux particuliers à telle ou telle partie de notre pays, surtout les observations d'un assez grand nombre de naturalistes zélés, ont augmenté le catalogue dressé par Draparnaud, en sorte que nous connaissons actuellement assez bien les espèces terrestres et fluviatiles de notre sol. Quant à l'Espagne et au Portugal, rien n'a été publié sur ces deux pays où l'on ne connaît aucun amateur; mais nos propres recherches et les communications qui nous ont été faites peuvent donner une idée de ses productions. Il n'existe presqu'aucun travail spécial sur l'Italie: heureusement ses espèces nous sont assez bien connues par les observations et les communications des naturalistes qui l'habitent, celles des voyageurs qui l'ont parcourue, et les soins obligeans de nos consuls. La Sicile et la Sardaigne attendent un observateur. La Grèce, l'Archipel et la Turquie d'Europe ne sont connus que par les espèces qu'en a rapportées Olivier et les communications que nous devons au comte Mercati de Zante, et aux divers consuls du Roi. La côte de Syrie est dans le même cas.

Si nous passons à l'Afrique, l'Egypte seule et la Nubie, ou la vallée du Nil, ont été observées avec quelque soin par les naturalistes de la grande expédition française d'abord, puis par Olivier, et en dernier lieu par le courageux voyageur Cailliaud. Quelques espèces citées par Poiret, quelques-unes décrites par Chemnitz, d'autres rapportées de Maroc par Grove, na-

turaliste danois, sont les seuls renseignemens que nous ayons sur la côte de Barbarie. Adanson n'a décrit que quatre ou cinq espèces du Sénégal; l'infortuné Bowdich n'en a guère trouvé davantage sur les bords de la Gambie. Levaillant n'a rapporté qu'une espèce de la Cafrerie; mais feu Delalande en a recueilli plusieurs dans cette contrée, et nous a fait connaître quelques-unes de celles du Cap. Maugé, De Buch, et surtout Bowdich, nous ont rapporté quelques Coquilles de Madère, de Ténériffe et de Porto-Santo. Ces îles paraissent très-riches en espèces particulières et méritent d'être étudiées. Madagascar, les îles de France et de Mascareigne doivent, par le peu qu'on en connaît, offrir une riche et précieuse récolte. L'Asie tout entière est presque inconnue sous le rapport qui nous occupe. Les auteurs ont décrit plusieurs espèces des Grandes-Indes et de la Chine; mais le plus souvent sans localités déterminées. Les voyages de Leschenault de Latour, Diard et Duvaucel, nous ont procuré un assez grand nombre d'espèces des presqu'îles d'au-delà et en-deçà du Gange et de Ceylan. Les Chinois ont décrit et figuré quelques Coquilles dans leur Encyclopédie. Mais on est encore loin de connaître les productions de cette partie du monde, dont les autres branches de l'histoire naturelle sont bien plus avancées. L'Archipel d'Asie, étudié depuis long-temps par les naturalistes hollandais Rumph, Séba, etc., est mieux connu, grâce aux observations de Péron et Lesueur dans l'expédition du capitaine Baudin, à celles de Quoy, Gaymard, Gaudichaud, dans le voyage du capitaine Freycinet, et enfin aux belles découvertes de Kulk et Van-Hasselt à Java. Nous ne connaissons quelques Coquilles de la Nouvelle-Hollande, que par les expéditions de Baudin et de Freycinet; ce nouveau continent est encore à explorer.— La Polynésie dont Cook, Banks, Dickson ont rapporté quelques espèces, nous a enrichis de quelques découvertes dans les mêmes expéditions.

Le Nouveau-Monde a été mieux étudié que l'Asie, surtout l'Amérique septentrionale. Lister et Petiver en avaient fait connaître quelques espèces ; mais nous devons aux voyages et aux observations de Richard, Michaux, Milbert, Lesueur, de la Pilaie, surtout à Say, Rafinesque, Barness et autres naturalistes du pays, de pouvoir dresser un catalogue déjà fort considérable des espèces d'une grande partie de cette contrée. Les Antilles, dont Sloane, Brown et Nicholson ont décrit quelques espèces, ont fourni depuis long-temps aux cabinets de l'Europe une foule de belles Coquilles, mais dont les patries étaient incertaines. Heureusement, le voyage de feu Richard, les soins bienveillans du comte de Lardenoy, les communications de Krauss, Thouuens, L'Herminier, Mayol, etc., nous ont procuré une partie des espèces des Antilles françaises; mais Saint-Domingue, la Jamaïque et la plupart des Antilles anglaises et espagnoles, si riches en Coquilles précieuses, sont presque inconnues.

L'Amérique méridionale est presque dans le même cas, malgré les découvertes de Dombey au Pérou, de Molina au Chili, de Leblond et de Richard à Cayenne, de Humboldt et Bonpland dans une grande partie de cette contrée, celles de Mawe, du prince de Neuwied, de l'expédition de Freycinet, d'A. de Saint-Hilaire, et des naturalistes bavarois au Brésil; malgré encore les communications que nous ont faites Howe et Banon de Cayenne, et Taunay du Brésil, nous ne connaissons qu'une bien faible partie de cette immense et riche partie du globe. L'on voit, par l'exposé qui précède, combien peu nous sommes avancés dans la connaissance approximative des espèces qui peuplent la terre ou les eaux douces des diverses parties du globe, mais on se tromperait si, tombant dans un extrême, on croyait que ce qui est connu ne permet pas d'établir quelques rapprochemens. Les espèces recueillies dans celles de ces parties qui ont été le moins observées, sont précisément, en général, celles qui les caractérisent. Ce sont les espèces les plus communes, celles qui se sont présentées pour ainsi dire d'elles-mêmes aux voyageurs, qui ont, généralement parlant, le plus d'intérêt sous ce rapport.

Nous sommes encore bien moins avancés quant à l'examen des dépouilles fossiles des Mollusques terrestres et fluviatiles. L'on a décrit ou signalé des terrains déposés sous l'eau douce, dans une grande partie de l'Europe, à Madère, et dans l'Amérique septentrionale ; il y en a certainement en Asie, mais les espèces qui les distinguent n'ont été pour la plupart ni figurées ni décrites, et toutes celles qui sont connues de l'une ou de l'autre manière par les observations de Razoumowski d'abord, celles de Brongniart, Brard, Faujas de Saint-Fond, Brocchi, Prévost, Schloteim, Marcel de Serres, Sowerby, Buckland et nous, ont pour la plupart besoin d'un nouvel examen comparatif entre elles et avec les espèces vivantes, et eu égard à l'antériorité des couches qui les renferment. Ce travail sera exécuté dans notre Histoire naturelle des Mollusques terrestres et fluviatiles où déjà nous avons figuré quelques-uns de ces Fossiles. L'Angleterre, la France, l'Allemagne, la Suisse et l'Italie, sont les seuls pays où l'on ait jusqu'à présent recueilli et étudié une partie des Fossiles des terrains déposés dans l'eau douce.

Les mers polaires, au nord de l'Europe et de l'Amérique, ont été, en général, peu explorées sous le point de vue qui nous occupe ; celles qui baignent le nord de l'Asie jusqu'au détroit de Behring ne l'ont pas été du tout. Cependant, en réunissant les espèces mentionnées par quelques voyageurs ou dans les mémoires particuliers d'Ascanius, Abildgaard, Martens, etc., et celles qui existent dans les collections et qui sont connues pour avoir été rapportées des parages où l'on pêche les Baleines, aux Mollusques des côtes du Groenland, d'Islande et de la Norwège dont il existe des catalogues; en ajoutant à cet ensemble les espèces observées ou recueillies par Scoresby, Parry et Franklin, on pourra se faire une idée des espèces qui caractérisent ces mers glacées.

Otto Fabricius a donné de bonnes descriptions de cinquante-cinq espèces du Groenland; Olafsen et Polvelsen ont indiqué quelques-unes de celles de l'Islande. Linné, Müller, Stroem, Gunnerus et le célèbre entomologiste Fabricius ont jeté les bases du Catalogue des Mollusques qui vivent sur les côtes de la Norwège. Ceux des rivages de la Suède ne sont guère connus que par la Faune de Suède de Linné, laquelle suffit pour juger les principales productions en ce genre d'une partie des bords du golfe de Finlande et de la Baltique. Les Mollusques des côtes de la Russie et de la Prusse sont peu connus; le fond de ces deux golfes est peu salé et la mer y nourrit des coquillages de genres qui appartiennent à l'eau douce, fait intéressant sur lequel nous reviendrons. Les côtes du Danemarck offrent un catalogue important dans la Zoologie danoise de Müller. Un Mémoire de Gunnerus doit être aussi consulté. Quant à celui de Schonvelde sur les côtes de Holstein, il mérite à peine d'être cité. Quelques espèces signalées par Pallas, voilà tout ce qu'on connaît des côtes russes, au nord sur l'Océan glacial et au midi sur la mer Noire. La mer Caspienne dont il serait important de connaître les productions, n'a-pas été explorée; Pallas et Gmelin ont cité quelques Coquilles qui y vivent, mais ces espèces n'ont point été comparées à celles de la mer Noire et sont inconnues dans nos collections. Cette comparaison contribuerait sans doute à décider la question de l'ancienne union de ces relaissées primitives.

Ce que nous avons dit plus haut de l'Angleterre au sujet des Mollusques terrestres et fluviatiles des îles de cet État, s'applique également à ses espèces marines. Les traités généraux que nous avons cités contiennent la description et les figures des unes et des autres. Nous n'avons sur les mers si découpées de la Hollande, et qui doivent être fort riches en Mollusques, que des Mémoires épars sur des genres de quelques familles, tels que ceux de Bohatsch et de Bommé, et les catalogues peu importans de Gronou et de Van-Halem.

Les côtes de notre patrie, sur l'Océan, n'ont donné lieu jusqu'à présent à aucun travail de quelque intérêt. Des Mémoires épars sur quelques espèces par Réaumur, Guettard, Dicquemare, Fleuriau de Bellevue, etc., les citations rarement exactes des auteurs systématiques, voilà tout ce que peuvent fournir les documens imprimés; heureusement que les recherches de Gerville de Valognes, d'Orbigny père et fils de La Rochelle, Dargelas, Grateloup et Desmoulins de Bordeaux, suppléent au silence des documens écrits et peuvent nous permettre de dresser un catalogue déjà considérable de nos principales productions en ce genre sur cette mer. Nous n'avons sur les rivages du Portugal que quelques citations du *Systema naturæ*.

Nous voici parvenus à la Méditerranée. Quelques figures de Barrelier, un Mémoire de Breyn, des observations disséminées dans divers recueils, quelques citations des auteurs, voilà l'ensemble de nos renseignemens sur les espèces des côtes d'Espagne. Celles de la France sur cette mer sont aujourd'hui mieux connues. Sans parler de Rondelet, les Mémoires de Lesueur et ceux de Risso, surtout les deux Catalogues, l'un de la Statistique du département des Bouches-du-Rhône, l'autre de celle de l'Hérault par Marcel de Serres, nous ont heureusement mis à même de compléter la liste des Mollusques de notre sol. La Faune approximative française qui se publie nous offrira sans doute de nouveaux renseignemens. Les rivages de l'Italie ont été souvent explorés, mais il faut, pour dresser le catalogue qui nous manque de ses espèces, entreprendre le travail difficile d'établir, s'il est possible, une synonymie exacte entre tous les auteurs qui ont écrit sur ce sujet. Columna, Buonanni et Aldrovande ne peuvent être entièrement négligés. Plancus, Bianchi, Scopoli, Olivi, Gualtieri, Soldani, Fortis, Cavolini, surtout Poli, Ranzani et Renieri, voilà les sources où l'on peut puiser les élémens de ce travail. Quelques espèces ont été signalées dans la baie de Naples par Salis Marschlins, et sur les côtes de Gênes par Carus. Le Catalogue de Renieri est précieux pour les espèces de l'Adriatique, mais à quoi peut servir cette foule de noms nouveaux qui se rapportent à des objets dont il ne donne pas la description? Et d'ailleurs combien de déterminations y sont évidemment fautives! Les recherches de Risso, celles de plusieurs naturalistes italiens, les espèces rapportées par Olivier de l'Archipel, de la Grèce, des côtes de Syrie, de l'Egypte; celles observées par Savigny dans ce dernier pays; le voyage de Poiret en Barbarie, quelques Mémoires spéciaux, les citations du Système de la nature, et de l'ouvrage de Lamarck, tous ces renseignemens sont loin de fournir un catalogue complet des Mollusques du vaste bassin qui nous occupe, catalogue qu'il serait bien à désirer qu'on pût comparer à celui des Fossiles des collines subapennines et du Roussillon. Ce qu'on connaît de la mer Noire mérite à peine d'être cité; selon toutes les apparences, elle doit nourrir, comme la Baltique, des Mollusques des eaux douces mêlés aux espèces réellement marines, phénomène que présente également la mer d'Azoff.

L'ouvrage d'Adanson est précieux pour les côtes occidentales d'Afrique; c'est le seul travail important sur le contour des mers de cette vaste presqu'île; ainsi, sur cette longue ligne de côtes, depuis le cap Nord, nous n'avons des notions exactes, mais non complètes, que sur les rivages de la Norwège, du Danemarck, de l'Angleterre et du Sénégal. Cuningham a donné un petit catalogue des Coquilles de l'île de l'Ascension, mais il est presqu'inutile par la manière dont elles sont désignées. Cette île et celle de Sainte-Hélène seraient, par leur isolement, importantes à étudier.

Cette partie de l'Océan, entre l'Europe et le cap de Bonne-Espérance, a été parcourue par tant de naturalistes, et les relâches des Canaries, des îles du cap Vert, etc., si souvent visitées par eux, que les Mollusques qui l'habitent devraient être bien connus. Des descriptions, des indications sont disséminées dans des relations de voyages, mais aucun travail méthodique n'a réuni les noms des espèces pélagiques et riveraines qui distinguent cette portion du grand Océan. Les espèces du Cap sont en partie connues, elles ont été souvent recueillies; les citations des auteurs et l'examen de nos collections peuvent en faire dresser une liste assez considérable pour laquelle les résultats du voyage de Delalande seront fort utiles. Les bords orientaux de l'Afrique sont presqu'inconnus; les rivages de Madagascar, des îles de France et de Mascareigne, et cette partie de l'océan Indien entre ces îles et le Cap ont fourni une grande quantité de belles espèces à nos collections; mais, à l'exception du Voyage de Bory de Saint-Vincent, de celui de Péron, du capitaine Freycinet, de quelques indications de Lesueur, et des citations de Bruguière, rien de précis ne peut être utilisé. Pour la mer Rouge, on ne peut signaler que l'ouvrage de Forskahl et les travaux non encore publiés de Savigny dans l'ouvrage d'Egypte. L'on connaît sans doute beaucoup d'espèces des Grandes-Indes, les citations du *Systema naturæ*, de l'ouvrage de Lamarck, les Mémoires ou les ouvrages de Martini, de Chemnitz, de Spengler, de Martyn, ceux plus anciens de Petiver fournissent aussi quelques faits: mais à le bien prendre, presque tout est vague au sujet des localités, à l'exception des indications qu'on doit à Leschenault et à quelques voyageurs de ces derniers temps.

Cook, Banks et Dickson ont rapporté en Europe les premières Coquilles de la Polynésie. Quelques Mémoires épars nous ont conservé le souvenir de ces conquêtes; mais les expéditions Baudin et Freycinet, seules, nous ont donné des résultats certains et un peu étendus sur les Mollusques de ces nombreuses îles.

Entre tant de voyages de long cours destinés aux progrès des sciences, à peine cite-t-on après ces deux expéditions quelques observations sur les Mollusques. Celles de Lamartinière, de Forster, etc., ont été bien restreintes; le seul voyage de Krusenstern a été riche en résultats qui ont été publiés en partie seulement dans le magnifique atlas de ce voyage; les Mémoires de Tilésius, d'Eysenhardt et de Chamisso, ont aussi enrichi la science de belles et curieuses observations.

Nous ne connaissons presque rien des côtes de l'Amérique septentrionale depuis le détroit de Behring jusqu'à l'isthme de Panama; celles des États-Unis paraissent peu riches. Les Mollusques qui les habitent viennent enfin, grâce à Say, d'être décrits; mais le catalogue descriptif qu'il en a donné, a besoin d'être confirmé quant aux déterminations des espèces connues. Les Mollusques des Antilles et du golfe du Mexique, abondans dans nos collections, y sont cependant avec des indications si peu certaines, quant aux localités, et les espèces citées dans les ouvrages, offrent en général si peu de certitude, sous le même rapport, qu'il est difficile d'établir rien de précis et de satisfaisant. Quant au catalogue des espèces de cette portion des mers d'Amérique, les ouvrages de Nicholson, de Parra, de Brown et de Sloane, ne peuvent fournir que peu de renseignemens. Il en est de même des manuscrits ou des ouvrages imprimés

de Plumier, du père Feuillée, de Molina, etc., sur le reste de l'Amérique méridionale. Les renseignemens fournis par Bruguière, quelques citations des auteurs, le catalogue de Leblond pour la Guiane, les voyages de Humboldt et Bonpland, présentent seuls des résultats positifs. L'expédition du capitaine Freycinet, les voyages du prince Maximilien de Neuwied et des naturalistes bavarois Spix et Martius, nous donneront sans doute des renseignemens sur les Mollusques des côtes du Brésil.

Nous allons passer maintenant à l'examen topographique des observations connues sur les pétrifications ou les Fossiles des couches meubles qui ont appartenu aux Mollusques marins. Les premiers de ces corps ont donné lieu à une prodigieuse quantité de travaux et d'ouvrages de tous les genres, mais jusqu'à ces derniers temps, les descriptions et les figures qui en ont été publiées manquaient, pour la plupart, de cette exactitude qui peut seule faire reconnaître les espèces. Les Fossiles des couches meubles, inconnus dans une grande partie de l'Europe, n'ont guère été étudiés que de nos jours. Il suit de cet exposé que les ouvrages vraiment utiles à la comparaison des espèces vivantes avec les espèces fossiles sont réellement peu nombreux; la plupart offrent cependant des renseignemens dont on doit tenir compte, surtout dans l'examen géographique de ces êtres. Nous citerons d'abord les ouvrages généraux ou les travaux systématiques, parce qu'ils offrent des indications de localités plus ou moins exactes. Tels sont ceux de Langius, Vallerius, Columna, Scilla, Scheuchzer, Bourguet, Brückmann, Gesner, Hollmann, Schlotterberg, Breyn, Klein, Spengler, Walch, Knorr, D'Argenville, Luidius, Schrœtter, Faujas, Schlotheim, Parkinson, Lamarck, Defrancé, etc. Les travaux spéciaux sur les diverses contrées sont : sur la Norwège et la Suède, les écrits de Sroem, Bromell, Modeer, Stobæus, Wallerius, Brünnich, et surtout les travaux récens de Wahlemberg; ils offrent les premiers élémens du catalogue des pétrifications de ces contrées. Spengler en a donné quelques-unes de celles du Danemarck. Nous n'avons sur la Russie et la Pologne que les indications assez vagues de Carosi et de Ferber, celles plus précises de Oeynhausen et Pusch, et celles enfin de Strangways sur la Russie proprement dite. L'Allemagne fournit un grand nombre de travaux qui n'ont point été coordonnés, et dont quelques-uns n'ont pas même été cités malgré l'intérêt qu'ils présentent. On a un Mémoire de Klein et les indications de Germar sur les pétrifications d'une partie de la Prusse, l'ouvrage de Wolkmann sur la Silésie, un travail anonyme sur celles de la Bohême. Brückmann a écrit sur les espèces de la Hongrie, Fichtel sur celles de la Transylvanie : ce dernier est important par ses figures. Constant Prévost a traité des Fossiles du bassin de Vienne qui seront bientôt connus entièrement sans doute, ainsi que tous ceux de l'empire d'Autriche, par suite des recherches auxquelles se livrent des naturalistes aussi laborieux qu'habiles, Parsch et Brunner. Ehrhart, Gmelin, Mohr et Schrœtter surtout, dans ses nombreux ouvrages, ont parlé des Fossiles de la Souabe; Bauder a décrit les pétrifications d'Altdorf et des environs de Nuremberg; Beurer, Bajerus père et fils, et Schrœtter encore, celles de la Franconie; Brückmann, Melle, Arenswald, Ritter, Büttner, Mylius, Albrecht, Alberti, Schrœtter, Hebenstreit, Hesk, Schulze, Verdion, Schütte, Freuzels, Reinecke, celles de la Saxe; Hüpsch, Liebkuecht, Wolfart, Ritter, celles de la Prusse rhénane; on connaît les indications d'Oeynhausen sur la Westphalie; Schlotheim a indiqué les Fossiles du Tuf calcaire, et Boué a donné de nombreux renseignemens sur toute l'Allemagne dans ses divers Mémoires; enfin le recueil de Léonhard, celui de Nœggerath, plusieurs d'Urwelt, surtout celui de Krüger, offrent

aussi des renseignemens, des matériaux à consulter. C'est l'Angleterre qui a la priorité sur les autres pays sous le rapport de l'étude des dépouilles fossiles ou pétrifiées du sol national. Lluvyd, Baker, Beaumont, Lister, Walcott, Brander, Barrington, Gray, Jacob, Luidius, Morton, Da Costa, Gilkes, King, Simon's, Brewer, Hatley, Dale, de la Pryme, Martin, Parkinson, etc., ont préparé les voies à Sowerby père et fils dont le grand et important ouvrage, malgré quelques imperfections, est et sera long-temps le type auquel on rapportera les productions en ce genre des autres pays. La Hollande n'offre aucun travail connu, et ce pays en était peu susceptible, mais la Belgique présente quelques travaux : Vitry, de Limbourg, de Launay, Burtin, Faujas, le Mémoire de La Jonquière sur Anvers, le grand travail de Drapiez, offrent dans leur ensemble les élémens d'un catalogue assez nombreux pour cette partie du royaume de Hollande. La Suisse a été l'objet d'un grand nombre d'ouvrages; Muralto, Scheuchzer, Langius, D'Annone, Wagner, Blumenbach, Leeuwenhoek, Razoumowsky, Saussure, Deluc, Steinmuller, les Mémoires de Brongniart père et de Studer fils, du professeur Mérian sur les environs de Bâle, peuvent fournir les moyens d'établir la liste des espèces de cette partie alpine de l'Europe. Pour la France, nous ne sommes pas moins riches en matériaux : les travaux de Gejeri, de Jussieu, Lassone, Odanel, D'Argenville, Astruc, Réaumur, Amoreux, Lamanon, de Mairan, Guettard, l'abbé Sauvages, Lapeyrouse, Daubenton, Razoumowsky; ceux plus récens de Lamarck, Faujas, Defrance, Brongniart, Deshayes; le Catalogue des Fossiles du département des Bouches-du-Rhône, dans la Statistique de ce département; les recherches de Grateloup, d'Orbigny père et fils, Fleuriau de Bellevue, Lamouroux, de Gerville, Bazoches, Millet, de Tristan, etc., nous mettent à même de dresser un catalogue très-considérable des productions de ce genre propres à notre sol. Mais ce catalogue est encore à faire.

L'Espagne et le Portugal ne possèdent rien ou presque rien ; Torrubia et quelques indications de Boulwes, méritent à peine d'être signalés. L'Italie a été plus observée ; Allioni, Monti, Spada, Lessers, Odóandi, Soldani, Modeer, Bossi, Moscati, Bartolini, Ferber, Septalius, ont devancé Borson qui a été suivi de Brocchi dont le magnifique ouvrage présente un catalogue considérable, surtout des Fossiles des couches tertiaires, catalogue encore augmenté dans ces derniers temps par les nouveaux Mémoires de Borson, ceux de Brongniart, Maraschini, Cortési, etc. — Nous ne connaissons rien sur la Grèce et la Turquie d'Europe.

L'Afrique entière n'offre aucun autre renseignement que les planches du grand ouvrage sur l'Egypte et les résultats du voyage de Cailliaud sur les Fossiles du mont Barkal. L'Asie est dans le même cas ; quelques indications des géologues anglais, voyageurs dans l'Inde, sont les seuls renseignemens qui nous soient connus.

On a un Mémoire peu important de Kamel, sur les pétrifications des îles Philippines, et quelques figures de Rumph sur celles des îles de l'Archipel d'Asie.

L'Amérique méridionale ne présente non plus que de faibles indications dans le Mémoire de Le Gentil sur les Coquilles trouvées au Pérou, et le travail de Parra sur les pétrifications de l'île de Cuba. L'Amérique septentrionale, où le goût de l'observation se propage d'une manière si remarquable, ne tardera pas à être mieux connue. On a un ancien Mémoire de Lincoln sur les pétrifications de la Virginie, quelques Mémoires de Rafinesque, presque inutiles à consulter par la brièveté des détails qu'ils présentent, et l'absence de bonnes figures ; enfin, beaucoup d'indications dans les nombreux Mémoires

géologiques et les ouvrages publiés sur cette partie depuis quelques années. En nous résumant, nous trouvons beaucoup de matériaux à mettre en œuvre, mais peu de résultats élaborés. L'Angleterre seule, l'Italie et la France, pour les Fossiles des terrains tertiaires, ont des catalogues plus ou moins complets.

D'après les travaux précédens, nous présenterons maintenant quelques données sur la distribution des Animaux qui nous occupent à la surface du globe. Les espèces terrestres et fluviatiles réunies paraissent être infiniment moins nombreuses que les marines ; mais d'après ce que nous avons dit sur les pays et les mers qui n'ont point été explorés, on sait qu'il est difficile de calculer, même approximativement, par le nombre des espèces connues celui des espèces qui peuvent exister à la surface du globe. Il est certain que les marines sont mieux connues que les terrestres et les fluviatiles (à l'exception peut-être des espèces microscopiques des sables marins, dont D'Orbigny s'occupe avec tant de zèle), d'abord, parce qu'en général on les a beaucoup plus recherchées, et ensuite, parce qu'on avait beaucoup plus de chances pour rencontrer la plupart d'entre elles, assez souvent communes à une grande étendue de côtes. L'on peut admettre quinze à dix-huit cents espèces de Mollusques terrestres et fluviatiles connues dans les collections, décrites ou figurées dans les auteurs, tandis qu'il existe plus de cinq à six mille Mollusques marins signalés de cette manière.

Entre les Mollusques qui vivent sur la terre ou dans les eaux douces, les uns sont destinés par la nature à habiter spécialement les lieux couverts ou humides ; tels sont les divers genres de la famille des Limaces, les Hélicarions, les Hélicolimaces, quelques groupes parmi les Hélices, les Vertigos et les Cyclostomes, d'autres, au contraire, n'habitent que les endroits découverts et exposés à toute l'ardeur du soleil, les rochers nus, les tiges des Plantes ligneuses, etc., comme plusieurs groupes du genre Hélice. Quelques espèces peuplent les contrées granitiques, les *Helix zonata, ruderata,* etc.; la presque généralité n'aime que les terrains calcaires. Un assez grand nombre ne s'éloigne jamais beaucoup des côtes, et préfère les plages maritimes, tels sont les Hélices *pyramidata, elegans, conica, conoidea, maritima, variabilis, albella,* etc. Parmi les coquillages fluviatiles, quelques genres, comme les Limnées, les Planorbes, les Physes, les Ancyles, les Cyclades, quelques Anodontes peuplent les sources, les mares, les étangs, les petits courans exposés à être desséchés pendant la saison chaude, et attendent dans la vase humide le retour des pluies; aussi sont-ils organisés pour respirer l'air en nature, tandis que les Pectinibranches sont plus spécialement affectés aux lacs, aux rivières, aux fleuves; tels sont les genres Paludine, Mélanie, Nérite, et dans les Acéphales, les grandes Cyclades, les Cyrènes, les Unios, les Galatées, les Éthéries, les Moules. D'autres Mollusques sont destinés pour d'autres circonstances; les parties basses des côtes, les étangs saumâtres, les rochers couverts et battus par les vagues, toutes les parties du littoral soumises à l'alternative des marées, sont habités par divers genres de la famille des Auricules et par de petits Pectinibranches du genre Paludine. Les embouchures des fleuves nourrissent aussi certaines espèces qu'on ne trouve guère ailleurs, entre autres certaines Cérites et plusieurs Acéphalés. Parmi les Mollusques entièrement marins, les uns ne s'éloignent pas des côtes, et vivent exclusivement dans les anses sablonneuses, les basfonds, etc., à divers degrés de profondeur sous les niveaux variables des eaux; d'autres se tiennent plus au large ou tout-à-fait en pleine mer, comme les Argonautes, les Nautiles, les Spirules, les Biphores et les Janthines, qui s'y tiennent à la surface des eaux. De-là, la division reçue en

espèces littorales et pélagiennes. Ainsi l'on trouve des Mollusques pour toutes les circonstances, et la fécondité de la création a répandu partout l'animalisation modifiée, adaptée à la nature des lieux, aux aspects qui diversifient la surface terrestre et aux conditions de l'air et des eaux. Il en est de même à l'égard du climat : les contrées polaires ne sont point entièrement dépourvues de Mollusques terrestres et fluviatiles; le Groenland a offert l'*Helicolimax pellucida* et l'*Helix cellaria*; l'Islande l'*Arion empiricorum,* quelques Hélices et l'*Unio margaritifera.* A mesure qu'on se porte vers le Midi, le nombre des genres et celui des espèces devient plus considérable. Pour l'ancien continent, ce nombre diminue dans les contrées arides et brûlées de l'Afrique; il augmente, au contraire, encore dans la zône torride de l'Asie et de l'Amérique où la chaleur humide des Grandes-Indes, des Antilles, du Brésil, de la Guiane et de la Nouvelle-Espagne, etc., convient à ces Animaux. Les terres plus rares dans les zônes tempérée et glaciale de l'hémisphère austral paraissent nourrir peu de Mollusques terrestres et fluviatiles. La progression en hauteur perpendiculaire sur les hautes montagnes offre des faits analogues à ceux qu'on observe en allant vers le pôle; on ne trouve qu'un petit nombre d'espèces qui dépassent mille à douze cents toises. Dans les Alpes et les Pyrénées l'*Helicolimax pellucida,* les *Helix sylvatica* (*alpicola*), *arbustorum* (*alpicola*), *glacialis, alpina, holocericea, zonata, ruderata, cellaria* et le *pomatia* lui-même atteignent cette élévation, et quelques-unes d'entre elles vivent aux pieds des glaciers. Ainsi l'on peut admettre pour les Mollusques terrestres et fluviatiles, que le nombre des espèces et même celui des individus dans les espèces est en raison directe de l'élévation de la température humide et de l'abondance des Végétaux divers qui couvrent la surface de la terre. Quant aux espèces marines, les mers polaires nourrissent une innombrable quantité de petits Mollusques nus de la classe des Ptéropodes, tels que le *Clio borealis*, et des Gastéropodes Nudibranches et Tectibranches, ainsi que des Pectinibranches et des Acéphalés de diverses espèces ; une foule de genres y manquent; le nombre de ceux-ci et celui des espèces augmentent des deux côtés en se rapprochant de l'équateur, d'où l'on peut inférer que la même loi déduite pour les espèces terrestres et fluviatiles leur est applicable. Cependant certains genres et beaucoup d'espèces paraissent appropriées à certaines zônes ou à certain bassin, et ne se retrouvent plus passé certaines limites. Souvent, à mesure que certaine espèce s'éloigne de sa véritable station et de son habitation naturelle, elle dégénère et disparaît. C'est ainsi que Péron a cité son *Haliotis gigantea* qui habite les mers polaires australes. Il perd déjà de ses dimensions après le détroit d'Entrecasteaux, on n'en trouve plus au-delà du port du Roi-Georges; c'est ici également que s'arrête le Faisan, *Phasianella bulimoides*, Lamk., dont la véritable patrie est l'île Maria. D'autres espèces semblent habiter toutes les mers, comme les Glaucus, la Scyllée nacrée, la Bulée plancienne et certains Anatifes, etc. ; un grand nombre sont communes à la Méditerranée et à l'Océan, d'autres aux côtes septentrionales de l'Europe et de l'Amérique. Quelques-unes sont communes au rivage du Sénégal et à ceux de la France, d'autres aux mers des Antilles et à celles d'Europe. La *Bulla striata* vit également dans la Méditerranée depuis l'Egypte, sur les côtes d'Angleterre et de France, sur celles du Sénégal, au Brésil et aux Antilles. Le *Cyclostoma truncatulum* de Draparnaud, qui est une petite Paludine du sous-genre Rissoa, habite les côtes de la Méditerranée, de l'Océan, en France et en Angleterre, et celles de la Guadeloupe; le *Turbo petræus* est dans le même cas, et arrive jusqu'au cap de Bonne-Espérance, etc.

Les espèces terrestres et fluviatiles nous offrent des faits très-curieux et très-importans en ce genre, étant d'ailleurs bien constatés, et fournis par des espèces communes bien connues, et qui, pour la plupart, éloignent toute idée de transport accidentel. Le *Limax variegatus* de Draparnaud, qui infecte les caves de Paris, est commun à Philadelphie; il abonde également dans le midi de la France, dans l'île de Chypre, à Malte, et à Valence en Espagne. Le *Limax antiquorum* se trouve depuis le Danemarck jusqu'à l'île de Zante et à Ténériffe; l'*Arion empiricorum*, depuis l'Islande et la Norwège jusqu'en Italie et en Espagne. L'*Helix putris* de Linné semble être orbicole: commune en Europe, depuis la Norwège jusqu'en Italie et en Egypte, dans l'Archipel, elle abonde aux États-Unis, à Terre-Neuve, à la Jamaïque, au Tranquebar et aux îles Marianes. Notre *Helix pomatia* semble être l'espèce terrestre caractéristique de l'Europe septentrionale, comme l'*aspersa* de l'Europe méridionale, et cependant ces espèces habitent ensemble certains points d'une zône assez étendue, depuis Paris et Soissons jusqu'à Valence en Dauphiné, aux environs de Montauban et d'Agen, en Suisse, à Lauzanne, et dans plusieurs parties de l'Italie jusqu'à Naples et à Trieste; il ne se trouve cependant pas en Provence. L'*aspersa* ne franchit pas les Alpes, et est inconnu dans toute l'Allemagne. Ainsi le *pomatia* s'étend depuis la Suède jusqu'à l'extrémité de l'Italie, et il est remplacé vers l'orient, en Turquie, en Syrie, dans l'Archipel, par deux espèces qui en sont très-rapprochées, les *Helix cincta* et *lucorum*, munies comme lui d'un épiphragme crétacé en hiver. Ces trois espèces et l'*aspersa* sont communes à l'Italie. Le *pomatia* n'existait point en Angleterre où il a été importé d'Italie par un membre de la famille d'Arundel : l'*aspersa* est l'espèce vulgaire primitive de ce pays qui semble être ainsi sa limite septentrionale, d'où il se propage sur toutes les côtes de la Méditerranée, en Europe, en Asie et en Afrique jusqu'à Alger et aux Canaries. Ce n'est pas tout, ce singulier Limaçon franchit l'Océan et se retrouve à Charlestown, dans les forêts de la Guiane, au Brésil et aux pieds du Chimboraço. Un fait non moins remarquable nous est fourni par l'*Helix candidissima* qui vit sur toutes les côtes de France et d'Espagne sur la Méditerranée, en Sardaigne, en Sicile et à Tripoli de Barbarie. Gaudichaud nous l'a rapporté des îles Marianes avec l'*Helix putris*. L'*Helix nemoralis* qui ne passe pas jusqu'en Orient, se retrouve aux Grandes-Indes d'où Gray en a reçu des exemplaires parfaitement identiques à ceux de notre pays. L'*Helix papillaris*, si commune en Italie et dans l'Archipel, se retrouve en Suède. La *Nerita fluviatilis* est commune à tous les fleuves et grandes rivières de l'Europe. Un assez grand nombre d'espèces sont communes à l'Amérique septentrionale et à l'Europe; outre le *Limax variegatus*, les *Helix putris* et *aspersa*, nous citerons l'*Helix hortensis* à Terre-Neuve, l'*Helix pulchella*, cette très-petite Coquille, si commune du nord au midi de l'Europe, aux Etats-Unis; l'*Helix nitida*, à Philadelphie et à la Guadeloupe; les *Helix (Bulimus) radiata, decollata*, etc., aux Etats-Unis; et parmi les fluviatiles, qui certainement n'ont pas été importées d'Europe, le *Limneus stagnalis*, la *Paludina vivipara* (ces deux dernières se retrouvent jusqu'à Moscow), la *Physa hypnorum*, et enfin les *Unio margaritifera* et *crassissima;* le premier peuple les lacs et les rivières des Etats-Unis, de l'Islande, du nord de l'Europe, et les lacs de la Russie; il semble être parmi les espèces fluviatiles et avec le *Limneus stagnalis*, le *Planorbis corneus*, et la *Paludina vivipara*, les types caractéristiques du nord de l'Europe, tandis que l'*Unio crassissima* de Klein caractérise les rivières et les fleuves du midi de la France et de l'Espagne, et cependant ces deux espèces se trouvent ensemble jusque dans le Canada et la rivière Hudson. Mais l'Amérique septentrionale offre, avec les espèces communes à l'Europe, des différences nombreuses et importantes, par la quantité d'espèces particulières et par certains genres, comme l'Hélicine, étrangers à l'ancien continent. Les bords de la Méditerranée, en Europe, et depuis les Dardanelles, les côtes de Syrie, d'Egypte, de Barbarie, jusqu'au détroit et aux îles Canaries, ainsi que l'Archipel, forment un système parfaitement distinct par une foule d'espèces communes, telles que les *Helix naticoides, aspersa, vermiculata, pisana, variabilis, striata, decollata*, etc., et les Mélanopsides qui appartiennent exclusivement aux versans de ce bassin, tant en Europe qu'en Asie et en Afrique. Les îles Madère et Porto-Santo sont en dehors du système dont on vient de parler, et caractérisées par des espèces particulières. Certaines espèces semblent n'habiter que des parties de ce système; ainsi l'*Helix algira* de l'Egypte et de la Barbarie ne se retrouve qu'en Provence et pas en Italie; il en est de même de l'*Helix lactea* d'Espagne et d'Alger, étrangère à la Provence, mais qui arrive jusqu'au Roussillon.

L'Afrique offre une particularité remarquable dans l'analogie des productions de ces bords opposés. L'Iridine et l'*Anodonta rubens* du Nil se retrouvent au Sénégal, l'*Helix flammata* de la Nubie, sur les rives de la Gambie, etc. Ces exemples, et quelques autres encore, semblent prouver que les circonstances de stations, c'est-à-dire de localités convenables, semblent avoir présidé, dans la plupart des cas, à la distribution de ces Animaux sur la surface du globe, et si l'on répugne à admettre, comme cela se conçoit, la propagation de petites espèces ou des coquillages fluviatiles entre l'Europe et l'Amérique, entre les deux rives de la Méditerranée, etc., il faut admettre des centres ou des bassins particuliers de création comme on admet en Géographie physique des bassins et des massifs hydrographiques se répétant sur diverses parties d'une grande surface ou dans des continens opposés , et étant affectés entre eux d'un nombre variable de différences et d'analogies. De même les bassins et les centres de création présentent des productions semblables, équivalentes ou différentes suivant les lieux; et l'animalisation paraît avoir été soumise à de certaines conditions dépendantes de la forme et de la nature du sol , de l'état de l'air et des eaux, de telle sorte que certains genres et certaines espèces même se reproduisent à de grandes distances et jusque sur des continens opposés, d'après l'influence des localités , et sans qu'on puisse soupçonner qu'elles y sont arrivées par voie de diffusion en partant d'un centre unique ou de plusieurs centres de productions distinctes.

L'examen de la répartition des familles naturelles et des principaux genres des Mollusques à la surface du globe dépasserait les bornes déjà franchies de cet article; nous nous contenterons d'en exposer ici les principaux résultats : 1° la plupart de ces familles, un grand nombre de genres et même beaucoup d'espèces appartiennent à toutes les mers ou aux contrées les plus opposées. Cette communauté a surtout lieu entre les zônes torride et tempérée. 2°. Le nombre des genres et surtout celui des espèces dans les genres et le volume de celles-ci est en raison directe de l'accroissement de la température , mais une foule d'espèces peuvent supporter une différence considérable sous ce rapport, puisque nous les retrouvons sous presque toutes les zônes, comme la *Bulla aperta* , la *Bulla striata*, etc. 3°. Certains genres ou certains groupes sont affectés spécialement à telle ou telle localité ; ils y sont mélangés quelquefois avec certaines espèces caractéristiques d'autres centres ou d'autres bassins; ou en d'autres termes , les conditions de station étant semblables ou analogues , on retrouve souvent les mêmes types à de grandes distances , mais pour les uns ces conditions sont très-bornées, pour d'autres elles sont très-étendues ; ce qui détermine les limites de l'extension des espèces sur le globe. Ces résultats semblent prouver que la loi générale de leur répartition est basée sur l'analogie des stations, c'est-à-dire des circonstances influentes dans lesquelles les espèces semblables ou équivalentes sont appelées à remplir un rôle analogue ; ces deux termes, savoir l'analogie de station et de destination , étant corrélatifs et dans une dépendance mutuelle l'un par rapport à l'autre.

L'examen de la répartition des espèces fossiles dans les diverses contrées, nous fournit des faits absolument analogues à ceux qui ont motivé les résultats généraux que nous venons de présenter , lorsque du moins on examine les formations de même nature et dues aux mêmes circonstances géologiques; mais ces faits sont plutôt analogues que semblables; par exemple, pour chaque partie de la croûte terrestre, les terrains formés avant le premier sol découvert, paraissent être d'autant plus riches en Fossiles, qu'on se rapproche des zônes tempérées ; les Fossiles des terrains tertiaires semblent rares dans les températures extrêmes ; mais les espèces que tous ces terrains renferment, paraissent avoir été soumises aux mêmes lois de répartition que les espèces vivantes aujourd'hui. On retrouve les mêmes Coquilles à de grandes distances ; d'autres sont plus circonscrites ; les différences principales s'observent entre les couches superposées, comme aujourd'hui dans les niveaux divers d'une même mer , mais en général, lors du dépôt des premiers terrains, il régnait plus d'uniformité dans la nature ; souvent une seule espèce compose presque à elle seule une grande étendue de pays. Tout étant alors sous les eaux, les conditions de station et de destination étaient très-réduites, et par conséquent les espèces devaient être moins nombreuses, et appartenir presque toutes à des familles pélagiennes et organisées pour les circonstances où se trouvaient alors les mers. Les conditions de niveaux, celles des latitudes, l'éloignement ou le voisinage des terres et des volcans, voilà presque les seules qu'il pût y avoir. Mais à mesure que, pour chaque point du globe, les premières terres furent découvertes, soit que la mer les ait abandonnées, soit qu'elles sortissent en s'élevant progressivement au-dessus de son niveau ; dès-lors, d'autres conditions d'existence, d'autres stations ont eu lieu, et l'on sent qu'à toutes les périodes d'extension des surfaces terrestres, la vie qui se développait sur ces surfaces, a pu mêler ses produits, ses débris à ceux des habitans des mers. Les chances de ces mélanges ont été en raison de l'éloignement de cette première époque. De même, et toujours en considérant chaque portion de la surface terrestre à part, lors du dépôt de la craie, les conditions de stations étaient déjà changées ; le niveau n'était plus le même, et l'état des choses se rapprochait de plus en plus de ce qui existe aujourd'hui. Aussi y a-t-il une analogie marquée entre les Fossiles des terrains tertiaires de l'Amérique septentrionale et ceux de l'Europe. Il ne faut pas oublier qu'à des différences près, réduites dans de certaines limites, et provenant surtout de l'état général des choses, les conditions de la vie furent les mêmes pour les points élevés et pour ceux qui étaient plus bas, une fois que les mêmes niveaux des eaux les atteignirent ; et c'est si vrai, qu'un même système de couches superposées, vous offre quelquefois toute la série des Fossiles, depuis les plus anciens jusqu'à ceux analogues aux espèces vivant, actuellement, dans la mer voisine ; en sorte qu'on pourrait dresser une échelle dont les divisions serviraient à calculer l'abaissement du liquide primitif, si l'on avait des rapports qu'il n'est pas impossible de découvrir.

Toutes les formations considérées en masse, offrent des résultats généraux fort remarquables. 1°. Les familles, les genres et les espèces semblent augmenter considérablement en nombre, à mesure que des couches plus anciennes on arrive aux plus nouvelles ; ainsi, le calcaire du Jura offre plus d'espèces et même de genres, que les terrains plus anciens, et moins que les terrains tertiaires ; mais les individus dans les mêmes espèces et quelquefois les espèces dans les genres décroissent dans la même progression. Ainsi, le petit nombre de genres et d'espèces des terrains anciens, a été compensé par celui des individus ; les Gryphées, les Nautiles, les Ammonites, les Térébratules, étonnent par la multiplicité des individus dans l'espèce ; les Huîtres, les Cérites, par la quantité d'espèces dans le genre, etc.

2°. Les genres et les espèces sont de plus en plus semblables à ceux de nos mers actuelles, à mesure que des couches inférieures on arrive à celles de dernière formation, et même les plus récentes de celles-ci renferment des espèces semblables à celles de nos côtes, chose généralement reconnue.

3°. Les rapports d'identité ou d'analogie de familles, de genres et d'espèces entre les Fossiles de tous les terrains dus aux mêmes circonstances géologiques, et les familles, les genres et les espèces aujourd'hui vivant sur la terre, dans les eaux douces ou salées, suivent la progression des parallèles des pôles vers l'équateur, et en ligne perpendiculaire, le décroissement d'élévation, sauf des anomalies qui tiennent aux lois de station. Ainsi, par exemple, les genres Nautile, Térébratule, Delphinule, Cadran, Pleurotome, Harpe, Tonne, Vis, Mitre, Volute, Strombe, Cône, Olive, Porcelaine, Ovule, etc., si communs dans les terrains anciens ou tertiaires, ne se retrouvent dans leur véritable station qu'entre les tropiques. Les Mélanopsides, les Mélanies, les Cyrènes des premiers terrains déposés sous l'eau douce en Angleterre et en France, ne se rencontrent dans leur station naturelle aujourd'hui que sur les versans du bassin de la Méditerranée ou dans l'Inde; les Limnées, les Planorbes de certains dépôts élevés des Alpes ne se retrouvent qu'à un niveau plus bas. Les Fossiles des terrains tertiaires de même nature, de Paris, de la Touraine, de Bordeaux, de l'Italie, sont entre eux dans une progression semblable; le nombre des espèces analogues croît en se rapprochant de la Méditerranée ou des mers plus méridionales.

4°. Une quantité d'espèces semblent s'être progressivement anéanties de manière que celles des couches les plus anciennes paraissent ne plus exister, et cela par suite des mêmes lois qui limitent aujourd'hui l'extension des espèces, c'est-à-dire l'influence des stations, ou en d'autres termes parce qu'elles furent privées des conditions d'existence qui leur étaient nécessaires. Quand on rapproche cette observation de ce fait énoncé plus haut, la plus grande analogie entre les genres et les espèces fossiles d'un pays avec les espèces vivantes aujourd'hui, à mesure qu'on s'approche des contrées méridionales, il est permis de conclure que l'abaissement de la température est la principale des conditions d'existence qui ont manqué à ces espèces aujourd'hui anéanties; ainsi, si nous ne trouvons plus d'Ammonites ni de Bélemnites, les Nautiles, leurs contemporains, ont encore des représentans dans les mers de l'Inde, etc., et puisque nous voyons que la principale condition d'existence des Cônes, des Olives, des Porcelaines, est aujourd'hui la chaleur des contrées situées entre les tropiques, nous pouvons en conclure qu'à l'époque où la mer couvrait notre sol et y déposait tant d'espèces de ces genres, elle avait un plus haut degré de température que la mer actuelle, et que quand les Mélanopsides et les Cyrènes vivaient dans le

bassin de Londres et de Paris, la température y était plus élevée, puisque aujourd'hui les mêmes espèces se sont conservées en Espagne et en Afrique. Certaines espèces de nos terrains tertiaires se sont conservées dans nos parages actuels parce que leur condition d'existence ou de station étaient moins restreintes, analogues sous ce rapport aux espèces qui vivent aujourd'hui depuis la Norwège jusqu'en Italie ou en Afrique.

5°. En parcourant la série des Fossiles des diverses formations, l'on n'aperçoit nulle part une ligne tranchée de démarcation entre les différens termes de cette série, de manière à prouver que la vie a été renouvelée en totalité sur la terre une ou plusieurs fois. Au contraire, nous trouvons la preuve d'un changement successif et gradué. Avec de nouvelles espèces, nous en trouvons quelques-unes de celles des couches antérieures, et certains genres encore vivans sont communs à toutes les couches. On n'aperçoit de changement déterminé qu'aux véritables époques géologiques, c'est-à-dire *et pour chaque point;* 1° l'époque antérieure à l'existence de la vie; 2° celle où le sol n'était pas découvert; 3° celle où le sol fut libre. Entre ces deux dernières, on trouve souvent des résultats d'une époque intermédiaire, celle où la surface était encore en combat avec l'élément aqueux, et où les eaux tendaient à se mettre en équilibre; on reconnaît alors dans les bassins, les vallées, des alternats, des mélanges de productions marines, fluviatiles ou terrestres. Il semble donc qu'on peut conclure de tout ce qui précède : 1° que l'analogie de station et de destination, c'est-à-dire des conditions d'existence et du rôle à remplir, est la loi générale qui a présidé à la distribution de la vie sur le globe; 2° que les changemens que la vie a éprouvés sur sa surface ont été gradués; qu'elle n'a point été renouvelée; que les races n'ont point été modifiées, mais qu'à mesure que les conditions d'existence changeaient ou qu'il s'en formait de nouvelles, des espèces nouvelles ont remplacé celles qui ne pouvaient plus exister et qui n'avaient plus de rôle à remplir, et cela jusqu'à l'époque où, pour chaque partie de la surface successivement, l'équilibre entre les causes influentes a été établi. *V.* Création.   (F.)

8. *Animaux vertébrés.*

Comme si les Polypiers Mollusques et les Conchifères eussent tous originairement été conçus par l'Océan, le nombre des espèces appartenant à ces classes, est bien plus considérable dans les mers que dans les eaux douces; aussi trouve-t-on à peine quelques Spongiaires, des Dendrelles et des Alcyonelles, dans nos lacs et dans nos marais, pour les mettre en parallèle avec tant d'autres Animaux des mêmes genres ou des mêmes ordres dont se compose la Faune Pélagienne; et l'on peut dire que le nombre des Coquilles fluviatiles et terrestres n'est pas à celui des Coquilles marines, dans l'état actuel de la science, comme un à vingt. Les Echinodermes sont essentiellement marins, ainsi que les Acalèphes fixes ou libres. Tous ces êtres durent paraître les premiers dans l'univers : les restes de ceux que leur mollesse ne condamne pas à une prompte dissolution sont les plus anciens monumens qui nous soient restés de l'organisation animale en son berceau. Des Eponges et jusqu'à des Alcyons, sont devenus, malgré le peu de consistance de leur tissu, comme des médailles d'un monde primitif d'essai dont la physionomie ne devait avoir que peu de rapports avec celle du monde actuel perfectionné, et même d'un monde des temps intermédiaires. A ces débris succèdent ceux de quelques Crustacés, puis ceux des Poissons, enfin ceux des Reptiles, Animaux vertébrés des eaux, qui durent y paraître quand les Hydrophytes, les Polypes, les Acalèphes et les Mollusques, destinés à les nourrir, s'y furent suffisamment multipliés. Les Poissons,

beaucoup plus que ces êtres leurs prédécesseurs, sont soumis à de grands moyens de dispersion; aussi, la patrie de chaque espèce est-elle chez eux moins limitée que celle des Animaux terrestres et des autres créatures marines. Plusieurs sont des cosmopolites qu'on retrouve depuis un pôle jusqu'à l'autre et sous tous les méridiens. La plus grande égalité de température des eaux explique comment beaucoup de Poissons purent, sans inconvénient, passer à travers les trois zônes. A la facilité de fendre sans obstacle un élément où l'influence du froid et du chaud paraît être peu considérable, le Poisson joint l'avantage de trouver à vivre partout. Souvent égaré à la poursuite de sa proie, il s'éloigne de plusieurs centaines de lieues du point qui le vit naître; il peut jeter son frai dans tout climat où le besoin de se reproduire vient à le surprendre; il colonise ainsi son espèce. Les races qui voyagent par troupe, doivent être celles qui se déplacent le plus et qui sont répandues en un plus grand nombre de lieux; consommant beaucoup sur leur route, elles changent de canton pour trouver une nourriture suffisante, comme le font ces peuples pasteurs, qui sont obligés de voyager de pâturages en pâturages. C'est aussi dans toute l'étendue de l'Océan septentrional, qu'on trouve ces Morues et ces Harengs, dont l'Homme et les Poissons voraces ne peuvent diminuer le nombre, malgré la guerre acharnée qu'ils leur font. Les espèces qui vivent sédentaires, se tiennent entre des limites au contraire restreintes; plusieurs ne quittent pas le fond ou la plage qui leur produit un genre de nourriture approprié. C'est par cette raison que les Chœtodons, par exemple, qui se plaisent entre les rochers couverts de Madrépores, s'éloignent peu de la torride où croissent ces ornemens de la mer; mais plusieurs de ces espèces domiciliées se trouvent identiquement les mêmes sur les côtes du Brésil, dans les parages arabiques, et dans cette Polynésie indienne dout les écueils, se multipliant chaque jour, préparent sans cesse des îles nouvelles. On ne peut cependant supposer que de telles espèces, coutumières des rivages, aient pu se hasarder à traverser la profondeur pélagienne pour se coloniser, et l'on doit conclure qu'elles ont été créées en plusieurs lieux à la fois, ainsi qu'ont dû l'être toutes les espèces identiques qui se retrouvent séparées à des distances énormes, par des obstacles physiques insurmontables.

C'est ici le lieu de remarquer combien l'Homme, dont nous avons déjà signalé le pouvoir sur la Géographie physique des continens, a contribué encore à changer celle des eaux. Nous ne citerons pas ces Cyprins brillans que, de la Chine, il répandit dans toutes les eaux douces de l'hémisphère boréal, ces Gouramis que, de l'Inde, il transporta jusque dans les rivières des îles africaines, ces Murènes, qu'un roi philosophe, poëte, guerrier, et amateur de bonne chère, introduisit dans les lacs de la Poméranie; nous ne parlerons que des races puissantes ou carnassières de l'Océan, que les navigateurs ont presque partout dépaysées. Longtemps, les Requins se tinrent entre les tropiques, et les Cétacés dans les mers de notre zône tempérée. Ce fut dans la Méditerranée que les anciens connurent la Baleine, et sur les côtes de la France aquitanique, que les Basques lui firent leur première guerre. Les voyageurs qui, sur les traces des Gama et des Colomb, se familiarisèrent avec le passage de la ligne ou des tropiques, en rencontraient fréquemment, et voyant aussi le Requin jusqu'alors ignoré, admiraient la force et la férocité de cet Animal des mers les plus chaudes. Mais les expéditions de pêche étant devenues familières à une multitude de peuples qui, avant le quinzième siècle, ne possédaient pas une nacelle; les procédés pour conserver le Poisson s'étant multipliés pour en répandre la chair dans toute l'Europe, où la superstition en fait une nourriture obligée deux fois la se-

maine, et durant une quarantaine de jours d'abstinence, les Poissons, poursuivis sans relâche, s'éloignèrent des côtes où tant de dangers les menaçaient; les Baleines, également tourmentées, suivirent leur proie, pensant éviter leurs ennemis; le Nord devint pour elles une nouvelle patrie, où les Européens les atteignent encore. On les y voit de nouveau diminuer de nombre et chercher quelque sécurité en d'autres parages, où les pêcheurs les atteindront toujours. Quant aux Requins, ils s'aperçurent bientôt que les vaisseaux dont ils s'étaient d'abord effrayés, portaient des Hommes sujets à mourir durant leur traversée, et dont les flots devenaient la sépulture; ils suivirent ces vaisseaux, dont les ordures leur assuraient aussi des repas; ils suivirent surtout ceux qui faisaient la traite d'autres hommes ou bien la pêche; et c'est ainsi qu'ils se sont répandus d'un monde à l'autre, et du Midi au Nord; nous les rencontrons aujourd'hui dans la Manche, où nos aïeux ne les avaient jamais vus.

Si les Poissons grands nageurs de l'eau salée ont pu se répandre dans toutes les mers, il en est autrement de ceux des eaux douces. Comment ceux-ci ont-ils pu se propager d'un lac dans un autre, et peupler d'espèces identiques des fleuves sans communication et que séparent d'inaccessibles monts ou de brûlans déserts? C'est au mot POISSONS que cette importante question doit être renvoyée afin de ne pas grossir un article déjà fort étendu. Nous renverrons en outre à l'excellent Mémoire publié par Gaymard sur la distribution géographique des Poissons, ouvrage intéressant et qui laisse peu à désirer dans l'état actuel de la science. Il suffira de faire remarquer ici qu'alors que le Brochet vulgaire de l'Europe, *Esox Lucius*, a été retrouvé par Bosc dans les eaux douces de l'Amérique du nord, et que nous avons observé dans les rivières de Mascareigne notre Anguille commune (*Murena Anguila*), le Gobie Awoua, par exemple, est comme cantonné dans les ruisseaux d'Otaïti, et n'a point été retrouvé ailleurs.

Aux Poissons succédèrent enfin les Reptiles, essai aquatique d'un ordre de création plus avancé; ces premiers Reptiles des eaux dont on trouve les débris dans certaines couches du globe, paraissent avoir été de la plus grande taille. Le Monitor de Maëstricht pris par Faujas pour un Crocodile, et les Gavials primitifs ne le cédaient point en longueur aux plus grands Crocodiles de nos jours. Un Protée d'alors avait de telles proportions, que des savans en ont pris les restes pour ceux d'un contemporain du patriarche Noé; les Chéloniens et les Ichthyosaures égalaient nos plus fortes Tortues et nos Sauriens les plus allongés. Tous ces êtres ont disparu; nous n'en connaissons plus que les ossemens, et rien ne nous apprend quelle fut leur distribution sur les premiers rivages de la terre fangeuse et naissante.

Cependant, les restes superposés de tant de races d'Animaux marins, ayant formé dans une longue suite de siècles ces couches de sédiment si variées, dont les terrains habités sont formés aujourd'hui, les Plantes ne purent tarder à se montrer sur la surface de la terre humide et vierge que venaient féconder les rayons du soleil. Nous avons vu comment l'Ulve comprimée explique l'apparition d'une première végétation terrestre; les Lichens nous apprennent tous les jours comment la végétation peut commencer sur les Roches. Il en est un (*Stereocaulon Vulcani*) qui s'empresse de naître sur la lave à peine figée des volcans, et qui ne peut être conséquemment que postérieur aux vomissemens volcaniques; il en est un autre (*Parmelia tessellaris*) qu'on ne rencontre jamais que sur les briques; celui-là ne peut être que postérieur à l'Homme, comme la plupart des Opégraphes et des Stictes qui couvrent les écorces des grands Arbres, n'ont pu précéder ceux-ci dans l'ordre de la dispersion des êtres organisés à la surface du globe; ces

parasites ont, pour ainsi dire, suivi la marche des forêts, comme certains Aranéides incommodes s'attachent à l'Homme, aux dépens duquel cette vermine naquit, se multiplie et se répand dans tout l'univers. Ainsi, chez les Végétaux comme chez les Animaux, l'organisation qui commença par les êtres les plus simples, pour passer à de plus composés, retourne encore à l'état de simplicité, comme pour rappeler encore une fois l'image éternelle du cercle.   (B.)

†† Distribution géographique des productions terrestres.

α. Géographie botanique.

Après la connaissance des substances minérales et fossiles, distribuées par couches sur la surface de notre planète, les Plantes sont les objets naturels qu'il importe le plus d'étudier, à l'effet de caractériser les différentes régions du globe. L'influence que les agens physiques exercent sur les productions de la nature, leur fait revêtir des formes extrêmement diversifiées, et dont chacune semble particulière à telle étendue de pays. Si nous reconnaissons que la plupart des Végétaux ont une patrie resserrée entre certaines limites, nous serons obligés d'admettre que, malgré leurs nombreux moyens d'émigration, ces Végétaux ne pourront jamais devenir cosmopolites. La fixité des individus au sol qui les a vu naître, ainsi qu'une foule de conditions indispensables à leur existence, seront toujours des obstacles qui les empêcheront de franchir leurs barrières naturelles. Et si l'on considère cette classe d'êtres sous le point de vue de leur existence dans telle région, exclusivement à toute autre, on pourra réunir une masse de faits assez positifs pour en constituer une science particulière qui aura ses lois et ses théories. Cette science existe, et plus complète que les autres parties de la Géographie naturelle, elle a reçu le nom de Géographie botanique.

Par ses préceptes comme par ses

exemples, Linné, toujours créateur,
en posa les premiers fondemens; il
eut soin d'indiquer, dans les ouvrages généraux et dans les Flores,
la patrie de chaque Plante, circonstance à laquelle les anciens naturalistes ne donnaient qu'une importance très-faible. L'attention des botanistes ne s'est néanmoins portée
que long-temps après Linné sur cette
partie intéressante de la science; mais
en peu de temps, les progrès de celle-
ci ont été si rapides, qu'elle s'est
presque mise au niveau des autres
sciences naturelles, et qu'elle a depuis attiré les remarques de plusieurs
savans. Il est vrai que l'on compte
parmi ses historiens, quelques-uns
de ces hommes aussi distingués par
une vaste érudition que par un esprit judicieux, de ces hommes qui
commencent par constater et rassembler des faits, les enchaînent ensuite avec sagacité, sans pourtant
omettre d'exposer ceux qui, dans
l'imperfection de la science, semblent faire exception aux lois qu'ils
étaient parvenus à établir. Les travaux des Humboldt, des De Candolle,
des Robert Brown, seront donc
nos guides dans l'exposition concise,
et, autant que possible, suffisante de
toutes les données acquises sur la
Géographie botanique, et des résultats généraux qu'on en a déduits.
Nous mettrons aussi à profit les ouvrages publiés récemment sur cet objet, parmi lesquels se distinguent
éminemment les travaux et Mémoires
de Schouw, Boué, De Buch, Winch,
etc.; et peut-être aurons-nous l'avantage d'enter quelques idées sur celles
qui ont été développées par le professeur De Candolle, relativement à
la circonscription des régions botaniques. Avant de parler des limites qui
captivent les Végétaux dans certaines
zônes, ou de ceux propres à telles
contrées et à telles localités, nous allons passer rapidement en revue les
causes physiques dont l'influence est
si marquée sur la végétation; nous
ferons suivre cet examen de quelques considérations sur la profusion

et la rareté des Plantes, sur leur
acclimatation en des régions exotiques, et sur l'impossibilité du
transport, ou du moins de l'existence durable de certaines d'entre
elles hors de leur climat naturel.
La végétation de chaque pays est
soumise à l'influence constante et
perpétuelle des agens physiques qui,
non-seulement, modifient les formes
des espèces, mais encore s'opposent
tout-à-fait à l'existence de plusieurs
d'entre elles. Si nous cherchons à
classer ces agens en raison de leur
importance pour l'objet qui nous occupe, nous placerons en première
ligne la température; puis nous étudierons l'action de la lumière, de
l'eau, du sol, de l'air atmosphérique
et des phénomènes météoriques qui
s'opèrent dans ce vaste laboratoire.
En examinant l'action de la température sur les Plantes, nous ne
devons pas perdre de vue qu'elles
sont des êtres organisés doués d'une
vie intérieure, et par conséquent
soumis à des causes physiologiques
dont nous ne pouvons nous rendre compte avec précision. L'influence de la chaleur sur les Végétaux, ne peut donc être assimi-
lée à celle qu'elle exerce sur tous les
corps de la nature; elle est ici subordonnée à l'organisation qui fait
que telle Plante placée dans les conditions les moins favorables à l'existence, résiste cependant avec vigueur
à l'empire destructeur des élémens.
Mais faisons abstraction de cette action physiologique de la chaleur sur
la force vitale des Végétaux, et voyons
seulement quelle sera son action purement physique sur leurs liquides
et leurs solides. En ce sens, elle ne
peut agir assez activement que sur
les premiers, car les bois à l'état parfait et les graines bien mûres, c'est-à-
dire, dont toutes les parties sont presque entièrement solidifiées, paraissent
insensibles aux extrêmes du froid et
du chaud. Quant aux liquides, ils
sont dilatés ou condensés, selon les
diverses températures. Si le froid est
assez intense pour solidifier l'eau qui

doit être le véhicule des sucs alimentaires de la Plante, celle-ci ne peut
exister faute d'alimens ; un même effet est produit par la cause opposée,
c'est-à-dire par une haute température , car le terrain se dessèche et devient entièrement stérile ; aussi, de
vastes pays (les régions polaires et les
climats arénacés de l'Afrique) où ces
deux causes agissent d'une manière
continue , sont presque tout-à-fait
dépourvus de Végétaux. Les seuls
que l'on y rencontre, possèdent une
constitution qui les fait triompher des
effets destructeurs de la température,
et chez eux la force vitale, unie à des
circonstances visibles et susceptibles
d'explication , suffit pour conserver
dans leurs organes essentiels la chaleur ou l'humidité nécessaire à l'existence.

Comme il est démontré que la chaleur intérieure des Arbres est toujours plus élevée que la température
de l'atmosphère , puisqu'on l'a as-
similée à celle qu'indiquerait un
thermomètre placé à la profondeur
moyenne de leurs racines , la température de l'air ambiant ne peut donc
agir que sur les parties extérieures
des Végétaux , et la faculté de résister
au froid, augmentera dans ceux-ci,
en raison, 1° du nombre et de la densité des couches ligneuses , 2° de la
quantité des feuillets de l'écorce ou
des écailles des bourgeons qui retiennent captives plusieurs zônes d'air,
dont la conductibilité du calorique
presque absolument nulle, préserve
la sève en circulation; 3° de la nature
résineuse des sucs propres contenus
dans les bourgeons et dans l'écorce , ou de la nature charbonneuse de
celle-ci. A l'appui de ces propositions,
nous citerions un grand nombre
d'exemples, si nous ne craignions pas
d'exposer des faits connus de tout le
monde. Pour peu qu'on ait porté son
attention sur les Plantes du Nord, on
y aura vu, en effet, parmi les Arbres,
des Bouleaux munis d'une multitude
d'épidermes , et des Conifères remplis de sucs résineux. Il est remarquable en outre que les Plantes suc-

culentes sont infiniment plus sujettes
à la gelée , que celles dont le tissu est
serré et charbonneux , et qu'un Arbre des pays chauds est d'autant plus
susceptible de culture dans nos climats, qu'il est plus avancé en âge, ou,
en d'autres termes , que le nombre de
ses couches ligneuses s'est augmenté.
Ainsi, on voit au Jardin des Plantes
de Paris , entre autres Plantes des
contrées chaudes , un superbe individu d'*Acacia Julibrisin*, qui vit en
pleine terre et ne redoute aucunement la rigueur de nos hivers.

Une température qui ne varie, dans
les deux saisons extrêmes de l'année,
qu'entre des degrés peu éloignés, est
favorable à l'existence des Plantes vivaces auxquelles un froid rigoureux
devient mortel ; tandis qu'au contraire , les Plantes annuelles dont les
graines restent endormies pendant
l'hiver , s'accommodent mieux d'un
climat où la température est très-élevée dans certains jours de l'été. Nous
reviendrons un peu plus loin sur
cette question , en parlant de la transmigration et de l'acclimatation des
Végétaux.

On sait que la lumière est en grande
partie la cause déterminante de l'absorption de la sève , de l'émanation
aqueuse des parties vertes , de la décomposition de l'Acide carbonique,
et conséquemment de la fixation du
carbone ; on sait qu'elle produit la
coloration des parties vertes , le degré de consistance et la direction des
organes ; enfin, qu'elle donne naissance à plusieurs phénomènes , dont
le plus saillant est celui du sommeil
des feuilles et des fleurs. Ces influences s'exercent bien certainement sur
tous les Végétaux , mais elles ne déterminent quelque chose de particulier dans les Plantes , que par
leur durée ou l'intensité de leur action. C'est dans les climats équinoxiaux seulement, où une lumière
vive et à peu près égale pendant toute
l'année , envoie ses rayons perpendiculairement sur ces régions du
globe ; c'est là que vivent les espèces
qui sont remarquables par le sommeil

et le réveil alternatifs de leurs organes ; tandis qu'on ne trouve dans les contrées rapprochées des pôles, que des Plantes, dont les fleurs et les feuilles, peu sensibles au faible éclat d'une lumière oblique, conservent habituellement la même position.

La coloration des organes des Plantes, leur tissu compacte, et leur nature charbonneuse ou résineuse, ayant pour cause efficiente la lumière, il est naturel de chercher ceux qui présentent au plus haut degré ces qualités dans les pays chauds et exposés à une grande lumière. On ne rencontrera au contraire dans les lieux froids et ombragés, que des Plantes blanches, comme étiolées, peu consistantes, qui absorbent beaucoup, sans évaporer en proportion, souvent même de véritables hydropiques qui, pour leur guérison, ont besoin de l'action vivifiante des rayons lumineux. Il y a sans doute de nombreuses exceptions à ces règles; ainsi, l'on voit des Arbres très-verts et riches en principes résineux, occuper des lieux fort peu favorisés de la lumière et de la chaleur ; on voit des Plantes, telles que les Fougères, les Mousses, conserver leur verdure dans l'obscurité qui décolore tous les autres Végétaux. Mais ces exceptions nous semblent prouver que les Plantes de familles diverses réclament des doses diverses de lumière, et il est possible d'en tirer cette conséquence pratique, que dans la culture des espèces exotiques, c'est non-seulement la quantité de chaleur du climat dont il faut tenir compte et qu'il convient de leur approprier, que celle de la lumière de ces mêmes climats. Cette quantité est, il est vrai, souvent difficile à évaluer, et nous en avons la preuve dans les Plantes alpines que l'on n'élève qu'avec tant de peines dans les jardins botaniques ; mais ne pourrait-on pas en approcher d'une manière suffisante, en donnant, ainsi que l'un de nos collaborateurs le proposa le premier dans les Annales des Sciences générales physiques, une lumière artificielle aux Plantes des serres, durant un espace de temps égal à celui où le soleil éclaire l'horizon de leur patrie? Il est hors de doute que les Plantes ont une organisation en rapport avec les circonstances de leurs climats respectifs, et qu'on ne peut activer ou ralentir leurs fonctions sans les modifier, sans porter atteinte à leur organisation, et conséquemment à leur existence.

Lorsque, dans cet ouvrage, on a traité de l'Eau (*V.* ce mot) dans ses rapports avec les corps organisés, il a été question de ses fonctions comme menstrue des alimens des Plantes et même comme élément de certains tissus organiques. Il règne à cet égard la plus grande diversité entre les Végétaux. Les uns en absorbent une grande quantité ; les autres, au contraire, n'ont besoin pour leur existence que d'une faible portion de ce liquide, et semblent même le redouter comme un élément destructeur. Les premiers vivent dans des localités humides, ont un tissu lâche et spongieux, des feuilles molles présentant de grandes surfaces, munies de beaucoup de pores corticaux, et sont très-peu velus ; leur végétation est rapide, et ils ne sont guère susceptibles d'être altérés par l'humidité. Les seconds n'habitent que les lieux les plus secs, et offrent une organisation en harmonie avec leur station. Ainsi ils sont très-denses ; leurs feuilles sont petites, velues, et ne présentent que peu de pores corticaux ; leur végétation est lente ; ils abondent en sucs propres, gommeux, résineux ou huileux ; enfin ils n'ont que peu de racines et sont promptement altérés par l'humidité.

Puisque les Végétaux se présentent avec des qualités si opposées, ils sembleraient, sous ce point de vue, susceptibles d'être partagés en deux classes, auxquelles les expressions d'Hydrophiles et d'Hydrophobes seraient convenablement appliquées. Mais, ainsi que leurs stations, les Plantes n'offrent pas toujours le maximum ou le minimum d'humidité. Il y en a de tellement intermédiaires, qu'elles vivent dans plusieurs localités , suivant lesquelles ces Plantes , il est vrai , varient extrêmement , et ont un aspect semblable à celui des Végétaux qui croissent exclusivement dans une région humide ou sèche.

L'influence de l'eau sur la distribution topographique des Végétaux, est liée intimement avec celle des causes que nous avons énumérées plus haut. Nous avons vu que son absorption était considérablement modifiée par la lumière et la température. Dans les paragraphes suivans, nous dirons en peu de mots comment l'influence de l'eau se trouve augmentée ou diminuée par les différens états du sol et de l'atmosphère.

Selon la consistance du terrain et la nature chimique des terres et des pierres qui le composent, les Végétaux varient aussi plus ou moins dans leurs formes. Il est inutile de rappeler à nos lecteurs les différences que présentent, dans leur végétation, les localités sablonneuses ou argileuses, pierreuses ou contenant beaucoup d'humus végétal sous les mêmes climats ou des endroits très-rapprochés. Telles Plantes néanmoins prospèrent malgré la consistance désavantageuse du sol , pourvu que celui-ci ait une bonne exposition, tandis qu'un terrain semblable, mais mal exposé , est complétement stérile. Ainsi les contrées battues par les vents, exposées au nord ou au midi , dénuées de forêts ou de montagnes , n'offrent certainement pas la même végétation que celles qui sont suffisamment abritées, quoique ces dernières possèdent la même constitution géognostique. Ainsi un sol dont les molécules sont mobiles les unes sur les autres, et ne contient qu'un petit nombre de parties solubles dans l'eau, ne peut servir que d'excipient pour les Plantes. Il ne les nourrit pas, et peut tout au plus soutenir la vie de celles qui puisent dans l'air atmosphérique leurs subtances alimentaires. Le nombre de ces dernières doit être fort limité, et elles ont un aspect aussi

particulier que leur mode d'existence. Si une foule de Plantes ne peuvent vivre que sur les bords de la mer ; si d'autres , telles que les Crucifères et les Champignons, croissent de préférence dans les terrains qui renferment beaucoup de matières animales en décomposition ; s'il en est qui se plaisent dans un sol siliceux, gypseux ou contenant des matières salines, il devient évident que la nature chimique des terres doit influer puissamment sur le développement des Végétaux propres à chaque région. Cette action de la nature des terres sur les Végétaux, augmente d'énergie lorsque la localité est soumise en même temps à l'action de l'eau qui dissout les matières alimentaires, et à celles de la température qui favorise la dissolution , et de la lumière qui produit une répétition plus fréquente du phénomène de l'absorption.

On a beaucoup parlé de l'influence que les roches , c'est-à-dire les masses compactes de matières minérales qui constituent les montagnes, exercent sur l'habitation des Plantes, soit qu'on considère leur couleur , leur surface plus ou moins lisse et enfin leurs autres qualités physiques , soit qu'on envisage seulement leur nature chimique. Quant à la première considération , il est certain que la chaleur réfléchie par les rochers modifie la température de certains lieux , et y fait prospérer plusieurs Végétaux qui n'habitent ordinairement que des contrées beaucoup plus méridionales. C'est ainsi que les parties basses de quelques vallées étroites et enclavées au milieu des Hautes-Alpes offrent au voyageur étonné des Plantes qui se retrouvent seulement à plusieurs degrés de latitude plus au midi. Mais cette influence ne s'exerce que dans un très-petit nombre de localités , et doit agir légèrement sur le choix des Plantes susceptibles d'y prospérer. En ce qui concerne l'action de la nature chimique des roches sur les Végétaux, action que plusieurs observateurs ont singulièrement exagérée, elle a été réduite à sa juste valeur par le professeur De Candolle. Le sol dans lequel croissent les Plantes des roches calcaires, granitiques, schisteuses, etc. , se compose bien plus de l'humus formé par les corps organisés qui ont vécu à sa surface et de molécules terreuses étrangères aux roches, que du propre détritus de celle-ci, et c'est une bonne raison pour croire que leur nature n'est qu'une cause purement accessoire à la naissance et à l'habitation des Plantes. Aussi telles Plantes, comme le Buis, qu'on croyait particulier aux terrains calcaires, le Châtaignier qui paraissait en être exclu, etc., etc., ont-elles été rencontrées dans presque tous les terrains minéralogiques. On ne peut nier toutefois que ces Végétaux marquent une sorte de préférence pour telle espèce de terrain ; mais il n'est pas facile d'expliquer cette préférence, car l'influence du sol dans lequel plongent leurs racines, nous paraît devoir l'emporter sur celle des roches qui lui servent de simple support, et d'après ce que nous avons dit plus haut, ce sol est composé, dans les divers terrains, de matériaux presqu'identiques par leur nature. C'est ainsi que les terrains calaminaires, par exemple, présentent parfois une végétation tellement particulière, qu'il est des pays où l'apparition de certaines Plantes a déterminé des exploitations du Zinc. *V.* CALAMINE. Les seuls Végétaux immédiatement appliqués contre les roches en reçoivent incontestablement une action marquée. Ces Végétaux ne consistent qu'en Cryptogames des classes les plus inférieures. Pour ne pas abuser des citations, nous nous bornerons à mentionner ici la station du *Rhizocarpon geographicum.* Ce Lichen ne se trouve que sur les roches syénitiques ou primitives où il forme des croûtes verdâtres, faciles à distinguer de très-loin. En certaines localités de montagnes calcaires (sur le mont Salève et le revers oriental du Jura), gissent d'énormes débris de rochers, témoins irréfragables de grandes catastrophes qui les ont transportés à une grande distance de leur position primitive. On les distingue aisément d'avec les rochers environnans aux taches vertes et confluentes du *Rhizocarpon.* Il a déjà été question d'un Stéréocaulon qui ne vient que sur les scories de volcans , et d'une Lécanore qu'on ne retrouve jamais ailleurs que sur des briques.

C'est peut-être à tort que l'on attribue aux seules influences de la température et de la lumière la végétation si particulière des montagnes. La nature de celles-ci y est bien pour quelque chose, et cette assertion ne détruit pas ce que nous avons avancé sur la nullité d'influence des roches quant à leur composition minéralogique ; expliquons-nous : deux montagnes se trouvent dans des circonstances semblables, c'est-à-dire qu'elles ont la même hauteur, une exposition pareille, qu'elles sont sous le même climat, et cependant leur végétation est totalement différente ; dans l'une, le roc est presqu'à nu, ou bien il est recouvert par une légère couche de terreau pur formé par le détritus des corps organisés ; dans l'autre, le terrain est arénacé ou argileux, plus ou moins mobile, et susceptible de nourrir de grandes Plantes dont les racines peuvent pénétrer à une profondeur considérable. Les différences que présentent les sommets des hautes chaînes de montagnes en sont des exemples frappans. Sur les unes, on ne voit que des Plantes herbacées appartenant à des genres tout-à-fait étrangers à ceux de la plaine, tels que des Saxifrages, des Gentianes, des Primevères , tandis qu'ailleurs les Sapins, les Rhododendrons, etc., ainsi que plusieurs Arbustes des plaines, croissent en abondance. Il suit de là que certaines Plantes préfèrent un terrain à cause de la dureté des roches qui le supportent, et qui n'étant pas faciles à désagréger, restent totalement étrangères à la composition du sol dans lequel les Plantes puisent leur nourriture. Les terrains mous, au contraire, influent directement sur la végétation, et facilitent par eux-mêmes le développement des Arbres et des Arbustes.

Comme il a été bien constaté que les proportions d'Oxigène et d'Azote qui composent l'atmosphère ne varient pas sensiblement dans quelque partie que ce soit du globe, et à quelque hauteur que l'on s'élève, il n'est pas naturel d'attribuer à sa composition chimique une action sur la distribution géographique des Végétaux. Mais la nature des substances que l'air atmosphérique tient en dissolution ou en suspension, et surtout la quantité d'eau qu'elle peut contenir, son agitation qui produit les vents, sa stagnation, les phénomènes météoriques que déterminent le fluide électrique ou toute autre cause physique; sa densité, sa rareté ou son inégale pression: toutes ces circonstances sont autant de causes réellement agissantes sur le développement des Plantes. Les substances gazeuses, étrangères à la composition habituelle de l'atmosphère, n'existent que dans quelques grottes et dans certaines mines où elles y sont coërcées par les terrains que forment les parois de celles-ci. Il est bon d'observer que l'absence de la lumière et d'autres agens puissans doit, aussi bien que la nature des Gaz mélangés avec l'air, prévenir la naissance de toute espèce de Plantes, à l'exception de quelques Cryptogames. Dans l'atmosphère libre de toutes entraves, l'eau est le corps répandu en plus grande abondance et qui a une influence très-considérable sur la production des Plantes. Sa quantité varie dans chaque pays suivant les saisons, les vents ou toute autre cause météorique, ce qui favorise ou empêche le développement de ses propres Végétaux. Mais nous ne devons parler en ce moment que de sa plus ou moins grande abondance en tel pays qu'en tel autre, et sous ce point de vue, elle nous semble une des causes les plus importantes de la production des Végétaux. Les forêts vierges de toutes les contrées intertropicales doivent la vigueur et le luxe de leur végétation autant à l'humidité qu'à la haute température qui règne constamment dans ces climats.

Lorsque des contrées sont exposées aux effets d'une trop grande agitation de l'air, elles ne présentent que des Plantes peu élevées, à moins que la compacité du sol ne s'oppose au déracinement des Arbres qui y prennent naissance. Un effet non moins fâcheux pour les Végétaux, c'est celui produit par la stagnation de l'air, car Knight a prouvé que dans des lieux où l'air est extrêmement calme les Arbres croissent moins dans un temps donné que ceux qui sont soumis à l'action du vent.

Les autres phénomènes météoriques sont des causes trop accidentelles pour qu'on doive leur attribuer quelqu'importance relativement à l'habitation des Végétaux. Ils n'agissent d'ailleurs que sur les individus, mais ne portent jamais atteinte à l'existence de l'espèce. Ainsi une gelée extraordinaire aura bien pu faire périr une quantité immense d'Orangers et d'Oliviers dans le midi de la France, mais un nombre suffisant aura survécu à cet accident pour conserver ces Plantes dans une contrée où depuis bien des siècles elles sont acclimatées.

Nous ne pouvons placer la pression atmosphérique au nombre des causes qui influent sur la végétation. Ce serait nous engager dans le dédale des théories; et d'ailleurs, pourquoi rechercher une cause réellement très-faible, quand nous en trouvons une si marquée dans les différences de température qu'offrent les régions plus ou moins élevées? On doit tout au plus tenir compte de cette pression dans l'histoire des Hydrophytes marines, parce que son effet sur l'Océan nous facilite leur recherche. Les Végétaux sont modifiés sur les hautes sommités par le concours de toutes les influences que nous avons passées en revue , et la rareté de l'air ne doit leur être ajoutée que comme une faible cause accessoire. La théorie nous indique que cette rareté de l'air a par elle-même une action directe sur la végétation ; en ce que les parties vertes et colorées des Plantes absorbant une quantité plus ou moins grande d'Oxigène, quelques-unes n'en trouvent point assez pour leur existence. On a dit aussi que la diminution de la pression atmosphérique agit en augmentant l'évaporation. Mais il est nécessaire d'ajouter que ces effets ont besoin d'être constatés par des expériences directes et peut-être impossibles dans l'état actuel des sciences, pour qu'on puisse apprécier leur influence réelle.

C'est une observation bien vulgaire que celle qui consiste à reconnaître la nature spéciale de la localité dans laquelle chaque espèce a coutume de croître. On sait que telle Plante habite les marais , telle autre les montagnes , une troisième les forêts, etc., etc., et l'on dit alors que les marais, les montagnes, les forêts, etc. , sont les *Stations* habituelles et respectives de ces Plantes. D'un autre côté , il n'est personne qui, ayant voyagé en divers climats, n'ait vu les formes de la végétation changer ou plutôt être remplacées par d'autres formes entièrement différentes. Chaque espèce a un centre où elle est très-commune , et diminué à mesure qu'on s'en éloigne; enfin elle ne dépasse pas certaines limites. La partie du globe que celles-ci circonscrivent est ce qu'on appelle l'*Habitation* de l'espèce , terme dont la signification est loin d'être semblable à celle de station avec laquelle néanmoins on l'a souvent confondue.

Lorsque le terrain d'une même région se trouve dans plusieurs circonstances entièrement dissemblables, les stations des Plantes se multiplient d'après les influences qu'exercent sur celles-ci la chaleur, la lumière, l'eau , le terrain et l'atmosphère. Si une Plante est douée d'une constitution robuste, si elle est facile à cultiver dans un terrain quelconque , elle se répandra sur une grande étendue de la contrée, et n'affectera de préférence aucune localité. Sa station restera indécise, et on la verra seulement varier considérablement d'après l'action que les agens extérieurs exerceront sur elle. Mais si , au contraire, un Végétal offre une organisation telle qu'il ait besoin d'une plus ou moins forte dose de chaleur , de lumière et d'humidité, il ne se trouvera que dans les terrains dont les circonstances seront en harmonie avec sa structure; il croîtra donc seulement dans une station déterminée. Jouissant alors de tout ce qui peut assurer sa prospérité, il abondera dans cette station particulière , et finira même par en chasser toutes les Plantes étrangères qui tenteraient de s'y établir. C'est ainsi que se sont développées ces masses d'individus de la même espèce qui couvrent toute la superficie d'un marais, d'une lande sablonneuse, d'un terrain argileux , etc., et si à la vigueur de leur végétation ces Plantes joignent de puissans moyens reproducteurs , on conçoit qu'elles pourront se rencontrer dans toutes les localités de la région, appropriées à leur existence. Quand, au contraire , les Plantes sont munies de graines peu nombreuses , légères et susceptibles d'être transportées au loin par les vents, quand, d'ailleurs, elles requièrent des conditions particulières par leur accroissement, nonseulement elles ne forment jamais des agglomérations d'individus propres à telles contrées, mais encore elles sont ce qu'on appelle des *Plantes éparses*, *égrenées* ou *rares* dans le lieu même de leur station. Par opposition à celles-ci , Humboldt a nommé *Plantes sociales* celles dont les individus se trouvent rapprochés et vivant en nombreuses sociétés. Ce sont les Plantes de cette nature qu'il est le plus utile de considérer sous le point de vue de la Géographie botanique. En effet, comme elles exigent pour leur existence , des terrains spéciaux , et des doses de chaleur, de lumière et d'humidité déterminées, leur connaissance se lie à celle des êtres naturels et des circonstances qui caractérisent invariablement les régions. Ne sait-on pas, par exemple, que le *Calamagrostis arenaria* (*V*. ce mot et DUNES), le *Carex arenaria*, envahissent de grandes régions sablonneuses; que les Rhododendrons, les Gentianes rougissent ou bleuissent les pentes élevées des Alpes et des Pyrénées, que les *Eriophorum* blanchissent d'immenses marais à moitié desséchés, etc.? Quelques Plantes, douées d'une constitution robuste, qui peuvent occuper plusieurs stations différentes, et sont par conséquent destinées par leur nature à vivre éparses et égrenées, deviennent cependant sociales, lorsqu'elles rencontrent un sol aride dont elles s'accommodent très-bien, tandis que tous les autres Végétaux y périssent. Si, dans cette occurrence, deux espèces différentes viennent se disputer le terrain, celle qui a le plus de vigueur dans tous ses organes étouffe les individus de l'autre, et quelquefois l'en chasse entièrement. Mais lorsque des avantages à peu près égaux rendent leur lutte incertaine, alors, tout en se partageant la contrée, elles semblent y vivre dans un état de guerre et d'inimitié perpétuelles. Ainsi le savant R. Brown nous a fait remarquer que l'*Eryngium campestre* et le *Centaurea calcitrapa*, qui couvrent simultanément certains lieux incultes, n'y sont jamais mélangés indistinctement, mais que l'une et l'autre de ces espèces forment des séries de masses partielles, dont chacune est placée à une certaine distance de son ennemi.

Une région vaste et fertile doit nourrir et nourrit en effet une grande variété de Végétaux. Voilà pourquoi la végétation des immenses forêts vierges des tropiques, si favorisée par la nature de son terrain, la chaleur et l'humidité, présente des Végétaux de toutes les formes et de toutes les grandeurs. Dans nos climats tempérés, il y a plus d'uniformité; certaines Plantes dominent dans diverses localités, et on remarque assez généralement que plusieurs espèces en accompagnent toujours d'autres, de sorte que la vue d'une seule d'entre elles annonce constamment la rencontre de celles qui composent ordinairement sa société. Au résumé, la station d'une Plante est une sorte de résultat moyen produit par la combinaison variée de toutes les influences des agens physiques. Telle Plante aquatique, par exemple, qui habite les marais des plaines basses, ne pourra se développer dans les marais des montagnes; telle autre, qui croît sur une pente élevée et dans un sol argileux, ne se trouvera pas dans une localité semblable, mais où le sol sera de sable, etc.

Il suit de-là que les stations des Plantes ne se réduisent pas à un petit nombre, comme on l'exprimait autrefois par les mots de *Plantæ campestres, sylvestres vel umbrosæ, paludosæ, aquaticæ, marinæ, subalpinæ* et *alpinæ*. Le professeur De Candolle a établi seize classes de stations qu'on ne doit pas considérer d'une manière rigoureuse, parce que l'auteur a été forcé de faire prédominer une cause influente, de s'en servir comme base de chaque division, et faisant, pour ainsi dire, abstraction de toutes les autres. Les influences des autres élémens sont néanmoins appréciées, et sont employées pour tracer des sous-divisions dans chaque classe. Les noms de ces classes étant assez expressifs pour n'avoir pas besoin d'en développer les définitions, nous allons seulement les mentionner ici. D'après les stations qu'elles occupent, les Plantes sont :

1°. *Maritimes* ou *salines*; il ne faut pas les confondre avec celles de la classe suivante : on veut seulement parler ici des Plantes terrestres qui ont besoin de vivre près des eaux salées pour en absorber une portion nécessaire à leur existence. Exemple : les Salicornes, les Soudes, la plupart des Statices, l'*Aster Tripolium*, etc.

2°. *Plantes marines* (Thalassiophytes de Lamouroux), plongées dans la mer ou flottant à sa surface. *V*. plus haut ce qui a été dit sur les Hydrophytes.

3°. *Plantes aquatiques*, plongées dans les eaux douces, immergées ou flottantes. Cette classe serait susceptible de plusieurs sous-divisions, d'après la nature et les circonstances physiques des eaux. Ainsi les Plantes des eaux mortes diffèrent de celles des eaux courantes, celles qui nagent dans les rivières lentes ne sont pas les mêmes que celles des fleuves impétueux, etc.

4°. *Plantes des marais d'eau douce;* le sol où elles croissent est souvent à sec, ce qui leur fait prendre des formes hétéroclites. Cette classe ne devrait former qu'une sous-division de la précédente.

5°. *Plantes des prairies et des pâturages secs.*

6°. *Plantes des terrains cultivés*, dont le développement est dû à l'action de l'Homme, soit que leurs graines aient été transportées d'un pays étranger avec celles des Plantes cultivées, soit que la terre ait été convenablement disposée pour favoriser la naissance fortuite de celles qui aiment un terrain substantiel et léger.

7°. *Plantes des rochers*, que l'on pourrait subdiviser en *Plantes des murailles*, des *lieux rocailleux* ou *pierreux*, et des *graviers*, selon que la masse des fragmens va en diminuant. Nous observerons cependant que les Plantes des murailles ne sont peut-être pas aussi indépendantes de la nature chimique de leurs supports que celles des rochers. Plusieurs espèces des premières enfoncent leurs racines dans les fentes des murs, et contiennent des sels qui ne sont pas absolument étrangers à la composition de ceux-ci.

8°. *Plantes des sables* ou des terrains très-meubles et peu substantiels.

9°. *Plantes des lieux stériles;* classe hétérogène, car les terrains sont stériles par l'effet d'une foule de causes qui influent de diverses manières sur la végétation.

10°. *Plantes des décombres.* Elles choisissent les habitations des Animaux, par le besoin qu'elles éprouvent de sels et de substances azotées.

11°. *Plantes des forêts.* Il faut distinguer parmi celles-ci les Arbres qui constituent la forêt et les Plantes auxquelles ils prêtent leur abri. *V.* FORÊT.

12°. *Plantes des buissons* ou *des haies.* Outre les petits Arbustes qui en sont l'ornement essentiel, on y rencontre un certain nombre de Végétaux herbacés et pour la plupart grimpans.

13°. *Plantes souterraines.* Elles peuvent se passer de la lumière, et quelques-unes d'entre elles ne peuvent même la supporter. La plupart vivent dans les cavernes obscures; d'autres dans le sein de la terre.

14°. *Plantes des montagnes.* Toutes les stations précédentes pourraient entrer comme sous-divisions dans celle-ci. Le professeur De Candolle propose d'établir parmi les Plantes montagnardes une division importante, c'est-à-dire celles des espèces qui croissent dans les montagnes alpines, dont les sommités sont couvertes de neiges perpétuelles et où l'arrosement est continu et abondant pendant les chaleurs de l'été; et celles des espèces qui habitent les montagnes d'où la neige se retire avant l'été, et qui sont privées d'une irrigation continue.

15°. *Plantes parasites*, qui pompent leur nourriture sur tous les autres Végétaux. Elles se trouvent dans toutes les stations précédentes.

16°. *Plantes fausses parasites.* Elles vivent sur des Végétaux morts ou sur des Végétaux vivans, mais sans en absorber la sève. Un grand nombre de Lichens, de Mousses, et même de Plantes phanérogames (les Epidendres) forment cette classe.

Selon Bory de Saint-Vincent, De Candolle eût encore pu ajouter deux classes à celles qui viennent d'être établies; celle où se placent plusieurs espèces qui végètent dans les eaux thermales, depuis vingt jusqu'à quarante-huit degrés de chaleur, et celles qui ne se développent que dans les infusions ou dans des liqueurs artificielles. Il en a été trouvé jusque dans des vins de Madère et récemment dans de l'eau de Goulard par Dutrochet.

Plusieurs de ces divisions sont très-générales et n'offrent pas de caractères bien tranchés. Si l'on voulait obtenir une classification qui n'offrît pas cet inconvénient, il faudrait augmenter encore le nombre des divisions, surtout pour les Plantes sablonneuses, aquatiques, sylvestres et montagnardes. Il serait facile, par exemple, de former aux dépens des premières, une classe qui renfermerait un nombre immense de Végétaux, puisque la nature du sol qui en ferait le caractère essentiel, est celui qui convient à la majorité des Plantes. Nous voulons parler de celles qui vivent dans le terrain arénacé et rempli d'humus végétal, connu sous le nom de terre de Bruyère. Mais après avoir établi ces nombreuses divisions, on les verrait encore se nuancer les unes dans les autres, et offrir beaucoup d'ambiguïtés pour leur distinction.

Nous avons défini plus haut ce que l'on entend par le mot habitations des Plantes; nous avons vu en quoi il diffère de celui de stations dont nous venons d'analyser rapidement les phénomènes. Il semblerait qu'en réunissant toutes les données acquises par l'étude de ces dernières, nous devrions arriver à la connaissance des habitations, puisqu'on a dit que l'étude des stations est, en quelque sorte, la topographie, et que celle des habitations constitue la Géographie botanique. Mais il n'en est pas ainsi; les causes climatériques et essentielles au sol, qui déterminent une Plante d'un pays donné à vivre dans telle localité spéciale, n'ont pas seules présidé à sa production originelle, et l'influence absolument semblable des mêmes agens physiques en des contrées fort éloignées ne donne pas toujours naissance aux mêmes espèces. Les causes réelles qui ont relégué les Plantes dans chaque région du globe nous sont encore si peu connues, qu'elles ouvrent un vaste champ de dispute aux édificateurs de théories et d'hypothèses. Loin de nous l'idée d'aborder ce point obscur de la philosophie naturelle. Contentons-nous seulement d'exposer quelques observations qui découlent du rapprochement de faits bien avérés, et qui renversent à peu près toutes les idées que les anciens naturalistes, les philosophes s'étaient formées sur le centre originaire du monde végétal.

Quoiqu'en thèse générale il soit vrai de dire que les mêmes influences physiques doivent produire les mêmes résultats, l'application de ce principe ne saurait être faite avec rigueur au sujet qui nous occupe. Pouvons-nous en effet apprécier exactement tout ce qui, dans les climats étrangers, doit influer sur la végétation; et alors comment prononcerons-nous sur leur identité avec d'autres climats que nous voudrons leur comparer? La surface du globe est modifiée dans une multitude de points, en sorte que ses productions doivent varier comme les circonstances physiques dans lesquelles chacun des points se trouve. Ces variations sont d'abord insensibles et peu importantes; mais à mesure que l'on s'éloigne de chaque point central, l'analogie des formes disparaît, et, par des transitions qui ne sont jamais brusques (à moins que de grands obstacles géologiques ne viennent s'y opposer), la végétation prend un aspect tout-à-fait différent. Ainsi les zones glaciales, tempérées et équinoxiales, offrent de grandes diversités, non-seulement de l'une de ces zones à l'autre, mais aussi dans les parties qui composent chacune d'elles. Quelques contrées très-éloignées, et qui ne peuvent être comparées entre elles que sous le rapport des mêmes causes physiques auxquelles elles sont soumises, ont entre elles des ressemblances qui ont frappé les voyageurs, mais cependant elles n'offrent qu'un petit nombre d'espèces végétales parfaitement semblables; ces espèces appartiennent à la classe de celles dont l'organisation est peu compliquée ; telles sont les Plantes cellulaires ou acotylédones, ainsi que les Végétaux qui sont extrêmement robustes, parce qu'ils s'accommodent facilement de divers degrés de température et de froid. En admettant qu'il y ait un certain nombre d'espèces communes à deux régions à la fois, en admettant même qu'il y en ait de cosmopolites, nous devrons toujours considérer la majeure partie des Végétaux comme distribués par groupes géographiques, et localisés dans des espaces déterminés de la terre.

Plusieurs genres, et même des familles entières, ne se rencontrent qu'en certains lieux spéciaux : ainsi le cap de Bonne-Espérance est l'unique patrie des nombreuses espèces de Borbonies, d'Antholizes, d'Hermannies, de Stapelies, etc. Dans la Nouvelle-Hollande croissent exclusivement les Banksies, Styphelies, Goodenies, les Epacridées, etc. C'est dans l'Inde et la Chine seulement qu'on rencontre les Hespéridées et les Caméliées ; enfin, pour ne pas donner une trop longue liste d'exemples, les nombreuses espèces de Mutisies, de Quinquina, de Fuschies, de Cierges, sont réparties et concentrées en diverses régions de l'Amérique équatoriale.

Quelques-uns de ces genres confinés dans certains coins de la terre, groupes auxquels le professeur De Candolle a donné, par métaphore, le nom de genres *endémiques*, laissent échapper des espèces qui se répandent au loin, et pourraient être comparés à des déserteurs éloignés de leurs régimens. Toutes les espèces en nombre si considérable de Ficoïdes, d'Ixies, et de Glayeuls, sont aborigènes du cap de Bonne-Espérance, à l'exception, pour chacun de ces genres, de deux ou trois espèces qui croissent jusque sur les côtes méridionales de l'Europe.

Ailleurs, ce sont les espèces des mêmes genres qui se trouvent partagées entre les deux contrées éloignées. De Candolle a même fait cette remarque curieuse, que dans certains genres, formés de deux espèces seulement, l'une habite un hémisphère, tandis que l'autre croît dans l'hémisphère opposé ; ainsi, le *Platanus orientalis* croît sur l'ancien continent, et le *Platanus occidentalis* dans le Nouveau-Monde, etc. Sous les tropiques, les Plantes de l'Amérique, de l'Afrique et de l'Asie appartiennent le plus souvent aux mêmes genres, mais rarement elles sont spécifiquement semblables. Il y a toutefois plusieurs exceptions à cette sorte de loi que le célèbre Humboldt avait cru constante. Une certaine quantité d'espèces recueillies sur la côte d'Afrique, tant au Congo qu'au Sénégal, sont aussi indigènes de l'Amérique, et Auguste Saint-Hilaire, dans un mémoire récemment publié sur le genre *Sauvagesia*, a prouvé qu'une de ses espèces (*S. erecta*, Willd.), avait pour communes patries l'Amérique, l'Afrique et les Indes-Orientales. Entre les Plantes des climats tempérés, celles surtout qui habitent l'hémisphère boréal, il y a encore moins de différence. Peut-être cela tient-il à ce que les continens sont à peine séparés, et que l'influence des élémens semble uniforme sur toute cette partie du globe. Si l'on compare les Plantes qui habitent les climats froids et tempérés des deux hémisphères opposés, on observe aussi de singuliers rapports. Les terres magellaniques, les environs de Monte-Video, présentent plusieurs espèces de nos genres européens, et les Plantes que l'on y a transportées s'y sont naturalisées avec la plus grande facilité.

Enfin, on voit certains genres très-nombreux en espèces ne croître qu'en deux contrées de la terre fort distantes l'une de l'autre, mais placées aux extrémités de deux grands continuens. Tels sont les *Pelargonium* et *Protea* dont les espèces sont partagées entre le cap de Bonne-Espérance et celui de Van-Diémen, telles sont encore les Mimeuses à pétiole développé en feuilles, qui croissent dans la Nouvelle-Hollande et dans l'île Mascareigne.

Nous ne pousserons pas plus loin nos observations sur les rapports et les différences que les climats offrent entre eux dans leur végétation. Il nous paraît suffisamment démontré que le plus grand nombre des espèces ont pris naissance dans le pays même où on les trouve plus abondamment, sans pour cela recourir à des explications par des moyens de transmigrations que ne prouvent aucunes observations exactes, ni même le raisonnement ou l'analogie qui souvent suppléent si facilement à l'observation. Les principaux obstacles qui s'opposent à ces transmigrations sont :

1°. Les mers dont l'immense étendue n'est pas la seule cause de la non propagation des Plantes végétales au-delà de leurs limites, mais qui, par l'action de leurs eaux salées, détruisent la faculté génératrice de la plupart des graines. Plusieurs naturalistes admettent, il est vrai, que l'eau salée n'agissant pas au même dégré sur toutes celles-ci, les mers ont dû être la route et le véhicule au moyen desquels les espèces se sont disséminées. Cet effet aurait eu lieu surtout dans les plages parsemées d'îles que l'on a ingénieusement comparées à des points d'étape où les Plantes se sont fixées dans leur voyage maritime. Mais cette supposition gratuite de l'influence des courans pélagiques nous semble devoir céder à cette idée très-vraisemblable que chaque Plante a pour origine primordiale le lieu même où nous la trouvons, ou bien que sa dissémination est antérieure à l'époque où les îles et les continens furent séparés par quelque grande irruption de l'Océan. L'identité de la plupart des Plantes qui se trouvent sur les côtes de la Méditerranée, en Barbarie, en Espagne, en Italie et dans la France méridionale, est une forte induction en faveur de cette dernière hypothèse.

2°. Les déserts arides, malgré leurs Oasis (qui pourraient être assimilés aux îles de l'Océan), s'opposent puissamment au transport des graines.

Aussi les parties de l'Afrique séparées par les sables brûlans du Sahara, présentent une grande différence dans leur végétation. Les Plantes de Maroc et de l'Afrique septentrionale n'ont presque point de rapports avec celles du Sénégal, tandis que la similitude de plusieurs Végétaux rapportés de la Haute-Egypte par l'intrépide Cailliaud avec ceux que Palisot-Beauvois a figurés dans sa Flore d'Oware et de Benin, nous fait présumer qu'il n'y a pas de déserts vastes et continus entre ces contrées éloignées. Si les découvertes de Beaufort, lieutenant de la marine française, et des voyageurs anglais qui parcourent en ce moment l'intérieur de l'Afrique, ne confirment pas notre supposition, on pourrait admettre que l'existence des espèces semblables soit dans les royaumes d'Oware et de Benin, soit dans la Haute-Egypte, est antérieure à l'irruption des déserts, c'est-à-dire des amas arénacés qui, au dire des voyageurs, empiètent continuellement sur les terrains fertiles.

3°. Les hautes chaînes de montagnes. L'obstacle qu'elles offrent à la propagation des graines en raison de leurs hautes sommités le plus souvent neigeuses, serait insurmontable, si les montagnes n'étaient pas coupées par des fissures, des gorges, par où les Plantes peuvent se glisser dans les pays adjacens. On voit d'ailleurs la végétation d'un pays être brusquement arrêtée par des collines ou des élévations que l'on ose à peine décorer du nom de montagnes. Cela nous paraît tenir à un ordre de considérations que nous présenterons lorsque nous parlerons des régions botaniques.

Nous venons d'énumérer les obstacles qui luttent contre la transmigration des Végétaux; parmi les causes qui facilitent cette transmigration à de petites distances seulement, et dont on a trop exagéré l'importance, nous citerons :

1°. Les mouvemens des eaux douces. Ainsi les fleuves et rivières apportent, ainsi qu'on le verra plus tard, des lieux voisins de leurs sources plusieurs Plantes qui se naturalisent sur les bords, et se propagent souvent jusqu'à leurs embouchures.

2°. L'action des vents. Personne n'ignore la facilité avec laquelle quelques Plantes dont les graines sont aigrettées ou munies d'ailes, voyagent et se disséminent à quelques distances.

3°. La vie errante de certains Animaux dont les toisons emportent des graines accrochantes.

4°. L'appétit de certains Oiseaux qui disséminent autour de leurs habitations les graines contenues dans les baies dont ils se nourrissent.

5°. La culture des Plantes utiles à l'Homme. On ne conteste pas l'origine américaine du Maïs et de la Pomme-de-terre, l'origine asiatique du Café et du Froment, maintenant répandus en tant de régions diverses; mais tout en s'accordant sur le fait du transport de certaines Plantes, il est bien difficile de déterminer si le nouveau continent en est redevable à l'ancien, ou *vice versâ*; tel est le Bananier.

L'importance de ces moyens a depuis long-temps été pesée dans le Voyage aux quatre îles des mers d'Afrique (T. III, p. 154-160, et dans le tome cinq de ce Dictionnaire, p. 43).

L'Homme a semé, sans s'en douter, un certain nombre de Végétaux dont plusieurs se sont assez bien acclimatés dans quelques lieux. C'est à la culture des Blés de Barbarie ainsi qu'à celle des Riz de l'Inde, au transport des laines et cotons de l'Orient, à la culture des Plantes dans les jardins botaniques qui deviennent autant de centres de naturalisation, et quelquefois à des accidens, comme le naufrage du vaisseau qui répandit les bulbes d'une Amaryllis sur les côtes de Guernesey, que l'Europe doit plusieurs Plantes, inutiles pour la plupart, et qui y sont maintenant très-communes. L'*Elychrysum fœtidum*, Plante du Cap, a tellement pullulé sur la côte de Brest, qu'elle y couvre une grande étendue de terrain, au

détriment des Végétaux indigènes qu'elle a chassés de leur pays. Réciproquement, d'autres régions du globe ont reçu de l'Europe un certain nombre de Plantes qui paraissent y prospérer aussi bien que dans leur patrie. Ainsi les environs de Monte-Video sont maintenant infestés, pour ainsi dire, par nos Artichauts. On rencontre dans cette contrée quelques Plantes évidemment d'origine européenne, et qui, au rapport d'Aug. Saint-Hilaire, offrent toutes une particularité qu'elles ne présentent pas en Europe. Tel est le Sureau, qui, en Amérique, a toujours trois styles, de sorte qu'on le considérerait peut-être comme une espèce distincte, si on n'était assuré de son origine. Tel est encore le Fraisier, qui selon Bory de Saint-Vincent, ayant été planté par Commerson dans les hauts de l'île de Mascareigne, y envahit aujourd'hui la plaine des Caffres, et qui y a pris un facies tellement particulier, qu'un auteur l'a cité comme une variété remarquable.

Cependant il est important de ne point exagérer l'influence qu'exerce le transport des graines par l'Homme sur la végétation d'un pays. Le nombre des Plantes ainsi disséminées au loin n'est pas fort considérable, parce que tous les terrains et les climats ne sont point aptes à la perpétuation de la plupart des espèces, quelques efforts qu'aient tentés plusieurs agriculteurs, pour acclimater des Végétaux importans. Malgré les nombreux semis de Plantes exotiques que des amateurs ont essayés dans les environs des grandes villes, bien peu de Plantes ont répondu à leurs espérances. Les unes ont traîné sans fructification une vie languissante qui a fini par s'éteindre sans retour; les autres, après avoir prospéré pendant deux ou trois années, ont été détruites par le simple effet d'une grande variation dans la température.

D'après les faits que nous avons tracés, il est certain que dans chaque zône, le plus grand nombre des individus est produit par un petit nombre d'espèces; et c'est de-là que dépend le caractère du paysage. Si ces espè-ces, au lieu de vivre en sociétés d'individus semblables, offrent entre elles de légères différences, alors la prépondérance des familles qu'elles constituent, imprime à la nature un aspect riant, varié et majestueux. Ainsi, dans une région boréale où le nombre total des Bruyères est beaucoup moins considérable que celui des Composées, les premières influeront davantage sur l'aspect général de la contrée que les secondes, parce qu'une ou deux de leurs espèces pourront occuper un espace dix fois plus grand que celui de toutes les Composées ensemble, ce qui fait voir que certaines familles de Plantes sont dominantes par la *masse*, tandis que d'autres le sont par la singularité et la diversité de leurs formes; et c'est dans ce dernier cas seulement, que la nature paraîtra plus gracieuse et plus riche. Mais, de ce que plusieurs familles paraissent dominantes dans certaines contrées, il n'en faut pourtant pas conclure que c'est le lieu de la terre où elles prospèrent davantage. Certaines espèces de Fougères, telles que le Ptéris aquilin par exemple, croissent dans le Nord où le froid est mortel pour d'autres Plantes; elles y semblent abondantes à l'œil du voyageur, qui n'aperçoit autour d'elles qu'une chétive végétation; mais cette abondance n'est qu'une illusion, car les Fougères sont d'autant plus nombreuses, et elles ont des formes d'autant plus variées, qu'on s'avance plus vers les zônes équatoriales.

Après avoir reconnu que les espèces sont beaucoup plus diversifiées, à mesure qu'on s'éloigne des pays froids, les naturalistes auxquels la Géographie botanique doit la rapidité de ses progrès, ont cherché à déterminer si le nombre des genres de Plantes est aussi augmenté dans les pays chauds; ils ont comparé les classes et les familles dans les différentes zônes, et voici quelques-uns des résultats auxquels ils sont arrivés. Et d'abord en ce qui concerne les genres, comme leur valeur est très-inégale, vu la tendance plus ou moins grande des auteurs à distinguer un plus grand nombre d'espèces, il n'a été possible d'arriver à aucune donnée satisfaisante. On ne connaît donc pas le rapport des espèces aux genres, pour les divers climats; mais une observation assez-remarquable, et que l'on doit au professeur De Candolle, c'est que dans les îles isolées, le nombre des espèces de chaque genre est généralement moindre que sur les continens.

On a dit que le nombre des Plantes acotylédones ou cellulaires allait en augmentant vers le pôle, et en diminuant vers l'équateur. Cette loi avait été fondée d'après le peu d'observations qu'on avait faites sur les Plantes cryptogamiques. Le *Lichen scriptus* de Linné, par exemple, qui passait pour restreint aux écorces des pays tempérés, examiné depuis attentivement par notre collaborateur Fée, sur les écorces des Arbres des pays équinoxiaux, y constitue la vaste famille des Graphidées dont on connaît aujourd'hui près de cent espèces. Notre assertion devient encore plus vraie, si l'on sépare de cette classe les Fougères, en les réunissant aux Monocotylédones, comme l'a fait De Candolle. Proportionnellement à la totalité des Plantes qui croissent avec les Dicotylédones, cette classe, considérée en masse, est en général moins nombreuse dans les climats tropiques que dans les régions voisines des pôles; et on observe une progression régulière dans ce nombre, en se dirigeant de l'équateur vers ceux-ci.

La vaste famille des Fougères suit une loi inverse de la précédente, c'est-à-dire que leur nombre est plus considérable dans les contrées intratropicales, que partout ailleurs. Mais, ainsi que l'observe le célèbre Humboldt, leur distribution géographique dépend de la réunion de circonstances locales d'ombre, d'humidité et de chaleur tempérée; en sorte que leur maximum se trouve dans les parties montagneuses des tropiques. En certaines îles de peu d'étendue, le nombre des Fougères s'élève à un tiers environ de la totalité des Végétaux qu'on y a rencontrés. L'humidité qui règne dans ces localités spéciales, est sans doute la cause de l'augmentation du nombre des Fougères, comme elle contribue aussi à élever celui des Monocotylédones, dont la rareté est d'autant plus remarquable, que le climat est plus sec. C'est ici que l'étude des stations peut jeter quelque jour sur les causes qui déterminent les habitations des Plantes.

Enfin, le nombre proportionnel des Dicotylédones va en augmentant, à mesure que l'on approche de l'équateur, et en diminuant, vers les pôles. Parmi ces Dicotylédones, les espèces arborescentes se rencontrent en plus grande proportion dans les climats chauds que dans les climats tempérés, et dans ceux-ci, plus que dans les régions froides. C'est même un fait très-remarquable, que la nature ligneuse des espèces méridionales, qui appartiennent cependant à des genres ou à des familles dont toutes les Plantes sont herbacées dans les autres climats. Les Végétaux des Canaries qui offrent des formes évidemment analogues à celles des Plantes européennes, les Composées et les Malvacées arborescentes des tropiques, sont des exemples frappans de la vigueur qui caractérise les productions végétales des climats équatoriaux.

Relativement à la distribution géographique des familles, nous ne reviendrons pas sur ce que nous avons dit de la circonscription de plusieurs d'entre elles, entre des limites très-resserrées, ou de celles qui habitent exclusivement, soit la zône torride, soit les zônes tempérées et hyperboréennes. Ce serait nous exposer à des reproches fondés de trivialité, que de reproduire comme exemples les Palmiers, les Cactées, les Conifères, les Ombellifères, les Protéacées, les Myrthées, les Mélastomées, etc. Mais nous nous arrêterons un moment à la considération des grandes familles qui ne sont, à proprement parler, que des embranchemens des grandes classes, ou bien des abstractions plus ou moins graduées de la méthode naturelle. La répartition de leurs espèces sur les différentes parties du globe, offrirait un sujet d'études qui pourrait entraîner la comparaison des climats et l'application théorique de toutes les causes dont nous avons examiné l'influence sur les productions naturelles; mais ce n'est point ici notre but, et nous nous contenterons de soumettre à nos lecteurs une esquisse du tableau de cette répartition que nous devons aux savans Humboldt, R. Brown et Schouw.

Parmi les Monocotylédones, les trois familles des Graminées, des Cypéracées et des Joncées, offrent des disparates très-marquées. Le rapport approximatif des Graminées avec la totalité des Phanérogames, ne varie pas beaucoup dans chacune des zônes, tandis que les deux autres familles diminuent près de l'équateur et augmentent vers le Nord. Il y a toutefois plusieurs exceptions; les Graminées, par exemple, sont très-rares sur les côtes du Groenland. Comme il n'est ici question que des espèces sauvages, nous faisons abstraction de toute autre considération sur la profusion ou la rareté des Graminées. Ainsi, lors même que ces Plantes, éminemment utiles à l'Homme, domineraient par leurs masses dans les contrées civilisées, nous dirions également qu'elles n'y sont pas plus abondantes qu'ailleurs.

Jetons maintenant un coup-d'œil rapide sur quelques-unes des grandes familles de Dicotylédones. Les Synanthérées, réparties sur presque toute la surface de la terre, abondent surtout dans les climats tempérés et tropiques. Il y en a moins dans les stations chaudes de l'Amérique équinoxiale que dans les stations subalpines et tempérées des mêmes régions. Le Congo et Sierra-Leone en Afrique, les Indes-Orientales et la Nouvelle-Hollande en nourrissent un nombre très-petit, relativement à celui d'autres contrées situées entre les mêmes parallèles ; mais qui offrent des stations plus appropriées à l'existence de ces Végétaux ; enfin dans la zône glaciale, soit au Kamtschatka, soit en Laponie, le nombre relatif des Plantes de cette vaste famille est à peu près moitié moins considérable que dans les climats tempérés.

C'est surtout dans les contrées équinoxiales que les Légumineuses dominent ; elles s'effacent peu à peu dans chaque hémisphère en s'éloignant de l'équateur, à l'exception toutefois de quelques régions où certains genres, par la multiplicité de leurs espèces, donnent quelque chose de particulier à la végétation ; telle est la Sibérie et les vastes provinces de la Russie asiatique où se trouvent une si grande quantité d'Astragales.

R. Brown a partagé, sous le point de vue géographique, les Rubiacées en deux groupes. Le premier se compose de toutes les Plantes sans stipules interposées (*Stellatæ*) ; il appartient à la zône tempérée. Le second, composé des Rubiacées à feuilles opposées et accompagnées de stipules, est presque exclusif aux régions équinoxiales.

Les Crucifères et les Ombellifères manquent presque totalement sous les tropiques, abstraction faite des montagnes élevées de deux mille quatre cents à trois mille mètres au-dessus du niveau de l'Océan. Les Plantes de ces deux familles paraissent affectionner le bassin de la Méditerranée.

Maintenant que nous avons reconnu avec tous les naturalistes que les Plantes ont des habitations dont elles ne peuvent sortir qu'en vertu de causes fortuites, et que de nombreux obstacles s'opposent à leurs transmigrations ; maintenant que nous savons que telles formes générales sont incompatibles avec certains climats, et qu'elles s'évanouissent à mesure qu'on s'éloigne de celui qui est favorable à la nature des Plantes qu'elles carac-

térisent ; qu'il y en a même dont l'existence exclusive en telle contrée particulière ne peut être expliquée par les causes que nous avons analysées ; il nous sera possible de diviser le globe d'après l'ensemble des Plantes qui sont resserrées entre certaines limites, et d'obtenir par-là le complément de la Géographie botanique.

Déjà dans son élégant et substantiel article du Dictionnaire des Sciences naturelles, le professeur De Candolle avait indiqué les *Régions Botaniques* qui divisent la surface de la terre, et il avait imposé à la plupart d'entre elles des noms empruntés à la Géographie physique. Ainsi, il avait établi les régions *hyperboréenne, européenne, sibérienne, méditerranéenne, orientale*, etc. ; et il avait défini les espaces de la terre que chacune de ces régions comprenait. En indiquant seulement ces régions, le professeur De Candolle ne les a pas caractérisées par les productions végétales, qui dominent dans chacune d'elles, car c'est la réunion de beaucoup de familles, plutôt que telle famille ou même tels genres particuliers qui doivent servir à les distinguer. Le docteur Schouw ne paraît pas avoir été frappé par cette dernière considération. L'important ouvrage qu'il a récemment publié, contient, ainsi que son Atlas géographique, les régions botaniques, sous les noms des familles et des genres qui se trouvent plus particulièrement dans chacune d'elles. Ainsi, par exemple, la région hyperboréenne de De Candolle est appelée région *des Mousses* ; les régions européenne, sibérienne et méditerranéenne, sont réunies en une seule que Schouw nomme *Région des Ombellifères et des Crucifères* ; la région du cap de Bonne-Espérance a été désignée arbitrairement, ce nous semble, par le mot de *Région des Mésembryanthèmes* ou *des Stapélies*, et ainsi de suite. Mais peu importe le nom donné à chacune de ces divisions territoriales, pourvu qu'il soit reçu unanimement et qu'il indique des espaces déterminés avec exactitude sous le rapport de la végétation. Ce résultat avantageux sera obtenu par la comparaison du plus grand nombre de Végétaux qu'on pourra se procurer, et par la connaissance de toutes les circonstances physiques à l'empire desquelles les diverses contrées de la terre sont assujetties. Dans les Flores des contrées peu étendues, on observe déjà des régions partielles subordonnées aux circonstances géologiques, c'est-à-dire que les Plantes répandues dans le même bassin (et l'on sait ce que nous entendons par ce mot, *V.* l'article BASSIN) forment une végétation déterminée et homogène, quelle que soit l'étendue et la direction de chaque bassin. Ce sont autant d'immenses vases de fleurs (qu'on nous permette cette image simple et naturelle) remplis d'une terre dont la nature varie, exposés à des degrés différens de chaleur, de lumière, d'humidité, etc., et dans lesquels germent une multitude de graines d'espèces particulières. De même les grandes régions botaniques sont circonscrites par de hautes montagnes ou d'immenses plateaux qui étaient jadis les barrières des eaux dont l'écoulement a produit les fleuves et les rivières. Elles ne sont donc pas toujours comprises entre les latitudes parallèles à l'équateur; mais, au contraire, elles tracent sur le globe des figures qui ont leurs contours marqués par de hautes chaînes dont les versans opposés appartiennent à des régions botaniques différentes. Ajoutons à ces causes géologiques celles qui sont produites par l'influence des puissans agens de la nature, et nous pourrons nous faire une idée assez juste des régions botaniques, ou, en d'autres termes, des habitations générales des Plantes.

En adoptant les idées que nous venons d'émettre, on se rend compte de l'analogie des Plantes qui croissent dans les contrées situées à d'énormes distances, mais qui forment les versans ou les bords d'immenses réservoirs dont le fond est encore rem-

pli par les gouffres de l'Océan. D'un autre côté, en examinant l'action de la température, de la lumière, etc., sur la végétation, nous pouvons expliquer les ressemblances des Végétaux qui habitent les zônes diverses, mais qui se trouvent sous les influences semblables des agens physiques, comme par exemple l'identité des Plantes du Groenland et de nos Alpes européennes, et la ressemblance générique des Végétaux qui habitent les hautes chaînes du Caucase, du Népaul, des Pyrénées, des Andes, etc. C'est ainsi que l'on parviendra à asseoir sur des bases fixes l'établissement des divisions territoriales botaniques, et à rapprocher celles dont les rapports intimes, d'obscurs qu'ils étaient autrefois, sont aujourd'hui facilement appréciables. (G..N.)

La carte qui doit accompagner cet article, complétera en même temps les idées de Géographie botanique dont nous venons de tracer l'esquisse. Dans cette carte, nous examinerons soigneusement les bassins généraux dans lesquels circulent les eaux douces, les seules dont l'action ne soit pas mortelle aux germes des Plantes. Si la mer frappe de mort ces germes, qu'on la dit cependant apte à propager, les torrens, les rivières et les fleuves au contraire doivent être comptés au rang des plus puissans moyens de propagation végétale. C'est par leur action que l'on voit descendre du sommet des montagnes, dans les vallons, et jusque dans les plaines, des semences de Végétaux alpins, dont le grand nombre, comme exilé, ne saurait s'acclimater sur le sol inférieur, mais dont quelques-uns se développant, prospérant et s'acclimatant, prennent un *facies* tout nouveau et fort différent de celui des types originaires. C'est ainsi que des Plantes de montagnes ont reçu par la culture, dans nos jardins de botanique, un aspect qui les ferait totalement méconnaître du naturaliste le plus exercé, si depuis qu'on étudie la Géographie

physique, où ne s'était familiarisé
avec de pareilles métamorphoses. Par
des causes dont l'effet opposé fit remonter vers le faîte des montagnes,
des graines de nos champs qui purent
résister à la température des sommets, y croître et s'y propager, les
Plantes, provenues de ce genre d'émigration, ont aussi pris une figure nouvelle, et de tels échanges de formes qui ont suffi, à beaucoup d'auteurs peu scrupuleux, pour établir
des espèces, résulte encore l'un des
grands inconvéniens qui s'opposent
à l'introduction dans la science, de
l'arithmétique botanique.

Les fleuves (*V*. ce mot), et généralement les grands amas d'eau douce,
sont encore un moyen de perturbation
dans la distribution des Plantes, par
la propriété qu'ils partagent avec les
eaux de la mer, de conserver dans
leur profondeur, une certaine égalité de température. Les Végétaux alpins, qui, vers la base des glaciers,
triomphent, en quelque sorte, du froid
des hivers rigoureux, sous une épaisse
croûte de neige qui les tient entre le sol
et la couche inférieure toujours fon-
dante, comme dans une orangerie
humide, gèlent lorsqu'on les cultive dans les régions inférieures sans
les abriter, Celles de ces Plantes
dont les graines entraînées par les torrens et par les rivières jusque dans
les plaines, viennent à s'y développer, y succombent le plus souvent
aux approches de décembre. L'*Antirrhinum alpinum*, descendu dans
la plaine de Tarbes, du faîte des Pyrénées, est l'une des plus palpables
exceptions qu'on puisse opposer à
l'exécution de cette loi de la nature.
Mais qu'un fleuve coule du nord au
sud, que vers la partie supérieure
de son lit dans une contrée méridionale, croissent, par exemple, des
Souchets, dont le feuillage redoute
le trop grand froid, et ne se développe que dans les régions au moins
tempérées, et que des graines de ces
Plantes abandonnées au courant de
l'eau, viennent à s'arrêter vers l'embouchure du fleuve dans une région

déjà froide, elles s'y développeront
durant l'été, et leur progéniture pourra se perpétuer à jamais, parce que le
débordement des eaux de l'hiver qui
ne gèleront pas jusque dans leur profondeur, tiendra la racine et les
bourgeons du Végétal dépaysés dans
une sorte d'orangerie humide, comme les Aréties, des Saxifrages et des
Draves y sont tenues par l'épaisseur
des neiges sur les grands sommets
alpins.

Aux Plantes des fleuves et de la
terre succédèrent les créatures qui se
nourrissent des unes et des autres;
après avoir parlé de la Géographie
de ces Plantes, nous devons conséquemment nous occuper de celle
des êtres qui parurent ensuite et selon l'ordre de leur complication. (B.)

β. *Géographie zoologique.*

A. Animaux articulés.

* *Insectes et Arachnides.*

A l'époque (1815) où nous avons
lu à l'Académie royale des sciences notre Mémoire sur la Géographie générale de ces Animaux, à
peine sortions-nous de cette crise
terrible qui avait armé contre nous
l'Europe entière, et de cet état d'hos-
tilité qui pendant vingt-cinq ans nous
avait interdit toute communication
maritime. Les voyages de Bosc, d'O-
livier et de Palisot de Beauvois, et
deux expéditions du capitaine Baudin, l'une aux Antilles et l'autre aux
Terres Australes, avaient seuls enrichi nos collections et consolé de leurs
privations les amis de la nature. Les
Insectes qu'ils avaient recueillis, et
ceux parmi les exotiques, que l'on
possédait avant la révolution, et
qui se trouvaient alors dispersés
dans les musées de Paris, formaient
avec les espèces indigènes ou européennes, les uniques matériaux dont
nous pouvions disposer. Nos collections, depuis le retour de la paix,
c'est-à-dire dans l'espace de huit à
neuf ans, se sont tellement accrues
par des recherches dans toutes les parties du monde, et spécialement dans

l'Amérique septentrionale, au Brésil, au cap de Bonne-Espérance et aux Indes, que d'une extrême pénurie, nous avons passé presque subitement à une si excessive opulence, que nous en sommes encombrés. On sent donc que nous pourrions aujourd'hui donner sur la Géographie de ces Animaux un travail bien plus complet. Nous avons vu néanmoins avec une grande satisfaction, que les nouvelles acquisitions, loin de contredire les principes que nous avions établis dans notre Mémoire, qui n'était au surplus qu'un essai, les confirmaient pleinement. Les détails étant exclus dans un ouvrage de la nature de celui-ci, une analyse sommaire de ce Mémoire atteindra notre but. Nous présenterons d'abord les principaux faits et des réflexions générales. Nous jetterons ensuite un coup-d'œil sur les diverses contrées du globe, afin de découvrir les changemens qui s'y opèrent, relativement à certaines races d'Insectes considérées par masses.

Nous terminerons enfin par une division géographique et mathématique de la terre, en rapport avec ces changemens, de manière que les divisions partielles ou climats, seront, en quelque sorte, des états ou des empires propres à ces diverses races d'Insectes ainsi groupées ou pelotonnées.

S'il existe pour les Plantes une circonscription géographique, elle doit aussi avoir lieu pour les Insectes qui s'en nourrissent; et dès-lors encore à l'égard des Insectes carnassiers, puisque la plupart de ceux-ci font leur proie des précédens, et n'ont pas tous les mêmes goûts. La température qui convient au développement d'une espèce, ne convient pas toujours à celui d'une autre; il faut donc que l'étendue des pays occupés par certaines espèces ait des bornes, et qu'elles ne puissent franchir, du moins instantanément, sans perdre la vie. Là où se terminera l'empire de Flore, là aussi cessera le domaine de la zoologie; et par opposition, les contrées dont le sol est très-varié, et

éprouve à la fois une chaleur forte et accompagnée d'une humidité modérée, seront les plus favorables à la végétation et à la propagation ainsi qu'à la multiplicité des espèces du règne animal. L'observation vient à l'appui de ces idées. Othon Fabricius qui a publié une très-bonne Faune du Groenland, n'y mentionne que quatre cent soixante-huit espèces d'Animaux, sur lesquelles cent dix appartiennent à la classe des Insectes de Linné. Dès qu'on aborde les régions que l'hiver obsède sans cesse, les êtres vivans ont disparu et la nature n'a plus la force de reproduire. Quelle pourrait être en effet son énergie dans un climat tel que celui du Cap-Nord, où la température moyenne de l'année est au point de congélation, et à plus forte raison dans celui du lieu nommé Naïn, où cette température moyenne est inférieure de trois degrés? Et sans nous avancer jusqu'aux régions polaires, ne savons-nous pas que lorsque l'on s'élève sur les hautes montagnes, sous la zône torride même, à la région des neiges perpétuelles, on ne trouve presque plus de traces de Végétaux? Les plaines qui avoisinent les pôles sont, à cet égard, dans le même état d'inertie. Aussi, les montagnes, envisagées sous le rapport des Végétaux et des Animaux qui leur sont propres, forment graduellement et par superposition des climats particuliers, dont la température et les productions sont semblables ou analogues à celles des plaines des contrées plus septentrionales. C'est pour cette raison que l'on est parvenu à acclimater dans quelques montagnes de la zône torride des Plantes céréales et des fruits des zônes tempérées. Plusieurs Insectes des environs de Paris n'habitent, dans le midi de la France, que des montagnes sous-alpines. Ainsi, encore les Alpes et les Pyrénées nous offrent-ils des espèces propres à la Suède et aux autres contrées du nord de l'Europe. Le naturaliste attentif tiendra compte de ces circonstances locales, ainsi que de la constitution minéralogique du terrain où il rencontre ces espèces ; car la nature du sol influe sur celle des Végétaux, et par corrélation sur celle des Insectes qui s'en nourrissent. Les Insectes du Levant, de la Barbarie, et des contrées maritimes de l'extrémité la plus méridionale de l'Europe, ont une grande analogie entre eux, ce qui doit tenir à l'identité du sol, des Végétaux et de la température. On voit aussi que sans aller très-loin, soit que le terrain soit peu montueux ou presque horizontal, soit qu'il s'élève considérablement, des espèces affectent certaines localités : ce sont autant de topographies entomologiques qui doivent exercer notre patience et notre sagacité.

La plupart des Arachnides et des Insectes ayant pour patrie des contrées dont la température est isotherme, et dont le sol et la latitude sont les mêmes, mais qui sont séparées par de grands intervalles, ne se ressemblent point spécifiquement. Ceux de ces Animaux qui nous ont été apportés de la Chine et des pays les plus orientaux de l'Asie, sont évidemment distincts de ceux d'Europe et d'Afrique.

Des barrières naturelles et insurmontables, comme des chaînes de hautes montagnes, des mers, de vastes déserts, produisent, sans que les distances soient aussi grandes, des différences semblables. Les Insectes des Etats-Unis, quoique souvent très-analogues aux nôtres, présentent néanmoins des caractères particuliers. Quelques Lépidoptères, cependant, et quelques autres Insectes, mais dont l'habitation s'étend jusqu'au nord de la Suède et probablement à des pays situés entre elle et ceux de l'extrémité septentrionale de l'Amérique, se trouvent aussi dans les possessions anglo-américaines. D'autres espèces paraissent avoir pris une route opposée, ou avoir gagné du côté du Levant ou vers le Sud. Quelques Sphinx, tels que l'Atropos, celui du Nerium, le Celerio, etc., sont dans ce cas. Le Papillon du Chardon ou la Belle-

Dame est presque cosmopolite pour l'ancien continent ; et il paraît même n'avoir été arrêté dans le nouveau, que par le golfe et les montagnes du Mexique. Beaucoup de genres d'Insectes, et particulièrement ceux qui vivent de Végétaux, sont répandus sur un grand nombre de points du globe. Quelques autres sont exclusivement propres à une certaine étendue du pays de l'Ancien et du Nouveau-Monde. Ou chercherait vainement dans celui-ci les genres suivans : Manticore, Siogone, Anthie, Graphiptère, Drypte, Pimélie, Scaure, Cossyphe, Mylabre, Brachycère, Némoptère, Abeille et plusieurs autres. Mais en revanche il en offre que l'autre ne possède point, tels que ceux d'Agre, de Nilion, de Tetraonix, de Dutèle, de Doryphore, de Cupès, de Corydale, de Labide, de Pélécine, de Centris, de Mélipone, d'Euglosse, d'Héliconie, d'Erycine, de Castnie, etc. Nous avions cité en outre les genres Agre et Trigone ; mais nous avons vu depuis une espèce du premier, recueillie au Sénégal, et une autre du second, trouvée à Sumatra. La découverte de celle-ci et de quelques autres Insectes des îles les plus orientales de l'Asie, appuie l'idée que nous avions émise sur l'affinité qu'ont, sous quelques considérations zoologiques, les parties les plus reculées de l'ancien continent avec le nouveau. L'Afrique est aussi en possession exclusive de quelques genres, tels que ceux de Manticore, de Graphiptère, d'Eurichore, de Punumore, etc.; les Colliures, les Helluos, etc., sont propres aux Indes-Orientales. Les genres Lamprine, Hélée, Céraptère, Paropside, Panops, etc., viennent uniquement de la Nouvelle-Hollande. L'étendue de pays qu'occupent ces genres et leur foyer principal, que l'on peut déterminer par les proportions relatives et comparées des espèces, doivent fixer l'attention des observateurs. C'est ainsi que les plus grandes espèces de Cossus, de Zeuzères, d'Hépiales, paraissent avoir l'Australasie pour domicile. C'est dans l'Europe tempérée qu'est celui des Carabes. Les plus grands Bombyx et les plus grands Papillons proprement dits, se trouvent aux Moluques. Ceux de la division des *Troyens* sont propres aux Indes-Orientales et à l'Amérique.

La Suède et particulièrement la Laponie nous offrent beaucoup d'espèces qui leur sont propres; mais plusieurs de celles de la partie méridionale, comme la Scanie, sont communes à l'Allemagne. Celles du nord de la Grande-Bretagne ou de l'Ecosse paraissent aussi, à raison du climat, avoir de grands rapports avec celles des mêmes contrées et de la Norwège, tandis que celles de l'Angleterre méridionale se rapprochent beaucoup des espèces des côtes maritimes et occidentales de la France, ou sont même identiques, mais souvent plus petites. Il semblerait que le voisinage de l'Océan exercerait du nord au sud une assez grande influence sur la nature des Insectes, car plusieurs espèces des environs de Bordeaux se retrouvent aussi dans les parties de l'Espagne situées sous le même méridien ou à peu de distance de lui, et disparaissent lorsque l'on s'avance de quelques degrés à l'est. Quoique nos départemens septentrionaux aient aussi plusieurs espèces communes à l'Allemagne, il semblerait encore néanmoins que le Rhin et ses montagnes orientales formeraient à l'égard de quelques autres espèces, une sorte de frontière qu'elles ne franchissent point. Celles qui sont propres aux contrées chaudes de l'Europe occidentale commencent à se montrer vers le cours inférieur de la Seine ou aux environs de Paris, et précisément au point où la Vigne commence à prospérer, sans le secours de circonstances locales, nous voulons dire sans être abritée par des montagnes. L'Ateuchus flagellé, le Mylabre de la Chicorée, la Mante religieuse, la Cigale Hæmatode d'Olivier, l'Ascalaphe italique, etc., indiquent ce changement. Il devient plus sensible dans les départemens situés sur la Loire

inférieure; mais c'est surtout vers le quarante-quatrième degré de latitude et dans les lieux où l'Olivier, en allant du nord au sud, se montre pour la première fois et où croissent spontanément le Grenadier, la Lavande, l'Arbousier, etc., que les Insectes méridionaux et presque africains frappent nos regards. C'est ce que nous avons particulièrement remarqué entre Valence et Montelimar. L'Ateuchus sacré, les Scaures, les Akis, le Scorpion européen, diverses autres espèces de Cigales, les Termès, etc., sont les avant-coureurs de ces races d'Animaux. Les bords de la Méditerranée sont plus riches à cet égard. Là, apparaissent les Mygales, les Onitis, les Cébrions, les Pimélies, les Brachycères, les Brentes, les Scarites et quelques espèces de Lépidoptères, plus particulièrement propres au nord de l'Afrique. Les contrées de l'Espagne situées sur cette mer tiennent encore beaucoup plus, sous le rapport des productions entomologiques, de cette partie du monde et du Levant. On y voit des Erodies, des Sépidies, des Zygies, des Némoptères, des Galéodes, des Brachines de grande taille et d'autres Pimélies. Mais la Barbarie et les autres pays de l'Afrique au nord de l'Atlas et ceux à l'orient jusqu'à la mer Rouge, nous montrent, pour la première fois, des Anthies, des Graphiptères, des Siagones et un grand nombre d'espèces inconnues en Europe. L'Atlas et le grand Désert franchis, les nôtres ont presque totalement disparu. La Nubie, l'Ethiopie, le Sénégal et une grande partie de la Guinée, forment une zône transverse habitée par les mêmes races ou présentant peu de différences essentielles. C'est des régions brûlantes de la Guinée et du Congo que nous viennent les plus grandes espèces du genre Goliath de Lamarck; les autres nous sont fournies par l'Amérique méridionale et Java. Les Pétalocheires et les Encelades paraissent être confinés dans les contrées équinoxiales et occidentales de l'Afrique. La colonie du cap de Bonne-Espérance abonde surtout en espèces d'Anthies et de Brachycères. Elle est aussi la patrie exclusive des Manticores et des Pneumores. Le midi de l'Afrique et les Indes-Orientales nous offrent encore des Sagres, des Diopsis et des Paussus. Les îles de France et de Mascareigne, celles de Madagascar et de Sainte-Hélène tiennent, par quelques espèces, de l'Afrique; mais elles en ont beaucoup d'autres qui leur sont particulières : quelques-unes de celles-ci se rapprocheraient de celles des Indes-Orientales. Les Insectes de la côte de Coromandel, du Bengale, de la Chine méridionale, du Thibet même, semblent, par leurs affinités naturelles, appartenir à la même zône ou au même climat; mais quoiqu'ils rentrent dans plusieurs genres d'Europe et d'Afrique, les espèces sont cependant distinctes de celles de ces dernières contrées. On n'y rencontre point de Graphiptères, d'Akis, de Scaures, de Pimélies, de Sépidies, d'Erodies, ni de Brachychères. On n'y a encore observé qu'une seule espèce d'Anthie (*sexguttata*). Ici commence le domaine du genre Helluo, et il s'étend jusqu'à la Nouvelle-Hollande. Nous avons dit plus haut que quelques espèces d'Europe paraissent avoir gagné de proche en proche les pays orientaux, ou, si l'on veut, avoir pris une marche opposée, en allant de l'est à l'ouest. La Cantharide orientale, le Mylabre Crassicorne (genre OEnas) et une belle variété du Hanneton occidental nous en fournissent un exemple, puisqu'on commence à trouver ces Insectes aux environs de Vienne en Autriche ou du moins en Hongrie. Ceux de l'Asie-Mineure, de la Syrie, de la Perse, etc., quoique très-voisins de ceux du midi de l'Europe, en sont cependant distincts, pour la plupart, d'une manière spécifique. Il en est de même de ceux de la Russie méridionale et des parties les moins froides du plateau de la Sibérie. La Nouvelle-Hollande ne possède aucune espèce de Mylabre, circonstance qui la rapproche à cet égard de

l'Amérique ; on en trouve cependant dans l'île de Timor. L'Europe, et, à ce que nous croyons, l'Afrique ne présentent aucun Passale, genre dont les espèces sont très-répandues aux Indes et dans le Nouveau-Monde. Les Insectes de la Nouvelle-Zélande et de la Nouvelle-Calédonie nous semblent avoir beaucoup d'affinités avec ceux de la Nouvelle-Hollande. Les îles de l'archipel du grand Océan austral étant composées en grande partie d'agrégations de Polypiers, et formant une chaîne qui les unit à l'ouest avec les précédentes, mais très-interrompue à l'autre extrémité, les espèces que l'on y trouve sont probablement plus analogues à celles de la Nouvelle-Hollande qu'à celles d'Amérique, ou participent peut-être des unes et des autres. Le voyage de Duperrey et d'Urville nous donnera, il faut espérer, le moyen d'éclaircir nos doutes à cet égard, et de fixer ainsi, par la nature des Végétaux et des Animaux, les limites physiques de l'Asie orientale et de l'Amérique, limites très-arbitraires sous les rapports mathématiques. Le nouveau continent nous montre, dans les changemens progressifs des espèces, une marche successive semblable. La Caroline en a plusieurs que l'on ne trouve point en Pensylvanie, et encore moins dans la province de New-York. Les bords de la rivière de Missouri, à l'ouest de Philadelphie, d'environ une vingtaine de degrés, en offrent aussi de nouvelles. Quelques Lépidoptères de la Géorgie sont communs aux Antilles, et l'entomologie de cet Archipel, ainsi que celle de la Louisiane, contrastent notablement avec celle des Etats-Unis. Du continent équatorial de l'Amérique semblent avoir passé dans l'île de la Trinité, ou *vice versâ*, grand nombre d'Insectes et même plusieurs Mammifères ; le Brésil, et notamment le Para, possède beaucoup d'espèces communes à la Guiane française et hollandaise; mais, près du voisinage du tropique, elle en présente plusieurs qui lui sont particulières et qui dégénèrent à mesure que l'on tire vers le sud. Ici quelques-unes ont une physionomie européenne, de même que plusieurs de celles des Etats-Unis. Proportions gardées, la quantité des Coléoptères carnassiers est moins considérable en Amérique que dans l'ancien monde. La grandeur des Insectes ayant les mêmes habitudes est souvent aussi inférieure à celle des nôtres. Mais le nouveau continent ne le cède point à l'ancien, à l'égard des espèces phytiphages, surtout en Lépidoptères, en Scarabéides, en Chrysomélines, en Longicornes, et particulièrement en Orthoptères, en Guêpiaires et Formicaires. Aucune contrée du monde n'offre une profusion aussi riche et aussi variée de Charansonites. L'Europe, l'Afrique et l'Asie occidentale n'ont qu'un petit nombre d'espèces du genre Phasma ou Spectre, et toutes généralement petites ; mais les Moluques et l'Amérique méridionale en ont beaucoup et d'une taille très-remarquable. L'humidité atmosphérique et habituelle du nouveau continent, sa forme étroite et allongée, la vaste étendue des mers qui l'environnent de toutes parts, et la nature de son sol, nous fournissent l'explication de la discordance que l'on observe entre ces climats et ceux de notre hémisphère, situés sous les mêmes parallèles. Elle est telle que beaucoup d'espèces que nous commençons à trouver ici, entre le quarante-huitième et le quarante-cinquième degrés de latitude, ne paraissent dans l'Amérique septentrionale que vers le quarante-troisième. On conçoit sans peine que certains genres d'Insectes de l'ancien continent, qui aiment les lieux secs, sablonneux et très-chauds, tels que les Anthies, les Pimélies, les Érodies, les Mylabres, les Brachycères, etc., n'auraient pu vivre dans des terrains gras, aqueux et ombragés, comme le sont généralement ceux du Nouveau-Monde.

Fabricius, sous le nom de climat, comprend l'universalité des habitations des Insectes. Il divise le climat en huit stations ou sous-climats, sa-

voir : l'*Indien*, l'*Austral*, le *Méditerranéen*, le *Boréal*, l'*Oriental*, l'*Occidental* et l'*Alpin*. Le Boréal s'étend depuis Paris jusqu'à la Laponie ; l'Oriental est composé du nord de l'Asie, de la Sibérie, et de la portion froide ou montagneuse de la Syrie ; l'Occidental renferme le Canada, les États-Unis, le Japon et la Chine ; le Méditerranéen comprend les pays adjacens à la mer Méditerranée, la Médie et l'Arménie. On voit par ces définitions qu'il y a ici beaucoup d'arbitraire ; que plusieurs de ces contrées peuvent avoir, et ont réellement une température isotherme ; et que, par exemple, les Insectes de la Chine et du Japon ne peuvent être associés, dans la même division, avec ceux des États-Unis et du Canada. Ces distinctions ne sont presque d'aucune utilité pour la science ; ainsi que nous l'avons observé plus haut, des lieux dont la température est isotherme nous offrent, lorsqu'ils sont séparés les uns des autres, soit par de grands intervalles, soit par des barrières naturelles, des productions très-différentes. Les diverses élévations du sol au-dessus du niveau de la mer, sa constitution minéralogique, la quantité plus ou moins considérable des eaux qui l'arrosent, les montagnes, les forêts, l'influence réciproque de la température des contrées adjacentes, les vents, etc., compliquent et rendent les calculs incertains. Nos coupes géographiques ont pour base les observations suivantes :

1°. Les extrémités septentrionales du Groenland et du Spitzberg peuvent être considérées comme le dernier terme de la végétation de l'hémisphère boréal ; la terre de Sandwich, le *nec plus ultrà* des découvertes, dans l'hémisphère opposé, deviendra l'autre extrême. Le quatre-vingt-quatrième degré de latitude nord et le soixantième de latitude sud, seront ainsi les deux bouts de la portion productive de notre globe ; 2° l'entomologie du nouveau continent diffère du moins à com-

mencer aux Etats-Unis et en allant
vers le sud de celle de l'ancien continent; 5° la partie du Groenland,
qui a été le théâtre des observations
d'Othon Fabricius, nous offre beaucoup d'espèces communes aux contrées les plus septentrionales et les
plus occidentales de l'Europe. Le
Groenland peut donc, sous ce point de
vue, servir au nord de limite entre
les deux mondes; 4° les Insectes de
l'Asie orientale, à partir des contrées dont la longitude est d'environ
soixante-deux degrés plus orientale
que Paris, les Insectes de la Nouvelle-Hollande et ceux de l'Afrique
trans-atlantique s'éloignent aussi et
toujours au moins spécifiquement des
Animaux de la même classe qui habitent les autres pays de l'ancien
continent; 5° un espace ou latitude,
mesuré par un arc de cercle de douze
degrés, produit, abstraction faite de
quelques variations locales, un changement très-sensible dans la masse
des espèces. Il est même presque total, si cet arc est double ou de vingt-
quatre degrés, comme du nord de la
Suède au nord de l'Espagne; 6° les
îles Canaries, celles du Cap-Vert et
Madère sont africaines sous le rapport de l'entomologie et de la botanique. L'île Sainte-Hélène l'est aussi
en partie; donc, un méridien qui,
partant du Groenland, se dirigera
entre ces îles et le cap Saint-Roch, et
aboutira à la terre de Sandwich, séparera naturellement à l'ouest, l'Ancien-Monde du Nouveau. Sa longitude sera de vingt-quatre degrés à
l'ouest du méridien de Paris; 7° un
autre méridien, plus oriental de
soixante-deux degrés, détachera la
partie orientale de l'Asie, de l'occidentale, ainsi que de l'Europe et de
l'Afrique; 8° enfin, un troisième méridien, plus oriental de cette même
quantité, passant à peu de distance
du détroit de Béring, et traversant le
grand Océan austral, formera, à l'est,
l'autre ligne de démarcation des deux
continens. Les autres cent quarante-
quatre degrés compléteront le cercle
de l'équateur, et seront, en longitu-

de, l'étendue de la grande zône propre aux Insectes de l'Amérique. Nous
la partagerons, au moyen d'un quatrième méridien, en deux portions
égales, ayant chacune soixante-douze
degrés en longitude.

Ces quatre grandes zônes seront
arctiques ou antarctiques selon leur
situation en-deçà ou au-delà de l'é-
quateur. Nous divisons chacune d'elles en climats, ayant une étendue en
latitude de douze degrés. Celui qui
est compris entre le quatre-vingt-
quatrième degré de latitude nord et le
soixante-douzième degré, portera le
nom de *polaire;* continuant de suivre
la division duodécimale, et en allant
vers l'équateur, nous aurons les climats suivans : *sous-polaire, supérieur, intermédiaire, sur-tropical,
tropical, équatorial.* Les zônes antarctiques, se terminant au soixantième degré de latitude sud, auront
deux climats de moins, le *polaire* et
le *sous-polaire.* Ces zônes seront distinguées pour chaque hémisphère,
en *occidentales* et en *orientales.* Le
méridien passant au soixantième degré à l'est de celui de Paris, détermine pour l'ancien continent ces limites; celui qui partage la grande
zône américaine en deux portions de
soixante-douze degrés chacune, forme, pour l'autre hémisphère, des
limites analogues.

La progression croissante de l'intensité et de la durée du calorique
paraît exercer une grande influence
sur le volume et le développement
du tissu muqueux des Arachnides et
des Insectes. Plus, en général, on
s'avance vers les régions équinoxiales, plus on trouve d'espèces remarquables par leur taille, les inégalités et les éminences du corps, et la
variété du coloris. L'augmentation
de la lumière tend à convertir le jaune en rouge et en orangé. Les Lépidoptères diurnes de nos montagnes
alpines ou sous-alpines ont ordinairement le fond des ailes blanc ou
d'un brun plus ou moins foncé. Si
l'on suivait ces observations, il est
probable que l'on parviendrait à

éclaircir plusieurs doutes relatifs à la distinction des espèces et des variétés.

** *Crustacés.*

En attendant que nous puissions publier un travail complet sur les Crustacés, nous nous bornerons ici à quelques observations générales, déjà consignées, en partie, à l'article INSECTE de la seconde édition du nouveau Dictionnaire d'Histoire naturelle de Déterville.

Les genres Lithode, Galathée, Homore et Phronyme sont propres aux mers d'Europe. Le premier n'habite que celles du Nord, et ne descend point au-dessous de la mer d'Écosse. Il paraîtrait, d'après Tilésius, que celle du Kamstchatka en produirait une espèce particulière. Les Homoles habitent la Méditerranée. Là aussi se trouvent les Dorippes, mais les mers orientales nous en fournissent aussi des espèces. Feu Delalande, voyageur naturaliste, a rapporté du cap de Bonne-Espérance une seconde espèce de Coriste. Ce genre n'est donc point restreint aux côtes de notre Océan, ainsi que nous l'avions d'abord cru. Celui d'Hépate n'a encore été trouvé que dans l'océan Américain, qui nous offre aussi une espèce d'Hippe; dès-lors, ces derniers Crustacés ne sont point exclusivement propres aux mers des Indes-Orientales. Mais c'est là que les Mursies, les Orithyes, les Matutes, les Ranines, les Albunées, les Fèthres, les Podophthalmes et les Thalassines, paraissent avoir uniquement leur domicile. Les Rémipèdes sont particuliers aux parages de la Nouvelle-Hollande. Les Leucosies, les Calappes, les Plagusies et les Dromies nous viennent de la Méditerranée et des mers des deux Indes. Les Limules sont propres aux rivages de l'Amérique, de la Chine et des Moluques. Considérés dans leur primitive étendue, la plupart des autres genres sont communs à toutes les mers; mais les espèces de plusieurs de leurs divisions ou de divers genres établis par le docteur Leach affectent certaines localités. Les Ocypodes ne se trouvent que dans les pays chauds et sablonneux. C'est encore des contrées équatoriales ou tropicales que nous recevons les plus grandes espèces de Grapses. Parmi les Telphuses ou Crabes fluviatiles, les espèces d'Amérique forment un groupe particulier. Tous les Crustacés fossiles trouvés en Europe, à l'exception d'un petit nombre d'espèces, qui paraissent appartenir aux couches formées les dernières, ont exclusivement pour analogues des espèces équatoriales ou voisines des tropiques.

*** *Cirripèdes.*

Avant de parler des Cirripèdes, nous devons prévenir que la dénomination de cette classe provenant des mots *cirrus* et *pes*, celle de *Cirrhipèdes* employée par Lamarck qui l'a établie, ainsi que celle de *Cirrhopodes* de Cuvier, doivent, grammaticalement, être rejetées. *Cirrhos*, en grec, signifie une couleur fauve, et *Cyrrha* ou *Cirrha* est le nom d'une ville. Nous sommes forcés de motiver ces changemens de noms, pour qu'on ne croie pas qu'il y ait ici une erreur typographique.

Les Tubicinelles et les Coronules étant fixés sur le corps des Baleines, ont dès-lors les mêmes habitations et se trouvent ainsi plus particulièrement dans les mers des deux pôles. Les Acastes sont propres à celles qui baignent les côtes de la Nouvelle-Hollande et des contrées voisines. Les Otions et les Cineras ne se rencontreraient que dans les mers septentrionales de notre hémisphère. Les autres Anatifes seraient, en général, répandus dans toutes.

**** *Annelides.*

Parmi les Annelides, les unes, telles que les Annelides antennées et sédentaires de Lamarck, sont toutes marines. Parmi elles, les Galéonaires sont propres aux mers de la Nouvelle-Hollande, et les Euphrosines, les OEnones, les Aglaures et les Syllis aux côtes de la mer Rouge ; les Spios habitent l'océan Atlantique septentrional ; et les Palmyres les parages de l'Ile-de-France. Parmi les Annelides apodes de ce naturaliste, les unes, comme la plupart des Lombrics, sont terrestres ; les autres vivent, soit dans les eaux douces, soit dans la mer ou sur ses rivages. Mais nous ne pouvons, faute d'observations, fixer les limites de leurs habitations, ainsi que de celles de la plupart des autres Annelides des divisions précitées. (LAT.)

B. Animaux vertébrés.

* Reptiles.

On remarque combien les Reptiles augmentent en nombre vers l'équateur. Tandis que la Faune Suédoise ne possède guère qu'une douzaine de Serpens ou de Sauriens, trois ou quatre Grenouilles ou Crapauds, et pas une Tortue, l'Europe tempérée nourrit déjà une quarantaine d'Ophidiens ou de Lézards et quelques Chéloniens. A partir de l'Espagne méridionale, non-seulement le nombre des espèces de cette classe animale s'accroît, mais l'apparition du Caméléon vient compléter l'aspect africain de la chaude Andalousie. En augmentant numériquement vers les tropiques, les Reptiles y augmentent aussi dans les proportions de leur taille ; c'est vers le tropique septentrional, et jusqu'au-delà de la ligne, que se voient ces Crocodiles et ces Boas, véritables géans entre les races rampantes. C'est aussi dans la zône chaude, soit à la surface des terrains arides, soit dans la bourbe des marécages, soit enfin dans l'étendue des mers, qu'on rencontre les plus grandes Tortues.

Les Reptiles terrestres sont peut-être parmi les Animaux, ceux qui se déplacent le plus difficilement et dont conséquemment les espèces demeurent le plus restreintes entre les limites des régions dont elles sont autochtones. Ainsi, les Sirènes sont américaines ; le Protée anguin est propre à l'Autriche, le Basilic aux Moluques, et notre hideux Crapaud commun n'a jamais été retrouvé hors de l'Europe occidentale. Les Caméléons, tous sans exception propres à l'ancien monde, ne franchissent jamais les déserts qui séparent la patrie des espèces dont se compose leur singulière famille. Les trois Dragons connus, quoique munis d'ailes, ne se sont jamais répandus hors des cantons propres à chacun d'eux. Nous pourrions multiplier de telles citations, mais la distribution géographique des Reptiles étant soigneusement indiquée dans ceux de nos articles qui les concernent, nous devons nous borner à y renvoyer le lecteur pour éviter toutes répétitions sans utilité. Il doit suffire ici de faire remarquer combien, sur de fausses indications puisées dans Séba ou données par des voyageurs superficiels, il existe d'erreurs sur la patrie des Reptiles et notamment des Serpens dans les collections et dans les ouvrages des Erpétologistes. Il est certain qu'on trouvera beaucoup moins d'espèces communes aux deux mondes qu'on suppose en exister, quand l'histoire des Reptiles sera mieux connue.

** Oiseaux.

Les Oiseaux piscivores purent vivre dès qu'un roc vint leur offrir le point de repos sur lequel leur progéniture se trouvait à l'abri des vagues. Il était cependant impossible aux Granivores de naître avant les Végétaux ; enfin ceux qui vivent de proie complétant la cohorte des régions de l'air parurent les derniers. La distribution géographique des êtres qui composent cette grande classe sera établie à l'article ORNITHOLOGIE. Il suffit ici de remarquer que dans cette classe les espèces douées d'une voix mélodieuse habitent généralement les zônes tempérées, tandis que celles dont les chants ne sont point harmonieux, mais dont les couleurs sont les plus vives, semblent recevoir leur éclat de la zône torride d'où ne s'éloignent point les nombreuses tribus de Perroquets, de Calaos, de Toucans, et autres non moins singulières par leur forme que par les reflets de leur plumage. Quelques genres sont confinés en diverses régions dont ils ne sortent point, mais qu'ils parcourent d'une extrémité à l'autre. Telle est l'Autruche qu'on retrouve depuis le cap de Bonne-Espérance jusque dans la Cyrénaïque, du Cap-Vert au détroit de Babel-Mandel. Sous les mêmes latitudes que cet Oiseau terrestre, la Frégate au contraire ne se tient que suspendue entre les cieux et les mers; il ne paraît point qu'elle ait tenté de franchir l'Amérique méridionale, puisqu'on ne la retrouve pas dans l'océan Pacifique. L'Albatros, malgré la puissance de ses ailes, s'éloigne peu des parages du Cap des tempêtes. Les Oiseaux de Paradis sont propres aux archipels de l'Asie. Les Colibris et les Oiseaux-Mouches brillent dans les îles de l'Amérique et vers le nord de la partie méridionale de ce vaste continent où le Nandou représente l'Autruche africaine et le Casoar indien. Nous pourrions citer beaucoup d'autres Oiseaux qui, malgré la facilité qu'ils auraient de s'éloigner des lieux où on les rencontre, semblent s'y être imprescriptiblement confinés. Il en est au contraire qui sont répandus, comme les Pigeons, à la surface entière du globe, et comme nos Hirondelles ou nos Cailles, qui semblent se complaire dans leurs émigrations périodiques et régulières. Les Oiseaux de proie, c'est-à-dire ceux qui vivent de la chair des Animaux à sang chaud, car les tyrans ailés de l'Océan ne sont pas mis au nombre de ces compagnons de l'ancienne noblesse féodale; les Oiseaux de proie paraissent se tenir de préférence dans les hautes régions de l'atmosphère, d'où leur vue perçante peut, au loin, discerner des victimes. Ils s'élèvent plus que tous les autres vers les cimes glaciales des montagnes, au-dessus desquelles on voit encore planer le Condor. L'habitation à peu près continuelle de ces régions où la chaleur paraît être presque sans influence rend raison de ce que les Oiseaux de proie des pays équinoxiaux mêmes, ne se

diaprent point des nuances brillantes dont resplendit, aux pays chauds, le plumage des espèces moins vagabondes. Le Roi des Vautours dans le Nouveau-Monde fait peut-être seul exception à cette règle; mais ce prétendu roi, dans ses mœurs abjectes et sanguinaires, ne quitte guère la surface du sol; l'effet d'une chaleur colorante déguise ses ignobles nudités en les peignant de teintes vives qui semblent prodiguées sur sa tête comme l'or et les pierreries le sont sur ces couronnes dont l'Homme fit l'emblème de la domination.

*** *Mammifères.*

Moins nombreux que les Oiseaux, les Mammifères sont aussi moins qu'eux disséminés génériquement; ils manquent de moyens de déplacement favorables tels que de nageoires ou d'ailes; la plupart de leurs races sont demeurées dans les environs de leur berceau, ou se sont tout au plus étendues de proche en proche à la surface de quelques bassins particuliers. Ceux même que pousse un instinct voyageur vers des terres lointaines, et que n'arrêtent point dans leurs émigrations, les montagnes, les fleuves ou des bras de mer, reviennent aux lieux qui les virent naître; tels sont ces Campagnols Économes et ces Lemmings qu'on voit souvent descendre des régions glaciales vers des climats plus doux, pour retourner, après avoir affronté mille dangers, dans leur triste patrie.

C'est particulièrement dans la distribution géographique des Mammifères que l'Homme a produit de grandes perturbations; nous l'avons déjà vu repousser ceux de l'Océan de certains parages où d'abord ils s'étaient établis; il répandit ses domestiques partout où il pénétra, et des croisemens notables sont provenus de ces dépaysemens parmi les espèces asservies, particulièrement chez les Chiens, et peut-être chez les Bœufs. L'Homme restreignit au contraire d'autres races dans des limites beaucoup plus étroites que cel-

les entre lesquelles la nature les avait
établies. Ainsi le Castor cessa de bâtir sur les rivages du Danube et du
Rhône; et le Lion, dont l'ancienne
existence en Grèce, et même dans le
reste du midi de l'Europe paraît un
point historique constaté, fut relégué
dans les régions brûlantes de l'Afrique.

On sait que nul des Mammifères
terrestres de l'Amérique du sud, n'a
été identiquement retrouvé dans le
midi de l'Ancien-Monde. Il n'en est
pas de même pour ceux de l'Amérique
du nord dont plusieurs sont communs
aux deux continens. On n'a pas trouvé un seul Bœuf dans le Nouveau-
Monde méridional, tandis que le Cabiai, les Tatous, et tant d'autres genres lui sont propres. Les Eléphans,
les Rhinocéros, les Hippopotames,
les Giraffes, en un mot les plus grands
Animaux, sont à peu près des mêmes
latitudes dans notre hémisphère où
l'on vient de trouver un Tapir. Quand
l'histoire des Mammifères sera mieux
connue, on pourra peut-être les ré-
partir en cinq grands systèmes de can-
tonnement : 1° celui de l'Amérique,
depuis le cap Horn au tropique du
Cancer; 2° celui qui dans l'hémisphère boréal s'étendrait à la surface
des deux mondes entre ce tropique
du Cancer ou le 5o° degré et le
pôle arctique; 3° celui que composeraient l'Asie au-dessous du 5o° degré et l'Afrique entière; 4° celui de
l'Australasie; 5° enfin, celui de la
Polynésie. Quoi qu'il en soit, le
dernier effort de la nature productrice, c'est-à-dire le mode d'organisation des Mammifères, suppose
l'essai de beaucoup de modes antérieurs; et, peut-être, la disparition
des espèces, dont les débris fossiles attestent l'antique existence, est
moins la preuve d'un ensemble de
création complet qui cessa par l'effet
de quelque grande révolution physique, que d'un ensemble imparfait où
les moyens de perpétuation n'étaient
point suffisans; ensemble composé
de ces grandes ébauches, maintenant remplacées par des conceptions
facilement propagatrices, mais qui

ne sont pas éternelles et dont plusieurs tendent encore à disparaître
puisque nous en avons vu s'évanouir
presque sous nos yeux. *V.* DRONTE
et TORTUE. Ceux de nos collaborateurs qui s'occupent dans ce Dictionnaire de l'histoire des Mammifères,
ayant le soin, dans leurs articles,
d'établir scrupuleusement la distribution géographique à la surface du
globe de chacune des espèces qu'ils
décrivent, et notre mappe-monde
physique pouvant indiquer facilement
la patrie des espèces et des familles
qui ne franchissent pas certaines limites, nous ne répéterons point ici ce
qui se trouve en d'autres parties de
cet ouvrage, en nous contentant
d'y renvoyer, ainsi qu'à l'excellent
Mémoire de Desmoulins sur la Géographie des Vertébrés, inséré dans
le Journal de Physique (février 1822),
et au bel article MAMMIFÈRE de Desmarest dans le Dictionnaire de Déterville. Quant à la distribution à la
surface de la terre, des diverses espèces dont se compose le genre humain,
c'est au mot HOMME qu'il en sera parlé.

Addition.

Il ne nous reste plus qu'un mot
à dire sur les essais infructueux
qu'on a jusqu'ici tentés pour introduire dans la Géographie, considérée
sous les rapports de l'histoire naturelle, un élément de clarté qui ne saurait encore y être admis. Adanson,
dont l'érudition fut des plus vastes
sans doute, mais qui ne se piquait
pas moins de singularité que de savoir, imagina, vers le milieu du dernier siècle, de faire ce qu'il appelait
de la géométrie botanique. Que la minéralogie ait appelé à son secours des
formules rigoureuses pour déterminer les formes primitives et caractéristiques de ses espèces cristallisables,
cette idée est ingénieuse; elle fut conséquemment féconde sous le goniomètre
du prudent Haüy; mais appliquer le
calcul rigoureux à quelque partie que
ce soit de l'histoire des corps organisés,
était une tentative prématurée, tant
qu'on n'avait pas bien établi les pro-

portions numériques dans lesquelles des espèces, des genres et des familles de Plantes ou d'Animaux sont répartis à la surface du globe ou dans l'étendue des eaux. Il faudrait d'abord s'entendre parfaitement sur ce qu'on regarde comme espèce, comme genre ou comme famille, avant de statuer sur la place qu'occupent ces choses. Puisera-t-on les élémens d'une arithmétique naturelle dans les ouvrages des botanistes ou des voyageurs ? mais les botanistes et les voyageurs ont-ils tous également bien vu? Fera-t-on entrer comme des élémens de calculs dans les résultats cherchés, les objets que les voyageurs n'ont indiqués que vaguement par une phrase ou par une figure insuffisante? Consultera-t-on les herbiers et les collections des naturalistes? mais ne sait-on pas que chacun, en voulant dans ses récoltes embrasser la nature entière, affectionne, sans s'en apercevoir quelquefois, tel ou tel rameau de la science, et que les productions de ce rameau dominent nécessairement parmi les richesses que chaque voyageur parvient à réunir? Tel collecte des Graminées, des Ombellifères ou des Orchidées de préférence, un autre cherche des Papillons ou des Coléoptères, des Colibris ou des Serpens faciles à conserver dans la liqueur, et d'après ce que de tels collecteurs auront rapporté de leurs excursions, on établira que les Ombellifères, les Graminées, les Orchidées, les Papillons, les Coléoptères, les Colibris et les Serpens sont en tel ou tel lieu dans la proportion d'un onzième, d'un cent trentième, ou d'un huit centième et demi?...

Il suffit, pour démontrer la nécessité d'ajourner entièrement de telles spéculations, de jeter un coup-d'œil sur les erreurs matérielles qui s'étaient établies seulement en cryptogamie jusqu'à ce jour. De ce que les naturalistes du Nord, où la végétation est pauvre, ayant bientôt épuisé la description des Phanérogames, qui partout appellent d'abord les regards, s'attachèrent les premiers à l'étude des Cryptogames, dont ils trouvèrent un plus grand nombre d'espèces qu'on n'en avait soupçonné, et que d'un autre côté, les voyageurs, frappés de la pompe des grands Végétaux de la zône torride, négligèrent les Mousses, les Lichens et les Hépatiques des contrées où tant de magnificence appelait leur attention; on se hâta de conclure que le Nord était la région des Cryptogames dont le nombre était censé diminuer à mesure que l'observateur se rapprochait des tropiques. Quelques Fougères somptueuses ayant attiré l'attention du père Plumier, on en concluait aussi que le bon minime avait connu toutes les Fougères des Antilles, et l'on imaginait une proportionnelle entre les Fougères et le reste de la végétation de ces îles? Cependant aujourd'hui que les naturalistes ne négligent plus l'étude d'objets long-temps méprisés, parce qu'ils n'avaient pas la taille des Palmiers, et qu'ils recherchent les Cryptogames, il faut en venir à cet axiome que nous posâmes dès 1802, au retour d'un voyage aux tropiques : *à circonstances égales de localités*, le nombre des Cryptogames augmente à mesure qu'on s'approche de l'équateur, dans une immense proportion, et dans des expositions analogues, la cryptogamie est probablement au reste de la végétation des pays chauds dans le rapport du double avec ce qu'elle est dans les pays froids.

Voilà sans doute un résultat bien différent de ce qu'on avança jusqu'ici, mais qui sera peut-être encore audessous de la réalité, quand on aura porté dans l'étude de toutes les petites espèces cette sagacité qui caractérise les recherches de notre collaborateur Fée, sur les parasites des écorces officinales. Ce botaniste n'a-t-il pas trouvé, ainsi qu'il a été dit plus haut, une famille entière des Graphidées composée de près de cent cinquante espèces réparties en divers genres très-naturels, dans ce qu'on eût naguère regardé comme le seul *Lichen scriptus* de Linné? On ne pourra introduire d'arithmétique en histoire naturelle que lorsque tous les êtres créés seront connus et décrits; encore devra-t-on songer, lorsqu'on possédera les matériaux suffisans pour l'étude d'une pareille science, que le résultat des plus beaux calculs peut être entièrement renversé par l'omission ou par l'addition d'un terme. Les Lichens nous ont démontré, comme on vient de le voir, que, dans certains cas, une unité en arithmétique botanique pouvait être subitement métamorphosée en une centaine. Cependant on ne doit pas confondre avec les idées systématiques d'Adanson, celles de l'illustre Humboldt sur la même matière. Ce savant a essayé de poser les bases d'une arithmétique botanique plus philosophique, bases qui pourront être adoptées dans cette partie de la science quand la valeur des termes numériques et leur quantité seront des points suffisamment connus. (B.)

GÉOLOGIE. Ce mot, pris dans son sens étymologique, signifie proprement discours sur la terre. Il désigne parfaitement cet état d'enfance dans lequel s'est maintenue si longtemps la science du globe, alors que des esprits systématiques, s'abandonnant à leur imagination déréglée, se plaisaient à rêver l'origine des choses, et créaient un monde au gré de leurs caprices. Ce n'est que vers la fin du siècle dernier que l'on a senti la nécessité de suivre une marche plus philosophique, et de se livrer avec persévérance à la recherche longue et minutieuse des faits, pour appuyer sur eux les conjectures à l'aide desquelles on peut remonter à leur cause. Dès-lors la Géologie purement spéculative a fait place à une science véritable qui s'est divisée naturellement en deux parties : l'une est la Géologie positive, ou la Géognosie dont le but est la connaissance exacte de cette mince écorce de la terre qui

seule est accessible à nos recherches; l'autre est la Géologie conjecturale, ou la Géogénie, qui comprend toutes les conséquences plus ou moins probables que l'on a déduites des faits observés relativement à la formation de l'enveloppe extérieure du globe, et aux différentes causes qui l'ont successivement modifiée.

De tout temps l'histoire de la terre a excité la curiosité de l'Homme. Quelques faits, mais en petit nombre, reconnus par les premiers observateurs, quelques vérités proclamées par les poëtes et les plus anciens écrivains ont servi de base aux dissertations des philosophes pendant une longue suite de siècles. De vieilles traditions chez certains peuples s'accordaient avec la version de Moïse, pour faire regarder la terre comme ayant été formée d'une manière successive, et originairement recouverte par les eaux, dont la retraite graduelle avait mis les continens à découvert. Elles enseignaient aussi que les Végétaux, les Animaux et l'Homme avaient été créés à des époques différentes ; qu'une portion de l'écorce du globe s'était déposée sous les eaux postérieurement à l'existence des êtres organisés, ce qu'attestaient les nombreux vestiges de ces êtres qu'on trouvait enfouis dans l'intérieur des masses minérales, à de grandes hauteurs au-dessus du niveau des mers; enfin elles faisaient mention de la grande inondation diluvienne, qui a bouleversé en dernier lieu la surface du sol, et lui a donné son relief actuel. Les esprits naturellement portés à la spéculation, ont enfanté de vaines théories pour rendre raison de ces faits dont ils demeuraient frappés, et telle est la bizarrerie ou l'absurdité des hypothèses émises à ce sujet, qu'elles ont jeté une sorte de défaveur sur une science dont l'objet est si curieux et si digne de l'attention des hommes éclairés.

Il n'entre point dans notre plan de donner ici une énumération complète de tous les systèmes géologiques qui ont paru jusqu'à ce jour. On peut voir dans la Théorie de la terre de Lamétherie l'analyse d'une soixantaine de ces systèmes, tous plus ou moins opposés les uns aux autres. Comme la plupart des vérités auxquelles semble devoir conduire l'étude des faits géognostiques ont été pressenties par les auteurs de quelques-uns de ces systèmes, nous nous bornerons à parler ici de ceux qui sous ce rapport ont fixé plus particulièrement l'attention des minéralogistes.

Buffon a supposé qu'une comète, en choquant le soleil, en avait détaché une partie qui, lancée dans l'espace, s'y était divisée, et avait formé les différentes planètes de notre système. Le globe terrestre était originairement une masse en fusion qui prit une figure sphérique en tournant sur son axe. Cette masse, en se refroidissant peu à peu, s'est consolidée d'abord à la surface ; les vapeurs dont son atmosphère était composée se sont condensées et ont formé les mers. Celles-ci attaquèrent les parties solides et vitrifiées du globe, les délayèrent, et, les abandonnant ensuite sous forme de sédimens, donnèrent ainsi naissance aux diverses couches de l'enveloppe terrestre. Des courans sous-marins dirigés de l'est à l'ouest sillonnèrent cette écorce après la consolidation, et produisirent ainsi les montagnes et les vallées. Au bout d'une longue série de siècles, la terre a été assez refroidie pour que les Végétaux et les Animaux pussent vivre à sa surface. Mais sa partie centrale était et est encore à une température fort élevée. On sait avec quelle magie de style Buffon a développé ce système dans son Discours sur la Théorie de la terre et dans ses Epoques de la nature.

Hutton et Playfair admirent aussi la chaleur souterraine comme étant propre au globe, et se fondant sur de nombreuses expériences de Hall, ils regardèrent la compression de la grande masse d'eau qui pesait sur la croûte minérale, comme la cause des altérations diverses que les différentes couches avaient éprouvées de la part de cette chaleur interne. L'action de la chaleur n'avait pu que ramollir les couches supérieures ou les terrains stratifiés, tandis qu'elle avait entièrement fondu celles qui étaient au-dessous, et leur avait donné l'aspect de substances cristallisées au milieu des eaux. Cette même chaleur, par sa force expansive, a injecté la matière fluide de l'intérieur à travers ces couches, et produit ainsi les veines et filons qu'on y observe. Elle a pu même soulever ces masses au-dessus du niveau des eaux, et donner naissance à de nouveaux continens. Ces continens se dégradent peu à peu par l'action de l'air et des eaux courantes ; leurs débris s'accumulent au fond de la mer, y forment de nouvelles couches, qui un jour seront soulevées, et deviendront des continens à leur tour. Cette alternative de destructions et de formations a eu lieu plusieurs fois et pourra se répéter indéfiniment.

Breislak suppose que le globe terrestre a subi successivement l'action du feu et celle de l'eau. Il se trouvait originairement dans un état de fluidité ignée. Cet état a changé peu à peu, et le calorique se combinant plus intimement avec quelques substances, a formé les différens Gaz ; des torrens de matière électrique, en favorisant l'union de l'Oxigène et de l'Hydrogène, ont donné naissance à une grande quantité d'eau qui s'est élevée sous forme de vapeurs. La consolidation de la masse a eu lieu de la surface vers le centre, mais des substances gazeuses se dégageaient continuellement de l'intérieur, soulevaient ou déchiraient les couches déjà formées, et produisaient ainsi tous ces changemens de niveau, toutes ces solutions de continuité que présentent les terrains du sol primordial. Quant aux roches secondaires, elles doivent leur naissance à l'eau, mais à l'eau animée par tout le calorique qui ne s'était pas encore rendu latent, et à ces principes chimiques qui étaient le produit du développement des Gaz, et qu'elle avait absorbés.

Werner admet qu'une vaste dissolution contenant les élémens des terrains qui constituent la surface du globe, l'a primitivement recouvert, et qu'elle s'est élevée au-dessus du sommet des plus hautes montagnes ; que les dépôts les plus anciens, ceux sur lesquels tous les autres reposent, ont formé les principales sommités ; qu'ensuite les eaux baissant de niveau, et la nature de la dissolution venant à changer, de nouveaux dépôts ont recouvert les premiers sous forme de couches d'une grande étendue, mais en s'élevant à des hauteurs de moins en moins considérables ; qu'à mesure que le niveau du fluide baissait, il éprouvait une agitation plus grande qui rendait la cristallisation plus confuse, et que bientôt ses produits n'ont été que des masses terreuses, de simples sédimens ; que les courans se rapprochant de plus en plus du fond du réservoir, l'attaquèrent, en charrièrent les débris, et mêlèrent ainsi des dépôts purement mécaniques aux précipités chimiques qui se formaient sans cesse. Des temps de calme succédèrent à ces temps d'agitation, et c'est alors que parurent les premiers êtres organisés. Mais ces périodes de tranquillité furent interrompues par de grandes révolutions ; à deux époques différentes, le niveau des eaux est remonté, et elles ont produit de nouveaux dépôts cristallins qui ont recouvert tous les terrains précédemment formés.

Laplace a émis une hypothèse à l'aide de laquelle il a cherché à expliquer un grand nombre de faits astronomiques. En considérant toutes les parties de notre système planétaire, il fut conduit à penser qu'en vertu d'une chaleur excessive, l'atmosphère du soleil s'est primitivement étendue au-delà des orbes de toutes les planètes, et qu'elle s'est resserrée successivement jusqu'à ses limites actuelles. Les planètes ont été formées aux limites successives de cette atmosphère par la condensation des zônes de vapeurs qu'elle a abandonnées dans le plan de l'équateur, en se refroidissant. Ces zônes de vapeurs ont pu former, par leur refroidissement, des anneaux liquides ou solides autour du noyau central, comme cela paraît avoir lieu relativement à Saturne. Mais, en général, elles se sont réunies en plusieurs globes qui se sont attirés les uns les autres. La terre n'est donc que le résultat de la condensation d'une masse originairement gazeuse, et la lune a été formée par son atmosphère, comme les planètes par celle du soleil.

Herschell admet aussi que les grands corps planétaires ont été formés par la condensation d'une matière fluide, mais que cette matière est celle qui compose les nébuleuses, observées par lui dans tous les lieux de l'espace. Cette matière, d'abord très-rare, se condense peu à peu, et forme les étoiles, les planètes, etc.

Telles sont les principales opinions émises jusqu'à ce jour sur les causes premières des phénomènes que présente le globe terrestre. Abandonnons maintenant le champ des conjectures pour entrer dans celui de l'observation, et donnons un aperçu des objets qu'embrasse l'étude de la Géognosie proprement dite, et des résultats qu'elle a déjà obtenus.

Cette science, indépendamment de l'avantage qu'elle a de fournir des documens précieux sur l'histoire primitive de la terre, en offre d'autres qui sont de la plus grande importance pour l'Homme en société. Elle éclaire et guide le mineur dans la recherche des Minerais utiles, dans la conduite des travaux d'exploitation, et dans les moyens de retrouver un filon qu'il poursuivait et qu'il a perdu. Elle est utile à l'ingénieur pour le tracé des routes et des canaux, au géographe qui veut explorer une contrée, à l'agronome qui a besoin de connaître la constitution du sol. On ne doit donc pas s'étonner de l'ardeur avec laquelle on s'occupe aujour-d'hui d'une science qui a d'ailleurs par elle-même un attrait particulier pour notre esprit.

La Géognosie a pour but la con-naissance de toute la partie du globe qui peut être l'objet direct de nos ob-servations. Cette partie ne forme réellement qu'une mince écorce dont l'épaisseur n'est pas la millième par-tie du rayon terrestre.

Le géognoste porte d'abord son at-tention sur la figure de la terre, et il trouve que cette figure est précisé-ment celle qu'aurait prise d'elle-même une masse fluide assujettie aux mêmes mouvemens qu'elle. Il consi-dère les rapports du globe avec les autres corps du système planétaire, ceux de la partie solide de ce globe avec les fluides qui lui servent d'en-veloppes ; il examine ces nombreuses inégalités dont la surface est recou-verte, l'aspect morcelé qu'elle pré-sente, l'immense quantité de débris qui témoigne en faveur des change-mens et des dégradations qu'elle a éprouvés ; il recherche la nature des agens qui ont pu produire ces effets, ou qui exercent encore une action semblable sur les masses minérales. Après avoir considéré le globe exté-rieurement, il pénètre dans son inté-rieur, et il trouve que son écorce mi-nérale se compose d'un assemblage de couches de différentes natures, qui s'enveloppent l'une l'autre, et qui ont entre elles des rapports de position assez fixes. Il recherche les caractères distinctifs de ces grandes masses, examine leur structure et les règles suivant lesquelles elles se su-perposent. Les unes lui paraissent avoir été formées par voie de cristal-lisation ; d'autres, par l'action des feux volcaniques, et le plus grand nombre lui présentent tous les carac-tères d'un dépôt opéré dans le sein des eaux. Il remarque une immense quantité de Roches, qui renferment des débris de Roches plus anciennes, ou des dépouilles de Plantes et d'Ani-maux, dont les types nous sont in-

connus ; il observe en outre la pré-sence des corps marins, dans des lieux situés à de grandes distances du ri-vage des mers, ou fort élevés au-des-sus de leur niveau, et la distribution régulière dans certains Terrains des Animaux qui vivent dans la mer, et de ceux qui vivent dans les eaux dou-ces. En rapprochant tous ces faits, il est conduit à admettre que la croûte extérieure du globe est une suite de dépôts qui se sont formés à différen-tes époques, et à déterminer l'âge re-latif de ces dépôts, d'après l'ordre constant des superpositions. Cette écorce minérale s'offre à lui comme naturellement divisée en deux espèces de sols, dont l'un, le *Sol primordial*, a préexisté à l'apparition des êtres organisés et à toutes les destructions ou formations de Terrains qui ont eu lieu depuis ; et l'autre, qu'on appelle *Sol de transport et de sédiment*, com-prend les Terrains formés de débris de Roches anciennes, ou de matières dé-posées tranquillement dans le sein des eaux. Un examen plus attentif lui montre que cette longue suite de Terrains peut se partager en divers ordres, d'après leur ancienneté rela-tive et leurs différens caractères de composition. Tous ceux qui compo-sent le Sol primordial, qui sont en général de structure cristalline, et ne contiennent ni fragmens de Roches ni débris organiques, forment un premier ensemble, auquel on a donné le nom de *Terrains primitifs*. Au-dessus d'eux se présente une série nouvelle, caractérisée par l'interca-lation des matières de transport et des débris organiques avec des Roches ana-logues à celles de la série précédente. Les Terrains de cette série ont reçu le nom de *Terrains intermédiaires*, comme faisant le passage des pre-miers terrains à ceux des formations subséquentes. Une troisième série comprend les *Terrains secondaires*, qui n'offrent plus que des matières de transport alternant avec des Roches sédimentaires remplies de débris or-ganiques. Ces débris appartiennent à des familles de Plantes, de Poissons, de Mollusques, qui s'éloignent en général de celles qui sont vivantes aujourd'hui, mais qui paraissent s'en rapprocher de plus en plus, à mesure qu'on s'élève dans la succession des Terrains. Enfin, à la limite de cette troisième série on en distingue une autre dont la formation est beaucoup plus récente, et qui comprend les Terrains tertiaires : les débris organiques qu'ils renferment, ont beaucoup plus d'analogie avec les êtres organiques vivans ; on y observe des Mollusques qui se rapprochent de ceux que nous trouvons dans nos mers, ou qui vivent dans les eaux douces. Enfin, on y rencontre fréquemment des squelettes de Reptiles, de Mammifères et d'Oiseaux, dont à peine les Terrains précédens offrent des traces. Un dernier ordre de Terrains qui paraissent indépendans de ceux des autres séries et qui sont de différens âges, comprend tous les Terrains ignés, ou formés par le feu, tels que les Terrains de Trachyte, de Basalte et de Laves.

Les Terrains dont nous venons d'indiquer les groupes les plus généraux, si l'on vient à les considérer en eux-mêmes, se présentent comme de grandes masses minérales, ordinairement *stratifiées*, c'est-à-dire divisées en masses partielles, superposées et parallèles les unes aux autres. Ces masses partielles ou *couches* sont de même nature entre elles ou de nature différente : dans le premier cas, la masse totale ou le terrain est simple ; dans le second cas, cette masse est composée. Chaque couche est formée, ou d'un seul Minéral, ou de l'agrégation de plusieurs Minéraux. On donne en général le nom de *Roche* à la substance simple ou mélangée qui constitue de grandes masses, soit couches, soit amas ou filons. Lorsque la Roche est un agrégat de plusieurs Minéraux qui se distinguent à l'œil, alors sa composition est apparente, c'est une Roche *phanérogène*. Mais si la Roche paraît simple à l'œil nu, quoique plusieurs Minéraux soient réunis dans

sa composition, on dit qu'elle est *adélogène*.

Les Roches sont solides ou meubles ; d'après leur mode de formation, elles sont agrégées, conglomérées ou sédimentaires. Le géognoste étudie avec soin les différentes sortes de structure des Roches, dont les principales sont les structures granitoïde, schisteuse, porphyrique, variolitique, cellulaire, amygdaloïde et fragmentaire. Il cherche les moyens de reconnaître leur nature minéralogique ; il les classe entre elles d'après les substances qui jouent le principal rôle dans leur composition. De-là les différentes familles de Roches, connues sous les noms de Roches quartzeuses, feldspathiques, micacées, phylladiennes, talqueuses, amphiboliques, etc. (*V.* ROCHES.) Les substances minérales qui servent de bases à ces agrégats, sont en petit nombre : les plus remarquables, celles qu'on retrouve presque partout à la surface du globe, sont les suivantes : le Quartz, le Feldspath, le Mica, la Diallage, la Serpentine, le Grenat, l'Amphibole, le Pyroxène, le Calcaire, la Dolomie et le Gypse.

Une même Roche peut former la partie essentielle et dominante d'un Terrain, ou bien elle peut n'y jouer qu'un rôle accessoire ou accidentel. Ce dernier cas a lieu lorsqu'une Roche se trouve comme par hasard intercalée entre les couches de la Roche principale qui donne son nom au Terrain ; elle lui est alors *subordonnée*. Une Roche peut être subordonnée dans un Terrain, et jouer dans un autre le rôle de *Roche indépendante*.

Les Terrains classés d'après leur ancienneté relative, se divisent en un certain nombre de systèmes ou de *formations*, comprenant chacun l'ensemble des couches qui ont été déposées à la même époque, et qu'on retrouve partout avec les mêmes caractères généraux de composition et de gisement. Toutefois, la composition d'un système de Terrains peut n'être pas identiquement la même dans toute son étendue. Les différens membres de ce système sont tantôt analogues, tantôt équivalens. C'est ainsi que, selon Cordier, le Terrain d'Euphotide se présente en certains lieux comme l'équivalent du Terrain de Serpentine.

Les formations sont ou généralement répandues sur toute la croûte du globe, ou bien elles sont *locales*, c'est-à-dire s'observent en un endroit, et ne se représentent en aucune autre contrée. D'autres se retrouvent les mêmes dans différens pays; mais dans chaque localité elles n'occupent qu'un espace peu considérable, borné de toutes parts par les autres Terrains; on leur donne le nom de *Formations circonscrites*.

Huit principaux systèmes de Terrains entrent dans la composition du Sol primordial, savoir : le Terrain de Granite, le Terrain de Siénite indépendante, le Terrain de Gneiss, le Terrain de Micaschiste, le Terrain de Protogyne indépendante, le Terrain de Serpentine, le Terrain de Calcaire indépendant, et le Terrain de Talc schistoïde (Cordier). Le caractère général de ces Terrains primitifs, est d'avoir été formés sur place et par voie de cristallisation, de ne point renfermer de Ciment, de Sables, de Cailloux roulés, ni de débris organiques. Leurs couches sont ordinairement très-inclinées et composent de grands massifs de montagnes et de Terrains. Tout annonce que le Sol primordial a éprouvé une dislocation qui en a bouleversé toutes les parties, et il est souvent difficile au géognoste de les replacer dans leur position originaire.

Vers la partie supérieure de ce Sol, on remarque une stratification plus prononcée dans les Roches, et une diminution dans le volume de leurs parties : c'est une tendance vers ce nouvel ordre de choses qui a donné naissance au Sol de transport et de sédiment. Werner a reconnu le premier qu'il n'y avait pas un saut brusque entre le Sol primordial et le

Sol secondaire proprement dit, mais que des Roches analogues à celles qui se rencontrent dans les deux Sols, formaient le passage de l'un à l'autre. Ces Roches intermédiaires ne sont pas toutes formées d'un seul jet, ou par voie de sédiment : quelques-unes présentent une structure globuleuse, et d'autres, la structure cellulaire, qui semble être un indice de formation par voie de fusion ignée. Des filons traversent quelquefois en même temps les Roches primitives et les Roches intermédiaires. Le plus souvent la stratification de ces deux classes de Roches est concordante, par conséquent elles doivent offrir les mêmes accidens de direction. Toutes deux aussi constituent de hautes montagnes et présentent de nombreux escarpemens. C'est à la seconde classe que se rapportent les Terrains d'Ophite, de Phyllade et de Porphyres. Les débris d'êtres organisés qu'on trouve dans les Phyllades, et qui sont les plus anciens qu'on ait encore découverts, appartiennent aux Orthocératites, aux Trilobites et aux Encrines. On y a observé aussi quelques empreintes végétales.

Les Terrains secondaires proprement dits, se présentent en stratification transgressive sur les Terrains intermédiaires. Ils n'offrent plus que des matières de transport alternant avec des Roches sédimentaires remplies de débris organiques. La série commence par les dépôts arénacés, connus sous les noms de Grès houiller et de Grès rouge, et se continue par d'autres dépôts du même genre, nommés Grès bigarré, Grès à pierres de taille (*Quadersandstein*), Grès vert, lesquels sont séparés les uns des autres par différens dépôts calcaires, le Zechstein, le Muschelkalk, le Lias et le Calcaire oolitique. La Craie forme la limite supérieure du Sol secondaire proprement dit. Ce Sol abonde en débris de Plantes, de Poissons, de Mollusques; et c'est ici que l'étude de la Conchyliologie est d'un grand secours au géologue, pour distinguer les époques de formation des différentes couches, d'après la nature des débris qu'elles recèlent.

Au-dessus du Terrain de Craie, les Terrains tertiaires se présentent en superposition transgressive, et en couches presque toujours horizontales, qui se correspondent sur les différens plateaux que séparent les vallées. Ces Terrains occupent les parties basses de nos continens; leurs Roches ont beaucoup moins de consistance que celles des Terrains plus anciens, et semblent être des Roches meubles, dont une partie a été cimentée par la matière calcaire ou siliceuse. La série commence par des Poudingues et des Grès calcarifères, nommés en Suisse *Nagelflue* et Mollasse, et que remplace dans certaines localités l'Argile plastique. Viennent ensuite une succession de couches de Marnes, de Sables et de Grès quartzeux, de Fahluns, de Calcaires très-coquilliers, et de Gypse. Les débris organiques qu'on y rencontre appartiennent encore à des espèces perdues, excepté ceux de la partie supérieure ; mais pour la première fois, ce sont des squelettes de Mammifères et d'Oiseaux. On a donné aux Terrains tertiaires le nom de Terrains parisiens, parce qu'ils constituent le Sol des environs de Paris, et qu'ils ont été observés et décrits avec une exactitude remarquable par Cuvier et Brongniart. Parmi les faits intéressans que nous a révélés leur important ouvrage, l'un des plus curieux est cette alternative qu'ils ont remarquée entre les formations marines, et celles qui ont été déposées par les eaux douces.

Il existe un ordre de Terrains, qui ont été visiblement formés par le feu, mais qui paraissent être de différens âges, et dont il est difficile d'assigner la place parmi les Roches des séries précédentes. Ce sont les Terrains volcaniques anciens, connus plus particulièrement sous les noms de Terrains trachytiques et basaltiques. Enfin, le Sol tertiaire est recouvert par un dernier ordre de Terrains, qu'on peut appeler Terrains modernes, et qui comprend les produits des volcans actuels, les dépôts des lacs et des mers, les bancs de Mollusques et de Zoophytes, et le grand atterrissement diluvien qui a donné naissance au Sol végétal.

Nous nous sommes bornés à indiquer ici les résultats les plus généraux des recherches géologiques, entreprises depuis un petit nombre d'années sur tous les points du globe. Nous renvoyons pour le détail des faits et des descriptions géognostiques aux mots ROCHES, TERRAINS, VOLCANS, etc. (G. DEL.)

GÉOMÉTRIQUE. ZOOL. Espèce de Tortue et d'Holacanthe. *V.* ces mots. (B.)

GÉONOME. *Geonomă.* BOT. PHAN. Genre de la famille des Palmiers et de la Monœcie Monadelphie, L., établi par Willdenow (*Spec. Plant.* 4, p. 5g3), qui en a ainsi présenté les caractères: spathe double, bivalve, renfermant des fleurs monoïques; les mâles ont un calice à trois parties ; une corolle à trois pétales ; six étamines, dont les filets sont réunis en cylindre; les fleurs femelles ont des enveloppes comme celles des mâles; l'ovaire porte un style latéral et un stigmate bilobé. Le fruit est une drupe sèche et monosperme. Martius (*Palmar. familia ejusque genera denuò illustr.* Munich, 1824) a réuni au Geonoma de Willdenow, le *Gynestum*, ce singulier genre de Palmiers nains, que Poiteau a si bien décrit et figuré dans les Mémoires du Muséum, 5e année, p. 385. Les caractères que le savant Bavarois a donnés au Geonoma, sont différens de ceux qui lui ont été assignés par Willdenow, et ils sont assez conformes à ceux que Poiteau a présentés pour son *Gynestum*, à l'exception cependant d'un seul caractère. Poiteau dit que son genre a des fleurs dioïques et rarement monoïques, et Martius exprime le contraire. Cependant, comme Willdenow n'a pas parlé de cet organe nommé *Phycostème*, qui entoure l'ovaire, et qui a donné son nom au genre de Poiteau, organe que Martius appelle cylindre, et qu'il dit être le représentant des étamines (avortées); comme le stigmate est dit bilobé dans le *Geonoma*, tandis qu'il est trilobé dans le *Gynestum*; comme, enfin, dans la description des espèces de *Geonoma*, il est dit que les fleurs sont réunies au nombre de trois dans une fossette du rachis, deux mâles et une femelle, tandis que Poiteau exprime clairement que le *Gynestum* a des fleurs dioïques ou rarement monoïques sur des régimes distincts, il nous semble, d'après ces graves motifs, contraire à la vérité de réunir les deux genres. Si cependant ou venait à prouver que Willdenow et Poiteau ont observé des Plantes du même genre, on serait toujours forcé de convenir que le premier a présenté des caractères si peu exacts, qu'il ne conviendrait pas d'admettre le nom qu'il a proposé. *V.* GYNESTE.

A ne considérer que les caractères présentés par les auteurs, le *Geonoma* a beaucoup de rapports avec l'*Elæis* de Jacquin et l'*Alfonsia* de Kunth. Willdenow n'en a décrit que deux espèces, sous les noms de *G. pinnatifrons* et *G. simplicifrons*. Ces deux Palmiers, dont les noms indiquent les principales différences spécifiques, et qui ont deux mètres environ de hauteur, habitent les forêts des hautes montagnes, aux environs de Caraccas.

(G..N.)

GEOPHILE. *Geophilus.* INS. Genre de l'ordre des Myriapodes et de la famille des Chilopodes de Latreille (Règn. Anim. de Cuv.), établi par Leach (*Trans. Linn. Societ.* T. XI) aux dépens des Scolopendres. Ses caractères sont : yeux peu distincts ; antennes cylindriques composées d'articles courts ou allongés ; corps composé d'anneaux très-nombreux avec leur plaque dorsale presque de la même grandeur et supportant chacun une paire de pates, celles-ci développées presque également, à l'exception de la dernière plus longue. Ces Insectes diffèrent essentiellement des Scolopendres par la longueur égale des pieds, par leurs yeux peu apparens et par l'étendue de leur

corps qui est très-étroit : plusieurs d'entre eux sont électriques. Leach rapporte à ce genre quatre espèces auxquelles il donne les noms de *carpophagus, subterraneus, acuminatus* et *longicornis*. Ils peuvent être traduits en français par ceux de Frugivore, Mineur, Pointu et Longicorne. Ces espèces ont été trouvées en Angleterre. On doit rapporter au genre Géophile plusieurs autres Insectes rangés parmi les Scolopendres ; telle est par exemple la *Scolopendra electrica*, L., figurée par Frisch et décrite par Geoffroy (Hist. des Ins. T. II, p. 676, n. 5) sous le nom de Scolopendre à cent quarante-quatre pates. On la trouve aux environs de Paris.

(AUD.)

* GÉOPHILES. MOLL. Dans le quatrième ordre des Gastéropodes que Férussac, dans ses Tableaux Systématiques, a nommé Pulmonés operculés, on trouve rassemblés en un premier sous-ordre, tous les Mollusques qui vivent à l'air libre à la surface du sol ; et le nom de Géophiles exprime la manière de vivre de ces Animaux. Ce sous-ordre est divisé en deux familles : les Limaces et les Limaçons. *V.* ces mots. (D..H.)

*GÉOPHILIDES. *Geophilides.* INS. Famille établie par Leach dans l'ordre des Myriapodes, et qui renferme le seul genre Géophile. *V.* ce mot.

(AUD.)

GEOPHILLA. BOT. PHAN. (Bergeret.) Syn. de Mérendère *V.* ce mot.

(B.)

GEOPHONE. *Geophonus.* MOLL. Montfort, dans sa Conchyliologie Systématique, a établi ce genre pour une petite Coquille de la Méditerranée, qui vit, comme beaucoup d'autres Céphalopodes microscopiques, sur les Fucus ou les Polypiers. Il l'a caractérisée de la manière suivante : coquille libre, univalve, cloisonnée et contournée en spirale aplatie, mais un peu renflée sur les côtés, sans ombilic ; le dernier tour de spire renfermant tous les autres ; dos aigu : bouche triangulaire, recouverte par un diaphragme percé dans sa longueur par six trous, dont celui de l'angle extérieur est le plus grand et disposé en série; le diaphragme recevant un peu de côté le dos de la coquille; cloisons unies. Avant Montfort, cette Coquille avait été placée par Fichtel et Moll (*Testac. Microscop.* p. 66, tab. 10, fig. c, F, G) parmi les Nautiles, sous le nom de *Nautilus Macellus*. Aucun des auteurs systématiques modernes n'a cherché à placer ce genre dans ses rapports, si ce n'est Férussac dans ses Tableaux des Animaux Mollusques, qui l'a placé dans le genre Lenticuline et dans le second groupe qui comprend les Polysiphites. La Coquille qui lui sert de type est le *Géopone jaune*, petite, lenticulaire, sans ombilic, ayant les deux côtés inégaux; la spire faisant plus de saillie d'un côté que de l'autre; elle est également striée, transparente, à cloisons unies; le diaphragme est bombé en dehors. Cette Coquille n'a qu'une ligne de diamètre.

(D..H.)

* GÉOPHYTES. bot. Nous avons proposé ce nom dans notre Résumé d'un cours élémentaire de Géographie physique, pour distinguer les Plantes qui croissent sur la surface solide de la terre de celles que l'on a nommées Hydrophytes ou Plantes qui ne peuvent vivre que dans l'eau. Nous pensons maintenant que le nom de Géophytes doit être remplacé par celui d'Aérophytes qui nous semble plus exact. (LAM..X.)

GÉOPITHÈQUE. *Geopithecus.* mam. Geoffroy Saint-Hilaire a donné ce nom, qui signifie Singe de terre, aux Sagouins de Buffon, par opposition avec ses Hélopithèques ou Singes à queue prenante, et ses Arctopithèques ou Singes à ongles d'Ours, qui vivent sur les Arbres. (IS. G. ST.-H.)

GÉOPONE. moll. Pour Géophone. *V.* ce mot. (D..H.)

*GÉOPYXIS. bot. cryt. (*Champignons.*) Nom donné par Fries à une section du genre Pezize. *V.* ce mot. (AD. B.)

GEORGIA. bot. crypt. (*Mousses.*) Erhart a désigné sous ce nom le genre *Tetraphis* d'Hedwig. Ce dernier nom est généralement adopté. *V.* ce mot. (AD. B.)

GEORGINE. *Georgina.* bot. phan. Famille des Synanthérées, Corymbifères de Jussieu, et Syngénésie frustranée, L. Ce genre a été fondé par Cavanilles (*Icones et Descript. Plantar.*, p.33, t. 266), qui lui donna le nom de *Dahlia*, sous lequel il est plus connu chez les jardiniers de la France et des Etats méridionaux de l'Europe. Mais comme Thunberg, quelque temps auparavant, avait appliqué la même dénomination à une autre Plante (*V.* Dahlia), Willdenow a remplacé le nom du genre dont il est ici question, par celui de *Georgina*, qui a été adopté par De Candolle, Kunth, et la plupart des auteurs, avec les caractères suivans : involucre double; l'extérieur formé de cinq à huit folioles unisériées, égales, étalées ou réfléchies, et simulant des bractées; l'intérieur composé de huit folioles sur un seul rang, appliquées, ovales-oblongues, obtuses et un peu membraneuses; réceptacle plane, garni de paillettes égales aux fleurs, obtuses et membraneuses; fleurons du disque tubuleux, nombreux et hermaphrodites; ceux de la circonférence, ligulés, très-grands, sur un seul rang et neutres; ceux que le professeur De Candolle a décrits comme femelles, sont des neutres, mais munis d'un ovaire ou d'un style rudimentaire; akènes munis d'un bourrelet au sommet, mais dépourvus d'aigrettes. Cassini y a observé deux petits rudimens de *squamellules* quelquefois assez développées. Cette deuxième circonstance, qui de l'aveu de l'auteur n'est pas constante, est un des motifs pour lequel il a proposé de réunir le genre *Georgina* aux *Coreopsis*. Mais quand on s'est montré aussi facile que ce savant en fait de division des genres, pourquoi réunir ainsi des Plantes qui, non-seulement, ne présentent pas un port semblable, mais encore qui diffèrent par quelques caractères? Et d'abord, l'involucre est réellement différent dans les deux genres; l'extérieur n'est pas étalé dans les *Coreopsis*, comme il l'est dans le *Georgina*. En second lieu, les fleurs de la circonférence de ce dernier genre, sont des femelles imparfaites et non entièrement neutres. Enfin le caractère des akènes inaigrettés ne se trouve que dans des espèces qui ont été séparées des Coréopsides par quelques auteurs; tel est le *Coreopsis tinctoria* de Nuttall, dont Tausch (*Hort. Canal.*) a fait le type du genre *Diplosastera*. *V.* ce mot au Supplément. Nous regarderons donc le genre Georgina comme distinct, et nous décrirons les deux races de la même espèce, parce que leurs nombreuses variétés sont très-répandues maintenant dans les jardins d'Europe, dont elles font un des plus beaux ornemens.

La Géorgine changeante, *Georgina variabilis*, Kunth (*Nov. Gener. et Spec. Plant. æquin.* T. IV, p. 245), est une Plante originaire de l'empire mexicain, dont la tige est herbacée, haute de deux mètres environ, rameuse, tantôt lisse, tantôt couverte d'une poussière glauque. Ses feuilles sont opposées, grandes, imparipinnées. Elle a des racines vivaces, tubéreuses, oblongues et amincies aux extrémités. Willdenow (*Hort. Berol.* 2, t. 94 et 95; *ejusd. Enumer.*, p. 899) avait établi deux espèces de *Georgina*; l'une sous le nom de *G. variabilis*, l'autre sous celui de *G. coccinea*. Ces deux espèces ont été confirmées dans un Mémoire spécial sur les Géorgines (Annales du Muséum, vol. 15, p. 510) par le professeur De Candolle qui les a distinguées surtout par les variations ou les anomalies des sexes dans les fleurs de leur circonférence; il les a nommées, en conséquence, *G. superflua* et *G. frustranea*. Mais, d'après les observations de Kunth et de Cassini, les organes femelles de la première espèce étant en partie avortés (*V.* plus haut le caractère générique), il semble plus convenable de ne regarder ces deux Plantes, que comme des variétés d'un ordre supérieur, des races en un mot, qui sont susceptibles de transmettre, par la génération et par la culture, toutes leurs qualités accidentelles, quoiqu'on ait observé quelquefois que les graines de l'une ont donné naissance à des individus qui avaient les caractères de l'autre, observation qui confirme la réunion des deux espèces en une seule.

Les Géorgines de la première race (*Georgina superflua*, D. C.) sont des Plantes plus élevées et plus robustes que celles de la seconde; elles ne sont pas couvertes d'une poussière glauque, et leurs feuilles sont plus grandes et d'un vert foncé. Le style de leurs fleurs marginales est plus développé que dans celles de la seconde race. Elles ont reçu plusieurs synonymes, sous les noms génériques de *Dahlia* et de *Georgina*. Ainsi, on peut rapporter à cette race les *Dahlia superflua*, Hort., Kew.; *D. purpurea*, Poiret, Encycl.; *D. pinnata* et *rosea*, Cav. (*Icon.*, tab. 80 et 265.); *D. sambucina*, Salisb., et *Georgina variabilis*, *purpurea* et *rosaa*, Willd.

La seconde race (*Georgina frustranea*, D. C.) est caractérisée par ses tiges couvertes d'une poussière glauque, par ses feuilles plus petites et plus incisées que dans les précédentes, et par le style des fleurs marginales, entièrement avorté. Les synonymes de cette race dans les divers auteurs sont : *G. coccinea*, Willd.; *Dahlia frustranea*, Hort. Kew.; *D. crocea*, Poiret, Encycl.; *D. coccinea*, Cavan., *loc. cit.*, et Thouin, Ann. du Mus. 3, p. 422; et *D. bidentifolia*, Salisbury.

Les variétés de couleur que la culture a produites dans les Géorgines, sont trop nombreuses pour que nous devions les énumérer ici. Il suffit de dire que la première race donne des fleurs rouges, purpurines, lilas, pâles et jaunâtres; que la deuxième race en produit de jaunes, de safranées et d'écarlates. On voit donc que sous le rapport des couleurs, les deux races se nuancent parfaitement entre elles.

Une si belle Plante a dû vivement exciter l'attention des jardiniers fleuristes; c'est à leurs soins qu'on doit les individus à fleurs doubles, ainsi que l'étonnante multiplicité des races. Elle n'est plus la jouissance exclusive de l'Homme opulent, qui naguère avait le privilége d'en décorer ses jardins pittoresques et élégans. Près de la cabane du pauvre, dans des villages éloignés du commerce des villes et isolés au fond des vallées, nous avons vu souvent de superbes Géorgines qui, dans un sol et une exposition convenables, avaient produit des fleurs diaprées des plus brillantes couleurs. Les semis ne réussissant pas toujours, on préfère multiplier les Géorgines par le moyen de la division des racines. Vers le commencement du printemps, après avoir eu soin de laisser un petit morceau de la racine principale après chaque faisceau de tubercule, on plante celui-ci dans un vase que l'on met à l'abri du froid jusqu'au mois de juin, et on transplante les Géorgines dans des terrains substantiels et exposés au midi. On les arrose fréquemment, en évitant toutefois de leur donner trop d'humidité. Dans les contrées du Nord, on est obligé de déterrer les racines au mois d'octobre, et de les conserver pendant l'hiver dans un lieu chaud et bien sec; mais dans les départemens méridionaux de la France, il suffit de couvrir la terre où sont plantées les Géorgines, d'une couverture de litière pendant la saison rigoureuse. Les rapports botaniques qui existent entre les Géorgines et le Topinambour (*Helianthus tuberosus*), autorisaient à penser que leurs tubercules pourraient fournir un aliment sain et agréable pour l'Homme et les bestiaux; mais, tout en exagérant cette précieuse qualité (lorsque, par exemple, on a avancé que leur substance était farineuse et sucrée), on n'avait pas assez fait attention au goût aromatique et désagréable que ces tubercules conservent, même après la cuis-

son. Desmazières (Recueil des trav. de la Soc. des sciences de Lille, 1823, p. 247) vient d'annoncer des résultats différens de ceux que l'on avait obtenus auparavant. Il a observé que la plupart des variétés, cuites sous la cendre ou avec des corps gras, perdent environ un sixième de leur volume, deviennent fibreuses et conservent une saveur résineuse et répugnante. Il pense que la culture n'a pas encore amélioré ce nouveau Légume, et qu'on doit en restreindre l'emploi à la nourriture des Animaux domestiques, qui paraissent en être très-friands. Les qualités alimentaires des tubercules de Géorgines auraient pu être déterminées *à priori*, d'après l'analyse qu'en ont faite l'an dernier Payen et Chevallier. Ces chimistes ont vanté ces racines comme substance fermentescible, et ils y ont reconnu un principe qu'ils ont nommé *Dahline*, mais qui, selon Braconnot, n'offre que les caractères de l'*Inuline*.   (G..N)

GÉORISSE. *Georissus*. INS. Genre de l'ordre des Coléoptères, section des Pentamères, établi par Latreille qui le place (Règn. Anim. de Cuv.) dans sa famille des Clavicornes, et lui assigne pour caractères : tarses filiformes de longueur moyenne, de quatre articles distincts; antennes fort courtes, repliées en arrière et formées de neuf articles, dont le premier long, presque cylindrique, et dont les trois derniers forment une massue presque globuleuse et solide; palpes courts, plus gros à leur extrémité; corps court et renflé, avec la tête très-inclinée et cachée alors sous le corselet; pates non contractiles, avec les jambes étroites et presque linéaires. Les Géorisses sont de petits Insectes qui fréquentent les lieux humides, et qui ont de grands rapports avec les Byrrhes, les Elmis et les Macronyques. Ils en diffèrent cependant par la proportion des antennes, le nombre des articles qui les composent et par la manière dont elles se terminent. Ce genre ne comprend encore qu'un petit nombre d'espèces.

Le Géorisse pygmée, *G. pygmœus*, Latr., ou la *Pimelia pygmœa*, Payk. et Fabr., qui est la même espèce que le *Trox dubius* de Panzer, peut être considéré comme le type du genre. On le trouve en Allemagne. Léon Dufour et Dejean en ont observé d'autres espèces en Espagne Ce dernier entomologiste (Catal. des Col., p. 49) nomme l'une *G. canaliculatus*, et l'autre *G. sulcatus*.   (AUD.)

GEOTRICHUM. BOT. CRYPT. (*Mucédinées.*) Le genre auquel Link a donné ce nom, appartient à la section des Mucédinées à filamens décombans. Il est caractérisé ainsi : filamens cloisonnés, rameux, décombans, entrecroisés, se séparant vers les extrémités en articles tronqués aux deux bouts qui se répandent à la surface des filamens. On ne connaît qu'une seule espèce de ce genre qui croît sur la terre, dans les Bruyères et autres lieux sablonneux. Elle s'y présente sous forme de petites taches blanches cotonneuses, semblables à un léger duvet. ·   ·   (AD. B.)

· GÉOTRUPE. *Geotrupes*. INS. Genre de l'ordre des Coléoptères, section des Pentamères, établi par Latreille aux dépens des Scarabés et rangé par lui (Règn. Anim. de Cuv.) dans la famille des Lamellicornes, tribu des Scarabéides, avec ces caractères : antennes de onze articles dont les trois derniers en massue feuilletée; mandibules cornées, fortes, avancées et arquées autour du labre; labre saillant; palpes labiaux terminés par un article de la grandeur au moins du précédent; languette bifide, saillante; menton échancré; écusson visible; élytres voûtées, embrassant le pourtour de l'abdomen; anus peu découvert. Ce genre, confondu avec les Scarabés, en avait été déjà distingué sous le titre d'une grande division par Olivier (Entom. T. 1, p. 55). Latreille lui a imposé le nom de Géotrupe qui signifie fouisseur de terre. Depuis on a vu le nom de Scarabé être chan-

gé en celui de Géotrupes, et ces derniers être nommés Scarabés. Fabricius est l'auteur de ce bouleversement qui fort heureusement n'a pas été généralement admis. Les Géotrupes se distinguent essentiellement des Bousiers, des Aphodies, des Ægiales, des Trox, des Oryctes, des Scarabés proprement dits, etc., par les caractères génériques que nous avons mentionnés; ils avoisinent davantage le genre Lethrus; mais ils en diffèrent par la forme des articles des antennes. Leurs mœurs les séparent aussi de plusieurs des genres de la famille des Lamellicornes. La plupart fréquentent les bouses et les fientes des Animaux herbivores, principalement celles des Bœufs, des Vaches et des Chevaux; ils en font leur nourriture, et pratiquent dans la terre placée au-dessous de ces matières des trous cylindriques, assez profonds, dans lesquels ils se renferment pendant le jour. Ils y déposent aussi leurs œufs en ayant le soin de les entourer d'une nourriture convenable pour les jeunes larves qui en écloront; celles-ci vivent d'abord aux dépens de la pâtée qu'elles trouvent à leur portée, puis elles s'enfoncent assez profondément en terre et se nourrissent des racines des Plantes à la manière des larves des Hannetons. Elles ressemblent beaucoup à celles-ci, mais elles sont plus petites. Leur corps est mou, blanchâtre, replié sur lui-même et muni de trois paires de pates écailleuses et d'une tête assez consistante. Elles restent un ou deux ans dans cet état, puis elles se transforment en nymphe et ne se changent en Insecte que l'année suivante. À l'état parfait, les Géotrupes sont ornés de couleurs métalliques très-brillantes; le dessus des élytres et du corselet est quelquefois d'un vert doré ou cuivreux magnifique, tandis que le dessous est de même couleur ou bien d'un violet assez foncé et très-vif. On les trouve pendant les saisons chaudes et tempérées de l'année. Ils volent assez lourdement, et sortent de leur retraite lorsque le jour commence à tomber.

Ils portent sur leur corps et nourrissent quelquefois en très-grande abondance une espèce de Mite (*Gamasus Coleoptratorum*) qui paraît les incommoder beaucoup.

Ce genre est nombreux en espèces; Olivier en a décrit quatorze; mais depuis on en a découvert plusieurs autres. Les principales sont le Géotrupe stercoraire, *Geotrupes stercorarius*, Lat., *Scarabœus stercorarius*, Oliv., Col., pl. 5, fig. 39, *a*, *b*, *c*, *d*, grand Pillulaire., Geoffr. Hist. des Ins. T. 1, p. 75, n° 9. Type du genre, très-commune dans les bouses de Vache de nos environs.—Le Phalangiste ou Typhée, Geoffr., (*loc. cit.*, pl. 1, f.3); Degéer (Mém. sur les Ins. T. iv, pl. 10, f. 5), *Scarabœus Typhœus*, L., plus commun dans le midi de la France que dans les environs de Paris.—Le Géotrupe printanier, *Scarabœus vernalis*, L., Oliv. (*loc. cit.*, pl. 4, fig. 23, *a*, *b*); petit Pillulaire, Geoffr. (*loc. cit.*, T. 1, p. 77, n° 10), généralement répandu dans toute l'Europe.—Le Géotrupe disparate, *Geotr. dispar.*, Latr.; *Scarabœus Ammon* et *Scarab. Polyceros*, Pall. (*Ic. Ins. Siber.*, tab. A, fig. 8, A, B, *Iter.* III, p. 707, n° 50, et *Iter.* 1, *app.*, p. 461, n° 22), figuré de nouveau par Olivier, *loc. cit.*, pl. 3, f. 20, *a*, *b*, *c*, qui a été observé en Sibérie le long du Volga et en Espagne. *V.* pour les autres espèces, Olivier (*loc. cit.*), Dejean (Catal. des Col., p. 56) et Schœnherr (*Syn. Ins.* T. 1, 1re partie, p. 22). Ce dernier observateur a suivi le changement opéré par Fabricius; ainsi il désigne tous les Géotrupes sous le nom de Scarabés.

Kirby (*Trans. of the Linn. Societ.* T. xii) a établi sous le nom de *Bolboceras* un nouveau genre d'Insecte très-voisin des Géotrupes. (AUD.)

GÉOTRUPINS. *Geotrupini.* ins. Famille des Coléoptères Pentamères établie par Latreille (*Gener. Crust. et Ins.* T. ii, p. 91), et ayant pour caractères : antennes en massue feuilletée ou pectinée de onze articles; mandibules toujours cornées, avan-

cées; labre saillant; chaperon rhomboïdal (jambes antérieures grandes et dentées). Il est aisé de distinguer, à l'aide de ces signes, la famille des Géotrupins de celle des Coprophages et des Scarabéides avec lesquelles elle a plusieurs rapports. On ne connaît que deux genres qui lui soient propres : celui des Géotrupes et celui des Lethrus. Latreille (Règn. Anim. de Cuv.) a converti la famille des Géotrupins en une section de la tribu des Scarabéides, famille des Lamellicornes. *V.* ces mots. (AUD.)

GÉRANIACÉES. *Geraniaceœ.* bot. phan. Le nom de cette famille est tiré de celui du *Geranium*, qui en est le type et le genre principal. On peut assigner aux Plantes qui la forment les caractères suivans : le calice est à cinq divisions très-profondes, égales ou inégales, se recouvrant en partie sur les côtés avant l'épanouissement de la fleur ; quelquefois l'une des divisions se prolonge à sa base en un éperon plus ou moins allongé, libre ou soudé avec le pédoncule. La corolle se compose de cinq pétales onguiculés, égaux ou inégaux, alternes avec les divisions du calice, généralement insérés sous l'ovaire, rarement sur le calice. Les étamines sont en nombre double des pétales, excepté dans le *Monsonia* où elles sont en nombre triple; fréquemment leurs filets sont soudés par la base et monadelphes ; quelques-uns sont parfois dépourvus d'anthère et stériles. L'ovaire est libre à cinq ou à trois loges, contenant deux ovules qui naissent de l'angle rentrant. Chaque loge forme une côte très-saillante et arrondie, le sommet de l'ovaire se termine par un appendice pyramidal, à cinq faces. Le style est simple et se termine par trois ou cinq stigmates filiformes généralement recourbés en dehors. Le fruit, qui est à trois ou à cinq côtes, se compose d'autant de coques généralement monospermes, attachées à l'axe central qui persiste, tandis que chaque coque s'enlève en emportant avec elle une partie de l'appendice qui les surmonte et en se roulant de bas en haut. Les graines sont dépourvues d'endosperme. Leur embryon est recourbé ou droit. Les Géraniacées sont, en général, des Plantes herbacées annuelles ou vivaces, ou de petits Arbustes. Leur tige est souvent articulée et noueuse; leurs feuilles opposées ou alternes avec ou sans stipules; ces feuilles sont tantôt simples, entières ou plus ou moins profondément découpées, quelquefois composées et pinnées. Les fleurs, qui sont généralement d'un aspect agréable, sont tantôt solitaires, tantôt en sertule, portées sur des pédoncules axillaires.

Les genres qui forment cette famille sont: *Rhynchotheca*, Ruiz et Pavon; *Monsonia*, L., Suppl.; *Geranium*, l'Hérit.; *Erodium*, l'Hérit.; *Pelargonium*, l'Hérit.; ces trois genres sont des divisions du genre *Geranium* de Linné (*V.* Géranier); et *Tropæolum*, L. Autrefois on plaçait encore dans cette famille les genres *Oxalis* et *Balsamina* qui sont devenus l'un et l'autre le type de deux nouvelles familles. *V.* Balsamine et Oxalidées. Quant au genre *Tropæolum*, Jussieu et De Candolle en font une famille nouvelle qu'ils nomment Tropéolées. Néanmoins il nous semble que ce genre doit rester parmi les Géraniacées dont il ne diffère que par le nombre de ses parties. (A. R.)

GÉRANIER. *Geranium.* BOT. PHAN. Genre qui a donné son nom à la famille des Géraniacées, et qui appartient à la Monadelphie Décandrie, L. L'Héritier, dans un travail spécial sur les *Geranium* de Linné, a divisé ce genre en trois groupes, sous les noms de *Pelargonium*, *Erodium* et *Geranium*. Ces divisions ont été adoptées par Aiton, Willdenow et De Candolle, qui, d'après l'Héritier, ont ainsi exprimé les caractères du *Geranium* proprement dit: calice composé de cinq folioles égales; cinq pétales égaux à la corolle; dix étamines fertiles, alternativement plus grandes; à la base de chacune des plus grandes adhère une glande nectarifère; style terminé par cinq stigmates; fruits formés de cinq capsules ou carpelles uniloculaires, monospermes, et soudés autour d'un axe central et anguleux; chaque carpelle est surmonté d'une arête glabre intérieurement, et qui détache avec élasticité le carpelle de la base de l'axe, se replie en cercle ou en spirale, et reste fixée au sommet de ce même axe. Ces caractères excluent parfaitement toutes les espèces frutescentes, à corolles irrégulières et pour la plupart originaires du cap de Bonne Espérance, et dont on a fait le genre *Pelargonium*; mais il faut avouer qu'ils diffèrent bien peu de ceux que l'on attribue aux *Erodium*, qui d'ailleurs ont une grande ressemblance de port avec les vrais *Geranium*. *V.* Érodier et Pélargonier.

Les espèces de Géraniers sont des Plantes herbacées ou très-rarement ligneuses, à feuilles palmées ou lobées, arrondies ou incisées, et à pédoncules ordinairement chargés de deux fleurs. De Candolle (*Prodrom. Syst. Regn. Veget.* T. I, p. 639) en a rassemblé soixante-six espèces, dont la moitié se trouve en Europe. Le reste est répandu sur presque toute la surface de la terre, mais principalement dans les contrées montueuses et tempérées. Aussi, on en rencontre surtout dans la Russie asiatique, le Caucase, le Népaul, les Andes du Pérou, les montagnes de Popayan, la Nouvelle-Hollande, la Nouvelle-Zélande, etc. Parmi les espèces européennes, il en est qui mériteraient d'être cultivées à cause de leur beauté; telles sont les *Geranium sanguineum*, *G. Phæum*, *G. pratense*, *G. sylvaticum*, etc.; mais ces espèces n'ont reçu les honneurs de la culture que dans quelques jardins de botanique. On trouve en abondance sur les vieux murs, dans des localités pierreuses, le long des haies, etc., de toute l'Europe, un Géranier qui avait autrefois une très-grande réputation de propriétés médicinales; c'est l'Herbe à Robert, *Geranium Rober-*

tianum, L., dont les tiges sont rameuses, velues, rougeâtres, noueu-
ses, garnies de feuilles divisées en
cinq lobes pinnatifides. Toute la
Plante répand une odeur forte et très-
désagréable, surtout lorsqu'on la
froisse. Elle passait pour astringente
et résolutive, et on en faisait usage
particulièrement dans les hémorrhagies et l'esquinancie, ce qui lui a
valu le nom vulgaire d'Herbe à l'Esquinancie. Nous avons vu de bons
effets obtenus de l'emploi de cette
Plante pilée et appliquée extérieurement dans quelques affections érysi-
pélateuses. (G..N.)

GÉRANION. BOT. PHAN. Pour Géranier. *V*. ce mot.

GERANIUM. BOT. PHAN. *V*. GÉ-
RANIER.

GERANOGETON. BOT. PHAN.
(Ruell.) *V*. GERANOS.

GÉRANOÏDES. BOT. PHAN. Pour
GÉRANIACÉES. *V*. ce mot. (B.)

GÉRANOS. OIS. ET BOT. PHAN.
C'était le nom de la Grue chez les
Grecs, d'où Géranogeton et Géra-
nium qui désignent en botanique un
genre dont on comparait la forme de
la fructification au bec de la Grue.
V. GÉRANIER. (B.)

GÉRARDIE. *Gerardia.* BOT. PHAN.
Genre de la famille des Scrophularinées et de la Didynamie Angiospermie, L., établi par Plumier (*Gener.*,
31), et ainsi caractérisé : calice à cinq
divisions réunies jusque vers leur
milieu ou à cinq dents; corolle presqu'en cloche, dont le limbe est à
cinq lobes inégaux, arrondis, émarginés, et formant deux lèvres; quatre étamines courtes; un seul style et
un seul stigmate; capsule bivalve,
déhiscente par le sommet. Ce genre
se compose de Plantes herbacées,
très-rarement frutescentes, à feuilles
en général opposées, entières et pinnatifides; les fleurs sont solitaires,
axillaires, opposées, et d'une couleur jaune ou purpurine; la capsule
plus ou moins ovoïde, mais non acuminée, et partagée par une cloison mé-

diane parallèle et unie avec le placenta qui est simple, bordé et longitudinal. La Plante sur laquelle Plumier a
établi le genre *Gerardia* est indigène
de la Martinique. Linné et Thunberg
lui ont réuni quelques espèces qui
croissent en des contrées fort distantes, telles que l'Amérique septentrionale, les Indes-Orientales, la Chine,
le Japon et le cap de Bonne-Espérance. Enfin Michaux, Pursh et Nuttall ont décrit un grand nombre d'espèces qui croissent dans le nord de
l'Amérique, et font partie du genre
qui nous occupe, quoique, selon
Nuttall, les Plantes américaines demanderaient une comparaison soignée avec les Digitales, et il ajoute
qu'on doit probablement exclure de
ce genre les espèces de l'Afrique et de
l'Inde. Lamarck (Dict. Encycl.) avait
aussi observé que les Gérardies forment un de ces genres peu saillans
par leurs caractères, et qui ne sont
composés le plus souvent que de l'assemblage d'espèces que l'on aurait pu
rapporter à d'autres genres déjà connus, mais qu'on a rapprochées d'a-
près un aspect particulier. Le *Nigrina viscosa*, L., ou *Melasma scabrum*
de Bergius et Gaertner, a été rapporté au *Gerardia* par Linné fils. On
y a réuni le genre *Afzelia* de Gmelin (*Syst.* 927) qui a été rétabli par
Pursh et Nuttall sous le nom de *Sey-
meria*. Ce dernier auteur observe que
l'espèce est munie d'une cinquième
étamine imparfaite qui établit une
certaine affinité entre ce genre, le
Verbascum et le *Celsia*.

Les Plantes américaines qui probablement doivent seules constituer
le genre Gérardie, au nombre de
quinze environ, sont divisées en deux
groupes, d'après la couleur de leurs
fleurs. Le premier (celui dont les
fleurs sont purpurines et qui a un calice campanulé à cinq dents) renferme une dixaine d'espèces qui
croissent en des stations différentes, les forêts et les marais salés. Le
second n'est composé que de quatre
ou cinq Plantes à fleurs jaunes et à calice dont les divisions atteignent la

moitié de sa longueur. On distingue dans ce groupe le *Gerardia Pedicularia*, L., Plante commune dans les États du milieu de l'Amérique, dout les feuilles sont oblongues et pinnatifides à segmens dentés en scie. Nuttall mentionne une variété de cette espèce, et à laquelle il donne le nom de *pectinata*, qui croît particulièrement dans les forêts de Pins de la Caroline et de la Géorgie. C'est une Plante fort belle qui a de très-grandes fleurs, et qui est probablement une espèce distincte   (G..N.)

GÉRASCANTHUS. BOT. PHAN. Nom spécifique d'une espèce de *Cordia. V.* SEBESTIER.   (G..N.)

GERBERA. BOT. PHAN. *V.* GERBERIE.

GERBERIE. *Gerberia.* BOT. PHAN. Famille des Synanthérées, Corymbifères de Jussieu, et Syngénésie superflue. Linné établit dans les premières éditions de son *Genera Plantarum*, un genre sous le nom de *Gerbera*, qu'il réunit plus tard à l'*Arnica.* Cependant, J. Burmann (*Rarior. Afric. Plant. Decad.*) l'avait adopté et en avait décrit deux espèces du cap de Bonne-Espérance. Ces Plantes, observées par Cassini, ont leurs corolles labiées, et diffèrent tellement du genre Arnica, qu'elles n'appartiennent point à la même tribu. Cet auteur a donc rétabli (Bullet. de la Soc. Philom., janvier 1817) le genre *Gerbera;* il l'a placé dans la tribu des Mutisiées, près du genre *Trichocline,* constitué en même temps avec le *Doronicum incanum;* Lamk. Voici les caractères principaux assignés au genre en question par Cassini, qui doit en être considéré comme le véritable auteur, et qui, probablement pour cette raison, a cru devoir modifier la dénomination employée d'abord par Linné : calathide radiée, dont le disque est composé de fleurons nombreux, hermaphrodites, et la corolle labiée ; l'extérieure tridentée au sommet, l'intérieure plus étroite divisée profondément en deux lanières linéaires ; les fleurs de la circon-

férence sur un seul rang, femelles et à deux languettes dont l'extérieure est très-longue, linéaire, tridentée au sommet, l'intérieure plus étroite, et divisée en deux lanières longues et roulées en dehors ; involucre formé de folioles imbriquées, lancéolées et coriaces; réceptacle plane et nu; ovaires cylindracés, surmontés d'une aigrette longue et plumeuse.

Cassini a placé dans le genre *Gerberia* cinq espèces, dont quatre étaient les *Arnica Gerbera, A. coronopifolia, A. crocea,* et *A. piloselloides* de Linné, Plantes herbacées, originaires du cap de Bonne-Espérance, et qui ont reçu les nouveaux noms de *Gerberia Linnœi, G. coronopifolia, G. Burmanni,* et *G. piloselloides.* La cinquième espèce est une Plante décrite par Lagasca (*Amenid. natur.*, p. 58) sous le nouveau nom générique d'*Aphyllocaulon.* Mais comme cette Plante n'a pas été vue et étudiée par le botaniste parisien, et qu'il l'a placée parmi les autres *Gerberia,* seulement d'après une similitude de caractères ; comme, d'ailleurs, il signale et nie l'hermaphroditisme des fleurs de la circonférence, observé par Lagasca, il n'est rien moins certain que l'Aphyllocaulon soit une espèce du genre *Gerberia.*   (G..N.)

GERBILLE. MAM. *V.* GERBOISE.

GERBO. MAM. Espèce du genre Gerboise. *V.* ce mot.   (B.)

GERBOISE. MAM. On avait donné ce nom, adopté déjà auparavant comme nom spécifique, à un genre de Rongeurs claviculés, ayant pour principal caractère des membres postérieurs excessivement allongés, et par suite, la faculté et l'habitude de sauter à deux pieds, au lieu de marcher à quatre : de-là le nom latin *Dipus,* c'est-à-dire Bipède, qui lui fut donné par les auteurs systématiques; de-là aussi les noms de Rats bipèdes, de *Mures Salii,* sous lesquels quelques espèces ont été connues. Les espèces qui composaient ce genre avaient toutes des rapports plus ou moins in-

times avec les Rats, et Linné ainsi
que Pallas avaient même rapporté
au genre *Mus* le petit nombre d'espèces connues de leur temps. Par
la suite, les voyages de Geoffroy
Saint-Hilaire, de Delalande et d'autres voyageurs, ont procuré la découverte d'espèces nouvelles, et la connaissance plus approfondie des anciennes; et le genre Gerboise qui n'é-
tait, comme on voit, qu'un démembrement du grand genre *Mus*, a été
définitivement constitué, et subdivisé
lui-même. De ces subdivisions dues
principalement à Desmarest et à F.
Cuvier, sont résultés plusieurs petits
genres que nous allons faire successivement connaître.

† GERBOISE, *Dipus*, *Mus*, L.; *Jaculus*, Erxl. On a conservé ce nom à la
division la plus remarquable, dont les
caractères principaux sont : deux incisives à chaque mâchoire, six molaires
à l'inférieure, huit à la supérieure.
La première molaire supérieure n'est
que rudimentaire, et elle tombe avec
l'âge ; les trois suivantes sont plus
grandes et présentent des contours extrêmement irréguliers ; la seconde
est plus grande que la troisième ;
celle-ci l'est plus que la quatrième,
mais elles se ressemblent toutes trois;
les molaires inférieures ont des contours encore plus irréguliers : la première est plus grande que la seconde,
et celle-ci l'est plus que la troisième;
les yeux sont grands et à fleur de
tête; la pupille est presque ronde ; les
oreilles sont généralement très-développées ; les mamelles sont au nombre de huit, et le pénis du mâle est
rude et couvert de petites papilles ou
de petits tubercules très-durs ; le poil
est très-doux et moelleux ; les membres antérieurs sont très-courts, et ont
quatre doigts armés d'ongles fouisseurs; le pouce est ordinairement rudimentaire ; l'extrême brièveté de
ces membres ne permet pas aux Gerboises de poser souvent sur eux dans
leur marche : ils n'emploient ordinairement à cet usage que les postérieurs, mais les antérieurs sont, en
quelque sorte, suppléés par la queue,

qui fait véritablement l'office d'un
troisième membre. Si on la coupe, elles perdent l'équilibre et tombent en
arrière. Il ne faut pas cependant croire que cet organe puisse être chez les
Gerboises d'une aussi grande utilité
et d'un aussi grand secours qu'il l'est
chez les Kanguroos. En effet, toutes
les vertèbres caudales de ces derniers
Animaux sont fortes, et pour ainsi
dire hérissées de grandes et larges
apophyses, donnant attache à des
muscles d'une extrême puissance ;
chez les Gerboises, au contraire,
toutes les vertèbres caudales, sans
même en excepter les premières, sont
grêles et allongées, sans aucune apophyse distincte. Au reste, on peut
très-bien se convaincre de ce fait remarquable par la simple inspection
de l'Animal; car la queue est mince,
grêle chez les Gerboises, comme
chez les Rats, et même il est peu
d'Animaux où elle soit aussi dissem-
blable de la forte et large queue des
Kanguroos. Cette remarque est applicable à tous les genres que nous allons décrire dans cette article. Les
Hélamys, l'un de ces genres, ont cependant la queue un peu moins faible que les autres. Le membre postérieur est environ six fois plus long
que l'antérieur ; il est terminé par
trois grands doigts ; quelques espèces
ont d'autres petits doigts placés latéralement. Mais le caractère le plus
remarquable des Gerboises, et qui
leur est particulier, c'est d'avoir les
trois métatarsiens médians réunis en
un seul os qui donne attache aux
trois uniques doigts chez les Gerboises tridactyles, aux trois principaux
chez les autres. Cet allongement et
ce développement extrêmes des métatarsiens, la formation d'un os composé qui en résulte, en un mot, l'existence d'un véritable os du canon chez
des Animaux de la famille des Rats,
et cette ressemblance si grande du
membre postérieur de ces Rongeurs
avec celui des Ruminans, ne sont-
ils pas des faits bien remarquables ?
L'allure ordinaire des Gerboises
est le saut ; elles peuvent, dit-on,

franchir une distance de dix pieds. Elles ont, quand elles sautent, les pieds antérieurs appliqués contre la poitrine, et le corps très-penché en avant. Elles posent tantôt sur les doigts seulement, et tantôt sur la plante du pied. Elles emploient leurs membres antérieurs pour porter leurs alimens à la bouche ; elles s'en servent aussi à la manière des Kanguroos, quand elles veulent gravir. Elles se creusent des terriers où elles passent l'hiver plongées dans un sommeil léthargique ; la lumière les incommode : aussi dorment-elles le jour, et veillent-elles la nuit.

On connaît dans ce genre plusieurs espèces qui habitent toutes les parties orientales de l'ancien continent.

Le GERBO, *Dipus Gerboa*, Gmel., *Mus Sagitta*, Pallas. C'est la Gerboise tridactyle de quelques auteurs. Elle n'a que trois doigts dont l'intérieur est le plus long ; les oreilles sont de moitié aussi longues que la tête, et assez larges ; la tête élargie est courte, les yeux sont latéraux ; les moustaches sont très-longues. Cette espèce a un petit pouce onguiculé à la pate antérieure ; son pelage est fauve en dessus, blanc en dessous ; une ligne blanche en forme de croissant s'étend de la partie antérieure de la cuisse jusque sur la fesse ; la queue est fauve dans une grande portion de son étendue, mais la portion terminale est noire, et elle-même terminée d'un peu de blanc. Le corps de cet Animal est long de six pouces, et la queue est plus longue que lui.

Le Gerbo habite les parties sablonneuses et désertes de l'Afrique septentrionale, de l'Arabie, de la Syrie ; il vit en troupes, et se nourrit principalement de bulbes de Plantes. Les voyageurs qui ont vu cet Animal et qui l'ont décrit, en ont parlé sous les noms de Gerbua, Gerboa, Gerbo, d'où est dérivé le nom de Gerboise appliqué maintenant au genre tout entier.

L'ALACTAGA, *Dipus Jaculus* ; *Mus Jaculus*, Pallas. La disposition des couleurs est la même dans cette espèce que dans la précédente : il y a de même une ligne blanche en forme de croissant sur la fesse et sur la partie antérieure de la cuisse : mais l'Alactaga diffère du Gerbo par un pelage moins fauve, par une tête plus longue, par ses oreilles presque nues, assez étroites, mais plus longues que la tête ; et surtout par l'existence de deux petits doigts latéraux aux pieds postérieurs ; ces deux doigts sont très-courts et sans utilité pour l'Animal, qui ne marche, comme le Gerbo, que sur trois doigts. C'est toujours le doigt moyen qui est le plus long. La queue, d'une longueur considérable, est terminée par un flocon de poils, dont la moitié terminale est blanche, et l'autre moitié noire. Le museau, fauve à son extrémité, est brunâtre en dessous. Cette espèce est plus grande que la précédente ; elle a environ sept pouces de long ; la queue est beaucoup plus longue. L'Alactaga bouche les issues de son terrier avant de se livrer à son sommeil léthargique d'hiver ; il s'engourdit pareillement dans les grandes chaleurs ; il n'amasse pas de provisions dans son terrier : c'est la nuit qu'il va à la recherche de sa nourriture qui consiste en herbes, en feuilles et en racines, en Insectes et en petits Oiseaux. Il n'épargne même pas sa propre espèce. La femelle produit plusieurs fois l'année, et toujours un nombre assez considérable de petits. Cet Animal dans sa fuite, dit Pallas, franchit par ses sauts des distances si considérables, et ses sauts se succèdent avec une telle rapidité, qu'il semble ne pas toucher le sol, et qu'un bon Cheval ne peut le dépasser. C'est à cette rapidité dans le saut qu'il doit le nom de *Jaculus*. Il habite la Tartarie.

La GERBOISE BRACHYURE, *Dipus Brachyurus*, Blainv. Pallas ne considérait cette espèce, ainsi que la suivante, que comme des variétés de son *Mus Jaculus*. Leur distinction, comme espèces à part, est due à Blainville. Le corps de la Gerboise Brachyure a quatre pouces et demi de long , et la queue est seulement un peu plus longue ; la tête est moins allongée que celle de l'Alactaga, et les oreilles sont plus courtes ; le tarse est aussi plus court et les doigts plus forts proportionnellement ; les couleurs ont à peu de chose près la même disposition ; une ligne blanche en forme de croissant s'étend aussi sur la fesse et sur la cuisse , mais elle est moins grande et moins distincte. Cette espèce habite la Sibérie et la Tartarie. Elle est la seule qui se trouve au-delà du lac Baïkal. Ses habitudes sont celles de l'Alactaga. On cite le bulbe du *Lilium pomponium* comme formant sa nourriture ordinaire.

La GERBOISE NAINE , *Dipus minutus*, Blainv. ; *Mus Jaculus minor* , Pallas. La taille de cette petite espèce est celle d'un Mulot, et ses couleurs sont celles de l'Alactaga, dont elle diffère cependant en ce qu'elle a le museau de même couleur que les parties supérieures du corps , et non pas blanc comme dans les deux espèces précédentes. La cuisse est un peu plus longue que chez l'Alactaga. Pallas n'a trouvé dans cette espèce que trois molaires, au lieu de quatre, à la mâchoire supérieure. F. Cuvier en attribue la cause à ce que la première serait tombée, comme il paraît que cela arrive chez les vieux individus des autres espèces. Cette espèce a les mêmes habitudes ; et à peu près la même patrie que l'Alactaga et la Gerboise Brachyure.

Bruce a trouvé dans le désert de Barca une Gerboise qui se rapproche beaucoup du Gerbo, et qui n'en est probablement qu'une variété.

La GERBOISE GÉANTE, *Dipus maximus*. Cet Animal, que Blainville a observé à Londres, et qu'il a fait connaître, était farouche et craintif à l'excès, et ne permettait pas qu'on l'examinât ; et comme on l'a jeté aussitôt après sa mort, on n'a pu déterminer avec précision ses caractères. Il est donc très-possible qu'il ne doive pas être rapporté à ce genre.

Les parties supérieures de son corps étaient grises , les inférieures étaient blanches, ainsi que la partie antérieure de la tête ; deux lignes noires naissaient de chaque côté sur la tête, et allaient, en passant sur les yeux, se réunir sur le chanfrein. Il avait quatre doigts aux pieds de devant ; et à ceux de derrière, trois, dont l'interne était le plus long. Le métatarse était très-long, et posait en entier sur le sol dans le repos : il était couvert de poils très-courts ; les oreilles étaient de médiocre grandeur et de forme carrée ; la lèvre supérieure était fendue ; la cloison des narines recouverte de poils , et la peau de son nez très-plissée ; ses incisives étaient très-apparentes, longues ; étroites , et tranchantes à l'extrémité , comme dans les vrais Rongeurs. On nourrissait cet Animal de pain , de Carottes et d'autres Légumes, qu'il portait à la bouche avec ses mains. Il venait, disait-on , de la Nouvelle-Hollande ; cela est très-probable ; mais ou il n'est pas originaire de cette contrée , ou ce n'est pas une véritable Gerboise.

†† GERBILLE , *Gerbillus ; Meriones*, Illig. Ce second genre établi par Desmarest , est formé de Rongeurs ressemblant aux Gerboises , par le grand développement de leurs membres postérieurs, mais en différant par la présence d'autant de métatarsiens distincts, qu'il y a de doigts. Les pieds antérieurs sont courts, et n'ont que quatre doigts onguiculés et un rudiment de pouce ; les postérieurs , longs ou très-longs , sont pentadactyles ; la queue est longue et couverte de poils ; les oreilles sont petites et arrondies. Il y a deux incisives et trois molaires à chaque mâchoire. Les molaires sont semblables aux deux mâchoires ; la première étant la plus grande, et à trois tubercules, qui la partagent également dans sa longueur, la seconde n'en ayant que deux , et la troisième, qui est la plus petite, n'en ayant qu'un. Ces Animaux ont la tête allongée , et les pommettes peu saillan-

tes. Ils vivent dans des terriers, à la manière des Gerboises, et sautent aussi avec une grande force. Peu d'espèces s'engourdissent l'hiver. Une seule espèce de ce genre est bien connue ; presque toutes les autres ne le sont que fort imparfaitement, en sorte qu'il est bien possible qu'il y ait dans ce genre des doubles emplois, et aussi, qu'on y ait rapporté des Animaux d'organisation différente. Nous suivrons autant que possible, dans la description des espèces, le savant fondateur du genre, Desmarest : nous nous écarterons cependant de lui sous un rapport : nous croyons en effet devoir distinguer du *Dipus Gerbillus* d'Olivier, le *Dipus pyramidum* de Geoffroy Saint-Hilaire, réunis par Desmarest sous le nom de *Gerbillus Ægyptius*. Nous conserverons à la première espèce le nom imposé par Desmarest ; nous décrirons l'autre sous celui de Gerbille des pyramides.

La GERBILLE DES PYRAMIDES, *Gerbillus pyramidum*. Cette espèce a cinq pouces du bout du museau à l'origine de la queue qui, presque nue et terminée par un petit pinceau de poils jaunâtres, est à peu près de la même longueur. Du reste, le dessus du corps et de la tête est jaune-roussâtre ; le dessous, d'un blanc sale ; le bout du museau, ainsi que deux petites lignes qui se voient au-dessus des yeux, sont de la même couleur. Le milieu du dos est beaucoup plus foncé que le reste du corps ; il est presque brun ; les oreilles, presque nues, sont de grandeur médiocre et de forme arrondie ; le tarse est allongé et presque nu ; malgré sa longueur, le membre postérieur est cependant peu allongé ; les deux doigts latéraux, et surtout le pouce, quoique plus courts que les trois médians, comme cela est chez les Gerboises où ils existent, ne sont pas, comme chez celles-ci, sans usage, et posent sur le sol. Les trois médians sont à peu près égaux en longueur. Les mains antérieures ont quatre doigts, dont les deux du milieu sont les plus

longs ; point de pouce. Cette espèce habite les environs des deux grandes pyramides en Egypte. C'est là qu'elle a été découverte par Geoffroy Saint-Hilaire, qui l'a nommée pour cette raison *Dipus pyramidum*. L'individu d'après lequel nous avons fait la description qu'on vient de lire, est celui-là même que le professeur du Muséum a rapporté d'Egypte, et qui a servi de type.

Nous ajouterons que cette espèce, quoique bien distincte à nos yeux, du *Gerbillus Ægyptius*, avec lequel on l'a confondue, ne nous paraît pas cependant une espèce à part : nous lui voyons en effet tant de ressemblance avec une espèce à laquelle on assigne, il est vrai, une autre patrie, la Gerbille du Tamarisc, que nous sommes convaincus que de nouveaux voyages, de nouvelles observations, obligeront quelque jour à les réunir en montrant que les différences observées aujourd'hui, et considérées comme des caractères spécifiques, ne sont, ou que des caractères de variété, ou même que des altérations individuelles. Nous nous sommes contentés ici de séparer la Gerbille des pyramides, de la Gerbille d'Egypte, n'osant encore la réunir à celle du Tamarisc, parce que cette réunion fondée sur une opinion seulement très-probable, mais non démontrée, pourrait par la suite occasioner une nouvelle confusion dans une matière déjà très-difficile.

La GERBILLE D'EGYPTE, *Gerbillus Ægyptius*, Desm., *Dipus Gerbillus*, Olivier. Cette espèce a la même patrie que la précédente, car c'est aussi en Egypte qu'Olivier l'a découverte. Elle est fauve en dessus, jaune en dessous ; ses pieds postérieurs sont pentadactyles, ses doigts un peu inégaux. C'est ainsi qu'Olivier la caractérise, et tous ces caractères conviennent presque également à la Gerbille des pyramides. C'était là ce qui avait porté à les réunir ; mais la Gerbille d'Egypte n'est que de la taille d'une Souris ; elle a les pates antérieures pentadactyles, la queue brune, et les membres postérieurs aussi longs au moins que le corps. Aucun de ces caractères ne convient à l'espèce précédente. La Gerbille d'Egypte vit dans des terriers.

5°. La Gerbille du Tamarisc, *Gerbillus Tamaricinus*, Desm. ; *Mus Tamaricinus*, Pallas. Cette espèce a été découverte sur les bords de la mer Caspienne, par Pallas qui l'a décrite dans son bel ouvrage sur les Rongeurs (*Novæ Spec. Glirium*). Elle est de la taille du Surmulot, et a quelques rapports avec le Lérot : la queue annelée de blanc et de gris, et velue dans toute son étendue, est à peu près aussi longue que le corps; les pieds postérieurs sont pentadactyles, et le pouce est plus court que le doigt externe; le pelage plus moelleux que celui du Rat, plus rude que celui de l'Ecureuil, est jaune en dessus, blanc en dessous; le tour des yeux, du nez, est d'un blanc sale; les dents incisives ont leur face antérieure jaune; les oreilles sont presque nues et de forme ovale; la tête est, dans son ensemble, allongée. Cet Animal vit dans des terriers d'une profondeur extrême, d'où il ne sort que la nuit. Il fait sa nourriture habituelle de Tamarisc. Il habite les parties les plus méridionales des déserts des bords de la mer Caspienne.

La Gerbille de la Torride, *Gerbillus meridianus*, Desm. ; *Mus longipes* et *Mus meridianus*, Pallas. C'est encore à Pallas que nous devons la connaissance de cette espèce, dont la taille est intermédiaire à celle du Rat et à celle du Mulot. Le dessus du corps et de la tête, la queue et les oreilles sont d'un fauve-grisâtre uniforme; le ventre, les membres et le dessous de la tête sont blancs; la ligne moyenne est brunâtre; les pieds de derrière ont cinq doigts armés d'ongles; ceux de devant ont aussi un pouce, très-court à la vérité, mais onguiculé; la queue est à peu près de la longueur du corps; les membres postérieurs sont plus allongés que dans l'espèce précédente. Ces Animaux, qui se creusent aussi des terriers, habitent les déserts sablonneux et arides qui séparent le Volga de la chaîne des monts Oùrals.

La Gerbille de l'Inde, *Gerbillus Indicus*, Desm. Thomas Hardwicke a découvert ce Rongeur, qu'il a fait connaître sous le nom de *Yerbua*. Ce petit Animal, de la taille d'un Rat, a la queue à peu près de même longueur que le corps; son pelage est, en dessus, marron et parsemé de taches brunes; il est blanc en dessous; la tête est d'un roux beaucoup moins foncé; la queue, garnie dans toute son étendue de poils bruns peu abondans, est terminée par un pinceau de poils de même couleur; des cinq doigts des pieds postérieurs, les trois du milieu sont très-longs, l'externe est court; les oreilles, larges et arrondies, sont presque nues. Il habite l'Indostan, est nocturne comme les espèces précédentes, et se creuse, comme elles, de profonds terriers, dans lesquels il ramasse d'abondantes provisions.

On rapporte encore à ce genre une espèce nommée par Mitchill, *Gerbillus sylvaticus*, mais non décrite, et six autres espèces découvertes par Rafinesque dans l'Amérique septentrionale, dont voici les noms et la courte indication : *Gerbillus Soricinus*. Pelage gris-brun en dessus; une ligne rousse longitudinale sur les flancs; oreilles presque nues, ovales; queue soyeuse, plus courte que le corps, et de même couleur. — *Gerbillus Megalops*. Longueur totale, six pouces; la queue est plus longue que le corps; yeux grands et noirs; nez long et arrondi, noir; oreilles ovales, longues comme la tête; pelage gris; une touffe de poils blanchâtres terminant la queue. Cette espèce se nourrit de grains et de fruits; elle court plutôt qu'elle ne saute. — *Gerbillus Leonurus*. Pelage entièrement fauve; oreilles aussi longues que la tête, blanches en dedans; queue aussi longue que le corps, noire et terminée par un flocon de poils fauves. Cette espèce saute plutôt qu'elle ne court. Les trois autres espèces, nommées *Gerbillus Hudsonius*, *G. Ma-*

crourus, et *G. Brachyurus*, n'ont pas même été succinctement caractérisées comme les précédentes. On sait si peu de choses sur toutes ces espèces qu'il n'y a aucune raison pour les rapporter à ce genre plutôt qu'au suivant. La considération de leur patrie serait même un motif pour les rapporter aux Mériones, puisque toutes les espèces de Gerbilles connues jusqu'ici habitent seulement les parties orientales de l'ancien continent.

††† Mérione, *Meriones*. Frédéric Cuvier a établi ce genre sur une petite espèce du Canada, qu'on avait considérée d'abord comme une simple Gerbille. Elle a le métatarse des Gerbilles, dont elle diffère d'ailleurs par ses dents qui sont composées, au lieu d'être simples. Elle ressemble au contraire beaucoup aux Gerboises par son système dentaire; ses dents sont en même nombre, et à peu près de même forme que chez elles.

La Mérione des bois, *Meriones nemoralis*. Nous décrirons sous ce nom la jolie espèce dont se compose encore uniquement ce genre. On ne la connaissait encore que par une mauvaise figure où l'Animal ne serait pas reconnaissable, sans la distribution particulière de ses couleurs. Davies, qui a donné cette figure (Transactions de la Société Linnéenne), n'en décrit point le modèle; il dit seulement qu'il a quatre doigts aux pieds de devant, cinq à ceux de derrière; qu'il passe l'hiver engourdi au fond de son terrier; qu'il fuit en faisant des sauts considérables; et qu'il se trouve habituellement dans les prairies et dans les bois. Aujourd'hui le Muséum d'Histoire Naturelle possède deux individus de cette espèce; c'est ce qui a mis Fr. Cuvier en état de faire connaître ses dents, et ce qui nous permet aujourd'hui de décrire ses caractères extérieurs. Elle est sur le dos et sur la tête d'un gris noirâtre, légèrement varié de jaune en quelques endroits; les côtés du corps et les joues sont d'un jaune légèrement varié de gris,

et entre cette portion et le dessous du corps qui est blanc, on voit une bande d'un jaune un peu roux, s'étendant du membre postérieur au membre antérieur. Toutes les parties intérieures du corps et de la tête, les parties internes des membres, et le bout du museau, sont d'un beau blanc; la tête comme le corps présente quatre zônes successives; l'une supérieure grise, puis une jaunâtre séparée, par une ligne jaune, du dessous de la tête qui est blanc. Ces zônes sont très-distinctes chez les individus qui se trouvent en bon état : chez les autres, chaque zône se confond avec sa voisine. Le métatarse est assez long et nu. Les oreilles sont de forme arrondie; presque nues à leur base, elles sont couvertes à leurs extrémités de poils de même couleur que ceux du dos; la queue, une fois et demie aussi longue que le corps, est écailleuse et presque nue. Les membres postérieurs sont pentadactyles. Les trois doigts du milieu sont longs et forts; les deux externes sont extrêmement petits; les membres antérieurs sont tétradactyles, et presque de moitié aussi longs que les postérieurs. Cette espèce est de la taille de notre Souris, à laquelle elle ressemble beaucoup aussi à d'autres égards.

††† Hélamys, *Helamys*, F. Cuvier; *Pedetes*, Illig.; *Yerbua*, Sparm. Ce genre où les molaires n'ont pas de racines proprement dites, et ne se composent que d'une couronne, a deux incisives et quatre molaires à chaque mâchoire. Toutes celles-ci se ressemblent et ont une échancrure située du côté externe à celles de la mâchoire supérieure, du côté interne à celles de la mâchoire inférieure. Les membres antérieurs sont courts; ils ont cinq doigts très-distincts et terminés par des ongles fouisseurs. Les postérieurs sont très-longs, tétradactyles, terminés par des ongles droits et très-épais; le doigt externe est le plus petit, le second du côté interne est le plus long. On voit à la paume des mains deux tubercules d'une grosseur remarqua-

ble; la bouche et la langue sont petites;
le palais est rugueux; les yeux très-
grands, placés latéralement et à fleur
de tête, annoncent un Animal nocturne; les oreilles sont à peu près
aussi longues que la tête, et remarquables par un tragus très-long et
très-étroit; la lèvre supérieure est entière, mais ses bords se réunissent
de chaque côté en arrière, et forment
une sorte de poche. Les mamelles
sont au nombre de quatre, et pectorales; le rectum et les parties génitales ont un même orifice à l'extérieur; la vulve est grande et simple;
de chaque côté du vagin, sur les
bords de l'orifice, il y a deux cavités
assez profondes. Les femelles ont
une poche abdominale comme les femelles de Didelphes; cette poche ne
contient pas de mamelles, et on en
ignore l'usage. La verge est dirigée
en arrière et hérissée de papilles extrêmement dures. On ne connaît dans
ce genre qu'une espèce :

L'Hélamys Mannet, *Helamys Cafer*, Fr. Cuvier, appelé vulgairement
Lièvre sauteur du Cap. Cet Animal
est en effet à peu près de la grosseur
et de la couleur du Lièvre; il a le
dessus de la tête et du col, le
dos, les épaules, les flancs et la
croupe d'un brun fauve, légèrement grisâtre; le dessus de la cuisse
est un peu plus pâle; la jambe est
plus brune et a une ligne noire vers
le talon; les parties inférieures et internes du corps sont blanches, ainsi
qu'une ligne transversale placée sur
les flancs; les oreilles sont rousses à
la racine et noires à la pointe; la
queue est à peu près aussi longue que
le corps; elle est roussâtre, mais terminée de noir; le dessus du nez est
pareillement noirâtre. Les Mannets,
comme nous l'ont appris Sparmann
et Delalande, vivent dans des terriers profonds d'où ils s'éloignent
peu, et où ils rentrent dès qu'ils sont
inquiétés. Tantôt ils marchent sur
leurs quatre pates; tantôt, et c'est
surtout dans la frayeur, ils sautent à
deux, et franchissent alors des espaces considérables. Ils se nourrissent
d'herbes et de grains qu'ils ne vont
chercher que la nuit, et s'apprivoi-
sent facilement. Leur chair est assez
bonne à manger. Les pieds de devant
leur servent à fouiller la terre et à
porter leurs alimens à la bouche. Ils
habitent les montagnes qui environnent le cap de Bonne-Espérance.

On avait autrefois réuni aux Gerboises quelques Mammifères d'organisation très-différente, mais qui leur
ressemblaient par un grand développement des pieds postérieurs; tel
est le Tarsier. Cuvier et Geoffroy
Saint-Hilaire, dans un article écrit en
commun sur cet Animal, où ils lui ont
assigné sa véritable place dans l'échelle animale, ont fait voir qu'il n'y a
même rien de réel dans le seul rapport qu'on avait cru saisir entre lui
et la Gerboise; car si la Gerboise et
le Tarsier ont tous deux le pied postérieur très-allongé, cet allongement
qui résulte, chez la première, de la
longueur du métatarse, est produit
chez le second par une toute autre
cause, c'est-à-dire par l'allongement
du tarse. Le Kanguroo avait aussi
reçu d'abord le nom de Grosse Gerboise.   (is. g. st.-h.)

GERBUA. mam. *V*. Gerboise.

GERCE et GERGE. ins. Noms
vulgaires des Teignes dont les larves
causent des gerçures aux objets qu'elles attaquent.   (b.)

CÉRENDE. rept. oph. Le Serpent
auquel certains voyageurs ont donné
ce nom paraît appartenir au genre
Boa; mais il n'est pas suffisamment
connu.   (b.)

GERFAUT. ois. Espèce du genre
Faucon. *V*. ce mot.   (dr. z.)

GERGYR. bot. phan. (Delile.)
Syn. arabe de Roquette. Daléchamp
écrit Guargir.   (b.)

GÉRILLE. bot. crypt. L'un des
noms vulgaires de la Chanterelle. *V*.
Mérule.   (b.)

* GÉRINI. ois. Espèce du genre
Perroquet. *V*. ce mot. On a aussi
donné ce nom à un autre Oiseau
dont l'existence est très-douteuse et

dont on a fait successivement, et d'après une description incertaine, un Pic et un Barbu. (DR..Z.)

GERLE. POIS. Syn. de Maudole dans la mer de Nice, où l'on nomme Gerle Blavie le *Sparus Alcedo*. (B.)

GERMAINE. *Germanea*. BOT. PHAN. Sous ce nom, Lamarck (Dict. encyclopéd. T. III) établit en 1786 un genre qui est identique avec le *Plectranthus* fondé par l'Héritier (*Stirpes novæ*) en 1784. Tous les botanistes, et notamment R. Brown qui a décrit plusieurs espèces nouvelles de ce genre, ont adopté le nom imposé par l'Héritier. *V.* PLECTRANTHE. (G..N.)

GERMANDRÉE. *Teucrium*. BOT. PHAN. Genre de la famille des Labiées et de la Didynamie Gymnospermie, L., établi par Tournefort, et adopté par Linné qui y a réuni les genres *Chamædrys* et *Polium* de cet auteur. Mœnch, fidèle à son système de subdivision, a séparé en outre, sous le nom de *Scorodonia*, un genre qui n'est pas réellement distinct du *Teucrium*. Voici les caractères de celui-ci : calice tubuleux ou rarement campanulé, à cinq lobes ; corolle dont le tube est court et le limbe à deux lèvres, quoique ne paraissant en posséder qu'une seule ; la supérieure très-petite, profondément fendue en deux dents, entre lesquelles sortent les étamines ; l'inférieure étalée, grande, à trois lobes dont celui du milieu est très-grand ; caryopses unis et non réticulés. Ce dernier et si faible caractère est le seul qui puisse distinguer, dans une description, les Germandrées des Bugles, quoique ces Plantes aient un facies assez différent, et qui prouve qu'elles doivent former deux genres distincts. Schreber et De Candolle ont réuni aux Bugles quelques Germandrées de Linné, tels que le *Teucrium Chamæpytis* et le *T. Iva*. Ces Plantes sont donc maintenant nommées *Ajuga Chamæpytis* et *Ajuga Iva*. *V.* BUGLE.

-Les espèces de Germandrées sont très-nombreuses ; on en compte

maintenant au moins quatre-vingts, dont quelques-unes sont des Plantes ligneuses et d'un port assez élégant ; la plupart sont indigènes de la région méditerranéenne, et surtout de l'Espagne, de la France méridionale, des îles de la Grèce et de la Barbarie. Le nord de l'Amérique et le Japon en nourrissent aussi quelques espèces. Parmi les espèces françaises dont le nombre s'élève à près de vingt, nous citerons comme les plus remarquables, et parce qu'elles ont été employées dans la médecine :

La GERMANDRÉE PETIT CHÊNE, *Teucrium Chamædrys*, L. Cette Plante a des tiges hautes d'environ deux décimètres, nombreuses, un peu couchées, ligneuses à la base, grêles, velues et presque cylindriques ; ses feuilles sont ovales, fortement crénelées, lisses et d'un vert gai en dessus, plus pâle en dessous ; ses fleurs sont ordinairement purpurines et disposées deux ou trois de chaque côté dans les aisselles supérieures des feuilles. Cette Plante est fort abondante dans les bois montagneux et sur les côteaux secs et arides. On la connaît vulgairement sous le simple nom de Germandrée ou sous celui de Petit Chêne ; son amertume est très-intense, d'où résultent des propriétés toniques et stomachiques qui peuvent avoir de bons effets dans certaines fièvres intermittentes.

La GERMANDRÉE AQUATIQUE, *Teucrium Scordium*, L. Ses tiges, hautes d'environ trois décimètres, un peu velues et souvent couchées à terre, sont munies de feuilles molles, ovales-oblongues, dentées, obtuses et pubescentes ; ses fleurs axillaires et peu nombreuses à chaque nœud sont portées sur de courts pédoncules, et ont une couleur rougeâtre et quelquefois blanchâtre. Elle croît dans les lieux humides, et on lui donne les noms vulgaires de *Scordium* et de *Chamarsas*. Comme l'espèce précédente, elle est amère et tonique ; de plus son odeur alliacée doit augmenter encore ses propriétés.

stimulantes; cette odeur est sans doute le principe anthelmintique reconnu dans la Plante dont il est question.

Nous ne ferons que mentionner ici le *Teucrium Marum*, jolie espèce à fleurs rouges et à petites feuilles blanches, qui croît en Provence et en Espagne. On l'employait autrefois beaucoup en médecine sous les noms de *Marum* ou d'Herbe aux Chats, nom qu'elle partageait avec la Chataire (*Nepeta*), probablement à cause de leur odeur agréable à ces Animaux. Le *Teucrium Scorodonia* est une Plante assez élégante qui abonde en été dans les bois de toute l'Europe. On lui donne les noms de Sauge des bois, de Germandrée sauvage et de Baume sauvage, quoique son odeur soit assez désagréable.   (G..N.)

GERMANEA. BOT. PHAN. *V.* GERMAINE et PLECTRANTHE.

GERME. ZOOL. BOT. On entend proprement par ce mot *le rudiment d'un nouvel être*; et de ce que le Germe des Plantes ou des Animaux est contenu dans ce qu'on appelle communément graine et œufs, on a imaginé que nul être organisé ne pouvait se développer sans avoir passé par l'état d'œuf ou de graine. Déterminés par l'assentiment général mais irréfléchi du vulgaire, justement révoltés par le système incomplétement et vicieusement exposé des générations spontanées, de grands philosophes ont adopté le système exclusif des Germes, et donné pour raison de leur manière de voir, que la putréfaction ne pouvait produire des créatures vivantes, ou que rien ne pouvait se former de rien. Les bons esprits, que des observations scrupuleuses et des raisonnemens suivis ont conduits à l'idée de générations spontanées, possibles et même nécessaires, ne prétendent pas non plus que les Plantes ou les Animaux viennent de rien; que des Hommes, des Insectes, ni même des Champignons se développent spontanément par hasard, mais

veulent qu'on ne limite pas la puissance organisatrice dans les deux seules conditions indispensables de l'œuf ou de la graine. Ils disent que le système des Germes n'est pas plus soutenable que celui des générations spontanées dans son absurdité, qu'il n'est pas plus aisé de concevoir la formation d'un Germe, quelque simple qu'il soit, que celle du plus compliqué des Animaux, et que prétendre établir l'existence des Germes pour la production de toute chose est une aussi grande folie que de discuter sérieusement pour savoir si l'œuf ou le gland ont produit la Poule et le Chêne, ou si le Chêne et la Poule ont produit le gland et l'œuf; l'énoncé de ces questions est bas, mais il confond la sagesse humaine. — Il serait sans doute extravagant aujourd'hui de soutenir, d'après les expériences imparfaites de Rédi et de Valisnieri, que des Mites ou des Vers s'engendrent spontanément dans du fromage ou dans la viande gâtée; mais il n'est point *ridicule*, comme on l'a imprimé, de soutenir, avec Rudolphi, que des Vers intestinaux peuvent devoir leur origine à des générations spontanées. Rudolphi est un observateur scrupuleux, un savant exact et du premier ordre, qui ne saurait être *ridicule*, quelque opinion qu'il avançât. Il est des hommes à l'égard desquels de telles expressions sont au moins fort légères. C'est aux mots MATIÈRE et ORGANISATION, que nous examinerons s'il y a lieu de se récrier sur la possibilité de toute génération spontanée. Il suffit, à propos de GERME, d'établir ici qu'on n'en saurait démontrer l'existence partout, et que les générations spontanées peuvent fort bien n'être pas des résultats du hasard, mot qui, dans les sciences physiques, nous paraît être totalement dénué de sens.   (B.)

* GERMINATION. *Germinatio.* BOT. PHAN. Lorsqu'une graine a été fécondée, et qu'elle est parvenue à son état de maturité, elle renferme dans son intérieur le germe d'un nouvel individu. On nomme Germination

le développement ou l'évolution de ce germe. On peut donc définir la Germination la série de phénomènes que présente une graine, lorsque, placée dans des circonstances favorables, le germe ou embryon qu'elle renferme se développe, et donne naissance à un nouvel être. Pour que la Germination puisse avoir lieu, il faut la réunion d'un certain nombre de circonstances qui dépendent de la graine elle-même, ou qui, bien que lui étant étrangères, n'en sont pas moins indispensables à son développement. Ainsi parmi les premières de ces causes, nous placerons : 1° l'état de parfaite maturité de la graine qui ne saurait germer avant d'y être entièrement parvenue, car c'est alors seulement que l'embryon qui est la partie essentielle de la graine, puisque c'est la seule qui soit susceptible d'accroissement, a acquis les qualités nécessaires pour se développer ; 2° la graine doit être bien conservée, c'est-à-dire n'avoir pas été altérée par une trop grande humidité ou rongée par les Insectes; 3° elle ne doit pas être trop ancienne, car un très-grand nombre de graines perdent avec le temps la faculté de germer. Ainsi il y a certaines graines qui demandent en quelque sorte à être semées aussitôt qu'elles sont parvenues à leur maturité. Pour peu qu'on les conserve, elles s'altèrent et deviennent incapables d'évolution. En général, les graines dont l'endosperme est huileux ne peuvent pas se conserver long-temps, parce que l'huile qu'elles renferment se rancit et détruit dans le germe la faculté germinative. Au contraire, les graines farineuses peuvent se conserver pendant un grand nombre d'années : telles sont par exemple les graines des Légumineuses, des Céréales, etc. Ainsi il y a peu d'années, on est parvenu à faire germer des graines de Haricot conservées depuis près de cent ans dans les herbiers de Tournefort; mais néanmoins ces graines doivent avoir été préservées de l'humidité et de l'action de la lumière.

On compte comme agens extérieurs indispensables de la Germination, l'eau, la chaleur et l'air.

1°. L'Eau est un des élémens essentiels aux différens phénomènes de la végétation. Ce n'est pas seulement comme substance élémentaire que l'eau agit dans la Germination, mais c'est aussi par sa faculté dissolvante et sa fluidité ; elle sert alors de menstrue et de véhicule aux substances vraiment alibiles du Végétal. C'est elle qui, pénétrant dans la substance de la graine, en ramollit les enveloppes, fait gonfler l'embryon et l'endosperme quand ce dernier existe, y détermine des changemens chimiques qui les rendent solubles d'insolubles qu'ils étaient, et propres à fournir au jeune Végétal les premiers matériaux de son accroissement. L'eau, par sa fluidité, se charge aussi des substances gazeuses ou solides qui peuvent servir d'aliment à la jeune Plante. Elle concourt encore à son développement par la décomposition qu'elle éprouve dans l'intérieur du tissu végétal : ses élémens désunis, savoir : l'Hydrogène et l'Oxigène, s'unissent en diverses proportions avec le Carbone, et donnent naissance aux différens principes immédiats des Végétaux. Néanmoins, pour qu'une graine puisse germer, l'eau ne doit pas être en quantité trop considérable, car alors elle subirait une sorte de macération qui détruirait leur faculté germinative. Nous n'entendons parler ici que des graines appartenant aux Plantes terrestres ; car celles des Végétaux aquatiques germent, bien qu'elles soient entièrement plongées dans l'eau. Quelques-unes cependant montent à sa surface pour commencer à germer, et n'éprouvent aucun mouvement d'accroissement quand elles restent submergées. D'après ce que nous venons de dire de l'eau dans sa Germination, on voit qu'elle a deux modes d'action : 1° elle pénètre la graine, la gonfle, ramollit ses enveloppes et en facilite la rupture ; 2° elle sert de dissolvant et de véhicule aux substances qui doivent servir d'alimens au jeune Végétal.

2°. Le CALORIQUE est également nécessaire à la Germination des graines. En effet, placée dans un milieu dont la température resterait constamment au-dessous de zéro, une graine ne germerait pas : elle y resterait en quelque sorte engourdie, jusqu'à ce qu'une température plus douce vienne la tirer de cet état. Une chaleur modérée, au contraire, accélère singulièrement les phénomènes de la Germination; mais cependant la température ne doit point passer certaines limites, sans quoi, loin de favoriser le développement des germes, elle les dessécherait et y détruirait le principe de la vie. Ainsi une chaleur de 45 à 50° + 0 s'oppose à la Germination, tandis que celle qui n'excède pas 25 à 30°, surtout si elle est jointe à une certaine humidité, accélère l'évolution des différentes parties de l'embryon.

3°. L'AIR. Tout le monde sait combien l'air est nécessaire aux Animaux pour respirer et vivre; il n'est pas moins indispensable aux Plantes pour germer et s'accroître. Que l'on enfonce des graines trop profondément dans la terre, de manière à les soustraire à l'action de l'air, elles n'éprouveront aucun accroissement, jusqu'à ce que, ramenées vers la surface par une cause quelconque, elles se développeront rapidement. C'est même un moyen employé pour conserver pendant un grand nombre d'années les Céréales. On fait de grands trous dans la terre, on en garnit des parois avec de la paille, et on les remplit de grain que l'on recouvre ensuite d'une couche de paille et de terre plus ou moins épaisse. Homberg cependant prétend avoir vu germer des graines sous le vide de la machine pneumatique : mais cette assertion paraît dénuée de fondement, et tous les essais qui ont été faits pour répéter cette expérience ont donné un résultat opposé. L'air, comme on sait, n'est pas un corps simple; il se compose d'Oxigène et d'Azote. Ici se

présentent naturellement deux questions : l'air, dans l'acte de la Germination agit-il par le mélange de ses deux élémens, ou bien est-ce l'un des deux seulement qui favorise l'évolution de la graine? L'action de l'air sur les Végétaux, à cette première période de leur développement, présente les mêmes particularités que pour la respiration dans les Animaux. C'est l'Oxigène de l'air qui dans l'acte de la respiration agit principalement pour donner au sang les qualités qui doivent le rendre propre à la nutrition des organes. De même c'est encore l'Oxigène qui aide et favorise la Germination des Végétaux. Si l'on place des graines dans des cloches pleines de Gaz azote ou de Gaz acide carbonique, elles ne peuvent s'y développer, et ne tardent pas à y périr. On sait qu'il en serait absolument de même pour des Animaux que l'on soumettrait à de pareilles épreuves. Mais néanmoins il ne faut pas croire que ce soit l'Oxigène à l'état de pureté et d'isolement qui exerce une action aussi favorable sur l'évolution des germes. Il est vrai qu'il l'accélère d'abord, mais il la détruit par l'activité trop grande qu'il lui communique. Aussi les graines, les Plantes et les Animaux ne peuvent-ils ni se développer, ni respirer, ni vivre dans du Gaz oxigène pur. Il faut qu'une autre substance mélangée avec lui tempère sa trop grande activité pour qu'il devienne propre à la végétation et à la respiration. On a remarqué que son mélange avec l'Hydrogène ou l'Azote le rendait plus propre à remplir ces fonctions, et que les proportions les plus convenables pour opérer ce mélange étaient une partie d'Oxigène pour trois parties d'Azote ou d'Hydrogène. L'Oxigène absorbé pendant la Germination et qui provient en grande partie de la décomposition de l'eau, se combine avec l'excès de Carbone que contient le jeune Végétal et forme de l'Acide carbonique qui est rejeté au-dehors. C'est par suite de cette combinaison nouvelle que les élémens constitutifs de l'endosperme et des cotylédons éprouvent des changemens notables dans leur nature , et que, par exemple, la fécule qui les compose en grande partie , d'insoluble qu'elle était avant cette époque, devient soluble , et est en grande partie absorbée pour servir de première nourriture à l'embryon jusqu'à l'époque où sa racine et ses feuilles rempliront leurs usages.

N'ignorant pas, ainsi que nous l'avons dit , que la chaleur modérée jointe à l'humidité accélérait la Germination des graines , lorsque les cultivateurs veulent hâter l'évolution de certaines graines , ils les placent dans une couche chaude, et par ce procédé la Germination se fait beaucoup plus rapidement. Certaines substances paraissent avoir une influence bien manifeste pour accélérer la Germination des graines. C'est du moins ce qui résulte des expériences de Humboldt. Cet illustre savant a prouvé que les graines de Cresson alénois (*Lepidium sativum*), mises dans une dissolution de Chlore, germent en cinq ou six heures , tandis que dans de l'eau pure , les mêmes graines exigent au moins trente-six heures pour arriver au même résultat. Cette découverte a eu d'heureux résultats pour l'horticulture. En effet certaines graines exotiques qui jusqu'alors avaient résisté à tous les moyens employés pour les faire germer, ont cédé à ce procédé. Le même auteur a de plus fait remarquer qu'en général toutes les substances qui pouvaient céder facilement une partie de leur Oxigène à l'eau, tels que beaucoup d'Oxides métalliques, les Acides nitrique et sulfurique suffisamment étendus, hâtaient le développement des graines, mais produisaient en même temps l'effet que nous avons signalé pour le Gaz oxigène pur, c'est-à-dire qu'ils les épuisaient rapidement et ne tardaient pas à y tarir les sources de la vie. La terre dans laquelle on place les graines pour déterminer leur Germination n'est pas une condition indispensable de leur développement, puisque tous les jours nous voyons des graines germer sur des éponges ou d'autres corps que l'on a soin d'imbiber d'eau ; mais il ne faut pas croire cependant qu'elle soit tout-à-fait inutile à la végétation ; la Plante y puise par ses racines des substances terreuses, des Sels, des Gaz , qui entrent dans sa composition. La Lumière , loin de favoriser la Germination , la ralentit d'une manière manifeste. Il est constant en effet que les graines germent beaucoup plus rapidement à l'obscurité que quand elles sont exposées à la lumière du soleil. Les graines de tous les Végétaux n'emploient pas le même espace de temps pour que leur embryon développe les différens organes qui le composent. On trouve même à cet égard des différences extrêmement grandes. Ainsi, tandis qu'un grand nombre germent en quelques jours , il en est d'autres qui emploient plusieurs mois. Le Cresson alénois germe en deux jours ; l'Epinard , le Navet , les Haricots en trois jours ; la Laitue en quatre; les Melons et les Courges en cinq; la plupart des Céréales en une semaine; l'Hysope au bout d'un mois; l'Oignon commun en cinquante à soixante jours. D'autres graines restent un temps fort long avant de donner aucun signe de développement; ce sont principalement les graines à noyau osseux , ou celles qui ont leur endocarpe dur et corné. Ainsi, le Pêcher, l'Amandier ne germent guère qu'au bout d'une année; et les graines du Noisetier , du Rosier , du Cornouiller, ne se développent que deux ans après avoir été placées en terre.

Lorsqu'une graine est placée dans des circonstances favorables et qu'elle commence à germer, le premier phénomène qui se manifeste, c'est son gonflement. Placée au milieu d'une terre bien humectée, elle en aspire l'humidité, se gonfle et se ramollit. Bientôt les enveloppes qui la recouvrent se déchirent et la radicule se montre sous la forme

d'un petit mamelon conique. Généralement la rupture de l'épisperme se
fait d'une manière tout-à-fait irrégulière; quelquefois cependant elle
offre une régularité remarquable qui
est la même dans tous les individus
de la même espèce. C'est ce que l'on
observe dans toutes les graines pourvues d'un embryostège, sorte d'opercule qui se détache de l'épisperme,
pour livrer passage à l'embryon. L'Ephémère de Virginie, la Comméline,
le Dattier, et plusieurs autres Monocotylédones en offrent des exemples.
Dès le moment où l'embryon commence à se développer et à s'isoler
des parties de la graine dont il était
revêtu, il prend le nom de Plantule.
On lui distingue deux extrémités,
l'une inférieure, l'autre supérieure,
qui croissent constamment en sens
inverse, c'est-à-dire que l'une tend à
s'enfoncer perpendiculairement vers
le centre de la terre, tandis que l'autre s'élève vers le ciel. Dans le plus
grand nombre des cas c'est l'extrémité inférieure ou la radicule qui
éprouve la première le mouvement
de la Germination. On la voit faire
une saillie sous l'épisperme, le déchirer, s'allonger et tendre à s'enfoncer dans la terre. Bientôt les autres
parties de l'embryon obéissent au
même mouvement: elles se dégagent
des enveloppes séminales qui les recouvraient, et se montrent à nu. Les
cotylédons une fois dégagés, l'évolution des autres parties se fait rapidement. Si l'embryon est dicotylédoné, les deux cotylédons s'écartent,
la gemmule qu'ils recouvraient se déroule, les petites feuilles qui la composent s'épanouissent, la tigelle s'allonge, et bientôt la Germination est
achevée.—Si l'embryon est à un seul
cotylédon, on voit ce cotylédon s'allonger, s'amincir en pointe. Bientôt
la gemmule qu'il renferme et recouvre à la manière d'une gaîne, prend
un accroissement plus rapide, le perce dans sa partie supérieure et latérale, et ses folioles se déroulent.
Quand le caudex ascendant commence à se développer au-dessous du

point d'insertion des cotylédons, il
les soulève et les porte hors de la
terre. On dit alors que les cotylédons
sont *épigés*, tandis qu'on les nomme
hypogés lorsqu'ils restent sous terre.
Ainsi les cotylédons sont épigés dans
le Haricot, et hypogés dans le Marronnier d'Inde.

Il nous reste à examiner quels
peuvent être les usages des parties
accessoires de la graine, c'est-à-
dire de l'épisperme ou tégument
propre et de l'endosperme. — L'épisperme ou tégument propre de
la graine a pour usage d'empêcher
l'eau ou les autres matières dans lesquelles une graine est soumise à la
Germination d'agir trop directement
sur la substance même de l'embryon.
Il remplit en quelque sorte l'office
d'un crible à travers lequel ne peuvent passer que des molécules fines et
très-divisées. Duhamel en effet a vu
que les graines que l'on dépouille de
leur tégument propre se développent
rarement ou donnent naissance à des
individus grêles et mal conformés.
L'endosperme, qui n'existe pas toujours, n'est que le résidu de l'eau
contenue dans la cavité de l'ovule où
s'est développé l'embryon. Cette
liqueur que Malpighi a comparée à
l'eau de l'amnios dans les Animaux,
est quelquefois absorbée en entier
pour servir à la formation de l'embryon. C'est alors que l'endosperme
manque. Quand, au contraire, une
partie seulement a été employée pour
l'accroissement du germe, ce qui en
reste prend peu à peu de la consistance et se change en un corps qui
accompagne l'embryon et dont la nature varie beaucoup. C'est à ce corps
qui est en quelque sorte inorganique
que l'on a donné le nom d'endosperme. Quelquefois tout le liquide qui
n'a pas servi à la nutrition de l'embryon ne se solidifie pas; une partie
reste encore fluide, ainsi qu'on le
remarque dans le Cocotier. Chacun
sait en effet qu'au milieu de son
amande il existe une cavité remplie
d'un liquide blanchâtre d'une saveur
douce et agréable, qu'on désigne sous

le nom de lait de Cocos. L'endosper- me, d'après ce qui vient d'être dit , doit donc être considéré comme le véritable aliment de l'embryon. Dans la première période de la vie, c'est-à- dire aussitôt après la fécondation , c'est lui qui fournit au germe les pre- miers matériaux de sa nutrition. Plus tard, au moment de la Germination, c'est encore l'endosperme qui , après avoir éprouvé des changemens dans sa composition chimique , aide l'em- bryon à sortir de ses enveloppes , et favorise l'évolution de ses diverses parties. Si l'on prive un embryon de son endosperme , et qu'on le sou- mette à la Germination , il ne se développera pas. Donc l'endosper- me , quand il existe, est indispen- sable à la Germination. Mais quand cet organe manque , les cotylédons suppléent à ses fonctions dans l'ac- te de la Germination. En effet , ils sont alors gros , épais , charnus , et remplis d'une substance amila- cée, analogue à celle que forme l'endosperme. Lorsqu'au contraire ce dernier existe , les cotylédons sont minces et foliacés. On peut donc les considérer comme remplissant les mêmes fonctions que l'endosperme. Aussi est-ce pour cette raison que le célèbre physicien Charles Bonnet les appelait Mamelles végétales. Si l'on retranche les deux cotylédons sur un embryon de Haricot, il ne sera plus susceptible d'aucun développe- ment. Si l'on n'en ôte qu'un seul, il se développera, mais d'une manière faible et languissante et comme un être maladif et mutilé. Mais un fait des plus remarquables, c'est que l'on peut impunément fendre et séparer en deux parties latérales un embryon dicotylédoné. Si chaque moitié con- tient un embryon bien entier , elle se développera aussi bien qu'un em- bryon avec ses deux cotylédons, et donnera naissance à un Végétal aussi fort et aussi parfait. Enfin , d'après les expériences de Desfontaines, Thouin , Labillardière, il suffit d'ar- roser les cotylédons pour qu'un em- bryon germe et s'accroisse. La gran-

de différence qui existe, sous le rap- port de la structure, entre l'embryon monocotylédoné et l'embryon à deux cotylédons, doit en entraîner une non moins grande dans leur mode de Germination. Nous avons déjà si- gnalé les différences les plus remar- quables à cet égard. Elles tiennent à ce que, dans le premier, la radi- cule et la gemmule sont d'abord ren- fermées chacune dans une sorte de gaîne ou d'étui qu'elles doivent per- cer pour pouvoir se développer libre- ment.

La tendance pour ainsi dire invinci- ble par laquelle le caudex ascendant se dirige vers le ciel et la lumière , et le caudex descendant vers le centre terrestre, est telle que l'em- bryon , quelque faible qu'il soit, surmonte constamment les obsta- cles par lesquels on tend à les con- trarier. Si l'on place une graine ger- mante de manière que sa radicule soit tournée vers le ciel et sa gem- mule enfoncée dans la terre, on les verra bientôt l'une et l'autre se re- courber simultanément ; la première pour s'enfoncer dans la terre, la se- conde pour se redresser vers le ciel. On a cherché à expliquer de bien des manières différentes, cette tendance de la radicule vers le centre de la ter- re. Les uns ont dit qu'elle provenait de ce que les sucs qui circulent dans la radicule , étant beaucoup moins élaborés, leur poids doit être plus considérable et l'entraîner vers le centre de la terre. Mais cette asser- tion est détruite par ce qui a lieu dans certains Végétaux, tels que le *Clusia rosea* par exemple , qui ont la propriété de développer des racines de différens points de leurs branches. On voit ces racines descendre per- pendiculairement vers la terre , sou- vent d'une hauteur considérable, et s'y enfoncer. Le même phénomène s'observe aussi assez souvent dans le Maïs et dans les Vaquois. Or, dans ce cas , les racines naissant des tiges contiennent des fluides égale- ment élaborés, et néanmoins elles tendent vers le centre de la terre. Ce n'est donc pas la différence de pesanteur des fluides qui circulent dans la radicule et la plume, qui est la cause du mouvement opposé auquel elles obéissent. D'autres l'ont attribuée à l'avidité des racines pour l'humidité, qui est plus grande dans la terre que dans l'atmosphère. Duhamel a fait une expérience bien simple qui est contraire à cette assertion. Il a mis des graines germer entre deux Eponges bien imbibées d'eau et suspendues en l'air au moyen de ficelles. Si les radicules tendaient à se diriger vers l'humidité, il était naturel de penser qu'elles se seraient enfoncées dans les trous et les porosités des Eponges, ce qui n'eut pas lieu. Toutes filèrent entre les deux Eponges et vinrent pendre perpendiculairement vers la terre. Ce n'est donc pas l'humidité qui attire les racines vers le centre de la terre. Mais c'est peut-être la terre par sa nature, sa composition ou sa masse? L'expérience contredit encore cette explication. Un très-ingénieux expérimentateur, Dutrochet, auquel on doit des observations fort intéressantes sur l'accroissement des Végétaux, ayant rempli de terre une caisse dont le fond était percé d'un grand nombre de trous, plaça dans ces trous des graines germantes, et suspendit la caisse en plein air à une hauteur de plusieurs mètres. De cette manière, les graines placées dans les trous pratiqués à la face inférieure de la caisse, recevaient de bas en haut l'influence de l'atmosphère et de la lumière. La terre humide se trouvait placée au-dessus d'elles. Si la cause de la direction de la radicule existait dans sa tendance pour la terre humide, on devait voir la radicule monter dans la terre placée au-dessus d'elle, et la tige, au contraire, descendre dans l'atmosphère placé au-dessous. Le contraire eut lieu; les radicules descendirent dans l'atmosphère et les tigelles montèrent dans la terre.

Knight, célèbre physicien anglais, a voulu reconnaître par des expériences directes, si cette tendance ne serait pas détruite par un mouvement rapide et circulaire imprimé à des graines germantes. Il fixa des graines de Haricots dans les augets d'une roue mue continuellement par un filet d'eau dans un plan vertical. Cette roue faisait cent cinquante révolutions en une minute. Placées dans de la Mousse sans cesse humectée, ces graines ne tardèrent pas à germer. Toutes les radicules se dirigèrent vers la circonférence de la roue, et toutes les gemmules vers son centre. En suivant chacune de ces directions, les radicules et les gemmules obéissaient à leurs tendances naturelles et opposées. Le même physicien fit une expérience analogue avec une roue mue horizontalement et faisant deux cent cinquante révolutions par minute; les résultats furent semblables, c'est-à-dire que toutes les radicules se portèrent vers la circonférence et les gemmules vers le centre, mais avec une inclinaison de dix degrés des premières vers la terre, et des secondes vers le ciel. Ces expériences, répétées par Dutrochet, ont eu les mêmes résultats; à l'exception toutefois que ce dernier a obtenu une inclinaison beaucoup plus considérable, et que les radicules et les gemmules sont devenues presque horizontales, quoique le nombre des rotations de sa roue mue horizontalement fût moins considérable.

Des diverses expériences rapportées ci-dessus, il résulte évidemment que les radicules se dirigent vers le centre de la terre, non parce qu'elles contiennent un fluide moins élaboré, ni parce qu'elles y sont attirées par l'humidité ou la nature de la terre, mais par un mouvement spontané, par une sorte de soumission aux lois générales de la gravitation.

Quelques Végétaux présentent dans leur Germination des particularités dignes d'être notées. Ainsi en général les Plantes parasites ne peuvent germer dans la terre. C'est ce qui résulte des observations de Vaucher de Genève sur la Germination des Orobanches. On sait que ces Plantes singulières sont des parasites qui vivent et sont implantées sur la racine d'autres Végétaux. Si l'on sème leurs graines, elles ne prendront aucun développement jusqu'à ce qu'elles soient rencontrées par quelque ramification de la racine d'une des Plantes sur lesquelles elles végètent. On voit alors ces graines qui, jusque-là, étaient restées dans un état stationnaire, se cramponner en quelque sorte sur cette racine et présenter tous les phénomènes de la Germination. Bien que la loi de la tendance des radicules vers le centre de la terre soit générale, on voit néanmoins quelques Végétaux s'y soustraire. Nous citerons en particulier le Gui (*Viscum album*, L.) qui est une Plante parasite que l'on trouve en abondance sur les Pommiers, les Peupliers, etc. Lorsque sa graine germe, elle pousse sa radicule dans quelque position que le hasard la dirige. Ainsi quand la graine qui est enveloppée d'une glu épaisse et tenace vient à se coller sur la partie supérieure d'une branche, sa radicule, qui est une sorte de tubercule évasé en forme de cor de chasse, se trouve alors perpendiculaire à l'horizon. Si, au contraire, la graine est placée à la partie inférieure de la branche, la radicule se dirige vers le ciel. La graine est-elle située sur les parties latérales de la branche, la radicule se dirige latéralement. En un mot, dans quelque position que le hasard place la graine, la radicule se dirige toujours vers l'axe de la branche. Mais ce n'est pas seulement sur le bois que cette graine peut germer. Elle se développe également bien sur des pierres, sur du fer, des carreaux de vitre, etc., parce qu'elle trouve dans la substance visqueuse qui l'enveloppe les élémens nécessaires à son évolution. Mais dans tous les cas, la radicule se dirige toujours vers le centre de ces corps et obéit à l'attraction qu'ils exercent sur elle. Cette attraction n'est qu'une cause éloignée de la tendance de la radicule du Gui vers les corps. Sa véritable cause est un mouvement intérieur spontané, exécuté par l'embryon, à l'occasion de l'attraction exercée sur sa radicule. Dutrochet, qui a fait plusieurs expériences fort ingénieuses sur la Germination de ce singulier Végétal, ayant collé une graine de Gui germante à l'une des extrémités d'une aiguille de Cuivre semblable à une aiguille de boussole et placée de même sur un pivot, fit à l'autre extrémité le contre-poids avec une petite boulette de cire. Les choses ainsi disposées, il approcha latéralement de la radicule une petite planchette de bois qu'il plaça à environ un millimètre de distance. Cet appareil fut ensuite recouvert avec une cloche de verre, afin de le bien préserver de l'action des agens extérieurs. Au bout de cinq jours, la tige de l'embryon s'est fléchie et a dirigé la radicule vers la petite planche qui l'avoisinait, sans que l'aiguille ait changé de position, malgré son extrême mobilité sur le pivot. Deux jours après, la radicule était dirigée perpendiculairement sur la planche avec laquelle elle s'était mise en contact. La radicule du Gui présente encore une autre tendance constante, c'est celle de fuir la lumière. Si l'on fait germer des graines de Gui sur la face interne des vitres d'une croisée d'appartement, on verra toutes les radicules se porter vers l'intérieur de l'appartement et fuir la lumière. Prenez une de ces graines gérmées, appliquez-la sur la vitre en dehors de l'appartement, et sa radicule, d'abord dirigée en dehors, s'appliquera contre la vitre, comme si elle tendait à se porter vers l'intérieur de l'appartement pour y trouver l'obscurité.

Pour terminer cet article nous devrions parler ici de la Germination des Plantes Agames, mais comme cette prétendue Germination est fort différente de celle des Végétaux Phanérogames, en ce qu'au lieu d'être une évolution de parties déjà existantes dans un embryon, c'est en quelque sorte la création d'organes qui n'existaient pas dans le germe, nous croyons devoir nous abstenir d'en parler ici. D'ailleurs, comme elle est fort différente dans chacune des familles qui composent le groupe des Agames, nous renvoyons à ces familles pour les particularités qu'elles présentent dans chacune d'elles. *V.* Agames, Cryptogames, Germe, Fougères, Hydrophytes, Mousses, Prêles, Zoocarpes, etc.   (A. R.)

GERMON. mam. (Duhamel.) L'un des noms vulgaires du *Delphinus Delphis. V.* Dauphin.   (b.)

GERMON. *Orcynus.* pois. Espèce de Scombre devenu type d'un sous-genre.   (b.)

GERNOTTE. bot. phan. On donne ce nom, au Sénégal, au Millet qu'on y cultive et dont on fait une grande consommation.   (b.)

GÉROFLE. bot. phan. *V.* Géroflier.   (b.)

GÉROFLÉE. int. Pour Giroflée. *V.* ce mot.   (b.)

GÉROFLIER ou GIROFLIER. *Caryophyllus.* bot. phan. Ce genre, de la famille des Myrthacées et de l'Icosandrie Monogynie, L., établi par Tournefort et Linné, est ainsi caractérisé : calice adhérent à l'ovaire, infundibuliforme, ayant le tube allongé, étroit, et le limbe à quatre divisions épaisses, ovales, aiguës; corolle à quatre pétales arrondis, sessiles, un peu concaves; étamines nombreuses, insérées, ainsi que la corolle, sur un bourrelet quadrangulaire entourant le sommet de l'ovaire; ovaire infère surmonté d'une sorte de disque au centre duquel est implanté un style court, épais, et qui supporte un stigmate petit et capitulé; drupe ovoïde, couronnée par les divisions du calice persistant.

La seule espèce qui compose ce genre, exige que nous entrions dans quelques détails sur son histoire, en raison de l'importance de ses produits.

Le Géroflier aromatique, *Caryophyllus aromaticus*, L., est un grand Arbrisseau fort élégant. Sa forme générale est celle d'une pyramide ovale:il est toujours vert et orné d'une multitude de jolies fleurs roses, disposées en corymbes terminaux et trichotomes. Il porte des feuilles opposées, obovales, entières, lisses, à nervures latérales, nombreuses, acuminées, portées sur un long pétiole canaliculé, articulé, et renflé inférieurement. Le Géroflier est indigène des îles Moluques, d'où il a été transporté dans les autres parties de l'Inde, dans les îles Maurice et Mascareigne, et jusqu'à la Guiane et aux Antilles, où il paraît prospérer. Pour le répandre dans ces colonies, il a fallu essayer plusieurs tentatives infructueuses et braver de nombreux obstacles. Quand les Portugais furent chassés par les Hollandais de leurs possessions dans les îles de la mer des Indes, ces derniers, aussi égoïstes qu'industrieux, forcèrent tous les peuples qu'ils soumirent à détruire leurs Gérofliers, et ils en concentrèrent la culture dans les îles d'Amboine et de Ternate. C'est au zèle ardent de Poivre, alors intendant des îles de France et de Mascareigne, que les colonies françaises sont redevables de ce précieux Arbrisseau. Cet administrateur-philosophe fit partir en 1769 deux vaisseaux commandés par les lieutenans de Trémigon et d'Etcheverry, qui parvinrent, non sans peine, à se procurer près des rois de Gueby et de Patany une grande quantité d'Arbres d'épiceries, au nombre desquels était le Géroflier. Le déplacement de Poivre faillit presque anéantir tout ce que les soins de ce philanthrope avaient créé. Il se trouva heureusement dans l'île de Mascareigne un de ces hommes qui joignent à l'amour du bien public des connaissances très-étendues sur la culture, et qui fit réussir les plantations des Gérofliers. Bory de Saint-Vincent (Voyage aux îles des mers d'Afrique, T. II, p. 46) parle du premier Géroflier qui fut planté dans l'île, et qui existait en l'an x de la république dans le verger de M. Hubert. Cet Arbre avait si bien prospéré qu'il a donné en certaines années jusqu'à soixante-quinze kilogrammes de clous , quantité prodigieuse en comparaison de celle que produisent ordinairement les Gérofliers des plantations en grand et qui ne s'élève qu'à quelques kilogrammes par chaque plant. Le sol et le climat de l'île Mascareigne paraissent si convenables au Géroflier, que les fruits provenus des clous oubliés dans les cueillettes tombent à terre et repoussent, de sorte qu'on ne manque jamais de plants. Mais il est nécessaire de choisir une bonne exposition pour les Gérofliers. Les premiers essais tentés dans certaines colonies n'ont peut-être été infructueux que parce qu'on a entièrement négligé cette importante considération. Le Géroflier se plaît dans les terrains fertiles que des vapeurs rafraîchissent souvent ; il doit être abrité des vents , car son bois est des plus fragiles. Près des habitations, on le plante en bordure et en allées, mais dans les véritables gérofleries, les Arbres sont disposés en quinconce. C'est aux soins de Céré , homme qui possédait des connaissances très-étendues sur la culture, que la plantation des Gérofliers dut sa prospérité. Ce fut lui qui en fit de nombreux envois à Cayenne, à Saint-Domingue et à la Martinique.

Les clous de Gérofle ou de Girofle, sont les boutons des fleurs recueillis avant leur entier épanouissement. Leur partie supérieure, formée par les pétales dans leur estivation, est renflée ; mais souvent cette sorte de petite tête tombe pendant le transport, et il ne reste que leur fût, c'est-à-dire la portion formée par le tube du calice soudé à l'ovaire. Leur récolte se fait, soit en les enlevant à la main, soit en les faisant tomber sur des toiles à l'aide de longs roseaux, et on les fait tout simplement sécher au soleil. Les Hollandais passent à la fumée ceux que l'on récolte dans les Moluques, ce qui leur donne une couleur extérieure d'un noir huileux que n'ont point les clous des colonies françaises. Ceux-ci sont d'ailleurs inférieurs aux premiers tant par le volume que par les qualités. Ils sont éminemment aromatiques, ainsi que presque toutes les parties de la Plante. Leur odeur et leur saveur âcre et brûlante , sont dues à une huile volatile très-abondante, plus pesante que l'eau, d'abord incolore , puis brunâtre , que l'on emploie, soit comme parfum , soit pour apaiser, par une sorte de cautérisation , les douleurs des dents cariées. L'analyse des Clous de Gérofle a fourni à Tromsdorff sur 1000 parties : huile volatile , 180 ; matière extractive astringente, 170 ; gomme, 130 ; résine 60 ; fibre végétale, 280 ; eau , 180.

Les fruits du Géroflier sont des baies ou drupes presque sèches , remplies d'une sorte de gomme , dont le goût est fort aromatique. On leur donne les noms de *Clous-Matrices* , *Anthofles* , et de *Mères des fruits*. Lorsqu'ils sont récens, on les confit avec du sucre, et on en mange après les repas pour faciliter la digestion.

Quelques auteurs prétendent que la *Cannelle Giroflée* est l'écorce du Géroflier ; mais d'autres l'attribuent au *Myrtus caryophyllata*.   (G..N.)

* GÉRON. *Geron*. INS. Genre de l'ordre des Diptères , et de la famille des Tanystomes de Latreille (Règn. Anim. de Cuvier.), mentionné par Meigen (Descript. Syst. des Diptères d'Europe, T. II, p. 223) qui lui assigne pour caractères : antennes étendues, rapprochées, de trois articles , le premier allongé et cylindrique, le second conoïde, le troisième cylindrique et tubulé ; trompe dirigée en avant, horizontale et allongée. Ce genre peut trouver place entre celui des Phthiries et des Usies de Latreille, dont il ne diffère que par de légers caractères tirés de la forme plus ou moins aiguë du dernier article. Meigen a décrit deux espèces auxquelles il donne les noms de *Gibbosus* et d'*Halteralis* ; il figure la première (tab. 18 , fig. 18 et 19.)   (AUD.)

GÉRONTOPOGON. bot. phan. C'est-à-dire *barbe de vieillard*, dont par contraction Linné fit Géropogon, nom par lequel les anciens désignaient la Plante qui sert de type au genre ainsi appelé. *V*. Géropogon. (b.)

GÉROPOGON. bot. phan. Genre de la famille des Synanthérées, Chicoracées de Jussieu, et de la Syngénésie égale, établi par Linné, et caractérisé ainsi : involucre pyramidal composé de plusieurs folioles égales, disposées sur un seul rang, appliquées, oblongues, subulées et étalées supérieurement ; calathide formée de fleurs nombreuses, ligulées et hermaphrodites; réceptacle plane, nu selon Gaertner, pourvu d'écailles longues, membraneuses, étroites et filiformes, selon Cassini; akènes sillonnés horizontalement par des côtes hérissées d'aspérités, prolongés supérieurement en un col qui soutient l'aigrette ; celle-ci est plumeuse dans les akènes du centre, et à cinq ou six poils légèrement roides et inégaux dans ceux de la circonférence. Ce dernier caractère est celui qui distingue le genre en question du Tragopogon dans lequel il était confondu par Tournefort. Linné et les botanistes qui ont presque toujours copié ses descriptions ont admis trois espèces de Geropogon ; mais l'une d'elles (*Geropogon hirsutum*, L.) doit rentrer, selon De Candolle, dans le genre Tragopogon, et l'autre (*G. calyculatum*, L.) doit former, d'après Cassini, un genre particulier.

Le Geropogon glabre, *Geropogon glabrum*, L., est une Plante herbacée qui ressemble tellement au *Tragopogon porrifolium*, type sauvage du Salsifix des jardins, qu'on a peine à l'en distinguer avant la floraison. Ses fleurs sont d'un rose violet très-fugace, car elles blanchissent de suite par la dessiccation. Cette Plante croît dans les environs de Nice et en Italie sur le littoral de la Méditerrande. (g..n.)

* **GÉROUSSE ou JÉROUSSE.** bot. phan. Même chose qu'Arousse. *V*. ce mot. (b.)

GERRES. pois. Syn. vulgaire du *Sparus Smaris. V.* Spare. (b.)

GERRIS. *Gerris.* ins. Genre de l'ordre des Hémiptères, section des Hétéroptères, famille des Géocorises (Règn. Anim de Cuv.), établi par Fabricius, et singulièrement restreint depuis par Latreille, qui comprend sous ce nom le petit nombre d'espèces offrant pour caractères : les quatre pates postérieures insérées sur les côtés de la poitrine, très-écartées transversalement à leur naissance, longues, grêles, avec les deux crochets de l'extrémité des tarses très-petits et situés dans une fente latérale; seconde paire de pates très-éloignée de la première; celle-ci petite et faisant l'office de pinces; antennes filiformes ; gaîne du suçoir de trois articles. Le nom de *Gerris* appartient à Fabricius ; mais il a tellement bouleversé lui-même le genre auquel il l'appliquait d'abord, qu'il ne saurait plus en être considéré comme l'auteur. Ses Gerris comprenaient des Hémiptères de mœurs et d'organisation très-différentes ; Latreille en fit le premier la remarque, et il précisa davantage ce genre, en créant à ses dépens (Précis des caract. génér. des Ins., p. 86) celui des Hydromètres ; peu d'années après Schellenberg (*Cimicum in Helveticæ aquis et terris degentium genus*, p. 20) établit sous le nom d'*Aquarius*, un nouveau genre, dans lequel il plaçait le Gerris des marais, espèce appartenant aux Gerris proprement dits, et qu'il distinguait ainsi très-clairement des autres Gerris de Fabricius. Ce dernier auteur n'osant pas rejeter en entier les nouveaux changemens parce qu'ils étaient judicieusement établis, et ne voulant pas non plus les adopter, crut sans doute utile de remplacer le nom d'*Aquarius* par celui d'Hydromètre; mais il ne fit par-là que jeter de la confusion sur les modifications proposées. Plus tard, Latreille a créé aux dépens des Gerris le genre Velie; et Fabricius lui-même a établi ceux de Béryte et d'Emèse. Le genre Gerris, tel que nous l'adoptons ici ne se compose donc plus que de fort peu d'espèces, et il correspond en partie au genre *Aquarius* de Schellenberg. Les Gerris diffèrent essentiellement des Hydromètres par leurs pates antérieures, et des Vélies par la gaîne du suçoir; ce sont des Insectes à corps allongé, de couleur noirâtre, et que l'on rencontre très-fréquemment à la surface des eaux dormantes. Ils y nagent ou plutôt ils y courent avec agilité, en se servant des pates postérieures. Leur progression a lieu par secousse et comme par autant de sauts. Ils ne s'enfoncent pas dans le liquide, et leur corps n'est pas même mouillé. Il est couvert inférieurement d'un enduit noir ou argenté, suivant qu'on le regarde par réflexion dans un sens ou dans un autre; cette sorte de vernis peut s'enlever par le frottement. Les Gerris sont carnassiers; leur nourriture habituelle consiste en petits Insectes qui tombent sur les eaux, et qu'ils saisissent précipitamment avec leurs pates antérieures. Degéer (Mém. sur les Ins. T. III, p. 311) a décrit avec soin ces Insectes curieux; et tout en rapportant à une seule espèce les observations qu'il a eu occasion de faire, il en distingue trois variétés qui constituent réellement deux espèces que nous ferons connaître en empruntant à cet auteur l'histoire des mœurs de chacune d'elles.

Le Gerris des lacs, *G. lacustris*, Latr., ou l'*Hydrometra lacustris* de Fabricius, offre une particularité remarquable, en ce qu'étant ailé ou bien aptère, il s'accouple dans ce dernier état. Degéer (*loc. cit.* T. III, p. 313, pl. 16, fig. 8-12) distingue les individus d'après ce caractère. Il nomme les uns Punaises aquatiques très-allongées, ailées, etc., et les autres, Punaises aquatiques très-allongées, non ailées : ces deux variétés d'une même espèce, méritent de fixer notre attention. Les Gerris qui paraissent au printemps, et qui ont sans doute passé l'hiver sous la glace, sont tous aptères, mais à part le défaut d'ailes, ils offrent dans les autres parties de leur corps

une conformation analogue à celle des Insectes parfaits; de plus, ils s'accouplent, et ce dernier caractère suffit pour renverser l'opinion de Geoffroy, qui pensait que ces Insectes faisaient une exception à la règle générale, et qu'ils se fécondaient à l'état de larve ou de nymphe. Degéer, en combattant le sentiment de Geoffroy, a peut-être été trop loin, en avançant que ce Gerris, privé d'ailes, constituait une espèce distincte et constante. Nous émettrons à cet égard une opinion que nous pourrions appuyer de plusieurs faits analogues. Nous pensons que les Gerris aptères ne sont autre chose que des larves de l'année précédente, dont le développement a été arrêté, pour certains organes, par la saison froide. Si l'on réfléchit ensuite que les ailes sont fort peu importantes et très-sujettes à disparaître, on concevra très-bien que l'influence des causes environnantes devait principalement agir sur elles, et qu'elles pouvaient rester rudimentaires, tandis que toutes les parties du corps et l'appareil générateur en particulier atteignaient le *maximum* d'accroissement. Voilà comment il est permis d'expliquer la faculté qu'ont ces Insectes aptères d'opérer un accouplement, et la chose n'est pas plus impossible à admettre pour eux, que pour les femelles de plusieurs espèces, par exemple celles du Lampyre et du Drile, chez lesquelles le développement des parties extérieures du corps s'est évidemment arrêté à l'état de larve, tandis que les organes intérieurs, ceux de la génération entre autres, ont continué à croître et à se développer. Les individus aptères du Gerris des lacs, sont donc des larves, en ce sens seulement que leurs ailes ne sont pas développées. Du reste, ils offrent tous les caractères des Insectes parfaits, et ils ne diffèrent pas spécifiquement des individus ailés. L'ardeur des mâles à rechercher les femelles est très-grande. Voici ce qu'en rapporte Degéer : « Pour connaître plus particulièrement leurs façons d'agir, je plaçai plusieurs de ces

Punaises non ailées dans un grand poudrier à demi plein d'eau ; et la première chose que je remarquai, fut qu'elles s'accouplèrent continuellement ; je n'ai même jamais vu de mâles plus ardens que ceux de cette espèce : car sitôt qu'ils rencontraient quelques femelles, ils ne finissaient pas de s'y attacher, en sorte que toute la journée il y eut des accouplemens, comme s'ils n'eussent été occupés que du soin de la propagation de leur espèce. Le mâle, dans l'accouplement, se fixe sur le dos de la femelle avec ses pates antérieures, dont il embrasse le corselet, et la tient ainsi assurée. Il fait ensuite sortir de son derrière un petit corps noueux qu'il coule vers celui du ventre de la femelle, laquelle paraissant quelquefois lasse de ses caresses, parce qu'il ne lui laissait presque point de relâche, faisait alors toute sorte d'efforts pour s'en débarrasser, soit en élevant le devant de son corps, ou en se servant de ses pates de devant pour le renverser, au moyen de quoi elle parvenait quelquefois à le chasser ; mais le plus souvent il tenait bon et se laissait culbuter avec elle, sans pour cela lâcher prise. » Quant aux Gerris ailés des lacs, qui sont nés aux premiers jours du printemps, et qui ont achevé leur développement dans le courant de la saison chaude, leur accouplement n'a lieu qu'à la fin de l'été ; et les œufs qu'ils pondent n'éclosent que l'année suivante..

Le GERRIS DES MARAIS, *G. paludum*, ou l'*Hydrometra paludum* de Fabricius, avait été distingué de l'espèce précédente par Degéer (*loc. cit.*, p. 320 et pl. 16, fig. 7 et 13-19) qui lui assignait pour caractères : espèce très-allongée, à corps et à pates noires, dont les antérieures sont courtes et le derrière garni de deux pointes. Cet observateur décrit avec soin les métamorphoses des Gerris, et les représente à leurs divers états de larves, de nymphes et d'Insectes parfaits. Cette espèce se trouve, ainsi que la précédente, à la surface de nos lacs, de nos étangs et de nos marais.

On en connaît une espèce des Indes-Orientales, qui a reçu le nom de *Gerris fossarum*. Elle a été décrite comme un Hydromètre par Fabricius.

Thomas Hardwicke (*Trans. Linn. Societ.* T. XIV, p. 154, pl. 6, fig. 1-4) a décrit récemment une espèce nouvelle, originaire du royaume de Népaul, il la nomme *Gerris laticaudata*; il figure la larve, l'Insecte parfait, la tête, les antennes et le bec grossis, ainsi que l'extrémité de l'abdomen, remarquable par les dents et onglets qu'il présente. (AUD.)

GERTÉ. BOT. PHAN. Nom de l'Arachide au Sénégal, selon Adanson. (B.)

GÉRUMA. BOT. PHAN. Genre établi dans la Pentandrie Monogynie, L., par Forskahl qui lui donne pour caractères : un calice à cinq dents, aplati, petit, persistant ; cinq pétales étalés, lancéolés et tronqués ; cinq étamines, dont les filets se soudent inférieurement en un anneau épais et portent des anthères trigones ; un style ; trois stigmates ; une capsule ovoïde qui s'ouvre en quatre ou cinq valves, et contient autant de loges, dans chacune desquelles sont, une ou deux graines fixées à un réceptacle pulpeux et trigone. La seule espèce de ce genre, le *Geruma alba*, est originaire d'Arabie, où elle porte le nom de *Djerrum*. Ses feuilles sont alternes, ovales-oblongues, légèrement dentées. Ce n'est qu'avec doute qu'on rapproche des Méliacées le *Geruma*, aussi incomplétement connu. (A.D.J.)

*GERVILIE. *Gervilia*. MOLL. FOSS. Defrance, dans le Dictionnaire des Sciences naturelles, a créé ce genre dédié à De Gerville, pour des Coquilles fossiles dont on a d'abord trouvé les moules à Valognes. C'est avec ces moules assez bien conservés, que Defrance a fait le genre. Il est facile de sentir que des matériaux si difficiles à bien caractériser, sont insuffisans pour fixer invariablement les caractères génériques. Deslongchamps qui, dans le dernier volume des Recueils de la Société Linnéenne du Calvados, a traité, d'après des Coquilles entières, le genre de Defrance, a rectifié quelques erreurs et y a ajouté plusieurs espèces. Voici les caractères exposés par Defrance: coquille bivalve, inéquilatérale, très-allongée longitudinalement, un peu courbe et aplatie, bâillante très-probablement à l'extrémité antérieure où se trouve située la charnière et où chaque valve est un peu retroussée dans la place de la courbure de la coquille; trois fossettes obliques qui ont dû contenir autant de ligamens, dont deux vis-à-vis les crochets et l'autre un peu plus éloignée; cinq ou six petites dents obliques au-dessous des deux premières, deux longues parallèles, et quelques autres plus petites au-delà de la troisième fossette; une impression musculaire vis-à-vis de la charnière. Nous opposons ces caractères à ceux donnés par Deslongchamps, exprimés de la manière suivante : coquille bivalve, inéquivalve, inéquilatérale, allongée, un peu arquée, subtransverse, très-oblique sur sa base, non bâillante; charnière double; l'extérieure formée de sillons larges, peu profonds, plus ou moins nombreux, opposés sur chaque valve, destinés à recevoir des ligamens comme dans les Pernes; l'intérieure à dents très-obliques, alternes sur chaque valve, et se relevant mutuellement. En comparant les caractères donnés et par Defrance et par Deslongchamps, on voit que les principales différences viennent de ce que le premier de ces observateurs a manqué de matériaux nécessaires. Il convient donc d'adopter ceux du dernier qui a eu l'avantage d'ajouter quatre espèces nouvelles à celle déjà connue. D'après ce que nous connaissons de ce genre, il paraît avoir les plus grands rapports avec les Pernes, les Crénatules et les Catillus, et doit conséquemment faire partie de la famille des Malléacées de Lamarck; il en diffère principalement par la double charnière ou le second rang de dents articulées dont sont dépourvus les genres que nous venons de citer. Ne pouvant indiquer et

renvoyer à de bonnes figures, celles de Deslongchamps étant au-dessous du médiocre, et celle de Defrance dans l'Atlas du Dictionnaire des Sciences naturelles étant insuffisante, nous nous contenterons de citer nominativement les espèces avec la phrase caractéristique de Deslongchamps, en attendant que cet habile observateur trouve un dessinateur plus habile et qui nous donne, par des figures reconnaissables, une idée plus nette de ce genre intéressant.

Gervilie pernoïde, *Gervilia pernoides*, Desl., Recueil de la Société Linnéenne, T. 1. Coquille grande, épaisse, très-large, à oreilles entières; les sillons extérieurs de la charnière sont grands, nombreux, parallèles; leurs dents cardinales intérieures sont de forme variable, très-obliques. Caen et les Vaches-Noires.

Gervilie silique, *Gervilia Siliqua*, Desl. (*loc. cit.*) Coquille allongée, subcomprimée, à oreilles entières; les sillons cardinaux extérieurs au nombre de trois ou de quatre seulement; les dents cardinales internes sont simples et obliques. Caen et les Vaches-Noires.

Gervilie solénoïde, *Gervilia solenoides*, Def., Dict. des Sc. nat, T. xviii, 26e livraison de planches; Desl. (*loc. cit.*) Coquille très-allongée, étroite, à oreilles entières; les sillons cardinaux extérieurs au nombre de trois ou quatre; dents cardinales internes, variables, nombreuses et inégales. Des environs de Valognes où on n'en trouve que les moules.

Gervilie uni-auriculée, *Gervilia monotis*, Desl. (*loc. cit.*) Coquille petite et large, ayant une de ses oreilles très-petite; l'autre, au contraire, fort longue et émarginée. De Caen.

Gervilie a côtes, *Gervilia costula*, Desl. (*loc. cit.*) Coquille petite, large, submutique, présentant quatre ou cinq côtes longitudinales étroites; l'oreille la plus longue étant émarginée. De Caen.   (D..H.)

* GERYONIA. bot. phan. Genre

établi par Schrank aux dépens du genre Saxifrage, et dont le *Saxifraga crassifolia* serait le type. Ce genre n'a pas été adopté.   (G..N.)

GÉRYONIE. *Geryonia.* ACAL. Genre de l'ordre des Acalèphes libres de Cuvier, proposé par Péron et Lesueur; il appartient aux Méduses agastriques, pédonculées et tentaculées, et offre pour caractères : des filets ou des lames au pourtour de l'ombrelle; une trompe inférieure et centrale; point de bras. Ce genre, adopté par Cuvier, ne renferme que deux espèces décrites par Péron et Lesueur sous les noms de *Geryonia dinema* et de *Geryonia hexaphylla.* Cette dernière est le *Medusa proboscidalis* de Forskahl. Lamarck réunit ces deux Méduses au genre Dianée. *V.* ce mot   (LAM..X.)

GERZEAU. BOT. PHAN. L'un des noms vulgaires de l'*Agrostemma Githago. V.* AGROSTÈME.   (B.)

GERZERIE. BOT. PHAN. L'un des synonymes vulgaires d'Ivraie. *V.* ce mot.   (B.)

GÉSIER. OIS. Organe de la digestion, véritable estomac où les alimens, qui n'ont été que ramollis dans le jabot, viennent éprouver une sorte de trituration, et conséquemment de décomposition complète par l'effet de la coutraction dont les deux principaux muscles qui composent le Gésier sont susceptibles. On trouve souvent dans le Gésier, des Gallinacés surtout, des petites pierres que ces Oiseaux paraissent avaler à dessein pour faciliter le broiement des graines. Cette habitude leur devient quelquefois funeste en certains endroits. *V.* CALAMINE.   (DR..Z.)

*** GÉSIER.** MOLL. Les marchands donnent ce nom à une Porcelaine très-rare des mers de la Nouvelle-Hollande. Lamarck, dans son grand ouvrage (Anim. sans vert. T. VII, p. 581) ainsi que dans les Annales, lui a conservé le nom de *Cypræa Ventriculus.*   (D..H.)

GESNÉRIE. *Gesneria.* BOT. PHAN.

Genre établi par Plumier, placé par Linné dans la Didynamie Angiospermie, et par Jussieu dans la famille des Campanulacées, mais dont le professeur Richard a fait le type d'un nouvel ordre naturel, sous le nom de Gesnériées. Les Gesnéries sont originaires des diverses contrées de l'Amérique méridionale. Ce sont des Plantes herbacées ou des Arbustes à feuilles opposées ou verticillées; les fleurs sont souvent très-grandes et peintes de riches couleurs ; leur calice adhérent avec l'ovaire infère se termine supérieurement par un limbe à cinq divisions égales ; la corolle est tubuleuse, évasée dans sa partie supérieure qui est bilabiée ; la lèvre supérieure est bilobée ; l'inférieure a trois lobes presque égaux et arrondis. Les étamines sont didynames et placées sous la lèvre supérieure. L'ovaire est infère, à une seule loge contenant deux trophospermes formés d'une lame courte et perpendiculaire aux parois de l'ovaire et d'une autre lame plus épaisse placée parallèlement à ces parois. Cette dernière est toute couverte d'une multitude de petits ovules. Le sommet de l'ovaire est couronné par un disque épigyne qui forme une sorte de bourrelet à cinq angles arrondis. Le style est à peu près de la même longueur que les étamines ; il se termine par un stigmate simple, évasé et légèrement concave. Le fruit est une capsule couronnée par les lobes du calice, à une seule loge s'ouvrant en deux valves.

GESNÉRIE TOMENTEUSE, *Gesneria tomentosa,* L., Jacq., *Am.* 179, t. 175, f. 64. C'est un Arbuste de trois à quatre pieds d'élévation, qui croît à Cuba et à Saint-Domingue et qu'on cultive quelquefois dans les serres. Ses feuilles sont rapprochées, alternes, presque sessiles, oblongues-lancéolées, dentées, pubescentes des deux côtés. Les fleurs, d'un jaune sale, sont portées sur des pédoncules axillaires, très-longs, qui se terminent par deux ou trois fleurs pédicellées. Leur calice est court et turbiné; son limbe offre cinq lobes aigus. La corolle est tubuleuse, évasée, légèrement pubescente, ainsi que le calice et les pédoncules.

Dans le second volume des *Nova Genera Americæ œquinoctialis*, notre ami le professeur Kunth en a décrit dix espèces nouvelles recueillies par les illustres voyageurs Humboldt et Bonpland. Parmi ces espèces, il en a figuré cinq, savoir : *Gesneria spicata*, *loc. cit.*, t. 188 ; *Gesneria hirsuta, loc. cit.*, t. 189; *Gesneria Hondensis, loc. cit.*, t. 190 ; *Gesneria mollis, loc. cit.*, t. 191; *Gesneria elongata*, t. 192. (A. R.)

* **GESNÉRIÉES.** *Gesnereæ.* BOT. PHAN. Famille de Plantes dicotylédones, monopétales, hypogynes, proposée par le professeur Richard, et adoptée par Kunth (*Nov. Gener. et Species Plant. œquinoct.* vol. 2, p. 392). Ces auteurs n'en ayant pas exposé les caractères, ce n'est pas notre devoir de les donner ici, quoique nous ayons appris de Kunth lui-même, qu'indépendamment des genres *Gesneria* et *Besleria* qui sont décrits dans son grand ouvrage, la famille des Gesnériées doive se composer du *Gloxinia*, l'Hérit.; de l'*Achimenes*, Vahl, ou *Trevirana*, Willd.; de l'*Orobanche*, L.; et du *Columnea*, L. En combinant avec sagacité leurs caractères, on parviendra à asseoir ceux de la famille, et c'est pour faciliter un tel résultat aux botanistes que nous croyons utile de leur donner l'indication de ces genres. (G..N.)

GESSE. *Lathyrus.* BOT. PHAN. Genre de la famille des Légumineuses et de la Diadelphie Décandrie, établi ou plutôt circonscrit seulement par Linné qui l'a ainsi caractérisé : calice campanulé à cinq découpures ; les deux supérieures plus courtes; corolle papilionacée dont l'étendard est cordiforme et relevé; les ailes oblongues et lunulées; la carène semi-orbiculaire montante un peu plus courte que les ailes ; style plane, élargi vers le sommet, velu et pubescent dans sa partie antérieure; légume oblong, renfermant plusieurs graines globuleuses ou

quelquefois anguleuses. Tournefort avait restreint ce genre à un petit nombre d'espèces, et plusieurs autres genres qui rentrent évidemment dans celui-ci avaient été constitués par ce père de la botanique sous les noms d'*Aphaca, Clymenum, Ochrus* et *Nissolia.* Mœnch a longtemps après rétabli tous ces genres en y ajoutant un nouveau sous le nom de *Cicercula.* Mais le *Lathyrus*, tel que Linné l'a présenté, a des affinités si grandes avec les genres *Vicia* et *Pisum*, qu'il est bien difficile de les distinguer autrement que par un port particulier. Toutes les Plantes qui composent les divisions formées aux dépens des *Lathyrus* présentant le même facies, sauf quelques espèces dont les organes de la végétation offrent une constante anomalie, le *Lathyrus Aphaca*, par exemple; il ne paraît donc pas convenable d'adopter ces divisions. Les Gesses sont des Plantes herbacées, annuelles ou vivaces, à tiges souvent ailées et grimpantes, à pétioles terminés en vrilles, portant deux à six folioles, à stipules semi-sagittées, et à fleurs portées sur des pédoncules axillaires, et d'un aspect agréable. Leur nombre s'élève à plus de quarante dont la moitié croît naturellement en France. En général, ce sont des Plantes de la région méditerranéenne; on en trouve pourtant quelques espèces dans le nord de l'Amérique, en Sibérie, et même au Japon. Celles qui habitent Monte-Video et les parties les plus australes de l'Amérique démontrent l'analogie de la végétation de ces contrées avec celles de l'Europe.

On a distribué les Gesses en deux groupes : le premier se compose des espèces annuelles, et dont les pédoncules supportent une, deux ou trois fleurs. Parmi les plus remarquables de ces Plantes, nous citerons:

La GESSE ODORANTE, *Lathyrus odoratus*, L., vulgairement Pois de senteur, Pois musqué. Elle est herbacée, grimpante ; sa tige est ailée, et ses feuilles sont pétiolées, terminées.

en vrilles rameuses , et composées de deux folioles ovales ; elle produit de grandes fleurs de couleur de chair ou d'un violet purpurin , et des gousses longues, hérissées de poils. La beauté , l'odeur suave des fleurs , et la facilité avec laquelle cette Plante se cultive , l'ont multipliée étonnamment dans toute l'Europe, où l'on en garnit surtout les murs et les treillages. La variété violette passe pour originaire de Sicile, tandis que celle qui est incarnate est, dit-on, indigène de Ceylan. Cette distinction nous semble arbitraire, puisqu'on obtient souvent sur le même pied des fleurs qui sont affectées de l'une et de l'autre de ces couleurs.

La Gesse cultivée, *Lathyrus sativus*, L. , a des tiges faibles , glabres et ailées ; ses feuilles sont composées de folioles pointues ; ses légumes sont ovales, larges, comprimés, glabres , et chargés sur leur dos de deux rebords. On la cultive dans les jardins potagers sous les noms de Gesse à large gousse et de Pois de Brebis.

La Gesse Chiche , *Lathyrus Cicera*, L., ne diffère de la précédente espèce que par ses légumes qui ne sont pas ornés d'un rebord sur le dos, mais simplement sillonnés ; ses fleurs sont rouges. Cultivée comme fourrage dans plusieurs départemens, elle y est connue sous des noms particuliers : ainsi , près de Montpellier, on la nomme Gairoutte, et aux environs d'Angers , elle s'appelle Jarosse, etc.

Le *Lathyrus Aphaca* , si commun parmi nos moissons, et si remarquable par l'amplitude des stipules formées aux dépens des folioles qui avortent en totalité, appartient encore à la première section.

Dans le second groupe, les espèces sont vivaces , et les pédoncules portent plus de trois fleurs. C'est ici que l'on a placé le *Lathyrus tuberosus.* Cette Plante, si élégante par ses belles fleurs de couleur rose, est assez commune en plusieurs lieux sur le bord des champs. Le peuple mange les tu-

bercules de ses racines après les avoir fait cuire sous la cendre, et leur donne les noms d'Anote et de Marcusson.

Les *Lathyrus sylvestris* , *pratensis* et *palustris*, sont des Plantes qui abondent en diverses localités des environs de Paris.   (G..N.)

GESSETTE. bot. phan. L'un des noms vulgaires du *Lathyrus Cicera* , L. *V*. Gesse.   (b.)

GESTATION. zool. Ce nom est employé par les physiologistes pour désigner l'état d'une femelle qui a conçu et qui nourrit ou porte dans son sein le produit de la conception. Considérée dans le genre Homme , la Gestation se nomme grossesse. (g.)

GÉTA. ois. Vieux syn. de *Corvus glandarius* , L. *V*. Corbeau. (dr..z.)

GETHIA. bot. phan. (Scaliger.) Syn. de Jacée.   (b.)

* GÉTHIOIDES. bot. phan. (Columna.) Syn. d'*Allium pallens*. Ce nom vient de *Gethyon*, que Dodœns dit avoir désigné l'Oignon et le Poireau chez les Grecs.   (b.)

GETHYLLIDE. *Gethyllis*. bot. phan. Genre de la famille des Narcissées de Jussieu, ou Amarillidées de Brown , et de l'Hexandrie Monogynie, établi par Linné , et ainsi caractérisé : périanthe tubuleux, filiforme , très-long , à limbe court , et composé de six divisions égales ; étamines au nombre de six selon Linné fils, ayant les filets divisés et portant des anthères en spirale ; ovaire recouvert par le calice , surmonté d'un style filiforme et d'un stigmate trifide. Le fruit est capsulaire , bacciforme , et renferme des graines enveloppées d'une pulpe. Dans ce genre , la fleur est radicale et solitaire ; un périanthe simple persiste après la floraison et recouvre la capsule. Cette inflorescence rappelle celle des *Hypoxis* ; par leur grandeur, ainsi que par la forme de la fleur, les Géthyllides ont quelques rapports avec le Safran ou avec le Colchique. Une Plante placée dans le genre *Hypoxis* par Linné fils qui l'avait nommée *Hyp. plicata*, en a été retirée par Jacquin (*Hort. Schœnbrunn.*, 1, tab. 80) et nommée *Gethyllis plicata*.

La *Gethyllis afra*, L., a été reproduite sous le nouveau nom générique de *Papiria* par Thunberg (*Act. Lund.* 1, sect. 2, p. 3). Linné fils, en la replaçant dans le genre formé par son père, lui a laissé le nom spécifique de *spiralis* que lui avait donné Thuuberg. Cette Plante est indigène du cap de Bonne-Espérance ainsi que toutes ses congénères qui sont au nombre de cinq, et dont les feuilles ne paraissent qu'après la fructification.   (G..N.)

* GÉTHYON. BOT. PHAN. (Théophraste.) *V.* GÉTHIOIDES.

GÉTHYRA. BOT. PHAN. (Salisbury.) Syn. d'*Alpinia occidentalis. V.* ALPINIE.   (B.)

GÉTIERGERTE. *Falco Tigrinus.* OIS. (Latham.) Espèce peu connue que l'on a placée parmi les Aigles; on ne l'a observée qu'en Courlande. *V.* AIGLE.   (DR..Z.)

GÉTONIE. *Getonia.* BOT. PHAN. Roxburgh (Plantes de Coromandel, tab. 87) établit sous ce nom le genre que Lamarck figure sous celui de *Calycopteris* (Illustr., tab. 557). Il appartient à la Décandrie Monogynie, L., et, quoiqu'apétale, est rapporté à la famille des Combrétacées. Le calice, adhérent à l'ovaire, s'évase au-dessus de lui, et plus haut se découpe en cinq parties; vers cette hauteur, dix étamines s'insèrent à lui, sur un double rang; un style plus long qu'elles surmonte l'ovaire uniloculaire au sommet duquel pendent quatre ou cinq ovules. Le fruit, au-dessus duquel persiste le calice agrandi et qui est marqué de cinq stries longitudinales, renferme une graine unique, dépourvue de périsperme, dont la radicule est supérieure et dont un cotylédon embrasse légèrement l'autre par ses bords.

Le *Getonia floribunda* est un Arbrisseau grimpant qui croît dans l'Inde. Ses feuilles sont opposées, ses fleurs disposées en panicules axillaires ou terminales.   (A.D.J.)

GEUM. BOT. PHAN. *V.* BENOITE.

* GEUNSIA ET GEUNZIA. BOT. PHAN. Necker donne, avec ces deux orthographes, ce nom à une division qu'il établit dans le genre *Justicia*, et au *Samyda* de Linné.   (B.)

GEUSADEA. BOT. PHAN. (Avicenne.) La Châtaigne chez les Arabes. D'autres écrivent *Geusadoa*.   (B.)

GEVUINE. *Gevuina.* BOT. PHAN. Molina (Chili, p. 198, et 2e édit., p. 279) a établi sous ce nom un genre de la Tétrandrie Monogynie, L., qui a été placé par Jussieu dans ses genres *incertæ sedis*. Les auteurs de la Flore du Pérou et du Chili ont reproduit, sous le nom de *Quadria heterophylla* (*Fl. Peruv.*, I, p. 63, tab. 99), la Plante sur laquelle il a été formé; mais Persoon lui a restitué son ancien nom, à un léger changement près; il l'a nommé *Guevina*, et c'est aussi sous cette dénomination que R. Brown (*Transact. of Linn. Societ.* T. x, p. 165) en a exposé les caractères. Sa place dans la famille des Protéacées avait, pour ainsi dire, été indiquée par les auteurs systématiques qui l'avaient mis près des genres *Embothrium*, *Persoonia*, etc. R. Brown (*loc. cit.*), dans son beau Mémoire sur les Protéacées, l'a compris effectivement au nombre des genres de cette famille, et il l'a caractérisé ainsi : périanthe tétraphylle, irrégulier, composé de trois folioles réfléchies et d'une quatrième dressée; anthères cachées dans les concavités des sommets des folioles calicinales; deux glandes hypogynes et placées à la partie antérieure; ovaire disperme; stigmate oblique; drupe ayant un noyau osseux et ne contenant qu'une graine.

La GEVUINE DU CHILI, *Gevuina Avellana*, Mol., est un Arbre dont les feuilles sont alternes, pinnées; les fleurs, géminées sur chaque pédicelle, sont disposées en grappes axillaires; chacune des paires de fleurs est accompagnée d'une bractée. L'amande du fruit a le goût du fruit de notre Noisette (*Corylus Avellana*); d'où le nom spécifique. Cet Arbre croît dans les forêts et au pied des montagnes du Chili. (G..N.)

GEYSERITE ou TUF DU GEYSER. MIN. (Delamétherie.) Concrétion siliceuse qui se forme sur les bords de la source volcanique d'eau bouillante du Geyser, en Islande. *V.* QUARTZ-AGATE THERMOGÈNE.
(G. DEL.)

GÉZIR ET GÉMEN. BOT. PHAN. (Avicenne.) L'Oppopanax chez les Arabes, qui nomment Gézar la Carotte et le Panais. (B.)

* GHÆDHABA. BOT. PHAN. Nom que porte à Ceylan le Micocoulier du Levant, suivant Hermann et Burmann. (AUD.)

GHAINOUK. MAM. (Gmelin.) L'un des noms de pays du Yak. *V.* BOEUF. (B.)

* GHAIP. OIS. Nom de pays de l'Aricou. *V.* VAUTOUR. (DR..Z.)

* GHALKURU. BOT. PHAN. La Plante désignée sous ce nom à Ceylan, doit être, selon Linné, une Casse dont l'espèce reste à déterminer. (B.)

* GHANAM. POIS. Espèce de Sciœne dans Forskahl, laquelle appartient aujourd'hui au genre Holocentre.
(B.)

GHANDIROBE. BOT. PHAN. Même chose que Nhandirobe. *V.* FEUILLÉE.
(B.)

GHARGED. BOT. PHAN. (Delile.) Et non *Gharqed*. Syn. de *Nitraria tridentata*, vers l'embouchure du Nil. Forskahl écrit *Gharghœdd*; ce nom désigne aussi le *Peganum Harmala*.
(B.)

* GHARGHAFTI. BOT. PHAN. *V.* KHARKHAFTY.

* GHASDAMINI. BOT. PHAN. (Burmann.) Syn. de *Cassia Absus*, L. (B.)

GHA-TOITOI. OIS. Espèce du genre Merle. *V.* ce mot. (DR..Z.)

GHIAMALA. MAM. L'Animal africain, plus grand que l'Eléphant,

mais plus mince, à sept cornes et à deux bosses, désigné sous ce nom par d'anciens voyageurs, paraît être, selon Valmônt de Bomare, une Girafe exagérée; il nous paraît puéril de chercher au Ghiamala quelque identité parmi les Animaux réellement existans. (B.)

GHINIA. BOT. PHAN. (Schreber.) Syn. de *Tamonea* d'Aublet. *V.* ce mot. (B.)

* GHITAIEMOU. BOT. PHAN. Le suc durci qui teignait en jaune, et que l'Ecluse avait reçu et mentionné sous ce nom (*Exot. lib.* 4, *cap.* 8, p. 82), paraît devoir être la Gomme-Gutte. (B.)

* GHOBBAN. POIS. Forskahl a donné ce nom à une espèce de Scare.
(B.)

GHOBBEYREH. BOT. PHAN. (Delile.) Le *Glinus lotoides*, le *Croton tinctorium*, et l'*Inula undulata*, portent ce nom sur les rivages du Nil.
(B.)

GHODAPARA. BOT. Hermann a cité sous ce nom un Arbre que De Candolle rapporte au *Dillenia speciosa*, et qui serait le *Dillenia dentata* de Thunberg, suivant Willdenow. Rottboll en a fait son genre *Wormia*.
(AUD.)

GHODHAKADURA. BOT. PHAN. (Hermann.) C'est le nom que porte à Ceylan le *Strychnos Nux-vomica*.
(AUD.)

* GHOTARRÉ. OIS. Nom de pays du Martin-Pêcheur. *V.* ce mot.
(DR..Z.)

GIACOTIN. OIS. Frezier mentionne sous ce nom un Oiseau de l'île Sainte-Catherine, sur la côte du Brésil, qu'il compare au Faisan, mais dont la chair est moins délicate. On a soupçonné qu'il avait entendu parler du Hocco. *V.* ce mot. (B.)

GIARENDE, GÉRENDE ET GORENDE. REPT. OPH. Ces noms désignent au Brésil un ou plusieurs grands Serpens appartenant probablement au genre Boa, mais encore peu connus. (B.)

GIAROLE. OIS. *V.* GLARÉOLE.

* GIARRET. POIS. L'un des noms

vulgaires du Smaris dans la Méditerranée. '   (B.)

GIBBAIRE. *Gibbaria*. BOT. PHAN. Genre de la famille des Synanthérées, Corymbifères de Jussieu et de la Syngénésie nécessaire, L., établi par H. Cassini (Bullet. de la Sociét. Philom., septembre 1817) qui l'a ainsi caractérisé : calathide radiée dont le disque est composé de fleurons nombreux réguliers et mâles, et la circonférence de demi-fleurons femelles, à tube court et à languette tridentée : involucre hémisphérique formé de folioles lancéolées, imbriquées, spinescentes et étalées à leur sommet; réceptacle plane et sans appendices; ovaire des fleurs de la circonférence courts, lisses et bossus sur leur face extérieure; faux ovaires des fleurs centrales comprimés, striés et surmontés d'un rebord irrégulièrement découpé. Ce genre est placé par son auteur dans la tribu des Calendulées près des genres *Calendula* et *Osteospermum*. Il ne se compose que d'une seule espèce, *Gibbaria bicolor*, Cass., dont les fleurs sont d'une belle couleur de feu dans le centre et sur la partie inférieure des demi-fleurons, tandis que la partie supérieure de ceux-ci est blanche. La description en a été faite sur un échantillon recueilli au cap de Bonne-Espérance par Thunberg et conservé dans l'herbier de Jussieu où cette Plante est placée parmi les *Arctotis*   (G..N.)

GIBBAR. MAM. Syn. de Balénoptère à ventre lisse. *V*. BALEINE. (B.)

GIBBE. *Gibbus*. MOLL. C'est à tort que Montfort, dans sa Conchyliologie systématique (T. II, p. 302), a établi ce genre. Il en a pris le type parmi les Maillots, et pour celui de ce genre qui offre une bosse ou une déviation latérale du dernier tour ; ce qui le rend largement ombiliqué; son ouverture est subquadrilatère. C'est le *Bulimus Lyonetianus* de Bruguière, et un véritable Maillot pour Lamarck et les auteurs qui le suivent. Férussac a placé cette Coquille parmi les Cochlodontes, dans le premier groupe (les Maillots) sous le n° 472. Elle vient de l'Ile-de-France, et elle est encore extrêmement rare dans les collections, quoique Bory de Saint-Vincent nous ait assuré qu'elle remplissait tous les bois du centre de l'île parmi les Mousses.   (D..H.)

GIBBIE. *Gibbium*. INS. Genre de l'ordre des Coléoptères, section des Pentamères, établi par Scopoli et adopté par Latreille qui le place (Règn. Anim de Cuv.) dans sa famille des Serricornes, tribu des Ptiniores. Ses caractères sont : antennes insérées au-devant des yeux, plus velues à leur extrémité, sétacées et composées d'articles cylindriques, dont le second et les deux suivans un peu plus épais; yeux très-petits et aplatis ; corps assez court; prothorax cylindrique très-court, plus étroit que l'abdomen, et dilaté en manière d'angle au milieu de son bord postérieur; point d'écusson visible à l'extérieur; élytres embrassant l'abdomen; celui-ci très-grand, renflé, presque demi-globuleux. Les Gibbies diffèrent essentiellement des Ptines par l'insertion des antennes, et ils s'éloignent des Ptilins, des Dorcatomes et des Vrillettes, par la forme générale du corps, et par celle des antennes. Les habitudes de ces Insectes sont assez analogues à celles des Ptines ; on les rencontre ordinairement dans les collections d'Animaux et de Plantes. Le GIBBIE SCOTIAS, *Gibbia Scotias* ou le *Ptinus Scotias* des auteurs, et la Bruche sans ailes de Geoffroy (Hist. des Ins. T. I, p. 164, n. 2), peut être considéré comme le type du genre. Il a été figuré par Olivier (Hist. Nat. des Coléopt. T. II, n. 17, pl. 1, fig. 2, *a b*). Il habite l'Europe. On connaît encore quelques autres espèces ; l'une d'elles porte le nom d'*Hirticollis*. Une autre a été appelée *Bicolor* par Dejean (Catal. des Coléopt., p. 41). Elle est originaire du Pérou.   (AUD.)

GIBBON. MAM. *V*. ORANG.

GIBBUS. MOLL. *V*. GIBBE.

GIBECIÈRE. MOLL. On donne vulgairement ce nom à tous les Peignes dont les valves sont également creuses. Lamarck l'a particulièrement appliqué à l'*Ostrea Pes-felis* de Linné. Blainville croit au contraire que c'est l'*Ostrea variegata* qui a été nommée ainsi : mais à cet égard, nous pensons que l'auteur a voulu citer l'*Ostrea varia* de Linné, car nous avons inutilement cherché le *variegata* dans le *Systema Naturæ*. L'*Ostrea varia* de Linné répond au Peigne bigarré, *Pecten varius* de Lamarck. Le *Pecten opercularis*, Lamk., porte aussi ce nom, qui, comme on le voit, s'applique indistinctement à plusieurs espèces. On en fait des bourses à Naples. (D..H.)

GIBEL ou **GIBÈLE.** POIS. Cette espèce, encore qu'elle ait été figurée par Bloch, pl. 12, sous le nom de *Cyprinus Gibelio*, n'est pas assez exactement connue pour pouvoir être placée dans l'un des sous-genres établis chez les Cyprins. *V.* ce mot. (B.)

GIBOYA. REPT. OPH. L'un des noms brasiliens du *Boa Aboma*. (B.)

* **GIÇARA.** BOT. PHAN. Le Palmier du Brésil mentionné sous ce nom par Pison n'est pas plus connu que celui que le même auteur appelle Giocara. (B.)

* **GICLET.** BOT. PHAN. L'un des noms vulgaires du *Momordica Elaterium*, L. (B.)

* **GIFOLE.** *Gifola.* BOT. PHAN. Ce nom, qui est un anagramme insignifiant du mot *Filago*, a été donné par H. Cassini (Bullet. de la Société Philomathique, septembre 1819) à un des genres qu'il a établis aux dépens de ce dernier. Il appartient à la famille des Synanthérées, Corymbifères de Jussieu, tribu des Inulées de Cassini, et à la Syngénésie superflue, L. Ses différences d'avec le vrai *Filago*, consistent seulement dans les fleurons du disque qui sont hermaphrodites au lieu d'être mâles, et leurs ovaires aigrettés, tandis que ceux

des Filages sont dépourvus d'aigrettes.

L'auteur de ce genre, ou plutôt de ce sous-genre, n'y rapporte avec certitude que le *Filago germanica*, L., Plante herbacée, annuelle, à tige ramifiée, dichotome, laineuse, et à capitules solitaires, terminés ou axillaires. Elle est commune en Europe dans les champs, et on la connaît vulgairement sous les noms d'Herbe à Coton et Cotonnière.

Le *Filago pyramidata*, L., appartient encore à ce sous-genre, selon Cassini, qui, cependant, ne donne pas ce rapprochement comme certain. (G..N.)

GIGALOBIUM. BOT. PHAN. (P. Browne.) Syn. de *Mimosa scandens*, L. (B.)

* **GIGANTÉE.** *Gigantea.* BOT. CRYPT. (*Hydrophytes.*) Genre proposé par Stackhouse dans la deuxième édition de sa Néréide Britannique, qui l'a caractérisé ainsi : fronde simple ou découpée, cartilagineuse, épaisse, très-glabre, remplie intérieurement d'une mucosité diaphane, rétiforme, dans laquelle sont des graines étroites, allongées, formant de petites taches éparses ou dispersées en séries. Ce genre, dont le nom est celui que C. Bauhin donnait au Topinambour, ce qui ne le rend pas meilleur puisqu'il pèche contre toutes les règles de la nomenclature, ne diffère en aucune manière de celui que nous avons nommé *Laminaria*, adopté sous ce nom par les naturalistes. Stackhouse ne l'avait composé que de trois espèces, qui sont nos Laminaires saccharine, bulbeuse et digitée. *V.* LAMINAIRE. (LAM..X.)

* **GIGARTINE** (FRUCTIFICATION). BOT. CRYPT. (*Hydrophytes.*) Du mot qui, en grec, signifie grain de Raisin. Les fructifications des Hydrophytes, auxquelles nous donnons cette épithète, ont la demi-transparence nébuleuse des grains de raisin et leur centre opaque par la réunion des capsules, comme les pépins dans le fruit de la Vigne; ce caractère s'observe dans toutes les Plantes marines que

nous avons réunies dans un seul groupe, sous le nom de Gigartine. *V.* ce mot.   (LAM..X.)

GIGARTINE. *Gigartina.* BOT. CRYPT. (*Hydrophytes.*) Genre de l'ordre des Floridées à feuilles cylindriques ou nulles ayant pour caractère : des tubercules sphériques ou hémisphériques, sessiles, gigartins, épars sur des rameaux constamment cylindriques ou sur leurs divisions foliiformes. Presque toutes les Gigartines ont été classées par Roth dans le genre *Ceramium.* De Candolle en a placé plusieurs parmi les Ulves; beaucoup d'autres botanistes les ont considérées comme des Fucus. Stackhouse a conservé le genre *Gigartina*, mais il ne le compose que d'une seule espèce, le *Gigartina pistillata*, qu'il nomme *Gigartina Lœflingii.* Agardh, dans son *Synopsis Algarum Scandinaviæ*, a classé les Gigartines parmi ses Sphérocoques et ses Chondries; il n'a pas adopté le genre *Gigartina.* Lyngbye l'a conservé dans son *Tentamen*, mais après en avoir séparé quelques espèces, principalement le *Fucus Gigartinus* de Linné qui lui sert de type. Il a cru devoir y placer le *Fucus viridis*, qui est une Desmarestie, genre de l'ordre des Fucacées, les *Fucus lycopodioides* et *pinastroides* de Turner qui appartiennent aux Céramies; il a décrit deux espèces nouvelles sous le nom de *lubrica* et de *Fabriciana.* Nous regardons la première comme une Dumontie, et la deuxième ne diffère point du *Fucus glandulosus* de Turner. D'après ces faits, nous ne croyons pas que l'on puisse adopter le genre *Gigartina* tel que Lyngbye l'a établi. L'organisation des Gigartines ressemble à celle des autres Floridées. Au centre, un tissu cellulaire grand et régulier, entouré d'une petite couche de tissu cellulaire à mailles très-petites, faisant peut-être fonction d'écorce, et dont la surface se change en un épiderme très-mince. Dans quelques espèces, lorsque la Plante a fini sa croissance, cet épiderme s'enlève avec la plus grande facilité au moyen de la macération. Roth et quelques autres naturalistes ont, ainsi que nous l'avons dit, classé dans le genre *Ceramium* la plupart des Gigartines et des Plocamies, et les ont confondues avec les Hydrophytes articulées. Il est facile cependant de les distinguer. Si l'on coupe longitudinalement une tige, un rameau, une feuille des premières, la substance ou le tissu n'est pas interrompu, il est toujours homogène. Les contractions ou étranglemens varient beaucoup dans les individus de la même espèce; quelquefois elles sont si fortes, si apparentes, que la Plante paraît parfaitement articulée; mais aucune Floridée cylindrique n'est exempte de quelque contraction, principalement aux extrémités; quelques-unes, comme la Gigartine articulée et les espèces congénères, en offrent depuis la racine jusqu'au sommet. Nous croyons que les contractions ne commencent à se former que lorsque la Plante est parvenue à un certain âge, ou bien au moment où les fructifications se développent. Il semble que la nature forme ces étranglemens pour donner de la solidité au tissu de ces Plantes, ou pour retarder la marche des fluides, leur faire subir une élaboration plus complète, en les soumettant plus long-temps à l'action vitale, et, par ce moyen, les rendre aptes à former ou à développer les organes destinés à la reproduction. Nous ne séparons point les Floridées contractées des Floridées cloisonnées, parce qu'elles se lient entre elles par une foule de caractères, et que souvent la même espèce offre des contractions ou un tube continu, rempli de quelques filamens qui se dirigent de la circonférence au centre. Il en est qui paraissent entièrement cloisonnées, d'autres n'ont des cloisons que dans les tiges, ou dans les rameaux, ou dans leur partie supérieure; quelques-unes n'offrent ce caractère que dans leur jeunesse. Enfin la même espèce possède quelquefois ces prétendues cloisons, et d'autres fois elle n'en a pas même l'apparence. Il existe des Plantes marines de couleur verte ou olivâtre qui ont également les tiges ou les rameaux fortifiés par des cloisons réelles ou apparentes. Les caractères qu'offrent les fructifications de ces Végétaux, réunis à ceux de la couleur, les éloignent des genres qui composent la brillante famille des Floridées. Quoique la forme des Gigartines varie beaucoup, leurs fructifications présentent toujours les mêmes caractères; elles ne diffèrent que par la grandeur, quelquefois égale à celle d'une graine de Radis, d'autres fois si petite qu'elle est presque invisible. Plusieurs espèces ont la double fructification particulière à une grande partie des Floridées. La couleur présente les nuances les plus brillantes, lorsque les Gigartines ont été exposées à l'action de l'air, de la lumière, etc.; vivantes, elles sont d'un rouge purpurin plus ou moins foncé; cette couleur, dans quelques espèces, est extrêmement fugace et s'altère avec la plus grande facilité. Les Gigartines ne sont pas d'une grandeur considérable; la plupart ont, en général, un ou deux décimètres de hauteur; quelques-unes trois à cinq; et nous n'en connaissons qu'un très-petit nombre de six à huit décimètres.

Pour aider à déterminer les nombreuses espèces que nous avons réunies dans ce genre, nous les avons divisées en trois sections : la première offre pour caractère : feuilles distinctes, éparses sur les tiges ou les rameaux. La deuxième : tiges et rameaux dépourvus de feuilles et sans contractions. La troisième : contractions ou étranglemens dans les tiges et les rameaux. Chacune de ces trois sections pourrait former un genre particulier; mais la fructification étant la même dans toutes les espèces, nous croyons devoir conserver le genre Gigartine tel que nous l'avons anciennement établi. Ces Hydrophytes sont toutes annuelles, et bien peu se trouvent dans les régions équatoriales; c'est principalement au centre des zônes tempérées des deux hémisphères que

les espèces sont les plus nombreuses, et beaucoup d'entre elles ont des rapports singuliers de formes à la même latitude dans les deux hémisphères. Parmi les espèces les plus remarquables, nous croyons devoir citer les *Gigartina uvaria* et *ovata* par leur ressemblance; mais l'une se trouve dans la Méditerranée et l'autre sur les côtes de la Nouvelle-Hollande. Le *G. confervoides* des côtes occidentales de France, dont les nombreuses variétés diffèrent toujours de celles que l'on trouve dans la Méditerranée; le *G. tenax*, dont les Chinois font une si grande consommation; le *G. Helminthochorton*, qui devrait former à lui seul la Mousse de Corse des pharmaciens, mais qui souvent ne s'y trouve même pas. Nous avons reconnu plus de quatre-vingts espèces d'Hydrophytes dans cette Mousse de Corse, et ses propriétés étaient toutes les mêmes. Nous mentionnerons encore les *G. capillaris* et *clavellosa*, si difficiles à distinguer, surtout le premier qui n'est peut-être qu'une variété très-singulière du *G. purpurascens*; le *G. articulata*, qui n'est pas toujours articulé et dont on a découvert plusieurs congénères dans la Nouvelle-Hollande. Sa tige, presque fistuleuse, est remplie intérieurement de petits filamens articulés qui se projettent sans ordre de la circonférence au centre. Ce caractère, réuni à celui de la forme que l'on observe dans toutes les Gigartines de la troisième section, indique les rapports qui existent entre ces Plantes; peut-on s'en servir pour caractère générique? Les *G. pedunculata*, *scorpioides* et *rotunda* pourront former par la suite autant de genres, à cause des caractères qu'elles présentent, tant dans leur organisation que dans leur fructification.

(LAM..X.)

GIGARUM. BOT.PHAN. (Cœsalpin.) Syn. de Gouet. *V*. ce mot.   (B.)

*GIGENIA. OIS.(Aldrovande.) Syn. de Grive. *V*. MERLE.   (DR..Z.)

GIGERI. BOT. PHAN. *V*.JUGÉOLINE.

GILBE. BOT. PHAN. L'un des synonymes vulgaires de Genêt des teinturiers.   (B.)

* GILHOOTER. ois. (Charleton.)
Syn. de la Hulotte. *V*. Chouette.
                               (DR..Z.)

GILIA. bot. phan. Le genre établi
sous ce nom par les auteurs de la
Flore du Pérou a été réuni, malgré
ses tiges herbacées, au *Cantua*, par
le professeur Jussieu (Annales du
Muséum, T. iii, p. 115). *V*. Cantua.
                               (G..N.)

GILIBERTIE. *Gilibertia*. bot.
phan. Genre de la famille des Araliacées, et de l'Heptandrie Heptagynie, L., établi par Ruiz et Pavon
(*Flor. Peruv.* 5, p. 75, tab. 512) qui
l'ont ainsi caractérisé : calice à sept
dents; corolle à sept pétales; sept
étamines, et sept stigmates ovés et
écartés; capsule à sept loges disposées en étoiles et renfermant chacune
une graine oblongue. Le nombre des
parties de la fleur est quelquefois
augmenté d'une ou deux. Ce genre
est très-rapproché du *Polyscias* de
Forster; Jussieu pense même qu'il
doit lui être réuni. Un bel Arbre le
constitue; c'est le *Gilibertia umbellata*, qui croît dans les forêts de Munna au Pérou, et dont la hauteur est
de dix mètres.

Le nom de *Gilibertia* a été donné
par Gmelin (Syst. 682) à un genre
de la famille des Méliacées qui avait
déjà été nommé *Quivisia* par Commerson et Jussieu. Willdenow en a
néanmoins décrit les espèces sous le
nom de *Gilibertia*. *V*. Quivisie.
                               (G..N.)

GILLENIE. *Gillenia*. bot. phan.
Sous ce nom, Mœnch a établi aux
dépens du *Spiræa* de Linné, un genre qui a été adopté par Nuttal et
par d'autres botanistes américains.
La diversité du port et quelques caractères dans les organes de la fructification, sembleraient déposer en
faveur de ce genre qui renfermerait deux espèces, les *G. trifoliata*,
Mœnch, et *G. stipulacea*, de Barton et
Nuttal. Mais notre ami Cambessèdes
de Montpellier, dans la Monographie

du genre *Spiræa*, récemment publiée
(Annal. des Scienc. natur. T. I,
p. 239), a démontré l'insuffisance de
ces caractères, et ne s'est servi du
mot *Gillenia* que pour nommer une
section du genre Spirée. *V*. ce mot.
                               (G..N.)

GILLIT. ois. Espèce du genre
Moucherolle. *V*. ce mot.   (DR..Z.)

GILLON. bot. phan. L'un des
noms vulgaires du Gui. *V*. ce mot.
                               (B.)

GILLONIÈRE. ois. C'est-à-dire
Mangeuse de Gui. Syn. vulgaire de
Draine. *V*. Merle.   (DR..Z.)

*GILOCK. ois. (Schwenck.) Syn.
de Courlis cendré. *V*. Courlis.
                               (DR..Z.)

GILTSTEIN. min. Nom vulgaire
sous lequel on désigne, dans le haut
et bas Valais, une roche serpentineuse qui résiste très-bien à une forte
chaleur et sert à construire des poêles
et des fourneaux.   (AUD.)

GIMBERNATIA. bot. phan. Ruiz
et Pavon, dans la Flore du Pérou et du
Chili, ont donné ce nom au genre que
Jussieu avait antérieurement fait connaître sous celui de *Chunchoa*. *V*. ce
mot.   (G. N.)

* GIMELL. mam. Le Chameau
chez les Arabes.   (B.)

* GIMRI. ois. (Forskahl.) Syn.
arabe de Tourterelle. *V*. Pigeon.
                               (DR..Z.)

GINANNIA. bot. phan. Nom substitué par Scopoli et Schreber à celui
de *Palovea*, genre de la famille des
Légumineuses établi par Aublet, et
adopté par Jussieu. *V*. Palovée.
                               (G..N.)

GINGE. bot. phan. Camerarius
nommait ainsi la jolie graine écarlate
marquée de noir de l'Abrus. *V*. ce
mot.   (B.)

GINGEMBRE. *Zingiber*. bot.
phan. Genre de la famille des Amomées ou Scitaminées de Brown et de la
Monandrie Monogynie, L., confondu par Linné, Lamarck et Jussieu,
parmi les Amomes, et séparé de

ceux-ci par Roscoë (*Transact. Lin. Soc.* T. VIII , p. 348) qui l'a ainsi caractérisé : périanthe extérieur à trois divisions courtes; l'intérieur tubuleux à trois divisions irrégulières; anthère fendue en deux; processus terminal simple et subulé; style reçu dans le sillon de l'étamine. Jussieu avait déjà fait remarquer la différence de l'inflorescence des Gingembres d'avec celle des Amomes; les premiers ont des fleurs disposées en épi serré, radical et imbriqué Comme presque toutes les autres Amomées, les espèces du genre Gingembre sont indigènes des Indes-Orientales.

Le GINGEMBRE OFFICINAL , *Zingiber officinale* , Rosc. (*loc. cit.*), Ach. Richard, Bot. médic. T. I, p. 112; *Amomum Zingiber*, L. Cette Plante a une racine tuberculeuse de la grosseur du doigt, irrégulièrement coudée, coriace et blanche à l'intérieur; sa tige, haute de sept à huit décimètres, est cylindrique; elle porte des feuilles alternes, distiques, lancéolées, aiguës, terminées inférieurement par une gaîne longue et fendue. La hampe qui porte les fleurs naît à côté de la tige, et elle est recouverte d'écailles ovales, acuminées, engaînantes, analogues à celles de la base des feuilles. Chaque écaille florale renferme deux fleurs jaunâtres qui paraissent successivement ; leur labelle ou division interne et inférieure du périanthe est pourpre, varié de brun et de jaune. La culture du Gingembre prospère maintenant à Cayenne et aux Antilles. C'est sur des échantillons provenant de ces lieux et recueillis par le professeur Richard, que son fils, notre collaborateur, a fait la description de l'espèce dont nous avons extrait les détails précédens.

La racine de Gingembre, quoique séchée, a une odeur piquante, une saveur aromatique et brûlante qu'elle doit à la présence de beaucoup d'huile volatile; elle renferme, en outre, une grande quantité d'Amidon. La violente action de ce médicament sur toutes les parties de la membrane muqueuse fait qu'on l'emploie rarement.

Ingéré dans l'estomac, il y détermine un sentiment de chaleur très-pénible, et il excite puissamment les forces digestives. Sous ce rapport , on peut l'administrer, soit en poudre et associé avec d'autres médicamens pour mitiger son énergie, soit en infusion ou en élixir. Si on met en contact la racine de Gingembre avec la membrane pituitaire, ou qu'on en mâche une petite quantité, elle produit à l'instant même de violens éternuemens ou un écoulement abondant de salive. Certains marchands de Chevaux très-rusés ont su profiter de cette activité irritante du Gingembre; avant d'essayer un Cheval, ils lui en mettent une petite quantité à l'entrée de l'anus; et l'irritation produite sur les muscles releveurs de la queue, donne à la bête une allure factice à laquelle on veut bien attacher quelque prix.

On appelle, dans quelques colonies, le Balisier GINGEMBRE BATARD.

(G..N.)

GINGEOLIER. BOT. PHAN. L'un des noms vulgaires du Jujubier. (B.)

GINGEON ou VINGEON. OIS. Syn. du Canard siffleur. *V.* CANARD.

(DR!.Z.)

GINGIDIE. *Gingidium*. BOT. PHAN. Genre de la famille des Ombellifères et de la Pentandrie Dyginie, L. , etabli par Forster (*Charact. Gener. austral.* , tab. 21) qui l'a ainsi caractérisé : calice à cinq dents; cinq pétales lancéolés, infléchis et cordiformes; fruit ové, couronné par le calice et marqué de quatre stries. Les ombelles sont inégales; chaque ombellule, dont la collerette a six folioles, n'est composé que d'un petit nombre de fleurs dont les centrales avortent. La Plante qui constitue ce genre est indigène de la Nouvelle-Zélande.

Willdenow (*Species Plant.* T. I, p. 1428) et Sprengel (*in Schultes Syst. veget.* T. VI, p. 552) ont décrit le *Gingidium montanum* , Forst. , comme une espèce de *Ligusticum. V.* LIVÈCHE.

(G..N.)

GINGLIME. MOLL. Ce nom a été employé pour désigner la charnière des Coquilles bivalves. (B.)

GINGO. BOT. PHAN, *V.* GINKGO.

GINGOULE. BOT. CRYPT. Nom barbare que Paulet n'a pas manqué d'emprunter au langage rustique pour désigner la Chanterelle et l'Agaric du Panicaut. (B.)

GINKGO. BOT. PHAN. Kæmpfer a décrit sous ce nom un grand et bel Arbre de la taille de notre Noyer, qui croît à la Chine et au Japon, et qui depuis long-temps est en quelque sorte naturalisé en Europe dans les jardins d'agrémens. Pendant long-temps on n'a connu que fort incomplétement la structure de ses fleurs. Aussi n'avait-on pas pu déterminer ses rapports naturels, ni la famille à laquelle il devait être rapporté. Mais les observations de Smith (*Linn. Trans.* III, p. 330) et surtout celles du professeur Richard ne laissent aujourd'hui aucun doute sur ses affinités. C'est dans la famille des Conifères, auprès des genres *Phyllocladus* et *Dacrydium*, qu'il doit être placé. Voici les caractères de ce genre auquel Linné avait conservé son nom primitif, que Smith changea sans raison suffisante en celui de *Salisburia*. Les fleurs sont unisexuées, monoïques ou plus souvent dioïques ; les fleurs mâles forment des chatons allongés, composés d'un axe simple, duquel naissent un très-grand nombre d'étamines qui sont autant de fleurs mâles sans aucune trace d'enveloppes florales. Ces étamines offrent un filet assez court qui se termine par deux anthères uniloculaires, d'abord rapprochées, puis écartées l'une de l'autre et divergentes. Elles s'ouvrent chacune par un sillon longitudinal ; à leur partie supérieure on trouve entre elles une très-petite écaille fimbriée ; ces deux anthères peuvent être considérées comme appartenant à deux étamines. Les fleurs femelles naissent comme les mâles du sommet de petits rameaux courts et écailleux ; elles sont portées sur des pédoncules longs et grêles qui se terminent chacun par deux ou trois fleurs sessiles ou légèrement pédonculées ; le sommet du pédoncule s'évase pour former une cupule qui embrasse la fleur dans son tiers inférieur. Chaque fleur est petite ; son calice est semi-adhérent avec l'ovaire, sphéroïde, aminci à son sommet qui se termine en un petit limbe orbiculé, plane ; l'ovaire a la même forme que le calice, le fruit est de la grosseur d'une noix, d'un jaune verdâtre, drupacé ; la chair est formé par le calice épaissi ; la partie ligneuse est peu épaisse ; la graine offre dans un endosperme charnu et fort épais un embryon renversé, cylindrique, placé dans une cavité intérieure ; cet embryon est intimement soudé par sa radicule avec l'endosperme ; les cotylédons sont au nombre de deux.

Le GINKGO, *Ginkgo biloba*, L., *Salisburia Ginkgo*, Rich., Conif., t. 5 et 3 bis, est, ainsi que nous l'avons dit, un fort grand Arbre, mais qui en Europe s'élève rarement à une certaine hauteur. Nous en avons vu de fort beaux individus mâles dans le jardin du professeur Gouan à Montpellier, qui chaque année se couvraient de fleurs. Bory de Saint-Vincent en a observé de pareils à Saint-Leu-Taverny dans le parc de la Chaumette que possède son ami de La Tour. Il en existe des individus femelles qui fleurissent et fructifient aux environs de Genève. Leurs feuilles sont alternes ou fasciculées, longuement pétiolées en rhomboïde raccourci, bifides à leur milieu ; irrégulièrement sinueuses dans leur bord supérieur, coriaces, glabres, striées longitudinalement, toutes les nervules partant de la base, en divergeant vers le bord supérieur. Cet Arbre que l'on cultive en pleine terre sous le climat de Paris doit néanmoins y être garanti du froid au moyen de paillassons pendant les hivers trop rigoureux, surtout dans la jeunesse. Il prospère dans les lieux

humides ou frais, auprès des puits.
(A. R.)

GINNOS et GINNUS. mam. Les Grecs et les Romains désignaient sous ces noms le métis qui provient quelquefois, dit-on, de l'accouplement possible d'un Mulet avec une Jument ou avec une Anesse. Ce métis est fort rare, si jamais il en a existé. (b.)

* GINOCHIELLA. ois. (Aldrovande.) Espèce douteuse du genre Vanneau. *V*. ce mot. (DR..Z.)

GINORIE. *Ginoria*. bot. phan. Genre de la famille des Salicariées et de la Dodécandrie Monogynie, L., établi par Jacquin qui l'a ainsi caractérisé : calice urcéolé à six divisions colorées et peu profondes; six pétales plus longs et onguiculés; douze étamines dont les anthères sont réniformes; style subulé; stigmate obtus; capsule sphérique, acuminée par le style persistant, marquée de quatre sillons, uniloculaire, à quatre valves, renfermant un grand nombre de graines attachées à un grand placenta.

La GINORIE AMÉRICAINE, *Ginoria americana*, L. et Jacq. (*Amer.*, tab. 91), est un Arbuste élégant, à feuilles opposées, et dont les fleurs, très-grandes, d'un beau rouge bleuâtre, sont solitaires sur des pédoncules terminaux ou axillaires. Elle croît le long des ruisseaux dans l'île de Cuba. (G..N.)

GINOUS. mam. L'un des noms de pays du *Simia Inuus*, L. *V*. MAGOT. (b.)

*GINOUSÈLE. bot. phan. (Gouan.) Syn. d'Epurge en certains cantons de la Provence. (b.)

GINSEN ou GINSENG. *Panax*. bot. phan. Genre de la famille des Araliacées, placé dans la Pentandrie Digynie, L., établi par cet illustre naturaliste, et présentant les caractères suivans . fleurs polygames; calice à cinq dents; cinq pétales placés sur le bord d'un disque épigyne; cinq étamines insérées au mê-

me point que les pétales et alternes avec eux; ovaire infère, surmonté de deux styles ou d'un seul bifide; stigmates simples. Le fruit est bacciforme, ombiliqué, orbiculaire ou didyme, comprimé, à deux noyaux de consistance coriace chartacée, et monospermes. Les Plantes de ce genre sont des Arbres ou des Arbustes à feuilles alternes, et même des Herbes à tiges simples; elles habitent les contrées chaudes des deux continens et principalement dans les îles de l'archipel Indien et dans l'Amérique méridionale. Quelques espèces herbacées se trouvent dans le nord de l'Amérique et en Chine. Les feuilles sont ternées, quinées ou digitées, rarement simples ou décomposées : leurs pétioles sont engaînans à la base. Les fleurs sont disposées en grappes ombellées; dans les espèces herbacées, elles sont solitaires au sommet de la tige et longuement pédonculées.

Parmi les espèces herbacées, nous citerons seulement :

Le GINSENG A CINQ FEUILLES, *Panax quinquefolium*, L. Cette Plante a des racines charnues fusiformes, de la grosseur du doigt, roussâtres en dehors, jaunâtres en dedans, souvent divisées en deux branches pivotantes, garnies à leurs extrémités de quelques fibres menues, d'une saveur un peu âcre, aromatique et légèrement amère. De ces racines s'élève chaque année une tige simple, glabre, droite, haute de trois à quatre décimètres, et portant à sa partie supérieure trois feuilles pétiolées, verticillées, composées chacune de cinq folioles inégales, ovales, lancéolées, aiguës et dentées à leurs bords. Les fleurs de couleur herbacée forment une petite ombelle simple au sommet d'un pédoncule commun, et il leur succède des baies arrondies acquérant une couleur rouge par la maturité. Nous avons décrit avec quelques détails les racines de cette Plante, à cause de la haute réputation dont elles jouissent chez les Chinois. Les missionnaires jésuites, en attestant les merveilleuses qualités du Ginseng, ont voulu nous imposer encore un objet ridicule de crédulité, mais leurs récits exagérés n'ont produit aucun effet sur personne. Tout ce qu'on a dit sur les propriétés analeptiques et aphrodisiaques de cette racine aromatique est controuvé par l'expérience, qui n'a fait reconnaître en elle que des qualités légèrement toniques et stimulantes. Les Chinois avaient une telle confiance dans ses vertus qu'ils la payaient au poids de l'or, parce qu'elle était très-rare dans leur pays et qu'elle ne se rencontrait que dans les montagnes voisines de la Tartarie. Ils lui donnaient, dans leur style emphatique, les titres d'Esprit pur de la terre, de Recette d'immortalité, de Reine des Plantes. Lorsqu'elle fut découverte dans l'Amérique septentrionale, les Hollandais, profitant de l'aveugle enthousiasme des Chinois, en apportèrent une grande quantité dans le pays de ces derniers, et gagnèrent par ce moyen des sommes considérables. Depuis ce temps, le Ginseng a beaucoup diminué de valeur, mais n'a cependant pas perdu toute sa réputation. On l'administre en poudre, à la dose de quatre à huit grammes, ou en infusion aqueuse et vineuse, à une dose double ou triple.

Les espèces ligneuses de Ginseng, au nombre de huit ou dix, sont de beaux Arbres à feuilles et à fleurs très-odorantes. On remarque, entre autres, les *Panax pinnatum*, Lamk., et *P. fruticosum*, L., qui croissent à Amboine, et que Rumph (*Herb. Amboin.*, 4, p. 76 et 78, tab. 32 et 33) a décrites et figurées sous les noms de *Scutellaria secunda* et *tertia*. Aublet (Guian., 2, p. 949, tab. 360) en a fait connaître une fort belle espèce remarquable par le duvet jaunâtre et comme doré qui revêt les jeunes rameaux, le dessus des feuilles et les parties extérieures des fleurs. C'est pourquoi Vahl (*Eclog.*, 1, p. 33) lui a donné le nom de *Panax chrysophyllum*, mais Kunth lui a restitué celui de *P. undulatum* (*Morototoni*) imposé par Aublet. Il est connu chez les colons de la Guiane sous les noms de Bois-Canon bâtard,

d'Arbre de Mai et d'Arbre de la Saint-Jean.   (G..N.)

*GINTEL, GYNTEL. ois. Nom donné à un Gros-Bec particulier que l'on prétend avoir été vu aux environs de Strasbourg.   (DR..Z.)

* GIOCARA. bot. phan. (Pison.) *V.* GIÇARA.

* GIOENIA. moll. Tous les conchyliologistes ont reconnu avec Draparnaud la supercherie de Gioeni, qui a décrit dans un petit Mémoire imprimé à Naples, en 1782, les habitudes, la manière de marcher, d'un Animal fabuleux qui n'était que l'estomac armé de pièces calcaires du *Bulla lignaria*. Sa description était tellement circonstanciée, que Bruguière et Retzius y furent trompés et en firent un genre sous le nom de l'inventeur. *V.* BULLE et CHAR.
          (D..H.)

* GIOL. bot. phan. (Gouan.) Syn. provençal d'Ivraie.   (B.)

GIOLET. bot. phan. L'un des noms vulgaires du *Momordica Elaterium* et non du Concombre sauvage.
          (B.)

GIP-GIP. ois. Espèce du genre Martin-Pêcheur. *V.* ce mot. (DR..Z.)

GIPS. min. *V.* GYPSE.

GIRAFE. *Camelopardalis.* mám. Ce genre de Ruminans, très-distinct, et formant même dans son ordre une petite famille à part, est caractérisé par l'existence permanente, et dans les deux sexes, de prolongemens frontaux solides, enveloppés d'une peau velue qui se continue avec celle de la tête. Ces prolongemens sont d'abord formés de deux portions, dont l'une, interne, est très-réticulaire et spongieuse, l'autre externe est dense et compacte; mais chez les vieux individus, toute la masse a pris une dureté et presque une contexture éburnées; des trous plus ou moins grands dont la base est percée, donnent passage aux vaisseaux nourriciers, comme l'a constaté Geoffroy Saint-Hilaire, qui a trouvé dans les cavités longitudinales de l'os quelques artères qui s'y étaient desséchées. *V.* Bois. Outre ces deux prolongemens, on remarque encore un tubercule osseux, ressemblant un peu à une troisième corne, et qui est formé par une excroissance spongieuse du frontal. Ce tubercule qui occupe le milieu du chanfrein, est quelquefois calleux. Quelquefois aussi, à ce qu'il paraît (probablement chez les jeunes individus), il est garni de très-longs poils. Mais le caractère, sinon le plus remarquable, du moins celui qui a le plus attiré l'attention des voyageurs, c'est la hauteur disproportionnée du train de devant. L'Animal est, vers le garrot, plus élevé de quinze ou dix-huit pouces qu'il ne l'est vers la croupe. La Girafe étonne encore par ses membres longs et grêles, contrastant avec la brièveté de son corps, et surtout par son cou très-allongé. Sa tête, très-longue aussi, ressemble à quelques égards en elle-même à celle du Chameau, et l'allongement considérable du cou rend cette ressemblance encore plus sensible. De-là l'origine du nom de *Camelopardalis*, Chameau-Léopard, qui lui fut appliqué originairement. L'élévation disproportionnée du train de devant a été attribuée par les uns à l'extrême hauteur des apophyses transverses des premières vertèbres dorsales ; par quelques autres, à la longueur très-grande de l'omoplate ; par le plus grand nombre, à l'extrême grandeur des jambes de devant. Plusieurs voyageurs, et d'après eux Buffon et d'autres zoologistes, ont même été jusqu'à dire que les membres antérieurs sont deux fois aussi longs que les postérieurs. Pour détruire cette assertion erronée, il suffit d'observer que le fémur et l'humérus sont égaux, et que le radius ne surpasse le tibia que de six pouces seulement. Cette différence, bien faible, eu égard à la taille considérable de l'Animal qui a quinze ou seize pieds de haut, est même en partie compensée par l'os du canon postérieur, qui a un pouce ou deux de plus que l'antérieur. La vérité est que cette hauteur disproportionnée du train de devant ne peut être expliquée par aucune de ces trois circonstances organiques en particulier, mais l'est par leur existence simultanée. Il nous paraît très-vraisemblable aussi, que l'Animal tient dans une flexion habituelle les diverses parties de sa jambe de derrière, et fait ainsi ressortir la hauteur de celle de devant. Cette seule supposition rend très-bien compte de l'exagération où sont tombés, en avançant que le membre antérieur est double du postérieur, les voyageurs qui ont vu la Girafe vivante. Le cubitus et le radius sont très-séparés dans leur partie supérieure ; ils le sont aussi à leur partie inférieure ; mais dans le reste de leur étendue, ils sont, du moins chez les adultes, entièrement confondus, sans qu'il reste aucun indice de leur séparation primitive. On n'avait point encore remarqué cette disposition, qui, sans être très-digne d'attention en elle-même, devient remarquable, parce qu'elle est particulière à la Girafe. Du reste, le squelette de cet Animal ressemble en général à celui des autres Ruminans. Comme dans la majeure partie d'entre eux, le cuboïde et le scaphoïde sont soudés au tarse ; et les dents sont au nombre de trente-deux, savoir : à la mâchoire inférieure, douze molaires et huit incisives ; à la supérieure douze molaires seulement. La Girafe n'a ni larmiers ni mufle : ses genoux sont calleux ; une callosité se voit aussi à sa poitrine ; ses mamelles sont inguinales et au nombre de quatre.

Ce genre n'est formé que d'une seule espèce, *Camelopardalis Giraffa*, L. Ce Quadrupède est le plus élevé de tous les Animaux : il a d'ordinaire de treize à dix-huit pieds de haut, quand il tient son cou dans la position verticale. Delalande a vu au cap de Bonne-Espérance une très-grande peau de Girafe, qu'il a trouvée être longue de vingt-quatre pieds. Le fond de son pelage est blanchâtre ; mais sa robe est parsemée de taches de disposition et de forme variables, toujours si nombreuses et si grandes en même temps, qu'elle paraît de loin presque entièrement brune. Ces taches, tirant sur le fauve chez les femelles et les jeunes individus, deviennent presque noires chez les vieux mâles ; une petite crinière prend naissance un peu au-dessous des oreilles, et finit au milieu du dos chez les jeunes, vers l'épaule chez les vieux sujets ; la queue ne descend pas tout-à-fait jusqu'au canon ; elle est terminée par une touffe de crins d'une grosseur et d'une dureté extrêmes. Les cornes, étroites et parallèles entre elles, et longues de six pouces chez le mâle, sont garnies à l'extrémité d'une semblable touffe ; les oreilles sont un peu plus longues. Les femelles diffèrent des mâles par des taches beaucoup plus claires, une taille moins élevée, et des cornes moindres. Levaillant avance, sur le témoignage des Hottentots, que leur gestation est d'un an, et qu'elles donnent naissance à un seul petit. Les Girafes sont douces et timides ; elles vont par petites troupes de cinq, six ou sept environ. Attaquées, elles préfèrent la fuite à la défense. Mais, si la fuite leur devient impossible, elles se défendent, en lançant à leur ennemi des ruades qui se succèdent en si grand nombre et avec une telle rapidité, qu'elles triomphent même des efforts du Lion. L'allure habituelle de cet Animal est une sorte d'amble : elle n'a rien de gauche ni de désagréable, quand il marche ; « mais vient-il à trotter, on croirait, dit Levaillant à qui nous empruntons une partie de ces détails, que c'est un Animal qui boite, en voyant sa tête perchée à l'extrémité d'un long cou qui ne plie jamais, se balancer de l'avant en arrière, et jouer d'une seule pièce entre les deux épaules qui lui servent de charnières. » Du reste la Girafe court avec une grande vitesse : un Cheval au galop ne peut l'atteindre. Elle se nourrit habituellement des feuilles des Arbres, et particulièrement de celles d'une espèce de Mimeuse ; elle broute aussi quelquefois l'herbe, mais assez rarement, parce que, ajoute Levaillant, le pâturage manque dans la contrée qu'elle habite ; parce que, disent les autres voyageurs, elle ne peut le faire que difficilement, et en s'agenouillant, ou en écartant les jambes.—Les Hottentots lui donnent la chasse, et la tuent avec des flèches empoisonnées. Ils emploient son cuir à faire des vases pour conserver l'eau, et mangent sa chair et la moelle de ses os. La Girafe n'est pas rare dans le pays des grands Namaquois, sous le vingt-huitième degré. On la rencontre aussi dans quelques autres parties de l'Afrique méridionale centrale. Elle était connue des anciens : les Romains lui donnaient le nom de *Camelopardalis*, dont Linné a fait son nom générique. Le nom de Girafe, adopté depuis assez longtemps par les Européens, est dérivé du nom arabe du même Animal. Les Romains ont eu plusieurs fois des Girafes vivantes dans leurs jeux. C'est sous la dictature de César que ces Animaux parurent à Rome pour la première fois. (IS. G. ST.-H.)

GIRALDIEU. ois. Syn. vulgaire de Marouette. *V.* GALLINULE.

(DR..Z.)

GIRANDETS. bot. crypt. Famille de Champignons qui, dans Paulet, sont la même chose que Girolles. *V.* ce mot. Il y a des Girandets ordinaires, pruines, en fuseau, femelles, entonnoirs, aurore, oreilles-de-lièvre, etc. Il est douteux que de tels noms soient jamais adoptés des botanistes. (B.)

GIRANDOLE. bot. phan. Les jardiniers appellent ainsi l'*Amaryllis orientalis* et le *Meadia dodecathea*. On a aussi appelé l'*Hottonia palustris* et le *Chara vulgaris* Girandole d'eau. (B.)

GIRARD. ois. L'un des noms vulgaires du Geai. *V.* CORBEAU. (DR..Z.)

*GIRARDEL. ois. Syn. vulgaire

23*

de Chevalier aboyeur. *V.* Chevalier.   (DR..Z.)

GIRARD-ROUSSIN. bot. phan.
L'un des noms vulgaires de l'Azaret
d'Europe.   (B.)

GIRARDIN, GIRARDINE. ois.
Noms vulgaires de la Marouette. *V.*
Gallinule.   (DR..Z.)

GIRASOL. bot. Ce nom, qui signifie proprement dans les dialectes
méridionaux soleil tournant, avait
d'abord été donné à l'*Helianthus annuus*, aussi appelé Tournesol, ce qui
veut dire la même chose : de-là l'application que l'on a faite quelquefois
du nom de Girasol au Pastel, *Isatis
tinctoria*, au *Croton tinctorium*, même au *Ricinus communis*. L'Ecluse
appelle encore le fruit du Jacquier
Girasol. Paulet appelle Girasol feuilleté, ou Girasole, peu importe, un
de ces Champignons auxquels il a
donné de si drôles de noms.   (B.)

GIRASOL. min. On désigne par
ce mot un certain aspect chatoyant
qu'offre l'Opale ordinaire, lorsque
d'un fond gélatineux et d'un blanc
bleuâtre, elle lance des reflets rougeâtres et quelquefois d'un jaune
d'or. Les lapidaires donnent le nom
de Girasol oriental à une-variété de
Corindon, qui est à peu près dans le
même cas.   (G. DEL.)

GIRATORES. ois. Ordre établi par
Blainville afin d'y placer les Pigeons.
                 (DR..Z.)

GIRAUMONT ou CITROUILLE.
bot. phan. Espèce du genre Courge. *V.* ce mot.   (B.)

GIRELLE. *Julis.* pois. Sous-genre de Labre. *V.* ce mot.   (B.)

GIRERLE. ois. Syn. vulgaire de
Mauvis. *V.* Merle.   (DR..Z.)

GIRILLE. bot. crypt. L'un des
noms vulgaires de la Chanterelle. *V.*
Mérule.   (B.)

GIRITILLA. bot. phan. Plante
de Ceylan, citée et figurée sous ce
nom par Burmann (*Thesaur. Zeyl.*)
qui en faisait une espèce de Lysima-
che, et qui depuis a été rapprochée

de l'*Exacum pedunculatum.* D'autres
Plantes de Ceylan sont encore citées
par Hermann (*Mus. Zeyl.*) sous les
noms de *Ghinitella* et de *Ghiritella*,
dont l'une est peut-être une Gen-
tianée aquatique et l'autre un Liseron.   (G..N.)

GIROFLADE DE MER. polyp.
Le *Retepora cellulosa* d'Ellis et de Lamarck est ainsi nommé par les pêcheurs de la Méditerranée, à cause
de son odeur semblable à celle de
l'OEillet (Rondelet, seconde partie,
p. 93). *V.* Rétépore.   (LAM..X.)

GIROFLE (clou de). bot. phan.
V. Géroflier.   (B.)

* GIROFLÉ. *Caryophyllæus.* int.
(Nous préférons cette orthographe à
celle qu'ont employée les dictionnaires précédens, à cause de l'analogie
du nom scientifique latin avec celui
du Giroflier.) Genre de l'ordre des
Cestoïdes, ayant pour caractère : le
corps aplati, inarticulé; la tête dilatée, frangée; deux lèvres, une supérieure et l'autre inférieure. Ce genre
ne renferme qu'une espèce : le Giroflé changeant, ainsi nommé par Rudolphi; Pallas, Batsch et Gmelin le
regardaient comme un *Tænia*, Gœze
comme un *Fasciola*; les auteurs modernes lui ont conservé le nom de
Caryophyllæus proposé par Gmelin
au lieu de *Caryophyllinus* que lui
avaient donné Bloch et Schrank. Abil-
gaard l'avait nommé Phylline. Ce sont
des Vers longs de quelques lignes,
larges d'une demi-ligne environ, de
couleur blanche. La tête, aplatie,
plus large que le corps de moitié ou
des deux tiers, continue avec lui, est
assez épaisse, frangée et profondément découpée en avant; le nombre
des découpures varie beaucoup, elles
sont plus ou moins saillantes et obtuses. La bouche ne s'aperçoit que très-
difficilement et lorsque les franges de
la tête sont rétractées; elle est formée
par deux petites lèvres larges, courtes et très-obtuses. Le corps est oblong, plus ou moins atténué vers l'extrémité postérieure et le plus souvent aplati, rarement très-plat ou cy-

lindrique. Sa surface est presque toujours lisse, rarement rugueuse ou crénelée ; l'extrémité postérieure est obtuse ; elle a paru à Rudolphi percée d'une ouverture labiée dans quelques individus ; il indique encore une sorte de canal longitudinal parcourant le corps ; nous ne l'avons point distingué dans les individus que nous possédons. Enfin, Rudolphi, d'après Zeder, avait indiqué (*Entoz. Hist.* T. 1, p. 262) des sexes séparés sur deux individus différens ; cette opinion lui paraît maintenant erronée (*Syn.*, p. 440), et cela est fort probable. La forme générale de ce Ver varie beaucoup ; lorsqu'il est vivant, il prend une infinité d'aspects par les mouvemens de dilatation et de contraction de sa tête et de son corps. Il se trouve dans les intestins de la Bordelière, de la Carpe, de la Tanche, de la Loche et d'un grand nombre d'autres Poissons qu'il serait trop long de mentionner.

(LAM..X.)

GIROFLÉE. *Cheiranthus*. BOT. PHAN. Genre de la famille des Crucifères, et de la Tétradynamie siliqueuse, établi par Linné qui lui donna la plus grande extension, c'est-à-dire y comprit un grand nombre de Plantes, dont R. Brown (*Hort. Kew.* édit. 2, vol. 4) et de Candolle (*Syst. Regn. Veget.*, vol. 2) ont formé plusieurs genres distincts. Voici les caractères du *Cheiranthus*, d'après les auteurs que nous venons de citer : calice fermé, à deux sépales latéraux, ayant leur base en forme de sac ; pétales à limbe ouvert, oboval et émarginé ; étamines libres sans dents ; stigmate à deux lobes écartés, ou capité, placé sur un style tantôt long, tantôt au contraire très-court ; silique cylindracée, comprimée, biloculaire et bivalve ; semences ovales, comprimées, disposées sur un seul rang, ayant des cotylédons accombans. Ainsi constitué, ce genre est restreint à un nombre assez petit d'espèces ; ce sont des herbes bisannuelles ou vivaces, quelquefois même des sous-Arbrisseaux qui s'élèvent jusqu'à un mètre ; leurs tiges sont cy-

lindriques ou cannelées, couvertes parfois d'une pubescence courte et appliquée ; leurs fleurs sont en grappes, de couleurs variables, jaunes, blanches, ou pourpres ; il y en a de versicolores, c'est-à-dire qu'elles naissent blanches ou jaunâtres, et que, vers leur déclin, elles deviennent pourprées ou de couleur de rouille.

Les genres entièrement formés aux dépens du *Cheiranthus* de Linné, sont le *Mathiola* et le *Malcomia* de Rob. Brown. On a porté, en outre, plusieurs de ses espèces dans les genres *Hesperis* et *Sisymbrium* ; enfin, les *Cheiranthus* de la Russie méridionale et de l'Asie-Mineure, décrits par Pallas, Willdenow, Marschal de Bieberstein, et Russel, appartiennent au genre *Sterigma* de De Candolle. Le *Cheiranthus* de Brown diffère du *Mathiola* par ses stigmates, qui ne sont ni trop épaissis ni prolongés en forme de cornes, des *Malcomia* et de l'*Hesperis*, par les mêmes stigmates distincts et non réunis, et formant une pointe longue, et du *Sterigma*, par ses filets distincts. La structure des cotylédons fait encore différer le *Cheiranthus* d'avec ces différens genres. Dans ceux-ci, ils sont incombans, c'est-à-dire que la radicule est couchée sur leur dos. Ce caractère, bien plus que la silique tétragone, distingue l'*Erysimum*, genre d'ailleurs très-voisin du *Cheiranthus* ; plusieurs espèces de celui-ci ayant aussi une silique de cette forme.

Le plus grand nombre des vraies Giroflées habite la Taurie et l'Europe australe ; quelques-unes croissent en Sibérie, et une seule dans l'Amérique du Nord. Les espèces ligneuses et à fleurs versicolores, sont indigènes de Madère et des autres îles Canaries. Dans son *Prodromus Syst. Regni Vegetabilis*, t. 1, p. 135, le professeur De Candolle a distribué, en deux sections auxquelles il a donné les noms de *Cheiri* et *Cheiroides*, les huit espèces bien déterminées qui composent le *Cheiranthus*, genre qu'il place dans la tribu des Arabidées ou Pleurorhizées siliqueuses. La première section est caractérisée par l'absence presque complète du style, et par les graines non bordées. Outre le *Cheiranthus alpinus* et le *C. ochroleucus*, belle Plante qui croît dans le Jura et jusque sur les montagnes assez basses de l'intérieur de la France, cette section renferme l'espèce suivante, que sa beauté et son agréable odeur font cultiver avec profusion dans tous les jardins.

La GIROFLÉE VIOLIER, *Cheiranthus Cheiri*, L., a une tige dure, presque ligneuse, blanchâtre, et émet plusieurs branches qui atteignent quelquefois cinq décimètres. Ses feuilles sont éparses, lancéolées, un peu étroites, très-entières, verdâtres, et quelquefois couvertes de poils bipartites et rares. Elle porte des fleurs d'un jaune rouillé, qui, par la culture, prennent beaucoup de développement. Sous le rapport des couleurs, les jardiniers en distinguent un grand nombre de variétés. A ces fleurs succèdent des siliques linéaires terminées par les lobes du stigmate recourbés. Cette Plante croît naturellement sur les murs, les toits, et dans les endroits pierreux de l'Europe.

La seconde section (*Cheiroïdes*, D. C.) a le style filiforme, les graines bordées et la silique tétragone. Elle contient les espèces ligneuses ou sous-ligneuses qui habitent les îles Fortunées et l'Espagne. Andrzejoski, auteur d'un travail inédit sur les Crucifères, en constitue un genre particulier sous le nom de *Psilostylis*.

Enfin, De Candolle (*loc. cit.*) a placé à la fin six espèces décrites par les auteurs, comme des *Cheiranthus*, mais dont les descriptions sont trop incomplètes pour être rapportées définitivement à ce genre. (G..N.)

GIROFLIER. BOT. PHAN. Pour Géroflier. *V*. ce mot. (G..N.)

GIROL. MOLL. Adanson (Voyage au Sénégal, p. 61, pl. 4) nomme ainsi une jolie espèce d'Olive que Lamarck, d'abord dans les Annales du Muséum et ensuite dans le tome sept des Animaux sans vertèbres, p. 427, n° 37, nomme Olive glandiforme,

Oliva glandiformis. Le Girol d'Adanson n'en est qu'une variété. (D..H.)

GIROLE. BOT. PHAN. La racine de Chervi en quelques endroits de la France orientale. (B.)

GIROLLE ET GIROLETTE. BOT. CRYPT. Noms vulgaires adoptés par Paulet pour désigner des Mérules et des Agarics que nous ne perdrons pas trois pages à mentionner une à une. (B.)

* GIRON. OIS. L'un des noms de pays du Lagopède. *V*. TÉTRAS. (B.)

GIRON. BOT. PHAN. L'un des synonymes vulgaires de Gouet. *V*. ce mot. (B.)

* GIRONDELLE D'EAU. BOT. PHAN. Ce nom, donné dans le Dictionnaire de Déterville comme synonyme de Charagne vulgaire, provient probablement d'une faute typographique. *V*. GIRANDOLE. (B.)

GIROUILLE. BOT. PHAN. On désigne sous ce nom, dans quelques cantons de la France méridionale, des Ombellifères appartenant aux genres Carotte et Caucalide. *V*. ces mots. (B.)

GIS. BOT. CRYPT. (Dioscoride.) Syn. de Prêle. *V*. ce mot. (B.)

GISEKIE. *Gisekia*. BOT. PHAN. Genre de la famille des Portulacées, et de la Pentandrie Pentagynie, établi par Linné (*Mantiss.*, 554 et 562), et caractérisé ainsi : calice composé de cinq folioles ovales, persistantes et légèrement scarieuses sur les bords ; point de corolle ; cinq étamines dont les filets sont très-dilatés à la base ; cinq styles et autant de stigmates obtus ; fruit composé de cinq carpelles capsulaires, rapprochés, scabres, chacun contenant une graine ovale. Murray (*in Comment. Gott.*, 1772, p. 67, tab. 2, f. 1) a reproduit ce genre sous le nom de *Kolreutera*, qui a été depuis transporté par Laxmann et l'Héritier à un genre de la famille des Sapindacées. La Plante qui le constitue, *Gisekia pharnacioïdes*, L. et Roxb. (Corom. II, tab. 185), a des tiges herbacées, couchées et genouillées ; ses feuilles sont opposées, pé-

tiolées , elliptiques-oblongues , entières et velues. Les fleurs petites, de
couleur triste , blanchâtres et disposées presque en verticilles dans les
aisselles des feuilles. Elle croît dans
les Indes-Orientales.

Le *Pharnaceum occultum* de Forskahl (*Fl. Ægypt. Arab.* , p. 58) a été
ajouté comme seconde espèce sous le
nom de *Gisekia occulta* par Schultes
(*Syst. Veget.* T. VI, p. 735). Le peu
de mots qu'en dit Forskahl convient,
en effet , au genre Gisekie , mais avant
de prononcer sur leur réunion définitive , il faudrait examiner de nouveau
la Plante , et en faire une description
détaillée. (G..N.)

GISEMENT. MIN. Souvent , mais
mal à propos écrit Gissement. On désigne en général par ce nom la manière
d'être d'un Minéral dans le sein de la
terre. Les substances minérales peuvent se trouver à la surface ou dans
l'intérieur du globe de beaucoup de
manières différentes : tantôt elles se
présentent en grandes masses sous la
forme de montagnes , de couches , d'a-
mas , de filons ou de veines d'une
étendue plus ou moins considérable ;
tantôt elles s'offrent en parties isolées
ordinairement d'un petit volume , qui
sont disséminées sous la forme de
cristaux , de grains ou de rognons au
milieu des roches , ou bien en tapissent les fentes et les cavités et s'implantent, pour ainsi dire , dans leurs
parois. Quelquefois elles se montrent
en enduit pulvérulent ou en efflores-
cence à la surface de roches d'une nature différente. Il est des espèces minérales qui affectent dans l'ensemble
de leurs variétés la plupart de ces manières d'être, tandis que d'autres semblent avoir une disposition plus particulière pour tel ou tel mode de Gisement. La description d'une substance , pour être complète , exige que
l'on fasse connaître avec soin ce que
l'on peut appeler ses habitudes , c'est-
à-dire sa manière de se présenter en
général , la place qu'elle occupe ordinairement dans l'ordre des terrains,
et les associations minéralogiques

qu'elle forme avec d'autres substances. Il s'en faut de beaucoup que les
espèces minérales soient également
réparties entre les terrains des différens âges ; quelques-unes, en très-petit nombre , y jouent un grand rôle ,
tandis que la plupart n'y paraissent
qu'accidentellement. Les premières
font partie essentielle de la structure
du globe , et se retrouvent presque
partout dans des circonstances à peu
près semblables. On peut les réduire
aux suivantes : le Quartz, le Feldspath , le Mica, la Diallage , l'Amphibole , le Pyroxène , le Grenat, l'Idocrase , le carbonate de Chaux et le
sulfate de Chaux. Les huit premières
se montrent particulièrement dans
les terrains de la première formation,
et les deux autres dans les dépôts des
périodes plus récentes. Il est encore
quelques substances qui forment à
elles seules des masses assez considérables , mais circonscrites et placées
çà et là au milieu des grands systèmes de terrains, avec lesquels elles
ont des rapports de position assez
fixes : tels sont les divers combustibles charbonneux, le Sel gemme et la
Tourbe. Enfin plusieurs substances
métalliques se rencontrent aussi dans
la nature en dépôts assez considérables, résultant de l'accumulation
d'un grand nombre de nodules ou rognons dans des couches pierreuses ,
ou composant des amas d'une grande
puissance , des veines, des filons plus
ou moins nombreux dans des roches
de diverse nature. Ces précieux gîtes
sont recherchés avec soin par le mineur et deviennent l'objet d'exploitations importantes ; mais il est peu de
substances métalliques dont les Minerais se trouvent ainsi en grande abondance. On ne peut guère citer que le
Fer , le Manganèse , le Cuivre , le
Plomb , l'Argent, le Zinc, l'Etain, le
Mercure et l'Antimoine. Quant aux
autres substances minérales, elles ont
de simples relations de rencontre avec
celles dont nous venons de parler , ou
se montrent comme par accident disséminées au milieu des grandes masses. (G. DEL.)

GISÈQUE. bot. phan. Pour Gisekie. *V.* ce mot. (g..n.)

* GISOPTERIS. bot. crypt. (*Fougères.*) Le genre formé sous ce nom pour le *Lygodium palmatum* par Bernhardi ne saurait être adopté. *V.* Lygodie. (b.)

GITES DE MINÉRAUX ou DE MINERAIS. min. On donne ce nom aux diverses espèces de masses minérales, lorsqu'on les considère relativement à certaines substances qu'elles recèlent et qu'on veut en extraire. Les Gîtes de Minéraux se divisent en Gîtes généraux et en Gîtes particuliers. Les premiers, généralement répandus sur toute la surface du globe, ne sont autre chose que les masses minérales connues sous le nom de Terrains. *V.* ce mot. Les Gîtes particuliers ne sont que des masses partielles, intercalées entre les terrains, et d'une nature différente; tels sont les bancs, les filons, les amas, etc., qui renferment la plupart des substances métalliques, combustibles et salines que l'on exploite. Les Gîtes particuliers sont de deux classes : les uns sont de *formation contemporaine* aux terrains qui les contiennent; les autres, produits dans ces terrains postérieurement à leur existence, sont de *formation postérieure.*

Les Gîtes de la première espèce sont les bancs, les amas et les stockwerks. Un banc est une masse minérale plus ou moins épaisse et étendue en longueur et largeur comme les couches, dont il ne diffère que parce qu'il est d'une nature différente. Les bancs ont la même direction et la même inclinaison que les assises du terrain qui les renferme, et en cela ils se distinguent des filons, qui coupent dans tous les sens les plans de stratification au lieu de leur être parallèles. Les bancs présentent de grandes variations dans leur épaisseur et dans leur étendue en surface. Lorsqu'ils sont très-épais, ils finissent par devenir des amas ou des montagnes entières. Quelquefois ils s'amincissent vers leurs bords et forment ainsi de grandes lentilles très-aplaties ou des coins plus ou moins aigus. Les Minerais que l'on trouve le plus fréquemment en bancs dans la nature sont : le Fer oxidulé, le Fer oligiste, le Fer hydroxidé, les Pyrites ferrugineuses et cuivreuses, la Galène, l'Étain, le Mercure et le Cobalt. Les amas sont des dépôts de matière qui ne s'étendent plus indéfiniment en longueur et en largeur comme les bancs ou couches, mais qui se renflent considérablement, et forment ainsi des masses plus ou moins irrégulières, quelquefois arrondies. Lorsqu'elles sont lenticulaires, aplaties, et situées entre deux couches d'un même terrain, on les distingue de celles-ci sous le nom d'amas couchés (Liegende-Stocke). Il y a des amas d'un volume considérable; mais il en est aussi de très-petits, et lorsque ces derniers sont accumulés dans une même couche, on dit que le Minerai y est disséminé en nodules ou en forme de rognons. Les Stockwerks sont des portions de roches qui renferment une grande quantité de Minerais, soit en veines, soit en rognons ou en grains. Tels sont les Gîtes d'Étain d'Altenberg et d'Ehrenfriedersdorf en Saxe.

Les Gîtes de formation postérieure sont les filons et les amas transversaux, c'est-à-dire toutes les masses minérales qui coupent transversalement les couches des terrains qui les renferment et sont formées d'une manière distincte de celle de ces terrains. Nous avons traité en particulier de cette espèce de Gîte au mot Filon.

Le mode d'exploitation d'un Gîte de Minerai varie suivant l'espèce de ce Gîte et la nature du Minerai qu'il renferme. On attaque le Gîte tantôt avec le feu, ou au moyen de la poudre, tantôt avec des outils de fer. On fait usage du feu lorsqu'on veut attendrir la roche en diminuant la cohésion de ses parties. Lorsqu'elle est très-dure, elle nécessite l'emploi de la poudre; on perce un trou dans le rocher, puis on introduit au fond une cartouche à laquelle on met le feu. L'explosion fait sauter une partie de la roche, et en ébranle une autre qu'il est alors facile d'attaquer avec le fer. On emploie quelquefois l'eau pour extraire le Sel des Gypses et terres argileuses avec lesquels il est mélangé. *V.*, pour plus de détails sur ces différens travaux d'exploitation, le mot MINES.

(G. DEL.)

GITH. BOT. PHAN. La Plante désignée chez les anciens par ce nom paraît avoir été l'*Agrostemma Githago*, qui est le type du genre Githago d'Adanson. *V.* ce mot.   (B.)

GITHAGO. BOT. PHAN. Nom sous lequel Tragus a désigné la Plante si connue sous le nom vulgaire de Nielle des Blés, et dont Linné avait fait le type de son genre *Agrostemma*. Adanson l'avait séparé des espèces qui lui avaient été associées par Linné, en lui conservant le nom générique de *Githago*. Ce genre a été admis par le professeur Desfontaines dans sa Flore atlantique. *V.* AGROSTEMME et LYCHNIDE.   (G..N.)

GITON. MOLL. Adanson (Voyage au Sénégal, p. 124, pl. 8) place sous ce nom, parmi les Pourpres, une petite Coquille qui n'a point été indiquée dans la synonymie des auteurs nouveaux, et qui laisse du doute quant à son genre, parce que la figure qui est mauvaise ne supplée pas suffisamment à la description. Blainville la laisse dans les Pourpres; ce pourrait être un Buccin. (D..H.)

GIU. OIS. (Scopoli.) Nom donné dans la Carniole à un petit Duc qui paraît n'être qu'une variété du Scops. *V.* CHOUETTE-HIBOU.   (DR..Z.)

GIVAL. MOLL. Nom donné par Adanson (Voy. au Sénég., p. 57, pl. 2, n° 7) au *Patella græca* de Linné, qui est aujourd'hui pour Lamarck le *Fissurella græca*. *V.* FISSURELLE.

(D..H.)

GIVRE OU FRIMATS. *V.* MÉTÉORE.

GIXERLE. OIS. Syn. vulgaire de Mauvis. *V.* MERLE.   (DR..Z.)

GLABIS. BOT. PHAN. L'un des noms de pays du Fruit à pain aux Philippines.   (B.)

GLABRARIA. BOT. PHAN. Ce genre, établi par Linné, paraît devoir être réuni au *Litsea* de Jussieu. *V.* LITSÉE.   (G..N.)

* GLABRE. ZOOL. BOT. Se dit de tout organe ou surface d'organe qui est entièrement dépourvue de poil. La face de la plupart des Singes et les feuilles du Noyer sont Glabres. (B.)

GLACE. MIN. On nomme ainsi l'eau solidifiée et cristallisée par un grand abaissement de température. Ses propriétés ont été exposées au mot EAU. Quant à son accumulation dans diverses régions du globe, *V.* les mots MONTAGNES et MER. (G..N.)

GLACÉE. MOLL. Nom vulgaire et marchand de l'*Anomia Placenta*, qui est la *Placuna Placenta* de Lamarck. *V.* PLACUNE.   (B.)

GLACIALE. BOT. PHAN. *V.* FICOÏDE CRISTALLINE.

GLACIÈRES ET GLACIERS. GÉOL. *V.* MONTAGNES.

* GLADIANGIS. BOT. PHAN. Du Petit-Thouars (Hist. des Orchid. des îles austr. d'Afr.) a proposé ce nom pour une Plante de son genre *Angorchis* ou *Angræcum* des auteurs. Cette Orchidée, dont le nom serait *Angræcum gladiifolium*, selon la nomenclature ordinaire, habite les trois grandes îles de l'Afrique occidentale, où elle fleurit en février. Ses tiges, hautes de deux à trois décimètres, sont garnies de feuilles ovales, aiguës, situées à égale distance sur la tige qu'elles embrassent par leur partie inférieure, comme les gaînes des feuilles de Graminées. Entre les gaînes s'élèvent des fleurs solitaires blanches et de moyenne grandeur. (Elle est figurée, *loc. cit.*, tab. 52.)   (G..N.)

* GLADIATEUR. MAM. Syn. d'Epaulard, espèce du genre Dauphin. *V.* ce mot.   (B.)

* GLADIÉ, ÉE. BOT. Même chose qu'Ensiforme. *V.* ce mot.   (B.)

GLADIOLE. bot. phan. L'un des noms vulgaires du Glayeul. *V.* ce mot.   (b.)

GLADIOLUS. bot. phan. *V.* Glayeul.

GLADIUS. pois. *V.* Xiphias.

GLADIUS. moll. Dénomination tirée de la comparaison avec le Poisson *Xiphias Gladius,* que Klein (*Tentam. Ostrac.,* p. 59) a appliquée à une coupe générique qui a été établie de nouveau par Lamarck sous le nom de Rostellaire. *V.* ce mot.   (d..h.)

GLAIEUL. bot. phan. pour Glayeul. *V.* ce mot.   (b.)

* GLAINOS ou GLINON. bot. phan. (Daléchamp.) Syn. d'*Acer campestre. V.* Erable.   (b.)

GLAIRE D'OEUF. zool. *V.* Albumine.

GLAIREUX. bot. crypt. Nom imposé par Paulet à l'une de ces familles formées d'une manière si arbitraire dans un ouvrage sur les Champignons où la bizarrerie de la nomenclature l'emporte encore sur celle d'une monstrueuse classification. Il y a des Glaireux rayonnés, des Glaireux Limace, gorge de Pigeon, etc., etc.   (b.)

GLAIS. bot. phan. L'un des noms vulgaires du Glayeul. *V.* ce mot. (b.)

GLAISE. min. Sorte d'Argile communément appelée Terre à potier, que compose beaucoup de Silice, et que colore diversement le Fer. Bien qu'elle retienne l'eau qui, en la pénétrant, lui donne une certaine ductilité, et que molle et onctueuse au toucher, quand elle sort du sein de la terre, elle ne présente aucune ressemblance avec des substances fort dures, elle contient les mêmes principes et à peu près dans les mêmes proportions que le Basalte qui fait feu sous le choc du briquet. On dirait la même substance sous un autre aspect; aussi voit-on souvent, dans l'épaisseur des bancs de Glaise mis à jour et exposés au desséchement, se former des retraits prismatiques, qui sont des pavés de géans en miniature. La Glaise est d'un grand usage dans les arts ; elle sert dans la fabrication des briques, et de base à la poterie commune. On en forme des conduits d'eau ; on en revêt les digues ; on l'emploie pour prévenir la filtration dans les bassins, et pour la distillation de l'eau forte. Le statuaire lui confie la première pensée de ses chefs-d'œuvre ; sous ses doigts elle prend tous les contours. *V.* Argile et Laves.   (b.)

GLAISIÈRES. min. Ce sont les couches de Glaise en exploitation. Ces couches sont parfois énormes : il en est de plus de cent pieds d'épaisseur sur plusieurs lieues carrées d'étendue, et qui sont absolument exemptes de tout mélange de corps étrangers. On en voit de pareilles aux environs de Paris ; elles y séparent le Calcaire coquillier, ou Pierre à bâtir, des bancs de Craie dont l'épaisseur est inconnue. Les Glaisières ou couches de Glaise, sont les obstacles naturels qui, s'opposant en certains lieux à l'infiltration des eaux, retiennent celles-ci et déterminent l'apparition de fontaines, de sources et de lacs. *V.* Glaise.   (b.)

GLAITERON ou GRATERON. bot. phan. Syn. vulgaires de *Galium Aparine.* Il ne faut pas confondre Glaiteron avec Gloutron, qui est le *Xanthium Strumarium. V.* Gaillet et Lampourde.   (b.)

GLAIVANE. bot. phan. *V.* Xiphidie.   (g..n.)

GLAIVE ou PORTE-GLAIVE. pois. Syn. de *Xiphias Gladius. V.* Xiphias.   (b.)

GLAMA. mam. Même chose que Llama, espèce du genre Chameau. *V.* ce mot.   (b.)

GLAMMER et GLAMMET. ois. Syn. vulgaires de Mouette tridactyle. *V.* Mauve.   (dr..z.)

GLAND. *Glans.* bot. phan. On donne ce nom à une espèce particulière de fruit offrant les caractères suivans : péricarpe sec, indéhiscent, provenant d'un ovaire infère quelquefois à plusieurs loges et plusieurs graines avant la fécondation, mais toujours uniloculaire, monosperme à sa maturité et enveloppé dans un involucre ou cupule dont la nature est très-variée. Ainsi, dans le Chêne, la cupule est courte et écailleuse; dans le Noisetier, elle est foliacée et recouvre le fruit en grande partie; dans le Châtaignier, le Hêtre, elle est formée de valves ou panneaux qui s'ouvrent comme une véritable capsule. Cette espèce de fruit caractérise toute une famille de Plantes à laquelle le professeur Richard a donné le nom de Cupulifères. *V.* ce mot. (A. R.)

GLAND DE JUPITER. BOT. PHAN. Les anciens ont quelquefois donné ce nom à la Châtaigne et à la Noix. Quelques voyageurs ont aussi appelé Gland d'or, traduction du nom scientifique, le fruit du *Chrysobalanus Icaco. V.* CHRYSOBALANE. (B.)

GLAND DE MER. MOLL. Nom vulgaire et marchand des grandes espèces de Balanes. *V.* ce mot. (B.)

GLAND DE TERRE ET **GLAND TERRESTRE.** BOT. Le premier de ces noms est employé par Paulet pour désigner un *Geoglossum* des savans, qui est une Clavaire-Truffon pour le fongologue de Fontainebleau. Le second est appliqué par le vulgaire au *Lathyrus tuberosus* ainsi qu'au *Bunium Bulbocastanum*, L. (B.)

GLANDES. *Glandulæ.* ZOOL. BOT. On désigne ainsi les organes chargés de la sécrétion des diverses liqueurs chez un grand nombre d'êtres vivans. Cependant, certaines parties des Animaux et des Végétaux ont reçu ce nom, quoiqu'elles ne sécrétassent aucune liqueur; mais l'analogie de leur texture les a fait placer au rang des Glandes quand d'ailleurs on ignorait complétement leurs fonctions.

Chez les Animaux, les Glandes sont des organes de forme obronde, lobuleux, entourés de membranes ayant beaucoup de vaisseaux et de nerfs, pourvus de conduits excréteurs ramifiés, qui aboutissent aux membranes tégumentaires, et y versent un liquide sécrété. Les Animaux pourvus de vaisseaux et de cœur sont les seuls qui possèdent des Glandes massives; dans ceux qui n'ont point de vaisseaux, les Glandes existent, mais à un état rudimentaire. Le foie, la plus constante de toutes les Glandes, si ce n'est cependant le rein, existe dans les Insectes sous forme d'un canal excréteur, ramifié, aboutissant au canal intestinal, mais libre et flottant dans l'abdomen. Ce qu'on a nommé *Follicules* ou *Cryptes*, offre la plus grande analogie avec les Glandes; on ne voit pas de ligne de démarcation bien tranchée entre ces divers organes; et il n'y a point de raison pour ne pas ranger parmi les Glandes, la Prostate, les Amygdales, les Glandes de Cowper, qui ont des conduits ramifiés, aussi bien que les Glandes sublinguales, lacrymales, etc.

Parmi les Glandes non équivoques, nous citerons les lacrymales, les trois salivaires, savoir : la parotide, la maxillaire et la sublinguale, le pancréas, le foie, les mamelles, les reins, les testicules et les ovaires. Leur forme est irrégulièrement arrondie, mais elle se modifie considérablement. Elles sont enveloppées d'une membrane tantôt cellulaire et tantôt fibreuse; et le tout est entouré soit d'une membrane séreuse, soit de tissu cellulaire ou adipeux. Une grande quantité de vaisseaux sanguins et lymphatiques traversent ces organes, où se montrent peu de nerfs. Leur texture intime est peu connue. Malpighi et Ruysch ont émis à cet égard des opinions contradictoires. Le premier a considéré chacun des grains glanduleux comme un follicule, et chaque Glande comme une conglomération de follicules qui aboutissent à un canal excréteur commun. Ruysch, au contraire, a prétendu que les grains glanduleux sont des entrelacemens de vaisseaux fins, dans lesquels les artères se continuent en canaux excréteurs. Ces deux opinions ont chacune quelque chose de vrai, mais l'une et l'autre ne sont point exactes. Le professeur Béclard (Dict. de Médecine, T. x, p. 259) s'exprime ainsi sur la texture des Glandes : Elle paraît bien certainement résulter de la réunion intime des conduits excréteurs ramifiés et clos à leur origine, avec des vaisseaux sanguins et lymphatiques, et des nerfs situés dans leurs intervalles, divisés et terminés dans leur épaisseur ; le tout réuni par du tissu cellulaire et entouré de membranes.

La fonction des Glandes, ou leur mode de sécrétion est appelé glandulaire ; ce mode ne diffère des sécrétions folliculaire et perspiratoire, que par la complication plus grande de son organe. Elles ne reçoivent que du sang artériel (excepté le foie dans les Mammifères, le foie et les reins dans les Ovipares, qui reçoivent en outre du sang veineux), et elles transforment ce liquide en des liqueurs dont la nature chimique et les propriétés diffèrent beaucoup entre elles, sans qu'on sache bien comment s'opère cette transformation ; telles sont la salive, les larmes, la bile, l'urine, le sperme et le lait que les diverses Glandes versent par leurs canaux excréteurs. *V*. le mot Sécrétion. C'est par leur canal excréteur que les Glandes commencent à se former ; il est d'abord libre et flottant dans l'embryon, circonstance qui s'observe toujours dans les Insectes. Les Glandes sont lobées dans les Arachnides et les Crustacés, comme elles le sont dans les reins des Mammifères. A mesure que les organes des fonctions animales se développent, les Glandes qui étaient très-volumineuses dans les premiers âges de la vie, diminuent proportionnellement. Enfin, quelques-unes, comme les testicules, les ovaires et les mamelles, se développent beaucoup à l'époque de la puberté et se flétrissent dans la vieillesse.

En botanique, les auteurs ont mal à propos nommé Glandes plusieurs organes qui n'ont aucun rapport avec les véritables organes sécréteurs, auxquels il convient de donner ce nom. Ainsi, les pores corticaux ont été nommés Glandes corticales par De Saussure, Glandes miliaires par Guettard, et Glandes épidermoïdales par Lamétherie. Guettard a encore appliqué cette dénomination en lui ajoutant quelques épithètes, au tégument (*indusium*) des Fougères, à la poussière glauque très-grossière des Arroches, et aux taches qui s'observent sur l'épiderme des Arbres. Les premières sont les Glandes écailleuses ; les secondes ont reçu le nom de Glandes globulaires, et les troisièmes, celui de Glandes lenticulaires. Mais ces dénominations arbitraires ont disparu, et les botanistes modernes n'admettent plus au nombre des Glandes que des tubercules qui sécrètent réellement quelque liqueur. La diversité de leurs formes a servi à les distinguer ; il faut convenir néanmoins que les distinctions établies par quelques auteurs sont très-légères. Les Glandes globulaires ne diffèrent pas réellement des Glandes vésiculaires, des Glandes utriculaires ou ampullaires, et des Glandes en mamelon ou papillaires. Ce sont de petites vésicules remplies d'un fluide quelconque, le plus souvent odorant ou coloré. Elles sont tantôt immergées dans la substance intérieure des feuilles, ou logées dans de petites fossettes, ou paraissant formées par la dilatation de l'épiderme, ou bien n'adhérant à celui-ci que par un point de leur périphérie. On en voit de longuement pédonculées, et d'autres qui supportent des poils qu'on peut considérer comme des conduits excréteurs. Les nectaires des fleurs ne sont plus aujourd'hui considérés que comme des Glandes florales qui affectent diverses formes ; cette définition a donné un sens précis à ce mot, imaginé par Linné, mais qui exprimait trop vaguement ce qu'il devait signifier. *V*. Nectaire.

Mirbel considérant les Glandes, quant à leur anatomie, les a divisées en deux ordres, savoir : 1° les Glandes cellulaires, formées d'un tissu cellulaire très-fin , et n'ayant aucune communication avec les vaisseaux. Elles paraissent destinées à rejeter au dehors un suc particulier, et sont conséquemment excrétoires. 2°. Les Glandes vasculaires , composées d'un tissu cellulaire très-fin , et traversées par des vaisseaux qui n'excrètent aucun suc visible à l'extérieur ; elles paraissent donc purement sécrétoires. A cette sorte de Glandes , appartiennent ces tubercules qu'on observe sur les pétioles des Drupacées, du *Plumbago rosea* , etc., et qui ont été nommées Glandes à godet (*Gl. urceolares, cyathiformes*), à cause de leur forme. (G..N.)

GLANDES ARDOISÉES. BOT. CRYPT. Petite famille de Paulet, dans son Traité des Champignons. (B.)

GLANDIOLE. *Glandiolus.* MOLL. Une petite Coquille fort extraordinaire observée per Soldani (*Test. microsc.,* t. 117, vas. 244, r) a servi à Montfort de type pour le genre auquel il impose ce nom. Personne, à l'exception de Férussac, ne l'a mentionnée et placée dans la série générique; c'est dans la famille des Milioles que cet auteur la range (*V.* ses Tableaux systématiques); mais il ne l'admet qu'avec doute et en observant que ce pourrait être une graine végétale, comme la Gyrogonite. Quòi qu'il en soit, voici de quelle manière Montfort l'a caractérisée : coquille libre, univalve , cloisonnée, droite, implantée et formée en gland; sommet pointu, central; cloisons glandiformes et multipliées dans chaque gland; siphon inconnu ; bouche environnante et festonnée. Montfort nomme GLANDIOLE ÉTAGÉE, *Glandiolus gradatus*, ce petit corps que l'on trouve dans la Méditerranée, qui est grand d'une demiligne environ, transparent, irisé et formé d'une série de cupules toutes fermées par des cloisons qui imitent le gland qui s'y implante; il y a plusieurs cloisons dans chaque gland ; on ignore si elles sont percées par un siphon. (D..H.)

* GLANDITES. ÉCHIN. Quelques oryctographes ont donné ce nom à des pointes d'Oursins fossiles ayant à peu près la forme d'un gland de Chêne , ainsi qu'à des Balanites. (LAM..X.)

GLANDOU. BOT. PHAN. Une variété d'Olivier cultivée en Provence , selon Léman. (B.)

GLANDULARIA. BOT. PHAN. Gmelin a donné ce nom générique au *Verbena longiflora* ou *Verbena Aubletia* , qui se distingue des autres Verveines par sa corolle plus allongée, son stigmate divisé en deux lobes entre lesquels est situé un corps glanduleux. Ce genre avait déjà été établi dans le Journal de Physique par Rosier qui lui avait imposé le nom d'*Aubletia.* Si ses caractères avaient réellement de la valeur, il serait peut-être convenable d'adopter ce dernier nom , parce qu'il est antérieur à tous les *Aubletia* que les auteurs ont fondés , et qui d'ailleurs ont été réunis à des genres déjà connus. Mœnch a aussi donné à ce genre le nom de *Billardiera.* (G..N.)

GLANDULIFÈRE. BOT. Tout organe qui porte une ou plusieurs glandes. Les feuilles de plusieurs Myrthinées et Térébinthacées, les fleurs des Orangers , de certaines Rutacées , les poils du Pois chiche, du *Croton penicillatum*, etc., sont glandulifères. (G..N.)

GLANDULIFEUILLE. *Glandulifolia.* BOT. PHAN. Wendland(*Coll.* 1, tab. 10) a employé ce mot comme nom d'un genre formé aux dépens des *Diosma* , genre que Willdenow avait nommé de son côté *Adenandra.* Il ne forme plus qu'une section du genre *Diosma. V.* ce mot. (G..N.)

* GLANDULITE. GÉOL. Pinkerton (Remarques sur la nom. des Roch.) proposait ce nom assez convenable aux roches qui contiennent des noyaux d'une même substance et d'une formation contemporaine. Ainsi , le Granite globuleux de Corse formé de Quartz et de Hornblende serait une roche Glandulite. Pinkerton attribue l'introduction de ce nom à

Saussure dans les ouvrages duquel nous ne le trouvons cependant pas.
(B.)

* GLANIS. pois. Espèce du genre Silure. *V*. ce mot. (B.)

GLANS. moll. D'après Belon (*de Aquat.*, p. 396), il semblerait que les anciens ont donné ce nom aux Arches et surtout à l'*Arca Noe*. Mais Aristote et Pline ne l'ont jamais appliqué qu'aux Balanes. (D..H.)

GLAPHYRE. *Glaphyrus*. ins. Genre de l'ordre des Coléoptères, section des Pentamères, établi par Latreille aux dépens des Hannetons, et rangé (Règn. Anim. de Cuv.) dans la famille des Lamellicornes, tribu des Scarabéides, avec ces caractères propres : labre saillant ; mandibules dentées. Par-là, ils se distinguent essentiellement des Amphicomes et des Anisonyx, avec lesquels ils ont un grand nombre de rapports. Les Glaphyres présentent en outre plusieurs particularités d'organisation qui les éloignent des Hannetons, des Rutèles, des Géotrupes et autres genres de la famille. Leur corps est allongé ; leurs antennes sont terminées en une massue feuilletée, presque ovoïde, composée de trois articles. Ils ont un chaperon avancé et presque carré ; un labre saillant ; des mandibules cornées, anguleuses et dentelées ; des mâchoires à deux divisions, dont l'interne petite, en forme de dent, et l'externe presque ovoïde ; une languette bilobée et prolongée au-delà du menton et des palpes terminés par un petit article en massue. Le prothorax est presque carré, aussi long et même plus long que large. Les élytres sont écartées ou béantes à leur sommet qui est arrondi. Les pates antérieures sont courtes avec les jambes très-dentées ; les deux autres paires ont une longueur moyenne, et sont assez fortes : les postérieures se font remarquer par leurs cuisses renflées dans les deux sexes. Le dernier article des tarses est terminé par deux crochets entiers, égaux, et légèrement unidentés au côté interne près de leur

base. Les espèces connues paraissent habiter l'Afrique. On ne sait rien sur leurs mœurs.

Le Glaphyre de la Serratule, *Gl. Serratulœ* de Latreille, a été décrit par cet auteur (*Gener. Crust. et Insect.* T. II, p. 118), et figuré (T. I, pl. 9, fig. 6). Il est originaire de Barbarie.

Le Glaphyre maure, *Gl. maurus*, Latr., ou le *Scarabœus maurus* de Linné, qui est le même que le *Melolontha Cardui*, Fabr., et le Hanneton maure, *Mel. maurus* d'Olivier (Hist. Nat. des Ins. Coléoptères, T. I, n° 5, pl. 8, fig. 90, *a.-b.*). Dejean (Catal. des Coléopt., p. 59) mentionne une espèce propre à ce genre, sous le nom de *Nitidulus*, Dej. Elle a été trouvée en Egypte. (AUD.)

* GLAPHYRIE. *Glaphyria*. bot. phan. Genre de la famille des Myrtacées et de l'Icosandrie Monogynie, L., nouvellement proposé par le docteur W. Jack (*Transact. of the Linn. Soc.* T. xiv, p. 128) qui le caractérise ainsi : calice supère, divisé supérieurement en cinq segmens oblongs ; corolle de cinq pétales insérés sur le calice, ainsi que les étamines qui sont fort nombreuses ; ovaire à cinq loges, pluriovulé, couronné par un disque cotonneux, et surmonté d'un seul style. Cet ovaire devient une baie également 5-loculaire et polysperme ; graines fixées à l'axe central dans chaque loge et disposées sur deux rangs.

Ce genre se compose de deux espèces que l'auteur décrit sous les noms de *Glaphyria nitida* et de *Glaphyria sericea*. La première est un joli Arbrisseau qui a quelque ressemblance, pour le feuillage, avec le Myrte commun, mais ses feuilles obovales et obtuses sont, en outre, plus petites et plus consistantes. Cet Arbrisseau croît sur les sommets des montagnes de Sugarloaf et particulièrement sur le Guuong-Dempo dans le Passumah, où on le nomme *Kayo-Umur-Panjang*, c'est-à-dire Arbre de longue vie, probablement parce qu'il existe au-dessus des limites naturelles des autres forêts. A Bencoolen, les habitans lui donnent le nom de Plante de Thé, et ils boivent, en effet, l'infusion de ses feuilles en guise de Thé.

L'autre espèce (*Glaphyria sericea*) est caractérisée par ses feuilles lancéolées, longuement acuminées; le calice, les pédoncules et les bractées sont très-soyeux; l'ovaire a quelquefois six loges. Cette Plante croît dans l'île de Pulo-Penang, sur la côte ouest de Sumatra. (G..N.)

GLAPISSEMENT. MAM. C'est proprement la voix du Renard, qui n'est pas aussi forte que celle du Chien et qui est plus aiguë. (B.)

GLAREANA. OIS. (Aldrovande.) Syn. de Spioncelle. *V.* PIPIT. (DR..Z.)

GLARÉOLE. *Glareola.* OIS. Genre de l'ordre des Alcorides. Caractères : bec plus court que la tête, robuste, convexe, comprimé vers la pointe; mandibule supérieure courbée dans la dernière moitié de sa longueur, l'inférieure droite; narines placées sur les côtés et près de la base du bec, obliques; pieds emplumés jusqu'aux genoux; tarses longs et grèles; quatre doigts, trois devant dont l'intermédiaire est réuni à l'externe par une petite membrane; pouce articulé sur le tarse et portant à à terre sur le bout; ongles étroits, subulés; ailes très-longues; la première rémige dépassant toutes les autres. Les Glaréoles dont on ne compte encore que trois espèces bien distinctes, ne se montrent jamais dans les contrées septentrionales; il est même très-rare qu'elles outrepassent une latitude de quarante-six à quarante-huit degrés. C'est sur les bords des grands lacs de l'ancien continent, vers les marais d'une grande étendue, qu'elles établissent leur résidence habituelle. Rarement encore on les rencontre sur les plages maritimes où cependant leur vol rapide et longtemps soutenu pourrait les faire rivaliser d'adresse et de vivacité avec les Sternes et les Mouettes, si leurs habitudes les portaient à visiter les mêmes rivages; ce n'est donc que d'après une connaissance superficielle de ces mêmes habitudes que l'on avait donné aux Glaréoles le surnom de Perdrix de mer. Les Glaréoles montrent dans la course autant d'agilité qu'elles ont de légèreté dans le vol; aussi les voit-on saisir avec une adresse vraiment admirable les petites proies qui courent sur le sable comme celles qui voltigent entre les Joncs et les Roseaux. Elles nichent parmi ces derniers comme au milieu des Herbes les plus élevées et les plus touffues des marécages inaccessibles. Leur ponte, à ce que l'on assure, est de trois ou quatre œufs. Les circonstances qui accompagnent l'incubation sont complétement inconnues.

GLARÉOLE A COLLIER, *Hirundo patrincola*, L.; *Glareola torquata*, Meyer; *Glareola austriaca, senegalensis* et *nœvia*, Gmel., Buff., pl. enl. 882. Parties supérieures d'un cendré obscur; rémiges brunes avec la tige blanche; joues d'un brun noirâtre; gorge et menton d'un blanc fauve, entourés d'un double cordon blanc et noir; poitrine brunâtre; parties inférieures blanchâtres avec les flancs noirâtres; rectrices brunes avec la base et la face inférieure blanches, les extérieures progressivement plus longues; bec brun, rougeâtre à sa base; iris rouge; pieds brunâtres. Taille, neuf pouces et demi. Les jeunes, suivant leur âge, offrent des différences plus ou moins sensibles dans la nuance des teintes; la bande étroite qui encadre la gorge et se perd sur les joues dans les adultes, est peu marquée dans les jeunes, souvent même elle n'est indiquée que par des points. D'Europe et d'Asie jusque dans l'Inde.

GLARÉOLE ÉCHASSE, *Glareola gralluria*, Temm.; *Glareola Isabella*, Vieill. Parties supérieures d'un roux fauve; rémiges noires; poitrine rousse; gorge, devant du cou, tectrices caudales et croupion blancs; abdomen et flancs d'un brun marron; quelques taches noirâtres sur la gorge indiquent une espèce de collier; rectrices égales et coupées carrément; première rémige très-longue et mince;

bec rouge avec la pointe noire ; pieds roussâtres. Taille, neuf pouces. De l'Australasie.

GLARÉOLE LACTÉE, *Glareola lactea*, Temm. Parties supérieures d'un blanc cendré ; rémiges et tectrices alaires inférieures noires ; parties inférieures blanches ; rectrices blanches avec une tache noire vers l'extrémité, les deux latérales entièrement blanches ; bec rougeâtre, noir à la pointe ; pieds bruns. Taille, six pouces. Du Bengale. (DR.·Z.)

GLASTEIN. MIN. L'un des synonymes d'Axinite. *V.* ce mot. (B.)

GLASTIFOLIA. BOT. PHAN. *V.* GLASTUM.

GLASTIVIDA. BOT. PHAN. Quelques anciens auteurs, et entre autres Pona, rapportent que ce nom était donné dans l'île de Crète à deux Plantes qui ont pour caractère commun d'être épineuses, mais qui appartiennent à deux genres différens. L'une est l'*Euphorbia spinosa* et l'autre le *Verbascum spinosum*. (AUD.)

GLASTUM. BOT. PHAN. Tous les anciens botanistes ont donné ce nom, d'après Pline, à l'*Isatis tinctoria*, L. *V.* PASTEL. (G.·N.)

GLAUBÉRITE. MIN. Double sulfate de Soude et de Chaux. Substance soluble et décomposable par l'eau en ses deux composans immédiats, dont l'un, le sulfate de Chaux, se précipite. Elle a pour forme primitive un prisme rhomboïdal oblique, dans lequel l'incidence de deux pans est de 80° 8', et celle de ces pans sur la base de 104° 30'. Cette même base est inclinée sur l'arête longitudinale de 112° 13'. Sa pesanteur spécifique est de 2° 73'. Elle est d'une dureté assez faible ; sa couleur est ordinairement le jaune pâle ; mais il y a des cristaux qui sont presque limpides. Exposée au feu du chalumeau, elle se décrépite et se fond en émail blanc. Elle est composée, suivant Brongniart, de 51 de sulfate anhydre de Soude et de 49 de sulfate anhydre de Chaux. Ses cristaux dérivent du prisme primitif dont ils portent tous l'empreinte, par des modifications sur les arêtes des bases. La Glaubérite a été trouvée en Espagne, à Villarubia, près d'Ocagua, dans la Nouvelle-Castille. Ses cristaux y sont engagés dans des masses de Soude muriatée laminaire.

(G. DEL.)

GLAUCE. *Glaux*. BOT. PHAN. Tournefort avait établi sous ce nom un genre formé de Plantes hétérogènes, puisque Linné a composé avec les unes son genre *Peplis*, et qu'il a consacré à une autre le nom de *Glaux*. Celui-ci, qui se range dans la Pentandrie Monogynie, avait été placé par le professeur de Jussieu à la suite des Salicariées, parmi les genres dépourvus de pétales. Des observations plus récentes faites par Dutour de Salvert et A. de Saint-Hilaire, à la suite du travail de ce dernier sur les Plantes à placentas libres, p. 102, tendent à prouver que le *Glaux* devait être éloigné, non-seulement des Salicariées et des Portulacées avec lesquelles on lui avait aussi trouvé quelques rapports, mais encore de la classe à laquelle ces familles appartiennent : en effet, l'insertion hypogynique des étamines observée depuis long-temps par Lamarck, jointe à d'autres caractères que nous exprimerons plus bas, justifie Adanson d'avoir placé le *Glaux* parmi les Primulacées. Les auteurs que nous venons de citer ont adopté ce rapprochement, et ont rectifié de la manière suivante les caractères du genre Glauce : calice coloré, campanulé, à cinq découpures profondes ; corolle nulle ou quelquefois offrant un pétale unique ; étamines au nombre de cinq, hypogynes, alternes avec les petites divisions du calice ; style unique ; stigmate capitulé ; capsule uniloculaire à cinq valves ; semences fixées à un réceptacle central, globuleux, muni d'un périsperme charnu et d'un embryon droit, parallèle à l'ombilic. Les caractères de la graine représentés (*loc. cit.*, fig. 29, 30, 31, 32 et 33) concordent parfaitement avec ceux de toutes les Primulacées.

Le GLAUCE MARITIME, *Glaux maritima*, L., est une petite Plante dont les tiges sont rameuses et étalées sur la terre, garnies de petites feuilles ovales-elliptiques, glauques et nombreuses; les fleurs sont axillaires et d'un blanc quelquefois légèrement rose. Elle croît abondamment sur les bords de l'Océan et près des salines de l'Allemagne. On ne la rencontre que rarement sur les côtes de la Méditerranée.   (G..N.)

GLAUCIENNE. *Glaucium*. BOT. PHAN. Genre de la famille des Papavéracées, de la Polyandrie Monogynie, L., établi par Tournefort, réuni par Linné au *Chelidonium* dont les auteurs plus modernes l'ont séparé de nouveau. Ses caractères sont : un calice composé de deux sépales; quatre pétales; des étamines en nombre indéfini; une capsule allongée en forme de silique, couronnée par un stigmate épais, glanduleux, bifide, s'ouvrant du sommet à la base en deux valves et séparée en deux loges par une cloison spongieuse, dans les fossettes de laquelle sont à demi nichées des graines réniformes, pointillées. C'est l'absence de crête glanduleuse sur ces graines et la présence de la cloison qui distinguent ce genre des Chélidoines. Ses espèces sont des Herbes bisannuelles, glauques, remplies d'un suc safrané, âcre. Leurs racines sont perpendiculaires; les feuilles radicales pétiolées, celles de la tige sessiles et presque amplexicaules, découpées en plusieurs lobes obtus que termine quelquefois une petite pointe. Les pédoncules solitaires et uniflores sont axillaires ou terminaux; les fleurs jaunes ou tirant sur le rouge sont plus grandes que dans les Chélidoines. Ces espèces sont au nombre de cinq : la plus commune est le *G. flavum* ou Pavot cornu ; on le distingue par sa tige glabre du *G. corniculatum* dont on connaît deux variétés, l'une rouge et l'autre jaune.

Ces deux espèces, ainsi qu'une troisième intermédiaire entre elles deux, le *G. fulvum*, croissent en Europe. Deux autres sont originaires de l'Orient.   (A.D.J.)

GLAUCION. OIS. (Belon.) Syn. de Garrot jeune. Divers auteurs ont donné ce même nom au Morillon. *V.* CANARD.   (DR..Z.)

GLAUCIUM. BOT. PHAN. *V.* GLAUCIENNE.

GLAUCOIDES. BOT. PHAN. (Micheli, *Nov. Gener.*, p. 21, t. 43.) Syn. de *Peplis Portula* (Ruppi). Syn. de *Glaux maritima. V.* GLAUCE et PÉPLIDE.   (B.)

* GLAUCONIE. GÉOL. *V.* CRAIE.

GLAUCOPE. *Glaucopis*. OIS. Genre de l'ordre des Omnivores. Caractères : bec médiocre, robuste, épais; mandibule supérieure convexe, voûtée, courbée vers le bout, sans échancrure; l'inférieure droite, couverte de petites plumes veloutées, ou entourée d'une membrane charnue un peu pendante de chaque côté; narines placées à la base et sur les côtés du bec, à demi-fermées par une membrane; pieds robustes; tarse plus long que le doigt intermédiaire; trois doigts en avant, divisés, un en arrière, armé d'un ongle long et courbé; ailes médiocres; rémiges étagées; queue conique. Ce genre, établi par Forster pour y placer un Oiseau qu'il avait rapporté de la Nouvelle-Zélande, se composa d'abord de cette seule espèce; mais en examinant comparativement et avec toute l'attention convenable, les caractères du Temia de Levaillant, on ne saurait trouver de différences essentielles entre cet Oiseau et celui qui constitue le genre Glaucope; conséquemment rien ne paraît s'opposer à la fusion du sous-genre Temia de Cuvier (*Crypsirina*, Vieill., *Phrenotrix*, Horsfield) avec le genre Glaucope dont la création est un peu plus ancienne. Une troisième espèce a récemment été découverte dans les Moluques.

GLAUCOPE ANDRÉ, *Glaucopis cinerea*, Lath. Parties supérieures d'un cendré foncé presque noirâtre sur la tête, les inférieures grises ; une tache noire entre l'œil et le bec ; celui-ci d'un noir décidé, avec la base des caroncules bleue et l'extrémité d'un jaune orangé ; iris bleu ; pieds noirâtres. Taille, quatorze à quinze pouces. De la Nouvelle-Zélande.

GLAUCOPE LEUCOPTÈRE, *Glaucopis Leucopterus*. Tout le plumage noir, à l'exception des barbules internes des rémiges et des tectrices alaires secondaires qui sont d'un blanc pur ; une petite huppe comprimée sur le front ; rectrices longues et légèrement étagées ; bec noir ; pieds noirâtres. Taille, quatorze à quinze pouces. Des Moluques.

GLAUCOPE TEMIA, *Corvus varians*, Lath. ; *Cryvsirina varians*, Vieill., Levaill., Ois. d'Afr., pl. 56. Tout le plumage d'un noir soyeux à reflets verdâtres ; ces reflets deviennent pourprés sous certain jour ; la face, les joues et la gorge paraissent d'un noir franc et décidé ; ailes noirâtres ainsi que la face inférieure des rectrices dont les quatre intermédiaires, égales entre elles, sont plus longues que les autres ; les deux externes très-courtes ; bec et pieds noirs. Des Moluques. (DR..Z.)

GLAUCOPIDE. *Glaucopis*. INS. Genre de l'ordre des Lépidoptères, établi par Fabricius (*Syst. Gloss.*) aux dépens de son genre Zygène, et rangé par Latreille (Règn. Anim. de Cuv.) dans la famille des Crépusculaires, avec ces caractères distinctifs : antennes non terminées en houppes, mais doublement pectinées, soit dans le mâle seulement, soit dans les deux sexes ; langue tantôt apparente, tantôt non distincte. Latreille (*loc. cit.*) a réuni à ce genre ceux établis sous les noms de Procris, d'Atychie, de Glaucopide proprement dit, d'Aglaope et de Stygie. Ils ne s'éloignent des Glaucopides que par un petit nombre de caractères secondaires. Ainsi, les Procris et les Atychies ont les an-

tennes pectinées dans les mâles, et simples dans les femelles ; dans les premiers, les palpes ne s'élèvent presque pas au-delà du chaperon et ne sont point velus ; les ailes sont longues, et les jambes postérieures n'ont que des ergots très-petits à leur extrémité. Dans les seconds, les palpes s'élèvent notablement au-delà du chaperon et sont très-velus ; les ailes sont courtes, et il existe des ergots très-forts à l'extrémité des jambes postérieures. On peut citer pour exemple le *Sphynx Chimæra* d'Hubner. Dans les trois autres sous-genres, les antennes sont pectinées dans les deux sexes. Mais les uns ont une langue, ce sont les Glaucopides propres ; et les autres, les Aglaopes et les Stygies, en sont privés.

Le genre Glaucopide comprend plusieurs espèces, dont le plus grand nombre est propre à l'Amérique méridionale. Nous citerons pour exemple :

La GLAUCOPIDE TURQUOISE, *Gl. statices*, ou le *Sphynx statices* de Linné. Elle a été décrite et figurée par Degéer (Mém. sur les Ins. T. II, pag. 255, tab. 3, fig. 8-10). On la trouve très-communément en France. Latreille rapporte au même genre les Zygènes *Polymena, Augo, Argynnis*, etc. (AUD.)

* GLAUCOS. POIS. Aristote semble désigner sous ce nom une espèce de Squale, peut-être le *Squalus Glaucus*. (B.)

GLAUCUS. MOLL. Poly, dans les Testacés des Deux-Siciles, a appliqué ce nom aux Animaux des Limes et des Avicules qui paraissent avoir beaucoup d'analogie ; mais comme on ne peut considérer séparément les Animaux de leurs coquilles, nous renvoyons aux mots AVICULE et LIME. (D..H.)

GLAUMET. OIS. Syn. vulgaire de Pinson. *V.* GROS-BEC. (DR..Z.)

GLAUQUE. POIS. Espèce des genres Squale et Scombre. *V.* ces mots. (B.)

GLAUQUE. *Glaucus*. MOLL. Connus depuis long-temps, les Glauques ont été établis en genres par Forster.

dans le tome v du Magasin de Voigt; ce genre a été ensuite admis par la plupart des zoologistes qui , à l'exemple de Forster, l'ont fait sortir des Doris où Linné et Gmelin l'avaient placé. Cuvier (Règn. Anim. T. 11) les range dans les Gastéropodes nudibranches entre les Eolides et les Scyllées. Bosc les avait confondus avec ce dernier genre. Lamarck a considéré ces Mollusques, d'après leur habitude de nager à la surface de l'eau, comme un passage entre les Hétéroptères et les Gastéropodes ; aussi les met-il les premiers dans la famille des Tritonies (*V.* ce mot) qui commence les Gastéropodes et qui suit immédiatement les Hétéropodes. Férussac a laissé ce genre dans les mêmes rapports que Cuvier ; mais il a formé avec eux une famille séparée des Nudibranches polybranches sur le nombre des tentacules. Il est à remarquer avec Blainville que jusqu'à la publication de son Mémoire sur l'ordre des Mollusques polybranches , inséré dans le Journal de Physique , tous les observateurs qui ont mentionné ce Mollusque ou qui l'ont figuré, comme Blumenbach, etc., l'ont tous représenté sens dessus dessous, ayant considéré la surface abdominale comme étant la dorsale, et *vice versâ.* Cette erreur a dû les porter à dire que les orifices de l'anus et pour la génération sont situés à gauche, ce qui aurait été unique jusqu'à présent chez les Mollusques. En rétablissant celui-ci dans sa véritable position, il rentrera dans la règle générale. Il paraît aussi qu'on avait vu cet Animal d'une manière fort incomplète, car Blainville, qui en a fait une description fort détaillée dans le Dictionnaire des Sciences naturelles , a eu occasion de rectifier plusieurs erreurs assez notables. Nous ne suivrons pas cet auteur dans sa description détaillée et savante; elle pourrait faire le sujet d'un mémoire plutôt que d'un simple article de dictionnaire. Nous nous contenterons d'en donner un extrait. Ce petit Mollusque , très-contractile d'après les formes que lui

donnent les figures des auteurs comparées à celle de l'Animal lui-même conservé dans l'Alcohol, est revêtu d'une peau qui est beaucoup plus ample qu'il ne le faut pour contenir juste les viscères qui sont rassemblés en une petite masse à la partie antérieure. Le corps , vu dans son entier, est triangulaire; à sa partie antérieure ou à sa base est placée la bouche, surmontée de quatre tentacules ; la surface abdominale est aplatie et entièrement occupée par un disque charnu, musculaire, qui est le pied que l'on avait pris pour le dos. L'Animal ayant l'habitude de nager renversé , le dos est bombé et ne présente rien de remarquable. De chaque côté et ordinairement d'une manière symétrique, naissent quatre appendices digités qui servent de nageoires et probablement à porter les branchies. Les naturalistes qui ont vu cet Animal vivant s'accordent à dire qu'il est d'un très-beau bleu tendre nacré ou nuancé d'argent, et les branchies sont de la même couleur, mais d'un bleu plus foncé et non métallique. On peut caractériser ce genre de la manière suivante : corps allongé , sub-cylindrique , gélatineux , ayant une tête antérieurement, et terminé postérieurement par une queue grêle, subulée ; tête courte; bouche proboscidiforme, surmontée de quatre tentacules par paire, les plus grands étant sans doute oculés; nageoires branchiales opposées, palmées et digitées à leur sommet, latérales, horizontales, au nombre de trois ou quatre paires ; les postérieures presque sessiles; les ouvertures pour la génération et l'anus ouverts latéralement du côté droit.

On a prétendu qu'il y avait plusieurs espèces de Glauques ; on a pensé que le nombre de paires de nageoires pouvait servir pour les distinguer; mais on s'est bientôt aperçu que ce caractère, pris seul, était insuffisant par son extrême variabilité. On ne connaît donc encore que le GLAUQUE DE FORSTER , *Glaucus Forsteri*, Lamk., Anim. sans vertèbr.,

T. VI, 1re partie, p. 500; *Glaucus atlanticus*, Blumenbach, si exactement représenté par Bory de Saint-Vincent dans l'Atlas de son Voyage aux quatre îles des mers d'Afrique, où, d'après Bosc, il l'appelle Scyllée nacrée. Ce Glauque est long d'environ un pouce et demi; il vit très-abondamment dans les mers chaudes et même dans la Méditerranée. On le voit en grand nombre à la surface de l'eau, nageant avec une grande rapidité durant les temps calmes. Bory de Saint-Vincent dit qu'il se retourne avec vigueur et comme par bonds, quand on le place hors de l'eau sur une surface unie. (D..H.)

* GLAUQUÉS. MOLL. Férussac a emprunté ce nom du genre Glauque (*V.* ce mot) pour l'appliquer à une famille entière. Cette famille fait partie des Polybranches (*V.* ce mot et MOLLUSQUE), qui eux-mêmes forment le second sous-ordre des Nudibranches (*V.* également ce mot). Elle est composée des genres Laniogère, Glauque, Eolide et Tergype. *V.* ces mots. (D..H.)

GLAURE. MIN. Syn. ancien de Bismuth. *V.* ce mot.

* GLAUX. OIS. (Aristote.) Syn. ancien de Hulotte. *V.* CHOUETTE. (DR..Z.)

GLAUX. BOT. PHAN. *V.* GLAUCE. On ne sait quelle Plante les anciens désignaient sous ce nom qu'on leur a emprunté. Les commentateurs y ont vu le Galéga officinal, la Linaire, le Polygale vulgaire, l'Andrachne, l'Isnarde et la Péplide. *V.* tous ces mots. (B.)

GLAYET. BOT. PHAN. Vieux nom du Glayeul. *V.* ce mot. (B.)

GLAYEUL. *Gladiolus.* BOT. PHAN. Genre de la famille des Iridées et de la Triandrie Monogynie, établi par Linné, et présentant les caractères suivans : périanthe coloré et tubuleux à sa base; le limbe offrant six divisions irrégulières, qui forment deux lèvres, dont la supérieure se compose de trois divisions conni-

ventes, l'inférieure de trois plus ou moins étalées; étamines ascendantes à anthères parallèles; trois stigmates creusés en gouttière; capsule ovale, oblongue, subtrigone; graines nombreuses ailées. Ces caractères limitent le genre Glayeul et en excluent un grand nombre de Plantes qui lui avaient été rapportées par les auteurs. Ker (*Annals of Botany*, p. 227 et suiv.) a séparé sous les noms génériques d'*Anomatheca*, de *Tritonia*, de *Babiana* et de *Watsonia*, plusieurs *Gladiolus* et *Ixia*. Ces réformes ayant été adoptées par la plupart des auteurs modernes et notamment dans la seconde édition de l'*Hortus Kewensis*, nous ne devons parler ici que des autres espèces laissées dans le genre Glayeul, espèces très-remarquables par la beauté de leurs fleurs, et cultivées en conséquence dans les serres d'orangerie. La plupart sont indigènes du cap de Bonne-Espérance, ainsi qu'une foule d'Iridées très-voisines; telles sont les Antholyzes, les Diasies, etc. On en connaît un nombre très-considérable, et les amateurs de ces belles Plantes en cultivent plus de trente, qui ont l'avantage de fleurir de bonne heure et de présenter des couleurs très-variées. Elles demandent à être garanties de la plus petite gelée, parce que la plupart entrent en végétation pendant l'hiver. C'est par cette raison qu'elles doivent être exposées près du jour sur les tablettes des serres, afin qu'elles ne s'étiolent pas; il faut que les arrosemens soient modérés et appropriés à la température; enfin, on doit les placer dans un mélange d'une bonne terre franche et de terreau végétal. Leur multiplication s'opère par le moyen des cayeux qu'elles fournissent assez abondamment, et qu'on enlève lorsque les feuilles et les tiges sont mortes, c'est-à-dire en été. Cette culture, qui est aussi celle des Ixies et des Antholyzes, réussit facilement, et récompense amplement le fleuriste, par la beauté des Plantes qu'il voit prospérer comme si elles croissaient dans leur patrie.

Nous avons vu, dans le jardin royal de Saint-Cloud, une série magnifique de Glayeuls et d'Ixies, qui offraient un coup-d'œil admirable dans les mois d'avril et de mai.

Si le grand nombre des Glayeuls ne nous permet pas d'entrer dans des détails sur chacune de leurs espèces, nous ne saurions toutefois passer sous silence la seule qui soit indigène de l'Europe méridionale et qu'avec quelques soins l'on cultive en pleine terre dans les jardins, à cause de la beauté et des couleurs variées de ses épis de fleurs.

Le GLAYEUL COMMUN, *Gladiolus communis*, L., a une racine bulbeuse; une tige haute de trois à six décimètres, lisse, terminée par un épi communément unilatéral; ses feuilles sont ensiformes, pointues, nerveuses et embrassantes; ses fleurs sont sessiles, un peu distantes entre elles, souvent tournées d'un seul côté, et munies chacune à leur base d'une spathe assez longue, lancéolée, et de deux pièces. Leurs couleurs varient entre les nuances du blanc, du rose et du rouge pourpre. Les fleurs de cette dernière couleur, qui paraît être la naturelle, sont toujours plus grandes, et les Plantes qui les produisent, plus fortes dans toutes leurs parties. (G.,N.)

GLÉ. BOT. PHAN. L'un des noms vulgaires de l'*Iris germanica*, L. *V.* IRIS. (B.)

GLÈBE. *Gleba*. ACAL. Bruguière, dans l'Encyclopédie méthod. (Hist. des Vers, pl. 89), a figuré sous ce nom, un Animal voisin de la famille des Méduses, peut-être même en faisant partie. Jusqu'à ce moment, on ne connaît de ce Zoophyte que la figure que nous venons de citer.
(LAM..X.)

GLÉCHOME. BOT. PHAN. Pour Glécome. *V.* ce mot. (B.)

GLECHON ET GLICHON. BOT. PHAN. Dioscoride paraît avoir désigné le *Mentha Pulegium* sous ce nom qui depuis est devenu la racine de la dé-

signation scientifique du Lierre terrestre. *V.* GLÉCOME. (B.)

GLÉCOME. *Glecoma* ou *Glechoma*. BOT. PHAN. Ce genre, de la famille des Labiées et de la Didynamie Gymnospermie, établi par Linné, est ainsi caractérisé : calice cylindrique, strié, à cinq dents très-aiguës; corolle à tube plus long que le calice, évasé supérieurement; lèvre supérieure courte et bifide; l'inférieure à trois lobes dont les deux latérales sont obtus, et celui du milieu plus grand et échancré; étamines situées sous la lèvre supérieure, ayant leurs anthères réunies en forme de croix; style plus long que les étamines, terminé par un stigmate bifide.

Le GLÉCOME HÉDÉRACÉ, *Glecoma hederacea*, L., figuré dans Bulliard, tab. 241, est l'unique espèce du genre, car on ne doit regarder que comme une simple variété plus grande dans toutes ses parties, et munie de poils blancs aux crénelures de ses feuilles, le *Glechoma hirsuta*, Waldst. et Kitaib. (*Plant. Rar. Hung.*, p. 124, tab. 119), qui a été trouvé dans les forêts de la Hongrie. L'espèce Linnéenne possède une tige haute d'un à deux décimètres, dressée à sa partie supérieure, rampante à sa base, un peu rude et velue; ses feuilles sont opposées, pétiolées, cordiformes, arrondies, obtuses et crénelées; entre la base de chaque paire de feuilles, on remarque une petite touffe de poils s'étendant horizontalement de l'une à l'autre. Cette Plante est très-commune dans les buissons, les bois ombragés ou le long des murs des villages de toute l'Europe. On lui donne en France les noms vulgaires de Lierre terrestre, de Rondote, et d'Herbe de Saint-Jean; elle partage ce dernier nom avec plusieurs Plantes, et notamment avec l'Armoise.

Le Lierre terrestre exhale, dans toutes ses parties, une odeur aromatique assez agréable; et comme il possède en même temps une saveur légèrement âcre et amère, il jouit de propriétés médicales généralement reconnues. Administré fréquemment sous forme d'infusion, il détermine une légère excitation et facilite l'expectoration. On le prescrit spécialement dans les catarrhes pulmonaires chroniques. (G..N.)

GLEDITSCHIE. *Gleditschia*. BOT. PHAN. *V.* FÉVIER.

GLEICENIE. BOT. CRYPT. Pour Gleichenie. *V.* ce mot. (B.)

GLEICHENIE. *Gleichenia*. BOT. CRYPT. (*Fougères.*) Genre établi par Smith, et dont les caractères consistent dans la fructification formée par des capsules réunies en figure d'étoile, trois ou quatre ensemble, et formant des sores presque ronds à moitié enfoncés dans des creux hémisphériques situés à la surface inférieure de la fronde. Les capsules sont nues, c'est-à-dire non recouvertes par une induse, et s'ouvrant par une fente longitudinale, uniloculaires et remplies de séminules arrondies. Ce genre a été adopté par Swartz, par Willdenow et par Brown. Ce dernier y a réuni le genre *Mertensia* appelé *Dicranopteris* par Bernhardi, mais en convenant cependant que ce genre diffère par ses capsules membraneuses, en nombre indéterminé dans chaque sore, presque pédicellées, et par la nudité des divisions inférieures des stipes. Le *facies* des Gleichenies et des Mertensies étant d'ailleurs assez différent, nous pensons qu'on doit conserver les deux genres. Les Gleichenies n'ont encore été observées que dans l'hémisphère austral au-delà du tropique, une au cap de Bonne-Espérance, les autres à la Nouvelle-Hollande. Ce sont des Plantes d'un aspect singulier, fort élégantes dans les herbiers, par leur dichotomie et la fine régularité des divisions obtuses de leurs pinnules. La plus anciennement connue est le *Gleichenia polypodioides*, Willd., qui ne ressemble pas le moins du monde à un Polypode, et que Linné avait mentionné comme une Onoclée. C'est l'espèce du cap de Bonne-Espérance. Les autres sont le *Gleichenia glauca*, omis par Brown dans son Prodrome ; le *G. circinata*, dont ce sa-

vant a, l'on ne sait pourquoi, changé le nom pour celui de *G. mycrophylla*, qui convient à toutes les espèces, les *G. speluncæ* et *dicarpa*, qui toutes croissent aux environs du port Jackson. (B.)

* GLEITRON ET GLETTERON. BOT. PHAN. Même chose que Gloutron. *V.* ce mot. (B.)

* GLICHON. BOT PHAN. *V.* GLECHON.

* GLIDA. OIS. (Charleton.) Syn. vulgaire de Milan parasite. *V.* FAUCON. (DR .Z.)

GLIMMER. MIN. *V.* MICA.

GLINOLE. *Glinus*. BOT. PHAN. Genre de la famille des Ficoïdées et de la Dodécandrie Pentagynie, L., désigné par Tournefort sous le nom d'*Alsine*, et ainsi caractérisé par Linné : calice à cinq divisions conniventes, colorées intérieurement et persistantes ; cinq pétales plus courts, ou languettes à deux ou trois dents ; étamines au nombre d'environ quinze ; cinq styles ; capsule couverte par le calice, à cinq loges et à cinq valves ; semences petites tuberculées d'un côté, ayant un cordon ombilical très-long. Bernard de Jussieu, Linné et Adanson regardaient ce genre comme appartenant à la famille des Caryophyllées. Ce dernier, en lui donnant le nom de *Rolofa*, lui assignait cinq à dix pétales, un style et cinq stigmates. Le professeur A.-L. de Jussieu a fait voir ses rapports avec le genre *Aizoon*, qui a le même port, et dans lequel doit rentrer le *Glinus crystallinus* de Forskahl, qui est la même Plante que l'*Aizoon Canariense*, L. Les espèces de *Glinus*, au nombre de trois, savoir : *Glinus lotoides*, L.; *G. dictamnoides*, L., et *G. setiflorus*, Forsk., sont des Plantes herbacées, rampantes, souvent cotonneuses, à rameaux alternes ainsi que les feuilles qui naissent par paires du même point de la tige ; leurs fleurs sont axillaires. Elles croissent dans les terrains les plus arides de la Sicile, de l'Arabie, de l'Egypte, de la Barbarie et de l'Espagne. (G..N.)

GLINON et **GLINOS**. BOT. PHAN. *V.* GLAINOS.

GLINUS. BOT. PHAN. *V.* GLINOLE.

GLIRES. MAM. *V.* RONGEURS.

GLIRIENS. MAM. Desmarest donne ce nom à la famille des Mammifères, qu'il composa dans la première édition de Déterville des Gerboises, des Gerbilles et des Loirs. *V.* RONGEURS et GERBOISE. (B.)

* **GLURICAPA**. REPT. OPH. Espèce du genre Couleuvre. *V.* ce mot. (B.)

GLIS. MAM. D'où Glires et Gliriens. *V.* LOIR et RONGEURS. (B.)

GLOBBÉE. *Globba.* BOT. PHAN. Genre de la famille des Amomées et de la Diandrie Monogynie, établi par Linné et ainsi caractérisé : périanthe double, l'extérieur court, persistant, trifide ; l'intérieur tubuleux, à trois divisions égales ; deux étamines dont les filets sont courts, filiformes, et les anthères attachées dans toute leur longueur sur les filets ; ovaire surmonté d'un style sétacé et d'un stigmate aigu ; capsule arrondie, couronnée par le périanthe, à trois valves, à trois loges et polyspermes. Les espèces de ce genre sont encore trop imparfaitement connues, pour que les auteurs soient d'accord sur celles qui doivent le constituer ou former des genres particuliers. Linné fils, dans son supplément, a séparé de ce genre le *Globba nutans*, L., espèce qui est devenue le type d'un genre distinct, sous le nom de *Renealmia*, auquel Jussieu (*Genera Plant.*, p. 62) a substitué celui de *Catimbium.* Vendland (*Sert. Hanow.*, tab. 19) a figuré la même Plante et l'a nommée *Zerumbet speciosum* ; enfin, Smith (*Exot. Bot.*, tab. 106) en a fait une espèce d'*Alpinia*. L'appendice (nectaire selon Linné) bidenté à la base, trilobé au sommet et situé dans l'intérieur du périanthe que possède cette Plante, est un caractère qui semblerait devoir en autoriser la séparation générique. Le genre *Colebrookia* de Donn (*Hort. Cantabr.*) a été reconnu par Smith

comme identique avec le *Globba*, de sorte que le *C. bulbifera* du premier n'est autre que le *Globba marantina*, dont Smith (*loc. cit.*, t. 103) a donné une belle figure.

Les Globbées sont des Plantes herbacées, à feuilles simples, alternes, et à fleurs disposées en épi latéral ou terminal. Elles croissent dans les Indes-Orientales. Deux espèces sont cultivées dans les jardins d'Europe, savoir : le *Globba nutans* dont nous avons déjà parlé, et le *Globba erecta*, D. C. et Redouté, Liliacées. Ce sont de très-belles Plantes, surtout la première, qui est remarquable par la grandeur de ses feuilles et par le nombre de ses fleurs. Elles demandent la même culture, c'est-à-dire un mélange de terre franche et de terre de Bruyère, à être mises dans des pots, exposées en plein air pendant l'été, et alors arrosées fréquemment, mais renfermées soigneusement pendant l'hiver.

Plusieurs espèces de Globbées sont décrites dans la Nouvelle Flore de l'Inde, publiée en 1820 à Serampore par Carey et Wallich. Ce sont les *Globba bulbifera*, Roxb. ; *G. orixensis*, Roxb. ; *G. Hura*, Roxb., ou *G. persicolor*, Smith, *Exot. Bot.*, tab. 117 ; *G. Careyana*, Roxb., *G. subulata*, Roxb. ; et *G. spatulata*, Roxb. Le docteur Sims (*Botanical Magazine*, XXXII, 1820) a fondé sur le *G. subulata* un genre particulier qu'il a nommé *Mantisia*, et qui a été adopté par Smith dans la Cyclopédie de Rees. A ce genre, Wallich (*Flor. Indica*, 1, p. 81) rapporte comme deuxième espèce, le *G. spathulata*, Roxb. (G..N.)

GLOBE, POIS. Nom vulgaire du *Tetrodon lineatus* et du *Diodon Histrix*. *V.* DIODON et TÉTRODON. (B.)

GLOBE ou **PETIT GLOBE**. *Globulus.* ÉCHIN. Desbori, dans sa Traduction de Klein, p. 73, donne ce nom à la troisième espèce de ses Oursins boutons, qui offrent plusieurs variétés ; ils appartiennent aux Galérites de Lamarck. *V.* GALÉRITE.

(LAM..X.)

* GLOBICEPS. MAM. Espèce du genre Dauphin. *V*. ce mot. (B.)

GLOBIFÈRE. *Globifera*. BOT. PHAN. (Gmelin.) Syn. de Micranthème. *V*. ce mot. (B.)

GLOBOSITE. *Globosites*. MOLL. FOSS. C'est ainsi que les anciens oryctographes désignaient toutes les Coquilles pétrifiées qui ont une forme globuleuse. (D..H.)

* GLOBULÆA. BOT. PHAN. *V*. CRASSULE.

GLOBULAIRE. *Globularia*. BOT. PHAN. Genre établi par Linné dans la Tétrandrie, rangé par Jussieu à la suite des Primulacées, et dont le professeur De Candolle a formé une famille particulière sous le nom de Globulariées. *V*. ce mot. Dans ce genre, les fleurs petites et violettes sont réunies en tête comme dans les Dipsacées. Chaque fleur, qui est sessile sur le réceptacle, est accompagnée d'une bractée en forme d'écaille, et offre un calice monosépale, allongé, à cinq divisions profondes et un peu inégales; une corolle d'une seule pièce, irrégulière, longuement tubuleuse, évasée et divisée en cinq lanières inégales, qui forment comme deux lèvres; une supérieure, à trois divisions; une inférieure, à deux lanières plus courtes. Les étamines, au nombre de quatre à cinq, sont alternes avec les divisions de la corolle. L'ovaire est ovoïde-allongé, uniloculaire, contenant un seul ovule, pendant du sommet de la loge; la base de l'ovaire est environnée d'un disque hypogyne, mince et inégal; le style est à peu près de la longueur des étamines, terminé par un stigmate bifide, dont les deux divisions sont linéaires et inégales; le fruit est un akène ovoïde, recouvert par le calice qui est persistant; la graine est pendante, et se compose d'un tégument propre, mince, d'un endosperme blanc et charnu, contenant un embryon cylindrique, ayant la même direction que la graine.

Ce genre se compose d'environ douze ou quinze espèces : ce sont des Plantes herbacées vivaces, ou des Arbustes dont les feuilles sont persistantes, coriaces, alternes, les fleurs quelquefois toutes radicales; les fleurs forment des capitules globuleux ou hémisphériques.

GLOBULAIRE COMMUNE, *Globularia vulgaris*, L. Elle croît dans les lieux secs et incultes, particulièrement sur les côteaux de l'Europe. Ses feuilles sont radicales, à l'exception de quelques-unes qui sont éparses sur une tige simple, haute de six à dix pouces. Elles sont spathulées, rétrécies à leur base en un long pétiole. Celles de la tige diminuent progressivement de grandeur; les fleurs sont violettes, et forment un seul capitule terminal; les feuilles de la Globulaire ont une saveur amère; elles sont légèrement purgatives.

GLOBULAIRE TURBITH, *Globularia Alypum*, L., Rich., Bot. méd. 1, p. 228. C'est un Arbrisseau de quatre à six pieds d'élévation, qui forme des buissons épais sur les bords de la Méditerranée, en Provence, aux environs de Toulon et d'Hyères; ses feuilles sont alternes, obovales, lancéolées, aiguës, très-entières, presque sessiles, coriaces, dressées contre la tige; les fleurs sont disposées en capitules, qui terminent chacun l'extrémité d'une des petites ramifications de la tige. Ces capitules sont globuleux, sessiles, entourés d'un involucre imbriqué, dont les écailles sont brunes, scarieuses et ciliées sur les bords; le réceptacle est convexe et spongieux à l'intérieur; les fleurs sont nombreuses et serrées les unes près des autres. Chacune d'elles est accompagnée d'une bractée spathulée, un peu plus courte qu'elle, chargée sur sa face externe de poils longs et soyeux. Les feuilles de cette Plante ont une saveur extrêmement amère et légèrement âcre. Les anciens avaient déjà signalé ses propriétés éminemment purgatives. Mais c'est particulièrement aux recherches récentes du docteur Loiseleur Deslongchamps, que l'on doit la connaissance de son véritable mode d'action. Ce médecin considère les feuilles de la Globulaire Turbith, comme le meilleur succédané indigène du Séné. La dose pour un adulte, est depuis un gros jusqu'à une once, que l'on fait bouillir dans huit onces d'eau. Malgré son efficacité, ce purgatif tonique est inusité à Paris ; mais les habitans du midi de la France, en font assez souvent usage.

GLOBULAIRE A LONGUES FEUILLES, *Globularia longifolia*, Willd. Cette jolie espèce, qui est originaire de Madère et qui figure dans nos jardins, forme un Arbrisseau de huit à dix pieds de hauteur, dont les rameaux anguleux portent des feuilles alternes, lancéolées, aiguës, entières, glabres, luisantes et persistantes ; ses fleurs, d'un bleu pâle, sont disposées en capitules portés sur des pédoncules axillaires. Cette espèce demande à être rentrée dans l'orangerie pendant l'hiver.   (A. R.)

* GLOBULARIÉES. *Globulariæ*. BOT. PHAN. Ainsi que nous l'avons dit, le professeur De Candolle a retiré le genre Globulaire de la famille des Primulacées, pour en former un ordre naturel distinct sous le nom de Globulariées. Mais comme cette nouvelle famille ne se compose encore que du seul genre Globulaire, les caractères sont les mêmes que ceux que nous avons tracés pour ce genre.

Les Globulariées diffèrent des Primulacées par plusieurs caractères : 1° leurs fleurs sont constamment disposées en capitules ; 2° leurs étamines ne sont pas opposées, mais alternes avec les lobes de la corolle ; 3° l'ovaire ne contient qu'un seul ovule, qui pend du sommet de la loge ; 4° le fruit est indéhiscent ; 5° l'embryon offre une position différente. Cette nouvelle famille a beaucoup plus de rapport avec les Plumbaginées et surtout les Nyctaginées ; et si l'ovaire était infère, il serait fort difficile de la distinguer des Dipsacées, dont elle

a le port et les autres caractères. *V.* GLOBULAIRE.   (A. R.)

* GLOBULE. INF. Espèce des genres Monade et Volvoce. *V.* ces mots.   (B.)

GLOBULES. *Globuli*. BOT. CRYPT. (*Lichens*.) Achar est disposé à regarder comme apothéciés ces organes qui sont globuleux, solides, crustacés, formés de la même substance que le thalle, terminaux, entiers, caduques, laissant une fossette après leur chute, et recouverts souvent, comme cela a lieu dans le genre *Isidium*, par une membrane qui est peut-être sporigère ?   (A. F.)

GLOBULICORNES. INS. Duméril désigne sous ce nom et sous celui de Ropalocères, une famille de l'ordre des Lépidoptères qui correspond au grand genre Papillon de Linné, et à laquelle il assigne pour caractère essentiel d'avoir des antennes en massue ou renflées au bout. Elle renferme les genres Papillon, Hespérie, Hétéroptère, et elle se trouve comprise dans la grande famille des Diurnes de Latreille. (Règn. Anim. de Cuv.).   (AUD.)

* GLOBULINA. ZOOL. ? BOT. ? (*Arthrodiées*.) Link, dans une classification des Algues qui ne nous est pas connue, a donné ce nom à la seconde division des Conjugées de Vaucher, qui forme notre genre Teudaride. *V.* ce mot et l'article ARTHRODIÉES, T. I, p. 595 de ce Dictionnaire. (B.)

GLOBULITES. *Globulita*. INS. Latreille propose d'appliquer ce nom à une tribu de la division des Erotyles, dans la famille des Clavipalpes, et dont les caractères distinctifs sont d'avoir les palpes maxillaires filiformes avec le dernier article allongé et plus ou moins ovale. Tels sont les genres Langurie, Phalacre, Agathidie et Clypéastre ou Lépadite. *V.* ces mots.   (AUD.)

* GLOBUS. MOLL. Nom sous lequel Klein (*Tentam.*, p. 175) a désigné certaines Coquilles à forme sphé-

rique, qui appartiennent au genre Chame. (AUD.)

GLOCHIDION. BOT. PHAN. Genre de la famille des Euphorbiacées. Ses fleurs monoïques, ou peut-être quelquefois dioïques, offrent un calice à dix divisions, dont trois intérieures. Dans les mâles, les étamines, au nombre de trois à six, ont leurs filets soudés à la base, leurs anthères adnées à ces filets au-dessous de leur sommet qui se prolonge en pointe. Dans les femelles, on observe un style épaissi ou nul, six stigmates courts, obtus, dressés ou connivens; un ovaire charnu, à six loges contenant chacun deux ovules. Le fruit capsulaire a la forme d'un sphéroïde déprimé, creusé à son sommet d'un enfoncement central, et sur son contour, de douze sillons longitudinaux. Le sarcocarpe, assez épais, se sépare en six valves, dont chacune porte sur son milieu une cloison formée par les replis de l'endocarpe. Celui-ci, très-ténu, formait ainsi intérieurement six coques renfermant deux graines souvent placées l'une au-dessus de l'autre. Ces graines sont remarquables par une cavité indépendante de celle qui renferme l'embryon, et qui, située au-devant de celui-ci, communique à l'extérieur par une ou trois ouvertures.

Forster a le premier décrit une espèce de ce genre, originaire de îles de la Société et des nouvelles Hébrides; et il lui a donné le nom de *Glochidion*, que nous avons dû conserver. Gaertner a fait connaître le fruit, mais en nommant le même genre *Bradleia*. Outre quatre espèces citées par les auteurs, les herbiers en contiennent plusieurs qui paraissent inédites; mais l'imperfection des descriptions d'une part, et de l'autre des échantillons, rendrait ici une synonymie fort difficile à bien établir. Quoi qu'il en soit, ce sont des Arbustes ou des Arbrisseaux de la Chine, de Ceylan, de Java, des Philippines. Leurs feuilles sont alternes, entières, légèrement coriaces, glabres et souvent luisantes en dessus, veinées en dessous; les fleurs axillaires, solitaires ou fasciculées. (A. D. J.)

* **GLOIONEMA.** ZOOL.? OU BOT. CRYPT.? Genre établi par Agardh, qui le caractérise de la manière suivante: filamens gélatineux, tenaces, continus, remplis de sporanges ou conceptacles elliptiques, et disposés en lignes droites. Si l'on s'en rapporte à ces caractères, le genre Gloionema flotte entre les Arthrodiées et les Confervées; car de *filamens continus*, avec des *sporanges elliptiques disposés en lignes droites* dans l'intérieur de ces filamens, sont des caractères qui peuvent convenir à des êtres où les filamens présentent des articulations, soit dans tout leur diamètre, soit dans un tube intérieur seulement; et les séries de sporanges en lignes droites indiquent bien évidemment un tube intérieur, formé d'articles bout à bout. Agardh lui-même semble douter de la validité de son genre, quand il met en question sa nature animale ou végétale. Et cette validité devient bien plus problématique, lorsqu'on voit que ce genre est formé de trois espèces tellement disparates, que la réunion d'une Sertulaire, d'un Fucus et d'une Mousse, sous un même nom générique, ne seraient pas plus étranges.

Le *Gloionema paradoxum* de l'auteur suédois, espèce dessinée par Lyngbye, la dernière de son *Tentamen*, nous paraît devoir évidemment faire partie du genre *Tiresias*. V. ce mot et ARTHRODIÉES. Les prétendus sporanges de ce Psychodiaire sont certainement des Zoocarpes. Le *Gloionema fœtidum* n'est pas suffisamment décrit, et serait peut être l'*Ulva fœtida* de Vaucher, laquelle est une Chaodinée. Le *Gloionema chtonoplastes*, enfin, Plante des rivages maritimes, dont quelques-uns font un Oscillaire, nous paraît d'abord, malgré l'assertion de Lyngbye, n'avoir pas le moindre rapport avec son *Oscillatoria chtonoplastes*, qui est le type de notre genre *Vaginaria*. V. ce mot et

ARTHRODIÉES. Dans la figure de la Flore Danoise, la superposition des couches qu'on dit formées par cette singulière production, proscrit tout rapprochement. Le genre *Gloionema* doit conséquemment être supprimé, comme ayant été formé sur des observations incomplètes, souvent à l'aide d'échantillons secs ou défigurés, et pour réunir des êtres totalement disparates. (B.)

GLOIRE DES ACACIAS. BOT. PHAN. Quelques voyageurs et des jardiniers ont donné ce nom à la Poincenille. *V.* ce mot. Léman dit qu'on l'a aussi appliqué à l'*Æschinomene grandiflora*, L. *V.* SESBANIE. (B.)

GLOIRE DE MER. *Gloria maris.* MOLL. Un Cône extrêmement rare, dont on ne connaît que quelques individus, et qui est conséquemment très-cher et fort recherché dans les collections de luxe, a reçu ce nom, qui a été ensuite adopté par Bruguière et Lamarck. (D..H.)

* GLOMERARIA. POLYP. Nom donné par Luid, dans sa Lichénographie britannique, à une espèce d'Alcyon de forme globuleuse. (LAM..X.)

GLOMÉRIDE. *Glomeris.* INS. Genre de l'ordre des Myriapodes, famille des Chilognathes, établi par Latreille aux dépens des Iules, et ayant, suivant lui, pour caractères : corps ovale-oblong, crustacé, susceptible de se rouler en boule, ayant sur chaque bord latéral une rangée de petites écailles, de onze à douze segmens, dont le dernier plus grand et demicirculaire; antennes renflées vers leur sommet. Ces Insectes diffèrent essentiellement des Polyxènes par la consistance de leur corps et par leurs antennes. Ils partagent ces caractères avec les Iules et les Polydèmes ; mais ils s'en distinguent par la forme ovale de leur corps et par quelques autres particularités importantes. Cuvier (Journal d'Hist. nat., rédigé par Lamarck, etc., T. II, p. 27 et pl. 26) avait établi ce genre sous le nom d'Armadille que Latreille a remplacé par celui de Glomeris, c'est-à-dire

roulé en boule, de *Glomas*, peloton. Ce genre ressemble, au premier abord, aux Cloportes ; mais Cuvier (*loc. cit.*) a le premier signalé les différences notables qui le caractérisent ; suivant lui, le corps a dix demi-anneaux, sans compter la tête ni la queue. On remarque entre le premier segment et la tête une plaque demi-circulaire qui manque dans les Cloportes. La queue est d'une seule pièce demi-circulaire et sans appendices ; il y a seize paires de pates ; les antennes n'ont que quatre articulations, dont la dernière est en massue. Quant aux parties de la bouche, elles sont aussi très-différentes de celles des Cloportes, et voici ce qu'en dit Cuvier : l'organe le plus extérieur semble tout d'une pièce, mais partagé en quatre triangles par quatre sillons ; les externes ont leur pointe en arrière ; c'est le contraire dans ceux du milieu. Le bord antérieur et libre de cette sorte de plaque est denté. Lorsqu'on l'a enlevée, on voit la mâchoire supérieure large à sa base et échancrée à son extrémité. Les diverses parties mentionnées par Cuvier sont figurées et grossies (*loc. cit.*, pl. 26, fig. 27, 28, 29). A ces divers signes, on doit ajouter comme un des plus remarquables la présence de cette série de petites écailles qu'on observe de chaque côté de leur corps, et qui, suivant nous, correspondent exactement aux flancs des Crustacés et des Insectes. Ils représentent encore, ainsi que l'a judicieusement noté Latreille (Règn. Anim. de Cuv.), les lobes latéraux des Trilobites. La plupart des Glomérides sont terrestres, ils se tiennent cachés sous les pierres et se contractent en boule lorsqu'on veut les prendre et quand on les inquiète. Ce genre est peu nombreux en espèces.

On trouve dans le grand Océan :

Le GLOMÉRIDE OVALE, *Gl. ovalis*, L., qui a été représenté par Gronou (*Zooph. Gronov.*, n° 995, pl. 17, fig. 4, 5). Il peut être considéré comme le type du genre.

Le GLOMÉRIDE PUSTULÉ, *Gl. pustu-*

latus, Latr., ou l'*Oniscus pustulatus*, Fabr., figuré par Panzer (*Faun. Ins. Germ.*, fasc. 9, tab. 22), a été décrit par Cuvier (*loc. cit.*) sous le nom d'*Armadillo pustulatus*.

Le GLOMÉRIDE BORDÉ, *Gl. marginatus*, ou l'*Oniscus zonatus* de Panzer (*loc. cit.*, fasc. 9, fig. 23), a été décrit par Cuvier, qui le nomme *Armadillo marginalis* et le représente (*loc. cit.*, pl. 26, fig. 25-26). Il n'est pas rare dans le midi de la France.

Cuvier parle encore d'une espèce qu'il n'a pas vue, mais dont la description lui a été envoyée par Hartmann et Stuttgardt. Il la croit une variété de son *Armadillo marginalis*. (AUD.)

GLOMÉRULES. BOT. CRYPT. (*Lichens*.) Achar nomme ainsi, dans son Prodrome de la Lichénographie suédoise, des réceptacles hémisphériques pulvérulacés, sessiles, qui se trouvent à la surface des Variolaires, des Ramalinées, des Parméliacées, des Usnées et des Corniculaires, dont ils occupent les marges ou les extrémités; dans les autres ouvrages, il nomme ces productions des Sorédies. (A. F.)

GLORIA MARIS. MOLL. *V.* GLOIRE DE MER.

GLORIEUSE. POIS. L'un des noms vulgaires du *Raya Aquila. V.* RAIE, sous-genre MOURINES. (B.)

GLORIOSA. BOT. PHAN. Ce nom, imposé par Linné à un genre que constitue une superbe Plante du Malabar, a été changé avec juste raison par le professeur Jussieu, en celui de *Methonica*, qui lui avait été donné autrefois par Hermann. C'est en effet une règle invariable que les noms de genres doivent être des substantifs. Linné, dans ce cas-ci comme pour les mots *Mirabilis*, *Micranthus*, etc., n'ayant pas joint l'exemple au précepte, on s'est en général accordé à remplacer ces noms par des mots insignifians. *V.* METHONICA. (G..N.)

GLOSSARIPHYTE. *Glossariphytum*. BOT. PHAN. C'est ainsi que Necker désigne un de ses genres, c'est-à-dire un ordre, une tribu, ou en un mot la réunion d'un grand nombre de genres établis par les autres botanistes. Le Glossariphyte du bizarre système de Necker correspond aux *Semiflosculeuses* de Tournefort. *V.* SYNANTHÉRÉES. (G..N.)

* GLOSSARRHEN. BOT. PHAN. Genre de la famille des Violacées, établi dans le Prodrome de De Candolle, 1, p. 290, par Martius qui l'a ainsi caractérisé : sépales du calice très-inégaux, décurrens sur le pédoncule; les trois extérieurs plus grands que les pétales, le plus souvent cordés, acuminés et munis à leur base de deux oreillettes hastées; les inférieurs, entre lesquels l'éperon est interposé, inégaux avec des oreillettes extérieures le plus souvent arrondies; les deux sépales intérieurs plus petits et très-étroits; pétales inégaux, à onglets munis de trois nervures, les deux supérieurs plus courts, les deux latéraux plus longs que le supérieur, l'inférieur très-grand, se terminant en éperon par derrière; filets des étamines séparés à la base, dilatés d'un côté, oblongs, pressés contre l'ovaire, portant des anthères dont les lobes sont divergens au sommet et rapprochés à la base; deux des filets antérieurs, munis sur le dos d'appendices subulés, nectarifères, et s'engaînant dans l'éperon; stigmate un peu recourbé au sommet, le plus souvent muni d'un appendice presque en spathule. Ce genre tient le milieu entre le *Noisettia* et le *Viola*; il diffère de l'un et de l'autre par la forme de son calice. Deux espèces indigènes du Brésil, *Glossarrhen floribundus* et *G. parviflorus*, constituent ce genre. Ce sont des Plantes frutescentes dont l'écorce est rougeâtre, les feuilles alternes penninerves, à stipules très-petites. Leurs fleurs sont portées sur des pédoncules solitaires, articulés, uniflores, et accompagnés de deux bractées. (G..N.)

GLOSSATES. *Glossata.* INS. Fabricius (*Syst. Entomol.*) donne ce nom à une classe d'Insectes dont les carac-

tères sont : d'avoir une langue plus ou moins développée, roulée en spirale et cachée entre deux palpes garnis de poils soyeux. Latreille ajoute à ces caractères celui d'avoir les ailes recouvertes d'une poussière farineuse, et il convertit la classe des Glossates en un ordre qu'il désigne sous le nom de Lépidoptères. *V.* ce mot.
(AUD.)

GLOSSE. *Glossus.* MOLL. Genre établi par Poly (*Testac. des Deux-Siciles*) pour les Animaux des Isocardes. C'est à ce mot que nous donnerons les détails de l'organisation des Animaux que renferme ce genre.
(D..H.)

GLOSSOCARDIE. *Glossocardia.* BOT. PHAN. Genre de la famille des Synanthérées, Corymbifères de Jussieu, et de la Syngénésie superflue, L., établi par H. Cassini (*Bull. de la Soc. Phil.*, septembre 1817), qui l'a ainsi caractérisé : involucre accompagné à sa base de deux ou trois bractéoles, subcylindrique, formé de cinq folioles elliptiques, membraneuses sur les bords et disposées sur deux rangs; calathide dont le disque se compose d'un petit nombre de fleurs régulières hermaphrodites, ayant quatre divisions à la corolle, et la circonférence de fleurs en languettes et femelles; réceptacle plane, garni de paillettes linéaires, lancéolées et membraneuses; akènes allongés, étroits, marqués de quatre côtes hérissées de longs poils fourchus; leur aigrette est composée de deux petites écailles triquètres, filiformes, épaisses, cornées et lisses.

Ce genre a été placé par son auteur près de l'*Heterospermum*, dans la tribu des Hélianthées Coréopsidées. Une seule espèce le constitue; elle est herbacée, glabre, à tiges rameuses, à feuilles alternes, linéaires, bipinnées et à fleurs jaunes, solitaires au sommet de petits rameaux nus, pédonculiformes. Cette Plante, nommée *Glossocardia linearifolia* par Cassini, était étiquetée *Zinnia Bidens*, dans l'herbier du professeur Desfontaines; mais la description donnée

par Retz (*Observat. botanicœ*), ne correspond pas avec les caractères de la Plante qui forme le type du genre en question. (G..N.)

* GLOSSODERME. MOLL. Poly a employé ce mot pour toutes les Coquilles de son genre Glossus qui répond au genre Isocarde de Lamarck. *V.* ce mot. (D..H.)

GLOSSODIE. *Glossodia.* BOT. PHAN. Genre de la famille des Orchidées, et de la Gynandrie Diandrie, L., établi par R. Brown (*Prodrom. Flor. Nov.-Holland.*, p. 526) qui l'a ainsi caractérisé : périanthe à six divisions, dont cinq étalées, presque égales, la sixième labelliforme, très-courte, en forme de langue de Serpent, placée entre le labelle et le gynostème; anthères à deux loges renfermant chacune deux masses polliniques. Ce genre est composé de deux espèces, *Glossodia major* et *Glossodia minor* de Brown, qui habitent l'une et l'autre la Nouvelle-Hollande. La forme de l'appendice qui est adné à la colonne des organes sexuels sert à les caractériser; dans la première, il est divisé jusqu'à la moitié en deux lobes étalés, aigus; dans la seconde, ces lobes sont parallèles et obtus. Au reste, ce sont des herbes terrestres dont les racines sont bulbeuses, qui ne produisent qu'une seule feuille radicale, enveloppée à sa base d'une seule gaîne membraneuse. Les hampes sont terminées par une ou rarement par deux fleurs, et accompagnées chacune d'une bractée. (G..N.)

GLOSSOMA. BOT. PHAN. Schreber et, après lui, Willdenow nomment ainsi le genre *Votomita* d'Aublet. *V.* ce mot. (A. D. J.)

GLOSSOPETALUM. BOT. PHAN. Nom donné par Schreber et Willdenow au genre *Goupia* d'Aublet. *V.* ce mot. (A. D. J.)

GLOSSOPÈTRES. POIS. FOSS. Ce mot, qui signifie proprement *Langues pétrifiées*, désigne en histoire naturelle des dents fossiles, dont la plupart appartinrent à des Sélaciens;

on ne s'explique pas trop d'abord comment les anciens naturalistes ont pu prendre des dents pour des langues ; mais quelques auteurs en donnent la raison suivante : on observa des Glossopètres à Malte, où, comme chacun sait, saint Paul détruisit les Serpens, pour y avoir été mordu par l'une de ces vilaines bêtes; l'on en conclut que les langues des Serpens punis de mort par l'apôtre irrité, s'étaient pétrifiées en mémoire d'un si grand miracle. On ne manqua pas ensuite de retrouver jusqu'à leurs yeux, mais ces yeux sont encore des dents; seulement ils ont appartenu à quelque Spare ou bien à quelque Anarrique, au lieu d'avoir meublé la triple mâchoire de quelque Requin. — Outre Malte, les environs de Paris, de Montpellier, de Rome, de Dax, de Bordeaux, la Touraine, la Toscane, la Sicile, l'Angleterre, et le plateau de Saint-Pierre de Maëstricht, offrent des Glossopètres. Nous en avons encore recueilli à la surface de certains champs labourés des environs de Bruxelles. Pallas en observa dans les parties les plus éloignées de la Russie, confondues avec des bois carbonisés et des os brisés d'Eléphans. Selon les localités, ces débris d'Animaux varient quant à la forme, l'état de conservation, les dimensions et la couleur. Celles que les naturalistes ont recueillies à Longjumeau, par exemple, ont perdu leur racine ainsi que leur noyau, et sont maintenant vides. D'ordinaire, elles sont plus ou moins triangulaires, pleines, légèrement dentées par deux de leurs bords, obtuses, d'une couleur brunâtre ou bleuâtre, très-luisantes et comme vernies à leur surface, avec une base plus ou moins arquée, ayant l'une de leurs faces plus plane que l'autre; et d'autres fois une forme plus subulée, une certaine courbure, ou trois pointes. Selon ces figures, qui indiquent plusieurs espèces parmi les Squales, d'où viennent les Glossopètres, les oryctographes leur donnèrent divers noms. Ils les appelaient Lamino-

dontes, selon qu'elles présentaient davantage l'image d'une lame, Lycodontes, qui répond à dent de Loup, Glotides, quand elles avaient la forme d'une alène, et même Ornithoglosses, car on y vit aussi des langues d'Oiseau. En général, les véritables Glossopètres paraissent avoir appartenu à des espèces encore aujourd'hui existantes; ainsi, les plus grandes, qu'on a appelées Carchariodontes, ont beaucoup d'analogie avec les dents du véritable Requin notre contemporain, *Carcharias verus* de Bloch: mais les individus qui les portèrent dans leur gueule, devaient être énormes; et si l'on en juge par proportion, ils n'atteignaient pas moins de soixante-dix et quatre-vingts pieds. — Celles du département de la Manche offrent les plus grands rapports avec les dents de la Zygène ou Squale-Marteau ; l'espèce figurée par Parkinson (T. III, pl. 19, fig. 5) est l'analogue de la dent du Tiburon ; l'espèce de Bruxelles aurait appartenu, selon Blainville, au *Squalus auriculatus*. L'espèce de dent trouvée en Sicile, à Malte, et dans le Hampshire en Angleterre, a les plus grands rapports avec celles du *Squalus Vacca*; enfin d'autres sont celles du Long-Nez, *Squalus cornubicus*.

Les dents fossiles, communément désignées sous le nom de Bufonites, de Batrachites et de Chélonites, ont, ainsi que nous l'avons déjà dit, appartenu à des êtres très-différens de ceux qui laissèrent les Glossopètres pour reliques de leur antique existence. On a reconnu parmi elles, non-seulement les dents de Spares et d'Anarriques, mais encore de diverses Raies; et celles qui sont appelées en Italie dents de sorcières, ont appartenu à quelque Poisson perdu, voisin des Balistes, dont Blainville a rétabli le genre Palæobaliste. *V.* ce mot. (B.)

GLOSSOPHAGE. mam. *V.* Phyllostome.

* GLOSSOPTERIS. bot. foss. (A. Brongniart.) *V.* Filicites.

* GLOSSOSTÈME. *Glossostemon.*

BOT. PHAN. Genre établi par Desfontaines (Mémoires du Muséum, 3, p. 238, tab. 11), rapporté par lui à la famille des Tiliacées, et à celle des Byttnériacées par Kunth. Le calice est à cinq divisions profondes, ovales, aiguës, avec lesquelles alternent cinq pétales plus longs, terminés par une pointe. Entre les pétales, sont insérées cinq languettes plus courtes, tuberculeuses, qu'on regarde comme autant d'étamines avortées, et qui portent chacune six filets partant des deux côtés de leur base, et chargés à leur sommet d'une double anthère. Le style simple est terminé par cinq stigmates connivens; l'ovaire libre, globuleux, hérissé de pointes régulièrement disposées, présente extérieurement cinq sillons, et intérieurement cinq loges, dans chacune desquelles des ovules nombreux s'attachent à l'angle interne sur deux rangs longitudinaux. On n'a pu encore observer le fruit.

Le *Glossostemon Bruguierii* a été recueilli en Perse par Bruguière et Olivier. Sa tige ligneuse se partage en rameaux cannelés; ses feuilles alternes, arrondies ou ovales, anguleuses sur les bords ou un peu lobées, inégalement dentées, traversées dans leur longueur par cinq grosses nervures divergentes, sont portées sur des pétioles cannelés et plus courts, qui accompagnent à leur base deux stipules allongées et étroites. Ces diverses parties sont, ainsi que les calices et les ovaires, parsemées de petits poils étoilés. Les fleurs, dont la largeur est d'un pouce environ, et dont les pétales sont roses ainsi que les languettes alternant avec eux, et veinés, sont disposées en corymbes axillaires, et leurs pédicelles offrent à leur base des bractées filiformes.   (A. D. J.)

* GLOSSUS. MOLL. *V.* GLOSSE.

* GLOTIDES. *Glotidæ.* POIS. FOSS. *V.* GLOSSOPÈTRES.

GLOTTE. ZOOL. *V.* LARYNX.

GLOTTIDES. OIS. Ordre proposé par Forster, et qui comprend tous les Oiseaux ayant une langue très-allon-

gée; les genres Pic., Torcol, Grimpereau, Colibri, Huppe, Guêpier, Sittelle et Martin-Pêcheur le composent.
          (DR..Z.)

GLOTTIDIUM. BOT. PHAN. Genre de la famille des Légumineuses, proposé par Desvaux (Journal de Botanique, mars 1813, T. III, p. 119) qui l'a ainsi caractérisé : calice bilabié, à cinq dents; gousse elliptique, comprimée, à deux graines et à une seule loge; valves pouvant se séparer. Le type de ce genre est une Plante qui a été placée parmi les Æschynomènes, les Sesbanies et les Dalbergies. C'était l'*Æschynomene Platycarpos*, Michx., et le *Dalbergia polyphylla* de Poiret.   (G..N.)

GLOTTIS. OIS. *V.* GALLINULE.

GLOUPICHI. OIS. (Steller.) Nom donné à un Palmipède qui se trouve communément dans le détroit qui sépare l'Amérique du Kamtschatka, et que l'on présume être le Pingouin-Perroquet. *V.* STARIQUE.   (DR..Z.)

GLOUSSEMENT. OIS. Petit cri d'appel ou de tendresse au moyen duquel la Poule rallie ses Poussins. *V.* COQ.   (DR..Z.)

GLOUT. OIS. Nom que l'on a donné à la jeune Poule d'eau ordinaire, que la plupart des auteurs ont mal à propos considérée comme une espèce distincte. *V.* GALLINULE.   (DR..Z.)

GLOUTON. *Gulo.* MAM. Ce nom, appliqué d'abord au seul Glouton du Nord, est devenu le nom d'un genre de Carnivores Plantigrades, dont Linné avait compris une portion dans son genre *Viverra*, une autre dans son genre *Mustela*, une troisième enfin dans son genre *Ursus*. Comme ces Animaux sont Plantigrades, leurs jambes, en les comparant à celles des Carnassiers ordinaires, sont raccourcies de toute la longueur du carpe et du métacarpe, d'où résultent une allure lourde et une forme de corps épaisse, qui semblent exclure la vivacité. Ce sont en général des Animaux à large tête, de taille médiocre, se rapprochant du Blaireau par leur démarche, des

Martes par leurs habitudes et par leur système dentaire : ils sont très-carnassiers, mais susceptibles de s'apprivoiser. Les oreilles sont fort petites et très-peu développées ; la queue est courte, et il y a sous elle un simple repli de la peau, au lieu de la poche remplie de matière fétide, qui s'y remarque chez le Blaireau ; les quatre membres sont pentadactyles et armés d'ongles fouisseurs ; les couleurs, l'abondance, la finesse du poil varient beaucoup ; mais ordinairement, la couleur des parties inférieures du corps est plus foncée que celle des parties supérieures, disposition très-singulière, puisque c'est la disposition inverse qui se rencontre chez presque tous les autres Mammifères. Il y a à chaque mâchoire six incisives et deux canines ; le nombre des fausses molaires varie, mais il y a toujours une tuberculeuse et une carnassière. On trouve des Gloutons dans les deux continens.

GLOUTON DU NORD, *Gulo arcticus*, Desm. ; *Ursus Gulo*, Pall., Lin. Cette espèce est à peu près de la taille de notre Blaireau ; le dos est brun-roux et même blanchâtre, suivant les individus ; le dessus de la tête est de même couleur aussi, mais la face est noire ; une ligne blanchâtre s'étend sur les flancs, depuis l'épaule jusque sur l'origine de la queue ; le bord des oreilles est de même couleur ; tout le reste du corps est d'un brun foncé. Le Glouton a les deux sortes de poils : les soyeux très-longs, surtout à la queue, déterminent les couleurs du pelage ; les poils laineux sont grisâtres ; la tête n'est couverte que de poils ras ; la queue est-très courte dans cette espèce.

On a réuni au Glouton d'Europe celui d'Amérique ou la Volverenne, *Ursus Luscus*, Gmel., Lin., qui n'en diffère que par des couleurs un peu plus pâles. L'espèce ainsi établie habite le nord des deux continens. Le Glouton est très-féroce et très-vorace : il attaque les plus grands Animaux, comme le Renne, sautant sur eux, se cramponnant sur leur dos, et leur déchirant le col jusqu'à ce qu'ils tombent épuisés. Buffon, qui a possédé un Glouton très-apprivoisé, nous apprend que cet Animal lappe en buvant, à la manière des Chiens ; qu'il ne fait entendre aucun cri, qu'il est très-remuant, et qu'après s'être repu, il met en réserve le reste de sa viande.

GRISON, *Gulo vittatus*, Desm., *Viverra vittata*, Lin. Il est à peu près de la taille de notre Furet. Le dessus du corps et la queue de cet Animal sont couverts de poils annelés de blanc et de noir, mais qui, dans leur ensemble, paraissent gris ; le dessous du corps et les membres sont noirs ou du moins plus foncés. On voit sur les côtés de la tête une ligne blanche dans laquelle est placée l'oreille, et qui passe un peu au-dessus de l'œil ; tout ce qui se trouve au-dessous est noir ; ce qui est au-dessus est gris. Les oreilles, de couleur blanche, sont très-petites, et manquent de lobule ; la langue est rude, le scrotum est sans poils, et le membre du mâle est dur et osseux ; il se dirige en avant ; les doigts sont gros, courts et un peu unis par la membrane ; la queue, trois fois moins longue que le corps, est, dit-on, toujours placée dans la position horizontale. Le Grison se creuse des terriers, et répand, lorsqu'on l'irrite, une forte odeur de musc ; il est très-féroce, et toujours disposé, même lorsqu'il est apprivoisé, à donner la mort aux petits Animaux qui sont à sa portée. Il paraît que les différences qu'on observe dans son pelage ne tiennent ni au sexe, ni à l'âge. Cette espèce habite l'Amérique méridionale ; elle a été nommée aussi Fouine de la Guiane par Buffon, petit Furet par d'Azzara, et Ours du Brésil par Thunberg.

TAÏRA, *Gulo barbatus*, Desmarest ; *Mustela barbata*, Linné ; et non *barbara*. Cet Animal a été appelé aussi *Galera*, *Carigueibeiu*, grande Marte de la Guiane, grand Furet, *Viverra Vulpecula*, etc.,

Gmel. La tête et quelquefois le col sont plus ou moins gris ; et le corps est noir ou brun-noir ; les jeunes ont les couleurs du pelage moins foncées ; il y a toujours au-devant du cou une grande tache blanchâtre, de forme à peu près triangulaire ; les doigts sont réunis par une membrane aux pieds de derrière. Le Taïra a de vingt-deux à vingt-quatre pouces, depuis le bout du museau jusqu'à l'origine de la queue, qui est d'environ quinze pouces. Cette espèce a la même patrie, et a peu près les mêmes habitudes que le Grison.

GLOUTON ORIENTAL, *Gulo orientalis*, Horsfield. Nous décrirons un peu plus au long cette nouvelle espèce encore très-peu connue. Elle a seize pouces de long depuis le bout du museau jusqu'à l'origine de la queue ; les extrémités antérieures ont quatre pouces de long ; les postérieures sont un peu plus longues ; la queue a six pouces. Le Muséum d'Histoire naturelle ne possède de cette espèce qu'un jeune individu n'ayant que sept pouces de long : c'est d'après lui qu'est faite la description suivante : les bords de la lèvre supérieure, l'inférieure, les joues, presque toute la poitrine, presque tout l'abdomen, sont d'un blanc jaunâtre ; une petite ligne de même couleur s'étend le long de l'épine dorsale depuis l'occiput jusqu'à la moitié postérieure du corps ; quelques petites taches blanches se voient aussi autour de l'œil ; le reste du pelage est brun ; les doigts sont terminés par des ongles forts et arqués ; le doigt interne est le plus petit, soit au pied antérieur, soit au postérieur ; les oreilles sont petites et de la couleur générale du corps ; leur contour est cependant blanchâtre ; quelques poils blancs se voient encore à l'extrémité de la queue ; le poil laineux est, comme chez le Glouton du Nord, grisâtre ; enfin la tête de cet Animal est en général plus allongée que celle des espèces précédentes. Cette espèce se trouve à Java : on la nomme dans le pays Nienteck.

Nous terminerons l'histoire de ce genre par celle d'un Animal qui lui a été réuni par plusieurs naturalistes, mais qui en a été séparé par d'autres.

RATEL, *Gulo Capensis*, Desm. ; *Viverra Capensis* et *V. mellivora*, Lin. ; *Ursus Indicus*, Sh. Son système dentaire a beaucoup de rapports avec celui des Chats et des Hyènes, dit F. Cuvier ; à la mâchoire supérieure, il a quatre fausses molaires, deux carnassières, deux tuberculeuses ; à l'inférieure, six fausses molaires, deux carnassières, point de tuberculeuses ; les incisives et les canines sont en même nombre que chez les Gloutons. Cet Animal est d'ailleurs très-remarquable par la disposition de ses couleurs ; la tête et le corps sont en dessus d'un gris beaucoup plus clair en devant ; les flancs sont presque tout-à-fait blancs ; le reste du corps est noir ; les oreilles sont blanches à leur partie supérieure, noires à leur partie inférieure ; le doigt interne est, aux pieds antérieurs comme aux pieds postérieurs, très-court, et les ongles sont forts et arqués comme dans l'espèce précédente : ce qui n'existait pas chez elle, ce sont de longs poils noirs qui garnissent toute la surface supérieure du pied, même celle des dernières phalanges. Le Ratel habite les environs du cap de Bonne-Espérance. Il se trouve aussi au Sénégal. Cet Animal répand une odeur désagréable, mais qui n'est pas comparable à celle des Mouffettes ; il creuse la terre avec une grande facilité, et il est très-friand de miel ; aussi emploie-t-il toute son industrie à s'en procurer ; il se trouve pourvu d'une défense naturelle contre les piqûres des Abeilles ; car sa peau, couverte de poils et d'une dureté extrême, est presqu'impénétrable aux aiguillons de ces Insectes. Les nids d'Abeilles posés dans les Arbres n'ont rien à craindre du Ratel. On dit qu'il a coutume de mordre le pied des Arbres où sont ces nids, et que ces morsures sont pour les Hottentots un signe certain de la présence des Abeilles.

Le célèbre de Humboldt a donné le nom de *Gulo Quitensis* à un petit Carnassier de Quito, dont les caractères sont : *ater, zonis albis duabus longitudinalibus notatus; cauda ex atro et albo variegata.* Cuvier et Desmarest le considèrent comme une Mouffette, et il en est de même du *Mapurito* du même voyageur. Le Glouton du Labrador de Sonnini est, dit Desmarest, un vrai Blaireau, ou le Carcajou de Buffon.

Cuvier (Ossemens Fossiles, T. IV, pl. 58, fig. 1 et 2) a représenté une tête fossile de Glouton trouvée à Caylenreuth. On a trouvé aussi aux environs de Muggendorff une demi-mâchoire inférieure ; puis une tête de la même espèce. Une troisième tête a été trouvée aussi dans la caverne de Sundwich, caverne très-riche en ossemens d'Ours. La tête fossile ne ressemble, dit Cuvier, qu'au Glouton du Nord, mais elle lui ressemble à un point étonnant. Les deux premières têtes n'étaient point entourées de Stalactite, mais seulement de ce limon jaunâtre et friable dans lequel les os des cavernes sont enterrés. La conservation de l'une d'elles était parfaite ; les dents en sont encore brillantes, et le tissu des os n'est point altéré. (18. C. ST. H.)

* GLOUTRON. BOT. PHAN. Syn. de *Xanthium Strumarium.* Ce nom a aussi été donné à la Bardanne. (B.)

GLOXINIE. *Gloxinia.* BOT. PHAN. L'Héritier a retiré, et avec juste raison, du genre *Martynia*, l'espèce décrite par Linné sous le nom de *M. perennis*, pour en former un nouveau genre qu'il nomme *Gloxinia.* Ce nouveau genre, en effet, appartient à la famille des Gesnériées, tandis que le *Martynia* fait partie des Bignoniacées ou des Sésamées de Kunth. Voici les caractères du genre Gloxinie : le calice est adhérent avec l'ovaire infére, terminé par un limbe à cinq divisions très-profondes et presque égales. La corolle est monopétale, subcampanulée, allongée, un peu oblique, à cinq lobes recourbés, arrondis et un

peu inégaux. Les étamines sont didynames. L'ovaire est infère, à une seule loge, contenant deux trophospermes pariétaux et opposés, sinueux et recouverts d'une multitude de petits ovules. Le style est simple et oblique, terminé par un stigmate évasé, simple, légèrement concave. Le fruit est une capsule uniloculaire, bivalve. Ce genre diffère surtout des *Martynia* par son ovaire infère.

La GLOXINIE MACULÉE, *Gloxinia maculata,* l'Hérit., *Stirp. Nov.*, p. 149, ou *Martynia perennis,* L., est originaire de l'Amérique méridionale; sa racine est vivace; sa tige, haute d'un pied, porte des feuilles opposées, ovales, presque cordiformes, dentées et glabres. Les fleurs sont très-grandes, d'un beau bleu, légèrement pubescentes, portées sur des pédoncules axillaires et uniflores. On la cultive dans les serres où elle est assez commune   (A. R.)

GLU, GLUE. BOT. PHAN. Matière gommo-résineuse impure qui est le résultat de la putréfaction lente de la seconde écorce broyée et cuite dans l'eau, du Houx commun, *Ilex Aquifolium,* L. Elle est verdâtre, filante et tenace, d'une odeur oléagineuse, piquante, d'une saveur amère; elle est insoluble dans l'eau, décomposable par la plupart des Acides qui ont sur elle une action plus ou moins vive et variée. Le contact de l'air la brunit et la dessèche; exposée au feu, elle se fond, s'enflamme, et laisse un charbon spongieux; elle donne à la distillation des Gaz Acide carbonique, Oxide de Carbone, et Hydrogène carboné, des Acides acétique et oxalique, une huile épaisse, bitumineuse, et enfin un résidu charbonneux et salin. Tout le monde connaît l'usage de la Glu pour prendre les petits Oiseaux à la pipée ; l'extrême viscosité de cette matière colle et enlace les plumes et rend nul le jeu des ailes.   (DR. Z.)

GLUCINE. MIN. Matière blanche, inodore, insipide, happant à la langue, douce au toucher, que Vauquelin, qui la découvrit en 1798, regarda comme une substance terreuse particulière, mais que des travaux postérieurs tendent à faire considérer comme l'Oxide d'un métal qui serait le *Glucinium.* La Glucine est contenue dans l'Émeraude, l'Aigue-Marine et l'Euclase, tous minéraux précieux dont on ne l'a encore obtenue qu'en très-petites quantités. Cette substance est remarquable par la propriété dont elle jouit de former avec les Acides des Sels sucrés, d'où lui est venu son nom dérivé du mot grec qui signifie doux. La pesanteur spécifique de la Glucine est 2,967 ; inaltérable à l'air dont elle n'absorbe qu'avec peine le peu d'Acide carbonique qui y est contenu, insoluble dans l'eau et infusible même à une température très-élevée. La Glucine, que son extrême rareté rend très-chère, est restée sans usage.   (DR..Z.)

GLUE DES CHÊNES. BOT. CRYPT. L'un des noms vulgaires de la Fistuline Langue de Bœuf.   (B.)

* **GLUET.** BOT. PHAN. Nom de pays du *Loranthus spicatus* à Mascareigne.   (B.)

* **GLUMACÉES.** *Glumaceæ.* BOT. PHAN. Quelques auteurs nomment ainsi un vaste groupe de Monocotylédones dont le principal caractère résiderait dans leurs enveloppes florales de consistance scarieuse que l'on appelle Glume dans les Graminées. Outre celles-ci, les Glumacées se composeraient des Cypéracées et des Joncées. *V.* ces mots.   (G..N.)

GLUME. *Gluma.* BOT. PHAN. Ce terme a été spécialement employé par les botanistes pour désigner les écailles florales des Graminées. Mais tous les auteurs ne lui ont pas donné le même sens. Ainsi Linné, Jussieu et beaucoup d'autres appliquent ce nom aux deux écailles les plus extérieures de chaque épillet, et dans ce sens disent Glume univalve, bivalve, etc. Palisot de Beauvois, dans son Agrostographie, appelle Glume chacune des valves de la Glume de Linné,

qu'il nomme balle. Le professeur Richard, au contraire, désigne la Glume de Linné sous le nom de lépicène, et réserve celui de Glume pour les deux écailles intérieures qui appartiennent à chaque fleur. *V.* LÉPICÈNE et GRAMINÉES.   (A. R.)

GLUMELLE. *Glumella.* BOT. PHAN. Le professeur Richard appelle ainsi l'organe que, dans les Graminées, Linné et beaucoup d'autres botanistes ont appelé nectaire. La Glumelle se compose d'une ou deux parties d'une forme et d'une structure fort variables, qui portent le nom de paléoles. Beauvois nomme cet organe Lodicule et Desvaux Glumellule.   (A. R.)

* **GLUMELLULE.** *Glumellula.* BOT. PHAN. Desvaux avait donné ce nom à l'organe nommé Nectaire par Linné, Lodicule par Beauvois, Glumelle par Richard dans la famille des Graminées.   (A. R.)

GLUPISHA. OIS. Syn. de Pétrel-Puffin gris-blanc. *V.* PÉTREL.   (DR..Z.)

GLUTA. BOT. PHAN. Genre de la Pentandrie Monogynie, établi par Linné, mais encore trop imparfaitement connu pour qu'on puisse fixer sa place dans l'ordre naturel. Lamarck lui avait assigné quelques rapports avec les Sterculies, et De Candolle (*Prodrom. Regn. Veget. Nat.* 1, p. 5o1) l'a rangé dans la famille des Byttnériacées, à la suite de la section des Dombéyacées. Il offre les caractères suivans : calice campanulé, membraneux, caduc ; cinq pétales lancéolés, plus longs que le calice, agglutinés contre le torus qui soutient l'ovaire ; étamines monadelphes collées aussi contre le torus, saillantes et libres au sommet ; anthères arrondies, oscillantes ; ovaire oboval, surmonté d'un seul style ; fruit inconnu.

Le *Gluta Benghas,* L., est un Arbre qui croît à Java, dont les branches et les bourgeons sont pubescens, les feuilles lancéolées, obtuses, entières, lisses des deux côtés, et les

fleurs disposées en panicules comme celle de la *Clematis Flammula* , L.
(G..N.)

GLUTAGO. BOT. PHAN. Sous ce nom , Commerson a voulu établir un genre qui n'a pas été adopté , parce qu'il ne diffère pas du *Loranthus*, *V*. LORANTHE. (G..N.)

GLUTEN. ZOOL. BOT. Substance végéto-animale qui constitue l'un des matériaux les plus abondants des graines céréales. On l'obtient ordinairement en formant avec de la farine de Froment et de l'eau une pâte de consistance moyenne ; on malaxe ensuite cette pâte sous un petit filet d'eau qui entraîne insensiblement les substances solubles et étrangères au Gluten ; celui-ci reste seul entre les doigts sous la forme d'une matière *sui generis*, molle, collante, très-élastique, d'un blanc grisâtre, qui prend un aspect argentin lorsque l'on étend la substance , comme l'on pourrait faire d'une membrane ; son odeur est fade , assez semblable à celle des os lorsqu'on les racle ; il est insipide ; exposé à l'action de l'air sec, il se dessèche , devient semi-transparent et cassant ; sa couleur alors tire sur le noirâtre ; si, au contraire , on l'abandonne au contact d'un air humide , il s'altère et se décompose. La chaleur opère également sa décomposition , et lorsqu'on en recueille les produits, on trouve de l'Acide carbonique et de l'Oxide de Carbone, de l'Hydrogène carburé, du sous-carbonate d'Ammoniaque, de l'huile empyreumatique, et un résidu charbonné. Les Alcalis et la plupart des Acides le dissolvent ; le sulfurique le carbonise , le nitrique a sur lui la même action que sur les matières animales. Il paraît n'éprouver aucune altération de la part de l'Alcohol , de l'Ether ni des huiles ; l'eau bouillante le rend spongieux, et le durcit au point de devenir fragile ; l'eau froide et à l'abri du contact de l'air le décompose lentement, et en donnant lieu à une production d'Acide carbonique et de Gaz hydrogène ; le Gluten se transforme ensuite en une pâte grise, filante, acidule , et si on laisse se compléter la décomposition, on recueillera successivement de l'Ammoniaque, de l'Acide acétique , de l'Acide caséique et de l'Oxide caséeux. Le Gluten seul est encore sans usage ; néanmoins, il est le principal agent de la fermentation panaire, car la fécule sans Gluten n'est pas susceptible de former de pâte levée , quelle que soit la quantité de ferment que l'on y puisse ajouter. La raison en est facile à saisir : le ferment que l'on ajoute à la pâte donne lieu à diverses décompositions et recompositions que la chaleur rend très-rapides ; il se dégage des fluides élastiques qui , soulevant la matière glutineuse , s'y trouvent renfermés comme dans un tissu impénétrable ; la chaleur dessèche toutes les cloisons ou enveloppes , et le pain qui en résulte est d'autant plus léger et plus blanc que la fécule avec laquelle on le prépare contient plus de Gluten. Ce Gluten pourrait n'être qu'un état de ce que Bory de Saint-Vincent appelle *Matière muqueuse* dans son Mémoire sur la matière considérée dans les rapports de l'histoire naturelle. *V*. MATIÈRE. (DR..Z.)

GLUTIER. BOT. PHAN. *V*. SAPIUM.

GLUTINARIA. BOT. PHAN. Heister donnait ce nom à la Sauge. Le *Terminalia angustifolia*, qui produit une résine molle et balsamique, avait aussi été nommé Glutinaria par Commerson. *V*. BADAMIER. (G..N.)

GLYCERATON. BOT. PHAN. (Ruell.) Syn. ancien de Réglisse. *V*. ce mot. (B.)

* **GLYCÈRE**. *Glycera*. ANNEL. Genre de l'ordre des Néréidées, famille des Néréides, fondé par Savigny (Syst. des Annelides, p. 12 et 36) qui lui assigne pour caractères distinctifs : point d'antenne impaire ; antennes courtes , égales, de deux articles ; point de mâchoires ; trompe sans tentacules à son orifice ; point de cirres

tentaculaires, ni de pieds en crêtes dentelées; tous les cirres en mamelons très-courts; des branchies distinctes. Les Glycères s'éloignent des Lycoris et des Nephthys par l'absence des mâchoires. Elles avoisinent, sous ce rapport, les genres Aricie, Ophélie, Hésione, Myriane, Phyllodocé et Syllis, mais elles en diffèrent cependant par des caractères assez faciles à saisir et tirés essentiellement de la trompe, de l'absence des cirres tentaculaires et des pieds en crêtes dentelées, de la forme mamelonnée des cirres, enfin de l'existence des branchies.

Considérées en détail et dans les divers points de leur organisation, les Glycères présentent encore plusieurs caractères zoologiques importans à noter. Leur tête est élevée en cône pointu et parfaitement libre; elle présente la bouche, les yeux et les antennes. La bouche offre une trompe longue, cylindrique, un peu claviforme, d'un seul anneau, sans plis ni tentacules à son orifice; on ne voit point de mâchoires. Les yeux sont peu distincts; les antennes sont incomplètes; l'impaire est nulle, les mitoyennes sont excessivement petites, divergentes, bi-articulées et subulées; les extérieures sont semblables aux mitoyennes et divergent en croix avec elles. Le corps est linéaire, convexe, à segmens très-nombreux; le premier des segmens apparens est beaucoup plus grand que celui qui suit; il donne insertion aux pieds et aux branchies. Les pieds sont tous ambulatoires, sans exception de la dernière paire; ils ont deux rames réunies en une seule pourvue de deux faisceaux de soies, divisés chacun en deux autres; les premiers, seconds, troisièmes et quatrièmes pieds sont à peu près semblables aux suivans, mais fort petits, surtout les premiers, et portés sur un segment commun formé par la réunion des quatre premiers segmens du corps; les soies sont très-simples, les cirres sont inégaux, les supérieurs ont la forme de mamelons coniques et les inférieurs

sont à peine saillans; la dernière paire de pieds est séparée de la pénultième et tournée directement en arrière. Les branchies consistent, pour chaque pied, en deux languettes charnues, oblongues, finement annelées, réunies par leur base et attachées à la face antérieure des deux rames sur leur suture. Savigny décrit une seule espèce :

La Glycère unicorne, *Glyceris unicornis*, Savigny, *Nereis unicornis*, Cuvier (Collection), qui est peut-être la même que la *Nereis alba* de Müller (Zool. T. ii, tab. 62, fig. 6, 7) et de Linné (*Syst. Nat.*, édit. Gmel., p. 3119, n° 20). Sa patrie est inconnue. Il serait sans doute à désirer, pour confirmer l'établissement de ce nouveau genre, que plusieurs espèces ou au moins un assez grand nombre d'individus aient été observés à l'état frais.   (AUD.)

GLYCERIE. *Glyceria*. BOT. PHAN. Genre de la famille des Graminées et de la Triandrie Digynie, L., établi par R. Brown (*Prodr. Flor. Nov.-Holl.*), et adopté sous le même nom par Palisot-Beauvois (Agrostographie, p. 96), quoique ce botaniste eût proposé le nom de Desvauxie dans un mémoire lu à l'Académie des Sciences de Paris. Ses caractères sont : lépicène multiflore bivalve; épillet rond, mutique; glume imberbe, à valvules très-obtuses, égales en longueur; écaille hypogyne unique, charnue, demi-scutellée; stigmates décomposés; caryopse libre, oblong, sillonné d'un côté; fleurs disposées en panicules. En adoptant ce genre, Palisot-Beauvois observe qu'il y a deux écailles hypogynes, tellement soudées entre elles, que R. Brown les a considérées comme n'en formant qu'une seule. Cette observation ne nous a pas semblé exacte lorsque nous avons voulu la vérifier. L'illustre botaniste anglais n'a pas cru devoir y déférer, puisque, dans un ouvrage récemment publié (*Chloris Melwilliana*, p. 52) il assigne au *Pleuropogon*, genre nouveau très-voisin du *Glyceria*, comme un des caractères qui le distinguent de celui-ci, deux écailles distinctes, rapprochées, courtes, légèrement cohérentes par la base, mais séparables sans déchirement. Le *Festuca fluitans*, L., est le type du genre *Glyceria*. Cette Plante, qui est commune dans les fossés pleins d'eau de toute l'Europe, se retrouve en des contrées du globe fort éloignées, et particulièrement à la Nouvelle-Hollande.

* Nuttall (*Genera of north Amer. Plants*, II, pag. 177) a de nouveau proposé le nom de *Glyceria* pour un genre de la famille des Ombellifères, formé aux dépens des Hydrocotyles de Linné. Il se composerait des *H. Asiatica*, L.; *H. sibthorpioides*, Lamk.; *H. ficarioides*, Lamk.; *H. triflora*, Ruiz et Pavon. Ce genre ne saurait conserver le nom que son auteur lui a imposé, vu l'antériorité et l'admission du *Glyceria* de Robert Brown; d'ailleurs il n'a pas été adopté dans les ouvrages dont la publication est postérieure à celle de Nuttall. Dans sa Monographie des Hydrocotyles, notre collaborateur, Achille Richard, exprime formellement son opinion sur le genre *Glyceria* de ce dernier auteur. Il assure que la forme des fruits ne peut fournir un caractère générique (le *Glyceria* a un fruit en noix, tronqué et comprimé latéralement), car les différences qu'ils offrent sont fort légères et très-peu en rapport avec les caractères tirés des autres parties. *V.* HYDROCOTYLE.   (G..N.)

* GLYCICIDA, GLYCISIDE ET GLYCYSIDE. BOT. PHAN. Ces divers noms désignaient la Pivoine des jardins chez les anciens.   (B.)

GLYCIMÈRE. *Glycimeris.* MOLL. Genre de la famille des Solénacées de Lamarck, et de celle des Enfermés de Cuvier, établi, dès 1801, dans le Système des Animaux sans vertèbres de ce premier auteur, et adopté ensuite par les conchyliologues français. Daudin avait déjà proposé ce genre ou s le nom de Sertodaire qui n'a pas été adopté, et qu'Ocken a changé en *Cyrtodaria*. Linné avait confondu ces Coquilles avec les Myes, avec lesquelles, il est vrai, elles ont beaucoup de rapports, mais dont elles se distinguent néanmoins très-facilement par les caractères suivans : Animal inconnu, probablement fort analogue à celui des Solens ou des Myes; coquille transverse, très-bâillante de chaque côté ; charnière calleuse, sans dents ; nymphes saillantes en dehors; ligament extérieur.

Il est probable que les Glycimères vivent enfoncées dans le sable comme les Solens et les Myes; cependant on n'a, à cet égard, aucune observation ; on n'en juge que par l'analogie, et il n'y a qu'un fort petit nombre d'espèces connues. Elles sont fort rares et recherchées dans les collections. Nous signalerons surtout:

La GLYCIMÈRE SILIQUE, *Glycimeris siliqua*, Lamk., Anim. sans vert. T. v, p. 458, n° 1; *Glycimeris incrassata*, Lamk., Syst. des Anim. sans vert., 1801, p. 126; *Mya siliqua*, Chemnitz, T. II, tab. 198, f. 1934. Elle est figurée dans la sixième livraison des planches de ce Dictionnaire : elle est assez grande, couverte d'un épiderme brun foncé ou noir, d'un blanc grisâtre en dedans, très-épaisse et laissant voir les impressions du manteau profondément creusées, ce qui indique l'existence de siphons fort grands; la charnière n'a point de dents; elle est formée par un bourrelet assez irrégulier, décurrent sur le bord.   (D..H.)

GLYCINE. *Glycine.* BOT. PHAN. Genre de la famille des Légumineuses et de la Diadelphie Décandrie, L., ainsi caractérisé : calice quinquéfide ou quinquédenté muni de bractées, les divisions acuminées, l'inférieure plus grande que les autres; étendard ovale, émarginé, réfléchi et étalé; ailes bidentées à la base ; carène le plus souvent courbée, plus courte que l'étendard; ovaire à deux valves et ceint d'un disque annulaire à sa base; légume sessile, quelquefois stipité, oblong, comprimé, à deux graines. C'est ainsi que Kunth (*Nov. Genera et Spec. Plant. æquinoct.*, tab. 6, p. 418) a récemment exposé les caractères de ce genre sur lequel les auteurs sont loin de s'accorder. Gaertner et Jussieu ont observé que Linné et plusieurs auteurs modernes l'avaient composé d'espèces hétérogènes, et qu'il demandait un examen ultérieur. Mœnch forma ensuite aux dépens des Glycines, le genre *Apios* que Pursh et Nuttall ont adopté. Ce dernier a en outre créé les genres *Amphicarpa* et *Wistaria*, dont les types sont le *Glycine monoica* et le *Glycine frutescens*. Ventenat, dans le Jardin de Malmaison, a, de son côté, constitué le genre *Kennedia*, composé de plusieurs espèces de Glycines. Enfin, Du Petit-Thouars (*Genera Nova Madagascar.*, p. 25) a fait son genre *Voandzeia* avec le *Glycine subterranea*, L. *V.* chacun de ces mots. La synonymie des espèces de Glycines a été fort embrouillée par la grande quantité des Plantes de ce genre, que les auteurs ont décrites sous d'autres noms génériques. Ainsi l'*Ononis argentea*, L. fils, est le *Glycine argentea*, Thunb.; le *Dolichos polystachyos*, Thunb., a été nommé par Willdenow *Gl. floribunda;* Vahl a donné le nom de *Gl. picta* au *Crotalaria lineata*, Lamk., etc.

Parmi les espèces qui appartiennent bien certainement aux Glycines, Kunth (*loc. cit.*) mentionne les *Glycine tomentosa*, Michx.; *Gl. reticulata*, Swartz; *Gl. rhombifolia*, Willd.; *Gl. angustifolia*, Jacq.; *Gl. picta*, Vahl; *Gl. suaveolens*, L., Suppl.; *Gl. striata*, Jacq.; *Gl. nummularia*, L.; *Gl. phaseoloides*, Swartz; *Crotalaria psoralioides*, Lamk.; *Crotalaria macrophylla*, Willd.; *Dolichos minimus*, Jacq.; *Crotalaria rotundifolia*, Poiret, etc.

En adoptant les réformes opérées dans le genre Glycine de Linné, par Mœnch, Ventenat, Du Petit-Thouars et Nuttall, il ne restera qu'environ quarante véritables espèces qui croissent dans les diverses parties des régions chaudes. Quelques-unes habitent aussi les contrées tempérées de l'Amérique septentrionale. Ce sont des Plantes herbacées ou sous-ligneuses, dont les tiges sont droites ou volubiles; les stipules caulinaires petites; les feuilles ternées, rarement simples; les fleurs jaunâtres, en grappes axillaires et terminales, quelquefois solitaires, et les bractées caduques.   (G..N.)

GLYCISIDE ET GLYCYSIDE. BOT. PHAN. *V.* GLICICIDA.

GLYCOSMIS. BOT. PHAN. Genre de la famille des Aurantiacées, Décandrie Monogynie, L., établi par Correa (Ann. du Mus. VI, p. 384) d'après deux espèces d'Arbres qui croissent sur la côte du Coromandel, et qui avaient été décrites et figurées par Roxburgh (Plant. de Corom. I, tab. 84-85) comme des *Limonia*. Il a pour caractères : un calice à cinq dents, avec lesquelles alternent cinq pétales; dix étamines à filets libres, subulés, planes, à anthères ovoïdes ; un style court, cylindrique; un ovaire à cinq loges contenant chacune un seul ovule, et pour fruit une baie plutôt charnue que pulpeuse, qui, suivant Correa, contient cinq graines, et, suivant De Candolle, se réduit par avortement à une ou deux loges; la graine suspendue se compose d'un embryon à cotylédons très-courtement auriculés à leur base, recouvert d'une pellicule membraneuse; les feuilles glabres sont pinnées avec une impaire, et parsemées de points glanduleux, comme il arrive généralement dans les Aurantiacées; l'inflorescence est presque terminale. Des deux espèces, l'une, le *Glycosmis arborea*, a ses folioles oblongues, étroites et dentées; l'autre, le *G pentaphylla*, les a ovales et entières.   (A.D.J.)

* GLYCYDIDERMA. BOT. CRYPT. Ce nom, le seul peut-être qui, dans Paulet, ne soit pas imaginé contre toutes les règles de la terminologie, paraît désigner, chez ce fongologue,

le genre antérieurement nommé *Geastrum*. Il ne peut conséquemment être adopté. *V.* Géastre.   (B.)

GLYCYPICROS. BOT. PHAN. C'est-à-dire doux et amer. Syn. de *Solanum Dulcamara* dans le moyen âge.
    (B.)

GLYCYRHIZITES. BOT. PHAN. Syn. d'*Abrus precatorius*, qu'on appelait vulgairement à Saint-Domingue graines de Réglisse.   (B.)

GLYCYRRHIZA. BOT. PHAN. *V.* Réglisse.

* GLYCYS. BOT. PHAN. Ancien syn. d'Aurone. *V.* ce mot et Armoise.   (B.)

* GLYPHIDE. *Glyphis.* BOT. CRYPT. (*Lichens.*) Ce genre établi dans le *Synopsis Lichenum* d'Achar, développé et figuré dans les Transactions de la Société Linnéenne de Londres, vol. 12, est placé dans notre méthode parmi les Verrucariées, sous-ordre de Glyphidées. Ses caractères génériques sont d'avoir un thallus crustacé cartilagineux, plane, étendu , attaché et uniformé ; des apothécies sous-cartilagineuses, rotundo-linéaires , formées d'une substance propre, colorée à l'intérieur, homogène ; la partie extérieure est sillonnée par des impressions canaliculées, immergées, oblongues , sous-cartilagineuses. Ce genre dont Achar avait fait connaître une espèce dans la Lichénographie universelle parmi les Graphis, et plusieurs autres dans les Actes de la Société de Gorenki comme étant des Trypéthélies, n'a point d'individus en Europe. Les espèces qui le composent , encore peu nombreuses, croissent toutes sur l'épiderme des écorces saines , et se lient aux Graphidées par le genre Sarcographe dont il diffère cependant essentiellement ; les lirelles du Sarcographe sont enchâssées dans la base charnue qui les supporte, sans jamais faire corps avec elle , tandis que l'apothécie allongée des Glyphis se confond avec la verrue qui est homogè-

ne. Quatre espèces constituent jusqu'à présent ce genre remarquable : 1° le Glyphis Labyrinthe qui se trouve sur divers Arbres de Guinée , dont le thalle sous-olivâtre brun se couvre d'apothécies blanches à impressions élégamment sous-réticulées ou disposées en anastomoses ; 2° le Glyphis embrouillé, *Graphys tricosa* , *Lich. Univ.*, *Add.*, p. 674, dont le thalle est d'un jaune ferrugineux, et dont les apothécies oblongues cendrées sont sillonnées par des impressions mêlées et comme embrouillées. Cette Plante croît sur les Arbres de l'Inde ; 3° le Glyphis à cicatrices, *Glyphis cicatricosa*, N. , *Trypethelium cicatricosum* , Ach. , qui croît sur le *Codarium acutifolium* de Guinée, dont le thalle brun cendré, limité de noir, est envahi par des apothécies noires cendrées, aplaties, sous-crénées dans leur pourtour, à impressions imitant des cicatrices ; 4° enfin le Glyphis guêpier, *Glyphis favulosa* , N., *Trypethelium cicatricosum* d'Ach. , *in Act. Soc. Gorenk.* Le plus commun de tous, dont nous avons des individus de l'Ile-de-France , de la Guadeloupe , de Sainte-Lucie , du Pérou, du Brésil, sur les écorces de Quinquina gris , de Quinquina Piton , d'Angusture vraie , de Cascarille, d'*Achras Sapota*, de *Mangifera indica*, etc., etc. ; espèce qui se reconnaît facilement à sa croûte blanchâtre , à ses apothécies arrondies , difformes , noirâtres, à impressions profondes simulant les alvéoles d'un guêpier.   (A. F.)

* GLYPHIDÉES. BOT. CRYPT. *V.* Verrucariées.

* GLYPHIE. *Glyphia.* BOT. PHAN. Genre de la famille des Synanthérées, Corymbifères de Jussieu, et de la Syngénésie superflue, L., établi par H. Cassini (Bulletin de la Société Philom. , septembre 1818) qui l'a ainsi caractérisé : calathide dont le disque est formé de fleurs nombreuses régulières et hermaphrodites, et la circonférence de fleurs femelles tubuleuses et en languettes courtes ; invo-

lucre composé de folioles inégales appliquées, disposées sur deux rangs, presque membraneuses, et parsemées de quelques glandes; réceptacle plane et paléacé; ovaires oblongs, striés, munis d'un bourrelet basilaire cartilagineux, pourvus d'une aigrette longue composée de poils inégaux et plumeux.

La Plante avec laquelle Cassini a constitué ce genre qu'il place avec doute dans la tribu des Tagétinées, a reçu le nom de *Glyphia lucida*. C'est une espèce très-glabre, à tiges probablement ligneuses, rameuses, flexueuses et striées, portant des feuilles alternes, sessiles, ovales, acuminées, très-entières, luisantes et glanduleuses; les fleurs sont jaunes et disposées en petites panicules au sommet des rameaux. Elle a été recueillie par Commerson à Madagascar, et elle est conservée dans l'herbier de Jussieu.

(G..N.)

GLYPHISODON. *Glyphisodon.* POIS. Genre de Thoraciques formé par Lacépède aux dépens des Chœtodons de Linné, et adopté par Cuvier qui le place entre les Kyphoses et les Pomacentres, dans la seconde section de la nombreuse famille des Squammipennes, de l'ordre des Acanthoptérygiens. Ses caractères sont : dents distinctes, crénelées, sur une seule rangée; tête entièrement écailleuse; corps et queue très-comprimés; une seule dorsale dont les écailles sont fort petites; ligne latérale se terminant entièrement vis-à-vis la fin de cette nageoire. Ces Poissons, dont le nom (dents crénelées) indique la principale particularité, n'ont encore été trouvés que dans les mers des pays chauds; il en est qui paraissent être communs aux deux continens. Lacépède n'en mentionnait que deux espèces auxquelles il a encore fallu ajouter quelques-unes de celles qu'il laissait dans le genre aux dépens duquel est formé celui-ci.

Le Moucharra, *Chœtodon saxatilis*, L., Gmel., *Syst. Nat.*, 13, T. I, pars 3, p. 1255; Bloch, pl. 206, f. 2; le *Jaguacaguara* de Marcgraaff. Ce

Poisson, qui n'a guère que six à sept pouces de longueur, est fort difficile à prendre, parce qu'il ne se tient que dans les creux et rochers caverneux de la mer, où il se nourrit de petits Polypes et de Vers. Sa couleur est d'un blanc terne avec cinq bandes transversales noires sur le corps. Il se trouve indifféremment dans les mers du Brésil, de l'Arabie et de l'Inde. D. 13/26, P. 15, 18, V. 1/6, A. 2/24, 3/13, C. 15, 19.

Le Kakaïtsel, *Chœtodon maculatus*, Bloch, pl. 427; — le Macrogastre, *Labrus Macrogaster*, Lacép., T. III, pl. 29, fig. 5, et peut-être le *Labrus sexfaciatus* du même auteur, *ibid.*, fig. 2; — le Sargoide, Lac., Pois. T. IV, pl. 10, f. 5; *Chœtodon marginatus*, Bloch, pl. 207; — et le Bengalien, *Chœtodon Bengalensis*, L., Bloch, pl. 215, f. 2, sont les autres espèces du genre Glyphisodon. (B.)

GLYPHITE. MIN. Syn. de Pierre-de-Lard ou Pagodite. *V.* Talc. (B.)

* **GLYPHOMITRIUM.** BOT. CRYPT. (*Mousses.*) Genre séparé des *Encalypta* par Bridel dans son *Methodus*, mais qui ne paraît pas devoir être conservé. *V.* Encalypte. (AD. B.)

GLYPTOSPERMES. BOT. PHAN. (Ventenat.) Syn. d'Annonacées. *V.* ce mot. (B.)

GMÉLINE. *Gmelina.* BOT. PHAN. Genre de la famille des Verbénacées, et de la Didynamie Angiospermie, établi par Linné, et ainsi caractérisé : calice très petit, à quatre dents; corolle tubuleuse à la base, dont le limbe est quadrifide et à deux lèvres, la supérieure en forme de casque, l'inférieure à trois lobes, et plus courte; deux des filets des étamines sont très-épais, et à anthères bipartites, les deux plus petits à anthères simples; un seul stigmate; drupe sphérique renfermant une noix biloculaire et disperme selon Jussieu (quadriloculaire, et chaque loge monosperme, l'inférieure stérile d'après Gaertner). Les Plantes de ce genre sont des Arbres très-épineux, à rameaux opposés, nus ou feuillés, axillaires, divariqués, piquans, et à fleurs terminales. On n'en connaît que deux espèces, savoir : 1° le *Gmelina asiatica*, à épines opposées, à feuilles ovales, entières, à fleurs jaunes, pédonculées et striées au sommet des petits rameaux. Cet Arbre est indigène des Indes-Orientales. 2°. Le *Gmelina parviflora*, à feuilles obovales, simples ou presque trifides, couvertes d'aiguillons dressés. Cet Arbre, qui croît à la côte de Coromandel, a été figuré par Roxburgh (*Coromand.* p. 162, tab. 32). (G..N.)

* GNANCU. OIS. (Molina.) Nom au Chili d'un Aigle qui paraît être une espèce voisine de l'Aigle royal.

(DR..Z.)

GNAPHALE. *Gnaphalium.* BOT. PHAN. Genre de la famille des Synanthérées, Corymbifères de Jussieu, tribu des Inulées de Cassini, et de la Syngénésie superflue, L. Le nom de *Gnaphalium*, que les anciens botanistes donnaient à un grand nombre de Synanthérées, qui n'avaient d'autres rapports entre elles que l'aspect cotonneux de leur superficie, fut restreint par Tournefort à une seule Plante maintenant un peu éloignée du genre *Gnaphalium* tel qu'on l'entend aujourd'hui, et qui, pour Desfontaines et De Candolle, est devenue le type du genre *Diotis*. *V.* ce mot. Le *Gnaphalium* formé par Vaillant était un genre très-différent de celui de Tournefort, mais composé de Plantes fort rapprochées de celles qui font partie du genre qui nous occupe. Linné, ne trouvant pas ses prédécesseurs d'accord, n'adopta point le genre de Tournefort, et il donna le nom de *Filago* (*V.* ce mot) à celui de Vaillant. Une foule de Plantes furent rapportées au *Gnaphalium* de Linné, mais les différences assez grandes qu'elles offraient dans leurs caractères les firent considérer par plusieurs auteurs, soit comme devant former de nouveaux genres, soit comme devant rentrer dans des genres déjà connus. Ainsi

Gaertner établit l'*Elichrysum* ou l'*Helychrysum* avec le *Gnaphalium orientale*, L., et toutes les autres espèces à fleurons hermaphrodites, à réceptacle nu et à aigrettes simples. Les genres *Argyrocoma*, *Antennaria*, et *Anaxeton* du même auteur, ont été encore formés aux dépens des *Gnaphalium* de Linné. Robert Brown, dans ses observations sur les Composées, a rectifié les caractères du genre *Antennaria* de Gaertner, et en outre du *Leontopodium* proposé par Persoon, il a encore constitué avec d'anciennes espèces de Gnaphalium, le genre *Metalasia*. La plupart des auteurs modernes ont admis ces innovations; quelques-uns cependant les ont rejetées. Lamarck, Willdenow, De Candolle, etc., firent rentrer le genre *Filago* de Linné parmi les *Gnaphalium*. H. Cassini non-seulement s'est opposé à cette réunion, mais encore a cru nécessaire de subdiviser les *Filago* et les *Gnaphalium* en tant de genres distincts, que leur énumération suffit pour effrayer d'abord celui qui cherche à débrouiller le chaos dans lequel est plongé le vaste groupe des Corymbifères. Eprouvant sans doute une grande peine à trouver les noms qui devaient servir à les désigner, cet auteur a retourné de toutes les manières le mot *Filago*, et il a présenté (Bullet. de la Société Philomat.) les caractères des genres *Gifola*, *Ifloga*, *Logfia* et *Oglifa*. Il a ensuite établi, avec des espèces de *Gnaphalium* et des Plantes voisines, les genres *Endoleuca*, *Facelis*, *Lasiopogon*, *Leptophyllus*, *Elythropappus* et *Phagnolon*. A chacun de ces mots, on a exposé ou on exposera les caractères qui sont attribués par leur auteur aux genres qu'ils désignent. Nous allons maintenant faire connaître ceux qui sont assignés au *Gnaphalium* : calathide dont le disque est formé d'un petit nombre de fleurs régulières, hermaphrodites, et la circonférence de fleurs tubuleuses femelles, peu nombreuses, et disposées sur plusieurs rangs ; style des fleurs hermaphrodites à branches.

tronquées au sommet ; anthères pourvues de longs appendices basilaires ; involucre ovoïde dont les écailles sont imbriquées et appliquées ; les extérieures plus larges, ovales, les intérieures plus étroites, oblongues, et pourvues d'un appendice scarieux ; réceptacle plane et nu ; ovaires grêles, cylindriques, surmontés d'une aigrette composée de poils égaux légèrement plumeux, s'arquant en dehors, et caduques. Dans le nombre des espèces légitimes du genre *Gnaphalium* de Cassini, nous nous bornerons à mentionner celles qui croissent en France. Ce sont : les *G. luteo-album*, L. ; *G. supinum*, L. ; *G. sylvaticum*, L. ; *G. rectum*, Smith ; et *G. uliginosum*, L. Ce sont de petites Plantes herbacées qui ont un aspect peu agréable, et dont on ne tire aucun usage. Elles suffisent, selon Cassini, pour se former une idée du genre dont elles font partie. Cependant leurs affinités si nombreuses et pour ainsi dire si croisées avec plusieurs espèces rapportées au genre *Filago* ou à ses subdivisions, nous portent à considérer comme factices, la plupart des genres établis par les auteurs aux dépens des Gnaphalies.

(G..N.)

* **GNAPHALIÉES.** *Gnaphalieæ.* BOT. PHAN. C'est le nom de la troisième section établie par H. Cassini dans sa tribu des Inulées. *V.* ce mot.

(G..N.)

GNAPHALODES. BOT. PHAN. (Tournefort.) Syn. de *Micropus*, L. (Plukenet.) Syn. de *Gnaphalium muricatum*, L.

(B.)

GNAPHALOIDÉES. *Gnaphaloideæ.* BOT. PHAN. R. Brown, dans ses *General Remarks*, nomme ainsi, sans lui assigner de caractères, une section des Corymbifères qui renferme la plupart des Synanthérées des terres australes.

(G..N.)

GNAPHALOS. OIS. Syn. de Jaseur. *V.* ce mot.

(DR..Z.)

GNAPHOSE. *Gnaphosa.* ARACHN. Nom sous lequel Latreille (Diction-

naire d'Histoire naturelle, première édition, T. XXIV) mentionne un genre d'Arachnide que Walckenaer a depuis désigné sous le nom de Drasse. *V.* ce mot. (AUD.)

GNATHAPTÈRES. CRUST. et ARACHN. Nom donné par Cuvier (Anatomie comparée, T. I, 8e tabl.) à une division des Animaux articulés qui renfermait les genres Aselle, Cloporte, Cymothoé, Jule, Scolopendre, Scorpion, Faucheur, Araignée, Podure, et quelques autres qui composent aujourd'hui (Règu. Animal) l'ordre des Crustacés Isopodes, la classe des Arachnides et l'ordre des Insectes Thysanoures. (AUD.)

* **GNATHIE.** *Gnathia.* CRUST. Genre de l'ordre des Isopodes, fondé par Leach qui lui assigne pour caractère distinctif et essentiel, d'avoir le dernier segment de la queue arrondi, cilié, et sans lamelles natatoires. A part cette différence singulière, les Gnathies ressemblent beaucoup au genre Ancée, et on peut, jusqu'à ce que de nouveaux faits viennent à l'appui de cette observation, les y réunir. Cette particularité appartiendrait au *Cancer maxillaris* de montagne. *V.* ANCÉE.

(AUD.)

***GNATHIE.** *Gnathium.* INS. Genre de l'ordre des Coléoptères, section des Hétéromères, établi par Kirby (*Trans. Linn. Societ.* T. XII) qui lui donne pour caractères distinctifs : labre transversal ; lèvre inférieure très-petite, à peine visible ; mandibules étendues, allongées, courbées, sans dents, très-aiguës ; mâchoires ouvertes à lobe très-long et très-grêle ; palpes filiformes à articles cylindriques ; menton trapézoïdal ; antennes grossissant insensiblement avec le dernier article plus long et conique ; corps linéaire, un peu en forme de cône ; corselet campanulé. Ce genre offre plusieurs points de ressemblance avec celui des Mylabres. Kirby en décrit et représente une seule espèce, le *Gnathium Francilloni.* Il est originaire de Géorgie. (AUD.)

GNATHOBOLUS. pois. (Schneider.) Syn. d'Odontognathe. *V.* CLUPE.   (B.)

GNATHODONTES. pois. Blainville a donné ce nom, par opposition à celui de Dermodonte, aux Poissons dont les dents sont implantées dans l'épaisseur osseuse des mâchoires. *V.* POISSON.   (B.)

*GNATHOPHYLLE. *Gnathophyllum.* CRUST. Genre nouveau de l'ordre des Décapodes, établi par Latreille aux dépens des Alphées, et qui prend place à côté de ceux-ci et des Hippolytes dans la famille des Macroures. Il a pour signes distinctifs : des pieds-mâchoires extérieures foliacés ; le carpe des deux premières paires de pieds non divisé en petites articulations, et les antennes intérieures terminées par deux filets. Le premier de ces caractères éloigne ce genre des Alphées et des Hippolytes, auxquels il ressemble par la forme générale du corps ; le second empêche de le confondre avec les Penées et les Stenopes, dont il diffère encore par le nombre des serres, qui n'est que de quatre ; enfin, le troisième permet de le distinguer des Hyménocères, qui ont comme lui des pieds-mâchoires extérieurs foliacés. Latreille place dans ce genre :

L'*Alphœus elegans* de Risso (Hist. des Crust. de Nice, p. 92, pl. 2, fig. 4), qu'il désigne sous le nom de *Gnathophyllum elegans*, ainsi que son *Alphœus Tyrrhenus* (*loc. cit.*, p. 94, tab. 2, fig. 2), auquel il conserve le même nom spécifique, et qui, suivant Risso, est la même espèce que le *Cancer candidus* d'Olivi (Zool. Adriatique), ou l'*Astacus Tyrrhenus* de Petagna. *V.* dans ce Dictionnaire l'article ALPHÉE, qui est antérieur aux changemens opérés par Latreille.

          (AUD.)

GNAVELLE. BOT. PHAN. Quelques botanistes français ont proposé ce nom pour désigner le genre Scléranthe. *V.* ce mot.   (B.)

GNÉDIE. BOT. PHAN. L'un des noms vulgaires du Marceau, particulièrement sur les bords de la Loire. *V.* SAULE.   (B.)

GNEIS ou GNEISS. MIN. Roche composée de Feldspath et de Mica, à structure toujours schistoïde, due principalement à la disposition des petites lamelles de Mica. Les feuillets de cette roche sont quelquefois ondulés ; ses couleurs sont très-variables. Le Quartz ne s'y montre que d'une manière accidentelle ; le Feldspath est tantôt arénoïde, tantôt en grains plus prononcés. Les Minéraux qu'on trouve le plus communément disséminés dans cette roche sont : le Grenat, le Graphite, le Pyroxène, la Cordiérite, l'Émeril ou Corindon compacte ferrifère, et la Tourmaline. Le Graphite semble quelquefois avoir pris la place du Mica dans cette roche.

Le Gneis forme un vaste système de terrains qui se montre partout à découvert à la surface du globe : on l'observe en France, dans les Alpes, la Saxe, la Suède et la Norwège, la Sibérie, l'Himalaya, la presqu'île de l'Inde, les régions équinoxiales de l'Amérique, le Brésil, le Groenland. Le Gneis forme à lui seul des montagnes puissantes. Sa variété la plus ordinaire est celle dont le Mica est grisâtre et le Feldspath a une teinte roussâtre. Il est peu de terrains plus riches en couches subordonnées. Elles sont formées des matières suivantes : la Pegmatite, la Leptynite, le Micaschiste, l'Amphibole schistoïde, la Coccolithe, le Fer oxidulé et le Calcaire primitif. La stratification du Gneis est parfaitement distincte : les nombreuses roches subordonnées qu'on y rencontre en indiquent le sens. Mais il y a dans l'inclinaison et dans la direction des couches de ce terrain des variations considérables. Il est regardé comme le plus ancien après le terrain de Granite, parce qu'il est en contact avec lui, et qu'on l'a trouvé recouvert par tous les autres. Ce terrain renferme beaucoup de filons, les uns de matières pyrogènes, les autres métallifères , et contenant presque toutes les substances minérales qui sont l'objet des recherches du mineur. C'est dans le Gneis que se trouve principalement le Kaolin , provenant des grands amas de Pegmatite qui lui sont subordonnés. *V.* Roches et Terrains.   (G. del.)

GNEMON. bot. phan. Espèce du genre Gnet. *V.* ce mot.   (b)

*GNÉPHOSIDE. *Gnephosis.* bot. phan. Genre de la famille des Synanthérées et de la Syngénésie séparée, L. , établi par H. Cassini (Bull. de la Soc. Philom., mars 1820) qui le place près des genres *Siloxerus*, Labill. , et *Hirnellia*, dans la tribu des Inulées, section des Gnaphaliées, et lui assigne les caractères suivans : calathide sans rayons, composée de fleurons égaux , au nombre seulement de un, deux ou quatre, réguliers et hermaphrodites; involucre ovoïde , double ; l'extérieur court , persistant, formé de quatre écailles elliptiques et membraneuses ; l'intérieur plus long, formé aussi de quatre écailles oblongues , membraneuses , et surmontées d'un appendice scarieux et coloré ; réceptacle ponctiforme et sans appendice ; ovaires courts , épais et lisses , et possédant une aigrette excessivement petite , sous forme d'une membrane caduque, annulaire, profondément divisée en lanières filiformes et irrégulières. Un grand nombre de calathides forment, par leur réunion, un capitule ovoïde; elles reposent sur un support (calathiphore) filiforme, garni de longs poils, et de bractées squammiformes , scarieuses, régulièrement imbriquées, appliquées , suborbiculaires ou rhomboïdales.

La Gnéphoside grèle, *Gnephosis tenuissima* , Cass., unique espèce du genre, est une jolie Plante herbacée, annuelle , dont les tiges sont dressées, rameuses et fléchies en zig-zag à chaque point de division. Les branches sont elles-mêmes fort divisées , et d'une ténuité presque capillaire ; elles sont garnies de feuilles alternes,

épaisses et linéaires ; les capitules , d'un jaune doré, sont solitaires aux extrémités des dernières divisions des branches. Cette Plante a été récoltée au port Jackson et à la baie des Chiens-Marins, dans la Nouvelle-Hollande.   (G..N.)

GNET. *Gnetum.* bot. phan. Ce genre , établi par Linné , et qui appartient à sa Monœcie Monadelphie , a été placé par le professeur de Jussieu parmi les genres voisins des Urticées, près du genre *Thoa* d'Aublet, auquel il ressemble d'ailleurs par le port. Voici ses caractères : fleurs monoïques, disposées autour d'un rachis en verticilles interrompus qui sont enveloppés chacun d'un involucre ou calice commun multiflore, entier, urcéolé, calleux et entourant l'axe ; les fleurs marginales sont mâles, les centrales femelles , et elles reposent sur un réceptacle garni de paillettes uniflores qui font fonctions de calices. Dans les fleurs mâles, on ne trouve qu'un filet simple terminé par deux anthères réunies. Dans les femelles, un ovaire immergé dans le réceptacle, supporte un style et trois stigmates; il se change en une sorte de drupe ovée contenant une noix oblongue et striée. Linné n'a décrit qu'une seule espèce de *Gnetum*, en lui donnant pour nom spécifique celui de *Gnemon* qui lui avait été appliqué par Rumph (*Herb. Amboin.* 1, tab. 71). C'est un Arbre des Moluques et des Indes-Orientales, dont le tronc droit et noueux est comme articulé ; ses feuilles sont opposées, glabres, ovales , lancéolées , acuminées , entières et luisantes en dessus. Les fruits sont des baies ovales qui deviennent rouges dans leur maturité, et ressemblent au fruit du Cornouiller. Les habitans du pays s'en nourrissent après les avoir fait cuire, car étant mangés crus, ils excitent une démangeaison dans la bouche. (G..N.)

GNIDIE. *Gnidia.* bot. phan. Genre de la famille des Thymelées, de l'Octandrie Monogynie, L. Son calice est tubuleux, allongé, un peu rétréci vers son milieu, et terminé par quatre lobes; entre eux s'insèrent intérieurement quatre petites écailles pétaloïdes, et au-dessous, sur deux rangs circulaires, huit étamines presque sessiles; le style, grêle et allongé, se renfle à son sommet et part un peu latéralement de celui de l'ovaire, dans lequel est suspendu un seul ovule. Plus tard les tégumens de la graine se confondent avec ceux du fruit, et alors on trouve un embryon revêtu d'un périsperme mince, sous un test ponctué que recouvre une couche verdâtre. Ce genre renferme d'élégans Arbustes exotiques, originaires la plupart du cap de Bonne-Espérance, à feuilles simples, opposées ou alternes; à fleurs terminales, écartées ou rapprochées entre elles. Remarquons qu'il y a une grande confusion dans ces espèces et celles des genres voisins. En effet, on a eu égard, pour la distinction de ces genres, à l'absence ou à la présence de squammules pétaloïdes, à leur nombre égal à celui des lobes calicinaux ou bien double. Mais ensuite en nommant les espèces, on semble avoir oublié ces caractères génériques. Ainsi, les *Gnidia simplex*, *sericea* ont huit squammules; d'autres espèces, qui en ont quatre, sont réunies au Daïs, où il ne doit s'en trouver aucune. Il faudrait donc revoir avec soin toutes ces Plantes avant de les rapporter définitivement à leurs genres. (A. D. J.)

GNIDIENNE. bot. phan. Pour Gnidie. *V.* ce mot.   (B.)

GNIDIUM. bot. phan. Espèce du genre Daphné. *V.* ce mot.   (B.)

*GNISION. ois. (Belon.) Syn. d'Aigle royal. *V.* Aigle.   (DR..Z.)

GNOME. *Gnoma.* ins. Genre de l'ordre des Coléoptères, section des Tétramères, famille des Longicornes (Règn. Anim. de Cuv.), établi par Fabricius (*Syst. Eleuth.* T. II, p. 315) aux dépens du genre Capricorne, et ayant, suivant lui, pour caractères: quatre palpes avec le dernier article sétacé; mâchoires bifides, la division extérieure renflée à son sommet; languette cornée, arrondie à son extré-

mité, presque échancrée; antennes sétacées. Fabricius place ce genre entre les Rhagies et les Saperdes. Il ressemble en effet à celles-ci et avoisine beaucoup les Lamies. Latreille réunit les Gnomes à ces derniers Insectes. Ils ont le corselet allongé, et les palpes sont plus effilés à leur pointe. Fabricius décrit quatre espèces:

Le Gnome longicolle, *Gn. longicollis*, ou le *Cerambyx longicollis* de Fabricius (*Entom. Syst.*), figuré par Olivier (Entomol., n° 67, pl. 11, fig. 73), peut être considéré comme type du genre. Il est originaire des Indes-Orientales. Les trois autres espèces portent les noms de *cylindricollis*, *clavipes* et *rugicollis*. Cette dernière est la même, suivant Dejean (Catal. des Coléopt., p. 109), que la *Saperda bicolor* d'Olivier (*loc. cit.*, n° 68, pl. 3, fig. 25). Latreille rapporte au genre Gnome le *Cerambyx Giraffa*, décrit et représenté par Charles Schreiber (*Trans. Linn. Soc.* T. VI, p. 198, pl. 21, fig. 8). Il a été recueilli à la Nouvelle-Hollande. Dejean (*loc. cit.*) mentionne une espèce nouvelle sous le nom de *Sanguinea*. Elle habite le Brésil. Ce Gnome, dont nous n'avons pas encore la description, ne diffère peut-être pas de l'une ou de l'autre des deux espèces dont le docteur Dalman (*Analecta entomologica*, p. 67 et 68) a tout récemment donné la description sous les noms de *Gnoma nodicollis* et *Gnoma denticollis*. Elles ont le Brésil pour patrie.   (AUD.)

*GNOMESILON. bot. crypt. Les anciens paraissent avoir désigné sous ce nom les Plantes marines aujourd'hui confondues sous le nom de Mousse de Corse.   (B.)

*GNORISTE. *Gnoriste.* ins. Genre des Diptères établi par Hoffmansegg et adopté par Meigen (Descript. syst. des Dipt. d'Europe, T. I, p. 245) qui le range dans la famille des Tipulaires et lui assigne pour caractères: antennes étendues, cylindriques, de seize articles, les deux articles de la base plus gros et plus courts ; trompe allongée, munie de palpes à son sommet ; trois yeux lisses, inégaux, placés en triangle sur le front ; jambes éperonnées, épineuses sur les côtés. Meigen (*loc. cit.*, tab. 9, fig. 1) décrit et représente une seule espèce, le *Gnoriste apicalis*, Hoffm. (AUD.)

GNOTARIS. BOT. PHAN. (Ruell.) Ancien nom du Marrube noir. On a aussi écrit Gnotera et Gnoteria. (B.)

GNOU ou NIOU. MAM. Espèce du genre Antilope. *V.* ce mot. (B.)

GNOUROUMI. MAM. (Azzara.) Nom de pays du Tamanoir. *V.* FOURMILIER. (B.)

GOACHE, GOUACHE. OIS. Syn. ancien de Perdrix grise. *V.* ce mot. (DR..Z.)

GOACONAZ. BOT. PHAN. (Oviédo.) Le Baume de Tolu. *V.* BAUME. (B.)

* GOAN. BOT. PHAN. L'Écluse mentionne sous ce nom, dans ses *Exoticæ*, un Arbre de Perse dont la cendre produit la Tuthie. *V.* ce mot. (B.)

* GOANGULARIS ET GONGULARIS. BOT. CRYPT. (C. Bauhin et Mentzel.) *V.* GONGOLARA. (B.)

* GOBAURA. BOT. PHAN. La Plante vulnéraire brésilienne désignée sous ce nom dans les recueils des voyages pourrait bien être l'Ayapana. *V.* ce mot et EUPATOIRE. (B.)

* GOBE-ABEILLE. OIS. (Eidous.) Syn. de Guêpier vulgaire. *V.* GUÊPIER. (DR..Z.)

GOBELET D'EAU. BOT. PHAN. Même chose qu'Ecuelle d'eau. *V.* HYDROCOTYLE (B.)

* GOBELET DE MER. POLYP. Quelques naturalistes ont donné ce nom à la Caryophyllie Gobelet, *Madrepora Cyathus* de Linné, *V.* CARYOPHYLLIE ; ainsi qu'à des Polypiers de la famille des Eponges. (LAM..X.)

GOBE-MOUCHE. *Muscicapa.* OIS. Genre de l'ordre des Insectivores. Caractères : bec médiocre, angulaire, plus ou moins large, déprimé à sa base, comprimé vers la pointe qui est forte, dure, courbée et très-échancrée ; base garnie de poils longs et roides ; narines placées de chaque côté du bec et près de sa base, ovoïdes, couvertes en partie par quelques poils dirigés en avant ; tarse un peu plus long ou aussi long que le doigt intermédiaire ; quatre doigts, trois en avant, les latéraux égaux en longueur, l'extérieur soudé à sa base à l'extérieur ; le doigt de derrière armé d'un ongle très-arqué ; la première rémige très-courte, la deuxième moins longue que les troisième et quatrième qui surpassent les autres. Les Gobe-Mouches que l'on retrouve dans tous les pays, et sous presque toutes les latitudes, sont des Oiseaux voyageurs que dirige en quelque sorte, dans leurs émigrations, une température ardente, la plus favorable au développement et à la multiplication des Insectes dont les Gobe-Mouches sont les plus terribles ennemis. Destinés à trouver leurs moyens d'existence dans la destruction de ces nombreuses colonies qui peuplent les airs, il semble que la nature les ait placés partout où ils pouvaient être utiles à l'Homme en le préservant et le débarrassant de ces essaims, dont l'extrême fécondité serait l'un des plus grands fléaux, si quelques circonstances semblables à celles-ci ne venaient l'atténuer. Ils ont l'habitude de voltiger autour des buissons, mais rarement ils s'y arrêtent pour saisir leur proie, ils la chassent au vol, et c'est même ce qui leur a valu le nom de Gobe-Mouche. Quoique vifs et pétulans, ces Oiseaux sont, pour la plupart, silencieux ; ils vivent solitairement ; néanmoins, dans la saison des amours, les deux sexes paraissent avoir beaucoup d'attachement mutuel, car pendant l'incubation, dont les soins se partagent entre les deux époux, on ne les voit séparés que le temps rigoureusement nécessaire pour aller chercher la nourriture ; lorsque les œufs sont éclos, les père et mère apportent alternativement la béquée aux petits. Le nid, construit assez négligemment, est composé de duvet qu'entourent de petites brochettes réunies et liées par des brins d'herbes et de joncs; il est ordinairement placé sur les plus grosses branches et dans les trous qu'a pu y occasioner la pourriture; quelquefois il est suspendu aux rameaux élevés; on le trouve encore, mais plus rarement, dans les fentes et crevasses des rochers et des vieux bâtimens. La ponte est, suivant les espèces, de quatre à six œufs. Les parens montrent beaucoup de courage lorsque la jeune famille est en danger; ils affrontent alors tous les périls pour la défendre, et souvent des Oiseaux, de plus forte taille qu'eux, succombent sous les coups réitérés qu'ils leur portent. La mue, pour plusieurs espèces, est unique dans l'année; pour d'autres, elle est double; elle ne se fait apercevoir que chez les mâles, dont les couleurs, au printemps, prennent assez généralement beaucoup d'éclat et de vivacité; les femelles conservent en tous temps une parure sombre et modeste; les mâles sont souvent décorés d'ornemens qui seraient de bons caractères spécifiques s'ils étaient constans et surtout communs aux deux sexes, mais les femelles en sont toujours privées. Le genre Gobe-Mouche, très-nombreux en espèces, le fut bien plus encore dans les anciennes méthodes, à tel point que Buffon, malgré toute son antipathie pour les systèmes, avait cru devoir établir une division de ce genre et mettre d'un côté les véritables *Gobe-Mouches*, et de l'autre ce qu'il a appelé les *Tyrans*. Mais cette séparation paraît n'avoir eu pour base que la taille. Les Gobe-Mouches de Linné ont fourni matière à la création d'un assez grand nombre de genres, création que les divers méthodistes ont pu étendre au gré de leurs désirs, puisque les différences dans la forme du bec leur laissaient un vaste champ. Ces différences plus ou moins prononcées rendent très-difficiles les limites de séparation des Gobe-Mouches avec les *Platyrhynques*, les *Pie-Grièches* et les

Drongos; d'un autre côté le passage par les plus petites espèces, au genre *Sylvie*, est presque insensible; et dans des espèces d'une taille moyenne, on trouve encore des rapprochemens qui, plus d'une fois, ont fait confondre de vrais Gobe-Mouches avec des *Bataras*, des *Fourmiliers*, des *Vangas* et même des *Cotengas*. Temminck a séparé les Gobe-Mouches, des Moucherolles qui, dans beaucoup de méthodes, ne font qu'un seul genre sous la dernière des deux dénominations; cette division, qui ne paraît pas reposer sur des caractères bien tranchés, a néanmoins une sorte d'avantage, celui de diminuer le nombre des espèces dans un seul et même genre; du reste, les Moucherolles et les Gobe-Mouches se touchent, et la ligne de démarcation peut s'effacer sans que cela porte atteinte à la méthode.

GOBE-MOUCHE A AILES ET QUEUE ROSES, *Muscicapa Rhodoptera*, Lath. Parties supérieures brunes, les inférieures blanches; plumes de la tête effilées et tachetées de noir; une grande tache rose sur le milieu des grandes rémiges et des quatre rectrices intermédiaires; bec et pieds bruns. Taille, cinq pouces. De la Nouvelle-Hollande.

GOBE-MOUCHE D'AMÉRIQUE, *Muscicapa Ruticilla*, Lath., Ois. de l'Amérique septentrionale, pl. 35 et 36. Parties supérieures noires; côtés de la poitrine, milieu des grandes rémiges, et base des rectrices latérales d'un jaune orangé; poitrine, abdomen et tectrices caudales inférieures d'un blanc mat; tête et gorge noires; bec et pieds bruns. Taille, quatre pouces et demi. La femelle a les teintes noires du mâle d'un gris brunâtre, et celles orangées d'un jaune pâle.

GOBE-MOUCHE AUDACIEUX, *Muscicapa audax*, Lath.; Gobe-Mouche tacheté de Cayenne, Buff.; pl. enl. 455, fig. 2. Parties supérieures d'un gris noir; base des plumes du sommet de la tête d'un jaune orangé; deux traits blancs entourant l'œil;

rémiges et rectrices noires, bordées de roux; parties inférieures blanches, striées de noirâtre; bec et pieds noirs. Taille, huit pouces. La femelle a les plumes de la tête entièrement noirâtres.

GOBE-MOUCHE AZUR, *Muscicapa cœrulea*, Lath., Buff., pl. enlum. 665, fig. 1. Parties supérieures d'un bleu d'azur; nuque et poitrine noires; abdomen blanc, nuancé de bleuâtre; bec et pieds noirs. Taille, quatre pouces huit lignes. La femelle n'a point de taches noires. Des Philippines.

GOBE-MOUCHE AZUROR, *Muscicapa aurea*, Levaill., Ois. d'Afr., pl. 158, fig. 1 et 2. Parties supérieures d'un bleu d'azur, les inférieures d'un roux vif; abdomen, jambes et tectrices caudales inférieures d'un blanc pur; bec et pieds brunâtres. Taille, cinq pouces. La femelle a la gorge et une partie de la poitrine blanches. D'Afrique.

GOBE-MOUCHE A BANDEAU BLANC DU SÉNÉGAL. *V.* PLATYRHYNQUE A BANDEAU BLANC.

GOBE-MOUCHE A BANDES ROUSSES, *Muscicapa rufotœniata*. Parties supérieures d'un brun-olive foncé; tectrices alaires, petites et moyennes rémiges, bordées de brun fauve, ce qui dessine sur l'aile plusieurs bandes de cette nuance; grandes rémiges et rectrices brunes; parties inférieures d'un blanc verdâtre; gorge, poitrine, et un trait de chaque côté de la tête entre le bec et l'œil d'un verdâtre cendré; bec et pieds bruns. Taille, cinq pouces. Cette espèce, qui a beaucoup de ressemblance avec le Gobe-Mouche tacheté de Cayenne, mais qui en diffère par la forme plus allongée et plus aplatie du bec, par une taille plus forte, par l'absence de plumes orangées sur le front, celles des stries, sur la poitrine, et par quelques autres nuances assez sensibles, nous a été envoyée du Brésil.

GOBE-MOUCHE BARBICHON. *V.* PLATYRHYNQUE BARBICHON.

GOBE-MOUCHE BEC-FIGUE, *Muscicapa luctuosa*, Temm.; *Muscicapa atricapilla*, Gmel.; *Rubetra anglicana*, Briss.; Traquet d'Angleterre et Bec-Figue, Buff., pl. enlum. 668, fig. 1; *Motacilla ficedula*, Gmel.; *Sylvia ficedula*, Lath.; *Muscicapa muscipeta*, Bechst. Parties supérieures et rectrices noires; moyennes et grandes tectrices alaires blanches, avec les barbes intérieures terminées de noir; parties inférieures et front d'un blanc pur; bec et pieds noirs. Taille, cinq pouces. La femelle a les parties supérieures d'un brun cendré, et les trois rectrices latérales bordées de blanc. Les jeunes mâles ressemblent aux femelles; ils ont de plus des plumes noires semées sur le fond grisâtre des parties supérieures. On voit par la nombreuse synonymie de cette espèce, combien de fois elle a pu induire en erreur les ornithologistes; elle a en effet des caractères si variables suivant les usages, et se rapproche quelquefois tant du *Musc. albicollis*, que l'on ne peut assez souvent saisir les caractères distinctifs des deux espèces; les mâles ne peuvent être reconnus facilement qu'après leur seconde mue du printemps, et seulement dans leur plumage d'amour; hors ce temps, tous, ainsi que les femelles, se ressembleraient à s'y méprendre, sans le miroir des ailes que l'on trouve toujours indiqué d'une manière plus ou moins sensible dans le *Muscicapa albicollis*. On le trouve en France, en Allemagne, en Italie, où sa chair fournit un mets délicat.

GOBE-MOUCHE BELLIQUEUX, *Tyrannus bellicosus*, Vieill. Parties supérieures noirâtres; tête et cou d'un brun roussâtre; tectrices alaires noires, bordées de cramoisi; rémiges, rectrices, croupion et parties inférieures d'un rouge cramoisi; une tache noire à l'extrémité des rémiges; paupières blanches; bec et pieds noirs. Taille, sept pouces six lignes. De l'Amérique méridionale.

GOBE-MOUCHE BELLOT, *Tyrannus bellulus*, Vieill. Parties supérieures bleuâtres, avec la tige des plumes noire; tectrices alaires et rémiges noires, bordées de cendré; gorge blanche entourée d'un hausse-col noir; parties inférieures d'un cendré bleuâtre, avec un trait brun dans le milieu des plumes; rectrices noires, les deux extérieures beaucoup plus longues que les autres, et terminées en palette, les autres diminuant insensiblement de longueur jusqu'aux intermédiaires qui sont les plus courtes; un trait blanchâtre sur les côtés de la tête, derrière l'œil; bec et pieds bruns. Taille, quatorze à quinze pouces. Du Brésil.

GOBE-MOUCHE BENTAVEO, *Tyrannus Carnivorus*, Vieill.; *Lanius Pitangua*, Lath., Buff., pl. enl. 212. Parties supérieures noires, avec une bandelette blanche au-dessus de l'œil; sommet de la tête d'un jaune orangé; tectrices alaires, rémiges et rectrices noirâtres, bordées de roussâtre; gorge blanche; poitrine et parties inférieures jaunes; tête grosse; bec volumineux et long de plus d'un pouce, noir; pieds blanchâtres, avec les écailles noires. Taille, neuf pouces et demi. De l'Amérique méridionale. Cette espèce joint aux Insectes, pour sa nourriture, les débris de chair abandonnés par les Vautours et autres Oiseaux de proie.

GOBE-MOUCHE BICOLOR, *Muscicapa bicolor*, Sparm. Parties supérieures cendrées, les inférieures et la moitié de la longueur des rectrices d'un jaune terne; bec et pieds noirâtres. Taille, six pouces et demi. D'Afrique.

GOBE-MOUCHE BLANC DU DANEMARCK, *Muscicapa alba*, Lath. Paraît être une variété de la Bergeronnette jaune. *V*. BERGERONNETTE.

GOBE-MOUCHE BLANC HUPPÉ DU CAP DE BONNE-ESPÉRANCE. *V*. PLATYRHYNQUE HUPPÉ A TÊTE COULEUR D'ACIER POLI OU BRUNI.

GOBE-MOUCHE BLEU DES PHILIPPINES. *V*. GOBE-MOUCHE AZUR.

GOBE-MOUCHE BOODDANG, *Muscicapa Erythrogastra*, Lath.; *Muscicapa multicolor*, Gmel. Parties supérieures noires; front et moyennes tectrices alaires d'un blanc pur; poitrine d'un rouge carmin; abdomen et tectrices caudales inférieures rougeâtres; bec noir, jaunâtre à sa base en dessous; pieds brunâtres. Taille, quatre pouces six lignes. La femelle est brune; elle a les parties inférieures d'un orangé pâle. Des Philippines.

GOBE-MOUCHE DES BORDS DU JENISEÏ, *Muscicapa Erythropis*, Lath. Parties supérieures variées de brun et de gris; sinciput rouge; parties inférieures blanches; dessous des ailes roux. Taille, cinq pouces.

GOBE-MOUCHE DU BRÉSIL. *V*. GOBE-MOUCHE BENTAVEO.

GOBE-MOUCHE BRILLANT, *Muscicapa nitida*, Lath. Le plumage vert; tectrices alaires bordées de blanc; rectrices noirâtres, frangées de jaunâtre; bec et pieds noirs. Taille, quatre pouces. De la Chine.

GOBE-MOUCHE BRUN DE CAYENNE, *Muscicapa fuliginosa*, Lath. Parties supérieures d'un brun noirâtre, avec le bord des plumes fauve; rémiges brunes; rectrices noires, frangées de blanchâtre; parties inférieures blanches, avec la poitrine fauve; bec et pieds noirs. Taille, quatre pouces.

GOBE-MOUCHE BRUN CENDRÉ, *Muscicapa australis*, Lath. Parties supérieures d'un brun cendré; trois traits jaunes de chaque côté de la tête, dont un au-dessus de l'œil; parties inférieures jaunes; bec et pieds bruns. Taille, cinq pouces. De l'Australasie.

GOBE-MOUCHE BRUN DE LA MARTINIQUE. *V*. MOUCHEROLLE BRUN.

GOBE-MOUCHE BRUN ROUX, *Tyrannus pyrrhophaius*, Vieill. Parties supérieures d'un brun olivâtre; les inférieures, le croupion, tectrices caudales, base des rectrices, bord interne des rémiges, tectrices alaires inférieures d'un roux plus ou moins vif; bec et pieds noirs. Taille, sept pouces. Du Brésil.

GOBE-MOUCHE BRUN A VENTRE JAUNE. *V*. MOUCHEROLLE BRUN A VENTRE JAUNE.

GOBE-MOUCHE BRUN DE VIRGINIE. *V*. MERLE CATBIRD.

GOBE-MOUCHE BURRIL, *Muscicapa*

rufifrons, Lath. Parties supérieures brunes, avec la moitié du dos rousse; front, oreilles et base des rectrices d'un brun rougeâtre; gorge, devant du cou et poitrine d'un blanc jaunâtre, avec quelques taches noires; abdomen d'un brun pâle; bec et pieds bruns. Taille, six pouces. De l'Australasie.

GOBE-MOUCHE DE CAMBAYE. *V.* SYLVIE.

GOBE-MOUCHE A CAPUCHON NOIR, *Muscicapa cucullata*, Lath. Parties supérieures noires; tête très-garnie de plumes, ce qui la fait paraître fort épaisse; petites tectrices alaires noires, frangées de blanc; parties inférieures blanches; bec et pieds noirs. Taille, cinq pouces. De l'Australasie.

GOBE-MOUCHE CARNIVORE. *V.* GOBE-MOUCHE BENTAVEO.

GOBE-MOUCHE DE LA CAROLINE, *Lanius Tyrannus*, var. B et C, Lath.: *Lanius Carolinus*, Gmel., Ois. de l'Amérique septentrionale, pl. 43. Parties supérieures d'un gris noirâtre; base des plumes de l'occiput d'un jaune orangé; rémiges et rectrices noirâtres, terminées de blanc; parties inférieures blanchâtres; iris, bec et pieds noirs. La femelle a les couleurs moins vives; les jeunes n'ont pas de jaune à l'occiput. Taille, sept pouces.

GOBE-MOUCHE CAUDEC, *Tyrannus audax*, Vieill. *V.* GOBE-MOUCHE AUDACIEUX.

GOBE-MOUCHE DE CAYENNE. *V.* PLATYRHYNQUE FÉROCE.

GOBE-MOUCHE CENDRÉ DU CANADA, *Muscicapa Canadensis*, Lath. Parties supérieures cendrées; sommet de la tête noirâtre; une tache jaune sur la joue, et une autre noire entre le bec et l'œil; rémiges et rectrices brunes, bordées de cendré; parties inférieures jaunes, tachetées de noir sur le devant du cou; tectrices caudales inférieures blanchâtres; bec brun; pieds jaunes. Taille, quatre pouces et demi.

GOBE-MOUCHE CHANTEUR, *Muscicapa cantatrix*, Temm., pl. color. 226, fig. 1 et 2. Parties supérieures

bleues; un bandeau azuré sur le front; tour du bec et joues noirs, ainsi que la face inférieure des rectrices; gorge, devant du cou et poitrine d'un roux vif; abdomen roussâtre; bec noir, entouré à sa base de poils longs et roides; pieds bruns. Taille, cinq pouces huit lignes. La femelle a les parties supérieures olivâtres; le bandeau et les joues d'un blanc jaunâtre; le sommet de la tête et la nuque d'un cendré bleuâtre; les rémiges et les rectrices brunes bordées de roussâtre qui est la couleur des parties inférieures. De Java. Cette espèce se fait remarquer parmi les congénères, par la mélodie de son chant.

GOBE-MOUCHE CITRIN DE LA LOUISIANE. *V.* SYLVIE MITRÉE.

GOBE-MOUCHE DE LA COCHINCHINE, *Muscicapa Cochinchinensis*, Lath. Parties supérieures d'un brun olivâtre; rémiges noirâtres avec une tache blanche sur les barbes extérieures; rectrices brunâtres, étagées, les intermédiaires longues de deux pouces et les latérales de cinq lignes; quelques-unes sont blanches, avec une lunule noire; parties inférieures roussâtres; bec noir; pieds rougeâtres. Taille, quatre pouces quatre lignes.

GOBE-MOUCHE COLÉRIQUE, *Muscicapa crinita*, Lath., *Tyrannus irritabilis*, Vieill. Parties supérieures d'un gris verdâtre; plumes de la nuque longues et se relevant en forme de huppe; tectrices alaires bordées de blanchâtre; rémiges brunes, bordées les unes de brunâtre, les autres de blanc; rectrices brunes bordées intérieurement de roux; bec et pieds bruns. Taille, sept pouces. La femelle a les parties supérieures d'un gris brun; les inférieures jaunâtres avec la gorge ardoisée; les ailes rousses, avec quelques traits blanchâtres sur les tectrices. De l'Amérique septentrionale.

GOBE-MOUCHE A COLLIER, *Muscicapa albicollis*, Temm. Gobe-Mouche à collier de Lorraine, Buff., pl. enl. 565, f. 2; *Muscicapa collaris*, Bechstein; *M. atricapilla*, Jacquin.

Parties supérieures noires; un large collier; front et parties inférieures d'un blanc pur; croupion varié de noir et de blanc; une tache blanche sur l'origine des rémiges; tectrices alaires blanches, les grandes ont une tache noire à l'extrémité interne; rectrices noires; bec et pieds noirs. Taille, cinq pouces. La femelle a les parties supérieures d'un gris cendré; un petit bandeau blanchâtre sur le front; les grandes tectrices alaires blanches sur le bord externe, et les deux rectrices latérales bordées de blanc; un petit collier d'un cendré clair, les parties inférieures blanches. Le jeune mâle ne diffère de la femelle que par l'absence du bandeau; il a en outre les parties inférieures tachetées de cendré. On le trouve dans l'intérieur des grandes forêts du centre de l'Europe, où il paraît être fort rare.

GOBE-MOUCHE A COLLIER DU CAP, *Muscicapa torquata*, Gmel.; *Muscicapa Capensis*, Lath., Buff., pl. enl. 572, fig. 1 et 2. Parties supérieures noires; gorge de cette couleur; poitrine rousse; côtés du cou, bas de la nuque, une tache près de l'œil, ventre et caudales inférieures d'un blanc pur; bec et pieds bruns. Taille, cinq pouces. La femelle a le sommet et les côtés de la tête, les tectrices caudales supérieures, le devant du cou et la poitrine noirs; les tectrices alaires brunes; les rémiges brunes bordées de gris et de roux à l'extérieur; les rectrices noires terminées de blanc, avec le bord des latérales de cette nuance; la gorge et le ventre blancs; les flancs roux. D'Afrique.

GOBE-MOUCHE A COLLIER DU SÉNÉGAL. *V*. PLATYRHYNQUE A GORGE BRUNE.

GOBE-MOUCHE A CORDON NOIR, Levail., Ois. d'Afriq., pl. 150, f. 1 et 2. *V*. SYLVIE A CORDON NOIR.

GOBE-MOUCHE COURONNÉ DE BLANC. *V*. MOUCHEROLLE A HUPPE BLANCHE.

GOBE-MOUCHE COURONNÉ DE NOIR, *Muscicapa melaxantha*, Lath., Spar. pl. 96. Parties supérieures d'un cendré foncé, avec la tête noire; les inférieures jaunes; tectrices alaires, rémiges et rectrices noires, bordées de jaune; extrémité de la queue blanche; bec et pieds noirs. Taille, cinq pouces.

GOBE-MOUCHE A CRÊTE DE CEYLAN, *Muscicapa comata*, Lath. Parties supérieures noires; manteau noir; devant du cou, poitrine et ventre blancs; abdomen jaune; rectrices intermédiaires terminées de blanc; bec noir; pieds bleuâtres. Taille, cinq pouces.

GOBE-MOUCHE A CROUPION JAUNE DE CAYENNE. *V*. MOUCHEROLLE A CROUPION JAUNE.

GOBE-MOUCHE A CROUPION ORANGÉ, *Muscicapa melanocephala*, Lath. Parties supérieures d'un jaune rougeâtre avec la tête et le cou noirs; ailes et queue brunes; rectrices à barbules désunies; parties inférieures blanches, striées de noir; bec et pieds bruns. Taille, cinq pouces et demi. De l'Océanique

GOBE-MOUCHE DARWANY, *Muscicapa auricornis*, Lath. *V*. PHILEDON DARWANY.

GOBE-MOUCHE DISTINGUÉ, *Muscicapa eximia*, Temm., Ois. color., pl. 144, f. 2. Parties supérieures d'un vert clair; sommet de la tête d'un cendré bleuâtre; un large sourcil blanc; lorum varié de jaunâtre et de vert obscur; tectrices alaires, rémiges et rectrices d'un brun noirâtre, bordées de verdâtre; parties inférieures d'un vert jaunâtre, plus foncé sur la poitrine et les flancs; bec brun, blanchâtre en dessous; la femelle a les teintes plus obscures et le sommet de la tête varié de vert. Taille, quatre pouces. Du Brésil.

GOBE-MOUCHE DOUBLE OEIL, *Muscicapa diops*, Temm., Ois. color., pl. 144, f. 1. Parties supérieures d'un vert clair tirant sur l'olivâtre; tectrices, rémiges et rectrices brunes, bordées de vert; une tache blanche en avant de l'œil; parties inférieures d'un cendré blanchâtre, un peu plus foncé sur la gorge et la poitrine; bec brun, blanchâtre inférieurement. Taille, quatre pouces. Du Brésil.

GOBE-MOUCHE DUMICOLE, *Muscicapa viridis*, Lath., Ois. de l'Amérique septent., pl. 55; *Icteria Dumicola*, Vieill. Parties supérieures d'un vert cendré; un cercle blanc autour de l'œil; sourcils noirs; moustaches blanches; rémiges brunes bordées de verdâtre; rectrices brunes, grisâtres en dessous; gorge, devant du cou et poitrine d'un jaune tirant à l'orangé; parties inférieures blanches; bec et pieds noirs. Taille, six pouces. Les jeunes et la femelle ont les couleurs plus ternes et les côtés de la tête d'une seule teinte, sans aréoles aux yeux, ni sourcils, ni moustaches. Cette espèce, dont on a fait tour à tour un Merle, un Cotinga et un Ictérie, ne paraît pas offrir de caractères assez saillans pour être séparée des Gobe-Mouches, où elle a été placée par Latham et par Gmelin. Elle habite les broussailles des taillis épais de l'Amérique septentrionale, où elle se nourrit également de baies et d'Insectes.

GOBE-MOUCHE ERYTHROGASTRE. *V.* GOBE-MOUCHE BOODDANG.

GOBE-MOUCHE ÉTOILÉ, *Muscicapa stellata*, Vieill., Levail., Ois. d'Afr., pl. 157, f. 1 et 2. Parties supérieures d'un vert olive, varié de jaune; une tache blanche étoilée entre le bec et l'œil; tête et gorge d'un cendré bleuâtre; une espèce de collier blanc; rémiges d'un gris brun, frangées de grisâtre; rectrices verdâtres, frangées de jaune; parties inférieures jaunes, nuancées d'olivâtre sur la poitrine et les flancs; bec et pieds noirs. Taille, cinq pouces. La femelle a les parties supérieures olivâtres; les joues et la gorge d'une teinte plus claire; les parties inférieures jaunes, variées d'olivâtre.

GOBE-MOUCHE FAUVE DE CAYENNE. *V.* MOUCHEROLLE FAUVE.

GOBE-MOUCHE FÉROCE. *V.* PLATY-RHYNQUE FÉROCE.

GOBE-MOUCHE FERRUGINEUX DE LA CAROLINE, *Muscicapa ferruginea*, Lath. Parties supérieures d'un brun cendré; tectrices alaires, rémiges et rectrices noires frangées de roux;

parties inférieures jaunâtres; gorge blanche; bec noir avec le bord des mandibules d'un jaune rougeâtre; pieds bruns. Taille, cinq pouces six lignes.

GOBE-MOUCHE FLAMBOYANT, *Muscicapa flammiceps*, Temm., pl. color. 144, fig. 3. Parties supérieures d'un brun mordoré; sommet de la tête recouvert de plumes plus longues, blanchâtres à la base, puis d'une belle teinte rouge de feu, et enfin cendrées à la pointe; cette teinte est entièrement rousse dans les femelles; rémiges brunes, avec l'extrémité roussâtre, ce qui forme deux bandes sur l'aile; rectrices brunes; parties inférieures et joues d'un blanc jaunâtre, varié de stries mordorées sur la poitrine; bec et pieds bruns. Taille, quatre pouces. Cette espèce, qui se trouve au Brésil, a beaucoup d'analogie avec le Gobe-Mouche à poitrine tachetée de Cayenne, Buff., pl. enl. 574, *Muscicapa virgata*, Lath.

GOBE-MOUCHE A FRONT BLANC, *Muscicapa albifrons*, Lath. Parties supérieures d'un brun noirâtre; rémiges brunes, bordées de roussâtre; rectrices noires; front, gorge et poitrine blancs; parties inférieures jaunâtres; bec et pieds noirs. Taille, cinq pouces six lignes. D'Afrique.

GOBE-MOUCHE A FRONT JAUNE, *Muscicapa flavifrons*, Lath. Parties supérieures olivâtres; un petit trait blanc derrière l'œil; tectrices alaires et rémiges noirâtres, bordées de jaune; rectrices d'un brun olive, plus pâles à l'extrémité; front et parties inférieures jaunes; bec et pieds bleuâtres. Taille, cinq pouces. De l'Océanique.

GOBE-MOUCHE A FRONT NOIR, *Muscicapa nigrifrons*, Lath. Parties supérieures brunes, avec les côtés de la tête noirs; rectrices latérales d'un brun olive; parties inférieures jaunâtres; bec et pieds noirâtres. Taille, quatre pouces trois lignes. Patrie inconnue.

GOBE-MOUCHE GOBE-MOUCHERON, *Muscicapa minuta*, Lath. Parties supérieures d'un cendré olivâtre; croupion verdâtre ; tectrices alaires noirâtres, bordées de jaunâtre ; rémiges et rectrices d'un brun noir ; bec et pieds noirs. Taille , quatre pouces. De l'Amérique méridionale.

GOBE-MOUCHE GORGE BLEUE, *Muscicapa hyacynthina*, Temm., Ois col. pl. 5o, f. 1 et 2. Parties supérieures, tête, cou , gorge et poitrine d'un bleu azuré brillant; tour du bec et lorum d'un noir bleuâtre ; un large sourcil d'un bleu très-vif ; rémiges et rectrices brunes, bordées de bleu azuré ; parties inférieures rousses ; bec et pieds noirs. Taille , six pouces. La femelle a les parties supérieures bleues variées de cendré et de verdâtre; les rémiges et les rectrices d'un brun verdâtre, bordées de bleu ; la gorge , la poitrine et toutes les parties inférieures rousses. Des Moluques.

GOBE-MOUCHE A GORGE BRUNE DU SÉNÉGAL. *V*. PLATYRHYNQUE A GORGE BRUNE.

GOBE-MOUCHE A GORGE JAUNE, *Muscicapa Manillensis*, Lath. Parties supérieures grises, variées de brun marron ; sommet et côtés de la tête noirs ; joues noirâtres, traversées par deux raies blanches ; rémiges et tectrices alaires noires; celles-ci traversées par une raie blanche ; rectrices intermédiaires noires, les autres blanches ; parties inférieures jaunes, la poitrine rougeâtre et le dessous de la queue blanc ; bec et pieds noirs. Taille, quatre pouces et demi. De l'île de Luçon.

GOBE-MOUCHE GORGERET, *Muscicapa gularis*, Natt., Temm., pl. col. 167, f. 1. Parties supérieures verdâtres; sommet de la tête et nuque d'un gris noirâtre ; joues et sourcils roussâtres; parties inférieures cendrées ; bec assez long, large et déprimé, noirâtre ; pieds bruns. Taille , trois pouces. Du Brésil.

GOBE-MOUCHE A GORGE ROUSSE DU SÉNÉGAL. *V*. PLATYRHYNQUE A GORGE ROUSSE.

GRAND GOBE-MOUCHE A LONGS BRINS. *V*. DRONGO A RAQUETTES.

GRAND GOBE-MOUCHE NOIR A GORGE POURPRÉE. *V*. CORACINE PIAUHAU.

T. IV, p. 451 , que par erreur on a écrit Piauhau.

GRAND GOBE-MOUCHE NOIR HUPPÉ DE MADAGASCAR, *V*. DRONGO HUPPÉ.

GRAND GOBE-MOUCHE A QUEUE FOURCHUE DE LA CHINE. *V*. DRONGO DONGRI.

GOBE-MOUCHE GRIS DE LA CHINE, *Muscicapa grisea*, Lath. Parties supérieures noires , avec une bande blanche sur les ailes; les inférieures d'un rouge pâle avec la poitrine grise ; bec noir ; pieds jaunâtres. Taille, cinq pouces.

GOBE-MOUCHE GRIS D'EUROPE, *Muscicapa grisola*, L., Buff., pl. enl. 565, f. 1. Parties supérieures d'un brun cendré , avec une raie longitudinale d'un brun foncé sur la tête ; front blanchâtre ; parties inférieures blanches ; côtés du cou, poitrine et flancs parsemés de stries d'un brun cendré. Taille, cinq pouces six lignes.

GOBE-MOUCHE GRIS-JAUNE, *Muscicapa flavigastra*, Lath. Parties supérieures d'un gris bleuâtre ; rémiges et rectrices noires; parties inférieures d'un jaune pâle ; bec d'un brun cendré ; pieds d'un gris rougeâtre. Taille, six pouces. De l'Australasie.

GOBE-MOUCHE GRIS-VERT, *Muscicapa Novæboracensis*, Lath. ; *Vireo Musicus*, Vieil., Ois. de l'Amérique septent., pl. 52. Parties supérieures d'un vert-olive foncé; front et tache sur la joue jaunes; rémiges brunes , olivâtres à l'extérieur ; tectrices alaires terminées de jaune clair, ce qui forme deux bandes sur les ailes; rectrices brunes bordées d'olivâtre; gorge et devant du cou grisâtres; parties inférieures blanches avec les flancs jaunes ; bec et pieds bleuâtres. Taille, quatre pouces. La femelle a le sommet de la tête d'un gris vert, et les tectrices alaires terminées de blanchâtre.

GOBE-MOUCHE GUIRAYETAPA, *Alectrurus Guirayetapa*, Vieil. Parties supérieures noirâtres, variées de brun clair; tour du bec et des yeux, gorge et parties inférieures d'un blanc pur; un large demi-collier noir sur le haut de la poitrine ; tectrices alaires et ré-

miges noires frangées de blanc; tectrices étagées, les deux latérales plus
longues, repliées en dessous, et joignant un côté à l'autre, de manière à
tenir toujours la queue relevée; les
barbes de ces deux rectrices sont roides et désunies; les autres rectrices
sont simplement étagées, mais avec
la tige terminée en pointe; bec jaunâtre; pieds noirâtres. Taille, cinq
pouces. La femelle est moins grande,
elle a les parties supérieures brunes,
roussâtres; les rémiges et les rectrices
brunes, frangées de roussâtre; la tête
et le devant du cou blanchâtres; le
demi-collier roux; les parties inférieures blanches, avec les flancs rougeâtres; la queue simple. De l'Amérique méridionale.

GOBE-MOUCHE HUPPÉ DU BRÉ-
SIL. Nom donné par erreur ou par
ignorance au Platyrhynque huppé,
à tête couleur d'acier poli. D'Afrique.

GOBE-MOUCHE HUPPÉ DU CAP DE
BONNE-ESPÉRANCE. *V.* PLATYRHYN-
QUE HUPPÉ, A TÊTE COULEUR D'ACIER
POLI.

GOBE-MOUCHE HUPPÉ DE CAYENNE.
V. PLATYRHYNQUE COURONNÉ.

GOBE-MOUCHE HUPPÉ DE L'ILE
BOURBON. *V.* PLATYRHYNQUE DE
L'ILE BOURBON.

GOBE-MOUCHE HUPPÉ DE LA MAR-
TINIQUE. *V.* MOUCHEROLLE A HUPPE
BLANCHE.

GOBE-MOUCHE A HUPPE NOIRE. *V.*
BATARA HUPPÉ, mâle.

GOBE-MOUCHE HUPPÉ DE LA RI-
VIÈRE DES AMAZONES. *V.* PLATY-
RHYNQUE RUBIN.

GOBE-MOUCHE A HUPPE ROUSSE.
V. BATARA HUPPÉ, femelle.

GOBE-MOUCHE HUPPÉ A VENTRE
GRIS, *Sylvia cristata*, Lath.; *Muscicapa cristata*, Vieill.; Figuier huppé, Buff., pl. enl. 391, f. 1. Parties supérieures d'un brun verdâtre; une huppe composée de plumes hérissées,
brunâtres, frangées de blanc; parties
inférieures blanchâtres, variées de
gris; bec et pieds d'un brun jaunâtre. De la Guiane.

GOBE-MOUCHE DE L'ILE BOURBON,
Muscicapa rufiventris, Lath., Buff.,

pl. enl. 572, f. 3. Tout le plumage
noir, à l'exception de l'abdomen et
des tectrices caudales inférieures qui
sont d'un roux assez clair; bec brun;
pieds rougeâtres. Taille, quatre pouces neuf lignes.

GOBE-MOUCHE DE L'ILE-DE-FRAN-
CE, *Muscicapa modulata*, Lath. Tout
le plumage varié de blanchâtre et de
brun, à l'exception de la tête qui est
d'un brun noirâtre, et des ailes qui
sont rousses; bec et pieds noirâtres.
Taille, quatre pouces six lignes.

GOBE-MOUCHE DES ILES SANDWICH,
Muscicapa Sandwichensis, Lath. Parties supérieures brunes; tectrices alaires bordées de roussâtre; sourcils
blancs; nuque fauve; rectrices intermédiaires blanches à l'extrémité;
gorge blanche, striée de roussâtre;
poitrine jaunâtre; parties inférieures
blanchâtres; bec et pieds noirs. Taille,
cinq pouces et demi.

GOBE-MOUCHE INTRÉPIDE *V.* GOBE-
MOUCHE DE LA CAROLINE.

GOBE-MOUCHE DE LA JAMAÏQUE.
V. GOBE-MOUCHE OLIVÉ DE LA CA-
ROLINE.

GOBE-MOUCHE DE JAVA, *Muscicapa hæmorrhousa*, Lath. Parties supérieures d'un brun noirâtre; tête et
queue noires; poitrine et ventre
blancs; abdomen rouge; bec bleuâtre; pieds noirâtres. Taille, quatre
pouces et demi. Espèce douteuse.

GOBE-MOUCHE JAUNATRE, *Muscicapa ochroleuca*, Lath. Parties supérieures d'un vert sombre olivâtre; rémiges et tectrices alaires vertes bordées de jaune; gorge jaune; parties
inférieures blanches, variées de jaunâtre; rectrices d'un vert olive brillant; bec et pieds bruns. Taille, cinq
pouces. De l'Amérique septentrionale.

GOBE-MOUCHE AUX JOUES NOIRES,
Muscicapa barbata, Lath. Parties supérieures brunes; sommet de la tête
noir; une bande noire sous l'œil;
rémiges brunes, bordées de jaune;
rectrices longues et noires; parties
inférieures jaunes; bec noir; pieds
bleuâtres; taille, cinq pouces. De
l'Océanique.

GOBE-MOUCHE DU KAMTSCHATKA, *Muscicapa Sibirica*, Lath. Parties supérieures brunes, les inférieures cendrées, tachetées de blanc; bec et pieds noirs. Taille, cinq pouces.

GOBE - MOUCHE KING - BIRD. *V.* GOBE-MOUCHE DE LA CAROLINE.

GOBE-MOUCHE A LONGUE QUEUE DE GINGI. *V.* MERLE A LONGUE QUEUE.

GOBE-MOUCHE A LONGUE QUEUE DE JAVA, *Muscicapa Javanica*, Lath.

GOBE-MOUCHE DE LORRAINE. *V.* GOBE-MOUCHE A COLLIER.

GOBE-MOUCHE DE LA LOUISIANE. *V.* GOBE-MOUCHE DE LA CAROLINE.

GOBE-MOUCHE MAGNANIME, *Tyrannus magnanimus*, Vieill. *V.* GOBE-MOUCHE TICTIVIE.

GOBE-MOUCHE MACULE, *Muscicapa maculata*, Lath. Parties supérieures d'un brun roux, tacheté de blanc sur les ailes; tête fauve; rémiges noirâtres; rectrices brunes, les latérales terminées de blanc; parties inférieures d'un brun rougeâtre, très-pâle vers l'abdomen; bec noir, bordé de jaune; pieds noirs. Taille, cinq pouces. De l'Inde.

GOBE-MOUCHE DU MALABAR. *V.* DRONGO A RAQUETTES.

GOBE-MOUCHE MALKALA-KOURLA, *Muscicapa Melanictera*, Lath. Parties supérieures brunes, variées de jaune; rémiges et rectrices noirâtres, frangées de jaune; joues noires; parties inférieures jaunes; bec et pieds bleuâtres. Taille, cinq pouces et demi. De Ceylan.

GOBE-MOUCHE MANTELÉ, *Muscicapa Cycinomelas*, Vieill.; Levaill., Ois. d'Afr., pl. 151. Parties supérieures d'un gris bleuâtre; front noir; nuque garnie d'une huppe bleue; rémiges et rectrices noires, bordées de bleuâtre; une bande blanche sur l'aile; devant du cou bleu; poitrine et parties inférieures d'un blanc nuancé de bleuâtre; bec et pieds bleuâtres. Taille, cinq pouces. La femelle a les couleurs moins vives, les parties inférieures cendrées, lavées de noi-

râtre; les rémiges et les rectrices d'un brun clair.

GOBE-MOUCHE MATINAL, *Tyrannus matutinus*, Vieill.; *Lanius Tyrannus*, var. A, Lath.; Buff., planch. enl. 537. Parties supérieures d'un brun cendré; sommet de la tête orangé à la base des plumes; tectrices alaires, rémiges et rectrices brunes, bordées de blanchâtre. Parties inférieures d'un blanc grisâtre et cendré sur la poitrine; bec et pieds noirs. Taille, huit pouces. La femelle a la base des plumes du sinciput jaune. Des Antilles.

GOBE-MOUCHE MÉLANCOLIQUE, *Tyrannus melancholicus*, Vieill. Parties supérieures d'un brun noirâtre; tête et cou gris, avec la base des plumes du sommet d'un rouge orangé; ces plumes sont étroites, effilées et hérissées; tectrices alaires lisérées de blanc jaunâtre; rémiges brunes; rectrices noirâtres, terminées de blanchâtre et d'inégale longueur, les latérales étant les plus longues; gorge et devant du cou d'un brun mêlé de jaune et de vert; le reste des parties inférieures d'un jaune foncé; bec et pieds noirs. Taille, sept pouces.

GOBE-MOUCHE MIGNARD, *Muscicapa Scita*, Vieill.; Levaill., Ois. d'Afrique, pl. 154, fig. 1 et 2. Parties supérieures d'un gris bleuâtre; bande oculaire noire; sourcils blancs; rémiges noires; les intermédiaires bordées de blanc; rectrices étagées, noires, frangées de blanc; les latérales presqu'entièrement blanches; poitrine et gorge rougeâtres, encadrées de blanc; les parties inférieures cendrées; bec et pieds bruns. Taille, cinq pouces.

GOBE-MOUCHE MOLINAR, *Muscicapa pristinaria*, Vieill.; Levaill., Ois. d'Afrique, pl. 160. Parties supérieures d'un roux olivâtre; tectrices alaires et rémiges noirâtres, bordées de fauve pâle; rectrices noirâtres, lisérées de blanc extérieurement; bande oculaire noire; gorge et devant de la poitrine noirs; moustaches blanches, ainsi que le devant du cou; flancs roux; parties inférieures blanches ; bec et pieds bruns. Taille , quatre pouces huit lignes. La femelle a les parties inférieures d'un roux jaunâtre.

GOBE-MOUCHE MOINEAU DE TANNA, *Muscicapa Passerina*, Lath. Parties supérieures noirâtres; rémiges et rectrices noires; parties inférieures blanchâtres. Espèce douteuse.

GOBE-MOUCHE MULTICOLOR. *V.* GOBE-MOUCHE BOODDANG.

GOBE-MOUCHE MUSICIEN , *Muscicapa Aedon*, Lath. Parties supérieures d'un brun ferrugineux; rectrices de moyenne longueur, étagées, d'un brun cendré ; parties inférieures blanches ; bec et pieds bruns. Taille, huit pouces. De la Tartarie.

GOBE-MOUCHE NÉBULEUX. *V.* SYLVIE NÉBULEUSE.

GOBE-MOUCHE NOIR. *V.* GOBE-MOUCHE BEC-FIGUE , adulte.

GOBE-MOUCHE NOIR A COLLIER. *V.* GOBE-MOUCHE A COLLIER.

GOBE-MOUCHE NOIR DES ÎLES DE LA MER DU SUD, *Muscicapa nigra*, Lath. Tout le plumage noir, avec quelques nuances de cendré sur la tête et les ailes; bec et pieds bruns. Taille , cinq pouces six lignes. La femelle est d'un brun noirâtre.

GOBE-MOUCHE NOIR ET BLANC DES MOLUQUES , *Muscicapa Moluccensis*. Parties supérieures d'un noir irisé ; les inférieures , le croupion et le bord des rectrices latérales d'un blanc plus ou moins pur; poitrine et flancs cendrés ; bec noir ; pieds bleuâtres. Taille, cinq pouces. La femelle a les parties supérieures brunes, variées de cendré légèrement irisé.

GOBE-MOUCHE NOIR ET JAUNE DE CEYLAN. *V.* GOBE-MOUCHE MALKALA.

GOBE-MOUCHE NOIRATRE DE LA CAROLINE. *V.* MOUCHEROLLE PERVIT.

GOBE-MOUCHE DE LA NOUVELLE-ÉCOSSE , *Muscicapa Acadica* , Lath. Parties supérieures d'un gris verdâtre; rémiges noirâtres ; la plupart bordées de blanc ; tectrices alaires bordées de blanc, ce qui dessine sur les ailes deux bandes ; parties infé-

rieures d'un blanc jaunâtre ; bec et pieds noirs. Taille, cinq pouces. Les plumes du sommet de la tête sont longues et susceptibles de se relever en huppe.

GOBE-MOUCHE OLIVATRE , *Muscicapa atra* , L. ; *Muscicapa Phœbe* , Lath. Parties supérieures d'un cendré olivâtre; tête noirâtre ; rémiges noires bordées de blanc extérieurement; poitrine d'un cendré pâle; parties inférieures d'un blanc jaunâtre ; bec et pieds noirs. Taille , cinq pouces. De l'Amérique méridionale.

GOBE-MOUCHE OLIVE DE LA CAROLINE, *Muscicapa olivacea* , Lath. Parties supérieures d'un brun olive ; sourcils blancs ; rémiges et rectrices d'un brun verdâtre, bordées de blanc; parties inférieures d'un blanc sale ; bec cendré ; pieds rougeâtres. Taille, cinq pouces.

GOBE-MOUCHE OLIVE DE CAYENNE, *Muscicapa agilis*, Lath., Buff. , pl. enl. 573, fig. 4. Parties supérieures d'un brun olive ; rémiges et rectrices d'un brun noirâtre, bordées d'olivâtre. Parties inférieures blanchâtres ; gorge roussâtre ; bec noir ; pieds bruns. Taille, quatre pouces six lignes.

GOBE-MOUCHE ONDULÉ , Levaill., Ois. d'Afrique , pl. 159, f. 1 et 2. Paraît être la même espèce que le Gobe-Mouche de l'Ile-de-France.

GOBE-MOUCHE ORANGÉ ET NOIR DES INDES-ORIENTALES , *Muscicapa flammea* , Lath. Parties supérieures d'un noir irisé, de même que la tête, la gorge, le cou et le croupion; quelques taches à la base des rémiges ; côté externe des rectrices latérales d'un jaune orangé, plus pâle vers l'abdomen; bec noir; pieds plombés. Taille, six pouces. La femelle a la tête et le dos d'un cendré bleuâtre; la gorge, partie des rémiges et des rectrices noirâtres ; la poitrine et le croupion orangés ; le reste des parties inférieures jaune.

GOBE-MOUCHE ORANOR, *Muscicapa subflava*, Vieill., Levaill., Ois. d'Afrique, pl. 155, fig. 1 et 2. Parties supérieures d'un gris bleuâtre ; les rémiges et les quatre rectrices intermédiaires noires ; gorge cendrée ; croupion, quelques traits sur les ailes, rectrices latérales et parties inférieures d'un jaune orangé vif ; bec et pieds noirs. Taille, quatre pouces six lignes. De Ceylan.

GOBE-MOUCHE PAILLE, *Muscicapa straminea*, Nutt., Temm., Ois. color., pl. 167, fig. 2. Parties supérieures d'un cendré verdâtre ; sommet de la tête, joues, gorge et poitrine d'un blanc plus ou moins pur, varié de cendré sur les deux derniers organes ; une bande d'un cendré bleuâtre de même que la nuque au-dessus du front et des yeux ; tectrices et rémiges noirâtres, bordées de blanc ; rectrices d'un brun noir ; parties inférieures d'un jaune paille ; bec et pieds noirs. Taille, trois pouces sept lignes. Du Brésil.

PETIT GOBE-MOUCHE D'ALLEMAGNE. *V.* GOBE-MOUCHE ROUGEATRE.

GOBE-MOUCHE PETIT AURORE. *V.* GOBE-MOUCHE D'AMÉRIQUE.

GOBE-MOUCHE PETIT AZUR. *V.* GOBE-MOUCHE AZUR.

PETIT GOBE-MOUCHE DE CAYENNE. *V.* MOUCHEROLLE JAUNE.

GOBE-MOUCHE PETIT-COQ, *Muscicapa Alector*, Temm., Ois. color. pl. 155, fig. 1 et 2 ; *Alectrurus tricolor*, Vieill. Parties supérieures noires ; front et joues variés de noir et de cendré ; une tache derrière l'œil, blanche ainsi que la gorge et le devant du cou ; côtés de la poitrine noirs ; base des ailes blanche ; tectrices alaires et rémiges noires, bordées de blanc ; parties inférieures d'un blanc cendré ; queue composée de rémiges d'inégales longueur et structure, relevées en forme de toit sur deux plans verticaux ; rectrices intermédiaires plus longues que les autres, ayant leurs barbules très-larges, décomposées, pourvues de petites franges, et la tige terminée en pointe longue et roide ; les rectrices latérales ont leurs barbules unies ; elles s'élargissent à leur extrémité qui est pointue au milieu et échancrée la

téralement ; bec jaunâtre, pieds cendrés. Taille, cinq pouces. La femelle est un peu plus petite ; elle a les parties supérieures d'un brun sombre, avec le bord des plumes roussâtre ; les inférieures d'un fauve isabelle, avec la gorge blanche ; sa queue est légèrement fourchue, avec les rectrices terminées en palette que dépasse la pointe des tiges, surtout aux latérales. De l'Amérique méridionale.

PETIT GOBE-MOUCHE HUPPÉ. *V.* GOBE-MOUCHE DE LA NOUVELLE-ÉCOSSE.

PETIT GOBE-MOUCHE NOIR AURORE, *Muscicapa ruticilla*, Lath., Ois. de l'Amérique septentrionale, pl. 35 et 36. Parties supérieures noires ; côtés de la poitrine, milieu des rémiges et base de toutes les rectrices latérales d'un jaune orangé. Parties inférieures blanches ; bec gris ; pieds noirs. Taille, quatre pouces et demi. La femelle est brune et jaune au lieu de noire et orangée.

PETIT GOBE-MOUCHE TACHETÉ DE CAYENNE, *Muscicapa Pygmœa*, Lath. Parties supérieures d'un cendré foncé, avec le bord de chaque plume verdâtre ; tête et dessus du cou roux, tachetés de noir ; rémiges noires, frangées de gris ; rectrices noires ; croupion cendré. Parties inférieures d'un jaune clair ; bec assez long et noirâtre ; un sourcil jaunâtre ; pieds rougeâtres. Taille, trois pouces.

GOBE-MOUCHE PETIT GOUYAVIER DE MANILLE, *Muscicapa Psidii*, Lath. Parties supérieures brunes ; tête noire ; un trait blanc au-dessus de l'œil ; une moustache noire ; rémiges et rectrices noirâtres. Parties inférieures d'un blanc sale ; tectrices caudales inférieures jaunâtres. Taille, quatre pouces.

GOBE-MOUCHE PIE. *V.* PLATYRHYNQUE GILLIT.

GOBE-MOUCHE PIPIRIN. *V.* GOBE-MOUCHE DE LA CAROLINE.

GOBE-MOUCHE PITANGUA. *V.* GOBE-MOUCHE BENTAVEO.

GOBE-MOUCHE PLOMBÉ, *Muscicapa cœsia*, Temm., pl. color. 17. Tout le plumage d'un cendré bleuâtre fon cé ; rémiges d'un brun cendré, bordées de bleuâtre ; rectrices noirâtres; bec noir ; pieds cendrés. Taille, cinq pouces six lignes. La femelle a les parties supérieures d'un brun fauve ; les rémiges et les rectrices d'un roux foncé; les parties inférieures rousses, avec le manteau blanchâtre. De l'Amérique méridionale.

GOBE-MOUCHE A POITRINE NOIRE DU SÉNÉGAL. *V*. PLATYRHYNQUE A BANDEAU BLANC, mâle.

GOBE-MOUCHE A POITRINE ROSE, *Muscicapa Rhodogastra* , Lath. Parties supérieures d'un brun noirâtre ; les inférieures brunes : une grande tache rose sur la poitrine, et quelques autres de la même nuance sur les tectrices alaires; bec et pieds bruns. Taille, cinq pouces. De l'Australasie.

GOBE-MOUCHE A POITRINE ROUSSE DU SÉNÉGAL. *V*. GOBE-MOUCHE A BANDEAU BLANC, femelle.

GOBE-MOUCHE A POITRINE ET VENTRE ROUGES, *Muscicapa Coccinigastra* , Lath. Parties supérieures d'un brun olive ; sommet de la tête noir; rémiges blanches dans la moitié de leur longueur et noires dans le reste; rectrices noires, terminées de blanc, à l'exception de deux intermédiaires ; menton et côtés du cou blancs; poitrine et ventre d'un rouge foncé ; bec et pieds bruns. Taille, cinq pouces trois lignes. De l'Australasie.

GOBE-MOUCHE DE PONDICHÉRY, *Muscicapa Pondiceriana*, Lath. Parties supérieures d'un cendré obscur ; un trait blanc au-dessus de l'œil ; tectrices alaires terminées par une tache triangulaire blanche ; rectrices latérales terminées de blanc; parties inférieures blanches; bec et pieds noirs. Taille, cinq pouces.

GOBE-MOUCHE PRIRIT, *Muscicapa Pririt*, Vieill., Levaill., Ois. d'Afrique, pl. 161, f. 1 et 2. Parties supérieures d'un gris ardoisé ; trait oculaire noir; sourcil blanc; rectrices noires, terminées de blanc ; les latérales ont le bord externe blanc ; rémiges et tectrices alaires bordées de

blanc. Parties inférieures blanches , tachetées de noirâtre sur les flancs ; un collier blanc ; bec et pieds noirs. Taille, quatre pouces et demi. La femelle est moins grande; elle a les parties supérieures rousses, variées de noirâtre et de blanc ; le front et le dessus de la tête d'un gris cendré , que borde un trait noir ; la gorge et la poitrine rousses, entourées d'une ligne jaune; les parties inférieures blanchâtres.

GOBE-MOUCHE QUERELLEUR, *Tyrannus rixosus* , Vieill. Parties supérieures d'un brun clair; plumes du sommet de la tête d'un beau rouge à leur base, brunes à l'extrémité; gorge et partie du cou jaunâtres ; le reste des parties inférieures jaune ; bec et pieds noirs. Taille, sept pouces six lignes. De l'Amérique méridionale.

GOBE-MOUCHE A QUEUE BLANCHE, *Muscicapa leucura*, Lath. Parties supérieures d'un gris cendré ; rectrices intermédiaires noires; les autres terminées de blanc, et d'autant plus longuement qu'elles approchent davantage des latérales qui sont entièrement blanches. Parties inférieures blanches ; bec et pieds noirs. Taille, quatre pouces trois lignes. Du cap de Bonne-Espérance.

GOBE-MOUCHE A QUEUE GRÊLE, *Muscicapa Stenura*, Temm., planch. color. 167 , fig. 3. Parties supérieures cendrées, variées de roussâtre, couleur qui borde les rémiges et les tectrices alaires; sommet de la tête d'un gris de plomb; front et bande oculaire d'un blanc pur ; parties supérieures rousses , avec la gorge et l'abdomen blanchâtres; rectrices longues, étagées, noirâtres , bordées de blanc ; bec et pieds noirs; taille, quatre pouces. Du Brésil.

GOBE-MOUCHE ROSÉ , *Muscicapa rosea*, Vieill. Parties supérieures cendrées ; croupion et tectrices caudales d'un gris rosé ; rémiges brunes , variées au centre interne de rouge et de rose; rectrices intermédiaires brunes; les autres plus ou moins variées de rouge ; menton blanc; parties postérieures d'un rouge rose, plus pâle vers le ventre; bec et pieds noirs. Taille, cinq pouces et demi. Des Indes.

GOBE-MOUCHE ROUGEATRE , *Muscicapa parva*, Bechst. Parties supérieures d'un cendré rougeâtre; nuque d'un gris bleuâtre ; rémiges d'un brun cendré ; rectrices blanches , avec les quatre intermédiaires et l'extrémité des latérales noires ; gorge , devant du cou et poitrine d'un rouge vif. Parties inférieures blanches , avec les flancs rougeâtres; bec et pieds bruns. Taille, quatre pouces et demi. Les femelles et les jeunes ont les nuances moins prononcées. D'Europe.

GOBE-MOUCHE DE LA CAROLINE. *V.* TANGARA ROUGE.

GOBE-MOUCHE ROUGE HUPPÉ. *V.* PLATYRHYNQUE RUBIN.

GOBE-MOUCHE ROUX, *Muscicapa cinerea* , L.; *Tyrannus rufus*, Vieill. Parties supérieures d'un brun verdâtre ; tête, gorge et cou d'un cendré bleuâtre. Parties inférieures et rectrices latérales d'un roux assez vif; bec et pieds bruns; taille, sept pouces et demi. Du Brésil.

GOBE-MOUCHE ROUX DE BRISSON , *Muscicapa Cayennensis rufa*, Briss. Parties supérieures d'un roux brun ; tête et dessus du cou d'un brun cendré; rémiges brunes bordées de roux. Parties inférieures, croupion et rectrices d'un roux vif; gorge et devant du cou blanchâtres ; bec noir, gris en dessous ; pieds bruns. Taille, huit pouces trois lignes.

GOBE-MOUCHE ROUX DE CAYENNE. *V.* PLATYRHYNQUE ROUX.

GOBE-MOUCHE ROUX A POITRINE ORANGÉE. *V.* PLATYRHYNQUE A GORGE ORANGÉE.

GOBE-MOUCHE DE SAINT-DOMINGUE. *V.* GOBE-MOUCHE MATINAL.

GOBE-MOUCHE DES SAVANES, *Muscicapa Tyrannus*, Lath.; *Tyrannus Savanna*, Vieill., Ois. de l'Amérique septentrionale, pl. 43. Parties supérieures d'un gris ardoisé ; sommet de la tête noirâtre , avec la base des plumes jaune; tectrices alaires et rémiges brunes; croupion noirâtre; rectrices

d'inégale longueur, noires ; les latérales plus longues de quelques pouces , et blanches dans la moitié du bord externe ; les suivantes insensiblement plus courtes jusqu'aux intermédiaires , qui ont à peine la huitième partie de la longueur des latérales. Parties inférieures blanches; bec et pieds noirs. Taille, quatorze pouces. Les femelles et les jeunes n'ont point de jaune à la base des plumes du sommet de la tête. De l'Amérique méridionale.

GOBE-MOUCHE SOLITAIRE , *Tyrannus solitarius*, Vieill. Parties supérieures cendrées, variées de brun et de blanchâtre ; sommet de la tête noir , avec la base des plumes jaune ; bande oculaire noire ; sourcil varié de noir et de blanc; moustache blanche , bordée de noir ; petites tectrices alaires noirâtres, frangées de roux, les grandes lisérées de blanc ; rémiges brunes , bordées de rougeâtre ; rectrices noirâtres , frangées de rougeâtre ; les latérales frangées de blanchâtre ; parties inférieures blanchâtres , variées de noir et de jaune vers le cou et la poitrine ; bec noir ; pieds bleuâtres. Taille, huit pouces et demi. De l'Amérique méridionale.

GOBE-MOUCHE SOLITAIRE DE LA GÉORGIE , *Muscicapa solitarius*, Wilson ; *Vireo solitarius*, Vieill. Parties supérieures d'un vert olivâtre ; joues, sommet de la tête et cou d'un cendré bleuâtre; tour du bec noir ; bande oculaire blanche ; tectrices alaires noires, terminées de blanc; rémiges frangées de jaunâtre et de vert ; rectrices noires bordées de vert ; parties inférieures blanches , avec la poitrine cendrée et les flancs jaunes ; bec noir, bleuâtre en dessous ; pieds cendrés. Taille , quatre pouces.

GOBE-MOUCHE STRIÉ. *V.* SYLVIE STRIÉE DE L'AMÉRIQUE SEPTENTRIONALE.

GOBE-MOUCHE SUIRIRI, *Muscicapa Suiriri*, Vieill. Parties supérieures grises variées de verdâtre ; tête et cou d'un cendré bleuâtre ; un petit sourcil blanc ; tectrices alaires et rémiges noires, bordées de blanchâtre; rectrices brunes, les latérales blanches extérieurement; parties inférieures blanches, nuancées de gris bleuâtre ; bec noirâtre, blanchâtre en dessous; pieds noirs. Taille, six pouces. De l'Amérique méridionale.

GOBE-MOUCHE DE SURINAM, *Muscicapa Surinama*, Lath. Parties supérieures noires, les inférieures blanches; rectrices terminées de blanc; bec et pieds noirs.

GOBE-MOUCHE TACHETÉ, Buff., pl. enl. 455, f. 2. *V.* GOBE-MOUCHE AUDACIEUX.

GOBE-MOUCHE TACHETÉ DE CAYENNE, *Muscicapa virgata*, Lath., Buff., pl. enl. 574, fig. 5. Parties supérieures brunes ; sommet de la tête varié de cendré et de jaune ; tectrices alaires et rémiges bordées de fauve, ce qui dessine sur l'aile deux larges bandes de cette couleur ; parties inférieures d'un cendré jaunâtre, striées de brun ; côtés de la poitrine et flancs obscurs; bec brun; pieds noirs. Taille, quatre pouces trois lignes.

GOBE-MOUCHE TECTEC , *Muscicapa Tectec*, Lath. Parties supérieures brunes avec le bord des plumes roussâtre; tête et dessous du cou bruns pointillés de roux; parties inférieures rousses avec la gorge blanchâtre; rémiges et rectrices d'un brun foncé, bordées de roux ; bec et pieds bruns. Taille, quatre pouces neuf lignes.

GOBE-MOUCHE A TÊTE BLEUATRE DE L'ÎLE DE LUÇON, *Muscicapa cyanocephala*, Lath. Parties supérieures d'un rouge foncé; tête d'un bleu noirâtre; gorge rouge; parties inférieures brunâtres; rectrices inégales, les intermédiaires plus courtes, d'un rouge brun, terminées de noir ; bec et pieds bruns. Taille, cinq pouces.

GOBE-MOUCHE A TÊTE BLEUE DE L'ÎLE DE LUÇON, *Muscicapa cœruleocapilla*, Vieill. Parties supérieures d'un gris ardoisé; tête d'un beau bleu, ainsi que la gorge et le dessus du cou; une large tache brune sur les tectrices alaires; rémiges et rectrices noires; parties inférieures cendrées; les deux rectrices intermédiaires dépassant les autres en longueur ; bec et

pieds noirs. Taille, quatre pouces.

GOBE-MOUCHE A TÊTE GRISE, *Muscicapa griseicapilla*, Vieill. Parties supérieures d'un vert olive, lavé de gris sur la tête , le cou, les ailes et la queue ; rémige externe bordée de blanc; menton blanchâtre; parties inférieures jaunes nuancées de verdâtre sur la poitrine et les flancs ; bec noir; pieds bruns. Taille, cinq pouces. Des Moluques.

GOBE-MOUCHE A TÊTE NOIRE, *Muscicapa pusilla*, Wils. Parties supérieures d'un brun obscur, varié de vert olive; sommet de la tête noir; sourcils, joues, gorge, devant du cou et poitrine jaunes ; abdomen brun vert; bec et pieds rougeâtres. Taille, quatre pouces trois lignes. La femelle a le sommet de la tête d'un jaune olive terne. De l'Amérique septentrionale.

GOBE-MOUCHE A TÊTE NOIRE DE LA CHINE, *Muscicapa atricapilla*, Vieill. Parties supérieures d'un gris brunâtre ; tête noire, avec la nuque garnie de plumes longues et effilées; rémiges et rectrices brunes; celles-ci terminées de blanchâtre; croupion d'un blanc sale; parties inférieures d'un gris cendré plus pâle vers la gorge; tectrices caudales inférieures rouges; bec et pieds noirs. Taille , neuf pouces. Espèce douteuse.

GOBE-MOUCHE TICTIVIE, *Lanius sulphuratus*, L., *Corvus flavigaster*, Lath., *Corvus flavus*, Gmel. , Ois. de l'Amér. sept., pl. 47. Parties supérieures brunes ; sommet de la tête orangé avec l'extrémité des plumes noire; sourcils blancs; moustaches noires; rémiges et rectrices brunes, rougeâtres extérieurement, grises aux barbes internes; gorge blanchâtre; parties inférieures jaunes; bec et pieds noirs. Taille, huit pouces. Des deux Amériques.

GOBE-MOUCHE TITIRI. *V.* GOBE-MOUCHE MATINAL.

GOBE-MOUCHE TRICOLOR, *Muscicapa tricolor*, Vieill. Parties supérieures noires; tectrices alaires et rémiges variées de noir et de brun; sourcils, poitrine et ventre blancs; gorge, bec et pieds noirs ; queue étagée. Des Moluques.

, GOBE-MOUCHE VARIÉ A LONGUE QUEUE DE MADAGASCAR. *V.* PLATY-RHYNQUE SCHET.

GOBE-MOUCHE VARIÉ DES INDES, *Muscicapa variegata*, Lath. Plumage brun à l'exception d'une bande blanche qui occupe le front, les côtés de la tête, et descend sur les épaules, des parties et de l'extrémité de la queue qui sont également blanches ; bec et pieds noirs. Taille, cinq pouces.

GOBE-MOUCHE VÉLOCE, *Muscicapa hirundinacea*, Temm., Ois. col., pl. 119. Parties supérieures d'un bleu noirâtre avec le bord des plumes d'un bleu azuré foncé ; croupion, bord des rectrices latérales et parties inférieures d'un blanc nuancé de cendré ; bec et pieds d'un gris de plomb. Taille, cinq pouces quatre lignes. La femelle a les parties supérieures d'un noir cendré avec le bord des plumes d'un noir bleuâtre. De Java.

GOBE-MOUCHE A VENTRE BLANC DE CAYENNE. *V.* PLATYRHYNQUE GIL-LIT.

GOBE-MOUCHE A VENTRE JAUNE. *V.* MOUCHEROLLE JAUNE.

GOBE-MOUCHE A VENTRE ROUGE DE LA MER DU SUD. *V.* GOBE-MOUCHE BOODDANG.

GOBE-MOUCHE VERDATRE DE L'A-MÉRIQUE SEPTENTRIONALE. *V.* TAN-GARA VERDATRE.

GOBE-MOUCHE VERDATRE DE CAYENNE. *V.* GOBE-MOUCHE SUIRIRI.

GOBE-MOUCHE VERDATRE DE LA CHINE, *Muscicapa Sinensis*, Lath. Parties supérieures d'un gris verdâtre ; sommet de la tête noir, entouré d'une bande blanche qui part de l'angle du bec ; rémiges d'un vert jaunâtre ; gorge blanche ; devant du cou et poitrine grisâtres ; abdomen jaune ; bec et pieds noirs. Taille, cinq pouces.

GOBE-MOUCHE VERMILLON, *Muscicapa miniata*, Temm., pl. color. 156. Parties supérieures d'un rouge orangé, brillant et nuancé de noir ; tête, gorge, scapulaires et tectrices alaires noires à reflets d'acier bruni ; extrémité des rémiges, les externes et les

quatre rectrices intermédiaires noires ; croupion, rectrices latérales à l'exception de leur base, et parties inférieures d'un rouge de vermillon ; queue étagée ; bec et pieds d'un noir bleuâtre. Taille, sept pouces. La femelle a les parties supérieures d'un rouge plus obscur, tacheté de noir, le front, les joues et la gorge orangés tachetés de blanc. Des Moluques.

GOBE-MOUCHE VERT LUISANT, *Muscicapa nitens*, Lath. Parties supérieures d'un vert doré, irisé ; rémiges et rectrices noirâtres, bordées de vert ; gorge et poitrine rousses ; croupion et ventre jaunes ; bec et pieds noirs. Taille, quatre pouces. Des Indes.

GOBE-MOUCHE VIOLENT, *Tyrannus violentus*, Vieill. Parties supérieures d'un cendré bleuâtre ; sommet de la tête jaune avec l'extrémité des plumes noire ; rémiges brunes ; rectrices inégales, les deux latérales beaucoup plus longues, noires ; parties inférieures blanches ; bec et pieds noirs. Taille, neuf à dix pouces. De l'Amérique méridionale.

GOBE-MOUCHE DE VIRGINIE A HUPPE VERTE. *V.* GOBE-MOUCHE MÉ-LANCOLIQUE.

GOBE-MOUCHE VORACE, *Tyrannus vorax*, Vieill. Parties supérieures grises ; sommet de la tête d'un jaune orangé, avec l'extrémité des plumes brune ; rémiges et rectrices brunes ; parties inférieures d'un cendré blanchâtre ; rectrices inégales ; bec et pieds noirs. Taille, huit pouces. Des Antilles. (DR..Z.)

GOBE-MOUCHERON. OIS. Espèce du genre Gobe-Mouche. *V.* ce mot. (DR..Z.)

GOBE-MOUCHES. BOT. PHAN. Espèce du genre Apocin. *V.* ce mot. (B.)

GOBERGE. POIS. Même chose que Merluche dans certains ports de mer. *V.* GADE. (B.)

GOBIE. *Gobius*. POIS. Genre qui dans l'ordre des Acanthoptérygiens de la méthode de Cuvier, sert de type à la famille des Gobioïdes, et qui présente de grands rapports avec les Blennies par le *faciès* et la taille des espèces qu'il renferme. Outre que les Gobies peuvent, comme ces Poissons, vivre un certain temps hors de l'eau, ils se tiennent sur les rivages, et ont leur estomac sans cul-de-sac, avec un canal intestinal sans cœcum; la plupart des mâles ont aussi un même petit appendice derrière l'anus, et les femelles, dans plusieurs espèces, sont également vivipares. Les caractères du genre *Gobius* consistent dans les nageoires ventrales qui, situées très en avant et jusque sur la poitrine, y sont réunies dans toute leur longueur ou au moins par leur base en un seul disque creux, et formant l'entonnoir d'une manière plus ou moins complète. On prétend que l'Animal emploie ce disque comme une ventouse pour s'appliquer contre les rochers, lorsqu'il veut se fixer au fond des eaux en résistant à leur mouvement. Les épines de leur dorsale sont flexibles; l'ouverture des ouïes est peu considérable avec la branchiostège munie de quatre rayons; deux petits pores rapprochés sont situés sur la tête entre les yeux. Le corps, dont les proportions sont peu considérables, est comprimé : la vessie aérienne est simple. Les anciens avaient connu des Poissons de ce genre; mais les modernes, en cherchant à reconnaître dans les espèces de l'Océan leurs espèces de la Méditerranée, en embrouillant la synonymie, et en rapportant aux Gobies des Poissons qui n'en présentent qu'imparfaitement les caractères, jetèrent sur leur histoire une confusion que Lacépède essaya de débrouiller, en y établissant quatre coupes génériques, les Gobies, les Gobioïdes, les Gobiomores et les Gobiomoroïdes. Cuvier, qui n'a sans doute pas trouvé dans les caractères imposés par son prédécesseur, assez de solidité pour faire adopter des noms qui, formés les uns des autres, pouvaient introduire une nouvelle confusion dans la science, n'a adopté, même comme sous-genre, ni les Gobiomores, ni les Gobiomoroïdes, mais en conservant la coupe des Gobies proprement

dits, et des Gobioïdes, il ajoute au genre comme sections, les Ténioïdes du même auteur, avec les Périophtalmes de Schneider et les Eléotrides de Gronou. Les espèces du genre qui nous occupe sont nombreuses; toutes ont le corps enduit d'une certaine viscosité où s'attache de la vase qui, cachant leurs petites écailles et les rendant méconnaissables, leur permet de saisir l'imprudente proie qui s'approche d'elles. Elles ont été la plupart confusément décrites et médiocrement figurées, de sorte qu'on ne saurait trop en recommander l'étude aux ichthyologistes, que leur position sur les rivages de la mer met à portée d'éclaircir les doutes qui règnent à leur égard. En attendant qu'ils soient levés, nous imiterons Cuvier dans sa circonspection, en ne mentionnant que les Gobies positivement déterminées, parce que, dans les sciences exactes, il vaut mieux omettre des faits, que d'en rapporter qui ne soient pas suffisamment constatés.

† GOBIES proprement dites, ou BOULEREAUX, *Gobius*, vulgairement *Goujon de mer*. Ont, selon Cuvier, les ventrales réunies sur toute leur longueur et même en avant, de sorte qu'elles forment un disque concave et complet. Leur corps est allongé, leur tête médiocre, arrondie, avec les joues renflées et les yeux rapprochés; deux dorsales, dont la postérieure est assez courte. Les espèces bien constatées qui rentrent dans ce sous-genre sont :

Le BOULEREAU ou BOULEROT, appelé aussi BOULEREAU NOIR, *Gobius niger*, L., Gmel., *Syst. Nat.* 13, T. I, pars 3, p. 1196; Bloch., pl. 38, fig. 1, 2, 5. Rond. *Pisc.* 1, p. 200; Encycl. Pois., pl. 55, f. 134. *Gobius Boulerot*, Lac., Pois. T. II, p. 252. Cette espèce est l'une des plus abondantes sur nos rivages océaniques, et se retrouve sur ceux de l'Asie. Elle est en forme de coin, longue de cinq à six pouces, variée de brun noirâtre et de gris foncé en dessus, avec le ventre blanc pointillé de jaune clair; la caudale est arrondie; sa bouche est grande, munie de petites dents sur deux rangs, et de lèvres épaisses ; sa chair est assez bonne à manger , et les Poissons du genre Gade en sont très-friands. D. 6-14, P. 13, 18, V. 10, 12. A. 11, 14. C. 14, 18.

L'APHYSE, vulgairement appelée aussi *Boulereau blanc* et *Loche de mer*, dont on paraît avoir fait un double emploi sous les noms de *Gobius Aphya* et *Gobius minutus*, Gmel., *loc. cit.*, p. 1199. Cette espèce, qui n'a guère plus de trois pouces de longueur et qu'on dit se trouver en égale abondance depuis le Nil jusque sur les côtes de Belgique, paraît être celle dont il était déjà question dans Aristote. D. 6-17. P. 17, 18. V. 6, 12. A. 11, 14. C. 13.

Le PAGANEL , *Gobius Paganellus*, L. , Gmel., *loc. cit.*, p. 1198 ; Goujon de mer, Encycl. Pois., pl. 35, f. 135. Cette espèce atteint jusqu'à dix pouces de longueur ; sa dorsale antérieure est bordée de jaune ; son dos est d'un verdâtre foncé, et son ventre jaunâtre taché de noirâtre ; une lunule noire se distingue sur les pectorales. Commun dans la Méditerranée, Rondelet dit qu'il dépose ses œufs, un peu aplatis, dans les endroits où l'eau paraît être la plus tiède. D. 6-17. P. 17. V. 12. A. 16. C. 20.

Le JOZO , *Gobius Jozo*, L., Gmel., *loc. cit.*, p. 1199; Bloch., pl. 107, f. 1; Goujon blanc, Encycl. Pois., pl. 35, f. 136, qui est le Gobie blanc de Rondelet, et qui atteint de quatre à six pouces de longueur. Cette espèce, qui habite indifféremment la Méditerranée , la Baltique et l'Océan du Nord, a ses écailles un peu plus grandes que les congénères, le dos couleur de brique, et le reste du corps blanchâtre. Elle dépose ses œufs sur le sable; sa chair est médiocre. D. 6-14. P. 16, 19. V. 12. A. 13, 14. C. 14, 16.

Pour les autres espèces méditerranéennes , entre lesquelles on peut citer le Gobou jaune de Nice, *Gobius auratus*, découvert par Risso, Cuvier renvoie à l'Ichthyologie de ce savant; mais en prévenant qu'il n'adopte pas entièrement sa nomenclature. Il re-

garde comme des espèces exotiques , qu'on peut sans difficulté admettre dans le sous-genre qui nous occupe , les *Gobius Plumeri*, Bloch, pl. 175 , fig. 3 ; Gmel., *loc. cit.*, p. 1203. Des Antilles. — *Gobius lanceolatus*, L., Gmel., p. 1203. Le Gobie Lancette de Bonnaterre, Encycl. Pois., pl. 87, f. 366, qui jusqu'ici n'a été observé que dans les ruisseaux et les petites rivières de la Martinique. — *Gobius elongatus*, Cuv., que Schneider avait rapporté mal à propos au genre Eleotris , sous le nom de *Lanceolata*, pl. 15.—TÊTE DE LIÈVRE, *Gobius lagocephalus* de Pall., Gmel., *loc. cit.*, 1202, dont on ne connaît pas positivement la patrie.—*Gobius Broddaerti* du même auteur, Gmel., p. 1201; Encycl. Pois., pl. 36, f. 140. Des mers de l'Inde. — *Gobius cyprinoides*, Gmel., p. 1202. Des mers d'Amboine.—Enfin, l'AWAOU de Lacép., *Gobius occellaris*, Brous. *Dec.* n° 2, tab. 2, Gmel., p. 1204, Encycl. Pois., pl. 36, f. 141. Espèce d'eau douce, propre aux ruisseaux et aux rivières d'Otaïti, où elle n'a certainement pu être transportée de nulle part, puisqu'elle ne se rencontre en aucun autre lieu, fait qui ne prouve point en faveur de l'opinion d'un centre unique de création. Cuvier ne prononce point sur les autres espèces rapportées par les auteurs au sous-genre qui nous occupe, entre autres sur le Gobie Bosc de Lacépède, et sur le Pectinirothe, qui est l'*Apocryptes Chinensis* d'Osbeck.

†† GOBIOIDES , dont les espèces diffèrent de celles du sous-genre précédent, en ce qu'elles ont leurs deux dorsales réunies en une seule, et qu'elles ont le corps plus allongé. On en connaît quatre :

L'ANGUILLARD, Encycl. dict., *Gobius anguillaris*, Gmel., *loc. cit.*, p. 1201; *Gobioides anguilliformis*, Lac., Pois. T. II, p. 577. De la Chine.—Le SMYRNÉEN, Encycl. Pois., p. 66; *Gobioides Smyrnensis*, Lac., *loc. cit.*, p. 579. — Le *Gobioides Broussonetii*, Lac., *loc. cit.*, pl. 17, f. 1; *Gobius oblongatus* de Schneider; enfin, la QUEUE NOIRE, *Gobioides melanurus*,

Lac. , *loc. cit.* , p. 582 , qui est le *Gobius melanurus* de Broussonet et de Gmel. , sont les espèces plus ou moins bien connues du sous-genre Gobioïde.

††† Tænioïdes , *Tænioïdes.* Les Poissons de ce sous-genre n'ont , comme les Gobioïdes, qu'une dorsale, mais qui est plus allongée. Leurs yeux sont oblitérés , et leur lèvre supérieure porte quelques barbillons. C'est dans l'édition que Schneider a donnée de Bloch que les Tænioïdes ont été séparés des autres Gobies, et Cuvier pense que le *Cepola cœcula*, probablement identique avec le Tænioïde hermannien de Lacépède , doit se placer ici.

†††† Périophtalmes , *Periophtalmi.* Ont la tête entièrement écailleuse, les yeux tout-à-fait rapprochés l'un de l'autre, garnis à leur bord inférieur d'une paupière qui peut les recouvrir , et les nageoires pectorales couvertes d'écailles dans plus de la moitié de leur longueur, ce qui leur donne l'air d'être posées sur une espèce de bras. Leurs ouies étant plus étroites encore que celles des autres Gobies , ils vivent aussi plus longtemps hors de l'eau , et l'on prétend même qu'ils ont la faculté de ramper sur le rivage pour échapper à leurs ennemis aquatiques ou pour atteindre les petits Crustacés dont ils se nourrissent. On distingue les Périophtalmes en deux sections :

α Ceux qui ont les ventrales réunies en un disque complet comme les Gobies proprement dits. Tels sont le *Gobius Schlosseri*, Gmel. , *Syst. Nat.*, XIII, T. I, p. 1201, d'Amboine, et le *Gobius striatus* de Schneider, qui ayant établi le genre Périophtalme, n'y avait cependant pas rapporté ce Poisson.

β Ceux qui ont les ventrales séparées presque jusqu'à leur base, tels sont le *Gobius Kœhlreuteri*, Gmel. , *loc. cit.*, p. 156, avec les *Periophtalmus ruber* et *Papilio* de Schneider.

††††† Eleotrides , *Eleotrides.* N'ont presque plus le caractère du genre , puisque les ventrales y sont libres, et que la branchiostège a six rayons;

mais le *facies* et les mœurs, qui sont les mêmes, paraissent avec l'appendice situé derrière l'anus, et la nature des rayons des deux dorsales, avoir décidé Cuvier à ne pas l'en extraire entièrement. Le genre *Eleotris* de Schneider n'est pas celui que Gronou fonda sous le même nom, puisque les espèces qu'il y rapporte auraient les ventrales réunies en éventail; mais ce caractère ne paraît pas être constant. C'est surtout parmi les Eléotrides que règne une grande confusion. Il faut y rapporter, 1° le *Gobius Pisonis*, Gmel. , *loc. cit.*, p. 1206 , qui n'est que le Gobiomoroïde–Pison de Lacépède, mais l'Amore-Pixuma de Marcgraaff; 2° l'Amore-Guara du même Marcgraaff; 3° le Gobiomore-Taïboa de Lacépède , *Gobius striatus* de Broussonet. Il en existe d'autres espèces, non encore décrites, dans les galeries du Muséum de Paris.   (B.)

GOBIÉSOCE. *Gobiesox.* pois. Le genre formé sous ce nom par Lacépède n'a été conservé par Cuvier que comme un sous-genre de Lépadogastres. *V.* ce mot.   (B.)

GOBIO. pois. Nom scientifique du Chabot , espèce du genre Cotte. *V.* ce mot.   (B.)

GOBIOIDE. pois. Sous-genre de Gobie. *V.* ce mot.   (B.)

GOBIOMORE. pois. (Lacépède.) *V.* Gobie.

GOBIOMOROIDE. pois. (Lacépède.) *V.* Gobie.

* **GOBIONARIA.** pois. Syn. de *Gobius Aphya. V.* Gobie   (B.)

* **GOBIOS.** pois. Syn. de Paganel, espèce du genre Gobie. *V.* ce mot.   (B.)

GOBIUS. pois. *V.* Gobie.

* **GOBOU.** pois. L'un des noms vulgaires du *Gobius Aphya*, et des autres espèces du même genre. *V.* Gobie.   (B.)

GOBOUS. pois. Pour Gobie. *V.* ce mot.   (B.)

GOCHET. moll. Adanson (Voy.

au Sénégal, pl. 15, fig. 4) a donné cette épithète à une fort belle espèce de Natice, qui est la *Natica fulminea* de Lamarck. (D..II.)

* GOCHNATIE: *Gochnatia*. BOT. PHAN. Genre de la famille des Synanthérées et de la Syngénésie égale, L., établi par Kunth (*in Humb. et Bonpl. Nova Genera et Species Plant. œquinoct.* T. IV, p. 15) qui l'a placé dans la section des Carduacées, tribu des Barnadésiées, et lui a donné les caractères suivans : involucre campanulé, composé de folioles nombreuses, étroitement imbriquées et piquantes ; les extérieures plus courtes, ovales ; les intérieures oblongues et lancéolées ; réceptacle plane et nu ; fleurons nombreux, tous hermaphrodites et tubuleux, dépassant l'involucre ; corolle tubuleuse, à limbe divisé en cinq découpures égales, linéaires et étalées ; filet des étamines libre ; anthères linéaires, munies à leur base de deux soies ; ovaire cunéiforme un peu comprimé, soyeux, surmonté d'un style filiforme et d'un stigmate bilobé ; aigrette sessile, composée de poils aussi longs que la corolle et légèrement hispidules. Ce genre, qui a de l'affinité avec le *Barnadesia*, le *Chuquiraga* et le *Dasyphyllum*, est aussi très-rapproché du *Vernonia* dont il diffère par ses anthères munies de deux soies, et par son aigrette simple ; il s'éloigne des premières par ces mêmes caractères et par son réceptacle nu. Kunth (*Synops Orb.-Nov.* T. II, p. 562) a cité le genre *Stiftia* de Mikan comme synonyme du *Gochnatia*. Celui-ci ne se compose jusqu'à présent que d'une seule espèce, *Gochnatia vernonioides*, Kunth, *loc. cit.*, t. 509. C'est une Plante à tige frutescente et inerme, à feuilles alternes, très-entières, blanches et cotonneuses en dessous, oblongues, aiguës, arrondies à la base ; ses fleurs jaunes sont solitaires ou géminées au sommet des ramuscules. Elle croît dans les régions chaudes de la province de Bracamora en Amérique sur les rives du fleuve des Amazones. (G..N.)

GOCI. BOT. PHAN. Variété de Froment cultivé dans quelques cantons de la France occidentale. (B.)

GODAILLE. BOT. CRYPT. Nom vulgaire, adopté par Paulet, du faux Mousseron, espèce du genre Agaric. (B.)

* GODAL. BOT. CRYPT. Adanson a donné ce nom à des Cryptogames placés par Linné parmi ses *Byssus*, mais qui appartiennent à diverses familles. Quelques espèces se rapportent à l'*Himantia candida* et au *Desmatium petrœum* de Persoon. Aucun auteur n'a adopté ce genre artificiel. (G..N.)

* GODE. OIS. (Denys.) Syn. présumé du Pétrel Tempête. *V.* PÉTREL. (DR..Z.)

* GODE. BOT. PHAN. L'un des noms vulgaires et le plus usité dans le commerce, du *Reseda luteola. V.* RÉSÉDA. (B.)

GODET CROTINIER ET GODET MONTÉ. BOT. CRYPT. Paulet donne ces noms à deux Champignons. (B.)

* GODOVIA. BOT. PHAN. (Persoon.) Pour Godoya. *V.* ce mot. (B.)

GODOYA. BOT. PHAN. Genre de la Polyadelphie Pentagynie, L., établi par Ruiz et Pavon (*Prodr. Flor. Peruv. et Chil.*, p. 101) et classé par Choisy (Mémoires de la Soc. d'hist. natur. de Paris, vol. 1, p. 221) dans la famille des Guttifères, avec les caractères suivans : calice à cinq sépales colorés ; étamines définies ou indéfinies ; anthères lançant leur pollen au moyen de deux pores ; stigmate à cinq angles ; capsule quinquéloculaire ; semences imbriquées ou ailées.

Le rapprochement que Choisy a fait de ce genre avec les Guttifères a quelque chose de douteux. En effet, il offre, ainsi que les genres *Mahurea* d'Aublet et *Marila* de Swartz, qui concourent ensemble à former la section des Clusiées, des affinités, d'un côté avec les Guttifères, et de l'autre avec le genre *Gomphia* de la famille des Ochnacées. Comme ce dernier, il a des feuilles alternes et dentées, un calice coloré, le même nombre des parties de la fleur, la forme des anthères et leur mode de déhiscence ; mais il s'en éloigne par son ovaire unique, multiloculaire et dépourvu de gynobase.

Les espèces de *Godoya*, au nombre de deux (*G. spathulata* et *G. obovata*, Ruiz et Pavon), sont de fort beaux Arbres qui croissent au Pérou. Leur bois est très-dur et employé pour fabriquer plusieurs ustensiles. Dans la première, les feuilles sont crénelées en forme de spatule, et les fleurs ont plus de quarante étamines. Dans la seconde les feuilles sont aussi crénelées, mais obovales ; elles ne renferment que dix étamines.

(G..N.)

GODRILLÉ. ois. Syn. ancien de Rouge-Gorge. *V.* SYLVIE. (DR..Z.)

GOELAND. ois. Ce nom, donné dans la Méthode de Temminck à une division des Mauves, vient de celui qu'on donne vulgairement, sur nos côtes, aux plus gros Oiseaux de ce genre, et que plusieurs ornithologistes avaient adopté comme spécifique.

(DR..Z.)

GOELETTE. ois. (Salerne.) L'un des noms vulgaires du Pierre Garin. *V.* HIRONDELLE-DE-MER. (DR..Z.)

GOEMON ou **GOUEMON.** BOT. CRYPT. (*Hydrophytes.*) Sur la plupart des côtes de France, l'on donne ce nom aux Hydrophytes que la mer jette sur les rivages ou qui couvrent les rochers, principalement aux Fucus, aux Laminaires, aux Siliquaires, aux Lorées, etc. La plupart des Plantes marines et des Zoophytes rejetés par les flots, sont également désignés sous le nom de Goémon ou Gouémon, et forment un engrais précieux dans certaines contrées littorales, particulièrement en Bretagne et en Poitou. (LAM..X.)

GOERTAN. ois. Nom de pays devenu scientifique d'une espèce du genre Pic. *V.* PIC.

*GOETHÉE. *Gœthœa.* BOT. PHAN. Genre de la Monadelphie Polyandrie, L., dédié à l'un des plus célèbres poëtes et philosophes allemands de ce siècle, par Nées et Martius (*Nov. Act. Bonn.* T. XI, p. 91), qui en ont ainsi tracé les caractères : calice campanulé, court, à cinq dents, ceint d'un involucelle très-grand, vésiculeux et à quatre où six divisions profondes ; cinq pétales qui adhèrent par la base, à estivation roulée en spirale ; étamines nombreuses dont les filets sont réunis en une longue colonne, et les anthères ovales à deux loges ; style allongé, partagé au sommet en huit à dix stigmates ; fruit capsulaire formé de cinq coques coriaces et monospermes. Ce genre avait été rapporté par ses auteurs à la famille des Malvacées, mais à cause de ses anthères décrites comme biloculaires, le professeur De Candolle (*Prodrom. Syst. univ. Veget.*, 1, p. 501) l'a réuni aux Byttnériacées, tribu des Wallichiées. Il ne se compose que de deux espèces, *Gœthœa semperflorens* et *G. cauliflora*, Nées et Martius, *loc. cit.*, tab. 7 et 8, qui habitent les forêts vierges du Brésil. Ce sont des Arbres ou Arbustes à feuilles coriaces, un peu glabres, elliptiques et dentées dans la première espèce, oblongues et entières dans la seconde, à pétioles velus, à stipules étroites et à fleurs très-grandes, axillaires, sur des pédoncules uniflores et penchés, naissant sur le tronc dans la seconde espèce, et possédant des involucelles vésiculeux, réticulés, d'une belle couleur écarlate ou d'un brun pourpré. (G..N.)

GOETZIA. INT. Et non *Goezia.* Genre établi par Zeder qui lui donna par la suite le nom de Colchus. Il était composé de deux espèces : le *Goetzia inermis* dont Rudolphi a fait le genre *Liorhynchus*, et le *Goetzia armata*, Prionoderme de Rudolphi. C'est un Ver douteux trouvé une seule fois par Goëze dans l'estomac d'un Silure.

(LAM..X.)

*GOHORIA. BOT. PHAN. (Necker.) Syn. de Visnage. *V.* ce mot. (B.)

GOIAVE ET GOYAVIER. BOT. PHAN. Pour Gouyave et Gouyavier. *V.* ces mots. (B.)

GOIFFON ET GOISNON. pois. Syn. vulgaires de Goujon. (b.)

GOIRAN. ois. (Belon.) Syn. ancien de Bondrée. *V.* Faucon, division des Buses. (dr..z.)

GOITRE. zool. Développement considérable du corps thyroïde, qui, chez l'Homme, est une tuméfaction morbifique, laquelle, portée à un certain degré de développement, caractérise des individus imbécilles appelés communément Crétins. On attribua plus d'une fois cette maladie, assez fréquente dans plusieurs cantons de montagnes, à l'usage de l'eau de neige, mais tous les montagnards qui boivent de cette eau ne sont pas goîtreux, et nous avons trouvé des crétins en beaucoup de lieux éloignés des neiges éternelles. L'Iode passe pour un excellent remède contre cette infirmité qui souvent attaque le cou des plus belles femmes de nos capitales, qui ne boivent pas d'eau de neige et ne sont pas imbécilles. Chez les Reptiles, le Goître n'est pas une infirmité, mais un caractère d'espèce ou de genre dont l'erpétologiste doit tenir compte. Il est alors soutenu par des prolongemens de l'os hyoïde. Quelquefois la peau qui le recouvre change de couleur selon la passion qu'éprouve l'Animal en la renflant. (b.)

GOITREUSE. ois. Nom employé par quelques auteurs pour désigner le Pélican. (dr..z.)

GOITREUX. ois. Espèce du genre Manakin. *V.* ce mot. (dr..z.)

GOITREUX ou GOITREUSE. rept. saur. Noms vulgaires de l'Iguane ordinaire. (b.)

* GOL. annel. (Ocken.) Syn. de Pontobdelle. *V.* ce mot. (b.)

GOLA. mam. L'un des noms de pays du Chacal. *V.* Chien (b.)

GOLANGO ou GOULANGO. mam. L'espèce d'Antilope désignée au Congo sous ce nom n'est pas déterminée; on dit que sa chair, quoique fort bonne, ne se mange pas, par-

ce qu'un préjugé fait regarder le Golango comme un Animal sacré. (b.)

GOLAR. moll. (Adanson.) Syn. de *Solen strigillatus*, Gmel. (b.)

GOLD. min. *V.* Or.

* GOLDBACHIE. *Goldbachia.* bot. phan. Genre de la famille des Crucifères et de la Tétradynamie siliqueuse, L., établi par le professeur De Candolle (*Syst. Veget. natur.* T. ii, p. 575) qui l'a placé dans la tribu des Anchoniées ou des Notorhizées Lomentacées, et l'a ainsi caractérisé : calice dressé, à sépales non bossus à la base; pétales à peine onguiculés, obtus et oblongs; étamines libres; silique oblongue, biarticulée; style presque nul; graines pendantes dans chaque loge, à cotylédons incombans, planes ou légèrement courbés; fleurs petites, de couleur blanche ou lilas. Ce genre a été formé aux dépens des *Raphanus.* Par la forme de sa silique, il est trèsvoisin du *Didesmus*, mais il s'en éloigne par la structure des cotylédons; toutes ses étamines libres le distinguent de l'*Anchonium*, et ses graines pendantes du *Cakile.* Il se compose de deux espèces : 1° *Goldbachia lævigata*, D. C.; *Raphanus lævigatus*, Marsch. Bieb., *Flor. Taurico-Cauc.*, ii, p. 129. Cette espèce croît dans les sables mobiles autour d'Astracan. Ses pétales sont oblongs, entiers, du double plus longs que le calice; ses siliques lisses et pendantes. Elle a été figurée dans les *Icones selectæ* du baron Benjamin Delessert, T. ii, tab. 81. 2°. *Goldbachia torulosa*, D. C., espèce très-voisine de la précédente et qui s'en distingue à peine par ses feuilles, ses fleurs et ses fruits lorsque la Plante est jeune. Ses siliques sont cylindracées, tubuleuses transversalement et presque redressées. Elle croît dans l'Orient. (g..n.)

* GOLEIAN. pois. Pallas donne ce nom à un très-petit Cyprin, le *Cyprinus rivularis*, L., qui, malgré ce qu'on en a dit, est fort peu connu. (b.)

GOLFE. géol. *V.* Mer.

GOLGOSION. bot. phan. (Théophraste.) Syn. de Rave selon Adanson. (b.)

GOLIA. bot. phan. Nom donné par Adanson au genre *Soldanella* des autres botanistes. *V.* ce mot. (g..n.)

GOLIATH. *Goliath.* ins. Genre de l'ordre des Coléoptères, section des Pentamères, établi par Lamarck aux dépens des Cétoines (Syst. des Anim. sans vert., p. 209), et rangé par Latreille (Règn. Anim. de Cuv.) dans la famille des Lamellicornes, tribu des Scarabéides, avec ces caractères distinctifs : mâchoires entièrement écailleuses ; menton fort large, transversal ou en forme de cœur très-évasé ; chaperon très-avancé et divisé en deux lobes, en forme de cornes. Les Goliaths ont une grande analogie d'organisation avec les Cétoines. Ils ressemblent encore davantage aux Trichies ; mais ils s'en distinguent par la forme de leur menton et par la consistance écailleuse du lobe terminal des mâchoires. Leur prothorax est orbiculaire, ce qui les éloigne sensiblement des Cétoines. La pièce axillaire située en avant et à la base des élytres et que nous avons démontrée (Annales des Sciences naturelles) être l'épimère du mésothorax, n'existe que dans quelques espèces du genre Goliath ; elle est, au contraire, développée et très-visible dans toutes les Cétoines. Les Goliaths sont des Insectes remarquables par leur forme et presque tous de grande taille. Ils sont exotiques et appartiennent à l'Afrique et à l'Amérique méridionale. Nous citerons :

Le Goliath Géant, *G. giganteus*, Lamk., ou la *Cetonia Goliathus* de Fabricius. Il peut être considéré comme type du genre. On en trouve deux variétés qui ont été figurées par Olivier (Entomol. n°. 6, pl. 5, fig. 33, et pl. 9, fig. 33).

Le Goliath Cacique, *G. Cacicus*, Lamk., ou la *Cetonia Cacicus* de Fabricius et d'Olivier. Ce dernier en a donné une bonne figure (*loc. cit.*, n° 6, pl. 4, fig. 22). Fabricius et

Olivier disent qu'elle habite l'Amérique méridionale.

Le Goliath Polyphème, *G. Polyphemus*, Lamk., ou la *Cetonia Polyphemus* d'Olivier (*loc. cit.*, n° 6, pl. 7, fig. 61). Elle a été recueillie en Afrique. Lamarck se borne à la description de ces trois espèces ; mais il rapporte au même genre les Cétoines *micans*, *Ynca* de Fabricius et *bifida* d'Olivier. Latreille croit que la première et la troisième appartiennent au genre Cétoine, et que celle désignée sous le nom d'*Ynca* est seule un Goliath. Le même auteur décrit une espèce nouvelle, le Goliath barbicorne, *G. barbicornis* de Maclay. *V.* Dejean (Cat. des Coléopt., p. 61) et Kirby (*Trans. Linn. Societ.* T. xiii). (aud.)

*GOLIN. bot. phan. L'Heymassoli d'Aublet à la Guiane, selon Richard. *V.* Ximénie. (b.)

GOLO-BEOU. ois. Espèce du genre Merle. *V.* ce mot. (dr..z.)

GOLOCKS. mam. (Devisme.) Le Singe ainsi appelé au Bengale paraît être le Gibbon. (b.)

GOLONDRINA. ois. bot. Ce nom, qui en espagnol désigne l'Hirondelle, est donné par Feuillée à une espèce d'Operculaire. *V.* ce mot. (b.)

GOLONGA. mam. Même chose que Golango. *V.* ce mot. (b.)

GOMARA. bot. phan. Genre de la famille des Personnées et de la Didynamie Angiospermie, L., établi par Ruiz et Pavon (*Prodr. Flor. Per.* 162) qui lui ont assigné pour caractères : une corolle irrégulière dont le tube est courbé et resserré vers son milieu ; le limbe à cinq découpures, les quatre supérieures égales ; l'inférieure plus arrondie et plus profonde ; un appendice membraneux en forme de coupe ; filets des étamines courts et insérés à l'étranglement du tube ; style très-court, persistant, terminé par un stigmate capité ; capsule ovale, presque tétragone, à deux valves et à deux loges renfermant un grand nombre de petites graines oblongues.

Le *Gomara racemosa*, Ruiz et Pavon (*loc. cit.*), est une Plante dont les tiges sont ligneuses et les branches garnies de feuilles lancéolées, denticulées à leur partie supérieure; et les fleurs disposées en grappes. Elle croît dans les grandes forêts du Pérou.

Le nom de *Gomara* avait été employé par Adanson pour désigner le genre *Crassula* de Linné. *V.* ce dernier mot. (G..N.)

GOMARI. MAM. L'Hippopotame en Abyssinie. (B.)

GOMART. *Bursera*. BOT. PHAN. Ce genre, de l'Hexandrie Monogynie, a été constitué par Jacquin et Linné. Placé d'abord dans la famille des Térébinthacées, il est devenu le type de la famille des Burséracées, établie par Kunth dans l'ouvrage qu'il vient de publier sur les genres de Térébinthacées (Annales des Sciences naturelles, juillet 1824). Voici les caractères que ce botaniste en a tracés : calice persistant, quadrifide, à trois ou à cinq parties caduques, selon Jacquin; lobes ovales, obtus, concaves et égaux; quatre pétales insérés sous le disque, oblongs, larges à la base, trois fois plus longs que le calice, égaux, réfléchis, et à estivation valvaire; huit étamines insérées sous le disque, plus petits que la corolle, à anthères oblongues et déhiscentes dans le sens de leur longueur; disque annulaire, presque toujours à huit crénelures; ovaire ovoïde, sessile, triloculaire, renfermant des ovules géminés, collatéraux et fixés à l'axe central, surmonté d'un stigmate sessile et trilobé; drupe obliquement oblongue, convexe du côté extérieur, offrant des angles obtus à sa partie intérieure, à trois osselets ou noyaux, dont deux sont rudimentaires; l'écorce du fruit est charnue, succulente, et se sépare en trois valves; chaque osselet monosperme est couvert d'une pellicule (pulpeuse, d'après Jacquin); graine pendante du sommet de la loge, dépourvue d'albumen, munie d'un tégument membraneux, d'un

embryon qui a la forme de la graine, et dont les cotylédons sont foliacés, charnus et chiffonnés; la radicule supérieure est droite.

Le GOMART GOMMIER, *Bursera gummifera*, L. et Jacq. (*Amer.*, tab. 65), est un Arbre de l'Amérique méridionale et des Antilles où on lui donne les noms vulgaires de Sucrier de montagne, Chibou, Cachibou, Gommier et Bois à Cochon. Les colons et les naturels de Saint-Domingue donnent aussi ces noms à l'*Hedwigia balsamifera* de Swartz, dont Persoon a fait une espèce de *Bursera*. Les feuilles du *Bursera gummifera* sont alternes, imparipinnées, quelquefois ternées ou simples, à folioles très-entières et obscurément pointillées. Il porte de petites fleurs polygames et soutenues par des pédicelles qui sont accompagnés d'une bractée à leur base. Le nombre des parties de la fleur est variable entre trois et quatre., selon Jacquin. Le fruit du Gomart est plein d'un suc balsamique qui découle aussi des incisions faites à l'écorce et qui se concrète à l'air. Ce suc a de la ressemblance avec la Gomme résine Elémi qui provient de Plantes appartenant aux Amyridées, voisines aussi dans l'ordre botanique de la famille des Burséracées.

On a essayé de cultiver le Gomart Gommier dans les serres d'Europe, mais il n'y a pas encore fleuri. Cet Arbre et le *Bursera acuminata*, Willd., sont les seules espèces du genre, depuis que Kunth (*loc. cit.*) a adopté les genres *Marignia* de Commerson ou *Dammara* de Gaertner, *Hedwigia* de Swartz, *Colophonia* de Commerson, qui avaient été réunis au *Bursera* par Lamarck. *V.* ces mots. (G..N.)

* GOMBARAN. OIS. Syn. arabe de la Farlouse. *V.* PIPIT. (DR..Z.)

GOMBAUT ET GOMBO. BOT. PHAN. L'*Hibiscus esculentus* porte ce nom aux Antilles où son fruit mucilagineux est employé dans le ragoût appelé Calalou. *V.* ce mot et KETMIE. (B.)

* GOMBAY. BOT. PHAN. La Plante

de Sumatra désignée sous ce nom par Marsden paraît être l'*Ixora coccinea*.

(B.)

GOMESE. *Gomesa*. BOT. PHAN. Genre de la famille des Orchidées et de la Gynandrie Diandrie, L., établi sur une Plante décrite dans le *Botanical Magazine*, tab. 1948, et offrant pour caractères essentiels : un périanthe presque bilabié, à six divisions profondes, dont les deux antérieures sont conniventes avec les intérieures, et placées sous la lèvre inférieure; celle-ci est entière, sessile, dépourvue d'éperon, à deux crêtes, faisant corps avec la base du gynostème; une anthère mobile, terminale, renfermant deux masses polliniques, conniventes à leur sommet, avec le prolongement du stigmate. Le *Gomesa recurva* est une Plante originaire du Brésil, dont les racines sont bulbeuses, et les feuilles radicales lancéolées, oblongues et élargies à leur partie supérieure; ses hampes soutiennent un long épi recourbé de fleurs verdâtres et accompagnées de bractées ovales et membraneuses.

(G..N.)

GOMÈZE. BOT. PHAN. *V.* GOMOSIA.

GOMEZIA. BOT. PHAN. Pour Gomozia. *V.* ce mot. (G..N.)

GOMME. BOT. Produit immédiat d'un grand nombre de Végétaux, ordinairement solide, incolore, translucide, insipide ou d'une saveur très-fade. Exposée au contact de l'air, la Gomme paraît n'en éprouver aucune altération; la lumière la jaunit; l'eau la dissout. On forme avec elle une masse gélatineuse plus ou moins épaisse, quelquefois simplement visqueuse; elle est insoluble dans l'Alcohol et l'Ether. Les Acides la dénaturent ou la décomposent : le sulfurique la carbonise d'abord, puis en modifie les caractères et les propriétés; le nitrique la convertit presque totalement en Acide mucique. Les dissolutions alcalines la précipitent d'abord sous forme d'une matière assez semblable au Cuscuru, et finis-

sent par la dissoudre complétement. Chauffée dans un appareil distillatoire, elle se ramollit, se boursoufle et donne, outre les produits que l'on obtient ordinairement des matières végétales, une petite quantité d'Ammoniaque. La Gomme se trouve répandue dans toutes les parties des Végétaux; souvent elle transsude de la tige et vient se concréter sur l'écorce; souvent aussi on est obligé de faire macérer dans l'eau bouillante les parties qui la contiennent et de la séparer ainsi des substances insolubles dans l'eau. Quoi qu'il en soit, la Gomme n'est jamais pure, et les principes qui l'accompagnent en ont fait distinguer autant d'espèces qu'il y a de Végétaux qui la contiennent en quantités notables. On ne peut énumérer ici que les plus remarquables par leurs propriétés et leurs usages.

GOMME ARABIQUE : en fragmens arrondis, translucides, limpides ou colorés en jaune ou en rougeâtre, fragile et très-soluble dans l'eau surtout après avoir été fortement desséchée au feu; composée de 7,05 d'Oxigène, 45, 84 de Carbone, 46,67 d'eau et 0,44 d'Azote. Les usages de la Gomme arabique sont très-étendus : elle sert à donner de la consistance au feutre, du lustre à certaines étoffes, à coller et fixer les couleurs, etc. On l'emploie en médecine comme adoucissant. Elle découle de plusieurs Acacias et surtout du *Nilotica* et du *Gummifera*.

GOMME ADRAGANTE. *V.* ADRAGANT.

GOMME AFRICAINE ou **DU SÉNÉGAL.** C'est la même chose que la Gomme arabique; les fabricans la préfèrent parce qu'elle donne plus de consistance à leurs apprêts.

GOMME DE BASSORA. Même chose que Gomme Adragante.

GOMME DE CERISIER ou **DU PAYS** : en fragmens arrondis, quelquefois très-volumineux, transparens, limpides ou colorés en jaune et en brun; d'une saveur fade particulière, même un peu acerbe. Elle est composée de, o,19 d'Acide carbonique, 0,42 d'eau et d'Acide acétique, de 0,52 de Carbone, 0,04 de sulfate et de phosphate de Chaux, 0,03 d'huile chargée d'un peu d'Ammoniaque. La Gomme du pays est peu soluble dans l'eau, sans cependant former avec elle un mucilage semblable à celui de la Gomme Adragante ; elle tient une sorte de milieu entre celle-ci et la Gomme arabique. Tous les Pruniers et Cerisiers fournissent de cette Gomme.

GOMME TURIQUE. Même chose à très-peu près que la Gomme arabique.

On a improprement donné le nom de Gomme aux substances suivantes :

GOMME ALOUCHI, AMMONIAQUE, CAUCUME, CARAIGNE, GUTTE, OPPOPANAX, SAGAPENUM ou SÉRAPHIQUE, DE CÉDRE, COPAL, ÉLÉMI, DE GAYAC, LAQUE, DE LECCE, HÉDÈRE ou de LIERRE, TACAMAQUE. *V.* RÉSINES.

GOMME DES FUNÉRAILLES. *V.* ASPHALT.

GOMME ÉLASTIQUE. *V.* CAHOUTCHOUC.

GOMME EN LARMES. *V.* GALBANUM.

GOMME RÉSINE, *V.* RÉSINE. (DR..Z.)

GOMMIER. BOT. PHAN. On a donné ce nom à divers Arbres qui produisent de la gomme; ainsi l'on a appelé :

GOMMIER D'ARABIE, l'*Acacia gummifera*, qui produit la véritable gomme arabique du commerce.

GOMMIER BLANC, aux Antilles, les *Bursera gummifera* et *balsamifera*. *V.* GOMART.

GOMMIER ROUGE, l'*Acacia Nilotica*, etc. (B.)

GOMORTEGA. BOT. PHAN. C'est ainsi que Ruiz et Pavon (*System. Flor. Peruvianæ et Chiliensis*, p. 108) ont nommé un genre de la Décandrie Monogynie, L.; ils l'ont dédié à Gomez Ortega, en l'honneur duquel le genre *Ortegia* avait déjà été fondé. Persoon s'arrêtant à cette seule considération avait changé ce nom générique en celui d'*Adenostemum*, et De Candolle a semblé sanctionner cette mutation lorsqu'il a établi (Théoric Élément. de la Botan., 2e édition, p. 269) que les noms génériques, dans lesquels on veut exprimer à la fois le nom et le prénom de ceux auxquels on les dédie, devaient être proscrits. Cependant, le genre dont il s'agit n'a pas été admis dans ce Dictionnaire sous le nom donné par Persoon, probablement à cause de sa trop grande ressemblance avec celui d'*Adenostemma*, autre genre de la famille des Corymbifères établi par Forster. En conséquence, nous en exposerons ici les caractères : corolle à six pétales ; dix étamines disposées sur trois rangées, et graduellement plus petites ; deux glandes à la base de chaque filet ; deux à trois stigmates ; drupe uniloculaire, renfermant une noix très-dure à deux ou trois loges; noyaux comprimés. L'unique espèce de ce genre, mentionnée par Persoon sous le nom d'*Adenostemum nitidum*, est un bel Arbre toujours fleuri, à feuilles oblongues, lancéolées, luisantes, exhalant une odeur analogue à celle du Romarin, et qui paraît due à une substance résineuse imprégnée d'une huile volatile particulière. Ses fruits ont une saveur agréable, et son bois est pesant, marqué de très-jolies veines. Il croît dans les forêts du Chili. C'est le même Arbre que Molina (*Hist. Chil.* p. 202) a décrit sous le nom de *Lucuma keale*. (G..N.)

GOMOSIA ou GOMOZIA. BOT. PHAN. Genre établi par Mutis sous le nom de *Gomezia*, et adopté par Linné fils, qui, par erreur typographique, l'a fait connaître sous celui de *Gomozia*. Selon Smith, ce genre est le même que le *Nerteria* de Gaertner. *V.* ce mot. (G..N.)

GOMOTE ET GOMUTO. BOT. PHAN. Noms de pays de l'Areng, dont, en les latinisant, on avait fait *Gomutus*. *V.* ce mot. (B.)

GOMPHIE. *Gomphia*. BOT. PHAN. Ce genre fait partie de la famille des Ochnacées, Décandrie Monogynie, et même de l'*Ochna* de Linné. Ses fleurs hermaphrodites présentent un calice à cinq divisions profondes et caduques, avec lesquelles alternent cinq pétales onguiculés, égaux,

ouverts et caducs également. Dix
étamines égales et libres dont les filets sont extrêmement courts, et dont
les anthères dressées, oblongues et
biloculaires, s'ouvrent par un double
pore au sommet, s'insérant autour de
la base amincie de l'ovaire. Celui-ci
se compose de cinq loges distinctes
contenant chacune un ovule fixé au
bas de leur angle interne et portées
sur un support commun, du milieu
duquel part un style dressé. Ce support, épaissi après la chute du style,
prend le nom de Gynobase, et les
loges dont le nombre est souvent diminué par avortement, simulent à la
maturité autant de fruits, légèrement
charnus et monospermes. Les graines
sont dépourvues de périsperme, et
l'embryon est à cotylédons épais et à
radicule supérieure.

Les espèces de ce genre sont des
Arbres ou des Arbrisseaux très-glabres. Leurs feuilles alternes, simples,
entières, ont à leur base deux petites
stipules libres ou beaucoup plus rarement soudées entre elles. Les fleurs,
portées sur des pédicelles articulés,
sont disposées à l'extrémité des rameaux en grappes simples ou plus souvent rameuses. On a décrit vingt-quatre espèces de Gomphies dont quinze
croissent en Amérique, trois dans les
Indes, quatre à Madagascar, et deux
dans le royaume d'Oware. De Candolle, dans une Monographie de la famille
des Ochnacées, en a décrit et figuré
la plus grande partie. (*V*. Annales
du Muséum, T. XVII, p. 398.) Les
genres *Jabotapita* de Plumier, *Oura-
tea* d'Aublet, et *Correia* de Vellozo
doivent rentrer dans celui-ci. (A. D. J.)

GOMPHENA. OIS. (Aldrovande.)
Pour Gomphrena. *V*. ce mot. (DR..Z.)

GOMPHOCARPE. *Gomphocarpus*.
BOT. PHAN. Genre de la famille des
Asclépiadées et de la Pentandrie Digynie, L., établi par R. Brown (Mém.
de la Soc. Verner., 1, p. 38) qui l'a
ainsi caractérisé : corolle à cinq divisions réfléchies ; couronne staminale
à folioles capuchonnées, munies d'u-
ne dent de chaque côté et sans laci-

niures intérieures ; masses polliniques
comprimées, fixées au sommet et pendantes ; stigmate déprimé, mutique ;
follicules renflés, couverts d'aspérités
pointues, mais non piquantes ; graines
aigrettées. Ce genre, qui a été formé
aux dépens des *Asclepias* de Linné,
se compose de quatre espèces, savoir :
1° *Gomphocarpus arborescens*, Rob.
Brown, ou *Asclepias arborescens*, L.,
Plante frutescente dont la tige est de
la grosseur du doigt ; les feuilles obtuses, mucronées, pétiolées, glabres
et nerveuses ; et les fleurs blanches,
disposées en ombelles presque terminales. Elle est lactescente dans toutes
ses parties, et on la trouve sur les
collines près du cap de Bonne-Espérance ; 2° *Gomphocarpus fruticosus*,
R. Brown, ou *Asclepias fruticosa*,
L. ; c'est un petit Arbrisseau de près
d'un mètre de hauteur, à rameaux
droits, grêles, pubescens et couverts
de feuilles longues, étroites, luisantes en dessus et pâles en dessous et
roulées sur leurs bords. Ses fleurs
forment des ombelles latérales à la
partie supérieure des rameaux. Il est
assez abondant au cap de Bonne-Espérance, au-delà de la première chaîne de montagnes ; 3° *Gomphocarpus
setosus*, R. Brown, ou *Asclepias se-
tosa*, Forsk. ; Arbrisseau de l'Arabie
heureuse, à tiges dressées, à fleurs
vertes, disposées en ombelles latérales, terminales, et à follicules
soyeux ; 4° *Gomphocarpus crispus*, R.
Brown, ou *Asclepias crispa*, L., dont
la tige droite, pubescente, rameuse
inférieurement, porte des feuilles
cordées, lancéolées, ondulées et hérissées. Ses fleurs sont purpurines et
disposées en ombelles terminales. Il
croît au cap de Bonne-Espérance.

(G..N.)

GOMPHOLOBE. *Gompholobium*.
BOT. PHAN. Genre de la famille des
Légumineuses et de la Décandrie Monogynie, L., établi sur des Plantes
indigènes de la Nouvelle-Hollande
par Smith (*Transact. of the Linn. Societ.*, vol. 4, p. 220), adopté par Labillardière et Brown, et ainsi caractérisé par ces auteurs : calice campa-

nulé, à cinq divisions profondes et presque égales entre elles ; corolle papilionacée dont l'étendard est plane ; stigmate simple, aigu ; légume polysperme, renflé et presque sphérique, très-obtus et uniloculaire.

On connaît une dixaine d'espèces de *Gompholobium*, la plupart décrites par Smith dans les Transactions de la Société Linnéenne, T. IX, p. 249, et dans l'*Exotic.Botany*. Labillardière (*Flor. Nov.-Holland.* 1, p. 106, tab. 154) en a fait connaître une espèce sous le nom de *Gompholobium tomentosum*. Quant à ses *Gomph. ellipticum* et *Gomph. spinosum*, le premier a été érigé en un genre particulier nommé *Oxylobium* par Andrews (*Reposit.*, 492), et le second est devenu le type du genre *Jacksonia* de Rob. Brown (*Hort. Kew.*, vol. 3, p. 12). Ce dernier auteur a donné les descriptions des trois espèces de Gompholobes, et les a nommées *Gomph. marginatum*, *G. polymorphum* et *G. venustum*. Il a en outre séparé du genre en question le *Gomph. scabrum* de Smith dont il a formé le nouveau genre *Burtonia*. Enfin, dans Andrews (*Reposit.*, 427) on a donné le nom de *Gomph. maculatum* au *Cyclopia genistoides* de Ventenat et Brown, nommé aussi *Jacksonia* dans le *Botanical Magazine*. *V.* tous ces mots. L'indication des nombreux changemens que les auteurs ont déjà fait éprouver aux espèces du genre *Gompholobium* fait voir que la connaissance de ces Légumineuses n'est pas encore bien avancée, malgré les beaux documens que Rob. Brown a donnés sur elles dans l'*Hort. Kewensis*. Ce sont des Plantes arborescentes, à feuilles ternées ou imparipinnées, et à fleurs très-grandes et jaunes. On en cultive quelquesunes dans les jardins d'Europe. (G..N.)

GOMPHOSE. *Gomphosus*. POIS. (Lacépède.) *V.* LABRE.

GOMPHRENE. *Gomphrena*. BOT. PHAN. Vulgairement Amaranthine. Tournefort établit ce genre sous le nom d'*Amaranthoides*. Linné, en lui imposant le nom de *Gomphrena* qui

a été adopté, le plaça dans la Pentandrie Digynie, mais il a été transporté dans la Pentandrie Monogynie par les auteurs modernes. Il appartient à la famille des Amaranthacées, et ses caractères sont les suivans : périanthe à cinq divisions profondes ; cinq étamines dont les fruits sont réunis en un tube cylindroïde, plus long que l'ovaire, sans dentelures intermédiaires, et portant des anthères distinctes, uniloculaires; un seul style et deux stigmates; utricule monosperme, sans valves. Ces caractères, tracés par R. Brown (*Prodrom. Flor. Nov.-Holl.* p. 415) excluent un grand nombre de *Gomphrena* de Linné. Les *Gomphrena Brasiliensis*, L., et *G. vermicularis*, Swartz, forment le genre *Philoxerus* de R. Brown, auquel Poiret a réuni, dans l'Encyclopédie, les espèces de la Nouvelle-Hollande que le savant botaniste anglais a décrites comme de véritables Gomphrènes. Celui-ci indique en outre les *G. globosa*, L., *perennis*, Mill., *serrata*, L., et *arborescens*, L. Il faut, sans aucun doute, leur ajouter le *Gomph. decumbens* de Jacq., ou *G. bicolor* des jardiniers, qui est très-voisin du *G. globosa*. C'est de cette dernière espèce seulement que nous parlerons ici, parce qu'elle seule mérite d'être remarquée en raison de son élégance et de la facilité de sa culture.

La GOMPHRÈNE GLOBULEUSE a des tiges hautes d'un demi-mètre environ, droites, articulées, un peu velues, quelquefois simples, et le plus souvent munies de rameaux courts, opposés, inégaux et axillaires. Ses feuilles sont opposées, ovales, lancéolées, entières, molles et pubescentes. Les fleurs sont disposées en tête globuleuse, et munies chacune à leur base de deux bractées opposées et d'un rouge vif. L'ensemble de ces bractées donne aux capitules de fleurs un aspect fort agréable, et comme leur consistance est scarieuse, elles conservent pendant long-temps leur couleur. La Gomphrène globuleuse croît naturellement dans les Indes-Orientales, et on la cultive dans presque tous les jardins de l'Europe. Après avoir adopté le *Gomphrena* de Brown, Kunth (*Nov. Gener. et Spec. Plantar. æquinoct.* T. 11, p. 202) a décrit à la suite des Plantes qui appartiennent légitimement à ce genre, une espèce sous le nom de *G. lanata*, dont les épis sont oblongs, sessiles au sommet de la tige, et opposés ; à bractées concaves, à calices tubuleux, renflés, et ayant le limbe quinquéfide, et à un seul stigmate capité. Les feuilles sont oblongues, lancéolées et laineuses en dessous. Cette Plante qui croît sur les rives sablonneuses de l'Orénoque, est voisine du *Gomph. interrupta* que Jussieu (*Gener. Plant.* p. 89) indique avec doute comme un genre distinct.   (G..N.)

GOMPHRENIE. bot. phan. Pour Gomphrène. *V.* ce mot.   (G..N.)

*GOMPHUS. bot. crypt. (*Champignons.*) Les botanistes allemands ont donné ce nom à un sous-genre de Champignons, placé parmi les Agarics par Fries, et parmi les Mérules par Nées d'Esenbeck, et qui devient, dans ces deux genres, une section bien caractérisée. Le chapeau, au lieu d'être en ombelle, est en forme de tête de clou ou n'est qu'une sorte de renflement du pédicule et porte des feuillets ou veines sinueuses et anastomosées, caractères qui devraient plutôt les placer parmi les Mérules. Le type de ce sous-genre est le *Merulius clavatus*, Pers., ou *Clavaria truncata* de quelques auteurs. *V.* MÉRULE.   (AD. B.)

GOMUTO et GOMUTUS. bot. phan. *V.* Gomote et Areng.

GON. ins. L'un des noms vulgaires des Charansons et des Calandres, Insectes destructeurs des Grains. (B.)

GONAMBOUCH. ois. Espèce du genre Bruant. *V.* ce mot. (DR..Z.)

*GONANDIMA. bot. phan. L'Arbre brésilien ainsi nommé par Marcgraaff qui compare les ombelles de ses fleurs à celles du Géroflier, de pleure inconnu. Le Gonandima pro-

duit, par incision, une gomme jaune et inodore.   (B.)

* GONATOCARPUS. bot. phan. Même chose que Gonocarpe. *V.* ce mot.   (B.)

* GONATODE. polyp. Donati donne ce nom à un genre de Polypiers noueux ou articulés dont la substance ressemble en partie à celle des os et en partie à celle de la corne; les cellules ont en dedans la figure d'un petit vase. — Nous croyons que ce genre rentre dans les Corallinées.   (LAM..X.)

* GONATOPE. *Gonatopus*. ins. L. Iungh a fondé sous ce nom un genre de l'ordre des Hyménoptères, que Klug et Dalman avaient d'abord adopté, mais que Latreille désignait antérieurement sous celui de Dryine. *V.* ce mot. Dalman (*Act. Reg. Acad. scient. Holm*, année 1818) a décrit plusieurs espèces propres à ce genre, et dans un ouvrage plus récent encore(*Analecta entomologica*, p. 7), ce nombre s'élève à quatorze.   (AUD.)

GONDOLE. moll. Nom marchand d'une belle espèce de Bulle assez commune dans les collections. Lamarck l'a nommée *Bulla ampulla*. La grande Gondole ou la Gondole papyracée est une autre espèce de Bulle dont Montfort a fait son genre Athys, et qui n'est rien autre chose que la *Bulla ancuum*, Lamk.   (D..H.)

*GONDOULI. bot. phan. Cossigny nous apprend qu'on désigne dans l'Inde, sous ce nom, une sorte de Riz dont le grain est presque sphérique et la qualité supérieure.   (B.)

GONE ou GONELLE. *Gonium*. inf. Ce genre, tel que l'avait formé Müller (*Inf.*, p. 110) et que l'adopta Lamarck (*Anim. sans vert.* T. 1, p. 425)ne pouvait être conservé. On lui assignait pour caractères un corps très-simple, aplati et anguleux, tandis que l'une de ses espèces, le *Gonium pectorale*, se compose de plusieurs corps ronds, et qui n'affectant pas le moins du monde de figure auguleuse, proscrivent, par leur agglomération, toute idée de simplicité. En adoptant les caractères proposés par le savant danois, on doit éliminer d'entre les Gones ou Gonelles les espèces composées. Celles qui pourront y demeurer ne différeront guère des Kolpodes que par leur taille qui est beaucoup plus petite, et par les angles de leur pourtour qui ne disparaissent jamais entièrement dans les plus grandes contractions de l'Animal. Nous ne connaissons que trois espèces constatées de ce genre : le GONE RIDÉ, Lamk., *loc. cit.*, p. 424, n° 3 ; Encycl. Inf., pl. 7, f. 8 ; *Gonium corrugatum*, Müll., *loc. cit.*, p. 112, pl. 16, fig. 16. Des infusions de fruits, et particulièrement de Poires. — Le GONE RECTANGLE, Lamk., n° 4, Encycl., pl. 7, f. 9, *Gonium rectangulum*, Müll., p. 113, pl. 16, f. 17, qui vit en abondance, ainsi que le suivant, dans les eaux les plus pures. — Le GONE OBTUSANGLE, Lamk., n° 5, Encycl., pl. 7, f. 10, *Gonium obtusangulum*, Müll., p. 114, pl. 16, f. 18. N'ayant point encore eu l'occasion d'observer le *Gonium pulvinatum*, nous ne pouvons rien déterminer à l'égard de ce singulier Animalcule, sinon que sa composition ne permet pas de l'intercaler dans un genre que caractérise la plus parfaite homogénéité et simplicité des parties constituantes. (B.)

GONENION. POIS. Le genre formé par Rafinesque sous ce nom (*Indic. d'Ist. Sicil.*, p. 26), dans son 17e ordre des Spares, a pour caractères : un corps très-comprimé, tranchant ; la tête anguleuse et tranchante en arrière, traversée par une suture qui unit les opercules ; deux nageoires dorsales, la première ayant tous ses huit rayons épineux ; les opercules n'ont ni épines ni dentelures. Ce genre ne renferme qu'une espèce, *Gonenion Serra*, qui a quatre pouces de longueur et une couleur argentée. Elle offre quelques rapports de *facies* avec les Perches. (B.)

GONEPLACE. *Goneplax*. CRUST. Genre de l'ordre des Décapodes, famille des Brachyures, section des Quadrilatères (Règn. Anim. de Cuv.), fondé par Leach aux dépens des Ocypodes, et offrant pour caractères, suivant Latreille : test ayant la forme d'un quadrilatère transversal, plus large en devant ; yeux situés chacun à l'extrémité d'un pédicule long, grêle, s'étendant jusqu'aux angles antérieurs, et reçu dans une fossette linéaire de la même longueur ; les quatre antennes découvertes ; troisième article des pieds-mâchoires extérieurs inséré à l'angle interne et supérieur du précédent ; serres, ou du moins celles des mâles, longues et cylindriques ; la seconde paire de pieds plus courte que la suivante. Les Goneplaces se rapprochent beaucoup des Crabes, en ce qu'elles ont des habitudes analogues, et surtout parce que le troisième article des pieds-mâchoires extérieurs est inséré à l'extrémité interne et supérieure de l'article précédent ; elles partagent ce caractère avec les Potamophiles et les Eriphies ; mais elles en diffèrent essentiellement par la forme de leur test, par la longueur des pédicules oculifères et par celle des pinces. Les Goneplaces avoisinent aussi les Ocypodes et les Gécarcins : mais elles se distinguent des premiers par la position de l'œil sur la tige qui le supporte, ainsi que par les antennes apparentes ; et des seconds, par l'étendue de cette même tige. Elles sont encore remarquables par quelques particularités. Desmarest observe, avec raison, que la carapace est plane, peu bombée, presque carrée, transverse, et plus large en avant qu'en arrière ; son bord antérieur est légèrement sinueux et terminé par un angle bien marqué de chaque côté ; l'espace inter-orbitaire est prolongé en une saillie étroite, le plus souvent spatuliforme, et quelquefois simplement anguleuse. Quant aux régions, elles sont bien circonscrites et distinctes ; la stomacale est très-large et placée sur la même ligne transversale que les hépatiques antérieures : celles-ci sont assez grandes et situées dans les angles antérieurs de la carapace ; les régions branchiales sont peu bombées, mais assez développées. Les pates sont grêles, peu velues, sans épines, avec les jambes quadrilatères ; l'abdomen des mâles et des femelles paraît formé par sept tables ou anneaux déprimés. Les Goneplaces sont des Crustacés marins. Nous citerons :

La GONEPLACE BIÉPINEUSE de Leach (*Malac. Brit.*, tab. 13), ou le *Cancer angulatus* de Fabricius, et l'*Ocypoda angulata* de Bosc (Hist. nat. des Crust., t. I, p. 198). Il a été figuré par Herbst (*Canc.*, tab. I, fig. 13). On le trouve sur les côtes de la Manche.

La GONEPLACE RHOMBOÏDE, *G. rhomboides*, ou le *Cancer rhomboides* de Fabricius, et l'*Ocypoda rhomboides* de Bosc (*loc. cit.*, p. 199), qui est la même espèce que l'*Ocypoda longimana* de Latreille, a été représentée par Herbst (*Canc.*, tab. I, fig. 12). Elle habite la Méditerranée, et se tient toujours à de grandes profondeurs.

La Nouvelle-Hollande a fourni une espèce désignée sous le nom de *G. transversa*, à cause de l'excessive largeur de son test.

On connaît cinq espèces de Crustacés fossiles que Desmarest (Hist. des Crust. fossiles, p. 98) a cru devoir rapporter au genre Goneplace, et qu'il a décrites avec soin.

La GONEPLACE DE LATREILLE, *G. Latreillii*, Desm. (pl. 9, fig. 1-4). Carapace sub-trapézoïdale, ayant les angles antérieurs très-aigus et tridentés latéralement ; espace interorbitaire très-étroit et avancé, spatuliforme ; corps partout recouvert de petits points ronds saillans, ou de petits tubercules qui en rendent la surface rugueuse. Cette espèce originaire des Indes-Orientales est ordinairement incrustée dans un calcaire argileux grisâtre assez dur, qui ne se délaie pas dans l'eau.

La GONEPLACE INCISÉE, *G. incisa*, Desm. (pl. 9, fig. 5, 6). Carapace presque carrée, transverse, très-finement chagrinée, ayant les angles antérieurs obtus et marqués d'une échancrure assez profonde ; région génitale ayant son bord postérieur fort saillant ; une ligne étroite, élevée, granuleuse, en forme d'S allongé sur chaque région branchiale, près du bord latéral. Cette espèce est la même que le *Cancer lapidescens* représenté par Rumph (*Barit Kamer*, tab. 60, fig. 1, 2) et par Knorr (Monum. du déluge, T. I, pl. 16, A, B). Elle a été souvent apportée des Indes, et son gisement est une roche calcaire grise, argileuse et sablonneuse.

La GONEPLACE ÉCHANCRÉE, *G. emarginata*, Desm. (pl. 9, fig. 7 et 8). Carapace un peu trapézoïdale, légèrement transverse, chagrinée, avec une échancrure peu marquée aux angles antérieurs ; point de ligne élevée en forme d'S sur les régions branchiales. Cette espèce, commune dans les collections, y est indiquée comme venant des Indes-Orientales ; elle a beaucoup de ressemblance avec l'espèce qui précède.

La GONEPLACE ENFONCÉE, *G. impressa*, Desm. (pl. 8, fig. 13, 14). Carapace à peu près carrée, légèrement chagrinée, avec le bord échancré et relevé vers les angles latéraux ; régions très-séparées par des impressions profondes. Desmarest suppose que cette espèce a un gisement analogue à celui de la précédente.

La GONEPLACE INCERTAINE, *G. incerta*, Desm. (pl. 8, fig. 9). Carapace ayant les angles antérieurs légèrement obtus, avec un sinus d'où part une ligne enfoncée située sur le milieu de chaque région hépatique antérieure ; deux lignes enfoncées, transversales de chaque côté, parallèles entre elles, l'une en avant des régions branchiales, l'autre sur ces régions même. Desmarest (Nouv. Dict. d'hist. nat., 2ᵉ édit., art. *Crustacés fossiles*, T. VIII, p. 501) l'a fait connaître sous le nom d'Ocypode incertain. Cette espèce est très-différente de celles qui précèdent. Son gisement est inconnu ; l'individu observé appartenait au cabinet du marquis de Drée. (AUD.)

* GONGOLARA. BOT. CRYPT. Le Fucus désigné sous ce nom par Imperato paraît être l'*ericoides* ou le *barbatus* que C. Bauhin et Mentzel ont écrit *Goangularis* et *Gongularis*. (B.)

GONGORA. BOT. PHAN. Genre de la famille des Orchidées et de la Gynandrie Diandrie, L., établi par Ruiz et Pavon (*Syst. Veget. Flor. Peruv. et Chil.*, p. 227), qui l'ont ainsi caractérisé : périanthe irrégulier, à six divisions étalées ; l'inférieure ou le labelle concave, les latérales convexes et cornues à leur sommet : anthère double, caduque, operculée. Ce genre, qui a des rapports avec les Epidendres, n'est composé que d'une seule espèce, *Gongora quinquenervis*, R. et P. *loc. cit.*, Plante parasite sur les Arbres des grandes forêts du Pérou. (G..N.)

* GONGROS. POIS. (Aristote.) Le Congre, espèce du genre Murène. *V.* ce mot. (B.)

GONGYLE. BOT. Ce nom désignait la semence de la Rave chez les Grecs auxquels Gaertner l'emprunta pour désigner les corps reproducteurs des Cryptogames. (B.)

GONIE. *Gonius.* INS. Jurine (Classif. des Hyménopt., p. 203) a désigné sous ce nom un genre de l'ordre des Hyménoptères, que Latreille nomme PALARE. *V.* ce mot. (AUD.)

GONIER. BOT. PHAN. Nom francisé de Gonus dans le Dictionnaire de Déterville. *V.* GONUS. (B.)

*GONIOCAULON. BOT. PHAN. Genre de la famille des Synanthérées, Cinarocéphales de Jussieu, et de la Syngénésie égale, L., établi par H. Cassini (Bull. de la Soc. Philomat., février 1817 et décembre 1818), qui l'a ainsi caractérisé : calathide sans rayons, cylindracée, composée d'un petit nombre de fleurs régulières et hermaphrodites ; involucre cylindracé, dont les folioles sont imbri-

quées, appliquées, ovales, aiguës, coriaces et membraneuses sur les bords ; réceptacle garni de paillettes membraneuses, longues et inégales ; ovaires glabres, surmontés d'une aigrette longue, composée de paillettes roides, coriaces, finement dentées en scie sur les bords ; les extérieures courtes, linéaires ; les intérieures plus longues. Ce genre a été placé par son auteur dans la tribu des Centauriées, et ne se compose que d'une seule espèce, *Goniocaulon glabrum*, H. Cass., Plante dont la tige est droite, rameuse, munie de feuilles alternes, sessiles, semi-amplexicaules, presque linéaires, aiguës et glabres. Ses calathides sont fasciculées, à l'extrémité des rameaux, et d'une couleur qui paraît avoir été jaunâtre ou rougeâtre. Cette espèce est originaire de la côte de Tranquebar. (G..N.)

* GONIOMÈTRE. MIN. *V.* CRISTALLISATION.

*GONIOMYCES. *Goniomyci.* BOT. CRYPT. Cette division, établie par Nées d'Esenbeck, parmi les Champignons, correspond à une partie de la famille des Urédinées. *V.* ce mot. (AD. B.)

GONION. POIS. On donne ce nom pour synonyme de Goujon. (B.)

*GONIOSPORE. *Goniospora.* BOT. CRYPT. Genre établi par Link, et auquel se rapportent plusieurs espèces de Trichies. *V.* ce mot. (C.)

GONNELLE. POIS. Pour Gunnelle. *V.* ce mot et BLENNIE. (B.)

GONOCARPE. *Gonocarpus.* BOT. PHAN. Genre de la famille des Cercodiennes, et de la Tétrandrie Monogynie, L., établi par Thunberg (*Flor. Japon.*, p. 5) qui l'a ainsi caractérisé : calice (corolle selon Thunberg) supérieur, persistant, à quatre divisions ; corolle souvent nulle ; quatre ou huit étamines insérées sur le calice ; ovaire supérieur surmonté d'un ou quatre styles ; drupe très-petit, à huit côtes, uniloculaire, couronné par le calice, renfermant une ou quatre semences. Thunberg n'en a décrit qu'une seule espèce, *Gono-*

carpus micranthus, qui croît au Japon. C'est une petite Plante ayant le port d'une Véronique, dont les tiges sont tétragones, couchées, dressées et rameuses à leur sommet, garnies de feuilles opposées, petites, ovales, dentées, aiguës, et de fleurs très-petites, réunies en épis grêles et lâches. Labillardière en a découvert une autre espèce au cap Van-Diémen, dans la Nouvelle-Hollande. Il l'a nommée *Gonocarpus tetragyna*.

(G..N.)

* GONODACTYLE. REPT. BATR. Kuhl, naturaliste hollandais, propose sous ce nom un nouveau sous-genre parmi les Geckos; mais l'espèce qui doit servir à le former ne nous est pas encore connue. (B.)

* GONOGEONA. BOT. PHAN. La Plante ainsi nommée dans les livres hébreux, est, selon Ruellius, la Mandragore. (B.)

GONOLEK. OIS. Espèce du genre Pie-Grièche. Vieillot en a fait le type d'un genre qui comprend cinq ou six espèces. *V.* PIE-GRIÈCHE. (DR..Z.)

GONOLOBE. *Gonolobus*. BOT. PHAN. Genre de la famille des Asclépiadées de R. Brown et de la Pentandrie Digynie, établi par Richard père (*in Michx. Flor. Boreal. Amer.*, I, p. 119) qui l'a ainsi caractérisé : corolle rotacée, à cinq divisions profondes; appendice court, inclus; style discoïde et à cinq angles; masses polliniques transversales, à cause de la brièveté du style; follicules le plus souvent anguleux ou munis de côtes. Les autres caractères génériques sont semblables à ceux du *Vincetoxicum* et du *Cynanchum*, genres avec lesquels le *Gonolobus* a beaucoup d'affinités. En adoptant ce genre, R. Brown, dans son travail sur les Asclépiadées (*Mem. Werner. Soc.*, I, p. 35), en a ainsi présenté les caractères : corolle subrotacée, quinqué-partite; couronne staminale, monophylle et lobée; anthères s'ouvrant transversalement, terminées par une membrane; masses polliniques lisses et au nombre de dix; stigmate pla-

niuscule, déprimé; graines aigrettées. Ce genre se compose de sous-Arbrisseaux grimpans, à feuilles opposées, un peu larges, à fleurs disposées en ombelles dont les pédoncules sont situés entre les pétioles. On en connaît environ trente espèces qui avaient été placées pour la plupart par Linné et Willdenow parmi les *Cynanchum*. Elles sont toutes indigènes de l'Amérique, soit septentrionale, soit méridionale. Les espèces qui ont formé les types du genre, croissent dans les États-Unis, mais un plus grand nombre habite la côte occidentale de l'Amérique du sud et les Antilles. Kunth (*Nov. Gener. et Spec. Plant. æquin.* T. III, p. 207 et suiv.) en a décrit quatre espèces nouvelles, dont deux sont figurées; ce sont les *Gonolobus uniflorus* (*loc. cit.*, tab. 238) et *G. barbatus* (tab. 239). Ces Plantes croissent au Mexique, la première près de Mexico et la seconde aux environs de Campêche

Le nom de *Gonolobus* a été changé inutilement en celui de *Gonolobium* par Persoon (*Synopsis*) et par Pursh (*Flor. Amer. sept.*, I, p. 178). (G..N.)

* GONOLOBIUM. BOT. PHAN. (Pers. et Pursh.) Pour *Gonolobus*. *V.* GONOLOBE. (G..N.)

* GONOPERE. *Gonopera*. POLYP. FOSS. Genre de l'ordre des Tubiporées dans la division des Polypiers entièrement pierreux, ayant pour caractères : corps pierreux composé de tubes anguleux, à rides transversales formant une légère apparence de cloison; bouche non crénelée, un peu radiée à la circonférence (Rafinesque, Journal de Phys., 1819, T. 88, p. 428). Le savant, auquel on doit l'établissement de ce genre, n'en mentionne qu'une seule espèce, *Gonopera rugosa*; elle est pentagone et striée.

(LAM..X.)

* GONOPHORE. *Gonophorum*. BOT. PHAN. De Candolle (*Théor. élém.*, 2e édit., p. 405) donne ce nom au prolongement du réceptacle ou torus, qui part du fond du calice, et porte les étamines et le pistil. Cet

organe n'est bien visible que dans les Annonacées et les Magnoliacées. (G..N.)

GONOPTERIDE. *Gonopteris.* BOT. CRYPT. La famille établie sous ce nom par Willdenow, dans son volume des Fougères, répond à celle des *Equisétacées*, et ne renferme également que le genre Prêle auquel nous renvoyons pour tout ce qui concerne ces Plantes. (B.)

*** GONOPTÉRYCE.** *Gonopteryce.* INS. Genre de l'ordre des Lépidoptères, famille des Diurnes, établi par Leach dans les Mémoires de la Société d'Edimbourg et qui comprend des Papillons du genre Coliade ; telles sont les Coliades *Mœrula*, *Rhamni*, *Cleopatra*. *V.* COLIADE. (AUD.)

GONORHINQUE. *Gonorhynchus.* POIS. (Gronou.) Sous-genre de Cyprin. *V.* ce mot. (B.)

*** GONOSTEMON.** BOT. PHAN. Genre de la famille des Apocynées et de la Pentandrie Digynie, L., établi par Haworth (*Synops. Succulent Plants*, p. 27) aux dépens du *Stapelia* des auteurs, duquel il diffère par les parties qui constituent l'étoile extérieure du nectaire (*Ligulæ*, Haw.), distinctes et cannelées, au lieu d'être réunies à la base comme dans les vraies Stapélies. Les étamines sont en outre courbées à angles droits, crochues et courtes. Les autres caractères sont ceux des Stapélies, mais les rameaux sont trois fois moins gros que dans celles-ci, et les corolles sont glabres, sans taches, et d'un aspect de chair qui fait illusion. Les deux espèces rapportées à ce genre, dont la valeur est au reste extrêmement faible, ont été figurées sous les noms de *Stapelia divaricata* et *St. stricta*, dans le *Botanical Magazine*, tab. 1007 et 2057. Elles croissent au cap de Bonne-Espérance. (G..N.)

*** GONOSTOMA.** POIS. Le genre formé par Rafinesque (*Indic. d'Ist. Sicil.*, p. 64) sous ce nom, a pour caractères : la forme conique du corps que recouvrent de grandes écailles caduques ; la tête obtuse et comprimée, avec une bouche très-grande, sans dents aux mâchoires, mais avec le palais muni de dents ciliées ; l'opercule très-grand, membraneux ; une seule dorsale. L'espèce unique de ce genre, qui ne saurait être adoptée sans un nouvel examen, est le *Gonostoma denudata* à queue fourchue avec vingt-quatre rayons, vingt à la dorsale, seize à l'anale, douze aux pectorales qui sont extrèmement petites, et dix aux ventrales. (B.)

GONOTE. *Gonotus.* CRUST. Genre de l'ordre des Isopodes, section des Ptérygibranches (Règn. Anim. de Cuv.), établi par Rafinesque (Précis de Découv. somiol., p. 26) qui le caractérise ainsi : corps linéaire, plat, à dos carené ; quatorze jambes ; quatre antennes, deux plus longues à quatre longs articles et plusieurs courts ; queue sans appendices utriculés. Ce genre ne comprend qu'une espèce, la GONOTE VERTE, *G. viridis*. Elle est peut-être la même que la *Stenosoma hecticum* de Leach. Rafinesque l'a recueillie dans la Méditerranée sur les côtes de Sicile. Ce nouveau genre peut être rapporté à celui des Idotées, et plus spécialement au genre Sténosome de Leach. *V.* ces mots. (AUD.)

GONOTHECA. BOT. PHAN. (Rafinesque.) Syn. de Tetragonotheca de l'Héritier. *V.* ce mot. (B.)

GONOTRICHUM. BOT. CRYPT. (*Mucédinées.*) Genre de Cryptogames de la famille des Mucédinées, voisin des genres *Circinotrichum* et *Compsotrichum*, établi par Nées dans les Actes de l'Académie des curieux de la nature, T. IX, et caractérisé ainsi : filamens roides entrecroisés, rameaux, articulés ; rameaux verticillés ; sporules globuleuses éparses.

On ne connaît qu'une seule espèce de ce genre ; elle croît sur les branches mortes, humides et à demi pourries, sur lesquelles elle forme des amas semblables à un duvet d'un brun bleuâtre ; les sporules sont très-petites et réunies en grand nombre à l'extrémité des rameaux. (AD. B.)

GONOVAN. BOT. PHAN. Les Nègres de Guinée emploient, pour corriger la mauvaise qualité de certaines eaux, une graine ainsi nommée. Ils la laissent infuser, et elle communique à la boisson une amertume agréable. On présume que l'Arbre dont elle provient appartient cependant au genre suspect des Strychnos.   (B.)

* GONSANA. BOT. PHAN. (Adanson.) Syn. de *Subularia*, L. *V*. SUBULAIRE.   (B.)

GONSII, GONSIL ET GUNSUL. BOT. PHAN. Noms malabares de l'*Adenanthera*. *V*. ce mot. Adanson les adopta le premier pour désigner scientifiquement ce genre. Cette innovation ne pouvait pas plus être adoptée que tant d'autres du même auteur.   (B.)

*GONSOL. MOLL. Petite espèce de Volute mentionnée dans Adanson (Sénégal, p. 154, pl. 9).   (G.)

GONUS. BOT. PHAN. Lourciro (*Flor. Coch.*, 2ᵉ vol., p. 809) a établi sous ce nom un genre qui, selon Jussieu, doit être rapporté au genre *Tetradium*. *V*. ce mot.   (G..N.)

* GONYANTHES. BOT. PHAN. Dans le Catalogue du jardin de Buitenzorg à Java, publié en 1823 par Blume, se trouve la description d'un nouveau genre appartenant à la Gynandrie Triandrie. Nées d'Esenbeck en a tout récemment exposé les caractères subséquens (Annales des Sciences naturelles, T. III, p. 369, novembre 1824); et a indiqué sa place dans la famille des Cytinées, établie par notre collaborateur Adolphe Brongniart : calice corollcïde, persistant, adhérent à l'ovaire, tubuleux, inférieurement dilaté et triangulaire, supérieurement rétréci et triquètre, muni à son orifice de trois dents ovales et recourbées au sommet; entrée du tube calicinal presque fermée par le stigmate; trois anthères presque sessiles, ovales, auriculées, c'est-à-dire latéralement appendiculées, alternes avec les dents du calice,

insérées sur le tube de celui-ci et au-dessous du stigmate; ovaire infère; style capillaire presque de la longueur du tube; stigmate à trois lobes obovés, un peu convexes et adnés avec les oreillettes des anthères; fruit capsulaire, triquètre, uniloculaire, déhiscent par trois fentes latérales et transversales; réceptacle en colonne cylindrique rugueuse et très-petite; semences fort nombreuses, petites, elliptiques, comprimées, munies d'un arille linéaire, ailé, réticulé et membraneux.

La seule espèce de ce genre a reçu de Blume le nom de *Gonyanthes candida*. C'est une petite Plante herbacée, haute de trois à quatre pouces, parasite sur les racines d'autres Plantes; sa hampe est tétragone, bifide au sommet, et supporte trois ou quatre fleurs. Une note de l'auteur expose la structure des anthères; ce sont de vraies masses polliniques glanduleuses, tellement analogues à celles des Orchidées, qu'on serait tenté de placer le genre Gonyanthes dans cette famille. Mais un dessin de la Plante qui a été communiquée au professeur Nées d'Esenbeck, fait repousser un pareil rapprochement; la structure du style ayant quelque chose de ressemblant à celui des Asclépiadées.   (G..N.)

* GONYCLADON. BOT. CRYPT. (*Chaodinées?*) Link, qui avait déjà proposé de substituer le nom de *Nodularia* à celui de *Lemanea*, imposé par nous à un genre extrait des Conferves linnéennes, a créé cette nouvelle désignation pour notre même genre, faisant ainsi un double emploi dans sa propre nomenclature. Les caractères que nous avions donnés à notre genre *Lemanea* sont vicieux, ainsi que nous l'avons déjà indiqué dans cet ouvrage, et seront réformés quand nous en traiterons en particulier; mais le nom est bon, et nous le conserverons scrupuleusement, non-seulement comme ayant l'antériorité, mais parce qu'il est un hommage à l'un des naturalistes les plus instruits de Paris, en même temps que des plus mo-

destes. Nous saisirons cette occasion de rappeler que cette manière de changer légèrement des noms déjà imposés, est une preuve de négligence, pour ne pas dire plus, ou d'impolitesse dans les naturalistes qui se la permettent. Link ne mérite cependant ni l'un ni l'autre de ces reproches qu'on pourrait adresser à ceux-là seulement qui s'obstinent dans leur erreur.   (B.)

* GONYLEPTE. *Gonyleptes*. ARACHN. Genre établi par Kirby (*Trans. of the Linn. Societ.* T. XII) et assez semblable pour le *facies* aux Faucheurs. Ses caractères essentiels sont d'avoir les mandibules en pinces, les palpes onguiculés et les tarses de six à dix articles. Les espèces propres à ce nouveau genre sont encore peu nombreuses et appartiennent au Brésil. Kirby décrit les Gonyleptes *scaber*, *aculeatus* et *horridus*; il figure soigneusement cette dernière (*loc. cit.*, pl. 22, fig. 16) avec les détails des mandibules, de la poitrine et du sternum.   (AUD.)

GONYPE. *Gonypes*. INS. Genre de l'ordre des Diptères, famille des Tanystomes, établi par Latreille aux dépens des Dasypogons. Ses caractères sont : antennes plus courtes que la tête, les deux pièces inférieures presque égales, courtes et grenues, la dernière ovale, avec un stylet sétifère; tarses terminés par trois crochets sans pelotes; abdomen linéaire. Les Gonypes ressemblent, sous plusieurs rapports, aux Asiles, aux Laphries et aux Dasypogons; ils en diffèrent cependant par le nombre des crochets des tarses. Ils avoisinent aussi les Dioctries et les Hybos; mais on peut les en distinguer à l'aide des caractères tirés de la dimension des antennes et du nombre d'articles qui les composent. Meigen (*Descr. syst. des Dipt. d'Europe*, T. II, p. 542) désigne ce genre sous le nom de *Leptogaster*, et y rapporte trois espèces. Latreille considère comme type du genre le GONYPE TIPULOÏDE, *G. tipuloides*, Latr., ou l'*A-*

silus cylindricus de Degéer (*Mém. Ins.* T. VI, p. 99, et pl. 14, fig. 15), qui est la même espèce que le *Dasypogon tipuloides* de Fabricius (*Syst. Antl.*), l'Asile à pates fauves allongées de Geoffroy (*Hist. des Ins.* T. II, p. 474), et le *Leptogaster cylindricus* de Meigen (*loc. cit.*, tab. 21, fig. 16). On le trouve aux environs de Paris, dans les champs. (AUD.)

* GONYTRICHIUM. BOT. CRYPT. Pour Gonotrichum. *V.* ce mot.

GONZALA. BOT. CRYPT. Et non *Gonzale*. Le genre formé par Adanson sous ce nom, qui n'a point été adopté, renfermait des Pezizes planes, orbiculaires et sessiles. *V.* PEZIZES.   (B.)

GONZALAGUNIA. BOT. PHAN. Pour Gonzalée. *V.* ce mot.   (G..N.)

GONZALÉE. *Gonzalea*. BOT. PHAN. Persoon a adouci de cette manière le nom de *Gonzalagunia* donné par Ruiz et Pavon à un genre de la famille des Rubiacées et de la Tétrandrie Monogynie, L. Cette abréviation avantageuse a été adoptée par Jussieu, Bonpland et Kunth. Celui-ci, en plaçant le *Gonzalea* dans sa sixième section des Rubiacées, où la baie est biloculaire et les loges polyspermes, a tracé ainsi les caractères de ce genre : calice supérieur, urcéolé, à quatre dents persistantes; corolles presque infundibuliformes, dont le tube est allongé et le limbe à quatre divisions étalées; quatre étamines inclinées; ovaire infère, surmonté d'un style et d'un stigmate capité et quadrilobé; drupe globuleuse déprimée, à quatre coques et à quatre noyaux de consistance de parchemin, uniloculaires et polyspermes. Kunth (*Nova Genera et Species Pl. æquinoct.* T. III, p. 416) a réuni à ce genre le *Buena Panamensis* de Cavanilles, réunion qui, d'ailleurs, avait été indiquée par Cavanilles lui-même et Jussieu. Quant au *Lygistum spicatum*, Lamk., Illustr., p. 286, que l'on a signalé comme congénère du *Gonzalea*, il a été placé par Kunth dans un autre genre. C'est le *Cocco-cypsilum spicatum* de cet auteur. Jacquin (*Observ.* 2, p. 7, tab. 52, et *Amer.*, p. 4), trompé par des ressemblances extérieures, avait fait de cette Rubiacée deux espèces de genres appartenant à d'autres familles; l'une était placée dans les *Barleria*, l'autre dans les *Justicia*. Jussieu a en outre proposé de réunir au *Gonzalea* le *Tepesia* de Gaertner fils.

On ne connaît que trois espèces de Gonzalées; ce sont des Arbrisseaux à feuilles opposées, à stipules interpétiolaires, et à fleurs éparses et disposées en épis ou en panicules terminales et solitaires. Le *Gonzalea tomentosa*, décrit et figuré par Humboldt et Bonpland (*Plant. æquin.* 1, p. 225, t. 64), a beaucoup de rapports avec le *Gonzalagunia dependens* de Ruiz et Pavon. Le *Gonzalea cornifolia*, Kunth, est le *Buena Panamensis* de Cavanilles. La première espèce croît au Pérou, entre Loxa et Gonzanama, ainsi que le *Gonzalea pulverulenta*, Humb. et Bonpl., Pl. équinoxiales. La deuxième espèce habite les environs de Honda, dans la république de Colombie.   (G..N.)

*GONZALY. BOT. PHAN. (Rhéede.) Syn. de l'*Assa fœtida*.   (B.)

GOODENIACÉES. BOT. PHAN. Pour Goodénoviées. *V.* ce mot.   (B.)

GOODENIE. *Goodenia*. BOT. PHAN. Genre établi par Smith et qui appartient à la nouvelle famille des Goodénoviées et à la Pentandrie Monogynie, L. Toutes les espèces de ce genre sont originaires de la Nouvelle-Hollande; ce sont des Plantes herbacées ou de petits Arbustes, dont les feuilles alternes sont tantôt entières, tantôt dentées ou plus ou moins profondément incisées. Les fleurs sont portées sur des pédoncules axillaires ou terminaux. Ces fleurs, d'un aspect agréable, sont tantôt jaunes, tantôt bleues ou purpurines. Leur calice est adhérent avec l'ovaire infère, terminé par un limbe à cinq divisions égales. La corolle est monopétale, irrégulière, tubuleuse, à cinq lobes iné-

gaux formant ordinairement deux lèvres, rarement une seule. Le tube est fendu dans sa partie antérieure. Les étamines, au nombre de cinq, naissent immédiatement du sommet de l'ovaire; les filets sont courts; les anthères sont distinctes. Le style est simple, surmonté d'un stigmate très-concave, dont le bord est cilié. L'ovaire est adhérent, à deux, rarement à quatre loges contenant chacune un petit nombre d'ovules attachés au milieu de la cloison. Cet ovaire devient une capsule à deux ou à quatre loges, s'ouvrant en deux valves parallèles à la cloison. Les graines sont comprimées et imbriquées.

On connaît aujourd'hui une quarantaine d'espèces de ce genre dont plusieurs sont cultivées et fleurissent dans nos jardins. Nous citerons les suivantes :

Goodenia ovata, Smith, Vent., Cels. 3, Cav., *Ic.* 6, p. 4, tab. 506. Arbuste dressé, d'environ deux pieds de hauteur, ayant sa tige rameuse; ses rameaux dressés et flexueux; ses feuilles alternes, courtement pétiolées, recourbées, ovales, aiguës et finement denticulées, glabres ou un peu rudes. Les fleurs sont jaunes, pédonculées, axillaires et solitaires. Les cinq lobes du calice sont lancéolés, étroits, aigus, égaux entre eux; la corolle monopétale irrégulière, tubuleuse, recourbée; le limbe presque plane, à cinq divisions ovales, obtuses, sinueuses et inégales. Les étamines ont les anthères allongées, à deux loges, et terminées par un petit bouquet de poils. La capsule est allongée et à deux loges. Cette espèce, comme toutes les autres du même genre, se cultive en orangerie.

Goodenia grandiflora, Bot. *Mag.* 890. Cette belle espèce a ses tiges herbacées, dressées, pubescentes et glanduleuses; hautes de trois à quatre pieds; ornées de feuilles alternes, cordiformes, allongées, velues et dentées en scie; les fleurs sont jaunes, grandes, portées sur des pédoncules tantôt simples, tantôt trifides ou même trichotomes. Cette espèce a été trouvée au port Jackson. On la cultive dans les jardins. (A. R.)

*GOODÉNOVIÉES. *Goodenoviæ*. BOT. PHAN. Nous avons déjà, à l'article CAMPANULACÉES, indiqué très-sommairement les principaux caractères de cette famille établie par R. Brown, et qui appartient à la grande tribu des Campanulacées. *V*. ce mot. Nous allons ici exposer, avec plus de détails, quels sont les caractères d'après lesquels elle a été fondée.

Le calice est adhérent avec l'ovaire, excepté dans le genre *Euthales* où il est libre; son limbe offre cinq, rarement trois divisions plus ou moins profondes, persistantes, presque toujours égales entre elles et qui manquent rarement. La corolle est monopétale, irrégulière, d'une forme variée, mais généralement tubuleuse et fendue longitudinalement sur son côté inférieur; le limbe est à cinq divisions inégales, quelquefois disposées de manière à représenter une ou deux lèvres; chacune de ces divisions est épaisse dans sa partie moyenne, mince et comme sinueuse sur ses bords. On compte cinq étamines qui naissent immédiatement du sommet de l'ovaire, toutes les fois qu'il est infère. Ces étamines sont libres; leurs filets sont courts; leurs anthères, quelquefois légèrement adhérentes entre elles, à deux loges introrses s'ouvrant par un sillon longitudinal. Le style est simple, plus long que les étamines, recourbé vers son extrémité supérieure où il se termine par un stigmate concave assez analogue à celui qu'on observe dans beaucoup d'Amomées, et que Rob. Rrown considère comme une sorte d'*indusium* qui renferme le véritable stigmate. L'ovaire est infère, semi-infère ou libre; tantôt à deux, quelquefois à une, rarement à quatre loges renfermant chacune plusieurs ovules redressés. Le fruit est généralement une capsule à deux ou à quatre loges s'ouvrant en deux valves et ayant la cloison parallèle aux valves qui, quelquefois, se séparent en deux.

Quelquefois les graines sont solitaires dans chaque loge. Le fruit est alors ou une drupe, ou une noix, ou un utricule dont la graine naît du fond de chaque loge. Ces graines ont leur tégument propre assez épais, quelquefois dur et crustacé. Leur endosperme est charnu et manque fort rarement; il contient un embryon dressé à peu près de la même longueur que lui.

Les Goodénoviées sont des Arbustes ou des Plantes herbacées, non lactescentes. Leurs feuilles sont éparses, sans stipules, entières ou rarement divisées; leurs fleurs sont jaunes, rougeâtres ou bleues. Cette famille offre de grands rapports avec les Campanulacées, les Lobéliacées et les Stylidiées. Elle se distingue des premières par sa corolle irrégulière et la forme de son stigmate; des Lobéliacées et des Stylidiées par ses étamines libres et son stigmate qui forme son caractère essentiel.

R. Brown a rapporté à cette famille les genres suivans qu'il divise en deux sections.

Ire SECTION. — *Graines indéfinies.*

Goodenia, Smith; *Calogyne*, Rob. Brown; *Euthales*, R. Brown; *Velleia*, Smith; *Lechenaultia*, R. Brown; *Anthotium*, R. Brown.

IIe SECTION. — *Graines définies. Fruit drupacé.*

Scævola, R. Brown; *Diaspasis*, R. Brown; *Dampiera*, R. Brown.

R. Brown rapporte encore à cette famille le genre *Brunonia* de Smith, qui, cependant, s'en éloigne par plusieurs caractères. (A. R.)

GOODIE. *Goodia*. BOT. PHAN. Genre de la famille des Légumineuses et de la Diadelphie Décandrie, L., établi par Salisbury (*Paradis. Londin.*, 41), et ainsi caractérisé : calice à deux lèvres presque égales, la supérieure aiguë, à demi bifide; corolle papilionacée; l'étendard plane, très-grand; dix étamines diadelphes; un style et un stigmate capité; légume comprimé, pédicellé, contenant ordinairement deux graines.

Les deux espèces de ce genre (*Goodia latifolia*, Salisb., et *G. pubescens*, *Bot. Magaz.*, tab. 1310) sont des Arbrisseaux indigènes de la Nouvelle-Hollande.

Ces Plantes ont des rameaux roides, garnis de feuilles alternes, pétiolées et composées de trois folioles pédicellées et obovales. Leurs fleurs sont terminales et disposées en grappes droites et très-simples. La *Goodia latifolia* est cultivée en Europe, où elle fleurit pendant les mois de mai, juin et juillet. (G..N.)

GOODYERA. *Goodyera.* BOT. PHAN. Le *Satyrium repens* de Linné, petite Plante de la famille des Orchidées, qui croît dans les Alpes, a été retiré avec juste raison du genre *Satyrium*, auquel il n'appartient en aucune manière. Déjà Swartz, dans son Travail sur les Orchidées, l'avait placé parmi les *Neottia*; mais il s'éloigne également de ce genre par tous ses caractères, et R. Brown (*Hort. Kew.*, éd. 2, vol. V, p. 198) en a fait un genre particulier qu'il a nommé *Goodyera*. Ce genre, adopté par le professeur Richard, dans son Mémoire sur les Orchidées d'Europe, peut être ainsi caractérisé : les trois divisions extérieures du calice sont presque dressées, inégales; les deux divisions internes et latérales sont étroites, lancéolées; le labelle est très-concave, entier, sans aucun éperon; le gynostème est court; l'anthère est terminale et operculée, à deux loges contenant chacune une masse de pollen sessile, c'est-à-dire formée de grains élastiques, sans caudicule, ni rétinacle, mais aboutissant par leur pointe à une glande qui leur est commune à toutes les deux; le stigmate est large et placé à la face antérieure du gynostème; l'ovaire est légèrement tordu. Ce genre diffère du *Satyrium* par l'absence des deux éperons du labelle qui forment le caractère essentiel de ce dernier, des *Neottia* par la nature de son pollen.

Le *Goodyera repens*, Brown, *loc. cit.*, *Satyrium repens*, L., *Peramium repens*, Salisb., *Plant. rar.* 48, est une petite Plante alpine, vivace, ayant sa tige rampante à sa partie inférieure, dressée supérieurement; les feuilles qui naissent toutes de la partie inférieure et qui paraissent radicales sont ovales, un peu aiguës, entières, formant une rosette; la tige est haute de six à huit pouces, légèrement pubescente, terminée par un épi de fleurs petites et roulées en spirale.

On a décrit récemment en Angleterre, sous le nom de *Goodyera discolor*, une autre Plante, mais qui ne nous semble pas appartenir à ce genre. Elle en diffère surtout par son labelle non concave, mais offrant à sa base une petite bourse bilobée, par son pollen dont les deux masses sont caudiculées et sans glandes. Nous pensons que cette espèce forme un genre nouveau, que nous décrirons sous le nom de *Ludisia*. *V.* ce mot. (A. R.)

GOO-ROO-WANG. OIS. Espèce du genre Faucon du sous-genre Autour. (B.)

GOR. MOLL. Cette Coquille, qui est peut-être le *Trochus modulus* de Linné, est figurée et décrite dans Adanson (*Sénég.*, p. 187, pl. 12). C'est une espèce de Troque déprimé, à tours de spire presque tranchans, qui appartient probablement au genre ÉPERON de Denys de Montfort. (G.)

GOR. BOT. PHAN. L'Arbre ainsi nommé par Daléchamp d'après Jean-Léon, ancien voyageur, et cité par Scaliger, n'est pas encore déterminé. On sait seulement que, de grande taille, il croît sur les bords du Niger, et porte des fruits pareils à des Châtaignes, mais amers. (B.)

* **GORAB.** OIS. (Forskahl.) Syn. égyptien de Corbeau. *V.* ce mot. (DR..Z)

GORAMI ET **GORAMY.** POIS. Pour Gouramy. *V.* ce mot. (B.)

GORD. MIN. On nomme ainsi,

dans les houillères de certains cantons, des veines d'une Argile schisteuse et bitumineuse qui sépare les lits de Houille. (B.)

GORDET. MOLL. La *Venus africana* a été nommée ainsi par Adanson (Sénég., p. 225, pl. 16). (G.)

GORDIUS. ANNEL.? *V.* DRAGONNEAU.

GORDONIE. *Gordonia.* BOT. PHAN. Ce genre de la Monadelphie Polyandrie, L., placé autrefois par Jussieu dans les Malvacées, et réuni maintenant à la famille des Ternstrœmiacées, présente cinq sépales coniques, arrondis; cinq pétales soudés souvent à leur base avec celles des filets nombreux qui sont chargés d'anthères oscillantes; cinq styles ou un seul; cinq stigmates; une capsule à cinq loges dont chacune renferme deux graines terminées en aile foliacée; leur embryon, dépourvu de périsperme, offre une radicule allongée et des cotylédons foliacés plissés dans leur longueur. Les espèces de ce genre sont des Arbres ou Arbustes à feuilles alternes, ovales ou oblongues, entières ou dentées, à l'aisselle desquelles sont de belles fleurs portées sur un pédicelle quelquefois très-court. Nous avons vu que ces fleurs tantôt présentent, tantôt ne présentent pas de soudure entre les diverses parties dont elles se composent, et c'est d'après cette considération, que De Candolle a partagé en quatre sections les quatre espèces de Gordonies qu'il décrit. La première, sous le nom de *Lasianthus*, en comprend deux originaires, l'une de Virginie, l'autre du Napaul, et dans lesquelles les pétales sont légèrement soudés à leur base, les étamines en cinq faisceaux, les styles en un seul. La seconde, qui est l'*Hœmocharis* de Salisbury, offre une espèce de la Jamaïque à pétales et à styles libres; la troisième, le *Lacathea* du même auteur, une espèce de la Caroline qui présente deux variétés, et dans laquelle les pétales sont réunis à leur base; les filets libres, le style uni-

que. *V.* Lamk., Illustr., tab. 594; Cavanilles, Monadelph., tab. 161-162; et Ventenat, Malmais., tab. 1. (A. D. J.)

*GORDONIÉES. *Gordonieœ.* BOT. PHAN. Sous ce nom, De Candolle (*Prodr. Syst. Veg. univ.*, 1, p. 527) a proposé l'établissement d'une cinquième tribu dans la famille des Ternstrœmiacées, et à laquelle il a assigné les caractères suivans : calice à cinq sépales libres ou réunis entre eux; pétales souvent réunis à la base; étamines nombreuses, dont les filets grêles sont monadelphes à la base, à anthères ovales oscillantes; cinq styles, ou distincts, ou réunis par la base seulement, tandis qu'ils sont appliqués au sommet; carpelles capsulaires, tantôt distincts, tantôt formant par leur intime réunion une seule capsule à une ou deux graines, et à valves portant les cloisons sur leur milieu. Les graines sont dépourvues d'albumen; leur embryon est droit, la radicule oblongue, les cotylédons foliacés, pliés et ridés longitudinalement, sans plumule visible.

Cette tribu est formée des genres *Gordonia*, *Stewartia* et *Malachodendron*, confondus autrefois avec les Malvacées et les Tiliacées, à cause de leurs cotylédons pliés et ridés, mais qui s'en distinguent par leur calice imbriqué et par l'absence des stipules. Elles diffèrent aussi des autres tribus de Ternstrœmiacées par l'absence de l'albumen. Les Gordoniées sont des Arbres ou des Arbrisseaux, la plupart originaires de l'Amérique; quelques-uns se trouvent en Asie. Leurs feuilles sont alternes, souvent caduques, ovales, oblongues, entièrement penninerves et sans stipules. Leurs fleurs rappellent celles des Camellias et des Coignassiers. (G..N.)

* GORDYLIUM. BOT. PHAN. (Paul-Æginète.) Syn. de Tordylie. *V.* ce mot. (B.)

GORENDE. REPT. OPH. Même chose que Giarende. *V.* ce mot. (B.)

GORET. MAM. POIS. Syn. vulgaire de Porc, appliqué à ceux des Poissons qui portent, sur divers rivages, le nom de cet Animal. (B.)

GORFOU. ois. Espèce du genre Manchot. *V.* ce mot. Brisson en a fait le type d'un genre dans lequel il a placé des espèces qui font partie des genres Sphénisque et Manchot de la méthode de Temminck. (DR..Z.)

GORGE. ois. On applique généralement ce nom à la partie antérieure du col des Oiseaux; mais on s'en sert aussi, en l'accompagnant d'une épithète, pour désigner certaines espèces. Ainsi on nomme :

Gorge-Blanche, la Sylvie grisette et la Mésange nonette.

Gorge-Jaune, le Figuier Trichas.

Gorge-Noire, le Rossignol de muraille.

Gorge-Nue, une espèce de Perdrix.

Gorge-Rouge, la *Sylvia rubecula*. *V.* Mésange, Perdrix, etc. (DR..Z.)

GORGE. *Faux.* bot. phan. On nomme ainsi l'entrée du tube de la corolle, du calice, du périgone ou périanthe, soit que les diverses parties qui composent ces organes soient soudées en un tube réel, soit qu'on le suppose formé par la réunion des onglets non soudés entre eux. (G..N.)

*GORGERET. ois. Espèce du genre Rolle. *V.* ce mot. C'est aussi le nom d'un Fourmilier (*V.* ce mot) et d'un Gobe-Mouche du Brésil. *V.* Gobe-Mouche. (DR..Z.)

* GORGERETTE. ois. Syn. vulgaire de la Sylvie à tête noire. *V.* Sylvie. (DR..Z.)

GORGINION. bot. phan. (Ruell.) Ancien synonyme d'*Eryngium campestre.* *V.* Panicaut. (B)

GORGONE. *Gorgonia.* polyp. Genre de l'ordre des Gorgoniées, dans la division des Polypiers flexibles, et non entièrement pierreux, et Corticifères, ayant pour caractères : Polypier dendroïde, simple ou rameux; rameaux épars ou latéraux, libres ou anastomosés; axe strié longitudinalement, dur, corné et élastique, ou alburnoïde et cassant; écorce charnue et animée, souvent crétacée, devenant, par la dessiccation, terreuse, friable et plus ou moins adhérente; polypes entièrement ou en partie rétractiles, quelquefois non saillans au-dessus des cellules, ou bien formant sur la surface de l'écorce des aspérités tuberculeuses ou papillaires. Les anciens naturalistes avaient classé les Gorgones parmi les Plantes sous les noms divers de Lithophytes, Kératophytes, Lithoxiles, etc. Boerhaave les appelait Titanocératophytes, Boccone et Lobel Corallines frutescentes, Imperati *Fuci vestiti;* Linné, d'après Pline, les nomma Gorgones, et ce nom a été adopté par tous les naturalistes modernes. Ces Polypiers, par leur grandeur, l'élégance de leurs formes et les brillantes couleurs de leurs enveloppes, ont attiré les premiers l'attention des zoologistes des dix-septième et dix-huitième siècles. Aidés du microscope inconnu aux anciens, ces restaurateurs des sciences reconnurent les polypes des Gorgones; mais imbus de vieux préjugés, ou faute de bons instrumens, et ne faisant leurs expériences que sur les espèces d'Europe plus petites en général que celles des latitudes élevées en température, ils prirent ces petits Animaux pour les fleurs des Végétaux pélagiens. Cette erreur subsista plusieurs années après la découverte de Peysonnel, qui fut oubliée jusqu'au moment où Trembley, en faisant connaître les Polypes d'eau douce, rappela à plusieurs membres de l'Académie des Sciences les Polypes marins de Peysonnel. Bientôt, grâce aux observations de Bernard de Jussieu et de Guettard, on ne douta plus de la véritable nature des Gorgones, ni de celle des autres Polypiers. Depuis cette époque, Linné, Ellis, Pallas, Cavolini, Spallanzani, Bosc et quelques autres savans ont étudié les Polypes des Gorgones, nous ont fait connaître leurs observations, et ont enrichi leurs ouvrages de bonnes figures. Cependant on ignore encore et la manière de vivre et l'organisation interne de ces Animaux, qui doivent se rapprocher de ceux des Alcyons, à en juger par leur forme dans l'état de mort et de dessiccation. Toutes les Gorgoniées sont attachées aux rochers ou aux autres corps marins par un empâtement plus ou moins étendu, et dont la surface est ordinairement dépouillée de la substance charnue qui recouvre les autres parties du Polypier. De cet empâtement s'élève une tige diminuant graduellement de grosseur jusqu'aux ramuscules dont l'extrémité est souvent sétacée; les rameaux varient beaucoup dans leur forme et leur situation respectives; ils sont épars ou latéraux, quelquefois distiques, d'autres fois pinnés; il en existe de flexueux, de droits, de courbés, de libres et d'anastomosés; enfin on en trouve de légèrement comprimés, tantôt presque planes, tantôt anguleux ou tétragones; le plus grand nombre présente une forme cylindrique. Elles offrent deux substances dans leur organisation, une intérieure cornée et très-dure, ou bien semblable, par sa consistance, à l'aubier mou et cassant de certains Arbres et de beaucoup de Plantes bisannuelles. Cette substance intérieure paraît composée de couches concentriques formées de fibres longitudinales; nous l'appelons axe d'après Lamarck : elle est produite, dit-on, par une sécrétion particulière de la partie inférieure du corps du Polype, et par le desséchement de l'extrémité de ce corps; on ajoute qu'elle ne possède aucune propriété vitale, même pendant l'existence des Animalcules; nous croyons qu'il serait facile de se convaincre du contraire, en examinant avec attention les particularités que présente l'axe des Polypiers. Plus l'écorce est épaisse, plus il est petit et compacte; il est d'autant plus grand et d'un tissu plus lâche, que l'écorce est plus mince. Dans ce dernier état, il est compressible, et se rapproche un peu de la substance interne de certains Alcyons desséchés. La surface est en outre marquée de lignes et de pores, au moyen desquels

la partie la plus extérieure de la masse animée doit communiquer avec la plus interne. Puisque ce mode d'organisation s'observe dans les Gorgones dont l'axe a la consistance de l'aubier, il doit en être de même dans les espèces où cet axe est corné et très-dur; peut-être la petitesse des pores les dérobe-t-elle à la vue; peut-être les trouvera-t-on, si l'on examine ces êtres avec un peu d'attention et dans l'état de vie; enfin, cet axe, dans les Polypiers, doit remplir des fonctions analogues à celles que l'on reconnaît au squelette osseux des Animaux vertébrés, à l'enveloppe articulée et cornée des Insectes, à celles des Crustacés, etc.; donc il fait partie de l'Animal, puisque cet Animal ne peut exister sans lui. La croissance de l'axe des Gorgones paraît s'opérer par couches posées les unes au-dessus des autres; ces couches sont formées ou sécrétées par le sac membraneux dans lequel est renfermé le corps du Polype; ce sac, après avoir tapissé la paroi interne de la cellule, se prolonge en forme de membrane entre l'axe et l'écorce, et donne naissance à l'un et à l'autre. C'est le cambium qui se dépose entre l'écorce et l'aubier, et qui produit, d'un côté une couche ligueuse, et de l'autre une couche corticale; mais dans les Gorgones, cette dernière couche est à peine sensible ou nulle; la première, beaucoup plus considérable, enveloppe souvent, dans son intérieur, des portions de l'écorce charnue, privée de la vie par une cause quelconque; ce phénomène s'opère de la même manière que le renouvellement de l'écorce et du bois. Dans les Arbres ligneux où ces parties ont été détruites par les Hommes, par les Animaux et par les gelées, l'écorce enveloppe l'axe dans toute son étendue; en général, elle est charnue dans le Polypier vivant, et tout fait présumer qu'elle est irritable et sensible; par la dessiccation, elle devient crétacée ou terreuse, friable et susceptible de se dissoudre en plus ou moins grande quantité dans les Acides ; toujours elle fait effervescence avec eux. Des auteurs ont prétendu qu'elle était formée par une sécrétion particulière des parties latérales du corps des Polypes qui se réservent une retraite au milieu de cette masse animée au fond de laquelle ils adhèrent par la partie inférieure du corps ; la supérieure est libre, et peut, à la volonté de l'Animal, s'élever au-dessus de cette petite habitation pour chercher la nourriture, ou y rentrer pour éviter le danger. Nous ne pensons pas que cela soit ainsi, du moins d'après nos observations.

Dans les Spongiées, la matière gélatineuse recouvre le squelette fibreux, elle est uniformément animée ; dans les Antiphates qui viennent ensuite, cette masse, toujours gélatineuse et fugace comme dans les Éponges, présente déjà des parties où se trouve une réunion d'organes qui constituent un Animal peut-être beaucoup plus simple dans son organisation que celui des Gorgones, dans lesquelles la matière encroûtante, beaucoup plus solide, est produite par des Polyes d'une organisation très-compliquée ; mais à mesure que l'écorce augmente, l'axe diminue, il disparaît dans les Alcyonées ; ces dernières forment le dernier échelon qui réunit les Polypes à Polypiers aux Animaux plus parfaits, aux Mollusques. L'écorce des Gorgones n'adhère pas immédiatement à l'axe, elle en est séparée par une membrane d'une nature particulière, si mince dans le genre *Gorgonia*, qu'il est très-difficile de l'apercevoir ; elle est plus apparente dans les Plexaures et les Eunicées. Nous la regardons comme un prolongement de la membrane qui tapisse la cellule, et dans laquelle flottent les parties inférieures du corps du Polype. Attachée au-dessous des tentacules, elle peut s'étendre et se replier dans beaucoup d'espèces, tandis que dans d'autres, non-seulement elle n'est point contractée, mais encore elle semble collée contre les parois des cellules, de manière à en faire partie. D'après ces faits, le corps de l'Animal doit ressembler à celui des autres Polypes, et offrir un corps dont l'extrémité se divise en autant de cœcums intestiniformes, qu'il y a de tentacules. Quelles sont les fonctions de cette membrane, dont aucun auteur ne fait mention ? Nous présumons, d'après sa situation, qu'elle est destinée à lier entre eux tous les habitans de cette ruche pélagienne, et à sécréter, ainsi que nous l'avons déjà dit, la matière qui forme l'axe ; car cet axe ne peut être produit par le desséchement de la partie inférieure du Polype, puisqu'elle est libre dans la cavité à laquelle on a donné le nom de cellule. Ainsi, l'organisation des Polypes des Gorgones offre les plus grands rapports avec celle des Alcyons, des Tubipores, des Lucernaires et des Ascidies. Une Gorgone ne recouvre jamais une autre Gorgone, lorsqu'elle est vivante ; il est même très-rare d'en rencontrer placées sur les rameaux d'une espèce différente : certains naturalistes ont prétendu cependant avoir vu souvent des Gorgones greffées les unes sur les autres ; ils avaient confondu des Alcyons avec ces Polypiers. Il arrive quelquefois qu'une grande Gorgone s'établit à côté d'une petite ; l'empâtement de la première, croissant avec rapidité, recouvre celui de la seconde, mais sans se confondre avec lui, sans même adhérer d'une manière très-forte, car le moindre effort les sépare. Les Polypes, dans les Gorgones à rameaux cylindriques, paraissent épars sur la surface de l'écorce ; lorsque ces rameaux sont comprimés, les Polypes sont placés sur les parties latérales. En général, leur forme et leur situation offrent de bons caractères spécifiques. Nous avons encore remarqué que souvent l'axe était comprimé dans les rameaux cylindriques, et cylindrique dans les rameaux comprimés ; cette règle offre beaucoup d'exceptions.

La forme générale des Gorgones varie beaucoup ; les unes n'offrent qu'une tige simple, sans aucune sorte de ramification ; les autres présen-

tent des rameaux nombreux, anastomosés ensemble et formant un réseau
à mailles quelquefois très-serrées ; entre ces deux extrêmes, se trouvent
une foule de formes intermédiaires
qui les lient entre eux. La couleur des
Gorgones desséchées présente rarement de brillantes nuances ; mais,
dans le sein des mers, il ne doit pas
en être de même. Dans les collections,
on en trouve de blanches, de noires,
de rouges, de vertes, de violettes et
de jaunes, presque toujours ternies
par l'action de l'air et de la lumière
dont l'effet est de la plus grande
énergie sur la matière colorante des
Polypiers coralligènes, au point même de la changer ou de la détruire
presque subitement. La couleur de
l'axe varie beaucoup moins que celle
de l'écorce ; elle est ordinairement
d'un brun foncé, presque noir dans
les parties opaques, et devenant brun
clair fauve et même blond aux extrémités ou dans les parties où cet axe
est transparent. En général, la couleur paraît d'autant plus foncée, que
l'axe est plus corné et plus dur. Dans
les Gorgones dont l'axe est alburnoïde, il est blanchâtre ou jaunâtre ;
cette règle est assez générale. La
grandeur varie autant que la couleur ;
dans quelques espèces, elle est à peine
de cinq centimètres, tandis que d'autres s'élèvent à plusieurs mètres de
hauteur. Si l'on en juge par l'axe de
quelques Gorgoniées inconnues que
nous avons eu occasion d'examiner,
et qui avait plus de cinq centimètres
de diamètre (environ deux pouces),
il doit y en avoir d'énormes dans les
mers équatoriales d'où ces Polypiers
étaient originaires.

Les Gorgones habitent toutes les
mers, et se trouvent presque toujours
à une profondeur considérable ; nous
ne croyons pas qu'elles puissent exister dans les lieux que les marées couvrent et découvrent. Comme les autres Polypiers, elles sont plus grandes et plus nombreuses entre les tropiques que dans les latitudes froides
ou tempérées. Elles ne sont d'aucun
usage, ni dans les arts ni en méde-

cine. Nous croyons cependant que
l'on pourrait tirer parti de l'axe corné
de beaucoup de Gorgoniées, et l'employer à la fabrication d'une foule de
petits meubles, pour lesquels on a
besoin d'une substance dure et élastique. Jusqu'à présent, on ne recherche ces Polypiers que comme objet
d'étude ou de curiosité ; ils ornent
tous les cabinets d'histoire naturelle.

Lamarck a divisé le genre Gorgone
en deux sections : la première a pour
caractères : cellules, soit superficielles, soit en saillies granuleuses ou
tuberculeuses. La deuxième : cellules
cylindriques ou turbinées, très-saillantes. Il réunit dans ces deux groupes toutes les Gorgones de Linné que
nous avons divisées en plusieurs genres, ces deux groupes ne peuvent donc
plus être adoptés. Nous avons fait
quatre sections des Polypiers, que
nous conservons dans le genre Gorgone. La première a pour caractères :
polypes internes ou non saillans ;
écorce unie, très-rarement sillonnée.
La deuxième : polypes saillans formant par leur desséchement des excroissances pustuleuses ou verru-
queuses ; écorce ordinairement sillonnée. La troisième : polypes très-
saillans sur tout le Polypier ou sur
une partie seulement, toujours recourbés en haut et du côté de la tige.
La quatrième : Polypiers qui n'appartiennent peut-être pas au genre
Gorgone.

Dans la première division, l'on remarque la Gorgone gladiée par ses
rameaux aplatis ; la Gorgone pinnée,
dont les nombreuses variétés sont
difficiles à distinguer ; la Gorgone piquetée, dont l'écorce jaune est em-
bellie par le rouge éclatant de ses polypes. La Gorgone éventail, si commune dans les collections, appartient
à la deuxième section, ainsi que la
Gorgone à filets, qui offre quelquefois un éventail de cinq pieds de diamètre ; la Gorgone de Richard dont
l'axe est mou et blanchâtre ; la Gorgone violette d'une belle couleur de
lie de vin ; la Gorgone verruqueuse,
la plus septentrionale de toutes ; la

Gorgone sarmenteuse à rameaux lâches, flexibles et longs; la Gorgone pectinée, si singulière par ses ramuscules simples et unilatéraux. Dans la troisième section se trouvent la Gorgone verticillaire, dont les cellules forment un anneau autour des rameaux; la Gorgone plume, une des plus élégantes par son port; la Gorgone sétacée, dont la tige est simple dans toute sa longueur. La quatrième section, qui renferme les Gorgones douteuses, nous offre la Gorgone briarée, qui est peut-être un Alcyon; la Gorgone fleurie, l'Ecarlate et la Coralloïde se rapprochent des Alcyonées beaucoup plus que des Gorgones; mais ne les ayant jamais vues vivantes, nous n'avons pas cru devoir les changer de genre. (LAM..X.)

GORGONÉCÉPHALE. ÉCHIN. Pour Gorgonocéphale. *V.* ce mot.

(LAM..X.)

GORGONIÉES. *Gorgonieæ.* POLYP. Ordre de la division des Polypiers flexibles ou non entièrement pierreux, dans la section des Corticifères composés de deux substances : une extérieure et enveloppante, nommée écorce ou encroûtement; l'autre appelée axe, placée au centre et soutenant la première. Les Gorgoniées sont des Polypiers dendroïdes, inarticulés, formés intérieurement d'un axe en général corné et flexible, rarement assez dur pour recevoir un beau poli, quelquefois alburnoïde ou de consistance subéreuse et très-mou. Cet axe est enveloppé dans une écorce gélatineuse et fugace, ou bien charnue, crétacée, plus ou moins tenace, toujours animée et souvent irritable, renfermant les polypes et leurs cellules, et devenant friable par la dessiccation. Tels sont les caractères de l'ordre nombreux des Gorgoniées. On les observe dans tous ces Polypiers, mais d'une manière graduelle par rapport à l'écorce, tandis que l'axe varie peu. Ainsi, dans les Anadyomènes, l'existence de l'encroûtement est douteux, et ce n'est que par analogie et provisoirement que ce genre très-naturel, quoique composé seulement de deux espèces, se trouve placé dans les Polypiers corticifères. Les Antiphates ont un axe parfaitement semblable à celui des Gorgones : leur écorce est une matière gélatineuse, gluante comme du blanc d'œuf, qui se comporte hors de l'eau absolument de la même manière que l'encroûtement des Eponges, qui offre le même aspect par la dessiccation, mais qui présente une organisation plus parfaite en ce que l'on y a reconnu des Polypes isolés dans leurs cellules et armés de tentacules. Les Gorgones, plus nombreuses en espèces que toutes les autres Gorgoniées et que l'on divisera peut-être encore en plusieurs genres, ont un axe plus variable que celui des Antiphates. Leur écorce est animée, mais d'une vie analogue à celle de l'écorce des Végétaux, c'est-à-dire qu'elle n'est apparente et bien sensible que dans les jeunes individus ou dans les jeunes rameaux; et, comme l'axe croît toujours en grosseur, sans que l'encroûtement primitif se fende, il faut qu'il se dilate; la vie doit donc exister dans sa masse entière; s'il en était autrement, cet accroissement serait un phénomène inexplicable. Les Polypes des Gorgones ressemblent, par leur organisation considérée en général, à ceux des Alcyons et des Tubipores : ce sont de petits Animaux dont le corps est enfermé dans un sac membraneux, contractile ou non, attaché autour des tentacules, et qui, après avoir tapissé les parois de la cellule, se prolonge dans la membrane intermédiaire entre l'écorce et l'axe. Les organes de l'Animal sont libres dans le sac membraneux. L'organisation est la même que la cellule dépasse ou non la surface de l'écorce. Les Plexaures ne diffèrent des Gorgones que par l'épaisseur de leur encroûtement, sa nature terreuse et la grandeur des cellules, jamais saillantes et souvent inégales et irrégulières.

Les Eunicées, au contraire, ont une écorce épaisse, mais couverte de longs mamelons qui renferment la cellule polypeuse ; la surface de ces mamelons est unie, tandis qu'elle est couverte de papilles ou d'écailles subulées et imbriquées dans les Muricées. Enfin, dans les Primnoas, les mamelons sont allongés, pyriformes ou coniques, pendans, se recouvrant les uns les autres, et formés d'écailles imbriquées et arrondies. — Les mamelons cellulifères de ces Polypiers paraissent, en général, plus animés que le reste de l'encroûtement, et nous ont fait croire long-temps qu'ils faisaient partie intrinsèque du Polype, tandis qu'ils ne sont à l'Animalcule que ce qu'est la masse charnue de l'Alcyon au corps du Polype. — Le Corail diffère de toutes les Gorgonides par son axe d'une brillante couleur et susceptible de prendre un beau poli. — D'après cet aperçu rapide des genres qui composent l'ordre des Gorgoniées, l'on voit que s'il est très-facile à les distinguer les uns des autres, leurs rapports entre eux sont aussi nombreux et qu'ils se lient d'un côté aux Spongiées par les Antiphates et de l'autre aux Isidées dont les articulations pierreuses ressemblent quelquefois à l'axe du Corail.

L'ordre des Gorgoniées est composé des genres Anadyomène, Antiphate, Gorgone, Plexaurée, Eunicée, Muricée, Primnoa et Coraillée. *V.* ces mots. (LAM..X.)

GORGONION. BOT. PHAN. (Dodœus.) Ancien synonyme de Grémil. *V.* ce mot. (B.)

GORGONOCÉPHALE. *Gorgonocephalus.* ÉCHIN. Genre de l'ordre des Echinodermes pédicellés, dans la famille des Astéries ou Stellérides de Lamarck, proposé par Leach et adopté par Schweigger pour placer l'*Asterias Caput-Medusæ* de Linné. Il correspond au genre Euryale de Lamarck. *V.* EURYALE. (LAM..X.)

GORITAS. OIS. Ce mot espagnol, diminutif de *Goro*, signifie petits bonnets. Oviedo (et non Ovide) en a fait le nom d'un Pigeon dont la tête est couronnée de plumes qui motivent cette application. *V.* PIGEON. (B.)

GORO. POIS. (Risso.) Le Spare Osbeck à Nice. (B.)

GORTERA. BOT. PHAN. (Adanson.) Syn. de Gortérie *V.* ce mot. (B.)

GORTÉRIE. *Gorteria.* BOT. PHAN. Genre de la famille des Synanthérées, Corymbifères de Jussieu, et de la Syngénésie frustranée, établi par Linné, et ainsi caractérisé selon H. Cassini : calathide dont le disque est composé de plusieurs fleurons réguliers, hermaphrodites extérieurement, mâles intérieurement, et la circonférence de fleurs en languettes et neutres ; involucre ovoïde, formé de folioles nombreuses, régulièrement imbriquées, sétacées, droites et spinescentes au sommet ; réceptacle plane, garni, à la base des fleurs mâles, de paillettes courtes, rondes et sétacées : ovaires obovoïdes, revêtus en leur partie supérieure de poils crépus, laineux et soyeux, sans véritables aigrettes. Toutes les espèces placées dans ce genre par Linné et les botanistes modernes, ne présentent pas les caractères précités. Aussi a-t-on été forcé d'en constituer plusieurs genres distincts. Ehrhart a établi le *Berckheya* avec le *Gorteria fruticosa*, L., qui avait été rapporté à l'*Atractylis* par Linné lui-même, et que Jussieu a nommé *Agriphyllum.* Gaertner a formé le *Gazania* (*Mussinia*, Willd.) aux dépens du *Gorteria rigens*, L., dans laquelle espèce H. Cassini a en outre distingué un autre genre sous le nom de *Melanchrysum.* Enfin, R. Brown a constitué le genre *Cullumia* avec les *Gorteria squarrosa* et *G. ciliaris*, L. — *V.* tous les mots génériques ci-dessus mentionnés.

Au moyen de ces retranchemens le genre *Gorteria* s'est trouvé réduit par Cassini à une seule espèce, et il l'a placé dans la tribu des Arctotidées. Le *Gorteria personata*, L., est une Plante herbacée annuelle, indigène du cap de Bonne-Espérance. Elle a des tiges dressées, peu rameuses, garnies de feuilles étroites lancéolées, cotonneuses et blanches à leur face

inférieure. Les calathides sont solitaires à l'extrémité des tiges et des
rameaux ; leur disque est jaune, ainsi
que les fleurs de la circonférence qui
ont en outre une teinte bleue à la
base et en dessous.   (G..N.)

* GORTÉRIÉES. *Gorterieæ*. BOT.
PHAN. Nom d'une section de la tribu
des Arctotidées de Cassini. Elle est
caractérisée par l'involucre formé
de folioles soudées en tout ou en
partie, et elle comprend les genres
suivans : *Berckeya*, Ehrart ; *Cullumia*, R. Brow. ; *Cuspidia*, Gaertn. ;
Didelta, l'Hér. ; *Evopis*, H. Cass. ;
Favonium, Gaert. ; *Gazania*, Gaert. ;
Gorteria, L. ; *Hirpicium*, H. Cass. ;
Ictinus, H. Cass. ; et *Melanchrysum*,
H. Cass. *V*. ces mots. (G..N.)

GO-RUCK. OIS. Espèce du genre
Philédon. *V*. ce mot. (DR..Z.)

GORYTE. *Gorytes*. INS. Genre de
l'ordre des Hyménoptères, section
des Porte-Aiguillons, famille des
Fouisseurs (Règn. Anim. de Cuv.),
établi par Latreille qui lui assigne
pour caractères : segment antérieur
du tronc très-court, transversal et
linéaire ; labre caché ou peu découvert ; abdomen ovalaire ; antennes
insérées au-dessous du milieu de la
face de la tête, presque contiguës à
leur base, point coudées, grossissant
un peu vers le bout, du moins dans
les femelles ; yeux entiers, de grandeur moyenne, écartés : palpes maxillaires allongés, sétacés au bout ; à
articles inégaux ; languette à trois divisions, dont l'intermédiaire plus
large ; mandibules sans dents au côté
interne ; chaperon demi-circulaire,
renflé ou convexe. Le genre Goryte correspond à celui des Arpactes de Jurine ;
il offre plusieurs points de ressemblance avec les Mellines et les Crabrons,
mais il en diffère par des caractères assez tranchés. Les Gorytes ont
une analogie plus frappante avec les
Astates, les Oxybèles et les Trypoxy-
lons, mais ils diffèrent des deux premiers par la forme des antennes, l'absence d'épine à l'écusson, etc., et ils
s'éloignent du dernier genre par leurs

yeux entiers et sans échancrure. Latreille leur réunit les Nyssons (*V*. ce
mot) de Jurine. Ce dernier observateur (Classific. des Hyménopt., p. 192)
donne à ses Arpactes ou Gorytes, les
caractères suivans : une cellule radiale, oblongue ; trois cellules cubitales à peu près égales, la deuxième
resserrée antérieurement, recevant
les deux nervures récurrentes (on
voit souvent le commencement d'une
quatrième cellule) ; mandibules petites, bidentées ; antennes filiformes,
composées de douze anneaux dans les
femelles, et de treize dans les mâles. Jurine ajoute que ces Insectes
présentent ce caractère particulier,
que derrière leur écusson il existe
une plaque triangulaire, encadrée et
sillonnée ou guillochée par des lignes
parallèles. Les jambes se terminent
par une espèce de pelote plus dilatée
chez les femelles que chez les mâles.
Dans plusieurs espèces, on remarque
en outre que les tarses des jambes antérieures sont garnis de longs poils
qui sont placés en dehors de ces parties, et dont on ignore encore l'usage.
On trouve ces Insectes sur différentes
fleurs, et en particulier sur les Ombellifères. Les espèces propres au
genre Goryte ont été presque toutes
rangées par Fabricius dans le genre
Melline. Parmi elles, nous citerons :
Le GORYTE A MOUSTACHES, *Gor.
mystaceus*, Latr., ou le *Mellinus mystaceus*, Fabr., qui peut être considéré comme type du genre.
Jurine mentionne encore les Gorytes : 4° *fasciatus*, *campestris* ; 5°
cinctus, *fasciatus* et *armarius*, que
Fabricius et Panzer rangent parmi les Mellines. Il cite aussi le *Gorytes cruentus* ou le *Pompilus cruentus* de Fabricius, et il figure (pl 10,
fig. 20) sous le nom de *formosus* une
fort jolie espèce, dont la tête est noire, le thorax et les deux premières
paires de pates rouges ; la dernière
paire noire, l'abdomen noir, avec
deux taches et deux bandes blanches.
   (AUD.)

GOSCHIS. MAM. Il paraît que le
Chien était fort commun dans l'île

d'Haïti quand on en fit la découverte, et que non-seulement admis dans la familiarité de l'Homme, il peuplait ses habitations et l'aidait dans ses chasses, mais encore que sa chair était une nourriture habituelle, comme elle le fut chez les anciens Canariens et chez les indigènes de la plupart des îles. Un grand nombre de variétés de couleurs fort vives composaient la race que les naturels appelaient Goschis. L'introduction des Chiens de l'Europe a ramené les Goschis aux formes et aux nuances communes en Europe.   (B.)

GOSIER. ZOOL. *V*. PHARYNX.

* GOSIER (GRAND). OIS. Les marins ont quelquefois désigné les Pélicans sous ce nom qu'emploie le père Labat.   (B.)

GOSSAMPINUS. BOT. PHAN. (Pline.) Qu'on a mal à propos francisé sous le nom de *Gossampisi*. Synonyme présumé de Bombax. *V*. FROMAGER.   (B.)

GOSSON. MOLL. Adanson (Sénégal, p. 4, pl. 1) donne ce nom à une Bulle, *Bulla Ampulla*, L.   (G.)

* GOSSYPINE. *Gossypina*. BOT. CHIM. Substance obtenue du Coton ordinaire par Thomson. Elle est fibreuse, insipide, très-combustible, insoluble dans l'Eau, l'Alcohol, l'Ether, soluble dans les Alcalis; traitée par l'Acide nitrique, elle se convertit en Acide oxalique.   (G..N.)

GOSSYPIUM. BOT. PHAN. *V*. COTONNIER.

GOSTURDUS. OIS. (Gesner.) Syn. ancien du Cochevis. *V*. ALOUETTE.   (DR..Z.)

GOTHOFREDA. BOT. PHAN. Genre de la famille des Apocynées et de la Pentandrie Dyginie, L., établi par Ventenat (Choix de Plantes, p. 8, tab. 60) qui l'a ainsi caractérisé : calice à cinq divisions profondes; corolle tubuleuse, dont le limbe est étalé, à cinq divisions très-longues, ligulées et flexueuses; structure et disposition des étamines comme dans les *Asclepias*; couronne staminale ou gaîne (*Vagina*, Vent.) appliquée contre l'ovaire, presque charnue, le plus souvent saillante, profondément divisée au sommet; deux ovaires ovales; deux styles cylindriques, et deux stigmates obtus. Le *Gothofreda cordifolia*, Vent., *loc. cit.*, est un sous-Arbrisseau grimpant, qui a le port d'un *Cynanchum*, dont les feuilles sont opposées, cordées-ovales, acuminées, cotonneuses. Les fleurs, en petit nombre, sont disposées en grappes axillaires et terminales. La corolle de cette Plante, qui ressemble à celle du *Strophantus*, et la structure de la gaîne du pistil, ont décidé Ventenat à constituer ce genre en l'honneur du célèbre professeur Geoffroy de Saint-Hilaire. Jussieu (Annal. du Muséum, T. XV, p. 348), observant que le *Cynanchum erectum*, Jacq., a la même structure du stigmate, pense qu'on doit le joindre, comme seconde espèce, au genre *Gothofreda*, ou supprimer celui-ci. Enfin, ce genre a été définitivement réuni par Kunth (*Nova Genera et Spec. Plantar. æquinoct.*, tab. 3, p. 197) à l'*Oxypetalum* de Brown. *V*. ce mot.   (G..N.)

GOTHIM. BOT. PHAN. Le fruit de Camboye, cité sous ce nom par L'Ecluse, paraît être le Myrobolan Bélirique qui provient d'un Badamier. *V*. TERMINALIA.   (B.)

GOTNÉ. BOT. PHAN. Les deux Plantes égyptiennes désignées sous ce nom par C. Bauhin sont un *Psyllium* et une autre espèce de Plantain. (B.)

GOTTINGA. BOT. PHAN. L'Arbre désigné sous ce nom indou, paraissant à Adanson celui qui produit le Myrobolan Bélirique, pourrait être le même que le Gothim. *V*. ce mot. (B.)

GOU. BOT. PHAN. L'Arbre dont les feuilles sont employées sous ce nom, à Sierra-Leone, pour tanner le cuir, n'est pas encore déterminé; on en recommande la recherche aux voyageurs naturalistes.   (B.)

GOUACHE. ois. (Belon.) Syn. ancien de Perdrix grise. *V.* Perdrix. (dr..z.)

GOUALETTE. ois. Syn. vulgaire de Mouette. *V.* Mauve. (dr..z.)

*GOUANCHE. mam. Pour Guanche. *V.* ce mot.

GOUANDOU. mam. Pour Coendou. *V.* ce mot et Porc-Epic. (b.)

GOUANIE. *Gouania.* bot. phan. Genre établi par Jacquin et Linné qui l'ont placé dans la Pentandrie Monogynie, quoique ses fleurs soient ordinairement polygames. Voici ses caractères : calice supère turbiné et quinquéfide, muni intérieurement d'un disque membraneux qui se développe en cinq découpures opposées à celles du calice; cinq pétales squammiformes; cinq étamines opposées aux pétales et enveloppées par elles; ovaire infère surmonté d'un style semitrifide et d'un stigmate; fruit capsulaire, triquètre, formé de trois carpelles monospermes, indéhiscens, munis sur leur dos de trois ailes arrondies. Outre les fleurs hermaphrodites que nous venons de décrire, on trouve sur les mêmes individus des fleurs mâles ou stériles. Linné et Lamarck (Encycl méth.) n'admettent point de corolle dans ce genre; ce dernier parle néanmoins de coiffes en cornets qui enveloppent les anthères, et qui pourraient bien être les mêmes organes considérés par Jussieu comme étant les pétales. *V.* plus haut le caractère générique. La place qu'occupe le genre *Gouania* dans l'ordre naturel, n'est pas déterminée avec certitude. Jussieu l'a relégué à la suite des Rhamnées dont l'ovaire est supère. Il se compose d'Arbustes grimpans, à feuilles alternes garnies de stipules, à rameaux axillaires se terminant en arilles ou en grappes florales contiguës à celle-ci. Leur port est celui des Vignes et des *Paullinia.* On en compte une dixaine d'espèces, la plupart indigènes des Antilles et de l'Amérique du Sud. Quelques-unes croissent dans l'Inde et aux îles Maurice et Mascareigne. Celle qu'on peut regarder comme le type du genre, est le *Gouania Domingensis*, L. Elle croît dans les bois de la république d'Haïti, où les habitans lui donnent le nom de Liane brûlée. Ses branches sarmenteuses sont ligneuses et s'accrochent aux Arbres voisins par le moyen de leurs vrilles. Les feuilles sont alternes, pétiolées, ovales, oblongues, acuminées et dentées en scie. L'aspect de cette Plante, semblable à celui des *Banisteria* et des *Paullinia*, l'avait d'abord fait confondre avec les espèces de ces genres par Linné lui-même. Roxburgh (*Coromand.* 1, p. 67, tab. 98) a donné une figure du *Gouania tiliæfolia*, Lamk.

Sous le nom générique de *Retinaria*, Gaertner a décrit (*de Fruct.*, vol. 2, p. 187 et tab. 120) un genre qu'il a considéré comme nouveau, mais qui est évidemment une espèce de Gouanie. (g..n.)

GOUARAUNA, GOUARONA et GUARANA. ois. Espèce du genre Courlis. *V.* ce mot. (dr..z.)

GOUARÉE. bot. phan. Pour Guarée. *V.* ce mot. (g..n.)

GOUARIBA ou GUARIBA. mam. Espèce de Sapajou. *V.* ce mot. (a. d..ns.)

GOUAROUBA. ois. Espèce du genre Perroquet, sous-genre Perriche. *V.* Perroquet. (dr..z.)

*GOUAYAVIER. bot. phan. Pour Gouyavier. *V.* ce mot.

* GOUAZOU. mam. *V.* Guazou et Cerf, pour tous les noms de Cerfs américains dans lesquels entre cette désignation de pays. (b.)

GOUAZOUARA. mam. Syn. guarani de Cougar. *V.* Chat. (b.)

GOUDIC-GOUDIC. ois. Salt dit que les Abyssins désignent sous ce nom un Oiseau de proie dont la présence est pour eux d'un augure favorable ou défavorable, selon qu'ils le rencontrent dans leurs voyages venant à eux ou fuyant à tire-d'aile. Une telle indication ne suffit pas pour juger ce que peut être le Goudic-Goudic. (B.)

GOUDRON. BOT. Matière résineuse très-impure, mêlée de Carbone, d'eau, d'Acide acétique et de plusieurs autres principes; on l'obtient par la combustion dans des fours préparés à cet effet, des copeaux de Pins et de Sapins. Le Goudron, dont les élémens existaient dans les copeaux, vaporisé par la chaleur, se condense sur les parois du four, en découle et vient se rendre, à l'aide de rigoles, dans un réservoir extérieur. Le Goudron est d'un usage très-étendu, surtout dans la marine où il sert à recouvrir les surfaces du bois et le garantit ainsi de l'action destructive des eaux. On le fait entrer avec succès dans la composition des cimens qui doivent servir aux constructions souterraines. On l'employait autrefois en médecine comme balsamique. (DR..Z.)

GOUEMON. BOT. CRYPT. Pour Goémon. *V.* ce mot. (LAM..X.)

GOUET. *Arum.* BOT. PHAN. Genre principal de la famille des Aroïdées et de la Monœcie Polyandrie, L., présentant les caractères suivans : spathe monophylle, en capuchon, roulée à la base; spadice nu au sommet, staminifère vers le milieu, à anthères disposées sur plusieurs rangs, femelle à la base; les étamines ou les pistils stériles, ordinairement très-rapprochés des fertiles; baies uniloculaires, polyspermes ou quelquefois monospermes; graines insérées sur les parois opposées, à radicule contraire à l'ombilic. C'est ainsi que R. Brown (*Prodr. Flor. Nov.-Holland.*, 1, p. 335) a exposé la structure du genre *Arum.* En adoptant ces caractères, plusieurs espèces qui lui avaient été rapportées par Linné et par plusieurs botanistes qui ont marché sur les traces de ce grand naturaliste, s'en trouvent exclues, et constituent des genres particuliers. Tournefort avait anciennement distingué les trois genres *Arum*, *Dracunculus* et *Arisarum*, que Linné réduisit en un seul. Ventenat (Jardin de Cels, n° 30) a le premier séparé plusieurs espèces d'*Arum* de Linné, de Jacquin et d'Aiton, qu'il a constituées en un genre distinct, sous le nom de *Caladium*; Palisot-Beauvois (Flore d'Oware et de Benin, p. 3, t. 3) établit en 1804, c'est-à-dire quatre ans après la publication de l'ouvrage de Ventenat, un genre *Culcasia*, identique avec le *Caladium. V.* ce mot. Enfin, R. Brown (*loc. cit.*) a encore proposé de partager le genre *Arum* d'après la structure de l'ovaire qui, dans plusieurs espèces, est polysperme (c'est à ces espèces qu'il conviendrait de conserver l'ancien nom), et dans quelques autres est certainement monosperme; il faudrait aussi reconnaître la nature des appendices du spadice, déterminer, par exemple, si dans les vrais *Arum*, on doit les considérer comme des étamines avortées, lorsqu'elles sont très-rapprochées des anthères, et si, dans les espèces monospermes, les appendices contigus aux ovaires sont des pistils imparfaits.

On a décrit environ quarante espèces de Gouets, qui se trouvent répandues dans les contrées chaudes et tempérées de l'un et l'autre hémisphère. L'Europe méridionale, l'Afrique, l'Inde et son Archipel, le Japon, la Nouvelle-Hollande, l'Amérique septentrionale et les Antilles, en nourrissent chacune des espèces particulières. Nous nous bornerons à faire connaître les suivantes :

1°. Le GOUET MACULÉ, *Arum maculatum*, L., *A. vulgare*, Lamk., a une racine tubéreuse, lactescente et fibreuse: des feuilles radicales, pétiolées, sagittées, à oreillettes peu divergentes, et le plus souvent parsemées de taches blanches ou noirâtres, sur un fond vert, veiné, lisse et luisant. Sa hampe est terminée à son sommet par une spathe droite, grande, verdâtre en dehors et blanchâtre en dedans. Le spadice, beaucoup plus court que la spathe, est d'abord d'un blanc jaunâtre, mais ensuite devient u-geâtre ou d'un pourpre livide tte Plante croît dans les haies et ois des parties tempérées de l'ope. Toutes les parties du Gouet cu-lé, et principalement la racine ainsi que le spadice, sont fort âcres, brûlantes et corrosives, qualités qu'elles perdent en partie par la dessiccation; leur emploi, autrefois assez fréquent en médecine, comme purgatives, incisives, détersives, etc., est maintenant tombé complétement en désuétude. La racine est très-riche en principe amylacé, qui peut devenir nutritif après la torréfaction. Cette opération lui enlève l'âcreté qui la rend désagréable et vénéneuse.

2°. Le GOUET D'ITALIE, *Arum Italicum*, Miller et Lamarck. Cette espèce est fort rapprochée de la précédente, mais elle est constamment plus grande dans toutes ses parties; les oreillettes de ses feuilles sont très-divergentes et son spadice est toujours jaunâtre. Ce Gouet croît naturellement en Italie, dans le midi de la France, et dans la Péninsule espagnole. C'est sur lui que Lamarck observa, en 1777, le curieux phénomène d'un développement considérable de chaleur à l'époque de la floraison. Les spadices épanouis devenaient tellement chauds, qu'ils paraissaient brûlans, tandis que ceux qui n'étaient pas encore développés, restaient à la température de l'air ambiant. Lamarck s'était proposé de mesurer la chaleur développée en cette circonstance, au moyen du thermomètre, mais il ne paraît pas avoir exécuté ce projet. Ce que Lamarck avait seulement indiqué, sans tenter de nouvelles expériences que devait provoquer la découverte d'un fait aussi intéressant, est devenu l'objet de plusieurs recherches fort ingénieuses, entreprises par Hubert, savant agriculteur de l'île Mascareigne. Bory de Saint-Vincent (Voyage aux îles des mers d'Afr., vol. 2, p. 66) en a exposé la narration. Il paraît que la découverte du développement de la chaleur dans les spadices de Gouets, n'était pas con-nue de Hubert lorsque sa mère aveugle de vieilles ayant voulu se faire par le tact une idée de la forme des fleurs d'*Arum*, qui répandaient une odeur agréable, fut surprise de les trouver extrêmement chaudes. Elle en avertit son fils qui s'assura du fait et mesura avec des thermomètres les degrés de la chaleur fournie par les spadices de l'*Arum cordifolium*, Bory, espèce voisine des *Arum arborescens* et *Seguinum*, L., placées aujourd'hui dans le genre *Caladium*. Dans ces expériences, les thermomètres appliqués contre les spadices s'élevèrent jusqu'à 44°, tandis que le thermomètre de comparaison ne montait qu'entre 19 et 21°. Nous renvoyons nos lecteurs à l'ouvrage cité pour connaître les expériences ingénieuses et variées tentées par Hubert, celles surtout de la mutilation des spadices, qui n'a pas empêché le développement de la chaleur, pour lequel le contact de l'air atmosphérique était nécessaire, mais qui paraissait indépendant de l'action de la lumière.

Plusieurs Gouets sont remarquables par l'amplitude de leurs feuilles, de leurs spathes et de leurs spadices. Tels sont les Gouet Serpentaire, Gouet peint et Gouet à longue pointe (*Arum Dracunculus*, L.; *A. pictum*, Lamk., et *A. Dracuntium*, L.) Le premier croît dans les lieux incultes de l'Europe méridionale; le second, que l'on cultive dans les jardins de botanique, est, dit-on, originaire des îles Baléares. Les veines de ses feuilles sont médiocrement colorées. L'*Arum Dracuntium* est indigène des terrains humides de la Virginie et d'autres Etats de l'Amérique du Nord.

Enfin, on observe dans les fleurs de certaines espèces une fétidité insupportable; celles de l'*Arum muscivorum*, L. fils, dégage une odeur de cadavre tellement forte que les Mouches, attirées par cette odeur, s'enfoncent avec avidité dans la spathe; mais n'y trouvant point l'appât qu'elles y cherchent, c'est en vain qu'elles s'efforcent d'en sortir. Les poils tournés en bas qui ferment l'orifice de la spathe, les retiennent, et elles y périssent. (G..N.)

GOUFFEIA. BOT. PHAN. Genre de la famille des Caryophyllées et de la Décandrie Digynie, L., établi par Robillard et Castagne dans le supplément de la Flore Française de De Candolle. Ses caractères sont : calice à cinq folioles étalées; corolle à cinq pétales entiers; étamines au nombre de dix; deux styles; capsule globuleuse, uniloculaire, se fendant longitudinalement en deux parties à la maturité, et renfermant une graine.

Ce dernier caractère n'est pas très-constant; il y a probablement dans l'ovaire deux ou plusieurs ovules qui avortent tous, excepté un. La Plante qui a servi à établir ce genre, a reçu le nom de *Gouffeia arenarioides*, parce qu'elle ressemble beaucoup à l'*Arenaria tenuifolia*. Elle est glabre, un peu visqueuse supérieurement, diffuse, divisée dès sa base en branches grêles, ascendantes, souvent rougeâtres; ses feuilles sont petites, ovales, lancéolées, pointues, rapprochées, et souvent rétrécies en pétiole dans le bas des tiges, écartées et sessiles supérieurement. Les fleurs sont petites, nombreuses, terminales pédicellées, et disposées en panicules; leurs pétales sont ovales, blancs et persistans. Cette Plante fleurit au premier printemps dans les endroits rocailleux des collines près de Marseille. (G..N.)

GOUFFRE. GÉOL. Antres communiquant à quelque abîme ou profondeur du globe, dans lequel les eaux des fleuves ou de la mer disparaissent avec plus ou moins de violence. Ne pensant point que de tels accidens de terrain jouent un rôle plus important à la surface du globe que les abîmes, nous renvoyons à ce mot pour ce qui concerne les Gouffres. *V.* aussi CAVERNES au supplément. (B.)

* GOUG. OIS. Syn. vulgaire du Fou de Bassan. *V.* FOU. (DR..Z.)

GOUGOULANES. BOT. PHAN. Variété de Bananes très-estimée aux Philippines. (B.)

GOUI. BOT. PHAN. (Adanson.) Nom de pays du Baobab au Sénégal. (B.)

GOUJON. POIS. *V.* CYPRIN et GOUJONS.

* GOUJONNIÈRE ou PERCHE GOUJONNIÈRE. POIS. Nom vulgaire de l'espèce qui sert de type au genre Grémille. *V.* ce mot. (B.)

GOUJONS. POIS. Sous-genre de Cyprins auquel le Goujon commun sert de type. *V.* CYPRINS.

On a étendu ce nom à beaucoup d'autres petits Poissons qui n'appartiennent pas même au genre Cyprin, et comme de telles désignations sont toujours arbitraires, nous n'en grossirons pas notre ouvrage. (B.)

* GOUKR. OIS. (Savigny.) Syn. égyptien du Pygargue. *V.* AIGLE. (DR..Z.)

GOULIAVAN. OIS. Même chose que Couliavan. (DR..Z.)

GOULIN. OIS. Espèce du genre Martin. *V.* ce mot. (DR..Z.)

* GOULONGO. MAM. *V.* GOLANGO.

GOULU. MAM. Syn. de Glouton. *V.* ce mot. (B.)

GOULU. OIS. Syn. vulgaire du Cormoran et des Mauves. *V.* ces mots. (DR..Z.)

GOULU DE MER. POIS. L'un des vieux noms vulgaires du Requin. *V.* SQUALE. (B.)

GOUMIER. MOLL. Adanson (Voy. au Sénég., pag. 156, pl. 10) a nommé ainsi une espèce du genre Cérite. Cette espèce se trouve dans la Méditerranée et sur les côtes du Sénégal, il y est fort commun. On ne le trouve pas cité dans la treizième édition de Linné, mais il l'est dans l'Encyclopédie, article CÉRITE, n° 15, sous le nom de *Cerithium vulgatum* qui a été adopté par Lamarck. Il est évident d'après cela que Blainville a commis une erreur en rapportant au Goumier dans le Dict. des Sciences naturelles le *Murex fuscatus* de Linné, qui est une espèce fort différente nommée *Cerithium muricatum* par Bruguière (Encyclop. méthod., art. CÉRITE, n° 27), adoptée sous le même nom par Lamarck (Anim. sans vert. T. VII, pag. 70, n. 13).   (D. H.)

GOUPI. *Goupia.* BOT. PHAN. Genre de la famille des Rhamnées et de la Pentandrie Monogynie, L., établi par Aublet (Guian., tab. 116) qui l'a ainsi caractérisé : calice très-petit à cinq dents. cinq pétales insérés autour d'un disque calicinal, lancéolés, munis intérieurement d'un appendice lamelliforme et pendant de leur sommet; cinq étamines placées sur le disque, à filets courts et à anthères tétragones; style nul et cinq stigmates; baie pisiforme, adhérente au calice persistant, marquée de cinq stries uniloculaires, à trois ou cinq graines. Le nom de ce genre a été changé inutilement en celui de *Glossopetalum*, par Schreber et Willdenow. Aublet en a décrit deux espèces, *Goupia glabra* et *G. tomentosa.* Ce sont de grands Arbres qui croissent dans les forêts de la Guiane; leurs feuilles sont alternes, marquées d'une nervure principale un peu déviée de la ligne médiane, accompagnées de stipules très-petites; leurs fleurs sont jaunes, nombreuses, disposées en ombelles ou en tête, et supportées par des pédoncules solitaires et axillaires. Le bois du *Goupia glabra* est blanc et peu compacte; les indigènes de la Guiane en font des pirogues. (G..N.)

GOUPIL. MAM. L'un des vieux noms français du Renard. *V.* CHIEN.   (B.)

* GOUPILLON. POLYP. Ce nom a été donné par Ellis au *Sertularia Thuja* de Linné (pl. 5, fig. 6. R, p. 24, n. 9) ainsi qu'au *Fucus peniculus* de Turner; *Polyphysa Aspergillosa*, Lamx., Gen., p. 20, tab. 69, fig. 2-6. *V.* POLYPHYSE.   (LAM..X.)

GOURA. OIS. Espèce du genre Pigeon. *V.* ce mot. Vieillot en a

fait le type d'un genre particulier.   (DR..Z.)

GOURAMI. POIS. Et non *Gorami.* Espèce du genre Osphronème. *V.* ce mot.   (B.)

GOURDE. BOT. PHAN. Variété de la Calebasse, espèce du genre Courge. *V.* ce mot.   (B.)

GOURGALLE. CRUST. L'un des noms vulgaires, sur certaines côtes de France, du *Cancer Pagurus.* (B.)

GOURGANDINE. MOLL. La *Venus Meretrix*, dont Lamarck a fait le genre MÉRÉTRICE (*V.* ce mot), est connue sous ce nom par les marchands.

La GOURGANDINE STRIÉE ou FAUSSE GOURGANDINE, est peut-être la *Venus flexuosa* de Gmelin.   (G.)

GOURGANE. BOT. PHAN. L'un des noms vulgaires de la Fève, et particulièrement d'une petite variété fort tendre. *V.* FÈVE.   (B.)

GOURGOURAN. MOLL. Nom vulgaire et marchand du *Conus Barbadensis.*   (B.)

GOURNAU. POIS. Et non *Gournan.* Pour Gurnau. *V.* ce mot.   (B.)

* GOUROU. BOT. PHAN. Dans l'herbier formé par Adanson au Sénégal, on trouve le *Pontederia ovata* de Beauvois désigné sous ce nom de pays.   (B.)

* GOURRAOU. BOT. PHAN. (Gouan.) Une variété de Figue dans les environs de Montpellier.   (B.)

GOUSOL. MOLL. Petite espèce de Volute mentionnée dans Adanson, Voy. au Sénég., p. 154, pl. 9. (G.)

GOUSSE. *Legumen.* BOT. PHAN. On désigne plus particulièrement sous cette dénomination le fruit de la famille des Légumineuses. Il est membraneux, à deux valves (rarement trois ou quatre), à cordon pistillaire divisé en deux branches, qui marchent parallèlement sur la suture supérieure, de sorte que les graines sont toutes attachées à cette suture, alternativement à l'une et à l'autre valve.

La disposition unilatérale du cordon pistillaire dans un fruit presque toujours solitaire, est une anomalie qui a porté le professeur De Candolle à considérer cette simplicité du fruit dans les Légumineuses, comme résultant de l'avortement habituel de celle qui se trouvait vis-à-vis d'elle. Cette opinion qui, en 1813, n'était d'abord présentée que comme une simple hypothèse, a été confirmée depuis par des faits très-remarquables. Il existe souvent dans les Légumineuses deux pistils plus ou moins soudés par le bord le plus voisin du côté où les graines sont attachées. C'est ce que l'on observe fréquemment dans le *Gleditschia triacanthos*, et quelquefois dans le *Genista scoparia* ; c'est ce que Willdenow a figuré dans sa description du *Cæsalpinia digyna*.

Les Gousses sont le plus souvent uniloculaires. Il y en a de biloculaires, c'est-à-dire qui sont divisées en deux loges polyspermes par une cloison longitudinale, comme par exemple dans les Astragales. Les Gousses multiloculaires, ou divisées en deux ou plusieurs loges monospermes, par des cloisons transversales, sont encore appelées Diaphragmatiques (*Phragmigera*). Telles sont celles du *Cassia fistula*. Enfin, quelques Gousses sont lomentacées ou articulées, c'est-à-dire divisées en deux ou plusieurs loges monospermes, par des articulations transversales. Willdenow donnait le nom particulier de *Lomentum* à cette sorte de Gousse qui existe dans les *Hedysarum*, les Coronilles, les *Hippocrepis*, etc.

On a improprement nommé Gousses, des fruits qui n'ont que des rapports extérieurs avec ceux des Légumineuses, et qui sont des follicules, des capsules ou des baies sèches.

(G..N.)

GOUTTE-BLEUE. MOLL. Nom vulgaire et marchand du *Voluta hispidula*.

(B.)

GOUTTE-D'EAU. MOLL. Nom vulgaire et marchand du *Bulla Ampulla*.

(B.)

* **GOUTTE-DE-LIN.** BOT. PHAN. L'un des noms vulgaires de la Cuscute. *V*. ce mot.

(B.)

GOUTTE-DE-SANG. BOT. L'un des noms vulgaires de l'*Adonis annua*, L. Paulet donne ce nom et celui de Goutte-de-Lait à deux petits Champignons ou Lycoperdacées. (B.)

GOUTTEUSE. MOLL. Nom vulgaire et marchand du *Strombus Scorpius*, espèce du genre Ptérocère. (B.)

GOUTTIÈRE. MOLL. Terme employé en conchyliologie, pour indiquer un sillon à l'une des extrémités de l'ouverture d'une Coquille univalve. *V*. CONCHYLIOLOGIE.

Ce nom est donné quelquefois au *Murex buffonius* de Linné, dont on a fait un genre.

(G.)

GOUTTIÈRE. INS. (Geoffroy.) Syn. de Sylphe Lire. *V*. SYLPHE.

(B.)

GOUVERNEUR. MOLL. Nom marchand, devenu scientifique, d'une belle espèce de Cône.

(B.)

GOUYAVE. BOT. PHAN. Fruit du Gouyavier. *V*. ce mot.

(G..N.)

GOUYAVIER. OIS. Espèce du genre Gobe-Mouche. *V*. ce mot.

(DR..Z.)

GOUYAVIER ou **GOYAVIER.** *Psidium*. BOT. PHAN. Famille des Myrthacées, Icosandrie Monogynie, L. Ce genre fut constitué par Tournefort sous le nom de *Guaiava*, mot vulgaire de l'espèce principale. Linné, adoptant ce genre, lui substitua la dénomination de *Psidium*, plus anciennement employée et universellement admise par les botanistes modernes, excepté Gaertner qui a conservé le nom imposé par Tournefort. Voici ses caractères d'après Lindley et Kunth (*Nova Genera et Spec. Plant. æquinoct*. T. VI, p. 152): calice supérieur presque pyriforme, ayant trois ou cinq lobes à son orifice lorsqu'il est fermé, profondément et irrégulièrement fendu entre ses lobes lorsqu'il est ouvert ; quatre ou cinq pétales insérés sur le calice ;

étamines extrêmement nombreuses, insérées sans ordre sur le calice; anthères biloculaires, déhiscentes longitudinalement; ovaire infère à trois ou cinq loges; autant de placentas que de loges, fixés à un axe central, et bipartibles suivant leur longueur (dans le *Psidium Cattlejanum*, Lindl., les lobes des placentas sont réfléchis et renferment intérieurement les ovules); ovules nombreux; un style et un stigmate presque en tête; baie contenant d'une à cinq loges polyspermes; graines réniformes, dont le tégument extérieur est presque osseux, l'intérieur membraneux et marqué de noir par la chalaze; point d'albumen; l'embryon arqué ou presque en spirale. Les genres de la famille des Myrtacées offrent une telle difficulté dans leur distinction, et leur organisation a été si bien étudiée en ces derniers temps par Lindley et Kunth, qu'il a été nécessaire d'en tracer les caractères minutieusement d'après les botanistes.

La plus grande partie des Gouyaviers habite l'Amérique méridionale. Ce sont des Arbres à rameaux opposés, à feuilles opposées, entières et marquées de points glanduleux, à fleurs blanches, munies de deux bractées, portées sur des pédoncules axillaires à une, à trois ou à plusieurs fleurs. Parmi les espèces de ce genre, nous nous contenterons de décrire succinctement les deux suivantes :

Le GOUYAVIER POIRE, *Psidium pyriferum*, L., vulgairement Goyavier blanc. Ce petit Arbre s'élève à la hauteur de cinq à six mètres; son tronc est droit, divisé en rameaux quadrangulaires; ses feuilles sont elliptiques, oblongues, aiguës et pubescentes en dessous. A ses fleurs, qui sont blanches et de la grandeur de celles du Coignassier, succèdent des fruits de la forme d'une poire et de la grosseur d'un œuf de Poule, jaunes extérieurement, rouges, blancs ou verdâtres à l'intérieur, contenant une pulpe succulente et charnue, d'une saveur douce, agréable et parfumée. Ces fruits, qu'on nomme Gouyaves dans les Antilles où on cultive en abondance l'Arbre qui les porte, passent dans le pays pour un aliment très-sain. On en fait des gelées, des confitures et des pâtes; elles relâchent lorsqu'elles sont parfaitement mûres; mais elles sont très-astringentes avant leur maturité. Quoique originaire des climats chauds, le Gouyavier se cultive assez facilement en Europe dans une terre substantielle, en le plaçant en été contre un mur exposé au midi, et le conservant pendant l'hiver dans l'orangerie. On a même réussi à le tenir en pleine terre pendant toute l'année dans le midi de la Provence, où il a porté des fruits et reproduit de nouveaux individus.

Le GOUYAVIER POMME, *Psidium pomiferum*, L., vulgairement Gouyavier rouge ou Gouyavier des Savanes. Cette espèce a de si grands rapports avec la précédente, qu'on la regarde comme une simple variété. Elle en diffère par ses feuilles plus acuminées, par ses fruits moins gros, plus arrondis, remplis d'une pulpe acide, plus rougeâtre et moins agréable que celle du Gouyavier Poire. Du reste, il croît dans les mêmes contrées, et de plus se rencontre aussi dans les Indes-Orientales.

Kunth (*loc. cit.*, p. 152, tab. 547 *bis*) a décrit et figuré une espèce sous le nom de *Psidium dubium*, qui croît dans les missions de l'Orénoque, et qui pourrait bien se rapporter au genre Myrthe. Les habitans la nomment *Guayavo*. (G..N.)

GOYAVIER. BOT. PHAN. Pour Gouyavier. *V*. ce mot. (G..N.)

GRAAB-EL-ZAHARA. OIS. Nom arabe que l'on rapporte à une espèce de Pyrrhocorax propre au nord de l'Afrique. (DR..Z.)

* **GRABBE.** POIS. L'un des noms vulgaires du *Pleuronectes Passer*. *V*. PLEURONECTE. (B.)

GRACCUS ET GRACCULUS. OIS. Syn. du Choucas. *V*. CORBEAU. (DR..Z.)

*** GRACILANGIS.** BOT. PHAN. Nom proposé par Du Petit-Thouars (Hist. des Orchidées des îles australes d'Afr.) pour une Plante de son genre *Angorchis* ou *Angræcum* des auteurs. Cette Orchidée, qui, dans la nomenclature linnéenne, porterait le nom d'*Angræcum gracile*, croît dans l'Ile-de-France. Ses tiges florifères, hautes de trois décimètres, s'élèvent des aisselles de plusieurs feuilles rubannées, ramassées à la base de la Plante et articulées dans la partie inférieure de leur limbe. Les fleurs sont blanches, petites et écartées. Elle est figurée (*loc. cit.*, tab. 76). (G..N.)

GRACILIA. MAM. C'est-à-dire *Grêles* Illiger, dans son Prodrome, forme sous ce nom une petite famille naturelle où se classent les Mangoustes, Moufettes, Martes et Loutres. *V.* ces mots. (B.)

GRACILIPÈDES. OIS. Epithète que l'on donne à tous les Oiseaux à pieds grêles. (DR..Z.)

GRACILIROSTRES. OIS. Oiseaux à bec grêle. (DR..Z.)

*** GRACILOPHYLIS.** BOT. PHAN. Du Petit-Thouars (Hist. des Orchidées des îles australes d'Afr.) a proposé ce nom générico-scientifique pour une Plante que ce savant rapporte à son genre *Bulbophyllum* ou *Phyllorchis*, et qui correspond au *Cymbidium* de Swartz. Cette Orchidée, qui serait appelée *C. gracile* selon la nomenclature linnéenne, croît à l'Ile-de-France. Elle est figurée (*loc. cit.*, tab. 100). (G..N.)

GRACIOLI. BOT. PHAN. La variété de Poire ainsi appelée est la même que le Bon-Chrétien d'été. (B.)

*** GRACIRRHYCTES** ET **GRACIRRINGES.** POIS. FOSS. Ces noms ont été donnés à des dents fossiles, à la figure desquelles on trouvait quelqu'air de bec d'Oiseaux ou de forme triangulaire, et qui toutes paraissent avoir appartenu à des Sélaciens. (B.)

GRACULA. OIS. Que Lacépède a traduit par Gracule. *V.* MAINOTE.

GRACULUS. OIS. (Belon.) Syn. du Freux. *V.* CORBEAU. C'est aussi, dans Mœhring, le synonyme du Fou de Bassan, et dans Willughby, celui du Nigaud. *V.* FOU et CORMORAN. (DR..Z.)

*** GRADEAU.** POIS. Pour Gras-d'Eau. *V.* ce mot. (B.)

*** GRADIPÈS.** OIS. (Klein.) Syn. du Hobereau. *V.* FAUCON. (DR..Z.)

GRADOS. POIS. Nom vulgaire par lequel les pêcheurs désignent, dans certains cantons, de petites espèces d'Ables et même de Cyprins, soit d'eau douce, soit de mer. (B.)

GRADULE. BOT. CRYPT. (*Mousses.*) Nom proposé par Beauvois pour désigner en français le genre Climacium. *V.* ce mot. (B.)

GRAFFA ET **GRAFFE.** MAM. Nieremberg, d'après Marc-Paul sans doute, désignait la Girafe sous ce nom. (B.)

*** GRAIE.** OIS. Syn. vulgaire du Freux. *V.* CORBEAU. (DR..Z.)

GRAILLANT, GRAILLE, GRAILLOT. OIS. Syn. vulgaires de la Corbine. *V.* CORBEAU. (DR..Z.)

*** GRAILLON.** OIS. (Salerne.) Syn. vulgaire de la Chevêche. *V.* CHOUETTE. (DR..Z.)

GRAIN D'AVOINE. MOLL. Geoffroy, dans la Conchyliologie des environs de Paris, pag. 53, a nommé ainsi, à cause de sa forme et de sa grosseur, une petite Coquille mise par Draparnaud et Lamarck dans le genre *Puppa*, sous le nom de *Puppa nucleus.* (D..H.)

GRAIN DE MILLET. CRUST. L'espèce de Crustacé microscopique à laquelle Joblot donne ce nom paraît appartenir au genre Cypris. *V.* ce mot. (B.)

GRAIN D'ORGE. MOLL. Nom vulgaire du *Bulimus obscurus* de Bruguière et de Draparnaud. (D..H.)

GRAIN DE SEL. MOLL. On nomme quelquefois ainsi une Porcelaine fort commune, connue plus ordinairement sous le nom de Neiguile, *Cypræa Vitellus*.   (D.'.H.)

GRAINE. *Semen.* BOT. PHAN. On appelle de ce nom les ovules fécondés. Le caractère essentiel de la Graine, est de contenir, sous une enveloppe généralement simple, un embryon ou corps organisé, qui plus tard doit se développer pour reproduire un nouveau Végétal. Les Graines sont toujours renfermées dans l'intérieur d'un péricarpe; jamais elles n'en sont dépourvues. Aussi, tous les botanistes s'accordent-ils aujourd'hui sur ce point, qu'il n'existe pas de *Graines nues*, c'est-à-dire de Graines privées de péricarpe. Mais ce dernier est quelquefois si mince, si peu distinct ou tellement soudé avec la surface externe de la Graine, qu'il est difficile de l'en distinguer; c'est dans ce cas que Linné et une foule d'autres botanistes ont dit que les Graines étaient nues; comme dans les Graminées, les Cypéracées, les Atriplicées, les Ombellifères, les Labiées, etc. Mais si l'on examine l'ovaire à l'époque de la fécondation, on verra que l'ovule qui est le rudiment de la Graine, est renfermé dans une cavité dont il est fort distinct. La Graine est formée de deux parties : l'une est une membrane qui la recouvre extérieurement et qu'on nomme tégument propre de la Graine ou *Episperme;* l'autre est toute la partie contenue dans l'épisperme, et se nomme l'*Amande.* Toute Graine est constamment attachée à la paroi interne du péricarpe, de manière que lorsqu'elle vient à s'en détacher, elle offre une petite cicatrice qui indique le point au moyen duquel elle était fixée. Ce point, qui marque la base de la Graine, a reçu le nom de *Hile* ou ombilic. Quelquefois il est petit et difficile à distinguer du reste de la surface de l'épisperme; dans quelques genres, au contraire, il forme une cicatrice bien apparente et parfois très-large, qui se distingue par une couleur différente de celle du tégument propre. Ainsi, dans le Marronnier d'Inde, le hile est fort large et

sa couleur terne et blanchâtre se distingue facilement de l'épisperme qui est brillant et d'une belle teinte brune. C'est par le hile que les vaisseaux nourriciers passent du péricarpe dans la Graine à travers son tégument propre. Vers la partie centrale ou sur les côtés du hile, on aperçoit une très-petite ouverture, par laquelle entrent les vaisseaux nourriciers du péricarpe, on la nomme *Omphalode.* Quelquefois ces vaisseaux, au lieu de percer l'épisperme directement, rampent entre les deux feuillets qui le constituent, et forment un faisceau ou ligne saillante qu'on appelle *Raphé* ou *Vasiducte;* et le point intérieur par lequel le vasiducte perce la paroi interne de l'épisperme, a reçu le nom de *Chalaze* ou d'*Ombilic interne.* Ces parties s'observent très-facilement dans les Graines des Orangers.

Outre l'omphalode dont nous venons de parler tout à l'heure, le tégument propre de la Graine offre encore assez fréquemment une autre ouverture à laquelle l'habile iconographe Turpin a donné le nom de *Micropyle.* Cette ouverture se trouve en général près du hile, et toujours dirigée vers le stigmate. On pense assez généralement que c'est par elle que le fluide fécondant arrive jusque dans les ovules. En effet, c'est vers ce point que viennent aboutir les faisceaux de vaisseaux, désignés sous le nom de *Cordons pistillaires.* L'amande est toute la partie d'une Graine qui se trouve contenue dans l'intérieur de l'épisperme. On n'a pas encore pu découvrir de communication vasculaire entre ces deux parties, quand la Graine est parvenue à son état parfait de maturité. Mais dans les premiers temps de la formation de l'embryon, les vaisseaux du placenta communiquent avec l'amande, à travers le tégument propre. Tantôt c'est l'embryon seul qui forme l'amande; tantôt, outre l'embryon, elle se compose encore d'un autre corps qu'on nomme *Endosperme.* Rien de plus facile que de distinguer ces deux organes. L'embryon, en effet, est un corps organisé, offrant déjà, mais à l'état rudimentaire, une racine, une tige, des feuilles, etc., qui se développent par l'effet de la germination. L'endosperme, au contraire, est en quelque sorte un corps inorganique, une masse de tissu cellulaire, dans laquelle on n'aperçoit aucune trace de vaisseaux, et qui, loin de se développer et de prendre de l'accroissement par la germination, diminue à cette époque, et finit même par disparaître entièrement. Il est inutile de connaître la position respective de ces deux organes, pour arriver plus facilement à leur distinction. Quelquefois l'embryon est complétement recouvert par l'endosperme, de sorte que l'amande se présente sous l'aspect d'une masse de tissu cellulaire. Dans ce cas, il faut nécessairement fendre l'endosperme pour découvrir l'embryon. C'est ce qui forme l'embryon *intraire*. D'autres fois, au contraire, l'embryon est simplement appliqué sur l'un des côtés de l'endosperme, et on dit alors qu'il est *extraire*. Comme l'endosperme et l'embryon ont l'un et l'autre été l'objet d'un article spécial, nous renvoyons à ces deux mots pour les détails qui les concernent. *V.* Embryon et Endosperme.

La position des Graines et surtout leur direction relativement à l'axe du péricarpe, sont importantes à considérer, surtout quand ces Graines sont en nombre déterminé. Elles fournissent alors d'excellens caractères pour la classification naturelle des Végétaux. Ainsi, une Graine fixée par sa base, même au fond du péricarpe ou d'une de ses loges, quand il est multiloculaire, et dont elle suit plus ou moins bien la direction, est dite *dressée*; comme, par exemple, dans toute la famille des Synanthérées. On dit au contraire qu'elle est *renversée*, quand elle est attachée au sommet de la loge, dans les Dipsacées par exemple. Si la Graine est attachée un peu sur les côtés de la base ou du sommet de la loge, dont elle suit la

direction, on dit dans le premier cas qu'elle est *ascendante*, et dans le second, qu'elle est *suspendue*. Enfin, on applique aux Graines le nom de *péritropes*, quand elles sont horizontales, relativement aux parois du péricarpe. On distingue dans une Graine: 1° *sa base*, qui est constamment représentée par le hile ou point d'attache; 2° son *sommet*, qui est le point diamétralement opposé à la base; 3° ses *faces*.

Quand une Graine est comprimée, celle de ses deux faces qui regarde l'axe du péricarpe, porte le nom de *face* proprement dite; l'autre, qui est tournée du côté des parois du péricarpe, celui de *dos*. Le bord de la Graine est représenté par le point de réunion entre la face et le dos. Quand le hile est situé sur un des points du bord de la Graine, elle est dite *comprimée*. On dit au contraire qu'elle est *déprimée*, quand le hile se trouve sur la face ou sur le dos.

On doit à Dutrochet des recherches fort curieuses sur la formation successive des diverses parties de la Graine et spécialement de l'embryon. Cet organe ne se montre pas immédiatement après la fécondation. Quelquefois il ne commence à se distinguer que trente à quarante jours après cette époque. C'est communément sous la forme d'une petite vésicule qu'il apparaît. Cette vésicule est enveloppée ou contenue dans une masse comme celluleuse, qui tantôt disparaît entièrement par suite de l'accroissement de l'embryon; tantôt forme autour de lui un corps accessoire, destiné à le nourrir, et qu'on nomme endosperme. Dutrochet est porté à considérer l'endosperme, quand l'embryon est intraire, comme une enveloppe séminale particulière, dont les parois sont devenues parenchymateuses. Quand l'embryon est extérieur, tantôt l'endosperme est formé par un organe particulier, sorte d'accessoire de l'embryon, auquel l'auteur donne le nom d'*Hypostate*, tantôt par un placenta qui sert à nourrir l'embryon. Il résulte de là

que l'endosperme n'est pas primitivement un organe partout identique,
et que son origine est fort différente
dans un grand nombre de Végétaux.

Doit-on donner le nom de Graines
aux organes reproducteurs des Plantes agames ou cryptogames, telles
que les Fougères, les Mousses, les
Champignons, les Algues, etc.? Nous
ne le pensons pas. En effet, le caractère essentiel de la Graine, celui qui
la constitue réellement, c'est de contenir un embryon, c'est-à-dire un
corps organisé, devant reproduire un
nouveau Végétal, et offrant déjà à l'é-
tat rudimentaire les parties essentielles qui doivent le constituer. C'est
par ce caractère que les Graines se
distinguent des bourgeons et des bulbilles, qui jouissent également de la
faculté de reproduire de nouveaux
individus. Mais les organes reproducteurs des agames, ou les *Sporules*, ne renferment pas d'embryon ;
ils reproduisent, il est vrai, de nouveaux individus, mais à la manière
des gemmes et des bulbilles. On doit
donc plutôt les assimiler à ces derniers, que les considérer comme de
véritables Graines. *V.* CRYPTOGA-
MES.　　　　　　　　　　(A. R.)

Le mot Graine a souvent été employé comme nom propre avec quelque épithète caractéristique pour désigner diverses Plantes ou leurs fruits;
ainsi l'on a appelé :

GRAINE D'AMOUR, le Grémil officinal et le *Solanum Pseudo-Capsicum.*

* GRAINE D'AMBRETTE, l'*Hibiscus
Abelmoschus* dont on faisait autrefois
un grand usage en la mettant dans
la poudre dont on chargeait les cheveux.

GRAINE D'ANSE, qu'on a eu tort
d'écrire Graine de Lance, les amandes de l'*Omphalea diandra*, qui croît
le long des golfes ou anses sur les rivages de la mer, aux Antilles.

GRAINE D'AVIGNON, GRAINE JAU-
NE ou GRENETTE, le fruit du *Rham-
nus infectorius.*

* GRAINE DE BÁUME, le fruit de
l'*Amyris Opobalsamum.*

GRAINE DE CANARIE OU DE CANA-
RIS, la semence de l'Alpiste.

GRAINE EN COEUR, le *Corispermum
hyssopifolium.*

GRAINE À DARTRES, la Graine
du *Cassia testa* et du *Vateria guianensis.*

GRAINE D'ÉCARLATE, la petite
galle que produit le *Quercus coc-
cifera.*

GRAINE DE GIROFLE, le fruit d'un
Amome et la graine du *Myrtus Pi-
menta.*

GRAINE JAUNE. *V.* GRAINE D'AVI-
GNON.

* GRAINE KERMESIENNE (C. Bauhin), le fruit du Myrte de Tarente,
variété du Myrte commun.

GRAINE DE LANCE, pour Graine
d'Anse. *V.* ce mot.

* GRAINE MACAQUE, le *Matoubea*
d'Aublet et le *Melastoma lœvigata.*

GRAINE DES MOLUQUES OU DE TIL-
LY, le *Croton Tiglium.*

GRAINE DE MUSC ou MUSQUÉE,
l'*Hibiscus Abelmoschus.*

GRAINE D'OISEAU, l'Alpiste et le
Millet.

* GRAINE ORIENTALE, le Ménis-
perme.

GRAINE DE PARADIS, un Amome
qu'on emploie dans l'Inde pour les
ragoûts et pour falsifier le Poivre.

GRAINE PERLÉE, le Grémil officinal.

GRAINE DE PERROQUET, le *Cartha-
mus tinctorius.*

GRAINE DE PERRUCHE, le *Celtis
micranthus* selon Richard père.

GRAINE DE PSYLLION, la semence
du *Flantago Psyllium*, qu'on emploie
dans le blanchissage des mousselines
et dentelles.

GRAINE DE RÉGLISSE, l'*Abrus precatorius* à Saint-Domingue.

* GRAINE ROYALE (Mesué), le
Ricin commun.

GRAINE À TATOUS, l'Amajova à la
Guiane.

GRAINE DE TILLY. *V.* GRAINE DES
MOLUQUES.

* GRAINE TINCTORIALE, même
chose que Graine d'Ecarlate. *V.* ce
mot.

Graine de Turquie, le Maïs.

* Graine a Vers, le Chénopode anthelmentique à la Guiane, selon Richard père, et le Semen-Contra.

* Graine verte (Avicenne), l'amande du Pistachier.　(b.)

GRAINES FOSSILES. bot. crypt. *V.* Carpolithe.

GRAINETTE. bot. phan. Même chose que Graine d'Avignon. *V.* ce mot.　(b.)

*GRAINS DE MURE. bot. crypt. (*Champignons.*) Genre formé par Paulet pour des Plantes fongueuses et membraneuses, d'une chair ferme, etc., etc. Comment une Plante fongueuse peut-elle être membraneuse, et avoir à la fois une chair quelconque? Ce genre, aux caractères duquel il est conséquemment impossible de rien comprendre, renferme des Oreillettes rouges et des Godets crotiniers!
　(b.)

* GRAINS DE ROSAIRE. échin. Ce nom a été donné par d'anciens auteurs à des articulations fossiles de la colonne des Crinoïdes ou Encrines. *V.* Crinoïde.　(lam..x.)

GRAINS DE SEL. min. Nóm vulgaire, parmi les lapidaires, de très-petits Diamans bruts globuliformes.
　(b.)

GRAINS DE ZELIN ou POIVRE D'ETHIOPIE. bot. phan. Les graines de l'*Uvaria odorata.*　(b.)

GRAINZARD. ois. Syn. vulgaire de Sarcelle d'été. *V.* Canard.
　(dr..z.)

GRAISSANE. bot. phan. Variété de Figues fort estimée dans le midi de la France, particulièrement en Provence.　(b.)

GRAISSES. zool. chim. On a désigné sous ce nom toutes les substances grasses extraites du corps des Animaux et dont la fluidité varie entre 25 à 40 degrés. Cette détermination est inexacte, puisque la Graisse de l'Homme est toujours fluide au-dessus seulement de 15 à 17 degrés. La nature chimique des Graisses ne dif-

férant aucunement, si ce n'est par la proportion de leurs principes immédiats, de celles des huiles, du beurre, de la cire et autres corps gras; nous renvoyons à ce dernier mot pour traiter de leur histoire chimique sur laquelle Chevreul a, dans ces derniers temps, jeté tant de lumière. *V.* Gras (corps). La solidité plus ou moins grande des Graisses en a déterminé les distinctions et leur a fait appliquer différens noms particuliers. Ainsi, les Graisses de Porc, de Mouton, de Bœuf, etc., sont nommées Axonge, Saindoux, Suif, etc. Les Animaux vertébrés semblent être seuls pourvus de cette sorte de corps gras, ou du moins on n'a pas cherché à les comparer dans les diverses classes d'Animaux. Les Graisses d'Homme, de Porc, de Mouton, de Bœuf, de Jaguar et d'Oie, ont seules été étudiées avec soin. Ces Graisses, à l'état de pureté, sont en général incolores; celles de l'Homme et du Jaguar sont colorées en jaune par un principe soluble dans l'eau. L'odeur de certaines Graisses est due à la présence d'Acides volatils récemment découverts par Chevreul, et qu'il a nommés Acides hircique, caprique, etc. La fusibilité des Graisses est variable; elle dépend de la quantité de Stéarine et d'Elaïne qui la constituent. Celle de l'Homme, à l'état de santé, se prend en masse à 17°,0 centigr.; dans certaines maladies aiguës, elle est beaucoup moins concrète. Les Graisses de Porc et d'Oie se figent à 26 ou 27°; celle du Jaguar à 29°,5; dans le Bœuf, à 39°; enfin, le suif du Mouton se fige tantôt de 37 à 39°, tantôt de 40 à 41°.

Les Graisses sont très-susceptibles de saponification; exposées à l'air et à la lumière, elles acquièrent de l'acidité et une odeur piquante connue sous le nom de Rance. On les emploie principalement à l'éclairage, à la fabrication du Savon, comme aliment, et comme préparations pharmaceutiques.　(g..n.)

GRAISSET. rept. batr. L'un des

noms vulgaires de la Rainette verte.
V. Rainette. (b.)

GRAISSON. pois. L'un des noms du Hareng sur les côtes septentrionales de la France. (b.)

GRALLÆ. ois. *V.* Gralles et Echassiers.

GRALLARIE. ois. Espèce du genre Fourmilier. Vieillot fait de cette espèce le type de son genre *Grallaria. V.* Fourmilier. (dr..z.)

GRALLES. *Grallatores.* ois. Cet ordre, le treizième de la méthode de Temminck, à pour caractères : pieds grêles, longs, dépourvus de plumes au-dessus du génou dans un espace plus ou moins étendu ; trois seulement ou trois doigts dessous et un derrière, celui-ci de niveau avec les autres ou articulé un peu plus haut. La forme du bec est assez variée ; elle est le plus souvent droite, en cône très-allongé et comprimé, rarement plate, déprimée. Les ornithologistes systématiques avaient aussi consacré cet ordre qui renferme beaucoup de genres, mais généralement peu nombreux en espèces, ce qu'il faut rapporter principalement à la variation étonnante de la forme du bec. La première famille des Gralles renferme ceux qui n'ont que trois doigts ; ils sont répartis en six genres, savoir : Odicnème, Sanderling, Falcinelle, Echasse, Huîtrier et Pluvier. Les genres Vanneau, Tourne-Pierre, Grue, Courlan, Héron, Cigogne, Bec-Ouvert, Ombrette, Flammant, Avocette, Savacou, Spatule, Tantale, Ibis, Courlis, Bécasseau, Chevalier, Barge, Rhynchée, Caurale, Râle, Gallinule, Jacana et Talève, dont les espèces ont toutes quatre doigts, forment la seconde famille. Tous ces Oiseaux ont des habitudes à peu près communes, et à l'exception d'un très-petit nombre qui sont en quelque sorte omnivores, tous ne se nourrissent que d'Insectes aquatiques, de Mollusques, de Poissons et de Reptiles, lorsque les dimensions et la consistance du bec le leur permettent ; ils ont les ailes longues et propres conséquemment aux longs voyages qu'ils ont l'habitude d'entreprendre, surtout aux deux époques des changemens principaux de saisons. Ces voyages sont déterminés chez la plupart des Gralles par le besoin de nourriture qu'ils ne trouvent que dans une température tempérée ; en effet, comment, avec la faiblesse de leur bec, pourraient-ils chercher les Vermisseaux au sein d'une vase que la gelée aurait recouverte d'une croûte impénétrable? Dans la saison rigoureuse aussi, les Reptiles engourdis ne se montrent plus à la surface du sol, et l'Oiseau qui s'en nourrit doit suivre en quelque sorte pas à pas le rayon qui réveille la nature ou la tient à l'abri d'un repos forcé. Les marais fangeux, les bords des lacs et des rivières, les côtes sont les endroits où s'arrêtent les Gralles ; ils y séjournent plus ou moins long-temps selon l'abondance de la nourriture ou la marche plus ou moins rapide de la saison ; ils voyagent ordinairement en troupes, et chacune composée d'espèces du même âge, les vieux précèdent les autres de plusieurs jours ; dans le vol, ils tiennent toujours les jambes étendues en arrière ; dans la marche ils apportent, suivant le rapport de la longueur des doigts avec celle du tarse, ou beaucoup de gravité ou une vitesse extrême ; tous sont rusés et sauvages ; ils se laissent difficilement approcher. Chez plusieurs d'entre eux la mue est double ; elle change périodiquement les couleurs du plumage, ce qui n'a pas peu contribué à jeter de la confusion dans les divisions spécifiques ; chez d'autres elle n'a lieu qu'une fois l'année, et dans ce cas, les jeunes mettent un temps beaucoup plus long à se revêtir de la robe des adultes. (dr..z.)

GRALLIPÈDES. ois. (Vanderstegen de Putte.) Syn. d'Echassiers. *V.* ce mot et Gralles. (dr..z.)

GRALLINE. *Grallina.* ois. Genre établi par Vieillot pour y placer la seule espèce connue qui existe au Muséum de Paris. Les caractères assignés à ce genre sont: bec droit et légèrement convexe en dessus; mandibule supérieure un peu courbée vers le bout et échancrée; l'inférieure entière; les narines arrondies; tarses longs; quatre doigts, trois devant et un derrière; l'ongle postérieur très-crochu et robuste; les antérieurs très-petits et grêles; deuxième et troisième rémiges les plus longues.

GRALLINE NOIRE ET BLANCHE, *Grallina melanoleuca*, Vieill. Parties supérieures noires ainsi que la gorge, le haut de la poitrine et l'extrémité de la queue; parties inférieures, sourcils, côtés du cou, croupion, une large bande sur les ailes, origine de la queue d'un blanc pur; bout du bec et pieds noirs. Taille, onze pouces. La femelle a la gorge et le front blancs. Cet Oiseau a été rapporté de la Nouvelle-Hollande; ses mœurs et ses habitudes sont entièrement ignorées. (DR..Z.)

GRAMALLA. BOT. PHAN. L'Écluse cite ce mot comme employé dans le Décan pour désigner la Casse des boutiques. (B.)

* GRAME. BOT. PHAN. Mot dérivé de *Gramen*, vieux nom français des Céréales, encore employé dans quelques cantons de la France méridionale, particulièrement en Provence. (B.)

GRAMEN. BOT. PHAN. Ce nom, employé par les anciens, et adopté par les botanistes modernes, est aujourd'hui remplacé par celui de Graminées. *V.* ce mot. (B.)

GRAMINÉES. *Gramineæ*. BOT. PHAN. L'une des familles les plus naturelles du règne végétal, et qui se compose de cette foule de Plantes que l'on désigne le plus communément sous les noms d'*Herbe*, de *Céréales* et de *Gramens*. L'importance des Plantes qui la composent, les particularités qu'elles offrent dans leur organisation, les discussions dont elles ont été l'objet, nous engagent à donner à cet article plus de développemens qu'aux autres articles de familles déjà traités dans cet ouvrage.

§ Ier. *Caractères généraux de la famille des Graminées.*

Les Graminées sont généralement des Plantes herbacées, annuelles ou vivaces. Leur tige a reçu le nom spécial de *Chaume;* il est cylindrique, rarement comprimé, fistuleux ou plein, et offrant de distance en distance des nœuds solides. C'est de chacun de ces nœuds que partent les feuilles; elles sont alternes et engaînantes à leur base. Leur gaîne, que l'on peut considérer comme un pétiole très-dilaté, est fendue dans toute sa longueur; elle offre à son point de jonction avec la base de la feuille une sorte de petit collier membraneux ou formé de poils, et qu'on nomme *collure* ou *ligule.* Les fleurs offrent différens modes d'inflorescence, dont les deux principaux sont l'épi et la panicule. Elles sont ordinairement hermaphrodites, tantôt unisexuées, monoïques, dioïques ou polygames. Ses fleurs sont tantôt solitaires, tantôt réunies plusieurs ensemble et formant de petits groupes auxquels on donne le nom d'*épillets.* A la base de chaque épillet, on trouve la *lépicène*, généralement formée de deux écailles, rarement d'une seule; plus rarement elle manque tout-à-fait; elle est commune à une, deux ou à un plus grand nombre de fleurs, portées sur un axe commun. Chaque fleur hermaphrodite se compose de la *glume*, de la *glumelle*, des étamines et du pistil : 1° la glume est formée de deux valves opposées l'une à l'autre, généralement roulées et dont l'une extérieure, plus grande et plus épaisse, embrasse l'autre qui est plus intérieure et plus mince. La valve externe, qui est souvent carénée, est tantôt *mutique* à son sommet, tantôt terminée par une arête ou une soie, quelquefois par plusieurs arêtes ou plusieurs soies; 2° la glumelle se compose en général de deux petites paléoles d'une forme très-variée, minces ou épaisses, glabres ou velues, rapprochées l'une contre l'autre et placées sur la face de l'ovaire opposée au sillon ; quelquefois elles manquent entièrement, d'autres fois on ne trouve qu'une seule paléole ; 3° le nombre des étamines est fort variable. On en compte une, deux, trois, six, ou un grand nombre. Mais le nombre trois est celui qui se présente le plus souvent. Les filets sont capillaires ; les anthères sont terminales, ordinairement bifurquées à leurs deux extrémités ; elles sont, ainsi que les paléoles de la glumelle, insérées sous l'ovaire ; 4° l'ovaire est globuleux ou allongé, sessile, à une seule loge, contenant un seul ovule. Les styles sont ordinairement au nombre de deux : quelquefois on n'en trouve qu'un seul qui se bifurque vers sa partie supérieure ; plus rarement il n'en existe que trois. Le nombre des stigmates est le même que celui des styles ou des divisions du style. Ils sont ordinairement composés de poils glanduleux et barbus, tantôt formant une sorte de petit pinceau, tantôt ressemblant à une plume. Le fruit est une cariopse, très-rarement un akène, tantôt nu, tantôt enveloppé dans les écailles florales, offrant quelquefois un sillon longitudinal. L'embryon est appliqué sur la partie inférieure d'un endosperme farineux qui forme la plus grande partie de la masse de la graine. Cet embryon, qui est monocotylédon, présente, par le côté où il est appliqué sur l'endosperme, une sorte d'écusson nommé *hypoblaste* par le professeur Richard, et *vitellus* par Gaertner, et que quelques-uns considèrent comme le cotylédon, tandis qu'il n'est qu'une dépendance de la radicule ; celle-ci forme un gros tubercule dans lequel sont renfermés de trois à cinq mamelons coléorhizés qui percent la partie inférieure de l'embryon pour pouvoir se développer. Le cotylédon est sous la forme d'un petit cône, renfermant intérieurement la gemmule. Entre le corps radiculaire et le cotylédon on voit quelquefois un petit appendice squammiforme nommé *épiblaste* ; tandis qu'on donne le nom de *blaste* à toute la partie de l'embryon qui se développe et prend de l'accroissement à l'époque de la germination.

Les écailles florales qui constituent la lépicène et la glume, ont été autrefois considérées comme formant un calice et une corolle ; mais c'est à tort, car elles n'ont rien de commun avec le véritable périanthe des autres Végétaux. Ce sont, ainsi que le professeur Richard l'a enseigné le premier, des organes entièrement analogues aux bractées et aux spathes. Quant à la glumelle, que Linné et la plupart des autres botanistes désignaient sous le nom de *nectaire*, quelques auteurs modernes ont pensé que les écailles qui la forment étaient des étamines avortées. Mais cette opinion ne saurait prévaloir ; car si l'on examine attentivement la position de ces écailles relativement aux étamines, on verra qu'elles sont situées sur un plan plus extérieur. La structure de l'embryon a été un des points le plus contesté de l'histoire des Graminées. Suivant Jussieu, Mirbel, R. Brown, etc., l'écusson qui est appliqué contre l'endosperme est le véritable cotylédon ; suivant Richard, au contraire, ce corps fait partie de la radicule, tandis que le cotylédon est l'espèce de gaîne qui revêt la gemmule. Si nous comparons un instant l'embryon des Graminées à celui des autres Plantes monocotylédonées, nous arriverons naturellement à cette conclusion. En effet, dans toutes les Monocotylédonées, nous verrons que la gemmule est constamment renfermée dans l'intérieur même du cotylédon ; jamais elle n'est à nu ni saillante. Nous devons donc, dans les Graminées, donner le nom de cotylédon au corps qui revêt la gemmule, quoiqu'ici il soit plus mince qu'il ne l'est généralement. Quant au corps charnu nommé *vitellus* par Gaertner, *hypoblaste* par le professeur Richard, il fait partie de la radicule. L'analogie vient encore à l'appui de cette opinion. En effet, ce qui paraît d'abord surprenant, c'est de rapporter à la radicule une masse aussi considérable, mais dans le *Ruppia maritima*, le *Pekea tuberculata*, l'embryon est composé de deux parties fort différentes, l'une cylindroïde, mince et supérieure, l'autre inférieure, extrêmement grosse, et tout-à fait semblable à l'écusson des Graminées. La première est évidemment le corps cotylédonaire qui, dans le *Ruppia*, renferme la gemmule, et dans le *Pekea* est partagé en deux lobes ou cotylédons; la seconde est nécessairement la radicule, ainsi que le prouve la germination. Voilà donc des radicules excessivement volumineuses dans d'autres Plantes que les Graminées, et leur extrême ressemblance avec le *vitellus* de ces dernières doit nécessairement faire considérer ce corps comme faisant également partie de la radicule.

§ II. *Classification des genres.*

Les genres de la famille des Graminées sont fort nombreux. Comme dans toutes les familles éminemment naturelles, les caractères en sont souvent fondés sur des particularités d'organisation fort minutieuses, à cause de la petitesse de leurs fleurs : aussi leur étude est-elle fort difficile. Plusieurs auteurs se sont spécialement occupés de cette famille. Nous citerons plus particulièrement ici l'Agrostographie de Scheuchzer, ouvrage où l'on trouve d'assez bonnes descriptions et des figures analytiques assez exactes; celle de Palisot de Beauvois, qui a établi un très-grand nombre de genres nouveaux, et donné des figures analytiques exprimant les caractères de tous les genres décrits dans l'ouvrage; ces genres y sont au nombre de cent trente-quatre. Peu d'années après la publication du travail de Beauvois, un botaniste de Vienne, C.-B. Trinius, a publié un nouveau *Genera* de cette famille, sous le nom de *Fundamenta Agrostographiæ*. Il a adopté un assez grand nombre des genres du bota-

niste français, et en a créé quelques-uns de nouveaux, en sorte que le nombre total est porté à cent quatre-vingt-neuf. Tels sont les trois traités généraux sur les genres de la famille des Graminées ; mais cette famille a donné naissance à plusieurs autres travaux importans. Ainsi notre collaborateur C. Kunth a publié dans les Mémoires du Muséum des considérations générales sur cette famille, et a le premier proposé une classification naturelle de ses genres. Gaudin et Kœler ont publié deux ouvrages fort estimables, le premier sur les Graminées de la Suisse, le second sur celles de la France ; enfin les professeurs Richard et Mirbel ont donné de savans mémoires sur l'organisation de leurs graines. Outre ces différens travaux, nous ne devons pas non plus passer sous silence le *Genera Plantarum* de Jussieu, les ouvrages de Kunth (*Nov. Gener. et Spec. Am. Æquinoct.*), de R. Brown (*Prodr. Fl. Nov.-Holl.*), et les Graminées de Host, de Schreber, etc., où un grand nombre de genres nouveaux se trouvent décrits avec un soin tout particulier.

La classification suivie par ces différens auteurs est loin d'être la même quoique cependant elle soit toujours artificielle, si nous en exceptons celle de Kunth. Ainsi Linné a dispersé les différens genres de cette famille dans un grand nombre de classes de son Système, savoir : Monandrie, Diandrie, Triandrie, Hexandrie, Polyandrie, Monœcie, Polygamie. Gaudin les a divisés en deux grandes sections, savoir : les Uniflores et les Multiflores, qu'il divise ensuite en deux groupes, suivant que leur glume est aristée ou mutique. Les premières divisions de Kœler reposent sur l'inflorescence; il établit deux grandes tribus, l'une pour les genres dont les fleurs sont disposées en panicule, l'autre pour ceux qui forment des épis. Palisot de Beauvois forme d'abord deux groupes qu'il nomme à tort familles : dans la première il range les genres Monothalamés, c'est-à-dire ceux dont tous les épillets sont semblables; dans la seconde, les genres Polythamalés dont les épillets sont dissemblables. Chacune de ces deux familles est divisée en deux tribus, suivant que l'axe qui supporte les fleurs est articulé ou non articulé. La considération des épillets uniflores, biflores, multiflores, sert ensuite à subdiviser les tribus en cohortes. Quant à la classification de Trinius, elle est absolument la même que celle de Linné. Toutes ces méthodes sont purement artificielles, puisque les caractères des divisions qui y ont été établies sont généralement tirés de la considération d'un seul organe ou des modifications d'un seul organe. Il n'en est pas de même de celle publiée par Kunth. Cet habile observateur a cherché à saisir les rapports naturels qui lient entre eux les différens genres de cette famille, et après un examen attentif, il est parvenu à former dix groupes ou sections qui peuvent être, en quelque sorte, considérés comme autant de petites familles. Nous allons exposer brièvement les caractères de ces groupes, et indiquer les genres principaux qui s'y rapportent.

1°. PANICÉES. Fleurs disposées en épi ou en panicule; épillets solitaires ou réunis; lépicène uni ou biflore; l'une des deux fleurs stérile ou unisexuée; valves de la lépicène ordinairement membraneuses; celle de la glume cartilagineuse; deux styles.

α Uniflores.

Paspalum, L.; *Axonopus*, Beauv.; *Piptatherum*, Beauv.; *Milium*, L.; *Microchloa*, R. Brown; *Mibora*, Adans.; *Reimaria*, Flügge.

β Biflores.

Digitaria, Haller; *Panicum*, L.; *Anthenanthia*, Beauv.; *Isachne*, R. Br.; *Setaria*, Beauv.; *Urochloa*, Beauv.; *Oplismenus*, Beauv.; *Penicillaria*, Swartz; *Gymnotrix*, Beauv.; *Pennisetum*, Rich.; *Cenchrus*, L.; *Anthephora*, Schreber; *Trachys*, Retz; *Tripsacum*; L.; *Manisuris*, L.; *Pet-*

tophorus, Desv.; *Echinolœna*, Desv.; *Thuarea*, Pers.; *Tragus*, Haller.

2°. STIPACÉES. Fleurs en panicule; épillets solitaires et uniflores; lépicène membraneuse; valve inférieure de la glume cartilagineuse, aristée, non embrassante; deux styles.

Aristida, L.; *Arthratherum*, Beauv.; *Streptachne*, R. Brown; *Stipa*, L.; *Oryzopsis*, Rich.

3°. AGROSTIDÉES. Fleurs en panicule simple ou rameuse; épillets solitaires et uniflores; lépicène et glume de la même consistance; paillette inférieure aristée ou mutique; la supérieure jamais bicarenée. Deux styles.

Podosœmum, Desv.; *Mühlenbergia*, Schreb.; *Clomena*, Beauv.; *Chœturus*, Link; *Ægopogon*, Humb. et Bonpl.; *Colobachne*, Beauv.; *Lagurus*, L.; *Polypogon*, Desfont.; *Gastridium*, Beauv.; *Agrostis*, Adans.; *Calamagrostis*; Adans.; *Trichodium*, Rich.; *Agraulus*, Beauv.; *Apera*, Adans.; *Vilfa*, Beauv.; *Cinna*, L.; *Spartina*, Schreb.; *Psamma*, Beauv.; *Heliochloa*, Host; *Crypsis*, L.; *Cornucopiœ*, Scheuchz.; *Echinopogon*, Beauv.; *Alopecurus*, L.; *Phleum*, L.; *Achnodonton*, Beauv.; *Phalaris*, L.; *Chilochloa*, Beauv.

4°. FESTUCACÉES. Fleurs en panicule; épillets solitaires à deux ou à plusieurs fleurs; valves de la lépicène carenées; paillettes de la glume de la même consistance que les valves, l'inférieure concave ou carenée, souvent aristée, la supérieure bicarenée; deux styles.

α. Avénacées. Epillets pauciflores; paillette inférieure aristée sur son dos; arête géniculée et tordue.

Deyeuxia, Clar.; *Corynophorus*, Beauv.; *Deschampsia*, id.; *Holcus*, id.; *Hierochloa*, Gmel.; *Toresia*, R. et Pav.; *Anthoxanthum*, L.; *Aira*, id.; *Catabrosa*, Beauv.; *Arrhenatherum*, id.; *Avena*, L.; *Pensameris*, Beauv.; *Pommereulla*, L.; *Danthonia*, D. C.; *Gaudinia*, Beauv.

β. Arundinacées. Epillets multiflores ; paillette inférieure concave , subulée à son sommet, et accompagnée de poils à sa base.

Donax, Beauv. ; *Gynerium*, Humb. et Bonpl. ; *Arundo* , Beauv.

γ. *Bromées*.

Chrysurus, Pers. ; *Sesleria*, Scóp. ; *Cynosurus*; Beauv. ; *Eirythrophorus*, *id.* ; *Kœleria*, Pers.; *Dactylis*, L. ; *Glyceria*, R. Br. ; *Centotheca* , Desv.; *Festuca*, L. ; *Bromus* , *id.* ; *Streptogyna*, Beauv. ; *Brachypodium* , *id.*; *Uniola*, L. ; *Tricuspis* , Beauv. ; *Diplachne* , *id.*; *Ceratochloa* , *id.* ; *Schismus*, *id.* ; *Triodia* , R. Br. ; *Cœlachne*, *id.* ; *Beckmannia* , Host ; *Melica* , L.; *Molinia*, Kœler; *Briza*, L.; *Poa*, *id.*

5°. CHLORIDÉES. Fleurs en épi ; épillets solitaires, rarement multiflores, avec la fleur terminale avortée et difforme ; valves carénées non opposées ; paillette inférieure très-souvent aristée, rarement mutique ; la supérieure bicarenée ; deux styles.

Sclerochloa, Beauv.; *Eleusine*, Gaertn. ; *Dactyloctenium*, Willden.; *Rabdochloa*, Beauv. ; *Leptochloa* , *id.* ; *Gymnopogon*, *id.* ; *Chloris*, Sw.; *Cynodon* , Rich. ; *Dinebra* , Jacq. ; *Triathera*, Desv.; *Bouteloua*, Beauv.; *Chondrosium* , Desv. ; *Heterostega* , *id.* ; *Echinaria*, Desf. ; *Pappophorum*, L.; *Triraphis*, R. Br.; *Enneapogon* , Desv.

6°. HORDÉACÉES. Fleurs en épi ; épillets solitaires ou réunis, uniflores ou multiflores ; valves opposées, égales ; paillette inférieure aristée ou mutique ; la supérieure bicarenée ; deux styles.

Ægylops, L. ; *Triticum* , *id.*; *Agropyron*, Beauv. ; *Lolium*, L.; *Elymus*, *id.*; *Secale*, *id.*; *Hordeum*, *id.*; *Rottboella*, Beauv.; *Ophiurus*, Gaertn. ; *Monerma*, Beauv.; *Lodicularia*, *id.*; *Nardus*, L.; *Zoysia*, Willd. ; *Chamœraphis*, R. Br.

7°. SACCHARINÉES. Fleurs en épi ou en panicule; axe articulé ; épillets ordinairement géminés , unis ou biflores ; l'un des épillets sessile , l'autre pédicellé et très-souvent unisexué ; valves plus dures que les paillettes , non carenées ni opposées ; paillettes membraneuses non carenées , l'inférieure très-souvent aristée ; deux styles.

Perotis, Aiton ; *Saccharum* , L. ; *Imperata* , Cyrillo ; *Eriochrysis* , Beauv.; *Erianthus*, Rich. ; *Andropogon*, L.; *Anthistiria* , L. fils ; *Calamina*, Beauv.; *Apluda*, L.; *Sorghum*, Pers.; *Zea*, L.; *Diectomis*, Humb. et Bonpl.; *Elionurus*, *id.*

8°. ORYZÉES. Fleurs disposées en panicule ; épillets solitaires uniflores; paillette inférieure cartilagineuse, carénée ; étamines très-souvent audessus de trois ; deux styles.

Ehrharta, Smith; *Trochera*, Rich.; *Leersia* , Swartz ; *Oryza* , L.; *Potamophila*, R. Br.

9°. OLYRÉES. Fleurs en panicule; épillets uniflores , unisexués , monoïques ou dioïques ; valves de la fleur femelle plus minces que les paillettes ; un seul style.

Zizania, L.; *Luziola* , Juss.; *Hydrochloa*, Beauv.; *Pharus*, L.; *Olyra*, L. ; *Coix*, L.

10°. BAMBUSACÉES. Chaumes arborescens; fleurs en panicule; épillets multiflores ; paillette supérieure bicarenée; un seul style.

Diarrhena , Swartz; *Arundinaria*, Rich. ; *Stemmatosperma* , Beauv. ; *Bambusa* , Schreb. ; *Nastus* , Juss.; *Beesha*, Kunth ; *Chusquea* , Kunth; *Guadua*, Kunth . (A.R.)

GRAMINIFOLIA. BOT. PHAN. C'est-à-dire *à feuilles de Gramen*. Ce nom a été donné par les anciens botanistes à diverses Plantes, telles que le *Zanichellia palustris*, la Pilulaire et la Subulaire aquatique. *V.* ces mots. (B.)

* GRAMINISATIS. BOT. PHAN. Nom proposé par Du Petit-Thouars (Hist. des Orchidées des îles australes d'Afrique) pour une Plante que ce savant place dans son groupe des *Sa-*

torchis qui correspond au *Satyrium*, L. Cette Orchidée, dont le nom serait *Satyrium gramineum*, selon la nomenclature linnéenne, habite l'île de Madagascar où elle fleurit au mois d'août. Sa tige est haute d'un à deux décimètres, et ses fleurs sont petites et pourprées. Elle est figurée (*loc. cit.*, tab. 6).

(G..N.)

GRAMMARTHRON. BOT. PHAN. Genre de la famille des Synanthérées, et de la Syngénésie superflue, L., établi par H. Cassini (Bullet. de la Société Philom., février 1817) qui l'a ainsi caractérisé : calathide radiée, dont le disque est composé de fleurons réguliers, hermaphrodites, et la circonférence de demi-fleurons à une ou deux languettes et femelles ; involucre plus long que les fleurons du disque, formé de folioles presque égales, lancéolées et disposées sur trois rangs ; réceptacle nu ; ovaires cylindracés, striés, velus, munis d'une aigrette composée de poils légèrement plumeux. Les étamines ont leur article anthérifère bordé de deux bourrelets longitudinaux, cartilagineux, jaunes et épais. Ce dernier caractère ainsi que le réceptacle nu et les ovaires aigrettées, distinguent le genre *Grammarthron* du *Doronicum*. Ces espèces faisaient partie du genre *Arnica* de Linné ; mais H. Cassini, considérant l'*Arnica montana* comme le vrai type de celui-ci, a même séparé de la tribu le *Grammarthron* de l'*Arnica*. Le premier fait partie des Doronicées, tandis que l'autre est placé dans les Sénécionées. L'auteur de ce genre y rapporte trois espèces, savoir : le *Grammarthron scorpioides*, H. Cass., ou *Arnica scorpioides*, L. ; le *G. biligulatum*, H. Cass., ou *A. Doronicum*, Jacq. ; et le *G. oppositifolium*, H. Cass., ou *Doronicum nudicaule?* Michx. Les deux premières croissent dans les Alpes d'Europe et dans les montagnes d'Auvergne. Ce sont des Plantes herbacées, munies de grandes fleurs d'un beau jaune doré. La dernière habite les lieux ombragés des forêts de l'Amérique septentrionale.

(G..N.)

GRAMMATIAS. MIN. Pour Grammatite. *V.* ce mot.   (B.)

GRAMMATITE. MIN. Substance blanche ou légèrement verdâtre, cristallisant en prisme rhomboïdal, très-obtus, et qui paraît analogue à celui de l'Amphibole. Aussi a-t-elle été réunie à cette espèce par Haüy et la plupart des minéralogistes contemporains. Cependant une différence assez sensible dans la mesure des angles du prisme avait été aperçue et regardée par Bournon comme une preuve de la séparation des deux substances. Aujourd'hui cette différence n'a plus rien qui doive étonner, depuis que l'on sait que dans l'Amphibole il peut y avoir substitution d'un Silicate isomorphe à un autre, et que ce remplacement entraîne presque toujours quelque variation dans la mesure des angles de la forme dominante. Dans l'Amphibole noir, la plus grande incidence des pans est de 124°, 12, tandis que l'incidence correspondante dans le prisme de la Grammatite paraît être de 127°. La Grammatite se présente dans la nature en masses assez considérables, mais elle n'occupe pas une étendue suffisante pour qu'on puisse la considérer comme une véritable roche. On la trouve en blocs de plusieurs mètres de puissance engagés dans des couches de Dolomie au Saint-Gothard.   (G. DEL.)

GRAMMICA. BOT. PHAN. Ce nom a été donné par Loureiro à un genre dont le port est celui de la Cuscute et qui lui ressemble tant par les caractères, que le professeur Jussieu les considère comme identiques. *V.* CUSCUTE.   (G..N.)

GRAMMIQUE. BOT. PHAN. *V.* GRAMMICA.

GRAMMISTE. *Grammistes.* POIS. Genre de la grande famille des Percoïdes, à dorsale unique, à dents en velours, dans l'ordre des Acanthoptérygiens, qui a pour caractères : une gueule très-fendue ; des écailles si petites qu'à peine elles sont perceptibles ; point d'aiguillons à la nageoire du dos ; et deux ou trois piquans au préopercule ainsi qu'à l'opercule. C'est Schneider qui , le premier , distingua ce genre adopté par Cuvier. Il n'est encore composé que de trois espèces : le *Grammistes orientalis* , figuré par Séba , T. III, pl. 27, fig. 5, et deux inédites conservées dans les galeries du Muséum d'Histoire Naturelle. Ce sont des Poissons indiens. (B.)

GRAMMIT. MIN. Syn. de Tafeldspath ou de Wollastonite. *V.* ce dernier mot. (G. DEL.)

GRAMMITE. *Grammitis.* BOT. CRYPT. (*Fougères.*) Ce genre qui appartient à la tribu des Polypodiacées, ou Fougères à capsule entourée d'un anneau élastique étroit et souvent incomplet , est caractérisé par ses capsules disposées en lignes simples le long des nervures secondaires , et dépourvues de tégumens. Ce genre se rapproche par ces caractères d'un côté des Polypodes, de l'autre des Hémionites; il diffère du premier par l'allongement des groupes de capsule, du second parce que ces lignes sont simples et courtes, et non pas rameuses et anastomosées. Ce genre ne renferme qu'un petit nombre d'espèces, qui varient beaucoup pour la forme de leur fronde; elles offrent aussi quelques différences dans leur fructification, qui ont engagé plusieurs auteurs à en séparer quelques-unes, pour en former de nouveaux genres. Swartz avait le premier établi le genre Grammite avec le caractère que nous venons d'indiquer ; Willdenow en sépara le genre Cétérach; De Candolle a adopté ce dernier genre, mais en modifiant son caractère et en y joignant quelques autres Plantes. Il faut convenir que la plupart des Plantes qu'il a rapportées à ce genre ont un port très-éloigné des vrais Grammites, et en diffèrent beaucoup par les écailles nombreuses qui couvrent la face inférieure des feuilles et qui cachent entièrement des fructifications ; ainsi la plupart des espèces rapportées au genre Cétérach, par De Candolle, doi-

vent sortir de ce genre. Les unes, tels que ses *Ceterach Alpinum* et *Hyperboreum* , forment le genre *Woodsia* de R. Brown ; les autres, tels que les *Ceterach Marantœ* et le *Cet. Velleum* , se rangent parmi les *Notholœna* du même auteur. Il reste donc dans le genre Cétérach proprement dit, le *Ceterach officinarum* et le *Ceterach Canariensis* , Willd., d'abord décrit par Bory de Saint-Vincent sous le nom d'*Asplenium latifolium.* Ces deux Plantes ne diffèrent des vrais Grammites que par les écailles scarieuses qui environnent les capsules, mais qu'on ne peut confondre avec un véritable tégument; car la distinction que Willdenow établit entre les groupes de capsules obliques , dans les Grammites, et transversaux dans les Cétérachs, est si légère , que personne ne sera tenté de l'admettre comme seul caractère distinctif de ces deux genres; nous laissons aux personnes qui seront tentées de faire un nouveau *Genera* de cette belle famille, à décider jusqu'à quel point on peut admettre comme caractères génériques, la présence ou l'absence des écailles qui couvrent les feuilles.

Schkuhr et Desvaux ensuite ont proposé de séparer des Grammites le *Grammitis graminea* , et d'en former un nouveau genre sous le nom de *Monogramma.* Ce genre est très-bien caractérisé et mérite d'être adopté. Il reste donc parmi les Grammites toutes les espèces à groupes de capsules linéaires , simples , insérés sur les extrémités des nervures secondaires , et qui ne sont recouverts par aucune sorte de tégument. Ce caractère embrasse encore un grand nombre d'espèces très-variables par leur port; leur fronde est tantôt simple comme dans les *Grammitis australis* , Brown , *Grammitis marginella* , Schkuhr, etc.; d'autres fois elle est pinnée ou même plusieurs fois pinnée. Les nervures sont en général pinnées, les dernières sont fourchues , et une de leurs divisions porte les groupes de capsules, et ne se continue pas au-delà , tandis que l'autre s'étend jusqu'au bord de la fronde. La seule espèce de ce genre qui croisse en Europe, *Grammitis leptophylla*, qu'on trouve sur les rochers du midi de la France, de l'Italie et de l'Espagne, a un port très-différent des autres espèces; ses pinnules sont cunéiformes, crénelées à leur extrémité sans nervure médiane. Les nervures sont dichotomes, et portent des groupes de capsules allongées, quelquefois bifides. Ces caractères ont fait placer cette Plante, par Desvaux, dans son genre *Gymnogramma*, mais sa position nous paraît encore incertaine.

Les espèces de ce genre, comme de presque tous ceux qui appartiennent à cette famille, sont beaucoup plus nombreuses dans les régions chaudes du globe, que dans les parties tempérées; il est même un de ceux dans lequel cette limite est le mieux marquée. Aucune espèce ne croît dans la zône boréale, une seule dans la partie chaude de la zône tempérée septentrionale, et deux ou trois dans la zône tempérée australe à la Nouvelle-Hollande; au contraire elles sont assez nombreuses dans les régions équinoxiales, et surtout dans les Antilles et dans l'Amérique méridionale..   (AD. B.)

GRAMPUS. MAM. Syn. d'Epaulard, espèce du genre Dauphin. *V.* ce mot.   (B.)

GRANADIÉ. POIS. (Risso.) Les Lépidolèpres à Nice.   (B.)

GRANADILLA. BOT. PHAN. C'était sous ce nom que les anciens botanistes, avant Linné, désignaient le genre Passiflore. *V.* ce mot. (G..N.)

GRANAOU. POIS. (Risso.) Le Grondin dans la mer de Nice. *V.* TRIGLE.   (B.)

GRANATITE. MIN. *V.* GRENATITE et STAUROTIDE.

*GRAND, GRANDE. ZOOL. et BOT. Cet adjectif est devenu nom propre en beaucoup de cas. Comparatif et préposé à quelque autre, il désigne, dans le langage vulgaire et même dans beaucoup d'ouvrages d'histoire

naturelle, des Animaux et des Plantes de genre fort différent. Ainsi l'on appelle :

GRAND AIGLE DE MER (Ois.), un Faucon du sous-genre Aigle. *V.* ce mot.

GRANDE ARISTOLOCHE (Bot.), l'*Aristolochia Sypho*.

GRAND BALAI (Bot.), le *Sida coarctata* à Cayenne, selon feu Richard.

GRANDE BARGE (Ois.), la Barge à queue noire.

GRAND BAUME (Bot.), une Tanaisie en Europe, et le *Piper Nhandi* à Cayenne.

GRAND BÉCABUNGA (Bot.), le Bécabunga ordinaire. *V.* VÉRONIQUE.

GRAND BAUMIER (Bot.), les *Populus nigra* et *balsamifera*.

GRAND BÉFROI (Ois.), une espèce du genre Fourmilier.

GRANDE BERCE (Bot.), la Brancursine.

GRANDE BÊTE (Mam.), le Tapir.

GRAND BLEUET (Bot.), le *Centaurea montana*.

GRAND CACHALOT (Mam.), le *Physeter macrocephalus*.

GRANDE CENTAURÉE (Bot.), le *Centaurea Centaurium*.

GRANDE CHÉLIDOINE (Bot.), la Chélidoine vulgaire.

GRANDE CIGUE (Bot.), le *Conium maculatum*, L.

GRANDE CONSOUDE (Bot.), la Consoude officinale, *Symphytum officinale*.

GRANDE CHEVÊCHE (Ois.), le *Strix Brachyotos*.

GRAND DIABLE (Ins.), une Cigale de Geoffroy, qui appartient maintenant au genre Lèdre.

GRAND DUC (Ois.), le *Strix Bubo*.

GRANDE DOUVE (Bot.), le *Ranunculus Lingua*.

GRANDE ÉCAILLE (Pois.), le *Chætodon macrolepidotus*, aujourd'hui du genre Heniochus.

GRANDE ÉCLAIRE (Bot.), la Chélidoine vulgaire, *Chelidonium majus*.

GRAND FRÊNE (Bot.), le *Fraxinus excelsior*.

GRANDE GENTIANE (Bot.), le *Gentiana lutea*.

GRAND GOSIER ou GRAND GOU-

ZIER (Ois.), le Pélican blanc et quelquefois l'Argala.

GRAND GRIMPEREAU (Ois.), la Sittelle, et même le Pic varié, dans Albin.

GRANDE GRIVE (Ois.), la Draine.

GRAND JONC (Bot.), l'*Arundo Donax*, et les Scyrpes les plus élevés des étangs et des marais.

GRANDE LANGUE (Ois.), le Torcol vulgaire.

GRANDE LINOTE DES VIGNES (Ois.), la Linote ordinaire, dans les planches enluminées de Buffon.

GRAND LISERON (Bot.), le *Convolvulus sepium*.

GRANDE MARJOLAINE (Bot.), l'*Origanum vulgare*.

GRANDE MARGUERITE (Bot.), le Chrysanthème des prés.

GRAND MAVÈVE (Bot.], le *Potalia amara* à Cayenne.

GRAND MERLE DE MONTAGNE (Ois.), une variété du Merle à plastron.

GRAND MERLUS (Pois.), le *Gadus Merlucius*.

GRAND MOURON (Bot.), le Seneçon vulgaire.

GRAND MONTAIN (Ois.), le *Fringilla Laponica*.

GRAND MOUTARDIER (Ois.), le MARTINET DES MURAILLES, *Hirundo Apus*.

GRAND OEIL (Pois.), un Sparc dans l'Ichthyologie de Lacépède.

GRAND OEIL DE BOEUF (Bot.), l'Adonide vernale.

GRANDE OREILLE (Pois.), le Scombre Germon.

GRANDE OREILLE DE RAT (Bot.), l'*Hieracium auricula*.

GRANDOULE (Ois.), le Ganga Cata, *Tetrao caudatus*.

GRAND PANACO (Bot.), le *Sophora coccinea* à Cayenne, selon feu Richard.

GRAND PARDON (Bot.), le Houx piquant.

GRANDE PERCE (Bot.), la Berce.

GRANDE PERVENCHE (Bot.), la Pervenche commune, *Vinca major*.

GRANDE PIMPRENELLE (Bot.), le *Sanguisorba officinalis*.

GRANDE PIMPRENELLE D'AFRIQUE (Bot.), le *Melianthus major*.

GRAND PIN (Bot.), le Pin de Tartarie dans Miller.

GRAND PINGOUIN (Ois.), le Pingouin brachyptère, *Alca impennis*.

GRAND PLANTAIN (Bot.), le *Plantago major*.

GRAND POULIOT ou POUILLOT (Ois.), la Sylvie à poitrine jaune.

GRAND ROUGE-QUEUE (Ois.), le Merle de roche dans Albin.

GRAND RAIFORT (Bot.), le *Cochlearia Armoracia*.

GRAND SENEÇON D'AFRIQUE (Bot.), l'*Arctotis laciniata*.

GRAND SOLEIL (Bot.), l'*Helianthus annuus*.

GRAND SOLEIL D'OR (Bot.), le *Narcissus Tazetta*.

GRANDE VALÉRIANE (Bot.), la Valériane officinale.

GRANDS-VOILIERS. (Ois.) Nom donné communément aux Oiseaux de mer, dont les ailes sont très-longues. Cuvier, adoptant ce nom significatif, en fait celui d'une famille que caractérisent de très-longues ailes, un pouce libre quand il existe, et le bec sans dentelures. (B.)

GRANETTE. BOT. PHAN. Diverses Renouées, en particulier celle de Tartarie, *Polygonum Tartaricum*, portent ce nom en quelques cantons de la France, où leur graine sert à la nourriture des petits Oiseaux. (B.)

GRANGÉE. *Grangea*. BOT. PHAN. Ce genre, de la famille des Synanthérées, Corymbifères de Jussieu, et de la Syngénésie superflue, L., a été établi par Adanson (Familles des Plantes), et adopté par Jussieu dans son *Genera Plantarum*. Ce dernier a indiqué quelques espèces d'*Artemisia* et d'*Ethulia* de Linné, comme devant lui appartenir, ainsi que le *Sphæranthus* de Burmann, et le *Struchium* de Browne. Le genre *Centipeda* de Loureiro, formé avec l'*Artemisia minima* de Linné, un des types du *Grangea*, a été réuni avec celui-ci au genre *Cotula*; mais en considérant leur association comme un sous-genre, sous le nom de *Centipeda*, H. Cassini adopte la séparation du *Centipeda* de

Lourciro, et il assigne les caractères suivans au *Grangea* d'Adanson : calathide subglobuleuse, dont le disque est composé de fleurs nombreuses régulières, tridentées au sommet et hermaphrodites; celles de la circonférence sur plusieurs rangs, nombreuses, tubuleuses, à cinq divisions et femelles; anthères dépourvues d'appendices basilaires; involucre hémisphérique, cylindrique, formé de folioles presque égales, appliquées, oblongues et obtuses; réceptacle nu et hémisphérique; ovaires oblongs, comprimés des deux côtés, hérissés de poils globulifères, amincis à la base, munis au sommet d'un bourrelet très-élevé et formant une sorte de col; aigrette coroniforme, courte, épaisse, charnue, divisée supérieurement en lanières subulées.

Ce genre a des affinités avec quelques genres de tribus différentes; cependant Cassini s'est décidé à le ranger parmi les Inulées-Buphtalmées, non loin de l'*Egletes*, du *Ceruana*, et d'autres genres analogues.

L'espèce qui forme le type de ce genre, est le *Grangea Adansonii*, H. Cassini; *G. Maderaspatana*, Poiret; *Artemisia Maderaspatana*, L., plante herbacée des Indes-Orientales. H. Cassini a en outre indiqué deux espèces sous les noms de *Grangea Gulamensis* et de *G. Ceruanoides*, mais sans en donner de descriptions, ni sans mentionner leur habitation; le nom spécifique de la première semblerait pourtant désigner qu'elle est d'origine africaine. Elles existent dans *l'herbier du professeur Jussieu*.

Il n'est pas vraisemblable que le mot de *Grangea* ait été consacré à la mémoire de Granger, comme quelques-uns l'ont prétendu. S'il en était ainsi, il faudrait rétablir l'orthographe du nom, et supprimer le *Grangeria*, genre de Chrysobalanées établi postérieurement par Commerson; mais il est inutile de s'appesantir sur l'inutilité et les inconvéniens de ces mutations.   (G .N)

GRANGELLE. BOT. PHAN. Pour Grangée. *V.* ce mot.   (B.)

GRANGÉRIE. *Grangeria.* BOT. PHAN. Ce genre, de la Dodécandrie Monogynie, L., placé par R. Brown (*Botany of Congo*, p. 14) dans la famille des Chrysobalanées, a été dédié par Commerson à la mémoire de Granger, voyageur français qui périt en Egypte, victime de son zèle pour la botanique. Ses caractères ont été tracés de la manière suivante dans le *Genera Plantarum* du professeur Jussieu : calice à cinq divisions peu profondes; cinq pétales; quinze étamines; ovaire lanugineux; un style et un stigmate; drupe ayant la forme d'une olive, et légèrement triquètre, contenant un noyau de même forme, osseux et monosperme. L'espèce sur laquelle ce genre a été constitué, *Grangeria Borbonica*, est indigène de l'île Mascareigne. C'est un grand arbre à feuilles entières, stipulées, à fleurs disposées en épis axillaires et terminaux. Les habitans de l'île lui donnent le nom vulgaire d'Arbre de Buis.   (G..N.)

GRANILITE. MIN. Nom qu'a proposé Pinkerton, pour désigner les Granites à petits grains. Kirwan avait appliqué antérieurement ce mot aux *Granites composés de plus de trois* substances minérales.   (G.)

GRANITE. MIN. et GÉOL. Roche du sol primordial composée de grains de Feldspath, de Quartz et de Mica, immédiatement agrégés entre eux et comme entrelacés. Le Quartz forme souvent à lui seul le tiers ou les deux cinquièmes de la masse; il a le plus ordinairement une couleur grise. Les teintes du Feldspath sont très-variées; le Mica est tantôt noir, tantôt d'un blanc d'argent. Le Granite est toujours massif, jamais schistoïde; il prend quelquefois une texture porphyroïde. On distingue le Granite à grains fins, et celui qui est à grains plus grossiers. Le Quartz, le Feldspath et le Mica sont les élémens essentiels du *Granite*; mais parfois il semble s'associer d'autres élémens accessoires dont les principaux sont : le Grenat (Granite du département du Tarn), la Pinite et l'Amphibole.

Considéré minéralogiquement, le Granite offre trois variétés distinctes : le Granite ordinaire, le Granite pinitifère, et le Granite amphibolifère ou syénitique. (Cordier, Distribution Minéralogique des Roches.)

Les Granites des diverses localités présentent des différences remarquables sous le rapport de la désagrégation, et de la facilité avec laquelle ils se décomposent. On connaît des obélisques construits avec cette roche et qui résistent aux injures du temps depuis des milliers d'années; et il est des Granites, particulièrement dans le Limousin, qui se réduisent en graviers dès qu'ils sont exposés à l'air, ou qui se transforment en terre argileuse. D'autres se décomposent en blocs plus ou moins arrondis, et de dimensions colossales.

Les roches granitiques se montrent quelquefois accidentellement dans des terrains de nature différente : mais elles composent exclusivement le fond d'un vaste terrain indépendant, que l'on retrouve dans toutes les parties du globe, qui occupe à la surface une étendue assez considérable, et qui s'étend, sans aucun doute, par-dessous les autres terrains connus. On observe le Granite à découvert dans la chaîne carpétanovétonique du centre de l'Espagne, dans les Pyrénées, dans une partie de l'ancienne Bretagne, dans les Vosges, les montagnes de la Saxe, le Caucase, les monts Ourals, les Llanos, les grandes chaînes du Brésil, etc. La manière dont le Granite se décompose est la cause principale de l'aspect que présentent les pays granitiques. Leur relief est très-variable : dans les contrées hautes, ce sont des croupes arrondies, des crêtes et des pics escarpés. Dans les pays plats, les roches ont été décomposées, ameublies, et le sol est entièrement défiguré. Dans les contrées moyennes, on observe des sommets arrondis, et des pentes assez rapides en approchant du fond des gorges ou vallées occupées par les ruisseaux. C'est dans ces pays que l'on trouve les eaux vives les plus limpides et les plus pures.

La variété de Granite qui paraît la plus abondante est à grain moyen et à Quartz grisâtre. Celles qui occupent ensuite les espaces les plus considérables sont : le Granite pinitifère, le Granite amphibolifère, le Granite à Mica de couleur plombée, et le Granite porphyroïde.

Un des caractères des terrains granitiques est de ne présenter que très-peu de roches subordonnées. Celles qu'on y rencontre sont souvent de grands amas plutôt que des couches. Elles appartiennent presque toutes à la Pegmatite, qu'on peut considérer comme n'étant qu'un simple jeu de cristallisation qui a eu lieu pendant la formation du système des terrains granitiques ; et au Greisen, espèce de Granite auquel il manque le Feldspath. On observe aussi dans ce système des Stockwerks, des veines stannifères, quartzeuses, etc., de peu d'étendue, des amas de fer oligiste, écailleux, et de fer spathique.

Le Granite présente une masse continue sans stratification apparente ou bien prononcée. C'est une des raisons pour lesquelles il est si difficile de se rendre compte de la dislocation que sa masse a dû éprouver. Les filons, composés de roches proprement dites, y sont très-abondans, surtout dans certaines localités. Suivant Cordier, beaucoup de ces filons ont été pris pour des couches : ils sont composés de Porphyre pétrosiliceux ordinaire, de Porphyre dioritique et de Diorite compacte. Les matières qui remplissent les filons en d'autres endroits appartiennent aux roches pyrogènes; tels sont les filons de Basalte de l'Auvergne et de la Catalogne. Les filons métalliques sont rares et de peu d'importance pour le mineur. On y trouve du Fer oligiste, du Fer spathique, de l'Etain oxidé, du Molybdène sulfuré, de l'Urane sulfaté, du Cuivre pyriteux, et du Fer sulfuré aurifère. Bory de Saint-Vincent rapporte, dans son Guide du Voyageur en Espagne, que les monts du Guadarama sont tous formés d'un Granite fort employé dans les constructions du pays. Ce Granite grossier, grisâtre, et se décomposant aisément quand il est travaillé et exposé à l'air, contient des rognons d'un Granite plus noir, plus compacte et moins destructible. Les murs de l'Escurial, d'Avila et de Ségovie, les colonnes des Patios de toute la Nouvelle-Castille offrent de fréquens exemples de cette singularité qui mérite d'être mentionnée. *V.* les mots ROCHES et TERRAIN.   (G. DEL.)

― GRANITELLE. GÉOL. Ce mot est la traduction du nom italien *Granitello*, par lequel les marbriers de Rome et de Florence désignent les Granites à petits grains, dont les anciens Romains ont fabriqué des colonnes et autres monumens.   (G. DEL.)

GRANITIN. GÉOL. Daubenton donnait ce nom à la Pegmatite, anciennement appelée Granite graphique.   (G. DEL.)

GRANITINE. MIN. Même chose que Granilite. *V.* ce mot.   (G.)

* GRANITOIDE. GÉOL. Ce mot indique une structure analogue à celle du Granite, et convient à différentes roches agrégées, telles que le Diorite formé de grains de Feldspath et d'Amphibole, le Greisen, etc. (G. DEL.)

GRANITONE. GÉOL. Nom donné par les marbriers italiens à une variété de roche à base de Feldspath compacte d'un blanc verdâtre, et qui renferme de grands cristaux d'Amphibole d'un noir verdâtre. Elle est originaire d'Egypte et appartient au Diorite. On ne la trouve plus qu'en fragmens épars au milieu des ruines de Rome. Kirwan a donné le même nom à une roche composée de Feldspath blanchâtre et de Mica, appelée par les Finois *Radakivi*.   (G. DEL.)

GRANIVORES. *Granivores.* OIS. Ce nom, qui signifie proprement Mangeurs de graines, a été dès long-temps et vaguement donné à tout Oiseau qu'on supposait se nourrir uniquement de Grains. Temminck en a restreint la signification au quatrième ordre de sa Méthode, dont les caractères sont : bec robuste, court, gros, plus ou moins conique, avec l'arête ordinairement aplatie et se prolongeant sur le front ; rarement les mandibules sont échancrées ; quatre doigts, les trois antérieurs divisés, le pouce libre ; ailes médiocres. Cet ordre se compose d'une douzaine de genres dont quelques-uns sont très-nombreux en espèces ; toutes font leur principale nourriture de graines, et la consommation qu'elles en font est si grande, chez quelques-unes d'entre elles, que dans bien des cantons, l'on a dû prendre des mesures sérieuses pour mettre les moissons à l'abri de leur voracité. En général, les Oiseaux granivores paraissent redouter peu la présence de l'Homme, car presque tous se rapprochent constamment de ses habitations, et se font assez facilement à la captivité dans laquelle on se plaît souvent à les retenir à cause des jouissances que procurent la mélodie ou l'étendue de leur chant, la pétulance et la familiarité de leurs mouvemens. On a observé que peu d'espèces européennes étaient assujetties à la double mue, tandis que presque tous les Granivores étrangers, tant des régions septentrionales que de celles du midi, muaient régulièrement deux fois dans l'année ; cette remarque, si elle est aussi générale qu'on l'annonce, mérite de fixer l'attention particulière des physiologistes ; du reste, l'on sait que la plupart des mâles qui, d'ordinaire, se distinguent peu de leur femelle par l'élégance de la parure, prennent, dans la saison des amours, des robes extrêmement brillantes en couleurs comme en accessoires de plumage.   (DR. Z.)

GRANO. POIS. Nom vulgaire donné sur les côtes de Nice, suivant Risso, à une espèce du genre Trigle, *Trigla Cuculus*. *V.* TRIGLE.   (AUD.)

GRANULAIRE. *Granularia*.

BOT. CRYPT. Ce nom, d'après Bosc, a été donné à un genre de la famille des Champignons, qui a beaucoup d'affinités avec celui des Moisissures. C'est sans doute le même que celui de Sowerby, qui ressemble à un *Uredo*. Il diffère du *Granularia* de Willdenow, de Roth et de Gmelin, que l'on regarde comme une Hydrophyte, voisine des *Rivularia* ou des *Linkia*. C'est une Plante peu connue. (LAM..X.)

* GRANULAIRE. *Granularius*. BOT. CRYPT. (*Hydrophytes*.) Genre établi par Roussel aux dépens des Fucus de Linné, dans sa Flore du Calvados. Il lui donne pour caractères : tige rameuse; expansions membraneuses ; surface ponctuée. Il se compose de Delesseries, de Chondres, de Gigartines et de Dictyoptères. Ce genre n'a pu être adopté. (LAM..X.)

GRAOULE. INS. L'un des noms vulgaires de la Guêpe. (B.)

GRAOUSELLE. BOT. PHAN. L'un des noms vulgaires du Coquelicot dans le midi de la France. *V.* PAVOT. (B.)

GRAPELLE. BOT. PHAN. Nom vulgairement employé, selon les divers cantons de la France, pour désigner le Grateron, la Lampourde, les Cynoglosses, les Myosotides et les Luzernes, dont les fruits accrochans se prennent à la toison des Animaux ou aux vêtemens des Hommes. (B.)

GRAPHEPHORE. *Graphephorum*. BOT. PHAN. Genre fondé par Desvaux (Journ. de Botaniq. T. III, p. 71) et adopté par Palisot-Beauvois dans son Agrostographie. Ses principaux caractères sont : lépicène à deux fleurs et à deux valves aiguës très-entières, plus longues que celles de la glume, dont les valves sont bifides; épillets disposées en panicules. Un appendice très-allongé, chargé de poils, rudiment d'une fleur avortée, forme le caractère principal de ce genre, d'ailleurs fort peu important, et qui a été fondé sur l'*Aira melicoïdes* de Michaux. (G..N.)

* GRAPHIDÉES. BOT. CRYPT. (*Lichens*.) Ce groupe, le troisième de notre méthode, renferme les Lichens dont la fructification est linéaire ou allongée. Ce caractère pourrait justifier l'établissement d'une famille particulière qui renfermerait les genres *Hypoderma*, *Hysterium* et plusieurs autres Hypoxylons qui, sans avoir précisément une croûte, reposent assez souvent sur une tache qui en tient lieu ; cette famille se lierait aux Hélicérulées par le genre *Xyloma*, et aux Lichens par les *Arrhunia*. L'organisation intérieure des lirelles est assez simple. Dans certains genres, c'est un thalamium muni d'un perithecium entourant un noyau ; dans d'autres, c'est simplement un thalamium marginé par le thallus, à surface impressionnée ou non impressionnée, immergé ou superficiel. Chevalier a proposé, dans son Histoire des Hypoxylons, la formation d'une famille à laquelle il a donné le nom de Phéroporées parce qu'il a, dit-il, remarqué que l'accroissement commençait toujours par un pore. Il donne pour première section à cette famille les Graphidées; les Verrucariées forment la deuxième. Ce rapprochement ne nous semble point heureux. Les Graphidées n'ont point de pore véritable; au premier âge d'une Plante de ce groupe, le thallus, qui, dans quelques espèces, est assez épais, renferme les rudimens de la lirelle, qui, en s'accroissant, fendille le thallus longitudinalement, s'il est cartilagineux, l'entr'ouvre inégalement, s'il est membraneux ou pulvérulent, et peut, dans ces deux cas, simuler un pore, car on sait qu'une ligne n'est composée que de points. Les Verrucariées sont pourvues d'un véritable pore; ce conduit arrondi qui communique avec l'intérieur est une partie de l'apothécion qui a ses fonctions et qui jamais ne disparaît entièrement. Deux groupes de Végétaux cryptogames, dont l'un renferme des Plantes à *thalamium* constamment allongé et aplati, et l'autre des Plantes à *thalamium* toujours globuleux ou hémisphéri-

que, ne nous paraissent pas pouvoir figurer dans une même famille (*V.* Lichens et Verrucariées). Parmi les Graphidées du même auteur, se trouve un genre qu'il nomme Allographe, figuré dans le tableau de ses genres, fig. 3. Nous la ferions connaître ici, mais Chevalier, page 3 de l'ouvrage cité, ayant dit que le genre Allographe, composé d'espèces exotiques, ne paraissait être, à le bien considérer, qu'une section du genre Opégraphe, et que cette opinion devenait surtout probable, quand on réfléchissait qu'un fait semblable s'observait dans le genre *Hysterium*, où l'on voit des espèces d'une autre couleur, nous nous rangeons à son avis et nous nous croyons dispensés d'en parler.

Eschweiler vient de publier récemment à Munich un *Systema Lichenum*, dans lequel on trouve aussi un groupe de Graphidées où ces Plantes sont étudiées avec une grande exactitude. Ce groupe est ainsi caractérisé : thalle crustacé ; apothécion oblong ou allongé, sous-immergé, ridé et canaliculé ; il se compose de neuf genres que voici : 1, *Diorygma*, Eschw., formé sur l'*Opegrapha hieroglyphica* de Persoon ; 2. *Leiorremma*, Eschw., sur l'*Opegrapha Lyellii* de Sowerby ; 3. *Graphis*, Ach. ; 4. *Opegrapha*, Ach., *pro parte* ; 5. *Oxystoma*, *Opegr. cylindrica ?* de Raddi ; 6. *Scaphis*, Eschw., sur l'*Opegr. alyxorina* d'Acharius ; 7. *Lecamactis*, Eschw., sur l'*Opegrapha astroides* de l'Engl. Bot., et sur l'*Arthonium liyncea*, Ach. ; 8. *Sclerophyton*, Eschw. ; 9. *Pyrochroa*, Eschw., sur le *Graphis caribœa*, Ach., et le *G. coccinea* de Willd. On regrette de ne voir dans ce groupe ni l'*Arthonia*, qui figure parmi les Tripéthéliacées, ni le *Medusula*, fondé sur l'*Opegrapha medusula* de Persoon, qui ne pourrait se trouver que dans les Graphidées. Nous examinerons la validité de ces divers genres dans leur ordre alphabétique, et nous nous bornerons à donner ici les caractères du genre Diorygma dont la lettre est passée :

thalle crustacé, attaché, coniforme ; apothécion oblong et linéaire, allongé, sous-rameux, renfermé dans le thalle d'abord ridé, ensuite ouvert, renfermant un noyau gélatineux, nu, thécigère, à disque plane, canaliculé, de couleur rougeâtre ; thèques grandes, ovales, cylindriques, disposées en anneau. L'*Opegrapha hieroglyphica* de Persoon, sur laquelle nous avons dit qu'était fondé ce genre, est une Plante de Saint-Domingue, qui a un port qui lui est propre, et qui diffère du Graphis par l'absence d'un perithecium et d'une marge ; considération assez puissante pour motiver l'établissement d'un genre. S'il était adopté, notre *Graphis Poitœi* (*V.* Cryptog. des écorces exot. officin., tab. 11, f. 1) devrait en faire partie. L'espèce figurée dans la Méthode d'Eschweiler est le *Diorygma tinctorium*, qu'il ne décrit point.

Le groupe des Graphidées, tel que nous l'avons établi dans notre Méthode, se compose de huit genres différenciés par la régularité ou l'irrégularité de la lirelle, par son homogénéité ou son hétérogénéité, par son mode d'insertion sur le thalle, enfin par l'impression ou la non impression de son disque, etc.

† Graphidées a lirelles régulières. (Vraies Graphidées.)

     α. Homogènes.

    * A disque impressionné.

Opegrapha.

    ** A disque non impressionné.

Lirelles profondément immergées : *Enterographa.*

Sessiles ou peu immergées : *Arthonia.*

     β Hétérogènes.

 * Sur le thalle : *Graphis.*

 ** Sur une masse charnue indépendante du thalle : *Sarcographa.*

†† Graphidées a lirelles irrégulières.

Polymorphes maculiformes en vieillissant : *Heterographa.*

Corps ovoïde, situé inférieurement et déterminant une fissure sur le thalle : *Fissurina*.

Immarginées, rotundo-linéaires, sessiles, non impressionnées : *Arrhunia*.

Nous terminerons cet article en faisant connaître le genre *Enterographa* qui n'a pu figurer en son lieu. Ce genre est fondé sur l'*Opegrapha crassa* de De Candolle. Il se trouvait séparé des autres Opégraphes comme devant former un genre distinct dans l'herbier du célèbre mycologue Persoon, auquel nous devons la communication de deux nouvelles espèces, dont l'une croît sur l'If et l'autre sur le Charme ; il diffère des autres Graphidées par l'immersion des apothécies qui est profonde, et par la surface de ces mêmes organes qui est lisse. Le thalle des Entérographes est crustacé et très-épais ; sa couleur est jaunâtre ou verdâtre à l'extérieur, et d'un blanc lacté à l'intérieur. La base des lirelles est couleur de chair ou brun clair. Voici ses principaux caractères : thalle épais, crustacé, lisse, divisé en plusieurs parties formant de petites aréoles ; apothécie (lirelle) très-étroite, punctiforme, sans rebords, intérieurement homogène, profondément immargée, de couleur de chair à sa base inférieure.

L'*habitus* des Graphidées est assez variable, néanmoins la plus grande partie d'entre elles se fixent sur l'épiderme des écorces saines ; celles qui se trouvent sur les vieux bois appartiennent, ainsi que les espèces observées sur les pierres, au genre Opégraphe, dont deux espèces fort curieuses envahissent les feuilles de quelques Arbres de Cayenne à feuilles persistantes. *V.* OPÉGRAPHE.

(A. F.)

GRAPHIPTÈRE. *Graphipterus.* INS. Genre de l'ordre des Coléoptères, section des Pentamères, famille des Carnassiers, tribu des Carabiques (Règn. Anim. de Cuv.), établi par Latreille qui lui assigne pour caractères : point d'ailes ; palpes extérieurs filiformes, terminés par un article cylindrique ; point de dent dans l'échancrure du menton ; antennes comprimées ; avec le troisième article beaucoup plus long que les autres ; abdomen grand, très-aplati, suborbiculaire ; yeux grands ; espace de la tête compris entre eux, élevé de chaque côté à leur bord interne ; pieds hérissés de cils spinuliformes ; l'une des deux épines terminant les jambes postérieures beaucoup plus grande que l'autre, presqu'en forme de lame. Le genre Graphiptère a été établi aux dépens des Anthies ; il leur ressemble beaucoup et en diffère toutefois par une languette presque carrée, membraneuse sur les côtés et cornée seulement dans son milieu. Ce caractère lui est commun avec les Aptines, les Brachines et les Catacospes, qu'il est cependant possible de distinguer en comparant les caractères fournis par la forme des palpes, par le manque de dent au milieu de l'échancrure du menton ou même par l'absence des ailes. — Les Graphiptères ont, en général, le corps aplati, large et court ; le corselet en forme de cœur élargi sur les côtés ; les élytres unies et tronquées obliquement au bout. Ce sont des Insectes qui vivent dans le sable des déserts de la Barbarie, en Egypte et dans toute la péninsule de l'Afrique. On en connaît plusieurs espèces.

Le GRAPHIPTÈRE MOUCHETÉ, *Gr. multiguttatus*, Olivier, Entom. T. III, n. 55, pl. 6, fig. 66, que Latreille croit être la même espèce que l'*Anthia variegata* de Fabricius, mais qui en est distingué par Dejean (Catal. des Coléopt., p. 4).

Le GRAPHIPTÈRE TRILINÉ, *Gr. trilineatus* ou l'*Anthia exclamationis* de Fabricius, qui a été figuré avec soin par Latreille et Dejean (Hist. nat. des Coléopt., 2e livr., pl. 6, fig. 5). Il est originaire du cap de Bonne-Espérance.

Le GRAPHIPTÈRE PETIT, *Gr. minutus*, Dej. et Latr. (*loc. cit.*, pl. 6, fig 4). On le trouve en Egypte.

On doit rapporter au même genre

les *Anthia obsoleta* et *trilineata* d'Olivier et de Fabricius. Les métamorphoses et les mœurs des Graphiptères n'ont pas encore été observées.

(AUD.)

GRAPHIPTÉRIDES. ins. Nom donné par Latreille à une division des Carabiques, qui comprenait les genres Anthie et Graphiptère. *V.* ces mots et CARABIQUES.   (AUD.)

GRAPHIS. *Graphis.* bot. crypt. (*Lichens.*) En examinant avec attention les diverses espèces du genre Opégraphe, tel que la plupart des botanistes français le définissent, on s'assure facilement, par des coupes, que les lirelles sont homogènes ou hétérogènes. Cette différence d'organisation en amène une plus grande encore dans le port de ces Plantes. Les lirelles homogènes sont ordinairement courtes, noires, presque jamais ramifiées, si ce n'est par confluence, sessiles et fendues dans leur largeur ; les Graphidées qui les fournissent se trouvent parfois sur les vieux bois et les pierres, et plus rarement sur les feuilles vivantes. Les lirelles hétérogènes sont étroites et ont toujours une grande disposition à se ramifier ; elles forment le disque, ont une couleur variable, et ne paraissent se plaire que sur les écorces saines ; jamais on ne les trouve sur les pierres, et les vieux bois n'en nourrissent qu'une ou deux espèces. Il nous semble impossible, d'après ces considérations tirées tout à la fois de l'organisation intérieure et de l'*habitus*, de refuser de reconnaître deux genres distincts. Lirelles homogènes : genre *Opegrapha* ; lirelles hétérogènes : genre *Graphis*. Adanson est le créateur de ce genre, qu'il avait formé aux dépens du *Lichenoides* de Dillen (tab. 18, fig. 1 et 2). On ne sait trop pourquoi il l'avait placé dans les Champignons, à côté de l'Agaric ; car la différence qui sépare les Graphis des Agarics est immense. Voici, du reste, comment il les caractérise : poussière fine, rampante comme une larve, par-

semée de sillons simples ou rameux, quelquefois relevés en côte. La première partie de cette phrase paraît convenir aux Graphis, et la seconde à l'Opégraphe. Le nom de Graphis n'a point été adopté dans le *Genera Plantarum* de Jussieu, et, plus tard, dans la Flore Française. Ehrart, et après lui Acharius, dans sa Lichénographie universelle et dans le *Synopsis Lichenum*, l'ont rétabli, en séparant, sous le nom d'*Opegrapha* créé par de Humboldt, les espèces dépourvues de nucleum et de perithecium. Cette distinction est maintenant adoptée généralement. Acharius avait indiqué la couleur noire comme l'un des caractères génériques du Graphis ; nous possédons un grand nombre d'espèces dans lesquelles cet organe est blanc, jaune, couleur de sang ; cette couleur du thalamium n'est point un caractère suffisant pour justifier la formation d'un genre, lorsque du reste les autres caractères sont les mêmes. Voici la phrase caractéristique pour le genre *Graphis*, ainsi que nous l'avons modifié : thalle crustacé, membraneux ou lépreux, uniforme ; apothécion (lirelle) immergé, simple ou rameux, de couleur variable, à disque nu, marginé par le thalle ou par le perithecium ; nucleum allongé, intérieurement celluleux et strié.

Quatorze espèces, sans compter les variétés, sont décrites dans Acharius. Ce nombre est loin de la réalité, puisque, indépendamment des espèces qui se trouvent dans l'excellente Monographie de Dufour et dans les ouvrages des auteurs allemands, postérieurs à Acharius, nous en avons fait connaître plus de trente espèces nouvelles qui sont pour la plupart figurées dans notre Cryptogamie des écorces exotiques officinales. Parmi les espèces inédites de notre collection, se remarquent les suivantes qui toutes, ainsi que la plupart de leurs congénères, croissent en Amérique.

Le GRAPHIS JAUNE ET NOIR, *Graphis atroflava*, N. (*V.* planches de ce Dictionnaire). Thalle tartareux, épais, d'un blanc jaunâtre, marqué de fossettes; lirelles éparses et sans limites, raccourcies, formant des sortes d'étoiles rameuses et tronquées; disque large, poudreux; bord du perithecium mince; nucleum très-noir, immargé. Cette élégante espèce se trouve sur les rameaux encore jeunes de plusieurs Arbrisseaux de la Guadeloupe.

Le GRAPHIS A LIRELLES CONFLUENTES, *Graphis confluens*, N. Thalle cendré ou d'un jaune pâle, cartilagineux, sans limites, presque granuleux; lirelles nombreuses, rapprochées, confluentes, souvent très-longues, droites-flexueuses, renflées, bordées par le thalle; disque noir; nucleum blanchâtre, charnu. Ce Graphis habite à Saint-Domingue sur l'épiderme sain de différens Arbrisseaux et Arbustes. Il nous a été communiqué par Poiteau.

Le GRAPHIS A THALLE BICOLORE, *Graphis bicolor*, N. (*V.* planches de ce Dictionnaire). Thalle membraneux, lisse, sans limites, jaune paille vers ses bords; lirelles bleuâtres au centre, ramassées, très-nombreuses, droites, un peu flexueuses et terminées en pointe, entourées à la base par le thalle; à disque linéaire, très-étroit; nucleum immargé, carné. Cette Plante croît sur l'épiderme des écorces saines des Arbres de la Jamaïque. Elle nous a été communiquée par Balbis. Le thalle de cette espèce est bicolore; la circonférence est jaune paille, et le centre vers lequel les lirelles paraissent se refouler est bleuâtre; elles sont disposées circulairement. On pourrait croire que le phénomène de cette double coloration du thalle tient aux lirelles dont le thalamium, à l'état humide, tache la croûte, mais l'examen attentif de la Plante ne permet pas d'adopter cette explication, car la couleur bleuâtre, également répartie, ne se dégrade que sur les bords.

GRAPHIS A LIRELLES GRÊLES, *Graphis gracilenta*, N. (*V.* planches de ce Dictionnaire). Thalle membraneux, blanc, un peu farineux, lisse, ter-

miné par une large bordure noire; lirelles très-grêles, droites et sinueuses, noires, sous-immergées, à disque noir, très-étroit, à nucleum blanchâtre. Cette Plante nous a été communiquée par Bertero, qui l'a rencontrée à la Guadeloupe, sur le Cissus sycioïde, dont elle envahit de grands espaces. (A. F.)

GRAPHITE. MIN. *V.* FER CARBURÉ.

GRAPHOLITE. MIN. Nom sous lequel on a quelquefois désigné le Schiste Ardoise, qui se délite en lames ou feuillets. *V.* SCHISTE et ARDOISE. (G.)

* GRAPHORCHIS. BOT. PHAN. Sous ce nom générique, Du Petit-Thouars (Hist. des Orchidées des îles austr. d'Afr.) désigne un groupe de Plantes qui n'est qu'un démembrement de l'ancien genre *Limodorum* de Swartz. Il le place dans la section des Epidendres, et le caractérise par son labelle ventru, ouvert, sans éperon court, et ses anthères à deux loges operculées, contenant chacune un seul globule. Ce genre se compose de cinq espèces indigènes des îles de Madagascar et de Mascareigne, distinguées entre elles par la proéminence plus ou moins grande de la base du labelle, par la forme de l'éperon, lorsqu'il existe, et par l'inflorescence. Ces espèces ne sont pas parasites. L'auteur, d'après sa nouvelle nomenclature, a donné à chacune d'elles un seul nom générico-spécifique : ainsi il les a appelées : *Flabellographis*, *Monographis*, *Alismographis*, *Calographis* et *Aiolographis*. *V.* ces mots, excepté les trois derniers qui n'ont pu être décrits dans ce Dictionnaire, les premiers volumes ayant paru avant la publication de l'ouvrage de Du Petit-Thouars. Comme ce sont simplement des espèces, il suffira de dire que ces trois noms sont synonymes de *Limodorum plantagineum*, *L. pulchrum* et *L. scriptum*; qu'ils sont appliqués à des Plantes figurées par Du Petit-Thouars (*loc.*

cit., tab. 41 et 42, *Alismographis;* tab. 43, *Calographis;* et tab. 46 et 47, *Aiolographis*).   (G..N.)

GRAPHYPTÈRE. INS. Pour Graphiptère. *V.* ce mot.

GRAPPE. *Racemus.* BOT. PHAN. Assemblage de fleurs portées sur des pédicelles attachés autour d'un pédoncule central. La Grappe diffère de l'épi, en ce que, dans cette dernière inflorescence, les fleurs sont sessiles; elle est simple quand les pédicelles ne sont point ramifiés; on la dit composée ou rameuse, lorsqu'ils se divisent. Le Thyrse (*Thyrsus*) et la Panicule (*Panicula*) sont des variétés de la Grappe. Dans le premier, les fleurs sont disposées en Grappe à pédicelles rameux, qui dans le milieu sont plus longs qu'à la base et au sommet; par exemple, le Lilas, la Vigne. On dit que les fleurs sont en panicule, lorsque étant en Grappe à pédicelles rameux, ceux qui se trouvent à la partie inférieure sont allongés, écartés et très-rameux. Toutes les fleurs de Graminées qui ne sont pas en épis, ont reçu de Tournefort la dénomination spéciale de Panicule.   (G..N.)

GRAPPE MARINE ou **GRAPPE DE MER.** POLYP. et CRUST. L'on dit que Rondelet a donné ce nom à une Holothurie qu'il a même figurée; nous croyons plutôt que c'est à un Polypier sarcoïde, voisin des Botrylles. Les pêcheurs donnent également le nom de Grappe marine aux amas d'œufs de Sèche, qui imitent une Grappe de raisins noirs. Des Crustacés portent le nom de Grappes sur les côtes du Calvados.   (LAM..X.)

* **GRAPPON.** BOT. PHAN. On donne ce nom dans diverses parties du midi de la France, aux Plantes à semences accrochantes, et plus particulièrement à la Bardane.   (B.)

GRAPSE. *Grapsus.* CRUST. Genre de l'ordre des Décapodes, famille des Brachyures, tribu des Quadrilatères (Règn. Anim. de Cuv.), établi en 1801 par Lamarck (Syst. des Anim. sans vert., p. 150) qui le caractérisait de la manière suivante : quatre antennes courtes, articulées, cachées sous le chaperon; les yeux aux angles du chaperon et à pédicules courts; corps déprimé, presque carré, à chaperon transversal, rabattu en devant; dix pates onguiculées; les deux antérieures terminées en pinces. Ce genre, démembré du *Cancer* de Linné, a été adopté par tous les entomologistes, et en particulier par Latreille qui lui assigne pour caractères : test presque carré, aplati, portant les yeux aux angles de devant; son bord antérieur incliné; pieds-mâchoires extérieurs écartés l'un de l'autre et laissant à découvert une partie de la bouche; leur troisième article inséré près de l'extrémité extérieure et supérieure du précédent; les quatre antennes situées au-dessous du chaperon. Les Grapses offrent encore quelques particularités remarquables dans leur organisation. Leur corps est aplati et orné souvent de couleurs très-vives, principalement de rouge. Leur front occupe presque toute la largeur du test; il est infléchi ou très-incliné en forme de chaperon. Les yeux sont reçus aux angles externes dans une cavité transverse, et les antennes sont situées sous le bord inférieur du front; les latérales ou externes prennent naissance à la base des yeux, et les intermédiaires sont distantes à leur origine et logées chacune dans une fossette du chaperon. L'épistome ou le chaperon proprement dit est transversal, étroit et divisé ordinairement dans le sens de sa largeur par une arête saillante. Le premier article des pieds-mâchoires inférieurs et l'article suivant, rétrécis, l'un à son sommet et l'autre à sa base, forment un espace angulaire qui laisse voir une portion des mandibules et quelques autres parties de la bouche. La carapace présente les particularités suivantes observées par Desmarest : elle est plane, peu bombée, assez exactement carrée avec les orbites situés aux angles antérieurs; le bord interorbitaire est transversal et uni, le bord postérieur est étroit; les régions stomacale et génitale sont à peu près confondues. La première offre un enfoncement sur sa partie moyenne et antérieure ; les régions cordiale et hépatique postérieuresont aussi réunies et forment ensemble une saillie remarquable; les régions branchiales occupent en arrière les côtés et les angles postérieurs de la carapace'; elles sont marquées souvent sur leur bord externe de lignes élevées , parallèles entre elles et obliques , qui répondent à la direction des organes branchiaux internes. Les deux pieds antérieurs sont courts, les autres sont assez longs, surtout la troisième et la quatrième paires. Toutes ont des cuisses larges , sont carenées sur leur bord antérieur et se terminent par un article pointu. L'abdomen est composé de sept anneaux dans les deux sexes.

Les Grapses , connus dans les Antilles sous les noms de Crabes peints et Crabes de Palétuviers, sont des Crustacés très-carnassiers qui se trouvent également dans le reste de l'Amérique. Bosc, qui a eu l'occasion d'en observer un grand nombre, rapporte qu'ils se tiennent presque toujours cachés sous les pierres et sous des morceaux de bois; ils ne nagent point, mais ils ont la faculté de se soutenir momentanément sur l'eau à raison de la largeur de leurs corps et de leurs pates, et ils y réussissent par des espèces de sauts répétés ; ils font ce mouvement, dit-il, toujours de côté, tantôt à droite, tantôt à gauche, selon les circonstances. Ils se cachent au fond de la mer pendant la saison froide, et ne reparaissent qu'au printemps ; c'est alors qu'ils portent des œufs. On peut considérer comme type du genre :

Le Grapse peint, *Gr. pictus*, Lamk. , Latr. ; *Cancer pictus*, L., Herbst; *Cancer*., tab. 5, fig. 33, et tab. 47, fig. 5, Séba ; *Mus*. T. iii , tab. 18, fig. 5, 6. Il se trouve dans l'Amérique méridionale , aux Antilles, à Cayenne, etc.

Le Grapse mélangé, *Gr. varius*, Latr., Rissó, ou le *Cancer marmoratus* de Fabricius et d'Oliv. (Zool. Adriat., tab. 2, fig. 1)qui est la même espèce que le *Cancre madré* de Rondelet. On le trouve dans la Méditerranée et sur les bords de l'Océan. Nous l'avons rencontré abondamment sur les côtes de l'ouest de la France , particulièrement à l'île de Noirmoutier.

On doit ajouter à ces espèces le *Grapsus penicilliger* figuré par Rumphius (tab. 10, n. 2) et Cuvier (Règn. Anim. T. iv, pl. 12 , fig. 1); *cruentatus*, Latr., ou *ruricola* de Degéer (Ins. T. vii, p. 417, pl. 25, fig. 1); *cinereus* , Bosc (Hist. nat. des Crust. T. 1, pl. 5). On pourrait peut-être rapporter au même genre, suivant Latreille, le Crabe espagnol d'Herbst (*loc. cit.*, tab. 37, fig. 1), voisin du *Cancer mutus* de Linné, et le *Cancer messor* de Forskahl.

On ne connaît qu'une espèce fossile , encore n'est-ce pas très-certain qu'elle appartienne au genre Grapse. Desmarest (Hist. nat. des Crust. foss., p. 97) l'a décrite sous le nom de Grapse douteux, *Gr. dubius*, Desm.   (AUD.)

GRAPTOLITHES. min. On trouve ce nom dans quelques oryctographes pour désigner des Pierres figurées.
(B.)

GRAS (corps). zool. bot. chim. Principes immédiats des Animaux et des Végétaux, caractérisés par leur insolubilité dans l'eau, leur solubilité dans l'Alcohol et l'Ether, leur extrême inflammabilité, leur composition chimique non azotée, et leur plus ou moins grande fusibilité. Ce dernier caractère a fait distinguer plusieurs espèces de corps Gras sous les noms d'Huile, de Beurre, de Graisse et de Cire. *V.* chacun de ces mots pour l'histoire particulière des substances qu'ils désignent. Nous devons en ce moment parler des découvertes intéressantes de Chevreul sur la composition des corps Gras, et exposer les propriétés qui leur sont communes.

Ce célèbre chimiste a fait voir que les corps Gras sont composés d'un certain nombre de substances immédiates, et que la plupart ne diffèrent les uns des autres que par la proportion qu'ils en contiennent. Il a donné les noms de Stéarine, Élaïne, Cétine et Cholestérine à ces substances immédiates; une cinquième sorte de matière huileuse a été extraite du beurre et de l'Huile de Dauphin. Nous renvoyons à chacun de ces mots pour connaître les propriétés particulières de ces principes. Il nous suffira de dire ici que la Stéarine et l'Elaïne, chauffées dans un matras avec de la Potasse à l'Alcohol et de l'eau, se saponifient, c'est-à-dire sont converties en Acides margarique, oléique, et en principe doux, avec cette différence que la Stéarine fournit beaucoup d'Acide margarique et un peu de principe doux, tandis que l'Elaïne se transforme en une grande quantité d'Acide oléique et en principe doux. La Cholestérine n'éprouve aucun changement par la réaction des Alcalis. La Cétine se saponifie comme la Stéarine et l'Elaïne ; mais elle produit, outre les Acides margarique et oléique, une substance non acide dont la composition peut être représentée par de l'Hydrogène carburé, plus de l'eau. Enfin les Huiles extraites du beurre et de la graisse de Dauphin se convertissent par l'action des Alcalis en principe doux, en Acides margarique et oléique et en Acides volatils, odorans, qui ont reçu les noms d'Acides butirique et delphinique. Les Acides margarique et oléique ayant toutes les qualités des corps Gras, forment parmi ceux-ci une section très-distincte; ils se combinent avec les différentes bases et donnent naissance à des sels que l'industrie humaine a su utiliser; tels sont les savons. Le Gras des cadavres ou l'Adipocire est également un assemblage de margarates et d'oléates à base d'Ammoniaque, de Potasse et de Chaux. Chevreul a partagé en quatre groupes la deuxième section des corps Gras, c'est-à-dire celle qui comprend les substances non acides, et il les a caractérisés d'après leurs diverses manières de se comporter avec les Alcalis.

Les matières grasses existent dans les Animaux où elles sont contenues dans des utricules d'une structure particulière et qui constituent ce que les anatomistes nomment tissu adipeux. C'est principalement sous la peau, aux environs des reins, dans la duplicature membraneuse de l'épiploon, à la surface des muscles et des intestins, qu'on en trouve de grandes quantités. Leur consistance, leur couleur et leur odeur varient selon les genres d'Animaux qui les fournissent. Celles des Cétacés sont généralement fluides ; elles ont de la mollesse et une forte odeur dans les Carnivores ; elles sont solides et inodores dans les Ruminans ; enfin les jeunes Animaux ont leurs graisses ordinairement blanches et abondantes, tandis que les vieux n'ont qu'une bien moindre quantité de graisse jaunâtre. Ces observations générales sur les graisses n'ont pas été poussées plus loin, et ainsi que nous l'avons dit au mot GRAISSES, demanderaient à être suivies dans les différentes classes des Animaux.

Les corps Gras obtenus des Végétaux se présentent également avec des qualités très-opposées. On recueille de la cire sur les fruits de plusieurs *Myrica*, sur l'écorce du *Ceroxylon andicola*, dans le pollen des fleurs, etc.; l'*Elais guineensis* fournit un corps Gras butyreux nommé beurre ou huile de Palme; les graines du Cacaoyer, celles du Muscadier donnent aussi des espèces de beurre d'une consistance plus ou moins solide. Mais le plus grand nombre des matières grasses végétales sont huileuses, c'est-à-dire ont de la fluidité à la température ordinaire de l'atmosphère. La graine est la partie des Plantes où elles se trouvent le plus généralement; cependant quelques autres organes en contiennent en abondance; tel est le péricarpe du fruit de l'Olivier.

Les substances grasses à l'état de pureté sont en général peu odorantes, d'une saveur douce et fade, plus légères que l'eau et d'une consistance qui varie depuis celle de la cire et du blanc de Baleine qui sont solides, jusqu'à celle de l'huile de Poisson et de l'huile d'Amandes qui sont très-fluides. Chauffées fortement avec le contact de l'air, elles se décomposent et dégagent surtout une grande quantité d'Hydrogène carboné qui s'enflamme. Insolubles dans l'eau, elles se dissolvent, au contraire, toutes en plus ou moins grande proportion dans l'Alcohol. (G..N.)

GRAS DE GALLE. BOT. PHAN. Ce nom est employé à Saint-Domingue pour désigner, selon Jacquin, l'*Echites corymbosa*. Nicolson le cite comme donné à d'autres Arbrisseaux, qu'il dit être un *Spartium*, un Cytise et un Alaterne. (B.)

*GRASEPOLEY. BOT. PHAN. (Cordus.) Syn. de *Lathyrus hyssopifolia*, L. (B.)

* GRAS-D'EAU. POIS. Commerson donnait ce nom aux Athérines tellement transparentes, qu'elles ressemblent à une simple gelée dans l'élément qui les nourrit. (B.)

GRAS DE MOUTON. BOT. PHAN. L'un des noms vulgaires du *Lampsana communis*, L. (B.)

GRAS DES CADAVRES. ZOOL. *V.* ADIPOCIRE.

GRAS-MOLLET. POIS. Nom vulgaire du Cycloptère Lumpe. *V.* CYCLOPTÈRE. (B.)

* GRASPOIS. MAM. Syn. d'Epaulard, espèce du genre Dauphin. *V.* ce mot. (B.)

GRASSET. OIS. Syn. vulgaire du Mouchet. *V.* ce mot. (DR..Z.)

GRASSET. BOT. PHAN. L'un des noms vulgaires du *Sedum Telephium*. (B.)

GRASSETTE. OIS. Syn. vulgaire de la Sarcelle d'été. *V.* CANARD. (DR..Z.)

GRASSETTE. *Pinguicula.* BOT. PHAN. Genre de la famille des Lentibulariées de Richard, et qui a été placé dans la Diandrie Monogynie L., quoique ses étamines offrissent le caractère de la Didynamie. Ses caractères sont : calice bilabié, trifide supérieurement, bifide inférieurement ; corolle irrégulière, munie d'un éperon à la base, resserrée près de sa gorge, à limbe bilabié, la lèvre supérieure trilobée, l'inférieure plus courte, bilobée ; deux étamines très-courtes ; style court, surmonté d'un stigmate à deux lames ; capsule uniloculaire, remplie d'un grand nombre de graines attachées à un réceptacle central. Ce genre, qui a beaucoup d'affinités avec l'*Utricularia*, est très-naturel, puisque toutes ses espèces offrent un port parfaitement caractérisé. Elles ont des feuilles radicales d'une consistance tellement grasse et molle, qu'elle a mérité au genre les noms sous lesquels nous le décrivons. Leur hampe est uniflore, et leurs fleurs sont penchées. La plupart des espèces de Grassettes sont indigènes des pays montueux et humides de l'hémisphère boréal. Les Alpes d'Europe, les montagnes de l'Amérique du nord en nourrissent une dixaine d'espèces ; les autres croissent dans des localités élevées du midi de l'Europe et de l'Amérique méridionale.

La GRASSETTE COMMUNE, *Pinguicula vulgaris*, jolie Plante à fleurs violettes et d'un port tout particulier, se trouve dans les marécages de plusieurs parties de l'Europe. Elle croît près de l'étang de Saint-Gratien aux environs de Paris. Le *Pinguicula Lusitanica*, qui est plus rare au Portugal que son nom ne le ferait supposer, se trouve dans nos landes aquitaniques, en Bretagne, et jusqu'aux environs d'Aix-la-Chapelle. (G..N.)

GRATELIER. BOT. PHAN. Nom proposé par quelques botanistes français, pour le genre *Cnestis*. *V.* CNESTE. (B.)

* GRATELOUPELLE. *Grateloupella.* BOT. CRYPT. (*Céramiaires.*)

Genre digne par son élégance d'être dédié à Grateloup, savant mais trop modeste botaniste, qui, dans l'étude des Hydrophytes, a fait d'importantes découvertes, qu'on voit avec regret demeurer enfouies dans ses intéressans manuscrits. Il est caractérisé par les capsules parfaitement sessiles, groupées à l'extrémité des rameaux flexibles et colorés. Le *Ceramium brachygonium* de Lyngbye (*Tent. Alg. Dan.* p. 118, pl. 56, f. c) est le type de ce genre. On le trouve, sur nos côtes, assez fréquemment fixé aux rochers que la marée ne découvre que peu d'instans. Nous en connaissons plusieurs autres espèces. (B.)

* GRATELOUPIA. BOT. CRYPT. (*Hydrophytes.*) Genre formé par Agardh (*Spec. Alg. Pars* II, p. 221) dans l'ordre des Floridées, dont les caractères consistent en des tubercules fructifères agrégés sur les rameaux, percés d'un pore et contenant des séminules elliptiques. L'auteur y rapporte trois espèces : 1° le *Grateloupia ornata*, qui est le *Fucus erinaceus* de Turner, du cap de Bonne-Espérance ; 2° le *Grateloupia Hystrix* également du cap de Bonne-Espérance ; 3° le *Grateloupia filicina* qui serait le *Delesseria filicina* de Lamouroux. Cette dernière que nous avons trouvée sur nos côtes, et que nous avons fort soigneusement observée, nous paraît pouvoir difficilement être séparée des Delesséries, et nous croyons que le genre dont il est question, formé sur des caractères insuffisans, ne saurait être conservé. (B.)

GRATGAL. BOT. PHAN. Nom trivial appliqué par quelques botanistes français au genre *Randia* de Linné. *V.* ce mot. (G..N.)

GRATIA-DEI. BOT. PHAN. Dans la haute opinion que l'on avait de leurs vertus médicinales, plusieurs Plantes avaient reçu ce nom avant la régénération de la botanique ; de ce nombre étaient le *Buplevrum rigidum*, le *Geranium Robertianum*, le *Scutellaria galericulata*, le *Gratiola offi-*

cinalis, et le *Lythrum hyssopifolium*. (B.)

GRATIOLE. *Gratiola*. BOT. PHAN. Ce genre, de la famille des Scrophularinées, et de la Diandrie Monogynie, fondé par Linné et confondu par Tournefort avec les Digitales, est ainsi caractérisé : calice à cinq divisions profondes, quelquefois accompagnées de bractées à la base; corolle tubuleuse, à deux lèvres, la supérieure bilobée, l'inférieure à trois lobes égaux; deux étamines fertiles, et deux ou trois rudimentaires ; stigmate à deux lames; capsule à quatre valves qui, après la maturité, se séparent de la cloison formée par l'inflexion de leurs bords. Ces caractères ont été tracés par R. Brown et Nuttall d'après l'examen du *Gratiola officinalis*, L., et d'autres espèces de la Nouvelle-Hollande et de l'Amérique. Les auteurs postérieurs à Linné, et ce grand botaniste lui-même, ont placé dans le genre *Gratiola* des Plantes dont l'organisation était assez différente pour devenir les types de genres distincts. Ainsi Willdenow a établi le genre *Hornemannia* avec deux espèces de *Gratiola* décrites par Hornemann. La principale espèce de l'*Herpestis* de Gaertner ou du *Monniéra* de Brown et de Michaux est le *Gratiola Monnieri*, L.—R. Brown (*Prodr. Flor. Nov.-Holl.*, p. 441) a fait voir les grands rapports des *Gratiola hyssopoides* et *rotundifolia*, L., avec les *Lindernia* dont elles ne diffèrent que par deux de leurs étamines stériles. On a décrit plus de cinquante espèces de Gratioles : mais en éloignant celles qui appartiennent bien certainement à d'autres genres, et en tenant compte des doubles emplois d'espèces qui embrouillent la synonymie de ce genre, on ne compte réellement qu'une trentaine de Plantes qui s'y rapportent bien légitimement. Une seule espèce habite l'Europe, une au Pérou, deux dans les îles de l'Amérique du sud, huit dans les États-Unis de l'Amérique septentrionale, et le reste dans les Indes-Orientales et la Nouvelle-Hollande. Les Etats-Unis paraissent donc être la contrée où l'on rencontre proportionnellement le plus de Gratioles, quoique ce genre soit répandu sur une grande partie de la surface du globe, et qu'il préfère les pays chauds. Dans le nouveau continent, on n'en rencontre pas au-delà du 40ᵉ degré de latitude nord. Les Gratioles sont des Plantes herbacées, à feuilles opposées et à pédoncules solitaires, axillaires et uniflores Nous citerons ici l'espèce suivante, européenne, comme exemple et type du genre :

La GRATIOLE OFFICINALE, *Gratiola officinalis*, L., a une tige haute de trois décimètres, droite, cylindrique, ordinairement simple et garnie de feuilles opposées, sessiles, ovales, lancéolées, dentées vers leur sommet, lisses, glabres et marquées de trois nervures longitudinales. Ses fleurs sont d'un blanc jaunâtre. On trouve cette Gratiole dans les lieux aquatiques, et principalement dans les fossés humides des prairies de la France méridionale. Elle est assez rare aux environs de Paris. Cette Plante, à laquelle on donne vulgairement le nom d'Herbe au pauvre Homme, parce que c'était autrefois un purgatif employé par les indigens, jouit de propriétés dangereuses. Elle a une saveur amère, désagréable et nauséabonde. Son analyse a donné au célèbre Vauquelin de la gomme, quelques Sels et un Acide végétal, une matière résinoïde d'une extrême amertume, soluble dans l'Alcohol, très-peu soluble dans l'eau à l'état de pureté, et ne s'y dissolvant que par son mélange avec les autres matériaux de la Plante. C'est dans cette matière résinoïde que paraît résider le principe actif de la Gratiole. Elle purge violemment et elle excite en même temps le vomissement ; aussi est-elle fréquemment employée par les charlatans entre les mains desquels elle peut devenir un poison funeste. Gleditsch (*Vermischte Abhanl.* T. III, p. 567) prétend que les Chevaux qui se nourrissent du foin où il y a beaucoup de Gratiole, maigrissent considérablement. (G..N.)

GRATTE-CU. BOT. PHAN. Nom vulgaire des fruits de la plupart des Rosiers, employés dans certaines pharmacies, sous la désignation plus convenable de *Cynorrhodon.* Ce nom vient de ce que lorsqu'on les mange sans en retirer les graines que recouvrent des poils très-fins, ces fruits causent, dit-on, d'assez vives démangeaisons à l'anus. (B.)

GRATTE-PAILLE. OIS. Syn. vulgaire de Mouchet. (DR..Z.)

GRATTERON. BOT. PHAN. Nom vulgaire du *Galium Aparine*, ainsi que de l'*Asperula odorata.* (B.)

GRATTIER. BOT. PHAN. L'un des syn. vulgaires de Vitex. *V.* ce mot. (B.)

GRAUCALUS. OIS. (Cuvier.) Syn. du genre Choucari, dont les espèces sont des Coracines pour Temminck. *V.* ce mot. (DR..Z.)

GRAULE ET GRAYE. OIS. Syn. vulgaire de la Corneille mantelée. *V.* CORBEAU. (DR..Z.)

GRAUSTEIN. GÉOL. Mot allemand qui veut dire *pierre grise*, et dont Werner a fait le nom d'une roche appelée *Dolérite* par les minéralogistes français. *V.* les mots DOLÉRITE et ROCHES. (G.)

GRAUWACKE. MIN. *V.* PSAMMITE.

* GRAVANCHE. POIS. Une variété du Lavaret qui se pêche dans le lac de Genève. *V.* SAUMON, sous-genre CORÉGONE. (B.)

GRAVE. OIS. Syn. vulgaire de Freux. *V.* CORBEAU. (DR..Z.)

GRAVELET. OIS. Syn. vulgaire du Grimpereau. *V.* ce mot. (DR..Z.)

GRAVELIN. BOT. PHAN. L'un des noms vulgaires du Chêne à grappes. (B.)

GRAVELOTTE. OIS. Nom vulgaire du petit Pluvier à collier. *V.* PLUVIER (DR..Z.)

GRAVIER. GÉOL. Intermédiaire du Sable et des Galets, il se compose de fragmens plus gros que l'un, et plus petits que les autres; le lit des fleuves et des torrens en présente davantage que les plages de la mer, où cependant de vastes étendues en sont quelquefois entièrement formées. Il se compose de toutes sortes de Roches réduites par le frottement en fragmens arrondis et souvent aplatis. On en rencontre des dépôts immenses dans l'intérieur des continens, soit au-dessous de la couche de terre végétale, soit à la surface même du sol. La plaine de la Crau, vers l'embouchure du Rhône, est célèbre par le Gravier qui la couvre, et dans lequel une végétation particulière fournit aux Moutons du pays une nourriture à laquelle, dit-on, leur chair doit son excellente qualité. Ce sont les Galets, *V.* ce mot, et le Gravier qui, unis par un ciment quartzeux, forment la plupart des Roches connues sous le nom de Poudings.   (B.)

GRAVIÈRE. ois. Syn. vulgaire de grand Pluvier à collier. *V.* PLUVIER.
(DR..Z.)

GRAVIGRADES. MAM. Blainville a donné ce nom à un ordre qu'il établit pour y placer le seul genre Eléphant.   (B.)

GRAVISSET, GRAVISSEUR, GRAVISSON. ois. Syn. vulgaires de Grimpereau. *V.* ce mot.   (DR..Z.)

GRAVIVOLES. ois. Nom donné aux Oiseaux qui ont le vol lent et pesant.   (DR..Z.)

GRAZIRRHINCHUS. pois. fos. Des oryctographes qui ont cru apercevoir quelque ressemblance entre les Glossopètres et le bec du Corbeau ont donné ce nom à ces dents fossiles. *V.* GLOSSOPÈTRES.   (B.)

GRÉAC. pois. Pour Créac. *V.* ce mot et ESTURGEON.   (B.)

GRÈBE. *Podiceps.* ois. Genre de l'ordre des Pinnatipèdes établi par Latham aux dépens du *Colymbus* de Linné, et caractérisé de la manière suivante : bec de médiocre taille, ordinairement plus long que la tête, droit, conique, cylindrique ou comprimé; mandibule supérieure su-

bulée ou courbée brusquement vers la pointe; narines situées vers le milieu de chaque côté du bec, concaves, oblongues, ouvertes extérieurement et fermées à l'intérieur par une membrane, se communiquant de l'une à l'autre; pieds reportés à l'extrémité du corps: tarse très-comprimé; quatre doigts, trois en avant, très-déprimés par une seule membrane qui les entoure en festons; l'externe le plus long; pouce comprimé et festonné, s'articulant sur la face interne du tarse, et portant à terre seulement sur le bout de l'ongle, qui est, ainsi que les autres, large et déprimé; ailes courtes, les trois premières rémiges presque égales et les plus longues. Quoique les Grèbes n'aient les doigts réunis que par une demi-membrane, ils n'en sont pas moins de tous les Oiseaux d'eau, les nageurs les plus lestes et les plus infatigables; leur conformation, d'ailleurs, indique assez que l'eau leur a été assignée comme demeure habituelle et même unique; car s'ils s'élancent dans les airs, ils s'y soutiennent avec peine et semblent plutôt être portés par les vents, qu'y suivre une direction volontaire, que leur interdit peut-être la trop grande brièveté de leurs ailes, relativement au volume et au poids du corps; si une circonstance quelconque les place sur terre, la position de leurs jambes à l'extrémité du corps, les oblige à une station verticale qui rend leur marche difficile et pénible. Aussi, pour ces motifs, les voit-on rarement prendre le vol, et lorsqu'ils sont poussés ou jetés par les flots sur le rivage, leur premier mouvement est de quitter la plage où ils se trouvent sans défense, et où ils n'auraient que des coups de bec à opposer à la main habile qui voudrait les saisir. Ils plongent avec une adresse admirable, poursuivent et saisissent au fond de l'eau les Poissons qui s'y croyaient en sûreté; lorsqu'ils nagent entre deux eaux, ils tiennent suivant le besoin leurs ailes plus ou moins étendues, qui font office de gouvernail, et leurs pates ne leur servent que de rames, dont ils peuvent accélérer considérablement le mouvement. A l'exception de la plus petite espèce, qui paraît ne se plaire que sur les lacs et les rivières, dans les étangs et les marais, les Grèbes se montrent également sur les vagues qui frappent les côtes, comme à la surface plus tranquille des eaux douces; il en est même quelques-uns qui paraissant dédaigner les marécages, ont, pour la mer, une préférence marquée, et c'est sur ce théâtre aussi vaste que mobile, qu'ils aiment surtout à déployer toute leur souplesse. Ces Oiseaux ont un plumage très-sujet à varier, ce qui jette assez de confusion dans leur nomenclature; parmi les nombreuses espèces établies par les ornithologistes, il en est plusieurs que l'on a réunies, et ces réunions seront très-vraisemblablement poussées plus loin encore, lorsque l'on connaîtra mieux les changemens que peuvent produire l'âge et les saisons. Ces changemens consistent en aigrettes, crinières et autres ornemens, variés tant dans la forme que dans les couleurs; ils ne se trouvent que chez les adultes, et se font long-temps attendre, car ce n'est ordinairement qu'à la troisième année qu'on commence à les apercevoir; l'Oiseau les conserve alors pendant tout l'hiver, et on les observe chez les femelles comme chez les mâles.

Si l'on en juge par l'état d'embonpoint qui se fait remarquer dans tous les Grèbes que l'on prend en toutes saisons, l'on doit croire que ces Oiseaux ne sont guère exposés aux jeûnes et aux privations; en effet, se nourrissant indifféremment de Poissons et de Mollusques, de Plantes aquatiques et de Fucus, ils trouvent toujours de quoi satisfaire amplement leur appétit; leur chair en retient un goût désagréable, ce qui fait qu'elle est généralement dédaignée. L'on ne recherche quelques-uns de ces Oiseaux, que pour leur duvet argentin, qui fournit à la mode des fourrures propres à en renouveler de temps en temps les phases. Les Grèbes nichent dans les Joncs et les Roseaux; le berceau qui doit recevoir les fruits de leurs amours, est composé de ces mêmes Végétaux entrelacés; il flotte au-dessus des eaux, et n'y est retenu que par quelques liens qui l'amarient aux Roseaux les plus solides. La ponte est de trois ou quatre œufs, rarement cinq, ordinairement d'un vert blanchâtre, lavé ou tacheté de jaune et de brun.

Grèbe castagneux, *Podiceps minor*, Lath.; *Podiceps hebrydicus*, Lath.; *Colymbus pyrenaicus*, Lap.; *Colymbus fluviatilis*, Briss., Buff., pl. enl. 905. Parties supérieures d'un noirâtre lavé d'olivâtre; sommet de la tête, nuque et gorge noirs; côtés et devant du cou d'un roux vif; parties inférieures d'un cendré noirâtre, avec la poitrine et les flancs plus obscurs: bec noir; iris brun; pieds d'un brun verdâtre, et couleur de chair sur la face interne. Taille, neuf à dix pouces. Les jeunes ont le sommet de la tête, la nuque et les côtés du cou blanchâtres, variés de taches et de traits roussâtres, la partie inférieure du devant du cou, la poitrine et les flancs d'un roux clair, le milieu du ventre blanc. Ceux de l'année sont d'un cendré roussâtre sur les parties supérieures; ils ont la gorge blanche et la mandibule inférieure jaunâtre. Du nord des deux continens.

Grèbe de Cayenne. *V.* Grand Grèbe.

Grèbe cerclé ou a bec cerclé, *Podiceps Carolinensis*, Lath.; *Colymbus Podiceps*, L. Parties supérieures brunes, les inférieures d'un blanc sale; gorge noire: un cercle blanc entourant les yeux et une tache noire à la base de la mandibule inférieure; poitrine lavée d'olivâtre; bec cendré, avec un anneau noir dans le milieu; pieds noirs. Taille, dix pouces. Les jeunes ont les parties supérieures d'un brun foncé; les côtés du cou, le ventre et le croupion roux, le milieu de la poitrine d'un blanc sale, avec une grande tache noire transversale à l'extrémité. De l'Amérique septentrionale.

GRÈBE COMMUN. *V.* GRÈBE HUPPÉ.

GRÈBE CORNU, *Podiceps cornatus*, Lath.; *Colymbus obscurus*, Gmel.; *Podiceps caspicus*, Lath.; *Colymbus nigricans*, Scop.; *Colymbus cristatus minor*, Briss., Buff., pl. enl. 404, fig. 2 et 942. Parties supérieures noirâtres; une fraise très-ample et d'un noir lustré, entourant le haut du cou; deux touffes de plumes rousses s'élevant en forme de cornes derrière les yeux; joues et poitrine rousses; parties inférieures blanches; avec les flancs nuancés de roussâtre; bec fort, plus court que la tête, noir avec la pointe rouge; pieds gris, noirs à l'extérieur. Taille, douze à treize pouces. Les jeunes ont toutes les parties supérieures d'un cendré noirâtre, sans fraises ni cornes, les secondes rémiges blanches; une ligne blanche horizontale qui s'étend au-dessous des yeux, et vient se confondre sur la gorge avec une teinte semblable, qui se dirige très-en arrière sur l'occiput; le milieu du devant du cou cendré, les parties inférieures blanches avec les flancs d'un cendré noirâtre; le bec cendré, avec la pointe jaunâtre. D'Europe.

GRÈBE CORNU, Buff., pl. enl. 400. *V.* GRÈBE HUPPÉ.

GRÈBE CORNU DE LA BAIE D'HUDSON. *V.* GRÈBE CORNU.

GRÈBE DUC-LAART. *V.* GRÈBE DE L'ILE SAINT-THOMAS.

GRÈBE D'ESCLAVONIE ou ESCLAVON. *V.* GRÈBE CORNU.

GRAND GRÈBE, *Podiceps Cayanus*, Lath.; *Colymbus Cayennensis*, Gmel., Buff., pl. enl. 404, n° 1. Parties supérieures noirâtres, les inférieures blanches, avec la gorge, le devant du cou et les flancs roux; bec et pieds noirâtres. Taille, dix-neuf à vingt pouces. Espèce douteuse.

GRÈBE HUPPÉ, *Podiceps cristatus*, Lath.; *Colymbus urinator*, Gmel.; *Colymbus cornutus*, Briss., Buff., pl. enl. 400, 641 et 944. Parties supérieures noirâtres, variées de brun; sommet de la tête, nuque et fraise d'un noir lustré; une huppe noire plate et pendante sur le cou; joues blanches; parties inférieures d'un blanc nacré avec les côtés de la tête et de la poitrine roussâtres; bec plus long que la tête, d'un brun rougeâtre, brun à la pointe; iris rouge; pieds d'un blanc jaunâtre, noirâtre à l'extérieur. Taille, dix-huit à dix-neuf pouces. Les jeunes ont les plumes de la huppe et de la fraise très-courtes, bordées de blanchâtre; point de roussâtre à la face: avant l'âge de deux ans, on ne voit chez eux ni fraise ni huppe; le front est blanc comme la face; il y a sur le cou des lignes en zig-zag noirâtres. Dans l'extrême jeunesse, ils ont la tête et le haut du cou d'un brun foncé. D'Europe.

GRÈBE DE L'ILE SAINT-THOMAS, *Podiceps Thomensis*, Lath. Parties supérieures brunes, les inférieures blanches avec une grande tache noire sur la poitrine; un trait blanc entre le bec et l'œil; tectrices alaires roussâtres; flancs tachetés de gris; pieds noirâtres. Taille, dix-huit pouces.

GRÈBE SOUS-GRIS ou A JOUES GRISES, *Podiceps rubricollis*, Lath.; *Colymbus subcristatus*, Gmel.; *Colymbus parotis*, Sparm., Buff., pl. enl. 931. Parties supérieures d'un cendré noirâtre; front, sommet de la tête et nuque noirs; une huppe très-courte; joues et gorge d'un gris soyeux; parties inférieures blanches; devant du cou et côtés de la poitrine roux; flancs et cuisses tachetés de brun; bec de la longueur de la tête, noir à l'extrémité, jaune à sa base; iris brun rougeâtre; pieds noirs, d'un vert jaunâtre à l'intérieur. Taille, quinze à seize pouces. Les jeunes ont la gorge et les joues blanches, le haut du cou jaunâtre, rayés irrégulièrement de brun; point de vestige de huppe. D'Europe.

GRÈBE DU LAC DE GENÈVE. *V.* GRÈBE CORNU.

GRÈBE MONTAGNARD. *V.* GRÈBE CASTAGNEUX.

GRÈBE DE LA LOUISIANE, *Podiceps Ludovicianus*, Lath. *V.* GRÈBE DE LA CAROLINE, jeune.

GRÈBE OREILLARD, *Podiceps au-*

ritus, Lath. Parties supérieures noires; face, sommet de la tête et fraise d'un noir lustré; une huppe très-courte sur l'occiput; un pinceau de plumes longues, effilées, jaunes et rousses, s'élève de chaque côté derrière les yeux et vient couvrir l'oreille; parties inférieures blanches, avec les flancs et les cuisses d'un brun marron; gorge, cou et poitrine noirs; bec plus court que la tête, noir, rouge à sa base, avec sa pointe relevée; pieds verdâtres, noirâtres extérieurement. Taille, onze à douze pouces. Les jeunes ont la plus grande ressemblance avec ceux du Grèbe cornu; ils s'en distinguent en ce que le blanc des joues est plus étendu, et descend sur les côtés du cou, et en ce que les deux mandibules se relèvent un peu vers la pointe. D'Europe.

GRÈBE (PETIT), Buff., pl. enl. 942. *V*. GRÈBE CORNU, jeune.

GRÈBE (PETIT), Gérardin. *V*. GRÈBE CASTAGNEUX.

GRÈBE (PETIT) CORNU, Buffon. *V*. GRÈBE CORNU, jeune.

GRÈBE (PETIT) CORNU, Gérardin. *V*. GRÈBE OREILLARD, jeune.

GRÈBE (PETIT) HUPPÉ, Buffon. *V*. GRÈBE CORNU, jeune.

GRÈBE DE RIVIÈRE DE LA CAROLINE. *V*. GRÈBE CERCLÉ.

GRÈBE DE RIVIÈRE NOIRATRE. *V*. GRÈBE CASTAGNEUX.

GRÈBE DE RIVIÈRE DES PHILIPPINES, *Podiceps Philippensis*, Temm., Buff., pl. enl. 945. Parties supérieures d'un noirâtre lavé de pourpré; deux traits roux sur les joues et les côtés du cou; parties inférieures d'un cendré noirâtre; bec noir, cendré à la base et à la pointe; pieds noirâtres à l'extérieur. Taille, dix à onze pouces.

GRÈBE DE RIVIÈRE DE SAINT-DOMINGUE, *Podiceps Dominicus*, Lath. Parties supérieures noirâtres, les inférieures d'un gris nacré, tâchetées de brun; rémiges blanchâtres avec l'extrémité brune; bec noir; pieds bruns. Taille, sept à huit pouces.

(DR..Z.)

GRÈBE-FOULQUE. *Podoa*. ois. Genre établi par Illiger dans l'ordre des Pinnatipèdes. Caractères: bec aussi long que la tête, droit, cylindrique, avec la pointe inclinée et échancrée; arête distincte, déprimée; bords de la mandibule supérieure un peu élargis; l'inférieure droite, anguleuse vers le bout; fosse nasale grande et longue; narines placées vers le milieu de chaque côté du bec, longues et totalement percées; pieds courts, retirés dans l'abdomen; tarse arrondi; quatre doigts, les trois antérieurs réunis par une membrane en festons; le postérieur lisse; ailes médiocres, pointues; première rémige plus courte que la deuxième, qui est aussi longue ou plus longue que la troisième, et dépasse toutes les autres; queue très-large. Les espèces qui composent ce genre sont peu nombreuses, on n'en connaît encore que deux. Leurs mœurs et leurs habitudes ont été peu étudiées, et sont conséquemment presque inconnues; quelques indices portent à croire qu'elles ont de grands rapports avec celles des Grèbes; du reste les deux genres, ainsi que l'indique le nom, se rapprochent déjà par les principaux caractères de conformation.

GRÈBE-FOULQUE D'AFRIQUE, *Heliornis Senegalensis*, Vieill. Parties supérieures brunes, mouchetées de noir sur les côtés du cou et le dos; sommité de la tête et dessus du cou noirâtres; une raie blanche prend naissance à la base du bec, se dirige au-dessus de l'œil et descend de chaque côté, le long du cou; rectrices étagées; toutes les parties inférieures blanches avec quelques mouchetures noires seulement sur les flancs; bec et pieds rouges. Taille du Canard.

GRÈBE-FOULQUE D'AMÉRIQUE, *Platus Surinamensis*, Gmel.; *Heliornis Surinamensis*, Vieill., Buff., pl. enl. 893. Parties supérieures d'un brun obscur; sommet de la tête couvert de plumes noires, longues et pendantes; joues d'un brun fauve; côtés du cou striés de noir et de blanc; trait oculaire blanc, s'étendant sur toute la longueur du cou; rectrices étalées, terminées par une bande noire, bordée de blanc; parties inférieures blanches ; bec cendré ; pieds d'un brun jaunâtre avec les demi-palmures rayées de noir et de blanc. Taille, treize pouces. (DR..Z.)

GREC. BOT. CRYPT. Paulet a donné ce nom au Champignon qu'il nomme aussi Bistre et Crochet. (B.)

GRECQUE. REPT. CHÉL. et INS. Espèce de Tortue. *V.* ce mot. On donne aussi ce nom à une espèce peu connue du genre Mante, qui se trouve dans l'Archipel. (B.)

GREDIN. MAM. Race de Chiens originaire d'Angleterre. (B.)

* GREEN BOT. CRYPT. (*Mousses.*) Adanson avait formé sous ce nom, tiré de sa roue de loterie, un genre dont le caractère était d'avoir les urnes sessiles et terminales. Il y rapportait, comme on en peut juger par les figures qu'il cite de Dillen, le *Buxbaumia foliosa*, les *Phascum* alors connus, le *Dicranum flexuosum*, etc. Ce genre n'a pas été adopté. (B.)

GREFFE. *Insertio, Inosculatio.* BOT. Ce mot s'emploie d'une manière générale, pour exprimer l'union intime de deux Végétaux ou de deux parties quelconques d'un Végétal. C'est en ce sens qu'on doit entendre le terme de Greffe naturelle, synonyme d'adhérence ou de soudure naturelle, opération souvent voilée à l'observation, et que le scrutateur des affinités sait seul apprécier. *V.* SOUDURE NATURELLE. Mais on désigne spécialement sous le nom de Greffe, l'acte *artificiel* par lequel on maintient en contact immédiat les *libers* de deux Végétaux. Il en résulte une adhérence si intime que les phénomènes de l'existence sont désormais confondus dans les deux Plantes greffées. Cette opération réunit tous les avantages que l'on se propose dans la multiplication des Arbres utiles; elle hâte surtout leur végétation, ou plutôt elle leur fait devancer l'époque où ils doivent nous faire jouir de leurs produits que d'un autre côté elle améliore considérablement. Lorsqu'on voudra greffer un Arbre sur un autre, il faudra enlever un bourgeon du premier et le placer sur le second, auquel on donne le nom de *sujet;* mais préalablement on aura dû détacher l'écorce du sujet dans une dimension égale à celle de la base du bourgeon, choisir une place où un bourgeon ait existé, et faire en sorte que le liber soit resté dans la cicatrice. Le bourgeon greffé reçoit la nourriture que le sujet lui prépare ; il l'élabore ensuite à sa manière et produit des fleurs et des fruits de l'espèce que porte l'Arbre d'où on l'a tiré. Le sujet n'est donc plus qu'un magasin de sève et de nourriture; mais cette sève déjà modifiée doit apporter quelque changement dans l'économie de l'Arbre greffé et altérer en quelque chose la nature de ses produits. Ce n'est donc pas seulement pour hâter la floraison des Plantes utiles, que les jardiniers mettent la Greffe en pratique, mais encore parce qu'ils ont reconnu qu'elle conservait les qualités ou les bizarreries de l'espèce greffée, et qu'elle en faisait naître d'accidentelles.

On a beaucoup varié les procédés de la Greffe. Le vénérable Thouin, dont les amis des sciences utiles déplorent la perte récente, a publié sous le titre de Monographie des Greffes, un traité complet sur cette matière, auquel nous renvoyons ceux de nos lecteurs qui voudront connaître avec détails la pratique, les avantages et les inconvéniens de chacune des manières de greffer. Cependant nous allons dire un mot de celles qui sont le plus fréquemment usitées : 1° la *Greffe par soudure* ou *par approche*, consiste à enlever l'écorce sur deux jeunes branches et à les unir ensemble, de manière que les deux libers soient superposés; 2° la *Greffe en écusson* se pratique en enlevant un bourgeon avec une portion d'écorce qui ait la forme d'un écusson, et la plaçant sur la branche d'un sujet que l'on a choisie sensiblement égale à celle d'où on a tiré le bourgeon. On a soin de laisser le liber intact, et on enveloppe soigneusement l'écusson pour qu'il puisse résister à l'action du vent et de la pluie ; si l'on fait cette opération au printemps, l'écusson est dit à *œil poussant;* si c'est en automne, on le nomme écusson à *œil dormant;* 3° la *Greffe en fente* consiste à faire une incision conique sur le sujet et à y introduire un bourgeon. On lui donne le nom de *Greffe en couronne,* lorsque l'on fait plusieurs incisions et que l'on introduit plusieurs bourgeons tout autour du sujet. Elle est usitée pour le Cerisier, et l'on se procure assez promptement, par son moyen, un grand nombre de branches chargées de fruits.

L'expérience a démontré que la Greffe ne réussit point entre deux Arbres, s'ils ont leurs sèves en mouvement dans des temps différens, si les uns sont petits et les autres grands, si l'un préfère l'ombre à la grande lumière et une température basse, quand l'autre a des habitudes opposées. Il faut donc pour que la Greffe puisse réussir, d'abord que les deux Arbres soient de la *même famille naturelle,* et qu'ils aient beaucoup de rapport entre eux. Un Lilas, par exemple, greffé sur un Frêne, produira d'abord de fort belles touffes de fleurs, parce qu'il aura pompé une grande abondance de sucs, d'où résultera un véritable effet hydropique, et la branche greffée périra au bout de la seconde ou de la troisième année. Par une cause inverse, la Greffe d'un Frêne sur un Lilas ne pourra réussir complétement. Mais tout ce qu'on a dit des Greffes sur des Plantes de familles différentes, est mensonger. On doit même taxer de friponnerie les jardiniers qui font croire que l'on peut greffer un Jasmin sur un Oranger, parce que certains Jasmins portent des fleurs qui sentent la fleur d'Oranger. Cette odeur vient de ce qu'on a greffé sur des Jasmins ordinaires, les branches d'une variété originaire de Toscane, et qui exhale une odeur analogue à la fleur d'Oranger.   (G..N.)

GREGARII. ors. Nom donné par Illiger à une famille d'Oiseaux qui comprend les genres Sittelle, Pique-Bœuf, Loriot, Troupiale et Etourneau.   (DR..Z.)

GREGGIA. BOT. PHAN, Ce genre, établi par Gaertner (*de Fruct.* T. 1, p. 168, tab. 33), a été considéré par Swartz comme congénère du Myrte. Ce rapprochement a été confirmé par Kunth dans sa note sur les genres Myrte et Eugénie (Mém. de la Soc. d'Hist. nat. de Paris, T. 1, p. 327), *V.* MYRTE.   (G..N.)

GRÊLE. Petits glaçons, plus ou moins arrondis, qui tombent des régions élevées de l'atmosphère. On a observé que le noyau de ces glaçons consistait en un flocon de neige durcie, recouvert de couches plus ou moins nombreuses d'eau glacée. Cette observation a fait naître la pensée que la Grêle n'était que de la pluie glacée par un refroidissement subit de l'atmosphère, et que le volume des petits glaçons s'était successivement accru dans les régions humides et vaporeuses qu'ils parcouraient rapidement. A mesure que les glaçons arrivaient dans ces régions, l'humidité se condensait sur ces corps beaucoup plus froids, qui la solidifiaient. De-là vient que les grêlons sont beaucoup moins rares et plus volumineux en été qu'en hiver; en été, l'atmosphère est fortement chargée de vapeurs aqueuses, et ses refroidissemens subits, occasionés par la formation des orages, sont assez fréquens; au contraire, en hiver, l'air froid est chargé de peu de vapeurs qui d'ailleurs ne se soutiennent guère, pendant cette saison, dans les régions médiocrement élevées. Jusqu'à ce que l'on ait trouvé une théorie moins hypothétique, ces idées peuvent, sans inconvénient, être admises. (DR..Z.)

GRELÉE. MOLL. L'un des noms vulgaires et marchands du *Cyprœa Vitellus. V.* PORCELAINE.   (B.)

GRELET. INS. L'un des noms vulgaires du Gryllon.   (B.)

GRÉLIN. POIS. L'un des noms

vulgaires du *Gadus Carbonarius*. *V.*
GADE. (B.)

GRELOT DE SAINT-JACQUES.
BOT. PHAN. Le fruit du *Sophora biflora* dans les colonies. B.)

GRÉMIL. *Lithospermum*. BOT.
PHAN. Genre de la famille des Borraginées et de la Pentandrie Monogynie, L., ainsi caractérisé : calice plus
ou moins profondément divisé en
cinq segmens; corolle infundibuliforme, régulière, à cinq lobes, ayant
la gorge dépourvue d'appendices;
cinq étamines insérées sur la corolle;
stigmate en tête et légèrement échancré; quatre petites noix osseuses, lisses ou ridées, monospermes, cachées
dans le fond du calice persistant.
Deux ou trois de ces petits fruits
avortent fréquemment. Ce genre a
été décrit par Tournefort, qui en
confondait les espèces avec celles des
Myosotis et des *Anchusa*. Selon Jussieu, le genre *Arnebia* de Forskahl
doit lui être rapporté. Le nom de
Lithospermum, dérivé de la nature
pierreuse de ses fruits, renferme une
trentaine d'espèces qui sont des
Plantes herbacées ou suffrutescentes,
à fleurs solitaires, axillaires, ou en
épis terminaux accompagnés de deux
bractées. Près de la moitié sont indigènes du bassin de la Méditerranée ;
les autres croissent au Pérou, au
Chili et au cap de Bonne-Espérance.
On les a distribuées en deux sections,
d'après l'aspect de leurs noix qui
sont lisses et luisantes dans la première section, chagrinées ou tuberculeuses dans la seconde. Nous choisirons la Plante la plus remarquable
de chacune d'elles pour en faire une
description abrégée.

Le GRÉMIL OFFICINAL, *Lithospermum officinale*, L., vulgairement
Herbe aux perles, a une tige herbacée, droite, haute de cinq à six décimètres, le plus souvent rameuse,
garnie de feuilles sessiles, lancéolées
et couvertes de poils courts et couchés. Ses fleurs sont blanchâtres, petites, portées sur des pédoncules
courts et solitaires dans les aisselles

des feuilles supérieures. Les petits
fruits, improprement nommés Graines par plusieurs botanistes, sont
très-durs, luisans et d'un gris de
perle. Ils étaient autrefois employés
en médecine, et on leur supposait
très-gratuitement des propriétés diurétiques fort actives; on allait même
jusqu'à croire qu'ils pouvaient réduire en poudre les calculs des reins
et de la vessie. Mais on ne croit plus
à des propriétés aussi merveilleuses,
dans une Plante qui n'a aucune saveur ni autres qualités physiques.
Elle est très-commune en Europe
dans les lieux incultes.

Le GRÉMIL TINCTORIAL, *Lithospermum tinctorium*, L., *Anchusa
tinctoria*, Lamarck, vulgairement
Orcanette. De sa racine vivace, presque ligneuse et d'un rouge foncé, s'é-
lèvent plusieurs tiges étalées, hérissées de poils blancs et roides, garnies
de feuilles oblongues et sessiles; ses
fleurs, bleues ou violettes, sont disposées au sommet des tiges en épis
simples et unilatéraux. Elle se trouve
dans les lieux stériles et sablonneux
de l'Europe méridionale et de la Barbarie. La racine de cette espèce contient un principe colorant, très-soluble dans l'Alcohol, et surtout dans
les corps gras. Aussi les pharmaciens
en font-ils un fréquent usage pour
la coloration en rose de leurs préparations huileuses. (G..N.)

GREMILLE. *Acerina*. POIS. Genre de la famille des Percoïdes, à dorsale unique, à dents en velours dans
l'ordre des Acanthoptérygiens, qui
a pour caractères : la bouche peu fendue; la tête entièrement dénuée d'é-
cailles, creusée en fossette à sa surface; le bord du préopercule armé
de huit ou dix petites épines en crochet, une épine pointue à l'opercule
et une autre à l'os de l'épaule. Les
écailles, dont le corps est recouvert,
ont leur bord dentelé. Ce sont des
Poissons de petite taille, qui habitent
les eaux douces de l'Europe, particulièrement dans ses parties orientales.
On n'en connaît encore que trois es-

pèces dont la chair est fort délicate.

La Goujonnière, *Acerina Cernua*, Cuv.; *Perca Cernua*, L., Gmel., *Syst. Nat.* XIII, T. 1, *pars* 3, p. 520; Bloch, pl. 53, fig. 2, dont Lacépède avait fait son Holocentre Post, est un Poisson de six à dix pouces de longueur, d'un jaune verdâtre ou doré, avec de petites taches noires, vulgairement connu sous le nom de Petite Perche ou Perche Goujonnière. Il se nourrit de Vers, d'Insectes aquatiques, et même de Poissons plus petits que lui. Il quitte au printemps les lacs pour remonter dans les rivières et y frayer sur les fonds de sable. Bloch a compté soixante-quinze mille six cents œufs dans l'ovaire d'une femelle. On le trouve en Suède, en Allemagne, et jusque dans l'Eure qui donne son nom à l'un des départemens de la France. D. 15-28, P. 12-15, V. 1-6 16. A. 2-7, C. 16-17.

L'Acérine, *Acerina vulgaris*, *Perca Acerina* de Guldenstœdt (*loc. cit.* p. 1521), qui habite la mer Noire d'où il remonte, durant l'été, les grands fleuves qui alimentent cette mer. D. 17-30, P. 26, V. 1-6, A. 2-79, C. 17.

Le *Perca Schrœtser*, Bloch., pl. 332, fig. 1: Gmel. (*loc. cit.*, p. 1521), est la troisième et la plus grande espèce du genre Acérine; elle atteint jusqu'à quinze pouces de longueur et habite le Danube et ses affluens où elle se plaît dans les eaux les plus limpides. Les débordemens la transportent quelquefois dans les lacs où elle ne dépérit point, mais où elle paraît ne plus multiplier. Elle a la vie fort dure. Ses écailles sont grandes et jaunâtres. Trois raies longitudinales, noires, règnent sur les côtés du corps. Ses nageoires sont bleuâtres. D. 18-20, 18-32, P. 14-16, V. 1-6, A. 2-9, 8, C. 17-18. (B.)

GREMILLET. BOT. PHAN. L'un des noms vulgaires des Myosotides. *V.* ce mot.   (B.)

GRENADE. BOT. PHAN. Le fruit du Grenadier. *V.* ce mot.   (B.)

GRENADE AQUATIQUE. INF.

Le Brachionide figuré sous ce nom par Joblot (part. 2, pl. 9) et rapporté par Müller comme synonyme du *Brachionus urceolaris*, ne saurait être lui, et nous paraît même appartenir à quelque autre genre.   (B.)

GRENADIER. OIS. (Edwartz.) Syn. vulgaire d'Orix. *V* Gros-Bec.   (DR..Z.)

* **GRENADIER.** POIS. (Cuvier.) Syn. de Lépidolèpre. *V*, ce mot. (B.)

GRENADIER. *Punica.* BOT. PHAN. Genre de la famille des Myrthinées, et de l'Icosandrie Monogynie, L., ayant pour principaux caractères: calice infundibuliforme, presque campanulé, à cinq divisions; corolle composée de cinq pétales chiffonnés; étamines très-nombreuses, garnissant les parois du tube calicinal; style épais à sa base et lagéniforme; stigmate simple; fruit sec, coriace, d'une forme sphérique, couronné par les dents du calice, à plusieurs loges contenant un grand nombre de graines charnues, anguleuses, et enveloppées d'un arille pulpeux. Ce genre n'étant constitué que de deux espèces, nous allons les décrire, en nous arrêtant surtout à la première qui est un de nos plus beaux Arbrisseaux d'ornement.

Le Grenadier commun, *Punica. Granatum*, L., atteint jusqu'à six ou sept mètres de hauteur; son tronc est très-inégal, souvent couvert de petites épines ou rameaux avortés, et garni de feuilles opposées, elliptiques, luisantes, glabres et ondulées. Ses fleurs, d'un beau rouge, sont presque sessiles et solitaires à l'extrémité des rameaux; elles ont un calice coloré, épais et charnu, adhérent par sa partie inférieure avec l'ovaire infère, un peu dilaté au sommet, puis étalé et à cinq divisions lancéolées et pointues. Le fruit, de la grosseur du poing, a un péricarpe d'un jaune rougeâtre, dur et coriace, rempli de graines rougeâtres, charnues, succulentes, et généralement d'une saveur aigrelette agréable. On mange les Grenades dans le midi de l'Europe, où elles sont

fort utiles pour étancher la soif et ra-
fraîchir la bouche pendant les grandes chaleurs de l'été. Les fleurs de
Grenadier, que l'on nomme en pharmacie *Balaustes*, sont douées d'une
saveur extrêmement astringente, et
qui paraît due au tannin et à l'Acide
gallique qu'elles contiennent en abondance. On emploie leur décoction,
soit à l'extérieur, soit à l'intérieur.
C'est surtout contre la diarrhée chro-
nique qu'on en fait usage, lorsque
tous les symptômes d'irritation ont
disparu. L'écorce du fruit, connue
sous le nom pharmaceutique de *Ma-
licorium*, possède les mêmes propriétés. —Le Grenadier paraît avoir pour
véritable patrie, les côtes septentrionales de l'Afrique. Le nom de *Malus
Punica*, qui fut imposé à son fruit
par les Romains, s'accorde assez avec
ce que l'on dit de l'importation que
ces vainqueurs du monde en firent
à l'époque de la destruction de Car-
thage. Mais comme on le rencontre
à l'état sauvage, soit dans la Péninsule espagnole, soit dans l'Italie et
dans la France méridionale, contrées
qui appartiennent au même bassin ou
à la même région botanique, il n'y a
pas de raison pour ne pas considérer
le Grenadier comme aborigène de
l'Europe méridionale. Il croît également dans l'Orient et les Indes, d'où
il semblerait aussi bien originaire que
l'Oranger, le Citronnier, l'Olivier,
etc. Les Romains en cultivaient, du
temps de Pline, six variétés, dont
quelques-unes semblent perdues; du
moins telle est celle dont les grains
étaient dépourvus de noyaux, et que
Pline nommait Apyrène (*Apyrenum*).
La belle couleur des fleurs de cet
Arbrisseau, le rend plus précieux
que ses fruits aux yeux des modernes. Nous avons maintenant des
Grenadiers à très-grandes fleurs
simples, blanches, jaunes, panachées, des Grenadiers à fleurs semi-
doubles, à fleurs complétement doubles, des Grenadiers prolifères, etc.
La culture du Grenadier est moins
délicate que celle des Orangers; comme ceux-ci, ils demandent une terre

substantielle, dans laquelle la terre
franche entre au moins pour moitié;
mais ils ne sont pas si sensibles au
froid, et on peut sans crainte, à Paris, les exposer à l'air huit ou dix
jours plus tôt, c'est-à-dire dans les
derniers jours d'avril. Les Grenadiers
se font aussi remarquer par leur lon-
gévité: il en existe à Versailles et à
Paris qui ont plus de deux siècles
d'une existence bien constatée.

Le GRENADIER NAIN, *Punica
nana*, L., croît aux Antilles et à la
Guiane, où les habitans en font des
haies pour leurs jardins. Cette espèce
ne diffère de la précédente, qu'en ce
qu'elle est plus petite dans toutes ses
parties; aussi est-il difficile de lui
trouver quelques caractères précis.
Le Grenadier nain est d'une culture
plus difficile que le Grenadier commun　　　　　　　　　(G..N.)

GRENADILLE. BOT. PHAN. Nom
vulgaire du genre Passiflore *V*. ce
mot.　　　　　　　　　(B.)

GRENADIN. OIS. Espèce du genre Gros-Bec. *V*. ce mot.　(DR..Z.)

GRENAILLE. *Chondrus*. MOLL.
Cuvier (Règn. Anim. T. II, p. 408)
avait séparé des Maillots et des Clau-
silies les espèces ovales dont l'ouverture, garnie de dents ou de lames sur
le bord ou plus profondément, a la
forme des véritables Bulimes. Ce
sous-genre n'a point été conservé par
Lamarck; il fait partie du treizième
sous-genre des Hélices de Férussac,
les Cochlodontes, qui répondent
assez bien aux Maillots des auteurs.
Blainville, dans le Dictionnaire des
Sciences naturelles, en fait la deuxième division des Maillots.　(D..H.)

GRENAT. OIS. Espèce du genre
Colibri, *Trochilus auratus*, Gmel.
V. COLIBRI.　　　　　　(DR..Z.)

* GRENAT. CRUST. On donne ce
nom sur les côtes de Flandre aux
Crevettes dont on pêche d'énormes
quantités qui se consomment jusque
dans le cœur de la Belgique.　(B.)

GRENAT. MIN. Les minéralogistes ont réuni sous ce nom un grand

nombre de substances minérales, qui avaient entre elles des ressemblances extérieures assez frappantes, mais qui montraient dans leur composition intime des différences remarquables. L'importante découverte de Mitscherlich a fourni le moyen de débrouiller la confusion qui existait dans cette partie de la classification, en faisant considérer le Grenat comme un de ces groupes d'espèces qui se rapprochent par une composition analogue, et se distinguent entre elles par la nature des bases isomorphes, qui se substituent l'une à l'autre dans cette composition. Les caractères généraux du Grenat sont de présenter un aspect vitreux, d'être fusible et de cristalliser toujours en dodécaèdre rhomboïdal, ou en formes dérivées de ce dodécaèdre, telles que le trapézoèdre, etc. La forme primitive de l'espèce ou du groupe d'espèces est donc ce même dodécaèdre ; les joints naturels ne sont sensibles que dans quelques variétés. La composition de tous les Grenats peut être ainsi formulée · deux atômes de silicate d'Alumine ou de peroxide de Fer, combinés avec un atôme de silicate d'un bioxide quelconque (Beudant). Les Grenats sont tous assez durs pour rayer fortement le Quartz. Leur pesanteur spécifique varie depuis 5,56 jusqu'à 4,19. Ils ont tous la réfraction simple. Tous agissent par attraction sur l'aiguille aimantée, lorsque celle-ci est très-sensible. Le résultat de leur fusion au chalumeau est en général un émail coloré et noirâtre.

Les formes cristallines du Grenat sont peu variées : celles qu'Haüy a décrites sont au nombre de cinq. La première est la forme primitive ; c'est celle que l'on observe le plus communément. Elle est souvent d'une régularité parfaite : quelquefois, et cela se voit surtout dans les Grenats de Norwège, elle s'allonge dans le sens d'un axe qui passe par deux angles trièdres opposés. La seconde variété de forme est le solide trapézoïdal à vingt-quatre faces. Elle se fait quelquefois remarquer par les stries dont les trapézoïdes sont sillonnés dans le sens de leurs grandes diagonales, ce qui s'accorde parfaitement avec la structure de cette forme secondaire, telle qu'on la conçoit dans la théorie des décroissemens. La troisième variété de forme est l'*émarginée*, provenant d'une modification par une facette sur tous les bords du dodécaèdre primitif. Elle a trente-six faces, savoir : douze rhombes et vingt-quatre hexagones allongés. La quatrième variété est le solide *triémarginé*, provenant d'une double modification sur les arêtes, dont chacune est remplacée par trois faces. C'est la forme ordinaire de ces cristaux bruns, qui ont été connus pendant long-temps sous le nom d'Hyacinthes de Dissentis. Enfin la dernière variété est l'*uniternaire*, dont le nom indique les lois de structure. Elle présente avec les faces primitives deux autres ordres de facettes, provenant l'un d'une modification simple sur les arêtes, et l'autre d'une modification également simple sur les angles composés de quatre faces.

Beudant a sous-divisé l'ensemble des Grenats en quatre sous-espèces, d'après les différences qu'ils offrent dans leurs compositions.

1°. GRENAT ALMANDIN, ou Grenat de Fer, d'un rouge violet, velouté ; Grenat noble des Allemands ; Grenat syrien des lapidaires. Quelquefois il est d'un rouge de feu, et porte alors le nom de *Pyrop* dans les minéralogies allemandes. Sa pesanteur spécifique est de 3,8 à 4,3. Il est composé de deux atômes de silicate d'Alumine et d'un atôme de silicate de Fer ; ou en poids : de Silice, 38 ; Alumine, 20 ; bioxide de Fer, 42.

2°. GRENAT MANGANÈSIEN, Grenat manganésifère, H. ; Manganèse granatiforme, R., d'une couleur brune ; composé de deux atômes de silicate d'Alumine et d'un atôme de silicate de Manganèse ; ou en poids : de Silice, 38 ; Alumine, 20 ; bioxide de Manganèse, 42 ; total, 100.

3°. GRENAT CALCARIFÈRE ou GROSSULAIRE ; couleur verdâtre ou

d'un rouge hyacinthe. Pesanteur spécifique, 3,35 à 3,40. Composé de deux atômes de silicate d'Alumine et d'un atôme de silicate de Chaux ; ou en poids : de Silice, 41 ; Alumine, 22 ; Chaux, 37.

4°. GRENAT MÉLANITE, noir ; pesanteur spécifique, 3,71. Composé de deux atômes de silicate de peroxide de Fer et d'un atôme de silicate de Chaux.

Beudant range dans la première division le Grenat rouge de feu nommé *Pyrop* par Werner ; le Grenat d'un rouge violet appelé *Grenat syrien*, et enfin tous ceux qu'on nomme *Grenats orientaux*, et qui sont les plus diaphanes et les plus parfaits. Dans la seconde division, il place la Topazolite de Bonvoisin, ou le Grenat orangé brunâtre, qui est la Vermeille des lapidaires ; le Grenat succinite, l'Allochroïte et enfin deux autres substances dont Haüy avait fait des espèces particulières, savoir : l'Aplome et l'Essonite. Les caractères optiques de cette dernière établissent entre elles et le Grenat une analogie que confirme d'ailleurs sa composition. A la troisième division appartiennent les variétés auxquelles on a donné les noms de Rothoffite, de Romantzowite, de Colophonite. Enfin on doit rapporter à la quatrième division le Grenat nommé *Pyrénéite* par Werner, et qu'on trouve engagé dans la Chaux carbonatée granulaire du pic d'Eredlitz.

Le Grenat, considéré seul, forme des masses assez considérables pour prendre rang parmi les Roches proprement dites. Il compose à l'état granulaire ou compacte, quelques couches subordonnées au Micaschiste, dans la vallée d'Ala en Piémont, et au calcaire primitif dans le pays de Hesse. Mais le plus souvent il est disséminé dans diverses espèces de Roches ; et quelquefois il s'y montre en si grande abondance qu'on le prendrait pour une partie constituante essentielle. C'est ainsi qu'on le trouve dans le Granite, et principalement dans le Gneis et dans le Mi-

caschiste. On le rencontre aussi dans le Schiste argileux, la Serpentine, le Calcaire, enfin dans les Roches trachytiques et basaltiques et dans les Tufs volcaniques modernes.

Les Grenats, lorsqu'ils sont taillés perpendiculairement à l'axe qui passerait par deux angles trièdres du dodécaèdre primitif, et qu'on les regarde par réfraction, présentent un phénomène analogue à celui du Corindon Astérie. On aperçoit, surtout à la lumière d'une bougie, une étoile à six rayons, d'une teinte extrêmement vive. — Le Grenat syrien et celui qui est d'un beau rouge de Coquelicot sont les plus estimés dans le commerce. Leur prix est quelquefois très-élevé. Les pierres que les lapidaires désignent sous le nom d'*Hyacinthes*, et qui ne sont souvent que des variétés de l'Essonite, sont aussi fort chères, lorsqu'elles sont parfaites. Les Grenats plus communs se taillent ordinairement en perles, en cabochon ; souvent, pour diminuer l'intensité de leur couleur, on les *chève*, c'est-à-dire qu'on les creuse en dessous, et on les double d'une feuille d'Argent.   (G. DEL.)

GRENAT BLANC. MIN. *V*. AMPHIGÈNE.

GRENATITE. MIN. *V*. STAUROTIDE.

GRENELLE. BOT. PHAN. On donne ce nom aux fruits de l'Aubépine en divers cantons de la France.   (B.)

* GRENESIENNE ou GUERNESIENNE. BOT. PHAN. Syn. d'*Amaryllis Sarniensis* ou Lis de Guernesey. Belle Liliacée propre aux îles des côtes de la Normandie, où l'on prétend qu'elles proviennent du naufrage d'un vaisseau qui en portait des bulbes du Japon.   (B.)

GRENOUILLARD. OIS. Espèce du genre Faucon. *V*. ce mot. Temminck le considère comme la femelle ou le jeune du Buzard Saint-Martin. (DR..Z.)

GRENOUILLE. *Rana*. REPT. BATR. Genre de la famille des Anoures dans l'ordre des Batraciens, et que caractérisent : les pates postérieures très-longues, ou au moins de la longueur du corps, avec des pieds pentadactyles parfaitement palmés ; un renflement particulier au pouce des pates antérieures tétradactyles, à doigts libres, qui se développe dans le mâle au temps des amours ; une rangée de petites dents fines autour de la mâchoire supérieure, avec une séconde rangée transversale et interrompue au milieu du palais ; une langue visible ; le cou dépourvu de glandes ; les doigts n'étant point terminés par des pelotes visqueuses. Malgré les caractères que nous venons d'énumérer, et qui sont fort tranchés, si l'on met en comparaison la Grenouille, le Crapaud commun, une Rainette verte et le Pipa, il existe de tels passages d'une espèce à l'autre dans les quatre genres dont se compose la famille des Anoures, que l'on est tenté d'en revenir au sentiment de Linné. Ce législateur ne formait qu'un seul genre *Rana* pour renfermer les Reptiles qu'il caractérisait ainsi : corps tétrapode, nu et sans queue, avec les pates de derrière plus longues que celles du devant. Quoi qu'il en soit, pour faciliter l'étude des espèces d'Anoures dont le nombre s'est considérablement accru depuis Linné, nous adopterons les quatre genres qu'y forment les erpétologistes modernes ; remarquons toujours que les genres établis par le naturaliste suédois furent en général si bien circonscrits et basés sur des caractères si naturels, qu'on les voit surgir au milieu de la multitude de divisions qu'on fait subir à l'histoire naturelle, soit comme familles, soit même comme ordres. En conservant le genre Grenouille restreint comme on le veut aujourd'hui, nous ferons observer qu'il diffère du Crapaud qui a les jambes de derrière plus courtes, la peau tuberculeuse, et surtout deux glandes saillantes aux côtés du cou ; du Pipa qui n'a pas de langue, et des Rainettes dont les doigts sont munis de pelotes à leur extrémité. Le squelette ne présente aucune trace de côtes ; le sternum formé en devant par

un appendice cartilagineux, et terminé par un disque placé sous le larynx, y reçoit les clavicules, s'élargit, et se prolongeant en un autre disque jusque sur l'abdomen, sert d'attache à des muscles de cette partie Le crâne est presque prismatique, aplati en dessus, et fort élargi par derrière ; il est moins arrondi que dans le Crapaud ; toutes les parties en sont tellement soudées avec les os de la face, qu'il ne compose avec ceux-ci qu'un seul os. La tête est articulée par deux condyles sur un atlas peu mobile ; les vertèbres, au nombre de dix en tout, sont pourvues d'apophyses transverses qui, dans la dernière, s'étendent jusqu'aux os des îles. Le sacrum est long, pointu et comprimé ; nul coccyx ne le prolonge. Le fémur est dépourvu de trochanter ; la pièce osseuse particulière au squelette des Anoures qui le suit, et dont il a déjà été fait mention en parlant du Crapaud, est bien plus longue ici que dans cet Animal. On doit renvoyer à Roësel, *Historia Ranarum nostratum*, etc., pour de plus amples détails anatomiques. Il suffit ici de dire que les muscles de la Grenouille sont très-forts, très-irritables et très-sensibles à l'action galvanique. Quant aux organes par lesquels les Grenouilles se perpétuent, et à leur mode de reproduction, c'est au mot GÉNÉRATION de ce Dictionnaire qu'il faut recourir. Sans adopter absolument la totalité des conclusions que l'auteur y tire de ses belles expériences, nous ne pouvons laisser passer l'occasion de rendre à cet excellent résumé une pleine justice en regrettant que son insertion dans notre ouvrage nous interdise la faculté d'en faire un suffisant éloge. On trouvera sur le même sujet un complément à cet article, où nous nous plaisons à renvoyer, dans les Annales des Sciences naturelles (T. II, Atlas de 1824), en nous bornant ici à ce qui concerne la distinction des espèces du genre Grenouille, et à rapporter ce que l'on sait de certain sur l'histoire de chacune de ces espèces. — Il a été parlé au mot Batraciens des importantes expériences qu'a faites Edwards sur les Grenouilles, et l'on sait combien ces Animaux ont la vie dure : nous en avons vu non-seulement ne pas mourir après l'extirpation du cœur et de tous les organes internes, mais nous avons réitéré une expérience faite par Bartholin. Elle consiste à couper la tête d'un mâle accouplé, et qui n'en continue pas moins, pendant plusieurs heures, à féconder les œufs qu'émet la femelle. Cet accouplement a lieu aux premières approches du printemps. À peine cette saison vient-elle réchauffer au fond des mares les Grenouilles qui s'y étaient retirées à l'abri des rigueurs de l'hiver, qu'une distension noirâtre et papilleuse se manifeste à la base des pouces dans le mâle; en même temps le ventre de celui-ci se goufle, il recherche une compagne, la rencontre, s'élance sur son dos, et, passant ses pates antérieures sous les aisselles de cette femelle, l'embrasse étroitement, au point que, joignant ses doigts, il les passe les uns dans les autres. La distension du pouce alors favorise la solidité de cette jonction qui dure plusieurs jours. Dans cette position, les individus des deux sexes, joints l'un à l'autre, ne sont même plus libres de se séparer. Ils vivent ainsi, nagent ensemble, de huit à quinze et même jusqu'à vingt jours. On a vu des couples demeurer plus d'un mois attachés de la sorte; mais si l'on coupe les pouces des mâles, l'embrassement cesse; ils ne peuvent plus se tenir cramponnés sur celle qu'ils fécondaient. Ce fait, constaté par Roësel, est devenu la source de l'erreur où tomba un docteur de Leipsick, qui voulait que ce fût par les pouces du mâle qu'eût lieu l'accouplement, et que le sperme sortant des dilatations qui s'y forment au temps du rut, pénétrât dans la poitrine de la femelle par des canaux mystérieux pour se rendre aux ovaires?.. Ce n'est pas le seul conte absurde auquel l'histoire des Grenouilles ait donné lieu. Ce crédule Pline, dont les loquaces imita-

teurs ont voulu faire un grand naturaliste, ne nous apprend-il pas que ces Animaux se fondent tous les six mois en une sorte de limon, pour se reformer et renaître au fond des eaux chaque printemps? Sur l'autorité du compilateur romain, des érudits ont adopté de si ridicules fables, et l'on ne saurait citer un seul passage de ce Pline tant vanté qui n'ait donné lieu à une erreur plus ou moins grossière. L'accouplement ne s'effectue qu'une fois par an, sans la moindre intromission, quoi qu'en dise le grand Aristote; il se fait par la sortie des œufs qui s'échappent de la femelle en longs chapelets flottans. À mesure que ces œufs viennent au jour, le mâle les arrose graduellement de sa liqueur spermatique. Peu d'heures après que cette opération est terminée, il se sépare de sa femelle, et vingt-quatre ou quarante-huit heures après cette séparation, les pates de devant ont acquis leur flexibilité, tandis que les pouces ont repris leur forme ordinaire. Chaque femelle pond annuellement de six cents à mille œufs. Guénaud de Montbeillard, au sujet des Oiseaux dont il a essayé de peindre l'histoire, dit même avoir compté treize cents œufs provenus d'une seule Grenouille. Il faut bien admettre une pareille fécondité pour que l'espèce se perpétue; elle a tant d'ennemis à redouter. Certains Poissons avalent ces œufs. Le Têtard qui en provient d'abord est exposé à la voracité de mille Animaux aquatiques, et l'évaporation des mares en détruit des milliers. Les Oiseaux du ciel et des eaux, les Couleuvres, l'Homme enfin, font une guerre permanente aux individus adultes.—Il paraît que les Grenouilles vivent fort long-temps et ne sont guère aptes à se reproduire qu'à l'âge de deux ou de trois ans, où cependant elles sont loin d'avoir acquis leur grandeur définitive. La chair des Grenouilles est aujourd'hui un mets assez recherché, mais les anciens paraissent n'en avoir pas fait usage; ce n'est que très-tard qu'on a trouvé dans nos histoires modernes l'introduction de ces Animaux sur nos tables. (*V*. à ce sujet Matthiole et Aldrovande.) Si les anciens ne mangeaient pas de Grenouilles, leurs médecins les employèrent dans l'art de guérir. Dioscoride les recommandait cuites avec du sel et de l'huile contre le venin des Serpens, et voulait qu'on en avalât un cœur chaque matin, comme une pilule, pour des maladies invétérées. On recommandait leur foie calciné au four entre deux plats, et sur une feuille de choux, contre l'épilepsie ; on appliquait leur corps coupé en deux sur les reins des hydropiques, pour attirer au-dehors la sérosité épanchée dans l'abdomen, etc., etc. Il faut convenir, malgré la meilleure volonté qu'on pût avoir d'admirer les bons anciens, que leurs naturalistes et leurs médecins ne feraient pas fortune aujourd'hui.—Comme les autres Batraciens, toute Grenouille passe d'abord par l'état de Têtard (*V*. ce mot) avant de parvenir à la forme qui lui est enfin propre. Dans une espèce même, cet état rudimentaire existe dans un âge très-avancé, comme nous le verrons en décrivant la Grenouille que l'on prit successivement pour un Lézard, pour un Protée et pour un Poisson. On en compte cinq espèces en Europe.

La GRENOUILLE VERTE, *Rana esculenta*, L., Gmel., *Syst. Nat.* XIII, T. 1, *pars* III, p. 1053; *Rana viridis aquatica*, Roës., *Ran. nost.*, tab. 13 et 14, si bien figurée dans l'atlas du Dictionnaire des Sciences naturelles, est l'espèce la plus commune aux environs de Paris. Elle ne s'éloigne jamais du bord des eaux dans lesquelles on la voit sauter au moindre bruit. Elle y nage à la manière de l'Homme, élevant la tête au-dessus de la surface, quand la crainte ou le besoin ne la déterminent pas à plonger. On la voit se jouer entre les Plantes aquatiques, y poursuivre les Insectes ailés, monter sur les feuilles du Nénufar, s'accroupir sur le rivage, la tête dressée, immobile, comme savourant les rayons du soleil dont elle supporte la plus grande ardeur durant les jours d'été. Elle paraît même d'autant plus agile que la chaleur est plus grande ; c'est alors qu'elle saute à de grandes distances. Elle se nourrit uniquement de choses vivantes, et n'avale rien que des mouvemens ne l'aient avertie que sa proie n'est pas morte. Sa voracité est telle qu'elle se laisse prendre à tout ce qui remue et qui ressemble à de la chair. En écrivant cet article, nous nous souvenons qu'il suffit d'un pétale de Rose ou de Coquelicot fixés à l'hameçon qu'on fait tournoyer autour de la Grenouille pour la décider à mordre. Ce fut l'un des amusemens de notre enfance, au lieu natal où les fossés des vieux châteaux et les lagunes aquitaniques sont remplis de Grenouilles ; elles y font entendre, dans les soirées de la belle saison, ces incommodes concerts de la discordance desquels Aristophane essaya de donner une idée par *Brekekekex-coax-coax*. Voltaire s'est beaucoup moqué d'un poëte français qui reproduisit dans ses vers le langage des Grenouilles, d'après le poëte grec; mais il n'a pas dit où son antagoniste en avait trouvé la pittoresque orthographe. En automne, c'est-à-dire lorsque la saison se refroidit, les Grenouilles vertes cessent de s'agiter gaiement, et pour peu que la température devienne rigoureuse, elles disparaissent entièrement et vont au fond de la vase chercher un asile contre l'hiver. On les y trouve quelquefois pressées en quantité considérable, les unes contre les autres, comme si leur rapprochement devait produire quelque chaleur. Il paraît cependant qu'elles peuvent se geler sans mourir, et Hearne, voyageur digne de foi, assure avoir trouvé, dans son excursion aux rives de la mer Glaciale, des Grenouilles tellement roidies par le froid, sous les Mousses où elles s'étaient réfugiées, qu'on leur pouvait casser les pates comme des petits bâtons secs, sans qu'elles témoignassent la moindre douleur. Prudemment dégelés, ces Animaux paraissent n'avoir rien perdu de l'intensité de leur vie. Nous avons déjà rapporté des faits analogues (*V*. BATRACIENS et CYPRINS). Il serait important d'assurer le résultat de telles expériences ; on doit les recommander à la sagacité d'Edwards. — Les anciens ont prétendu que les Grenouilles de la Cyrénaïque étaient muettes, quand cette province de l'Afrique se peupla d'Hommes, et qu'elles ne firent entendre leur voix que lorsqu'on y eut transporté des Grenouilles d'Europe qui savaient coasser. Pline ajoute à cette tradition, qui datait au moins du temps d'Aristote, que de son temps les Grenouilles de Serpho, dans l'Archipel, étaient encore muettes. Tournefort, dont le témoignage vaut bien celui du compilateur romain, assure qu'aujourd'hui les Grenouilles de la Cyclade ne sont pas plus muettes que les autres. Auraient-elles, depuis le temps de Pline, appris à coasser, ou Pline a-t-il avancé un conte populaire?... Nous laissons aux doctes à décider ce point. Ils pourront aussi rechercher les raisons de ces pluies de Grenouilles auxquelles croit encore le vulgaire, et dont Élien fut témoin en allant de Naples à Pouzzoles. — La Grenouille commune varie beaucoup par la taille et par la couleur, et l'on serait tenté d'en former plusieurs espèces.

La GRENOUILLE ROUSSE, Encycl. Rept., pl. 2, fig. 2 ; *Rana temporaria*, L., Gmel., *loc. cit.*, p. 1055; *Rana fusca terrestris*, Roës., *loc. cit.*, tab. 1-3; *Rana muta*, Laurenti, *Amph.*, n° 17. Cette espèce, dont les formes élégantes et sveltes sont celles de la précédente, en diffère par sa couleur généralement rousse ou de feuille morte, et par les taches noirâtres presque en figure de moustaches qui règnent entre ses yeux brillans et ses mâchoires supérieures, en se prolongeant sur les côtés du cou. On la rencontre au printemps et en été sautant dans les bois. Elle se tient souvent dans les haies, et pénètre dans nos jardins potagers, où des naturalistes pensent avec raison qu'on devrait la proté-

ger, puisqu'elle y fait la guerre aux Limaçons destructeurs. Aussi bonne à manger que la Grenouille verte, on la confond avec elle sur nos tables. Elle ne coasse point, et ce n'est qu'en peu d'occasions et quand on la tourmente, qu'elle fait entendre quelques plaintes. Se tenant loin des eaux durant la belle saison, elle ne s'en rapproche qu'en automne pour s'y plonger durant l'hiver; elle les abandonne au printemps, après y avoir déposé sa progéniture. Gmelin en mentionne une variété très-grosse, originaire de Perse, et qui, dans la nuit, fait entendre un coassement que l'on compare aux cris que pousserait un Homme en colère.

La PONCTUÉE, *Rana punctata*, Daudin. Cette espèce, découverte par Defrance, est assez rare dans les environs de Paris qu'on lui assigne pour patrie. Sa taille est d'un pouce environ; sa couleur grisâtre est relevée par une foule de petits points verts plus foncés vers leur centre. Il n'existe point de tache noire derrière les yeux, et les doigts sont séparés au moins jusqu'à la moitié de leur longueur. Elle est sujette à changer de couleur quand on lui cause de l'effroi.

La PLISSÉE, *Rana plicata*, Daudin. Brune en dessus et grise en dessous; de la taille de la précédente. Les doigts de devant tous séparés, ceux de derrière seulement à demi palmés; deux plis règnent sur chaque flanc, et quatre gros points bruns se voient sur la poitrine et les bras. Cette espèce a été trouvée dans les parties les plus méridionales de la France.

La GRENOUILLE ALPINE, *Rana alpina*, Laur., *Amphib.*, p. 155. Cette espèce n'est guère connue que par le peu qu'en rapporte Laurenti. Il la dit être entièrement noire et habiter les pentes du Schneeberg, montagne autrichienne célèbre par le grand nombre de Plantes rares qu'en récolta Jacquin.

Les Grenouilles exotiques sont plus nombreuses; les mieux connues sont:

La CRIARDE, *Rana clamitans*. Nous

devons à Bosc, qui rendit tant de services à toutes les parties de l'histoire naturelle, la connaissance de cette espèce ; il la découvrit dans les marais de la Caroline du nord, aux environs de Charlestown. Elle est, dit ce savant, d'un cendré obscur, parsemé de points noirs, inégaux, avec la lèvre supérieure verte ; extrêmement vive dans ses mouvemens, elle coasse continuellement d'une manière insupportable. Lorsqu'on la surprend près des eaux dont elle ne s'éloigne guère, elle s'y élance en jetant un cri aigu. Sa longueur est de deux pouces. Elle se rapproche de notre Grenouille par la forme. Elle est moins allongée que la Piaulante.

La Mugissante, Encyclop. Rept., pl. 3, fig. 4, *Rana pipiens*, L., Gmel., *loc. cit.*, p. 1062 ; *Rana aquatica*, Catesb., tab. 2, p. 72. Vulgairement la Grenouille Taureau à cause de sa voix que l'on compare aux mugissemens du Taureau, et que tous les voyageurs s'accordent à dire effrayante et d'un volume prodigieux, surtout lorsque cet Animal se tient au fond de l'eau. D'un vert sombre, varié de noir ; ses teintes sévères sont relevées par un cercle d'un jaune cuivreux, qui, de chaque côté de la tête, entoure le tympan et signale la place de l'oreille. La plus grande de toutes les Grenouilles, elle n'a pas moins de dix-huit pouces du bout du museau à l'extrémité des pates postérieures. Très-agile, elle saute jusqu'à dix et douze pieds. Elle se tient ordinairement à l'entrée du trou qu'elle a choisi pour demeure au bord des eaux où elle s'enfonce au moindre bruit ; elle est fort difficile à prendre et très-vorace : aussi en trouve-t-on rarement plus d'un couple dans chaque marais. Elle va, selon Bartram, chasser de nuit assez loin de sa retraite, et c'est alors qu'on la peut suprendre pendant les soirées d'été. Elle fait beaucoup de bruit. Sa nourriture consiste en Poissons ; mais elle est surtout très-friande des jeunes Canards et des Oisons qu'elle avale, dit-on, tout entiers.

La Piaulante ou Pit-Pit, Encycl. Rept. pl. 4, fig. 5, *Rana halecina*, Daud. Prise par Schneider pour le *Pipiens* de Linné, cette espèce a de grands rapports avec la Grenouille verte, mais sa forme générale est beaucoup plus allongée ; elle est variée de taches brunes environnées d'un cercle jaune. Bosc qui l'a soigneusement observée, nous apprend qu'elle est fort commune en Caroline où elle fatigue l'oreille par le bruit continu de son insurportable coassement. Son museau est fort pointu ; elle saute avec une surprenante agilité : aussi est-il fort difficile de la prendre même à la course, ses sauts ayant de quinze à dix-huit pieds d'étendue.

La Grognante, *Rana grunniens*, Daud. Aussi grande que la Mugissante, cette Grenouille, bleuâtre, brune ou rougeâtre, a des points jaunes oblongs derrière les yeux ; elle habite les Florides et les lieux humides ombragés des Antilles, où on l'appelle vulgairement Crapaud. Elle ne sort de ses asiles que de nuit. On l'élève, dit-on, en domesticité dans quelques habitations où elle devient familière, pour se nourrir de sa chair qui est blanche, succulente et délicate ; préparés en fricassée de Poulet, deux de ces Animaux peuvent fournir un plat copieux. Leur vivacité est considérable dans la saison des pluies, où l'on en voit franchir d'un seul saut un obstacle de cinq pieds de haut, mais la saison sèche les engourdit et les plonge dans une sorte de torpeur.

L'Occellée, *Rana occellata*, L., dont Gmelin (*loc. cit.*, p. 1052) a fait un double emploi sous ce nom et sous celui de *Pentadactyla*, induit sans doute en erreur par deux figures de Séba, qui représentent grossièrement le même Animal altéré. Aussi grosse que la Mugissante et que la Grognante, cette Grenouille a été plusieurs fois confondue avec elles ; on la trouve depuis les Florides jusqu'à la Guiane. Sa couleur est brune, parsemée de taches occelliformes sur les flancs, avec le ventre blanc.

La Galonnée, *Rana marginata*, L.,

qui, sous le nóm de *Typhonia*, forme encore un double emploi dans Gmelin, et même trois espèces si le *Rana Virginica* de Laurenti doit y être rapporté. Elle est fort commune dans les prés et dans les eaux de la Guiane, où les serpens en font leur habituelle nourriture. Des lignes longitudinales bleuâtres, qui règnent sur le dos de cette Grenouille, au nombre de trois ou de cinq sur un fond cendré ou rougeâtre, la particularisent.

La JACKIE, *Rana Paradoxa*, L., Gmel., *loc. cit.*, 1055, Daud., pl. 22 et 23; *Proteus Raninus*, Laur., *Amph.*, p. 36, n° 34, prise pour un Lézard, dans la sixième édition du *Systema naturæ*, figurée par Sybile de Mérian (pl. 71) qui croyait que cette espèce était une Grenouille passant à l'état de Poisson. Séba avait consacré cette fable fondée sur ce que le tétard de la Jackie devient quelquefois si gros, et prend si bien la forme d'un Poisson, que lorsque les pates lui poussent et que sa queue robuste tombe, il en demeure une Grenouille plus petite que n'était le tétard. Ce fait, très-remarquable et maintenant constaté, montre que l'espèce dont il est question est un passage des Grenouilles aux Tritons, qui ne sont peut-être que des têtards permanens d'espèces dont le développement s'est arrêté à cet état. Gmelin n'ayant probablement connu que des individus auxquels leur queue large et forte demeurait encore fixée, avait formé pour la Jackie une section particulière des *Caudatæ* à la fin de son genre *Rana*. Verdâtre et tachetée de brun, cette Grenouille possède des lignes irrégulières brunes qui règnent le long des cuisses et des jambes; elle a deux pouces environ de longueur après la chute de sa queue, et les formes de nos espèces européennes, mais tant soit peu plus arrondies. On la trouve dans toutes les mares de la Guiane, particulièrement à Surinam et dans les environs de Cayenne.

L'ARUNCO et le THAUL sont deux espèces du Chili. La TACHETÉE, *Rana maculata*, a été découverte par Mau-

gé, à Portorico. Bosc mentionne encore une espèce américaine : « J'ai trouvé trois ou quatre fois en Caroline, dit ce savant, sous les écorces d'Arbres abattus et à demi pourris, une Grenouille dont la forme et la couleur conviennent beaucoup à la Jackie; mais qui avait un pouce au plus de long; elle était si délicate que, lorsque je la mettais dans l'eau, elle périssait et se décomposait en peu de momens; lorsque je l'enfermais dans une boîte, elle s'y desséchait dans le même espace de temps. Je n'ai jamais pu en apporter une seule en vie dans mon domicile, et ne l'ai par conséquent, ni décrite, ni dessinée; elle était presque ronde et sans aucun pli. »

La ROUGETTE ou ROSÉE, *Rana rubella*, dont on ignore la patrie, et la TIGRÉE, *Rana Tigerina*, rapportée du Bengal, sont à peu près les seules Grenouilles qui ne soient pas américaines ou d'Europe, et que nous aient fait connaître jusqu'ici les erpétologistes. Il doit en exister cependant dans l'Ancien-Monde un plus grand nombre qu'on ne l'a cru; on en mentionne déjà plusieurs de la Polynésie et du Cap. Kuhl, naturaliste hollandais, vient d'en découvrir cinq espèces à Java. On en trouve dans des peintures chinoises et japonaises, qui seront probablement des espèces particulières. Enfin nous en avons vu une à l'Ile-de-France, où ses coassemens fort aigres faisaient parfois retentir les échos de ce qu'on appelait alors le Champ-de-Mars. Nous négligeâmes malheureusement de la décrire et de la figurer, croyant toujours y être à temps; mais nous avons distinctement souvenance que Lillet Goffroy, savant ingénieur du pays et correspondant de l'Académie des Sciences, racontait une particularité digne d'être annotée au sujet de cet Animal. Lillet Goffroy se rappelait qu'il n'y avait aucune Grenouille dans le pays au temps de son enfance; il en rapporta lui-même plusieurs couples de Madagascar, où il fit un voyage vers le milieu du siècle dernier, et où des Grenouilles sont fort communes. Ayant lâché ces Grenouilles dans les marcs, elles y ont produit toutes celles qu'on voyait à l'Île-de-France quand nous visitâmes ce pays. Il n'y en avait certainement point alors à Mascareigne, île voisine. Soit qu'on en ait introduit depuis, soit qu'on en introduise jamais, il est bon de constater ce point de géographie zoologique. Bachelot de la Pilaye nous a assuré qu'il n'en existait absolument d'aucune espèce à Terre-Neuve, île cependant considérable et voisine d'un continent qui en produit plusieurs.

Walbaum a mentionné sous le nom de *Rana squammosa*, une Grenouille grise, marbrée de brun et de marron foncé, qui avait des écailles à diverses parties du corps. On a reconnu depuis que cette espèce n'existait point. L'erreur vient de ce que la prétendue Grenouille écailleuse qui n'était qu'un individu altéré de quelque espèce connue, avait été long-temps confondue dans un bocal avec divers Reptiles presque décomposés, dont plusieurs des écailles tombées s'étaient déposées sur le dos et sur les reins de l'Animal. (B.)

GRENOUILLE. MOLL. On donne vulgairement ce nom à un Strombe assez commun dans les collections, *Strombus lentiginosus*, L. *V.* STROMBE. Sous la même dénomination, on indique aussi une véritable Ranelle, le *Murex Rana* de Linné, *Ranella crumena* de Lamarck. *V.* RANELLE. (D..H.)

GRENOUILLE PÊCHEUSE ou DE MER. POIS. L'un des noms vulgaires du *Lophius piscatorius*. *V.* LOPHIE. (B.)

* GRENOUILLÉES ou GRENOUILLETTES. POIS. Vieilles femelles de Brochets. *V.* ESOCE. (B.)

GRENOUILLER. POIS. et REPT. OPH. Espèces des genres Batrachoïde et Couleuvre. *V.* ces mots. (B.)

GRENOUILLETTE. REPT. BATR. Syn. vulgaire de Rainette verte. *V.* RAINE. (B.)

GRENOUILLETTE. MOLL. Nom vulgaire et marchand d'une espèce de Ranelle dont Montfort a fait son genre Apolle. C'est le *Murex Gyrinus*, L., *Ranella Ranina*, Lamk. On donne aussi quelquefois cette dénomination au *Murex Bufonius*, L., *Ranella Bufonia*, Lamk. *V.* RANELLE. (D..H.)

GRENOUILLETTE. BOT. PHAN. Nom vulgaire de quelques espèces de Renoncules aquatiques, dans l'idée où sont les gens de la campagne que les Grenouilles se nourrissent de leurs feuilles. *V.* RENONCULES. (B.)

GRENY. OIS. (Gesner.) Syn. de Courlis cendré. *V.* COURLIS. (DR..Z.)

GRÈS. MAM. On a donné ce nom, en terme de chasse, aux dents de la mâchoire supérieure du Sanglier qui touchent ses défenses. (B.)

GRÈS. GÉOL. Pendant long-temps on a appliqué le nom de Grès à toute espèce de pierre, visiblement formée de grains de Quartz réunis entre eux par agrégation, ou bien au moyen d'un ciment plus ou moins apparent, quel que soit d'ailleurs le mélange d'autres substances minérales accessoires avec les particules quartzeuses regardées comme essentielles. Brongniart, dans sa Classification minéralogique des Roches, propose, d'après les principes rigoureusement établis qui ont servi de base à son travail, de restreindre le nom de Grès à la réunion de très petits grains de Quartz agglutinés par un ciment invisible, et d'appeler Psammite toute espèce de Grès mélangé. Quelque rationnelle que paraisse être cette distinction, elle n'est cependant pas généralement adoptée; la plupart des géologues voient dans les terrains qu'ils observent, le Grès homogène passer trop fréquemment d'une manière insensible au Grès mélangé, dans les mêmes couches et jusque dans les mêmes échantillons, pour qu'il leur paraisse nécessaire de rapporter à deux espèces distinctes, deux manières d'être qui n'ont aucune importance géologique. Il faut dire cependant que ce qui se remarque ici entre le Grès et le Psammite s'observe également entre toutes les Roches, telles que le Granite, le Gneiss, le Porphyre, etc., dont les noms sont admis par tous les auteurs. Aussi c'est moins pour émettre une opinion à ce sujet que pour ne pas diviser ce que nous avons à dire sur les Roches à grains quartzeux, que nous comprendrons dans le présent article les Grès homogènes et les Grès mélangés, c'est-à-dire les Grès et les Psammites de Brongniart. Une considération importante dans l'histoire des Grès repose sur l'état des grains dont ils sont composés. Dans la plupart des circonstances ces grains sont visiblement arrondis, usés; ils proviennent du brisement de Roches antérieurement existantes; ils ont été libres, et ce n'est qu'après avoir été entraînés et rassemblés par une cause quelconque, qu'ils ont été réunis au moyen d'un ciment d'une création postérieure à leur existence. Dans d'autres cas, les grains quartzeux, examinés au microscope, ou même à l'œil nu, se trouvent être autant de petits cristaux imparfaits de Quartz, agrégés par juxta-position ou liés par un ciment de même nature qu'eux, de manière qu'ils paraissent être le résultat d'une précipitation confuse de matière siliceuse préliminairement dissoute. Voigt et Sartorius ont démontré ce fait remarquable, qui appuie l'opinion émise par Deluc sur la nature des Sables des landes et des déserts. Ces Sables ne diffèrent en effet des Grès que par l'état d'agrégation de ces derniers, et l'on peut plutôt attribuer l'origine de beaucoup de Grès à l'agglutination ultérieure des grains quartzeux, qu'il n'est possible de croire que tous les Sables proviennent de la désagrégation des Grès. C'est surtout dans les Grès modernes que ce mode de formation est très-apparent, on peut l'observer dans les différens Grès des environs de Paris; ceux-ci ne sont souvent que des accidens dans les masses sablonneuses; au milieu d'amas très-puissans de Sable fin, on

trouve des Grès en tables ou en couches interrompues, et aussi en rognons informes et isolés; leur surface est irrégulière, bosselée, mamelonnée, elle n'a aucun rapport avec le sens de la stratification en lits minces, que l'on remarque dans le Sable et qui se continuent dans le Grès. Celui-ci présente des anfractuosités et des cavités remplies de Sable; il semble, en un mot, que l'agglutination a commencé par un ou plusieurs points et qu'elle se soit étendue en divergeant dans tous les sens; quelquefois le bloc de sable aggluti né contient proportionnellement une plus grande quantité de corps étrangers que le Sable qui l'enveloppe; ces corps sont des Coquilles ou d'autres corps organisés: quelquefois aussi l'agglutination semble avoir eu pour cause la filtration locale d'un ciment calcaire ou ferrugineux, qui a pénétré plus ou moins loin dans la masse sablonneuse. On voit, d'après ces détails, combien il devient difficile de distinguer géologiquement le Grès et le Sable proprement dits.

Les Grès, considérés d'une manière générale et d'après ce que nous avons dit précédemment, peuvent donc être séparés en ceux qui sont homogènes et ceux qui sont mélangés. Les Grès homogènes sont formés, ou bien de particules cristallisées, produites par précipitation, ou bien de grains arrondis et usés par le frottement avant leur réunion; lorsque les parties sont liées par un ciment, celui-ci peut être cristallin ou sablonneux. Les Grès mélangés diffèrent entre eux par la nature et la proportion des substances étrangères qu'ils renferment, et suivant que ces substances sont à l'état de grains ou à celui de ciment. Le Feldspath, le Mica, le Talc, sont les principaux Minéraux qui se rencontrent dans les Grès à l'état de grains ou paillettes; l'Argile, la Marne, le Calcaire se mêlent au contraire à leur ciment quartzeux; de-là viennent les dénominations de Grès micacé , Grès feldspathique , Grès argileux , Grès calcaire , etc. Les grains varient beaucoup en grosseur; quelquefois ils sont invisibles à l'œil et dans les mêmes couches, ou plutôt dans les couches contiguës d'un même système, ils offrent des dimensions égales à celles d'un pois, d'une noix, etc. C'est alors que le Grès prend le nom de Poudding, lorsque ses parties sont arrondies, et de Brèche si elles sont anguleuses. Ces divers passages se font encore sentir d'une manière insensible. La couleur des Grès est très-variable; le blanc et le rouge sont les couleurs dominantes; on en rencontre dans les mêmes terrains et en couches alternantes, de gris, de bruns, de jaunes, de roses, de violets, de verts, etc. Cette dernière couleur est due à la matière verte désignée long-temps sous le nom de Chlorite, et que Berthier a reconnu être du Silicate de Fer en grains. La constance dans la couleur des Grès de certaines formations est telle que, malgré de nombreuses exceptions, les géologues allemands, anglais et français, ont désigné les Grès formés à différentes époques par leur couleur dominante (Grès rouge, Grès bigarré, Grès ferrugineux, Grès vert).

Les Grès sont très-abondans sur la surface du globe; ils s'y voient toujours en couches solides et continues, ou en amas dans des couches sablonneuses stratifiées; on les rencontre depuis les terrains dits de transition ou intermédiaires, jusque dans les dépôts les plus modernes; ils alternent avec des Roches granitoïdes, que l'on a regardées long-temps comme primitives, avec des Schistes, des Calcaires, des Houilles, des Marnes, etc. On les voit passer, comme nous l'avons déjà dit, par des nuances, au Quartz grenu ou Quartzite, qui, géologiquement, ne saurait peut-être en être distingué, aux Pouddings, aux Brèches, aux Porphyres, aux Schistes phylladiens et argileux, au Calcaire grenu sablonneux, etc. Bien que les débris de

corps organisés soient généralement moins abondans dans les Grès que dans les Roches calcaires qui alternent avec eux, les Fossiles se rencontrent dans les Grès les plus anciens comme dans les plus modernes. Les Trilobites, les Spirifères, les Productus, etc., un grand nombre de Madrépores, se voient dans les Grès intermédiaires. Les Grès de la formation houillère sont remplis d'empreintes de Végétaux; les Grès du terrain parisien enveloppent des Coquilles marines et d'eau douce, et des ossemens de Mammifères. Ces divers fossiles n'ont souvent laissé que leur moule intérieur ou leur empreinte extérieure; d'autres fois, les Coquilles elles-mêmes ont conservé leur état calcaire, lorsque dans les couches de Calcaire les mêmes Fossiles ont été changés en Silex.

Aux articles Roches et Terrains nous verrons quelle place occupent les différentes espèces de Grès dans les couches solides du globe que nous pouvons étudier; nous exposerons seulement ici les caractères généraux et les propriétés de quelques variétés plus connues par leur importance et leurs usages.

Grès rouge. Cette dénomination vague, parce qu'elle convient à des Grès très-différens par leur position, a été appliquée soit aux Grès supérieurs de la formation houillère principale, nommé par les Allemands *Rothe todle Liegende*, soit aux Grès inférieurs à cette formation, *Old red sand Stone*, des Anglais; certaines couches des deux formations présentent, il est vrai, des caractères tellement semblables, que leur position relative peut seule servir à les distinguer; leur couleur rouge dominante est celle de brique, quelquefois de lie de vin; elle n'est pas toujours répandue également, elle est distribuée par zones droites ou ondulées. Ce Grès ou ces Grès rouges sont durs, serrés, luisans, à cassure conchoïde, ou bien friables, à grains grossiers, à cassure terne; ils renferment quelquefois une très-grande quantité de pailletttes de Mica, et les Fossiles y sont rares. Brongniart range une partie de ces Grès dans ses *Psammites*. On emploie le Grès rouge dans les constructions ; c'est lui qui sert à faire des meules pour user et polir les Agathes à Oberstein.

Grès bigarré. Ce nom est encore applicable à des Grès très-différens, si l'on s'en rapporte au caractère indiqué par lui ; il convient cependant davantage aux Grès supérieurs de la formation houillère, *Bunter sandstein* des Allemands, et *New red sand stone* des Anglais, qui sont souvent bigarrés de rouge vif, de jaune, de brun violet, etc. Ils alternent avec des lits de Marne également rouge, et leur texture est en général moins serrée que celle des Grès rouges plus anciens ; quelques-unes de leurs couches sont employées aux mêmes usages que ces derniers ; les Fossiles y sont très-rares.

Grès ferrugineux. Ce sont pour les géologues plus spécialement les couches solides des Sables pénétrés d'oxide de Fer qui forment des assises puissantes sous la Craie ; mais on trouve des Sables tout aussi ferrugineux dans tous les Grès supérieurs à la Craie, et même ces Grès dits ferrugineux sont quelquefois très-blancs ; leur couleur dominante est le brun et le jaune de rouille, ils renferment un grand nombre de coquilles fossiles, du bois, et même des ossemens de Reptiles.

Grès vert. Ce sont les couches supérieures aux Grès ferrugineux dans lesquels le Fer paraît être combiné avec la silice ; mais comme cette combinaison n'a pas lieu dans toutes les localités, le Sable vert est tout aussi souvent ferrugineux que vert ; en outre et comme les couches inférieures de la Craie sont généralement sablonneuses et mélangées de matière verte, on les a aussi confondues avec le Sable vert qui devrait leur être inférieur. Nous rapportons à dessein tous ces exemples pour faire voir combien les noms significatifs peuvent produire de confusion, surtout en géologie.

Grès blanc. On appelle ainsi plus spécialement les Grès des terrains tertiaires ou parisiens, bien que parmi eux on en trouve de rouges, de bigarrés, de ferrugineux, de jaunes et bruns, et de verts. Ils sont plus ou moins durs ou friables ; dans quelques localités les grains semblent n'être que juxta-posés ; dans d'autres il y a un ciment très-visible de nature quartzeuse, dont le tissu est très-serré ; cette dernière manière d'être produit une variété qui se trouve dans les assises supérieures à Montmorency, à Treil, et qui a reçu le nom de Grès lustré. C'est elle qui donne lieu à un phénomène remarquable que Gillet-Laumont a fait connaître : le Grès lustré est en plaques peu épaisses, et lorsque l'on frappe sur une de leurs faces avec un marteau, le choc se propage en divergeant, et il se détache de la masse un cône très-évasé dont la surface est unie. Les Grès blancs servent à faire des meules pour aiguiser les outils, pour les constructions, et surtout aux environs de Paris, pour faire des pavés dont sont recouvertes les rues de la capitale et des routes qui y aboutissent : c'est à Fontainebleau, à Palaiseau que sont les principales exploitations. Les Grès blancs sont quelquefois coquilliers, mais le plus souvent ils ne contiennent pas de Fossiles.

Les voyageurs rapportent du Brésil une variété de Grès qui a été appelée Grès flexible, parce que, lorsqu'il est en plaques minces, il se courbe si l'on ne fait porter que ses deux extrémités, et si on le retourne, il revient sur lui-même et se recourbe dans le sens opposé. Cette propriété paraît due plutôt à la forme des grains quartzeux qui sont aplatis et allongés, qu'à la présence du Mica auquel on l'avait attribuée, et que les analyses n'y ont pas fait découvrir. Nous citerons encore parmi les variétés de Grès celle dont le tissu est assez lâche pour laisser filtrer l'eau ; elle est employée utilement dans les usages domestiques, et sa propriété a été mise à profit pour en imposer au peuple ignorant. On a fait en Espagne, où il se trouve, des statues de saints dont la tête est creusée pour recevoir de l'eau qui s'échappe miraculeusement en larmes par les yeux. Les Grès des terrains houillers présentent des caractères généraux très-remarquables dans toutes les contrées où ils accompagnent le Charbon de terre. Nous reviendrons sur ce sujet au mot TERRAIN, où nous distinguerons les Grès géologiquement. (C. P.)

GRÉSIL. OIS. Syn. vulgaire du Proyer. *V.* BRUANT. (DR..Z.)

GRÉSIL. GÉOL. *V.* MÉTÉORES.

GRÉSILLON. INS. L'un des noms vulgaires du *Gryllus campestris*. (B.)

GRESSET. REPT. BATR. L'un des noms vulgaires de la Rainette verte. (B.)

GRESSORIPÈDES. OIS. Ce terme, qui signifie pieds marcheurs, a été donné par quelques ornithologistes aux Calaos et aux Guêpiers, dont les trois doigts antérieurs sont en partie réunis de manière à former une sorte de Plante. (B.)

GREUBE. MIN. Nom vulgaire d'une matière pulvérulente et calcaire qui se trouve près de Genève, et qu'on emploie dans cette ville pour conserver aux boiseries de Sapin la couleur blanche-jaunâtre qui est propre à ce bois. (G.)

GREUL. MAM. L'un des noms vulgaires du Loir. (B.)

GRÈVE. GÉOL. Les parties des rivages soit de la mer soit des fleuves, où la pente douce permet l'accumulation de sables, de graviers ou de galets d'un abord plus ou moins facile. (B.)

GREVIER ou GREUVIER. *Grewia*. BOT. PHAN. Genre de la famille des Tiliacées, placé par Linné dans sa Gynandrie Monogynie, et reporté dans la Polyandrie par Willdenow. Son calice est à cinq divisions profondes, colorées dans leur inté-

rieur; ses pétales, au nombre de cinq, garnis à leur onglet d'une écaille intérieure ou d'une glande velue dans son contour, sont attachés au bas d'un support central plus ou moins élevé, qui porte à son sommet des étamines nombreuses et distinctes, dont les anthères sont arrondies, et qui entourent un pistil central élevé sur le même support. Il est surmonté d'un style simple terminé par un stigmate à plusieurs lobes, et devient une baie charnue contenant ordinairement quatre noyaux osseux, chacun à deux loges remplies d'une seule graine dont l'embryon aplati est recouvert d'un périsperme charnu. Ce genre est composé d'Arbrisseaux ou petits Arbres dont les feuilles sont toujours alternes, simples, stipulées; les fleurs disposées, au nombre de deux à six, sur des pédoncules axillaires en ombelle entourée d'écailles à sa base. De Jussieu, auquel nous empruntons cette description générique, a donné, en 1814, dans les Annales du Muséum (T. IV, p. 82, tab. 47-51) une Monographie de ce genre, dans laquelle, après en avoir tracé l'historique, examiné les divers ordres de caractères, et pesé leur valeur, il décrivait comparativement trente-trois espèces, dont plus de la moitié étaient nouvelles. Il les distribuait en trois sections d'après le double caractère de leurs pétales trèscourts ou oblongs, de leurs feuilles marquées dans leur longueur de trois ou cinq nervures. Le nombre des espèces se trouve, dans le Prodrome de De Candolle (1824), porté à cinquantetrois, qu'il sépare en plusieurs groupes basés également sur la considération de la longueur des pétales et du nombre des nervures des feuilles, à laquelle il ajoute celle du nombre des nervures, et ses divisions calicinales, ce qui lui fournit quatre sections. Ces espèces, à l'exception de quelquesunes originaires d'Afrique, habitent le continent ou les îles de l'Asie.

Le genre *Microcos* de Linné a été réuni au *Grewia* par son auteur luimême. On y a également associé le

Mallococca de Forster et le *Chadara* de Forskahl.   (A. D. J.)

GRÉVILLÉE. *Grevillea.* BOT. PHAN. Genre de la famille des Protéacées et de la Tétrandrie Monogynie, L., fondé par R. Brown (*Trans. Soc. Linn. of London*, vol. 10, p. 167) qu'il a ainsi caractérisé : calice ou périanthe irrégulier à folioles ou découpures tournées du même côté, et portant les étamines dans leurs concavités; anthères immergées; glande unique hypogyne, très-courte; ovaire biovulé, surmonté d'un stigmate oblique, déprimé (rarement vertical et conique); follicule uniloculaire disperme, ayant une loge centrale; graines bordées et munies au sommet d'une aile courte. Quelques-unes des espèces les plus remarquables de ce genre considérable ont été décrites sous le nom générique d'*Embothrium* par Smith, Cavanilles et autres auteurs. Ce sont des Arbrisseaux, rarement des Arbres, couverts quelquefois de poils fixés par leur milieu. Leurs feuilles sont alternes, indivises ou pinnatifides. Leurs fleurs, de couleur le plus souvent rouge, quelquefois jaunâtre, sont disposées en épis qui tantôt sont allongés en grappes, tantôt raccourcis en corymbes ou en faisceaux, sans involucres; les pédicelles sont géminés, rarement nombreux ou fasciculés, et accompagnés d'une bractée.

Les trente-huit espèces dont R. Brown (*loc. cit.*) a donné de courtes descriptions, sont toutes indigènes de la Nouvelle-Hollande. Il les a distribuées en plusieurs sections qui sont non-seulement caractérisées par un port particulier, mais encore qui se distinguent par des caractères tirés des organes de la fructification. Cependant il n'a pas voulu les séparer en genres distincts, tant sont resserrés les liens qui, d'ailleurs, les unissent; mais il leur a imposé des noms particuliers que nous allons faire connaître, en même temps que les caractères des deux grandes divisions du genre et des sections.

La première division du genre *Grevillea* a pour caractères : des follicules coriaces, couronnés par le style entier et le stigmate déprimé; des graines ovales, munies d'un rebord très-étroit, et au sommet d'une aile courte. Elle se subdivise en cinq sections :

1°. *Lyssostylis.* Toutes les feuilles entières dans la plupart; elles paraissent avoir trois nervures à cause de leurs bords réfléchis; fleurs fasciculées ou en grappes raccourcies; style glabre; follicule sans côtes. Cette section contient treize espèces, parmi lesquelles figurent les *Grevillea sericea* et *G. punicea*, ou *Embothrium sericeum*, α et β, Smith, *New-Holl.* 25, tab. 9, 27, t. 9; *Embothrium cytisoides*, Cavan., *Icon.*, 4, t. 586, f. 2; et le *Grevillea linearis*, ou *Embothrium linearifolium*, Cavan., *loc. cit.*, 4, tab. 586, f. 1.

2°. *Ptychocarpa.* Toutes les feuilles très-entières; fleurs fasciculées ou en grappes raccourcies, les supérieures plus précoces; style hérissé ou cotonneux; ovaire presque sessile; follicule muni de côtes. Les cinq espèces de cette section sont toutes indigènes de la côte orientale de la Nouvelle-Hollande, non loin du port Jackson.

3°. *Eriostylis.* Toutes les feuilles très-entières; fleurs fasciculées, en ombelles; pistil laineux pédicellé; follicule sans côtes. Cette section renferme quatre espèces de la côte orientale près du port Jackson, à l'exception du *Grevillea occidentalis* qui croît sur la côte australe, à la terre de Lewins. Le *Grevillea buxifolia* avait été figuré par Smith, *loc. cit.*, 29, t. 10, sous le nom d'*Embothrium buxifolium*, et par Cavanilles, *loc. cit.*, p. 60, t. 587, sous celui d'*Embothrium genianthum*.

4°. *Plagiopoda.* Feuilles très-entières ou divisées; fleurs en thyrse; pédicelle de l'ovaire adhérent au sommet oblique du pédoncule, à chaque côté duquel deux folioles du calice sont insérées l'une au-dessous de l'autre. Des deux espèces qui constituent ce groupe, l'une, *Grevillea Goodii*, croît près du rivage de la côte septentrionale de la Nouvelle-Hollande, dans la terre d'Arnhem; l'autre, *G. venusta*, habite les endroits ombragés au pied des montagnes, près du cap Townsend, sur la côte orientale.

5°. *Calothyrsus*. (GRÉVILLÉES proprement dites.) Fleurs disposées en thyrse; feuilles pinnatifides (quelquefois, mais rarement indivises). Cinq espèces composent cette section. Il y en a trois, *G. pungens*, *G. Dryandri* et *G. chrysodendrum*, R. Br., qui croissent sur le littoral de la côte septentrionale dans la Carpentarie et la terre d'Arnhem. Les *G. aspleniifolia* et *G. Banksii* se trouvent sur la côte orientale.

La seconde division du genre est caractérisée par ses follicules ligneux presque arrondis, terminés en pointe par le bas du style. R. Brown ne l'a pas subdivisée et lui a donné le nom de *Cycloptera*. Cinq espèces de ce sous-genre sont particulières au littoral de la côte septentrionale et de la Carpentarie; les trois autres habitent le long des côtes orientales, entre les tropiques.

Plusieurs des espèces de Grévillées font partie des genres *Lysanthe* et *Stylurus* constitués par Knight et Salisbury (*Proteac.*, p. 113 et suivantes). Telles sont les *Grevillea arenaria*, *G. linearis*, *G. mucronata* et *G. sericea*, R. Br., qui ont été placés dans le genre *Lysanthe*, et le *G. buxifolia*, R. Br., dont les auteurs ci-dessus nommés ont fait deux espèces sous les noms de *Stylurus buxifolia* et *Stylurus collina*. On cultive maintenant une dixaine de Grévillées dans les jardins d'Europe; elles exigent à peu près les mêmes soins que toutes les autres Plantes de la Nouvelle-Hollande, c'est-à-dire une bonne terre de bruyère et une chaude exposition. (G..N.)

GREWIA. BOT. PHAN. *V.* GRÉVIER.

GRIANEAU, GRIANOT. OIS. Syn. vulgaires de Coq de bruyère à queue fourchue. *V.* TETRAS. (DR..Z.)

GRIAS. BOT. PHAN. Ce genre, établi par Linné qui l'a placé dans sa Polyandrie Monogynie, avait été rapporté aux Guttifères. Dans le Mémoire sur l'arrangement méthodique des genres de cette famille publié par Choisy (Mém. de la Soc. d'Hist. nat. T. I, 2ᵉ partie), il n'y est pas admis, et l'auteur n'en parle que pour le ranger parmi les Myrthinées. Voici ses caractères différentiels : calice à quatre segmens peu profonds; corolle à quatre pétales; étamines nombreuses à anthères arrondies et à filets plus longs que la corolle; stigmate sessile, épais et tétragone ou en forme de croix; fruit très-gros, globuleux, acuminé à la base et au sommet, renfermant un noyau marqué de huit sillons. Le rapprochement du *Grias* avec les Myrthinées est infirmé par le caractère des étamines hypogynes et de l'ovaire supérieur exprimé par quelques auteurs. Quoi qu'il en soit, on n'a décrit que l'espèce suivante :

Le GRIAS CAULIFLORE, *Grias cauliflora*, L., et Sloane, Jam., 2, tab. 217. C'est un Arbre de l'Amérique méridionale et principalement de la Jamaïque où son fruit, nommé Poire d'Anchois, se mange comme celui du Manguier. Son tronc est droit, simple, et s'élève à environ trois ou quatre mètres. Il porte à son sommet des feuilles simples, éparses, oblongues-lancéolées, glabres et luisantes. Ses fleurs, d'un jaune pâle, naissent sur la tige, circonstance qui a déterminé le nom de l'espèce. (G..N.)

GRIBOURI. *Cryptocephalus*. INS. Genre de l'ordre des Coléoptères, section des Tétramères, famille des Cycliques (Règn. Anim. de Cuv.), établi aux dépens des Chrysomèles par Geoffroy (Hist des Ins. T. I, p. 231) qui lui donnait pour caractères : antennes filiformes à longs articles; corselet hémisphérique et en bosse. Ainsi conçu le genre Gribouri comprenait un grand nombre d'Insectes, entre lesquels une observation attentive a fait découvrir d'importantes différences, ce qui a engagé les auteurs à en extraire les genres

Clythre, Eumolpe, etc.—Les Gribouris sont caractérisés par Latreille de la manière suivante : antennes insérées au devant des yeux, distantes l'une de l'autre, simples et presque de la longueur du corps; tête enfoncée verticalement dans le corselet; corps de forme cylindrique. Ils diffèrent essentiellement des Galéruques, des Adories, des Lupères et des Altises, par l'insertion des antennes; ce caractère leur est propre avec les Clythres, les Eumolpes, les Colaspes, les Chrysomèles et quelques petits genres qui en dérivent; mais ils s'en éloignent essentiellement soit par la forme des antennes et celle du corps, soit par l'enfoncement vertical de la tête dans le prothorax. On doit observer encore que les Gribouris ont la bouche formée par des mandibules courtes tranchantes, par des mâchoires divisées en deux, et que leurs palpes au nombre de quatre sont filiformes. Les tarses ont quatre articles, et le pénultième est large et bilobé. Les Gribouris sont des Insectes herbivores, très-nuisibles à l'agriculture; ils attaquent les jeunes bourgeons d'un grand nombre de Plantes, et s'opposent ainsi au développement des feuilles. Il est très-difficile de s'opposer à ces dégâts, mais on peut en diminuer le nombre en cherchant l'Insecte qui les occasione. Très-timide, fort leste dans sa marche, ne volant que très-rarement, le Gribouri n'a d'autre moyen de se soustraire à la chasse qu'on lui fait que de contrefaire le mort, et de se laisser tomber sur le sol, en repliant très-exactement ses antennes et les pates contre son corps, et en cachant sa tête dans son corselet. La larve paraît avoir été découverte dans ces derniers temps; elle vit, dit-on, dans une sorte de tuyau assez semblable à celui des Clythres. Ce genre est très-nombreux en espèces qui toutes ont une petite taille et brillent en général de couleurs très-vives, et souvent métalliques. Schœnherr (*Syst. Insect.* T. I. part. 2, p. 353) en mentionne près d'une centaine, et De-

jean (*Catal. des Coléopt.*, p. 127) en cite soixante-dix parmi lesquelles un assez grand nombre sont nouvelles.

Le Gribouri soyeux, *Cr. sericeus*, Fabr., ou la *Chrysomela sericea*, L., peut être considéré comme type du genre. Il a été figuré par Olivier (Hist. nat. des Coléopt. T. v, n. 96, pl. 1, fig. 5, a). Les couleurs de ses élytres et de tout son corps varient beaucoup, ce qui l'a souvent fait décrire sous des noms différens. Ainsi on doit regarder comme des variétés de cette espèce les *Crypt. auratus, purpuratus, pratorum, chlorodius* de Megerle, etc. Il est commun aux environs de Paris sur les Saules et dans toute l'Europe. Parmi les espèces les plus connues on doit citer encore les *Cryptocephalus bi-punctatus*, Fabr.; *4-punctatus*, Oliv.; *sex-punctatus*, Fabr.; *sex-maculatus*, Oliv.; *10-punctatus*, *12-punctatus, cordiger, coryli*, Fabr., etc.

L'Insecte redoutable, connu sous le nom de Gribouri de la Vigne, *Crypt. vitis*, Fabr., appartient au genre Eumolpe. *V.* ce mot.   (AUD.)

GRIECHE. ois. *V.* Pie-Grièche. C'est aussi, suivant Belon, l'ancien nom de la Perdrix. *V.* ce mot. (DR..Z.)

GRIEL. ois. (Gesner.) Syn. de l'OEdicnème criard. *V.* OEdicnème.   (DR..Z.)

GRIEL. *Grielum.* bot. phan. Ce genre, établi par Linné et placé dans la Monadelphie Décandrie, a été considéré par Cavanilles et Jussieu comme identique avec le *Geranium* de Linné. Il était fondé sur une espèce africaine que Linné nommait *Grielum tenuifolium* et qui était décrite comme un Arbrisseau à tiges courtes, rameuses, étalées par terre et à feuilles composées de folioles menues, presque capillaires. Willdenow (*Spec. Plant.* T. II, p. 772) a cité comme synonyme du *Grielum tenuifolium*, L., le *Geranium frutescens incanum*, etc., de Burmann (*Afric.*, p. 88 ; tab. 34) et le *Ranunculo-platicarpos* du même auteur (*loc. cit.*, tab. 53). L'inspection des figures seule suffit pour convaincre que ces deux Plantes, non-seulement ne sont pas identiques, mais n'appartiennent pas à la même famille. Gaertner, qui avait adopté ce genre, en avait décrit et figuré une seconde espèce sous le nom de *Grielum laciniatum* (*de Fruct.*, tab. 36). (G..N.)

* GRIENE. ois. L'un des synonymes vulgaires du Chevalier Arlequin. *V*. CHEVALIER. (DR..Z.)

GRIFFARD. ois. Espèce d'Aigle. *V*. ce mot. (DR..Z.)

GRIFFE DE CHAT. BOT. PHAN. Nom vulgaire aux Antilles, et devenu scientifique, d'une espèce du genre Bignone, *Bignonia Unguis-Cati*. (B.)

GRIFFE DE LOUP. BOT. PHAN. L'un des noms vulgaires du *Lycopodium clavatum*. *V*. LYCOPODE. (B.)

GRIFFE DU DIABLE. BOT. PHAN. L'un des noms vulgaires et marchands du *Strombus Chiragra*, L. (B.)

GRIFFES ou CRAMPONS. *Fulcra*. BOT. On donne ce nom à des appendices de la tige qui servent à l'accrocher aux corps environnans en s'implantant dans leurs anfractuosités. Ils ne sont pas roulés en spirale comme les vrilles, et on ne doit pas les confondre avec les racines puisqu'ils ne pompent aucune nourriture. Tels sont les Crampons par lesquels le Lierre et le *Bignonia radicans* se tiennent appliqués contre les murs ; tels sont aussi les organes que l'on nomme improprement racines dans les *Fucus*. Le mot de Griffes est aussi un terme d'horticulture qui désigne les racines de quelques Renoncules de jardins. (G..N.)

GRIFFET. ois. Syn. vulgaire du Martinet de muraille. *V*. MARTINET. (DR..Z.)

* GRIFFITHSIA. BOT. CRYPT. (*Hydrophytes*.) Le genre proposé sous ce nom par Agardh ne saurait être adopté par les algologues qui ont observé les Plantes marines autrement que sur des échantillons d'herbiers. Il rentre parmi les Céramiaires. (LAM..X.)

GRIFFON. MAM. Variété métive du genre Homme, et race de Chiens originaires d'Angleterre, dont les poils sont durs, noirs, peu nombreux et singulièrement implantés. *V*. CHIEN et HOMME. Ce nom est emprunté de celui d'un Animal fabuleux qu'on supposait avoir le corps d'un Lion et la tête d'un Aigle. (B.)

GRIFFON. *Gryphus*. ois. Espèce du genre Vautour. *V*. ce mot. Duméril en a fait, dans sa Zoologie Analytique, le type d'un genre. (DR..Z.)

GRIFFON. BOT. PHAN. Nom vulgaire d'une variété de l'*Acer platanoïdes*, espèce du genre Érable. *V*. ce mot. (B.)

* GRIFFONÉE. INS. (Fourcroy.) Petite Phalène des environs de Paris. (B.)

* GRIFFUS. ois. Pour Gryphus. *V*. GRIFFON. (B.)

* GRIFOLE. BOT. CRYPT. L'un des noms vulgaires de l'*Agaricus frondosus*, Pers. (B.)

GRIGNARD. GÉOL. Les carriers des environs de Paris donnent ce nom aux couches du Gypse cristallisé qui se trouvent entre les couches de pierre à plâtre. En Normandie, le Grignard est une sorte de Grès fort dur employé dans la bâtisse. (B.)

* GRIGNET. ois. (Levaillant.) Même chose que la Fauvette grisette. *V*. SYLVIE. (DR..Z.)

GRIGNON. BOT. PHAN. Pour Bucide. *V*. ce mot. (B.)

GRIGRI. ois. L'un des noms vulgaires du Proyer. *V*. BRUANT. (DR..Z.)

GRIGRI. BOT. PHAN. Dans le Dictionnaire de Déterville, le mot GRISGRIS est, par erreur typographique, ainsi orthographié. *V*. GRISGRIS. (B.)

GRIGRIS. ois. Nom par lequel on désigne vulgairement, dans l'Amérique méridionale, les Aracaris. *V*. ce mot. (DR..Z.)

* GRIL. INS. et CRUST. Les pêcheurs donnent ce nom aux Homars sur certaines côtes de France,

et le Gryllon est ainsi appelé dans tout le midi de la France.   (B.)

GRILAGINE. pois. Pour Grislagine. *V.* ce mot.   (B.)

GRILLET. ois. Syn. vulgaire de Cincle. *V.* ce mot.   (DR..z.)

GRILLON et GRILLON-TAUPE. ins. Pour Gryllon et Gryllon-Taupe. *V.* ces mots.   (B.)

GRILLOTS. ins. L'un des noms vulgaires du Gryllon.   (B.)

GRILS. pois. Les pêcheurs donnent ce nom aux Saumons jeunes.   (B.)

GRIMACE. moll. Nom vulgaire du *Murex Anus* de Linné dont Montfort a fait à tort un genre séparé sous le nom de Masque, *V.* ce mot, et qui n'est autre chose qu'un Triton que Lamarck a nommé Triton grimaçant, *Triton Anus.*   (D..H.)

GRIMACE BLANCHE. moll. Les marchands nomment ainsi une autre espèce de Triton qui a des rapports de forme avec le *Triton Anus.* Lamarck l'a nommé Triton gauffré, *Triton clathratum.*   (D..H.)

GRIMACE GAUFFRÉE. moll. Autre nom vulgaire du *Triton clathratum*, Lamk.   (D..H.)

* GRIMALDIE. *Grimaldia.* bot. phan. Le *Cassia nictitans,* L., a été érigé en un genre particulier par Schranck qui lui a donné le nom de *Grimaldia.* Il lui a réuni deux autres espèces, sous les noms de *G. decumbens* et *G. opifera.* Ce genre ne paraît pas devoir être adopté, vu la grande affinité de la Plante dont on a formé le type avec les autres espèces de Casses. *V.* ce mot.   (G..N.)

GRIMALDIE. *Grimaldia.* bot. crypt. (*Hépatiques.*) Raddi, dans son Mémoire sur la famille des Hépatiques, a divisé le genre *Marchantia* en plusieurs genres différens ; il a donné le nom de *Grimaldia* à l'un d'eux qui est fondé sur le *Marchantia triandra* de Scopoli. Dans ce genre, les capsules sont insérées, comme dans les Marchanties, à la partie infé-

rieure d'un réceptacle en forme de parasol; mais ces capsules, d'abord enveloppées dans une coiffe qui se fend irrégulièrement, s'ouvrent par le moyen d'un opercule , tandis que dans les vrais *Marchantia* elles se rompent sans régularité.

On ne connaît encore qu'une seule espèce de ce genre, la Grimaldie dichotome de Raddi, *Marchantia triandra* de Scopoli, Balbis et De Candolle ; elle croît dans les lieux légèrement humides en Italie. Sa fronde est assez petite, plane, dichotome, linéaire, d'un vert violâtre ; les lobes sont échancrés à leur extrémité , et de cette échancrure sort le pédicelle qui supporte les capsules.   (AD. B.)

GRIMAUD, GRIMAUDE et GRIMAULT. ois. Syn. anciens de Chevêche. *V.* Chouette.   (DR..z.)

GRIMM. mam. Espèce du genre Antilope. *V.* ce mot.   (B.)

GRIMMIE. *Grimmia.* bot. crypt. (*Mousses.*) Ce genre, intimement lié d'une part aux *Trichostomum* dont il a le port et la coiffe et de l'autre aux *Weissia* qui ont un péristome semblable, est par cette raison difficile à limiter. Hooker, qui nous paraît avoir, en général, mieux fixé les limites des genres qu'aucun autre muscologiste, réunit dans le genre *Grimmia* toutes les Mousses dont l'urne est terminale, la coiffe en forme de cloche et les dents du péristome assez courtes, égales, rarement perforées ou divisées. Ce dernier caractère, qui se trouve dans quelques espèces, a fait ranger plusieurs de ces Plantes parmi les *Dicranum;* mais leur coiffe campanulée les en distingue facilement, tels sont les *Grimmia pulvinata, Grimmia ovata,* etc., qui avaient été placés par Hedwig parmi les *Dicranum,* et dont Bridel avait formé son genre *Campylopus* fondé sur ce double caractère d'avoir les dents bifides comme les *Dicranum* et la coiffe en cloche comme les *Grimmia.* Le genre *Grimmia,* tel que nous l'avons caractérisé d'après Hooker, renferme deux sections bien caractérisées : la première comprend les espèces dont l'urne est sessile ou portée sur une soie plus courte que les feuilles, elle est alors environnée par les feuilles supérieures, et cette disposition donne à ces Mousses l'aspect de plusieurs espèces d'*Orthotrichum*, tels sont les *Grimmia apocarpa, alpicola, maritima*, etc. La plupart croissent sur les troncs d'Arbre ou sur les rochers ; leurs tiges sont rameuses, couvertes de feuilles assez courtes, obtuses, imbriquées dans tous les sens. La seconde section renferme les espèces dont le pédicelle du fruit est plus long que les feuilles ; elles ont, en général, le port des *Trichostomum* ou des *Dicranum*, et croissent ordinairement sur les rochers ; leurs tiges sont plus courtes, moins rameuses, leurs feuilles plus aiguës, souvent terminées par un poil blanc ; l'urne est portée sur un pédicelle assez long, souvent tordu : elle est, en général, ovale, petite, quelquefois sillonnée longitudinalement. Tous ces caractères leur donnent beaucoup de l'aspect des *Trichostomum* et surtout des espèces à capsules ovales, tels que les *Trichostomum ellipticum, microcarpum*, etc.

(AD. B.)

GRIMONEM. BOT. PHAN. Selon Léman, l'un des noms vulgaires de l'Aigremoine dans le midi de la France. (B.)

GRIMPANT, GRIMPART, GRIMPEAU, GRIMPENHAUT, GRIMPELET, GRIMPERET. OIS. Syn. vulgaires de Grimpereau commun. *V.* ce mot. La Sittelle est aussi vulgairement appelée Grimpart. (DR..Z.)

GRIMPART. *Anabates.* OIS. Genre établi par Temminck dans l'ordre des Anisodactyles. Caractères : bec droit, de la longueur de la tête ou un peu plus court, comprimé, plus haut que large à sa base, un peu fléchi vers la pointe qui est entière, sans échancrure ; narines placées à la base et sur les côtés du bec, ovoïdes, recouvertes en partie par une membrane emplumée ; quatre doigts, trois devant, l'extérieur réuni jusqu'à la deuxième articulation, l'intérieur soudé à sa base, l'intermédiaire plus court que le tarse ; les latéraux toujours égaux en longueur ; ailes courtes ; les deux premières rémiges moins longues que les troisième, quatrième et cinquième qui dépassent toutes les autres ; tiges des rectrices faibles sans pointes aiguës.

Toutes les espèces connues de ce genre sont originaires de l'Amérique méridionale, et il est assez vraisemblable que bientôt le nombre en deviendra fort considérable ; on les avait confondues avec les Picucules, mais l'absence des piquans à l'extrémité des rectrices, la position respective des doigts latéraux qui sont égaux entre eux, et la couleur du plumage qui est entièrement roussâtre, ont décidé la séparation des espèces et la formation du genre nouveau.

GRIMPART MOUCHETÉ, *Anabates striolatus*, Temm., pl. color. 338, fig. 1. Parties supérieures d'un brun rouge très-foncé, striées de roux brun ; tectrices alaires et rémiges d'un brun rouge uniforme ; rectrices longues et étagées, d'un roux clair ; parties inférieures, joues et côtés du cou d'un brun olivâtre, striées de blanchâtre ; menton roux ; haut de la gorge jaunâtre ; bec bleuâtre, pieds bruns. Taille, six pouces. Du Brésil.

GRIMPART OREILLON BRUN, *Anabates amaurotis*, Temm., Ois. color., pl. 238, fig. 2. Parties supérieures d'un brun olivâtre ; sommet de la tête brun, tacheté de noir ; rectrices rousses, faiblement étagées ; joues et menton blanchâtres ; une bande brune, partant de l'angle postérieur des yeux et couvrant les oreilles ; poitrine nuancée de blanc et de brun olivâtre clair ; le reste des parties inférieures d'un brun olivâtre foncé ; bec jaunâtre ; pieds bruns. Taille, six pouces. Du Brésil.

GRIMPART ROUGE QUEUE, *Motacilla Guianensis*, L., pl. enlum. 686, fig. 2. Parties supérieures d'un brun olivâtre ; rémiges et rectrices d'un brun roux ; parties inférieures blanchâtres, nuancées de jaune et de cendré; gorge et tectrices caudales inférieures blanches; bec et pieds d'un brun rougeâtre. Taille, cinq pouces et demi. De la Guiane.   (DR..z.)

GRIMPEREAU. *Certhia.* ois. Genre de l'ordre des Anisodactyles. Caractères : bec long ou de moyenne longueur, effilé, comprimé, triangulaire, plus ou moins arqué; narines placées à la base du bec, percées horizontalement, à moitié recouvertes par une membrane qui s'étend en forme de voûte; quatre doigts : trois devant, l'extérieur réuni à sa base avec l'intermédiaire; un derrière, muni d'un ongle très-long; première rémige courte, deuxième et troisième moins longues que la quatrième, qui surpasse toutes les autres; rectrices étagées, à tiges roides et piquantes.

Les réformes et les modifications apportées jusqu'ici dans la nomenclature ornithologique, paraissent n'avoir frappé que sur des mots vagues et d'un intérêt médiat pour la science, tandis que l'on a épargné des mots qui donnent une idée fausse des choses ou des noms qui concentrent en eux des qualités et des facultés dont jouissent également nombre d'individus que, méthodiquement, l'on est forcé de placer à des distances très-éloignées de celui qui semble, par une dénomination trop générale, devoir être le chef de la tribu. Telles sont les réflexions que fait naître particulièrement l'article GRIMPEREAU. On trouvait autrefois réunis sous ce nom la plupart des Oiseaux qui, sous divers climats, manifestent des habitudes à peu près semblables; par la suite, on a insensiblement démembré ce genre, pour en former de nouveaux, de manière qu'il n'est resté de véritables Grimpereaux que trois ou quatre espèces. Or, en leur conservant cette épithète, n'est-ce pas faire croire que l'on a élagué du genre tous les Oiseaux qui n'avaient pas l'habitude de grimper? Il eût été plus convenable peut-être de rendre la dénomination purement spécifique, ou de l'étendre à tout un ordre, ou, mieux encore, de l'abandonner définitivement.

Les Grimpereaux répandus dans les différentes parties de l'Europe, et même dans presque toutes les contrées septentrionales de l'ancien continent, s'y font remarquer, moins par l'élégance de leur robe que par la prestesse et la vivacité de leurs mouvemens. On ne sait trop admirer l'extrême mobilité avec laquelle ils parcourent en tous sens l'écorce des Arbres; on n'est pas moins étonné de l'adresse qu'ils déploient lorsque, suspendus à l'extrémité des branches les plus rapprochées du tronc, ils font, en se balançant, la chasse aux très-petits Insectes qui viennent imprudemment voltiger autour d'eux. On aperçoit plus fréquemment les Grimpereaux en hiver qu'en été; cela est facile à concevoir; pendant l'été les feuilles les dérobent à notre vue, au lieu que dans la saison morte, tout petits qu'ils sont, leur pétulance les décèle toujours. Ils paraissent attachés à la retraite qu'ils se sont choisie, et qui est ordinairement le tronc vermoulu d'un vieux Chêne ou de tout autre antique ornement des forêts. Ils en font en quelque sorte leur garde-manger pour le temps de disette, car la quantité de larves et d'Insectes engourdis dans le terreau, peut pourvoir pendant long-temps à leur subsistance. Ils ressentent de bonne heure les feux de l'amour; à peine les frimats ont-ils cessé, que déjà la couveuse, après avoir déposé dans le trou qu'elle a habité pendant la froide saison les six ou huit œufs qui composent sa ponte, attend avec une constance maternelle l'arrivée de ses petits. Les Grimpereaux joignent assez souvent à leur nourriture favorite l'usage des petites semences.

GRIMPEREAU CINNAMON, *Certhia cinnamomea*, Lath., Ois. dorés, pl. 62. Parties supérieures d'un roux-brun; les inférieures blanches; rectrices terminées en pointes aiguës, dénuées de barbes à quelques lignes de leur extrémité; bec noir; pieds bruns. Taille, cinq pouces.

GRIMPEREAU COMMUN, *Certhia familiaris*, L., Buff., pl. enlum. 681, fig. 1. Parties supérieures cendrées, variées de stries blanches, rousses et noirâtres; rémiges d'un brun foncé, terminées par une tache jaunâtre, avec une bande de la même teinte vers le milieu; gorge, poitrine et ventre blancs; abdomen d'un blanc roussâtre; bec brun; mandibule inférieure jaunâtre; pieds cendrés. Taille, cinq pouces à cinq pouces et demi. La femelle est plus petite que le mâle; elle n'a point de roux dans le plumage, et la bande jaunâtre des rémiges est blanche. Les jeunes ont le bec presque droit. D'Europe.

GRAND GRIMPEREAU, *Certhia major*, Briss. *V.* GRIMPEREAU COMMUN.

GRIMPEREAU DE LA TERRE-DE-FEU, *Motacilla spinicauda*, Gmel. Parties supérieures d'un brun-rougeâtre obscur; sommet de la tête varié de jaune; une tache jaunâtre entre le bec et l'œil qu'elle dépasse; tectrices alaires rousses, variées de brun; grandes tectrices et rémiges brunes; rectrices dépourvues de barbules vers l'extrémité; les quatre intermédiaires rousses; les autres brunes, terminées de blanc; parties inférieures blanches, de même que les épaules; bec et pieds bruns; le premier blanc à sa base. Taille, six pouces.

GRIMPEREAU VERT, *Certhia viridis*, Lath., Scopoli. Parties supérieures d'un cendré verdâtre; les inférieures d'un jaune-verdâtre; une bandelette bleue de chaque côté du cou; une tache brune sur la gorge; rémiges brunes; rectrices d'un brun-verdâtre; bec et pieds noirs. Taille, cinq pouces. De la Carniole. Espèce douteuse.

Espèces étrangères au genre GRIMPEREAU :

GRIMPEREAU AUX AILES DORÉES. *V.* SOUI-MANGA.

GRIMPEREAU DE BAHAMA. *V.* GUIT-GUIT SUCRIER.

GRIMPEREAU A BARBES. *V.* SOUI-MANGA A BOUQUETS.

GRIMPEREAU DU BENGALE. *V.* SOUI-MANGA A DOS ROUGE.

GRIMPEREAU DU BENGALE (Albin). *V.* PIC VERT DU BENGALE.

GRIMPEREAU DU BENGALE A BEC ROUGE. *V.* SOUI-MANGA A BEC ROUGE.

GRIMPEREAU BLEU DU BRÉSIL. *V.* GUIT-GUIT NOIR ET BLEU.

GRIMPEREAU BLEU DE CAYENNE. *V.* GUIT-GUIT NOIR ET BLEU.

GRIMPEREAU DU CAP DE BONNE-ESPÉRANCE. *V.* SOUI-MANGA A COLLIER.

GRIMPEREAU A DOS ROUGE DE LA CHINE. *V.* SOUI-MANGA A DOS ROUGE.

GRIMPEREAU A GORGE VIOLETTE ET A POITRINE ROUGE. *V.* SOUI-MANGA A GORGE VIOLETTE ET POITRINE ROUGE.

GRAND GRIMPEREAU A LONGUE QUEUE DU CAP. *V.* SOUI-MANGA MALACHITE.

GRIMPEREAU GRIS DE LA CHINE. *V.* SOUI-MANGA.

GRIMPEREAU GRIS DES PHILIPPINES. *V.* SOUI-MANGA OLIVE A GORGE POURPRE.

GRIMPEREAU DE L'ILE-BOURBON. *V.* SOUI-MANGA VERT.

GRIMPEREAU DES INDES. *V.* SOUI-MANGA MARRON POURPRÉ.

GRIMPEREAU DE LA JAMAÏQUE. *V.* GUIT-GUIT SUCRIER.

GRIMPEREAU A LONG BEC. *V.* SOUI-MANGA A LONG BEC.

GRIMPEREAU A LONG BEC DES ÎLES SANDWICH. *V.* HÉOROTAIRE AKAICAROU.

GRIMPEREAU A LONGUE QUEUE DU SÉNÉGAL. *V.* SOUI-MANGA VERT-DORÉ A LONGUE QUEUE.

GRIMPEREAU DE LA MARTINIQUE. *V.* GUIT-GUIT SUCRIER.

GRIMPEREAU DE MURAILLE. *V.* TICHODROME.

GRIMPEREAU NOIR (Albin). *V.* PIC NOIR.

GRIMPEREAU NOIR ET JAUNE. (Edw.). *V.* GUIT-GUIT SUCRIER.

GRIMPEREAU OLIVE DE MADAGAS-
CAR OU DES PHILIPPINES. *V*. SOUI-
MANGA OLIVE A GORGE POURPRÉE.

PETIT GRIMPEREAU (Albin). *V*.
PIC ÉPEICHETTE.

PETIT GRIMPEREAU (Edwards). *V*.
SOUI-MANGA MARRON POURPRÉ.

PETIT GRIMPEREAU A LONGUE
QUEUE DU CAP DE BONNE-ESPÉRANCE.
V. SOUI-MANGA VERT-DORÉ A LONGUE
QUEUE.

PETIT GRIMPEREAU NOIR (Albin).
V. PIC NOIR D'AMÉRIQUE.

PETIT GRIMPEREAU NOIR, ROUGE
ET BLANC. *V*. SOUI-MANGA A DOS
ROUGE.

PETIT GRIMPEREAU DES PHILIP-
PINES. *V*. SOUI-MANGA OLIVE DES
PHILIPPINES.

GRIMPEREAU DES PHILIPPINES. *V*.
SOUI-MANGA MARRON-POURPRÉ A
POITRINE ROUGE.

GRIMPEREAU A QUEUE NOIRE. *V*.
SOUI-MANGA.

GRIMPEREAU A QUEUE VIOLETTE.
V. SOUI-MANGA.

GRIMPEREAU DE SAINT-DOMINGUE.
V. GUIT-GUIT SUCRIER.

GRIMPEREAU SIFFLEUR. *V*. SOUI-
MANGA SIFFLEUR.

GRIMPEREAU VARIÉ D'AMÉRIQUE.
V. GUIT-GUIT VARIÉ.

GRIMPEREAU VERT DU BRÉSIL. *V*.
GUIT-GUIT VERT ET BLEU A GORGE
BLANCHE.

GRIMPEREAU VERT DU CAP. *V*.
SOUI-MANGA VERT A GORGE ROUGE.

GRIMPEREAU VERT DE CAYENNE.
V. GUIT-GUIT VERT TACHETÉ.

GRIMPEREAU VERT DE MADAGAS-
CAR. *V*. SOUI-MANGA ANGALA-DIAN.

GRIMPEREAU VERT A TÊTE NOIRE
D'AMÉRIQUE OU DU BRÉSIL. *V*. GUIT-
GUIT VERT ET BLEU A TÊTE NOIRE.

GRIMPEREAU VIOLET DU BRÉSIL.
V. GUIT-GUIT NOIR ET VIOLET.

GRIMPEREAU VIOLET DE MADA-
GASCAR. *V*. SOUI-MANGA.

GRIMPEREAU VIOLET DU SÉNÉGAL.
V. SOUI-MANGA VIOLET A POITRINE
ROUGE.   (DR..Z.)

GRIMPEREAUX. OIS. Nom que
Vieillot a imposé à une famille qui
comprend une partie des Anysodactyles de la méthode de Temminck, et
que Cuvier, dans son Règne Animal,
appelle Grimpeurs.   (DR..Z.)

*GRIMPEUR. OIS. Espèce du
genre Echelet. *V*. ce mot.   (B.)

GRIMPEURS. MAM. et REPT. OPH.
Blainville donne ce nom à l'un des
sous-ordres de Rongeurs, dans son
Prodrome, où il appelle aussi Grimpeurs une sous-division d'Ophidiens.
                              (B.)

GRIMPEURS. OIS. *V*. GRIMPE-
REAUX.

GRINDELIE. *Grindelia*. BOT.
PHAN. Genre de la famille des Synanthérées, Corymbifères de Jussieu et
de la Syngénésie superflue, L., établi par Willdenow (Mém. de la Soc.
d'Hist. natur. de Berlin, 1807; et
Enumer. Plant. Hort. Berol.) et adopté par Kunth (*Nov. Gener. et Spec.
Plant. æquin.* T. IV, p. 509) avec les
caractères suivans : involucre composé de folioles nombreuses, imbriquées, oblongues, coriaces et surmontées d'un petit appendice subulé;
réceptacle nu; calathide formée d'un
disque dont les fleurons sont nombreux, tubuleux et hermaphrodites,
et de rayons à fleurs en languettes et
femelles; anthères nues à la base;
akènes ovales et obliques, presque
lenticulaires et à trois barbes très-
glabres, roides et caduques. Les caractères assignés à ce genre par Cassini ne diffèrent des précédens qu'en
ce que les anthères, suivant ce dernier botaniste, sont munies de deux
appendices basilaires et remplies de
pollen, différence qui doit suffire,
ajoute Cassini, pour séparer du
Grindelia le genre *Aurelia* ou *Donia*
de R. Brown que ce dernier auteur
lui-même a ensuite indiqué comme
congénère du *Grindelia*. Cassini
s'est opposé à ce rapprochement
adopté par Kunth (*loc. cit.*), parce
qu'indépendamment du caractère
cité plus haut, l'*Aurelia* en présente un autre presqu'aussi important, celui d'avoir les squamellules
de l'aigrette barbellulées. Il a placé

le *Grindelia* dans la tribu des Astérées, à côté de l'*Aurelia*. Le genre *Demetria*, publié en 1816 par Lagasca, et fondé sur la Plante qui a servi de type à Willdenow pour établir le sien, ne doit être cité ici que comme synonyme.

La **Grindélie Inuloïde**, *Grindelia Inuloides*, Willd., est une Plante herbacée, un peu ligneuse à sa base, originaire du plateau élevé du Mexique, et cultivée dans les jardins botaniques de l'Europe. Sa tige est rameuse, couverte de feuilles ovales-oblongues, aiguës, dentées et marquées de veines. Ses calathides sont composées de fleurs jaunes et solitaires au sommet des rameaux.

Le *Grindelia angustifolia*, Kunth, est une nouvelle espèce indigène du même pays que la précédente, et qui diffère de celle-ci par ses tiges simples, ses feuilles inférieures spatulées et ses feuilles supérieures linéaires, oblongues, dentées en scie et à une seule nervure. (G..N.)

GRINETTE. ois. Syn. de Râle de Genêt dans son jeune âge, que quelques auteurs ont placé au nombre des espèces, sous le nom de Poule sultane tachetée. *V.* GALLINULE. Une espèce de Sylvie porte ce même nom. *V.* SYLVIE. (DR..Z.)

GRINGETTE. ois. (Belon.) Syn. ancien de Perdrix de passage, qui paraît n'être qu'une variété très-petite en taille de la Perdrix grise. *V.* ce mot. (DR..Z.)

* **GRINGON**. BOT. PHAN. *V.* FRAGON.

GRINSON. ois. Syn. vulgaire de Pinson. *V.* GROS-BEC. (DR..Z.)

GRIOT. BOT. PHAN. L'un des noms vulgaires du *Spartium purgans*. (B.)

GRIOTE. MIN. Nom vulgaire d'un Marbre coquillier qui est une sorte de Lumachelle, et qu'on exploite à Caunes dans la Montagne-Noire du département de l'Aude. (G.)

GRIOTTE. BOT. PHAN. Variété de Cerises. (B.)

GRIOTTIER. BOT. PHAN. L'espèce de Cerisier qui porte la Griotte. *V.* CERISIER. (B.)

* **GRIPART**. ois. Syn. vulgaire de Grimpereau commun. *V.* GRIMPEREAU. (DR..Z.)

GRIPPE. BOT. PHAN. On donne vulgairement ce nom, dans le midi de la France, aux Plantes à feuilles rudes et accrochantes, telles que les Borraginées, le *Galium Aparine*, etc. (B.)

* **GRIS ET GRIS BLANC**. BOT. CRYPT. Paulet donne ce nom à des groupes de Champignons dont les espèces ne sont cependant pas toutes grises, car il est des Gris bruns, et même d'entièrement roux. Il y a aussi des Gris-Fariniers, des Gris-Perles, etc (B.)

GRISAILLE. BOT. PHAN. Variété assez communément cultivée du Peuplier blanc. (B.)

GRISALBIN. ois. Espèce du genre Gros-Bec. *V.* ce mot. (DR..Z.)

GRISARD. MAM. L'un des noms vulgaires du Blaireau. *V.* ce mot. (B.)

GRISARD. ois. Syn. du Goëland à manteau noir, jeune. *V.* MAUVE. (DR..Z.)

GRIS-BOCK. MAM. Espèce du genre Antilope. *V.* ce mot. (B.)

* **GRIS-DE-LIN**. BOT. PHAN. Nom vulgaire de l'*Iberis umbellata*. (B.)

GRISE-BONNE. BOT. PHAN. Variété de Poire d'été, en forme de Courge. (B.)

GRISELETTE. ois. Syn. vulgaire de Pierre-Garin. *V.* HIRONDELLE DE MER. (DR..Z.)

GRISELINIA. BOT. PHAN. Necker a nommé ainsi le *Moutouchi* d'Aublet, genre de Légumineuses reconnu comme congénère du Ptérocarpe. *V.* ce mot. Forster, dans son *Prodromus*, a donné aussi ce nom au genre qu'il avait d'abord appelé *Scopolia* et qui servait déjà à désigner une autre Plante. (G..N.)

* **GRISELLE**. POIS. Nom vulgairement donné à divers Poissons, par-

ticulièrement à un Holacanthe. *V*. ce mot.   (B.)

GRISET. MAM. Le Maki gris, *Lemur cinereus*, Geoff. Saint-Hilaire, est ainsi nommé dans l'Histoire naturelle des Singes et des Makis d'Audebert. L'existence de cette espèce, regardée long-temps comme douteuse, paraît aujourd'hui certaine. *V*. MAKI.
(IS. G. ST.-H.)

GRISET. OIS. Syn. vulgaire de Marouette. *V*. GALLINULE. C'est aussi le nom que l'on donne en quelques endroits au Chardonneret jeune. *V*. GROS-BEC.   (DR..Z.)

GRISET. *Notidanus*. POIS. Sous-genre de Squales. *V*. ce mot.   (B.)

GRISET. BOT. PHAN. L'un des noms vulgaires de l'Hippophaë. *V*. ce mot
(B.)

GRISETTE. OIS. Espèce du genre Alouette. C'est aussi le nom d'une Sylvie. *V*. ces mots.   (DR..Z.)

GRISETTE. INS. Nom donné par Geoffroy à un Lépidoptère du genre Hispérie (*Papilio Tages*, L.), et à une espèce de Charanson. Fourcroy a nommé aussi Grisette à zig-zag, une Phalène, *Phalena arenata*. (G.)

GRISGRIS. BOT. PHAN. La graine d'un Palmier qui paraît être le *Bactris minima* de Gaertner, a été décrite sous ce nom par Jacquin dans ses Plantes d'Amérique. A Saint-Domingue, on nomme aussi Gris-Gris le *Bucida Buceras*. *V*. BUCIDE. (G..N.)

GRISIN. OIS. Espèce du genre Synallax. *V*. ce mot. On désigne aussi sous le nom de Grisin, une espèce du genre Batara. *V*. ce mot. (DR..Z.)

GRISLAGINE. POIS. Espèce du genre Able. *V*. ce mot.   (B.)

GRISLÉE. *Grislea*. BOT. PHAN. Genre de la famille des Salicariées et de l'Octandrie Monogynie, L., établi par Lœfling et Linné, et dont les caractères ont été exposés de la manière suivante par Kunth (*Nov. Gen. et Spec. Plant. æquin.* T. VI, p. 185): calice campanulé, tubuleux, dont le limbe est coloré, à huit ou dix dents, les quatre ou cinq extérieures plus courtes ; quatre ou cinq pétales égaux, onguiculés, insérés sur le limbe du calice entre les dents intérieures ; huit ou dix étamines disposées sur un seul rang, saillantes et insérées au-dessus de la base du calice ; leurs filets sont libres, leurs anthères biloculaires, attachées par le dos et déhiscentes longitudinalement; ovaire supère, sessile, biloculaire, muni d'un placenta central attaché par une cloison à la paroi interne, renfermant un grand nombre d'ovules; style terminal, saillant, surmonté d'un stigmate simple et obtus; fruit globuleux ou elliptique, recouvert par le calice persistant, membraneux, indéhiscent? Les Grislées sont des Arbres ou Arbrisseaux non piquans, à tiges effilées, à feuilles opposées, très-entières, marquées en dessous de points glanduleux. Les fleurs sont pédicellées et disposées en corymbes axillaires et opposées. Le *Grislea secunda*, L., type du genre, croît près de Caracas, dans l'Amérique méridionale, où les habitans lui donnent le nom d'*Indiecito*. Roxburgh (Corom., I, tab. 5) a décrit et figuré sous le nom de *Grislea tomentosa* le *Lythrum fruticosum*, L., que Salisbury (*Parad.*, tab. 42) a érigé en genre distinct et décrit sous le nom de *Woodfordia floribunda*. C'est un Arbrisseau qui croît sur les collines de l'empire chinois.   (G..N.)

GRISOLA. OIS. (Nonnius.) Syn. du Sizerin. *V*. GROS-BEC. (DR..Z.)

* GRIS-OLIVE. OIS. Espèce du genre Tangara. *V*. ce mot. (DR..Z.)

GRISON. MAM. Ce nom a été donné à plusieurs Animaux, particulièrement à un Singe placé par Geoffroy dans son genre Lagotriche, ainsi qu'à une espèce de Glouton. *V*. ce mot.
(IS.G. ST.-H.)

GRISON. REPT. OPH. Espèce du genre Couleuvre. *V*. ce mot. (B.)

GRISON. POIS. Les pêcheurs donnent ce nom à une espèce du genre Labre.   (B.)

* GRISONNETTE. INS. Nom vulgaire imposé par Fourcroy à une espèce du genre Phalène. (G.)

GRISOU (FEU). MIN. *V*. FEU, GAZ et MOFETTE.

GRIS-PENDART. OIS. Syn. vulgaire de la Pie-Grièche. *V*. ce mot. (DR..Z.)

GRIS-PERLÉ. BOT. CRYPT. (*Champignons*.) Nom vulgaire donné par Paulet à une espèce de Champignon vénéneux du genre Agaric, et qu'il regarde comme l'*Agaricus pustulatus* de Scopoli. (AD. B.)

* GRITADORES. OIS. Syn. vulgaire de Grive. *V*. MERLE. (DR..Z.)

* GRITTONE. OIS. Nom d'un Faisan du Mexique, dont on n'a point encore donné une description exacte. (DR..Z.)

GRIVE. OIS. Espèce du genre Merle. *V*. ce mot. (DR..Z.)

GRIVE. POIS. L'un des noms vulgaires du Paon, espèce de Labre. *V*. ce mot. (B.)

GRIVE. MOLL. De vulgaire qu'il était, ce nom a été employé par Lamarck pour désigner le *Cypræa Turdus*. On s'en sert aussi ordinairement pour le *Nerita exuvia*, L., que l'on nomme encore quelquefois Grive à vives arêtes. (D..H.)

GRIVE D'EAU. OIS. *V*. CHEVALIER.

GRIVE DE BOHÊME. OIS. Syn. vulgaire de Jaseur. *V*. ce mot. (DR..Z.)

GRIVE DE MER. OIS. Syn. vulgaire de Combattant, L. *V*. BÉCASSEAU. (DR..Z.)

GRIVELÉ. OIS. Espèce du genre Chevalier. On a aussi donné ce nom à un Philédon et à un Fourmilier. *V*. ces mots. (DR..Z.)

GRIVELÉS OU MOUCHETÉS. BOT. CRYPT. Paulet donne ces noms à une famille d'Agarics qu'il caractérise par la bigarrure des teintes et des mouchetures. Le Grivelé visqueux passe pour un Champignon fort dangereux. (B.)

GRIVELETTE. OIS. Espèce du genre Merle. *V*. ce mot. (DR..Z.)

GRIVELIN. OIS. Espèce du genre Gros-Bec. *V*. ce mot. (DR..Z.)

GRIVELIN A CRAVATTE. OIS. Syn. du Gros-Bec Nonette. *V*. ce mot. (DR..Z.)

* GRIVEROU. OIS. Espèce du genre Merle. *V*. ce mot. (DR..Z.)

* GRIVET OU GROVET. MAM. Espèce de Guenon. *V*. ce mot. (B.)

GRIVETINE. OIS. Espèce du genre Sylvic. *V*. ce mot. (DR..Z.)

GRIVETTE. OIS. Espèce du genre Merle. *V*. ce mot. (DR..Z.)

GROÉGROÉ OU GROUGROU. INS. La larve du Charanson du Palmiste à Surinam où on la mange sur les meilleures tables. (B.)

GROGNANT, GRONDIN ET GRONEAU. POIS. Ces noms ont été donnés à plusieurs espèces de Trigles. *V*. ce mot. (B.)

GROGNEMENT. MAM. La voix du Sanglier et du Cochon. On lui compare les voix de divers autres Animaux. On prétend que l'Hippopotame fait entendre un Grognement. (B.)

GROGNEUR. MAM. On donne ce nom à une Mouffette du Chili. (B.)

GROGNEUR ET GROGNARD. POIS. Espèce du genre Batrachoïde. *V*. ce mot. (B.)

GROIN. ZOOL. Ce nom, qui désigne l'extrémité du museau dans les Cochons, a été donné comme spécifique au *Ludjanus rostratus*. (B.)

GROIN DE COCHON. BOT. PHAN. L'un des noms vulgaires de l'*Ixia Bulbocodium*. (B.)

GROLLE. OIS. Syn. vulgaire de quelques espèces du genre Corbeau. *V*. ce mot. (DR..Z.)

GROMPHENA. OIS. (Pline.) Syn. présumé du Flammant. *V*. PHÉNICOPTÈRE. (DR..Z.)

GRONA. BOT. PHAN. Genre de la

famille des Légumineuses et de la Diandrie Décandrie, établi par Loureiro(*Flor. Cochinchin.*, édit. Willd., p. 561) qui l'a ainsi caractérisé : calice persistant à quatre segmens presque égaux, le supérieur échancré; étendard de la corolle obcordé, plus grand que les ailes qui sont obtuses ; carène infléchie, concave, soudée jusque vers son milieu avec les deux ailes, et s'écartant en dessus de manière à former une sorte de caverne ; légume linéaire, droit, comprimé, acuminé, hérissé et renfermant plusieurs graines petites, comprimées et réniformes.

L'unique espèce de ce genre sur les caractères duquel il est permis de conserver quelques doutes, croît sur les collines de la Cochinchine. Le *Grona repens* a une tige suffrutescente, rampante, garnie de feuilles ovales, très-entières, alternes, pétiolées et accompagnées de stipules subulées. Ses fleurs sont purpurines et disposées en épis dressés, axillaires et terminaux.   (G..N.)

GRONAU ou GRONÉAU. pois. *V.* Grognant.

GRONDEUR. pois. Même chose que Grondin, Grognard, etc. *V.* ces mots.   (B.)

GRONDIN. pois. *V.* Grognant. On donne aussi ce nom à la Vieille au Sénégal.   (B.)

GRONEAU. pois. *V.* Gronau.

GRONLARD. ois. Syn. vulgaire de Bouvreuil commun. *V.* Bouvreuil.   (DR..Z.)

GRONOVE. *Gronovia.* bot. phan. Genre de la famille des Cucurbitacées et de la Pentandrie Monogynie, L., établi par Houston et Linné, et ainsi caractérisé ; calice campanulé et divisé au-delà de la moitié en cinq découpures droites et lancéolées; cinq pétales extrêmement petits, arrondis et insérés entre les divisions du calice ; cinq étamines attachées sur le calice, alternes avec les pétales; ovaire inférieur surmonté d'un style long et filiforme et d'un stigmate obtus ;

baie sèche, petite, arrondie, colorée et monosperme. Les organes décrits ici comme des pétales sont appelés écailles par le professeur Jussieu qui a rangé les Cucurbitacées parmi ses Dicotylédones apétales.

La Gronove grimpante, *Gronovia scandens*, L. et Lamarck, Illustr., tab. 144, est une Plante à tiges herbacées, grimpantes, fort rameuses, hérissées d'aspérités crochues et prenant une grande extension en s'accrochant aux Plantes voisines par le moyen des vrilles dont elles sont garnies. Ses feuilles sont alternes, pétiolées, palmées, anguleuses et cordées à leur base. Elle a de petites fleurs d'un jaune verdâtre qui naissent aux aisselles des feuilles, et sont portées sur des pédoncules divisés presque en corymbes. Cette Plante est indigène de l'Amérique méridionale, et on la cultive facilement en Europe dans les jardins de botanique.   (G..N.)

*GRONOVIENNE. rept. oph. Espèce du genre Couleuvre. *V.* ce mot.   (B.)

* GROS, GROSSE. zool. bot. Ainsi que l'adjectif Grand, Grande, les mots Gros et Grosse sont devenus spécifiques comparativement ; ainsi l'on trouve désignés par :

Gros Argentin (Pois.), le Gymnètre de Lacépède dans les mers de Nice, selon Risso.

Gros-Bec (Ois.), *V.* ce mot qu'on a étendu aux Toucans à la Guiane.

Gros-Bill (Ois.), le *Loxia curvirostra* dans Latham.

Gros bleu (Ois.), une espèce de Gros-Bec.

Gros Colas (Ois.), le Goéland à manteau noir.

Grosse-Gorge (Ois), le Combattant.

Grosse Grive (Ois.), la Draine.

Gros Guillaume (Bot.), une variété de Vigne.

Gros Guilleri (Ois.), le Moineau domestique mâle.

Grosse Mésange (Ois.), la Mésange charbonnière dans les planches enluminées de Buffon. Brisson nomme Grosse Mésange bleue, la Mésange azurée.

Gros Miaulard (Ois.), le Goëland à manteau gris.

Gros Mondain (Ois.), une variété de Pigeon.

Gros-Nez (Rept. Oph.), une espèce du genre Couleuvre.

Gros-Oeuil (Pois.), une espèce du genre Denté.

Gros Pilleri (Ois.), la même chose que Gros Guilleri.

Gros Pinson (Ois.), le Gros-Bec ordinaire, type du genre qui porte ce nom.

Grosse Pivoine (Ois.), le *Loxia enucleator*.

Grosse-Queue (Ois.), peut-être la Bergeronnette à collier.

Gros Saigne (Bot.), peut-être par corruption de Gros Seigle, une variété de Froment barbu, mais pauvre, que l'on cultive dans quelques contrées de l'Aquitanique.   -

Grosse-Tête (Ois.), le Bouvreuil et le Gros-Bec ordinaire.

Grosse-Tête (Rept. Oph.), une espèce du genre Couleuvre.

Gros-Ventre (Pois.), les Tétrodons et les Diodons dans la plupart des colonies françaises.

Gros-Verdier (Ois.), le Proyer.

Gros-Yeux (Pois.), un espèce du genre Anableps, etc., etc.   (B.)

GROS-BEC. ois, *Coccothraustes*, Bris.; *Fringilla*, Illig.; *Loxia*, Lath. Genre de l'ordre des Granivores. Caractères : bec court, robuste, bombé, droit et conique en tous sens; mandibule supérieure renflée, légèrement inclinée à la pointe, souvent prolongée anguleusement entre les plumes du front; narines placées près de la base du bec, derrière l'élévation cornée de la partie bombée, rondes, presque totalement cachées par les plumes frontales; quatre doigts, trois devant entièrement divisés, l'intermédiaire plus long que le tarse; ailes courtes, les deux à trois premières rémiges étagées, la troisième ou la quatrième les plus longues.

Il n'est point de genre plus nombreux en espèces et dont les espèces soient plus multipliées que celui des Gros-Becs. En vain a-t-on cherché des caractères qui pussent établir des coupes, des divisions, afin d'abréger et de rendre moins fastidieuse l'étude de ces innombrables cohortes; des transitions insensibles d'une espèce à l'autre, ont toujours fait échouer les tentatives des méthodistes, et malgré les soins qu'ont exigés de leurs auteurs les formations successives des genres Fringille, Pinson, Moineau, Loxie, Chardonneret, Linote, Veuve, Passerine, Pitylus, etc., on est forcé, ne trouvant point de lignes de démarcation, à ne voir dans tout cela que des Gros-Becs. Peut-être, à la rigueur, devrait-on encore y joindre, comme l'a fait Illiger, les Bouvreuils dont les caractères distinctifs ne sont guère plus tranchés ; mais il existe parmi ces derniers un air de famille, un *facies* particulier qui empêche de les confondre avec les Gros-Becs. Temminck a proposé, pour aider la classification des Gros-Becs, de diviser le genre en trois sections qui comprendraient: la première, les Laticônes; la seconde, les Brévicônes, et la troisième, les Longicônes. On sent qu'il est ici question de la forme du bec ; mais cette division, moins importante à la vérité que celle des genres, est-elle plus admissible ? C'est une question que l'analyse et l'embarras de l'observateur ont plus d'une fois résolue négativement. Les Gros-Becs font leur nourriture principale de grains, dont ils séparent l'enveloppe corticale, souvent très-dure, avec beaucoup d'adresse ; ils y joignent, mais rarement, l'usage des larves et des Insectes. Hors le temps des amours, grand nombre d'entre eux vivent en société ; ils renouvellent une et même deux fois leur ponte par année. La plupart des mâles éprouvent une double mue, et prennent dans la saison des amours une robe très-éclatante qui ne ressemble quelquefois en rien à leur plumage d'hiver. La beauté de leur robe et dans plusieurs la mélodie de leur chant les fait rechercher des amateurs; ils se soumettent facilement à la captivité et semblent même reconnaître la main qui les nourrit.

Gros-Bec d'Abyssinie. *V.* Tisserin a tête noire.

Gros-Bec Acalauthe. *V.* Psittacin Acalauthe.

Gros-Bec agripenne, *Emberiza orizivora*, Lath., Buff., pl. enl. 388. Parties supérieures d'un cendré verdâtre; trois raies longitudinales sur le sommet de la tête, l'intermédiaire jaunâtre, les deux autres noirâtres; parties inférieures jaunâtres; tout le plumage varié de taches noirâtres et d'un vert obscur. Le mâle en robe d'amour a la tête, la gorge, le dos, la queue et l'abdomen noirs; les rémiges frangées de jaune et de roussâtre, le dessus du cou d'un jaune pâle; les scapulaires, le croupion et les tectrices caudales blancs. Taille, six pouces et demi. De l'Amérique septentrionale et des Antilles, où il vit en troupes nombreuses et porte le ravage dans les rizières avant la maturité du grain: il voyage au loin vers le Nord, et toujours de compagnie. (C'est par erreur qu'au premier volume page 156 on a désigné cette espèce comme devant faire partie du genre Bruant.)

Gros-Bec a ailes bleues, *Loxia fascinans*, Lath. Parties supérieures d'un brun noir avec les tectrices alaires d'un bleu foncé, et l'origine des rémiges blanche; une bande blanche sur le milieu de l'aile; parties inférieures brunâtres; rectrices bleuâtres; bec et pieds bleus. Taille, six pouces et demi. De la Nouvelle-Hollande.

Gros-Bec aux ailes noires et blanches, *Coccothraustes leucoptera*, Vieill. Parties supérieures bleues nuancées de noirâtre; ailes noires avec une bande blanche, interrompue à la base; queue noire. Taille, cinq pouces. Amérique méridionale.

Gros-Bec Amandava ou piqueté, *Fringilla Amandava*, Lath., Vieill., Ois. ch., pl. 1 et 2. Parties supérieures brunes; front, joues et menton d'un jaune varié de rouge; tectrices caudales d'un rouge obscur; parties inférieures d'un brun foncé; abdomen noir, quelques points blancs répandus çà et là dans le plumage d'amour; parties supérieures d'un rouge foncé; rémiges brunes, tectrices noires, les latérales terminées de blanc; des points blancs sur les parties principales du corps, dont les inférieures sont d'un fauve rougeâtre avec un trait noir à la gorge. Taille, quatre pouces. Du Bengale.

Gros-Bec d'Amérique. *V.* Gros-Bec jaune.

Gros-Bec d'Angola, *Loxia erythrocephala*, Lath. Parties supérieures d'un gris noirâtre, nuancé de bleu; tête et gorge rouges; queue étagée; bec et pieds rougeâtres. Taille, cinq pouces.

Gros-Bec d'Ardennes, *Fringilla Montifringilla*, L., *Fringilla flammea*, Beseke; *Fringilla lutensis*, Gmel. Tête, joues, nuque, côtés du cou et haut du dos variés de cendré et de noir brillant; scapulaires, tectrices alaires, devant du cou et poitrine d'un roux orangé, de même qu'une bande sur les ailes qui ont en outre une tache blanche; parties inférieures et croupion d'un blanc pur; flancs noirâtres, tachetés de noir; rectrices noires, les deux intermédiaires bordées de roux cendré. Dans le temps des amours, la tête est entièrement d'un noir luisant. La femelle a le sommet de la tête d'un roux cendré avec une bande noire au-dessus des yeux; les joues et le haut du cou cendrés; la poitrine orangée. Les jeunes ont souvent la gorge blanche. Taille, six pouces et demi. D'Europe.

Gros-Bec asiatique, *Loxia asiatica*, Lath. Parties supérieures d'un cendré rougeâtre; les inférieures cendrées, avec le ventre d'un rouge pâle; tête noire ainsi que les ailes et l'extrémité de la queue; bec jaune; pieds rouges. Taille, cinq pouces et demi. De la Chine.

GROS-BEC D'ASIE. *V.* GROS-BEC ASIATIQUE.

GROS-BEC ASTRILD, *Loxia Astrild*, Lath., Vieill., Ois. ch., pl. 12. Tout le plumage finement rayé de gris et de brun; parties inférieures nuancées de rouge; un trait de chaque côté de la tête et bec d'un rouge vif; ailes, queue et pieds bruns. Taille, quatre pouces et demi. D'Afrique.

GROS-BEC ATROCÉPHALE, *Fringilla atrocephala*, Mil. Parties supérieures d'un cendré bleuâtre; tête, nuque, rémiges, rectrices et milieu de la gorge noirs; parties inférieures blanches; poitrine jaune. Taille, cinq pouces. Amérique méridionale.

GROS-BEC AURÉOLE. *V.* BRUANT AURÉOLE.

GROS-BEC AUTOMNAL, *Fringilla autumnalis*, Lath. Le plumage verdâtre avec le sommet de la tête roux et l'abdomen d'un rouge brun. Taille, cinq pouces. Amérique méridionale.

GROS-BEC AZULAM, *Loxia Cyanea*, Lath., Vieill., Ois. ch., pl. 64. Plumage bleu, avec le front, les ailes et la queue noirs; sommet de la tête, côtés de la gorge et poignets bleuâtres; bec d'un bleu cendré. Taille, six pouces. De l'Amérique méridionale.

GROS-BEC AZU-ROUGE, *Fringilla bicolor*, Vieill., Ois. ch., pl. 19. Parties supérieures d'un violet irisé : un trait bleu de chaque côté de la tête; ailes mordorées; rectrices noires, frangées de bleu; parties inférieures et pieds rouges. Taille, cinq pouces. D'Afrique.

GROS-BEC AZU-VERT, *Fringilla tricolor*, Vieill., Ois. ch., pl. 20. Parties supérieures d'un vert olive; les inférieures ainsi que le sommet de la tête d'un bleu azuré; croupion rouge; rectrices intermédiaires un peu plus longues que les autres. La femelle est d'un cendré olivâtre avec les parties inférieures et le sommet de la tête d'un bleu cendré; elle a toutes les rectrices égales. Taille, cinq pouces. De Timor.

GROS-BEC BAGLAFECHT. *V.* TISSERIN BAGLAFECHT.

GROS-BEC BALANCEUR, Azzara et Vieillot. Parties supérieures noirâtres, variées de brun avec les rectrices alaires bordées de jaune vif et de jaune verdâtre; rémiges bordées de roux; rectrices noires, les deux intermédiaires rousses dans leur moitié; parties inférieures d'un cendré bleuâtre. Taille, quatre pouces. Amérique méridionale.

GROS-BEC BEAU-MARQUET, *Fringilla elegans*, Lath., Vieill., Ois. ch., pl. 25. Parties supérieures d'un vert olive; front et gorge rouges; sommet de la tête et dessus du cou gris; poitrine rayée de noir, de vert et de blanc; abdomen blanc; rectrices d'un rouge obscur; croupion et pieds rougeâtres. Taille, quatre pouces et demi. D'Afrique,

GROS-BEC A BEC ROUGE, *Emberiza quelea*, L., *Loxia sanguinirostris*, Cuv., Buff., pl. enl. 183, f. 2. Parties supérieures variées de noir et de brun, les inférieures d'un cendré lavé de rougeâtre; bec et gorge rouges; pieds rougeâtres. Taille, quatre pouces et demi. D'Afrique.

GROS-BEC A BEC ROUGE DES ÉTATS-UNIS, *Fringilla pusilla*, Vils., *Passerina pusilla*, Vieill. Parties supérieures cendrées, variées de noirâtre; sommet de la tête roux avec trois raies longitudinales cendrées; cou, gorge, poitrine et flancs roux; menton gris; abdomen blanchâtre; bec rouge; pieds jaunâtres. Taille, cinq pouces.

GROS-BEC DU BENGALE. *V.* GROS-BEC ORCHEF.

GROS-BEC BENGALI AMANDAVA. *V.* GROS-BEC AMANDAVA.

GROS-BEC BENGALI BRUN. *V.* GROS-BEC AMANDAVA, jeune.

GROS-BEC BENGALI CENDRÉ. *V.* GROS-BEC CENDRÉ.

GROS-BEC BENGALI CHANTEUR. *V.* GROS-BEC CHANTEUR.

GROS-BEC BENGALI A COU BRUN. *V.* GROS-BEC A COU BRUN.

GROS-BEC BENGALI ENFLAMMÉ. *V.* GROS-BEC ENFLAMMÉ.

GROS-BEC BENGALI GRIS-BLEU. *V.* GROS-BEC GRIS-BLEU.

GROS-BEC BENGALI IMPÉRIAL. *V.* GROS-BEC IMPÉRIAL.

GROS-BEC BENGALI A JOUES ORANGÉES. *V.* GROS-BEC A JOUES ORANGÉES.

GROS-BEC BENGALI MARIPOSA. *V.* GROS-BEC MARIPOSA.

GROS-BEC BENGALI MOUCHETÉ. *V.* GROS-BEC MOUCHETÉ.

GROS-BEC BENGALI A OREILLES BLANCHES. *V.* GROS-BEC A OREILLES BLANCHES.

GROS-BEC BENGALI PERREIN. *V.* GROS-BEC PERREIN.

GROS-BEC BENGALI PIQUETÉ. *V.* GROS-BEC PIQUETÉ.

GROS-BEC BENGALI A TÊTE D'AZUR. *V.* GROS-BEC A TÊTE D'AZUR.

GROS-BEC BENGALI TIGRÉ. *V.* GROS-BEC TIGRÉ.

GROS-BEC BENGALI VERT. *V.* GROS-BEC VERT A VENTRE ROUGEATRE.

GROS-BEC BLEU, *Emberiza Cyanea*, Lath., *Passerina Cyanea*, Vieill. Tout le plumage varié de brun, de noirâtre, de cendré et de verdâtre, avec du bleu sur la poitrine et à l'extérieur des rémiges. En plumage d'amour, le mâle est d'un bleu d'outremer qui prend une nuance verdâtre sous le corps ; il a les ailes et la queue noires avec chaque plume bordée de bleu verdâtre. Taille, quatre pouces. De l'Amérique septentrionale.

GROS-BEC BLEU D'ACIER. *V.* GROS-BEC TARIN BLEU D'ACIER.

GROS-BEC BLEU D'AMÉRIQUE. *V.* BOUVREUIL BLEU A GORGE BLANCHE.

GROS-BEC BLEU D'ANGOLA. *V.* GROS-BEC AZULAM.

GROS-BEC BLEU DE CAYENNE, *Tanagra cœrulea*, Lath. Plumage bleu ; bec noir ; pieds d'un bleu violet. Taille, cinq pouces.

GROS-BEC BLEU DU CHILI, *Fringilla diuca*, Lath. Tout le plumage bleu avec la gorge blanche. Taille, quatre pouces et demi.

GROS-BEC BLEU DES ETATS-UNIS, *Loxia cœrulea*, Lath. Tout le plumage bleu avec l'origine des plumes noire ; rémiges et rectrices noirâtres,

frangées de bleu ; bec noir ; pieds bruns. Taille, six pouces. Les jeunes ont le plumage varié de gris bleuâtre et de brun.

GROS-BEC DE BOLOGNE, *Fringilla Boloniensis*, Gmel. *V.* GROS-BEC SOULCIE.

GROS-BEC DE BOLOGNE A QUEUE BLANCHE, *Fringilla leucura*, Lath. Variété du Gros-Bec Soulcie.

GROS-BEC BONAM, *Fringilla Jamaica*, Lath. Parties supérieures d'un bleu obscur, les inférieures d'un bleu plus clair avec le ventre varié de jaune ; tectrices alaires, rémiges et rectrices d'un bleu verdâtre ; bec et pieds noirs. Taille, quatre pouces.

GROS-BEC BONJOUR COMMANDEUR. *V.* BRUANT DU CAP.

GROS-BEC BORÉAL. *V.* GROS-BEC SIZERIN.

GROS-BEC BORÉAL. *V.* BRUANT BORÉAL.

GROS-BEC BOUVERET, *Loxia aurantia*, Lath., Buff., pl. enl. 204. Tout le plumage orangé à l'exception de la tête, des ailes et de la queue qui sont noires ; bec brun ; pieds rougeâtres. Taille, quatre pouces et demi. La femelle a les parties inférieures blanches. D'Afrique.

GROS-BEC DU BRÉSIL. *V.* GROS-BEC GRIVELIN.

GROS-BEC DES BROUSSAILLES, *Passerina dumetorum*, Vieill. Parties supérieures brunâtres, tachetées de noir ; un trait blanc au-dessus de l'œil ; rémiges et rectrices noirâtres ; parties inférieures cendrées, avec le ventre blanc et les flancs roux ; bec et pieds bruns. Taille, cinq pouces. Amérique septentrionale.

GROS-BEC BRUN, *Fringilla flavirostris*, Lath. *V.* GROS-BEC SIZERIN.

GROS-BEC BRUN, *Fringilla atra*, L., *Fringilla obscura*, Lath. Plumage d'un brun noirâtre, plus clair sur la poitrine et le croupion ainsi qu'à la frange des plumes ; bec cendré ; pieds brunâtres. Taille, quatre pouces. Patrie inconnue.

GROS-BEC BRUNOIR, *Loxia bicolor*, Lath. Parties supérieures d'un brun foncé, avec le bord de chaque plume d'un brun roux ; parties inférieures d'un rouge orangé ; bec blanc ; pieds bruns. Taille, trois pouces un quart. De l'Inde.

Gros-Bec Cabaret, *Limaria rufescens*, Vieill. *V*. Gros-Bec Sizerin.

Gros-Bec Cafre, *Loxia Cafra*, Lath. Tout le plumage cendré. En robe d'amour, le mâle est d'un beau-noir soyeux, à l'exception des ailes qui sont blanches avec une tache rouge foncé, et des rémiges qui sont brunes, bordées de blanc ; bec et pieds cendrés. Taille, six pouces.

Gros-Bec du Canada. *V*. Bouvreuil dur-bec.

Gros-Bec du cap de Bonne-Espérance, *Loxia sulfurata*, Lath. Parties supérieures, poitrine et jambes d'un vert d'olive ; les inférieures, la gorge et un trait oculaire jaunes ; rémiges et rectrices brunes, bordées de vert ; bec et pieds bruns. Taille, six pouces.

Gros-Bec du Cap, *Emberiza Capensis*, Lath *V*. Bruant du Cap.

Gros-Bec Capi, *Fringilla erythronotos*, Temm. Parties supérieures d'un vert olive ; joues et gorge noires ; tête grise ; croupion rouge ; parties inférieures d'un blanc grisâtre ; mandibule supérieure noire ; pieds bruns. Taille, quatre pouces. D'Afrique.

Gros-Bec Capi a fraise, *Fringilla ornata*, Temm. *V*. Gros-Bec Élégant.

Gros-Bec Cardeline, *Fringilla erythrocephala*, Lath., Vieill., Ois. ch., pl. 28. Parties supérieures brunes, variées de verdâtre ; tête et croupion d'un rouge vif ainsi que le devant du cou et la gorge ; un trait noir sur l'œil ; rémiges et rectrices brunes terminées de vert. Taille, quatre pouces et demi. De l'Ile-de-France.

Gros-Bec Cardinal huppé, *Loxia Cardinalis*. Plumage rouge, plus foncé sur les ailes et la queue ; une huppe sur la nuque ; tour du bec et menton noirs ; bec et pieds rougeâtres. Taille, six pouces et demi. La femelle a les couleurs moins vives ;

les jeunes sont nuancés de brun verdâtre. Amérique septentrionale.

Gros-Bec de la Caroline, *Fringilla Carolinensis*, Lath., Buff., pl. enl. 181, f. 2. Parties supérieures brunes, rayées de noirâtre ; front noir ; côtés, devant du cou et croupion rouges ; rémiges noires ; rectrices brunes, bordées de roux ; parties inférieures noires avec les flancs rougeâtres ; poitrine fauve avec une bande noire. Taille, cinq pouces.

Gros-Bec de Carthagène, *Fringilla Carthaginensis*, Lath. Parties supérieures cendrées, tachetées de brun et de jaune ; les inférieures jaunâtres ; bec et pieds brunâtres. Taille, cinq pouces. Amérique méridionale.

Gros-Bec Catotol, *Fringilla Cacatototl*, Lath. Parties supérieures variées de roussâtre et de brun ; les inférieures blanchâtres ; bec et pieds cendrés. Taille, quatre pouces. Du Mexique.

Gros-Bec du Caucase, *Loxia rubicilla*, Lath. Parties supérieures d'un rouge foncé, ainsi que le devant du cou et la poitrine, parsemés de taches triangulaires blanches ; parties inférieures rosées, ondées de blanchâtre ; tectrices alaires et rémiges brunes, bordées de rose. Taille, sept pouces et demi.

Gros-Bec de Cayenne. *V*. Bouvreuil Flavert.

Gros-Bec cendré, *Loxia cinerea*, Lath. Parties supérieures d'un brun-cendré ; les inférieures blanchâtres ; une sorte de huppe sur la nuque ; rectrices noires, bordées de blanc ; bec blanchâtre ; pieds rouges. Taille, sept pouces. De Java.

Gros-Bec cendré de la Chine. *V*. Gros-Bec Padda.

Gros-Bec cendré aux oreilles noires, *Fringilla nitida*, Lath. Parties supérieures grisâtres ; une bande oculaire noire qui descend sur les oreilles ; rémiges d'un brun-roux ; parties inférieures blanchâtres, lavées de jaune sur les flancs ; bec rougeâtre ; pieds jaunes. Taille, cinq pouces. Nouvelle-Hollande.

Gros-Bec cendré du Sénégal, *Fringilla cinerea*, Vieill., Ois. ch., pl. 6. Parties supérieures cendrées, avec les ailes, le croupion et la queue plus obscurs ; parties inférieures grises, lavées de rougeâtre sur la poitrine ; de fines raies noires sur tout le corps ; bec, sourcils et pieds rouges. Taille, quatre pouces.

Gros-Bec de Ceylan, *Fringilla Zeylonica*, Lath. Parties supérieures jaunes, avec le dos verdâtre ; tête noire, ainsi que les rémiges et les rectrices ; parties inférieures blanches ; bec et pieds noirs. Taille, quatre pouces.

Gros-Bec changeant, *Coccothraustes mutans*, Vieill. Parties supérieures noirâtres, variées de brun et de blanc ; les inférieures blanchâtres ; ces nuances sont très-sujettes à varier, l'on trouve des individus presque noirs et d'autres chargés de beaucoup plus de blanc ; bec et pieds noirâtres. Taille, quatre pouces. Amérique méridionale.

Gros-Bec chanteur, *Loxia canora*, Lath. Parties supérieures d'un vert cendré ; les inférieures cendrées ; joues brunes, bordées par un trait jaune qui descend sur la gorge ; bec noirâtre ; pieds blanchâtres. Taille, quatre pouces et demi.

Gros-Bec chanteur du Sénégal, *Fringilla musica*, Vieill., Ois. ch., pl. 11. Parties supérieures grisâtres, avec un trait brun longitudinal sur chaque plume ; tête, dos, poitrine et ventre d'une teinte plus foncée ; rémiges et rectrices brunes. Taille, quatre pouces.

Gros-Bec chapeau roux, *Fringilla ruticapilla*, Lath. Parties supérieures noires ; les inférieures cendrées ; sommet de la tête et nuque roux, bordés de noir ; front et joues blanchâtres, tiquetés de noir ; rectrices d'un brun noirâtre ; pieds bruns. Taille, cinq pouces. Patrie inconnue.

Gros-Bec chardonneret, *Fringilla Carduelis*, L., Buff., pl. enlum. 4, fig. 1. Parties supérieures brunes ; front et gorge cramoisis ; joues, devant du cou et parties inférieures, d'un blanc pur ; moitié supérieure de l'aile jaune, le reste noir tacheté de blanc ; queue noire, terminée de blanc ; tour du bec, occiput et nuque noirs ; bec blanchâtre. Taille, cinq pouces et demi. La femelle et les jeunes ont les couleurs ternes. D'Europe.

Gros-Bec chardonneret d'Amérique. *V.* Gros-Bec jaune.

Gros-Bec chardonneret du Canada. *V.* Gros-Bec jaune.

Gros-Bec chardonneret écarlate. *V.* Gros-Bec écarlate.

Gros-Bec chardonneret a face rouge. *V.* Gros-Bec a face rouge.

Gros-Bec chardonneret jaune. *V.* Gros-Bec jaune.

Gros-Bec chardonneret Olivarez. *V.* Gros-Bec Olivarez.

Gros-Bec chardonneret Perroquet. *V.* Psittacin Acalauthe.

Gros-Bec chardonneret a quatre raies ou de Suède. *V.* Gros-Bec d'Ardennes, femelle.

Gros-Bec chardonneret vert. *V.* Gros-Bec vert.

Gros-Bec de la Chine, *Fringilla asiatica*, Lath., *Fringilla Sinensis*, Gmel. Parties supérieures d'un vert olive ; les inférieures petites ; tectrices alaires et caudales, jaunes ; deux bandes noires sur les ailes ; tête, bec et pieds noirs. Taille, cinq pouces.

Gros-Bec de la Chine (Son.). *V.* Gros-Bec Mélanure.

Gros-Bec Chipiu, Azzara. Parties supérieures brunes, variées de jaune ; les inférieures d'un jaune foncé, avec une tache blanche sur le ventre ; sommet de la tête noirâtre, varié de jaune ; trait oculaire jaune ; rectrices noirâtres ; bec cendré ; pieds verdâtres. Taille, cinq pouces. Amérique méridionale.

Gros-Bec Chipiu balanceur. *V.* Gros-Bec balanceur.

Gros-Bec Chipiu Manicubé. *V.* Gros-Bec Manicubé.

Gros-Bec Chipiu a oreilles noires. *V.* Gros-Bec a oreilles noires.

Gros-Bec Chipiu a tête rayée. *V.* Gros-Bec a tête rayée.

Gros-Bec chrysoptère, *Fringilla chrysoptera*, Viell., Ois. ch., pl. 41. Tout le plumage brun, tacheté de gris, de roux et de blanc; en robe d'amour, le mâle est d'un beau noir velouté, avec le dos et la partie antérieure de l'aile d'un jaune d'or; les plumes de la tête ont une structure particulière, et les deux rectrices intermédiaires dépassent les autres de deux pouces. Taille, sept à neuf pouces. D'Afrique.

Gros-Bec Cini, *Fringilla Serinus*, L., Buff., pl. enl. 658, fig. 1. Parties supérieures olivâtres, nuancées de gris et tachetées de noirâtre; front, tour des yeux, joues et sourcils d'un jaune verdâtre; une bande olive sur les côtés du cou; croupion et poitrine jaunes, ondés de cendré; deux bandes d'un jaune verdâtre sur les ailes: parties inférieures d'un blanc jaunâtre, avec quelques traits bruns sur les flancs. Taille, quatre pouces et demi. D'Europe.

Gros-Bec Cisalpin, *Fringilla Cisalpina*, Temm. Parties supérieures variées de cendré, de brun et de noirâtre; les inférieures grisâtres; sommet de la tête, nuque et cou d'un brun marron vif; joues blanches; bec noir; pieds cendrés. La femelle a les couleurs moins vives; le sommet de la tête et la nuque d'un brun cendré clair. Taille, cinq pouces. D'Europe.

Gros-Bec a collier, *Coccothraustes collaris*, Vieill. Parties supérieures d'un cendré bleuâtre; ailes et queue brunes; trait oculaire et menton noirs; gorge blanche, avec un collier blanc au-dessus de la poitrine qui est cendrée; parties inférieures blanchâtres; bec jaune; pieds cendrés. Taille, quatre pouces et demi. Amérique méridionale.

Gros-Bec a collier noir, *Passerina collaris*, Vieill. *V.* Bruant a collier.

Gros-Bec a collier d'or, *Fringilla Paradisea*, V., *Emberiza Paradisea*, Lath., Buff., pl. enlum. 194,

fig. 1 et 2, Vieill., Ois ch., pl. 57. Parties supérieures d'un brun orangé, tacheté de noirâtre; rémiges et rectrices brunes; tête variée de blanc et de noir; parties inférieures blanchâtres. Taille, cinq pouces. Dans le plumage d'amour, le mâle a la tête, le devant du cou et toutes les parties supérieures d'un beau noir; un large collier et la poitrine d'un jaune d'or foncé; l'abdomen blanchâtre; les deux rectrices intermédiaires sont extrêmement longues, relevées à leur base, ensuite recourbées et moirées dans toute leur longueur, qui est garnie de distance à autre de filamens ou appendices déliés. Deux autres rectrices ont une position respectivement verticale, et sont cannelées dans leur surface. D'Afrique.

Gros-Bec Combasou, *Fringilla nitens*, L., *Fringilla ultramarina*, Lath., Buff., pl. enl. 291. Parties supérieures d'un brun noirâtre, avec le bord des plumes cendré; les inférieures grisâtres; trois bandes d'un brun noirâtre sur la tête; rémiges et rectrices noirâtres bordées de gris. Plumage d'amour du mâle entièrement d'un noir luisant à reflets bleus; bec et pieds rougeâtres. Taille, quatre pouces. D'Afrique.

Gros-Bec commun, *Loxia Coccothraustes*, Gmel., Buff., pl. enl. 99 et 100. Parties supérieures d'un brun foncé; tête et joues fauves; tour du bec noir, ainsi que la gorge; un collier cendré; une tache blanche sur l'aile; rectrices blanches, avec les barbes extérieures noirâtres; parties inférieures d'un roux vineux; bec et pieds cendrés. Taille, sept pouces. Les jeunes ont la gorge jaune; la tête d'un gris jaunâtre; les parties inférieures blanchâtres. D'Europe.

Gros-Bec de Coromandel, *Loxia Capensis*, Lath., Buff., pl. enl. 101, f. 1 et 659. Parties supérieures brunes, variées de gris et de noirâtre; les inférieures, ainsi que les côtés de la tête, et les tectrices caudales d'un blanc sale; rémiges et rectrices noires; tectrices alaires et croupion jaunes.

Taille, six pouces. Le plumage d'amour du mâle est d'un noir soyeux, avec les scapulaires, le croupion, le bord des tectrices et des rémiges d'un brun jaune doré.

GROS-BEC A COU BRUN, *Fringilla fuscicollis*, Lath. Parties supérieures cendrées avec les ailes noirâtres; sommet de la tête, croupion et ventre verts; trait oculaire blanc; gorge d'un fauve roussâtre plus foncé sur la poitrine; rectrices jaunes à l'origine, noires à l'extrémité; bec rouge; pieds jaunes. Taille, quatre pouces. De la Chine.

GROS-BEC A COU NOIR. *V.* BRUANT A COU NOIR.

GROS-BEC COULEUR DE BRIQUE, *Fringilla testacea*, Lath. Parties supérieures d'un brun rougeâtre, nuancé de noir; parties inférieures fauves; rémiges et rectrices brunes; bec rouge; pieds rougeâtres. Taille, cinq pouces et demi. Espèce douteuse. Patrie inconnue.

GROS-BEC COULEUR D'OCRE, *Fringilla ochracea*, Lath. Variété du Gros-Bec Moineau.

GROS-BEC COURONNÉ DE NOIR. *V.* BRUANT COURONNÉ DE NOIR.

GROS-BEC A COURONNE BLEUE, *Fringilla cyanocephala*, Lath. Parties supérieures d'un brun rougeâtre; sommet de la tête et croupion bleus; parties inférieures jaunes, avec l'abdomen blanc; rémiges et rectrices noires; bec noirâtre, bordé de rouge; pieds brunâtres. Taille, sept pouces. D'Afrique.

GROS-BEC A CROISSANT, *Fringilla arcuata*, Lath., Buff., pl. enl. 250, f. 1. Parties supérieures d'un brun marron; tête, gorge et devant du cou noirs; un croissant blanc allant de l'œil jusque sous le cou; tectrices alaires noirâtres, terminées de blanc; rémiges et rectrices brunes, bordées de cendré. Taille, six pouces. D'Afrique.

GROS-BEC A CROISSANT NOIR ET JAUNE, *Fringilla torquata*. Parties supérieures rougeâtres avec le croupion d'un bleu pâle; ailes noires avec une tache blanche vers l'extrémité qui est bleuâtre; parties inférieures jaunâtres; un croissant noir bordé de jaune sur le cou; rectrices noires ainsi que le bec et les pieds. Taille, six pouces. Des Indes.

GROS-BEC A CROUPION VERT, *Fringilla multicolor*, Lath. Parties supérieures noires; les inférieures, les joues et la gorge jaunes; ailes noires, marquées d'une tache blanche; partie inférieure du dos et jambes vertes; bec et pieds bleuâtres. Taille, six pouces. Des Indes.

GROS-BEC A CROUPION JAUNE, *Loxia hordacea*, Lath. Parties supérieures fauves, avec les tempes blanches; scapulaires, jambes et parties inférieures cendrées; le reste du plumage noir. Taille, six pouces. De l'Inde.

GROS-BEC CUSCHISCH, *Emberiza leucophrys*, Lath. Parties supérieures d'un brun ferrugineux, varié de noir, avec le croupion jaunâtre; sommet de la tête blanc bordé de noir; deux traits blancs de chaque côté de l'œil; gorge, cou et poitrine cendrés; parties inférieures blanches; rémiges et rectrices d'un brun noirâtre. Taille, six pouces. Amérique septentrionale.

GROS-BEC DE DATTE, *Fringilla capsa*, Lath. Parties supérieures d'un gris rougeâtre; les inférieures grises, avec quelques reflets rouges sur la poitrine; partie antérieure de la tête et gorge blanches; tectrices alaires, rémiges et rectrices noires; bec épais à sa base qui est garnie de moustaches, noir en dessus, jaunâtre en dessous; pieds jaunes. Taille, quatre pouces et demi. De Barbarie.

GROS-BEC DATTIER. *V.* GROS-BEC DE DATTE.

GROS-BEC DANBIK. *V.* GROS-BEC ROUGE.

GROS-BEC DEMI-FIN NOIR ET BLEU, *Fringilla cyanomelas*, Lath. Plumage d'un bleu irisé, à l'exception de la partie antérieure du dos, de la base des ailes, d'un demi-cercle sur le cou et de la gorge qui sont noirs; bec assez fin, brun ainsi que les pieds. Taille, quatre pouces. De l'Inde.

GROS-BEC A DEUX BRINS, *Fringilla*

superstitiosa, Temm. Parties supérieures noires; trois lignes blanches sur la tête; deux bandes transversales sur les ailes et la moitié des rectrices extérieures blanches; rectrices intermédiaires étroites, blanches, avec les tiges et les bords noirs, dépassant les autres des deux tiers; parties inférieures et gorge blanches, avec une ceinture noire sur la poitrine. Taille, neuf pouces. D'Afrique.

Gros-Bec Dioch, *Fringilla quelea*, Vieill., Ois. ch., pl. 22 à 23. Parties supérieures d'un roux brunâtre, pointillé de noir vers la nuque; les inférieures d'un brun jaunâtre; joues et menton noirs; rémiges et rectrices brunes, bordées de roux; bec et pieds rouges. Taille, quatre pouces et demi. La femelle a les parties supérieures d'un cendré roussâtre; la tête et le cou blanchâtres; les parties inférieures d'un fauve blanchâtre, presque roux vers les flancs. D'Afrique.

Gros-Bec Dioch rose. Paraît être une variété du précédent dont le sommet de la tête, la nuque, la gorge et toutes les parties inférieures seraient d'un rouge rose très-vif. Il a en outre le bec et les pieds cramoisis.

Gros-Bec Diura, *Fringilla Diura*, Lath. *V*. Gros-Bec bleu.

Gros-Bec Dominicain, *Fringilla serena*, Vieill., Ois. ch., pl. 36. Tout le plumage brun avec des mouchetures noirâtres sur la tête, le cou et le dos. En plumage d'amour, le mâle est d'un noir brillant, à l'exception du collier, des petites tectrices alaires, de la gorge, des côtés du cou et de toutes les parties inférieures qui sont d'un blanc plus ou moins pur; bec rouge; pieds noirs; rectrices intermédiaires presque réunies aux deux les plus voisines, dépassant les autres de sept à huit pouces. Longueur totale, douze pouces. D'Afrique.

Gros-Bec Domino, *Loxia punctularia*, Lath. Parties supérieures d'un brun marron, rémiges et rectrices d'un brun foncé, de même que la gorge; parties inférieures blanchâtres avec des taches d'un blanc pur entouré d'un liséré noirâtre, et traversées par un trait brun; abdomen blanc; bec et pieds bruns. Taille, quatre pouces. Des Indes.

Gros-Bec a dos doré, *Loxia aurea*, Lath. Parties supérieures d'un jaune doré; tête et cou noirs; tectrices alaires brunes tachetées de noir; parties inférieures noirâtres; bec noir; pieds bleus. Taille, cinq pouces et demi. De l'Inde.

Gros-Bec a dos rouge, *Loxia bella*, Lath., Vieill., Ois. ch., pl. 56. Parties supérieures d'un gris cendré foncé, les inférieures d'une teinte plus pâle, toutes finement rayées de noir; bec, croupion et tectrices caudales inférieures d'un beau rouge; pieds bruns. Taille, un peu plus de trois pouces. De l'Océanie.

Gros-Bec a double collier, *Fringilla indica*, Lath. Parties supérieures noirâtres avec les plumes bordées de roux; les inférieures d'un blanc roussâtre; tête noire; gorge blanche; un double collier, dont les couleurs font opposition à celles du cou. Taille, cinq pouces. De l'Inde.

Gros-Bec Dufresne, *Fringilla Dufresni*, Vieill. Parties supérieures d'un vert-olive foncé; tête et nuque d'un cendré foncé; rémiges noirâtres; rectrices noires; parties inférieures grises avec une tache rouge sur le milieu du ventre; menton noir avec quatre taches blanchâtres; bec noir, jaune en dessous; pieds bruns. Taille, quatre pouces. D'Afrique.

Gros-Bec écarlate, *Fringilla coccinea*, Lath., Vieill., Ois. ch., pl. 51. Tout le plumage d'un rouge orangé, à l'exception des barbes internes des rémiges et des rectrices qui sont noirâtres; bec fauve; pieds noirs. Taille, cinq pouces. De l'Océanie.

Gros-Bec élégant, *Fringilla ornata*, P. Max., Tem., pl. color 208. Parties supérieures cendrées; rémiges noires, ainsi que le sommet de la tête, la gorge, la poitrine et le milieu du ventre; joues blanches; côtés de la poitrine et flancs d'un jaune roussâtre; rectrices noires, blanches à la base; nuque ornée de longues plumes que l'Oiseau relève à volonté. Taille, quatre pouces. La femelle a la tête brune et les parties inférieures d'un roux blanchâtre. Du Brésil.

GROS-BEC ENFLAMMÉ, *Fringilla ignita*, Lath. Parties supérieures d'un rouge brun éclatant, les inférieures d'un rouge sombre; rémiges et rectrices noirâtres; bec noirâtre, jaune à sa base; pieds rougeâtres. Taille, quatre pouces. D'Afrique.

GROS-BEC A ÉPAULETTES, *Emberiza longicauda*, Lath., Vieill., Ois. ch., pl. 39 et 40. Parties supérieures d'un brun noirâtre, avec le bord des plumes roussâtre; parties inférieures d'une teinte plus pâle; rémiges et rectrices brunes, bordées de blanchâtre. Le mâle, en robe d'amour, est d'un noir velouté avec la partie antérieure de l'épaule rouge, bordée de blanc; il a les rémiges bordées de brunâtre; plus, un appendice aux rectrices, composé de six plumes étagées, très-allongées, s'élevant verticalement et se recourbant ensuite en arrière. Taille, dix-neuf à vingt pouces; la longueur ordinaire est de six pouces. D'Afrique.

GROS-BEC ERYTHROMÈLE, *Loxia erythromelas*, Lath. *V*. BOUVREUIL A TÊTE NOIRE.

GROS-BEC D'ESCLAVONIE, *Fringilla domestica*, Lath. Espèce douteuse qui paraît n'être qu'une des nombreuses variétés du Bruant de neige. *V*. BRUANT.

GROS-BEC ESPAGNOL, *Fringilla hispaniolensis*, Temm. Parties supérieures noires, avec les plumes bordées de roux; sommet de la tête et nuque d'un roux brun; parties inférieures, ceinturon sur la poitrine, gorge, joues et sourcils noirs; milieu du ventre et de la poitrine blanchâtre; bec et pieds cendrés. Taille, cinq pouces.

GROS-BEC DES ÉTATS-UNIS, *Loxia cærulea*, Lath., Wils., pl. 24, n° 6. *V*. GROS-BEC BLEU DES ÉTATS-UNIS.

GROS-BEC ÉTEINT, *Emberiza psittacea*, Lath. Tout le plumage d'un brun cendré, à l'exception du tour du bec qui est rouge, des ailes et de l'extrémité de la queue, qui sont d'un rouge varié de brun pâle; rectrices intermédiaires dépassant les autres des deux tiers. Taille, neuf à douze pouces. Espèce douteuse. D'Afrique.

GROS-BEC A FACE ROUGE, *Fringilla afra*, Lath. Plumage vert foncé; côtés de la tête d'un rouge cramoisi; rémiges noirâtres bordées de fauve; rectrices d'un rouge terne; pieds jaunâtres. Taille, cinq pouces. D'Afrique.

GROS-BEC FASCIÉ, *Loxia fasciata*, L., Vieill., Ois. ch., pl. 58. Parties supérieures brunes, ondées de noir; une bande rouge sur la gorge et les joues; parties inférieures roussâtres, rayées de noir; milieu du ventre brun; rectrices noirâtres; bec bleuâtre; pieds rougeâtres. Taille, quatre pouces et demi. Du Sénégal.

GROS-BEC FERRUGINEUX, *Loxia ferruginea*, L. Parties supérieures noirâtres, avec le bord des plumes jaune; tête et gorge d'un brun foncé; parties inférieures rousses d'une teinte plus foncée sur la poitrine; bec et pieds cendrés. Taille, cinq pouces et demi. Patrie inconnue.

GROS-BEC EN FEU, *Fringilla Panayensis*, Vieill., Buff., pl. enl. 647. Tout le plumage noir, à l'exception d'une large plaque d'un rouge vif sur la poitrine; les quatre rectrices intermédiaires dépassant de beaucoup les autres et se terminant en pointe. Taille, douze pouces. De l'île Panay.

GROS-BEC FLAVERT, *Loxia Canadensis*, L., Buff.; pl. enl. 152, f. 2. *V*. BOUVREUIL FLAVERT.

GROS-BEC FLUTEUR. *V*. GROS-BEC GRIS FLUTEUR.

GROS-BEC FOU, *Fringilla stulta*, Gmel. *V*. GROS-BEC SOULCIE.

GROS-BEC FOUDI, *Loxia Madagascariensis*, Lath., Vieil., Ois. ch., pl. 65. Parties supérieures brunes variées de roux et de noirâtre; trait oculaire noir; tête, cou, croupion, gorge et parties inférieures rouges; rémiges noirâtres bordées de blanc jaunâtre; rectrices brunes bordées de rouge; bec noir; pieds rougeâtres.

Taille, quatre pouces et demi. De l'Ile-de-France. On assure que la femelle est d'un vert olive, avec les parties inférieures jaunâtres.

Gros-Bec Friquet, *Fringilla montana*, L., Buff., pl. enl. 267. Parties supérieures noirâtres, variées de brun et de marron; sommet de la tête et occiput d'un rouge bai; joues, trait oculaire, oreilles, gorge et parties du cou noirs: tempes et collier blancs; deux bandes blanches sur les ailes; parties inférieures blanchâtres, cendrées sur la poitrine. Taille, cinq pouces. D'Europe. Nous avons reçu de Java des individus absolument semblables à ceux de nos contrées.

Gros-Bec Friquet huppé, *Fringilla cristata*, L., Buff., pl. enl. 181. Parties supérieures brunes; une huppe d'un rouge vif; gorge, devant du cou et parties inférieures d'un rouge terne; bec rougeâtre; pieds jaunâtres. Taille, quatre pouces et demi. Amérique méridionale.

Gros-Bec frisé, *Fringilla crispa*, Lath. Parties supérieures d'un brun olivâtre, les inférieures jaunâtres; tête et cou noirs; bec blanc; pieds bruns. Taille, cinq pouces et demi. Du Brésil.

Gros-Bec front jaune, *Loxia butyracea*, Vieill. Parties supérieures vertes, tachetées de noir, les inférieures jaunes, tachetées de vert; rémiges et rectrices noires; la femelle a les sourcils et les tempes jaunes, et les taches du dos olivâtres; bec et pieds noirs. Taille, quatre pouces et demi. Du Cap.

Gros-Bec front pointillé, *Loxia frontalis*, Lath., Vieil., Ois. ch., pl. 16. Parties supérieures variées de gris et de brun; gorge et parties inférieures blanches, avec les flancs cendrés; front et moustaches noirs pointillés de blanc; sommet de la tête et nuque orangés; sinciput tacheté de noir; bec blanc; pieds fauves. La femelle a le sommet de la tête roux, les parties supérieures variées de blanc, et les inférieures toutes blanches. Taille, quatre pouces et demi. D'Afrique.

Gros-Bec de Gambie. *V*. Gros-Bec mélanocéphale.

Gros-Bec a gorge et bec jaunes, *Fringilla Surinama*, Lath. Parties supérieures cendrées, les inférieures blanches; rémiges noires bordées de blanc; rectrices noirâtres, terminées de blanc; bec et gorge jaunes; pieds cendrés. Taille, cinq pouces. Amérique méridionale.

Gros-Bec a gorge blanche, *Fringilla Pensylvanica*, Lath. Parties supérieures brunâtres, tachetées de noir; de chaque côté de la tête une tache jaune, qui s'étend au-dessus de l'œil et s'avance en blanchissant sur l'occiput; trois raies sur l'occiput, l'intermédiaire blanche, les deux latérales noires; gorge blanche; parties inférieures d'un cendré blanchâtre sur le ventre, avec les flancs roux; bec brun; pieds jaunâtres. Taille, cinq pouces et demi. Amérique septentrionale.

Gros-Bec a gorge blanche, *Loxia grossa*, Lath. *V*. Bouvreuil bleu a gorge noire, *Fringilla atricollis*, Vieill. Parties supérieures d'un cendré foncé; front, joues et gorge noirs; parties inférieures blanchâtres, rayées de noir; bec noir en dessus, rouge en dessous; pieds cendrés. Taille, trois pouces un quart. Du Sénégal.

Gros-Bec a gorge orangée. *V*. Bouvreuil a gorge orangée.

Gros-Bec a gorge rousse. *V*. Gros-Bec de montagne.

Gros-Bec Grenadin, *Fringilla granatica*, Lath., Vieill., Ois. ch., pl. 17 à 18. Parties supérieures d'un brun jaunâtre, avec le croupion d'un bleu violet; côtés de la tête bleus avec les joues brunes; menton noir; gorge d'un brun verdâtre; rémiges brunes; rectrices noires; parties inférieures d'un bleu violet; bec et aréole des yeux rouges; pieds rougeâtres. Taille, cinq pouces. La femelle a les parties supérieures brunes; les côtés de la tête d'un violet pâle et les parties inférieures d'un fauve blanchâtre. D'Afrique.

Gros-Bec Grivelin, *Coccothraus-*

tes erythrocephala, Vieill. , Ois. ch. , pl. 49. Parties supérieures d'un brun clair , avec les tectrices alaires terminées par des taches jaunâtres ; tête et gorge rouges ; devant du cou et poitrine jaunâtres, avec des lunules brunes ; parties inférieures blanchâtres, avec les plumes rayées de noir. Taille , cinq pouces. D'Afrique.

GROS-BEC GRIVELIN A CRAVATE , *Loxia collaris*, Var. , Lath. , Buff. , pl. enl. 659. Parties supérieures brunâtres ; les inférieures roussâtres, rayées de noir ; un collier et une bande sur la poitrine d'un blanc pur. Taille, quatre pouces. D'Afrique.

GROS-BEC GRIS, *Fringilla grisea*, Vieill. Parties supérieures brunes , avec l'extrémité de quelques tectrices blanche ; tête et dessus du cou cendrés ; gorge et parties inférieures blanchâtres ; bec noir ; pieds cendrés ; queue fourchue. Taille, cinq pouces. Amérique septentrionale.

GROS-BEC GRIS ALBIN , *Loxia grisea*, Lath. , Buff. , pl. enl. 393 , f. 1. Plumage gris avec la tête et le cou blancs ; bec noir ; pieds rougeâtres. Taille, quatre pouces. Amérique septentrionale.

GROS-BEC GRIS BLEU , *Fringilla cœrulescens* , Vieill. , Ois. ch. , pl. 8. Tout le plumage d'un gris bleuâtre, avec le croupion et les tectrices caudales rouges ; trait oculaire noir ; gorge blanche ; abdomen noirâtre ; rectrices d'un rouge brun ; bec rouge ; pieds bruns. Taille, quatre pouces. Des Indes.

GROS-BEC GRIS BRUN , *Loxia Javensis* ; Lath. Parties supérieures brunâtres ; sommet de la tête noir ; parties inférieures d'un brun grisâtre, avec le ventre blanc ; rémiges et rectrices noires ; pieds jaunes. Taille, cinq pouces. Des Moluques.

GROS-BEC GRIS FLUTEUR, *Loxia cantans*, Lath. Parties supérieures brunâtres, rayées de noir ; sommet de la tête et nuque d'un gris brun, avec des plumes bordées de blanchâtre ; croupion et tectrices noirs ; parties inférieures cendrées , avec les côtés du cou et la poitrine nuancés de roux ;

bec violâtre ; pieds bleuâtres. Taille , quatre pouces et demi. D'Afrique.

GROS-BEC GRIS DE FER , *Loxia cana* , Lath. Parties supérieures d'un gris bleuâtre ; les inférieures blanchâtres ; rémiges et rectrices noires ; bec cendré ; pieds rougeâtres. Taille, cinq pouces. D'Asie.

GROS-BEC GUIRNEGAT , *Emberiza Brasiliensis*, Lath., Buff., pl. enl. 321, f. 1. Parties supérieures brunes , variées de jaunâtre ; sommet de la tête , les côtés et toutes les parties inférieures d'un jaune doré ; bec brun ; pieds verdâtres. Taille, cinq pouces. La femelle a les côtés de la tête bruns, avec une raie blanchâtre ; les parties inférieures blanchâtres, tachetées de brun sur la gorge et la poitrine. Du Brésil. Cette espèce appartient peut-être au genre Bruant.

GROS-BEC GYNTEL ou GENTYL , *Fringilla Argentoratensis* , Gmel. Variété du Gros-Bec Linotte.

GROS-BEC HABESCH DE SYRIE , *Fringilla Syriaca*, Lath. Parties supérieures variées de jaune, de brun et de noirâtre ; sommet de la tête rouge ; gorge , joues et dessus du cou noirâtres ; rémiges et rectrices cendrées , frangées de jaune orangé ; parties inférieures blanchâtres , tachetées ; bec et pieds cendrés. Taille, cinq pouces. D'Asie.

GROS BEC HÆMATINE , *Loxia Hœmatina*, Vieill., Ois. ch., pl. 67. Parties supérieures, tête , cou et milieu du ventre noirs ; les inférieures rouges. Taille, cinq pouces et demi. D'Afrique.

GROS-BEC HAMBOUVREUX , *Loxia Hamburgia* , Gmel. *V*. GROS-BEC FRIQUET.

GROS-BEC DES HERBES , *Fringilla graminea* , Lath. *V*. BRUANT DES HERBES.

GROS-BEC HUPPÉ , *Fringilla flammea* , Lath. , Vieill., Ois. ch., pl. 29. Parties supérieures brunes, les inférieures ainsi que la huppe rouges. La femelle a les côtés de la tête et la gorge blanchâtres ; les parties inférieures d'un brun rougeâtre. Taille, cinq pouces. Patrie inconnue.

GRos-Bec a huppe jaune, *Coccothraustes cristata*, Vieill. Parties supérieures variées de vert et de noirâtre; tête, joues, gorge et partie du cou noires; côtés de la tête et du cou, épaules et parties inférieures jaunes; rémiges jaunes, les quatre intermédiaires noirâtres; bec bleu et noir: pieds cendrés. Taille, six pouces. Amérique méridionale.

Gros-Bec a huppe noire, *Loxia coronata*, Lath. *V*. Bouvreuil huppé d'Amérique.

Gros-Bec ignicolor, *Fringilla ignicolor*, Vieill., Ois. ch., pl. 59. Parties supérieures, cou, tectrices caudales et poitrine d'un rouge de feu; sommet de la tête noir; rémiges et rectrices brunes, bordées de rouge; gorge orangée; parties inférieures noires; bec noir, pieds rougeâtres. Taille, cinq pouces. Les femelles ont les parties supérieures cendrées, variées de stries brunes; les inférieures semblables, mais plus pâles, les ailes et la queue d'un brun foncé. D'Afrique.

Gros-Bec de l'ile de Bourbon, *Loxia striata*, Lath., Buff., pl. enl. 153, f. 1. Parties supérieures brunes, les inférieures blanches; rémiges et rectrices noirâtres de même que la gorge, le devant du cou, le bec et les pieds. Taille, quatre pouces.

Gros-Bec des Indes *Loxia indica*, Lath. Tout le plumage rouge avec le bec et les pieds jaunes. Taille, huit pouces. Espèce douteuse.

Gros-Bec impérial, *Fringilla imperialis*, Lath. Parties supérieures grises, nuancées de rose; sommet de la tête et parties inférieures jaunes; rémiges et rectrices noirâtres; bec et pieds d'un rouge brun. Taille, trois pouces. De la Chine.

Gros-Bec d'Italie, *Fringilla Italiæ*, Vieill. *V*. Gros-Bec Cisalpin.

Gros-Bec Jacarini, *Tanagra Jacarina*, Lath., Vieill., Ois. ch., pl. 35. Parties supérieures d'un brun verdâtre; tectrices alaires, rémiges et tectrices noires, bordées de verdâtre; parties inférieures grises, variées de brun;

flancs roux, tachetés de noirâtre; bec et pieds bruns. Le mâle dans son plumage d'amour est d'un noir irisé avec une tache blanche à la base de l'aile. Taille, quatre pouces. Amérique méridionale.

Gros-Bec Jacobin, *Loxia Malacca*, Lath., Vieill., Ois. chant., pl. 32. Parties supérieures d'un roux marron; tête, cou, milieu du ventre et tectrices caudales inférieures noirs; poitrine et côtés du ventre blancs; bec bleuâtre; pieds brunâtres. Taille, quatre pouces et demi. Des Indes.

Gros-Bec jaunatre, *Loxia flavicans*, Lath. Parties supérieures d'un jaune verdâtre, les inférieures jaunes; bec noir; pieds rougeâtres. Taille, cinq pouces. D'Asie.

Gros-Bec jaune, *Coccothraustes flava*. Parties supérieures brunes, les inférieures jaunes; tête et nuque jaunes; joues d'un rouge noirâtre; gorge noire. Taille, cinq pouces. D'Afrique.

Gros-Bec (Chardonneret) jaune, *Fringilla tristis*, Lath., Buff., pl. enlum. 202, fig. 2. Parties supérieures et poitrine jaunes; front noir; petites rectrices alaires jaunâtres, terminées de blanc; les grandes noires, terminées de blanc; rémiges et rectrices noires frangées et terminées de blanc; ventre blanchâtre; bec rougeâtre. Taille, cinq pouces. La femelle a les couleurs plus sombres et du verdâtre au lieu de jaune. De l'Amérique septentrionale.

Gros-Bec jaune du cap de Bonne-Espérance. *V*. Gros-Bec a ventre jaune.

Gros-Bec jaune a front couleur de Safran, *Fringilla flaveola*, Lath. Paraît n'être qu'une variété du Gros-Bec Serin des Canaries.

Gros-Bec jaune et rouge, *Fringilla Eustachii*, Lath. Parties supérieures jaunes; ailes et queue rouges; un trait bleu sous l'œil; parties inférieures jaunes, tirant à l'orangé; bec et pieds rouges. Taille, six pouces. Des Antilles.

Gros-Bec de Java, *Fringilla melanoleuca*, Lath., Buff., pl. enlum.

2.4. Plumage noir, à l'exception d'une bande blanche sur la poitrine; bec et pieds rouges. Taille, cinq pouces.

GROS BEC A JOUES BLANCHES, *Fringilla nœvia*, Lath. Parties supérieures rousses, striées de noir, les inférieures cendrées, striées de noirâtre de même que la tête et le cou; deux bandes rougeâtres, bordées de noir sur les côtés de la tête; bec cendré; pieds noirs. Taille, cinq pouces et demi. Du cap de Bonne-Espérance.

GROS-BEC A JOUES ORANGÉES, *Fringilla melpoda*, Vieill., Ois. chant., pl. 7. Parties supérieures d'un gris roussâtre, plus foncé sur les ailes et la queue; croupion et tectrices caudales d'un rouge brun; joues et bande oculaire d'un jaune orangé; tête, gorge et devant du cou d'un cendré bleuâtre; milieu de la poitrine et bas-ventre orangés; bec et pieds rouges. Taille, quatre pouces. D'Afrique.

GROS-BEC LEUCOPHORE. *V.* GROS-BEC A TÊTE BLANCHE.

GROS-BEC LINÉOLE. *V.* BOUVREUIL BOUVERON.

GROS-BEC LINOTTE, *Fringilla Cannabina*, L.; *Fringilla Linota*, Gmel., Buff., pl. enlum. 151, fig. 1 et 2, 485, fig. 1. Parties supérieures d'un brun châtain; plumes du front et de la poitrine d'un rouge cramoisi, bordées de rouge rose; sommet de la tête, nuque et côtés du cou, cendrés; rémiges noirâtres, bordées de blanc; rectrices noires, bordées de blanc; parties inférieures blanches, avec les flancs d'un brun rougeâtre; gorge blanchâtre; bec d'un bleuâtre foncé, de la largeur du front; pieds d'un brun rougeâtre. Taille, cinq pouces. La femelle est un peu plus petite; elle a toutes les parties supérieures d'un cendré jaunâtre, tachetées de brun; les rectrices alaires d'un brun roux; les parties inférieures roussâtres, blanches au ventre, tachetées de brun. Hors le temps des amours, le mâle ressemble à la femelle, mais il a les couleurs plus foncées, surtout à la poitrine qui est d'un rouge brun. D'Europe.

GROS-BEC LINOTTE BRUNE. *V.* GROS-BEC BRUN.

GROS-BEC LINOTTE A GORGE ET BEC JAUNES. *V.* GROS-BEC A GORGE ET BEC JAUNES.

GROS-BEC LINOTTE GRANDE. C'est la Linotte adulte.

GROS-BEC LINOTTE GRIS DE FER. *V.* GROS-BEC GRIS DE FER.

GROS-BEC LINOTTE GYNTEL. - *V.* GROS-BEC LINOTTE.

GROS-BEC LINOTTE HUPPÉE. *V.* GROS-BEC HUPPÉ.

GROS-BEC LINOTTE A LONGUE QUEUE. *V.* GROS-BEC A LONGUE QUEUE.

GROS-BEC LINOTTE DE MONTAGNE. *V.* GROS-BEC DE MONTAGNE.

GROS-BEC LINOTTE DES PLAINES. *V.* GROS-BEC LINOTTE.

GROS-BEC LINOTTE SÉNÉGALI CHANTEUR. *V.* GROS-BEC CHANTEUR DU SÉNÉGAL.

GROS-BEC LINOTTE A TÊTE JAUNE. *V.* GROS-BEC A TÊTE JAUNE.

GROS-BEC LINOTTE TOBAQUE. *V.* GROS-BEC VENGOLINE.

GROS-BEC LINOTTE VENGOLINE. *V.* GROS-BEC VENGOLINE.

GROS-BEC LINOTTE DES VIGNES. La Linotte adulte.

GROS-BEC LONGICONE, *Fringilla Sphecura*, Temm., pl color. 96, fig. 1 et 2. Parties supérieures vertes; front, côtés du cou et gorge d'un bleu d'azur; rémiges noires bordées de vert; rectrices longues et étagées, d'un rouge vif; parties inférieures cendrées, avec le milieu de la poitrine et du ventre d'un rouge tirant sur l'orangé; bec bleuâtre; pieds rougeâtres. Taille, cinq pouces. La femelle a la queue beaucoup moins longue; la gorge grise, avec les joues seules d'un gris bleuâtre; toutes les parties inférieures d'un gris cendré. De Java.

GROS-BEC A LONG BEC. *V.* GROS-BEC LONGIROSTRE.

GROS-BEC LONGIROSTRE, *Fringilla longirostris*, Lath. Parties supérieures variées de brun et de jaune; les inférieures d'un jaune orangé; tête et gorge noires; un collier d'un brun marron; rectrices d'un gris olivâtre; bec et pieds bruns. Taille, six pouces. Du Sénégal.

Gros-Bec a longue queue, *Fringilla macroura*, Lath. Parties supérieures d'un brun roussâtre, tachetées de cendré; les inférieures cendrées; les deux rémiges intermédiaires longues et étroites, d'un brun verdâtre, les latérales étagées et brunes, de même que les rémiges; bec et pieds bruns. Taille, sept pouces. De l'Amérique méridionale.

Gros-Bec de la Louisiane. *V.* Gros-Bec rose gorge.

Gros-Bec lovely, *Fringilla formosa*, Lath. Plumage vert, avec la gorge et le devant du cou jaunâtres; le ventre gris, rayé de blanc et de noir; bec et pieds rouges. Taille, cinq pouces. De l'Inde.

Gros Bec lunulé, *Loxia nitida*, Lath., Vieill., Ois. chant., pl. 60. Parties supérieures d'un brun olive; les inférieures blanchâtres, chaque plume bordée de brun, formant autant de croissans; rémiges et rectrices brunes, rayées de noirâtre; croupion rouge ainsi que le bec; pieds jaunâtres. Taille, quatre pouces. De l'Australasie.

Gros-Bec de Macao, *Fringilla melanictera*, Lath., Buff., pl. enl. 224, fig. 1. Plumage noir, avec quelques taches blanches sur le ventre et les rémiges, et rectrices bordées de gris bleuâtre; bec et pieds d'un rouge brun. Taille, quatre pouces.

Gros-Bec maculé. *V.* Gros-Bec tacheté.

Gros-Bec maïa, *Fringilla Maja*, Lath. Parties supérieures d'un marron pourpré; tête, gorge et parties inférieures noires; une ceinture rousse sur la poitrine; bec et pieds gris. Taille, quatre pouces. Du Mexique.

Gros-Bec maïan, *Loxia Maja*, L., Buff., pl. enlum. 109; Vieill., Ois. chant., pl. 56. Parties supérieures brunes; tête et cou blancs; poitrine fauve, passant au brun sur le reste des parties inférieures; bec et pieds noirs. Taille, quatre pouces. De Java.

Gros-Bec du Malabar, *Loxia Malabarica*, Lath. Parties supérieures cendrées; gorge blanche; rémiges, rectrices et ventre noirs, de même que le bec et les pieds. Taille, quatre pouces.

Gros-Bec de Malimbe. *V.* Gros-Bec moucheté de Malimbe.

Gros-Bec manimbé. Parties supérieures d'un gris bleuâtre, avec le bord des plumes noirâtre; rémiges brunes, bordées de roux; rectrices brunes, bordées de blanchâtre; trait oculaire et épaules jaunes; gorge blanche; parties inférieures d'un blanc jaunâtre; bec noirâtre, blanc en dessous; pieds olivâtres. Taille, cinq pouces. De l'Amérique méridionale.

Gros Bec des marais, *Fringilla palustris*, Wils. Parties supérieures noires; sommet de la tête d'un brun rougeâtre, avec les plumes bordées de noir; côtés du cou cendrés, avec une tache jaune et deux traits noirs; tectrices alaires noires, bordées de brun rouge; rémiges et rectrices brunes; parties inférieures d'un blanc brunâtre, avec la poitrine cendrée; bec noirâtre; pieds bruns. Taille, cinq pouces et demi. De l'Amérique septentrionale.

Gros-Bec mariposa, *Fringilla Bengalensis*, Lath., Vieil., Ois. ch., pl. 3. Parties supérieures grises; croupion, gorge et parties inférieures d'un bleu clair; une tache rouge réniforme sous les yeux; bec rougeâtre; pieds noirâtres. Taille, cinq pouces. D'Afrique.

Gros-Bec maritime, *Fringilla maritima*, Wils., pl. 34. Parties supérieures d'un cendré olivâtre, variées de bleuâtre; deux traits blancs de chaque côté de la tête; gorge blanche; poitrine cendrée rayée de fauve; ventre blanc; abdomen roussâtre, rayé de noir; rectrices d'un brun olivâtre terminées de noir. Taille, six pouces. Amérique septentrionale.

Gros-Bec mélanocéphale ou de Gambie, *Loxia melanocephala*, Lath. Le corps jaune varié de vert, à l'exception de la tête, de la gorge et du devant du cou qui sont noirs ; bec et pieds cendrés. Taille, six pouces. D'Afrique

Gros-Bec Mélanote , *Fringilla Melanotis*, Tem., pl. color. 221 , fig. 1. Croupion et tectrices caudales rouges ; tête et côtés du cou d'un gris bleuâtre, avec des taches noires aux yeux et aux oreilles ; rectrices noires, les deux latérales cendrées ; gorge blanche ; poitrine grise ; ventre d'un blanc roussâtre ; mandibule supérieure noire, l'inférieure rouge ; pieds noirs. Taille , trois pouces et demi. D'Afrique.

Gros-Bec Mélamère , *Loxia Melamera*, L. Parties supérieures noires avec les rémiges terminées de blanc ; parties inférieures grises , avec le ventre d'un roux clair ; bec et pieds jaunes. Taille, sept pouces. De la Chine.

Gros-Bec du Mexique. *V.* Gros-Bec cardinal huppé.

Gros-Bec ministre. *V.* Gros-Bec bleu.

Gros-Bec Moineau , *Fringilla domestica*, L. Parties supérieures noires, avec les bords des plumes bruns ; sommet de la tête et occiput cendrés ; trait oculaire brun ; une bande blanche sur l'aile ; gorge noire ; cette teinte se prolonge en ligne sur la poitrine, qui est cendrée ainsi que les parties inférieures. Taille, cinq pouces. La femelle a la gorge et le milieu du ventre cendrés blanchâtres , le reste des parties inférieures roussâtre. D'Europe.

Gros-Bec Moineau bleu. *V.* Gros-Bec bleu de Cayenne.

Gros-Bec Moineau bleu du Chili. *V.* Gros-Bec bleu du Chili.

Gros-Bec Moineau des bois. *V.* Gros-Bec Soulcie.

Gros-Bec Moineau de Bologne. *V.* Gros-Bec Soulcie.

Gros-Bec Moineau de Bologne a queue blanche. *V.* Gros-Bec Soulcie.

Gros-Bec Moineau de la Caroline. *V.* Gros-Bec de la Caroline.

Gros-Bec Moineau de Cartha-

gène. *V.* Gros-Bec de Carthagène.

Gros-Bec Moineau cendré aux oreilles noires. *V.* Gros-Bec aux oreilles noires.

Gros-Bec Moineau de Ceylan. *V.* Gros-Bec de Ceylan.

Gros-Bec Moineau Comba-Sou. *V.* Gros-Bec Comba-Sou.

Gros-Bec Moineau couleur de brique. *V.* Gros-Bec couleur de brique.

Gros-Bec Moineau couleur d'ocre. Var. du Gros-Bec Moineau.

Gros-Bec Moineau a croissant. *V.* Gros-Bec a croissant.

Gros-Bec Moineau a croissant noir et jaune. *V.* Gros-Bec a croissant noir et jaune.

Gros-Bec Moineau a croupion vert. *V.* Gros-Bec a croupion vert.

Gros-Bec Moineau de Datte ou Dattier. *V.* Gros-Bec de Datte.

Gros-Bec Moineau d'Esclavonie. Variété du Bruant de neige.

Gros-Bec Moineau fou. *V.* Gros-Bec Soulcie.

Gros-Bec Moineau Friquet. *V.* Gros-Bec Friquet.

Gros-Bec Moineau Friquet huppé. *V.* Gros-Bec Friquet huppé.

Gros-Bec Moineau gris. *V.* Gros-Bec gris.

Gros-Bec Moineau des Herbes. *V.* Bruant des Herbes.

Gros-Bec Moineau ignicolor. *V.* Gros-Bec ignicolor.

Gros-Bec Moineau d'Italie. *V.* Gros-Bec Cisalpin.

Gros-Bec Moineau jaune. Var. du Gros-Bec Moineau.

Gros-Bec Moineau de Java. *V.* Gros-Bec de Java.

Gros-Bec Moineau a joues blanches. *V.* Gros-Bec a joues blanches.

Gros-Bec Moineau de Macao. *V.* Gros-Bec de Macao.

Gros-Bec Moineau noir et blanc. *V.* Gros-Bec noir et blanc.

Gros-Bec Moineau de Norton. *V.* Gros-Bec de Norton.

Gros-Bec Moineau d'Ounalaschka. *V.* Gros-Bec d'Ounalaschka.

GROS-BEC MOINEAU DES PINS. *V*. GROS-BEC DES PINS.

GROS-BEC MOINEAU A QUEUE BLANCHE. *V*. GROS-BEC SOULCIE.

GROS-BEC MOINEAU A QUEUE RAYÉE. *V*. GROS-BEC A QUEUE RAYÉE.

GROS-BEC MOINEAU ROSE. *V*. GROS-BEC ROSE.

GROS-BEC MOINEAU ROUX. *V*. GROS-BEC ROUX.

GROS-BEC MOINEAU DU SÉNÉGAL. *V*. GROS-BEC DIOCH.

GROS-BEC MOINEAU A TEMPES ROUGES. *V*. GROS-BEC A TEMPES ROUGES.

GROS-BEC MOINEAU DE LA TERRE DE FEU. *V*. GROS-BEC DE LA TERRE DE FEU.

GROS-BEC MOINEAU A TÊTE MARRON. *V*. GROS-BEC CISALPIN.

GROS-BEC MOINEAU A TÊTE NOIRE. *V*. GROS-BEC A TÊTE NOIRE.

GROS-BEC DES MOLUQUES, Buff., pl. enl. 139, f. 1. *V*. GROS-BEC JACOBIN, femelle.

GROS-BEC DE MONTAGNE, *Fringilla montium*, Gmel. Parties supérieures noires, avec le bord des plumes roux; croupion rose; deux bandes roussâtres sur le milieu des ailes; gorge, devant du cou et sourcils roux; côtés du cou, poitrine et flancs roussâtres, tachetés de noirâtre; abdomen blanc; bec triangulaire, jaune; pieds noirs. Taille, quatre pouces et demi. La femelle a les couleurs plus ternes, sans aucune nuance de rose au croupion. D'Europe.

GROS-BEC MOUCHETÉ, *Fringilla guttata*, Vieill., Ois. ch., pl. 5. Parties supérieures cendrées; rémiges brunes; joues rougeâtres, avec un trait blanc; croupion, jambes et tectrices caudales noires, celles-ci longues et terminées de blanc; gorge grise, parsemée de lunules noires; parties inférieures blanchâtres, avec les flancs rougeâtres tachetés de blanc; bec rouge; pieds rougeâtres. Taille, trois pouces trois quarts. La femelle est toute grise, sans mouchetures et sans teintes rouges. Des Moluques.

GROS-BEC MOUCHETÉ DE MALIMBE, *Loxia guttata*, Vieill., Ois. ch., pl. 68. Parties supérieures d'un brun

noirâtre; tour des yeux, joues, gorge, poitrine et tectrices caudales rouges; parties inférieures brunes mouchetées de blanc; bec bleu; pieds bruns. Taille, cinq pouces et demi. La femelle a les couleurs moins vives et les parties inférieures brunes sans taches. D'Afrique.

GROS-BEC A MOUSTACHES NOIRES, *Fringilla Erythronotos*, Vieill., Ois. ch., pl. 14. Parties supérieures rouges, avec la tête, le cou et les tectrices alaires gris rayés de brun; gorge grise, rayée; joues noires, ainsi que les parties inférieures et le milieu du ventre; bec noirâtre; pieds d'un rouge brun. Taille, quatre pouces. De l'Inde.

GROS-BEC A MOUSTACHES ROUGES, *Fringilla mysticea*, Daud. Parties supérieures d'un brun olivâtre; tête et dessus du cou d'un rouge brun; un trait rouge sur les joues et un sur les yeux; parties inférieures blanchâtres; bec rouge, noir à la pointe; pieds d'un rouge vif. Taille, quatre pouces. De la Cochinchine.

GROS-BEC MULTIZONE, *Fringilla polyzona*, Tem., pl. color. 221, f. 1. Parties supérieures cendrées, largement tachetées de brun; front, joues et gorge noirs; une tache blanche à l'extrémité des deux rectrices latérales; parties inférieures roussâtres passant au blanc vers l'anus; des zônes formées de traits blancs, bruns et noirs, sur la poitrine et les flancs; mandibule supérieure noire, l'inférieure rouge; pieds cendrés. Taille, trois pouces et demi. La femelle n'a point de noir à la tête; elle a le menton blanc, ainsi que les sourcils. D'Afrique.

GROS-BEC MUNGUL, *Loxia atricapilla*, Vieill., Ois. ch., pl. 53. Plumage d'un brun roux; tête et cou d'un noir dont la teinte se prolonge sur la poitrine; mandibule inférieure blanche, la supérieure noirâtre à sa base; pieds noirs. Taille, trois pouces un quart. La femelle a les parties supérieures et la tête cendrées, nuancées de brun; les inférieures d'un gris rosé, les tectrices caudales blanches, les rémiges noirâtres, les pieds rougeâtres. Des Indes.

GROS-BEC MUSICIEN, *Passerina musica*, Vieill., Wils., Orn. de l'Am., pl. 14, f. 4. Parties supérieures variées de noir, de brun, de rougeâtre, de jaune et de blanc; sommet de la tête brun, avec un trait blanc et une tache jaune de chaque côté; sourcils cendrés; trait oculaire roux; gorge blanche; poitrine parsemée de taches rougeâtres entourées de noir; parties inférieures blanchâtres; rémiges et rectrices brunes; bec cendré; pieds rougeâtres. Taille, six pouces. De l'Amérique septentrionale.

GROS-BEC NAIN. *V.* BOUVREUIL NAIN.

GROS-BEC NIVEROLLE, *Fringilla nivalis*, L. Parties supérieures brunes, avec le bord des plumes brunâtre; sommet de la tête, joues et nuque d'un gris bleuâtre; rémiges noires; rectrices intermédiaires noires, les latérales blanches terminées de noir; parties inférieures blanchâtres ou blanches; bec jaune en hiver, noir en été; pieds noirs. Taille, sept pouces. D'Europe. La femelle a les couleurs plus ternes.

GROS-BEC NOIRATRE. *V.* GROS-BEC ROSE-GORGE, femelle.

GROS-BEC NOIR A BEC BLANC, *Coccothraustes albirostris*, Vieill. Plumage noir avec quelques taches blanches aux épaules et sur les tectrices alaires; bec blanc; pieds rougeâtres. Taille, six pouces.

GROS-BEC NOIR ET BLANC, *Fringilla melanoleuca*, Vieill. Parties supérieures blanches avec des taches noires sur le manteau. Parties inférieures variées de noir et de blanc; bec blanc; pieds rougeâtres. Taille, cinq pouces. De l'Inde.

GROS-BEC NOIR ET ROUGE. *V.* GROS-BEC HÆMATINE.

GROS-BEC NOIR-SOUCI, *Loxia Bonariensis*, Lath. Parties supérieures, avec les rémiges bordées de bleuâtre, qui est la couleur de la tête et du cou; parties inférieures jaunes; gorge et poitrine orangées; bec noirâtre;

pieds d'un brun rouge. Taille, sept pouces. Amérique méridionale.

GROS-BEC NONETTE, *Loxia Collaria*, L., Buff., pl. enl. 595, f. 5. Parties supérieures d'un bleu verdâtre, avec les tempes noires et les ailes variées de jaune; parties inférieures, croupion et collier d'un blanc roussâtre, avec une bande noire sur la poitrine; bec noir; pieds brunâtres. Taille, quatre pouces et demi. De l'Inde.

GROS-BEC NON-PAREIL, *Emberiza civis*, Lath., Buff., pl. enl. 159, f. 1 et 2. Dos varié de vert et d'olivâtre; tête d'un bleu violet; petites tectrices alaires violettes, les grandes vertes; devant du corps et croupion rouges; rectrices d'un brun rougeâtre; bec blanchâtre en dessous; pieds bruns. Taille, cinq pouces. La femelle a les parties supérieures d'un vert foncé, les inférieures olives. Amérique.

GROS-BEC DE NORTON, *Fringilla Nortoniensis*, Lath. Parties supérieures variées de brun-roux; une ligne blanche sur les ailes; parties inférieures blanches avec quelques taches roussâtres sur les côtés; rectrices noirâtres bordées de blanchâtre. Taille, cinq pouces. Amérique.

GROS-BEC DE LA NOUVELLE-ANGLETERRE. *V.* GROS-BEC TACHETÉ.

GROS-BEC OBSCUR. *V.* GROS-BEC ROSE-GORGE, femelle.

GROS-BEC OLIVAREZ, *Fringilla Magellanica*, Vieill.; *Fringilla Spina*, Var., Lath., Ois. ch., pl. 50. Parties supérieures noires ou d'un brun olivâtre, avec la tête, la gorge et deux bandes noires sur les ailes; base de l'aile, cou, poitrine et parties inférieures jaunes; rémiges et rectrices jaunes, terminées de noir. Taille, quatre pouces et demi. La femelle a les parties supérieures variées de brun et d'olivâtre, la tête cendrée, les parties inférieures jaunes. De l'Amérique méridionale.

GROS-BEC OLIVE, *Emberiza olivacea*, L. Parties supérieures d'un vert olive, les inférieures d'un gris verdâtre; sourcils et gorge jaunes; devant du cou noir, ainsi que le bec et les pieds. Taille, trois pouces un tiers. La femelle est brunâtre en dessus, blanchâtre en dessous. Des Antilles.

Gros-Bec olivette, *Fringilla Sinica*, Lath. Parties supérieures d'un brun olivâtre, nuancé de vert et de roux; rectrices noires, bordées de jaune et terminées de blanchâtre; joues et gorge vertes; poitrine et ventre d'un roux varié de jaune; bec et pieds jaunâtres. Taille, cinq pouces. De la Chine.

Gros-Bec d'Ounalaschka, *Fringilla cinerea*, Lath. Parties supérieures brunes, avec les plumes bordées de gris; un trait gris et un noir de chaque côté de la tête; devant du cou cendré, tacheté de blanc; parties inférieures blanches; bec et pieds noirs. Taille, cinq pouces.

Gros-Bec oranoir, *Fringilla aurea*, Temm. Sommet de la tête, gorge et partie de la poitrine d'un rouge orangé; front, trait oculaire, base et extrémité des rémiges, rectrices intermédiaires noirs; milieu des rémiges et rectrices latérales orangés; extrémité de la queue noire; côtés de la tête et manteau fauves, tachetés de noir; parties inférieures blanchâtres. Taille, quatre pouces et demi. De Java.

Gros-Bec orchef, *Loxia Bengalensis*, L., *Coccothraustes chrysocephala*, Vieill. Parties supérieures brunes, avec le bord des plumes cendré; tête et partie du cou jaunes; parties inférieures d'un blanc jaunâtre, avec une bande brunâtre sur la poitrine; côtés de la tête et gorge blancs; bec rougeâtre; pieds jaunes. La femelle a la tête presque semblable aux parties supérieures. Taille, cinq pouces. Des Indes.

Gros-Bec a oreilles blanches, *Fringilla leucotis*, Lath. Parties supérieures d'un brun pourpre plus ou moins éclatant, avec les ailes plus foncées et la queue quelquefois verdâtre ou blanche; les inférieures jaunes, nuancées de pourpre ou de cramoisi; une tache blanche de chaque côté de la tête. Taille, quatre pouces. De la Chine.

Gros-Bec a oreilles noires, Azzara. Parties supérieures noirâtres, avec le bord des plumes gris; tectrices alaires jaunes; rémiges brunes bordées de jaune; rectrices intermédiaires brunes, les latérales noires terminées de blanc; une tache noire de chaque côté de la tête, dont le sommet est de la même couleur; parties inférieures blanches; bec noir; mandibule inférieure orangée; pieds olivâtres. Taille, cinq pouces. De l'Amérique méridionale.

Gros-Bec orix, *Loxia Orix*, Lath., Ois. ch., pl. 66. Parties supérieures grises, tachetées de brun; tectrices alaires bordées de blanc; rémiges et rectrices brunes; parties inférieures blanchâtres; joues roussâtres; bec brun; pieds rougeâtres. Taille, six pouces. Le mâle, en plumage d'amour, a la tête, la gorge, la poitrine et le ventre d'un noir velouté, les rémiges et les rectrices brunes, bordées de blanc, le reste du plumage d'un roux orangé. Du cap de Bonne-Espérance.

Gros-Bec outatapascu, *Passerina flavifrons*, Vieill. Parties supérieures brunes; front et trait oculaire jaunâtres; joues noires; rectrices intermédiaires brunes, les latérales blanches en dehors; parties inférieures d'un blanc bleuâtre; gorge jaune, avec le milieu noir; bec et pieds noirs. Taille, sept pouces. Amérique septentrionale.

Gros-Bec padda, *Loxia Oryzivora*, Lath., Buff., pl. enl. 152, f. 1. Parties supérieures d'un cendré violâtre; les inférieures plus pâles, rosées sur le ventre; tête, gorge, premières rémiges et rectrices d'un noir pur; joues et tempes blanches; bec et pieds d'un rouge de rose. Taille, cinq pouces. La femelle a les couleurs moins vives, sans tache blanche sur les joues. De l'Inde.

Gros-Bec padda brun, *Coccothraustes fuscata*, Vieill., Ois. ch., pl. 62. Parties supérieures d'un brun vineux; sommet de la tête brun;

front, sourcils, menton et poitrine noirs; devant du cou brun; joues et parties inférieures blanches; bec et pieds d'un gris bleuâtre. Taille, quatre pouces et demi. La femelle est, en dessus, d'un gris sombre et d'un gris-blanc en dessous, avec quelques taches sur la poitrine. Des Moluques.

GROS-BEC PAPE. *V*. GROS-BEC NONPAREIL.

GROS-BEC PAROAVE, *Fringilla Dominicana*, Vieill., Ois. ch., pl. 69, *Loxia Dominicana*, Lath. Parties supérieures noires, variées de cendré sur le dos et le manteau; tectrices, rémiges et rectrices bordées de blanc; tête, gorge et devant du cou rouges; parties inférieures et côtés du cou blanchâtres; bec et pieds rougeâtres. Taille, six pouces. Du Brésil.

GROS-BEC PAROAVE HUPPÉ, *Loxia cucullata*, Lath., Vieill., Ois. ch., pl. 70. Parties supérieures d'un cendré bleuâtre; tectrices et rémiges noires bordées de cendré; rectrices noires; tête garnie d'une huppe de plumes effilées, rouge ainsi que la gorge et le devant du cou; côtés de la tête, du cou et parties inférieures blancs; bec et pieds noirs. Taille, six pouces et demi. Amérique.

GROS-BEC PERLÉ, *Loxia perlata*, Lath. Parties supérieures noires, les inférieures brunes, mélangées de blanc et de noir vers les jambes et la queue. Taille, trois pouces et demi. D'Afrique.

GROS-BEC DE PERREIN, *Fringilla Perreini*, Vieill. Parties supérieures noirâtres, avec le dos et le croupion rouges; tête et parties inférieures cendrées; la teinte est plus obscure vers l'abdomen; bec et pieds bleuâtres. Taille, trois pouces et demi. D'Afrique.

GROS-BEC PERROQUET. *V*. PSITTAÇIN ACALAUTHE.

GROS-BEC PETIT CHANTEUR DE CUBA, *Fringilla lepida*, L. Parties supérieures d'un vert olive avec les rémiges et les rectrices bordées de jaune; tête et côtés du cou jaunes; manteau noir; poitrine noirâtre; parties inférieures grises; bec noir; pieds

rougeâtres. Taille, trois pouces et demi. La femelle est d'un brun verdâtre en dessus, fauve en dessous.

GROS-BEC PETITE LINOTTE DES VIGNES. *V*. GROS-BEC SIZERIN.

GROS-BEC PETIT MOINEAU DE BOLOGNE, *Fringilla brachyura*, Lath., variété du Gros-Bec Friquet.

GROS-BEC PETIT MOINEAU DU SÉNÉGAL, *Loxia Astrild*, Var., Lath., Buff., pl. enl. 250, fig. 2. Parties supérieures blanchâtres, variées de rosé, avec les tectrices alaires et les scapulaires brunes; sommet de la tête bleuâtre; trait oculaire rouge; rémiges et rectrices noirâtres; parties inférieures bleues; bec et pieds rouges. Taille, quatre pouces. D'Afrique.

GROS-BEC PETIT SÉNÉGALI ROUGE, *Fringilla minima*, Vieill., Ois. ch., pl. 10. Plumage rouge, nuancé de vert olive sur le dos et l'abdomen; rémiges et rectrices brunes, bordées de rouge; quelques points blancs aux parties inférieures; bec et pieds rouges. Taille, trois pouces et demi. D'Afrique.

GROS-BEC PETIT SÉNÉGALI A VENTRE ROUGE, *Fringilla rubri-ventris*, Vieill., Ois. ch., pl. 13. Parties supérieures brunâtres; plumes rayées de noir; rémiges et rectrices brunes, noirâtres en dessous; une tache rouge qui entoure l'œil; parties inférieures brunes, variées de rouge sur la poitrine et le ventre; bec et pieds rouges. Taille, quatre pouces. D'Afrique.

GROS-BEC DES PHILIPPINES. *V*. TISSERIN TOUCNAMCOURVI.

GROS-BEC DES PINS, *Fringilla Pinetorum*, Lath. Parties supérieures roussâtres, mêlées de rouge-brun, les inférieures jaunes avec une bande brune sur la poitrine; bec et pieds cendrés. Taille, cinq pouces. De Sibérie.

GROS-BEC PINSON, *Fringilla Cœlebs*, L., Buff., pl. enl. 54. Parties supérieures brunâtres, nuancées d'olivâtre; front noir; sommet de la tête et nuque d'un gris cendré; croupion vert; rémiges et rectrices noires; deux bandes blanches sur les ailes;

rectrices latérales terminées par une tache blanche; parties inférieures d'un cendré vineux; bec bleu; iris brun, ainsi que les pieds. Taille, six pouces un quart. La femelle est plus petite; elle a toutes les parties inférieures d'un cendré blanchâtre. D'Europe.

GROS-BEC PINSON D'ARDENNES. *V.* GROS-BEC D'ARDENNES.

GROS-BEC PINSON BRUN. *V.* GROS-BEC SIZERIN.

GROS-BEC PINSON DE LA CHINE. *V.* GROS-BEC OLIVETTE.

GROS-BEC PINSON A DOUBLE COLLIER. *V.* GROS-BEC A DOUBLE COLLIER.

GROS-BEC PINSON FRISÉ. *V.* GROS-BEC FRISÉ.

GROS-BEC PINSON A GORGE BLANCHE. *V.* GROS-BEC A GORGE BLANCHE.

GROS-BEC PINSON GRIVELÉ, *Fringilla iliaca*, Lath. Parties supérieures brunâtres, variées de taches plus foncées et rougeâtres sur les ailes; deux bandes d'un brun rougeâtre de chaque côté de la gorge; parties inférieures blanches avec une grande tache brune sur la poitrine entourée de quelques traits réunis deux à deux par le sommet; bec brun en dessus; pieds jaunâtres. Taille, six pouces. Amérique septentrionale.

GROS-BEC PINSON JAUNE ET ROUGE. *V.* GROS-BEC JAUNE ET ROUGE.

GROS-BEC PINSON A LONG BEC. *V.* GROS-BEC LONGIROSTRE.

GROS-BEC PINSON LEUCOPHORE. *V.* GROS-BEC A TÊTE BLANCHE.

GROS-BEC PINSON DE NEIGE. *V.* GROS-BEC NIVEROLLE.

GROS-BEC PINSON PAROAVE. *V.* GROS-BEC PAROAVE.

GROS-BEC PINSON PAROAVE HUPPÉ. *V.* GROS-BEC PAROAVE HUPPÉ.

GROS-BEC PINSON DE TÉNÉRIFFE. *V.* GROS-BEC DE TÉNÉRIFFE.

GROS-BEC PINSON A TÊTE BLANCHE. *V.* GROS-BEC A TÊTE BLANCHE.

GROS-BEC PINSON DE WORABÉE. *V.* GROS-BEC WORABÉE.

GROS-BEC PIQUETÉ. *V.* GROS-BEC AMANDAVA.

GROS-BEC A POITRINE NOIRE, *Loxia Americana*, Lath., *Loxia pectoralis*, Vieill. Parties supérieures noires; les inférieures blanches avec une bande noire sur la poitrine; bec noir; pieds bruns. Taille, quatre pouces. D'Amérique.

GROS-BEC PONCEAU, *Coccothraustes ostrina*, Vieill., Ois. ch., pl. 48. Le plumage noir à l'exception de la tête, de la gorge, du cou, de la poitrine, des flancs et des rectrices, qui sont d'un rouge ponceau; bec et pieds noirs. Taille, six pouces. De l'Afrique et de l'Inde.

GROS-BEC DE PORTO-RICCO, *Loxia Porto-Ricensis*, D. Le plumage noir à l'exception d'une lunule sur le cou et des plumes anales qui sont d'un brun roux. La femelle est d'un gris cendré avec l'anus roux; bec et pieds noirs ou bruns selon le sexe. Taille, six pouces trois quarts.

GROS-BEC PRASIN, *Loxia Prasina*, Lath. Le plumage d'un vert olive, avec le croupion et les rectrices intermédiaires rouges, les latérales noires, bordées de rouge; bec et pieds noirs. La femelle est d'un brun olive en dessus, jaunâtre en dessous; le croupion est d'un rouge terne; les rectrices noires, terminées de blanc. Taille, quatre pouces et demi. De Java.

GROS-BEC DES PRÉS, *Passerina pratensis*, Vieill. Parties supérieures grises, variées de taches noires; petites tectrices alaires bordées de vert; rémiges et rectrices noirâtres, bordées de blanchâtre; sommet de la tête noir, avec une bande longitudinale grise; sourcils et poignets jaunes; gorge et parties inférieures rousses; bec brun; pieds brunâtres. Taille, quatre pouces. La femelle a les sourcils roux et n'a point de jaune aux poignets.

GROS-BEC QUADRICOLOR, *Emberiza quadricolor*, Lath., Buff., pl. enl. 101, f. 2. Parties supérieures vertes; tête et cou bleus; rectrices rouges, terminées de vert; parties inférieures d'un brun clair, avec une bande rouge sur le milieu du ventre; bec brun; pieds rougeâtres. Taille, cinq pouces. Des Moluques.

GROS-BEC A QUATRE BRINS, *Embe-*

risa regia, Lath., *Fringilla regia*, Vieill., Ois. ch., pl. 34 et 35. Parties supérieures noires; les quatre rectrices intermédiaires presque dénuées de barbes et très-allongées; joues, gorge, collier, poitrine et ventre orangés; abdomen blanc; bec et pieds rouges. Taille, dix pouces. La femelle est privée de longs brins, et n'a que trois pouces et demi. Elle est en dessus d'un brun roux, tacheté de noirâtre; trois traits et une tache auriculaire d'un brun noirâtre; rémiges et rectrices noirâtres, bordées de cendré: parties inférieures cendrées. D'Afrique.

Gros-Bec a quatre raies. *V.* Gros-Bec d'Ardennes, femelle.

Gros-Bec a queue blanche Variété du Gros-Bec Soulcie.

Gros-Bec a queue courte, *Coccothraustes brevicauda*, Vieill. Parties supérieures d'un brun rougeâtre; grandes tectrices alaires blanches; rectrices brunes, terminées de blanc; gorge, poitrine et haut du ventre rouges, rayés de brun; abdomen d'un blanc bleuâtre; bec et pieds bruns. Taille, trois pouces un tiers. La femelle est brune en dessus, d'un brun rougeâtre en dessous. De Ceylan.

Gros-Bec a queue étagée, *Passerina sphenura*, Vieill. Parties supérieures verdâtres, tachetées de brun; tête et cou bruns avec les plumes entourées de gris; rectrices étagées, pointues, brunes, bordées de vert; parties inférieures cendrées, brunâtres vers les flancs; bec brun; pieds blanchâtres. Taille, cinq pouces. De l'Amérique méridionale.

Gros-Bec a queue en éventail, *Loxia flabellifera*, Lath., Buff., pl. enl. 380. Parties supérieures d'un brun rougeâtre, les inférieures d'un rouge brunâtre; rémiges, rectrices, bec et pieds noirâtres. Taille, cinq pouces. Amérique septentrionale.

Gros-Bec a queue pointue, *Fringilla caudacuta*, Wils., Ornit. Amér., pl. 34, f. 3. Parties supérieures olivâtres avec le bord des plumes blanchâtre; côtés de la tête cendrés, avec deux bandes orangées; sommet de la tête et occiput entourés de brun; parties inférieures blanchâtres, avec la poitrine fauve, tachetée de noir; abdomen brunâtre; bec noirâtre, pieds jaunes. Taille, cinq pouces. Amérique septentrionale.

Gros-Bec a queue rayée, *Fringilla fasciata*, Lath. Parties supérieures brunes, tachetées de noir; tectrices alaires roussâtres; rémiges noirâtres, bordées de blanc; rectrices brunes, rayées de noir; parties inférieures blanchâtres, striées de noir; bec et pieds bruns. Taille, cinq pouces. Amérique septentrionale.

Gros-Bec quinticolor, *Coccothraustes quinticolor*, Vieill., Ois. ch., pl. 54. Parties supérieures cendrées, avec les ailes et la queue brunes; croupion orangé; gorge et abdomen noirs; parties inférieures blanches; bec rougeâtre; pieds noirs. Taille, quatre pouces et demi. Des Moluques.

Gros-Bec quinticolor du Sénégal, *Fringilla quinticolor*, Vieill., Ois. ch., pl. 15. Parties supérieures d'un vert olive, les inférieures d'un gris bleuâtre ainsi que la tête; croupion et sourcils rouges; rectrices noires; bec rouge, rayé de noir; pieds rougeâtres. Taille, quatre pouces.

Gros-Bec rayé, *Loxia radiata*, Lath. Parties supérieures noires ainsi que la poitrine; rémiges et flancs rayés de noir et de blanc; ventre blanc ainsi que le bec; pieds noirâtres. Taille, quatre pouces.

Gros-Bec républicain. *V.* Gros-Bec social.

Gros-Bec rose, *Fringilla rosea*, Lath. Parties supérieures variées de brun, de gris et de rose; tête rose avec la base du bec entourée de plumes blanches; rémiges et rectrices noirâtres bordées de rose. Parties inférieures d'un cendré rosé. Taille, six pouces. De Sibérie.

Gros-Bec rose des Indes, *Coccothraustes rosea*, Vieill., Ois. ch., pl. 65. Parties supérieures d'un gris brun, varié de rose; tête, tectrices caudales, croupion, gorge et poitrine d'un rose pur; parties inférieures blanches; rémiges et rectrices brunâtres , bordées de rose; bec et pieds bruns. Taille , cinq pouces. Hors le temps des amours le mâle est, ainsi que la femelle , brun en dessus, varié de gris-blanc et de verdâtre en dessous.

Gros-Bec rose-gorge, *Loxia Ludoviciana* , Lath. , *Coccot. rubricollis*, Vieill., Buff., pl. enl. 153, f. 2. Parties supérieures noires avec quelques taches blanches sur les ailes; gorge noire ; haut de la poitrine rose; parties inférieures blanches; bec et pieds brunâtres. Taille , sept pouces. La femelle a les parties supérieures noirâtres variées de brun, les inférieures blanches , tachetées de brun. De l'Amérique septentrionale.

Gros-Bec rouge, *Fringilla Senegalensis*, Vieill. , Ois. ch. , pl. 9. Parties supérieures d'un gris olivâtre , irisé ; côtés de la tête et du cou, croupion et parties inférieures rouges avec des points blancs sur les côtés de la poitrine; rectrices noires; bec noirâtre; pieds bruns. Taille , quatre pouces. La femelle est brune en dessus , d'un brun rougeâtre en dessous , avec l'abdomen blanchâtre. Du Bengale.

Gros-Bec rouge et noir , *Loxia Grix*, Var. Lath. *V.* Gros-Bec Fondi.

Gros-Bec roussatre, *Passerina rufescens*, Vieill. Parties supérieures d'un cendré roux, tachetées de noir; bords du front , deux raies sur le sommet de la tête et trait oculaire noirs ; une raie grise au milieu de la nuque; rémiges et rectrices noirâtres, bordées de cendré , ces dernières sont pointues; parties inférieures cendrées, tachetées de brun sur les flancs; bec et pieds bruns. Taille , six pouces. Amérique septentrionale.

Gros-Bec roux, *Fringilla calida*, L. Parties supérieures rousses, tachetées de noir , les inférieures d'un roux cendré; bec noirâtre; pieds jaunes. Taille , cinq pouces. Des Indes.

Gros-Bec sanguinolent, *Fringilla sanguinolenta*, Temm., Ois. color., pl. 221, f. 2. Parties supérieures d'un brun cendré; sourcils, croupion, milieu de la poitrine et du ventre, côtés des mandibules , d'un rouge de sang

très-vif ; gorge et côtés de la poitrine et du ventre jaunes ; flancs cendrés , rayés de bleuâtre et de noirâtre ; rectrices brunes , les latérales terminées de blanchâtre; milieu des deux mandibules noir; pieds rougeâtres. La femelle a les couleurs peu tranchées , la gorge blanche , les parties inférieures jaunâtres , l'abdomen seul rouge. Du Sénégal.

Gros-Bec de Savana, *Fringilla Savana*, Wils., Orn. Am. pl. 34, f. 4. Parties supérieures bleuâtres , tachetées de brun; tectrices alaires et rémiges bordées de blanc; parties inférieures blanches , tachetées de rougeâtre sur la poitrine; bec brun; pieds jaunes. Taille, cinq pouces un quart. De l'Amérique septentrionale.

Gros-Bec du Sénégal. *V.* Gros Bec Dioch.

Gros-Bec Sénégali a couronne bleue. *V.* Gros-Bec a couronne bleue.

Gros-Bec Sénégali Danbik. *V.* Gros-Bec Danbik.

Gros-Bec Sénégali Dufresne. *V.* Gros-Bec Dufresne.

Gros-Bec Sénégali a front pointillé. *V.* Gros-Bec a front pointillé.

Gros-Bec Sénégali a gorge noire. *V.* Gros-Bec a gorge noire.

Gros-Bec Sénégali a moustaches noires. *V.* Gros-Bec a moustaches noires.

Gros-Bec Sénégali a moustaches rouges. *V.* Gros-Bec a moustaches rouges.

Gros-Bec Sénégali quinticolor. *V.* Gros Bec quinticolor.

Gros-Bec Sénégali rouge. *V.* Gros-Bec rouge.

Gros-Bec Sénégali rouge (petit). *V.* Gros-Bec petit Sénégali rouge.

Gros-Bec Sénégali a ventre rouge (petit). *V.* Gros-Bec petit Sénégali a ventre rouge.

Gros-Bec Serevan. *V.* Gros-bec Amandava.

Gros-Bec Serin des Canaries , *Fringilla Canaria* , Lath., Buff., pl. enl. 202, f. 1. Parties supérieures brunes avec le bord des plumes cendré; front, côtés de la tête, croupion, gorge, devant du cou et poitrine d'un jaune verdâtre, tacheté de brun sur les flancs. Parties inférieures blanchâtres; bec cendré; pieds bruns. Taille, cinq pouces. Les couleurs sont sujettes à varier dans la domesticité, au point que l'on voit des individus d'un jaune d'or et d'autres entièrement d'un jaune blanchâtre.

GROS-BEC SERIN DU CAP DE BONNE-ESPÉRANCE. Var. de l'espèce précédente.

GROS-BEC SERIN DE LA JAMAÏQUE, *Fringilla cana*, Lath. Parties supérieures d'un brun jaunâtre, les inférieures jaunes avec l'abdomen blanc; rémiges et rectrices brunes, rayées de blanchâtre; bec et pieds bleuâtres. Taille, huit pouces.

GROS-BEC SERIN JAUNE À FRONT COULEUR DE SAFRAN, *Fringilla flaveola*, Lath. Variété présumée du GROS-BEC SERIN DES CANARIES.

GROS-BEC SERIN DE MOSAMBIQUE, *Fringilla ictiva*, Vieill., Buff., pl. enl. 364, f. 1 et 2. Paraît n'être aussi qu'une variété du Gros-Bec Serin des Canaries.

GROS-BEC SIN, *Fringilla barbata*, Lath. Plumage jaune, nuancé de vert; ailes variées de noir, de vert et de jaune; tête d'un noir velouté; la femelle est grise avec les ailes tachetées de jaune. Taille, cinq pouces. De l'Amérique méridionale.

GROS-BEC SIZERIN, *Fringilla Linaria*, L.; *Fringilla flavirostris*, L., Buff., pl. enl. 485, f. 2. Parties supérieures d'un cendré roux, tacheté de noir; front, joues et gorge noirs; sommet de la tête d'un cramoisi foncé; côtés de la gorge, devant du cou, poitrine, flancs et croupion d'un cramoisi clair; rémiges et rectrices noires bordées de roussâtre; bec jaune; pieds noirs. Taille, cinq pouces. La femelle n'a point de rouge au croupion et sur les parties inférieures. D'Europe.

GROS-BEC SIZERIN CABARET. *V.* GROS-BEC SIZERIN.

GROS-BEC SOCIAL, *Loxia Socia*, Lath. Parties supérieures d'un brun roux, les inférieures jaunes; tour du bec noir; côtés de la tête jaunâtres; bec noir; pieds bruns. Taille, cinq pouces et demi. Du cap de Bonne-Espérance.

GROS-BEC SOUFRÉ. *V.* GROS-BEC DU CAP DE BONNE-ESPÉRANCE.

GROS-BEC SOULCIE, *Fringilla Petronia*, L.; *Fringilla stulta*, Gmel.; *Fringilla Bononiensis*, Gmel., Buff., pl. enl. 225. Parties supérieures brunes, variées de noirâtre et tachetées de blanc; une tache blanche à l'extrémité intérieure des rectrices; sourcil blanchâtre; trait oculaire brun; parties inférieures cendrées, variées de blanchâtre; une tache jaune sur le devant du cou; mandibule supérieure brune; pieds d'un brun rougeâtre. Taille, cinq à six pouces. D'Europe.

GROS-BEC SOULCIET, *Fringilla montecola*, *F. Canadensis*, *F. hyemalis*, L., Buff., pl. enl. 223, f. 3. Parties supérieures d'un brun roux, tacheté de noir; sommet de la tête marron; croupion fauve; tectrices alaires grises bordées de blanchâtre; rémiges et rectrices noirâtres, bordées de blanchâtre; parties inférieures grises avec le milieu du ventre roux; bec et pieds noirâtres. Taille, cinq pouces et demi. La femelle a les couleurs moins vives, et le sommet de la tête gris. De l'Amérique septentrionale.

GROS-BEC STRIÉ. *V.* GROS-BEC DE L'ILE DE BOURBON.

GROS-BEC DE SUÈDE. *V.* GROS-BEC D'ARDENNES, jeune âge.

GROS-BEC TACHETÉ, *Loxia maculata*, Lath. Parties supérieures brunes, tachetées de blanc, les inférieures blanchâtres, rayées de noirâtre; rectrices latérales blanches à l'extérieur et à l'extrémité; tectrices caudales inférieures jaunes; bec et pieds bruns. Taille, six pouces. De l'Amérique septentrionale.

GROS-BEC TACHETÉ DE JAVA. *V.* GROS-BEC JACOBIN.

GROS-BEC TARIN, *Fringilla Spinus*, L., Buff., pl. enl. 485, f. 3. Parties supérieures verdâtres et cendrées, tachetées de noir; sommet de la tête et gorge noirs ; bande oculaire, parties inférieurés et bord des rémiges et des rectrices jaunes; deux bandes sur l'aile, l'une noire, l'autre verdâtre; abdomen blanchâtre ; bec et pieds noirâtres. Taille, quatre pouces et demi. La femelle a toutes les parties supérieures d'un cendré olivâtre, striées de noir, les inférieures blanchâtres et également striées, les baudes des ailes d'un blanc jaunâtie. D'Europe.

Gros-Bec Tarin bleu d'acier, *Fringilla splendens*, Vieill., *F. nitens*, Var. Lath., Buff., pl. enl. 224, f. 3. Plumage noir irisé en bleu; bec et pieds noirs. Taille, cinq pouces. D'Afrique.

Gros-Bec Tarin de la Chine, *Fringilla Asiatica*, Lath., *Fringilla Sinensis*, Gmel. Parties supérieures d'un vert olive; tête noire; tectrices jaunes; deux bandes noires sur les ailes; parties inférieures jaunes; bec et pieds noirs. Taille, cinq pouces.

Gros-Bec a tempes rouges, *Fringilla temporalis*, Lath. Parties supérieures brunes, les inférieures blauches; sommet de la tête bleuâtre; trait oculaire et croupion rouges; bec et pieds rougeâtres. Taille, quatre pouces et demi. De l'Australasie.

Gros-Bec de Ténériffe, *Fringilla Canariensis*, Vieill. Parties supérieures noires; tectrices alaires bordées de blanc; parties inférieures roussâtres; pieds rougeâtres. Taille, cinq pouces.

Gros-Bec de la Terre de feu, *Fringilla australis*, Lath. Plumage brun avec un collier roussâtre.

Gros-Bec a tête d'azur, *Fringilla picta*, Lath. Parties supérieures d'un cendré pourpre; sommet de la tête bleuâtre; devant du cou, gorge et poitrine rouges; ventre blanchâtre; croupion jaune; rémiges et rectrices bleues; bec et pieds rouges. Taille, trois pouces deux tiers. De Chine.

Gros-Bec a tête blanche, *Loxia ferruginosa*, Lath. Plumage brun avec la tête et la nuque blanches; des taches noires à la base du bec, à la gorge et au milieu de la poitrine;

bec cendré; pieds noirs. Taille, quatre pouces. De l'Inde.

Gros-Bec a tête blanche et dos rouge, *Fringilla leucocephala*. Tête, cou, gorge et milieu du ventre blancs; un croissant noir entre le bec et l'œil; rémiges et rectrices noires bordées de roux; dos et croupion rouges; une plaque noire sur la poitrine; flancs noirs, tachetés de blanc; bec rouge; pieds bruns. Taille, quatre pouces. De l'Australasie.

Gros-Bec a tête jaune, *Loxia Mexicana*, Lath. Parties supérieures brunes, variées de brunâtre; les inférieures jaunâtres, tachetées de brun; sommet de la tête et gorge jaunes avec les joues et les côtés du cou bruns; bec rougeâtre; pieds bruns. Taille, cinq pouces et demi. Amérique.

Gros-Bec a tête marron. *V.* Gros-Bec Cisalpin.

Gros-Bec a tête noire, *Coccothraustes melanocephala*, Vieill. Parties supérieures d'un brun rougeâtre; tête d'un noir velouté; gorge blanche avec un demi-collier noir: poitrine et ventre rougeâtres; rectrices alaires noirâtres avec une bande blanche; rectrices noires, terminées de blanc; bec et pieds noirâtres. Taille, quatre pouces deux tiers. Amérique méridionale.

Gros-Bec a tête noire. *V.* Bruant a tête noire.

Gros-Bec a tête noire de la Chine, *Fringilla melanocephala*, L. Parties supérieures brunes; devant du cou noir, avec les côtés striés et le derrière blanc; ventre blanc; poitriue striée; bec rouge; pieds cendrés. Taille, quatre pouces.

Gros-Bec a tête rayée. Parties supérieures noirâtres, variées de blanc et de jaunâtre; les inférieures blanchâtres; tête noirâtre avec trois raies jaunes; bec et pieds cendrés. Taille, six pouces et demi. Amérique méridionale.

Gros-Bec tigré. *V.* Gros-Bec Amandava.

Gros-Bec Titit, *Fringilla socialis* Wils., Orn. Amér., pl. 16, fig. 5'

Parties supérieures variées de brun, de roux et de noirâtre ; sommet de la tête roux ; sourcils blancs ; trait oculaire noir, ainsi que le front qui est traversé par une ligne blanche ; joues et côtés du cou gris ; nuque tachetée de noir ; parties inférieures d'un gris blanchâtre ; bec et pieds noirâtres. Taille, quatre pouces trois quarts. Amérique septentrionale.

GROS-BEC TONITE, *Fringilla variegata*, Lath. Le plumage varié de jaune, de rouge, de brun et de bleu ; tête rouge, variée de pourpre ; rémiges et rectrices brunes, bordées de blanc ; poitrine jaune ; bec jaune ; pieds rouges. Taille, cinq pouces deux tiers. De l'Océanie.

GROS-BEC VENGOLINE, *Fringilla Angolensis*, Lath. Parties supérieures variées de brun et de brunâtre ; rémiges et rectrices bordées de gris clair ; côtés de la tête roux ; trait oculaire brun ; croupion jaune ; parties inférieures fauves, tachetées de brun ; bec et pieds bruns. Taille, cinq pouces. De l'Afrique.

GROS-BEC A VENTRE JAUNE, *Loxia flaviventris*, Lath. Parties supérieures brunes, avec le bord des plumes verdâtre ; les inférieures et le trait oculaire jaunes ; croupion verdâtre ; bec et pieds d'un gris-brun. Taille, cinq pouces.

GROS-BEC A VENTRE NOIR, *Loxia Afra*, Lath. Parties supérieures jaunes avec quelques taches brunâtres ; ailes et queue noirâtres ; parties inférieures noires. Taille, cinq pouces. D'Afrique.

GROS-BEC A VENTRE ROUX. *V.* BOUVREUIL A BEC BLANC.

GROS-BEC VENTAROU, *Fringilla citrinella*, L., *Emberiza brumalis*, Scop., Buff., pl. enl. 658, f. 2. Parties supérieures d'un vert jaunâtre, nuancé de cendré ; front, sommet de la tête, gorge, devant du cou, poitrine et ventre d'un vert jaunâtre ; occiput, nuque, côtés du cou et flancs cendrés ; une bande sur les ailes et croupion jaunâtres ; rémiges et rectrices noires, liserées de cendré.

Taille, quatre pouces et demi. D'Europe.

GROS-BEC VENTAROU DE PROVENCE. *V.* GROS-BEC VENTAROU.

GROS-BEC VERDATRE, *Loxia virens*, Lath. Plumage verdâtre, avec les scapulaires et les tectrices alaires bleues ; rémiges et rectrices noires, bordées de verdâtre. Amérique méridionale.

GROS-BEC VERT-BRUNET, *Fringilla butyracea*, Lath., Buff., pl. enl. 341, f. 1. Parties supérieures d'un vert-brun foncé ; sourcils, croupion et parties inférieures jaunes ; trait oculaire olivâtre ; un troisième trait de couleur noire sur les joues ; bec et pieds bruns. Taille, quatre pouces et demi. Du cap de Bonne-Espérance.

GROS-BEC VERDERIN, *Loxia Dominicensis*, Lath., Buff., pl. enl. 341, f. 2. Parties supérieures d'un vert-brun avec le bord des plumes verdâtre ; gorge et poitrine rousses, tachetées de brun ; abdomen blanc. Taille, cinq pouces. Des Antilles.

GROS-BEC VERDIER, *Fringilla Chloris*, *Loxia Chloris*, Gmel., Buff., pl. enl. 167, f. 2. Plumage d'un vert jaunâtre ; tectrices alaires cendrées, tachetées de noir ; rectrices jaunes, terminées de noir ; les deux intermédiaires entièrement noires ; bec et pieds rougeâtres ; iris brun. Taille, six pouces. La femelle a les parties supérieures cendrées, nuancées de jaunâtre ; la gorge et le milieu du ventre jaunâtres ; le reste cendré. D'Europe.

GROS-BEC VERDIER DE LA CHINE, *Loxia Sinensis*, Lath. Parties supérieures d'un brun clair ; tête et cou d'un gris verdâtre ; rémiges variées de roux, de cendré et de noir ; rectrices noires, terminées de blanc ; parties inférieures d'un gris roussâtre ; bec et pieds verdâtres. Taille, six pouces.

GROS-BEC VERDIER SANS VERT, *Loxia Africana*, Lath. Parties supérieures variées de gris et de brun verdâtre ; tectrices rousses ; poitrine variée de blanc et de brun ; gorge et parties inférieures blanchâtres. Taille, six pouces. Du cap de Bonne-Espérance.

Gros-Bec des vergers. *V*. Gros-Bec Titit.

Gros-Bec vermiculé, *Cocco-thraustes variegata*, Vieill., Ois. ch., pl. 51. Parties supérieures d'un gris-brun nuancé de jaunâtre; tête, joues et gorge noires; croupion et parties inférieures blanchâtres, rayées de zig-zags noirs; rectrices intermédiaires plus longues que les autres; bec et pieds cendrés. Taille, quatre pouces. Des Moluques.

Gros-Bec vert, *Fringilla melba*, Lath. Parties supérieures d'un vert jaunâtre; front, gorge, tectrices caudales et rectrices rouges; rémiges verdâtres, bordées de rouge; parties inférieures verdâtres, rayées de brun; abdomen blanchâtre; bec rougeâtre; pieds gris. Taille, quatre pouces et demi.

Gros-Bec vert a ventre rougeatre, *Fringilla viridis*, Vieill., Ois. ch., pl. 4. Parties supérieures d'un vert olive; tête d'un gris verdâtres; joues, gorge et parties inférieures grises, nuancées de rouge; bec et pieds rouges. Taille, quatre pouces. De l'Afrique.

Gros-Bec vert a croupion rouge. *V*. Gros-Bec Prasin.

Gros-Bec Veuve Chrysoptère. *V*. Gros-Bec Chrysoptère.

Gros-Bec Veuve au collier d'Or. *V*. Gros-Bec a collier d'Or.

Gros-Bec Veuve a deux brins. *V*. Gros-Bec a deux brins.

Gros-Bec Veuve Dominicain. *V*. Gros-Bec Dominicain.

Gros-Bec Veuve a épaulettes. *V*. Gros-Bec a épaulettes.

Gros-Bec Veuve éteinte. *V*. Gros-Bec éteint.

Gros-Bec Veuve en feu. *V*. Gros-Bec en feu.

Gros-Bec Veuve mouchetée, *Emberiza principalis*, Lath. Parties supérieures d'un brun orangé, varié de noir; côtés de la tête, petites tectrices alaires, ventre et cuisses blanchâtres; poitrine orangée; rectrices d'un brun obscur, bordées de roux;

les quatre intermédiaires plus longues et noires; bec et pieds rougeâtres. De l'Afrique.

Gros-Bec Veuve a quatre brins. *V*. Gros-Bec a quatre brins.

Gros-Bec des Vignes. *V*. Gros-Bec Linotte.

Gros-Bec de Virginie. *V*. Gros-Bec Cardinal huppé et Gros-Bec gris-albin, qui sont deux espèces différentes auxquelles on a donné la même synonymie.

Gros-Bec vulgaire. *V*. Gros-Bec commun.

Gros-Bec Weebong. *V*. Gros-Bec a dos rouge.

Gros-Bec Worabée, *Fringilla Abyssinica*, Lath., Vieill., Ois. ch., pl. 28. Plumage jaune; nuque, joues et gorge d'un noir velouté; rémiges et rectrices brunes; bec noir; pieds rougeâtres. Taille, cinq pouces. La femelle est grise, tachetée de brun, et le mâle lui ressemble hors le temps des amours. (DR..z.)

GROSEILLER. *Ribes*. bot. phan. Ce genre de la Pentandrie Digynie, L., avait été placé dans la famille des Cactées par le professeur Jussieu. Il est devenu le type d'une nouvelle famille établie par De Candolle (Flore Française, 2e édition) sous le nom de Grossulariées. Nous allons le décrire d'après notre collaborateur Achille Richard (Botanique médicale, 2e vol., p. 407), qui, en adoptant la famille fondée par le professeur De Candolle, a changé sa dénomination en celle de Ribésiées. Les Groseillers offrent les caractères suivans : calice adhérant par sa base à l'ovaire, plus ou moins campanulé, à cinq divisions égales; corolle composée de cinq pétales en général fort petits et alternes avec les divisions du calice; cinq étamines alternes avec les pétales, à filets insérés à la base des divisions calicinales sur une sorte de bourrelet peu saillant formé par une matière glanduleuse épanchée sur le calice et constituant un disque périgyne; loges des anthères tantôt rapprochées, tantôt écartées par un connectif; style bifide , ou profondément bipartite au sommet de chacune des branches duquel se trouve un stigmate simple; ovaire infère, ou semi-infère, à une seule loge dans laquelle un grand nombre d'ovules sont insérés à deux placentas pariétaux et longitudinaux; baie globuleuse polysperme, ombiliquée à son sommet. Les graines ont, selon De Candolle, l'embryon droit très-petit , situé à la base d'un périsperme corné. Les Groseillers sont de petits Arbrisseaux à feuilles alternes plus ou moins profondément lobées , pétiolées, souvent armées d'aiguillons simples ou divisés, que l'on peut considérer comme de véritables stipules endurcies et persistantes. Leurs fleurs sont quelquefois solitaires, le plus souvent disposées en épis ou en grappes axillaires. On en a décrit plus de trente espèces qui habitent les contrées montueuses de l'Europe, de la Sibérie, de l'Amérique septentrionale, du Pérou et du Chili. Celles qui croissent dans le nord de l'Amérique (*Ribes aureum*, Pursh, *R. Pensylvanicum*, Lamk. , etc.), et qui sont assez nombreuses, offrent, dans le calice et les autres parties de la fleur, des différences peut-être suffisantes pour constituer un nouveau genre, surtout depuis qu'on a proposé de constituer la famille des Ribésiées avec le seul genre *Ribes* de Linné. On peut en dire autant pour celles de l'Amérique méridionale. Quant aux espèces européennes, elles ont été partagées par A. Richard (*loc. cit.*), en trois groupes qui pourront bien être élevés par la suite au rang de genres, mais que l'auteur n'a considérés que comme des sous-genres en leur imposant des dénominations particulières. Nous allons exposer leurs caractères , et les descriptions abrégées des espèces remarquables qu'ils renferment.

§ I. GROSSULARIA. Ovaire complétement infère ; calice campanulé; anthères cordiformes ; style profondément bipartite; fleurs non disposées en grappes ; tige ordinairement garnie d'aiguillons.

Le GROSEILLER ÉPINEUX , *Ribes Grossularia*, L., est un petit Arbuste très-rameux qui ne s'élève guère au-delà d'un mètre. Sa tige ligneuse porte des feuilles , d'abord en faisceaux, à la base desquelles on trouve un aiguillon à trois branches divariquées ; ces feuilles deviennent ensuite alternes et pétiolées , presque en cœur, pubescentes, à cinq lobes arrondis et profondément dentés. Les fleurs , qui naissent au printemps , sont vertes, axillaires et solitaires sur un pédoncule pubescent, penché et orné de deux petites écailles opposées. Le fruit est une baie globuleuse de la grosseur d'une Cerise , d'un rouge foncé , hérissée de poils rudes, et ombiliquée à son sommet. Cette espèce croît dans les haies et les bois de l'Europe. On la cultive dans les jardins , ainsi que le *Ribes Uva crispa*, L., regardé par Lamarck comme une variété de la précédente. L'*Uva crispa* porte vulgairement le nom de Groseiller à Maquereau. Cette épithète vient de ce qu'on assaisonne avec ce fruit, lorsqu'il est encore vert , les viandes et le Poisson , et particulièrement les Maquereaux. Parvenus à leur maturité, ces fruits ont une saveur acidulé et sucrée, mais dont nous faisons si peu de cas en France, qu'il n'y a guère que les enfans qui en mangent par friandise. Les Anglais, au contraire, ayant rarement l'avantage de voir réussir les Arbres-fruitiers sous le climat nébuleux de leur île, mais pouvant cultiver avec facilité le Groseiller Épineux, lui ont donné beaucoup de soins et en ont obtenu, dit-on, plus de cent variétés très-estimées.

§ II. RIBES. —Ovaire infère; calice presque plane; anthères didymes; style bifide à son sommet; fleurs en grappe; tiges dépourvues d'aiguillons.

Le GROSEILLER ROUGE , *Ribes rubrum*, L., a des tiges dressées, cylindriques, garnies de feuilles très-grandes, pubescentes, à cinq lobes dentés; ses fleurs sont très-petites et forment une petite grappe simple pendante, composée de huit à douze fleurs pédicellées ; le fruit est une petite baie globuleuse, ombiliquée, tantôt d'un rouge vif, tantôt blanche, transparente, ou légèrement jaunâtre. Cet Arbrisseau est indigène des contrées septentrionales de l'Europe. Dans les pays chauds il a besoin d'être placé au nord et contre un mur. On a soin de retrancher les branches qui ont plus de trois ans, parce qu'on a observé que les jeunes rameaux portaient de plus beaux fruits que les vieux. La saveur acide des Groseilles est due aux Acides malique et citrique qu'elles contiennent ; leur suc se convertit en gelée tremblottante sur la nature de laquelle les chimistes n'ont pas prononcé. Les usages alimentaires et thérapeutiques des Groseilles, sont si connus, que nous croyons inutile de les signaler à nos lecteurs. Dans le nord de l'Europe, où l'on ne peut cultiver la Vigne, on retire une sorte de vin du suc de Groseilles après lui avoir fait subir un certain degré de fermentation.

§ III. BOTRYCARPUM. — Ovaire semi-infère ; calice campanulé ; anthères cordiformes ; style simple ; fleurs en grappes ; tiges sans aiguillons.

Le GROSEILLER NOIR, *Ribes nigrum*, L., vulgairement nommé Cassis, a beaucoup d'analogie pour le port avec le Groseiller rouge. Ses tiges sont rameuses et couvertes de feuilles qui ressemblent beaucoup à celles de la Vigne, mais qui sont trois fois plus petites, glabres en dessus, pubescentes en dessous, et supportées par des pétioles élargis et membraneux à leur base. Les grappes sont composées de fleurs pédicellées, écartées les unes des autres. Le fruit est une baie d'un noir foncé terne, et ombiliquée à son sommet. On rencontre fréquemment cet Arbuste à l'état sauvage dans les bois un peu humides et ombragés de la France, de l'Allemagne et du nord de l'Europe. Il est cultivé depuis un temps immémorial dans les jardins, et on lui donne les mêmes soins qu'au Groseiller rouge. Le goût aromatique des baies de ce Groseiller, est dû à un principe qui réside dans des vaisseaux propres attachés aux parois intérieures de leur enveloppe. Cette odeur est peu agréable lorsqu'on mange le fruit, mais elle fait la base d'une liqueur assez estimée, que l'on connaît sous le nom de ratafia, et dont on rehausse l'arôme avec de la Cannelle, du Maïs, des Girofles et autres épiceries. (G..N.)

On a donné le nom de Groseillers d'Amérique à divers Mélastomes ainsi qu'à des Cactes, et particulièrement au *Cactus Pereskia*. (B.)

* GROSSOSTYLIDE. *Grossostylis*. BOT. PHAN. Sous le nom de *Grossostylis biflora*, Forster (*Prodrom.*, n. 266) a mentionné une Plante des îles de la Société qui serait le type d'un genre particulier et ainsi caractérisé : calice à quatre divisions profondes ; corolle à quatre pétales insérés sur le calice ; étamines nombreuses, à filets réunis en cylindre et entre lesquels sont situés vingt filets stériles ; baie striée, polysperme, uniloculaire. (G..N.)

GROSSULARIA. BOT. PHAN. Nom générique des Groseillers chez les anciens botanistes, auquel Linné substitua celui de *Ribes*. Il désigne aujourd'hui plus particulièrement un sous-genre. *V*. GROSEILLER. (B.)

* GROSSULARIÉES. *Grossulariæ*. BOT. PHAN. Sous ce nom, le professeur De Candolle a séparé d'avec les Cierges une famille adoptée par la plupart des botanistes, et particulièrement par Kunth (*Synops. Orbis-Novi*, 3, p. 565), mais dont le nom a été changé par notre collaborateur Ach. Richard en celui de Ribésiées. *V*. ce mot. (G..N.)

* GROSSUS. BOT. Les anciens désignaient par ce nom les Figues qui ne parviennent pas à leur maturité. (B.)

GROTTES. GÉOL. Cavités souterraines plus ou moins grandes, que l'on rencontre particulièrement dans les terrains calcaires et dans les terrains volcaniques. Il en sera traité à l'article CAVERNE au supplément de ce Dictionnaire.   (B.)

GROUGROU. BOT. PHAN. (Jacquin.) Syn. caraïbe de *Cocos aculeatus*, espèce du genre Cocotier.   (B.)

GROULARD. OIS. Syn. vulgaire du Traquet. *V.* ce mot. Belon l'a aussi appliqué au Bouvreuil.   (DR..Z.)

GROUNE NÈGRE. POIS. (Risso.) La Murène noire dans les mers de Nice.   (B.)

GROUS. OIS. (Edwards.) Syn. de Tétras rouge. *V.* TÉTRAS.   (DR..Z.)

GRUAU. OIS. Les petits de la Grue. Ce nom est aujourd'hui rejeté dans le vieux langage.   (B.)

GRUAU. BOT. PHAN. Préparation pour l'usage culinaire des graines des Céréales, qui consiste à dépouiller ces graines de leur enveloppe extérieure.   (B.)

GRUBBIE. *Grubbia.* BOT. PHAN. Bergius (*Act. Stockh.*, 1767, p. 33, t. 2) a fondé sous ce nom un genre de l'Octandrie Monogynie, L., dont les caractères ont ensuite été exposés de la manière suivante (*Descript. Plant. ex capit. Bon. Spei*, p. 90): fleurs axillaires, agglomérées, laineuses, sessiles; périanthe composé de deux folioles larges, ovales, opposés, concaves, obtuses, renfermant deux ou trois fleurs; corolle de quatre pétales concaves, glabres intérieurement, laineux en dehors; huit étamines à filets subulés plus courts que la corolle; ovaire blanc renflé, surmonté d'un style court, subulé, et d'un stigmate simple. Selon Lamarck (Dict. Encyclopéd.), les fleurs de ce genre ne sont pas toutes hermaphrodites; il y en a aussi de femelles pareillement axillaires et sessiles, mais ayant un calice turbiné, à quatre lobes courts; un ovaire remplissant tout le calice, comme tronqué supérieurement, à sommet élargi, chargé de trois styles courts, et placés à distance, à stigmates simples; capsule globuleuse, aplatie en dessus, velue, très-petite et triloculaire. Jussieu (*Genera Plant.*, p. 162) a exposé des caractères sem-

blables à ces derniers, et il s'est demandé si les fleurs sont vraiment distinctes dans le genre de Bergius, et si alors les fruits ne sont pas formés par la réunion des ovaires? Au surplus, le genre Grubbie a été rapproché des *Empetrum* par les deux célèbres auteurs que nous venons de citer; mais ce rapprochement ne doit être considéré que comme une simple indication. Le *Grubbia rosmarinifolia* est une Plante frutescente, à rameaux dressés, opposés et garnis de feuilles linéaires obtuses, roulées sur leurs bords, scabres en dessus, glauques en dessous, et plus longues que les entrenœuds des rameaux. Elle croît au cap de Bonne-Espérance.   (G..N.)

GRUE. *Grus.* OIS. Genre de l'ordre des Gralles. Caractères : bec aussi long ou plus long que la tête, robuste, droit, comprimé, en cône très-allongé, mais obtus vers le bout; mandibule fortement cannelée sur les côtés et près de la base; arête élevée; narines placées au milieu du bec, fermées en arrière par une membrane; région des yeux et base du bec ordinairement nues ou couvertes de mamelons; pieds longs et forts, emplumés bien au-dessus du genou; quatre doigts dont trois devant; l'extérieur réuni à l'intermédiaire par un rudiment de membrane, l'intérieur divisé; le pouce s'articulant assez haut sur le tarse; ailes médiocres; première rémige plus courte que la seconde, celle-ci égalant quelquefois la troisième qui est la plus longue. De tous les Oiseaux voyageurs, les Grues paraissent être ceux qui apportent le plus de prévoyance dans leurs transports rapides des régions boréales aux contrées équatoriales et dans les retours périodiques de ces contrées vers celles que, précédemment, les dangers d'une disette totale leur avaient fait quitter. Elles n'entreprennent point isolément leurs voyages; elles se témoignent mutuellement et dans un rayon de plusieurs lieues, l'intention de se mettre en route, et plusieurs jours avant le départ, elles s'appellent par un cri particulier, se rassemblent vers un point central, et l'instant favorable étant arrivé, toutes les voyageuses prennent l'essor et se rangent à la file, sur deux lignes parallèles qui se réunissent angulairement vers un sommet que forme le chef auquel la troupe semble s'être engagée d'obéir. Ce chef, qui déjà supporte le fardeau bien plus grand qu'on ne le peut penser, de frayer le chemin dans le domaine aérien, est chargé de veiller à la sûreté commune, de prévenir ou plutôt d'éviter l'attaque improviste des Aigles, de faire resserrer circulairement, dans le cas de tempête, les deux lignes parallèles, afin de résister plus efficacement aux tourbillons, et d'éviter la dispersion; enfin, de ne pas trop s'éloigner des côtes, et d'indiquer à la troupe, après les fatigues du vol, un lieu d'étape sûr, et qui pût offrir abondamment de quoi pourvoir aux besoins de tous. Il paraît que les fonctions du chef ne sont que momentanées, et que leur durée est proportionnée à ses forces et à ses moyens; car on a observé que ce même chef, lorsqu'il se sentait trop fatigué, cédait la place à celui qui le suivait, et venait modestement prendre le dernier rang à l'extrémité de la file. Les voyages s'exécutent pendant la nuit, et c'est encore, assure-t-on, par un excès de prévoyance de la part de ces Oiseaux, auxquels il n'a pas été départi des armes assez fortes pour opposer de la résistance à toutes les attaques que leur attire surtout leur grande stature. Pendant la nuit, leurs courses sont assez bruyantes, la voix éclatante qu'ils font entendre, est sans doute l'indication de marche de la part du chef, et la réclame des autres est pour lui l'assurance que chacun conserve son poste. L'instinct singulier qui porte les Grues à se soumettre à cette espèce de discipline, est un des faits les plus remarquables de l'ornithologie; leur sociabilité ne cause pas le même étonnement; car elle peut n'être que le résultat de l'impulsion naturelle qui entraîne l'un vers l'autre les êtres de même espèce; on a dit, et l'on répète, que le besoin force tous les Animaux à se réunir; on en juge d'après les Hommes qui ne peuvent réellement se passer de leurs semblables, quoique l'intérêt personnel les isole trop souvent; mais il en est autrement parmi la plupart des Oiseaux : le besoin sépare tous ceux qu'une conformation particulière de leurs organes semble avoir condamnés à la disette : les Pies, les Hérons, les Oiseaux de proie vivent isolés, l'Aigle est bientôt obligé de bannir ses petits de son domaine. Il n'y a que les Oiseaux aquatiques auxquels les eaux fournissent une ample nourriture, et les Oiseaux omnivores ou granivores, accoutumés partout à l'abondance, qui se rassemblent et jouissent des douceurs de la société. Ils ne s'en privent que périodiquement, pour être tout entiers à d'autres charmes et aux soins de leur progéniture. Les Grues construisent leur nid dans des buissons épais, quelquefois dans les Joncs touffus des marais à demi desséchés, rarement sur les toits ou les plate-formes des édifices abandonnés. La ponte consiste en deux œufs verdâtres, ordinairement tachetés de brun. Elles font leur nourriture d'Herbes et de graines, d'Insectes, de Vers, de Grenouilles, Lézards, etc.

GRUE D'AMÉRIQUE, *Ardea Americana*, L., Buff., pl. enl. 889. Plumage blanc; grandes rémiges et tache triangulaire sous l'occiput noires; bec brun jaunâtre, long de cinq pouces et demi, en partie dentelé; crâne couvert d'une peau calleuse, rouge et parsemée, ainsi que les joues, de poils noirs. Taille, cinq pieds deux pouces.

GRUE ARGALA. *V.* CIGOGNE ARGALA.

GRUE DE LA BAIE D'HUDSON, *Ardea Canadensis*, L.; *Grus fusca*, Vieill. Plumage d'un gris cendré, varié ou plutôt nuancé de brun clair et de bleu céleste; sommet de la tête d'un rouge de rose, dénué de plumes, et seulement garni de plusieurs poils courts, dûrs et noirs. Taille, environ six pieds.

GRUE BALÉARIQUE. *V*. GRUE COURONNÉE.

GRUE A BEC COURBÉ. *V*. TANTALE.

GRUE BLANCHE. *V*. GRUE D'AMÉRIQUE.

GRUE BLANCHE DE SIBÉRIE, *Ardea gigantea*, Lath. Paraît être la même espèce que la Grue d'Amérique.

GRUE BRUNE. *V*. GRUE DE LA BAIE D'HUDSON.

GRUE BRUNE ET GRISE, Edwards. *V*. GRUE BRUNE.

GRUE BRUNE DU JAPON. *V*. GRUE COURONNÉE.

GRUE CARONCULÉE, *Ardea carunculata*, Lath. Tout le plumage noir, à l'exception du sommet de la tête, du dos et des tectrices alaires, qui sont d'un bleu cendré; face et cou blancs; bec en partie rouge, et partie noirâtre, avec deux caroncules garnies de plumes blanches et pendantes à sa base; pieds d'un noir bleuâtre. Taille, cinq pieds. Du sud de l'Afrique.

GRUE CENDRÉE, *Ardea cinerea*, L., Buff., pl. enl. 769. Tout le plumage d'un gris cendré, à l'exception de la gorge, du devant du cou et de l'occiput, qui sont noirâtres; sommet de la tête nu et rouge; bec d'un noir verdâtre, rougeâtre à sa base. Taille, trois pieds dix pouces. Le mâle a quelques-unes des rémiges à barbes décomposées et frisées. Les jeunes sont entièrement cendrés. C'est l'espèce la plus généralement connue en Europe et dont la stupidité est devenue proverbiale.

GRUE A COLLIER, *Ardea torquata*, Gmel., Buff., pl. enl. 865. *V*. GRUE DES INDES-ORIENTALES.

GRUE COMMUNE. *V*. GRUE CENDRÉE.

GRUE COURONNÉE, *Ardea pavonina*, L.; *Ardea Balearica*, Briss., Buff., pl. enl. 265. Parties supérieures d'un bleu cendré; premières rémiges noires, les secondaires brunes; deux grandes plaques blanches sur les ailes; une gerbe de soies jaunes et torses sur l'occiput; front d'un noir ve-

louté; joues rouges; membrane temporale blanche; pieds noirs. Taille, quatre pieds. D'Afrique.

GRUE DEMOISELLE, *Ardea Virgo*, L., vulgairement la Demoiselle de Numidie, Buff., pl. enl. 241. Plumage varié de gris, de noir et de blanc; deux faisceaux de plumes fines et blondes, partant de l'angle de l'œil, et retombant sur les oreilles; côtés de la tête noirs, ainsi que les plumes douces et soyeuses, qui garnissent la gorge et retombent sur le bas du cou; bec d'un jaune verdâtre, rouge à l'extrémité. Taille, trois pieds. D'Afrique et d'Asie.

GRUE DES INDES-ORIENTALES, *Ardea Antigone*, Lath. Parties supérieures d'un cendré blanchâtre; rémiges noires; sommet de la tête calleux et blanc; une tache blanche vers les oreilles; partie de la tête et du cou nue et rouge, avec quelques poils noirs; bec jaunâtre, avec la pointe noire; pieds rouges. Taille, six pieds.

GRUE DU JAPON, *Ardea Grus*, Var., Lath. Paraît n'être qu'une variété de la Grue cendrée.

GRUE DU MEXIQUE, *Grus Mexicana*, Briss. *V*. GRUE CENDRÉE.

GRUE DE NUMIDIE. *V*. GRUE DEMOISELLE.

GRUE PANACHÉE D'AFRIQUE. *V*. GRUE COURONNÉE.

GRUE PÉTEUSE, *Grus crepitans*, Pallas. *V*. AGAMI.   (DR..Z.)

GRUET. BOT. PHAN. L'un des noms vulgaires du Landier ordinaire. (B.)

*GRUGNAO. POIS. (Risso.) Le Trigle Grunau dans les mers de Nice.   (B.)

*GRUHLMANIA, BOT. PHAN. Genre fondé par Necker (*Element. Botan.* T. I, p. 202), pour y placer quelques espèces caulescentes de *Spermacoce* d'Aublet, et dont les caractères seraient: calice quadripartite; corolle quadrifide; style allongé bifide; quatre glandules au sommet de l'ovaire; akènes dispermes. Ce genre n'a pas été adopté. *V*. SPERMACOCE. (G..N.)

*GRUMARIA. BOT. CRYPT. (*Mucé-*

dinées.) Dans sa Mycologie européenne, Persoon avait donné ce nom à une section du genre *Erineum* qui renferme les espèces dont les filamens sont roides, renflés au sommet, en forme de toupie ou de cupules, ou irréguliers. Ces espèces forment le genre *Erineum* proprement dit de Fries, et probablement son genre *Rubigo. V.* ce mot. (AD. B.)

GRUMILÉE. *Grumilea.* BOT. PHAN. Gaertner (*de Fruct.* 1, p. 158, et tab. 28, f. 2) a constitué ce genre sur un fruit de l'île de Ceylan, que les habitans nomment *Rogdala.* Il l'a ainsi caractérisé : calice à cinq dents, supère; corolle, étamines et style inconnus; baie infère à deux ou trois loges; graines solitaires, munies d'un albumen grumelé. Gaertner, indique les affinités de ce genre avec les Rubiacées (Étoilées) près du *Psychotria.* C'est sans doute cette indication qui aura décidé Schultes à placer ce genre douteux dans la Pentandrie Monogynie, L., au milieu d'un groupe de Rubiacées. (G..N.)

*GRUNERDE. MIN. *V.* CHLORITE BALDOGÉE.

GRUNON ou GRYNON. BOT. PHAN. (Dioscoride.) Syn. de *Momordica Elaterium*, L., selon Ruell et Adanson. (B.)

GRUNSTEIN ou GRUSTEIN. MIN. Nom sous lequel Werner réunissait les Roches qui sont composées d'Amphibole Hornblende et de Feldspath compacte, et qui appartiennent aux Diabases de Brard ou aux Diorites d'Haüy. La Dolérite de Brard était aussi un Grunstein, quoique composée de Pyroxène et de Feldspath. La Diabase, qui est connue en Egypte sous le nom impropre de Basalte antique et qui passe à la Siénite et la Diabase orbiculaire de Corse, sont les deux principales variétés de Grunstein. *V.* DIABASE et DOLÉRITE. (G.)

GRUS. OIS. *V.* GRUE.

GRYCALLUS. OIS. (Gesner.) Syn. du Tétras Tuerhan. *V.* TÉTRAS. (DR..Z.)

GRYLLE. OIS. Espèce du genre Guillemot. *V.* ce mot. (DR..Z.)

GRYLLIFORMES. *V.* GRYLLOIDES.

GRYLLOIDES ou GRYLLIFORMES. INS. Dans sa Zoologie analytique, Duméril désigne sous ces noms tous les Insectes Orthoptères qui ont les pates postérieures plus longues et plus grosses que les autres et propres à leur faire quitter promptement le sol en exécutant un saut rapide. Il divise cette famille en deux groupes qui contiennent les genres Criquet, Sauterelle, Gryllon, Courtilière, Truxale, etc. (G.)

*GRYLLOIDES. OIS. (Bruin.) Syn. du Guillemot à miroir blanc. *V.* GUILLEMOT. (DR..Z.)

GRYLLON. *Gryllus.* INS. Genre de l'ordre des Orthoptères, famille des Sauteurs, tribu des Gryllones, établi par Linné qui comprenait sous ce nom plusieurs genres dont Latreille a fait la tribu des Gryllones. Le genre Gryllon, tel qu'il est adopté aujourd'hui par tous les entomologistes, a pour caractères : pates postérieures propres au saut; élytres et ailes horizontales; ailes plissées longitudinalement et formant chacune, dans le repos, une sorte de lanière prolongée au-delà des élytres; tarses à trois articles; antennes sétacées, à articles très-nombreux, insérées entre les yeux; languette à quatre divisions dont les deux mitoyennes très petites; labre entier, une lanière saillante dans les femelles; jambes et tarses semblables. Les Gryllons se distinguent des Courtilières et des Tridactyles par leurs pates de devant qui sont simples, tandis que dans ces deux genres elles sont dilatées, en scie et propres à fouir la terre. Les Gryllons ont le corps gros, presque de la même largeur dans toute son étendue; leur tête est grosse, verticale et arrondie postérieurement; leurs yeux sont composés, petits, presque ronds, et l'on voit entre eux et sur le devant de la tête deux petits yeux lisses : leurs élytres sont tout au plus de la longueur de l'abdomen, elles sont demi-transparentes, fortement réticulées, couchées horizontalement sur le corps en dessus, et courbées brusquement sur les côtés. Les mâles ont, pour le chant, une portion intérieure de leurs étuis en forme de miroir ou de peau de tambour; les ailes sont plus longues et finissent par une sorte de lanière sétacée débordant l'abdomen qui est muni, dans les deux sexes, de deux appendices sétacés placés de chaque côté de l'anus, et sans articulations; les femelles ont un oviducte écailleux allongé, un peu renflé au bout, s'élevant un peu en haut et formé de deux pièces concaves intérieurement dont la réunion compose un tuyau. Les pates sont fortes, les cuisses des pates postérieures sont très-grandes, avec les jambes et les tarses même garnis d'un double rang d'épines. Le jabot des Gryllons forme souvent une poche latérale : ils n'ont au pylore que deux gros cœcums et leurs vaisseaux biliaires s'insèrent dans l'intestin par un canal commun. Ces Insectes sont connus généralement sous le nom de *Cri-Cri;* ce nom leur a été donné à cause du bruit qu'ils font entendre en frottant leurs élytres l'une contre l'autre : ils se nourrissent ordinairement d'Insectes, plusieurs sont nocturnes. Les principales espèces et celles qui sont les mieux connues sous le rapport des mœurs sont:

Le Gryllon domestique, *G. domesticus,* L., Geoff.; *Acheta domestica,* Fabr., Roës., Ins. T. ɪɪ, Gryll., tab. 12. Il a environ huit lignes de long, tout son corps est d'un jaunâtre pâle mélangé de brun. Les élytres du mâle sont d'une nature plus élastique et plus sèche que celles de la femelle, ce qui les rend propres à exciter, par le frottement, un son semblable à celui que produit le froissement du parchemin. Quand il veut se faire entendre pour avertir la femelle de sa présence, il élève ses élytres de manière qu'elles forment un angle aigu avec son corps; alors il les frotte l'une contre l'autre par

un mouvement très-vif. Des idées superstitieuses, qui existent même encore chez le peuple, ont fait redouter le chant du Gryllon et ont fait considérer cet Insecte comme sacré. Il paraît que c'est en novembre ou décembre que les femelles de Gryllons domestiques pondent; car Degéer, qui a ouvert le ventre d'une femelle vers cette époque, l'a trouvé rempli d'œufs blancs et allongés. Elles placent ces œufs dans des plâtras ou en terre, au moyen de l'oviducte dont elles sont munies; les petits éclosent au bout d'une douzaine de jours, et ce n'est qu'après trois mues qu'ils acquièrent des apparences d'ailes ou qu'ils se changent en nymphes. Ce n'est qu'au bout de quatre mois qu'ils subissent leur dernière transformation; mais l'on distingue déjà les femelles des mâles bien long-temps avant la présence de la tarière dont celles-ci sont munies. Ces Insectes vivent dans les maisons, ils aiment à se placer dans le voisinage des lieux où l'on fait du feu, comme les cuisines, les trous et les fentes de murailles, près des fours des boulangers, etc. Pendant le jour ils se tiennent dans leur trou et ils n'en sortent qu'aux approches de la nuit; c'est alors qu'ils cherchent leur nourriture que Latreille présume être composée d'Insectes, et que divers auteurs disent consister en pain, farine et autres provisions. Cette espèce se trouve dans toute l'Europe. Bory de Saint-Vincent nous a rapporté qu'on les affectionne en Espagne, où les gens de la campagne en élèvent dans de petites cages fort bien faites qu'on accroche dans les cheminées, et où ces petits Animaux continuent à faire entendre ce que les paysans appellent chant.

Gryllon champêtre, *G. campestris,* L., Geoff.; *Acheta campestris,* Fabr., Roës., *loc. cit.,* tab. 13. Plus grand que le précédent, noir, avec la base des étuis jaunâtre; tête grosse; cuisses postérieures rouges en dessous. La femelle pond, en juillet, près de trois cents œufs; les petits qui éclosent quinze jours après, se nourrissent, dit-on, d'herbes tendres ou de leurs racines; ils font leurs premières mues avant la mauvaise saison, et dès que le froid commence à se faire sentir, ils s'en garantissent en se cachant dans la terre où ils ne prennent aucune nourriture; aussitôt que les beaux jours du printemps sont revenus, ils reparaissent, se creusent une grotte qui leur sert d'habitation et où ils se tiennent à l'affût. Cette larve se distingue de l'Insecte parfait, par le manque d'ailes et d'élytres; elle prend sa nourriture, saute et marche comme lui : après quelques mues elle se change en nymphe, on voit sur son dos quatre parties aplaties qui sont les fourreaux des ailes et des élytres. Ces quatre fourreaux sont en forme de lames minces et ovales. Leur dernière transformation a lieu en juin ou juillet; c'est alors qu'ils sont en état d'engendrer; l'organe sexuel du mâle est garni de deux crochets qui doivent lui servir, pendant l'accouplement, à retenir la femelle. C'est en été que l'on entend le cri monotone et aigu de ces Insectes qui se tiennent dans les pâturages et les prairies exposées au soleil. Les enfans de la campagne s'amusent à les chasser; pour cela ils jettent dans leur trou une Fourmi attachée à un cheveu; le Gryllon ne manque pas de la poursuivre, sort de sa retraite, et vient se livrer à son ennemi. Cette manière de les prendre était en usage parmi les anciens. Il suffit même d'introduire dans son trou un brin d'herbe pour l'en faire sortir; de-là vient, dit Latreille, que l'on disait proverbialement *sot comme un Gryllon*. Il habite toute l'Europe méridionale et l'Afrique.

On trouve en Espagne et en Barbarie un Gryllon très-singulier (*Gryllus umbriculatus*), dont le mâle a sur la tête un prolongement membraneux qui tombe en forme de voile. Dans le Gryllon monstrueux, les ailes se roulent en plusieurs tours de spire à leur extrémité. Il se trouve aux Indes-Orientales. (G.)

GRYLLONES. *Gryllides*. INS. Tribu d'Insectes de l'ordre des Orthoptères, établie par Latreille et renfermant tous les genres de la famille des Sauteurs, qui ont les antennes sétacées ou filiformes, écartées, insérées à peu de distance de la bouche, composées d'un grand nombre d'articles dans la plupart; la lèvre supérieure très-grande, voûtée, arrondie et entière; la lèvre inférieure à quatre divisions distinctes, presque de longueur égale; les pates postérieures propres à sauter; les tarses de trois articles, les ailes et les élytres horizontales. Ces Insectes ont la tête ovalaire, verticale et lisse postérieurement, deux ou trois petits yeux lisses entre leurs yeux qui sont écartés, ovales ou presque ronds, le corselet très-grand, transversal, tronqué et concave en devant et n'ayant point d'écusson; élytres couchées sur le corps, réticulées, se courbant sur les côtés, à leur base, et rétrécies ensuite brusquement; ailes prolongées en queue ou en forme de lanière; deux appendices sétacés à l'anus. Leurs quatre pates antérieures sont rapprochées à leur naissance, les premières sont quelquefois propres à creuser la terre; les pates postérieures sont beaucoup plus grosses, toutes ont deux crochets au bout des tarses sans pelotes intermédiaires. Les genres Courtilière, Tridactyle et Gryllon, composent cette tribu. *V.* ces mots. (G.)

GRYLLUS. INS. *V.* GRYLLON.

GRYNON. BOT. PHAN. *V.* GRUNON.

GRYPHÉE. *Gryphea*. MOLL. Genre établi par Lamarck aux depens des Huîtres. *V.* ce mot. (AUD.)

GRYPHITE. MOLL. *V.* HUITRE.

GRYPHON. OIS. Suivant Salerne, ce nom d'un redoutable Animal fabuleux qu'on supposait être moitié Aigle et moitié Lion, a été appliqué, dérisoirement sans doute, au Martinet de muraille. (DR..Z.)

GRYPHUS. OIS. (Klein.) Syn. de Condor, aussi désigné sous le nom de Gryps. *V.* GYPAÈTE. (DR..Z.)

GRYPS. ois. *V.* Gryphus.

*GUAAP. bot. phan. (Masson.)
Le *Stapelia pilifera* est ainsi nommé
par les Hottentots qui se nourrissent
quelquefois de cette Plante.   (B.)

*GUABAR, GUABO et PACAES.
bot. phan. Noms de pays de l'*Inga
insignis* de Kunth. *V.* Inga.   (B.)

GUABIPOCAIBA. bot. phan. (Pison.) Cet Arbre du Brésil, mentionné par Marcgraaff sous le nom de
Guaibi-Pocaba-Biba, est, selon Aublet, le *Mimosa vaga*, et, selon Bar-
rère, une espèce de Café.   (B.)

*GUABO. bot. phan. *V.* Guabar.

GUACA-GUACU. ois. Nom bré-
silien de la Mouette d'hiver. *V.* Mauve.   (DR..Z.)
GUACAMAYA et GUACAMIAC.
ois. Noms de pays des Aras rouge et
bleu. *V.* Ara.   (DR..Z.)

GUACATANE. bot. phan. La
Plante mentionnée sous ce nom par
l'Ecluse et Monard, comme un *Polium* inodore de la Nouvelle-Espagne, paraît être une Germandrée.
                      (B.)

*GUACIMO. bot. phan. (Her-
nandez.) *V.* Guazuma.

GUACO. bot. phan. C'est le nom
vulgaire de deux Plantes appartenant
à la famille des Synanthérées. Les habitans des rives du fleuve de la Madeleine, entre Mahates et Angostura,
l'appliquent au *Mikania Guaco* de
Humboldt et Bonpl. (Plant. équin.
2, p. 84, tab. 105); tandis que le
Guaco des environs de Santa-Fé de
Bogota est le *Spilanthes ciliata* de
Kunth (*Nov. Genér. et Spec. Plant.
Amer.* vol. 4, p. 208). Nous pensons
que le Guaco, si célèbre par ses propriétés efficaces contre la morsure des
Serpens venimeux, est cette dernière
Plante, et non pas le *Mikania Guaco*.
En effet, Mutis ne connaissait
pas celle-ci, lorsqu'en présence de
Zéa et d'autres naturalistes colom-
biens, il fit l'imprudente expérience
de laisser piquer un peintre de sa société par un Serpent regardé comme
très-venimeux, pour le guérir avec
le Guaco. Quelque confiance qu'on
puisse avoir dans la vertu des simples, il nous paraît dangereux d'ac-
créditer de pareils récits, parce que,
dans les accidens de ce genre, on préfère toujours appliquer une Plante
pilée, boire quelques cuillerées de
son suc, ou bien, comme on n'a pas
craint de l'imprimer, se contenter
d'en porter quelques feuilles sur soi,
qu'employer la cautérisation et les
autres moyens puissans dont l'expérience a démontré l'exclusive efficacité.   (G..N.)

GUADARELLA. bot. phan.
(Cœsalpin.) Syn. de Gaude, espèce de Réséda dont le nom spécifique vulgaire paraît venir de *Gua-
dum* ou *Guadduva*, aussi employé
par d'anciens botanistes pour désigner l'Isatis ou Pastel.   (B.)

*GUADUA. bot. phan. Genre de
la famille des Graminées et de
l'Hexandrie Trigynie, L., établi par
Kunth (*Synops. Plant. Orbis-Novi*, 1,
p. 252) qui l'a placé dans sa section
des Bambusacées, *V.* Bambou, et
lui a assigné les caractères suivans :
épillets cylindracés, formés de plusieurs fleurs distiques, les inférieures mâles ou à une seule valve et
deux paillettes avortées; deux glumes, l'inférieure concave, la supérieure carenée, renfermant la fleur;
trois écailles hypogynes; six étamines; style à trois divisions profondes, terminées par des stigmates
plumeux; caryopse enveloppée par
les paillettes. Les Plantes de ce genre
formé aux dépens des *Bambusa*, ont
des chaumes en gazon, arborescens
et rameux; les plus jeunes branches
sont piquantes. Leurs feuilles sont
planes, à pétioles courts; les épillets
sont disposés en épis ou fasciculés.
Kunth (*loc. cit.*) en a décrit deux espèces : la première, *Guadua angustifolia*, avait été nommée *Bambusa
Guadua* par Humboldt et Bonpland,
qui en ont donné une figure dans
leurs Plantes équinoxiales, T. I, p.
68, tab. 20. Cette espèce croît dans
les régions chaudes et tempérées de
l'Amérique méridionale et principa-

lement sur les pentes occidentales des Andes de la Nouvelle-Grenade et de Quito, à une hauteur qui ne dépasse pas quatre cents mètres au-dessus du niveau de la mer. Le nom de *Guadua* est celui sous lequel les habitans du pays la désignent. La deuxième espèce, *Guadua latifolia*, a été figurée par Humboldt et Bonpland (*loc. cit.*, p. 73, tab. 21) sous le nom de *Bambusa latifolia*. Elle est indigène des forêts ombragées et humides, près du fleuve Cassiquiare, dans les Missions de l'Orénoque supérieur et du Rio-Négro. Ces Plantes ne fleurissent guère, ainsi que les autres Bambusacées, que lorsque le tronc a souffert soit par quelque brisure, soit par quelque incendie. (G..N.)

GUAGUEDI. BOT. PHAN. Nom de pays du *Protea Abyssinica*. (B.)

GUAHEX. MAM. (Marmol.) Nom de pays en Barbarie du Zébu. *V.* BOEUF. (B.)

GUAIABARA. BOT. PHAN. Pour Guiabara. *V.* ce mot. (B.)

GUAIACANA, GUAICANA. BOT. PHAN. (Tournefort.) Syn. de *Diospyros*, L. *V.* PLAQUEMINIER. (B.)

GUAIACANÉES. *Guaiacaneœ*. BOT. PHAN. La famille ainsi nommée par Jussieu a reçu le nom d'Ébénacées, qui a été plus généralement adopté, et sous lequel nous avons décrit cette famille. *V.* ÉBÉNACÉES. (A. R.)

GUAIACUM. BOT. PHAN. Qu'on a aussi écrit *Guyacum*. Même chose que Gayac. *V.* ce mot. (B.)

GUAIARATA. BOT. PHAN. Pour *Guajarata. V.* ce mot. (B.)

*GUAIAVA. BOT. PHAN. Formé des noms de pays *Guaiabo*, *Guajava* et *Guajavo*. Tournefort, d'après l'Ecluse et les anciens botanistes, donnait ce nom au Gouyavier. Linné y a substitué celui de *Psidium*. (B.)

GUAIBI - POCABA - BIBA. BOT. PHAN. *V.* GUABIPOCAIBA.

GUAICURU. BOT. PHAN. Et non

Guajcuru. Nom de pays de l'Arbuste chilien dont Molina a fait son genre *Plegoriza: V.* ce mot. (B.)

GUAID. BOT. PHAN. Le *Teucrium Polium* chez les Arabes qui attribuent de grandes vertus à cette Plante. *V.* GERMANDRÉE. (B.)

GUAIERU. BOT. PHAN. (Marcgraaff). Et non *Guajero*. Syn. de *Chrysobalanus Icaco. V.* CHRYSOBALANE. (B.)

GUAINIER. BOT. PHAN. Pour Gainier. *V.* ce mot. (B.)

GUAINUMBI. OIS. Nom de pays des Colibris. *V.* ce mot. (DR..Z.)

GUAINUMU. CRUST. On ignore quel est le Crabe désigné sous ce nom au Brésil, où sa chair est fort estimée. (B.)

GUAJA-APARA. CRUST. (Pison.) *V.* CALAPPE.

GUAJABARA. BOT. PHAN. Pour Guiabara. *V.* ce mot.

* GUAJACUM. BOT. PHAN. Du nom de pays *Guaja. V.* GAYAC.

*GUAJANA-TENIBO. BOT. PHAN. Même chose que le *Cururuape* de Pison, qui est une Paullinie. *V.* CURURU. (B.)

GUAJARATA. BOT. PHAN. Et non *Guaiarata*. Bosc dit que c'est un Palmier de l'Amérique méridionale qui appartient peut-être au genre *Avoira*. (B.)

GUAJAVUS. BOT. PHAN. (Rumph, *Amb.*, 1, tab. 47.) Syn. de *Psidium*, ainsi que Guajava et Guajavo. *V.* GOUYAVIER et GUAIAVA. (B.)

GUAJCURU. BOT. PHAN. Pour Guaicuru. *V.* ce mot. (B.)

GUAJERO. BOT. PHAN. Pour Guaieru. *V.* ce mot. (B.)

*GUALMALLES. BOT. CRYPT. L'un des noms vulgaires de l'*Agaricus procerus*. Il semble une corruption de Coulamelle. *V.* ce mot. (B.)

GUALTHÉRIE. BOT. PHAN. Pour Gaulthérie. *V.* ce mot. (G..N.)

GUAMA. BOT. PHAN. (Oviédo.)

Syn. présumé d'Hyménée. *V.* ce mot. (B.)

*GUAMAIACU - APE. POIS. (Marcgraaff.) Syn. de Coffre maillé. *V.* OSTRACION. (B.)

GUAMAJACU - ATIAGA. POIS. (Marcgraaff.) Syn. d'*Atinga*, et non de *Lompe.* *V.* DIODON. Le GUAMA-JACA-GUARA est une autre espèce du même genre. (B.)

GUAN. OIS. (Temminck.) Espèce du genre Pénélope. *V.* ce mot. (DR..Z.)

GUANA. REPT. SAUR. Pour Iguane. *V.* ce mot. (B.)

GUANABANUS. BOT. PHAN. Ce nom a été appliqué par les anciens botanistes et voyageurs au Baobab, au Corossolier ou à d'autres Anones, ainsi qu'au Durion. (B.)

GUANAC ET GUANACO. MAM. Noms de pays devenus scientifiques, pour désigner l'espèce de Chameau décrite dans notre Dictionnaire au mot Ganaque. *V.* CHAMEAU. (B.)

GUANAPO. MAM. Pour Guanaque. *V.* ce mot. (B.)

GUANAQUE. MAM. Espèce du genre Chameau. *V.* ce mot. (B.)

*GUANCHE. MAM. (Et non *Gouanche*, comme l'ont écrit ceux qui n'ont consulté que la prononciation espagnole au lieu de l'orthographe.) Variété détruite de l'une des espèces du genre Homme. *V.* ce mot. (B.)

GUANDATAVA ET GUANDU. BOT. PHAN. On ne sait rien sur ces deux Plantes brésiliennes, sinon qu'on les mange comme des Haricots, suivant Pison. (B.)

GUANDIROBA. BOT. PHAN. Pour Nhandiroba. *V.* FEUILLÉE. (B.)

GUANGUE. MAM. Molina a décrit sous ce nom un petit Quadrupède propre au Chili, et qui paraît être le *Mus cyaneus* de Linné. On ne sait trop encore où le placer. Desmarest pense qu'il appartient peut-être au genre Hamster, ou au moins qu'il l'avoisine. (G.)

*GUANIMIBIQUE. OIS. L'un des noms de pays des Oiseaux-Mouches. *V.* COLIBRI. (DR..Z.)

GUANO. ZOOL. ? MIN. ? Humboldt et Bonpland ont rapporté du Pérou cette substance qu'on y emploie comme engrais pour fertiliser la terre. On la recueille à ciel ouvert comme on ferait d'une mine de fer ocracé, d'une couche de cinquante à soixante pieds d'épaisseur dans certaines îles de la mer du Sud, peu éloignées de la côte, et qui sont habitées par des hordes nombreuses d'Oiseaux de rivage. Cette substance analysée par le savant Vauquelin, est formée : 1° pour le quart de son poids d'Acide urique, saturé d'Ammoniaque et de Chaux ; 2° d'Acide oxalique combiné en partie à l'Ammoniaque et à la Potasse ; 3° d'Acide phosphorique uni aux mêmes bases et à la Chaux ; 4° d'une petite quantité de Sulfates et Muriates de Potasse et d'Ammoniaque ; 5° d'une matière grasse ; 6° enfin d'un peu de Sable quartzeux et ferrugineux. La fertilité des terres riveraines du Pérou, naturellement stériles, est due au Guano qui est un objet considérable de commerce. Des petits bâtimens appelés *Guaneros*, sont uniquement employés à ce trafic. L'odeur de cette substance est ammoniacale, et fait éternuer les personnes qui n'y sont pas habituées. L'usage en vient des indigènes de qui les Espagnols l'empruntèrent. C'est surtout pour les champs de Maïs qu'on l'emploie. Une trop grande quantité brûle les racines des Plantes. On est tenté de croire qu'elle doit son origine à la fiente des Oiseaux, mais combien de siècles eussent été nécessaires pour en accumuler d'inépuisables quantités ! On propose pour le Guano. le nom scientifique d'Ammoniaque uraté. (B.)

GUAO. BOT. PHAN. (Jacquin.) Nom de pays, à la Havane, du *Comocladia dentata.* *V.* COMOCLADIE. (B.)

GUAPARAIBA. BOT. PHAN. L'Arbre brésilien cité sous ce nom par Pison, et écrit *Guapereiba* par Marc-

graaff,est un *Rhizophora* selon Brown.
(B.)

GUAPERVA. pois. On n'a pas adopté le genre formé par Sonnerat sous ce nom, qui, dans les mers du Nouveau-Monde, a été appliqué au Chevalier américain, ainsi qu'à un Holacanthe. *V.* ces mots. Daubenton a traduit ce mot brésilien par Guaperve. Marcgraaff l'appliquait plus particulièrement au *Chætodon arcuatus* et non à un Zée, comme l'a fait supposer une transposition de figure dans l'ouvrage de ce voyageur. (B.)

GUAPICOPAIBA. bot. phan. Le *Cassia mollis* qui remplace au Brésil la Casse des boutiques, est mentionné sous ce nom par Pison. (B.)

GUAPIRA. bot. phan. Ce genre de la Didynamie Angiospermie, L., établi par Aublet (Plantes de la Guiane, p. 308, tab. 119) sur un Arbre qui croît dans les haies de la Guiane, a, selon Jussieu (*Gener. Plant.*, p. 108), tous les caractères de l'*Avicennia*, si ce n'est une étamine de plus. Ce rapprochement n'est cependant donné que comme une simple indication, et ne devra être adopté qu'après un scrupuleux examen. En admettant ce genre, Necker l'appelait *Gynostrum*. (G..N.)

GUAPURU. *Guapurium.* bot. phan. Genre établi par le professeur Jussieu (*Genera Plantarum*, p. 324) qui l'a placé dans la famille des Myrthinées et l'a ainsi caractérisé : calice dont le limbe est à quatre divisions ; corolle à quatre pétales ; étamines nombreuses, à anthères presqu'arrondies ; baie sphérique, ombiliquée par le limbe calicinal, pulpeuse intérieurement et renfermant deux à quatre graines. Les caractères de ce genre qui appartient à l'Icosandrie Monogynie, L., ont été tracés d'après les notes et les échantillons rapportés par Joseph Jussieu.

Le **Guapuru du Pérou** est un Arbrisseau dont les feuilles des branches principales sont caduques ; celles des petites branches sont opposées, simples, marquées de points glanduleux, composées de trois ou six paires, et paraissent ainsi ailées sans impaires. Les fleurs sont disposées en faisceaux sur l'écorce des branches nues. Le port de cet Arbre est celui du *Plinia*. (G..N.)

GUARA. pois. Espèce du genre Diodon. *V.* ce mot. (B.)

GUARACAPEMA. pois. (Marcgraaff.) Syn. brésilien de Coryphœne. *V.* ce mot. (B.)

GUARACIABA, GUARACIGABA. ois. Noms de pays des Colibris. *V.* ce mot. (DR..Z.)

* **GUARAL.** rept. (Léon.) *V.* Warral.

* **GUARANYS.** mam. *V.* Cabiai.

GUARAPUCU. pois (Marcgraaff.) Un Scombre qui paraît être l'Albacore ou Albicore. (B.)

GUARAUNA. ois. Espèce du genre Courlis. *V.* ce mot. On écrit ce nom *Guarana* et *Gouarana* en le rapportant à un *Ibis*. (B.)

GUARCHO. mam. Pour Guaroho. *V.* ce mot. (B.)

* **GUARDIOLE.** *Guardiola.* bot. phan. Genre de la famille des Synanthérées, Corymbifères de Jussien, et de la Syngénésie nécessaire, L., établi par Humboldt et Bonpland (*Plant. æquinoct.* 1, p. 144), adopté et ainsi caractérisé par Kunth (*Nov. Gener. et Spec. Plant. æquinoct.* T. iv, p. 247) : involucre tubuleux, campanulé, formé de trois folioles presque égales, oblongues, obtuses, membraneuses, vertes et diaphanes sur les bords ; réceptacle couvert de paillettes oblongues, linéaires ou lancéolées, aiguës et scarieuses ; fleurons du disque au nombre de dix à quinze, tubuleux, mâles ; ceux de la circonférence au nombre de trois à cinq, en languettes et femelles. Les ovaires des fleurs femelles sont oblongs, en forme de coin, comprimés, striés, glabres et dépourvus d'aigrettes. Kunth a placé ce genre

dans la tribu des Hélianthées entre les genres *Heterospermum* et *Tragoceros*. Cette place est incertaine, selon Cassini, qui, attachant une grande importance au sens suivant lequel les ovaires sont aplatis, observe que cette indication manque dans la description. Le *Guardiola Mexicana*, Humb. et Bonpl., espèce unique, est une Plante herbacée, à rameaux et à feuilles opposées, entières, et à fleurs blanches, au nombre de trois à cinq, pédonculées et terminales. (G.,N.)

GUARÉ. POIS. Syn. de *Scomber Cordilla*, L. *V.* SCOMBRE. (B.)

GUARÉE. *Guarea.* BOT. PHAN. Genre de la famille des Méliacées, de l'Octandrie Monogynie, L. Il présente un calice court à quatre dents; quatre pétales allongés; un tube cylindrique, entier au sommet, portant intérieurement huit anthères sessiles, disposées en cercle vers son ouverture; un ovaire velu prolongé en un style épais que termine un stigmate renflé en tête; une capsule pyriforme à quatre loges monospermes; des graines revêtues d'un arille mince, et dépourvues de périsperme. Les espèces de ce genre au nombre de cinq, originaires de l'Amérique, sont des Arbres à feuilles pennées, avec ou sans impaire. L'un d'eux, le *Guarea trichilioides*, porte communément à Saint-Domingue le nom de Bois rouge. *V.* Lamarck, Illustr., tab 301; Cavanilles, Monadelph., tab. 210, et Ventenat, Choix de Plantes, 41. (A.D.J.)

* **GUARGIR.** BOT. PHAN. (Daléchamp.) *V.* GERGYR.

GUARI. BOT. PHAN. On ne connaît que par ce nom de pays un Palmier de l'Amérique méridionale, dont on ne peut conséquemment fixer le genre. (B.)

GUARIBA. MAM. L'un des noms de pays de l'Ouarine. *V.* GOUARIBA et SAPAJOU. (B.)

* **GUARICAMO.** BOT. PHAN. Nom sous lequel les habitans des Missions de l'Orénoque désignent les *Patrisia dentata* et *Patrisia affinis* de Kunth, Plantes de la famille des Bixinées fondée récemment par cet auteur. *V.* PATRISIE. (G.,N.)

* **GUARIGUE.** BOT. CRYPT. On lit dans le Recueil des Voyages que c'est un Champignon qui croît dans l'Amérique septentrionale sur le sommet des Pins, et que les naturels emploient comme remède contre la dyssenterie. (B.)

GUARIMBÉ. OIS. Syn. de Canard. *V.* ce mot. (DR..Z.)

GUARIRUMA. BOT. PHAN. Nom de pays des Mutisies. *V.* ce mot. (B.)

GUAROHO. MAM. (Kolbe.) Nom de pays du Buffle du Cap. *V.* BOEUF. (B.)

***GUAROUBA.** OIS. Espèce du genre Perroquet. *V.* ce mot. (DR..Z.)

* **GUAST.** BOT. PHAN. Même chose que Chada. *V.* ce mot. (B.)

GUATTE. POIS. (Ce qui signifie *Chatte*.) Le Clupe désigné sous ce nom dans les bassins de la Garonne et de l'Adour, paraît être la Feinte. *V.* ce mot à l'article CLUPE. On donne également ce nom aux jeunes Aloses. (B.)

GUATTÉRIE. *Guatteria.* BOT. PHAN. Genre de la famille des Anonacées et de la Polyandrie Polygynie, L., établi par Ruiz et Pavon (*Prodr. Flor. Peruv.* p. 85, tab. 17) et adopté par Dunal (Monogr. des Anonacées, p. 50 et 125) qui lui a donné pour caractères principaux : calice à trois sépales soudés à leur base, ovales, aigus et presque cordiformes; six pétales ovales ou obovales; étamines nombreuses dont les anthères sont presque sessiles; carpelles nombreux formant des baies sèches, coriaces, ovées ou presque globuleuses, stipitées et monospermes. Les genres *Aberemoa* et *Cananga* d'Aublet, ainsi que plusieurs espèces d'*Uvaria* de Lamarck et Willdenow, rentrent dans ce genre. Celui-ci se distingue de ceux de la même famille, par ses pétales souvent étalés et

assez petits, par ses étamines souvent
moins nombreuses et moins serrées
que dans les autres genres, et par les
caractères tirés du fruit. Les Guatté-
ries sont des Arbres ou des Arbrisseaux à rameaux étalés , cylindriques,
portant des feuilles à courts pétioles
et très-entières. Les fleurs, toujours
en petit nombre, naissent sur des
pédoncules axillaires ou opposés aux
feuilles. Le *Prodromus* du professeur
De Candolle contient l'énumération
de vingt-deux espèces , toutes originaires des contrées chaudes de l'un
et l'autre hémisphère; huit croissent
dans l'Inde, et le reste dans l'Amérique équinoxiale. Parmi ces espèces, nous citerons, indépendamment
des *Guatteria hirsuta*, *pendula*, *ova-*
lis et *glauca* de Ruiz et Pavon, lesquelles croissent dans les montagnes
et les forêts du Pérou, et qui, malgré
leurs descriptions incomplètes, doivent être regardées comme les types
du genre; nous citerons : 1° le *Guat-*
teria Aberemoa, ou *Aberemoa Guia-*
nensis d'Aublet, Arbuste des forêts
de Sinamary dans la Guiane; 2° le
G. Ouregou, ou *Cananga Ouregou,*
Aubl., Arbre de quinze à vingt mètres, originaire aussi des forêts de la
Guiane; 3° le *G. Eriopoda*, De
Cand. ; Arbre indigène du Pérou, et
dont une belle figure a été donnée
par M. Benjamin Delessert (*Icones*
Select. T. I, tab. 90); 4° et *G. vir-*
gata, Dunal, ou *Uvaria lanceolata;*
petit Arbre des Antilles, remarquable par l'odeur suave de ses fleurs, et
dont le bois, ainsi que celui du *G.*
laurifolia qui croît dans les mêmes
îles , est recherché à cause de sa ténacité et de son élasticité.   (G..N.)

GUATUCUPA. POIS. On rapporte
au *Labrus Chromis*, L., le Poisson
mentionné par Marcgraaff sous ce
nom brésilien.   (B.)

GUAVAMAYA. OIS. Pour Guacamaya. *V.* ce mot.   (DR..Z.)

* GUAVAS ET PACAYES. BOT.
PHAN. (C. Bauhin.) Syn. d'*Inga insi-*
gnis. V. GUABAR et INGA.   (B.)

GUAYABA. BOT. PHAN. La Gouja-
ve au Brésil, d'où Guayavier, nom
qu'on a quelquefois donné à l'Arbre
qui porte ce fruit.   (B.)

GUAYACUM. BOT. PHAN. (L'Écluse.) *V.* GUAIACUM.   (B.)

* GUAYACANA. BOT. PHAN. Ce
qui signifie *Bois dur*, d'où le nom de
Gayac, etc. Jacquin applique plus
particulièrement ce nom de pays à
son *Zygophyllum arboreum*, qui
croît à Carthagène dans l'Amérique
méridionale.   (B.)

GUAYAPIN. BOT. PHAN. Nom vulgaire du *Genista Anglica*, L., qui,
malgré ce nom spécifique, croît si
communément aux environs de Paris
et dans tout l'ouest de la France. (B.)

* GUAYARA-ARAYAN. BOT.
PHAN. Nom sous lequel les habitans
de Carichana, sur la rive de l'O-
rénoque, désignent le *Myrtus saluta-*
ris de Kunth, Plante dont la racine
en décoction arrête l'hémorrhagie.
  (G..N.)

* GUAYAVITA. BOT. PHAN. Sur
les bords du fleuve de l'Orénoque,
près d'Angostura et de Carichana,
les habitans donnent ce nom au *Com-*
bretum frangulæfolium décrit et figuré
par Kunth (*Nov. Gener. et Spec.*
Plant. æquinoct. T. VI, p. 109, tab.
538).

* GUAYCA. BOT. PHAN. Le *Com-*
bretum alternifolium de Persoon est
ainsi nommé par les habitans des
bords de l'Orénoque, près de Saint-
Thomas d'Angostura. Les serruriers
et autres artisans de la Guiane se
servent, pour souder, du suc gommeux qui découle des jeunes branches de cet Arbuste.   (G..N.)

GUAZE. POIS. Espèce du genre
Labre,   (B.)

* GUAZOU. MAM. (Que d'après
la prononciation espagnole on a écrit
Gouazou.) Nom par lequel on désigne
génériquement, dans l'Amérique méridionale, divers Animaux du genre
Cerf, dont on distingue les espèces
par quelque épithète ou terminaison

caractéristique. Ainsi l'on nomme :

GUAZOUBIRA, le *Cervus nemorivagus*, F. Cuv.

GOUAZOUETÉ, un Cerf qu'on dit être identique avec l'espèce européenne.

GOUAZOUPARA, le Cougouacou-Apara de Pison ou Cerf tacheté de blanc, qui paraît être une variété d'âge du Guazoupita.

GUAZOUPITA, le *Cervus rufus*, F. Cuv.

GUAZOU POUCOU, le *Cervus palustris*, F. Cuv.

GUAZOUTI, le *Cervus campestris*, F. Cuv.

GUAZOUY, les Faons des espèces précédentes et quelquefois le Guazouti. *V.* CERF. (B.)

*GUAZU. OIS. Espèce du genre Tinamou. *V.* ce mot. (DR..Z.)

GUAZUMA. BOT. PHAN. Linné avait réuni au *Theobroma* ce genre établi par Plumier ; mais Lamarck, Jussieu, et les botanistes modernes, l'en ont de nouveau séparé. Il appartient à la Monadelphie Décandrie, L., et Kunth (*Nov. Gener. et Spec. Plant. æquinoct.* T. V, p. 520) l'a placé dans la famille des Buttnériacées. Ses caractères principaux sont, d'après De Candolle (*Prodrom.* 1, p. 485) : calice à cinq sépales ou à deux ou trois divisions profondes par suite de la diverse soudure de quelques sépales ; corolle à cinq pétales bicornés, c'est-à-dire terminés par une languette bifide ; dix étamines dont les filets sont à peine monadelphes à la base ; cinq d'entre eux sont des lobes stériles, et alternes avec cinq filets fertiles, trifides, et à trois anthères au sommet ; cinq styles connivens ; capsule ligneuse, tuberculée, sans valves, quinquéloculaire, percée de trous placés sur dix rangs, et contenant un grand nombre de graines ovales, dont les cotylédons sont plissés suivant Kunth (*loc. cit.*). — Ce genre a été nommé *Bubroma* par Schreber et Willdenow.

Le GUAZUMA A FEUILLES D'ORME,

Guazuma ulmifolia, Lamk. ; *Theobroma Guazuma*, L., est un Arbre qui s'élève à la hauteur de dix à quinze mètres ; son tronc est garni de fortes branches étalées horizontalement. Les jeunes rameaux, couverts d'un duvet court et cotonneux, portent des feuilles alternes, pétiolées, ovales, amincies, dentées et accompagnées de stipules linéaires. Les fleurs sont petites, d'un blanc pâle, disposées en petites grappes axillaires et corymbiformes. Les branches nombreuses et très-divisées qui forment le sommet de cet Arbre, produisent un très-bel ombrage. Pour lui donner une tête plus touffue, on a soin, tous les cinq ans, de débarrasser son sommet de toutes ses branches, et un mois après cette opération il est chargé de feuilles. En Amérique, on le plante pour faire des allées, et ses feuilles sont une excellente nourriture pour les bestiaux. Cet Arbre a reçu le nom vulgaire d'ORME D'AMÉRIQUE, à cause de la ressemblance de son port avec celui du véritable Orme. Les feuilles adultes, glabres des deux côtés dans cette espèce, la distinguent du *Guazuma tomentosa* de Kunth, dont les deux variétés (*Monpoxensis* et *Cumanensis*) croissent, l'une sur les bords de la Madeleine, et l'autre près de Cumana. Celle-ci, qui a quelques différences dans le nombre des divisions calicinales et dans la longueur de ses corymbes de fleurs, pourrait bien constituer une espèce distincte. Le *Guazuma Polybotrya* de Cavanilles (*Icon.* 3, p. 51, tab. 199) est une troisième espèce indigène de la Nouvelle-Espagne et de Saint-Domingue. Hernandez l'a figurée sous le nom de *Guacimo* (*Mex.*, 40, fig. 1). (G..N.)

GUBARTAS. MAM. D'où Jubarte. *V.* ce mot. Syn. de *Balena Boops* dans les langues du Nord. (B.)

*GUBERA. BOT. PHAN. Selon Sérapion, médecin arabe, c'est une espèce de Sorbier sur lequel on trouve la Laque qui, dit Rhasès, autre médecin arabe, y tombe du ciel. On ne connaît pas cet Arbre.   (B.)

* GUEBUCU. POIS. (Marcgraaff.) Syn. brésilien de *Xiphias gladius*. (B.)

GUÈDE. BOT. PHAN. L'un des noms vulgaires de l'*Isatis tinctoria*, L., d'où le Pastel s'appelle quelquefois *Guède* dans le commerce.   (B.)

*GUEMINTE. OIS. (Geoffroy Saint-Hilaire.) Syn. du Calao d'Afrique. *V*. CALAO.   (DR..Z.)

GUEMUL. MAM. Molina (Hist. Nat. du Chili) a décrit sous ce nom un Animal singulier qu'on nomme aussi Huemul et Cheval bisalque; il le rapproche du Cheval et de l'Ane. Mais Sonnini a judicieusement observé que, d'après les caractères qu'il mentionne, le Guemul ressemble davantage au Lama et à la Vigogne. (G.)

GUENON. MAM. Genre de Quadrumanes appartenant à la première division de la famille des Singes (Catarrhinins de Geoffroy Saint-Hilaire), c'est-à-dire à tous ces Singes qui ont la cloison des narines étroite et les narines ouvertes au-dessous du nez. Dans ce premier groupe tous les genres ont cinq molaires partout aux deux mâchoires. — La distance d'organisation entre ce groupe très-nombreux et celui de Singes à narines latérales et séparées par une cloison épaisse, en même temps qu'à six molaires partout (ou Platirrhinins), coïncide avec des distances nou moins lointaines de leurs patries. Tous les premiers sont de l'ancien continent, tous les autres du nouveau. A commencer par le genre qui nous occupe ici, on verra que les coïncidences de la séparation de ces êtres et par le lieu de leur création et par la diversité de leur organisation, se retrouvent aussi dans chacune des divisions de ces groupes. Nous avons déduit, de ce fait de statistique zoologique, le principe le plus important de la géographie des Animaux, et nous en avons exposé les premières conséquences il y a quatre ans dans notre Mémoire sur la distribution géographique des Animaux vertébrés (Journal de Physique, février 1822). Les applications de ce principe seront développées dans notre Histoire physique, archéologique et géographique des Mammifères, que nous publierons incessamment.

Voici d'abord les caractères généraux des Guenons : ce sont des Singes à tête ronde, à angle facial de cinquante à soixante degrés, à queue autant ou même plus longue que le corps, redressée en arc sur le dos jusqu'à la tête ou au moins au-dessus de l'axe du corps, dont les membres postérieurs sont constamment plus longs d'environ un cinquième que les antérieurs et pourvus de callosités aux fesses. A ces caractères on en avait ajouté d'autres, savoir : l'existence d'abajoues, et surtout le nombre de quatre tubercules seulement à la dernière molaire d'en bas, comme dans l'Homme, les Orangs et les Gibbons. Mais ces derniers caractères, qui sont les plus précis parce qu'ils portent sur les formes des organes les plus essentiels de l'Animal, n'ayant été établis que sur l'examen des Guenons africaines, en vertu de ces analogies si trompeuses en histoire naturelle, on les appliquait mal à propos aux Guenons asiatiques. L'examen plus exact de ces derniers Animaux vient de montrer, premièrement, que leur dernière molaire d'en bas a un tubercule postérieur de plus en forme de talon, caractère qui conduit vers les Macaques et les Cynocéphales, où ce talon a deux tubercules; qu'en second lieu plusieurs espèces, peut-être toutes, n'ont pas d'abajoues, autre caractère qui les rapproche des Gibbons et des Orangs, dont ces mêmes Guenons ont, en outre, le naturel grave, doux et tranquille. En quoi elles se distinguent absolument des Guenons d'Afrique, toutes si pétulantes et la plupart si brusques, si brutales et si intraitables.

Les Guenons se séparent donc en deux sous-genres. Les premières, outre les caractères généraux précités, ont des abajoues et quatre tubercules à leur dernière molaire d'en bas ; ce sont les Guenons proprement dites. Les secondes ont un talon de plus à cette dent, manquent d'abajoues, et leurs membres, d'ailleurs inégaux, sont d'une longueur disproportionnée à leur corps, ce qui leur donne parmi les Guenons la physionomie des Atèles parmi les Sapajous d'Amérique. Ce second sous-genre, à cause de la gravité douce des espèces qu'il comprend, a été nommé Semno-Pithèques par F. Cuvier qui le premier en a reconnu les différences d'organisation.

Geoffroy Saint-Hilaire (Tableau des Quadumanes, Annales du Musée, T. xix) a dispersé dans cinq genres différens les Singes que nous allons décrire sous le nom de Guenons. Les coupes de ce naturaliste n'étaient point motivées sur la forme des dents, caractère capital chez les Mammifères. Les deux premiers de ces cinq genres étaient formés chacun d'une seule espèce : c'était 1° le genre *Pygatriche*, composé de la Guenon Douc ; 2° le genre *Nasique*, de la Guenon Kahau ; son troisième genre Colobe, adopté par Illiger, devra être conservé si l'absence de pouce aux mains antérieures est réelle ; son quatrième genre *Cercopithèque* rassemble la plupart des vraies Guenons et l'Entelle, le seul des Semno-Pithèques alors connu. Enfin son cinquième genre *Cercocèbe* confond avec tous les Macaques plusieurs Guenons ordinaires.

Dans la coupe de ces genres, et les limites d'organisation et les limites d'habitation des espèces étaient donc également confondues. Or, ce n'est pas un des résultats les moins importans de la zoologie que la coïncidence de ces doubles barrières pour marquer la différence originelle des Animaux. Dès-lors la réunion de ces êtres dans les groupes artificiels appelés genres, n'expose pas à prendre chaque espèce pour des transformations d'un seul ou du moins d'un très-petit nombre de types dans chaque genre ; manière de

voir qui attribue à la nature une économie de production dont elle ne se pique même pas aujourd'hui pour les Animaux infusoires.

Nous allons, d'après nos propres observations, continuer la détermination de ces deux sous-genres. — Les phalanges aux doigts des quatre mains, surtout de celles de derrière, et les os du métacarpe et du métatarse n'ont guère plus de courbure que dans l'Homme chez toutes les Guenons d'Afrique. Cette courbure uniforme à toutes les mains est aussi grande que dans les Gibbons et les Orangs chez les Guenons asiatiques. En outre, toutes ces phalanges et ces os du métacarpe et du métatarse y ont le même excès de longueur que les membres qu'ils terminent. Enfin le pouce de devant y est un quart plus court que dans les africaines, raccourcissement qui contraste avec la disproportion des autres doigts et qui complète ce rapport déjà indiqué avec les Atèles. Toutes les Guenons d'Afrique ont six vertèbres lombaires, et il n'y a que la Guenon Douc, parmi les asiatiques, qui en ait certainement le même nombre. Les autres n'en ont que cinq ou sept. Tous les Semno-Pithèques ont les incisives supérieures et inférieures de grandeur uniforme, et toutes à proportion beaucoup plus petites que les Guenons, où, surtout en haut, les incisives moyennes excèdent d'au moins un tiers les latérales. Il résulte de cette grandeur des incisives, surtout des supérieures, et par conséquent de celle de leurs alvéoles dans l'intermaxillaire, que le museau des Guenons est plus saillant, plus allongé, ce qui diminue d'autant leur angle facial par rapport aux Semno-Pithèques. Enfin la canine supérieure, constamment plus petite aussi à proportion dans ces Guenons, y est ou bien tout-à-fait lisse, ou bien n'a qu'un sillon superficiel sur sa face antérieure toujours profondément cannelée dans les africaines. Il en résulte que l'alvéole de cette canine dans le maxillaire étant plus petite, la fosse canine est moins relevée , et que la pommette l'est davantage, ce qui rend moins plat le visage des Semno - Pithèques.

Avant d'esquisser quelques corrélations des traits superficiels de la physionomie de ces Animaux avec les formes, et, pour ainsi dire, la sculpture de leur organisation intérieure (où l'étude du système cérébro-spinal et des sens nous révélera certainement un jour de plus grands contrastes encore), plaçons ici, pour en mieux faire sentir la fausseté , quelques-unes des règles générales qui dirigèrent les travaux de Buffon. Il est temps de montrer non-seulement combien le génie de ce grand écrivain méconnut la nature, mais aussi par quelle singulière fatalité il ne parla presque jamais qu'à contresens de l'organisation et des rapports des êtres.

Après avoir exposé les principes de son système d'unité d'organisation, et par lequel on impose à la puissance créatrice une stérilité de plans et de moyens qui en dégraderait la majesté, Buffon a renfermé dans un tableau de ressemblances tout l'univers vivant (Nomenclature des Singes, p. 28 et suiv. T. xiv, in-4°). N'admettant de différences appréciables qu'en vertu des grandeurs en faveur de quelques espèces majeures , telles que l'Eléphant, l'Hippopotame, le Tigre , le Lion, qui, selon lui , doivent avoir leur cadre , il réunit avec leurs voisins tous les autres Animaux par groupes de similitudes dégradées, dont les nomenclateurs ont fait, dit-il, un lacis de figures se tenant les unes par les pieds, les autres par les dents, par les cornes, par le poil et par d'autres rapports encore plus petits. Or, voici les motifs de cette dérision : « Parce que , dit Buffon, c'est moins à la forme qu'à la grandeur qu'est attaché le privilége de l'espèce isolée, et que l'Homme lui-même, quoique d'espèce unique , infiniment différente de toutes celles des Animaux, n'étant que d'une grandeur médiocre, est moins isolé et a plus de voisins que les grands Animaux. » D'après ce principe de l'insignifiance des formes, notre

Pline trouve qu'à l'exception de l'ame, il ne manque à l'Orang-Outang rien de ce que nous avons , et qu'il diffère moins de l'Homme pour le corps que des autres Animaux auxquels on a donné le même nom de Singe (Buffon a restreint ce nom aux Quadrumanes sans queue, et marchant sur leurs membres postérieurs seulement). Enfin Buffon sut si peu profiter des travaux d'un collaborateur exact et modeste, pour connaître la nature, qu'il dit (*loc. cit.*, p. 32). « Je l'avoue, si l'on ne devait juger que par la forme , l'espèce du Singe pourrait être prise pour une variété de l'espèce humaine. »

De pareilles aberrations de jugement sont grandes. Les formes sont inaltérables dans les espèces , et les formes les plus essentielles, les plus personnelles pour ainsi dire, ne sont pas seulement celles des os , comme on l'a insinué : ce sont celles des systèmes nerveux, comme, avant tout autre, nous l'avons démontré (*V.* notre Anatomie des systèmes nerveux des Animaux à vertèbres). Or, au défaut des systèmes nerveux., Buffon aurait pu connaître les différences de nature des Animaux, au moyen des corrélations constantes de formes que les os ont avec ce système qui est au fond tout l'Animal.

Voici quelques-unes de ces corrélations dans les Guenons. Toutes celles d'Asie avec un caractère doux, grave et réfléchi, ont un cerveau bien plus volumineux à proportion que celles d'Afrique, dont la turbulence , la mobilité d'affections et d'idées ressemble beaucoup à certaines folies de l'espèce humaine. Toutes ont un pelage plus long, plus fin, plus laineux que celles d'Afrique ; elles en diffèrent aussi par un double contraste pour la couleur du visage et des mains. Presque toutes les Guenons africaines , excepté les Mangabeys , ont la tête couleur de chair ou peinte de couleurs claires; celles d'Asie l'ont toutes uniformément noire. Et chacune à cet égard contraste avec les Hommes de leur pays. Les Guenons d'Asie vivent au milieu des peuples malais ou mongols à teint brun ou olivâtre et à cheveux lisses; celles d'Afrique au milieu des Nègres cafres ou guinéens à la peau tout-à-fait noire et aux cheveux laineux. Nouvelle preuve, ainsi que nous l'avons déjà dit au mot DERME, que la couleur est un attribut originel de l'espèce et n'est point un accident du climat, excepté chez les Hommes celto-scyth-arabes. (*V.* nos Tableaux des Mammifères et du genre humain, dans la Physiologie de Magendie, T. I, 2ᵉ édit.) Enfin, pour achever ces oppositions dans les formes et dans les résultats de l'organisation de ces Singes, qu'un œil superficiel croyait presque confondus, non-seulement entre eux, mais avec beaucoup d'autres genres, toutes les Guenons d'Afrique sont actives durant le jour, et la plupart de celles d'Asie, que l'on connaît bien, sont nocturnes ou crépusculaires. Aux deux limites de l'océan Indien, l'on voit combien la variation du plan de l'organisation de ces Singes a produit entre eux de différences morales et physiques.

Les anciens ne paraissent avoir connu aucun des Semno-Pithèques; mais ils ont bien connu plusieurs Guenons, entre autres la Mone, *Kebos* des Grecs, la Callitriche nommée ainsi par les Grecs. Mais nous avons reconnu sur les monumens d'Egypte, de Nubie et du Sennaar, un bien plus grand nombre d'espèces de ces Animaux que celles dont les noms nous ont été transmis. (*V.* Gau, Antiquités de la Nubie; Cailliaud, Antiquités de Méroé; et Antiquités d'Egypte.) Il y a aussi plusieurs Guenons figurées sur la mosaïque de Palestrine. Mais les Grecs et les Latins confondaient en général tous ces Animaux sous le nom de *Cercopithecos*, Singes à queue.

Par leur organisation, ces Singes sont intermédiaires aux Orangs-Outangs et aux Macaques. Les Guenons proprement dites se rapprochent des Macaques par tous les autres caractères moins celui des dents, et les Semno-Pithèques des Gibbons par tous les caractères moins celui des dents et la queue.

† GUENONS.

Leur front déprimé est brisé directement en arrière sur les arcades sourcilières, mais sans crête saillante comme dans les Macaques. Le cadre de l'orbite n'est pas non plus échancré à son bord supérieur. L'angle facial n'a pas plus de cinquante degrés; le nez est plat et ouvert à la hauteur des fosses nasales, à peu près à égale distance de la bouche et des yeux. Toutes les espèces ont des abajoues. Les lèvres minces sont garnies, surtout la supérieure, de poils plus longs que sur le reste de la face, et ordinairement d'une couleur bien tranchée. Le pelage est entièrement soyeux dans toutes les espèces, et n'offre aucune différence d'un sexe à l'autre, soit pour la quantité, soit pour la couleur et la longueur. Mâles et femelles sont également barbus, et toujours les poils des favoris, ordinairement assez épais, sont dirigés en arrière. Les testicules et les lèvres génitales des femelles sont nuancées de diverses couleurs, ordinairement fort éclatantes, comme dans les Macaques et les Cynocéphales. Le gland des mâles, terminé en forme de Champignon, au centre duquel se trouve l'orifice de l'urètre, est supporté par la pointe d'un osselet oblong. Le clitoris des femelles a aussi un champignon terminal, et plus de longueur à proportion que chez les Femmes. Elles ont également une menstruation, dont la fluxion a cependant des périodes plus abondantes qui marquent le rut. Les callosités des fesses adhèrent aux tubérosités de l'ischion, et sont beaucoup moins pourvues de tissu érectile, que dans les Cynocéphales (*V.* ce mot). Aussi ne participent-elles pas à la congestion menstruelle. Les canines d'en bas sont plus petites que celles d'en haut; la première fausse molaire qui les suit, est mince et a une seule pointe comme celle des carnassiers;

la seconde ressemble aux deux fausses molaires supérieures.

Tout le monde connaît le genre de marche de ces Animaux. La brièveté de leurs membres antérieurs nécessite une démarche en zig-zags, qui n'est pour ainsi dire qu'une suite de sauts surbaissés. Mais sur les Arbres leur agilité est extrême ; car le mécanisme de ces bras plus courts que les jambes, de ces jambes dont les jarrets sont toujours à demi fléchis, et de ce corps oblique sur les jambes et ainsi merveilleusement disposé pour grimper à travers les branches, est mis en jeu par des muscles robustes, qu'excite un système nerveux d'une énergie inépuisable, à en juger par les agitations incessamment renouvelées de tout leur corps, et par l'expression continuellement changeante de leur figure imitatrice et grimacière. En liberté dans les forêts et captifs dans nos ménageries, ils montrent également leur haine pour l'Homme et leur passion pour l'indépendance. Chaque espèce vit par troupes cantonnées dans des régions de forêts, où elles ne tolèrent guère que les Animaux qu'elles ne peuvent chasser, ou que leur petitesse dérobe à leur jaloux instinct de propriété. A l'approche d'un Homme, d'un Antilope, d'un Eléphant, toute la troupe se rassemble au cri d'alarme de quelque sentinelle toujours en faction. Du haut des Arbres, et en avançant ou en fuyant de cime en cime, ils attaquent l'ennemi à coups de branches cassées, de fruits, et lui lancent jusqu'à leurs excrémens. Dans leurs retraites, toujours les Guenons savent interposer quelque grosse branche entre elles et l'ennemi. Pleines d'affection pour leurs petits, s'ils tombent par blessure ou par hasard, elles les attendent, vont les chercher, ou restent près d'eux eu les embrassant au risque de périr. Elles ont la même tactique de maraude que les Cynocéphales qu'elles semblent beaucoup surpasser en intelligence. Elles ne paraissent pas, au moins en captivité, avoir aucun instinct de propreté, encore moins de

décence. A côté de leurs excrémens, elles ne paraissent nullement en être incommodées ; et cependant leur odorat doit être délicat, car elles ne mangent rien qu'elles n'aient d'abord flairé. Elles portent les alimens à la bouche avec leurs mains, et quoi qu'on en ait dit, saisissent les petits objets entre le pouce et l'index, comme les autres Singes. Toutes les Guenons boivent en humant, et sont moins portées au coït que les autres Singes dans nos climats. Leur verge est tout-à-fait rétractile dans le scrotum.

Une tête un peu plus ronde, une taille un peu plus petite, un caractère un peu plus docile, avec tout autant de pétulance, ont fait séparer des Guenons proprement dites, deux petits groupes, ayant tous deux l'Afrique et ses îles pour patrie ; nous désignons le premier par le nom d'une de ses plus jolies espèces.

* Les DIANES.

1. La MONE, *Simia Mona*, Schreb., pl. 15, F. Cuv., Mam. lithog.; Buff., t. 14, pl. 36, et Suppl. 7, pl. 19.—Dos, dessus du cou, flancs et dessus de la croupe, d'un beau marron tiqueté de noir; dessus des jambes et des cuisses, ainsi que la queue, d'un gris ardoisé; sur la croupe, près de la queue, une tache oblongue blanc pur de chaque côté; dessous du cou, poitrine, ventre et face interne des membres, aussi d'un blanc très pur; tête vert doré brillant; un léger bandeau gris ceint le front au-dessus des sourcils, et de chaque côté des joues d'épais favoris jaune paille, joints sous le menton, lui encadrent la face qui, des yeux jusqu'au nez, est bleuâtre et d'une belle couleur de chair sur le reste de son étendue; pates et oreilles couleur de chair livide. Différente de tous les autres Singes par son sérieux, la Mone ne grimace jamais. Sa figure est toujours grave et calme. Sa décence n'est pas moins exemplaire parmi cette race d'impudiques ; sa douceur n'est pas même altérée par les souffrances de la maladie. Nous

en avons observé une dans le dernier mois d'une consomption pulmonaire; elle recevait avec reconnaissance les caresses et les témoignages d'affection, lors même que son état ne lui permettait plus de manger le sucre ou le gâteau qu'on lui présentait. La Mone habite les régions de l'Atlas.

2. L'Ascagne ou Pétauriste, *Simia Petaurista*, Gmel., F. Cuv., Mam. lith. Verdâtre en dessus, avec un peu de fauve au dos et à la queue; tête et cuisses d'un vert assez pur; dessous du corps et dedans des membres blancs; joues et menton garnis de poils blancs, légers et touffus; favoris de même couleur; mains, lèvres, oreilles et menton violâtres; le bout du nez n'est blanc qu'à cause de la couleur de ses petits poils; dessus du nez, tour des yeux et mamelles bleuâtres. Schreber, tab. 19, donne sous le nom de Blanc-Nez, d'après l'édition de Buffon d'Allamand, t. 14, pl. 39, une Guenon qui ne différerait de l'Ascagne que pour avoir du noirâtre au lieu de bleuâtre à la face. D'ailleurs, le moral est le même que celui de l'Ascagne.—Avec autant de décence que la Mone, l'Ascagne est si preste, qu'elle semble voler plutôt que sauter; son attitude favorite, quand elle est en repos, est d'appuyer sa tête sur une de ses mains de derrière, avec l'air d'une méditation profonde. Contraste charmant avec la vivacité si pétulante de ses mouvemens et de ses émotions! Avant de manger ce qu'on lui présente, elle le roule entre ses mains, comme fait un pâtissier d'un morceau de pâte. Vaniteuse, elle n'aime pas qu'on la raille d'une maladresse, ni qu'on l'interrompe en mangeant. Elle s'en irrite, mais pas pour long-temps, car elle est sans rancune. Elle ne marche sur les pates de derrière, que quand elle veut reconnaître ou examiner quelque chose.

3. La Diane, *Simia Diana*, Mamm. lith., 4e douz.—Tout le dessus du corps, les flancs, les bras, les cuisses, les jambes, la poitrine, le ventre et la queue d'un noir uniforme; cette teinte est un peu moins foncée sous le corps; dos et flancs tiquetés de blanc et de noir; des poils fauves seulement autour des callosités; un arc mélangé de petits poils blancs et jaunes assez clair-semés sur le front; quelques poils autour du menton, mais sans former de longue barbe; toute la face violâtre, avec du bleu dominant sur les pommettes et les joues, et du rouge dominant autour du museau et sur les paupières; mains noires; les yeux d'un jaune fauve. Telle était à son entrée à la ménagerie la Diane observée par Frédéric Cuvier. Depuis, les anneaux blancs des poils du dos passèrent au fauve, et cette couleur augmenta aux favoris.

On a rapporté à la Diane l'Exquima, nom Congo d'une autre Guenon, *Cercopithecus barbatus* de l'Ecluse, et *Cercopithecus barbatus Guineensis* de Marcgraaff; enfin le Rolloway d'Allamand, édit. de Buffon, pl. 15, tab. 13, et Schreber, pl. 26. Celui-ci est tiqueté sur les flancs, les cuisses, les jambes et la tête; la poitrine, le ventre, le contour des fesses, le dedans des bras et des cuisses sont blancs, et le menton garni d'une barbe aussi longue que la face et fourchue. — On en a aussi rapproché la Diane de Linné; le pelage de cette dernière espèce est varié de blanc dans le premier âge, avec du blanc à la partie antérieure et supérieure de la poitrine et des cuisses qui sont noires dans celle qu'a observée Frédéric Cuvier. De plus le croissant du front était double, le dedans de la cuisse couleur de rouille, et le bout de la queue blanc. C'est cette espèce qu'a représentée Schreber, pl. 14. Il est très-douteux que cette Guenon Diane soit la même que celle de F. Cuvier.

Toutes les trois sont de la côte occidentale d'Afrique.

4. Le Hocheur, *Simia nictitans*, Gmel., Schreb., pl. 19, et Audebert, Hist. Nat. des Sing., fam. 4, sect. 1, pl. 2, et Buff., Suppl. 7.—Tout le dessus du dos, de la tête, dessus des cuisses, poitrine et ventre gris d'ardoise; le cou et la queue noirs; favoris très-touffus et de la couleur de la

tête, dont ils sont séparés par une bande tout-à-fait noire, tendue de l'œil à l'oreille, qui est d'un brun noirâtre; face noire bleuâtre; paupières supérieures de couleur tannée; nez noir à la base, et d'un beau blanc à la moitié inférieure. — Voici ses proportions : du bout du museau à l'origine de la queue, un pied quatre pouces; tête, quatre pouces; queue, deux pieds un pouce; hauteur au garrot, huit pouces. On le présume de Guinée.

5. MELARHINE, *Simia Melarhina*, F. Cuvier, Mamm. lith., 4e douzaine, Talapoin de Buffon, t. 14, pl 40, et Schreber, pl. 17. — Tout le dessus du corps du même vert qu'au Callitriche; dessous du menton et queue blancs; mains, oreilles, nez, excepté sa base, noirs; yeux bruns; dessus des paupières blanc; dessous des yeux couleur d'ocre; tour de la bouche couleur de chair; devant des oreilles blanc, les favoris couchés à plat sur la face, s'étendant en travers de dessous l'oreille jusqu'au nez; les testicules couleur de chair; aucune trace de bandeau au front. Jusqu'à F. Cuvier, on l'avait pris pour un jeune du Malbrouk ou du Grivet. Patrie inconnue en Afrique.

6. Le MOUSTAC, *Simia Cephus*, L., Buff., t. 14, pl. 54, Schreb., tab. 29; Audebert, Sing., famille 14, sect. 2, pl. 12. — Cette espèce est d'une taille intermédiaire à l'Ascagne et à la Mone : toute la tête est couverte de poils verdâtres, plus foncés à l'occiput qu'au front; ceux du dos, des épaules, des flancs, de la croupe et de la base de la queue sont d'un vert plus brun qu'à la tête; ceux des membres sont gris, avec une teinte de jaune. Ces nuances résultent de ce que les poils sont annelés. Tous sont gris vers la racine, puis noirs et jaunes au bout. Les deux derniers tiers de la queue sont roux. Les favoris sont très-épais et d'un jaune brillant, passant au blanc sur la mâchoire inférieure. Une raie de poils noirs les sépare de la coiffure verte de la tête. Les oreilles, les testicules et

la peau des mains couleur de chair; toute la face d'un bleu lapis à teinte noirâtre près des lèvres; un chevron blanc sur la lèvre supérieure.

Cette espèce n'est pas le *Cephus* des anciens, lequel n'était probablement qu'un Cynocéphale. On la croit de Guinée. Voici ses proportions : tête, trois pouces neuf lignes; corps, dix pouces trois lignes; queue, vingt-un pouces.

** GUENONS ORDINAIRES.

7. MANGABEY, *Simia Æthiops*, Lin., *Cercocebus fuliginosus*, Geof., Schreber, pl. 20, et t. 14, pl. 10 de Buffon, qui lui donna ce nom parce que, sur de mauvais renseignemens, il le crut de Madagascar où il est même à peu près certain qu'il n'existe pas de Singes. On ignore encore sa patrie, quoiqu'on l'apporte très-communément en Europe; ce qui rend très-probable qu'il est de la côte occidentale d'Afrique. Tout le dessus du corps et la queue gris d'ardoise, passant au noir sur les membres; le dessous du corps et favoris blanc grisâtre; mains noires; oreilles violâtres; la paupière supérieure, toujours blanche, se détache fortement du visage, quelquefois tout entier d'une teinte livide foncée; quelquefois noirâtre en bas et cuivré sur tout le reste. C'est la seule des Guenons qui porte sa queue renversée et droite parallèlement au dos. F. Cuvier n'en a pas vu, sur un très-grand nombre, une seule qui ne fût douce et familière, malgré la plus grande pétulance. Les mâles accompagnent leurs gesticulations d'une sorte de rire. Nous en avons long-temps observé un vivant au milieu des Animaux destinés aux expériences de Magendie; jamais il ne les maltraitait. Il opposait même une assez grande patience aux provocations des élèves. Chaque mois les côtés de la vulve des femelles se renflent en deux protubérances plus grosses du côté de l'anus.

8. MANGABEY A COLLIER, *Cercocebus Æthiops*, Geoff., Buff., t. 14,

pl. 33; Schreb., pl. 21.—Il ne diffère de l'autre que par le brun-marron du vertex et le collier blanc qui lui passe du cou à la nuque, en enfermant les oreilles : face, mains et oreilles noires. Il est au précédent ce que l'Ascagne est au Blanc-Nez. Tout le jeu de sa physionomie consiste dans le mouvement de ses lèvres qu'il relève en montrant les dents, grimace qui lui est propre. Il est de l'Afrique occidentale, au sud du Cap-Vert.

9. CALLITRICHE, *Simia sabœa*, Lin., Buff., t. 14, pl. 37; Schreb., Suppl., pl. 18; et Fréd. Cuv., Mam. lith., première douzaine. — Vert jaunâtre en dessus ; dessous du corps, dedans des membres blanc jaunâtre ; les poils autour des organes génitaux, au-dessus des sourcils et ceux des favoris, sont d'un beau jaune ; la face, les oreilles et les mains tout-à-fait noires ; testicules verdâtres ; oreilles un peu plus pointues qu'au Malbrouk. Adanson les a vus dans les forêts du Sénégal vivre en troupes nombreuses. Ils sont tellement silencieux, qu'ils ne crient même pas quand ils sont blessés ; ils n'ont pas peur du feu et attaquent toujours les premiers. Ils ne fuient qu'après avoir perdu beaucoup des leurs. Un adulte observé par F. Cuvier était doux et faisait entendre dans le contentement un grognement doux exprimé par grou-grou. — En voici les proportions : longueur du tronc, un pied quatre pouces ; de la tête, six pouces ; de la queue, deux pieds deux pouces.—On dit qu'il habite, outre le Sénégal, la Mauritanie et le Cap-Vert. Il est très-nombreux à l'Ile-de-France où il fut, dit-on, introduit par quelque colon.

10. Le GRIVET, *Simia subviridis*, F. Cuv., Mammifères lithograph., première douzaine. Cette espèce forme le passage du Callitriche au Malbrouk. Tête moins ronde qu'à celui-ci ; testicules d'un vert de cuivre ; poils environnans les organes génitaux orangés, et blancs dans le Malbrouk. D'un vert plus sombre que le Callitriche, il s'en distingue encore par le bandeau blanc du front, des favoris blancs, et la queue grise jusqu'au bout. La nuance de son vert est sale, et occupe tout le dessus du corps ; tout le dessous et le dedans des membres sont blancs ; le tour des yeux couleur de chair livide ; les oreilles, les mains et la face d'un noir violâtre. Sa patrie inconnue est en Afrique.

11. MALBROUK, *Simia Faunus*, Gmel., Mamm. lith., première douz.; Scopoli, pl. 19, Delic., Faun. et Flor., qui le nomme *Sim. Cynosuros*; Buff., t. 14, pl. 29.— Tout le dessus du corps gris verdâtre ; tout le dessous, joues et un bandeau au front, blancs ; membres en dessus et queue sur toute la longueur, gris ; poils blancs autour des organes génitaux ; museau noir, excepté le tour des yeux qui est couleur de chair ; oreilles et mains noires ; callosités et tour de l'anus rouges ; testicules du bleu lapis le plus pur.—Le *Simia Faunus* de Lin., représenté par Schreber, pl. 12, serait plutôt le *Cercopith. barbatus* de l'Ecluse.—Longueur du corps, un pied quatre lignes ; de la tête, cinq pouces quatre lignes ; queue longue à peu près comme le corps. — Buffon le croyait du Bengale, mais cette conjecture est plus que douteuse.

12. VERVET, *Simia pygerithra*, F. Cuv., Mamm. lith.—Cette espèce, très-voisine des précédentes, et surtout du Callitriche, a tout le dessus du corps vert grisâtre, le dessous blanc, et les testicules couleur vert de cuivre comme le Grivet, mais les poils environnans sont blancs ; en outre, l'anus est environné de poils d'un roux foncé qui ne se voient que quand la queue est redressée ; les quatre mains noires depuis le poignet ; tête approchant de celle du Malbrouk ; le bout de la queue jaune dans le Callitriche, gris dans le Malbrouk et le Grivet, est noir dans le Vervet. Delalande en a beaucoup rapporté du Cap où ils peuplent les forêts que n'habite pas une seule des trois autres espèces précédentes.

***** Singes verts.**

Les Guenons réunies sous ce titre, forment une petite division bien distincte. Dociles dans la jeunesse, elles deviennent méchantes en vieillissant, même pour ceux qui les soignent.

13. Le Patas, *Simia rubra*, Gmel., Buff., t. 14, pl. 25 et 26; F. Cuv., Mamm. lith., 2e douzaine. Tout le dessus du corps d'un fauve brillant, nuancé de gris-au bout de la queue et des membres; tout le reste blanc; mains et face couleur de chair verdâtre. Un bandeau étroit de poils noirs borde les sourcils; la lèvre inférieure porte aussi une moustache noire. —En voici les proportions : longueur du corps, un pied et demi; de la tête, cinq pouces; de la queue, un pied cinq pouces. Plus grande hauteur, un pied deux pouces. — Cette espèce est du Sénégal et peut-être de toute cette zône de l'Afrique jusqu'au Nil. Lacépède (*in Buffon*, Sup. 7), a donné, sous le nom de Patas à queue courte, une espèce de Macaque; c'est le Rhésus.

14. Guenon barbique, *Cercopithecus latibarbatus*, Geoff., Buff., Sup. T. vii, pl. 21. Une grande barbe étendue en ailes, le bout de la queue en pinceau; face d'un pourpre violet; pelage noir dans l'adulte, entièrement roux chez les jeunes. — Patrie inconnue. — L'individu du Muséum de Paris, dont le corps n'a pas plus de huit pouces de long, semblerait un jeune de la Guenon dorée, s'il n'avait pas les incisives mitoyennes supérieures proportionnées comme dans les vraies Guenons.

15. Guenon naine Delalande, *Cercopithecus pusillus Delalande*, N. Tête et corps uniformément gris cendré, ainsi que la queue dont le bout est noir. Des poils plus longs débordent le pelage sur la nuque, le dos et les épaules; la gorge est grisâtre, le dedans des membres est d'un gris blanchâtre, plus foncé que la gorge. Sous le menton, une tache gris-brun se prolonge vers le larynx au milieu du blanchâtre de la gorge. La face est de couleur tannée, ainsi que les mains; les sourcils sont noirs et surmontés d'un bandeau grisâtre. Le corps avec la tête n'a pas plus de neuf à dix pouces; la queue est un peu plus longue.— Delalande a découvert cette espèce sur la lisière des forêts le long desquelles habitent les Chacmas, au-delà de Groote-Vis-River, au Keiskama. (*V*. Cynocéphales.)

La Guenon couronnée ou Bonnet-Chinois et la Guenon Aigrette sont deux *Macaques. V.* ce mot.

†† Semno-Pithèques.

Aux caractères ci-dessus énoncés, ajoutons que la branche montante de la mâchoire a une hauteur, un élargissement surtout dans la partie angulaire, qui rappellent sa proportion dans les Hurleurs d'Amérique. *V.* ce mot. Aussi la plupart des Semno-Pithèques ont-ils une poche gutturale communiquant avec le larynx à la manière de ces Hurleurs. Leur cœcum est long et boursoufflé. Tous les Semno-Pithèques dont on connaît le squelette, excepté la Douc, ont plus ou moins de six vertèbres lombaires, nombre constant chez toutes les vraies Guenons. L'on conçoit quelle différence dans la grandeur de l'élan et dans la facilité de la marche à terre apporte cette inégalité du nombre des vertèbres lombaires. Ces inégalités des profondeurs de l'organisation dans des espèces qui habitent les mêmes îles, qui sont compatriotes des mêmes forêts, excluent toute possibilité qu'elles soient des transformations d'un moindre nombre de types primitifs et à plus forte raison d'un type unique. On peut voir dans notre tableau du genre humain (Physiol. de Magendie, 2e édit.) que des contrastes pareils existent entre les Hommes de ces mêmes archipels qu'habitent les Semno-Pithèques. —Toutes les espèces de ce sous-genre habitent le continent et les îles de l'Inde.

1. L'Entelle, *Simia Entellus*, Dufresne, *Houlman* au Bengale,

Schreber, pl. 23, B, Audebert;
Histoire Natur. des Sing. Famil., H,
sect 2, pl. 2. — A face et mains d'un
noir violet contrastant avec le blanchâtre obscur et presque isabelle du
reste du corps. Les poils qui entourent
la face forment un toupet plat au-
dessus des sourcils, et sous le menton, une barbe dirigée en avant. Sous
le corps et sur le dedans des mem-
brés, le poil est presque blanc. La
couleur de la peau même est bleuâtre
au dos, mais violette au visage, à la
tête, à la gorge, aux callosités, aux
membres et au-dessus des mains; elle
est blanche au ventre; l'iris est brun
roux. — L'Entelle a sept vertèbres
lombaires. Voici les proportions de
l'Entelle : longueur du tronc, un pied
un pouce; de la tête, quatre pouces;
de la queue, deux pieds deux pouces
trois lignes; hauteur : devant, neuf
pouces; derrière, un pied. — C'est
le plus commun des Singes au Bengale. Vénéré de tous les adorateurs
de Brama, il les honore et les réjouit
quand il va piller leurs jardins, leurs
maisons et même leurs tables déjà ser-
vies. Malgré sa lenteur, la longueur de
ses bras lui donne une étendue, une
portée d'élan supérieure à celle des
autres Singes du Bengale. Aussi dans
les langues de l'Inde, son nom ex-
prime-t-il cette faculté particulière de
mouvement.

2. CIMEPAYE, *Simia Melalophos*,
Raffl., *Trans. Lin.*, tab. 13, Fr. Cuv.,
Mammif. lith., 3º douz. — Pelage
roux brillant sur le dessus du corps, à
la face extérieure des membres, à la
queue, au-devant du front, et aux
joues où les poils dirigés en arrière
forment d'épais favoris; poitrine,
ventre et dedans des membres blanchâtres; la tête ceinte d'un cercle de
poils noirs; quelques poils semblables sont clair-semés aussi le long du
dos et sur les épaules. La face est
bleue jusqu'à la lèvre supérieure qui
est couleur de chair ainsi que l'inférieure et le menton. Les oreilles sont
de même couleur que la face, et le dedans des mains est noirâtre comme les
callosités. Le ventre est presque nu, et

le dedans des membres peu velu. Le
nez fait une grande saillie, et est
très-ridé à sa base. Les poils de tout
le corps sont très-longs et un peu laineux. — Le Cimepaye a sept verté-
bres aux lombes, trente à la queue,
et de grosses canines supérieures sillonnées. Sa longueur, du museau à la
queue, est d'un pied six pouces; de la
tête, quatre pouces; de la queue,
deux pieds huit pouces; hauteur : devant, un pied un pouce; derrière,
un pied quatre pouces.—Le Cimepaye
n'a encore été trouvé que dans les
îles de la Sonde et la presqu'île de
Malaca.

3. TCHINCOU, *Semno-Pithecus prui-
nosus*, Desmarest; *Simia cristata*,
Raffl., *Trans. Lin.*, t. 13, où il est
nommé Chingkou; Mammif. lithogr.,
4e douzaine. — Pelage uniformément
noir, plus fourni en dessus et très-
rare au ventre. Oreilles et face nues,
excepté le long des lèvres, surtout
aux angles où s'élèvent quelques poils
blancs. La peau du corps est bleuâtre,
celle des mains très-peu velues est
noire, ainsi qu'aux callosités; l'iris
est jaune, ce qui annonce une existence nocturne. Les jeunes sont bruns
rougeâtres; le noir ne se prononce
qu'avec l'âge.—Voici ses proportions :
corps, deux pieds; queue, deux
pieds et demi; hauteur : devant,
quinze pouces; derrière, dix-huit
pouces.

4. L'ERRO, *Semno-Pithecus co-
matus*, Desm. — Gris de fer noir
en dessus depuis le front jusqu'au
bout de la queue et des membres.
Tout le dessous de la tête, du cou,
du tronc, de la queue, et le dedans
des membres d'une couleur blanc
sale, uniforme; tous les doigts à
proportion moins allongés qu'aux
autres Semno-Pithèques; sur la tête,
une huppe noire longitudinalement
comprimée et se continuant sur la
nuque d'où le noir se perd sur les
épaules; la face et la paume des
mains noires; la queue est aussi longue que le corps; le pelage, excepté
la huppe, est plus ras et plus luisant
que dans le reste des Semno-Pithè-

ques.—Diard l'a découvert à Java.

5. Guenon Maure de Leschenault, *Simia Maura*, Geoffr., Tab. des Quadrum., Annal. du Mus. T. 19. — A poils beaucoup plus longs que tous les autres Semno-Pithèques sur tout le corps et principalement sur la tête où il forme une véritable chevelure inclinée de chaque côté de la ligne médiane. Cette espèce est entièrement noire; la peau de la face, des mains et du ventre est de couleur tannée; le poil de la queue est presque ras. Comme l'Entelle et le Cymepaye, elle a sept vertèbres lombaires, et diffère, outre la chevelure, d'un autre Semno-Pithèque aussi tout noir de Java que Diard a découvert, par deux vertèbres de plus aux lombes, et parce que les canines supérieures plus petites ne sont pas creusées d'un sillon sur la face antérieure. —Découverte à Java par Leschenault.

Le Maure de Diard, nommé *Loutou* par les Malais, a cinq vertèbres lombaires et des dents canines supérieures, creusées d'un profond sillon; son pelage noir est semblable à celui du Tchincou; ses petits sont aussi, dans le premier âge, d'abord d'une couleur brun-roux, phase qui leur est commune et avec les jeunes du Tchincou et avec ceux de la Maure de Leschenault. — Est-il le même que le Tchincou? La comparaison des squelettes peut seule le décider; mais il diffère certainement, ainsi que le Tchincou, de la Guenon maure.

Le *Simia Maura* des nomenclateurs, fondé sur le *Simia Callithrix magnitudine magnorum Cynocephalorum* de Prosper Alpin, *lib.* 4, ch. 10, et le Singe noir d'Edwards, Glan., pl. 311, ne sont sans doute que des Cynocéphales, car ils passent pour être d'Afrique.

6. Le Soulili, *Semno - Pithecus fulvo-griseus*, N. D'un gris-fauve passant au brun sur les épaules et le bas des quatre membres. Les quatre mains noires; le visage tanné; favoris, gorge et menton d'un gris blanchâtre sale; la queue, composée de trente-deux vertèbres, est d'un quart plus longue que tout le corps dont le tronc est raccourci comme au Loutou par deux vertèbres de moins aux lombes où il n'y en a que cinq. Les doigts sont très-longs, très-grêles, et ont leurs phalanges bien arquées. Ses canines supérieures sont très-grandes et creusées d'un profond sillon sur la face antérieure.—Diard a découvert le Soulili à Java.

7. Le Doré, *Semno - Pithecus auratus*, N. — Cette belle espèce, si remarquable par sa taille, ayant environ deux pieds de haut, et la queue aussi longue que le corps, est d'un beau roux doré uniforme, excepté une tache noirâtre à la rotule, et le ventre qui est presque nu. Les doigts des mains antérieures sont couverts de poils jusqu'à la deuxième phalange, ceux des mains de derrière le sont jusqu'aux ongles. Cette espèce de Singe a toujours été classée avec les Guenons proprement dites, et elle termine leur série dans la collection du Muséum de Paris. Mais la longueur de ses doigts aussi disproportionnée que dans aucun Semno-Pithèque, la figure et la grandeur uniforme de ses incisives, tout annonce un Semno-Pithèque, ce que peut seulement déterminer toutefois l'existence d'un talon à la dernière molaire inférieure. — Temminck assure qu'elle est des Moluques, position géographique qui éloigne encore l'idée que ce Singe soit une Guenon.

8. La Douc, *Simia Nemœus*, L., Buffon, t. 14, pl. 41; Schreb., pl. 24. — Le plus richement peint de tous les Singes; il a le corps et la tête gris; l'épaule et le haut des bras d'un gris plus foncé; l'avant-bras, la queue et sur le bas de la croupe, une large tache d'un blanc jaunâtre ou même jaune serin, mais d'un blanc pur dans la jeunesse; les cuisses et les jambes d'un brun pourpré; les quatre mains et le front noirs; favoris et barbe bien touffus et jaunes; le cou d'un rouge bai, avec un collier brun pourpré.—Cette espèce a six vertèbres

lombaires, et d'ailleurs son squelette ressemble entièrement à celui des précédens. Jusqu'ici, on a lieu de la croire particulière à la Cochinchine. Diard en a envoyé de nombreux individus au Muséum. Debout, il a plus de deux pieds de haut. Geoffroy (Tab. des Quadrum.) a fait de la Guénon Douc, sous le nom de Pygatriche, un genre particulier dont le caractère le plus saillant, le défaut de callosités, n'était fondé que sur le mauvais état de l'individu empaillé qu'il observait, car la Douc a des callosités aussi prononcées à proportion, pour sa taille, que pas une autre Guenon.

9. Le KAHAU, *Simia Nasica*, Schreber, suppl., pl. 10, B, et 10, D.—Buff., Suppl. 7, pl. 11 et 12.—Plus grand et plus trapu que la Douc; il est roux, avec la queue blanchâtre ainsi qu'une tache sur la croupe. Le trait le plus caractéristique est un nez long de quatre pouces, divisé en deux lobes dans sa moitié inférieure, très-élargie par un sillon qui règne dessus; les narines sont percées en dessous; mais leur contour postérieur n'est point adossé à la moustache qui en est séparée par une portion du plan inférieur du nez. L'Animal peut seulement élargir et renfler ses narines, mais non mouvoir le nez en totalité. Les os de la face n'offrent aucune configuration particulière dans cette région. Le visage et les oreilles sont de couleur tannée; le front et le sommet de la tête roux foncé; une barbe d'un roux clair au menton, se recourbe en haut; la poitrine et le ventre légèrement teints de gris, avec une ligne transversale plus claire sur les mamelles; les bras d'un roux vif, avec une diagonale jaune pâle; avant-bras, jambes et quatre mains d'un gris jaunâtre. — Le Kahau n'a encore été apporté que de Bornéo et de la Cochinchine. On ne connaît de son squelette que le crâne. — Le nom de *Douc*, à la Cochinchine, s'applique génériquement à tous les grands Singes, et partant aussi au Kahau. Geoffroy de Saint-Hilaire (Tabl. des Qua-

drumanes) a fait du Kahau le type d'un genre particulier, sous le nom de Nasique. Si, comme il le dit, le Kahau a des abajoues, il serait possible que cette séparation fût motivée encore par quelque particularité du squelette.

††† COLOBES.

Après les Semno-Pithèques n'ayant qu'un pouce rudimentaire aux mains de devant, se rattacheraient par une dégradation progressive les espèces de Quadrumanes dont Illiger a fait le genre *Colobe*, adopté par Geoffroy (*loc. cit.*), si ces espèces existent réellement semblables aux descriptions et aux figures qu'on en possède. Comme ces espèces continuent d'être admises dans les autres Dictionnaires parmi les Guenons, nous les donnons ici.—Leurs caractères sont : un corps allongé et menu; des membres grêles, et, au contraire des Semno-Pithèques, des doigts très-courts; le pouce de derrière très-écarté et reculé, et surtout l'absence de ce doigt, au moins extérieurement aux mains de devant. Ils contrásteraient encore avec les Semno-Pithèques par leur patrie en Guinée. On ne dit rien de l'existence des abajoues et des callosités.

1. COLOBE A CAMAIL, *Simia polycomos*, Zimmermann; Schreb., Suppl. 10, D, où l'on a mal à propos rajusté un pouce, après coup, à la main gauche; Buff., Suppl. 7, pl. 17.—Sommet de la tête, le tour de la face, cou, épaules et poitrines couverts d'un poil long, touffu et flottant, d'un jaune mêlé de noir; corps, bras et quatre membres à poils ras, luisant et d'un beau noir, contrastant avec celui de la queue qui serait d'un jaune blanc, et même d'un blanc très-pur, avec une touffe terminale. Il habiterait les forêts des deux Guinées, et surtout près de Sierra-Leone. Les nègres le nomment le Roi des Singes. Il aurait, debout, trois pieds de hauteur.

2. COLOBE FERRUGINEUX, *Simia ferruginatus*, Shaw; Bay-Monkey de Pennant, Quadr. 1, p. 198.—Ne diffé-

rerait du précédent que par la répartition des couleurs du pelage ; noir sur la tête et les jambes ; bai foncé sur le dos ; bai très-clair sur les joues, le dessus du cou et le dedans des membres. Aussi de la Guinée.

3. COLOBE TEMMINCK , *Simia Temminkii*, Desmarest. Le dessus de la tête, du cou, du dos, les épaules et la face extérieure des cuisses sont noirs ; les jambes et les bras d'un roux clair ; face , mains et queue d'un roux pourpré ; le ventre jaune roussâtre. Voici ses proportions : du museau à l'origine de la queue, un pied sept pouces et demi.

Enfin , il y a encore quelques espèces présomptives de Guenons dont l'existence paraît bien constatée, mais dont la situation générique est fort équivoque. Entre autres :

1. La GUENON A CRINIÈRE, *Simia Leonina*, Buff., Suppl. 7 ; et Schreb., Suppl. 11, B. Un individu mâle, assez bien privé, vivait à la Ménagerie de Versailles en 1775. Il avait deux pieds de long du museau à l'origine de la queue, dix-huit pouces de hauteur. La face nue et noire ainsi que le pelage de tout le corps dont le poil était long et luisant ; une belle crinière d'un gris brun autour de la face et du cou ; la barbe gris clair ; les narines larges et écartées ; une touffe de longs poils au bout de la queue. On ignorait sa patrie.

2. La GUENON NÈGRE, Schreb., pl. 22, B ; *Simia Ceylonicus* de Séba, tab. 1, pl. 48, fig. 3 ; Middle-Sized Black Monkey, Edwards , Glan. 5, tab. 311 ; n'aurait au corps que six ou sept pouces de longueur, et la queue longue comme le corps ; le visage fait comme celui d'un nègre ; elle serait de Ceylan suivant Séba, de Guinée suivant Edwards toujours bien mieux informé que le pharmacien hollandais.

La GUENON A MUSEAU ALLONGÉ de Pennant, Quadr., T. 1, pl. 25 ; et Buff., Supplém., pl. 15, paraît, d'après l'ensemble de ses formes et l'indication de sa patrie, être quelque Cynocéphale à longue queue, peut-

être différent des espèces actuellement connues. (A. D..NS.)

*GUENTHERIE. BOT. CRYPT. V. CORSINIE.

GUENUCHES. MAM. Les petits des Guenons. V. ce mot. (B.)

GUÉPAIRES. *Vespariæ*. INS. Tribu d'Insectes de l'ordre des Hyménoptères, section des Porte-Aiguillons, famille des Diploptères , établie par Latreille et renfermant tous les Hyménoptères auxquels Linné avait donné le nom de Guêpes ; ils ont toujours les antennes plus épaisses vers leur extrémité et coudées au second article, les yeux échancrés ; le chaperon grand , souvent diversement coloré dans les deux sexes ; les mandibules fortes et dentées ; une pièce en forme de languette sous le labre ; les mâchoires et les lèvres allongées ; la languette communément divisée en trois parties , dont celle du milieu plus grande en cœur et les latérales étroites, allant en pointe ; le premier segment du corselet arqué avec les côtés élargis en forme d'épaulette , et replié en arrière , jusqu'à la naissance des ailes ; le corps glabre, ordinairement coloré de noir , de jaune ou de fauve. Les femelles et les neutres sont armées d'un aiguillon très-fort et venimeux. Leurs ailes supérieures sont doublées longitudinalement. Plusieurs vivent en sociétés composées de trois sortes d'individus.

Les larves des Guépaires sont vermiformes , sans pates , et renfermées chacune dans une cellule où elles se nourrissent tantôt de cadavres d'Insectes , dont la mère les a approvisionnées au moment de la ponte, tantôt du miel des fleurs, du suc des fruits et de matières animales que la mère ou les mulets ont élaborées dans leur estomac , et qu'ils fournissent journellement à ces larves.

Latreille divise ainsi cette tribu :

I. Mandibules beaucoup plus longues que larges , rapprochées en devant en forme de bec ; languette étroite et allongée ; chaperon presqu'en forme de cœur ou ovale , avec la pointe en avant plus ou moins tronquée.

* Guépaires solitaires.

† Languette sans points glanduleux , divisée en quatre filets longs et plumeux.

Les Synagres (Latr. et Fabric.) *V*. ce mot.

†† Languette ayant quatre points glanduleux à son extrémité , divisée en trois pièces, dont celle du milieu plus grande , évasée , échancrée ou bifide au bout.

Les Eumènes (Latr. et Fabr.) comprenant les genres Céramie (Latr.), Ptérocheile (Klug) , Odynères (Latr.), auxquelles il réunit les Rygchies de Spinola. Les Eumènes proprement dites (Fabr.), les Zèthes (Fabr.) et les Discoelies (Latr.) *V*. ces mots.

Tous ces genres vivent solitairement , et chaque espèce n'est composée que de mâles et de femelles ; ils approvisionnent leurs petits avant leur naissance , en mettant dans chaque trou où ils ont pondu une certaine quantité d'Insectes qu'ils ont préalablement piqués de leur aiguillon ; ils font leurs nids dans la terre, dans les vieux murs ; ils en bâtissent quelquefois en 'terre sur diverses Plantes.

II. Mandibules guère plus longues que larges , avec une troncature large et oblique à leur extrémité ; languette courte et peu allongée ; chaperon presque carré.

** Guépaires sociales.

Les Guêpes comprenant les genres Poliste de Latr. et Guêpe proprement dits.

Les espèces de ces deux genres se réunissent en sociétés nombreuses, composées de *mâles*, de *femelles* et de *neutres*. Les individus des deux dernières sortes font , avec des parcelles de vieux bois qu'ils détachent avec leurs mandibules et qu'ils réduisent en pâte de la nature du papier ou du carton , des nids composés de gâteaux dans les cellules desquels les femelles pondent leurs œufs ; elles nourrissent leurs larves en leur donnant la becquée. (g.)

GUEPARD. mam. Espèce du genre Chat. *V*. ce mot. (b.)

GUÊPE. *Vespa*. ins. Genre de l'ordre des Hyménoptères , section des Porte - Aiguillons , famille des Diploptères, établi par Linné qui comprenait sous ce nom un grand nombre d'Hyménoptères de différens genres , dont Latreille a fait sa tribu des Guépaires (*V*. ce mot). Le genre Guêpe, tel qu'il a été adopté dans ces derniers temps, a pour caractères : languette droite, peu allongée, ayant à son extrémité quatre points glanduleux , divisée en trois parties , dont l'intermédiaire presque en cœur ; palpes maxillaires à six articles ; quatre aux labiaux ; la plupart de ces articles courts, obconiques ; mandibules guère plus longues que larges , obliquement et largement tronquées au bout ; cette portion tronquée de leur bord interne , plus longue que l'autre portion du même bord ; chaperon presque carré, milieu de son bord antérieur fortement tronqué et unidenté de chaque côté ; abdomen ovoïdo–conique et tronqué en devant à sa base. Les Guêpes se rapprochent beaucoup des Polistes, mais elles en diffèrent en ce que ces dernières ont la portion du bord interne des mandibules, qui est au-delà de l'angle et qui le termine, plus courte que celle qui précède cet angle ; le milieu du devant du chaperon s'avance en pointe ; leur abdomen est tantôt de forme ovalaire ou elliptique, tantôt il ressemble à celui des Eumènes.

Les Guêpes sont des Insectes qui méritent autant de nous intéresser que les Abeilles et les Fourmis ; comme ces Animaux, les Guêpes vivent en société et ont une industrie et un ordre dans leur gouvernement, qui les placent à leur niveau aux yeux du naturaliste, et quoique les ravages qu'elles font les rangent parmi les

Insectes nuisibles et que nous devons détruire, leurs mœurs, leur architecture et leur adresse à exécuter des ouvrages qui prouvent leur patience et la finesse de leur instinct, les rendent dignes de toute notre attention. Ces Insectes se nourrissent indifféremment d'autres Insectes, notamment d'Abeilles ordinaires, dont ils font une grande consommation, ou de fruits; ils aiment aussi beaucoup la viande, le Miel, et en général toutes les matières animales et végétales qu'ils peuvent trouver. L'aiguillon dont les Guêpes sont armées, est pour elles un sûr moyen d'exercer leur brigandage et de se livrer à leur férocité; elles se jettent sur les Insectes plus petits qu'elles, les percent à plusieurs reprises de leur arme envenimée, et les apportent à leur nid pour servir de pâture aux larves.

Les Guêpes ne vivent pas, comme les Abeilles, sous les lois d'une seule reine : leur gouvernement est tout-à-fait républicain; elles ont, ainsi que celles-ci et les Fourmis, des individus de trois sortes, des mâles, des femelles et des neutres; ces dernières ne paraissent être autre chose que des femelles plus petites et dépourvues d'ovaires. Ces individus neutres sont chargés d'aller à la provision, ils sont continuellement à la chasse ou à piller; les uns attrapent de vive force des Insectes qu'ils portent à leur guêpier; d'autres vont dans les boucheries, s'attacher à la pièce de viande qu'ils préfèrent; après s'en être rassasiés, ils en coupent un morceau qu'ils portent à leur nid; d'autres, enfin, se répandent dans les jardins, ravagent les fruits qu'ils rongent et sucent; tous font part du produit de leurs course, aux mâles, aux femelles, et même à d'autres neutres, et ce partage se fait sans confusion et de gré à gré. Réaumur a vu des Guêpes qui venaient de sucer des fruits, rentrer sans rien apporter de solide, mais elles ne laissaient pourtant pas d'être en état de fournir quelque chose à manger à leurs compagnes;

elles se posaient tranquillement sur le dessus du guêpier, et faisaient sortir de leur bouche une goutte de liqueur claire, qui était avidement sucée par une et quelquefois deux Guêpes dans le même instant. Dès que cette goutte était bue, elle en faisait sortir une seconde et quelquefois une troisième, qui étaient distribuées à d'autres.

Les Guêpes neutres, quoique les plus laborieuses, sont les plus petites, les plus légères et les plus actives; les femelles, qui ne laissent pas que de travailler à certaines époques, sont les plus grosses et les plus pesantes; il arrive un temps où le guêpier n'a qu'une seule de ces femelles; mais dans d'autres temps, on peut compter plus de trois cents femelles dans un seul guêpier. La grosseur des mâles est moyenne entre les neutres et les femelles. Pendant les mois de juin, juillet, août, et jusqu'au commencement de septembre, les Guêpes femelles se tiennent dans le guêpier; on ne les voit guère voler à la campagne que dans les mois de septembre et d'octobre : dans les mois d'été elles sont occupées à pondre, et surtout à nourrir leurs petits.

Les Guêpes font leur nid à l'abri des vents et des grandes pluies, soit dans des troncs d'Arbres pourris, soit dans des combles d'édifices abandonnés, sous des toits, sur des Arbres ou dans la terre, selon les espèces. Quand elles ont une fois déterminé le lieu de leur demeure, elles commencent par poser les premiers fondemens de leur édifice, qui consiste en un pilier gros et solide, de même matière que le reste du nid. Cette matière est composée de fibrilles qu'elles détachent des menues branches de Frêne ou de différens bois qui ont été exposés aux injures de l'air, et qu'elles broient avec les mandibules, pour en former une pâte qui se durcit après qu'elle a été mise en œuvre. Ces nids diffèrent selon les espèces; c'est pourquoi nous ne parlerons de leurs formes qu'en traitant de ces espèces. Ils sont composés d'une enveloppe générale, dans laquelle se trouvent des gâteaux placés les uns sur les autres, et assez espacés entre eux pour laisser passage aux Guêpes. Les cellules dont se composent ces gâteaux sont hexagones, et leur ouverture est tournée en bas ; les cellules destinées aux œufs qui doivent donner des ouvrières, ne se trouvent jamais placées parmi celles qui renferment les mâles et les femelles. Des gâteaux entiers sont composés des premières qui sont plus petites que les autres. L'édifice que les Guêpes ont bâti en quelques mois, ne dure qu'une année, et cette habitation, si florissante et si peuplée en été, est presque déserte l'hiver, entièrement abandonnée au printemps, et le plus grand nombre de ses habitans périt en automne. Quelques femelles, destinées à perpétuer l'espèce, passent l'hiver engourdies, et au printemps suivant chacune d'elles devient la fondatrice d'une nouvelle république, et elle est la mère de tous les individus qui la composent. Les ouvrières, comme étant les plus utiles, sont les premières qui naissent ; les mâles et les femelles ne paraissent que vers la fin de l'été ou au commencement de l'automne : leur accouplement a lieu dans le guêpier même où ils sont nés.

Les Guêpes pondent leurs œufs à la fin de l'été ; ces œufs sont placés chacun dans une cellule ; ils sont blancs, de figure oblongue, et un peu plus gros vers une extrémité. Le bout de l'œuf le plus pointu, est le plus proche du fond de la cellule, et y est collé contre les parois, de manière qu'il est difficile de l'arracher sans le casser. Les larves éclosent huit jours après la ponte ; elles ont la tête tournée vers l'entrée de la cellule ; ces larves sont blanches. On leur distingue des mandibules : elles n'ont aucun poil, et sont recouvertes d'une peau molle. C'est à cette époque que les Guêpes sont le plus occupées : les femelles et les neutres travaillent alors continuellement à nourrir ces larves ; elles leur apportent la becquée, et la leur donnent en faisant entrer leur tête plus ou moins avant dans la cellule, selon que la larve est plus ou moins avancée en âge. On voit les plus grosses larves avancer leur tête hors de la cellule, et demander la becquée, en faisant de petits mouvemens et en ouvrant leurs mandibules et leur bouche à plusieurs reprises ; quand la mère leur a donné à manger, elles se renfoncent pour quelques instans dans leur cellule et se tiennent tranquilles. Lorsque les larves sont prêtes à se métamorphoser, elles bouchent l'entrée de leur cellule avec une matière soyeuse qu'elles filent elles-mêmes. Peu après que la larve s'est ainsi renfermée, elle se transforme en nymphe qui laisse voir parfaitement toutes les parties de l'Insecte parfait, mais qui est encore enveloppée d'une peau très-mince ; lorsqu'elle s'est dépouillée de cette enveloppe, l'Insecte parfait ronge tout autour le couvercle qui le renfermait, le pousse sans peine au dehors et sort. La cellule qui a été abandonnée par une jeune Guêpe, ne reste pas long-temps libre ; aussitôt qu'elle est vacante, une vieille Guêpe ou un mâle y entre, travaille à la nettoyer, et la rend propre à recevoir un nouvel œuf.

La paix ne règne pas toujours dans les républiques de Guêpes, et il y a souvent des combats de mulets contre mulets ou de mâle contre mâle. Ces derniers, quoique plus grands, sont plus faibles ou plus lâches, et après avoir un peu tenu, ils prennent la fuite. Les Guêpes ne traitent pas si mal leurs mâles que les Abeilles quand elles les combattent, c'est plus bravement et à partie égale.

Vers le commencement d'octobre, il se fait dans chaque guêpier un cruel changement de scène. Les Guêpes alors cessent de songer à nourrir leurs petits ; on les voit arracher des cellules les larves qui ne les ont point encore fermées et les porter hors du guêpier ; rien n'est épargné, ni sexe, ni âge ; les mulets arrachent indifféremment les larves de mulets, de mâles ou de femelles de leurs cellules, et même les rongent un peu au-dessous de la tête. Le massacre est général, et les mâles s'en mêlent comme les autres. Cette expédition se fait quand les Guêpes jugent que le froid va les surprendre et qu'elles ne pourront plus suffire à la conservation des petits. Lorsque le froid devient plus grand, les Guêpes n'ont pas même la force d'attaquer les Mouches communes qui viennent alors se promener impunément dans leur guêpier : le froid les fait enfin périr, et il n'y a que quelques mères qui en réchappent et qui passent tout l'hiver sans manger.

Quoique les Guêpes soient des Insectes dont l'industrie et les mœurs méritent toute notre admiration, elles n'en sont pas moins redoutables pour les cultivateurs en ce qu'elles gâtent les fruits avant leur maturité; aussi divers moyens ont été proposés pour les détruire. Quelques personnes ont imaginé de placer aux environs du nid des brins de paille enduits de glu, mais cette méthode est longue et pénible, et l'on court le danger d'être piqué. On peut aussi employer l'eau bouillante quand on a affaire à des Guêpes communes qui font leur nid dans la terre. Mais le meilleur moyen est de les étouffer avec de la vapeur de Soufre; pour faire cette opération, on introduit dans le guêpier des mèches allumées et on bouche l'entrée de manière à ne pas empêcher qu'il n'entre un peu d'air pour entretenir la combustion du Soufre : en peu de temps les Guêpes sont toutes étouffées.

Le genre Guêpe des anciens auteurs renfermait un grand nombre d'espèces, mais depuis qu'il a été restreint dans ses limites naturelles, il n'en renferme qu'environ une vingtaine; parmi celles d'Europe, nous citerons :

La GUÊPE FRÉLON, *Vespa Crabro*, L., Fabr., Réaum., Ins. T. VI, tab. 18, fig. 1, et T. IV, tab. 10, fig. 9. Longue d'un pouce; tête fauve, avec le devant jaune; corselet noir, tacheté de fauve; anneaux de l'abdomen d'un brun noirâtre, avec une bande jaune, marquée de deux ou

trois points noirs. Cette espèce vit en très-grandes sociétés dans les greniers abandonnés, les troncs d'Arbres creusés par le temps ou dans les trous de rochers; la matière dont ces guêpiers sont composés est un papier grossier de couleur de feuille morte. Les Guêpes le préparent en broyant avec leurs mandibules la partie fibreuse de l'écorce séchée de jeunes branches de Saule et de Frêne; elles y dégorgent un suc visqueux qui en forme un mastic mou et solide avec lequel elles font la base ou un pilier sur lequel est attachée d'abord une sorte de calotte ou de voûte de forme variée, suivant l'espace où elle doit s'étendre. En dedans de cette voûte, elles posent un deuxième pilier, qui est la continuation du premier et qui doit servir d'attache au premier gâteau de cellules. Ces cellules sont hexagones et leur ouverture est tournée en bas. Les femelles que l'on trouve au printemps, et qui probablement ont été fécondées avant l'hiver, commencent à faire quelques cellules et y pondent des œufs de neutres. Aussitôt qu'ils sont éclos, ils aident leur mère à construire d'autres cellules dans lesquelles elle pond aussitôt d'autres œufs, et la population s'accroît ainsi rapidement; quand le logement est devenu trop petit, les neutres agrandissent l'enveloppe et le gâteau, et quand celui-ci est arrivé aux bords de l'enveloppe, elles en recommencent un autre sur-le-champ. Ce dernier est attaché au premier par un ou plusieurs piliers; bientôt l'enveloppe est achevée et de nouveaux gâteaux la remplissent : alors il ne reste plus qu'une ouverture au nid. Cette ouverture correspond à celle du trou qui est la porte par laquelle les Guêpes arrivent à leur nid; elle n'a souvent qu'un pouce de diamètre. En automne, on rencontre des mâles et des femelles de Frélons sur les Arbres d'où découlent des liqueurs acides et sucrées. Ils ne retournent plus au nid et périssent misérablement au premier froid, et c'est ainsi que finissent ces sociétés dont la plus grande population n'excède guère cent cinquante à deux cents individus.

La Guêpe commune, *V. vulgaris*, L., Fabr.; Réaum., *ibid.*, T. VI, pl. 14, f. 1, 7. Longue d'environ huit lignes, noire; devant de la tête jaune, avec un point noir au milieu; plusieurs taches jaunes sur le corselet, dont quatre à l'écusson; une bande jaune avec trois points noirs au bord postérieur de chaque anneau. Cette espèce fait dans la terre un nid analogue à celui de la Guêpe Frélon, mais composé d'un papier plus fin; son enveloppe est formée de plusieurs couches, disposées par bandes et se recouvrant par leurs bords; elle est raboteuse et les pièces qui la composent sont en forme de valves de coquilles posées les unes sur les autres de manière à ne laisser voir que leur partie convexe. Quand cette enveloppe est entièrement finie, elle a au moins deux portes qui ne sont que deux trous ronds. Les Guêpes entrent toujours dans le guêpier par un de ces trous et sortent par l'autre. Chaque trou n'en peut laisser passer qu'une à la fois. Ces guêpiers contiennent jusqu'à quinze ou seize gâteaux parallèles et à peu près horizontaux. Tous ces gâteaux sont comme autant de planchers disposés par étages qui fournissent de quoi loger un grand nombre d'habitans. Ces gâteaux sont faits de la même matière que l'enveloppe du nid. Leur diamètre change en même proportion que celui de l'enveloppe. Les premiers et les derniers n'ont que quelques pouces de diamètre, tandis que ceux du milieu ont quelquefois un pied. Réaumur a calculé qu'un guêpier de grandeur ordinaire pouvait contenir environ quinze à seize mille cellules. Les liens qui attachent ces gâteaux les uns aux autres sont massifs et semblent autant de petites colonnes dont la base et le chapiteau ont plus de diamètre que le milieu qui n'a pas plus d'une ligne. Réaumur a vu les Guêpes communes travailler à la construction de leur nid; il n'est point d'ouvrage qu'elles

conduisent plus vite; un grand nombre de Guêpes y sont occupées, et chaque individu entreprend une bande du cintre, et même seul plus d'un pouce d'ouvrage à la fois. Quand la Guêpe est arrivée chargée d'une boule de matière prête à être mise en œuvre, elle la porte à l'endroit où elle veut travailler, la place et l'applique contre un des bords de la voûte qui est commencée. Aussitôt on la voit marcher à reculons : à mesure qu'elle marche, elle laisse devant elle une portion de sa boule; cette portion est aplatie sans être détachée du reste que la Guêpe tient entre ses pâtes antérieures pendant que ses mandibules allongent, étendent et aplatissent ce qu'elle en veut laisser. Cette bande, qui ne vient que d'être aplatie, est perfectionnée et aplanie par la Guêpe qui va la reprendre à l'endroit où elle l'a commencée, et puis va à reculons en donnant, sans discontinuer et très-rapidement, des coups à cette bande avec ses mandibules. Elle retourne de la sorte quatre à cinq fois jusqu'à ce qu'elle soit satisfaite de l'épaisseur et du poli de son ouvrage. La matière que ces Guêpes emploient est très-analogue à celle des Frélons, seulement ce n'est pas sur le Frêne et le Saule qu'elles vont la chercher, mais bien sur les boiseries des édifices qui sont exposées aux intempéries de l'air, et qui ont déjà éprouvé un commencement de décomposition. Il n'est personne qui n'ait eu occasion de voir les Guêpes occupées à ratisser avec leurs mandibules la surface des fenêtres ou de différentes barrières dans les jardins; ce sont les parcelles de bois qu'elles en détachent qui sont broyées dans leur bouche avec une matière gluante et qui servent à leurs constructions. La diversité des espèces de bois qu'elles emploient explique pourquoi leurs guêpiers ne sont pas de la même couleur partout.

La Guêpe de Holstein, *V. Holsatica*, Fabr., Latr., Ann. du Mus. Elle est un peu plus grande que la Guêpe commune, noire, avec une ligne à chaque épaule et deux taches à l'écusson jaunes. Son abdomen est jaune, avec une bande noire, transversale à la base des anneaux et des points noirs contigus au bord postérieur des premières bandes. Le guêpier de cette espèce est de forme ovoïde dont le petit bout est tronqué. Ce nid est établi tantôt dans l'intérieur des maisons, tantôt dans les roches abandonnées ou sur des Arbres; nous en avons observé un à Toulon, qui était attaché à une branche de Platane et qui avait acquis jusqu'à un pied de longueur; il était formé d'une matière très-mince, papyracée, grisâtre, et son enveloppe était composée d'un assez grand nombre de couches parallèles. Le bas de cette enveloppe finissait par un trou qui était la porte par où entraient et sortaient les Guêpes. Ayant coupé ce guêpier dans sa longueur, nous y trouvâmes plusieurs gâteaux placés horizontalement les uns sur les autres et percés tous d'un trou au milieu qui correspondait au trou du nid.

La GUÊPE MOYENNE, *V. media*, Oliv., Degéer, Ins. T. II, pl. 27, f. 224, est un peu plus petite que la Guêpe Frélon ordinaire. Elle se trouve en Europe, autour de Paris, et suspend son nid au-dessous des toits des maisons ou à une branche d'Arbre.

La GUÊPE FRANÇAISE, *Vespa gallica*, L., Fabr. *V.* POLISTE.

GUÊPE TATUA. *V.* POLISTE MORIO, Fabr.

GUÊPE CARTONNIÈRE. *V.* POLISTE NIDULANS, Fabr.

GUÊPE DÉGIGANDÉE OU DISLOQUÉE. Geoffroy donne ce nom à un Chalcis. *V.* ce mot.

GUÊPE DORÉE. *V.* CHRYSIS.

GUÊPE ICHNEUMON. *V.* SPHEX PÉLOPÉE.

GUÊPE MAÇONNE. *V.* ODYNÈRE.
(G.)

GUÉPIAIRES. INS. Pour Guépaires. *V.* ce mot. (AUD.)

GUÊPIER. *Merops.* OIS. Genre de l'ordre des Alcyons. Caractères : bec médiocre, épais à la base, tranchant, à pointe aiguë, un peu courbé, avec l'arête élevée; narines placées de chaque côté à la base du bec, rondes ou ovoïdes, petites, couvertes à leur origine de soies dirigées en avant; tarse très-court, entièrement nu; quatre doigts, dont trois devant; l'extérieur réuni à l'intermédiaire jusqu'à la seconde articulation, l'intérieur n'y est uni que jusqu'à la première; le pouce élargi à sa base, son ongle est le plus petit de tous; première rémige presque nulle, la seconde la plus longue. Habitans des contrées les plus chaudes de l'ancien continent, les Guêpiers ne se montrent que très-accidentellement au-delà des 47 et 48e degrés de latitude. Il leur faut un sol brûlant où ils trouvent en abondance les Insectes Hyménoptères et Diptères dont ils font une ample consommation; dès que cette nourriture, la seule qu'ils recherchent, vient à manquer, on les voit émigrer par bandes nombreuses, vers des régions où puisse recommencer pour eux la saison des Guêpes et des Abeilles. Ces Oiseaux ont le vol direct, rapide et long-temps soutenu, ce qui les rend capables de très-longs voyages que bornent cependant les rives de l'Océan, où les engloutiraient les suites inévitables d'une disette absolue. Ils ne se posent jamais à terre; leurs jambes extrêmement courtes, relativement à la longueur du corps et des ailes, ne leur permettent, pour lieux de délassement, que les Arbres et les buissons où l'on a remarqué qu'ils choisissent ordinairement les branches desséchées pour se percher et prendre du repos. Comme les Martins-Pêcheurs et les Martins-Chasseurs, avec lesquels ils constituent seuls l'ordre des Alcyons, les Guêpiers établissent leurs nids dans des trous qu'ils creusent avec le bec et les pieds, dans les terres qui forment des crêtes et des côteaux ou les bords élevés des fleuves et des rivières dont ils aiment à parcourir la surface. Au fond de ces trous pratiqués obliquement et où ils entrent à reculons, les Guêpiers déposent sur un peu de Mousse qu'ils y ont précédemment apportée, cinq, six et même sept œufs blancs. L'incubation que l'on prétend être de plus longue durée que celle des Oiseaux de même taille, appartenant à d'autres genres, a lieu vers l'époque des plus fortes chaleurs. Il est probable que la nidification souterraine, à l'abri de tout rayon solaire, amortit l'action de la chaleur et s'oppose au développement trop prompt du germe ou du fœtus. Les petits restent long-temps réunis en famille, près de leurs parens, et ne s'en séparent que lorsqu'eux-mêmes sont à leur tour appelés à s'accoupler et à se reproduire.

Plusieurs auteurs ont compris parmi les Guêpiers, diverses espèces étrangères à ce genre, ce qui en rend l'étude synonymique assez difficultueuse.

GUÊPIER D'ADANSON, *Merops castaneus*, Var., Lath., Buff., pl. enlum., 314. Parties supérieures d'un brun marron; les inférieures, ainsi que les petites tectrices alaires et le croupion, d'un vert d'aigue-marine; gorge, devant du cou et poitrine d'un vert bleu brillant; rémiges vertes; rectrices bleues en dessus, cendrées en dessous, les deux intermédiaires dépassant les autres de deux pouces, noirâtres à l'extrémité; bec noir; pieds rouges. Taille, un pied quatre pouces. Du Sénégal.

GUÊPIER D'ANGOLA, *Merops Angolensis*, Lath. Parties supérieures d'un vert doré; yeux entourés d'une bande cendrée, tiquetée de noir; parties inférieures d'un vert d'aigue-marine; gorge et devant du cou d'un brun marron; rémiges et rectrices vertes en dessus, cendrées en dessous; queue étagée; bec cendré; pieds noirs. Taille, cinq pouces et demi.

GUÊPIER BICOLOR, *Merops bicolor*, Vieill. Parties supérieures d'un cendré vineux: trait oculaire brun; joues et côtés de la tête d'un blanc pur; rémiges noirâtres; rectrices d'un brun

noirâtre en dessus, cendrées en dessous, les deux intermédiaires plus longues; parties inférieures rouges; bec et pieds noirâtres. Taille, dix pouces. D'Afrique.

GUÊPIER BLEU-VERT, *Merops cœrulescens*, Lath. Tout le plumage d'un bleu vert, à reflets d'un bleu noirâtre; bec et pieds noirs. Taille, onze pouces.

GUÊPIER BONELLI. *V.* GUÊPIER ROUSSE TÊTE.

GUÊPIER DE BULOCH, *Merops Bulochii*, Vieill., Levaill., Ois. d'Afrique, pl. 20. Parties supérieures d'un vert mêlé de fauve; sommet de la tête bleu; nuque fauve; un large trait oculaire noir; parties inférieures brunes, avec la gorge rouge et le ventre bleu; tectrices caudales inférieures bleues; bec et pieds noirs. Taille, dix pouces. D'Afrique.

GUÊPIER DE CHADDOEIR, *Merops viridis*, Var., Lath. Tout le plumage vert, à l'exception d'un trait noir de chaque côté de la tête et de la gorge qui est jaune; bec noir. Taille, onze pouces. D'Egypte. Espèce douteuse qui pourrait bien être un jeune du Guêpier Patrich.

GUÊPIER CITRINE ou CITRINELLE, *Merops Citrinella*, Vieill. Tout le plumage jaune, varié de blanc verdâtre; bec noir. Taille, six pouces. De l'Inde.

GUÊPIER A COLLIER DU BENGALE, *Merops viridis torquatus*, Lath. Parties supérieures d'un vert nuancé de cendré obscur; front d'un vert d'aigue-marine; rémiges vertes, bordées de brun; gorge d'un blanc jaunâtre; parties inférieures blanches, verdâtres; rémiges d'un vert obscur, les deux intermédiaires cendrées et plus longues que les autres; bec et pieds noirâtres. Taille, onze pouces.

GUÊPIER A COLLIER GROS BLEU, *Merops variegatus*, Vieill., Levaill., Ois. d'Afr., pl. 7. Parties supérieures d'un vert foncé; trait oculaire noir; rémiges rousses intérieurement, terminées de noir; rectrices noires, rousses à leur origine; parties inférieures d'un vert roussâtre; gorge d'un jaune pâle, avec un large collier bleu, bordé de blanc; poitrine et flancs d'un rouge marron; bec et pieds noirs. Taille, six pouces. De Malimbe.

Guêpier a collier de Madagascar. *V.* Guêpier vert a gorge bleue.

Guêpier a collier et a très-longue queue, *Merops longicauda*, Vieill. Parties supérieures d'un vert brun; trait oculaire brun, bordé de blanc et d'aigue-marine; une grande tache bleuâtre sur l'aile; gorge mélangée de jaunâtre et de fauve, avec un demi-collier noir; parties inférieures d'un brun verdâtre; rectrices intermédiaires dépassant les autres de six pouces; bec noir; pieds bruns. De Malimbe. Espèce douteuse.

Guêpier commun, *Merops apiaster*, L., *Merops chrysocephalus*, Lath., *Merops Schoghaga*, F. Buff., pl. enl. 938. Parties supérieures d'un roux marron plus pâle sur le dos; front blanc, nuancé de verdâtre; trait oculaire large et noir; rémiges et rectrices d'un vert olivâtre; gorge d'un jaune doré, avec un demi-collier noir; parties inférieures d'un vert bleuâtre; rectrices intermédiaires dépassant les autres d'un pouce; bec noir; pieds bruns. Taille, onze pouces. La femelle a les teintes plus ternes, une bande jaunâtre au-dessus des yeux, et la poitrine nuancée de roussâtre. Les jeunes ont les parties supérieures d'un brun verdâtre; une bande rousse au-dessus des yeux, et toutes les rectrices égales; ils n'ont point de collier. D'Europe.

Guêpier Cuvier. *V.* Guêpier a gorge blanche.

Guêpier Daudin. *V.* Guêpier vert a queue d'azur.

Guêpier d'Europe. *V.* Guêpier commun.

Guêpier a gorge blanche, *Merops albicollis*, Vieill., Levaill., Ois. de Paradis, pl. 9. Parties supérieures d'un vert roussâtre; croupion, tectrices caudales et rectrices d'un bleu pâle; rémiges rousses; rectrices intermédiaires dépassant les autres, ter-

minées de noir; parties inférieures d'un vert blanchâtre; front et gorge blancs; sommet de la tête noir, de même qu'un large plastron frangé de bleu sur la poitrine. Bec noir; pieds bruns. Taille, dix pouces. Du Sénégal.

Guêpier a gorge bleue. *V.* Guêpier vert a gorge bleue.

Guêpier a gorge rouge, *Merops gularis*, Lath. Parties supérieures noires; front et croupion bleus; une grande tache brune sur les ailes; rectrices égales, avec les bords bleus ainsi que les rémiges; gorge rouge; parties inférieures bleues, tachetées de noir; bec et pieds noirs. Taille, dix pouces. D'Afrique.

Grand Guêpier des Philippines. *V.* Guêpier vert a queue d'azur.

Guêpier gris-rose. *V.* Guêpier bicolor.

Guêpier hausse-col noir, *Merops collaris*, Vieill. Parties supérieures d'un vert obscur; une tache noire, oblongue, derrière l'œil; parties inférieures d'un brun olivâtre; gorge jaune, avec un demi-collier noir; rémiges et rectrices rousses à leur base; les deux rectrices intermédiaires vertés; bec et pieds noirs. Taille, six pouces. Du Sénégal.

Guêpier Ictérocéphale, *Merops congener*, Lath. Parties supérieures jaunes, variées de vert, avec le dos brun; tête jaune; trait oculaire noir; tectrices alaires jaunes, variées de vert et de bleu; rémiges noires, terminées de rouge; rectrices jaunes terminées de vert; bec et pieds jaunes. Taille, onze pouces. Espèce douteuse que l'on présume n'être qu'une variété du Guêpier d'Europe.

Guêpier de l'Ile-de-France, Vieill., *Merops badius*, L., *Merops castaneus*, Lath., Buff., pl. enlum. 252. Parties supérieures d'un brun marron; trait oculaire brun; tectrices alaires vertes; rémiges terminées de noirâtre; rectrices bleues en dessus, d'un gris brun en dessous, les deux intermédiaires dépassant les autres de deux pouces; croupion et parties inférieures d'un vert d'aigue-marine; bec noir; pieds rougeâtres. Taille, onze pouces.

GUÊPIER JAUNE DE LA CÔTE DE CO-ROMANDEL, *Merops Coromandus*, Lath. Parties supérieures jaunes, variées et ondulées de bleu verdâtre; trait oculaire noir; rémiges et rectrices d'un jaune foncé, terminées en partie de noir; parties inférieures jaunes, variées de vert au centre; bec et pieds noirs.

GUÊPIER LAMARCK. *V*. GUÊPIER VERT A GORGE BLEUE.

GUÊPIER LATREILLE. *V*. GUÊPIER MARRON ET BLEU.

GUÊPIER DE LESCHENAULT, *Merops Leschenaulti*, Levaill., Ois. de Paradis, pl. 18. Parties supérieures d'un vert brillant; front d'un vert sombre, à reflets rougeâtres; occiput vert olive; rémiges roussâtres intérieurement et terminées de brun; croupion bleu; rectrices vertes en dessus, noirâtres en dessous; parties inférieures d'un vert jaunâtre nuancé de bleuâtre sur l'abdomen; gorge d'un roux jaunâtre, avec un collier noirâtre; bec noir; pieds brunâtres. Taille, huit pouces. De Java.

GUÊPIER A LONGS BRINS, *Merops tenuipennis*, Levaill., Ois. de Paradis, pl. 4. Parties supérieures vertes, nuancées de roux; une large bande noire sous les yeux; occiput roux, ainsi que la gorge; un demi-collier noir; parties inférieures d'un vert nuancé de roux et de bleu; croupion et tectrices caudales d'un bleu vif; les deux rectrices intermédiaires longues, effilées et terminées en palettes; bec noir; pieds bruns. D'Afrique et des Indes.

GUÊPIER A LONGUE QUEUE DU SÉNÉGAL. *V*. GUÊPIER D'ADANSON.

GUÊPIER DE MADAGASCAR. *V*. GUÊPIER PATIRICH.

GUÊPIER MARRON ET BLEU. *V*. GUÊPIER DE L'ILE-DE-FRANCE.

GUÊPIER MARRON ET BLEU DU SÉNÉGAL. *V*. GUÊPIER D'ADANSON.

GUÊPIER MINULE, *Merops Erythropterus*, Gmel., Buff., pl. enlum. 318; Levaill., Ois. de Paradis, pl. 17. Parties supérieures d'un vert clair,

varié de jaune et de bleu; trait oculaire noir; rémiges et rectrices rousses, terminées de noir et frangées de fauve; parties inférieures d'un vert pâle, nuancé de roux; gorge jaune; un plastron roux sur la poitrine; bec noir; pieds bruns. Taille, six pouces. D'Afrique.

GUÊPIER DE NUBIE. *V*. GUÊPIER ROUGE A TÊTE BLEUE.

GUÊPIER PATIRICH, *Merops superciliosus*, Lath., Buff., pl. enlum. 259. Parties supérieures d'un vert obscur qui s'éclaircit vers le croupion; un large bandeau noirâtre, bordé de blanc verdâtre, entoure la base du bec et une partie de la gorge qui est d'un blanc jaunâtre, terminée par un plastron d'un brun marron; sommet de la tête brun, à reflets verts brillans; rémiges vertes, bordées de brunâtre, et terminées de noirâtre; rectrices vertes, frangées de brun; les intermédiaires cendrées, dépassant de deux pouces; parties inférieures vertes; bec noir; pieds bruns. Taille, onze pouces. De Madagascar.

GUÊPIER DU PAYS DES MARATTES, *Merops Orientalis*, Lath. Parties supérieures d'un vert terne; rémiges d'un rouge sale, bordées de verdâtre, et terminées de noir; rectrices vertes, les deux intermédiaires plus longues, terminées de noir; parties inférieures verdâtres; bec et pieds noirâtres. Taille, six pouces.

GUÊPIER DE PERSE, *Merops Persica*, Lath. Parties supérieures vertes; front blanc; trois traits d'un bleu tirant plus ou moins sur le vert de chaque côté de la tête; rémiges et rectrices d'un vert jaunâtre, rougeâtre à leur base inférieure; gorge blanche, terminée par une plaque rouge; parties inférieures verdâtres; rectrices intermédiaires dépassant les autres de près de moitié; bec et pieds noirs. Taille, seize pouces. Quelques auteurs le considèrent comme une variété du Guêpier Patirich.

PETIT GUÊPIER DES PHILIPPINES, *Merops torquatus*, Lath. *V*. GUÊPIER VERT A GORGE BLEUE.

PETIT GUÊPIER VERT ET BLEU A QUEUE ÉTAGÉE. *V.* GUÊPIER D'ANGOLA.

GUÊPIER A AILES ET QUEUE ROUSSES. *V.* GUÊPIER VERT A AILES ET QUEUE ROUSSES.

GUÊPIER A QUEUE D'AZUR. *V.* GUÊPIER VERT A QUEUE D'AZUR.

GUÊPIER A QUEUE FOURCHUE, GUÊPIER A QUEUE D'HIRONDELLE. *V.* GUÊPIER TAWA.

GUÊPIER QUINTICOLOR, *Merops quinticolor*, Vieill. Parties supérieures d'un brun marron vif; scapulaires, tectrices alaires et bord des rémiges d'un vert brillant; croupion et rectrices supérieures bleus; gorge jaune, terminée par un collier noir; parties inférieures bleuâtres, variées de jaune; bec noir; pieds bruns. Taille, huit pouces. Des Moluques.

GUÊPIER ROSE OU ROUGE A TÊTE BLEUE, *Merops Nubicus*, L.; *Merops cœruleocephalus*, Lath. Parties supérieures d'un rouge terne, les inférieures d'un rouge cramoisi, plus ou moins nuancé de roux; tête, croupion, tectrices caudales et gorge d'un vert d'aigue-marine; rémiges terminées de vert brun et bleuâtre; bec noir; pieds cendrés. Taille, dix pouces. D'Afrique.

GUÊPIER ROUGE ET VERT DU SÉNÉGAL, *Merops erythropterus*, L., pl. enlum. 318. *V.* GUÊPIER MINULE.

GUÊPIER ROUSSE GORGE, *Merops ruficollis*, Vieill.; Levaill., Ois. de Paradis, pl. 16. Parties supérieures vertes, à reflets perlés; front roussâtre; une bande noire sur la joue; rémiges terminées de brun noirâtre; parties inférieures d'un vert bleuâtre; gorge fauve; bec noir; pieds bruns. Taille, dix pouces. D'Egypte.

GUÊPIER ROUSSE TÊTE, *Merops ruficapillus*, Vieill.; Levaill., Ois. de Paradis, pl. 19. Parties supérieures d'un vert lustré; tête et partie du cou d'un vert marron; trait oculaire noir; sourcils blancs; parties inférieures d'un vert jaunâtre à reflets roussâtres; gorge jaune; rectrices intermédiaires dépassant de beaucoup les autres chez les mâles. Les femelles ont

les couleurs moins vives. Taille, onze pouces. D'Afrique.

GUÊPIER DE SAVIGNY. *V.* GUÊPIER DE PERSE.

GUÊPIER SCHŒGHAGHA. *V.* GUÊPIER D'EUROPE.

GUÊPIER DE SONNINI. *V.* GUÊPIER A COLLIER GROS-BLEU.

GUÊPIER SUPERBE, *Merops superbus*, Lath. Parties supérieures rouges; front, tour des yeux et croupion bleus; rectrices intermédiaires plus longues que les autres, terminées de noir; parties inférieures d'un rouge pâle; gorge bleue; bec noir; pieds bruns. Taille, dix pouces.

GUÊPIER TAWA, *Merops Tawa*, *Merops hirundinaceus*, Vieill. Parties supérieures d'un vert jaunâtre et luisant; rémiges terminées de noir; croupion et rectrices bleus; parties inférieures d'un vert clair; trait oculaire noir; gorge jaune, avec un collier bleu; queue longue et fourchue; bec et pieds noirs. Du cap de Bonne-Espérance.

GUÊPIER A TÊTE JAUNE. *V.* GUÊPIER ICTÉROCÉPHALE.

GUÊPIER A TÊTE ROUGE, *Merops erythrocephalus*, Lath. Parties supérieures d'un vert brillant; tête et cou rouges; trait oculaire noir; parties inférieures jaunâtres, nuancées de rougeâtre et de verdâtre; gorge jaune; bec noir; pieds cendrés. Taille, six pouces. De l'Inde.

GUÊPIER DE THOUIN. *V.* GUÊPIER A LONGS BRINS.

GUÊPIER VARIÉ. *V.* GUÊPIER A COLLIER GROS-BLEU.

GUÊPIER VERT ET BLEU A GORGE JAUNE, *Merops chrysocephalus*, Lath. Parties supérieures d'un bleu d'aigue-marine; sommet de la tête et gorge jaunes; front d'un bleu verdâtre; tectrices alaires variées de vert brun et de jaune; parties inférieures verdâtres, nuancées de jaune; tectrices caudales vertes; rectrices intermédiaires un peu plus longues que les autres; bec et pieds noirs. Taille, dix pouces. De l'Inde.

GUÊPIER VERT A GORGE BLEUE, *Merops viridis*, Lath, Buff., pl. enl.

746. Parties supérieures vertes; front bleu; trait oculaire noir; tectrices caudales d'un bleu d'aigue-marine; parties inférieures d'un vert clair; gorge bleue, encadrée de noir; dessus de la tête et du cou orangés; jambes d'un brun rougeâtre; rectrices intermédiaires dépassant les autres de quelques pouces, terminées de brun; bec noirâtre; pieds bruns. Taille, huit à neuf pouces. Du Bengale.

GUÊPIER VERT A QUEUE D'AZUR, *Merops Philippinus*, Lath., Buff., pl. enluminée 57. Parties supérieures d'un vert obscur, avec des reflets cuivrés; croupion et tectrices caudales d'un bleu d'aigue-marine; trait oculaire noir; gorge jaunâtre; parties inférieures jaunâtres, irisées de fauve; rectrices égales, bleues en dessus, cendrées en dessous; bec noir; pieds bruns. Taille, huit à neuf pouces. Des Philippines.

GUÊPIER VULGAIRE. *V.* GUÊPIER D'EUROPE.

Espèces étrangères au genre Guêpier, auxquelles on a donné ce nom.

GUÊPIER AUX AILES ET QUEUE ROUSSES. *V.* MERLE.

GUÊPIER AUX AILES ORANGÉES. *V.* PHILÉDON GORRUCK.

GUÊPIER A CAPUCHON, *Merops cucullatus*, Lath. *V.* PHILÉDON.

GUÊPIER CARONCULÉ, *Merops carunculatus*, Lath. *V.* PHILÉDON.

GUÊPIER CORNU, *Merops corniculatus*, Lath. *V.* PHILÉDON.

GUÊPIER FLAMBÉ. *V.* PICUCULE.

GUÊPIER A FRONT BLANC. *V.* PHILÉDON.

GUÊPIER GRIS D'ETHÏOPIE, *Merops Cafer*, Lath. *V.* PROMEROPS.

GUÊPIER JASEUR, *Merops garrulus*. *V.* PHILÉDON.

GUÊPIER AUX JOUES BLEUES, *Merops Cyanops*, L. *V.* PHILÉDON.

GUÊPIER KOGO, *Merops Cicinnatus*, Lath. *V.* PHILÉDON.

GUÊPIER MOHO, *Merops fasciculatus*, Lath. *V.* PHILÉDON.

GUÊPIER NOIR ET JAUNE, *Merops Phrygius*, Lath. *V.* PHILÉDON.

GUÊPIER AUX OREILLES NOIRES. *V.* PHILÉDON.

GUÊPIER A TÊTE GRISE, *Merops cinereus*, Lath. *V.* SOUÏ-MANGA.

GUÊPIER WERGAN, *Merops Monachus*, Lath. *V.* PHILÉDON. (DR..Z.)

GUÊPIER. INS. Nom que l'on donne au nid que les Guêpes se construisent soit dans les trous des murailles, dans les cavités des vieux troncs d'arbres ou sous les toits des maisons, soit sous terre. La consistance de ce nid approche de celle du carton ou d'un papier grossier. (G.)

GUÊPIER. BOT. CRYPT. (*Champignons.*) *V.* FAVOLUS. (B.)

GUEPINIA. BOT. PHAN. Sous ce nom, Bastard (Suppl. à la Flore du département de Maine-et-Loire, p. 55) a constitué un genre de Crucifères qui, très-peu de temps auparavant, avait été formé par R. Brown dans la seconde édition du Jardin de Kew, et nommé *Teesdalia*. *V.* ce mot. (G..N.)

GUÉREBA. MAM. Même chose que Guariba. (B.)

GUERLINGUET. MAM. Buffon donne les noms de grand et petit Guerlinguet à deux espèces d'Écureuil qui sont devenus types d'un sous-genre ainsi appelé. *V.* ECUREUIL. (B.)

GUERRIER. OIS. (Dampier.) Syn. de la Frégate. *V.* ce mot. (DR..Z.)

* GUERSE. BOT. PHAN. Syn. arabe de Cannelle. *V.* ce mot. (B.)

GUERTÉE. BOT. PHAN. L'un des noms de l'Arachide au Sénégal. (B.)

GUERZIM. BOT. PHAN. Adanson n'indique pas quel est l'Arbrisseau du Sénégal auquel on donne ce nom de pays. (B.)

GUETTARDE. *Guettarda.* BOT. PHAN. Ce genre, dédié à Guettard, célèbre naturaliste de Paris, a été placé dans la Pentandrie Monogynie, L., et il appartient à la famille des Rubiacées. Plumier avait anciennement formé le même genre sous le nom de *Matthiola*. Le genre *Laugieria* ou *Laugeria* de Jacquin, fut indiqué par Vahl comme congénère du *Guettarda*, et Persoon ainsi que Kunth ont adopté cette réunion. Voici les caractères génériques exprimés par ce dernier auteur (*Syn. Plant. Orb.-Nov.* T. III, p. 67) qui en a fait le type de sa tribu des Guettardées : fleurs hermaphrodites ou monoïques ; calice supère, campanulé, très-entier ou obscurément denté ; corolle hypocratériforme, dont le tube est très-long, et le limbe étalé, offrant de quatre à neuf divisions ; étamines en même nombre que les divisions calicinales et incluses ; style unique surmonté d'un stigmate capité ; drupe contenant un noyau à quatre ou six loges monospermes. Le nombre des parties est variable dans ce genre; celui des loges varie probablement par suite d'avortement, car à la maturité, plusieurs fruits ne présentent qu'une ou deux loges. Il en est peut-être de même pour les graines; les ovaires doivent contenir deux ou plusieurs ovules qui avortent, à l'exception d'un seul ou de deux, comme on l'observe dans les espèces qui composaient le genre *Laugieria*.

Les Guettardes sont des Arbres ou des Arbrisseaux à feuilles opposées très-entières, munies de stipules interpétiolaires. Les fleurs sont unilatérales, accompagnées de bractées et portées sur des pédoncules axillaires, quelquefois terminales. On en compte une quinzaine d'espèces toutes indigènes de l'Amérique méridionale et des Antilles, à l'exception du *Guettarda speciosa*, L., qui croît dans les Indes-Orientales. Cette Plante est un bel Arbre, que l'on cultive pour l'ornement dans son pays natal, et dont les fleurs répandent une odeur très-agréable. Elle porte le nom vulgaire de fleur de Saint-Thomé. Sonnerat l'a figurée dans son Voyage aux Indes, tab. 128. Le *Matthiola scabra* de Linné et Plumier, Arbre de moyenne grandeur, a été décrit par Ventenat (Choix de Plantes, tab. 1) sous le nom de *Guettarda scabra*. Le *Dicrobotryum divaricatum* de Rœmer et Schultes (*Syst. Veget.*, 5, p. 221), décrit d'après l'herbier et les manus-

crits de Willdenow, doit être rapporté au *Guettarda xylostioides* de Kunth (*Nov. Gen. et Spec. Amer.*, tab. 292).

(G..N.)

* GUETTARDÉES. *Guettardeœ*. BOT. PHAN. Kunth (*Nova Genera et Species Plant. œquinoct.*, et *Synopsis Plant. Orbis-Novi*, T. III, p. 67) a donné ce nom à la huitième section qu'il a établie dans la famille des Rubiacées, et qu'il a ainsi caractérisée : fruit multiloculaire ; loges monospermes ; étamines le plus souvent au nombre de cinq. L'auteur de cette tribu y place les trois genres américains suivans : *Guettarda*, L.; *Retiniphyllum*, Humb. et Bonpl.; et *Nonatelia*, Aublet. *V.* ces mots. (G..N.)

GUEULE. ZOOL. BOT. On entend généralement par ce mot la bouche des Animaux; on en a fait en plusieurs cas un nom spécifique, même parmi les Plantes où l'ouverture de la corolle présente quelquefois la figure d'une Gueule. Ainsi l'on a appelé vulgairement :

GUEULE DE FOUR (Ois.), la Mésange à longue queue. .

GUEULE DE LION (Bot. Phan.), l'*Antirrhinum majus*, L.

GUEULE DE LOUP (Moll.), l'*Helix Scarabœus*, L. ; dont Montfort a fait son genre Scarabé.

GUEULE DE SOURIS (Moll.), le *Mytilus murinus*, L.

GUEULE NOIRE (Bot. Phan.), les fruits du *Vaccinium Myrtilus*, parce qu'il noircit la bouche.

GUEULE NOIRE (Moll.), le *Strombus luhanus*. *V.* BOUCHE NOIRE. (B.)

* GUEUSE. MIN. Nom donné à la fonte de Fer. *V.* ce mot. (DR..Z.)

* GUEUX. OIS. (Bartram.) Nom donné dans la Floride à des Oiseaux que l'on présume être des Fous.

(DR..Z.)

GUEVEL. MAM. Qui n'est peut-être que le mot sénégalien *Guevei*, où l'*i* terminal aura été, par faute d'impression, remplacé par l'*l*; espèce du genre Antilope. *V.* ce mot.

(B.)

GUEVINA. BOT. PHAN. Pour Gevuina. *V.* ce mot. (B.)

GUHR. MIN. *V.* AGARIC MINÉRAL.

GUI. *Viscum.* BOT. PHAN. Genre de la famille des Loranthées de Jussieu et Richard, et de la Diœcie Tétrandrie, L., ainsi caractérisé : fleurs dioïques, ou quelquefois monoïques selon Gaertner; calice dont le bord est entier, très-peu saillant et même à peu près nul dans les fleurs mâles ; corolle à quatre pétales très-larges à leur base où ils sont réunis; les quatre étamines des fleurs mâles sont formées d'anthères sessiles et adnées aux pétales; dans les fleurs femelles, l'ovaire est supère, surmonté d'un stigmate sessile, glanduleux et presque orbiculé; baie globuleuse, remplie d'une pulpe très-visqueuse dans laquelle flotte une seule graine cordiforme, un peu comprimée. Ce genre se compose de Plantes ligneuses éminemment parasites sur les Arbres, à branches opposées, dichotomes et articulées, garnies de feuilles le plus souvent opposées, un peu épaisses et très-entières, quelques espèces en sont dépourvues. Les fleurs sont solitaires, axillaires ou en épis. On en connaît environ vingt espèces qui la plupart sont originaires des climats chauds des deux hémisphères, car elles se trouvent dans les Indes-Orientales, au cap de Bonne-Espérance, au Mexique, dans les Antilles, etc. Nous ne parlerons ici que des deux espèces françaises.

Le GUI BLANC, *Viscum album*, L. a sa tige divisée presque dès sa base en rameaux dichotomes articulés, portant des feuilles lancéolées, très-obtuses, épaisses et glabres. Ses fleurs dioïques sont ramassées trois à six ensemble, dans les bifurcations supérieures des rameaux. Elles paraissent à la fin de l'hiver et il leur succède de petites baies blanches qui ressemblent assez à celles du Groseiller blanc. Le Gui ne croît jamais dans le sol; c'est inutilement que Duhamel a essayé de l'y faire développer. Ses tiges et ses feuilles ne peuvent absorber l'eau dans laquelle on les plonge, selon les observations du professeur De Candolle (Mém. de l'Instit., année 1806). Il est toujours parasite sur les Arbres fruitiers, principalement sur les Pommiers dont il pompe la sève et auxquels il est par conséquent très-nuisible. On l'observe plus rarement sur les Frênes, les Peupliers, les Saules, les Pins, sans que les différentes sèves dont il se nourrit paraissent influer sur les formes extérieures; l'espèce est identique sur ces divers Arbres. Les anciens médecins avaient une croyance vraiment superstitieuse aux vertus anti-épileptiques, fébrifuges, etc., du Gui. Ils ordonnaient expressément celui du Chêne, mais leurs malades, nonobstant les ordonnances, ne prenaient que du Gui de Pommier. Les pauvres apothicaires auraient, en vérité, été fort embarrassés pour exécuter strictement les prescriptions doctorales, car le Gui de Chêne est si rare que les botanistes ont long-temps cru qu'il ne croissait pas sur cet Arbre. Cependant il existe au Muséum d'histoire naturelle une branche de Chêne sur laquelle le Gui est implanté, et qui a été trouvée dans les forêts de la Bourgogne. Pline (*lib.* 16, *cap.* 44) a rapporté, et beaucoup d'écrivains ont répété d'après lui, l'espèce de culte et les cérémonies superstitieuses que les Gaulois, conduits par leurs druides, célébraient en l'honneur du Gui de Chêne. Mais l'excessive rareté du parasitisme de cet Arbuste sur le roi de nos forêts n'indique-t-elle pas une erreur des modernes relativement à la Plante que les anciens avaient en vue ; ou bien doit-on admettre ce que l'on a raconté du zèle outré des premiers chrétiens, à détruire dans les forêts tous les Chênes qui portaient le Gui, objet de vénération pour leurs aïeux simples et crédules ? C'est une question dont nous abandonnerons l'éclaircissement aux érudits et aux amateurs de discussions sur les usages de l'antiquité.

L'embryon de la graine du Gui a une conformation particulière : sa radicule est une sorte de tubercule évasé en cor de chasse qui se recourbe en tous sens dans le liquide visqueux qui l'entoure, se dirige toujours vers le centre des corps sur lesquels la graine se colle et paraît obéir à l'attraction qu'ils exercent sur elle. Elle présente encore une tendance constante, celle de fuir la lumière. Les circonstances dans lesquelles s'opère cette germination ont été examinées avec beaucoup de soins par Dutrochet qui a fait plusieurs expériences très-ingénieuses pour expliquer les phénomènes que présente la germination du Gui. *V*. le mot GERMINATION, où l'on a donné le résumé de ces expériences et les conséquences que l'auteur en a déduites. La substance visqueuse qui enveloppe les graines du Gui servait autrefois à faire la glu. Elle préserve la graine de l'action digestive des Oiseaux qui s'en nourrissent et qui la disséminent en répandant leurs excrémens sur les Arbres.

Le GUI DE L'OXYCÈDRE, *Viscum Oxycedri*, D. C., Flor. Franç., IV, p. 274, a une tige grêle, rameuse et dépourvue de feuilles. Cette Plante est parasite sur les branches du *Juniperus Oxycedrus*, dans les contrées méridionales de l'Europe. Bory de Saint-Vincent l'a retrouvée à l'endroit même où l'indique l'Ecluse.

(G..N.)

* GUIABARA. BOT. PHAN. (Plumier.) Syn. de *Coccoloba uvifera*. *V*. COCCOLOBIS. (B.)

GUIB. MAM. Espèce du genre Antilope. *V*. ce mot. (B.)

GUIBON. MAM. Pour Gibon. *V*. ce mot. (B.)

* GUICHENOTIE. *Guichenotia*. BOT. PHAN. Genre de la famille des Byttnériacées, et de la Pentandrie Monogynie, L., établi par Gay (Monographie de la tribu des Lasiopétalées, p. 18) qui l'a ainsi caractérisé : calice pétaloïde, persistant, campanulé, à cinq segmens cotonneux sur l'une et l'autre face, marqué exté-

rieurement de trois côtes; cinq pétales extrêmement petits, ayant l'apparence d'écailles, alternes avec les divisions calicinales; cinq étamines dont les filets sont libres, et les anthères linéaires, lancéolées, adnées au filet, déhiscentes par une fente qui occupe les côtés et la partie supérieure; ovaire unique, surmonté d'un seul style sessile, mucroné, cotonneux, à cinq loges renfermant cinq ovules et contenant dans leur intérieur un duvet très-épais. Les fleurs sont disposées en grappes axillaires et portées sur des pédoncules longs et pendans. Ce genre est très-voisin du *Lasiopetalum* et du *Thomasia*. Il diffère du premier qui a l'inflorescence en corymbe, ses anthères déhiscentes par un pore apiculaire, et les loges de l'ovaire à deux lobes; il s'éloigne du second entièrement par le port, l'absence des stipules, et par ses feuilles entières, linéaires et lancéolées. Une seule espèce, *Guichenotia ledifolia*, Gay (*loc. cit.*, tab. 20), constitue ce genre; c'est un petit Arbrisseau pubescent qui croît sur la côte occidentale de la Nouvelle-Hollande, près de la baie des Chiens-Marins. Il ne faut pas confondre avec cette Plante le *Lasiopetalum ledifolium* de Ventenat, qui paraît devoir être placé dans le genre *Boronia* de la famille des Rutacées. (G..N.)

GUIDE. ZOOL. Dans l'idée où l'on fut long-temps que divers Animaux avaient les mœurs analogues aux nôtres, on appela :

GUIDE DU LION (Mam.), le Caracal, espèce du genre Chat.

GUIDE DU MIEL (Ois.), le Coucou indicateur.

* GUIDE DU REQUIN (Pois.), le Rémore. *V*. ces mots. (B.)

GUIDONIA. BOT. PHAN. Plumier avait donné ce nom à un genre dont les espèces rentrent dans les genres *Samyda*, *Guarea* et *Swietenia*. Il existait d'ailleurs un genre *Fagonia* dédié par Tournefort à Gui-Fagon, personnage en l'honneur duquel le *Guidonia* a été aussi établi.

Le *Guidonia* de Browne (*Jamaic.* 249, tab. 29) a été réuni par Swartz au *Lætia. V.* ce mot.   (G..N.)

GUIER. *Guiera.* BOT. PHAN. Genre de la famille des Combrétacées, et de la Décandrie Monogynie; L. Le calice, adhérent à l'ovaire, s'évase au-dessus de lui et se termine par cinq découpures aiguës entre lesquelles s'insèrent autant de pétales petits et très-étroits. De dix étamines saillantes, cinq s'insèrent au calice immédiatement au-dessous des pétales, cinq qui paraissent plus courtes à l'extérieur, beaucoup plus bas. Le style simple se termine par un stigmate légèrement renflé. L'ovaire renferme cinq ovules pendans de son sommet. Le fruit allongé en forme de gousse présente cinq côtes longitudinales, cachées sous les poils nombreux qui le recouvrent; il est couronné par les dents du calice persistant et contient cinq graines, réduites souvent à une par avortement, suspendues par un fil grêle. L'embryon, dépourvu de périsperme, offre une radicule supérieure et deux cotylédons plissés, dont l'un enveloppe l'autre en partie. La seule espèce connue jusqu'ici a été recueillie au Sénégal. C'est un Arbrisseau à feuilles opposées et ponctuées. Les fleurs sont disposées au sommet des rameaux en capitules, dont chacun est environné d'un involucre de quatre bractées. Celles-ci sont, ainsi que les calices, parsemées de tubercules noirâtres. *V.* Lamk., Illustr., tab. 360.   (A.D.J.)

GUIFETTE ou GUISETTE. OIS. (Buffon.) Syn. de l'Hirondelle-de-mer. *V.* ce mot.   (DR..Z.)

* GUIGNA. MAM. (Molina.) Probablement le Margay. *V.* CHAT. (B.)

GUIGNARD. OIS. Espèce du genre Pluvier. *V.* ce mot.   (DR..Z.)

GUIGNARD. POIS. L'un des noms vulgaires du Lavaret.   (B.)

GUIGNE. BOT. PHAN. Espèce de Cerise.   (B.)

GUIGNE-QUEUE , GUIGNE-QUOYE, ou GUIGNO-QUOUE. OIS. Noms vulgaires de la Lavandière. *V.* BERGERONNETTE.   (DR..Z.)

GUIGNETTE. OIS. MOLL. Espèce du genre Chevalier. *V.* ce mot. On donne également sur nos côtes le nom de Guignette au Vignot, espèce fort commune du genre *Turbo.*   (B.)

* GUIGNIER. BOT. PHAN. L'espèce de Cerisier qui produit la Guigne. (B.)

GUIGNOT. OIS. Syn. vulgaire de Pinson. *V.* GROS-BEC.   (DR..Z.)

GUILANDINE. *Guilandina.* BOT. PHAN. Vulgairement Bonduc et Queniquier. Plumier avait établi ce genre, de la famille des Légumineuses et de la Décandrie Monogynie, L., sous le nom de Bonduc; mais Linné lui donna celui de *Guilandina* qui a prévalu chez les botanistes modernes. Lamarck en a séparé le genre *Gymnocladus*, et Jussieu a rétabli le *Moringa* de J.-B. Burmann qui lui avait été réuni par Linné. *V.* GYMNOCLADE et MORINGA. Ainsi réformé, le *Guilandina* offre les caractères suivans : calice urcéolé à cinq divisions égales ; cinq pétales sessiles, presque égaux ; dix étamines dont les filets sont distincts, courts, non saillans et laineux à la base ; ovaire oblong, surmonté d'un style court ; légume hérissé de pointes ou lisse, ovale, à deux valves légèrement comprimées, contenant de une à trois graines osseuses et globuleuses. Outre les changémens opérés dans le genre *Guilandina* de Linné et énumérés plus haut, le professeur Jussieu a indiqué le rapprochement des espèces à fruits lisses avec les *Cæsalpinia.* Les Plantes de ce genre sont des Arbres ou des Arbrisseaux dont les tiges et les pétioles sont garnis d'aiguillons , à feuilles bipinnées et à fleurs disposées en épis ou en panicules axillaires et terminales. On en compte cinq espèces , toutes indigènes des contrées situées entre les tropiques, principalement de l'archipel Indien.

La GUILANDINE BONDUC, *Guilandina Bonduc*, L., qui a la tige hérissée d'aiguillons, les feuilles pinnées à folioles ovales, accompagnées chacune d'un seul aiguillon, est l'espèce la plus remarquable. Son légume muriqué contient ordinairement trois graines parfaitement sphériques, d'une couleur verdâtre, et connues vulgairement sous le nom d'OEil de Bourique. R. Brown (*Bot. of Congo*, p. 62) a observé que les graines de cette Plante, ainsi que celles de l'*Abrus precatorius*, conservent une faculté germinative plus grande que dans toutes les autres Légumineuses, faculté qu'elles doivent à la manière dont leur embryon est protégé. Cette puissance vitale des graines est telle aux yeux du savant anglais, qu'elle ne serait pas détruite par l'action digestive des Oiseaux ou des autres Animaux, ainsi que par l'eau de mer. Comme ces deux Légumineuses sont les Plantes les plus générales des côtes équatoriales, il a paru vraisemblable d'admettre que les Oiseaux et les courans pélagiens ont été les seuls moyens de transport de leurs graines. Mais il nous semble difficile d'adopter cette opinion, si nous réfléchissons à la rapidité avec laquelle l'eau pénètre les tissus lorsqu'on les y fait macérer. Nous pensons que la naissance d'un individu de *Guilandina Bonduc* sur la côte d'Islande, résulte du semis accidentel d'une graine et non de son transport par les courans maritimes.   (G..N.)

GUILANDINOIDES. BOT. PHAN. L'Arbre ainsi désigné dans Linné (*Hort. Clifford.*) et dont ce savant naturaliste avait ensuite fait son *Guaiacum afrum*, a été érigé par Jacquin en un genre particulier de la famille des Légumineuses, sous le nom de *Schotia. V.* ce mot.   (G..N.)

* **GUILIELMA.** BOT. PHAN. Genre de la famille des Palmiers, établi par Martius (*Gener. et Spec. Palm. Bras.*, t. 66 et 67) qui l'a ainsi caractérisé : fleurs monoïques sur le même régime, sessiles, accompagnées de petites bractées; spathe double; calice des fleurs mâles trifide; corolle subglobuleuse à trois pétales; six étamines insérées sur un réceptacle charnu; calice des fleurs femelles en forme d'anneau; corolle monopétale, campanulée; ovaire triloculaire; stigmates sessiles; drupe renfermant un noyau qui au sommet offre trois poils disposés en étoile; graine pourvue d'un albumen homogène et d'un embryon placé dans un pore. Martius rapporte à ce genre le *Palma Pirijao* de Humboldt et Bonpland. La souche de ce Palmier est annelée, couverte d'aiguillons, et se compose d'un bois noir. Les feuilles sont pinnées sur des pétioles et à demi-embrassantes à la base. Les spadices se divisent en branches simples; ils portent des fleurs jaunâtres et des drupes colorées.   (G..N.)

GUILLEM. OIS. L'un des noms vulgaires du Guillemot à capuchon. *V.* GUILLEMOT.   (DR..Z.)

* **GUILLEMINÉE.** *Guilleminea.* BOT. PHAN. Dans l'un de nos ouvrages (*Nova Genera et Spec. Plant. æquin.* T. VI), nous avons dédié ce genre à notre ami Guillemin, collaborateur de ce Dictionnaire. Il appartient à la famille des Paronychiées d'Auguste Saint-Hilaire et à la Pentandrie Monogynie, L. Les caractères principaux que nous lui avons assignés sont : calice campanulé dont le limbe est à cinq divisions égales, orné à sa base de trois bractées; point de corolle; cinq étamines insérées sur le sommet du tube, courtes; filets dilatés à la base et réunis entre eux; anthères uniloculaires; ovaire supère, sessile, uniloculaire, renfermant un seul ovule, et surmonté d'un style et d'un stigmate échancré; capsule elliptique, uniloculaire, monosperme, indéhiscente, recouverte par le calice persistant; graine comprimée ayant à peu près la forme d'une Lentille. Ce genre est voisin du *Paronychia*, Juss., ou *Illecebrum*, L., mais il s'en distingue suffisamment par ses feuilles sans stipules, ses cinq étamines toutes fertiles (et non pas dix dont cinq alternes stériles), par

ses anthères uniloculaires, et par son style indivis (et non bifide). Les anthères biloculaires et les feuilles munies de stipules dans l'*Anychia* de Richard (*Queria Canadensis*, L.), sont encore des différences assez tranchées pour ne pas lui réunir le genre que nous avons proposé.

La *Guilleminea illecebroides*, N. *loc. cit.*, p. 42, tab. 618; *Illecebrum densum*, Willd., *Herb. in Rœm. et Schult.*, est une Plante herbacée, rampante, à feuilles opposées, portées sur des pétioles formés à leur base, dépourvues de stipules, et dont les capitules formés de huit à douze petites fleurs sont sessiles dans les aisselles des rameaux. Elle croît au Pérou, près de la ville de Quito, et dans la vallée de Saint-Jacques. Les échantillons récoltés dans cette dernière localité sont plus petits dans toutes leurs parties.   (k.)

* GUILLEMINIA, bot. phan. Et non *Guillelminia*. Necker (*Elem. Bot.* T. ii, p. 132) a donné ce nom au *Votomita* d'Aublet, nommé aussi *Glossoma* par Schreber et Willdenow.   (g..n.)

GUILLEMOT. *Uria*. ois. (Brisson,) Genre de l'ordre des Palmipèdes. Caractères : bec médiocre ou court, robuste, droit, pointu, comprimé; mandibule supérieure légèrement courbée vers la pointe, l'inférieure formant un angle plus ou moins ouvert ; narines placées de chaque côté à la base du bec, concaves, fendues longitudinalement, en partie recouvertes par une large membrane emplumée ; pieds courts, retirés dans l'abdomen ; tarses grêles, trois doigts seulement et entièrement palmés ; ailes courtes, la première rémige la plus longue.

Les Guillemots, que Temminck considère dans la chaîne zoologique comme l'un des derniers anneaux qui unissent graduellement les habitans des airs aux Animaux de la terre ou des mers, s'éloignent en effet d'une manière sensible, et par leur conformation et par leurs habitudes, de la plupart des autres Oiseaux. Partageant le plus ordinairement avec les Poissons le vaste domaine des eaux, les organes du vol, qui chez eux paraissent n'être qu'ébauchés et dont l'usage est borné à des intervalles assez courts pour effleurer seulement la surface des rivages, leur servent habituellement de nageoires pour se soutenir entre deux eaux où pour plonger, exercice dans lequel ils ne sont surpassés en adresse et en vélocité que par quelques Poissons. Cependant ces exercices ont leurs limites, car les Guillemots n'ont point, comme les Poissons, la faculté de trouver dans le liquide même le principal élément de la vie ; ils sont obligés de l'aspirer au dehors. Aussi, lorsqu'ils nagent submergés, ont-ils souvent le bec et les narines au-dessus de l'eau. Ces Oiseaux, que rien ne force à habiter les régions tempérées, ne quitteraient probablement jamais les mers les plus voisines des pôles, si les frimas ne venaient solidifier ces plaines liquides pendant la plus grande partie de l'année ; c'est alors que les Guillemots, quoique plongeant facilement sous la glace, n'y trouvent plus qu'avec trop de peine les petits Poissons et les Mollusques dont ils font leur nourriture ; ils se décident à abandonner leurs trop froides demeures, s'embarquent par troupes nombreuses sur quelques éclats de glace flottante, et se laissent ainsi dériver, plusieurs centaines de lieues, vers une température un peu moins rigoureuse, et dans laquelle ils prolongent leur séjour tout aussi long-temps que les glaces s'opposent au retour à leurs chères et tranquilles stations. Il arrive quelquefois que des Guillemots, victimes de la tempête, sont portés au loin par les vents ou par les vagues et délaissés bien avant sur les plages. Ces pauvres Animaux, qui justifient alors l'épithète anglaise de stupides d'où leur nom est dérivé, se trouvent dans le plus cruel embarras ; ne pouvant user de leurs ailes trop courtes et trop étroites, la marche leur étant interdite à cause de la position de leurs jambes qui met le corps hors d'équilibre et leur occasione autant de culbutes qu'ils cherchent à faire de pas, l'inanition met fin à leur existence, ou bien ils deviennent la proie des Orfraies et des Quadrupèdes carnassiers. Ce sont aussi les coups de vents qui les amènent dans l'embouchure des fleuves et des rivières, mais ces Oiseaux ne s'y plaisent point, ils regagnent bientôt la haute mer. Soumis, comme tous les êtres, aux douceurs de l'amour, ils s'accouplent de très-bonne heure et sans cesser d'être réunis; ils nichent en très-grande société, tout près les uns des autres, dans les trous des rochers littoraux et à la plus grande hauteur qu'ils puissent atteindre. La ponte consiste en un seul œuf gros et même disproportionné à la taille de l'Oiseau. Suivant Temminck, la mue serait double chez toutes les espèces, et le plumage complet d'hiver, pour les deux sexes, serait précisément celui que les auteurs assignent aux femelles ainsi qu'aux jeunes, lesquels diffèrent très-peu des adultes en plumage d'hiver, et qu'on ne peut même distinguer que par le bec moins formé dans la première année.

Cuvier et Vieillot ont séparé du genre Guillemot la plus petite espèce, et en ont fait un genre particulier pour lequel le premier a proposé le nom de *Cephus*, et que le second de ces savans naturalistes a nommé *Mergulus*. Temminck s'est contenté d'en former une seconde section générique.

GUILLEMOT A CAPUCHON, *Uria Troile*, Lath., Buff., pl. enl. 903. Parties supérieures d'un noir velouté, les inférieures et l'extrémité des rémiges secondaires blanches; sommet de la tête, espace entre l'œil et le bec ainsi qu'une bande longitudinale noirs; partie latérale du cou d'un cendré noirâtre, s'avançant en espèce de collier vers la poitrine; bec noirâtre, très-comprimé dans toute sa longueur, plus long que la tête; pieds obscurs; doigts jaunâtres. Taille, quinze à seize pouces. Dans le

temps des amours, la tête, la région des yeux, la gorge et la partie supérieure du cou sont d'un brun velouté. Les jeunes ont le noir des parties supérieures nuancé de brun cendré, la raie longitudinale confondue, par des taches cendrées, avec le blanc des côtés de l'occiput, les tarses et les doigts d'un jaune livide, avec la membrane brune. Des mers arctiques des deux continens.

GUILLEMOT A GROS BEC, *Uria Brunnichii*, Sabine, *Uria Francsii*, Leach. Parties supérieures noires, les inférieures d'un blanc pur qui se prolonge sur le devant du cou en forme de fer de lance; gorge et devant du cou d'un noir brunâtre; bec d'un bleu noirâtre, large et dilaté à sa base qui est d'un bleu clair, aussi long que la tête; tarses et doigts verts; membranes d'un noir verdâtre. Taille, dix-huit pouces. Sur les mers arctiques des deux continens.

GUILLEMOT GRYLLE ou GUILLEMOT A MIROIR BLANC, *Uria Grylle*, Lath., *Uria minor striata*, Briss., *Uria baltica*, Brünn., *Colymbus Grylle*, Gmel., *Colymba Groenlandica*, Briss., *Cephus lacteolus*, Pallas. Parties supérieures noires avec un grand espace blanc sur les petites tectrices alaires; parties inférieures et joues blanches; bec noir; pieds rougeâtres. Taille, douze pouces. Les jeunes ont le sommet de la tête, la nuque et les côtés de la poitrine noirâtres, tachetés de gris; le dos et le croupion noirs; les ailes noires avec l'espace blanc, tacheté de cendré. Du nord des deux continens.

GUILLEMOT MARBRÉ, *Uria marmorata*, Lath. A la plus grande ressemblance avec le jeune Guillemot à miroir qui commence à prendre le plumage de l'adulte, et paraît être la même espèce. Du nord de l'Amérique

GUILLEMOT NAIN ou PETIT GUILLEMOT NOIR, *Alca Alle*, Gmel., *Uria minor*, Briss., Buff., pl. enl. 917. Parties supérieures noires; les inférieures, quelques bandes longitudinales sur les tectrices alaires, l'extrémité des rémiges secondaires, la gorge et le devant du cou d'un blanc pur; quelques petits traits noirâtres occupent les côtés de la tête et se dirigent en bande étroite sur l'occiput; bec noir, très-court, de moitié moins long que la tête, très-faiblement arqué; iris noirâtre; pieds d'un brun jaunâtre avec les palmures verdâtres. Taille, huit à neuf pouces. Dans le plumage d'amour, la tête, les joues, la gorge et toute la partie supérieure du cou sont d'un noir profond. Les jeunes se distinguent des adultes par plus ou moins de taches noires sur la gorge et le cou, et qui salissent, en général, tout le blanc du plumage; les raies blanches des ailes sont peu ou point apparentes. Du nord des deux continens. (DR..Z.)

GUILLERI. ois. Syn. vulgaire du Moineau. *V.* GROS-BEC. (DR..Z.)

GUILLOT. ois. On a nommé vulgairement Guillot à bec plat, le Pingouin Macroptère, *V.* PINGOUIN; et Guillot à long bec, le Guillemot à capuchon. *V.* GUILLEMOT. (DR..Z.)

GUIMAUVE. *Althœa.* BOT. PHAN. Genre de la famille des Malvacées et de la Monadelphie Polyandrie, L., dont les caractères sont : calice à cinq divisions profondes, ceint d'un calicule offrant de cinq à neuf lobes aigus; pétales échancrés ou entiers, légèrement soudés à leur base; carpelles capsulaires monospermes, indéhiscens, réunis en cercle à la base du style. Ce genre a beaucoup d'affinité avec les Mauves, dont il présente presque tous les caractères génériques, mais ses espèces se distinguent d'ailleurs facilement par un port particulier. Cavanilles lui a réuni le genre *Alcœa* de Linné, réunion qu'ont adoptée Jussieu, Lamarck et De Candolle. Ce dernier auteur a donné, dans son *Prodromus*, T. 1er, p. 436, les phrases caractéristiques de dix-neuf espèces distribuées en trois sections. La première (*Althœastrum,* D. C.) est ainsi caractérisée: carpelles émarginés, sans bord membra-

neux; calicule le plus souvent à huit ou neuf divisions. Elle renferme six espèces indigènes d'Europe, et principalement du bassin de la Méditerranée. Nous ne décrirons que la principale espèce de ce groupe.

La GUIMAUVE OFFICINALE, *Althœa officinalis*, L. Cette Plante possède une racine fusiforme, pivotante, charnue, blanche, de la grosseur du doigt, simple ou quelquefois rameuse, de laquelle s'élève une tige herbacée, dressée, cylindrique, cotonneuse, ainsi que toutes les parties de la Plante. Ses feuilles sont alternes, pétiolées, molles, douces au toucher, cordiformes, à trois ou cinq lobes peu prononcés, aigus et crénelés, accompagnés à leur base de deux stipules membraneuses, caduques, pubescentes, divisées profondément en deux ou trois lanières étroites. Les fleurs sont blanchâtres ou légèrement rosées, presque sessiles, axillaires, formant une espèce de panicule à l'extrémité de la tige. La Guimauve fleurit aux mois de juin et de juillet dans les champs cultivés de l'Europe. Tout le monde connaît les propriétés émollientes de la racine ainsi que des feuilles de Guimauve; elles sont dues au principe mucilagineux que ces organes contiennent en abondance. Les fibres des tiges de cette Plante peuvent être réduites à l'état de filasse dont on a formé ces tissus, mais qui sont spécialement employées en France, à la fabrication d'un papier transparent destiné à calquer les dessins.

La seconde section (*Alcœa*, L.) possède des carpelles bordés d'une membrane sillonnée, et un calicule à six ou sept divisions. On y compte onze espèces qui habitent les contrées orientales de l'Ancien-Monde, à l'exception de deux espèces dont une (*A. caribœa*) croît dans les Antilles, et l'autre (*A. africana*) dans les régions orientales de l'Afrique.

La troisième section (*Alphœa*, De Cand.) a des carpelles à nervures, rugueux et non bordés; le calicule offre cinq divisions. Elle ne contient que deux espèces : la première, *Al-*

thæa Burchelii, croît au cap de Bonne-Espérance où elle a été découverte par Burchell qui, dans son Catalogue des Plantes de l'Afrique australe, l'avait nommée *Urena pilosa*. La seconde espèce, *Althæa Borbonica*, a beaucoup de rapport avec la précédente. Elle croît à l'île de Mascareigne, sur les bords de la rivière de Saint-Denis, d'où Bory de Saint-Vincent l'a rapportée. (G..N.)

On a étendu le nom de Guimauve à plusieurs espèces de *Sida*, ainsi qu'à d'autres Malvacées, telles que l'*Hibiscus syriacus* que les jardiniers appellent GUIMAUVE ROYALE; l'*Hibiscus Abelmoschus*, qu'on désigne par GUIMAUVE VELOUTÉE aux colonies; le *Corchorus olitorius* qui est la GUIMAUVE POTAGÈRE, et le *Sida Abutilon* qu'on appelle FAUSSE GUIMAUVE. (B.)

GUIMPE. REPT. OPH. Espèce du genre Couleuvre. *V*. ce mot. (B.)

GUINAMBI. OIS. Nom de pays des Colibris. *V*. ce mot. (DR..Z.)

GUINDOULIER ou GUINDULIER. BOT. PHAN. Vieux nom français du Cerisier, appliqué encore au Jujubier dans quelques cantons de la France méridionale. (B.)

* GUINÉEN. REPT. OPH. Espèce du genre Couleuvre. *V*. ce mot. (B.)

GUINETTE. OIS. Vieux nom de la Peintade. *V*. ce mot. (DR..Z.)

GUINGARROUN. OIS. L'un des noms vulgaires de la Mésange bleue. *V*. MÉSANGE. (DR..Z.)

GUINIARD. POIS. Bosc dit que Pison nomme ainsi un Poisson brésilien du genre Salmone et qu'on a cru être le Lavaret. (B.)

GUINPUAGUARA. REPT. OPH. Le Serpent brésilien ainsi désigné par Pison, est la Guimpe. *V*. ce mot. (B.)

GUIOA. BOT. PHAN. Genre établi par Cavanilles (*Icon.* 4, p. 49), et rapporté par Jussieu au *Cupania* de

Plumier. De Candolle en a formé une quatrième section de ce dernier genre. *V*. CUPANIE. (G..N.)

GUIRA. OIS. Ce mot signifie Oiseau dans la langue du Brésil, d'où tant de noms rapportés par les voyageurs, et adoptés par quelques ornithologistes, pour désigner des Oiseaux d'une partie de l'Amérique, si riche en productions naturelles, et même des espèces qui viennent d'ailleurs. Ainsi l'on a appelé:

GUIRA ACANGATARA, le Coua huppé de Madagascar. *V*. COUA.

GUIRA BERABA, le Tangara à gorge noire. *V*. TANGARA.

GUIRA-CANTARA, écrit quelquefois et mal à propos *Cuira Cantera*, une espèce du genre Anhinga.

GUIRA COEREBA, le Guit-Guit noir et bleu. *V*. GUIT-GUIT.

GUIRA GUACEBERABA, même chose que Guira Beraba, dans Edwards.

GUIRA-GUAINNUMBI, le Momot Houtou. *V*. MOMOT.

GUIRAHURO, par contraction de *Guira-Hur-Bannado*. Une espèce du genre Troupiale. *V*. TROUPIALE.

GUIRA GENOIA, le Tangara bleu. *V*. TANGARA.

GUIRA MHEEMGARA, le Guirnegat. *V*. BRUANT.

GUIRA MHEMGERA, le Téïté. *V*. TANGARA.

GUIRAHU-GUAZU, le Cassique noir.

GUIRA PANGA, une espèce du genre Averano. *V*. ce mot.

GUIRA PAYÉ, le Coucou Pyaye. *V*. COUA.

GUIRA PEREA, même chose que Guira Beraba.

GUIRA-PITA, la Spatule couleur de rose. *V*. SPATULE.

GUIRA-PUNGA, une espèce du genre Averano. *V*. ce mot.

GUIRA QUEREA, une espèce du genre Engoulevent. *V*. ce mot.

GUIRAROU, un Oiseau encore peu connu, dont on a fait successivement un Cotinga, une Pie-Grièche, un Motteux, enfin un Gobe-Mouche.

GUIRA-TANGEIMA, le Troupiale à long bec. *V*. TROUPIALE.

GUIRATI , la Spatule couleur de rose. *V.* SPATULE.

GUIRA-TINGA, le Héron blanc. *V.* HÉRON.

GUIRA TIRICA, un Gros-Bec du Brésil, que l'on présume être le même que le Paroure. *V.* GROS-BEC.

GUIRA YETAPA, le Gobe-Mouche petit Coq. *V.* GOBE-MOUCHE (DR..Z.)

GUIRA - PEACOJA. INS. Nom de pays d'une larve qui ronge les racines des Cannes à Sucre au Brésil. L'Insecte qui en résulte n'est pas connu. (B.)

GUIRNEGAT. OIS. Espèce du genre Gros-Bec. *V.* ce mot. (DR..Z.)

GUISANTES. BOT. PHAN. *V.* GUISSE.

* GUISEAU. POIS. *V.* ANGUILLE à l'article MURÈNE.

GUISETTE. OIS. *V.* GUIFETTE.

GUISSE. BOT. PHAN. Nom vulgaire de la Gesse, dans quelques parties de la France limitrophe de l'Espagne, où l'on nomme GUISANTES les graines de la plupart des Légumineuses employées pour la nourriture de l'Homme. De-là, également, le nom très-impropre de GUISANTES DES INDES, donné par quelques voyageurs à l'*Abrus precatorius* qu'on ne mange nulle part. (B.)

* GUISTRICO. BOT. PHAN. (Dodoens.) L'un des syn. de Troëne. (B.)

GUIT. OIS. L'un des noms vulgaires du Canard. *V.* ce mot. On nomme GUITOUN, dans le midi de la France, le petit de cet Oiseau. (DR..Z.)

GUITARE. MOLL. L'un des noms marchands du *Murex perversus.* *V.* ROCHER. (B.)

GUITAUD. POIS. Même chose que Tacaud. *V.* ce mot et GADE. (B.)

GUIT-GUIT. OIS. *Cœreba.* (Brisson.) Genre de l'ordre des Anysodactyles. Caractères : bec faiblement arqué, grêle, mais assez épais à la base ; mandibules acérées, avec les bords fléchis intérieurement, la supérieure finement échancrée vers la pointe ; narines petites, recouvertes par une membrane ; quatre doigts, trois devant, un derrière ; tarse plus long que le doigt intermédiaire, les latéraux égaux en longueur ; première rémige presque nulle, les deuxième, troisième et quatrième à peu près égales entre elles et plus longues que les autres ; queue médiocre ; rémiges flexibles.

Les Guit-Guits ont dans les mœurs beaucoup d'analogie avec les Colibris ; comme eux, ils recherchent la matière sucrée qui s'élabore dans le nectaire des fleurs ; ils vont même la puiser dans la tige des cannes, en y faisant pénétrer leur bec menu et acéré. Cependant ils ne font point du sucre leur unique nourriture ; ils font une égale consommation de petits Insectes et surtout de larves dont ils paraissent très-friands. Quelques espèces construisent leur nid de la même manière que le font les Colibris ; d'autres y apportent plus d'art encore, et le suspendent entre les petits rameaux d'une branche assez flexible pour que le vent puisse doucement l'agiter, bercer mollement l'Oiseau, tandis qu'il est tout entier aux soins de l'incubation. Souvent ce nid, qui se trouve fermé assez hermétiquement, a la forme d'une poire de Calebasse, dont la partie amincie, décrivant une courbure, serait une espèce de galerie pour arriver à la partie sphérique où se trouve le duvet et la jeune famille. L'ouverture, toujours tournée vers la terre, est placée vers l'extrémité où se trouve la queue dans la poire. Tout le nid est composé de duvet qui retient extérieurement et garantit de la pluie, un tissu de brins d'herbes fibreuses, très-artistement entrelacées. La ponte est le plus ordinairement de quatre à cinq œufs, et se renouvelle deux fois dans l'année. Les Guit-Guits sont propres aux climats chauds de l'Amérique méridionale. Cuvier pense que l'on doit comprendre parmi eux quelques jolis petits Oiseaux de l'Inde, que Temminck a placés dans son genre Philédon.

GUIT-GUIT A BRACELETS, *Certhia armillata*, Lath. Parties supérieures vertes, les inférieures blanchâtres; ailes noires, avec les épaules bleues; tectrices alaires inférieures et abdomen jaunâtres; bord externe des rémiges et rectrices noirs; bec et pieds jaunes. Taille, quatre pouces. C'est le Guit-Guit commun, jeune.

GUIT-GUIT BICOLOR, même chose que Guit-Guit noir et bleu.

GUIT-GUIT CANNELLE. *V*. GRIMPEREAU CINNAMON.

GUIT-GUIT COLIBRI, *Certhia Trochilea*, Lath. Parties supérieures brunes, variées d'olivâtre, les inférieures jaunâtres; tectrices alaires vertes; rémiges brunes; rectrices noires; bec et pieds bruns. Taille, deux pouces trois quarts. C'est le Guit-Guit noir et bleu, jeune.

GUIT-GUIT COMMUN, *Certhia cyanea*, Lath., Buff., pl. enl. 83, f.2. Sommet de la tête d'un bleu verdâtre; côtés de la tête, tectrices alaires et caudales, croupion et parties inférieures d'un bleu violet; bord interne des rémiges jaune; poitrine verte et bleue, avec la base des plumes brune; le reste du plumage noir ainsi que le bec; pieds orangés. Taille, quatre pouces trois lignes. Les jeunes sont très-différens, suivant leurs divers âges.

GUIT-GUIT FAUVE, *Certhia fulva*, Lath.; *Trochilus fulvus*, Gmel. Plumage fauve, avec les rémiges et les rectrices noirâtres. Taille, cinq pouces. Espèce douteuse, que l'on présume être le Guit-Guit vert à tête noire, jeune.

GUIT-GUIT A GORGE BLEUE, *Certhia gularis*, Lath., Sparm. Parties supérieures brunes; rémiges noirâtres; rectrices noires; sourcils et ventre jaunes; gorge, devant du cou et poitrine bleus; bec noir; pieds bruns. Taille, trois pouces trois quarts. Espèce douteuse que l'on a trouvée à la Martinique.

GUIT-GUIT NOIR ET BLEU, *Cœreba cœrulea*, Vieill.; *Certhia cœrulea*. Front, gorge, rémiges et rectrices noirs, le reste du plumage d'un bleu violet; bec noir; pieds jaunâtres ou noirs. Taille, quatre pouces. La femelle a les parties supérieures brunâtres, la poitrine et la gorge jaunâtres, l'abdomen roussâtre. Les jeunes sont d'un brun verdâtre en dessus et variés de jaune, de vert et de blanchâtre en dessous; ils ont en outre, suivant leur âge, des taches bleues et noires, qui indiquent le passage au plumage adulte.

GUIT-GUIT SUCRIER, *Certhia flaveola*, L.; *Cœreba flaveola*, Vieill., Ois. dorés, pl. 51. Parties supérieures d'un brun noirâtre; croupion d'un jaune verdâtre; un bandeau blanc sur le front et les yeux; rémiges noirâtres; tectrices alaires bordées de jaune; rectrices noires, les deux latérales terminées de blanc; gorge cendrée; parties inférieures jaunâtres; bec et pieds noirs. Taille, trois pouces deux tiers. La femelle a les teintes plus claires. On trouve des variétés dont les sourcils et le ventre sont jaunes, avec la gorge noirâtre; d'autres ont les parties supérieures presque noires ou d'un brun plombé, etc.

GUIT-GUIT A TÊTE GRISE, *Cœreba griseicapilla*, Vieill., Ois. dor., pl. 50. Parties supérieures d'un vert olive, les inférieures jaunes; sommet de la tête cendré; front et joues noirs; queue un peu arrondie à son extrémité; bec et pieds bruns. Taille, quatre pouces.

GUIT-GUIT TOUT VERT, *Certhia Spiza*, Var., Lath *V*. GUIT-GUIT VERT A TÊTE NOIRE, femelle.

GUIT-GUIT VERT. *V*. GUIT-GUIT VERT A TÊTE NOIRE.

GUIT-GUIT VERT-BLEU DE SURINAM, *Certhia Ochrochlora*, L.; *Certhia Surinamensis*, Lath. Parties supérieures vertes; joues et gorge jaunes; poitrine d'un vert jaunâtre, tachetée de bleuâtre; ventre jaune. Taille, deux pouces trois quarts. Paraît être une variété d'âge du Guit-Guit noir et bleu.

Guit-Guit vert-bleu de Cayenne, *Certhia flavipes*, L.; *Certhia
cyanogastra*, Lath. Parties supérieures vertes, les inférieures d'un bleu
foncé; rémiges et rectrices noires;
une marque jaunâtre de chaque côté
près du bec qui est noir; pieds jaunes. Taille, quatre pouces un quart.
On présume que c'est une variété en
mue du Guit-Guit noir et bleu.

Guit-Guit vert et bleu a gorge
blanche, *Certhia Spiza*, Var., Lath.
Parties supérieures d'un vert jaunâtre; sommet de la tête et petites tectrices alaires bleus; rémiges brunes;
gorge blanche; parties inférieures
jaunâtres; bec blanchâtre, cendré en
dessous; pieds jaunâtres. Taille, cinq
pouces. Quelques auteurs doutent
que cet Oiseau soit une simple variété du Guit-Guit vert à tête noire.

Guit-Guit vert et bleu a tête
noire. *V*. Guit-Guit vert a tête
noire.

Guit-Guit vert tacheté, *Certhia Cayana*, Lath Parties supérieures variées de vert, de brun et de
bleu; gorge bleue; joues variées de
vert et de blanchâtre; rémiges noirâtres bordées de vert; parties inférieures mêlées de bleu, de vert et de
blanchâtre. C'est une variété d'âge et
en mue du Guit-Guit commun.

Guit-Guit vert a tête noire,
Certhia Spiza, Var., Lath., *Cœreba
atricapilla*, Vieill., Ois. dor., pl. 47.
Tout le plumage vert qui prend un
reflet bleuâtre sur le croupion, la
poitrine, le ventre, le bord des rémiges et des rectrices qui sont dans
le reste d'un brun noirâtre; tête noire;
bec noir en dessus, blanchâtre en
dessous; pieds plombés. Taille, cinq
pouces. La femelle a les couleurs
moins vives et les parties inférieures
jaunâtres. Les jeunes ressemblent à
la femelle, ils ont quelquefois la gorge jaune.   (DR..Z.)

GUITTARIN. bot. phan. *V*. Ci-
tharexylon.   (B.)

GUITY. bot. phan. Syn. de
Sapindus Saponaria au Brésil. *V*.
Savonnier.   (B.)

GUJANUS. bot. phan. (Rumph.)
Syn. d'*Inocarpus edulis*, L.   (B.)

GULAUND. ois. Espèce du genre
Canard. *V*. ce mot, division des
Oies.   (DR..Z.)

*GULDENSTEDTIA. bot. phan.
Necker (*Elem. Botan.*, p. 928) avait
donné ce nom au genre *Eurotia* d'A-
danson. *V*. ce mot. Ce nom se trouvant sans emploi, le docteur Fischer
de Pétersbourg l'a employé pour désigner un nouveau genre de la famille des Légumineuses et dont les caractères suivans ont été consignés par extrait dans le Bulletin des Sciences de
Férussac, 1824, T. I, p. 145. Calice
muni de deux bractées à la base,
campanulé, à cinq divisions courtes,
dont les deux supérieures sont plus
larges; corolle papilionacée dont l'é-
tendard est entier; les ailes grandes
à peu près comme l'étendard, la carène très-petite; étamines diadelphes;
légume presque cylindrique, polysperme, à valves qui se séparent
entièrement et deviennent spirales,
rempli d'une moelle qui disparaît par
la maturité; graines réniformes,
marquées de petites fossettes. Ce genre renferme deux Plantes indigènes
de l'empire russe, que le port de
l'une avait fait placer parmi les Astragales; c'était l'*Astragalus pauci-
florus* de Pallas. L'autre espèce, remarquable par ses feuilles simples,
existait sans nom dans les herbiers,
et avait été rapportée de la Sibérie par
Sievers, mais sans fleurs ni fruits.
          (G..N.)

*GULEDER. ois. Syn. vulgaire de
Mouette rieuse. *V*. Mauve. (DR..Z.)

*GULF-STREAM. géol. *V*. Courant.

GUL-GAT. ois. Syn. de Merle
brunet. *V*. Merle.   (DR..Z.)

GULIN. ois. Même chose que
Goulin. *V*. Martin.   (DR..Z.)

*GULO. mam. *V*. Glouton.

GULO. ois. (Klein.) Syn. du Pélican blanc. *V*. Pélican. (DR..Z.)

GUMENISKI. ois. (Krascheninnikow.) Nom donné à une Oie du Kamtschatka, dont la description n'est point encore suffisante. (DR..Z.)

GUMILLÉE. *Gumillœa.* BOT. PHAN. Genre de la Pentandrie Digynie, L., établi par Ruiz et Pavon (*Flor. Peruv.* T. III, p. 23, tab. 245) qui lui ont assigné les caractères suivans : calice campanulé à cinq divisions ; corolle nulle ; cinq étamines hypogynes ; ovaire supère, surmonté de deux styles ; fruit capsulaire à deux loges, offrant deux becs réfléchis, renfermant une grande quantité de graines. La GUMILLÉE AURICULÉE, *Gumillœa auriculata*, Ruiz et Pavon, est un Arbrisseau qui croît dans les grandes forêts du Pérou, dont la tige droite, cylindrique, s'élève à plus de quatre mètres et porte des rameaux étalés, garnis de feuilles alternes, pétiolées, ailées avec impaire, accompagnées de stipules opposés et presque réniformes. Les fleurs sont sessiles et disposées en grappes longues, spiciformes et pendantes.   (G..N.)

* GUMIRA. BOT. PHAN. (Rumph.) Syn d'Andarèse. *V.* PREMNA. (B.)

* GUNDÉLIACÉES. *Gundeliaceœ.* BOT. PHAN. Nom d'une tribu de la famille des Cinarocéphales de Jussieu, établi par De Candolle dans un Mémoire sur les Composées, lu à l'Institut en janvier 1808, et dont le caractère principal serait d'avoir les paillettes du réceptacle soudées et formant des loges monospermes. L'auteur l'a composée des genres *Gundelia* et *Acicarpha*, mais ce dernier appartient à la nouvelle famille des Calycérées. Cette tribu, par conséquent restreinte au seul genre *Gundelia*, doit rentrer dans celle des Echinopsidées de Richard père. *V.* CALYCÉRÉES et ECHINOPSIDÉES.   (G..N.)

GUNDÉLIE. *Gundelia.* BOT. PHAN. En dédiant ce genre à Gundelsheimer, compagnon de Tournefort dans son voyage au Levant, cet illustre botaniste a le premier donné l'exem-ple d'adoucir dans la construction des noms génériques, ceux dont la prononciation est par trop difficile pour les Français et les autres peuples méridionaux. Le *Gundelia* appartient à la famille des Synanthérées, Cinarocéphales de Jussieu, et à la Syngénésie séparée, L. Voici ses principaux caractères : fleurons réguliers et hermaphrodites, groupés ensemble par petites fascicules, au nombre de quatre ou cinq et dont les involucelles sont intimement soudés et confondus ; réceptacle dépourvu de paillettes ; ovaire surmonté d'un petit disque du centre duquel s'élève un style à deux branches intérieurement glanduleuses et stigmatiques, et garnies à l'extérieur de poils collecteurs ; akène renflé dans sa partie moyenne et terminée à son sommet par un petit rebord membraneux irrégulièrement denticulé et formant une sorte d'aigrette. Ce genre fait partie du groupe des Echinopsidées de Richard père. Cependant Cassini l'a placé dans la tribu des Vernoniées, au milieu de genres qui ne semblent pas avoir de rapport avec lui. Nous renvoyons au mot ECHINOPSIDÉES, où l'on a exposé les raisons qui doivent faire rejeter l'opinion de ce dernier botaniste.

La GUNDÉLIE DE TOURNEFORT, *Gundelia Tournefortii*, L., unique espèce du genre, est une Plante herbacée dont la tige est rameuse ; les feuilles radicales longues, incisées inégalement en découpures épineuses, garnies d'un duvet lanugineux sur leur nervure médiane qui est saillante en dessous, les feuilles caulinaires semidécurrentes sur les rameaux et moins profondément découpées que les radicales. Les fleurs purpurines ou rougeâtres forment des capitules qui ressemblent à ceux des *Dipsacus* ou des *Eryngium*, et sont munis de quelques bractées inégales et en forme d'involucre. Cette Plante habite les lieux arides et incultes de la Syrie et de l'Arménie.   (G..N.)

GUNDI. MAM. Animal du mont

Atlas, placé par Gmelin parmi les Marmottes. *V*. ce mot.   (B.)

GUNDON. ins. Dapper mentionne sous ce nom des Fourmis africaines qui sont très-voraces, et qui pourraient bien être des Termites. *V*. ce mot.   (B.)

GUNNEL. pois. Espèce du genre Blennie, devenu le type du sous-genre Gunnelles. *V*. ce mot et BLENNIE.   (B.)

* **GUNNELLES.** pois. Sous-genre de Blennies ; il était le genre *Centronotus* de Schneider, qu'il ne faut pas confondre avec le *Centronotus* de Lacépède, qui forme un sous-genre de Gastérostées. C'est sans doute par suite d'une erreur typographique, que ce mot a été écrit jusqu'ici Gunnelle, puisque le type du sous-genre qui a dû lui donner son nom, est le Gunnel, *Blennius Gunellus*, L. *V*. BLENNIE et GASTÉROSTÉE.   (B.)

GUNNÈRE. *Gunnera.* bot. phan. Genre de la famille des Urticées et de la Diandrie Digynie, L., établi par Linné et ainsi caractérisé : fleurs hermaphrodites, rarement dioïques ; calice urcéolé, à deux dents ; corolle nulle ; deux étamines ; ovaire ovoïde, surmonté de deux styles avec des stigmates simples ; akènes couverts par le calice persistant et charnu, agglomérés de manière à former des espèces de baies. Ce genre se compose de Plantes herbacées, sans tiges, à feuilles radicales, pétiolées, réniformes ou palmées, et à fleurs sessiles, disposées en épis très-denses. La principale espèce est le *Gunnera scabra*, Ruiz et Pav., *Flor. Peruv.*, I, p. 29, tab. 44, ou *G. Chilensis*, Lamk. Cette Plante a des feuilles à cinq lobes oblongs et laciniés sur les bords, marquées de veines et de veinules hérissées de poils rares en dessus ; la hampe est plus petite que les feuilles et les pétioles sont muriqués. Elle croît au Chili et au Pérou dans les lieux humides. Le Père Feuillée (*Per.*, II, p. 742, tab. 50) l'a décrite et figurée sous le nom de *Panke* qu'il porte dans le pays. La décoction de ses feuilles est rafraîchissante, et ses pétioles se mangent crus et dépouillés de leur écorce. Les racines sont très-riches en principe astringent, car les teinturiers s'en servent souvent pour teindre en noir, et les tanneurs préparent leurs peaux en les faisant bouillir avec cette racine qui augmente considérablement le gonflement et par suite l'épaisseur des cuirs. Le *Gunnera pilosa*, Kunth., indigène des environs de Quito et de Santa-Fé de Bogota, est, d'après son auteur lui-même, une variété de la précédente espèce ; elle en diffère par ses feuilles couvertes en dessus de papilles plus denses, à lobes obtus, marqués en dessous de veines et de veinules hérissées de poils plus nombreux. Linné a rapporté à ce genre le *Perpensum Blitispermum* de Burmann (*Prodr.*, 26) et l'a nommé *Gunnera Perpensa*. Cette espèce croît dans les lieux humides et marécageux du cap de Bonne-Espérance. Enfin le genre *Misandra* de Commerson ou *Disomene* de Banks et Solander, a été réuni au *Gunnera* par Lamarck (Encyclop. Méth.) qui a décrit l'espèce dont il se compose sous le nom de *G. magellanica*, changé depuis inutilement en celui de *G. plicata* par Vahl (*Enum.*, I, p. 338). Cette Plante croît au détroit de Magellan.   (G..N.)

* **GUNSII.** bot. phan. *V*. GONSII.

* **GURANHÆ-ENGERA.** ois. (Laert.) Syn. du Téité. *V*. TANGARA.   (DR..Z.)

* **GURG.** mam. *V*. RHINOCÉROS.

* **GURGUR.** pois. Syn. de Pymélode dans la Haute-Égypte.   (B.)

GURNAU ou **GURNAOU** et **GURNEAU.** pois. Espèce du genre Trigle. *V*. ce mot.   (B.)

GURON. moll. Dénomination sous laquelle Adanson (Voy. au Sénégal, p. 206, pl. 14) a décrit et figuré une Coquille très-commune, connue sous le nom de Spondile pied d'Ane, *Spondilus Gaderopus*. (D..H.)

* **GURT.** bot. phan. *V*. NAFAL.

* GURUNDI. ois. Syn. du Téité. *V*. TANGARA. (DR..Z.)

*GUSGASTAK. ois. Syn. du grand Courlis. *V*. ce mot. (DR..Z.)

GUSMANNIE. BOT. PHAN. Pour Guzmannie. *V*. ce mot. (G..N.)

* GUSSELA. MAM. L'espèce de Chat noir d'Abyssinie à fourrure précieuse, mentionné sous ce nom par Salt, n'est pas encore suffisamment connue. (B.)

* GUSSONIA. BOT. PHAN. Genre établi par Sprengel dans la famille des Euphorbiacées et dans la Monœcie Triandrie, L. Ses fleurs sont monoïques; les mâles disposées en chatons, dans lesquels chaque écaille, glanduleuse à l'intérieur, porte trois étamines; les femelles ont un calice trifide, trois stigmates réfléchis portés sur un style presque nul; un ovaire à trois coques. La tige est ligneuse; les feuilles alternes, très-glabres, luisantes en dessus; les fleurs axillaires, les femelles situées à la base des chatons sur des pédoncules allongés, ceints à leur base de plusieurs bractées imbriquées. Ce que nous nommons ici bractées, est pour Sprengel un calice extérieur, et il donne aux pédoncules le nom de petites colonnes (*Columnulæ*.) Ce genre, dont deux espèces croissent au Brésil, paraît devoir rentrer dans l'*Excœcaria*. *V*. ce mot. (A. D. J.)

GUSTAVIE. BOT. PHAN. Ce nom a été substitué par Linné fils à celui de Pirigara, employé antérieurement par Aublet et adopté par les botanistes modernes. *V*. PIRIGARA. (G..N.)

*GUTIERREZE. *Gutierrezia*. BOT. PHAN. Genre de la famille des Synanthérées, Corymbifères de Jussieu, et de la Syngénésie superflue, L., établi par Lagasca (*Genera et Spec. Plant.*, Madrid, 1816) qui l'a ainsi caractérisé : calathide radiée dont le disque est composé de cinq fleurons réguliers et hermaphrodites, et la circonférence de trois demi-fleurons femelles; involucre formé de foliol s imbriquées et réfléchies au sommet; réceptacle alvéolé; cloisons des alvéoles se prolongeant supérieurement en membranes dentées; ovaires surmontés d'une aigrette composée de plusieurs petites écailles paléiformes. L'auteur de ce genre l'a placé près du *Columellea* de Jacquin. H. Cassini, qui n'a connu le *Gutierrezia* que sur la description de Lagasca, lui a trouvé des affinités avec le *Brachyris* de Nuttal, et il l'a rangé parmi les Astérées, à côté de ce dernier et des genres *Pteronia* et *Lepidophyllum*. (G..N.)

*GUTTÆFERA. BOT. PHAN. L'Arbre, d'où découle la Gomme-Gutte, a été décrit par Kœnig sous le nom générique de *Guttæfera*. Murray (*Comm. Gött. 9*, p. 175) a constitué le même genre en le nommant *Stalagmitis*, dénomination qui a prévalu chez tous les botanistes. *V*. STALAGMITIS. (G..N.)

GUTTIER. *Cambogia*. BOT. PHAN. Genre de la famille des Guttifères et de la Polyandrie Monogynie, établi par Linné qui l'a ainsi caractérisé : calice à quatre sépales; corolle à quatre pétales; étamines nombreuses à anthères arrondies; stigmate sessile, persistant, à quatre divisions; baie sphérique à huit côtes saillantes, à huit loges qui renferment chacune une graine entourée d'une substance pulpeuse. Ce genre a été réuni au *Garcinia* de Linné, par plusieurs botanistes modernes, et notamment par Choisy (Mém. de la Soc. d'Hist. nat. de Paris, T. 1, 2ᵉ part., p. 225). Ces deux genres n'offrent, en effet, que des différences extrêmement légères.

Le GUTTIER-GOMMIER, *Cambogia Gutta*, L., *Garcinia Cambogia*, Choisy, et *Mangostana Cambogia*, Gaertner, est un grand Arbre des Indes-Orientales, dont le fruit, d'une saveur un peu acide et légèrement astringente, se mange cru; cependant les Malais l'emploient sec et en poudre dans leurs alimens. La liqueur visqueuse et inodore qui découle des incisions que l'on fait à son tronc, forme, en se desséchant, une Gomme-Résine safranée et opaque qui paraît différente de la vraie Gomme-Gutte, laquelle est une production du *Stalagmitis cambogioides* de Murray.   (G..N.)

GUTTIFÈRES. *Guttiferæ.* BOT. PHAN. Famille de Plantes hypopétalées ou dycotylédones polypétales à étamines insérées sous l'ovaire. Composée de Végétaux arborescens dont la beauté et l'utilité devaient inspirer plus d'intérêt pour elle que pour beaucoup d'autres, elle n'était pourtant que très-imparfaitement connue sous le rapport botanique. Tous ces Végétaux, en effet, étant exotiques à l'Europe, ce n'est que d'après des échantillons secs, souvent très-incomplets, que l'on a pû deviner en quelque sorte les affinités des genres qui y ont été rapportés. Cependant aidé des notes du professeur de Jussieu insérées dans les tomes XIV et XX des Annales du Muséum, notre ami Choisy de Genève a essayé récemment de présenter un arrangement méthodique de la famille des Guttifères. *V.* les Mémoires de la nouvelle Société d'Histoire naturelle de Paris, T. I, 2ᵉ partie. D'après cet auteur, les Guttifères offrent les caractères suivans : fleurs hermaphrodites, dioïques ou polygames; calice persistant, composé de deux à six sépales arrondis, membraneux, opposés et se renouvelant, quelquefois inégaux et colorés (rarement nuls); corolle formée de quatre à dix pétales le plus souvent jaunes; étamines hypogynes, nombreuses, rarement définies, dont les filets de diverses longueurs portent des anthères allongées, adnées, déhiscentes longitudinalement, rarement extrorses, quelquefois très-petites et simulant deux pores; ovaire unique, libre, surmonté d'un style court qui manque quelquefois, et d'un stigmate tantôt sessile, pelté et radié, tantôt à plusieurs lobes situés au sommet du style, ou plus rarement déprimé et concave; le fruit, tantôt capsulaire, bacciforme ou drupacé, muni d'un péricarpe

épais et à plusieurs valves dont les bords le plus ordinairement sont rentrans et fixés à un placenta unique ou à plusieurs placentas épais; graines peu nombreuses dans les fruits uniloculaires, solitaires ou en petit nombre dans chaque loge des drupes ou baies multiloculaires où elles sont enveloppées d'une pulpe; albumen nul; embryon droit; cotylédons épais, tantôt faciles à séparer, tantôt intimement unis.

Les Guttifères se composent d'Arbres ou d'Arbrisseaux qui croissent sous les tropiques dans l'ancien et le nouveau monde. Quelques-uns d'entre eux sont parasites, et presque tous sont remplis de sucs résineux jaunes, dont l'un, employé dans la peinture et la pharmacie sous le nom de Gomme-Gutte, a fait donner à la famille le nom qu'elle porte. Ils ont des feuilles opposées ou très-rarement alternes, coriaces, portées sur de courts pétioles, le plus souvent entières, marquées d'une nervure médiane qui en émet d'autres latérales et parallèles. Les fleurs sont disposées en grappes axillaires, ou en panicules terminales. Choisy (*loc. cit.*) a établi les quatre sections suivantes dans la famille des Guttifères, sections dont les principaux caractères ont été tirés de la position des anthères et de la nature du fruit.

Sect. I. CLUSIÉES, *Clusieæ.* Fruit multiloculaire, à loges polyspermes; anthères introrses.

Genres : *Mahurea*, Aubl.; *Marila*, Swartz; *Godoya*, Ruiz et Pav.; *Clusia*, L. Ces quatre genres renferment vingt-deux espèces, toutes indigènes de l'Amérique. Les affinités des trois premiers de ces genres sont très-douteuses; Choisy, qui a exprimé les différences qu'ils présentent d'avec les vrais Guttifères et leurs rapports avec les Hypéricinées, surtout avec le *Carpodontos* et l'*Eucryphia*, serait tenté de les réunir à ceux-ci et d'en former un petit groupe qui se placerait entre les deux familles.

Sect. II. GARCINIÉES, *Garcinieæ.*

Fruit multiloculaire; loges monospermes; anthères introrses.

Genres : *Chloromyron*, Pers. ; *Ochrocarpos*, Du Petit-Thouars; *Marialva*, Vandelli ; *Micranthera*, Choisy, et *Garcinia*, L. Les cinq genres de cette section ont des affinités avec les Aurantiacées; ils ne se composent que d'une quinzaine d'espèces, qui presque toutes habitent les Indes-Orientales et leur archipel. En décrivant le *Tovomita* et le *Beauharnoisia*, genres que le professeur Jussieu a indiqués comme identiques avec le *Marialva* d'Aublet, Ruiz et Pavon ont pris pour des pores terminaux, les anthères elles-mêmes qui sont fort petites et attachées au sommet du filet. Cette singulière structure est surtout très-évidente dans le nouveau genre *Micranthera*. Il n'est pas facile de décider quelle est la nature du périanthe unique que présentent plusieurs des genres de cette section. Il est coloré et il offre les apparences extérieures d'une corolle; mais, d'un autre côté, il est, comme le calice des *Clusia*, composé d'une suite de paires croisées de folioles dont les extérieures recouvrent les autres.

Sect. III. CALOPHYLLÉES, *Calophylleæ*. Fruit uniloculaire, contenant un petit nombre de graines, tantôt drupacé, tantôt en baie et rempli de pulpe; anthères introrses.

Genres : *Mammea*, L.; *Xanthochymus*, Roxb.; *Stalagmitis*, Murray; *Mesua*, L., et *Calophyllum*, L. Cette section, dont Choisy a indiqué les affinités avec les Méliacées, présente des différences dans l'organisation du fruit de ses genres. Le *Mammea* ou Abricotier des Antilles, ainsi que les deux suivans, ont des fruits charnus ou pleins de pulpe et naturellement uniloculaires, tandis que dans le *Mesua* et dans le *Calophyllum* le fruit est d'une consistance sèche et uniloculaire par avortement. Les quinze espèces qui constituent cette section habitent diverses contrées de l'Amérique et de l'Asie.

Sect. IV. MORONOBÉES, *Moronobeæ*. Fruit multiloculaire; filets des étamines tantôt polyadelphes, tantôt réunis en un seul urcéole; anthères extrorses.

Genres : *Canella*, Murray, ou *Winterania*, L. ; *Moronobea*, Aubl., et *Chrysopia*, Du Petit-Thouars. Le genre *Canella* avait été autrefois placé parmi les Méliacées, en raison de la monadelphie des étamines.

Enfin l'auteur du Mémoire sur l'arrangement méthodique des genres de Guttifères a rejeté à la fin de la famille les genres *Macanea*, Juss.; *Singana*, Aubl.; *Rheedia*, L., et *Macoubea*, Aubl., trop peu connus pour pouvoir être définitivement classés.   (G..N.)

*GUTTURNIUM. MOLL. Klein (Ostrac. Méthod., p. 51, pl. 3, n° 64) avait proposé une petite coupe générique, dans laquelle il comprenait ceux des *Murex* de Linné qui sont cordonnés et qui ont le canal un peu relevé; le type en était pris dans la fig. H de la planche 24 de Rumph. Aujourd'hui, cette Coquille rentre parfaitement dans le genre Triton de Lamarck; elle s'y trouve désignée, T. VII, pag. 185, sous le nom de Triton dos noueux, *Triton tuberosum*.   (D..H.)

*GUUO. OIS. Syn. de grand Duc. *V*. CHOUETTE.   (DR..Z.)

GUYNETTE. OIS. (Cotgrave.) Même chose que Guinette. *V*. ce mot.   (DR..Z.)

GUZMANNIE. *Guzmannia*. BOT. PHAN. Genre de la famille des Broméliacées et de l'Hexandrie Monogynie, L., établi par Ruiz et Pavon (*Flor. Peruv.*, 3, p. 39, t. 261) qui lui ont assigné pour caractères essentiels : un périanthe à trois divisions roulées sur elles-mêmes; trois divisions intérieures rapprochées en tube; six étamines dont les anthères sont réunies en cylindre; ovaire pyramidal, surmonté d'un style et de trois stigmates; capsule triloculaire. Ce genre avait d'abord été rapporté au *Pourretia* par Ruiz et Pavon. Il paraît être identique avec le *Puya* de Molina ou *Re-nealmia* de Feuillée.

La GUZMANNIE TRICOLORE, *Guz-mannia tricolor*, Ruiz et Pavon, est une Plante qui croît sur les troncs des Arbres dans les montagnes du Pérou. Elle a des racines fusiformes; des tiges dressées, écailleuses, garnies à la base de feuilles imbriquées presque sur deux rangs, étalées, ensiformes, larges et canaliculées. Les fleurs forment un épi simple et sont accompagnées de bractées concaves et imbriquées, les inférieures plus longues et très-aiguës, les intermédiaires larges et rayées de lignes violettes, les supérieures plus courtes. 　　　(G..N.)

GWENNELI. ois. L'Hirondelle en Basse-Bretagne. 　　　(DR..Z.)

GYALECTE. *Gyalecta.* BOT. CRYPT. (*Lichens.*) Ce genre a été fondé par Achar, dans sa Lichénographie, aux dépens des Urcéolaires dont il ne nous semble pas sensiblement différer. Ses caractères sont : thalle crustacé, uniforme, peu déterminé; apothécion orbiculaire, concave, immergé dans le thallus, marginé par le rebord de la lame proligère, recouvert par une petite membrane très-mince, coloriée, à parenchyme sous-gélatineux, similaire, plus rarement strié et maculé. Les Gyalectes sont placés entre les genres *Solorina* et *Lecidea*, et l'on pourrait remarquer que ce rapprochement n'est pas naturel, si ce reproche ne devait s'étendre à tout le système lichénographique d'Achar. La différence qui existe entre ce genre et l'Urcéolaire n'est pas suffisante pour constituer un genre. Dans l'Urcéolaire, les conceptacles ne sont pas formés par une substance propre, tandis que, dans les Gyalectes, ils sont formés d'une substance différente du thalle. Les *Gyalecta* se trouvent sur les écorces, sur la terre, les pierres et les Mousses. Achar en a décrit huit espèces dans son *Synopsis*; trois sont communes en France : les *G. esculenta*, *Persooniana* et *bryophila*. *V.* URCÉOLAIRE. 　　　(A.F.)

GYMEROGYNE. BOT. PHAN. Pour Gymnogynum. *V.* ce mot. 　　　(B.)

GYMNADENIE. *Gymnadenia.* BOT. PHAN. Genre de la famille des Orchidées et de la Gynandrie Diandrie, L., établi aux dépens des Orchis de Linné par R. Brown (*in Hort. Kew.*, 2ᵉ édit. T. v, p. 191), et adopté par Richard père (*De Orchideis Europ.*, p. 16 et fig. 5), qui l'ont ainsi caractérisé : périanthe dont les divisions sont relevées en forme de cheminée ou de casque; labelle éperonné, trifide; glandules des pédicelles du pollen (rétinacles des caudicules, Rich.) nues, très-rapprochées, mais distinctes; gynize évasé et confondu avec l'orifice en forme de lune de l'éperon. L'*Orchis conopsea*, L., est la seule espèce indiquée par R. Brown. Richard y a rapporté en outre les *Orchis odoratissima*, *ornithis*, *albida*, *viridis* et *cucullata*, Willd. Ces trois dernières espèces qui faisaient partie du *Satyrium* de Linné, forment, dans le genre, une deuxième section caractérisée par les divisions conniventes en forme de casque. 　　　(G..N.)

GYMNANDRA. BOT. PHAN. Genre formé par Pallas, et que Linné fils à réuni au *Bartsia*. Gaertner a établi le même genre sous le nom de *Lagotis*. En adoptant le genre et le nom donnés par Pallas, Willdenow a réuni en outre plusieurs autres espèces de Sibérie. Le *Rhinanthus alpina* de Lamarck (*Stehælina*, Crantz) et le *Rhinanthus versicolor*, Lamk., ou *Rh. Bellardi* d'Allioni, doivent aussi être reportés parmi les Bartsies. *V.* RHINANTHE et BARTSIE. 　　　(G..N.)

GYMNANTHE. *Gymnanthes.* BOT. PHAN. Ce nom, qui indique des fleurs dépourvues de toute enveloppe, avait été donné par Swartz, dans son Prodrome, à des Arbrisseaux dont les étamines ne sont en effet accompagnées que d'une simple écaille. Ce botaniste a reconnu lui-même qu'ils rentraient dans un genre depuis longtemps établi, l'*Excæcaria*, et c'est sous ce nom générique qu'il les a décrits dans sa Flore des Indes-Occidentales. (A. D. J.)

GYMNANTHÈME. *Gymnanthemum.* BOT. PHAN. Genre de la famille des Synanthérées, Corymbifères de Jussieu, et de la Syngénésie égale, établi par H. Cassini (Bulletin de la Soc. Philomat., janvier 1817) qui lui a donné les principaux caractères suivans : involucre hémisphérique ou cylindrique beaucoup plus court que les fleurs, formé d'écailles régulièrement imbriquées, sans appendices, appliquées, ovales et coriaces; calathide sans rayons, composée de fleurons égaux, réguliers et hermaphrodites; réceptacle plane, nu ou quelquefois muni de quelques paillettes piliformes, éparses; ovaires cylindracés, glanduleux ou velus, pourvus d'un bourrelet basilaire, cartilagineux, et d'une aigrette dont les poils sont tous conformés de même, c'est-à-dire légèrement plumeux. L'auteur de ce genre l'a placé dans la tribu des Vernoniées, près des genres *Vernonia, Lepidachloa, Ascaricida, Centrapalus, Centratherum* et *Oligarpha.* Il ne se distingue essentiellement des trois premiers que par une très-légère différence dans l'aigrette; les folioles de son involucre non appendiculées servent à le différencier d'avec le *Centrapalus* et le *Centratherum*; enfin ses fleurons hermaphrodites empèchent de le confondre avec l'*Oligarpha.* H. Cassini a décrit comme type de ce genre le *Baccharis senegalensis* de Persoon qu'il a nommé *Gymnanthemum cupulare.* Cette Plante est, comme son nom l'indique, indigène du Sénégal. Les deux autres espèces, *Gymnanthemum fimbrilliferum* et *G. congestum,* H. Cass., ont des habitations bien éloignées de celles-ci; la première a été recueillie dans l'île de Mascareigne par Commerson, tandis que l'autre paraîtrait originaire du Mexique. (G..N.)

GYMNANTHÈRE. *Gymnanthera.* BOT. PHAN. Genre de la famille des Asclépiadées, et de la Pentandrie Digynie, L., établi par R. Brown (*Transact. of the Soc. Werner.* T. I, p. 58) qui l'a ainsi caractérisé : corolle hypocratériforme; couronne de l'entrée de la corolle à cinq folioles aristées; étamines saillantes dont les filets, insérés à l'entrée de la corolle et distincts, portent des anthères acuminées et glabres; masses polliniques granuleuses, appliquées, par nombre de quatre, contre le sommet dilaté de chaque corpuscule du stigmate; follicules cylindracées, lisses, divariquées, renfermant des graines aigrettées et sans albumen. Ce genre qui a beaucoup d'affinités avec le *Periploca,* se compose d'une seule Plante indigène des contrées intratropicales de la Nouvelle-Hollande, *Gymnanthera nitida,* R. Brown (*Prodr. Flor. Nov.-Holl.* p. 464). C'est un Arbuste volubile, très-glabre et lactescent, à feuilles opposées et luisantes; les fleurs sont d'un blanc verdâtre, portées sur des pédoncules latéraux et presque dichotomes. Chaque fleur est remarquable par les cinq écailles qui se trouvent à l'intérieur du calice et au-dessus de ses divisions. (G..N.)

GYMNARRHÈNE. *Gymnarrhena.* BOT. PHAN. Ce genre remarquable de la famille des Synanthérées et de la Syngénésie nécessaire, L., a été constitué par le professeur Desfontaines (Mém. du Mus. d'Hist. nat. T. IV, p. 1), et caractérisé de la manière suivante : fleurs terminales réunies en petites têtes parfaitement sphériques, très-rapprochées les unes des autres et accompagnées chacune à leur base de feuilles oblongues, sessiles, glabres, inégales, disposées sur un seul rang, les unes tronquées, les autres pointues ou munies au-dessous du sommet de deux petites dents latérales; réceptacle plane, oblique, garni de loges dans le centre, de loges et de paillettes concaves, membraneuses, pointues dans tout le reste de sa surface. Toutes les fleurs sont flosculeuses; mais il y en a de deux sortes : au centre du réceptacle existent dix ou douze fleurons hermaphrodites, stériles, très-petits, dont la corolle, à trois ou quatre lobes, renferme trois ou quatre étamines à filets courts et à anthères réunies seulement à la base et terminées à leur extrémité supérieure par un petit appendice; le style de ces fleurons est capillaire et supporte un stigmate en massue et recouvert de papilles très-petites; l'ovaire est stérile, filiforme et couronné d'une aigrette dont les soies aiguës, dentées, se réunissent inférieurement en un tube qui entoure le fleuron. Les fleurons disséminés sur le réceptacle autour des précédens sont très-grêles, terminés par trois petites dents et renfermés chacun dans une paillette; leur style est terminé par deux stigmates recourbés; l'ovaire est infère, cylindrique et velu; il lui succède une graine soyeuse, en cône renversé, couronnée d'une aigrette sessile, formée d'un grand nombre de soies très-fines, placées à l'extérieur, et de cinq à sept soies intérieures en forme d'alène, plus larges que les autres, dentées et lacérées sur les bords. Plusieurs des fleurons femelles se renflent à la base après la fructification, et ne renferment plus que la moitié inférieure du style.

Les caractères de ce genre sont si singuliers que nous sommes crus obligés de reproduire presqu'en son entier l'excellente description du professeur Desfontaines. Ces caractères sont énoncés clairement, et la figure dont ils sont accompagnés ne laisse aucune incertitude sur leur existence. Cependant il est très-difficile de dire à quel groupe de la famille des Synanthérées le Gymnarrhène doit être réuni. Son auteur a seulement indiqué ses affinités avec le genre *Evax* de Gaertner. H. Cassini l'a placé dans la tribu des Inulées, auprès des genres *Grangea* et *Ceruana*. Coopérateur du professeur Desfontaines dans l'examen des fleurs de ce genre, il a donné (T. xx du Dict. des Sc. nat.) deux descriptions très-détaillées des fleurs de *Gymnarrhena*, telles qu'elles sont au commencement de la fleuraison et après les changemens qui s'y sont opérés.

Le Gymnarrhène a petites fleurs, *Gymnarrhena micrantha*, Desf. (*loc.cit.*, tab. 1), est une Plante herbacée dont la racine est pivotante, divisée inférieurement en plusieurs fibres capillaires; elle a une tige très-courte, partagée supérieurement en petits rameaux inégaux, glabres, striés, renflés vers le sommet. Les échantillons sur lesquels cette Plante a été décrite ne possédaient point de feuilles, si ce n'est celles de l'involucre. Elle a été trouvée en Perse, sur la route de Mosul à Bagdad, par Bruguière et Olivier. (G..N.)

GYMNÈME. *Gymnema* bot. phan. Genre de la famille des Asclépiadées et de la Pentandrie Digynie, L., établi par R. Brown (*Transact. of the Werner. Soc.*, 1, p. 53) qui lui a imposé les caractères suivans : corolle presque urcéolée, quinquéfide, dont l'entrée est le plus souvent couronnée par cinq petites dents ou écailles placées entre les lobes; couronne staminale nulle; anthères terminées par une membrane; masses polliniques dressées, fixées par la base; follicules grêles, lisses, renfermant des semences aigrettées. Les Plantes de ce genre sont des Arbustes le plus souvent volubiles, à feuilles opposées, membraneuses et planes. Leurs fleurs forment des ombelles interpétiolaires. Les *Gymnema geminatum* et G *trinerve*, R. Br. (*Prodr. Flor. Nov.-Hol.*, 1, p. 462) croissent dans les contrées de la Nouvelle-Hollande, situées entre les tropiques. L'auteur a indiqué comme étant congénères et très-rapprochés de la première espèce, l'*Ascelpias lactifera*, L., et le *Periploca sylvestris*, Willd. (G..N.)

* GYMNERPIS. bot. phan. Nom proposé par Du Petit-Thouars (Hist. des Orchidées des îles australes d'Afrique) pour une Plante que ce savant place dans son genre *Erporchis* qui correspond au genre *Goodiera* de R. Brown. Cette Orchidée, dont le nom serait *Goodiera nuda*, selon la no-

menclature en usage, croît dans les îles Maurice et de Mascareigne, où elle fleurit en octobre. Sa tige est élevée de deux à trois décimètres, et ses fleurs sont petites et pourprées. Elle est figurée (*loc. cit.*, tab. 29 et 30).

(G..N.)

GYMNÈTRE. *Gymnetrus.* POIS. Genre formé par Bloch, et adopté par Cuvier (Règn. Anim. T. II, p. 244) qui le place dans la famille des Tænioïdes, la première de l'ordre des Acanthoptérygiens. Ses caractères consistent dans une seule dorsale; dans l'absence de l'anale: dans les rayons très-allongés, mais non en forme de fil des ventrales; les pectorales sont peu considérables, les mâchoires supérieures très-extensibles, et les dents fort petites. Les Gymnètres offrent les plus grands traits de ressemblance avec les Régalecs, mais n'ont pas comme eux deux dorsales; ils sont aussi fort voisins des Trachyptères et des Vogmares. On n'en connaît avec certitude qu'une seule espèce.

Le LACÉPÉDIEN, *Gymnetrus Cepedianus*, Risso, pl. 5, fig. 17, est un beau Poisson de la Méditerranée, où il s'approche des côtes de Nice par les temps calmes, particulièrement vers les mois d'avril et de mai; sa chair médiocre et peu estimée est muqueuse; elle se putréfie peu de temps après que l'Animal a été tiré hors de l'eau. La taille du Lacépédien est de trois à quatre pieds de longueur, et son poids dix à douze livres environ. Il est paré des plus belles teintes. Tout son corps recouvert comme d'une poussière d'argent, est marqué de grandes taches rondes toutes noires, avec une grande marque de même couleur sur le ventre; les yeux ont un éclat métallique que rehausse la pupille ovale aussi foncée que du jayet. La dorsale est pourpre, la caudale d'un carmin vif, et les pectorales d'un rose tendre. Il se nourrit de Méduses, de Velelles et de petits Poissons.

Le *Gymnetrus Hawkenii*, sur lequel Bloch (pl. 423) avait établi le genre dont il est question, est une espèce douteuse, ou du moins regardée comme telle par Cuvier. Ce Poisson, pêché dans les mers de Goa, aurait environ trois pieds et demi de longueur, ses nageoires d'un rouge de sang, avec le corps et la queue d'un gris bleuâtre, parsemé de taches noires, assez régulièrement disposées.

(B.)

GYMNOCARPE. BOT. PHAN. Pour Gymnocarpos. *V.* ce mot. (G..N.)

GYMNOCARPES (FRUITS). *Gymnocarpi.* BOT. PHAN. Par opposition au mot Angiocarpes donné par Mirbel aux fruits qui sont couverts par des organes floraux persistans et accrus, comme, par exemple, ceux des Conifères, du Châtaignier, etc.; ce professeur a nommé Gymnocarpes ceux dont la surface n'est masquée par aucun organe étranger. La plupart sont dans ce cas. (G..N.)

GYMNOCARPES. *Gymnocarpii.* (*Champignons.*) BOT. CRYPT. Persoon a donné ce nom au premier ordre de sa méthode des Champignons; les genres nombreux dont il était composé, forment maintenant diverses tribus plus naturelles sous les noms de Funginées, Clavariées, Pezizées et Trémellinées. Ces tribus et celle des Clathroïdées, dont les genres ont été considérés comme Angiocarpes, constituent la famille des Champignons proprement dits. *V.* ce mot.

(G..N.)

Achar, dans sa Méthode de lichénographie, donne le nom de Gymnocarpes (*Gymnocarpa*) aux apothécies fermés du périthécion, par opposition avec ceux qui sont ouverts et nus, et qu'il nomme Angiocarpes. *V.* LICHENS. (A. F.)

GYMNOCARPON. BOT. PHAN. (Rœmer et Schultes.) Pour Gymnocarpos. *V.* ce mot. (G..N.)

GYMNOCARPOS. BOT. PHAN. Genre de la famille des Paronychiées d'Auguste Saint-Hilaire et de la Pentandrie Monogynie, L., établi par Forskahl (*Flor. Ægypt. Arab.*, p. 65, et *Icon.*, tab. 10) et adopté par

Jussieu avec les caractères suivans : calice persistant, à cinq divisions en forme de capuchon, mucronées, colorées intérieurement en violet et diaphanes sur les bords ; point de corolle; cinq étamines fertiles alternant avec cinq filets plus courts et stériles; style et stigmate uniques; capsule recouverte par le calice uniloculaire et monosperme. Ce genre a été réuni, mais à tort, au *Trianthema* par Vahl (*Symbol.*, 1, p. 52). On l'avait donc placé dans les Portulacées, quoique Jussieu et Forskahl lui-même eussent indiqué ses affinités avec les Amaranthacées. L'espèce sur laquelle il a été constitué, *Gymnocarpos decandrum*, Forsk., *Trianthema fruticosa*, Vahl, est un Arbrisseau diffus, à tiges géniculées, à feuilles opposées, réunies par des stipules, et munies dans chacune de leurs aisselles d'un bourgeon de petites feuilles; les fleurs sont entremêlées de petites bractées et disposées en fascicules à l'extrémité de tous les rameaux, rarement axillaires. Cette Plante croît dans les déserts de l'Arabie, ainsi qu'en Barbarie, dans les environs de Cafsa.   (G..N.)

GYMNOCÉPHALE. POIS. *V.* HOLOCENTRE et LUTJAN.

GYMNOCÉPHALE. OIS. Espèce du genre Coracine, dont Geoffroy Saint-Hilaire et Cuvier ont fait le type d'un sous-genre. *V.* CORACINE.

(DR..Z.)

GYMNOCEPHALUS. BOT. CRYPT. (*Mousses.*) Le *Bryum androgynum* d'Hedwig, dont les fleurs mâles sont disposées en petites têtes pédicellées et dégarnies de feuilles, constitue un genre particulier selon Schwœgrichen qui l'a nommé *Gymnocephalus*, et lui a réuni le *Bryum conoideum* de Dickson. Bridel, Hooker et Taylor ont fait rentrer ce genre parmi les Brys; mais ces deux derniers auteurs ont conservé comme genre distinct le *Bryum conoideum*, sous le nom de *Zygodon*, en lui assignant d'autres caractères que ceux du *Gymnocephalus*. Tant de rapports unissent les deux Mousses en question, qu'il sera peut-être nécessaire de les réunir de nouveau, si l'on adopte le *Zygodon* de Hooker et Taylor. Avant ces auteurs, et même avant Schwœgrichen, Palisot-Beauvois avait formé le genre *Orthopyxis* avec le *Bryum androgynum*. *V.* ZYGODON et ORTHOPYXIS.   (G..N.)

GYMNOCLADE. *Gymnocladus.* BOT. PHAN. Genre de la famille des Légumineuses et de la Diœcie Décandrie, L., établi par Lamarck aux dépens des *Guilandina* de Linné, et ainsi caractérisé : fleurs dioïques ou polygames; calice infundibuliforme à cinq dents; les mâles ont cinq pétales courts et dix étamines non saillantes, dont quelques-unes sont stériles; dans les femelles, le légume est lisse, oblong, large, comprimé, pulpeux intérieurement; graines globuleuses et osseuses comme celles des *Guilandina*. En constituant ce genre, Lamarck lui a réuni l'*Hyperanthera* de Forskahl, qui en diffère cependant par ses fleurs hermaphrodites, et que l'éloignement de sa patrie et la différence de son climat doivent faire considérer comme un genre distinct.

Le GYMNOCLADE DU CANADA, *Gymnocladus Canadensis*, Lamk. et Michx. (*Flor. Boreal. Amer.*, II, p. 241, tab. 51), *Guilandina dioica*, L., est un petit Arbuste dépourvu d'aiguillons; à feuilles bipinnées, composées de folioles alternes, très-grandes, que les rigueurs de l'hiver font tomber, ce qui dénude le bois au point de le faire paraître mort, d'où le nom vulgaire de Chicot qu'il porte au Canada, et celui de *Gymnocladus* tiré de deux mots grecs qui signifient rameau nu. Les fleurs sont terminales et disposées en épis paniculés.

(G..N.)

GYMNOCLINE. BOT. PHAN. Genre de la famille des Synanthérées, Corymbifères de Jussieu, et de la Syngénésie superflue, L., établi par H. Cassini (*Bullet. de la Soc. Phil.*, décembre 1816) qui l'a ainsi caractérisé : involucre presque hémisphérique, formé de folioles imbriquées, appliquées, oblongues, scarieuses sur les bords; calathide dont le disque est composé de fleurons nombreux, réguliers et hermaphrodites, et la circonférence d'un petit nombre de demi-fleurons disposés sur un seul rang, femelles et ayant leurs corolles en languettes courtes, larges et tridentées au sommet; réceptacle nu et convexe; ovaires oblongs, non comprimés, marqués de côtes et surmontés d'une aigrette courte, membraneuse, entière ou denticulée. Ce genre, formé aux dépens de quelques *Chrysanthemum*, *Pyrethrum* et *Achillea* de certains auteurs, diffère des deux premiers par les corolles de la circonférence en tout semblables à celles des *Achillea*, et de ce dernier genre par son réceptacle nu et par l'espèce d'aigrette qui surmonte l'ovaire. H. Cassini place ce genre dans sa tribu des Anthémidées, et y comprend les trois espèces suivantes : 1° *Gymnocline leucocephala*, Cass., *Chrysanthemum macrophyllum*, Waldst. et Kitaib. Cette belle Plante, cultivée au Jardin des Plantes de Paris sous le nom d'*Achillea sambucifolia*, Desf., a, en effet, le port des *Achillea*; son odeur est très-forte et analogue à celle de certaines espèces d'*Anthemis*. Elle croît naturellement dans les forêts de la Croatie, de l'Esclavonie et du Bannat. 2°. *Gymnocline xanthocephala*, Cass.; *Achillea pauciflora*, Lamk., cultivée également au jardin botanique de Paris; cette espèce exhale, quand on la froisse, une odeur analogue à celle des *Achillea*. Elle habite l'Espagne, ainsi que les contrées orientales du bassin méditerranéen. 3°. *Gymnocline Vaillantii*, Cass., *Achillea pubescens*, L. Cette Plante a été placée parmi les Gymnoclines, seulement sur la foi des descriptions; car l'*Achillea pubescens*, L., n'est pas bien connue, et les botanistes ne sont pas très-d'accord à à son sujet. Les uns veulent que ce soit une espèce distincte de la précédente, les autres ne la regardent que comme une simple variété. Vaillant

en faisait une Matricaire, et Gaertner un *Pyrethrum*.   (G..N.)

* GYMNOCRITHON. BOT. PHAN. On ne sait trop quelle Céréale Jean Bauhin a voulu désigner sous ce nom. C'est la même que le Zéopyron de son frère Gaspard.   (B.)

GYMNODÈRE. ois. Espèce du genre Coracine dont Cuvier a fait le type d'un sous-genre dans son Règne Animal. *V.* CORACINE.   (DR..Z.)

GYMNODONTES. POIS. Première famille de l'ordre des Plectognathes, dans la méthode de Cuvier, dont les caractères généraux sont ainsi établis par ce savant (Règn. Anim. T. II, p. 145) : au lieu de dents apparentes, les mâchoires sont garnies d'une substance d'ivoire, divisée intérieurement en lames dont l'ensemble représente comme un bec de Perroquet, et qui, pour l'essentiel, sont de véritables dents réunies, se succédant à mesure de la trituration; leurs opercules sont petits; leurs rayons au nombre de cinq de chaque côté, et les uns et les autres fort cachés. Ces Poissons vivent de Crustacés et de Varecs; leur chair est généralement muqueuse et peu estimée; plusieurs même passent pour vénéneux : les genres Diodon, Tétrodon et Mole, composent la famille des Gymnodontes, qui répond à celle des Ostérodermes de quelques ichthyologistes. (B.)

GYMNOGASTER. POIS. (Brunnich.) *V.* VOGMARES.

GYMNOGRAMME. *Gymnogramma.* BOT. CRYPT. (*Fougères.*) Desvaux a établi ce genre dans le Magasin des curieux de la nature de Berlin pour 1811. Il y rapporte des Plantes que presque tous les auteurs avaient placées parmi les *Hemionitis* et quelques espèces rapportées au genre *Acrostichum;* le caractère qu'il donne au genre *Gymnogramma* est le suivant : capsules insérées le long des nervures simples ou bifurquées de la fronde; tégument nul. Ce caractère ne diffère de celui des *Hemionitis* que par la disposition des fructifications en lignes simples ou bifurquées et non en lignes anastomosées, ce qui dépend évidemment de la distribution des nervures. Or, les caractères déduits de la disposition des nervures, séraient peut-être très-essentiels, mais jusqu'à présent ils n'ont point été employés dans la division des Fougères en genres, et si on l'admet dans ce genre, il faudra de même subdiviser les Polypodes, les Acrostics et plusieurs autres genres dans lesquels les nervures offrent des différences remarquables; le genre Gymnogramme, quoique peut-être bien fondé, nous paraît par ces raisons ne pas être en rapport avec ceux qu'on a établis jusqu'à ce jour parmi les Fougères, et nous pensons qu'il doit rester uni aux Hémionites, tant qu'un travail général sur la famille dont il fait partie n'aura pas prouvé que les caractères sur lesquels il est fondé doivent être adoptés dans la formation de tous les genres.

Desvaux rapportait à ce genre les *Hemionitis rufa*, Swartz; *Asplenium tomentosum*, Lamk.; *Hemionitis acrostichoïdes*, Swartz; *Asplenium filipendulæfolium*, Du Petit-Thouars; *Acrostichum trifoliatum*, Linn.; *Hemionitis japonica*, Thunb.; *Grammitis leptophylla*, Swartz; *Hemionitis dealbata*, Willd.; *Acrostichum sulphureum*, Swartz; *Hemionitis aurea*, Willd.; *Hemionitis argentea*, Willd., et quelques espèces nouvelles.

Bernhardi qui s'était beaucoup occupé de la famille des Fougères, paraît avoir formé le même genre lorsqu'il a donné le nom générique de *Gymnopteris* à l'*Hemionitis rufa*, une des espèces, et pour ainsi dire le type du genre *Gymnogramma* de Desvaux, et Bernhardi a sur ce dernier une antériorité évidente, puisque c'est dans le journal de Schrader, de 1801, qu'il a proposé son genre *Gymnopteris*; il serait donc peut-être convenable de conserver ce nom, si on adoptait le genre que nous venons de faire connaître. (AD. B.)

GYMNOGYNUM. BOT. CRYPT. (*Lycopodiacées*.) L'un des genres que formait Beauvois entre des Plantes que la nature, malgré la diversité de leur port, a douées de trop de caractères communs, pour pouvoir être génériquement séparés. *V.* LYCOPODE. (B.)

* GYMNOLOMIE. *Gymnolomia.* BOT. PHAN. Genre de la famille des Synanthérées, Corymbifères de Jussieu, et de la Syngénésie nécessaire, L., établi par Kunth (*Nova Genera et Spec. Plant. œquin.* T. IV, p. 217) qui l'a ainsi caractérisé : involucre presque hémisphérique, formé de plusieurs folioles lâchement imbriquées, lancéolées, membraneuses; réceptacle légèrement convexe, couvert de paillettes linéaires ou lancéolées et scarieuses; fleurons du disque nombreux, tubuleux, hermaphrodites, ceux du centre le plus souvent stériles; fleurons de la circonférence en languettes et neutres; anthères nues à la base, terminées par des appendices ou processus petits, obtus et diaphanes; akènes obovés, ou en forme de cône, un peu comprimés, obscurément tétragones, dépourvus d'aigrettes. L'auteur de ce genre l'a placé dans la section des Hélianthées; il a indiqué ses affinités avec le *Wedelia* de Jacquin et le *Chrysanthellum* de Richard, dont le *Gymnolomia* diffère par ses fleurons du rayon neutres et par ses akènes sans aigrettes. Peut-être doit-on rapporter à ce genre le *Wulffia* de Necker? Les quatre espèces dont ce genre est composé habitent la république de Colombie et le Pérou. Ce sont des Plantes herbacées, scabres, hérissées, à feuilles opposées, ovales, entières, crénées et à trois nervures. Leurs fleurs jaunes sont solitaires au sommet de pédoncules très-allongés, presque terminaux et axillaires. Les *Gymnolomia Tenella* et *G. Rudbeckioïdes* sont figurés (*loc. cit.*, tab. 373 et 574) avec les détails de l'organisation florale.

(G..N.)

GYMNOMURÈNE. *Gymnomuræna.* POIS. Le genre formé sous ce nom par Lacépède, d'après deux Poissons découverts par Commerson, ne saurait même être séparé comme sous-genre des Murènes. *V*. ce mot. (B.)

GYMNONECTES. CRUST. *V*. DÉNUDÉS.

*GYMNONOTE. *Gymnonotus.* POIS. Nom sous lequel est traité le genre Gymnote dans le Dictionnaire des Sciences naturelles. Il paraît même doute plus exact, mais l'usage ayant consacré l'autre, nous devons l'adopter. (B.)

*GYMNONTHES. BOT. PHAN. Pour Gymnanthes. *V*. ce mot. (G..N.)

GYMNOPE. *Gymnopus.* BOT. CRYPT. (*Champignons.*) Les mycologistes ont en général désigné par ce nom les espèces de grands Champignons, et particulièrement des genres Agaric et Bolet, dont le pédicule est central et dépourvu de ce collier produit par les restes de ce tégument qui couvre d'abord le dessous du chapeau. *V*. AGARIC et BOLET. (AD. B.)

GYMNOPOGON. BOT. PHAN. Ce genre de la famille des Graminées et de la Polygamie Monœcie, L., a été établi par Palisot-Beauvois (Agrostogr., p. 41. tab. 9, f. 3) sur l'*Andropogon ambiguum* de Michaux. Nuttall, dans son *Genera of North Amer. Plants*, 1, p. 82, a constitué le même genre sous le nom d'*Anthopogon.* Les botanistes n'ont pas sanctionné ce démembrement du genre *Andropogon. V*. ce mot.

Au mot ALYXIA il a été par erreur typographique renvoyé à GYMNOPOGON, *lisez* GYNOPOGON. *V*. ce mot. (G..N.)

GYMNOPOMES. POIS. Duméril a établi sous ce nom, dans sa Zoologie analytique, une famille de Poissons, parmi ses Holobranches abdominaux, qu'il caractérise ainsi : nageoires pectorales réunies ; opercules lisses sans écailles ; des rayons osseux aux nageoires du dos ; mâchoires non prolongées. « Cette famille, dit judicieusement H. Cloquet, qui correspond aux genres Cyprin et Clupée des auteurs, présente beaucoup de difficultés pour la détermination des es-

pèces, qui sont très-nombreuses, et qui ne se trouvent ainsi réunies que par la peine que les ichthyologistes ont éprouvée, quand ils ont voulu les diviser en genres établis sur des caractères solides et bien tranchés. »

Les genres qui composent cette famille sont, dans l'ordre analytique de Duméril : Hydrangyre, Carpe, Labéon, Cirrhine, Barbeau, Goujon, Tanche, Able, Brême, Stoléphore, Athérine, Buro, Méné, Xystère, Dorsulaire, Serpe, Clupée, Anchois, Clupanodon et Myste. *V*. tous ces mots, dont plusieurs ont été traités comme sous-genres dans les genres où ils sont respectivement réunis. *V*. aussi ABDOMINAUX. (B.)

GYMNOPTÈRES. *Gymnoptera.* INS. Nom donné par Degéer et Schæffer à tous les Insectes à ailes nues, sans étuis ni écailles, et placés dans les ordres des HYMÉNOPTÈRES et des NÉVROPTÈRES de Linné. *V*. ces mots. (G.)

* GYMNOPTERIS. BOT. CRYPT. (*Fougères.*) Bernhardi a proposé sous ce nom un genre particulier de Fougères ayant pour type l'*Hemionitis rufa*, Swartz. Ce genre paraît être le même que celui établi depuis par Desvaux sous le nom de *Gymnogramma;* mais le nom de Bernhardi ayant l'antériorité, devrait être adopté de préférence si le genre l'était. *V*. GYMNOGRAMME. (AD. B.)

* GYMNOPUS. BOT. CRYPT. *V*. GYMNOPE.

* GYMNORHYNQUE. *Gymnorhynchus.* INT. Genre de l'ordre des Cestoïdes, ayant pour caractères : le corps aplati, inarticulé, très-long ; réceptacle du col subglobuleux ; tête munie de deux fossettes biparties et armée de quatre trompes rétractiles. Il ne renferme encore qu'une espèce que Cuvier a fait connaître sous le nom de *Scolex gigas.* Malgré l'autorité de ce célèbre naturaliste, nous croyons devoir adopter l'opinion de Rudolphi, et nous pensons comme lui que cet Animal offre des caractères trop particuliers, pour ne point former un genre distinct. Rudolphi

lui a donné le nom de Gymnorhynque rampant, *Gymnorhynchus rep-
tans;* c'est un Ver qui atteint jusqu'à
trois pieds de longueur; sa largeur
est d'une à deux lignes, sa couleur
blanche, à l'exception du réceptacle
du col qui est jaunâtre. La tête et les
trompes, prises ensemble, ont une
ligne et demie de longueur; la première est subtétragone, munie de
deux fossettes peu profondes, séparées en deux parties par une petite
saillie longitudinale; elle ressemble
beaucoup à la tête d'un Bothriocé-
phale. Du rebord antérieur des fossettes, sortent quatre trompes plus longues que la tête, tétragones, à angles
arrondis, couvertes d'une infinité de
très-petites papilles rondes. Ces trompes ne sont point armées de crochets,
et leur extrémité libre est perforée.
Le col est quelquefois plus long que
la tête; il se continue avec un réceptacle long de quatre à cinq lignes,
large de trois, de figure sphéroïdale
ou ovoïde, presque toujours de couleur jaune, et destiné à contenir la
tête ou la faire saillir au dehors, suivant la volonté de l'Animal. Le corps
est continu en arrière, avec la partie
postérieure du réceptacle; et dans ce
point, il est presque toujours contracté; dans le reste de sa longueur,
il est à peu près égal, un peu aplati
ou presque cylindrique, contracté
dans quelques points. Vers son extrémité postérieure, il s'amincit peu
à peu et se termine par une très-petite pointe un peu obtuse, et souvent
de couleur jaune. Toute la substance
du Gymnorhynque est molle et homogène; coupée ou déchirée par petits
fragmens, elle ne présente aucune
trace d'organes internes ou d'œufs.
Ce Ver habite au milieu des chairs de
la Castagnole, dont il enveloppe les
faisceaux de muscles, depuis la tête
jusqu'à la queue. Rudolphi l'a observé à Naples, pendant les mois de juin,
de juillet et d'août, dans toutes les
Castagnoles qu'il a ouvertes.

Des Entozooaires fort singuliers,
paraissant avoir des rapports de forme
avec les Gymnorhynques, ont été dé-

couverts dans les chairs d'un Héris-
son, d'une Musaraigne musquée, etc.
On en verra la description à l'article
VER comme d'un genre douteux.

(LAM..X.)

*GYMNOSE. POIS. L'espèce d'Ho-
locentre désignée sous ce nom par
Lacépède, paraît, selon Cuvier, être
le même que son Bodian à grosse tête.

(B.)

GYMNOSPERISTOMATI. BOT.
CRYPT. (*Mousses.*) Dans sa première
classification des Mousses, Bridel
avait ainsi nommé la seconde classe
de cette famille, qui comprenait les
genres *Sphagnum, Anyctangium,
Gymnostomum* et *Anodontium.* Le
même auteur a publié une nouvelle
classification qui rompt les groupes
formés dans la première. *V.* MOUSSES.

(G..N.)

* GYMNOSPERMIE. BOT. PHAN.
Linné, considérant comme des graines nues les akènes des Labiées et de
plusieurs autres Plantes, a donné le
nom de Gynospermie, d'un mot grec
qui en est la signification, au premier ordre de la Didynamie. (G..N.)

GYMNOSPORANGIUM. BOT.
CRYPT. (*Urédinées.*) Ce genre, établi
par Hedwig, est l'un des plus remarquables de la famille des Urédinées.
Son aspect l'éloigne même d'abord
de cette famille; mais ses caractères,
mieux observés, prouvent qu'on doit
l'y ranger. Les Plantes qui le composent, ressemblent intérieurement à
une Tremelle; elles sont, comme ces
Champignons, d'une consistance gélatineuse, d'une forme souvent irrégulière; elles sortent de dessous l'épiderme; mais la masse gélatineuse
dont elles sont composées, n'est que
la base qui sert de support à des sporidies pédicellées, divisées en deux
loges par une cloison transversale. Ce
caractère distingue ce genre des *Podisoma,* que Link en a séparés, et dont
la base charnue est formée par la réunion des pédicelles simples et parallèles, qui supportent des sporidies
divisées en plusieurs cloisons. Le
genre *Gymnosporangium* ne renfer-

39

.ne conséquemment plus qu'une seule espèce, le *Gymnosporangium juniperinum*, que Linné avait placé dans le genre Tremelle, à cause de la consistance gélatineuse qu'il présente. Cette Plante est d'une forme irrégulière, plissée, d'un beau jaune. Elle croît sur les rameaux du Genevrier commun et du Genevrier Sabine.

Le *Gymnosporangium fuscum*, D. C., et le *Gymnosporangium clavariæforme*, font partie du genre *Podisoma*. *V.* ce mot.

Persoon avait rapporté toutes ces Plantes au genre *Puccinia*, dont elles sont en effet assez voisines, puisqu'elles n'en diffèrent que par la consistance gélatineuse et l'adhérence des filamens qui supportent les sporidies.

(AD. B.)

GYMNOSTACHYS. BOT. PHAN. Genre constitué par R. Brown (*Prodr. Flor. Nov.-Holland.*, 1, p. 337) qui l'a placé dans la seconde section de la famille des Aroïdées, section à laquelle ce savant a donné le nom d'Orontiacées. Il appartient d'ailleurs à la Tétrandrie Monogynie, L., et il offre les caractères suivans : spathe petite, carénée; spadice cylindracé, entièrement couvert de fleurs; périanthe à quatre divisions profondes; quatre étamines insérées à la base de celle-ci; ovaire renfermant un seul ovule pendant; stigmate sessile, en forme de sphyncter; baie bleue, nue, contenant une graine munie d'albumen et d'un embryon renversé.

Le *Gymnostachys anceps*, unique espèce du genre, croît près du port Jackson dans la Nouvelle-Hollande. C'est une Plante herbacée, vivace, possédant un port très-particulier. Sa racine est composée de tubercules fusiformes et fasciculés. De ses feuilles radicales, munies de nervures et allongées, comme celles des Graminées, s'élève une hampe nue et dont la forme est anguleuse et ancipitée. Les spadices, situés au sommet de la hampe, sont fasciculés, grêles, pédonculés, soutenus chacun par une bractée (spathe) aiguë, carénée, à peine plus longue que le pédoncule.

(G. N.)

GYMNOSTOME. *Gymnostomum*. BOT. CRYPT. (*Mousses.*) Hedwig avait d'abord réuni dans ce genre toutes les Mousses dont l'orifice de l'urne est nue; il en a ensuite séparé lui-même les deux genres *Anyctangium* et *Hedwigia*; mais il a varié sur les caractères qui servent à définir ces deux genres; depuis, on a encore formé aux dépens du genre *Gymnostomum*, les genres *Schistostega* et *Hymenostomum*. Tous ces genres ayant été successivement séparés des *Gymnostomum*, nous allons comparer leurs caractères pour bien fixer celui de ce dernier genre : dans l'*Anyctangium*, la capsule est latérale, et la coiffe se fend de côté; dans les quatre autres, la capsule est terminale; la coiffe est campanulée dans le genre *Hedwigia*, dont Bridel a changé le nom sans raisons suffisantes en *Schistidium*; elle est fendue latéralement dans les genres *Gymnostomum*, *Hymenostomum* et *Schistostega*; enfin dans ce dernier, l'opercule, au lieu d'être entier, est divisé en lanières rayonnantes. Quant aux deux genres Gymnostome et Hyménostome, ils diffèrent à peine, et il est encore douteux si on doit les séparer : dans le premier, l'orifice de la capsule est tout-à-fait nue; dans l'Hyménostome, au contraire, elle est en partie fermée par une membrane annulaire, entière, plus ou moins large; dans quelques espèces même qui forment le genre Hyménostome proprement dit, cette membrane couvre entièrement l'orifice de la capsule. Il est cependant bien difficile de séparer les espèces qui ont cette membrane entière, de celles qui l'ont percée à son centre, et ces dernières, de celles dans lesquelles on voit peu à peu cette membrane se réduire à un anneau membraneux très-étroit, qui borde l'orifice de la capsule. Cette membrane, en effet, ne paraît qu'un prolongement de celle qui tapisse intérieurement les parois de la capsule, et qui semble former la columelle.

D'après ces considérations, il nous paraît préférable de ne pas séparer le genre Hyménostome du genre Gymnostome, d'autant plus que les espèces de ces deux genres ont les plus grands rapports par leur port et leur aspect. On peut donc caractériser ainsi le genre *Gymnostomum*: capsule terminale ; péristome nu ou fermé par une membrane entière, ou percée d'un trou circulaire dans son centre ; coiffe fendue latéralement et se détachant obliquement.

On remarque dans ce genre deux sections assez distinctes par leur port. Dans la première, qui est la plus nombreuse en espèces, la tige est simple, très-courte ; la soie est assez longue, la capsule petite et lisse ; les feuilles sont souvent crispées ; toutes les espèces de cette section sont assez petites, et se rapprochent beaucoup par leur port des *Weissia*, tellement même, que sans l'inspection des capsules, il est très-difficile de distinguer le *Gymnostomum microstomum* du *Weissia controversa*. C'est à cette section qu'appartiennent toutes les espèces qui forment le genre *Hymenostomum* de quelques auteurs. La plupart croissent sur la terre ou sur les murs ; la seconde section renferme quelques espèces dont la tige est rameuse et assez longue ; elles croissent en général dans les montagnes, sur les rochers humides, où elles forment des touffes épaisses et serrées. Tels sont les *Gymnostomum laponicum*, *curvirostrum*. Plusieurs de ces espèces ont la capsule striée.   (AD. B.)

* GYMNOSTRUM. BOT. PHAN. Necker (*Elem. Botan.*, 1, p. 224) a substitué ce nom à celui de *Guapira* donné par Aublet. *V.* ce dernier mot.   (G..N.)

GYMNOSTYLE. BOT. PHAN. Ce genre de la famille des Synanthérées, établi par le professeur Jussieu, (Annales du Muséum d'Histoire naturelle), a été réuni par R. Brown au genre *Soliva* de Ruiz et Pavon. Plusieurs botanistes, notamment Kunth (*Nov. Gener. et Spec.*

Plant. æquin. T. IV, p. 302), s'étant conformés à cette décision, nous renvoyons à ce mot pour en décrire les caractères génériques. *V.* SOLIVA.   (G..N.)

GYMNOTE. *Gymnotus.* POIS. Genre de la famille des Anguiformes, dans l'ordre des Malacoptérygiens apodes de Cuvier et des Apodes de Linné, dont toutes les espèces habitent les eaux douces, soit des lacs, soit des fleuves de l'Amérique méridionale, sans que l'on en ait retrouvé aucune dans quelqu'autre partie du monde que ce soit, encore que Gmelin prétende qu'on en rencontre en Afrique. Ces Poissons ont, comme les Anguilles, les ouies en partie fermées par une membrane ; mais cette membrane s'ouvre au-devant des pectorales ; l'anus est placé fort en avant ; l'anale sous la plus grande partie du corps, et le plus souvent jusqu'à l'extrémité de la queue ; mais la dorsale manque entièrement. Les genres Aptéronote et Carape, formés aux dépens des Gymnotes, n'ont été adoptés que comme des sous-genres par le grand ichthyologiste qui nous sert de guide. Le genre Notoptère, établi par Lacépède pour le *Gymnotus Notopterus* de Pallas et de Gmelin, doit être renvoyé aux Harengs parmi les Clupes. *V.* NOTOPTÈRE au mot CLUPE.

Le plus connu des Gymnotes, célèbre sous le nom d'Anguille électrique ou trembleuse, et de Torpille de Cayenne ou de Surinam, a été le sujet de beaucoup d'écrits, et l'on en a débité beaucoup de merveilles. C'est au mot POISSONS ÉLECTRIQUES, qui terminera l'article Poissons de ce Dictionnaire, qu'on s'occupera de la singulière propriété qu'on lui attribue, et comparativement avec celle qui singularisa long-temps la Torpille ; il ne sera question ici des Gymnotes, que sous le rapport systématique et de classification.

† GYMNOTES VRAIS. Ils sont non-seulement dépourvues de dorsales, mais n'ont même pas de caudale distincte : leur peau paraît dépourvue d'écailles ; leurs intestins, plusieurs

fois repliés, n'occupent qu'une cavité médiocre dans le corps, et sont munis de nombreux cœcums; ils ont deux vessies aériennes dont l'une, cylindrique et allongée, s'étend beaucoup en arrière dans un sinus de la cavité abdominale.; l'autre, ovale et bilobée, de substance épaisse, occupe le haut de l'abdomen sur l'œsophage.

GYMNOTE ÉLECTRIQUE, *Gymnotus electricus*, L., Gmel., *Syst. Nat.* XIII, pars 3, p. 1158; Bloch, pl. 156, Encycl. Pois., pl. 84, fig. 25. Si connu par tout ce qu'en a récemment publié Humboldt, et ce qu'en avaient dit Mussenbroëck et Priestley (qui le confondaient avec notre Torpille), Gumilla, Gronou, Hunter, La Condamine, Ingram, Bajon, Gravesand, Allaman, Schilling, Vanderlott, Séba, Bankroft, Willamson, Garden, Walsh, Pringle, Bryant, Collins-Flagy, Lacépède, etc.; si connu, disons-nous, le Gymnote électrique fut observé pour la première fois à Cayenne en 1677 (et non en 1671) par l'astronome Richer. Il est très-commun à la Terre-Ferme, dans les rivières d'Apure, de la Méta et de l'Orénoque. Il en existe une telle quantité dans les environs de Calabozo près d'Urituca, que, selon Humboldt, on a été obligé d'y renoncer à un gué où ces Animaux attaquaient les Mules et les Chevaux de monture, et les faisaient noyer en déchargeant leur appareil galvanique dans leurs jambes. Il en a déjà paru de vivans dans trois occasions en Europe. En 1778, cent ans (à peu près) après la découverte de Richer, Walsh en observa un individu à Londres; au commencement de 1797, on en transporta un à Stockholm; récemment, nous en avons vu un à Paris où la multitude des expériences dont il fut l'objet causa promptement sa mort. Soit que ces Poissons dépaysés eussent perdu de leur vigueur, soit que le voyage les ait fatigués, leur effet électrique a paru bien au-dessous de tout ce qu'on en raconte, lorsqu'en liberté ils parcourent les eaux de leur patrie, sous un ciel brûlant qui développe en eux de grandes forces. Mais l'amour du merveilleux n'a-t-il pas fait un peu exagérer cette puissance qu'on a comparée à celle du carreau fulminant? Est-il bien vrai qu'un Poisson soit capable de tuer sur-le-champ les plus vigoureux Quadrupèdes? Nous examinerons la probabilité de telles assertions au mot POISSONS ÉLECTRIQUES où nous avons déjà renvoyé. Le Gymnote dont il est question, ordinairement long de deux pieds, atteint jusqu'à une toise; sa chair, que plusieurs auteurs ont dit être délicate et savoureuse, est au contraire de médiocre qualité, visqueuse et fétide; aussi les pauvres nègres esclaves sont-ils à peu près les seuls qui la mangent. On ne voit conséquemment pas dans quel dessein les naturels du pays, qui n'en tireraient aucun parti, en feraient de ces grandes pêches dont ils racontent des circonstances merveilleuses. Il n'est pas naturel qu'on force, par exemple, à l'aide de pénibles battues, des troupes de Chevaux à entrer dans les marais où sont les Gymnotes, pour que ces Poissons, se fatiguant à les tuer, demeurent ensuite sans défense contre les Hommes. Que feraient les pêcheurs de leur capture? Ne seraient-ils pas bien mieux payés de leurs peines en prenant les Chevaux même, ne fût-ce que pour en vendre les peaux, dont une seule vaut mieux que tous les Gymnotes ensemble? Quoi qu'il en soit, il nous semble qu'il y a un peu de poésie à nous représenter « le formidable Gymnote, cylindrique et serpentiforme, habitant les fleuves immenses qui coulent vers les bords orientaux de l'Amérique méridionale, dans ces régions brûlées par les feux de l'atmosphère et sans cesse humectées par l'eau des mers et des rivières; où la terre est prodigue de Végétaux vénéneux et d'Animaux nuisibles, impurs habitans des savanes noyées... où quoique le Poisson porte le nom d'Anguille, il se ressent de la nature du climat sous lequel il est destiné à vivre...; attaquant de loin et renversant d'une seule commotion les Hommes et même les Chevaux les plus vigoureux…; d'autant plus redoutable que, doué d'organes de natation très-énergiques, le Gymnote est, dans un espace de temps incalculable, transporté près de sa proie ou loin de ses ennemis, etc., etc… Cet Animal, continue l'auteur de son histoire dans le Dictionnaire des Sciences naturelles, vit dans les petits ruisseaux et les mares que l'on trouve çà et là dans les plaines immenses de Vénézuela.. » Or, comment, dans les petits ruisseaux, peut-il exercer ses très-énergiques organes natatoires et sa formidable puissance au point où on le prétend? Encore une fois, les merveilles de la nature n'ont pas besoin d'un coloris d'exagération pour provoquer l'admiration des bons esprits : tenons-nous en aux faits.

Humboldt, que l'on doit consulter sur l'histoire des Gymnotes (Obs. Zool., p. 49 et suiv.), en décrit une seconde espèce, le *Gymnotus æquilabiatus* (*loc. cit.*, pl. 10, n° 2,, qui n'a point de vessie natatoire postérieure, n'atteint guère que trente pouces de longueur, a les mœurs de la précédente, sans jouir de sa propriété galvanique, et se trouve aux environs de Santa-Fé de Bogota.

†† CARAPE, *Carapus*. Ils ont le corps plus comprimé que les vrais Gymnotes, la peau écailleuse et la queue s'amincissant beaucoup en arrière. Le PUTAOL de Lacépède, *Gymnotus fasciatus*, Gmel., *loc. cit.*, p. 1157; *G. brachyurus*, Bloch, pl. 157, f. 1; —le Carape, Encycl. Pois., pl. 24, fig. 82, n. 2; *Gymnotus macrurus*, Bloch, pl. 157, f. 2; *G. Carapo*, Gmel., *loc. cit.*, 1156; —le *Gymnotus albus*, Gmel., *loc. cit.*, p. 1157, Séba, T. III, pl. 52, f. 5; —et le Museau long, Encycl. Pois., pl. 25, fig. 85, *Gymnotus rostratus*, Gmel., *loc. cit.*, p. 1159; Schneider, pl. 106, sont les espèces connues de ce sous-genre.

††† APTÉRONOTE, *Apteronotus*. Ils ont leur anale terminée avant d'arriver au bout de la queue qui porte une nageoire particulière. Sur le dos est un filament charnu, mou, couché dans un sillon creusé jusqu'à l'extrémité de la queue, et retenu dans ce sillon par des filets tendineux qui lui laissent quelque liberté; organisation très-singulière, dit Cuvier, et dont on n'a pu encore deviner l'usage; la tête, oblongue et comprimée, est recouverte d'une peau qui ne laisse voir ni les opercules ni les rayons. Le reste du corps est écailleux; les dents sont en velours et à peine sensibles sur le milieu de chaque mâchoire. Le Passan, Encycl Pois., pl. 24, fig. 82, n. 5; *Gymnotus albifrons* de Pallas et de Gmelin (*loc. cit.*, p. 1159), représenté par Lacépède (T. ii, pl. 4, fig 3), est la seule espèce connue d'Aptéronote. Elle se trouve à Surinam où elle ne dépasse guère un pied de longueur, et n'a nulle réputation électrique.   (B.)

GYMNOTES. *Gymnota.* CRUST. Latreille avait établi sous ce nom une tribu de l'ordre des Branchiopodes, comprenant les genres Cyclope, Polyphème et Zoé, qui sont compris (Règn. Anim. de Cuv.) dans la section des Lophiropes. *V.* ce mot et BRANCHIOPODES.   (AUD.)

GYMNOTÉTRASPERME. BOT. PHAN. C'est le nom que Boerhaave donnait au fruit des Labiées et des Borraginées.   (B.)

GYMNOTHORAX. POIS. (Blainville.) *V.* MURÈNE.

GYMNOTRIX. BOT. PHAN. Genre de la famille des Graminées et de la Triandrie Digynie, L., établi par Palisot-Beauvois (Agrostogr., p. 59, tab. 18, f. 6) et adopté par Kunth (*Nov. Gener. et Spec. Plant. æquin.* T. I, p. 112) qui l'a ainsi caractérisé: épillets biflores!, solitaires, entourés d'un involucre composé de soies nombreuses et caduc; la fleur supérieure hermaphrodite, l'inférieure neutre; lépicène à deux valves membraneuses et mutiques; valves de la glume mutiques, au nombre de deux dans la fleur hermaphrodite, unique dans la fleur stérile; deux écailles hypogynes; trois étamines; deux styles à.

stigmates plumeux. L'axe des fleurs n'est pas articulé; il porte des épis solitaires ou ternés. Ce genre est formé aux dépens du *Pennisetum* de Richard, et se compose de trois espèces dont la principale, *Gymnotrix Thuarii*, est indigène des îles Maurice et Mascareigne. Les deux autres espèces ajoutées à ce genre par Kunth (*loc. cit.*) habitent le Mexique et le Pérou. Il les a décrites sous le nom de *Gymnotrix crinita* et de *G. tristachya*. (G..N.)

*GYMNOTUS. POIS. *V*.GYMNOTE.

* GYMNURA. POIS. Van-Hasselt, naturaliste hollandais, propose sous ce nom l'établissement d'un genre nouveau pour le *Raja micrura* de Schneider. Valenciennes pense qu'il ne saurait être adopté. *V*. RAIE. (B.)

GYNANDRIE. *Gynandria*. BOT. PHAN. Vingtième classe du système sexuel de Linné, qui renferme les Végétaux dont les étamines et les pistils sont soudés ensemble et forment un même corps. Linné l'a divisée en sept ordres, selon le nombre des étamines, savoir : 1° Gynandrie Diandrie; 2° G. Triandrie; 3° G. Tétrandrie; 4° G. Pentandrie; 5° G. Hexandrie; 6° G. Décandrie; 7° G. Polyandrie.

Plusieurs de ces ordres doivent être supprimés, parce que les genres qui y ont été rapportés appartiennent à d'autres classes. *V*. SYSTÈME SEXUEL. (A. R.)

* GYNANDROPSIS. BOT. PHAN. Genre de la famille des Capparidées, établi aux dépens du *Cleome* de Linné par le professeur De Candolle (*Prodr. Syst. nat.* T. I, p. 237) qui l'a ainsi caractérisé : calice à quatre sépales étalés; corolle de quatre pétales; torus allongé; six étamines monadelphes autour de ce torus, et libres à son sommet; silique portée dans le calice sur un pédicelle placé au sommet du torus. Ce genre se compose de neuf espèces indigènes des climats équatoriaux de l'Amérique méridionale et de l'Afrique. On distingue parmi elles les *Gynandropsis sessifolia* et *triphylla*, qui étaient

le *Cleome triphylla*, L., les *G. pentaphylla* et *G. speciosa*. Cette dernière Plante a été figurée et décrite par Kunth (*Nov. Gener. et Spec. Plant. œquin.* T. v, p. 84, tab. 436). (G..N.)

* GYNÉCANTHE. BOT. PHAN. (Pline.) Syn. de Bryone. (B.)

GYNEHETERIA. BOT. PHAN. Et non *Gynhateria* Ce genre de la famille des Synanthérées, Corymbifères de Jussieu, établi par Willdenow, est le même que le *Tessaria* de Ruiz et Pavon, réuni par Kunth au *Conyza* de Linné. *V*. TESSARIE et CONYZE. (G..N.)

* GYNÊME. *Gynema*. BOT. PHAN. Genre de la famille des Synanthérées, Corymbifères de Jussieu, et de la Syngénésie superflue, L., proposé par Rafinesque-Smaltz (*Flora Ludoviciana*, New-York, 1817), et composé de trois Plantes que H. Cassini soupçonne n'être pas congénères. La première, *Gynema balsamica*, Rafin., croît dans les forêts de la Louisiane, où les sauvages la considèrent comme un puissant remède stomachique et sudorifique. C'est une belle Plante dont l'odeur est fortement aromatique, et qui a de l'analogie avec le *Conyza camphorata*. D'après la description très-imparfaite de cette Plante, H. Cassini a lieu de croire qu'elle doit appartenir au genre *Pluchea* qu'il a proposé dans le Bulletin de la Société Philomatique de février 1817. Les deux autres Plantes, *Gynema argentea* et *G. microcephala*, croissent aussi dans la Louisiane. Elles doivent être rapportées au genre *Gnaphalium* selon Cassini. L'obscurité qui règne sur le genre *Gynema* nous empêche d'en exposer les caractères. (G..N.)

GYNERIUM. BOT. PHAN. Genre de la famille des Graminées et de la Diœcie Triandrie, L., établi par Humboldt et Bonpland (Plantes équinoxiales, T. II, p. 112, tab. 115) qui l'ont ainsi caractérisé : épillets biflores, les mâles et les femelles sur des individus séparés; lépicène à deux valves; glume aussi à deux valves subulées, l'inférieure ornée à la base de poils très-longs; écailles hypogynes nulles? deux étamines; deux styles surmontés de stigmates en goupillon. Ce genre a beaucoup de rapports avec l'*Arundo*, dont il diffère essentiellement par ses fleurs dioïques. Le *Gynerium saccharoides*, Humb. et Bonpl., est une belle Plante qui acquiert jusqu'à six mètres de hauteur, dont les chaumes, d'un diamètre très-considérable, portent des feuilles très-longues et garnies sur les bords de dents épineuses. Les fleurs sont disposées en panicules touffues et très-rameuses. Cette belle Graminée croît dans les lieux humides près de Cumana, dans la Guiane et à Saint-Domingue. Elle a été nommée *Arundo sagittata* par Persoon et *Gynerium sagittatum* par Palisot-Beauvois.

(G..N.)

* GYNESTE. *Gynestum*. BOT. PHAN. Ce nouveau genre, de la famille des Palmiers, a été constitué par Poiteau (Mém. du Mus., 5e cahier de la 5e année) et ainsi caractérisé : fleurs dioïques ou rarement monoïques sur des régimes distincts; une spathe monophylle existe à la base du spadice qui est simple ou rameux. Dans les fleurs mâles, le calice offre trois divisions profondes; la corolle est trifide, tubuleuse; six étamines dont les filets sont monadelphes à la base, libres, divergens et réfléchis au sommet, portant des anthères sagittées, à lobes très-écartés. Dans les fleurs femelles, le calice et la corolle ressemblent à ceux des mâles, mais ils sont un peu plus grands; un phycostème tubuleux, cylindrique, plus long que la corolle, et que l'on considère comme le représentant des étamines, entoure l'ovaire à la base duquel naît le style; celui-ci fait saillie hors du phycostème et porte trois stigmates aigus et en crochet. Le fruit est une petite drupe globuleuse ou ovée, crustacée, lisse, légèrement charnue à l'extérieur, et uniloculaire. L'embryon est placé à la base de la graine. Ce genre a été réuni au *Geonoma* de Willdenow par Martius

(*Gener. Fam. Palm.*, p. 15); mais l'incertitude des caractères assignés à ce dernier genre, nous empêche d'adopter une semblable réunion. *V.* GÉONOME. Poiteau a décrit et figuré avec soin (*loc. cit.*, tab. 1, 2, 3, 4 et 5) cinq espèces de Gynestes, toutes indigènes de la Guiane, et principalement des bords de la Mana. Les Gynestes, auxquels les habitans donnent le nom de WOUAIES, pullulent du pied et croissent dans les lieux frais, à l'ombre des grands Arbres. Leurs fruits sont trop petits pour être mangés. On fait avec leurs tiges, des cannes, des baguettes et des lattes plus ou moins solides. Les feuilles des *Gynestum baculiferum* et *G. acaule*, remarquables par leurs extrémités bifides ou fourchues, servent à faire d'excellentes couvertures pour les carbets. Quelques-uns de ces Palmiers sont de véritables nains dans leur famille; il en est (*G. strictum* et *G. acaule*) qui n'ont pas plus de huit décimètres de hauteur, de sorte que c'est une chose curieuse, que de voir dans les herbiers un de ces Palmiers tout entier avec ses feuilles fourchues et ses racines proportionnellement plus grosses que celles des grandes espèces.

(G..N.)

GYNHETRIA. BOT. PHAN. Pour *Gyneheteria*. *V.* ce mot.

* GYNICIDA. BOT. PHAN. Le genre *Mesembryanthemum* de Linné ayant été subdivisé par Necker (*Elem. Botan.* 2, p. 81), le nom de *Gynicida* a été donné à l'une des subdivisions.

(G. N.)

* GYNIZE. *Gynizus*. BOT. PHAN. Le professeur Richard père (*de Orch. Europœis*, p. 10) a proposé ce nom pour désigner la principale partie du stigmate des Orchidées, qui est placée à la face antérieure du gynostème, et formée d'un tissu glandulaire qui sécrète une humeur visqueuse. *V.* ORCHIDÉES.

(G..N.)

* GYNOBASE. *Gynobasis*. BOT. PHAN. Le professeur De Candolle a donné ce nom à la base du style qui,

dans certains ovaires multiloculaires et monostyles, transmet la fécondation aux ovules renfermés dans les loges qui lui sont adhérentes. Les Ochnacées présentent très-manifestement cet organe. Auguste de Saint-Hilaire, dans son premier Mémoire suc le Gynobase (Mém. du Mus. T. x, p. 129) le regarde comme une dépression très-considérable de l'axe central. Indépendamment des Ochnacées, où on le trouve constamment, quelques espèces éparses dans les familles des Malpighiacées, des Malvacées et des Sapindacées, l'offrent aussi, tandis que les Simaroubées où on l'avait indiqué, ne possèdent qu'un Gynophore surmonté de plusieurs ovaires munis chacun d'un style. La présence du Gynobase ne peut donc, aux yeux d'Auguste Saint-Hilaire, avoir assez d'importance pour servir à former une des divisions présumées de la treizième classe de Jussieu.

(G..N.)

GYNOBASIQUE. BOT. PHAN. Ce nom a été donné par Mirbel au nectaire placé sur le réceptacle, et resserré sous l'ovaire, comme dans les Labiées et les Rutacées, etc. C'est par le même terme que De Candolle a désigné les fruits nommés Cénobions par Mirbel. *V.* Ce mot.　(G..N.)

*** GYNOCARDIE.** *Gynocardia.* BOT. PHAN. Genre de la Diœcie Polyandrie, L., établi par Roxburgh (*Coromand.*, vol. 4, p. 95) qui a ainsi fixé ses caractères essentiels : fleurs dioïques; les mâles ont un calice à quatre ou cinq lobes, et une corolle à cinq pétales insérés, ainsi que les filets des étamines qui sont nombreuses, sur le réceptacle, et munis à leur base d'écailles ciliées, moitié moins grandes qu'eux, et ressemblant à de petits pétales (nectaires, L.) Les fleurs femelles sont un peu plus grandes que les mâles, et composées comme elles d'un calice, d'une corolle et de cinq nectaires. L'ovaire, entouré de neuf ou dix filets pinnatifides, et velus au sommet, est supère et surmonté de cinq stigmates presque ses-

siles, sagittés en cœur; il est uniloculaire, et contient des ovules nombreux, attachés à cinq placentas intervalvaires. Le fruit est une baie uniloculaire, remplie de plusieurs graines, dont l'embryon est pourvu d'albumen, et la radicule a des directions variées. L'auteur de ce genre a indiqué ses affinités avec les Capparidées de Jussieu; mais les singuliers caractères qu'offrent les enveloppes florales et la structure des graines, s'opposent à ce rapprochement. Aussi ne le trouvons-nous pas compris dans la famille des Capparidées qui fait partie du premier volume du *Prodromus* publié récemment par le professeur De Candolle.

Le *Gynocardia odorata*, Roxb., *loc. cit.*, tab. 299, est un Arbre à peu près grand comme notre Sycomore (*Acer Pseudo-Platanus*). Il croît dans les Indes-Orientales, district de Sillet. Les habitans emploient ses graines, qu'ils nomment *Chaulmougri* et *Petarcurrah*, contre les affections de la peau, eu les faisant cuire avec du beurre, et frottant de cette sorte d'onguent les parties malades.　(G..N.)

*** GYNOCIDIUM.** BOT. CRYPT. Necker a donné ce nom à un petit renflement qui se trouve à la base de la soie des Mousses.　(G..N.)

*** GYNOON.** BOT. PHAN. Genre de la famille des Euphorbiacées et de la Monœcie Triandrie, L. Ses fleurs sont monoïques; dans les mâles, on observe un calice quinquéparti, trois étamines, dont les filets courts, soudés inférieurement, libres plus haut, portent les anthères adnées à leur face externe, un peu au-dessous de leur sommet. Les fleurs femelles présentent dans un calice à six divisions, un pistil dont l'ovaire globuleux, marqué de six sillons, renferme trois loges contenant chacune deux ovules, et dont les stigmates sont très-remarquables par leur forme; c'est celle d'un segment d'ovoïde, et ces trois stigmates, soudés entre eux dans le commencement de la floraison, constituent une masse unique deux fois plus considérable que l'ovaire, et qu'on prendrait volontiers pour lui. Le fruit n'est pas connu.

Nous avons établi ce genre (*de Euphorb. Tentamen*, pag. 18 , tab. 3-9) d'après une Plante originaire de l'île de Ceylan. Sa tige est ligneuse ; ses feuilles sont alternes, munies de deux stipules, entières, coriaces , glabres ; ses fleurs disposées en faisceaux axillaires, qu'accompagnent plusieurs bractées , et qui renferment quelques femelles entremêlées avec des mâles en plus grand nombre.   (A. D. J.)

GYNOPHORE. *Gynophorum*. BOT. PHAN. Espèce de support qui s'élève du fond du réceptacle et soutient le pistil. Link l'a aussi nommé Carpophore (*Carpophorum*). Le Thécaphore (*Thecaphorum*, Ehr. , *Basigynium*, Rich.), et le Polyphore (*Polyphorum*, Rich.), sont des modifications de cet organe qui ne supporte qu'un ovaire dans le premier cas, et en porte au contraire plusieurs dans le second. On a proposé de restreindre le mot de Gynophore à la partie saillante du réceptacle qui ne soutient que le pistil ; mais dans certaines Plantes (*Cleome*, *Passiflora*, *Silene*), ce prolongement porte également les étamines et la corolle ; il est vrai qu'on a proposé d'imposer des noms particuliers , comme ceux d'Anthophore, de Gonophore , de Torus, de Podogyne, etc., aux supports intérieurs des organes floraux. Mais Auguste de Saint-Hilaire (Mém. du Muséum , T. X , p. 129) s'est élevé contre cette abusive multiplication des termes, et a prouvé que les diverses expressions par lesquelles on a voulu désigner plus exactement les différentes variations du Gynophore, n'indiquaient toujours qu'une saillie plus ou moins grande du réceptacle de la fleur.   (G..N.)

GYNOPLEURA. BOT. PHAN. Nom donné par Cavanilles (*Icon. rar.*, p. 52, tab. 375) à un genre décrit antérieurement par Ruiz et Pavon sous le nom de *Malesherbia*. *V.* ce mot.   (G..N.)

GYNOPOGON. BOT. PHAN. Genre de la famille des Apocynées et de la Pentandrie Digynie , L., établi par Forster (*Gener.* 36, et *Prodrom.* 19), et présentant les caractères essentiels suivans : calice fort petit à cinq divisions ; corolle hypocratériforme , nue à son orifice ; cinq étamines non saillantes ; deux ovaires surmontés de deux styles presque connivens et de stigmates obtus ; deux drupes pédicellées , dont une avorte souvent , renfermant un grand nombre de graines qui n'achèvent pas leur maturité , à l'exception d'une seule ; cette graine est munie d'un albumen corné et d'un embryon dressé ou légèrement courbé. Rob. Brown (*Prodr. Flor. Nov.-Holland.* , p. 471) a changé le nom de ce genre en celui d'*Alyxia;* il en a décrit cinq espèces toutes originaires de la Nouvelle-Hollande. Ce sont des Arbrisseaux glabres, lactescens, garnis de feuilles opposées ou verticillées , coriaces et toujours vertes. Leurs fleurs sont axillaires ou terminales, blanches, souvent odorantes et quelquefois disposées en épis. Forster en avait mentionné trois espèces sous les noms de *Gynopogon stellatum* , G. *Alyxia*, G. *scandens*, qu'il avait recueillies dans les îles de la Société et des Amis.   (G..N.)

* GYNOSTÈME. *Gynostemium*. BOT. PHAN. C'est le nom que le professeur Richard donne à cette partie de la fleur des Orchidées qui porte les étamines et le stigmate, et que les auteurs désignent communément sous le nom de *Columna*. *V.* ORCHIDÉES.   (A. R.)

GYNTEL. OIS. Nom donné à une variété accidentelle de la Linotte. *V.* GROS-BEC et GINTEL.   (DR..Z.)

GYPAÈTE. *Gypaetus.* OIS. (Storr.) Genre de l'ordre des Rapaces. Caractères : bec long et robuste ; mandibule supérieure convexe , arrondie, élevée vers la pointe qui se courbe en crochet ; narines ovales, recouvertes de poils roides, dirigés en avant ; pieds courts et forts ; quatre doigts, les trois antérieurs réunis par une petite membrane avec l'intermédiaire très-long ; ongles faiblement crochus, ceux du doigt intérieur et du pouce plus grands que les autres; première rémige un peu plus courte que la deuxième et la troisième qui sont les plus longues.

Doués de la force et de la noblesse des Aigles, mais partageant avec les Vautours l'habitude de se repaître indifféremment de charognes et de proies vivantes, les Gypaètes pouvaient naturellement prendre place dans la méthode, entre le genre Vautour et le genre Faucon ; en effet l'ensemble de leurs caractères étant mieux connu, les ornithologistes leur ont définitivement assigné cette place. Ces Oiseaux, comme tous les Animaux qui ne s'offrent que rarement aux regards de l'Homme, et qui sont, en outre, remarquables, soit par une taille gigantesque, soit par une conformation particulière, ont été souvent l'objet des erreurs ou des récits fabuleux du vulgaire : les uns ont raconté qu'ils les avaient vus enlever des Quadrupèdes d'un volume beaucoup supérieur au leur ; d'autres ont dit avoir été témoins de combats entre ces Oiseaux et des Hommes, dans lesquels ceux-ci, ayant été vaincus, étaient restés la proie des vainqueurs qui les emportaient dans leurs aires pour les déchirer plus à l'aise et faire à leurs petits une distribution de membres encore palpitans. Ces récits outrés ou absurdes tendent néanmoins à accorder aux Gypaètes une force extraordinaire ; les véritables observateurs qui ont été à même d'éclaircir quelques doutes relativement à ces Oiseaux, disent qu'il n'est pas rare de les voir enlever des Moutons, des Chamois ou des Bouquetins, mais ce n'est que sur ces Animaux très-jeunes qu'ils fondent; les adultes savent éviter par la ruse et l'agilité l'attaque de ces ennemis redoutables qui, quoi qu'on en dise, ne sont ni assez audacieux ni assez puissans pour venir attaquer l'Homme ; du moins l'on n'en connaît aucun exemple authentique.

Les Gypaètes ne vivent point aussi solitaires que les Aigles; ils se réunissent quelquefois trois ou quatre et parcourent ensemble les montagnes, en chassant de compagnie, se jetant tous à la fois, sans se la disputer, sur la proie que l'un d'eux a rencontrée. Ils choisissent, pour établir leur nid, l'anfracture la plus inaccessible du rocher ; ce nid, d'une étendue considérable, se compose de bûchettes entrelacées et cimentées, en quelque sorte, par des débris mous et infects de matières putrescibles. La ponte consiste en deux œufs blancs, tachetés de brun, et dont la surface est parsemé d'aspérités. Les parens élèvent leurs petits, les conservent assez long-temps près d'eux et les conduisent à la recherche de leur nourriture.

GYPAÈTE BARBU, *Gypaetes barbatus*, Cuv.; *Vultur barbatus et barbarus*, L., Lath. ; *Vultur leucocephalus*, Meyer; *Vultur aureus*, Briss.; *Falco magnus*, Gmel.; *Vultur niger*, Lath.; *Gypaetes melanocephalus*, Meyer; le Gypaète des Alpes de Savigny et le Gypaète d'Afrique ou Niser de Bruce. Tête et partie supérieure du cou d'un blanc sale; deux raies noires, l'une depuis la base du bec jusqu'au-dessus des yeux, l'autre derrière les yeux jusque sur les oreilles; scapulaires, dos et tectrices alaires d'un brun cendré foncé, avec une raie blanche sur la longueur de chaque plume; rémiges et rectrices cendrées avec la tige blanche ; dessous du cou et parties inférieures d'un roux orangé ; queue longue, très-étagée; bec et ongles noirs; pieds bleus ; iris orangé. Taille, quatre pieds sept pouces. Les jeunes, suivant l'âge, ont la tête plus ou moins noirâtre, les parties supérieures noirâtres, tachetées de brun clair; les inférieures d'un gris-brun, tachetées de blanc. D'Europe, sur les chaînes les plus hautes du Tyrol, des Alpes et des Pyrénées; commun aussi en Egypte.

GYPAÈTE CAFFRE, *Falco vulturinus*, Lath., Levaill., Ois. d'Afriq., pl. 6. Tout le plumage noir, avec quelques reflets brunâtres sur les ailes ; bec jaunâtre; cire bleue; iris brun; pieds jaunâtres; ongles noirs. Taille, trois pieds à trois pieds et demi. D'Afrique.

(DR..Z.)

GYPAGUS. ois. Syn. de Zapilote, genre établi par Vieillot pour y placer le roi des Vautours. *V.* CATHARTE. (DR..Z.)

GYPOGERANUS. ois. (Illiger.) Syn. de Messager. *V.* ce mot.

(DR..Z.)

GYPSE. *Gypsum.* GÉOL. Mot consacré pour désigner les diverses variétés de Chaux sulfatée qui se présentent en masses assez considérables dans la nature, pour être considérées par les géognostes comme Roches essentielles dans la structure des montagnes et de certains terrains. Le Gypse paraît être, dans tous les états où il se trouve, le résultat d'une précipitation chimique, opérée dans le sein d'un liquide qui tenait en dissolution les élémens dont il est composé; il ne paraît jamais avoir été formé, comme beaucoup de Calcaires et les Marnes, par voie de sédiment, après une simple suspension de parties; cette observation peut être faite même sur les couches gypseuses qui alternent avec de véritables dépôts sédimenteux. Le Gypse est donc toujours plus ou moins visiblement cristallisé. Quoique en général il le soit d'une manière confuse, sa structure est quelquefois lamelleuse; les lames dont il se compose sont tantôt transparentes et nacrées, tantôt d'un blanc opaque translucide; d'autres fois il est formé de fibres droites ou ondulées, d'une ténuité extrême, qui imitent la soie; on le désigne alors sous le nom de Gypse fibreux ou soyeux, lorsque le Gypse est compacte ou grenu, on aperçoit toujours dans sa texture la disposition cristallisée de ses molécules. C'est dans cet état qu'il est nommé Albâtre gypseux. La variété appelée niviforme, ne constitue véritablement pas une Roche, elle se présente sous forme de rognons peu volumineux, au milieu des masses gypseuses; c'est la réunion d'une multitude de petites paillettes ou la-

melles d'un blanc de neige et nacrées, qui ressemblent à des particules de Talc. Le Gypse grossier ou Pierre à Plâtre, est moins pur que les variétés précédentes; il a, plus qu'elles, l'apparence de la Chaux carbonatée en masse, dont il ne peut être souvent distingué au premier aspect, d'autant plus qu'étant souvent mélangé avec cette dernière substance, il fait comme elle effervescence avec les Acides que l'on emploie pour chercher à le reconnaître. Le Gypse grossier affecte plusieurs couleurs : il est presque noir, rouge, bleuâtre, d'un jaune sale ou blanc.

Le Gypse a été déposé à la surface de la terre, à des époques très-différentes, et sa présence caractérise des formations distinctes ou des Terrains particuliers. Il est en couches plus ou moins épaisses, horizontales ou inclinées, qui alternent avec des Marnes argileuses ou calcaires; il accompagne presque toujours les mines de Sel Gemme et les sources d'eau salée; le Mica, la Stéatite, le Fer oxidulé, le Fer sulfuré, le Soufre, la Sélenite et la Chaux anhydro-sulfatée, se rencontrent avec les diverses variétés de Gypse; suivant les terrains auxquels elles appartiennent. On voit encore avec les masses gypseuses, des Silex cornés, de la Chaux carbonatée compacte en fragmens, des cristaux de Quartz, du Grenat, de la Magnésie boratée et de l'Arragonite.—Les couches de Gypse sont quelquefois caverneuses; Pallas, qui a pénétré dans plusieurs excavations naturelles de cette Roche, pense que le froid qu'il a ressenti, est particulier aux cavernes gypseuses. Les Gypses des formations modernes, ceux qui par exemple constituent en grande partie la colline de Montmartre et les sommités correspondantes du bassin de Paris, sont devenues célèbres par les ossemens de Poissons, de Tortues, de Crocodiles, d'Oiseaux et de Mammifères, qu'ils renferment en grand nombre, et qui se voient au milieu même de bancs puissans formés par voie de cristallisation confuse. Les importans travaux de Cuvier l'ont conduit à reconnaître que parmi les Mammifères de cette époque il en existait plusieurs qui sont maintenant inconnus sur la surface de la terre (*F*. ANOPLOTHERIUM, PALOEOTHERIUM, etc.), et que les Poissons et les Reptiles ressemblaient plus particulièrement à ceux qui habitent les eaux douces. Ces derniers résultats coïncident avec la présence des Coquilles terrestres et d'eau douce, que l'on rencontre aussi, soit dans les mêmes Gypses, soit dans les couches marneuses qui les accompagnent; et ils appuient l'opinion émise par Lamanon, que ces derniers dépôts gypseux ont pu être formés dans un lac.

Le Gypse grossier, privé de son eau de cristallisation par une assez forte chaleur, constitue le Plâtre qui, délayé avec de l'eau ou gâché, forme presque aussitôt une masse solide, en absorbant cette eau pour remplacer celle qui lui a été enlevée par la cuisson. C'est cette propriété qui rend le Plâtre ou Gypse cuit, si utile pour les constructions. Le Plâtre est encore employé avec le plus grand avantage en agriculture, principalement pour l'amandement des prairies artificielles. On s'en sert aussi pour faire des moules et pour préparer avec de la colle une matière particulière assez dure pour prendre un beau poli et imiter le Marbre; on emploie cette matière, dans les décorations de bâtimens, sous le nom de Stuc. *F*. ROCHE et TERRAIN. (C. P.)

GYPSOPHILE. *Gypsophila*. BOT. PHAN. Genre de la famille des Caryophyllées, et de la Décandrie Digynie, L., établi par Linné et ainsi caractésé : calice campanulé, anguleux et formé de cinq pièces soudées et membraneuses sur leurs bords; cinq pétales ovales, non onguiculés; dix étamines; ovaire presque globuleux surmonté de deux styles à stigmates simples; capsule globuleuse, à cinq valves, uniloculaire et contenant un grand nombre de graines arrondies. Les Gypsophiles sont des Plantes herbacées, à feuilles connées à la base, et à petites fleurs le plus souvent disposées en panicules terminales. La multitude de ces fleurs donne à quelques espèces un aspect fort élégant, et sous ce rapport elles mériteraient d'être cultivées dans les jardins d'ornement. Dans le *Prodromus Regn. Veget.* T. I, p. 352, Seringe en a décrit trente-six espèces, distribuées en deux sections. La première (*Struthium*, Sering., mss.), renferme toutes les espèces dont les calices sont dépourvus d'écailles. Le plus grand nombre des Gypsophiles appartient à ce groupe. Ce sont les espèces généralement les plus élégantes; elles croissent particulièrement dans l'Europe orientale, en Hongrie, dans les parties méridionales de l'empire Russe, et dans le bassin méditerranéen. Les *Gypsophila fastigiata* et *muralis* sont indigènes de la France. On rencontre en grande quantité le long des torrens des Alpes et des Pyrénées, le *Gypsophila repens*, qui produit, dans les localités, un très-joli effet avec le *Linaria Alpina*, et d'autres espèces dont les graines sont entraînées par les eaux du haut des montagnes. La seconde section (*Petrorhagia*, Sering., mss.) renferme quatre espèces dont les calices sont munis à leur base de deux à quatre écailles scarieuses et opposées. Le *G. Saxifraga*, que l'on trouve en abondance dans l'est et le midi de la France, avait été placé par Linné, dans sa première édition, parmi les *Dianthus*, à cause de ses bractées calicinales. Dans une dissertation récente sur l'*Arenaria tetraquetra* (Ann. des Sc. natur. 7 septembre 1824), Gay a réuni à cette Plante comme variété le *Gypsophila aggregata*, L. (G..N.)

GYPSOPHYTON. BOT. PHAN. Adanson a emprunté des Grecs ce nom qui désignait probablement le *Gypsophila repens*, pour l'appliquer à un genre de Plantes fort voisines, qui se compose des Alsines, d'un Céraiste et de quelques Arénaires. (B.)

GYPSUM. MIN. *V*. GYPSE.

* GYPTIDE. *Gyptis.* BOT. PHAN. Sous ce nom, H. Cassini (Bullet. de la Société Philom. , septembre 1818) a proposé un groupe dans le genre nombreux des *Eupatorium.* Sans pourtant l'élever au rang de genre, il en a décrit les espèces sous un nom générique particulier. Voici les caractèı es principaux qu'il lui a assignés : involucre formé d'écailles irrégulièrement imbriquées, appliquées, coriaces, oblongues et striées inférieurement, foliacées et arrondies au sommet qui se termine en pointe ; calathide globuleuse, sans rayons, composée d'un grand nombre de fleurons réguliers et hermaphrodites ; réceptacle nu et plane ; ovaires oblongs , pentagones, surmontés d'une aigrette très-plumeuse. L'auteur de ce sousgenre a indiqué comme types deux Plantes rapportées des environs de Mentevideo , et qu'il a nommées *Gyptis pinnatifida* et *G. Commersonii.* La première était nommée à tort *Eupatorium sophiæfolium* dans l'herbier du professeur de Jussieu. (G..N.)

*GYRARIA. BOT. CRYPT. (*Champignons.*) Nom donné par quelques auteurs aux Tremelles à lobes diversement repliés, telles que la *Tremella Mesenterica. V.* TREMELLE. (AD. B.)

GYRASOL. BOT. PHAN. Pour Girasol. *V.* ce mot.   (B.)

GYRIN. *Gyrinus.* INS. Genre de l'ordre des Coléoptères , section des Pentamères , établi par Linné et rangé (Règn. Anim. de Cuv.) dans la famille des Carnassiers , tribu des Hydrocanthares , avec ces caractères distinctifs : antennes en massue, plus courtes que la tête ; les deux premiers pieds longs , avancés en forme de bras, les quatre autres très comprimés , larges et en nageoires ; yeux au nombre de quatre. Les Gyrins sont remarquables par leur organisation extérieure. Leur corps est ovale et en général très-luisant ; la tête, qui est reçue dans le prothorax, présente des yeux grands et divisés en deux portions par les côtés tranchans de la tête de manière à constituer quatre yeux distincts ; deux sont inférieurs , et l'Animal s'en sert pour voir tout ce qui se passe au-dessous de lui ; les deux autres occupent le sommet de la tête et reçoivent la lumière d'en haut. Cette disposition curieuse servirait seule à caractériser les Gyrins, si d'ailleurs ils ne se distinguaient des autres genres par un grand nombre d'autres particularités. Les antennes occupent une petite cavité au devant des yeux et se composent de neuf à onze articles, le second est prolongé extérieurement en une sorte d'oreillette, les suivans sont très-courts et réunis entre eux de manière à former une petite masse fusiforme légèrement courbée ; le labre est arrondi antérieurement et villeux. Les palpes sont petits, en général au nombre de six. Les élytres sont brillantes et prolongées jusqu'au dernier anneau de l'abdomen qu'elles laissent à découvert ; les ailes membraneuses sont assez développées ; l'Animal s'en sert quelquefois pour voler; mais il fait un bien plus grand usage de ses pates. Ces appendices sont des organes de natation fort bien conformés pour ce but. La première paire de pieds est grêle et longue ; la seconde est très-large, aplatie et comme membraneuse; elle est plus courte que la paire antérieure et garnie d'une touffe de longs poils ; le Gyrin s'en sert principalement comme d'aviron. La troisième paire de pates est très-aplatie et plus large que les pates intermédiaires ; on lui remarque des prolongemens foliacés dans l'intérieur desquels se distinguent de fines trachées. A l'aide de cet appareil, les Gyrins nagent avec une grande facilité. On les voit, dès les premiers jours du printemps et pendant tout l'été jusqu'à la saison froide, parcourir avec une vitesse inconcevable la surface des eaux. Ils se tiennent ordinairement réunis en petits groupes; au moindre danger, ils s'éloignent et s'enfoncent quelquefois dans l'eau. Léon Dufour a décrit et représenté

(Ann. des Sc. nat. T. III, p. 218) l'organisation du canal intestinal de l'espèce la plus commune. Le tube de la
digestion a quatre fois la longueur de
tout le corps. L'œsophage est gros,
vu la petitesse de l'Insecte. Le jabot
est très-lisse, simplement membraneux, sans aucune apparence de ru-
bans musculeux, soit en long, soit
en travers. Il n'est pas rare que la
portion de ce jabot qui pénètre dans
l'abdomen, offre un renflement latéral de manière qu'alors l'œsophage
s'y insère tout-à-fait par côté. Léon
Dufour a presque toujours trouvé cette poche remplie d'une pâte alimentaire noirâtre. Le gésier est ovale-
oblong, rénitent, élastique, et à travers ses parois on reconnaît qu'il est
garni intérieurement de pièces brunes, destinées à la trituration. Le ventricule chylifique est court, hérissé
de grosses papilles conoïdes, bien
distinctes. L'intestin grêle est filiforme, remarquable par sa longueur
qui égale la moitié de tout le canal
digestif. Le cœcum n'est point latéral comme dans les Dytiques; il est
peu renflé et séparé de l'intestin grêle par une légère contracture. Examiné à une forte loupe, on y découvre
quelques traces de plissures transversales, ce qui, joint à la texture
membraneuse, le rend susceptible
d'être gonflé par l'air. Le même
auteur (loc. cit.) nous a donné
des détails fort curieux sur quelques
autres points de l'anatomie des Gyrins. Suivant lui, leurs testicules
sont tout autrement organisés que
ceux des autres Coléoptères carnassiers. Au lieu d'être formés par les
replis d'un vaisseau spermatique,
ils consistent chacun en un sachet
oblong, cylindroïde, plus ou moins
courbé, obtus par un bout, dégéné-
rant insensiblement par l'autre en un
canal déférent où l'on n'observe aucune trace d'épididyme et qui va s'in-
sérer dans la vésicule séminale correspondante tout près de l'endroit où
celle-ci s'unit à sa congénère pour la
formation du canal éjaculateur. Ces
vésicules, au nombre de deux, sont

longues, filiformes, diversement repliées. L'armure copulatrice se compose de trois lames principales, cornées, allongées, droites, comme
tronquées à leur extrémité; les latérales, qui sont les panneaux de l'intermédiaire, se terminent par des
soies blanches, assez roides, longues, épaissies vers leur base. La
pièce intermédiaire forme plus particulièrement l'étui de la verge. Elle
est dépourvue de soies et offre dans
son milieu une fente longitudinale
destinée à donner issue à la verge.
Quant à la femelle, chacun des ovaires est, d'après l'observation de Dufour, un faisceau d'une vingtaine de
gaînes ovigères, lesquelles aboutissent à un calice cupuliforme. Le vaisseau sécréteur de la glande sébacée
est renflé, et ce renflement se termine par un petit filet tubuleux. Il s'a-
bouche à la partie postérieure du réservoir; celui-ci est ovalaire. Les crochets vulvaires sont bruns et très-
ciliés.

Les Gyrins exhalent par les côtés
de l'anus une odeur infecte qui est
fournie par un appareil de sécrétion
particulier situé dans l'abdomen.
Les Gyrins s'accouplent à la surface
de l'eau, et les femelles déposent leurs
œufs sur les feuilles des Plantes aquatiques. Les larves qui en naissent sont
hexapodes et ont le corps d'un blanc
sale et formé par treize anneaux; les
trois premiers supportent les pates;
les suivans sont remarquables chacun par une paire de filets membraneux et coniques qui paraissent être
des organes respiratoires analogues
aux branchies des Éphémères. Rœsel
et Degéer ont étudié ces larves, mais
seulement dans leur premier état.
Modéer (Mém. de l'Acad. des Sc. de
Stockholm) les a observées dans leur
grand développement, et elles ne paraissent pas alors avoir une organisation différente; les nymphes qu'il a
vues étant renfermées dans un petit
cocon que la larve avait formé sur des
roseaux en dehors de l'eau. L'Insecte parfait saute dans l'eau aussitôt
qu'il est né.

On connaît plus de vingt espèces de Gyrins ; un grand nombre sont exotiques et on ne trouve en France que quatre espèces.

Le GYRIN NAGEUR, *G. natator*, L., représenté par Olivier (Hist. nat. des Col. T. III, n. 41, pl. 1, fig. 1, a-e), peut être regardé comme le type du genre. Il est le même que le *Gyr. œneus* de Leach. On le trouve aux environs de Paris. Les autres espèces, propres à notre pays, ont été décrites par Fabricius sous les noms de *minutus*, *villosus* et *striatus*.   (AUD.)

GYRINOPS. BOT. PHAN. Sous ce nom, Gaertner (*de Fruct.*, II, p. 276, tab. 140) a figuré et décrit un fruit de Ceylan nommé *Valla* par les habitans et pour lequel il a proposé de former un genre particulier, quoique les autres parties de la fleur fussent ignorées. Voici les caractères essentiels qu'il lui a attribués : calice infère, monophylle, cylindrique et court; corolle et étamines inconnues; capsule comprimée, pédicellée, biloculaire; graines solitaires, présentant d'un côté une queue subulée.

R. Brown (*Bot. of Congo*, p. 24) a essayé de classer le Gyrinops parmi les ordres naturels. Il l'a placé, avec l'*Aquilaria* de Lamarck, dans la nouvelle famille des Chailletées qui a pour type le *Chailletia* de De Candolle. Mais ces deux genres devront former une section particulière pour laquelle R. Brown a proposé le nom d'AQUILARINÉES (*Aquilarinœ*). (G..N.)

GYROCARPE. *Gyrocarpus*. BOT. PHAN. Ce genre, que les auteurs systématiques ont placé dans la Tétrandrie Monogynie, quoiqu'il fût réellement polygame, a été établi par Jacquin (*Plant. Amer.*, p. 282), et adopté par Gaertner, Roxburgh et Willdenow. R. Brown (*Prodrom. Flor. Nov.-Holland.* T. I, p. 404) l'a placé à la suite des Laurinées, observant, dit-il, dans ce genre plus de rapports avec les Plantes qui constituent cette famille malgré la supérité de leur ovaire, qu'avec les Myrobalanées, Juss., ou Combrétacées, Br., dans lesquelles le professeur Jussieu (Ann. du Mus. T. V, p. 123) voulait le faire entrer. Cette opinion a été récemment embrassée par notre collaborateur Kunth, dans son *Synopsis Plant. Orbis-Novi*, T. III, p. 597. Voici les caractères imposés à ce genre par le savant botaniste de Londres : dans les individus hermaphrodites, le périanthe est supère, et offrant de quatre à huit segmens, quatre étamines périgynes, opposées aux segmens du périanthe; anthères à loges déhiscentes par le moyen d'une valvule qui s'élève de bas en haut; ovaire contenant un seul ovule pendant, surmonté d'un style très-court et d'un stigmate capité et oblique; fruit drupacé, offrant deux ailes à son sommet; graine sans albumen, munie d'un embryon renversé, de cotylédons en spirale et pétiolés, et d'une plumule à deux folioles. Les fleurs mâles réunies sur le même corymbe que les hermaphrodites ont aussi la même structure du périanthe et des étamines. Les *Gyrocarpus* sont des Arbres à feuilles éparses sur la tige, mais resserrées aux extrémités des rameaux, pétiolées, sans stipules larges, indivises ou lobées, et caduques. Les fleurs sont disposées en corymbes axillaires et dichotomes.

Le GYROCARPE D'AMÉRIQUE, *Gyrocarpus Americanus* (Jacq., *loc. cit.*, tab. 178, f. 80), est un Arbre élégant, rameux, à feuilles très-grandes, longuement pétiolées, indivises ou trilobées dans les individus adultes, à trois ou cinq lobes dans les jeunes. Les enfans s'amusent à jeter son fruit dans les airs; les ailes dont il est revêtu lui servent de parachute, et le font descendre lentement, en décrivant des tours de spire (*gyri*), et c'est de ce jeu que Jacquin a tiré le nom générique. Cette espèce croît dans les forêts de Carthagène.

Le *Gyrocarpus Asiaticus*, Willd, Arbre des Indes-Orientales, est si voisin du précédent, qu'il lui a été réuni par Roxburgh (*Coromandel*, 1, p. 1, tab. 1) sous le nom de *G. Jacquini*. Les grandes distances entre les patries respectives de ces Plantes portent à croire qu'elles doivent former des espèces distinctes ; mais R. Brown (*loc. cit.*) observe qu'on ne peut compter sur l'exactitude des différences caractéristiques exprimées par Wildenow, puisque les feuilles d'un individu de *Gyrocarpus Asiaticus* sont encore plus cordiformes que celles du *G. Americanus*. Il a donc cru plus convenable de former deux espèces nouvelles avec les *Gyrocarpus* qu'il a trouvés dans les contrées intra-tropicales de la Nouvelle-Hollande, que de les réunir à des espèces sur les caractères desquelles il y a de l'incertitude. Ces deux Plantes ont reçu les noms de *G. Sphœnopterus* et de *G. rugosus*.

(G. N.)

GYROFLÉE. BOT. PHAN. Pour Giroflée. *V.* ce mot. (B.)

GYROGONITE. BOT. FOSS. *V.* CHARAGNE.

GYROLE. BOT. On donne ce nom, selon les divers cantons où il est usité, soit aux racines de Chervi, soit aux Bolets mangeables. (B.)

GYROME. *Gyroma.* BOT. CRYPT. (*Lichens.*) Les *Gyroma* de Persoon, *Sphœra* ou *Trica* d'Achar, sont des réceptacles sous-arrondis, sessiles, marginés et immarginés, formés d'une substance propre, compacte, solide et continue dans toute leur surface. Leur partie supérieure offre des plis circulaires et spiroïdaux couverts par une membrane commune. Ils renferment à l'intérieur des sporules nues ; ces plis (*gyri*) se fendent dans leur longueur à leur maturité, et laissent échapper, suivant l'opinion de quelques auteurs, des élytres à huit séminules.

Il existe entre les Gyromes et les lirelles des Opégraphes (notamment celles de l'espèce nommée *Medusula*, par Persoon), une assez grande ressemblance ; cependant elles diffèrent de ces dernières par leur port, leur structure intérieure, et par leur mode d'accroissement ; nous établirons cette différence à l'article LIRELLE. *V.* ce mot. Achar, en définissant cette sorte d'apothécie, avait étendu le nom de *Gyroma* ou de *Trica* à tous les réceptacles des Ombilicariées, mais c'est à tort ; les vrais Gyromes ne s'observent que dans le genre *Gyrophora*, tel que nous l'établissons. Les apothécies des Ombilicaires sont des scutelles sous-sessiles toujours marginées, à disque rugueux ou verruculeux, dépourvu de plis spiroïdaux ; elles se touchent et paraissent confluentes dans l'Ombilicaire pupuleuse ; cependant, examinées avec attention, on s'aperçoit qu'elles sont distinctes et que la marge, quelquefois crispée, n'est point le résultat d'une fente longitudinale. Le disque, dans cette même espèce, paraît être prolifère, mais ce phénomène s'observe dans les scutelles de quelques espèces de *Lecanora*, notamment dans celles de la belle variété du *Lecanora Domingensis* que nous avons nommée *prolifère*, et dont la figure se trouve dans notre Essai sur les Cryptogames des écorces exotiques officinales. *V.* GYROPHORE et OMBILICAIRE. (A. P.)

* **GYROMIE.** *Gyromia.* BOT. PHAN. Genre de la famille des Asparaginées et de l'Hexandrie Trigynie, L., constitué avec le *Medeola Virginica* de Linné, par Nuttall (*Gener. of North Amer. Plants*, T. I, p. 238) qui l'a ainsi caractérisé : périanthe à six divisions peu profondes, roulées en dehors ; six étamines dont les filets et les anthères sont libres ; trois stigmates sessiles, filiformes, divergens et réunis à leur base ; baie triloculaire, renfermant dans chaque loge cinq à six graines comprimées et trigones. L'espèce avec laquelle Nuttall a constitué son genre croît dans l'Amérique méridionale. On la nomme vulgairement Concombre des Indes, à cause de ses racines qui, par leur nature épaisse, charnue et succulente, simulent les fruits des *Cucumis*. Sa tige est droite, engaînante à la base, et munie de feuilles glabres, entières, sessiles, lancéolées et verticillées. Les fleurs sont terminales, petites, d'une couleur pâle, verdâtre, et soutenues par des pédi-

celles filiformes et au nombre de trois
à six. Elles sont plus nombreuses
dans une autre Plante fort voisine et
que Nuttall a nommée *Gyromia picta*,
à cause de ses feuilles ovales-aiguës
et d'un rouge cramoisi.   (G..N.)

* GYROMIUM. BOT. CRYPT. (*Lichens.*) *V.* GYROPHORE.

GYROPHORE. *Gyrophora.* BOT.
CRYPT. (*Lichens.*) Ce genre, établi
par Achar et que nous plaçons dans
le groupe des Ombilicariées, est
ainsi caractérisé dans notre méthode :
thalle foliacé, pelté, attaché au centre;
apothécie (*Gyroma*) orbiculaire,
sous-convexe , sous-scutelliforme ,
sessile, marginé et immarginé, couvert d'une membrane cartilagineuse,
noire , à disque marqué de plis spiroïdaux, à l'intérieur similaire. Le
nom de Gyrophore vient de ce que le
disque de l'apothécion est composé en
entier de cercles ou plis concentriques.
Le genre *Gyrophora* d'Achar est
l'*Umbilicaria* de Schneider et d'Hof-
fman ; c'est le *Gyromium* de Wah-
lenberg et le *Capnia* de Ventenat.
Achar, dans son Prodrome de la Lichénographie suédoise, avait admis le
genre *Umbilicaria* des auteurs qui
l'avaient précédé. Dans sa méthode ,
il rejette ce nom pour celui que
nous adoptons ici, et range parmi les
Lécidées les espèces à disque patel-
luloïde , division qui n'est plus admise dans sa Lichénographie universelle ni dans son *Synopsis.* Nous
eussions blâmé Achar d'avoir per-
sisté à laisser dans les Lécidées des
Plantes aussi différentes , quant à
leur port, que le sont les Ombilicariées ; mais cependant nous aurions
fait remarquer que le célèbre lichê-
nographe avait été frappé de la différence qui existe entre les Ombilicariées à apothécies , pourvues ou
dépourvues de plis spiroïdaux, différence remarquée par Persoon, et qui
a paru suffisante à Merat dans sa
Flore des environs de Paris pour
créer un genre nommé *Lasallia.* Ce
genre lui-même est notre Ombilicaire,
qui est un démembrement du Gy-

rophora d'Achar. La différence qui
se trouve exister entre les apothécies
des Gyrophores et ceux des Ombilicaires, tels que nous reformons ces
genres, n'est pas la seule. Le thalle
du premier est lisse ou rugueux,
assez souvent polyphylle , rarement
garni de ces sortes de productions
qu'on nomme pulvinules, presque
toujours velu en dessous , à marge
souvent ciliée ; le thalle du second
est marqué d'enfoncemens et de bos-
selures assez réguliers, ovoïdes ; il est
lisse en dessous, quelquefois garni de
pulvinules en dessus, et jamais polyphylle ; il est aussi plus cassant ;
cette différence de structure du thalle
et de l'apothécion justifie suffisamment la séparation que nous proposons.

L'habitat des Gyrophores est exclusivement fixé sur les rochers dans
les endroits découverts et élevés ; la
France en possède plusieurs espèces
qui se trouvent presque toutes sur
les rochers de Grès de la forêt de
Fontainebleau, si riche en Lichens.
Les Gyrophores les plus remarquables
sont le Gyrophore Trompe d'Éléphant , *Gyrophora proboscidea*, Ach.
Syn. méth. lich. , p. 64 : *Umbilicaria proboscidea*, D. C. Fl. Fr. 11 ;
Lichen proboscideus, Linn., Fl. Suéd.
1106. Espèce remarquable par son
thalle membraneux , réticulé , rugueux , et par ses apothécies turbinées
imitant avec assez d'exactitude la
trompe d'un Éléphant; elle se trouve
sur les rochers , dans les Alpes et
dans les Pyrénées. — Le Gyrophore
laineux , *Gyrophora vellea*, Ach.
Lich. univ. , p. 218; *Lichen velleus*,
Linn., dont le thalle lisse et cendré
jaunâtre en dessus , laineux et noirâtre en dessous ; il se couvre d'a-
pothécies sessiles et planes dont les
plis concentriques sont marginés ;
c'est sur les rochers des Alpes de
Laponie et du Canada que croît ce
Lichen , le plus grand de tout le
genre. — Le Gyrophore enfoncé, *Gyrophora saccata*, D. C. Fl. Fr. 1,
p. 408. Cette espèce assez rare a été
découverte par Ramond dans les

Pyrénées, sur les rochers, autour du lac de Gaube ; on la reconnaît facilement à son thalle arrondi, un peu lobé, à sa surface supérieure grise, unie et glabre, tandis que l'inférieure est d'un blanc sale dans le milieu, hérissé de radicules blanches en dessus, à bord grisâtre, hérissé de radicules, à apothécies enfoncées dans la feuille sous la forme de protubérances coniques ou hémisphériques. — Le Gyrophore gris de souris, *Gyrophora murina*, Ach. Lich. univ. p. 251; *Lichen griseus*, Ach. Nov. Act. Stockl., v. xv, T. ii, fig. 3; *Umbilicaria grisea*, Hoffm. Germ. 2, p. 111. Dans cette espèce qui se trouve fréquemment sur les Grès de Fontainebleau, le thalle est d'un gris cendré, glabre, uni, avec le centre un peu blanchâtre crevassé et mamelonné à la surface supérieure; il est hérissé de petites papilles assez rares en dessous. Les apothécies sont éparses, noires, planes, ensuite hémisphériques, marquées de sillons ou de rides.

Les Gyrophores ne sont d'aucun usage en médecine, mais ils peuvent, comme presque tous le Lichens, servir à la teinture. Le Gyrophore brûlé, *Gyrophora deusta*, Ach., fournit une belle couleur violette et un rouge assez fixe. Les voyageurs nous apprennent que les Canadiens, pressés par la faim, mangent le Gyrophore laineux après l'avoir fait long-temps bouillir dans de l'eau. (A. F.)

GYROSELLE. bot. phan. Quelques botanistes français ont proposé ce nom vulgaire pour désigner le genre Dodécathéon. *V.* ce mot. (b.)

* **GYROSTEMON.** bot. phan. Ce genre, établi par Desfontaines dans les Mémoires du Muséum, paraît appartenir à la famille des Tiliacées. Ses fleurs dioïques présentent un calice découpé supérieurement en six ou sept lobes courts ou étalés, et point de corolle. On observe dans les mâles des anthères nombreuses, rapprochées, sessiles, disposées en cercles concentriques, tétragones, obtusés au sommet, à deux loges s'ouvrant longitudinalement sur les côtés; dans les femelles, vingt à quarante styles aigus, un peu charnus, disposés en cercle sur un seul rang; un ovaire libre, ovoïde, à vingt ou quarante côtes un peu saillantes dont chacune est marquée d'un léger sillon dorsal. Elles répondent à autant de loges, renfermant un ovule oblong, placé près de leur bord interne et attaché à un placenta central. Le fruit mûr se compose de capsules en même nombre, rapprochées circulairement les unes des autres autour d'un axe central, très-comprimées, minces, s'ouvrant en deux valves uniloculaires, monospermes. La graine est recourbée, rugueuse, marquée de stries transversales, attachée par sa base vers le sommet de la loge à l'axe central. L'embryon grêle, à cotylédons accombans, à radicule infère, est fortement arqué et enveloppé dans un périsperme charnu de même forme.

On en connaît deux espèces originaires l'une et l'autre de la Nouvelle-Hollande. L'une, le *G. ramulosum*, est un Arbrisseau du port de l'Ephedra, divisé en un très-grand nombre de rameaux grêles, verts, glabres, inégaux, un peu fragiles, sans feuilles et sans nœuds, à l'aisselle desquels sont des fleurs solitaires, soutenues sur un pédicelle court et grêle. La seconde, le *G. cotinifolium*, est un Arbuste de cinq à six pieds, garni de feuilles alternes, ovales, entières, lisses et glabres, et de fleurs disposées en grappes. *V.* Mémoires du Muséum, T. vi, p. 16, tab. 64 et T. viii, p. 115, tab. 10. (A. D. J.)

GYRRENERA. ois. (Latham.) Syn. présumé de l'Aigle des Grandes-Indes. *V.* Aigle. (dr. z.)

FIN DU TOME SEPTIÈME.

ERRATA.

Pag. 18, prem. col., lign. 13, latéraux, *lisez :* verticaux. — *Idem.*, *idem.*, lign. 20, supérieure ou inférieure, *lisez :* latérale. — *Idem.*, *idem.*, lign. 22, faisceaux de muscles, *lisez :* faisceaux supérieurs et inférieurs de muscles. — *Idem.*, *idem.*, lign. 25, latéraux, *lisez :* verticaux. — Pag. 19, deux. col., lign. 46, ce, *lisez :* le. — Pag. 120, deux. col., lign. 34, et, *lisez :* lequel est. — Pag. 121, deux. col., lign. 8, cuisse, *lisez :* caisse. — Pag. 122, prem. col., lign. 40, des, *lisez :* ces. — Pag. 145, prem. col., lign. 42, 2° Des Ganglions. *lisez :* Des Ganglions extérieurs aux nerfs. — *Idem.*, deux. col., lign. 55, ailleurs, *lisez :* ailleurs que les. — *Idem.*, *idem.*, lign. dernière, devraient donc pas, *lisez :* devraient pas. — Pag. 284, prem. col., lign. 23, génératrice, *lisez :* germinatrice. — Pag. 286, deux. col. lign. 35, Dicotylédones, *lisez :* Acotylédones.